유압 전문인력 양성을 위한

최신 유압 기술

편집부 지음

한국폴리텍대학 교수 **이 동 극** 감수
기계기술사 **강 구 봉**

유압기계 설계자 · 유압기계 제작자 · 유압기계 사용자 · 대학교재

기전연구사

머리말

이 책은 유압기계 및 자동화기계 설계 제작에 참여한 기술자로서 후학을 가르치며, 양질의 유압기술자 양성을 위해서, 현장 실무 경험적인 면과, 직접 유압기계 설계, 제작, 강의를 할 수 있는 실무적인 면을 토대로 집필이 되어 있으며, 그 대상으로, 기계계열 공업고등학교, 전문대학, 학부생, 기업체 교육용 교재는 물론이고, 특히, 유압기계 설계자, 유압기계 제작자, 유압기계 사용자들이 종래의 이론 중심이 아닌, 이론에 근거한 실무에 중점을 두고 있으며, 기초부터 고급 유압 기술자에 이르기까지 참고서로 사용되는 것에 염두에 두고 만들어진 전문 서적이다.

약 200년 전부터 세계 각 분야의 산업계와 학계 전문가들의 노력으로 유압 기술은 큰 발전을 이루어 최근에는 인공지능(AI)을 겸비한 유압 시스템으로 거듭나게 되는데, 상대적으로 실무차원이 반영된 유압 관련 서적은 다소 빈약한 편이였으며 보다 더 실무차원의 유압기술 교재를 만들어지게 된 이유라 볼 수 있고, 이 자료는 유압지식을 습득하기 위하여 유압 기술과 관계가 있는 여러 책들을 보고 공부를 하다보면 무엇인가 어렴풋이 잡히기는 한데 마지막 한발짝 더 들어가도 가려운 부분을 긁어주지 못하는 아쉬움을 실무차원에서 이해를 돕는 표현으로 되어 있다.

이 내용으로는, 처음 유압을 배우거나 수십 년 유압에 종사하는 경우 둘 다 만족할 수 있도록 기초부터 전문성이 높은 부분까지 각자 자기 수준에 맞추어 지식을 습득하게끔 구성되어 있다.

특히, 제2장 유압유닛(Hydraulic Power Unit)과, 제4장 유압 액추에이터(Hydraulic Actuator), 제9장 유압장치의 고장 및 수리에 보다 더 중점을 두고 기술하고 있다.

유압기계 설계자가 꼭 필요로 한 유압회로 설계와 유압회로 응용에 관하여, 실제 설계 제작된 예제로 설명하고 있으며, 산업 분야에서 유압기계를 설계하면서 또는, 제작을 하면서 애로 사항이나 의문이 가는 부분이 정리되어 있다.

따라서, 이 유압기술은 미래에도 계속 이어지면서 발전시켜 나아 가야 할 필수적인 기술이므로, 기계 기술자들이 꼭 소장하고 싶은 책, 특히, 유압기계를 사용하는 기술자, 유압기계 설계자들, 유압기계 제작에 종사하는 후배들, 유압에 관심을 가지고 연구하는 후학들에게 미력하나마 도움이 되었으면 하는 바람이다.

감수인 일동

차 례

chapter 01 유압의 기초지식

제1절 유압의 개요 ·· 014
1. 유압기술의 역사 ··· 014
2. 유압장치의 특징 ··· 015
3. 유압기술의 응용분야 ··· 015
4. 유압장치의 기초적 원리 ··· 016
5. 유압의 5대 요소 ··· 017
6. 기본 유압장치의 구성 ··· 018

제2절 유압의 기초 이론 ··· 020
1. 유압의 기본 원리 ··· 020
2. 액체의 기본 원리 ··· 020
3. 파스칼의 원리 ··· 021
4. 파스칼의 정의 ··· 022
5. 베르누의 정리 ··· 023
6. 베르누의 연속법칙 ··· 023

제3절 일반적인 유압기호 ··· 024
1. 기본 요소 ··· 024
2. 유압 부품 기호 ··· 025

chapter 02 유압유닛(Hydraulic Power Unit)

제1절 유압유닛의 구성 ·· 036
1. 유압유닛 기본 회로의 구성 ··· 037
2. 유압유닛 기본 회로 구성 예 ··· 038

제2절 오일탱크 ·· 044
1. 기본 오일탱크 ··· 045
2. 점검창(청소창) ··· 046
3. 리프팅 러그(Lifting lug) ··· 047

제3절 구동장치 ··· 050
1 전동기(Electric motor) ··· 050
2 유압펌프 ··· 056
3 커플링(Coupling) ··· 058

제4절 유압 압력 관련기기 ··· 064
1 압력계 ··· 065
2 압력 감지부 ··· 066

제5절 유압작동유 유면 관련기기 ·· 070
1 유면계(Level Gauge) ··· 070
2 플로트 스위치(레벨스위치) ··· 071

제6절 회로 내 유압유 오염 방지기기 ·· 072
1 흡입 필터(Suction Filter) ··· 072
2 라인 필터(Line Filter) ··· 074
3 리턴 필터(Return Filter) ··· 074
4 에어 브리더(Air Breather) ··· 075
5 마그네트 세퍼레이터 ··· 076

제7절 유압유 유온 관련기기 ·· 077
1 쿨러 ··· 077
2 히터(Heater) ··· 080
3 유온계 ··· 081
4 유온 조절기(Thermostat, 액체팽창식 온도조절기) ··· 081

제8절 유압유닛의 설계 ·· 082
1 유압유닛의 설계 ··· 083
2 기본적인 유압유닛의 설계 예 ··· 097

chapter 03 유압기기(Hydraulic Equipment)

제1절 유압펌프 ·· 106
1 유압펌프의 종류 ··· 106
2 펌프유량의 기본계산 ··· 107
3 유압펌프와 모터(Electric Motor)의 효율 ··· 107
4 유압펌프의 선정 ··· 109
5 유압펌프의 특성 ··· 109
6 기어펌프 ··· 111
7 베인펌프 ··· 113
8 피스톤 펌프(Piston Pump) ··· 119
9 사판식 피스톤 펌프(Variable Displacement Piston Pump) ··· 120

⑩ 사축식 피스톤 펌프(Axial Piston Pump) … 129
⑪ 폐회로용 가변 용량형 펌프 … 134
⑫ 레디얼 피스톤 펌프 … 135
⑬ 수동펌프 … 136

제2절 압력 제어 밸브 ··· 139
① 압력 제어 밸브의 기능 … 139
② 압력 릴리프 밸브(Pressure Relief Valves) … 140
③ 감압 밸브(Pressure Reducing Valves) … 155
④ 시퀀스 밸브(Sequence Valves) … 160
⑤ 시퀀스 체크 밸브(Sequence Check Valve) … 165
⑥ 압력 제어 밸브(Pressure Control Valves) … 172
⑦ 유압 포트(접속구) … 174

제3절 방향 제어 밸브 ··· 180
① 방향 제어 밸브의 종류와 분류 … 182
② 방향 제어 밸브의 기본원리 … 184
③ 수동 절환 밸브(Manually Operated Directional Valves) … 185
④ 전자 절환 밸브(Solenoid Operated Directional Valves) … 188
⑤ 전자 파일럿 절환 밸브(Solenoid Controlled Pilot Operated Directional Valves) … 195
⑥ 기계식 절환 밸브 … 201
⑦ 방향 절환 밸브의 스플 형식 … 202
⑧ 솔레노이드 밸브의 최대 통과 유량 및 최대 사용압력 … 207
⑨ 체크 밸브(Check Valve) … 208
⑩ 파일럿 체크 밸브(Pilot Controlled Check Valve) … 211
⑪ 프리필 밸브(Prefill Valve) … 215
⑫ 파일럿 체크 밸브와 프리필 밸브의 차이 … 221
⑬ 기본 유압기기의 선정 예 … 222

제4절 유량(속도) 제어 밸브(Flow Control Valves) ································· 223
① 유량(속도) 제어 밸브의 종류(Flow Control Valves) … 224
② 액추에이터(유압실린더, 유압모터)의 유량 제어(속도 제어) … 225
③ 미터-인 회로(meter-in circuit) … 226
④ 미터-아웃 회로(meter-out circuit) … 227
⑤ 블리드-오프 회로(bleed-off circuit) … 228
⑥ 유량 제어 방식에 따른 기본 회로의 장, 단점 … 230
⑦ 유압실린더의 부하의 형태에 따른 유량 제어(속도 제어) … 231
⑧ 트로틀 밸브(Throttle Valve) … 235
⑨ 유량 제어 밸브(Flow Control Valve) … 240
⑩ 피드 컨트롤 밸브(Feed Control Valve) … 244
⑪ 동조 밸브 … 248

제5절 모듈러 밸브(Modular Valves) ··· 250
① 모듈러 밸브의 특징 … 250

② 모듈러 밸브의 회로구성 예 … 251
③ 모듈러 밸브의 회로구성 시 주의사항 … 252
④ 모듈러 밸브의 기호 … 253
⑤ 릴리프 모듈러 밸브 … 259
⑥ 리듀싱 모듈러 밸브(Reducing Modular Valves) … 261
⑦ 시퀀스 모듈러 밸브 … 263
⑧ 카운트 밸런스 모듈러 밸브 … 265
⑨ 스로틀 모듈러 밸브 내부구조 … 267
⑩ 파일럿 체크 모듈러 밸브 내부구조 … 269

제6절 로직 밸브(Logic Catridge Valves) ············· 271
① 로직 밸브의 특징 … 273
② 로직 밸브의 구조 및 기능 … 273
③ 로직 밸브의 작동 원리 … 275
④ 일반 밸브와 로직 밸브의 비교 … 278
⑤ 로직 밸브의 회로구성 예 … 279

chapter 04 액추에이터(ACTUATORS)

제1절 유압실린더 ············· 289
① 유압실린더의 분류 … 289
② 유압실린더의 구조 … 294
③ 유압실린더의 설치 … 299
④ 유압실린더의 설계 … 301
⑤ 메인 실리더와 보조 실린더의 관계 … 314
⑥ 초 고압 실린더의 설계 … 316
⑦ 다단 유압실린더의 설계(Telescopic Cylinder) … 318

제2절 유압모터 ············· 320
① 유압모터의 분류 … 320
② 유압모터의 장·단점 … 321
③ 기어 모터 … 322
④ 베인 모터 … 323
⑤ Axial Piston Motor … 326
⑥ 유압모터 기본 계산 … 329
⑦ 유압모터 구동의 기본개념도 … 330
⑧ 유압모터의 기본회로 … 332

제3절 유압 장치의 패킹(Seal) ············· 345
① 이상형 유압 패킹 … 346
② 유압실린더의 패킹 선정 … 347
③ Packing의 종류 및 특징 … 349

④ 피스톤 전용 패킹 … 353
⑤ 로드 전용 패킹 … 360
⑥ 피스톤, 로드 양용 패킹 … 364
⑦ 백업링, 외어링, O-링 … 369

chapter 05 유압 회로의 구성 및 설계

제1절 유압 회로 구성 ··· 376
  ① 유압 회로의 구성 및 설계 … 376
  ② 유압 회로 구성의 기본적인 요소 … 377
  ③ 유압 회로 구성 예 … 378

제2절 시퀀스 다이어그램 ··· 389
  ① 시퀀스 다이어그램과 유압 회로 … 389
  ② 2련 펌프를 적용한 시퀀스 다이어그램 예 … 390
  ③ 기본 유압기기 선정 예 … 391

제3절 유압실린더의 고속과 저속 제어 ··· 392
  ① 유량 제어 밸브의 유량 변화 … 393
  ② 공급 유량의 변화 … 394
  ③ 실린더 단면적 변화 … 395

제4절 유압 회로 설계 ··· 398
  ① 유압실린더의 급속이송과 저속 이송 … 398
  ② 왜 보조실린더를 적용해야 하는가? … 398
  ③ 왜 모터 2개를 적용해야 하는가? … 399
  ④ 왜 2련 펌프를 적용해야 하는가? … 400
  ⑤ 왜 양축모터를 적용해야 하는가? … 400
  ⑥ Sol, Relief+Sequence Valve 적용 유압 회로 … 401
  ⑦ Sol, Relief 적용 유압 회로 … 402
  ⑧ 유압실린더의 압빼기 회로 … 403
  ⑨ 탱크 상부에 펌프를 탑재할 수 없을 때 유압 회로 … 404
  ⑩ Deep Drawing Press 유압 회로 … 405
  ⑪ Accumulator 적용 유압 회로 … 406
  ⑫ 유압실린더의 동조 … 407
  ⑬ 자동차 폐차기계 Rack Gear 동조 장치 개념도 … 411
  ⑭ 가운데 부스터 실린더 내장형 유압 회로 … 412
  ⑮ Shearing Machine 유압 회로도 … 413
  ⑯ PRESS BRAKE(절곡기) 유압 회로도 … 415
  ⑰ 10톤 유압 크레인 유압 회로도 … 416
  ⑱ 사출성형기 유압 회로도 … 417

chapter 06 유압 Manifold

제1절 표준 매니폴드 ········ 448
1. 1련 Manifold G-01 … 448
2. 1련 Manifold G-03 … 448
3. 다련 Manifold G-01 … 449
4. 다련식 Manifold G-03 … 450
5. G-04 Manifold … 451
6. G-06 Manifold … 452
7. G-10 Manifold … 453

제2절 매니폴드 설계 ········ 455

chapter 07 유압장치의 배관

제1절 유압 배관 ········ 466
1. 관 … 467
2. 관내의 유속 … 468
3. 배관용 강관 … 469
4. 배관의 최소 곡률반경 … 472
5. 유압 배관 호칭경 … 473

제2절 관 이음 ········ 474
1. 관 이음쇠 … 475
2. 유압 호스 배관 … 478
3. 유압 호스의 선정 … 479
4. 유압 호스 배관 연결 … 480
5. 일반적인 유압 배관 예 … 483

chapter 08 유압작동유

제1절 유압작동유 ········ 486
1. 유압작동유의 분류 … 486
2. 각종 유압작동유의 일반 특성 … 487
3. 유압작동유의 점도 … 488
4. 난연성 작동유의 사용상 주의사항 … 491

chapter 09 유압기계 고장 및 수리

제1절 유압장치의 고장 ··· 494
    ① 유압기계의 고장의 경우 ··· 494
    ② 우선 점검 사항 및 이행사항 ··· 496

제2절 유압기기의 고장 ··· 497

제3절 유압기계의 고장 ··· 502
    ① 유압 기계의 시운전 지휘 ··· 502
    ② 유압프레스 고장 ··· 504
    ③ 유압장치의 전기적 고장 ··· 511
    ④ 유압 장치의 전기적 안전장치 ··· 512
    ⑤ 유압작동유의 오염 ··· 513

chapter 10 유압 실무

CHAPTER

01

유압의 기초 지식

유압의 목적과 기본 개념

유압 액추에이터는 강력한 힘을 얻기 위하여 유압 실린더를 적용(유압을 적용하는 목적)하고, 유압 제어 밸브는 유압 실린더의 압력과 속도를 무단으로 제어하고, 상·하 동작을 가능하게 한다. 유압 펌프는 제어 밸브에 압력유를 공급하고(모터나 엔진의 구동으로), 유압 탱크는 유압 펌프가 필료로 하는 유압유를 저장하고 되돌려 받는다.

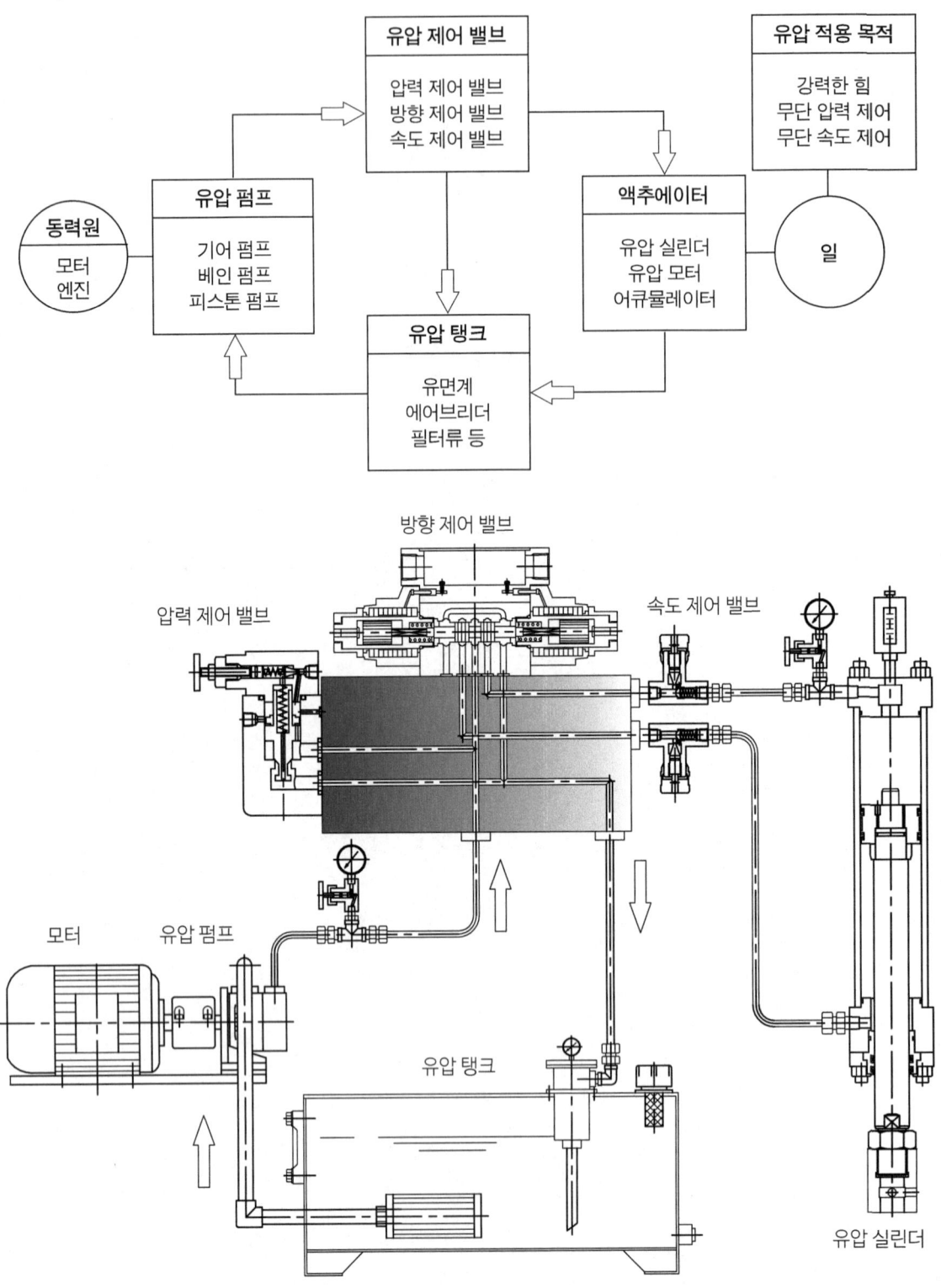

인체의 구성과 유압적 해석

최근 스마트 시대의 인공지능을 탑재한 로봇이 4차 산업 혁명을 이루고 있는 것이 대세이다. 인체의 구조와 기능을 유압적으로 해석하면 유압을 이해하는데 도움이 된다. 다음 그림처럼 인공지능 로봇과 비교하여 보면 거의 유사한 기능을 가지고 있는 것을 알 수 있다.

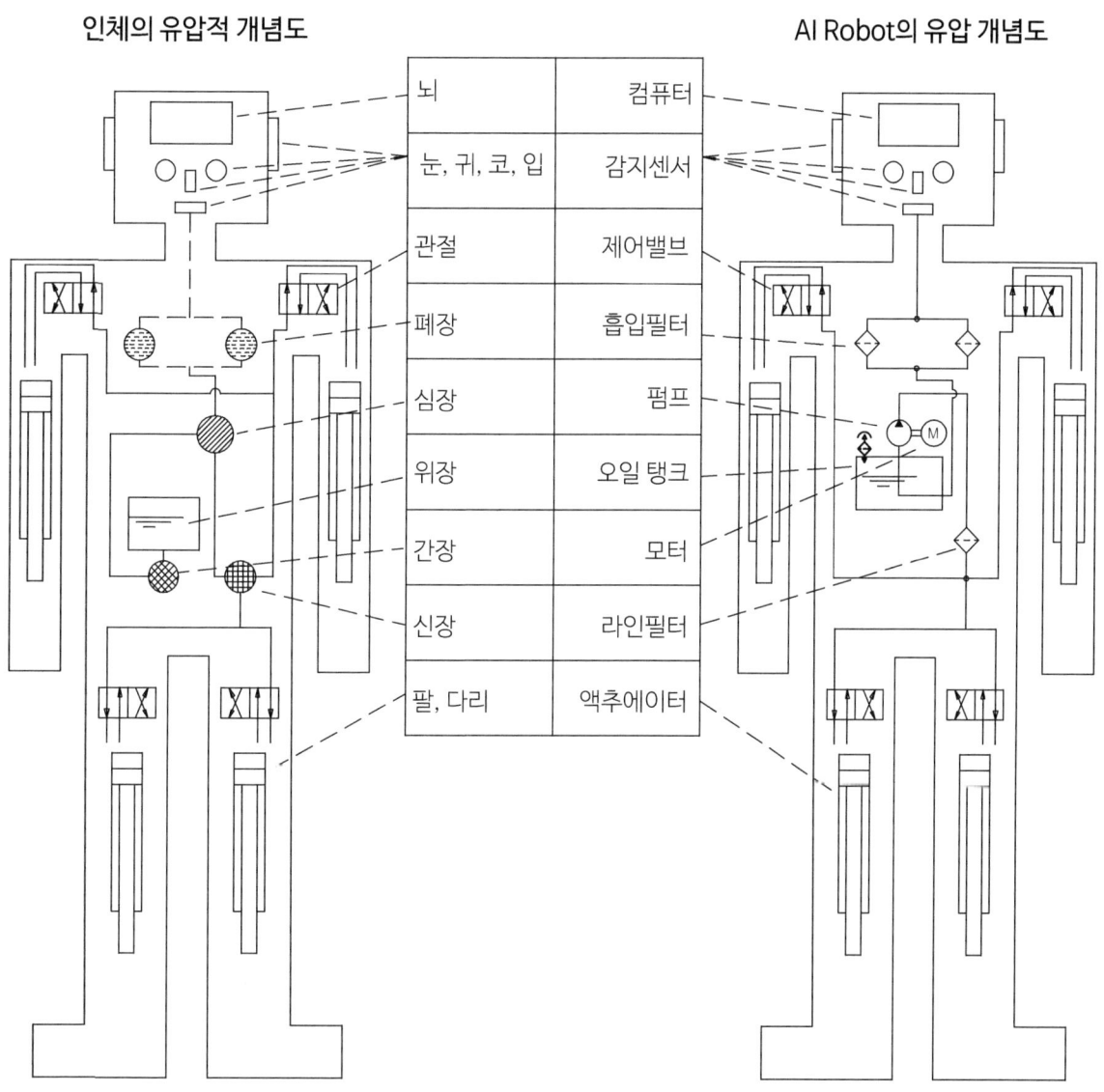

제1절 유압의 개요

유압(Hydraulic)은 유압펌프에 의하여 동력의 기계적 에너지를 유체의 압력 에너지로 바꾸어 유체 에너지에 압력, 유량, 방향의 기본적인 3가지 제어를 하여 유압실린더나 유압모터를 작동시킨 후 다시 기계적 에너지로 바꾸는 역할을 하는 것이며 동력의 변환이나 전달하는 장치 또는 방식을 말한다.

다시말하면, 기름(유압작동유)이라는 액체를 활용하여 기름에 여러 가지 능력을 주어서 요구되는 가장 바람직한 기능을 발휘시키는 것이다.

유압공학은 구동기계 또는 자동화기계의 기술에 대하여 관심을 가진 모든 사람에게 필수적인 학문 분야이지만 기계공학 중에서 하나의 학문분야로 확정된 것은 약 150년 전부터이다.

유압시스템은 항공기, 자동차, 선박, 무기, 공작기계, 운송기계, 건설기계, 합성수지가공기계, 제철설비, 발전설비 등 거의 모든 산업분야에 적용되고 있으며 최근에는 Micro-Processor에 의한 전자회로 기술을 응용함으로써 각종 장비의 자동화, 무인화, 소형화 뿐만 아니라 인공지능 로봇, 무인 자동차에 이르기까지 인류의 삶의 질을 높이는데 일익을 담당하고 있다.

여기서 우리가 유압기계를 제작하는 실무자(설계, 생산)나 유압기계를 발주하는 구매담당자, 검수자, 보수관리 보전담당자 등에 이르기까지 유압기계가 어떤 원리로 되어 있는지 어떤 구조로 동작하는가에 대한 기초적인 지식이 요구된다.

1 유압기술의 역사

유압(Hydraulic)은 수리학, 수력학이라 하며 인류가 공기와 물을 사용하여 힘을 발생시키는 고대 그리스 시대부터 1, 2차 세계대전을 거치면서 오늘날에 이르기 까지 급속도로 발전하였으며 약 150년 전부터 물은 녹이 슨다는 결점 외에 동결, 증발, 습동저항 등으로 기름(유압작동유)을 사용하기 시작하였다.

1650년경 파스칼의 원리를 응용한 수압기계였으나 수압기계의 단점을 보완한 유압기계는 19세기에 이르러 기름(유압작동유)을 이용한 유압장치로 발전하게 된다.

제1, 2차세계 대전을 거치면서 미국, 독일에서 전쟁 무기를 개발하게 되는데 이로인해 항공기, 전함, 탱크, 중장비 등에 기술이 축적되어 오늘에 이르고있다.

이것은 곧 파스칼의 원리를 적용한 유체에 에너지 보존법칙을 발견한 베르누이 정리가 이론적 근거일 것이다.

2 유압장치의 특징

* 소형장치로 큰 힘을 얻을 수 있다.
* 제어가 쉽고 조작이 간단하다.
* 동력 전달 방법 및 전달 기구가 간단하다.
* 자동제어가 간단하다.
* 과부하에 대하여 안정적이고 경제적이다.
* 고압펌프를 사용하여 소형 장치로 큰 힘을 얻을 수 있다.
* 압력 제어가 용이하다.
* 속도 조절이 용이하다.
* 방향 제어가 용이하다.
* 압력 유지가 용이하다.
* 원격 조작이 용이하다.
* 동작 중에 급속 정지가 용이하다.
* 유압작동유는 주로 석유계 작동유를 사용한다.

3 유압기술의 응용분야

* 산업기계 : 유압프레스, 자동화기계
* 건설기계 : 굴삭기, 페이로이더, 트럭, 크레인, 불도저
* 자동차 : 제동장치, 조향장치, 변속기, 완충장치
* 항공기 : 제동장치, 조향장치, 변속기, 완충장치
* 선박 : 윈치, 조타기, 윈드라스, 크레인, 하역장치
* 공작기계 : 선반, 밀링 외
* 로봇 : 관절, 핑거 외
* 합성수지기계 : 사출, 압출, 성형기
* 철강기계 : 압연, 압출, 절곡, 절단
* 유압엘리베이트, 각종 놀이기구
* 현대산업 전반에 걸쳐 다양하게 응용되고 있다.

4 유압장치의 기초적 원리

아래 그림은 자동차 잭을 예로 유압장치의 기초적 작동 원리를 나타낸 것이다. 이것은 작은 힘으로 큰 힘을 얻을 수 있다.

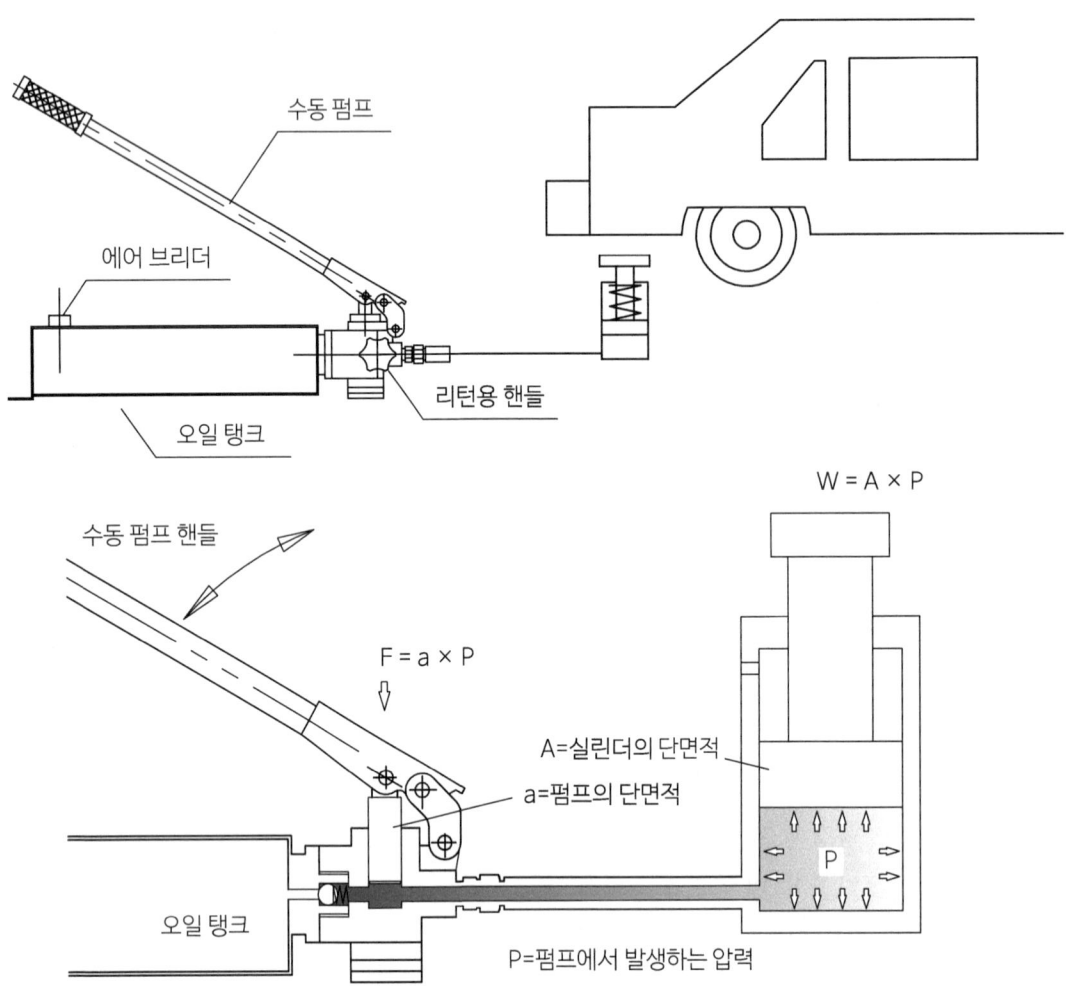

* 밀폐된 공간의 압력(P)은 펌프에 미치는 압력이나 실린더에 미치는 압력은 일정하다.
* 따라서 핸드펌프에서 발생하는 압력으로 실린더에 공급하면 큰 힘을 얻을 수 있다.
* Pump에 어떤 힘을 가할 때 그 힘을 Pump의 단면적에 나누면 압력($P = \dfrac{F}{A}$)이 발생한다.
* 핸들에 가하는 힘이 증가할수록 압력도 증가한다는 것을 알 수 있다.
* Piston에 더 큰 힘을 가하면 압력도 상승하지만 부하에 걸린 힘을 이길 수 있는 상태의 압력까지만 상승한다. 부하가 일정하면 압력은 더 이상 상승하지 않는다. 즉, 압력은 저항(부하)에 따라 발생하며 유압유의 흐름에 필요한 만큼 압력이 생기면 부하를 움직일 수가 있다.
* 이것은 부하가 움직이는 속도는 실린더에 공급되는 유압유의 양에 관계한다.
* 핸드펌프 핸들을 빨리 작동시키면 실린더에 대한 단위 시간당 더 많은 유량이 공급되고 부하는 더욱 빨리 상승한다.

5 유압의 5대 요소

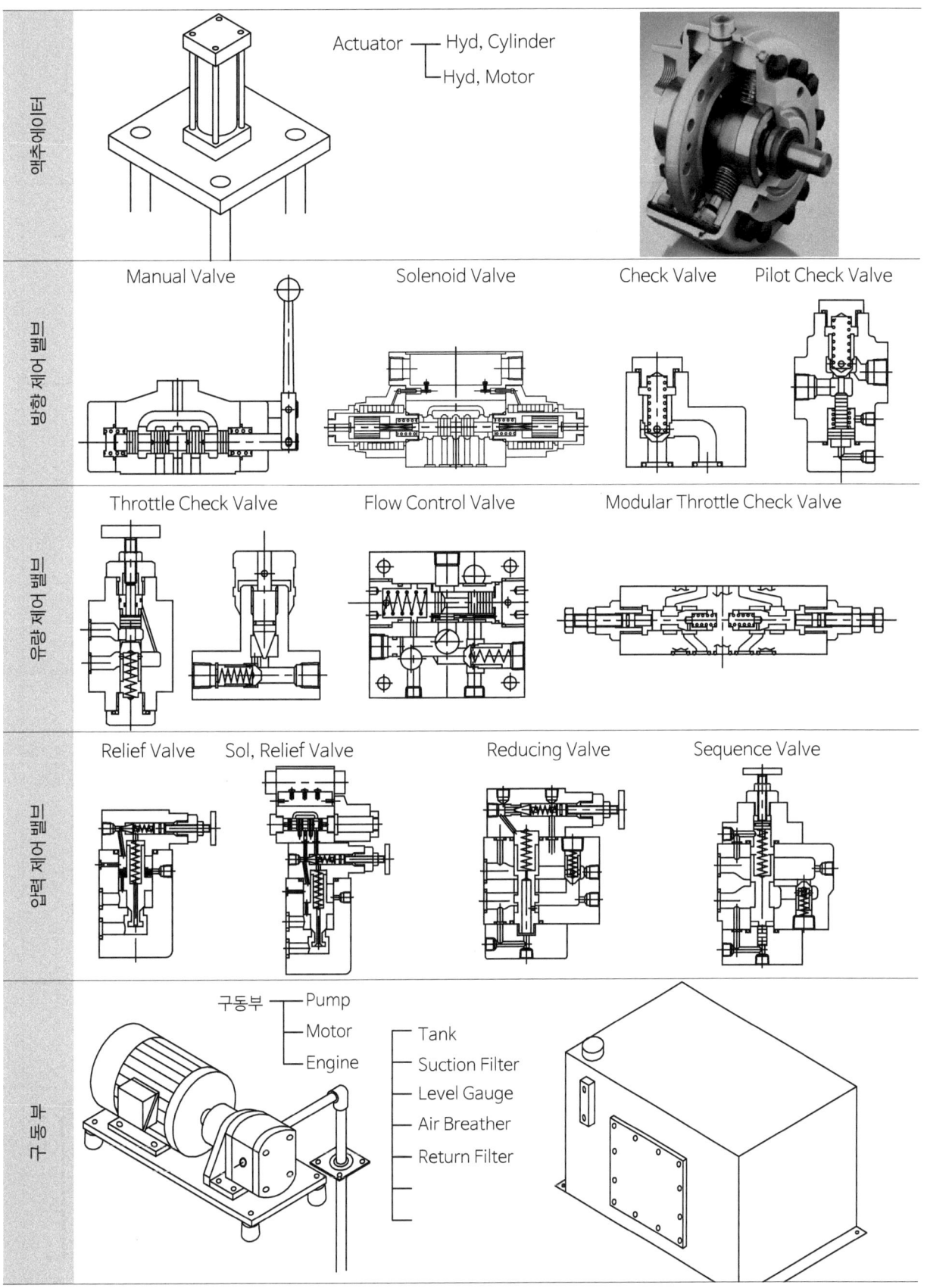

6 기본 유압장치의 구성

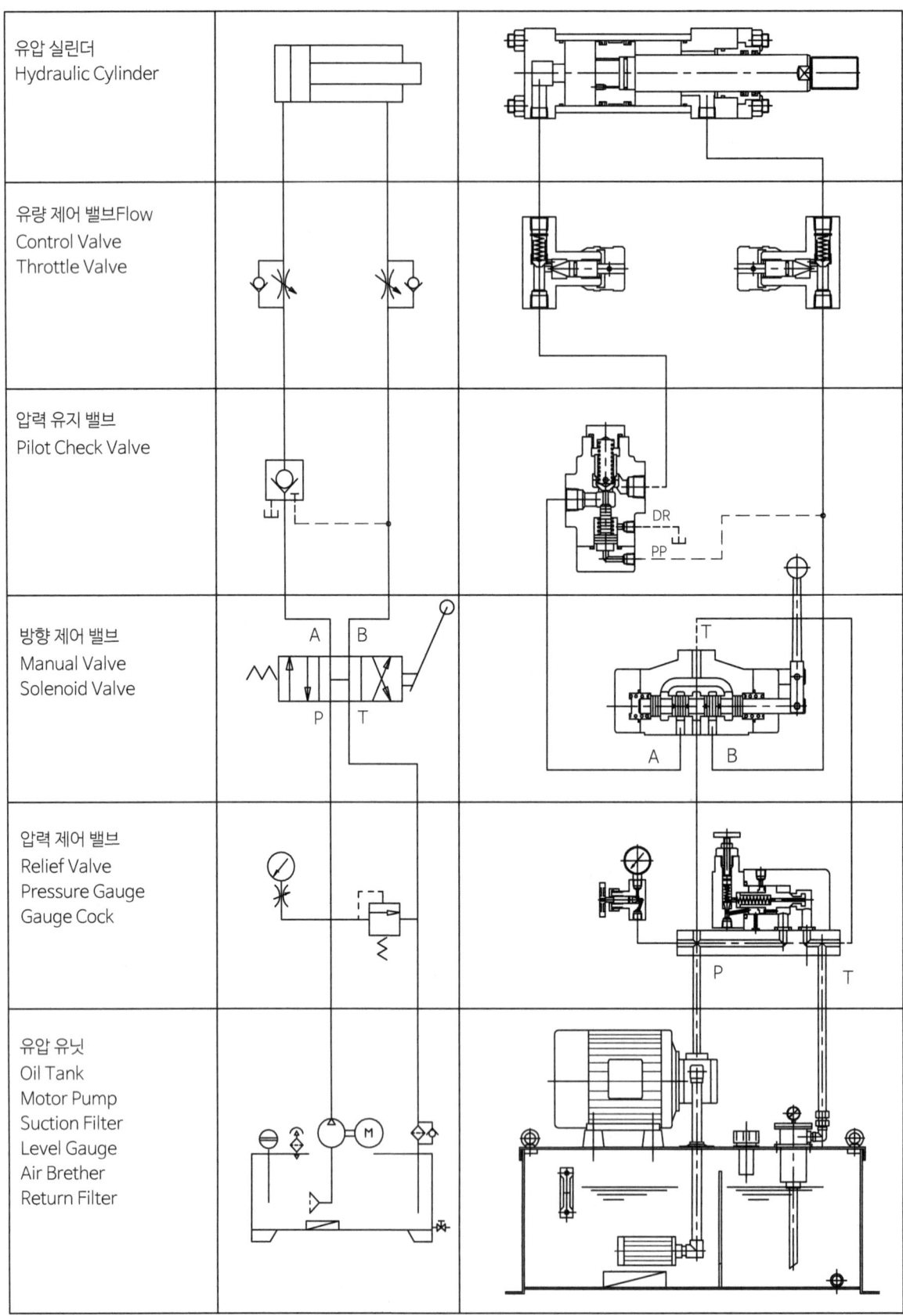

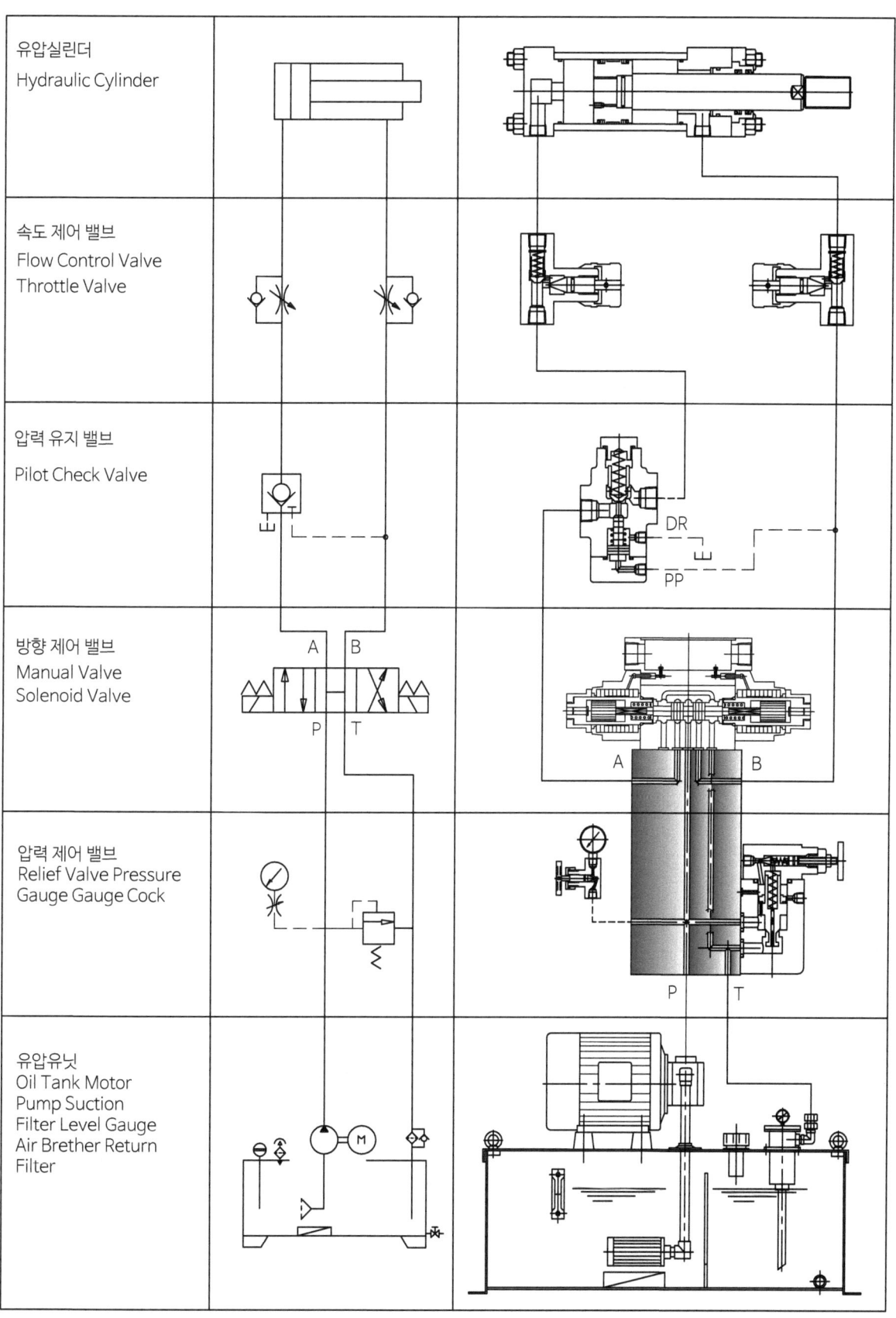

제2절 유압의 기초 이론

유압이란?

유압이란 액체역학에 있어서 힘과 운동을 control하여 동력(에너지)을 전달하는 것이다.

동력원(구동장치)은 전동기 및 엔진이 있고 이 동력은 움직이고 싶은 Actuator(유압실린더, 유압모터)에 전달된다.

전달 매체는 구동장치에 붙어 있는 Pump에 의하여 흡입하고 토출한 유압작동유이며, 힘과 운동의 control은 주로 Valve(압력제어, 방향제어, 유량제어 밸브)로 한다.

1 유압의 기본 원리

① 압력이 걸려 있는 유체는 항상 저항이 적은 쪽으로 흐른다.
② 펌프는 압력을 만들어내는 것이 아니라 유체의 흐름만 창출한다.
③ 압력은 저항이 있는 곳에만 형성된다.

2 액체의 기본 원리

① 액체는 액체자체의 모양이 없고 액체가 담겨지는 용기의 모양에 따라 형성된다.

② 액체는 압축되지 않는다.
③ 액체 속에 미량의 공기 등이 1~3% 녹아 있어 실제로는 압축될 수 있으나 초 고압일 때는 고려한다.

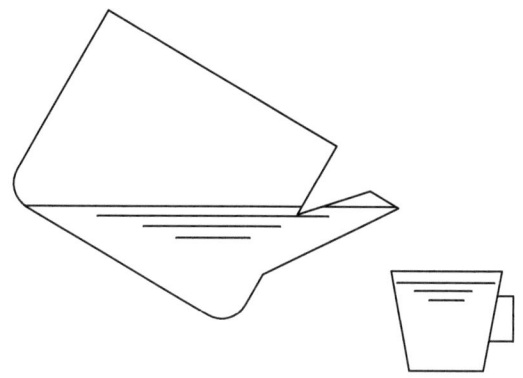

3 파스칼의 원리

밀폐된 용기 안에 정지하고 있는 유체의 일부에 가해진 압력은 크기가 변하지 않고 용기 안의 모든 유체에 전달되며 벽면에는 항상 수직으로 동일한 압력으로 작용한다.

이것을 파스칼의 원리라 하며 이 원리를 적용한 것이 유압의 기본 이론이다.

아래 그림과 같이 유압실린더에 압력을 가하면 모든 벽면에 수직으로 동일한 압력으로 작용한다. 따라서 실린더는 화살표 방향으로 가해진 압력과 공급된 유량으로 움직인다.

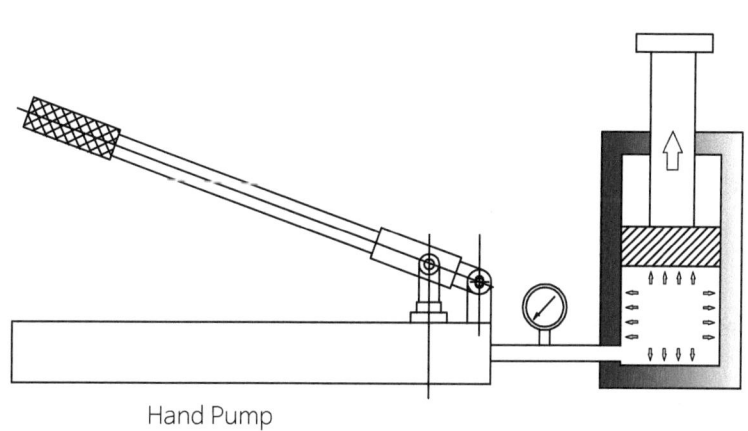

Hand Pump

4 파스칼의 정의

정지하고 있는 액체는 세 가지의 특성이 있다. 이를 압력 전파 법칙이라 한다.
① 정지하고 있는 액체가 서로 맞닿아 있는 면과 수직으로 작용한다.
② 정지하고 있는 액체의 한점에서 작용하는 압력의 크기는 모든 방향에 대하여 같다.
③ 밀폐된 용기 내에 정지하고 있는 액체의 일부에 가해진 압력은 모든 부분에 같은 크기로 동시에 전달된다.

이를 파스칼의 원리 또는 파스칼의 정의라 하며 유압의 기본이론이다.
아래 그림과 같이 유압실린더에 압력을 가하면 모든 벽면에 수직으로 동일한 압력이 작용한다.
따라서 실린더는 화살표 방향으로 가해진 압력과 공급된 유량의 속도로 움직인다.

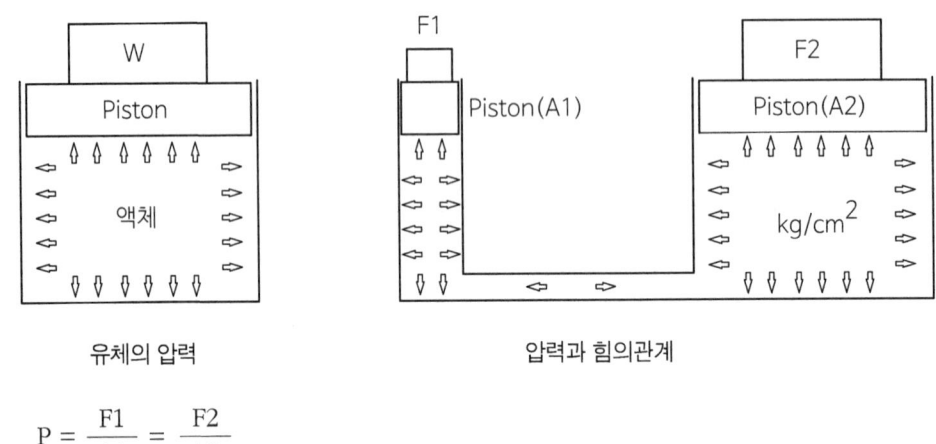

유체의 압력   압력과 힘의관계

$$P = \frac{F1}{A1} = \frac{F2}{A2}$$

A1, A2는 피스톤의 단면적(cm)이므로 피스톤에 작용하는 힘 F1, F2(kgf)는

$$F2 = P \times A2 = F1 \frac{A2}{A1}$$

따라서 A1과 F1이 각각 일정한 경우에 A2를 크게 하면 보다 큰 힘 F2를 얻을 수 있다.

$$Q = A1 \times L1 = A2 \times L2 (cm^2) \qquad A1 \times P < A2 \times P < A3 \times P$$

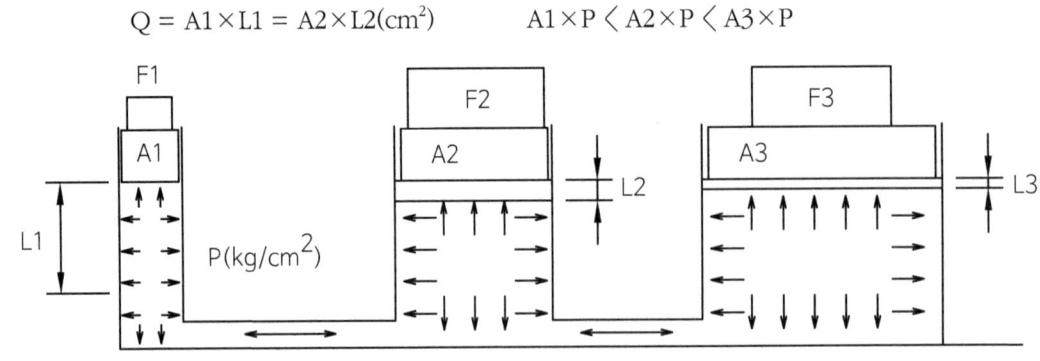

$$A1 \times L1 = A2 \times L2 = A3 \times L3 \qquad \text{따라서 } L2 = L1 \frac{A1}{A2} \text{ 이다.}$$

5 베르누이 정리

관 속에 흐르는 유체가 에너지 손실이 없다고 가정하면 압력에너지(압력수두), 위치에너지(위치수두), 운동에너지(속도수두)로 구분할 수 있다.

위치에너지는 무게 W(kgf)의 유체를 Z 만큼 위로 올리면 에너지는 WZ 만큼 증가하고, 속도가 V이면 WV/2g 만큼 운동 운동에너지를 가지게 된다. 따라서 압력이 P인 상태의 유체에는 WP/r 만큼의 잠재 에너지가 존재한다. 마찰이 없다고 가정하면 아래 식이 성립한다.

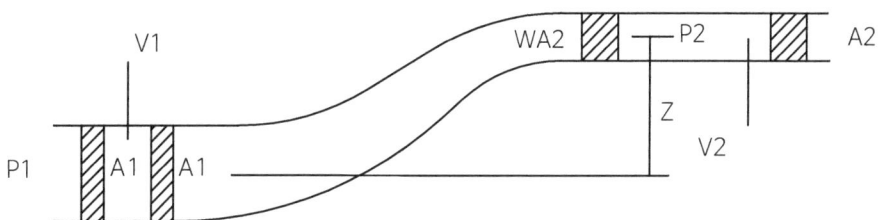

$$WZ + \frac{WV_1^2}{2g} + \frac{WP1}{r} = WZ + \frac{WV_2^2}{2g} + \frac{WP2}{r} \quad \text{따라서} \quad Z + \frac{V_1^2}{2g} + \frac{P1}{r} = Z + 2\frac{V_2^2}{2g} + \frac{P2}{r}$$

위의 식에서 손실이 없는 경우에 위치+속도+압력 = 일정이라는 등식이 성립한다.
이것을 베르누이 정리, 베르누이 방정식이라 한다.

6 베르누이 연속법칙

$$Q = \frac{V}{t} = \frac{m^3}{S} = \frac{m}{S} \times m^2 = v \times A$$

단위 시간당 체적으로 표시되는 유량은 단면이 변하는 파이프 내를 통과할 때 파이프 내의 어느 곳에든지 같다.

이것은 단면적이 작은 부분에서는 단면적이 클 때보다 유속이 빠르다는 것을 의미한다.

Q1 = A1×v1, Q2 = A2×v2, Q3 = A3×v3

동일 배관의 유량 Q는 같으므로 A1×v1 = A2×v2 = A3×v3이다.

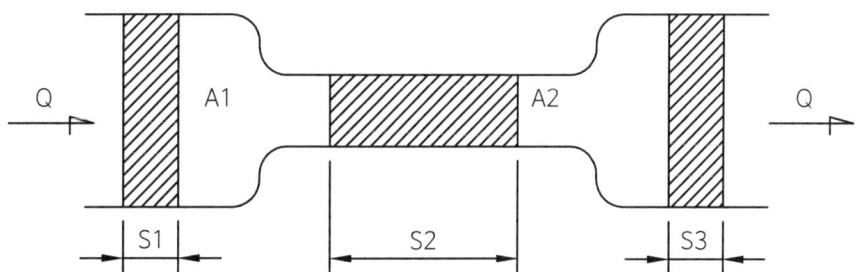

제3절 일반적인 유압기호

1 기본 요소 (ISO 1219-1 기준)

기본 요소		
실선	——	주 관로, 회귀 관로 기기의 외곽
점선	– – – –	파이럿 관로 드레인 관로
일점 쇄선	—·—·—	요소들로 구성된 그룹의 외곽선
점	•	관로의 접속
유연 관로	⌒	호스
교차선	⊥	접속된 관로
교차선	⌢⊥	비접속 관로
삼각형	▶	흐름의 방향(액체)
삼각형	▷	흐름의 방향(기체)
화살표	↓↑↕	흐름의 방향(액체)
화살표	↓↑↕	흐름의 방향(기체)
대각 화살표	↗	조정가능 표시
곡선 화살표	(((	회전방향 표시
꺾인 화살표	↯	전기적 요소 표시
닫힌 유로 또는 포트	⊥	
프리셋(perset) 조정	⁄	
교축 유로	)(	점도의 영향을 받음
교축 유로	✕	점도의 영향을 받지 않음
스프링	⋀⋀⋀	
기계적 링크	===	축, 레버 등
체크밸브 시트	∨	
플랜저	⊏	
스프링	⋀⊏	

기본 요소		
원	◯	에너지 변환장치 펌프, 모터
원	○	계측기
원	○	체크밸브 회전이음 등
반원	D	회전각 제한이 있는 펌프나 모터
사각형	▢	제어요소, 구동장치 전동기 제외
사각형	◇	필터, 열교환기, 주유기 배출기
사각형	▢	액추에이터의 쿠션 축압기의 중량
직사각형	▭	실린더 밸브
직사각형	▯	실린더 피스톤
열린 사각형	⊔	탱크
타원	⬭	압축 탱크 축압기 가스통
체크포인트	⎍	압력 검출 포트
퀵 커플러	⊢▶◀⊣	체크밸브가 없는 퀵 커플러
퀵 커플러	⊢⚬⊣	체크밸브가 있는 퀵 커플러
로드 선형 운동	⇌	
축 회전 운동	⇌	
디텐트(detent)	⋁⋁⋁	
푸쉬버튼 조작	⊨	
레버 조작	⊨	
페달 조작	⊨	
양방향 페달 조작	⊨	
스트로크 제한된 플랜저	⊨	
롤러형	⊙⊨	

기본 요소		기본 요소	
레버형 롤러		파이럿	
전기적 싱글 코일		유압식 동작	
전기적 듀얼 코일		공압식 동작	
전기적 듀얼 코일 무단 조정 가능		전기 유압식 외부 파이럿	
두 개의 병렬 구동		메니폴드(manifold)	

2 유압 부품기호

에너지원			
품 명	기 호	형 상	용 도
유압			유압 유닛 또는 압력원
공압			에어 콤프레셔 또는 에어 저장 탱크
모터(전동기)			펌프를 회전시키는 전동기
양축 모터			펌프를 회전시키는 양축 구동모터
전동기를 제외한 구동장치(엔진)			전동기를 제외한 구동 장치(엔진 등)
오일탱크			유압 작동유를 저장하는 용기
모터 베이스 방진고무			펌프와 모터를 장착할 수 있는 플레이트 및 방진 고무

커플링(Coupling)

품명	기호	형상	용도
조 플렉스 커플링			전동기와 펌프를 연결하는 동력 전달장치
체인 커플링			전동기와 펌프를 연결하는 동력 전달장치
그리드 커플링			전동기와 펌프를 연결하는 동력 전달장치
직결형 커플링			전동기축에 펌프축을 직결형으로 연결

유압 압력 관련 기기

품 명	기 호	형 상	용 도
압력계			회로 내 압력 표시
접점 압력계			회로 내 압력 표시 기능 압력 감지 기능
게이지 콕(Gauge Cock)			압력계 충격 방지 기능 압력계 보호 기능
게이지 아이솔레이터(Gauge Isolator)			다중 게이지 코크
압력 스위치			압력 감지 스위치

관로 오염방지 기기

품 명	기 호	형 상	용 도
흡입 필터			펌프 흡입 라인에 연결 유압 관로 오염 방지
외부 흡입 필터			펌프 흡입 라인에 연결 유압 관로 오염 방지 오일 탱크 외부에 설치
라인 필터			펌프 토출 라인에 연결 유압 관로 오염 방지 오일 탱크 외부에 설치
리턴 필터			리턴 라인에 연결 유압 탱크 오염 방지
주유구			오일 탱크 상단 또는 측면에 설치하여 주유구겸 공기필터
에어 부리져			오일 탱크 상단에 설치하여 탱크에 흡입, 배출되는 공기 필터
마그니트 세퍼레이터			흡입필터 주위에 설치하는 영구자석

유압 유면 관련 기기

품 명	기 호	형 상	용 도
유면계			오일탱크 유량 표시
유면계(온도계 부착형)			탱크의 유면과 유온을 동시에 표시
플로트 스위치			유면 감지 센서

유압 유온 관리기기			
품 명	기 호	형 상	용 도
오일쿨러(공냉식)			펌프 드레인 라인 또는 리턴 라인에 연결하여 유압유 공냉식 쿨러
오일쿨러(수냉식)			리턴 라인에 연결하여 유압유 수냉식 쿨러
히터			유압작동유 가열 기기
온도조절기			유압작동유 온도를 감지하여 쿨러 또는 히터를 동작시키는 기기
유온계			유압작동유 유온을 표시하는 기기
온도 감지센서			유압작동유 온도 감지 센서

축 압 기			
품 명	기 호	형 상	용 도
어큐뮤레이터 다이어프램형			펌프에서 토출된 압력유를 축압하여 저장하는 용기 (필요에 따라 사용) 소형 : 다이어 프램형 중형 : 블레더형 중, 대형 : 피스톤형
어큐뮤레이터 블레더형			
어큐뮤레이터 피스톤형			

펌 프			
품명	기호	형상	용도
수동펌프	핸드 페달 회전		사람의 힘으로 동작시키는 펌프
고정 용량형 펌프			일정 유량을 토출하는 펌프
고정 용량형 다련식 펌프			1개의 축에 여러 개의 펌프를 연결된 펌프
가변 용량형 펌프			펌프 자체에서 유량을 가변으로 제어하는 펌프
가변 용량형 양 방향 펌프			흡입과 토출을 교차하여 양 방향으로 흡입, 토출되는 펌프
2압 보상 제어 펌프			Sol, on, off에 의하여 고압, 저압을 사용가능 펌프
가변언로딩 압력 압력 보상 제어 펌프			Sol, on, off에 의하여 펌프를 언로드를 시킬 수 있는 펌프
자압식 2압 2유량 제어 펌프	me mi		1대의 펌프로 2대의 펌프 역할이 가능한 펌프

제1장 유압의 기초 지식

압력 제어 밸브

품 명	기 호	형 상	용 도
파이럿 릴리프 밸브			소유량 압력제어나, 메인 릴리프 압력 원격 제어용
밸런스 피스톤형 릴리프 밸브			펌프나 제어밸브를 지나치게 큰 압력으로부터 보호 및 압력제어용
솔레노이드 부착형 릴리프 밸브			Sol, 밸브 on, off로 무부하 또는 압력 제어를 해야 할 때
언로드 릴리프 밸브			설정 압력에 도달하면 언 로드 되고 설정압력보다 떨어지면 로딩
감압 밸브			2차측 압력이 설정압력에 도달하면 차단되고 다시 떨어지면 공급
체크 내장형 감압 밸브			2차측에서 1차측으로 역류시킬 때는 체크 밸브로 통하여 역류
시퀀스 밸브			파이럿 압력에 의하여 순차적으로 회로를 연결할 이유가 있을 때
첵크 내장형 시퀀스 밸브			파이럿 압력에 의하여 회로를 연결하고 역방향은 체크 밸브로 역류
더블 릴리프 밸브			A, B 라인에 과부하 방지 압력제어 밸브(브레이크 밸브)

방향 전환 밸브			
품 명	기 호	형 상	용 도
수동 절환 밸브			수동에 의하여 방향 제어하는 밸브
다련식 수동 절환 밸브			2개 이상의 액추에이터를 수동으로 방향 제어하는 밸브
전자 절환 밸브(Solenoid Valve)			Solenoid 에 의하여 방향 제어되는 밸브
전자 파이럿 절환 밸브(대유량 절환)			파이럿 Sol, 밸브에 의하여 파이럿 조작 절환 밸브가 절환되는 밸브
포펫형 솔레노이드 밸브			절환 스플이 포핏 형식으로 구성된 밸브(no leak valve)
체크 밸브			한쪽 방향 흐름 밸브
파이럿 조작 체크 밸브			파이럿 압력 조작으로 역방향 흐름 가능 밸브
프리필 밸브			구조는 파이럿 체크 밸브와 동일하나 역할은 Filling 역할

솔레노이드 밸브의 다양한 기호

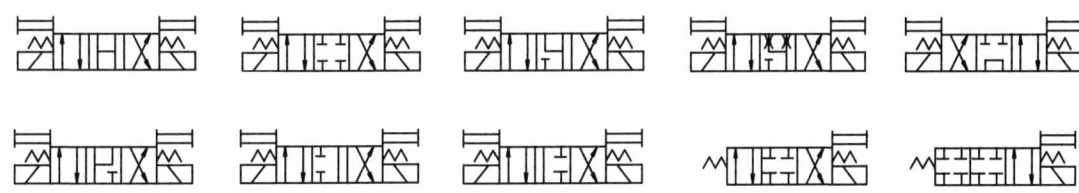

유량 제어 밸브			
품 명	기 호	형 상	용 도
스톱 밸브, 니들 밸브			유량을 제어하거나 관로의 흐름을 차단하는 밸브
스롯틀 밸브			유온과 압력의 변화에도 약간의 유량의 변화를 허용될 때 유량 제어
체크 내장형 스로틀 밸브			그다지 유량제어가 정밀하지 않아도 되고 반대측 흐름은 자유유량
플로 콘트롤 밸브			유온과 압력의 변화에도 무관하게 정밀한 유량 제어가 요구될 때
체크 내장형 플로 콘트롤 밸브			정밀한 유량 제어가 요구되고 반대측 유량을 자유흐름이 되어야 할 때
디셀러레이션 밸브			캠의 설정 위치에 도달하면 유량의 제어를 시킬 이유가 있을 때
피드 콘트럴 밸브			캠의 설정 위치에 도달하면 정밀한 유량의 제어를 요구할 때
트로틀 모듈 밸브			Modular Valve로 유량 제어가 편리하다고 판단될 때

액추에이터(유압 실린더, 유압모터)			
품 명	기 호	형 상	용 도
단동 실린더			스프링 등 다른 외력에 의하여 복귀 가능한 실린더
복동 실린더			피스톤의 양쪽에 포트를 설치하여 왕복 운동을 시키는 실린더
양 로드 실린더			피스톤의 양쪽에 로드가 꼭 있어야 할 이유가 충분할 때
램(Ram)형 실린더			대형 실린더로 다른 보조 실린더에 의하여 동작시킬 이유가 있을 때
텔레스코픽 실린더			공간의 제약을 받아 실린더 스트로그를 길게 사용할 이유가 있을 때
고정용량형 유압 모터			배제용적이 일정한 유압 모터로 유입되는 압력으로 회전력 제어를 원할 때
가변용량형 유압 모터			모터 자체로 회전속도를 제어하고 보조기기에 의하여 토크 조정 가능
요동모터			연속 회전이 아닌 어느 각도만큼 정회전 역회전을 반복시킬 이유가 있을 때

제1장 유압의 기초 지식

CHAPTER

02

유압 유닛

Hydraulic Power Unit

유압유닛은 유압시스템에서 필요로 하는 유압에너지를 공급하는 유압동력부로서, 유압유닛의 구성은 유압유를 저장하는 오일탱크, 유압에너지를 공급하는 구동부, 유압압력을 표시하는 압력관련기기, 유면을 관리하는 유면관련기기, 유압유 오염을 방지하는 유압유 오염방지기기, 유온을 관리하는 유온관리기기로 구성된다.

제1절 유압유닛의 구성

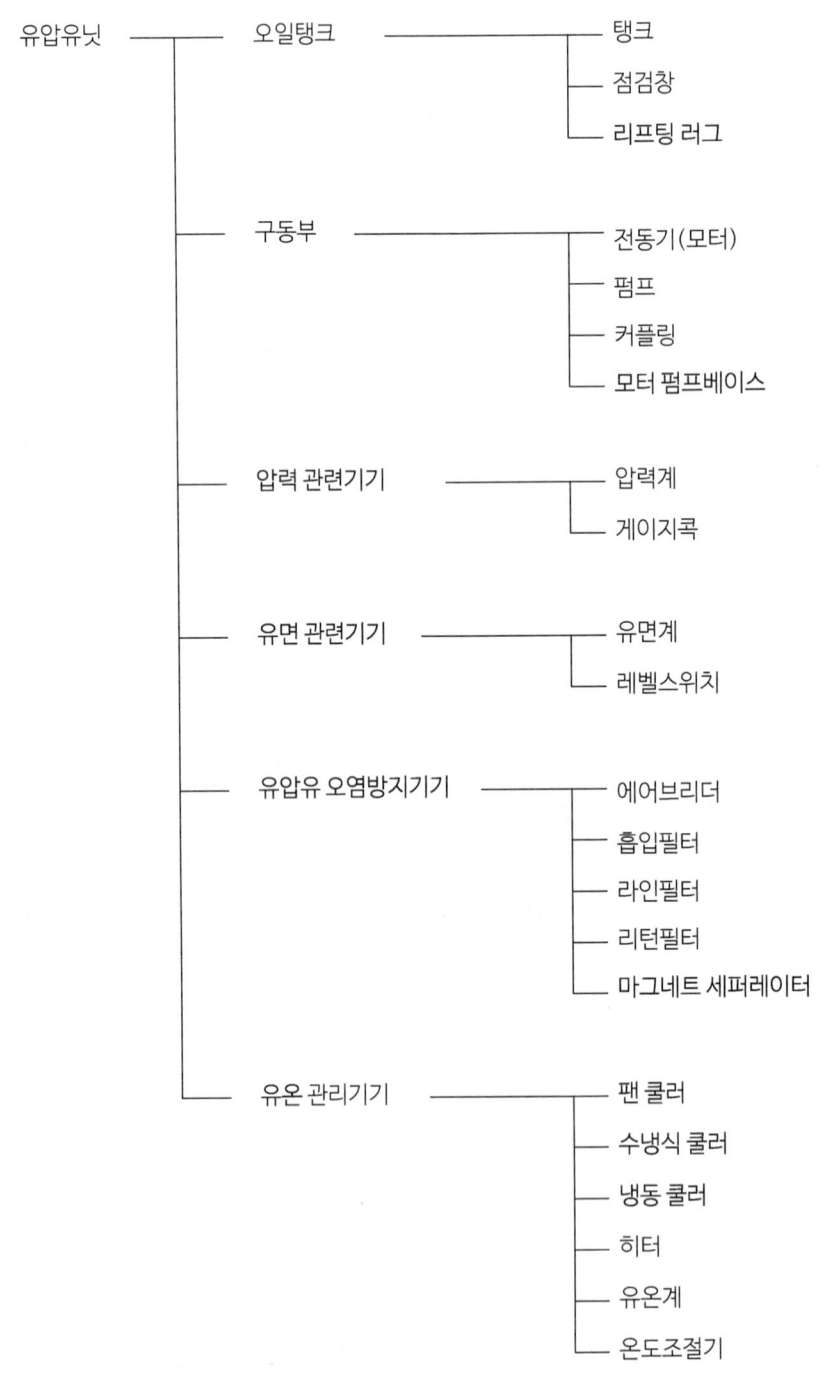

1 유압유닛 기본 회로의 구성

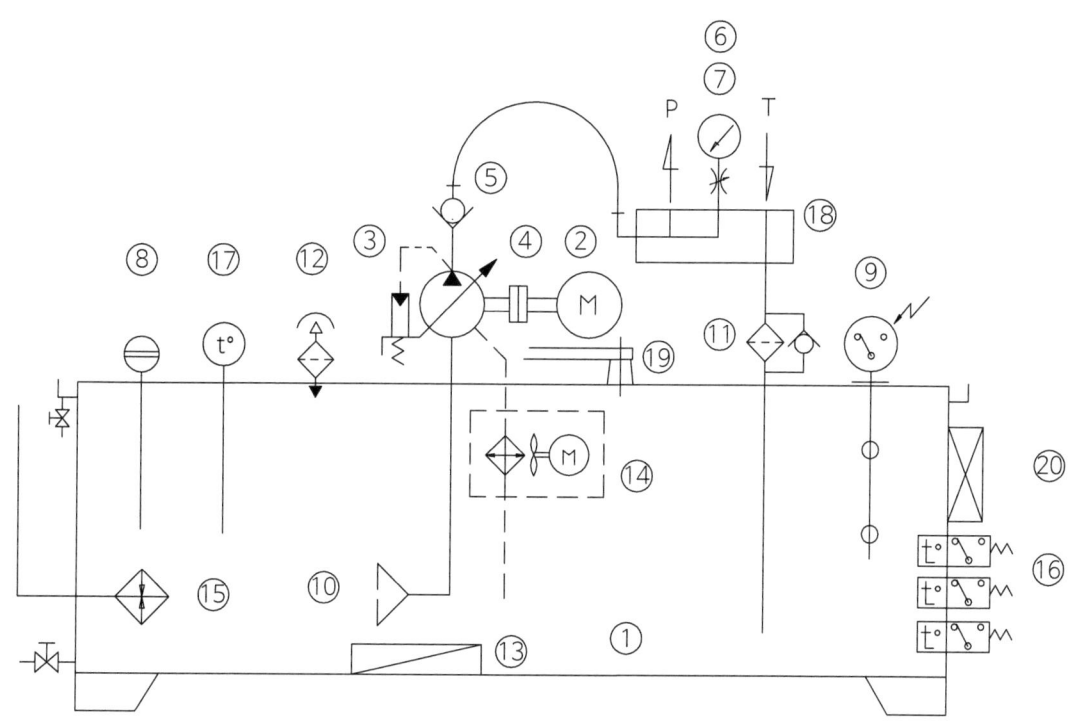

1	오일탱크	11	리턴필터
2	모터	12	주유구겸 에어브리져
3	펌프	13	마그네트 세퍼레이터
4	커플링	14	팬 쿨러
5	체크밸브	15	히터
6	압력계	16	온도감지 센서
7	게이지 콕	17	온도계
8	유면계	18	P, T 블록
9	레벨 스위치	19	모터+펌프대, 방진고무
10	흡입필터	20	단자박스

2 유압유닛 기본 회로의 구성 예

유압유닛의 기본 회로 구성은 용도에 따라 다양하게 구성하게 되는데 유압작동유 오염관리, 온도 관리기기를 장착함에 있어 불필요하거나 비용 등을 고려하여 설계자가 장착 여부를 결정해야 한다.

수동 핸드펌프를 사용하는 유압유닛은 오일탱크에 흡입필터, 주유구 겸 에어브리더, 리턴용 밸브를 장착한다.

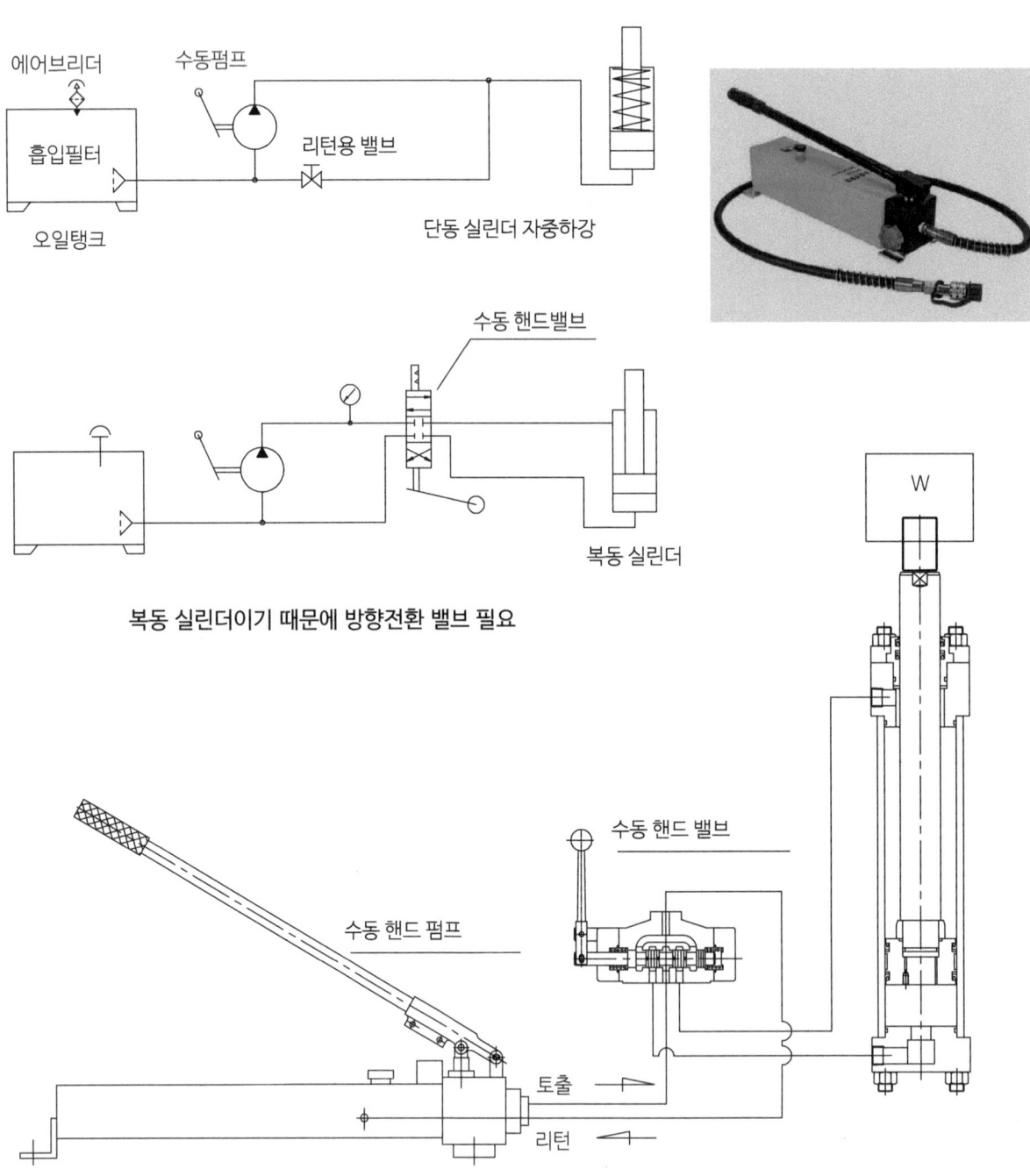

1) 유압유닛 기본 회로의 구성 예 1

일반적으로 가장 많이 사용하는 유압유닛이며 오일탱크에 특별히 라인필터나, 리턴필터를 장착할 이유가 없고 발열이 심하게 나지 않는다고 전제가 될 때, 흡입필터, 주유구겸 에어브리더, 유면계, 드레인 밸브를 장착한다.

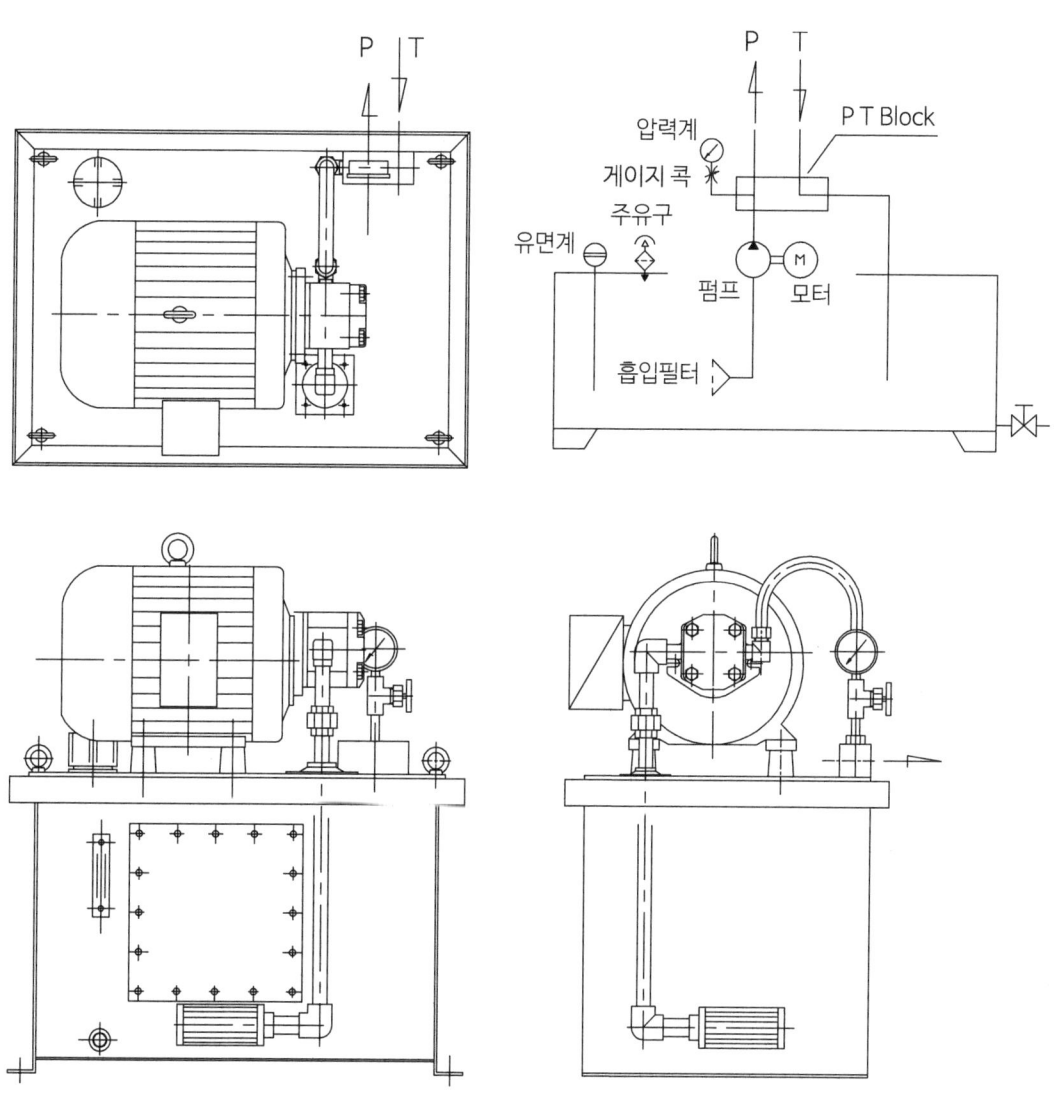

2) 유압유닛 기본 회로의 구성 예 2

리턴하는 유압유 오염방지를 할 이유가 있을 때 많이 사용하는 회로이며 흡입필터, 주유구겸 에어브리더, 리턴필터, 마그네트 세퍼레이터를 장착한 회로이다.

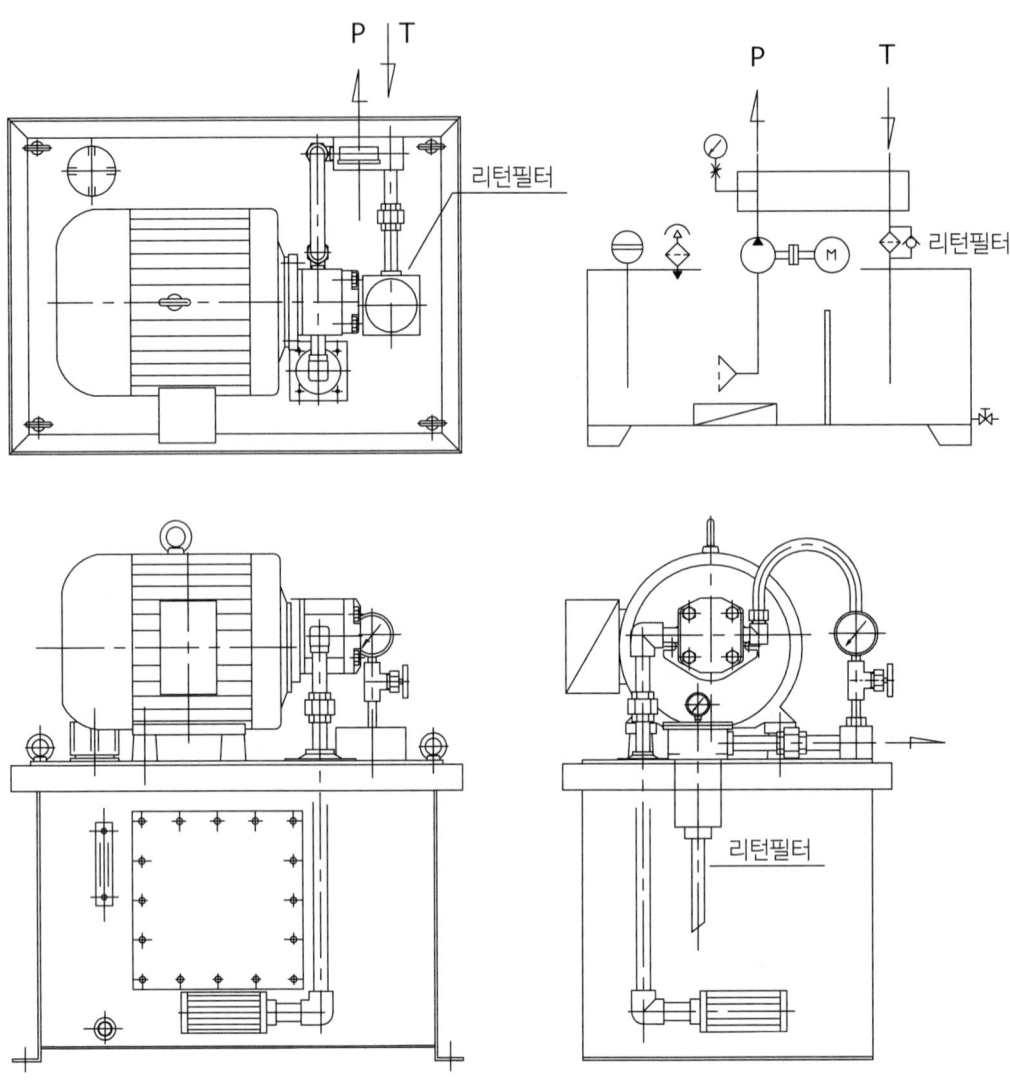

3) 유압유닛 기본 회로의 구성 예 3

유압유 오염방지를 할 이유가 있고 발열이 예상되는 회로이며 흡입필터, 주유구겸 에어브리더, 리턴필터, 마그네트 세퍼레이터, 유면계, 유온계, 팬 쿨러를 장착한 회로이다.

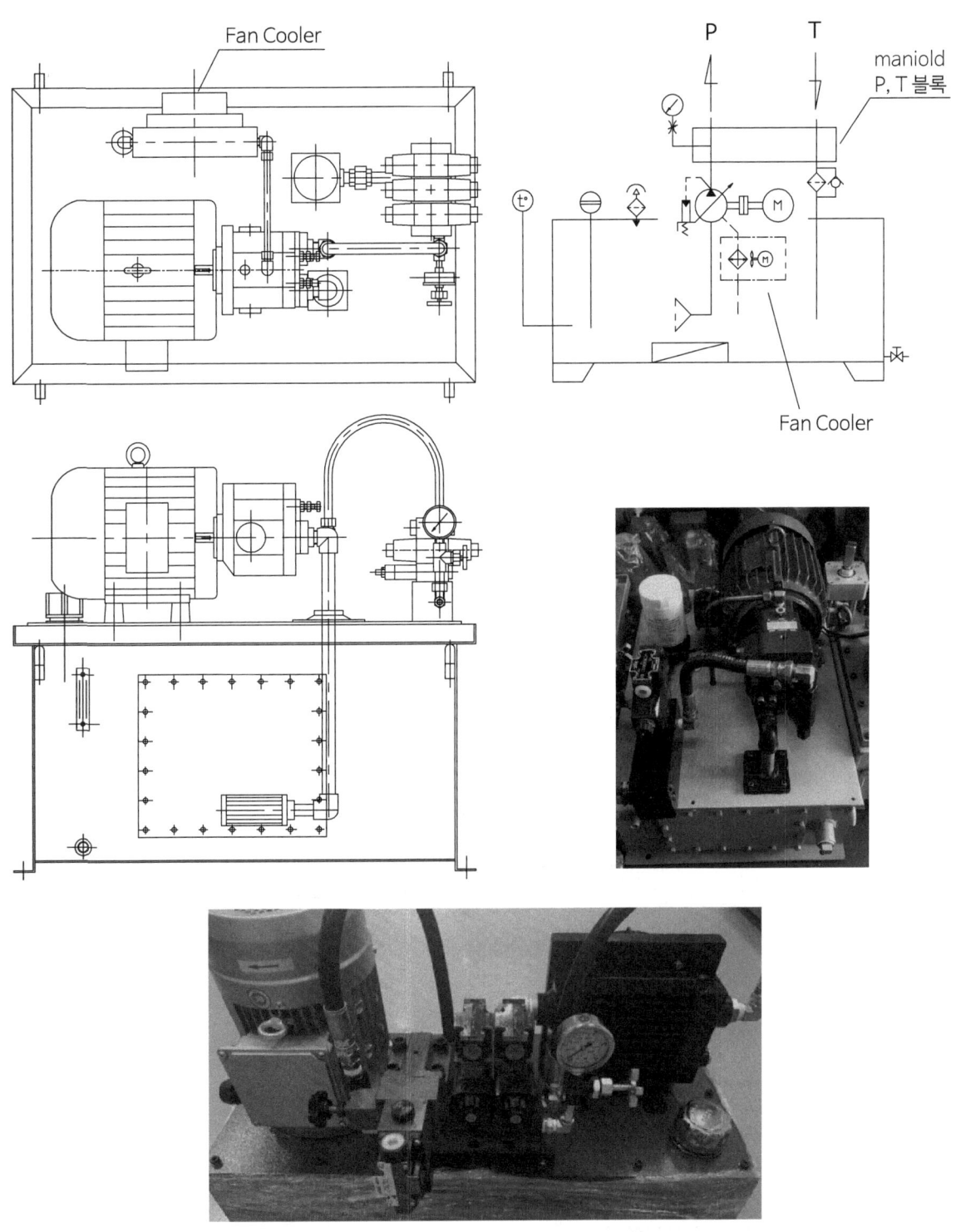

4) 유압유닛 기본 회로의 구성 예 4

유압유가 오염되면 초정밀 유압기기가 심각한 손상이 예상되어 흡입필터, 라인필터, 리턴필터, 마그네트 세퍼레이터를 장착하고 과도한 발열이 예상되어 유온 제어를 위하여 수냉식 쿨러, 히터, 온도 감지센서, 온도계를 장착하고 외부요인으로 오일탱크의 유압 작동유가 넘치거나 줄어지는 경우를 방지하기 위하여 플로트 스위치(레벨 스위치)를 장착한 회로이다(냉각장치에 팬 쿨러, 냉동쿨러를 장착하는 경우도 있다).

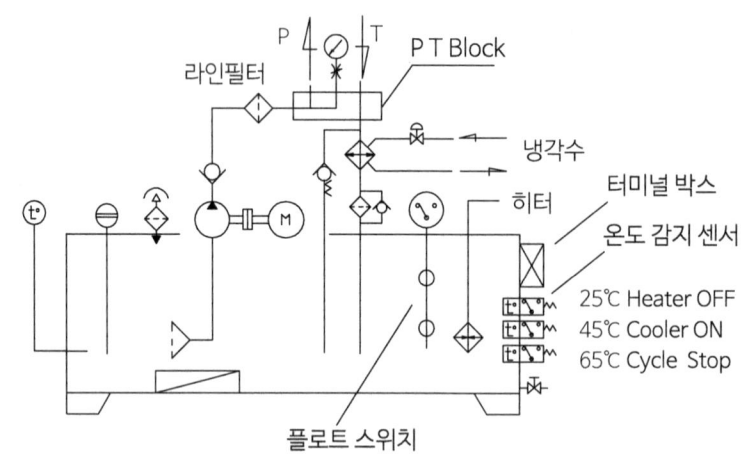

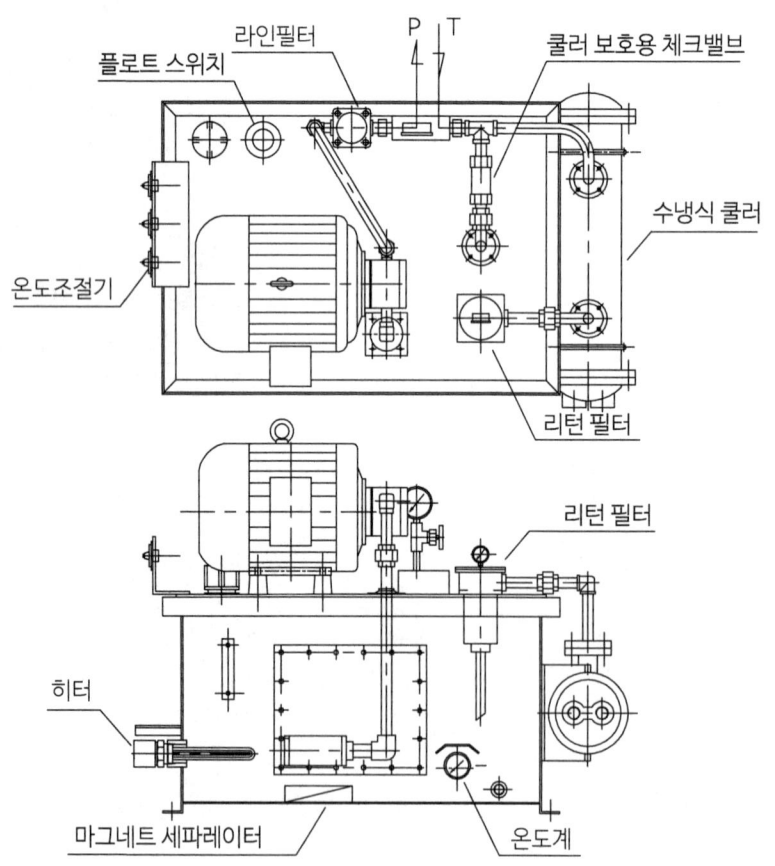

5) 유압유닛 기본 회로의 구성 예 5

부득이 오일탱크 상단에 모터, 펌프를 장착하지 못할 때 외부 흡입필터, 게이트 밸브를 장착한다.

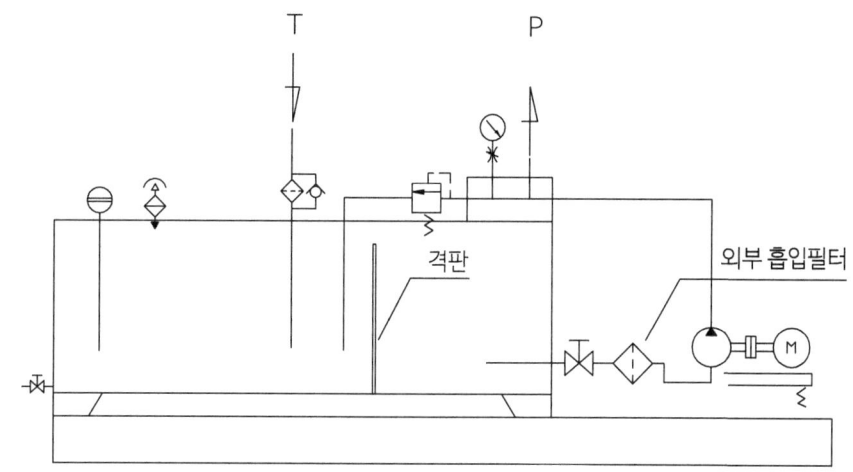

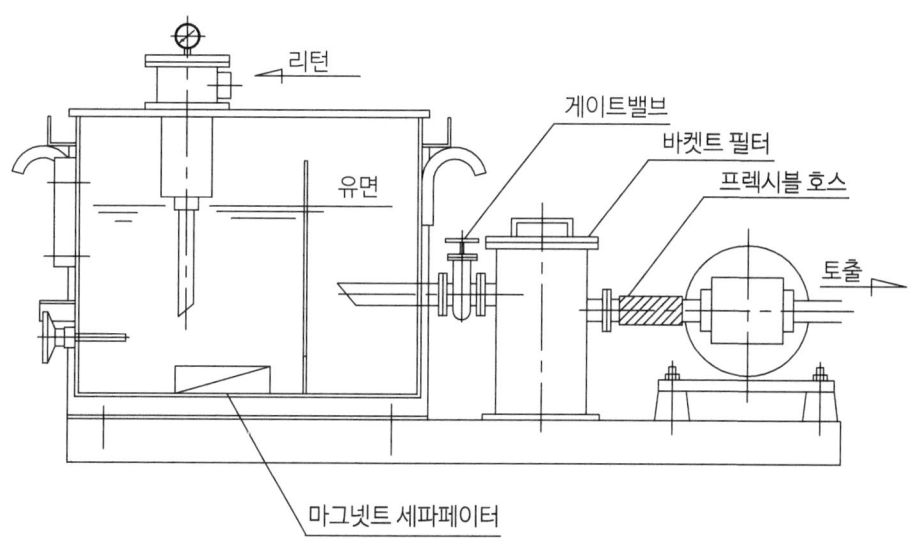

제2절 오일탱크

오일탱크는 유압펌프 및 유압 액추에이트(유압실린더, 유압모터)가 필요로 하는 유압작동유를 저장하는 용기로서 탱크의 크기나 구조는 설계자가 여러 조건을 감안하여 결정한다.

일반적으로 펌프 유량의 3배에서 7배 이상으로 실린더의 최대 행정일 때 감소량의 3배 이상의 용량으로 결정한다.

탱크의 크기를 필요 이상으로 크게 하면 탱크의 제작비와 탱크가 차지하는 공간이 커서 적당한 크기로 해야 한다(탱크상면에 배치되는 유압기기의 공간도 고려한다).

탱크의 크기를 작게 하면 유압작동유가 일을 하고 탱크로 리턴하는데 리턴된 유압작동유가 침전 및 기포가 없어지는 최소한의 시간 이전에 다시 펌프에 흡입되면 유압기기에 심각한 손상을 일으키며, 또한 탱크의 크기를 작게 하면 압력에 의하여 발열이 나는데 자연냉각 기능을 상실하여 유온 관리가 어렵다.

1 기본 오일탱크

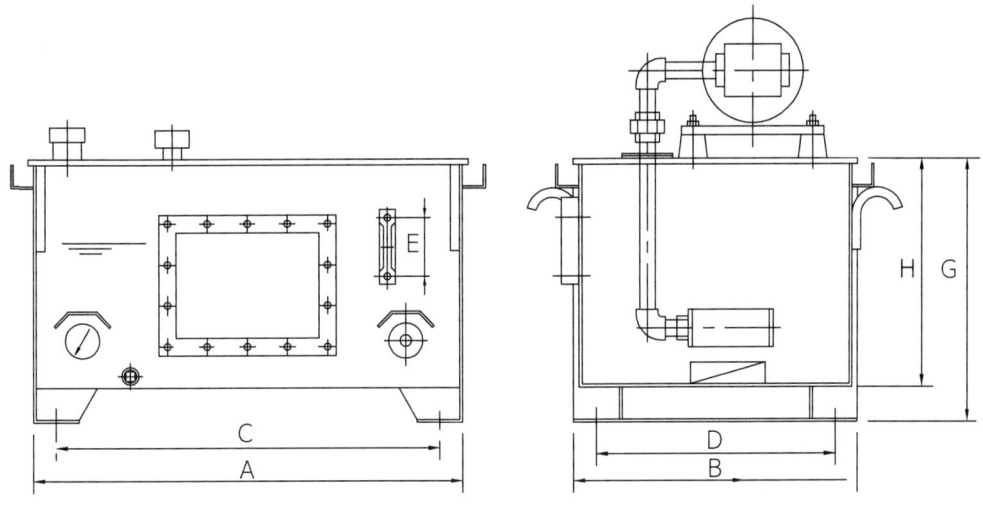

	A	B	C	D	E	H	G
40 L	550	400	470	340	80	280	320
80 L	600	400	520	340	80	330	380
100 L	750	500	670	440	100	370	420
150 L	900	550	820	490	100	400	450
200 L	1,000	600	900	520	150	430	480
300 L	1,200	700	1,100	620	150	450	500
500 L	1,500	800	1,400	700	200	470	520
700 L	1,800	900	1,700	800	300	550	600
1,000 L	2,000	1,000	1,900	900	300	600	650

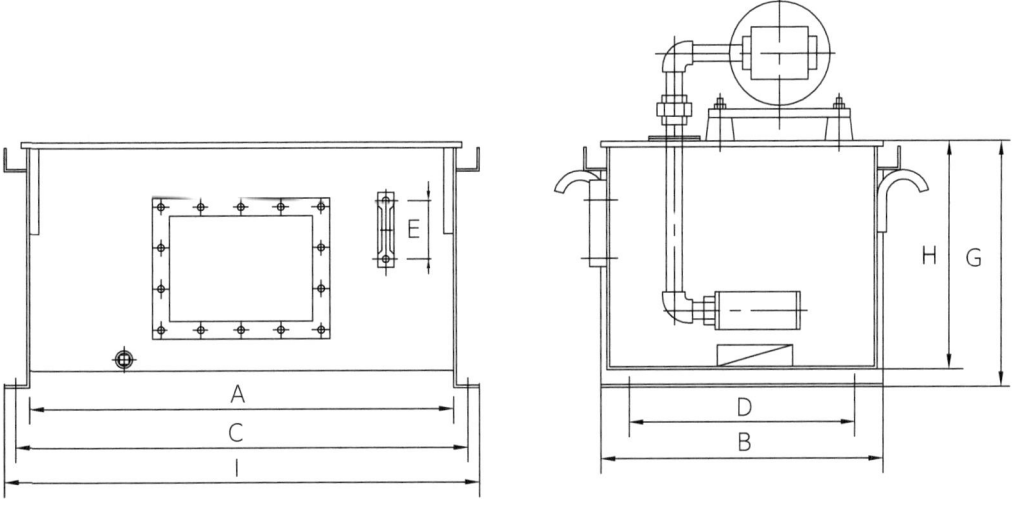

	A	B	C	D	E	H	G	I
40 L	550	400	600	340	280	300	650	80
80 L	600	400	650	340	330	350	700	80
100 L	750	500	800	440	370	390	850	100
150 L	900	550	950	490	400	420	1,000	100
200 L	1,000	600	1,050	520	430	450	1,100	150
300 L	1,200	700	1,250	620	450	470	1,300	150
500 L	1,500	800	1,550	700	470	490	1,600	200
700 L	1,800	900	1,850	800	550	570	1,900	300
1,000 L	2,000	1,000	2,050	900	600	620	2,100	300

2 점검창(청소창)

오일탱크의 점검창은 유닛 흡입 배관이나 내부 도장, 청소를 하기위하여 미리 점검창을 설치하는데 설계자마다 규격이 달라서 정리하였다.

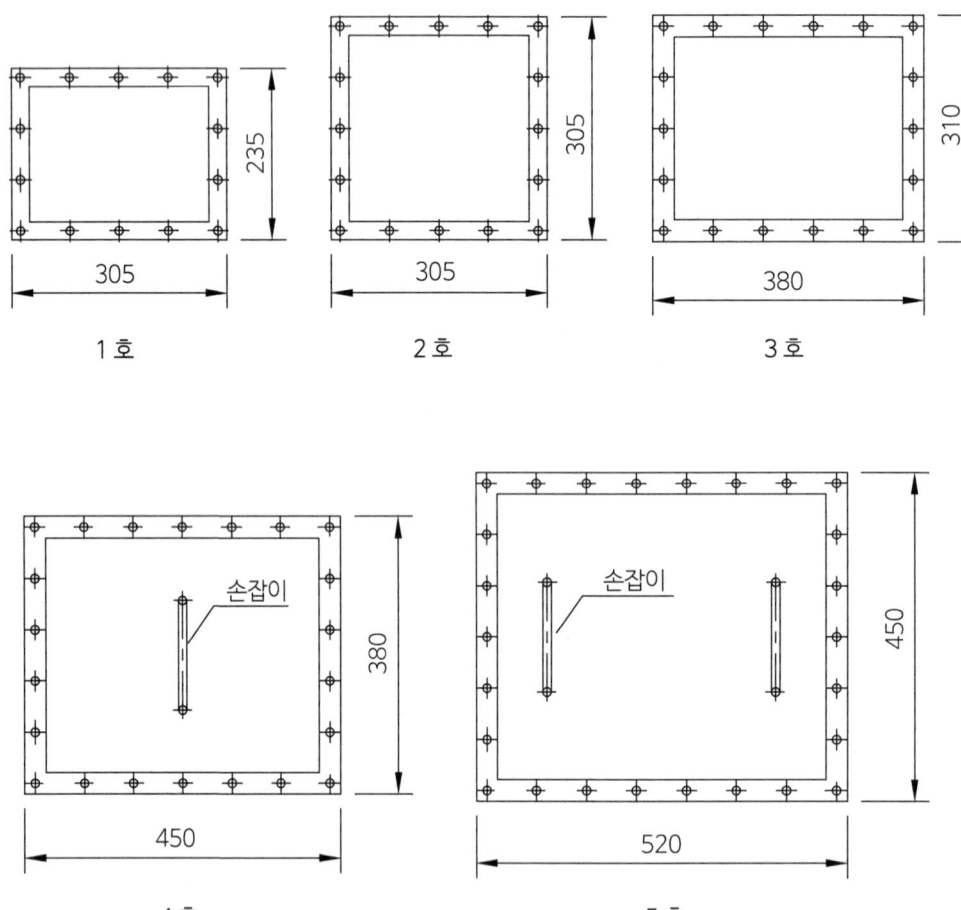

	점검창 규격	점검창 수량	볼트 규격	철판 뚜께
40 L	1호	1개	M10	4.5 T
80 L	2호	1개	M10	4.5 T
100 L	3호	1개	M10	4.5 T
150 L	3호	1개	M10	4.5 T
200 L	4호	2개	M10	6 T
300 L	4호	2개	M10	6 T
500 L	4호	2개	M10	6 T
700 L	5호	2개	M10	8 T
1,000 L	5호	2개	M10	8 T

점검창 패킹

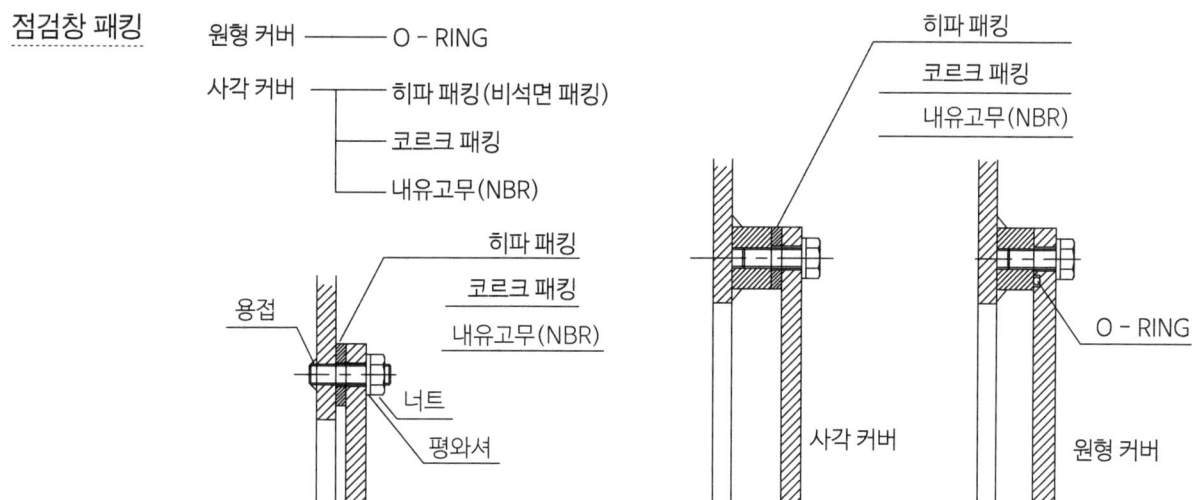

3 리프팅 러그(Lifting lug)

유압유닛을 운반이나 이동할 때 필요한 고리로서 탱크 설계할 때 반드시 고려해야 한다.

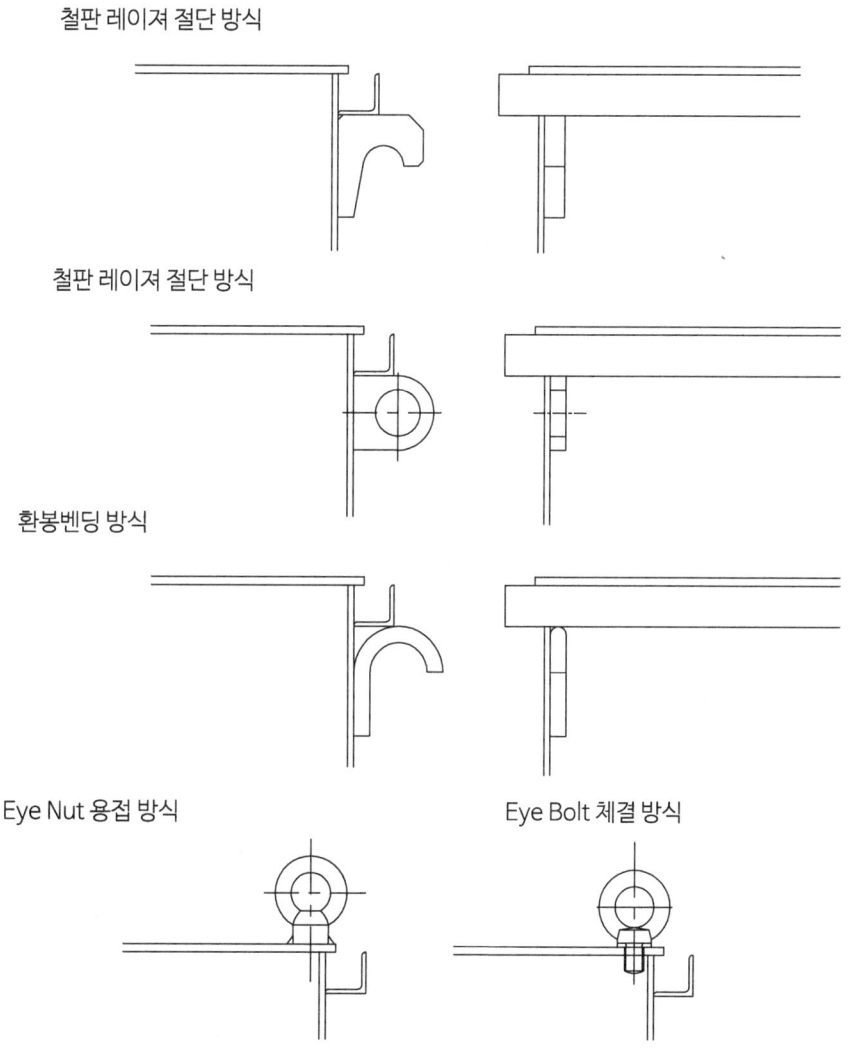

유압유닛의 흡입 배관과 리턴(드레인) 배관의 격판 구성

유압유닛의 흡입 배관과 리턴(드레인) 배관은 탱크 내부에 격판으로 가능하면 격리시켜야 한다.

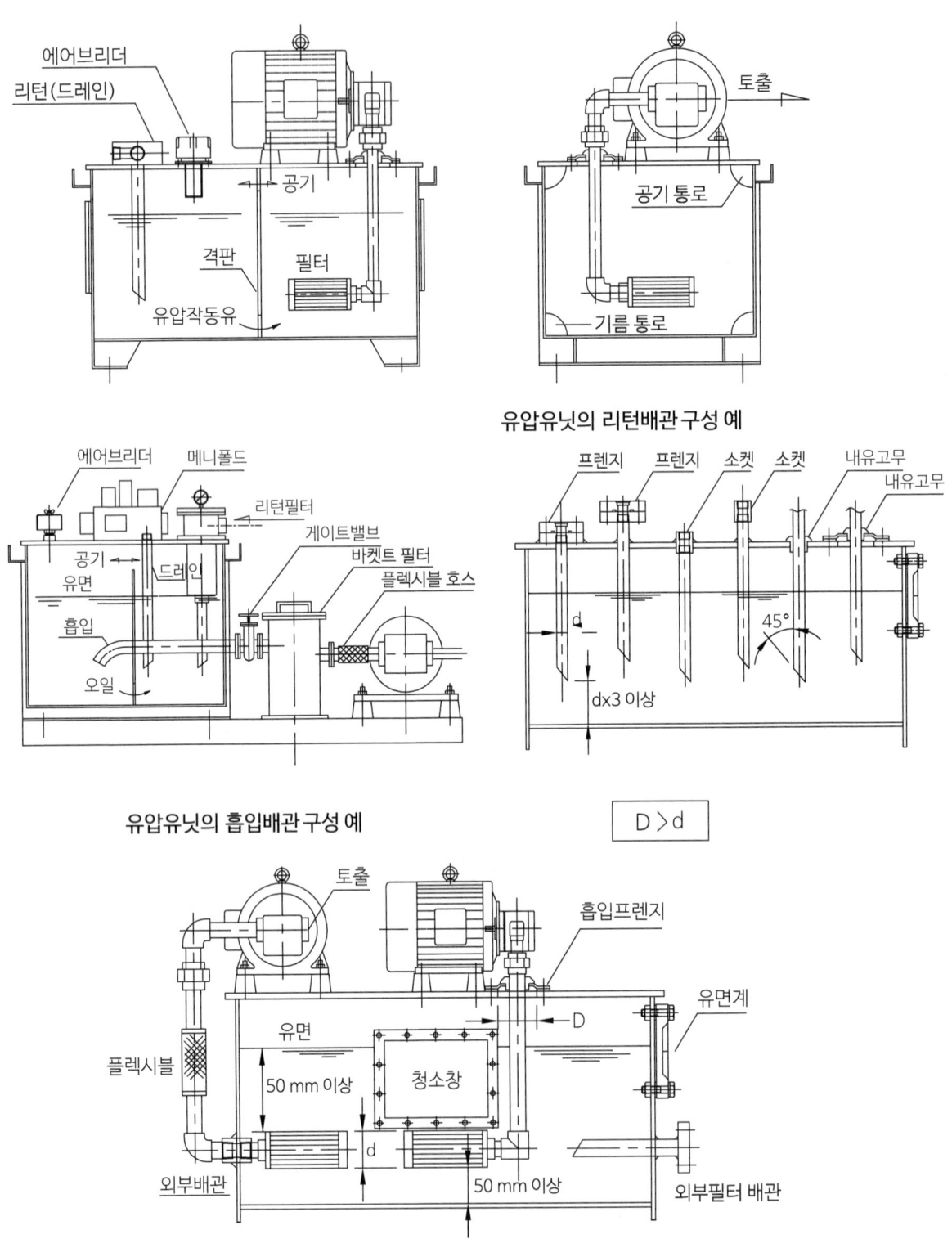

부득이 외부 배관을 할 경우에는 배관길이에 의하여 펌프에 영향을 미치지 않게 주의가 요구된다.

또한 흡입 필터의 오염도를 점검하고 교체를 하게 되는데 필터를 외부에 꺼내서 점검하기 어려워 흡입 배관에서는 금기시 한다.

유압유닛의 도장

유압유닛의 도장은 완벽한 탈지 후 도장을 하는데 유압유닛의 설치 장소에 따라(염도, 습도, 온도) 도장방법을 고려한다.

일반도장, 열처리도장, 액체도장, 분체도장, 전착도장, 락카스프레이 등 전처리도 탈지만 할 것인가 아니면 샌딩, 쇼트를 할 것인가를 상황에 따라 결정하며 도막두께도 규정에 따라 도장하여야 한다.

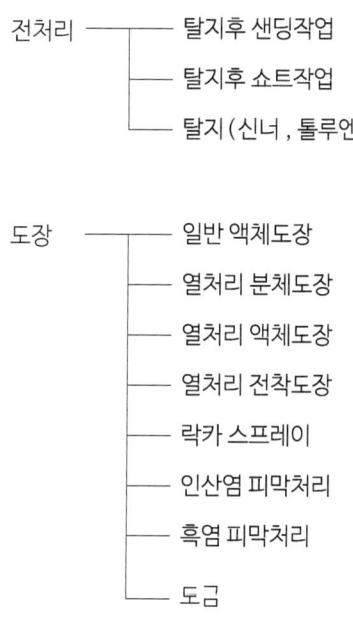

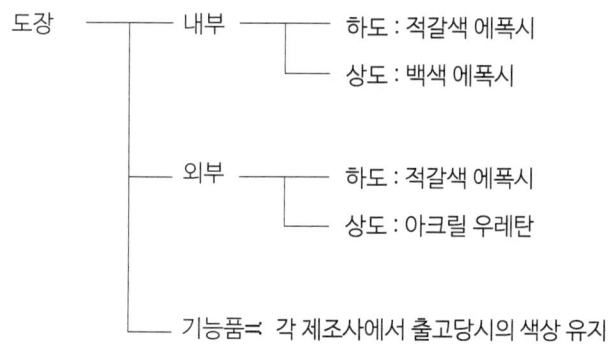

제3절 구동장치

1 전동기(Electric motor)

전동기(모터)는 전기적 에너지를 기계적 회전에너지로 변환하여 회전시키는 기기이다. 국내 생산되는 전동기는 여러 종류가 있으나 유압유닛에 적용하는 전동기로 제한한다.

1) 전동기의 종류
① 고효율 전동기(High Efficiency Motor)
② 삼상 유도 전동기(3-Phase Induction Motor)
③ 단상 유도 전동기(Single Phase Induction Moto)
④ 유압펌프용 유도전동기(Hydraulic Pump Type Motor)
⑤ 인버터 모터(Inverter Motor)
⑥ 서보 모터(Servo Motor)

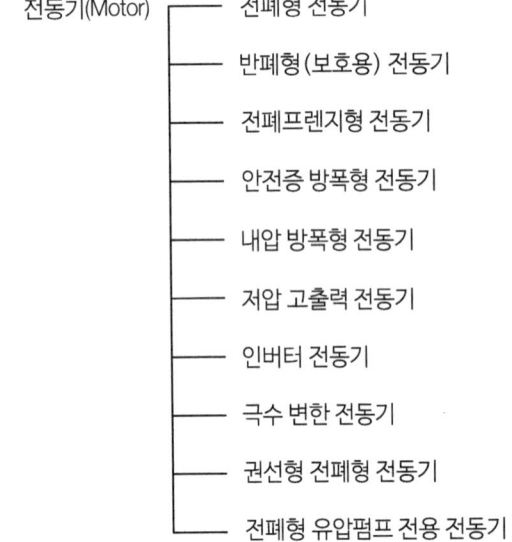

Frame No.에 따른 분류

Frame No.	출력(Kw)				축	
	2 P	4 P	6 P	8 P	축경	공차
80 M	0.75	0.75			Ø19	+0.009 -0.004
90 L	1.5/2.2	1.5	0.75	0.4	Ø24	+0.009 -0.004
100 L		2.2	1.5	0.75	Ø28	+0.009 -0.004
112 M	3.7	3.7	2.2	1.5	Ø28	+0.009 -0.004
132 S	5.5/7.5	5.5	3.7	2.2	Ø38	+0.018 -0.002
132 M		7.5	5.5	3.7	Ø38	+0.018 -0.002
160 M	11/15	11	7.5	5.5	Ø42	+0.018 -0.002
160 L	18.5	15	11	7.5	Ø42	+0.018 -0.002
180 M	22	18.5/22	15	11	Ø48	+0.018 -0.002
180 L	30	30	18.5/22	15	Ø55	+0.030 -0.011
180 L	37/45	37/45	30/37	18.5/22	Ø55	+0.030 -0.011
225 S	55	55	45	30	Ø60	+0.030 -0.011
250 S	75	75	55	37	Ø55	+0.030 -0.011
250 M	90	90	75	45	Ø65	+0.030 -0.011
280 S	110	110	90	55	Ø55	+0.030 -0.011
280 M	132	132	110	75	Ø75	+0.030 +0.011
280 L	160	160	132	90	Ø95	+0.035 +0.013
315 S	160	160	132	90	Ø75	+0.030 +0.011
315 M	200	200	160	110/132	Ø95	+0.035 +0.013

전압, 극수, 주파수에 따른 분류

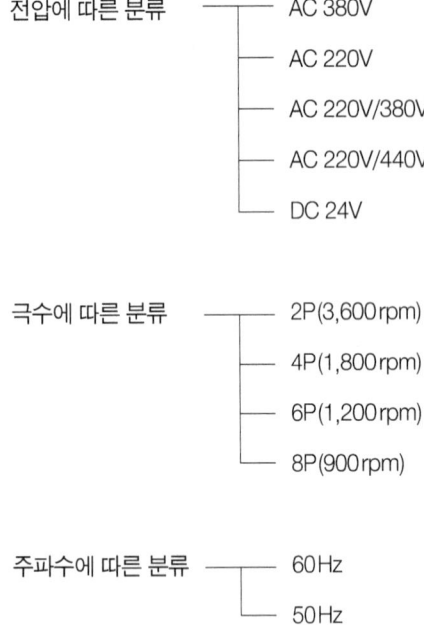

참고로 엔진을 사용하여 유압펌프를 구동할 때는 엔진의 회전수를 2,000rpm으로 추정한다.

	극수			사용지역
	4극	6극	8극	
60Hz	1,740rpm	1,150rpm	860rpm	한국, 일본 일부
	(1,800)	(1,200)	(900)	미국
50Hz	1,450rpm	960rpm	720rpm	일본 일부, 베트남
	(1,500)	(1,000)	(750)	중국, 태국 등 동남아

2) Motor의 선정

① Motor 마력(HP, Kw)

② Motor 회전수 ─┬─ 4P(1,800 rpm)
　　　　　　　　└─ 6P(1,200 rpm)

③ Motor 전압 ─┬─ AC 220V(단상, 삼상)
　　　　　　　├─ AC 380V
　　　　　　　├─ AC 440V
　　　　　　　└─ DC 24V

④ Motor 주파수 ─┬─ 60Hz
　　　　　　　　└─ 50Hz

⑤ Motor용량 : 최고 사용압력과 유압 펌프의 유량에 비례한다.

$$\text{Motor(HP)} = \frac{P(\text{최고 사용압력}) \times Q(\text{펌프의 유량})}{450(\text{상수}) \times 모터효율(약\ 85\%)}$$

$$\text{Motor(Kw)} = \frac{P(\text{최고 사용압력}) \times Q(\text{펌프의 유량})}{612(\text{상수}) \times 모터효율(약\ 85\%)}$$

1 HP = 750W (0.75 Kw)

HP	1	2	3	5	7.5	10	15	20	25	30	40	50	75	100
Kw	0.75	1.5	2.2	3.7	5.5	7.5	11	15	19	22	30	37	55	75

3) 유압 장치에 펌프를 2련으로 사용하는 모터의 계산

 2련 펌프와 결합된 모터를 구동할 때 모터의 계산은 대유량 펌프와 소유량 펌프가 동시에 동작할 때와 대유량 펌프가 Sequence Valve의 설정 압력에 도달하면 대유량 펌프는 소유량 펌프 압력에 의하여 Oil Tank로 Return되고 소유량 펌프만 작동할 경우로 구분하여 각 구간 압력에 따라 소요 동력을 계산하여 가장 높은 구간의 소요 동력에 무부하 기동 동력을 합산하여 Motor 마력을 결정한다.

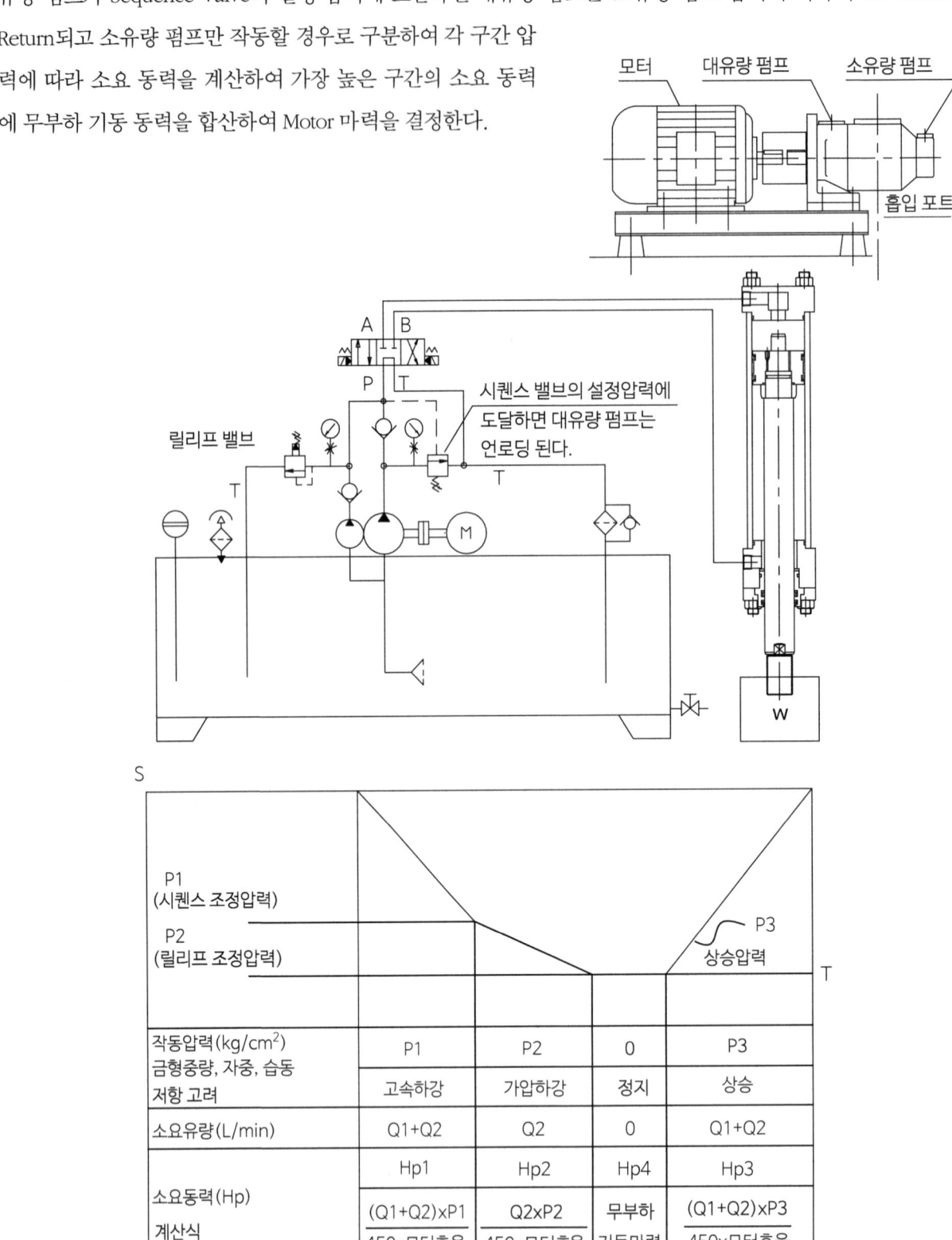

작동압력(kg/cm²) 금형중량, 자중, 습동 저항 고려	P1	P2	0	P3
	고속하강	가압하강	정지	상승
소요유량(L/min)	Q1+Q2	Q2	0	Q1+Q2
소요동력(Hp) 계산식	Hp1 $\dfrac{(Q1+Q2) \times P1}{450 \times 모터효율}$	Hp2 $\dfrac{Q2 \times P2}{450 \times 모터효율}$	Hp4 무부하 기동마력	Hp3 $\dfrac{(Q1+Q2) \times P3}{450 \times 모터효율}$

소요동력(Hp) = Hp1, Hp2, Hp3 중 가장 높은값 + Hp4 값을 합산한 값으로 결정

4) 양축 모터를 사용한 유압장치의 경우

유압장치에 2련 펌프로는 도저히 유량과 압력을 만족하지 못할 때 부득이 양축모터를 사용하며 또한 펌프 2대 모터 2대로 구성하는 것보다 여러 조건을 감안할 때 유리하다고 판단될 때 구성하는 방식이다.

모터 마력 계산은 2련 펌프 계산과 동일하다.

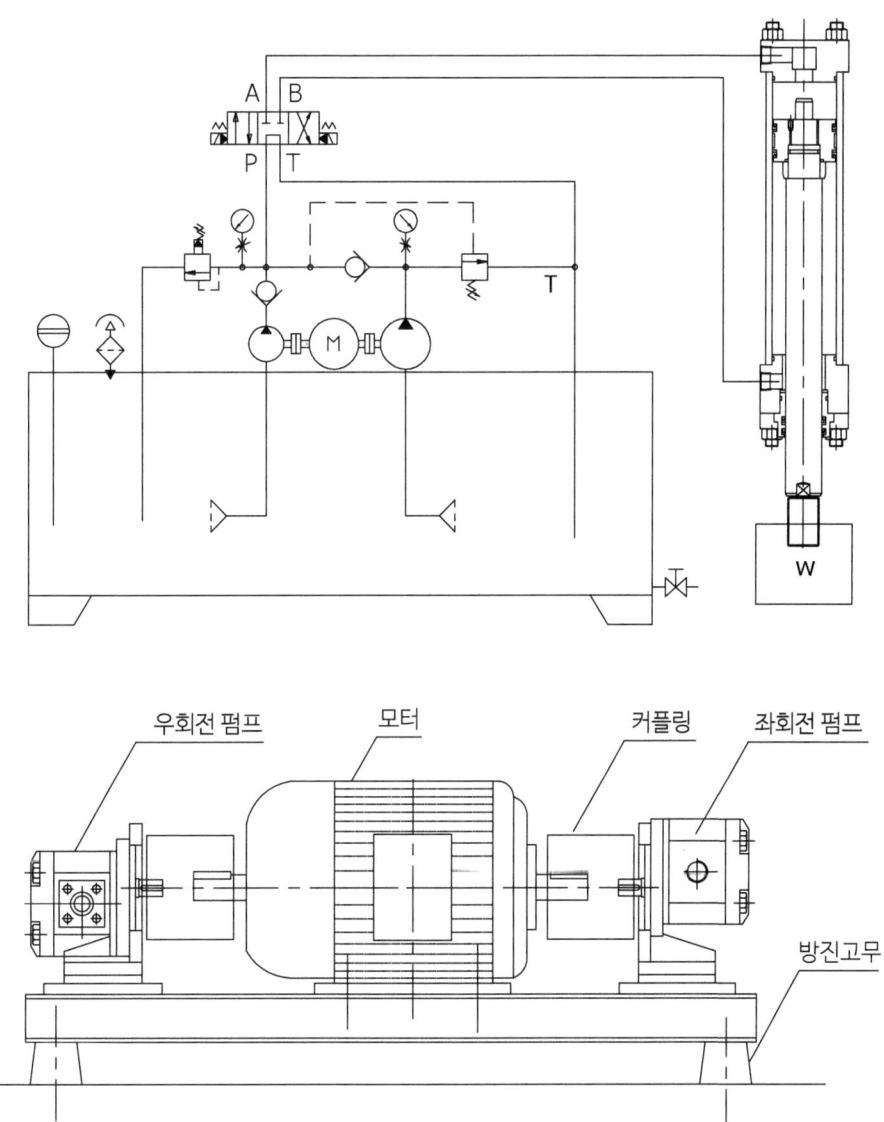

여기서 주의해야 할 사항은 모터의 회전방향에 따른 펌프의 회전 방향을 고려하여 펌프를 선정하여야 한다.

2 유압펌프

유압펌프는 오일탱크의 유압작동유를 전동기(Motor) 또는 수동에 의하여 구동시켜 유압유를 흡입해서 토출구로 보내며 토출된 유압유는 각종 제어밸브에 의하여 Actuator(실린더, 유압모터)를 작동시키는 유압 기기이다(구동장치의 기계적 에너지를 유압에너지로 전환).

1) 유압펌프의 종류

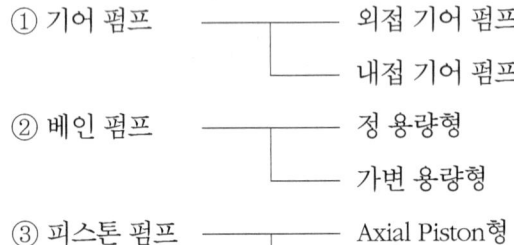

① 기어 펌프 ─── 외접 기어 펌프
　　　　　　　└── 내접 기어 펌프
② 베인 펌프 ─── 정 용량형
　　　　　　　└── 가변 용량형
③ 피스톤 펌프 ── Axial Piston형
　　　　　　　└── Radial Piston형
④ 나사 펌프
⑤ 수동 핸드 펌프

유압펌프는 제3장 유압기기편에서 상세설명을 한다.

2) 유압펌프 선정의 기본계산

유압펌프 선정의 기본계산은 다음과 같다.

$Q = A \times V$ 여기서, Q (펌프의 유량) ──── L/min
　　　　　　　　　　　A (유압실린더 단면적) ──── cm^2
　　　　　　　　　　　V (유압실린더의 이송속도) ── cm/min

예제 유압실린더의 내경이 80mm이고 실린더 전진 속도가 20mm/sec이면 펌프유량 Q는?

(풀이) $A = \dfrac{\text{실린더 내경}(8cm)^2 \times 3.14}{4} = 약\ 50cm^2$

$V = 2cm \times 60sec = 120cm/min$

펌프유량 $Q = 50 \times 120 = 6,000cc/min = 6L/min$이다.

3) 유압펌프의 선정

펌프의 유량	펌프의 압력	펌프의 종류	최고사용압력
2 – 3(cc/rev)	35 미만(bar)	외접 기어 펌프	350 bar
3 – 4		고정 용량형	
4 – 6	35 – 70	내접 기어 펌프	350 bar
6 – 8		고정 용량형	
8 – 10	70 – 100	베인 펌프	250 bar
10 – 12		고정 용량형	
12 – 15	100 – 140	가변 베인 펌프	70 bar
16			
22	140 – 210	피스톤 펌프	500 bar
37		고정 용량형	
55	210 – 315	가변 피스톤 펌프	210 bar
80		가변 피스톤 펌프	500 bar
107	210 – 350	나사 펌프	500 bar
160		고정 용량형	
225	210 – 500	핸드 펌프	700 bar
250		고정 용량형	
500	210 – 700		

4) 유압펌프의 설치

① 구동축과 펌프 축의 연결에는 Flexible Coupling을 사용하여 축에 Radial 하중 및 Thrust 하중이 걸리지 않도록 한다.
② 펌프의 축심은 구동축과 편심오차를 0.05mm 이하, 각도오차를 최대 0.5 이내로 한다.
③ 펌프축에 커플링을 결합할 때 커플링 폭의 최소 2/3 이상 길이로 결합한다.
④ 펌프 부라켓 및 구동부(모터 또는 엔진) 베이스는 충분히 강성이 있는 것으로 한다.
⑤ 펌프 흡입측 압력은 −0.03MPa 이상(흡입 포트 유속은 2m/sec 이내)으로 한다.
⑥ 펌프 드레인 배관은 펌프 본체의 최상단부보다 높게 올리고 탱크에 단독 배관한다.

3 커플링(Coupling)

커플링은 전동기(엔진)가 유압펌프를 회전시키는데 모터축과 펌프축을 연결하는 동력 전달장치이다.

커플링은 전동기(엔진)가 회전하면서 발생되는 진동, 충격을 흡수하면서 동력을 전달하고 조립시 발생되는 두 축의 편심, 정렬오차를 흡수하는 특성을 가진다.

1) 커플링의 종류
직결형 결합

직결형 결합은 일반적으로 가장 간단하고 공간 활용 등을 고려하여 커플링 없이 모터축에 펌프축을 직결형으로 결합하는 방식이다.

모터 펌프가 소형일 때 많이 사용되며 경제적이나 직결 방식이므로 모터축과 펌프축의 얼라이먼트 즉 동심이 맞지 않으면 펌프나 모터측 키 부분이 파손되는 단점이 있다.

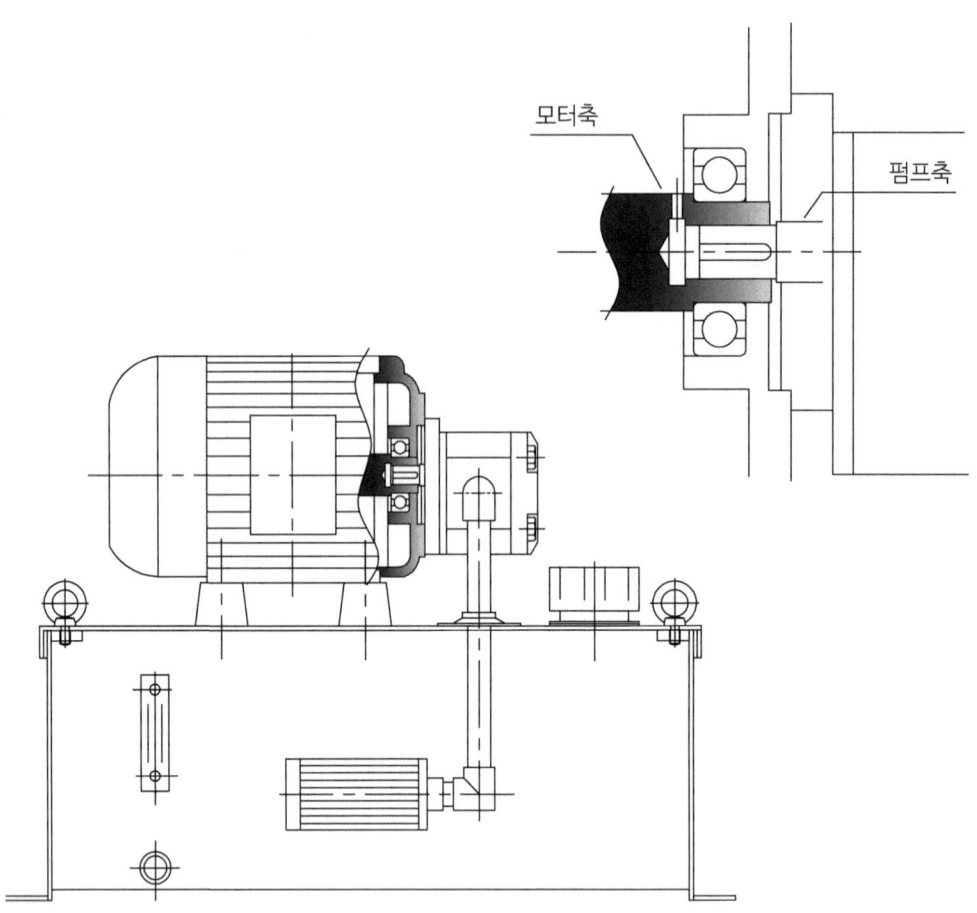

조 플렉스 커플링

조 플렉스 커플링은 모터축과 펌프축에 각각의 조 형태의 플랜지와 두 플랜지 사이에 우레탄 고무가 삽입되어 충격과 진동을 흡수하며 구동된다.

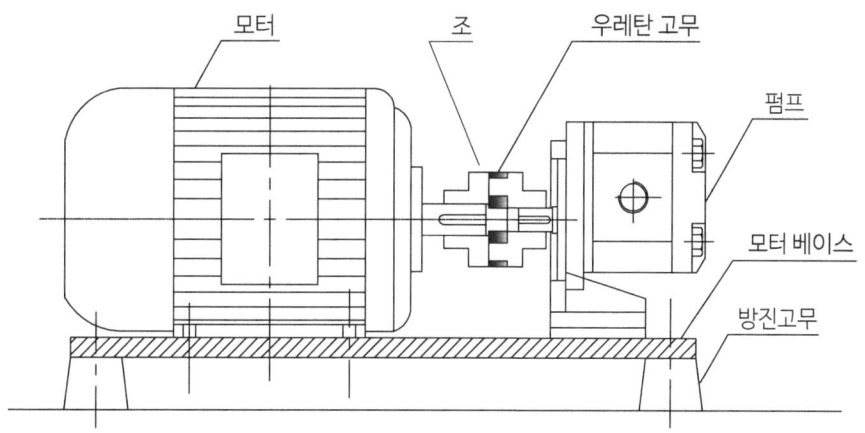

체인 커플링

체인 커플링은 모터축과 펌프축에 각각의 체인기어를 체인으로 연결하여 동력 전달을 함으로 충격과 진동을 흡수한다.

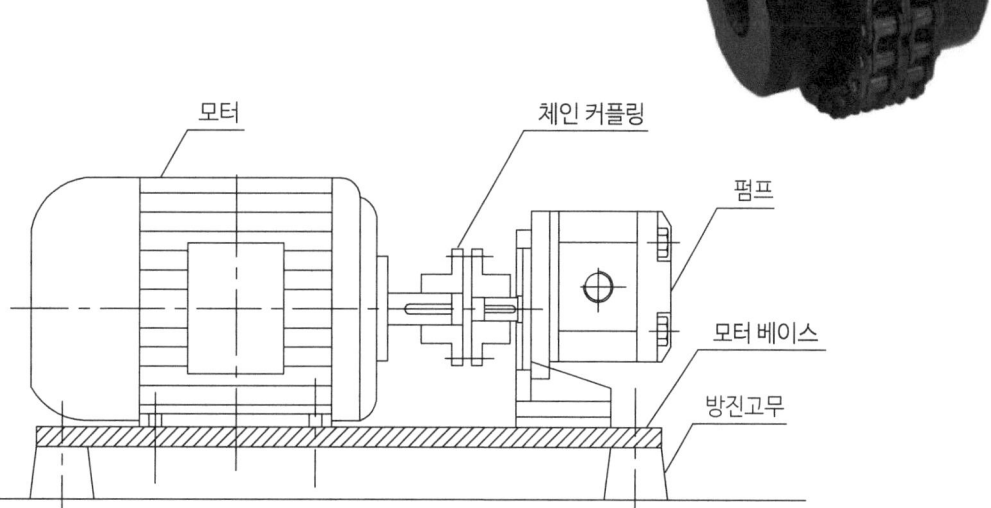

플랜지 커플링

플랜지 커플링은 모터축과 펌프축을 플랜지로 연결하는 방식이다. 플랜지의 한쪽방향 연결볼트에 고무링을 삽입하여 충격을 흡수시킨다.

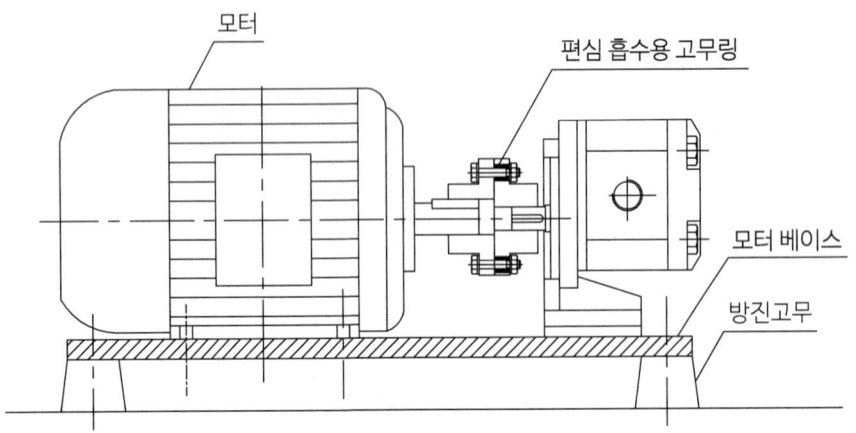

기어 커플링

기어 커플링은 모터축과 펌프축에 조건에 따라 한쪽은 외접기어 또다른 한쪽은 내접기어를 적용하여 동력을 전달하는 구조로 제조사마다 각기 다양한 구조로 개발되어 있다.

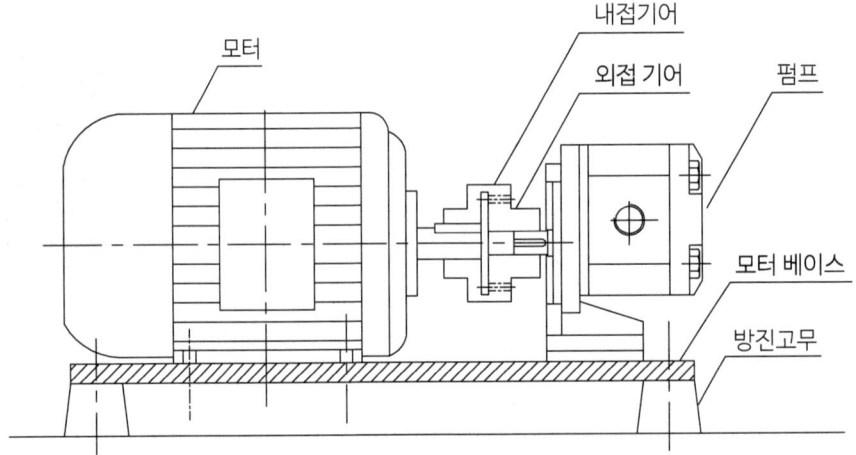

유체 커플링(fluid coupling)

유체 커플링은 각각의 회전체에 유체의 중개로 회전을 전달하는 구조로 동력 전달은 물론 변속 기능 토크 제어 등 다양한 기능을 제어할 수 있으며 원격 제어도 가능하여 최근에 급속도로 발전하게 되었다.

이 원리를 적용하여 자동차의 오토미션 등 초대형 엔진, 항공기 첨단 군사장 등 다방면에 적용되고 있다.

이 이외에도 수많은 커플링이 개발되어 있으나 유압펌프에 적용되는 커플링으로 제한한다.

각 커플링의 특성 비교

커플링 구분	동력 전달	진동, 충격흡수	편심, 정열	경제성, 작업성	회전속도
직결형	1~10 Hp	나쁨	나쁨	매우 좋음	중속
조 플렉스 커플링	1~50 Hp	좋음	좋음	좋음	고속
체인 커플링	1~100 Hp 이상	비교적 좋음	비교적 좋음	비교적 좋음	중속
그리드 커플링	1~100 Hp	비교적 좋음	비교적 좋음	비교적 좋음	중속
플랜지 커플링	1~100 Hp 이상	비교적 좋음	비교적 좋음	비교적 좋음	저속
고무 커플링	1~50 Hp	비교적 좋음	좋음	비교적 좋음	고속
기어 커플링	1~100 Hp 이상	비교적 좋음	좋음	비교적 좋음	저속
유체 커플링	1~100 Hp 이상	좋음	좋음	까다로움	중속, 변속

2) 축심 맞춤(커플링의 조립)

펌프+모터는 상대축에 대해 커플링 선정이 중요하다. 일반적으로 커플링 제조사에서 해당 커플링의 동력 전달 능력을 명시하고 있는데 모터나 펌프의 조건에 따라 커플링의 종류, 규격을 결정한다.

여기서 펌프와 모터의 상호축심을 맞추지 않으면 진동과 이상음이 발생하고 커플링의 기대수명이 현저히 떨어진다. 따라서 펌프축과 모터축의 베어링이 단시간 내에 파손되며 펌프측 리테나의 수명 단축이 예상된다.

커플링의 조립은 전동기축과 펌프축이 편심이 되거나 기울어짐이 없어야 하고 대형이고 고가일 때는 더욱더 세심한 주의가 요구된다.

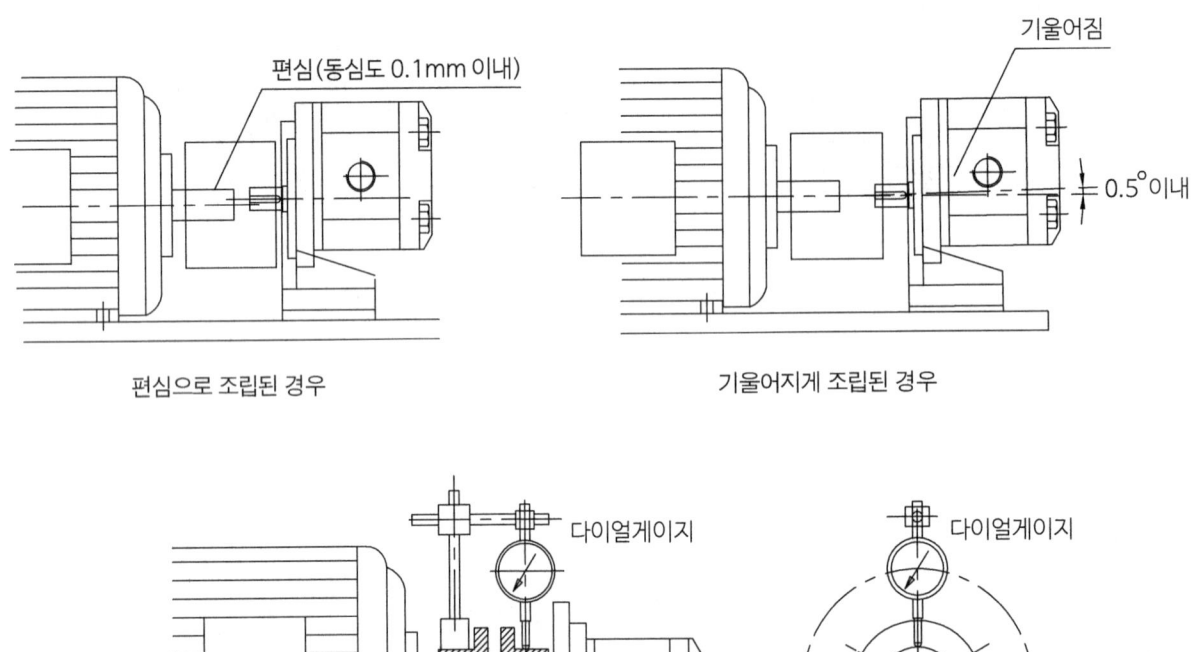

편심으로 조립된 경우

기울어지게 조립된 경우

펌프축을 고정하고 모터축을 회전시켜 두축의 동심도를 맞추어 고정한다.

커플링 조립 예(얼라이먼트 맞춤)

3) Belt 구동

부득이 펌프나 유압모터를 Belt나 Chain으로 구동할 때는 다음 그림과 같이 별도의 베어링을 사용하여 구동시키는 것이 펌프나 유압모터의 수명 연장에 도움이 된다.

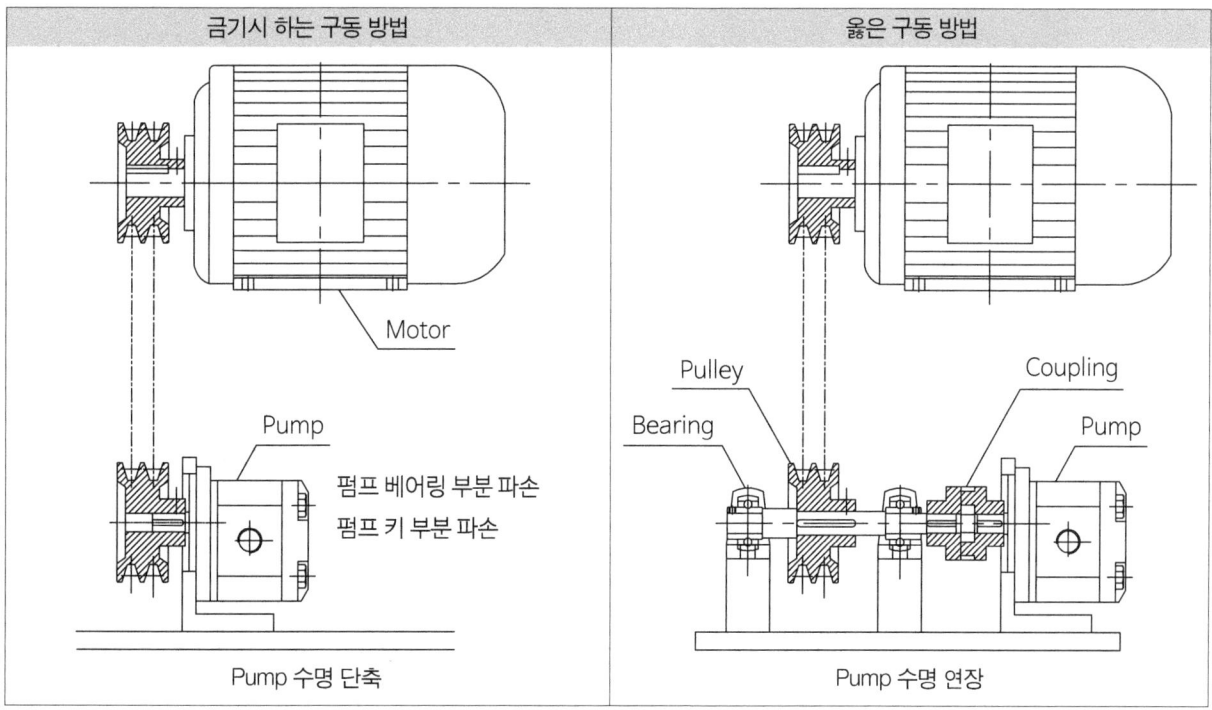

방진고무 및 흡입고무

방진고무는 모터베이스와 오일탱크 사이에 모터베이스를 고정하는 볼트로서 펌프 흡입배관 및 토출배관의 충격과 진동을 흡수하므로 펌프와 모터를 보호하는 역할을 한다.

흡입고무는 펌프의 흡입배관과 오일탱크 사이에 완충 역할을 하고 펌프를 보호한다. 또한 흡입 필터 교체 및 점검 청소에 도움을 준다.

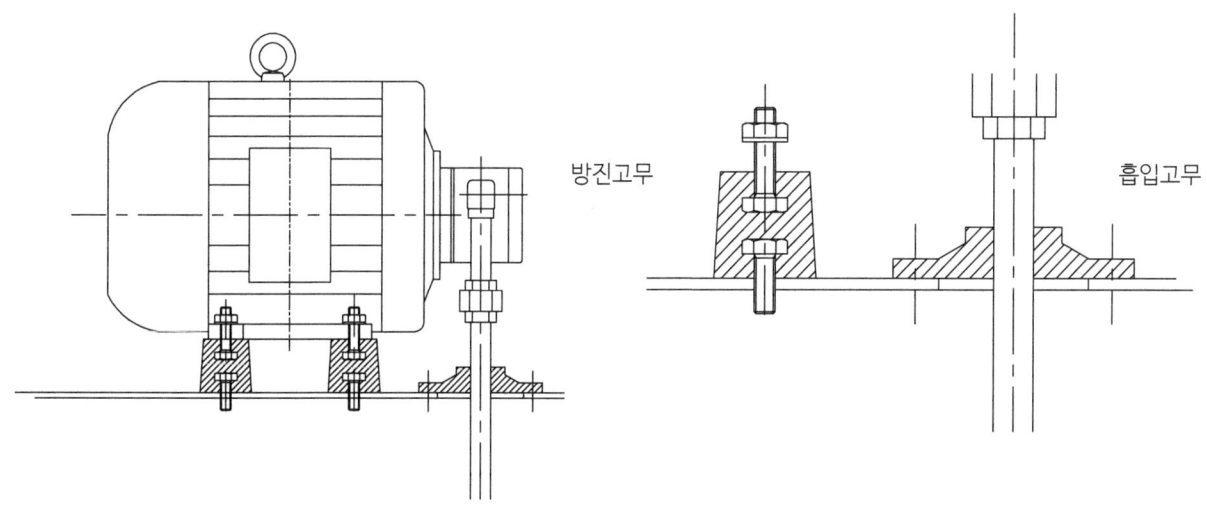

제4절 유압 압력 관련기기

유압유닛의 회로 내 압력을 표시하거나 압력을 검출 또는 감지하는 기기이다.

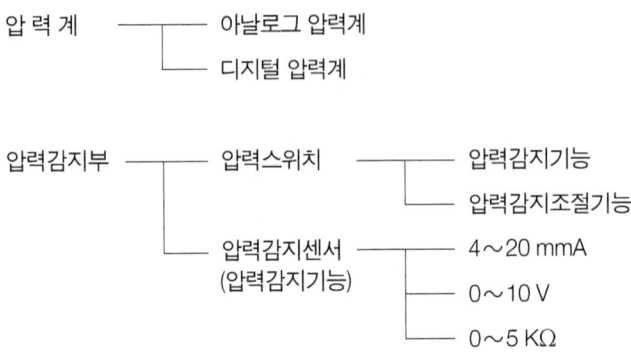

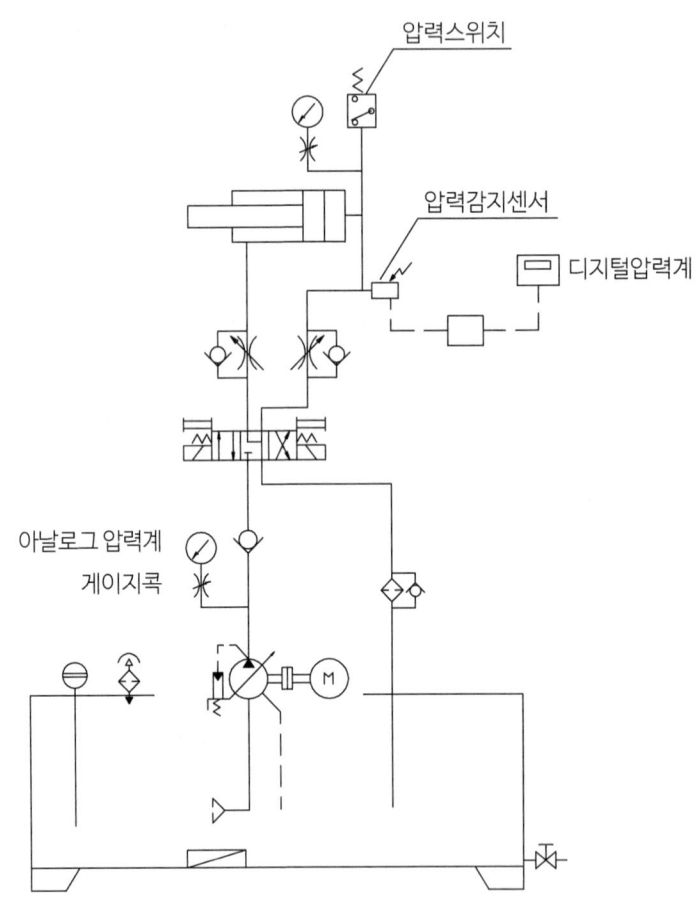

1 압력계

1) 압력계의 원리

압력계의 원리는 타원 모양의 단면에 유체의 압력이 가해지면 외측과 내측의 단면적 차이로 외측면에 더 큰 힘이 작용하여 부르돈관은 바깥으로 늘어나게 되며 이때 힘이 A 방향으로 작용하면 랙과 피니언이 회전하여 피니언에 고정된 바늘이 압력 스케일을 가르키게 되어 압력을 읽을 수 있는 구조이다.

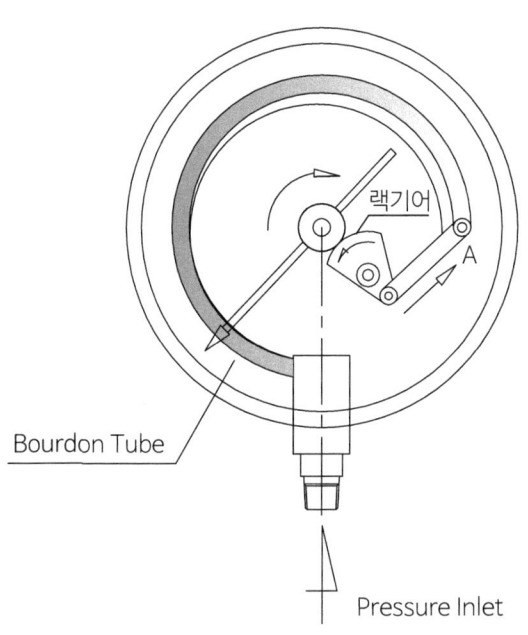

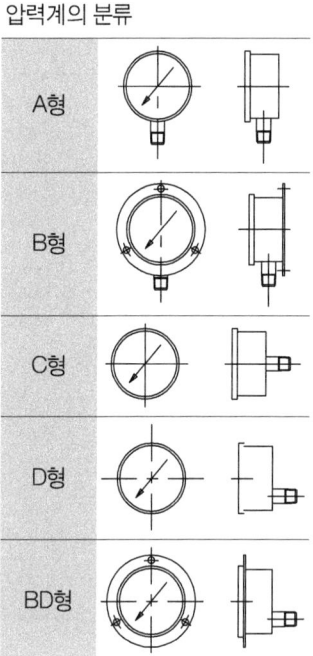

압력계의 분류

2) 압력 환산표

	bar	Mpa	kg/cm²	psi
1bar	1	0.1	1.01972	14.50377
1Mpa	10	1	10.1972	145.0377
1kg/cm²	0.980665	0.0980665	1	14.22334
1psi	0.0689476	0.0068948	0.070307	1
100 kg/cm²	98.0665	9.80665	100	1422.334
1,000 psi	68.9476	6.8948	70.307	1000

3) 디지털 압력계

디지털 압력계는 회로 내의 압력을 내장되어 있는 센서가 압력을 검출하여 디지털로 표시되는 압력계이거나, 압력 감지센서(Pressure Transmitter)의 시그널을 받아 PLC로 연결되고 PLC에서 인디케이터 또는 터치 스크린에 디지털로 표시되는 압력계이다.

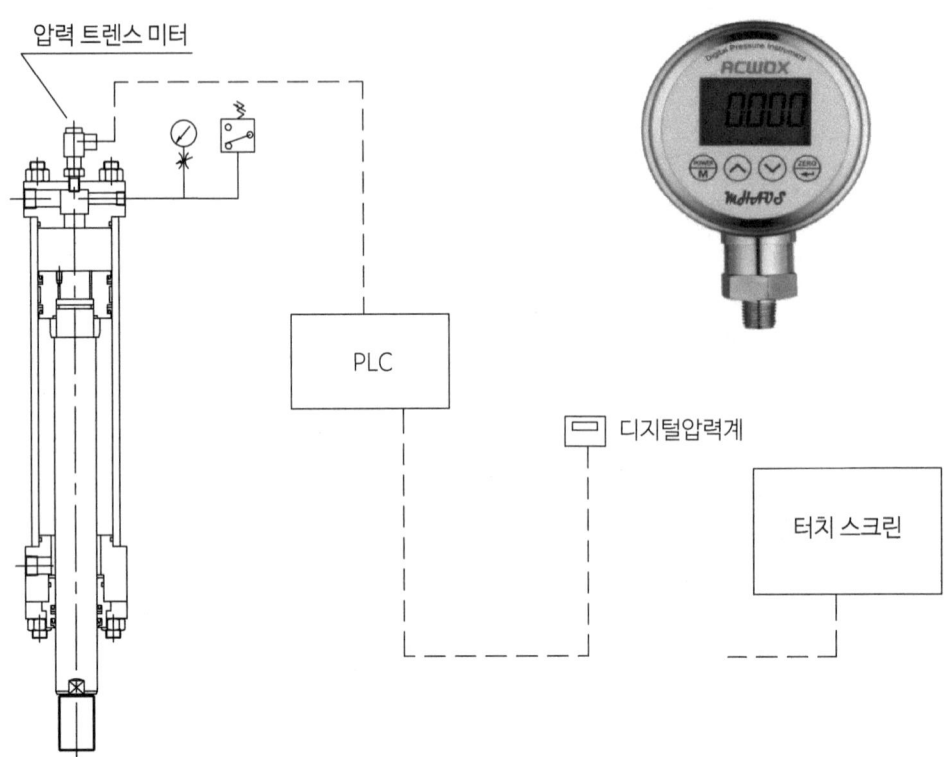

2 압력 감지부

1) 압력 감지센서(Pressure Transmitter)

압력 감지센서는 회로 내의 압력을 감지하여 PLC로 전달되고 PLC에서 표시 또는 지시를 원할 때 압력을 감지하는 기기이다.

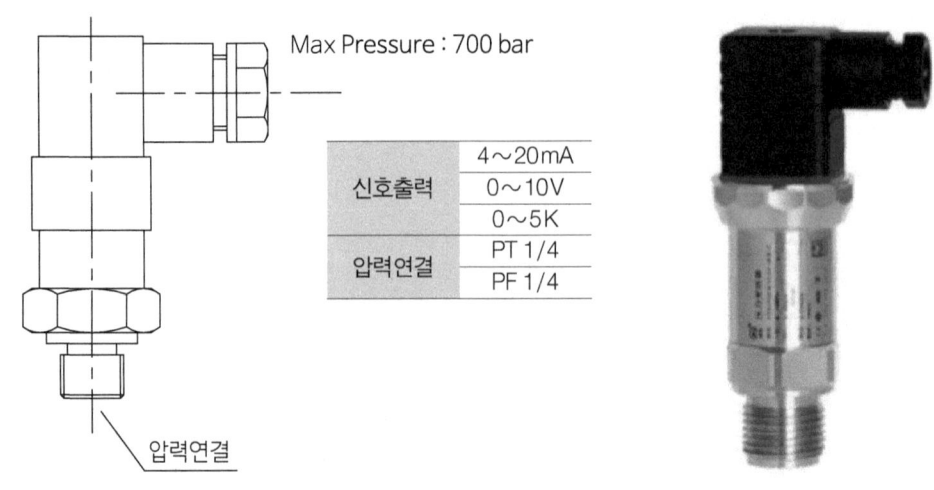

2) 게이지 콕(Gauge Cock)

게이지 콕은 압력게이지 보호용으로 회로 내의 충격압력을 흡수하는 기능을 한다.

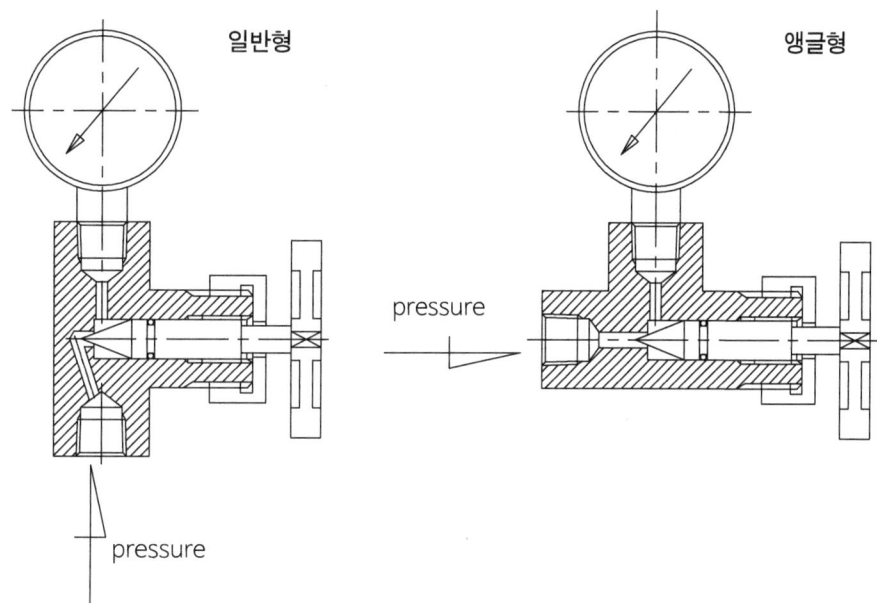

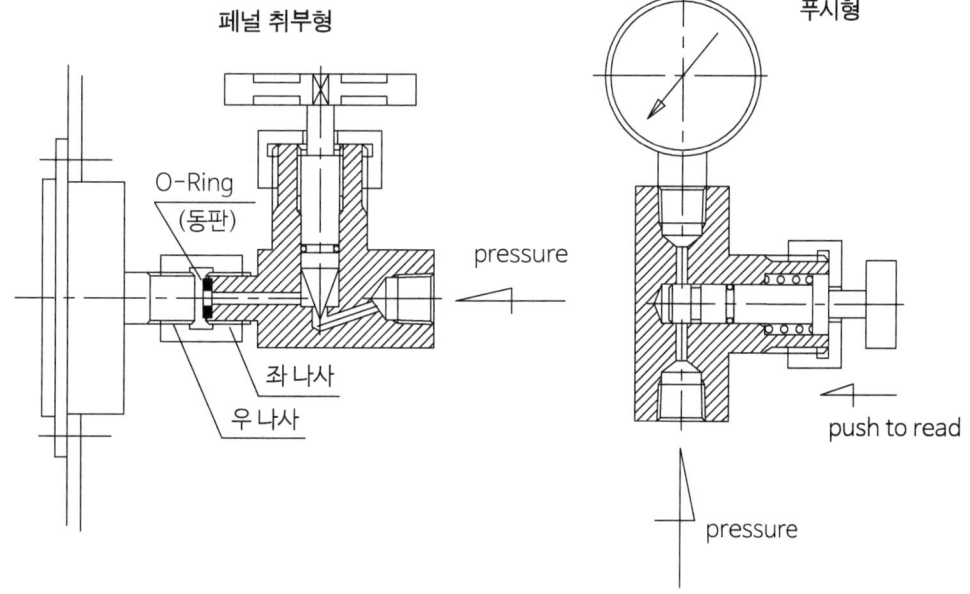

3) 압력 체크 포인트(Pressure Check Point)와 Test Coupler

유압압력을 필요에 따라 확인할 이유가 있거나 공기빼기 등 필요에 따라 센서를 연결하여 모니터링할 이유가 있을 때 미리 체크 포인트 지점에 테스트 커플러를 설치한다.

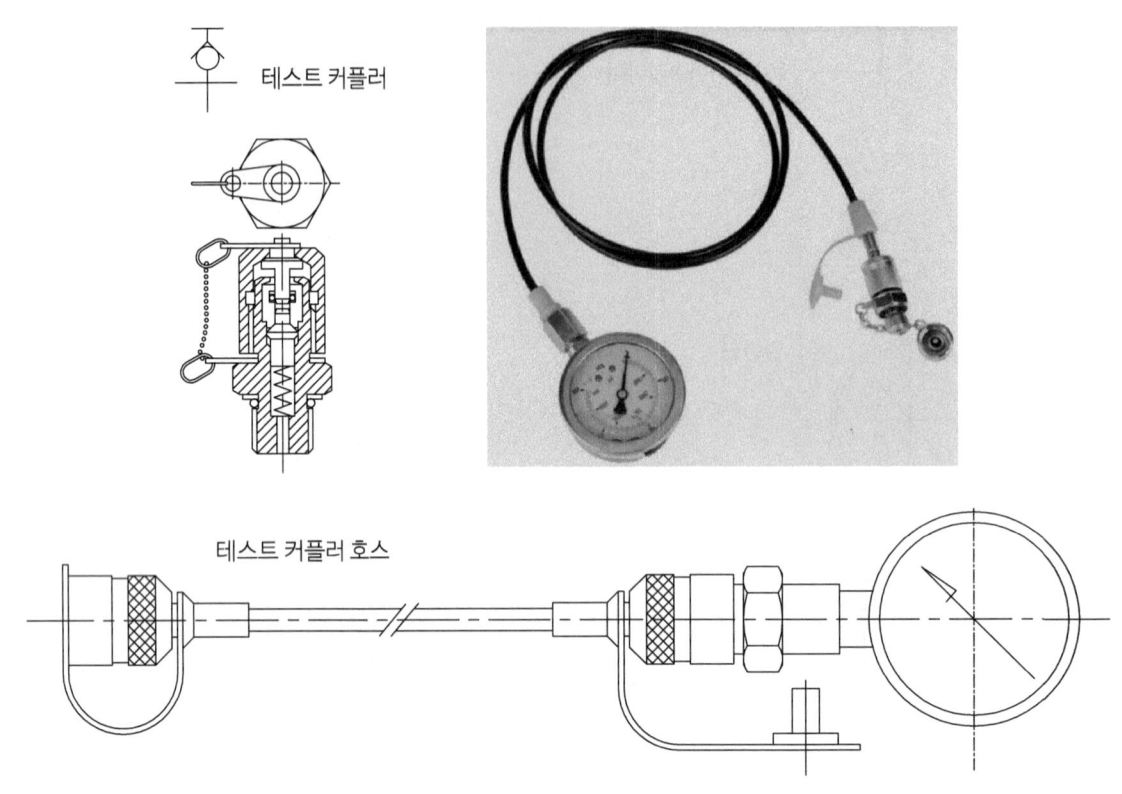

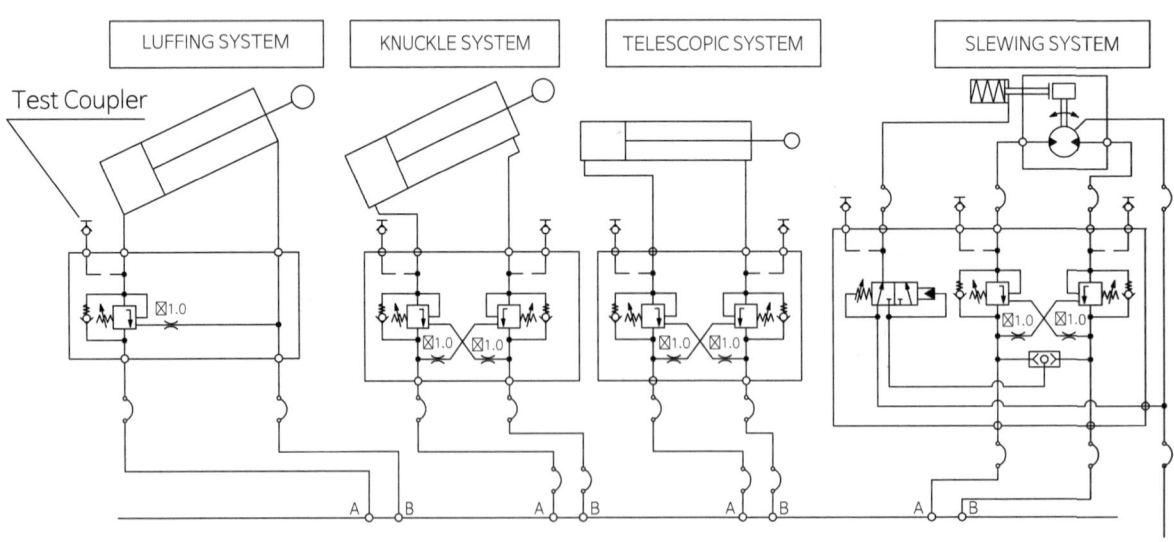

유압크레인의 체크 포인트에 테스트 커플러 사용 예

4) 압력 스위치(Pressure Switch)

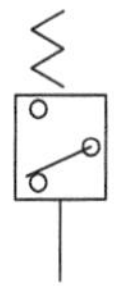

압력 스위치는 유압회로 내의 압력을 감지하는 기능을 한다.

유압 회로 내의 유체의 압력이 설정 압력에 도달하면 스플이 작동하여 스플과 연결된 마이크로 스위치를 동작시켜 전기적 신호를 보내는 구조이다.

압력 스위치(Pressure Switch) 개념도

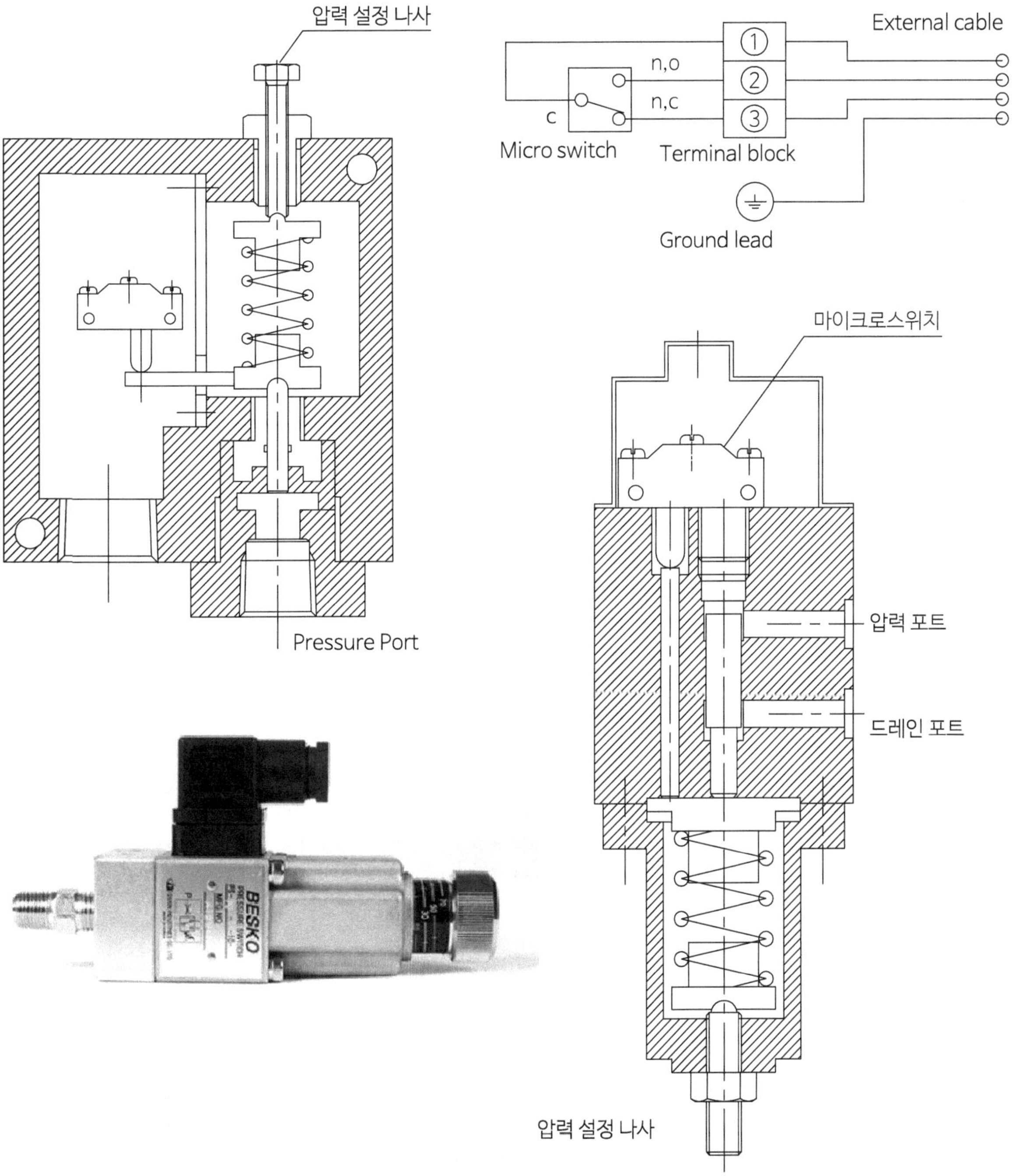

제5절 유압작동유 유면 관련기기

1 유면계(Level Gauge)

유면계는 여러 종류가 있으나 유압 유닛용으로 국한하여 적용한다.

탱크 내의 유압작동유는 적정 유량을 유지해야 하는데 유압작동유 유면 상태를 표시하는 것으로 투명아크릴로 제작되어 육안으로 확인이 가능하다.

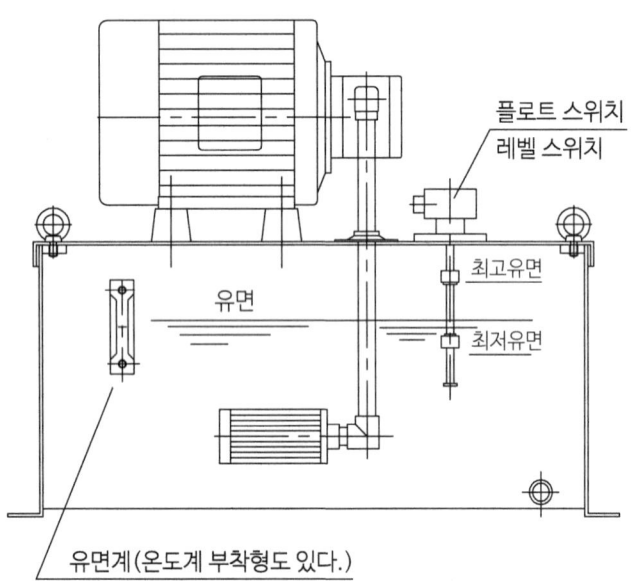
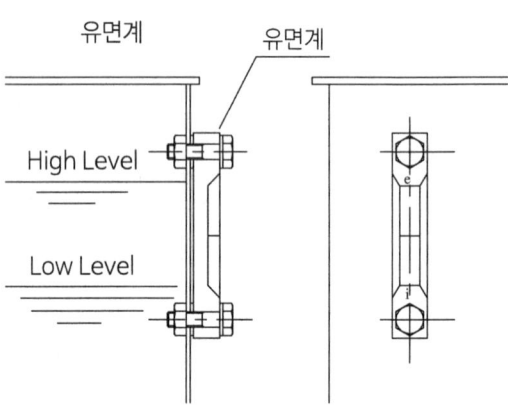

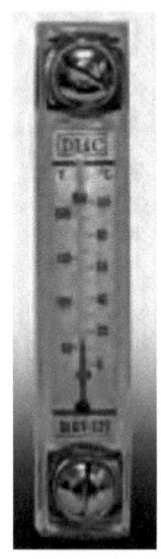
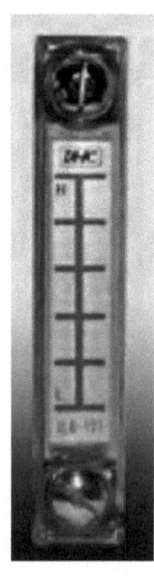
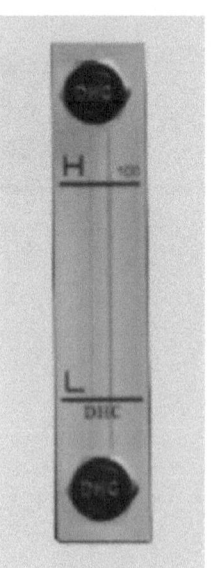

2 플로트 스위치(레벨스위치)

플로트 스위치는 탱크 내의 작동유를 최고 유면과 최저 유면으로 관리할 이유가 있을 때 장착한다.

유압작동유가 누유 등으로 줄어들거나 외부에서 공급되는 기름이 넘치는 경우에 작동유 유면 감지센서에 의해 미리 감지할 수 있다.

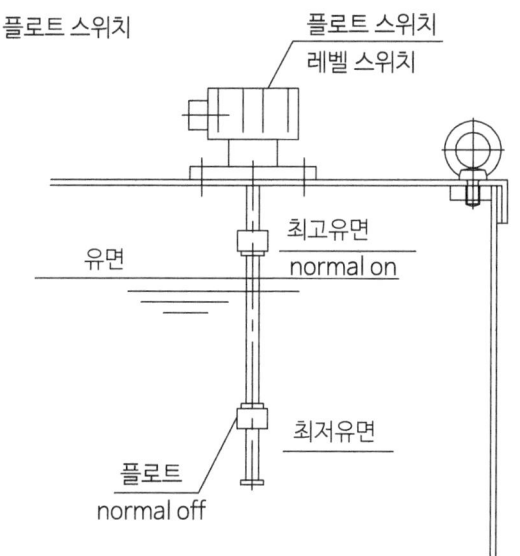

* COM : 시그널 입력
* H : Height Level 출력
* L : Low Level 출력
* LL : Low-Low Level 출력

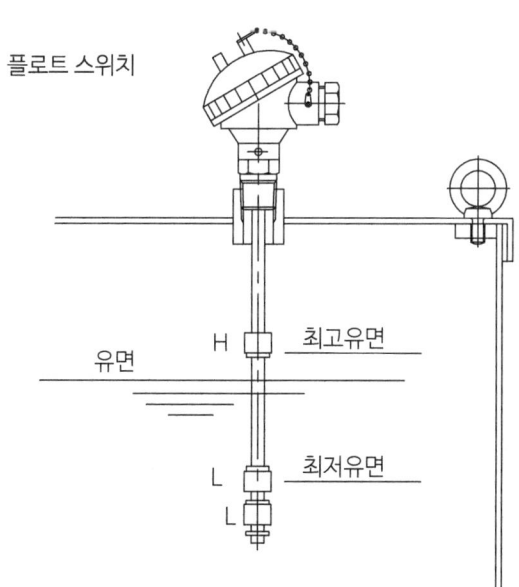

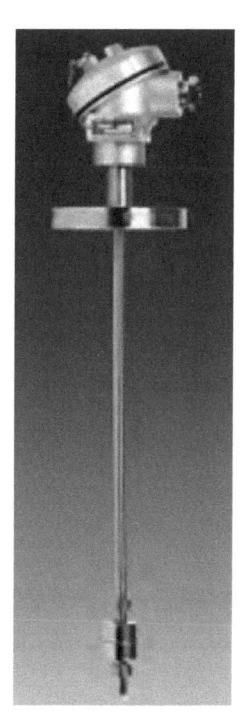

제6절 회로 내 유압유 오염 방지기기

1 흡입 필터(Suction Filter)

흡입 필터는 탱크 내에 있는 이물질이 펌프로 흡입되지 못하게 여과망을 통하여 펌프에 흡입되도록 하는 엘리먼트이다. 일반적으로 0.1mm(100~200메시)를 사용하는데 석유계 유압작동유는 140~150메시를 많이 사용한다.

흡입 필터의 크기는 펌프 흡입구경보다 같거나 크게 해야 한다.

필터의 설치는 펌프 바닥면에서 약 100mm, 탱크 최저유면에서 약 50mm에서 150mm 이상 설치하여야 한다(탱크의 크기나 조건에 따라 차이가 있음).

흡입 필터는 내부 흡입 필터를 많이 사용하는데 부득이 외부 흡입 필터를 사용하는 경우도 있다.

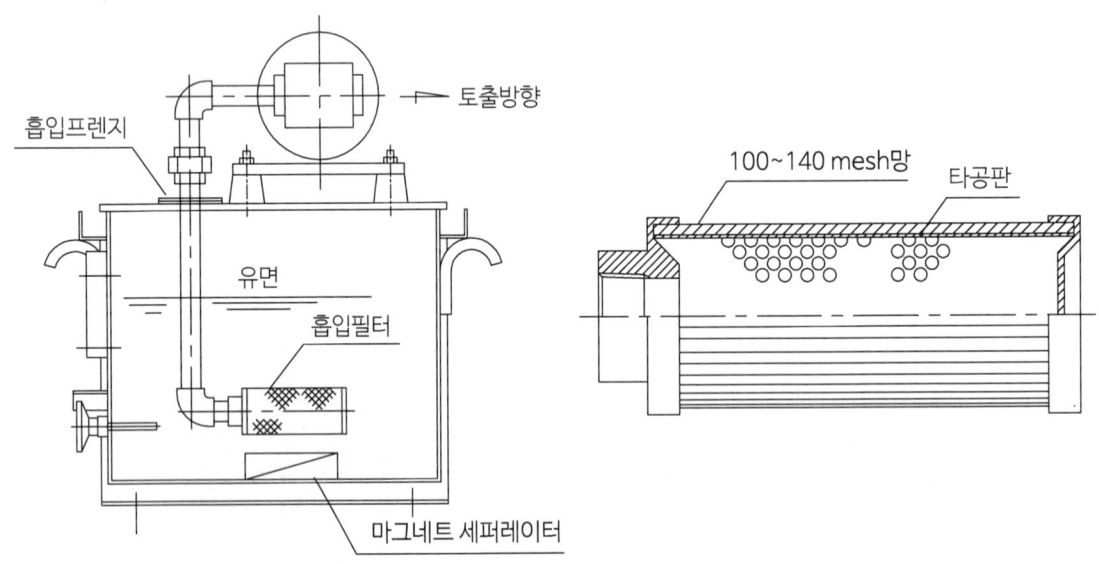

1) 내부 흡입 필터(Suction Filter)

내부 흡입 필터 선정은 펌프 제조사에서 흡입 관경이 결정되어 있음으로 펌프 관경보다 같거나 크게 선정해야 한다.

2) 외부 흡입 필터(External Suction Filter)

외부 흡입 필터는 오일탱크 상단에 유압펌프를 설치하지 못하고 오일탱크 외부에 설치할 경우에 사용하는 필터이다.

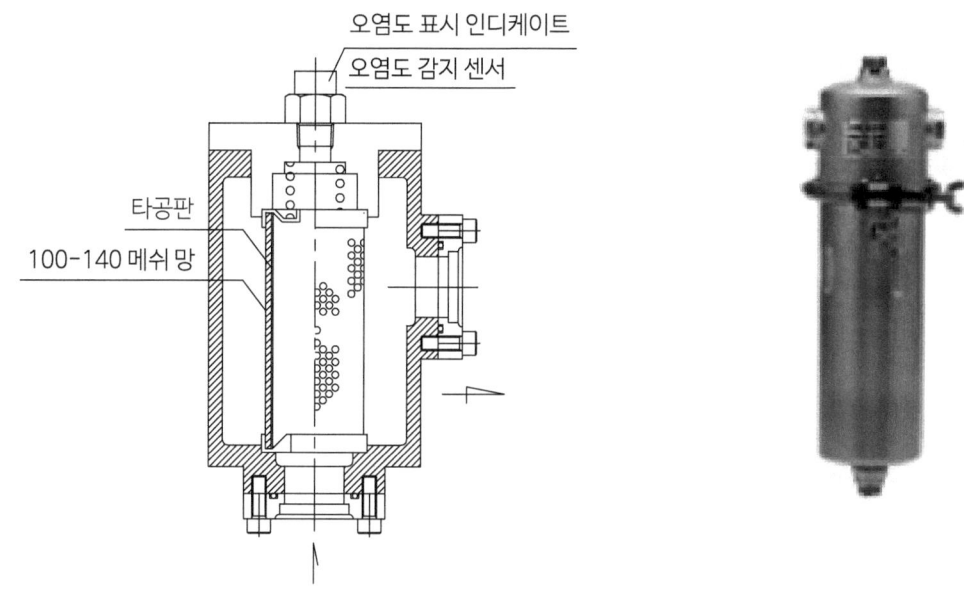

외부 흡입 필터(Basket Filter)

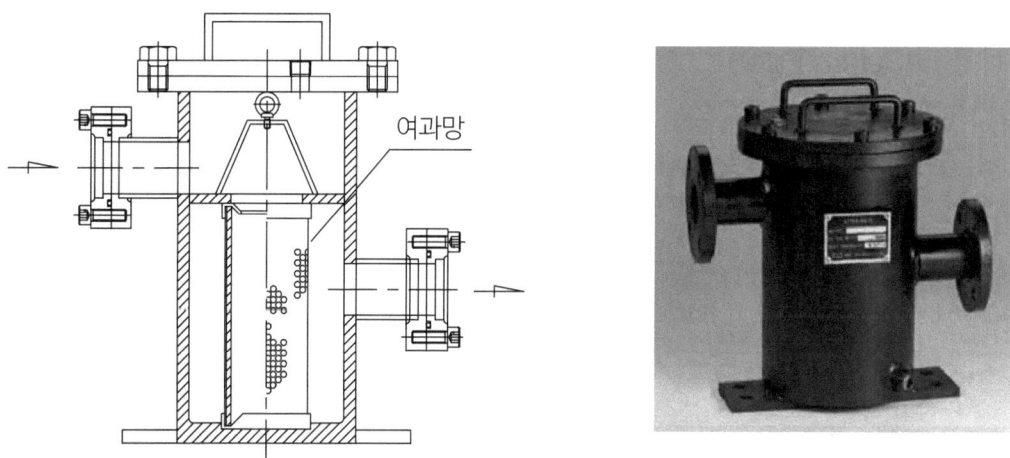

외부 흡입 필터(Basket Filter) 설치 예

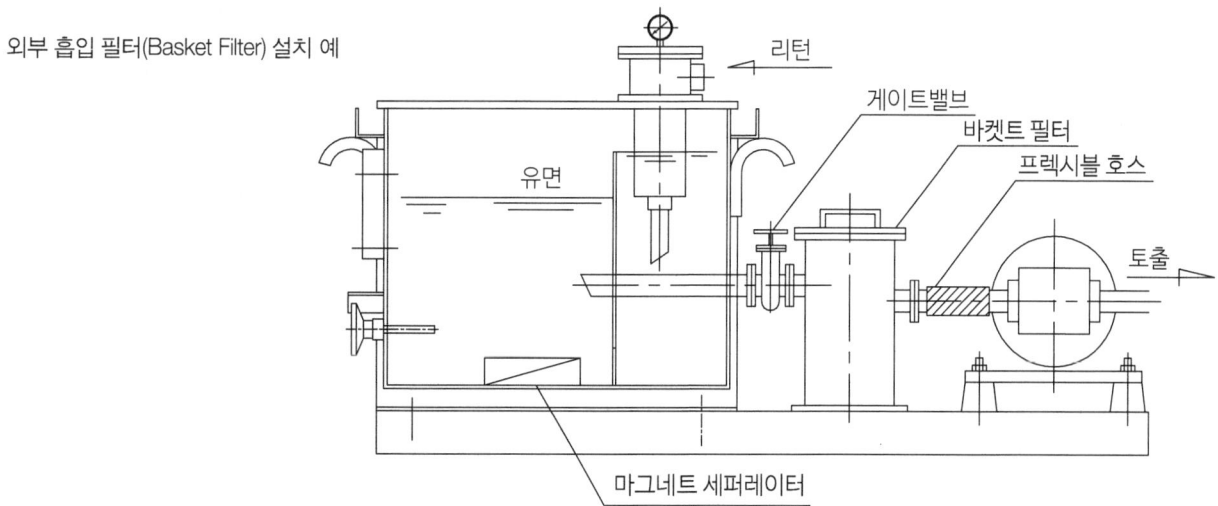

2 라인 필터(Line Filter)

라인 필터는 펌프에서 토출된 기름을 유압기기에 가기 전에 설치하여 보다 더 청정유를 유압밸브에 공급하여 유압기기의 오동작이나 고장을 방지할 수 있다.

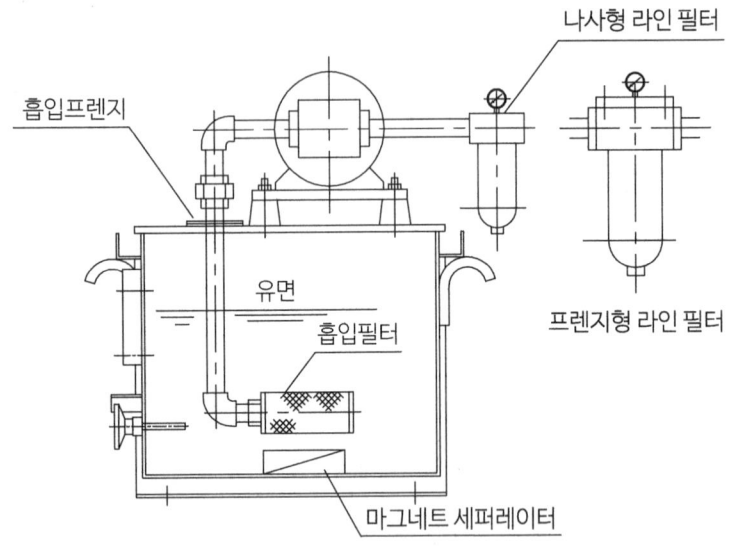

3 리턴 필터(Return Filter)

리턴 필터는 오일탱크로 리턴하는 기름을 오일탱크에 들어가기 전에 설치하여 배관 내에 있는 오물이나 불순물을 차단하는 필터이다.

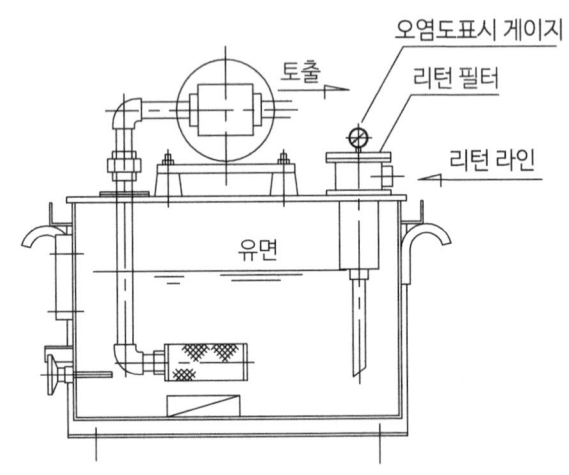
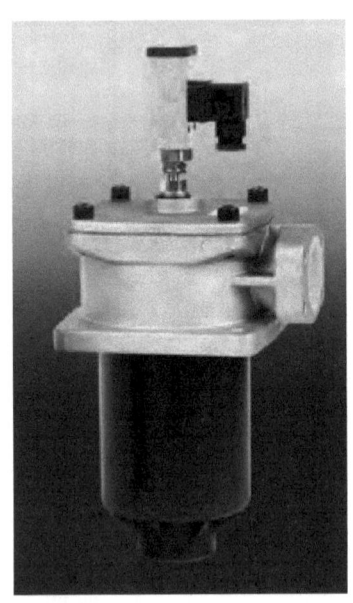

오염도 표시 인디케이터
라인 필터나 리턴 필터에 오염 정도나 유압작동유 교체 기준을 표시하는 기기이다.

4 에어 브리더(Air Breather)

에어 브리더는 오일탱크 내의 유압작동유가 유압 실린더에 공급과 복귀를 반복할 때 피스톤과 로드 단면적 차이로 유면의 변화가 생긴다. 따라서 탱크 내의 유체가 증, 감을 반복하는데 이때 여과기능을 하는 공기 필터의 일종이다.

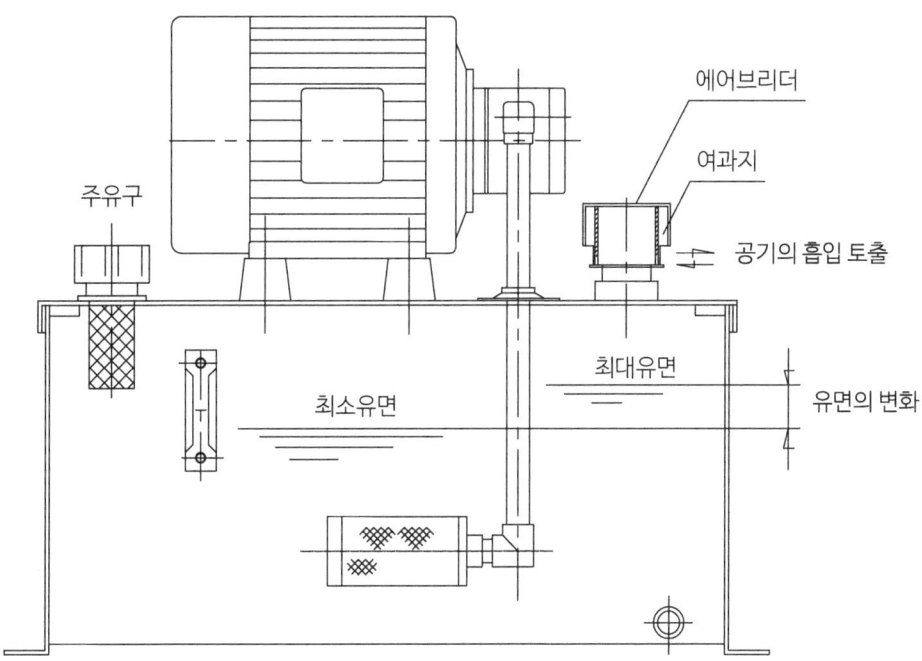

주유구는 소형 유닛에 주유구겸 에어 브리더를 장착하지만 대형 유닛에는 에어 브리더와 별도로 주유구를 장착하는 경우가 있다.

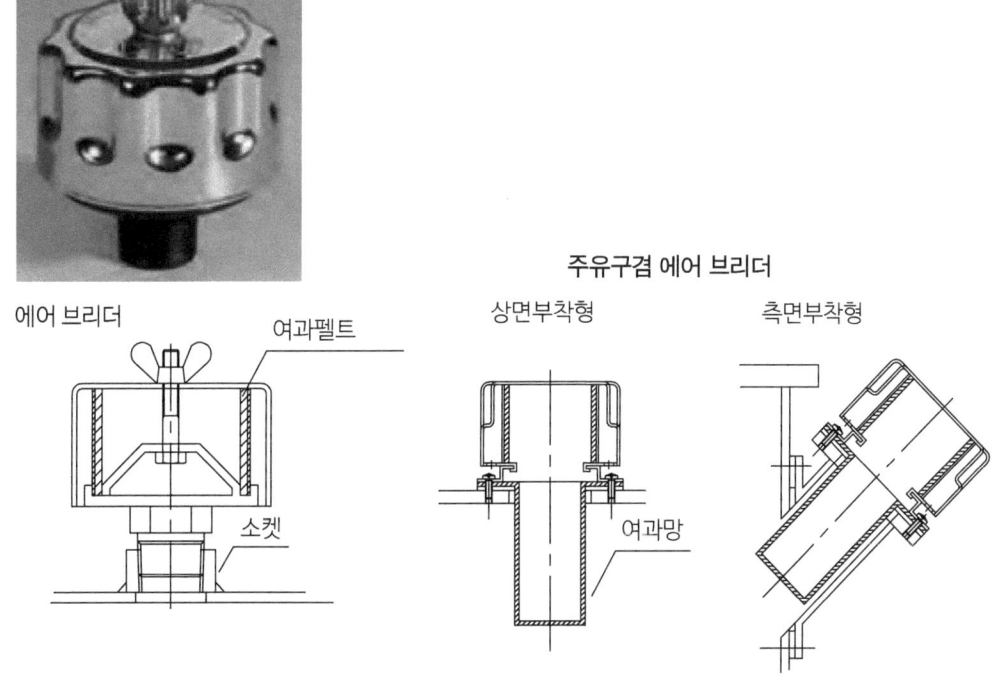

5 마그네트 세퍼레이터

마그네트 세퍼레이터는 유압 관로 내에 오염을 방지하기 위하여 흡입필터 하부에 영구 자석을 설치하여 오일탱크 자체 오염이나 리턴된 유압작동유의 오염된 철분을 흡입 필터에 흡입되기 전에 영구자석에 달라붙게 하는 오염방지 기기이다.

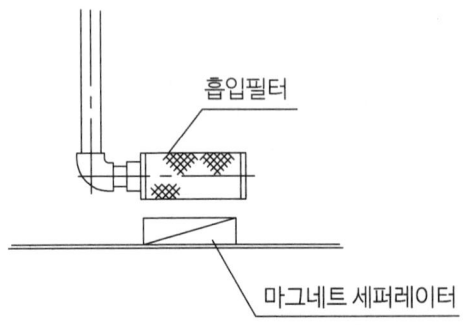

제7절 유압유 유온 관리기기

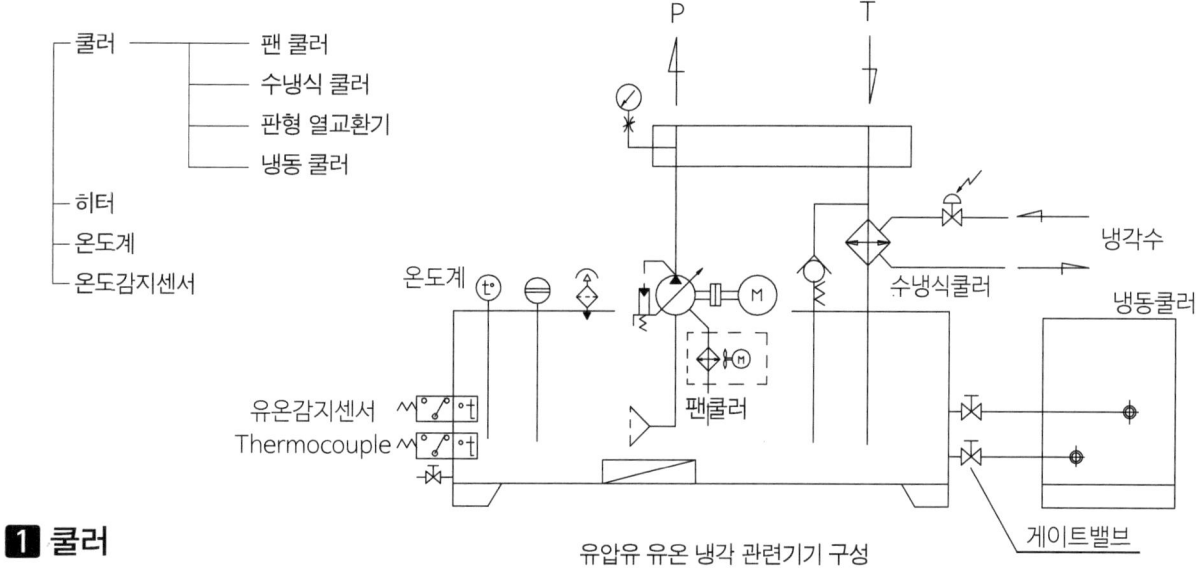

유압유 유온 냉각 관련기기 구성

1 쿨러

1) 팬 쿨러

팬 쿨러는 유압장치의 리턴 라인, 드레인 라인 또는 펌프 드레인 라인에 설치하며 방열판에 흐르는 유체를 냉각팬으로 냉각시키는 구조이다.

팬 쿨러 선정 및 설치

팬 쿨러 선정은 방열판의 통과 유량을 만족하고 열교환량을 만족시키는 제품으로 시중에 구매가 가능한 것으로 선정한다. 이때 팬 모터의 전압도 고려해야 한다.

팬 쿨러 설치는 유압유닛 상단이나 측면에 설치하는데 리턴 라인이나 드레인 라인에 설치할 경우는 쿨러 보호용 체크밸브를 설치하는것이 안전하다.

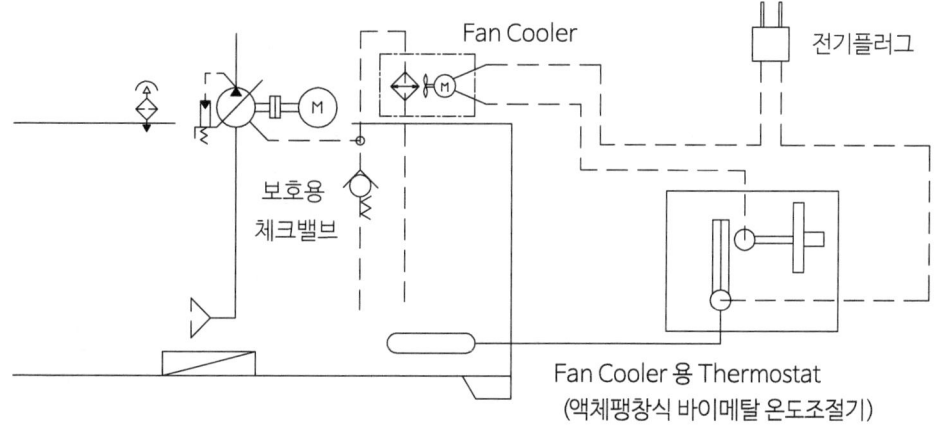

Thermostat(액체팽창식 바이메탈 온도조절기) Cooling System 개념도

팬 쿨러의 개념도

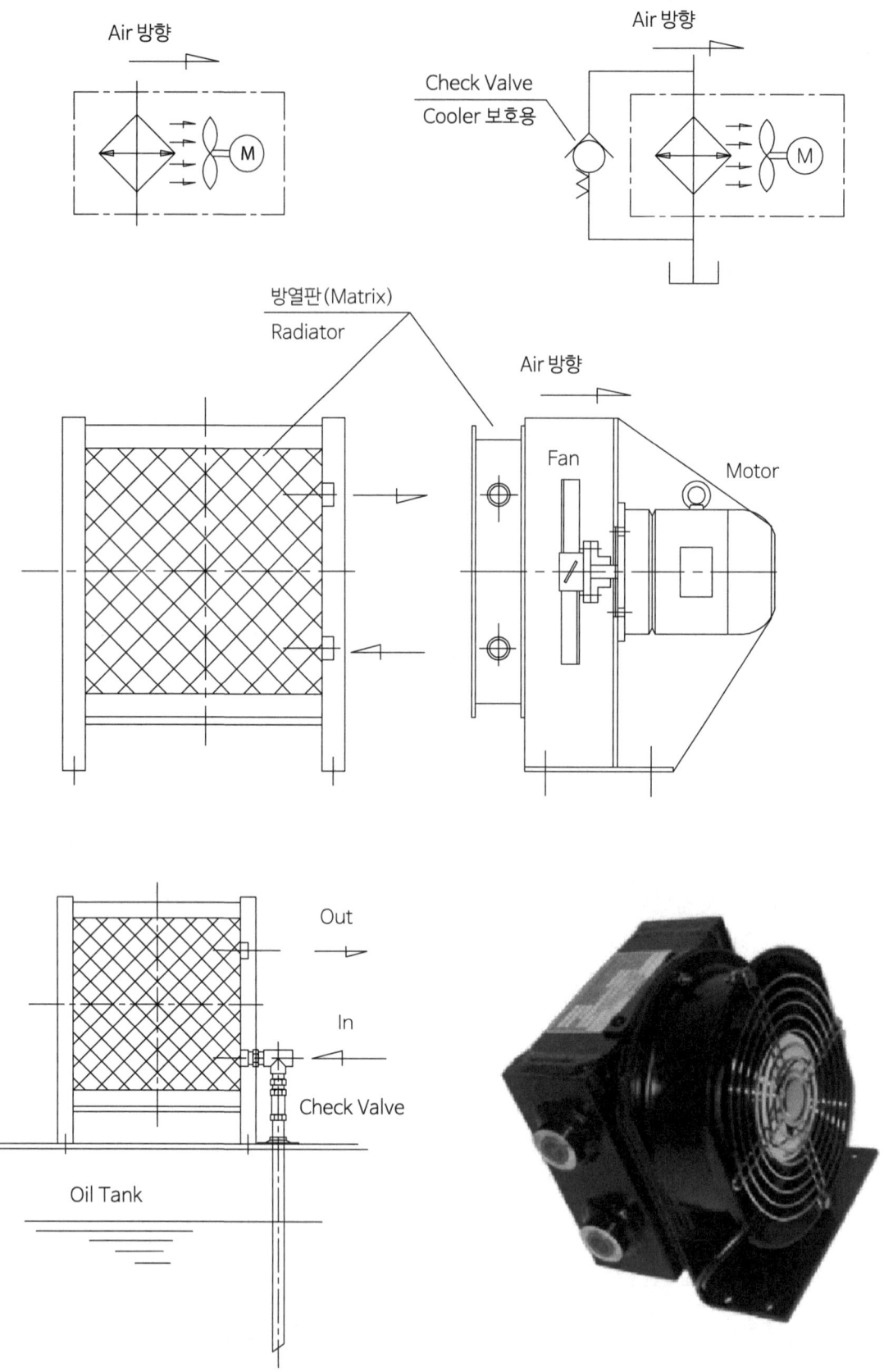

Cooler 배관 개념도

2) 수냉식 쿨러

수냉식 쿨러는 팬 쿨러로는 통과 유량이나 열교환량을 만족시키지 못할 때 주로 사용하며 리턴 라인이나 드레인 라인에 연결하여 사용한다. 연결은 팬 쿨러와 동일하며 보호용 첵크밸브 장착도 동일하다.

문제는 냉각수 배관인데 주위에 냉각수가 없으면 설치비용이 많이 들며 냉각 튜브 또는 쿨러의 결함이나 노후로 터져서 사용유체가 냉각수쪽으로 합류되면 환경 오염이 우려되는 약점이 있다.

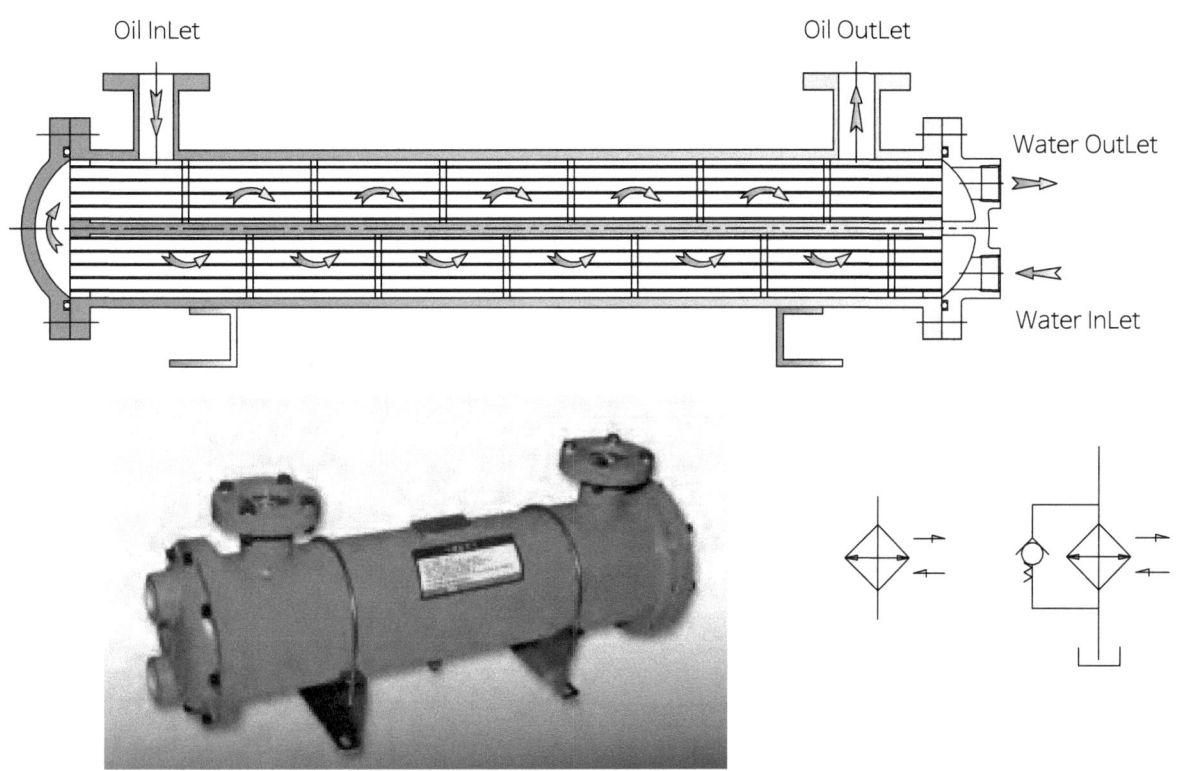

3) 냉동 쿨러(Chiller)

냉동 쿨러는 유압장치가 유온의 변화에 민감하고 팬 쿨러나 수냉식 쿨러를 설치가 여의치 않을 때 장착하며 쿨러 자체에 유압작동유 순환기능을 갖고 있다. 유압유닛 측면에 IN OUT용 게이트 밸브를 장착한다.

냉동 쿨러는 자체에 유온 감지기능과 유온 조절기가 장착되어 있다.

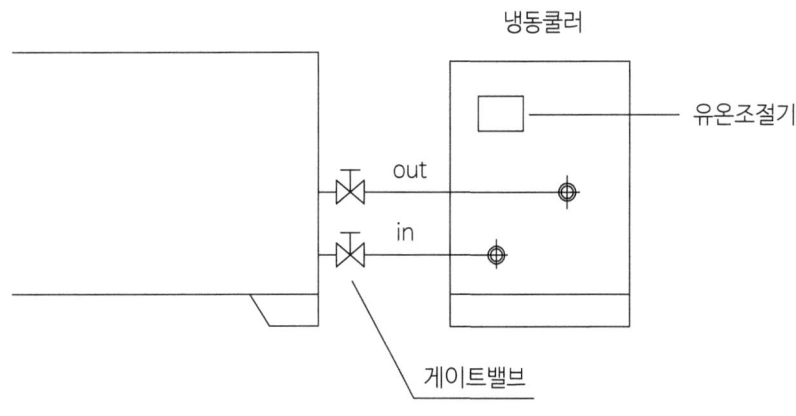

2 히터(Heater) : 유압유닛 전용

① 내압 5kg/cm² 이상
② 절연저항 상온에서 100MΩ
            200℃에서 3~5MΩ
            습온시 0.5MΩ

용량	전압	결선	적용 Tank
1~2kw	220V 2P	델타 결선	40~150L
2~3kw	220V 3P		150~250L
4~5kw	380V 3P		250~500L

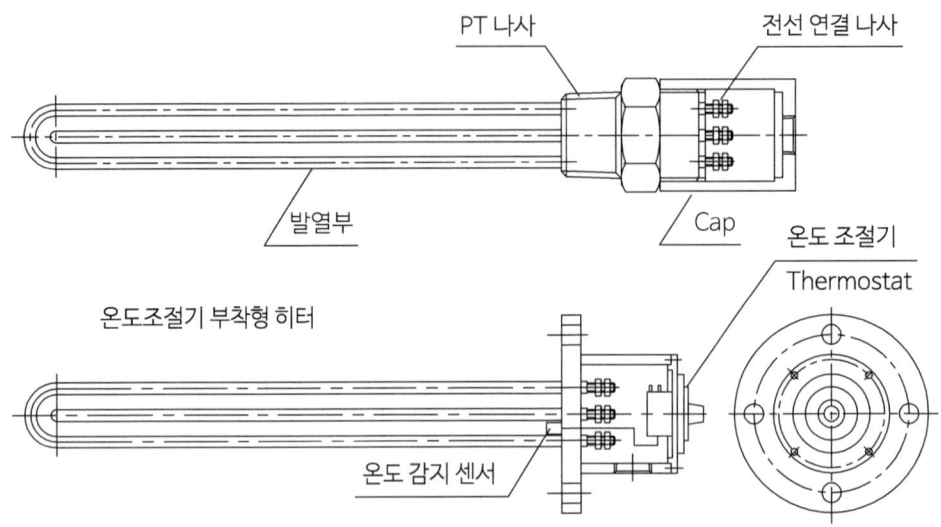

히터의 전원은 펌프 기동 후 들어가고 Tank 밑면에서 1/3의 위치에 설치한다.

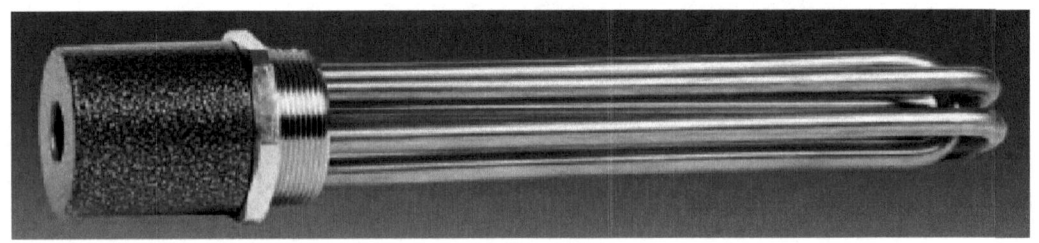

열전대(Thermocouple, 온도감지센서)

측온저항체 ─┬─ PT   0 ~ 100℃
            └─ CA   −40℃ ~ +1,600℃

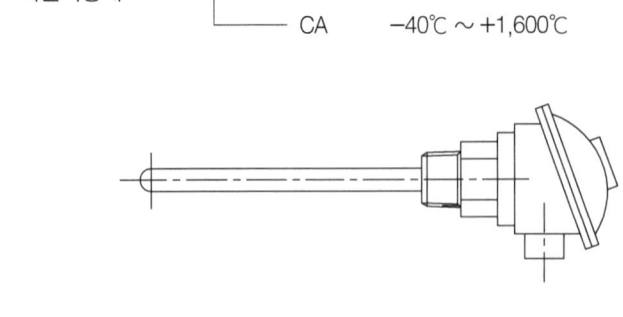
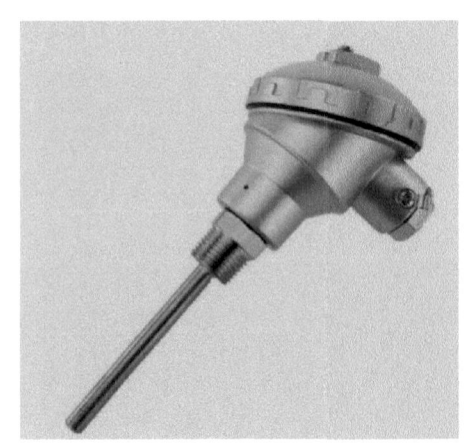

3 유온계

유온계는 유압작동유의 온도를 표시하는 온도계이다. 일반적으로 유온계는 0~100℃로 표시되는 온도계를 유압작동유 내의 온도를 직접 감지하여 표시하는 방식이다.

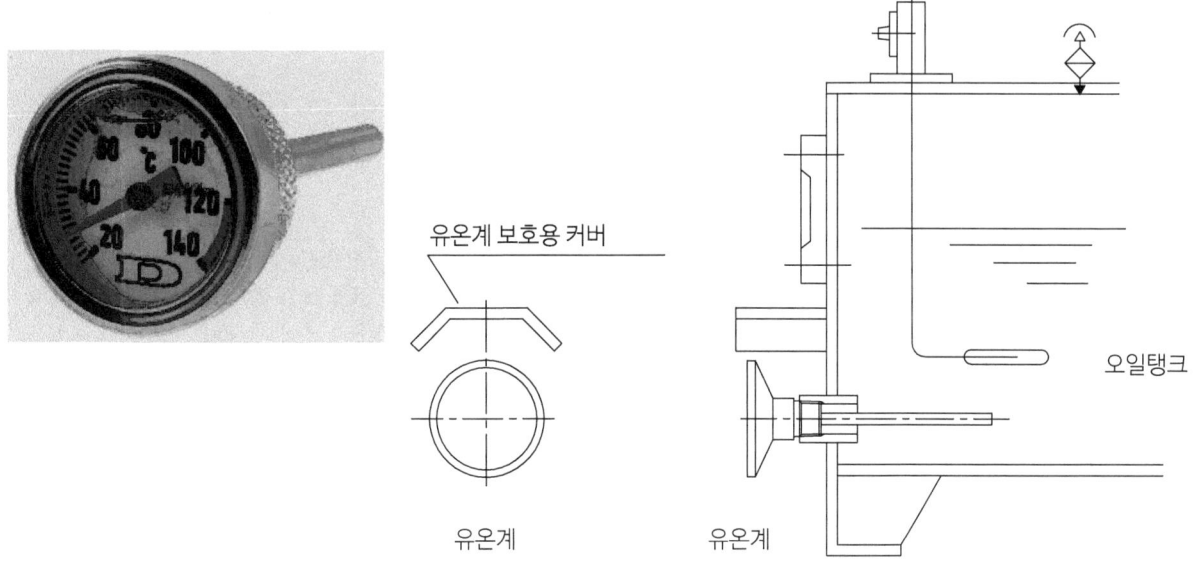

4 유온 조절기(Thermostat, 액체팽창식 온도조절기)

바이메탈 방식(Bimetallic Thermostat)

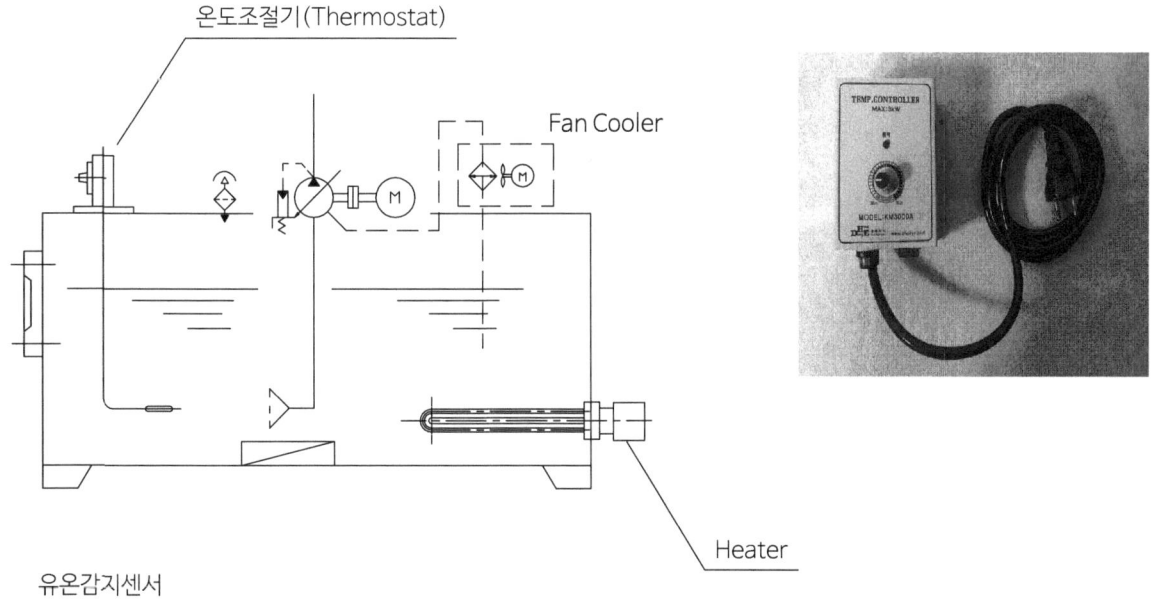

제8절 유압유닛의 설계

유압유닛의 설계는 유압시스템에서 필요로 하는 최종 목표인 액추에이터(유압실린더, 유압 모터)를 주어진 사양에 만족하는 구조로 설계해야 한다.

연속적으로 작동하는 경우와 간헐적으로 작동하는 경우, 비상용으로 작동하는 경우 등을 구분하여 설계하여야 한다.

오일탱크에 탑재하는 기기 중 반드시 필요한 기기와 그다지 필요하지 않는 경우의 구분

	압력 관련		유면 관련		오염 방지 관련				유온 관련	
	압력계	게이지 콕	유면계	레벨 스위치	흡입필터	리턴필터	라인필터	에어브리더	쿨러	히터
연속 동작	◎	◎	◎		◎	○		◎	○	
간헐적, 비상 동작	○	○	◎		◎			◎		
비례, 서보 회로	◎	◎	◎		◎	◎	◎	◎	◎	○
유면관리 필요 동작	◎	◎	◎	◎	◎			◎		
공작기계 등 정밀동작	◎	◎	◎		◎	◎	◎	◎	◎	○
실외 저온 동작	◎	◎	◎		◎			◎		○

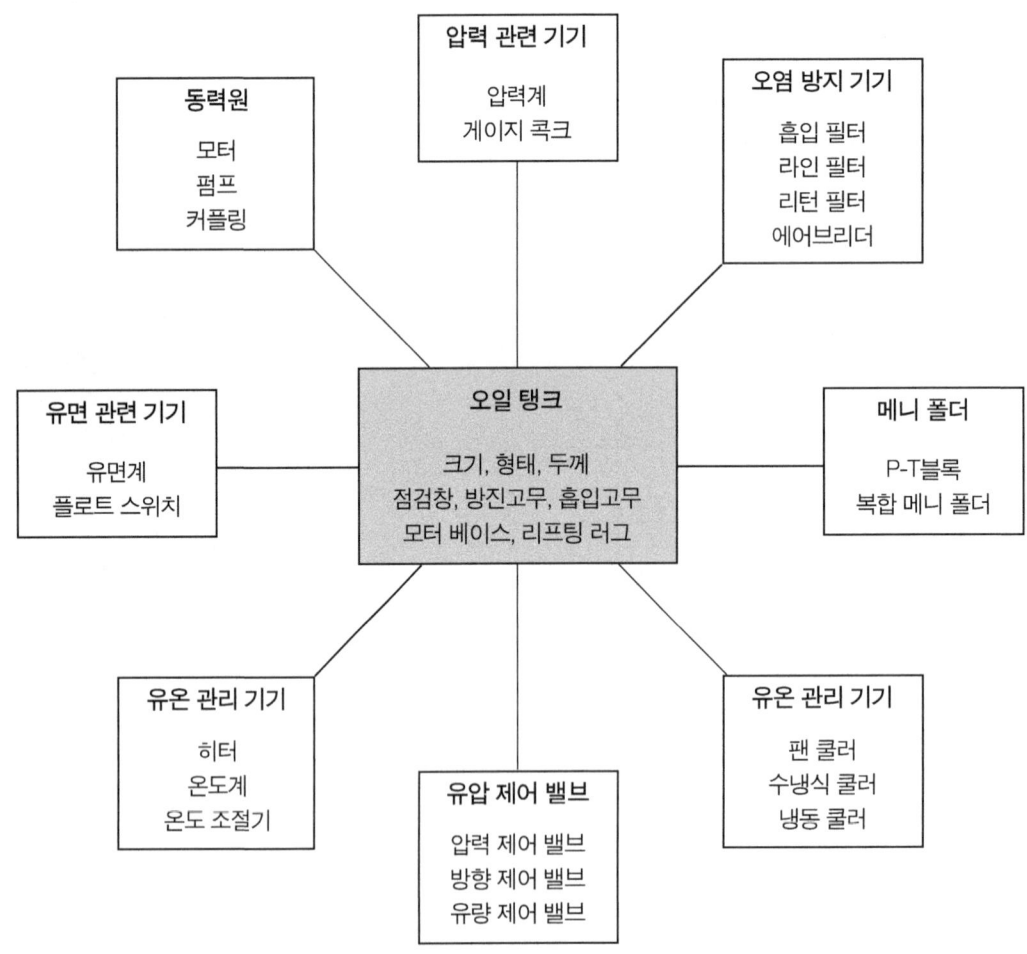

1 유압유닛의 설계 예

Pump　　　　　4cc/rev Gear Pump
Motor　　　　　1.5 kw×4P 220/380
최고 사용압력　　10 Mpa

유압유닛과 유압 제어 밸브를 분리하여 오일탱크 상단에 P, T Block만 설치하는 것이 편리하다고 판단될 때의 유압유닛

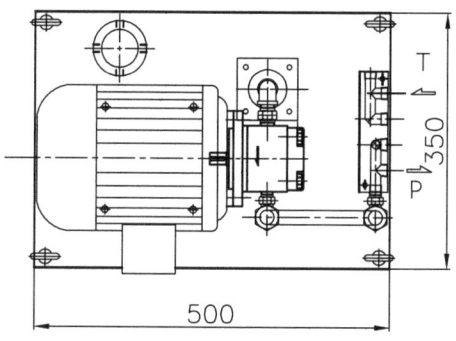

Pump	4cc/rev Gear Pump
Motor	1.5kw×4P 220/380
Tank	35～40L
Tank 본체	3.2t 뚜껑형
점검창	뚜껑형 탱크임으로 생략
Coupling	모터 펌프 직결형
흡입필터	펌프 흡입 구경에 맞춤
흡입 프렌지	펌프 흡입 구경에 맞춤
방진 고무	M8 - 양쪽 볼트
유면계	80L
리프팅 러그	M10 Eye 볼트
에어 브리더	주유구겸 에어브리더
매니폴드	01-1E
토출 배관	G-3/8 호스

유압유닛에 유압 제어 밸브를 탑재하는 것이 합리적이라고 판단될 때의 유닛

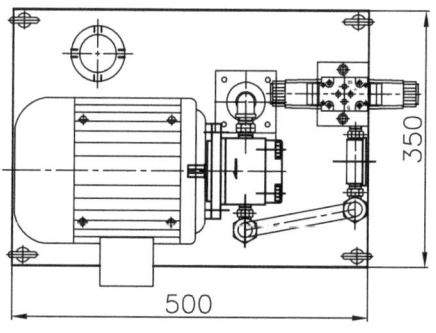

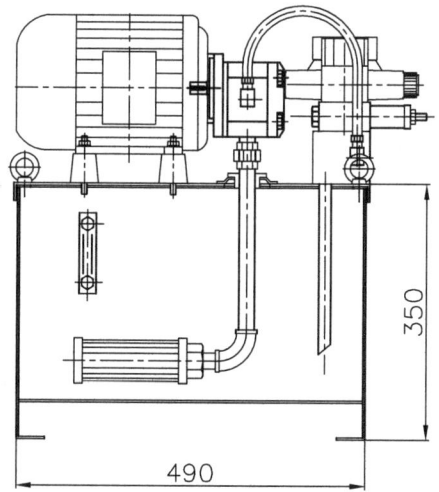 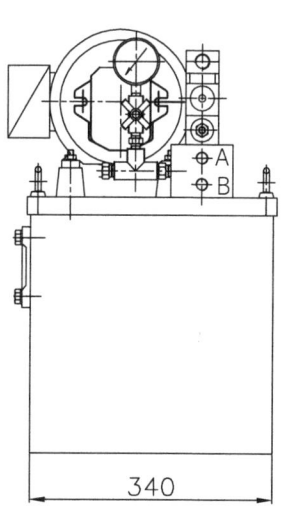 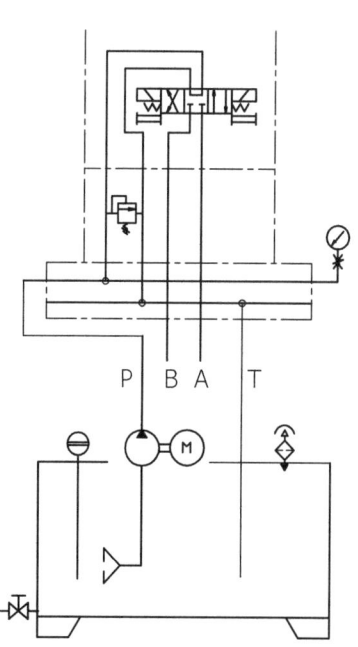

제2장 유압유닛(Hydraulic Power Unit) **083**

Pump　　　　8cc/rev Gear Pump
Motor　　　　3.7 kw×4P 220/380
최고 사용압력　14 Mpa

유압유닛와 유압 제어 밸브를 분리하여 오일탱크 상단에 P, T Block만 설치하는 것이 편리하다고 판단될 때의 유압유닛

Pump	8cc/rev Gear Pump
Motor	3.7 kw×4P 220/380
Tank	65～70L
Tank 본체	3.2t 뚜껑형
점검창	뚜껑형 탱크임으로 생략
Coupling	모터 펌프 직결형
흡입필터	펌프 흡입 구경에 맞춤
흡입 프렌지	펌프 흡입 구경에 맞춤
방진 고무	M10 - 양쪽 볼트
유면계	100L
리프팅 러그	M10 Eye 볼트
에어 브리더	주유구겸 에어브리더
매니폴드	01-2E～3E
토출 배관	G-3/8 호스

유압유닛에 유압 제어 밸브를 탑재하는 것이 합리적이라고 판단될 때의 유닛이며 Sol,밸브가 2개 이상이므로 Sol, Relief 장착

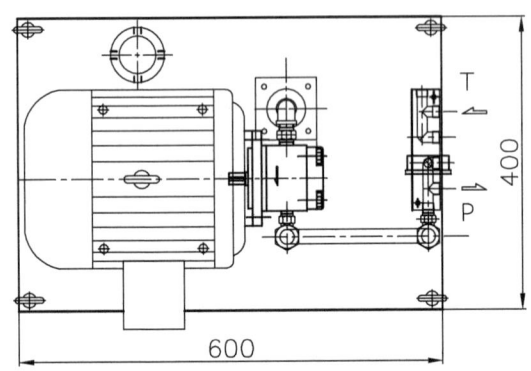

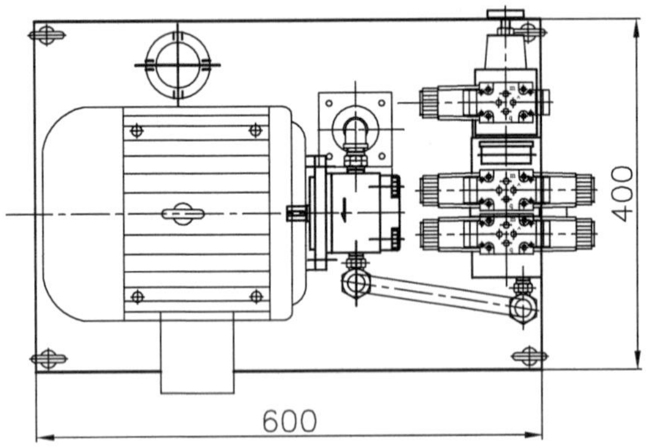

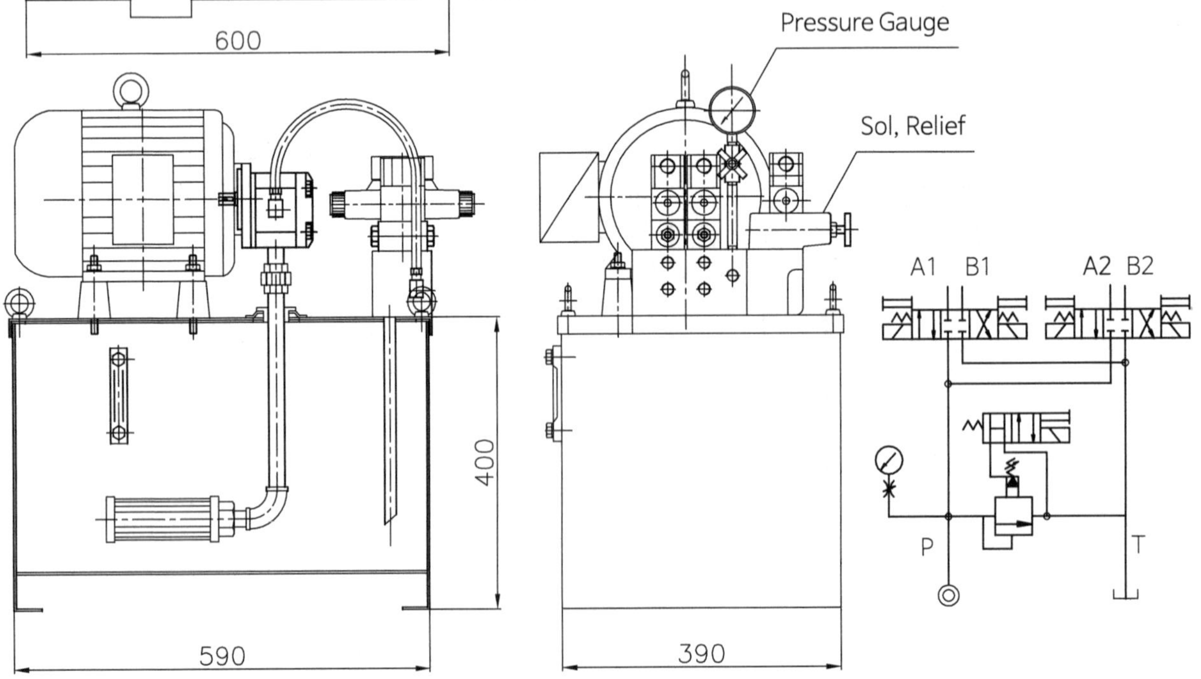

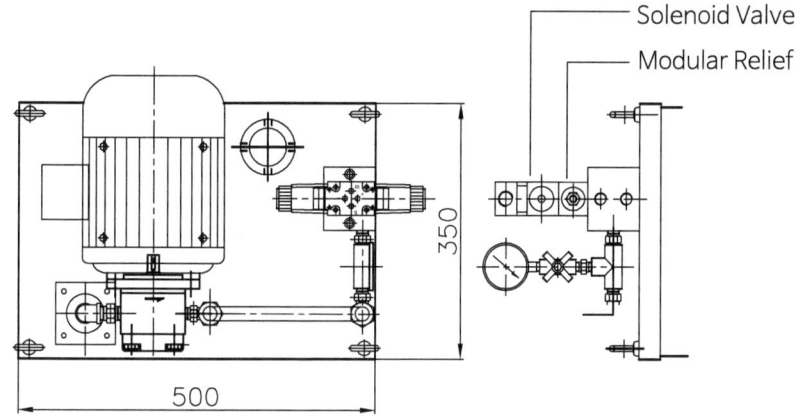

Pump	4cc/rev Gear Pump
Motor	1.5kw×4P 220/380
Tank	40L
Sol, Valve	G-01 1ea
Relief	01 1ea(Modular)

액추에이터가 1개이고 모터와 제어밸브의 간섭과 배관 방향을 고려한 유압유닛
고정용량형 펌프와 Modular Relief Valve 적용 Sol, Valve Center bypass( )

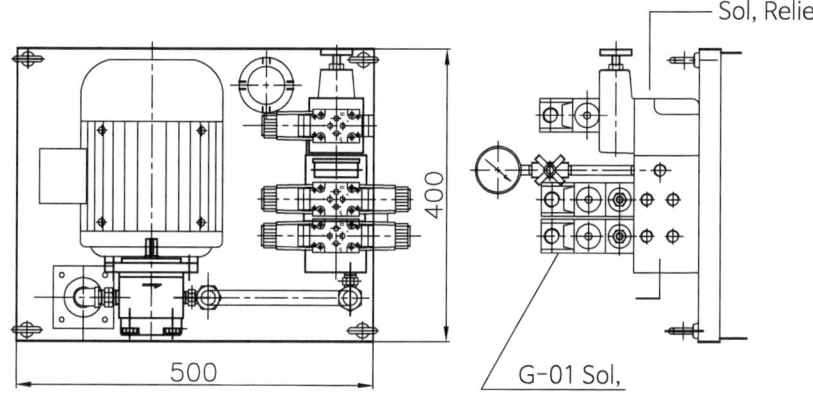

Pump	4cc/rev Gear Pump
Motor	1.5kw×4P 220/380
Tank	50L
Sol, Valve	G-01 2ea
Sol, Relief	G-03 1ea

액추에이터가 2개 이상이고 모터와 제어밸브의 간섭을 고려한 유압유닛
고정용량형 펌프와 Sol, Relief Valve 적용

Pump	12cc/rev Gear Pump
Motor	7.5kw×4P 220/380
Tank	120L

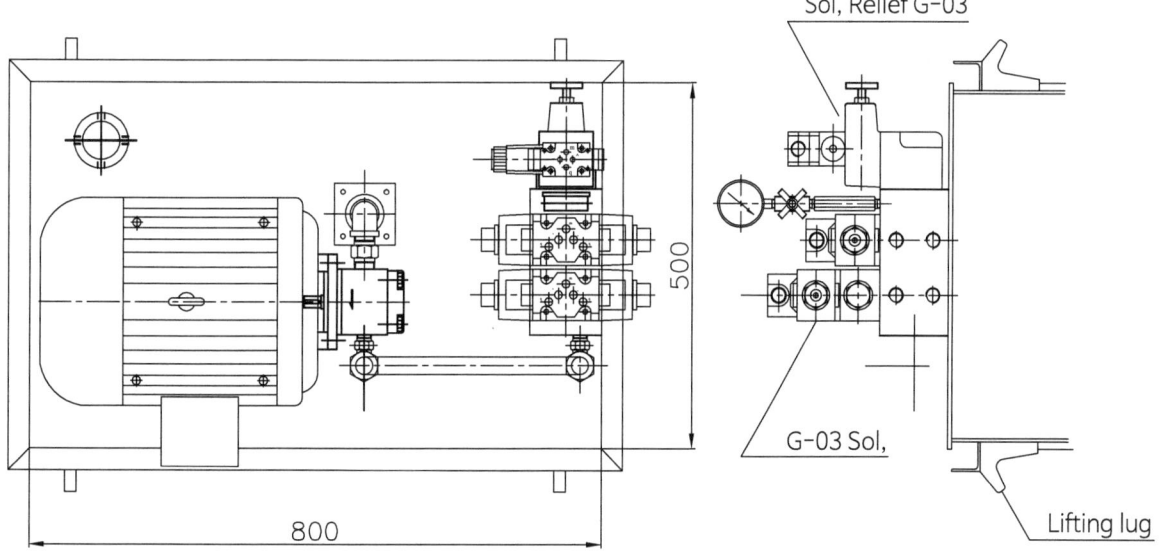

1) 가변 베인 펌프 적용 유압유닛

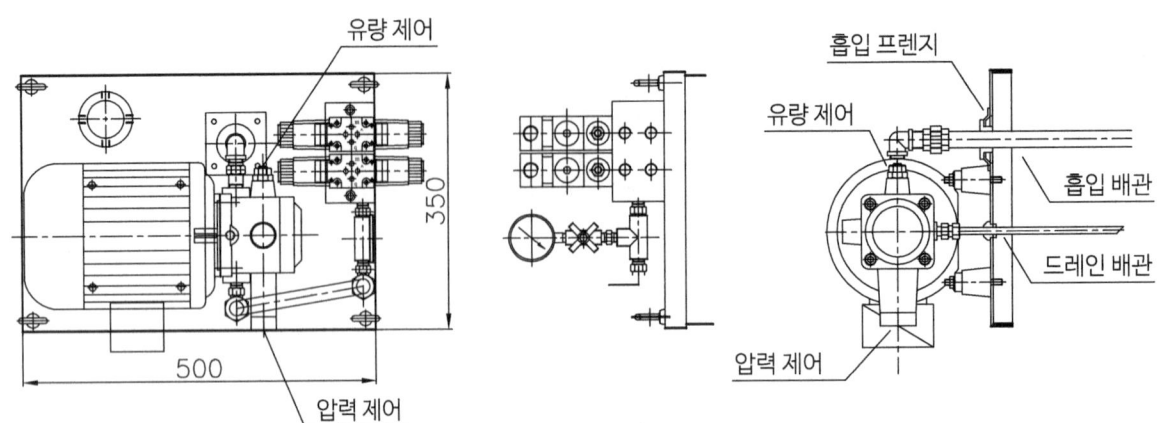

사용압력이 저압(Max 7 MPa)이고 액추에이터가
2개 이상을 제어해야 할 이유가 있고 액추에이터 간에
압력제어와 유량제어가 요구될 때 적용하는 유닛이다.

Pump	16cc/rev 가변 베인
Motor	1.5kw×4P 220/380
Tank	50L
Sol, Valve	G-01 2ea
압력제어	펌프 자체(Max 7 MPa)

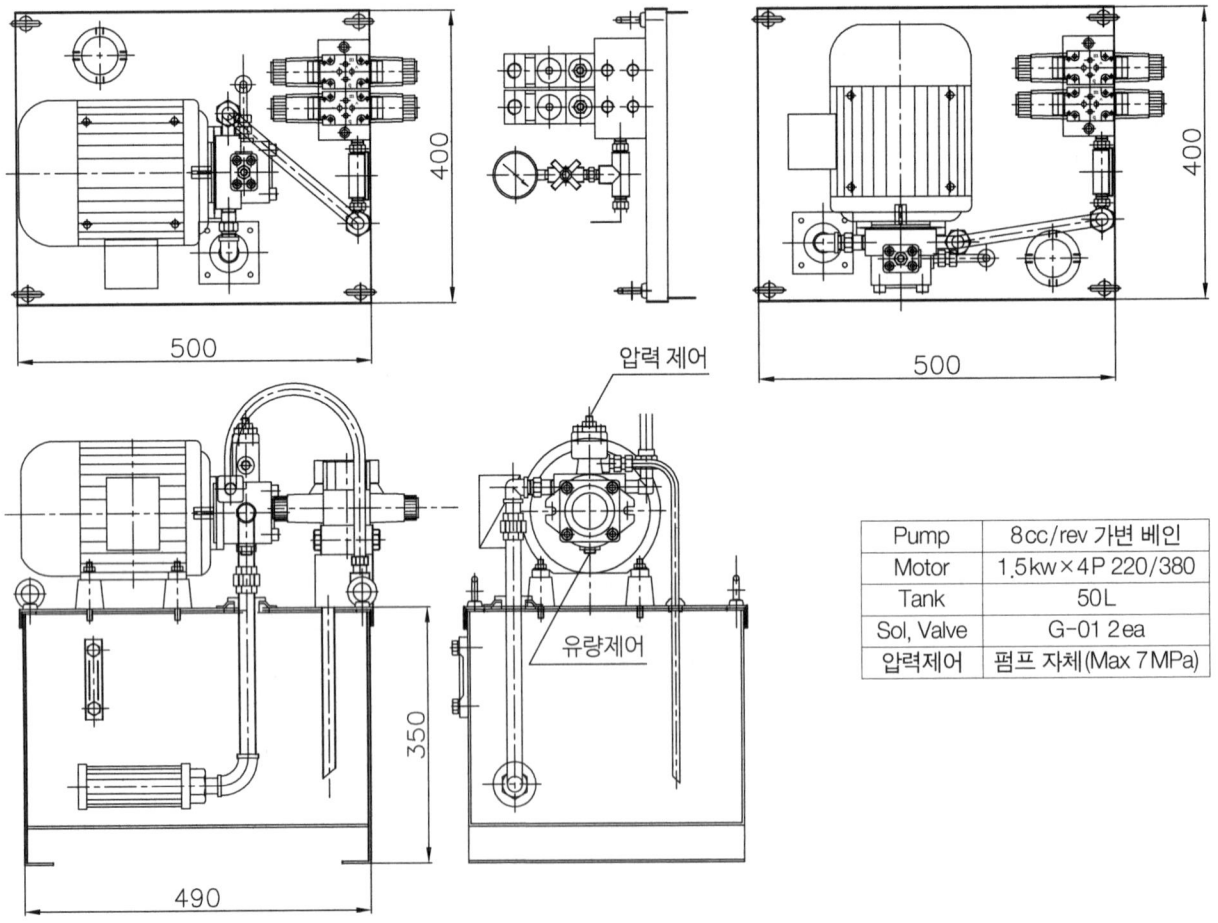

Pump	8cc/rev 가변 베인
Motor	1.5kw×4P 220/380
Tank	50L
Sol, Valve	G-01 2ea
압력제어	펌프 자체(Max 7 MPa)

2) 고정 용량형 Vane Pump 적용 유압유닛

유닛 사용시 공진음이 예상되고 누유에 대한 대비책으로 앵글 테두리 적용한다.

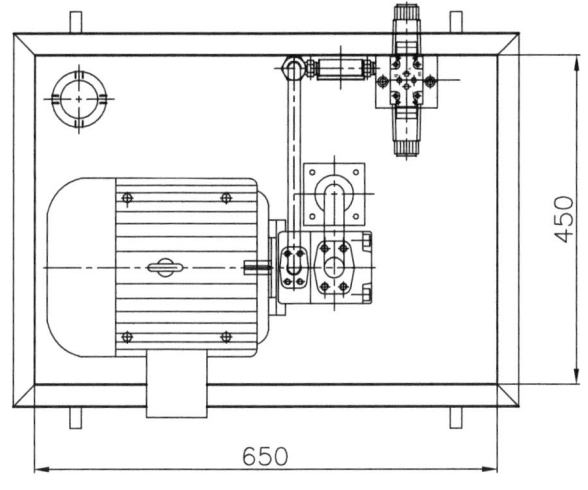

Pump	8cc~14cc/rev 베인
Motor	3.7kw×4P 220/380
Tank	50L~100L
Sol, Valve	G-01 2ea
압력제어	Sol, Relief G-03

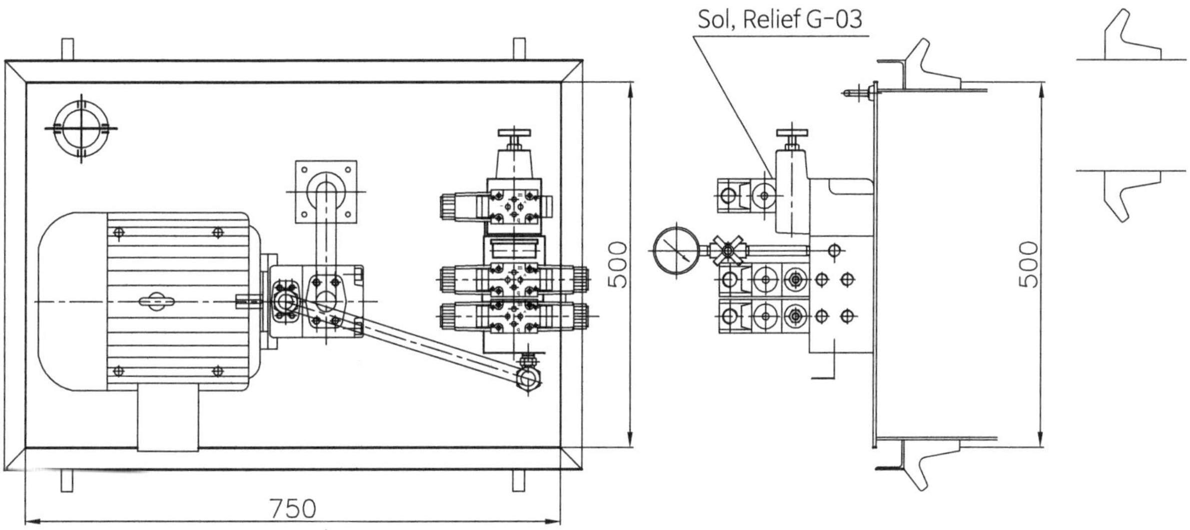

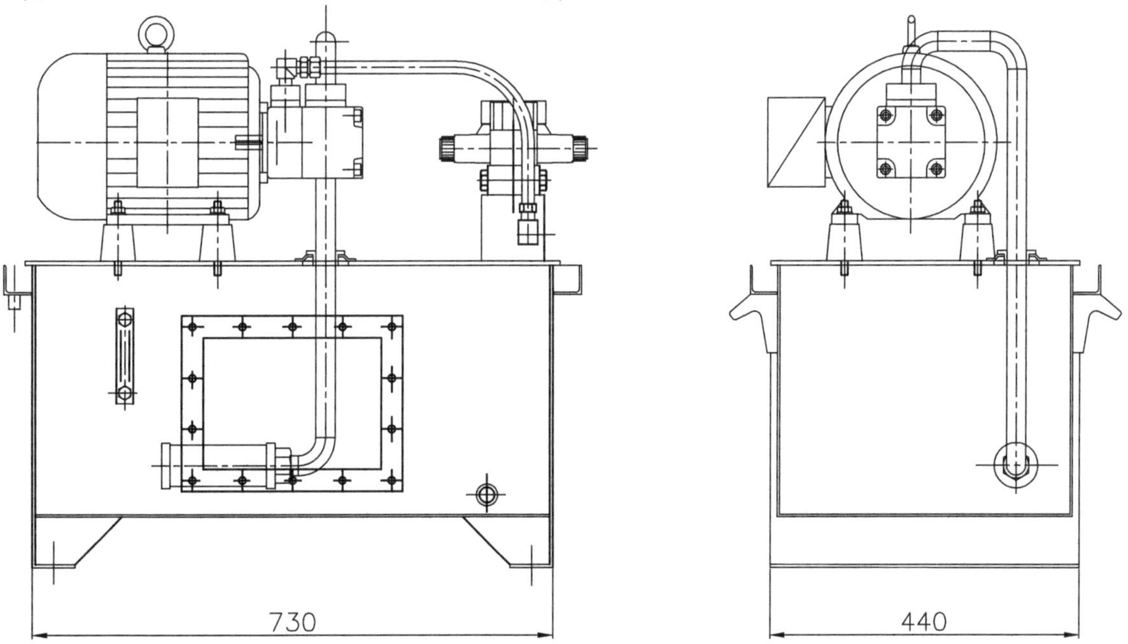

3) 가변 피스톤 펌프 적용 유압유닛

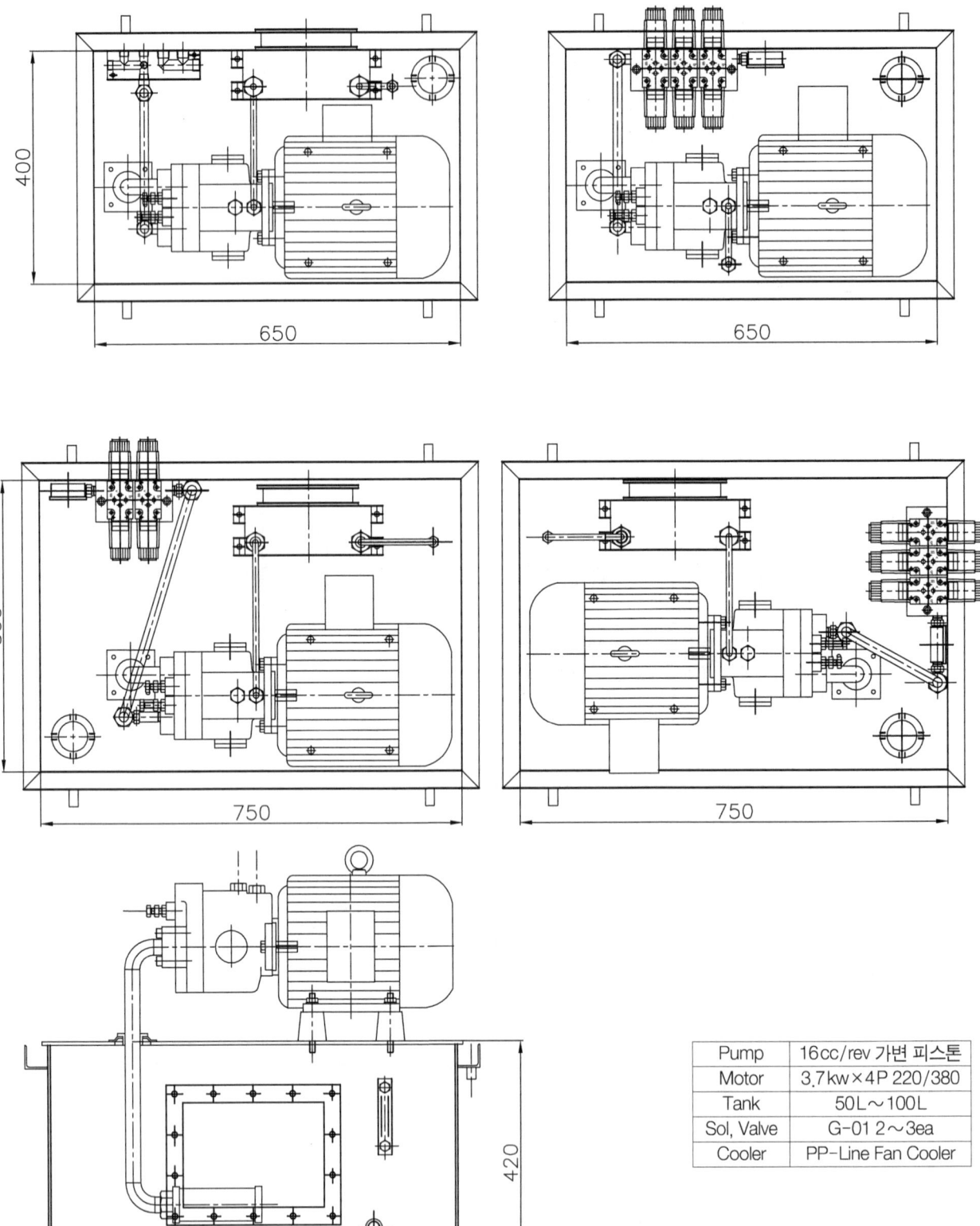

Pump	16cc/rev 가변 피스톤
Motor	3.7kw×4P 220/380
Tank	50L~100L
Sol, Valve	G-01 2~3ea
Cooler	PP-Line Fan Cooler

4) 중형 유압유닛
베인 펌프 적용 유압유닛

Pump	베인펌프
Motor	Frame No 160M
Tank	300L~400L

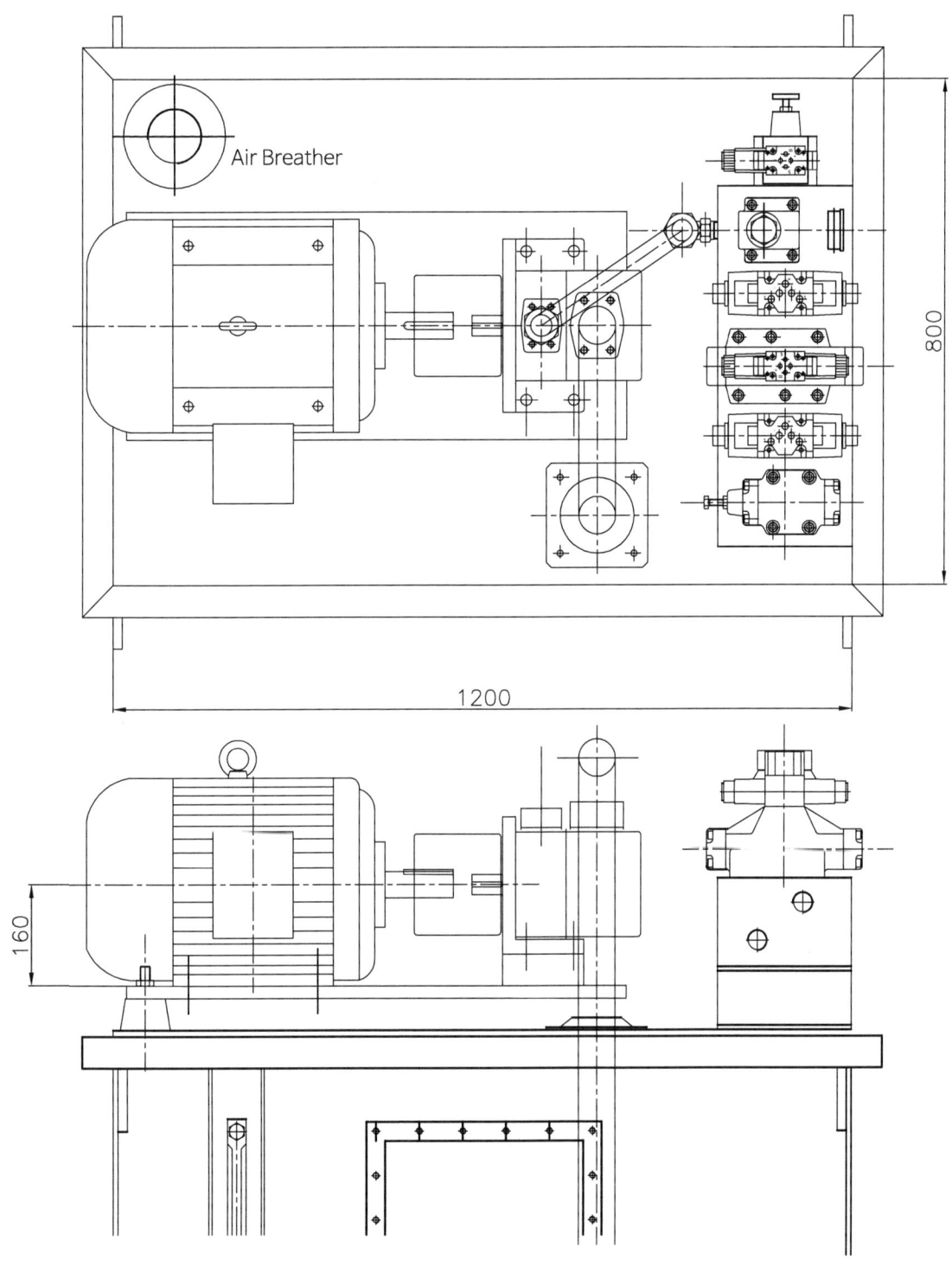

5) 중, 대형 유압유닛

Pump	베인펌프
Motor	Frame No 225M
Tank	500L~600L

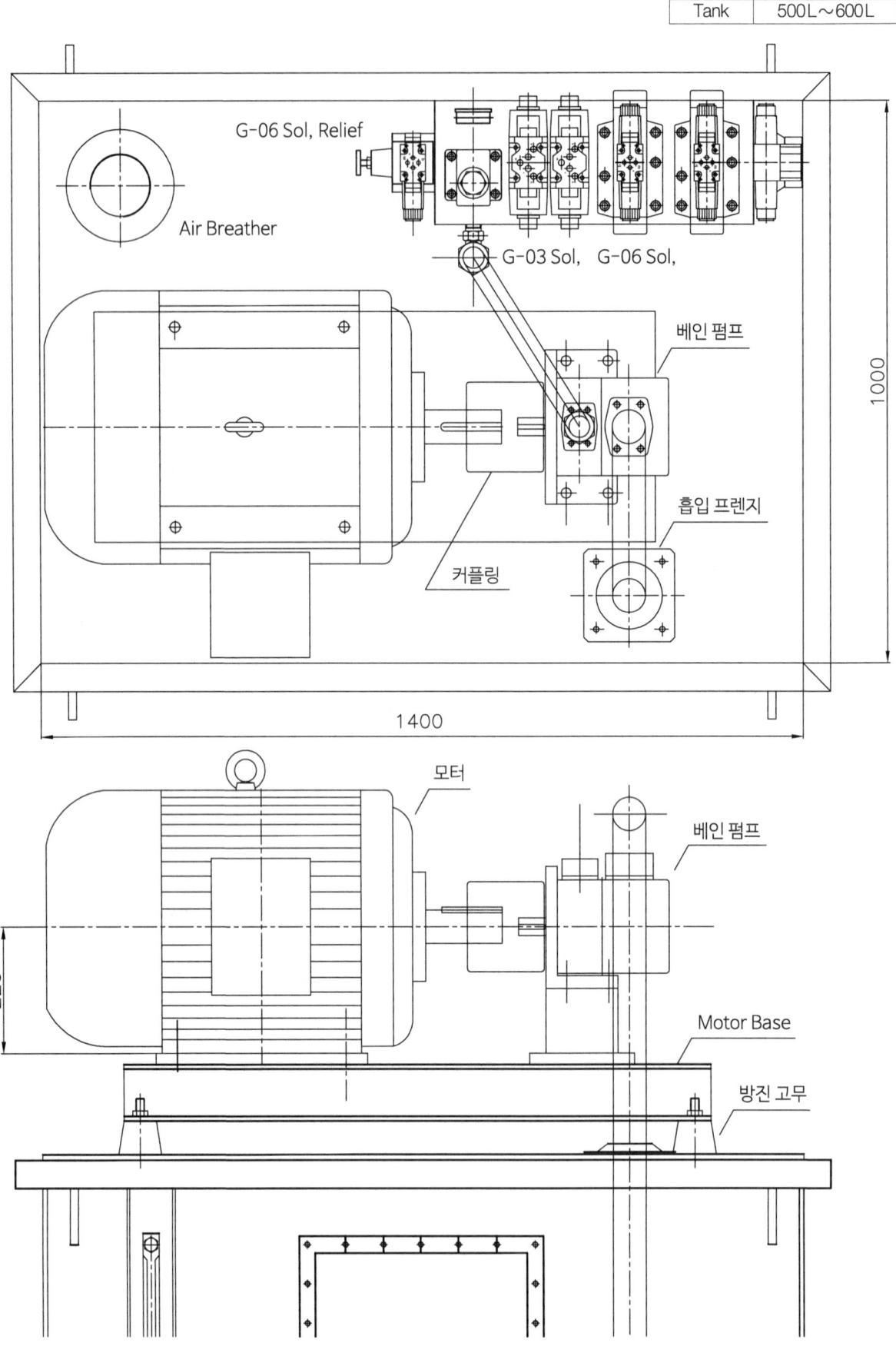

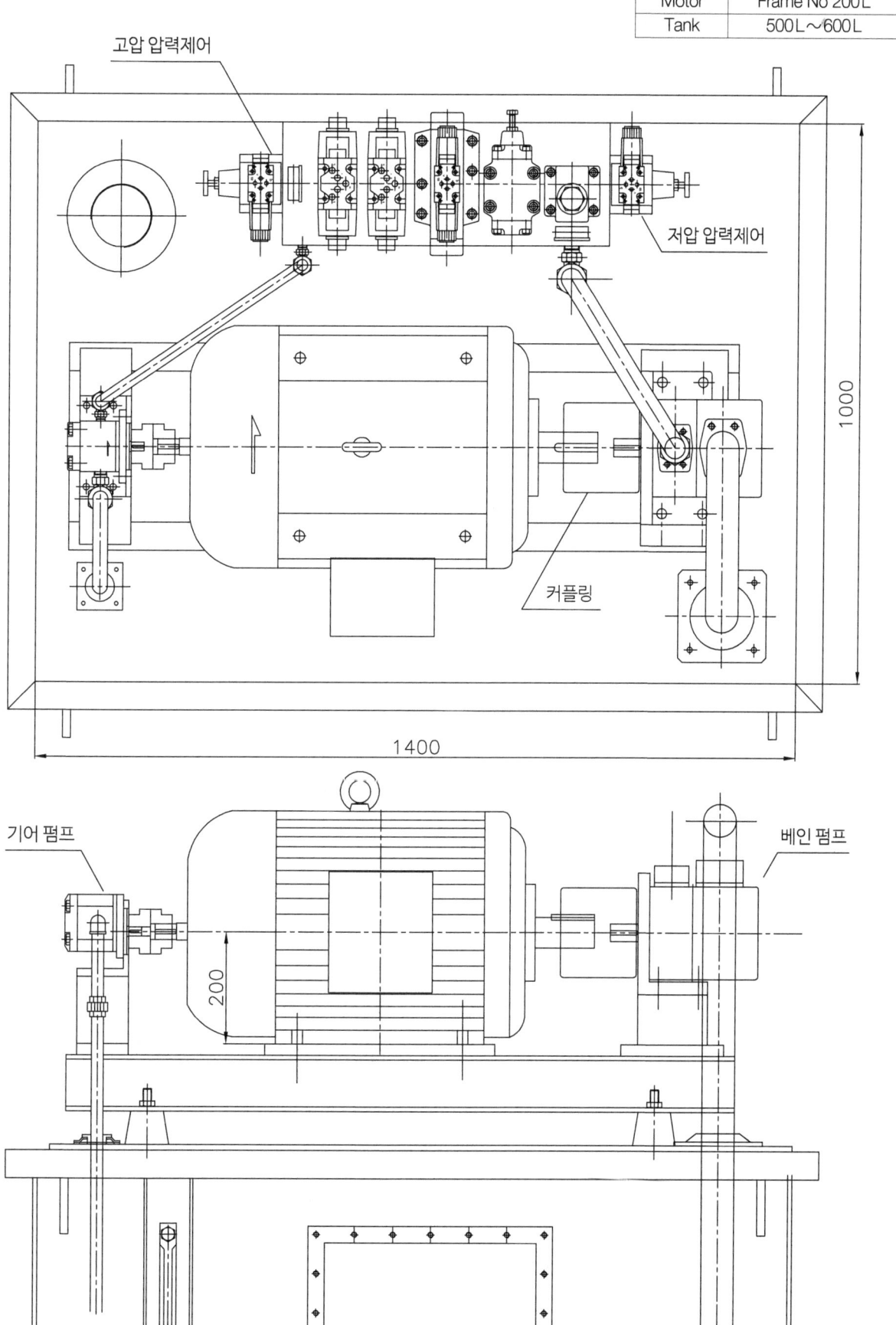

6) 모터 수직형 유압유닛

2련 기어 펌프에 적용하며, 유압 유닛의 공간 활용을 고려한 유닛이다.

Pump 1	기어펌프(대 유량)
Pump 2	기어펌프(소 유량)
Motor	수직형(Vertical)
Tank	100L~200L

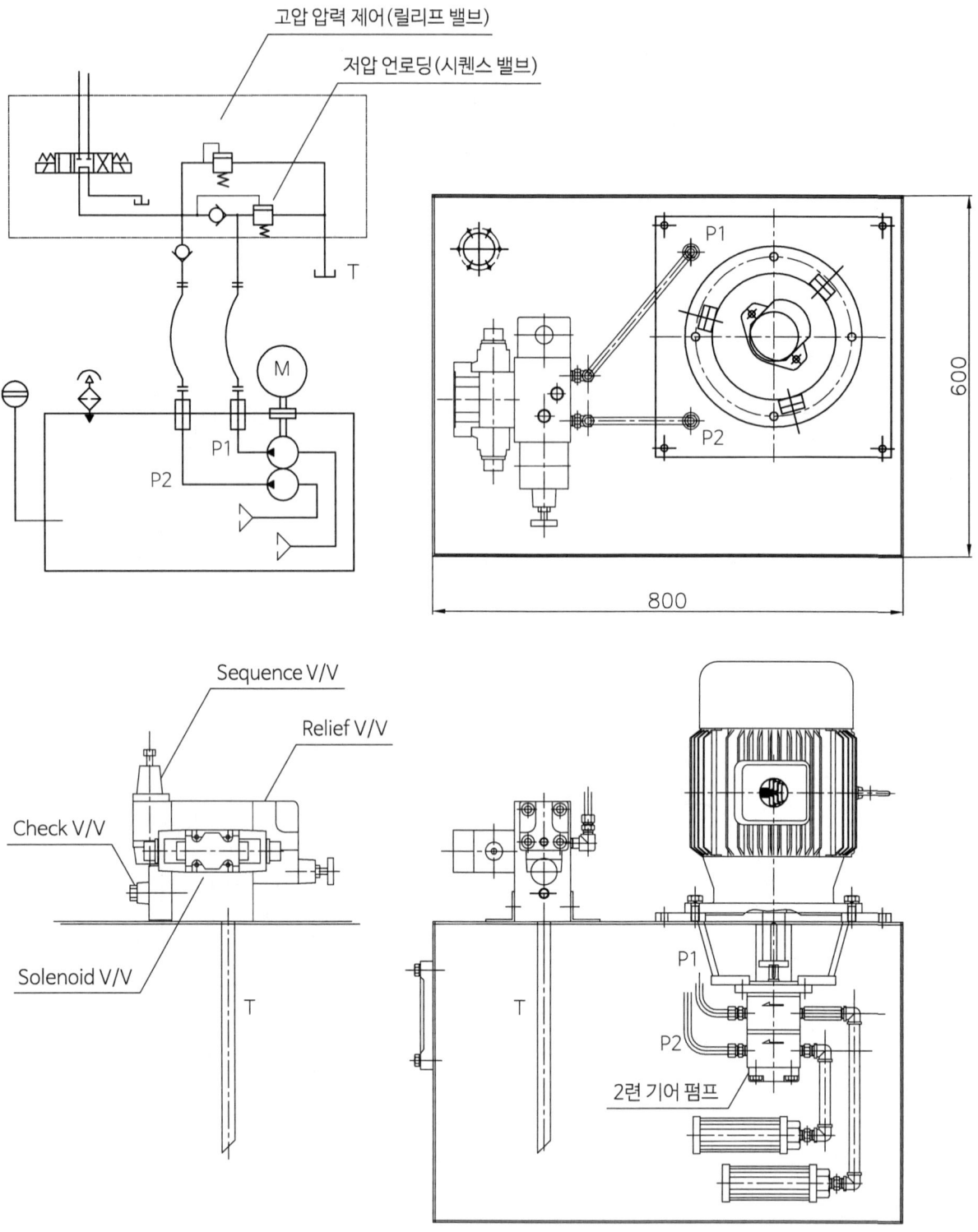

7) 중형 고압용 유압유닛

고정 용량형 피스톤 펌프 적용 유압유닛으로,
최고 사용압력이 250 bar~315 bar의 고압용 유압유닛이다.

Pump	피스톤 펌프
Motor	Frame No 160M
Tank	200L~250L

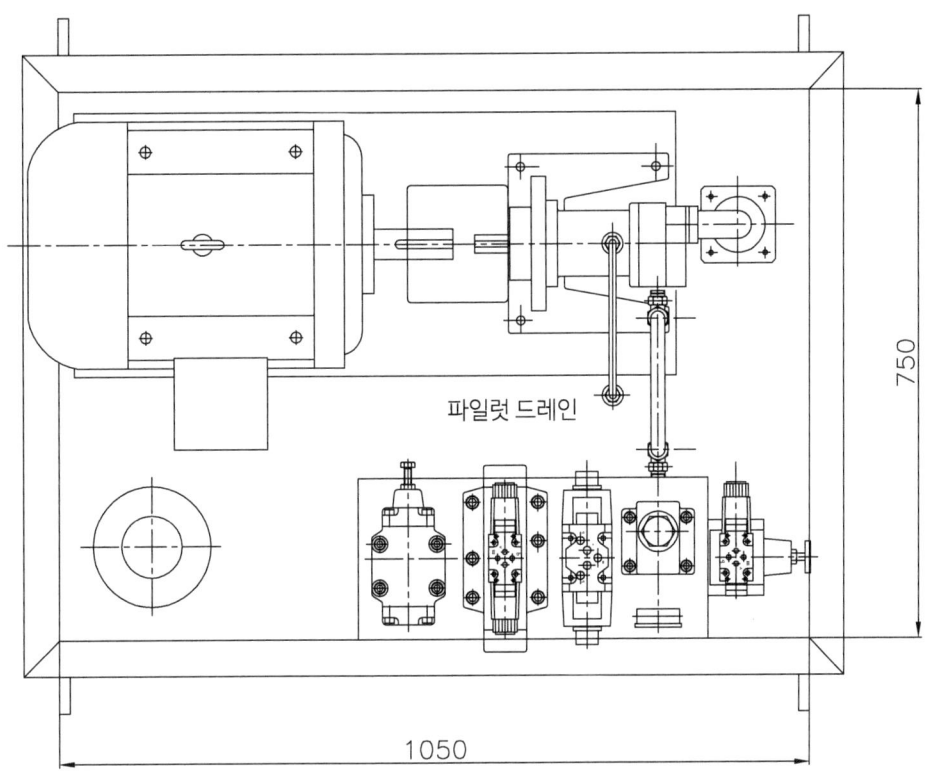

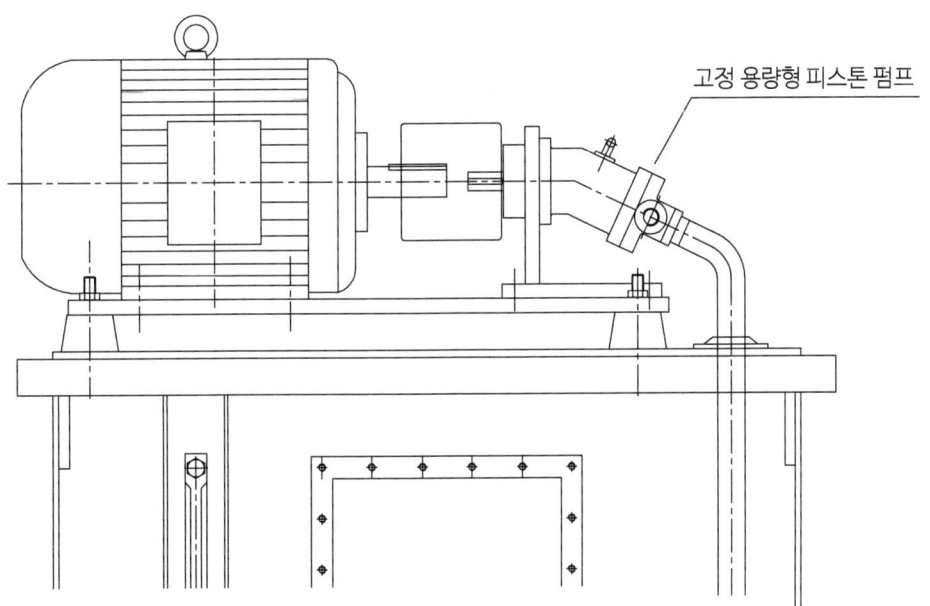

8) Fan Cooler(공냉식) 적용 유닛

유압시스템에서 고압 사용이 빈번하면 유압작동유의 유온이 어쩔 수 없이 상승하게 되는데 유온을 관리하기 위하여 공냉식 팬 쿨러를 장착할 때의 유압유닛의 개념도이다.

이때 팬 쿨러 방열판 파손을 대비하여 쿨러 보호용 안전용 체크밸브를 설치한다.

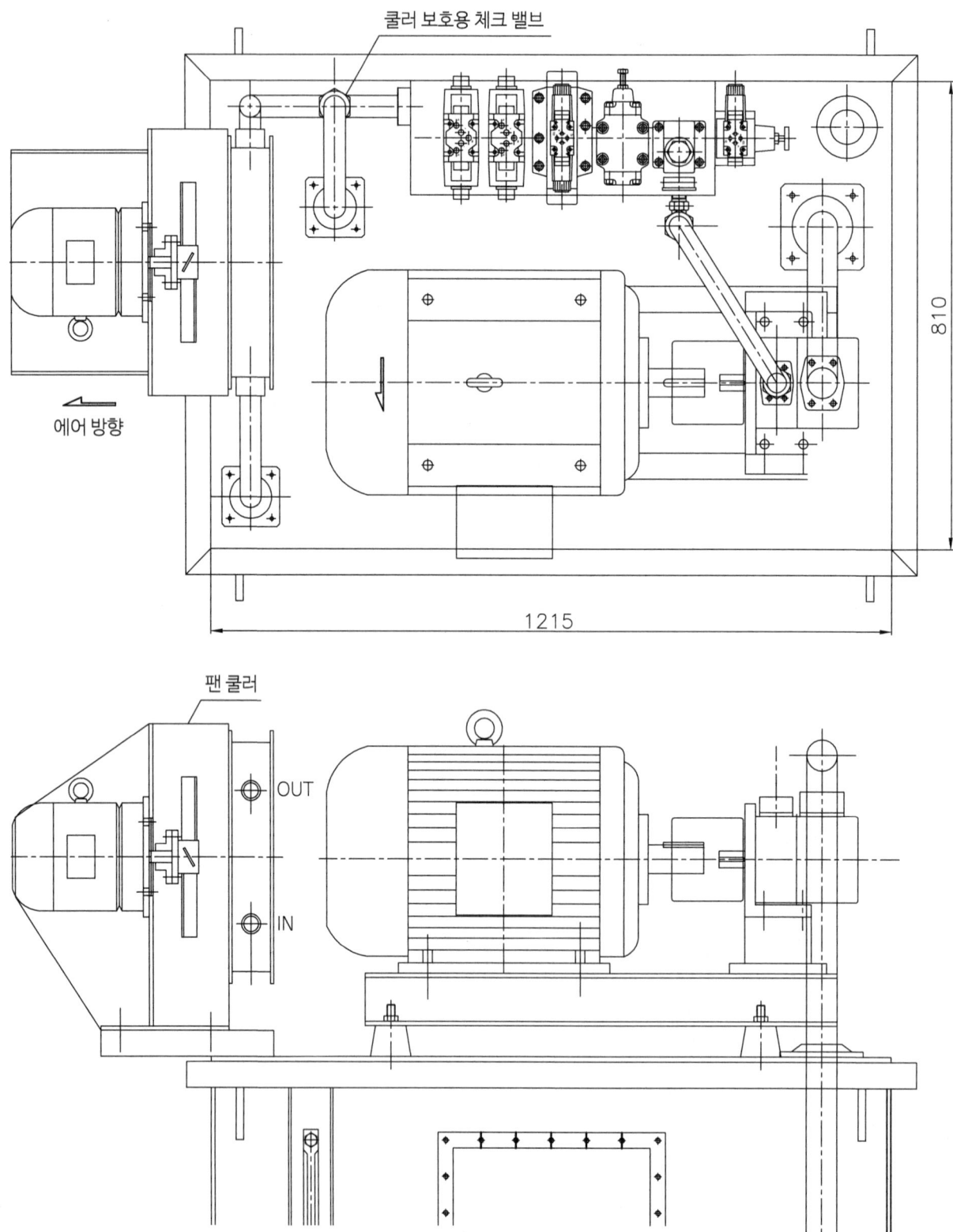

9) 수냉식 오일 쿨러 적용 유닛

유압시스템에서 고압 사용이 빈번하면 유압작동유의 유온이 어쩔 수 없이 상승하게 되는데 유온을 관리하기 위하여 수냉식 오일쿨러를 장착할 때의 유압유닛의 개념도이다.

이때 오일쿨러 내부에서 파손을 대비하여 쿨러 보호용 안전용 체크밸브를 설치한다.

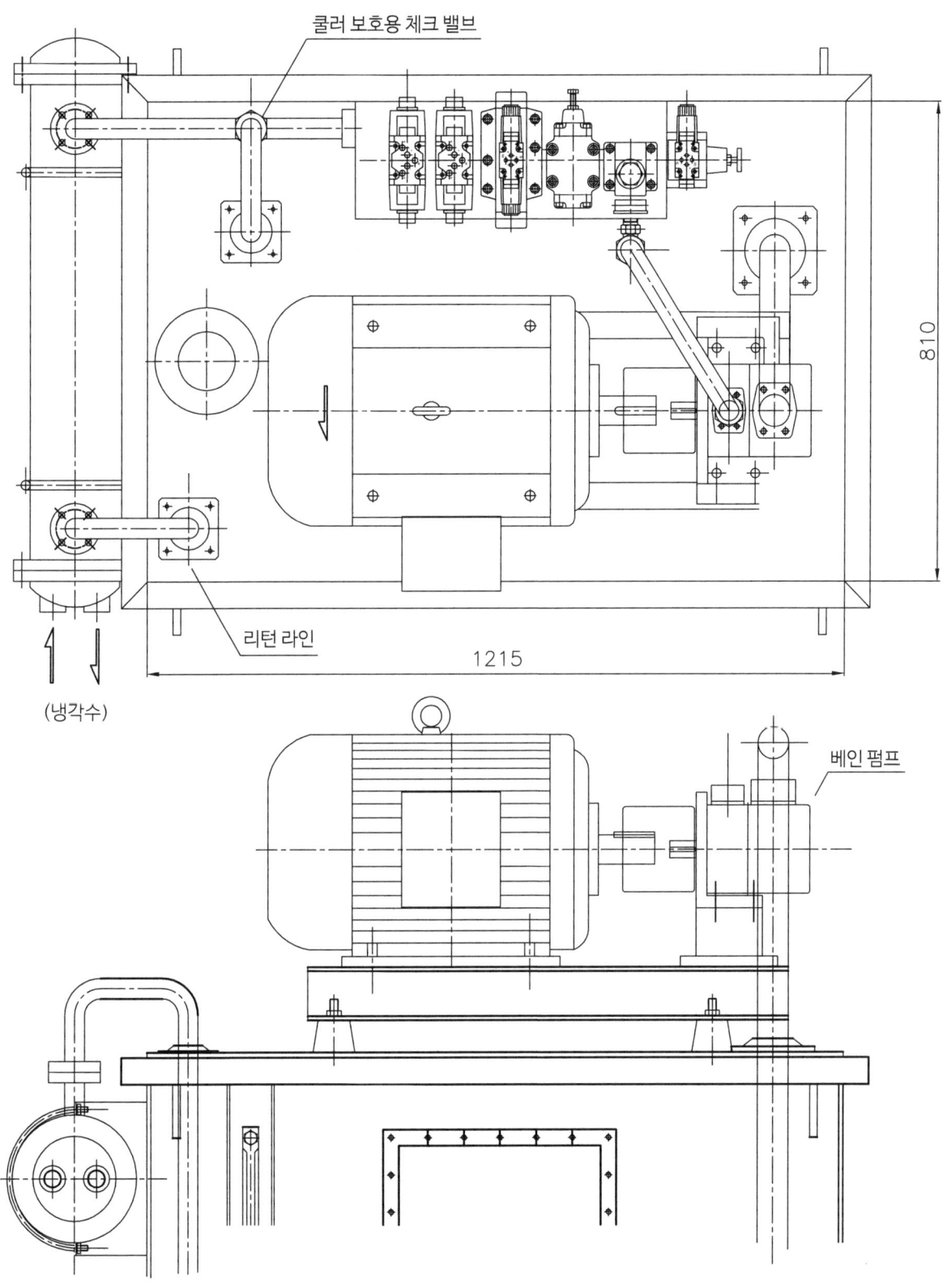

10) 어큐뮬레이터 적용 유닛

어큐뮬레이터 적용 유닛은 ACC, 작동시 심한 충격과 진동이 예상되어 ACC, 고정 부라켓 및 고정 밴드를 견고하게 체결해야 한다.

시스템 점검 수리를 위하여 고압 스톱밸브를 반드시 설치해야 한다.

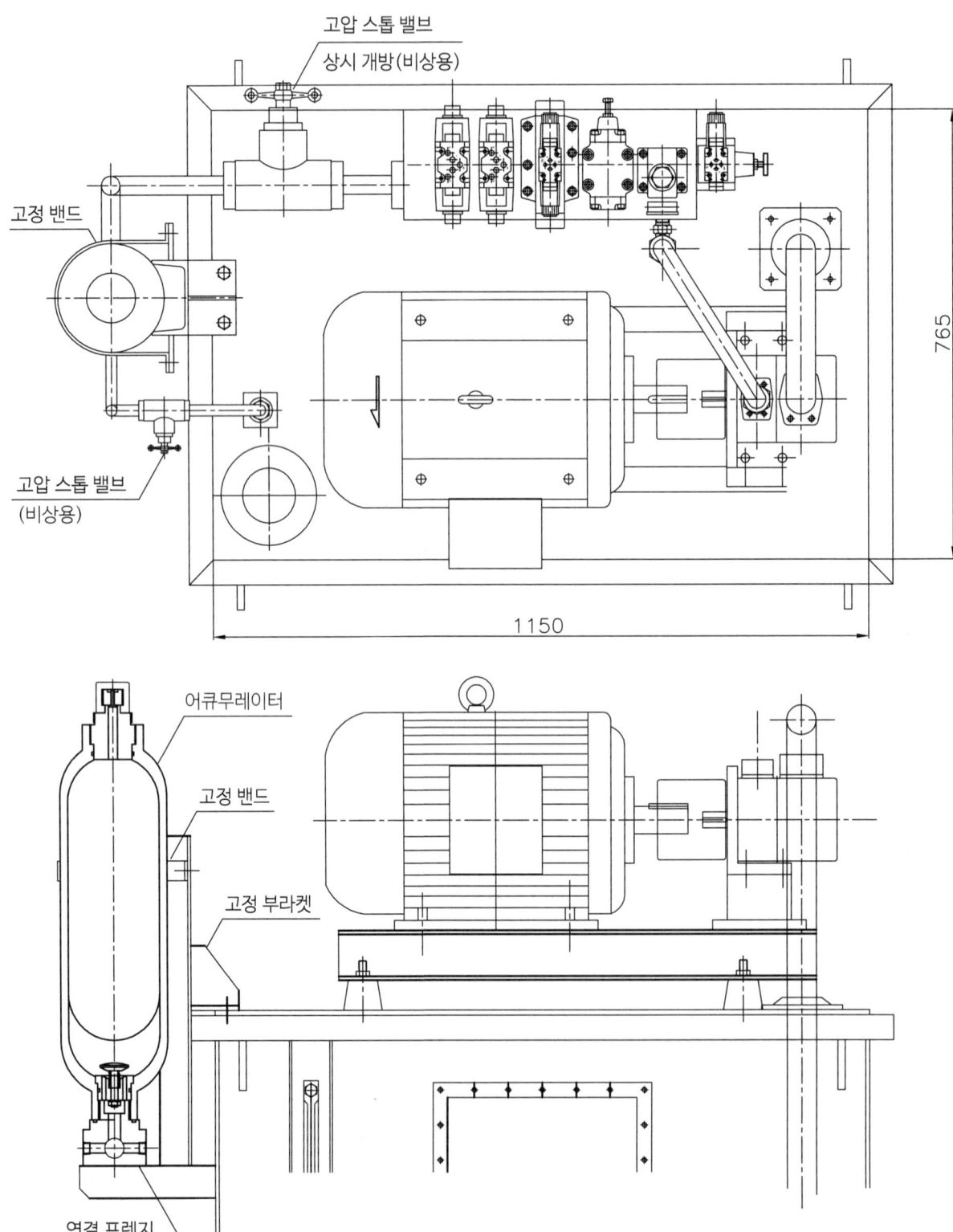

2 기본적인 유압유닛 설계 예

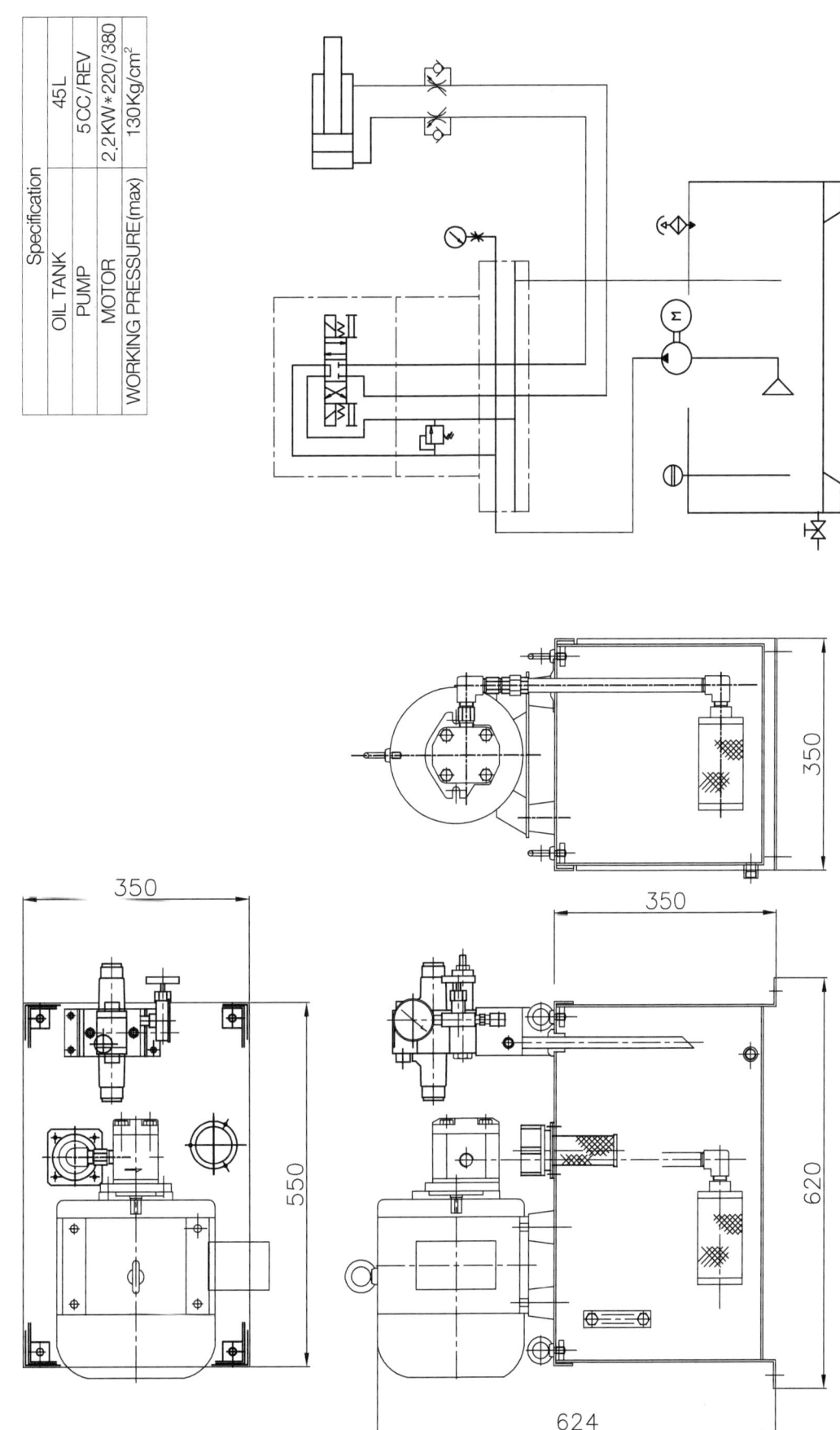

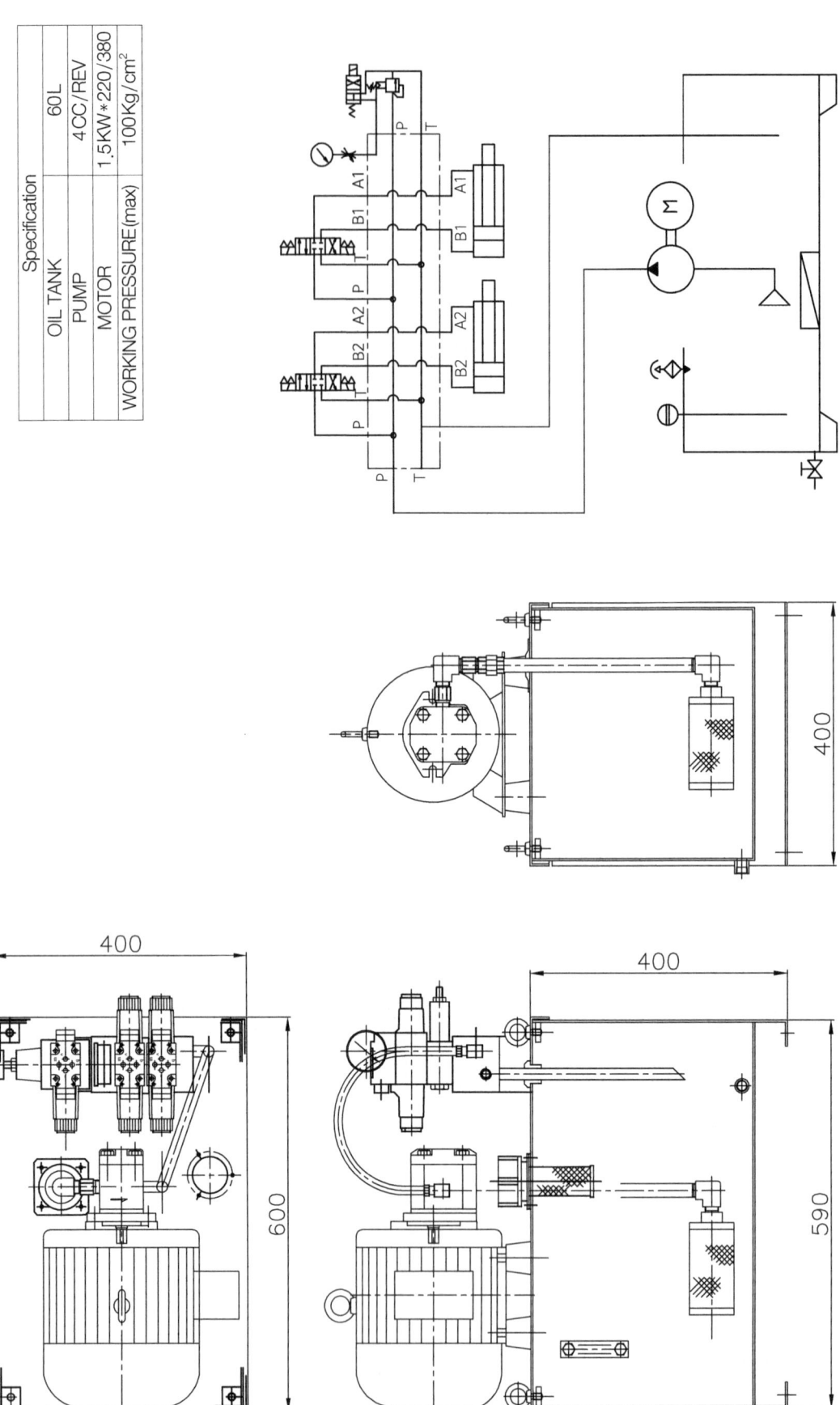

Specification	
OIL TANK	60L
PUMP	4CC/REV
MOTOR	1.5KW*220/380
WORKING PRESSURE(max)	100Kg/cm²

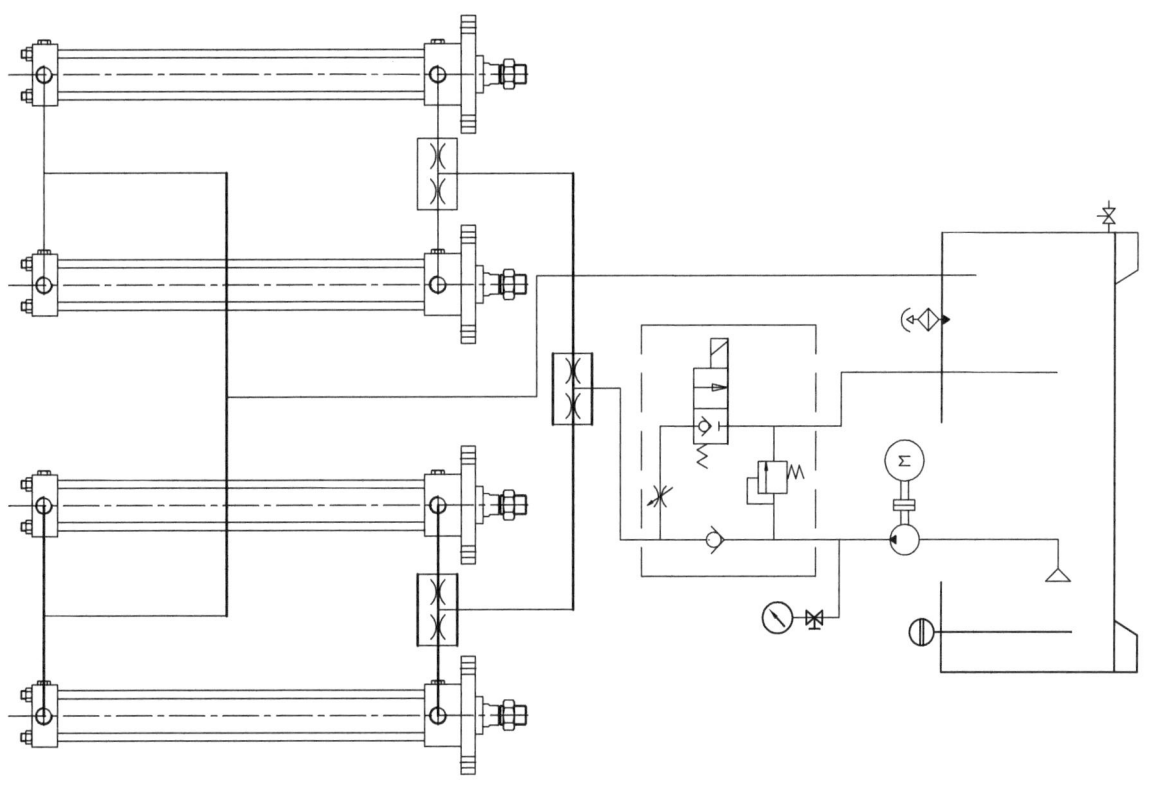
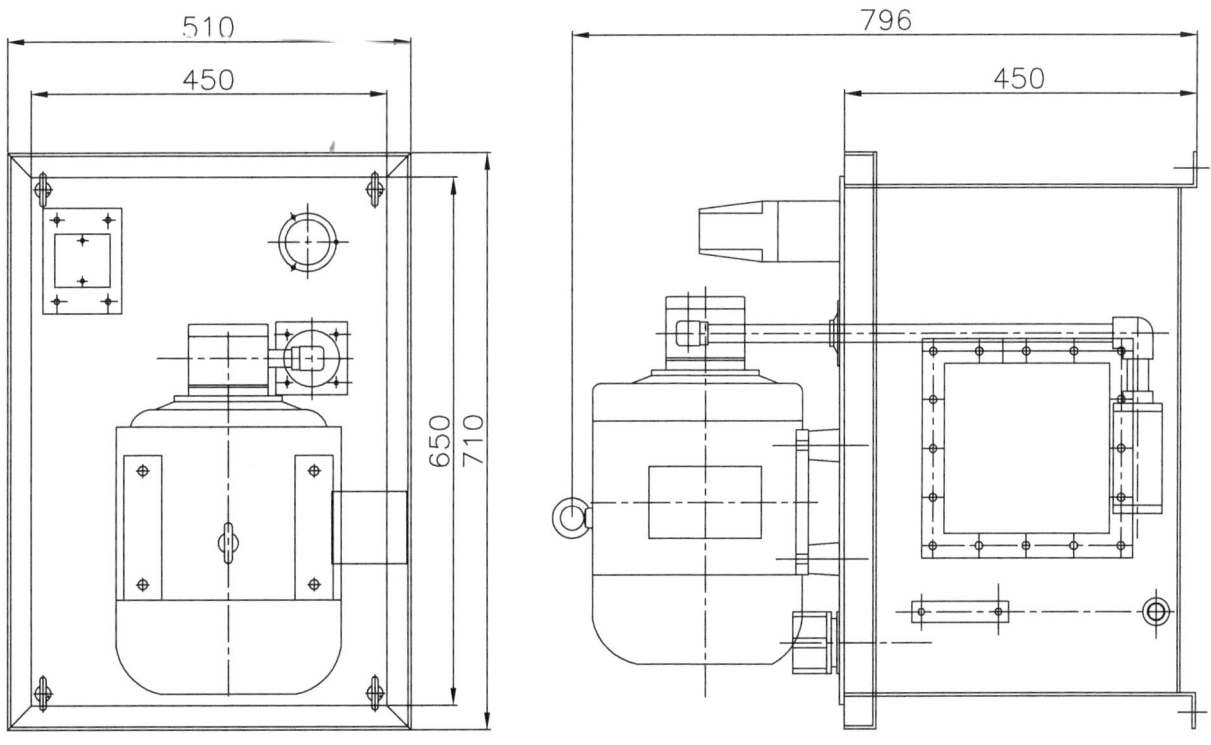

제2장 유압유닛(Hydraulic Power Unit) **099**

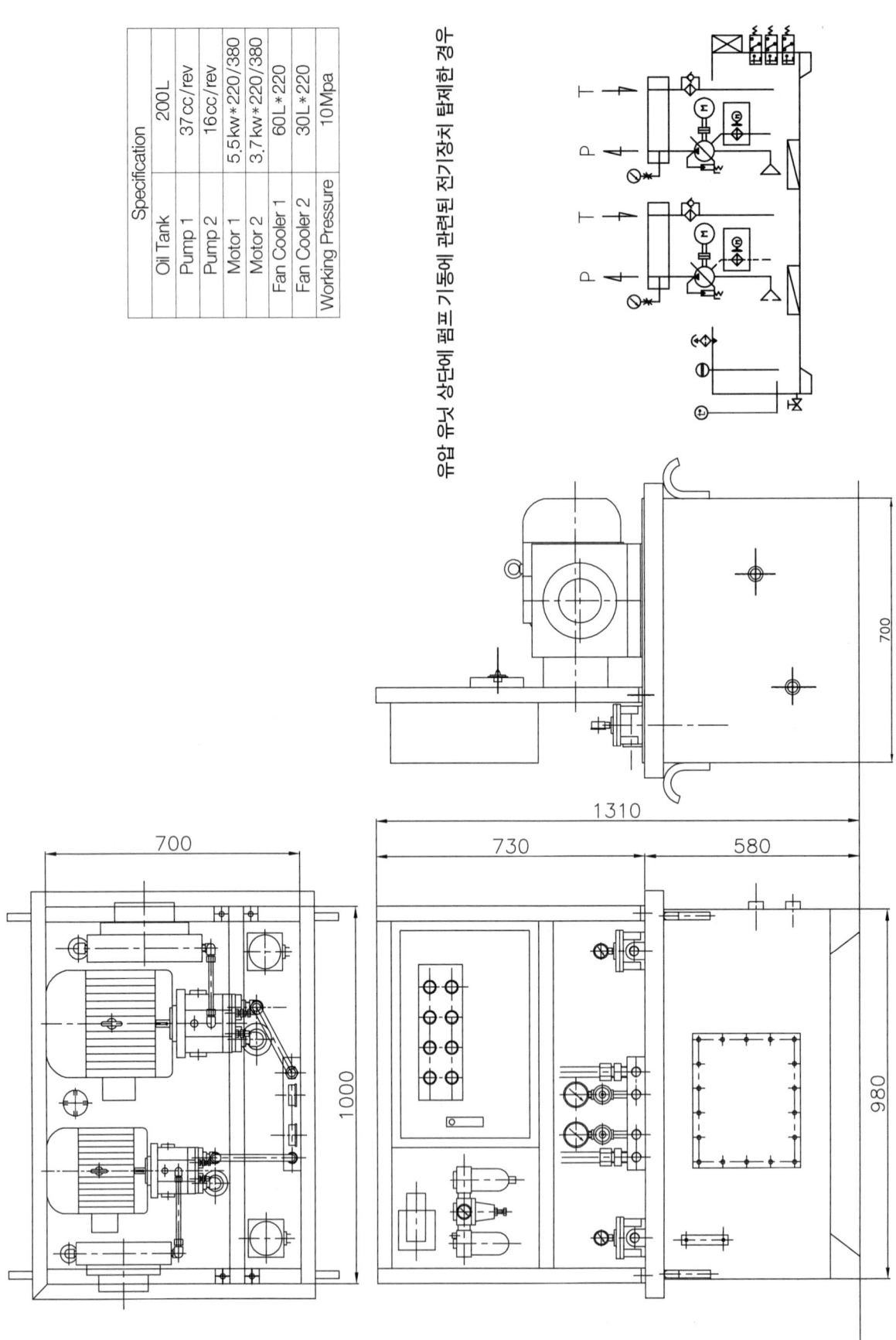

Specification	
Oil Tank	200L
Pump 1	37cc/rev
Pump 2	16cc/rev
Motor 1	5.5kw*220/380
Motor 2	3.7kw*220/380
Fan Cooler 1	60L*220
Fan Cooler 2	30L*220
Working Pressure	10Mpa

유압 유닛 상단에 펌프 기동에 관련된 전기장치 탑재한 경우

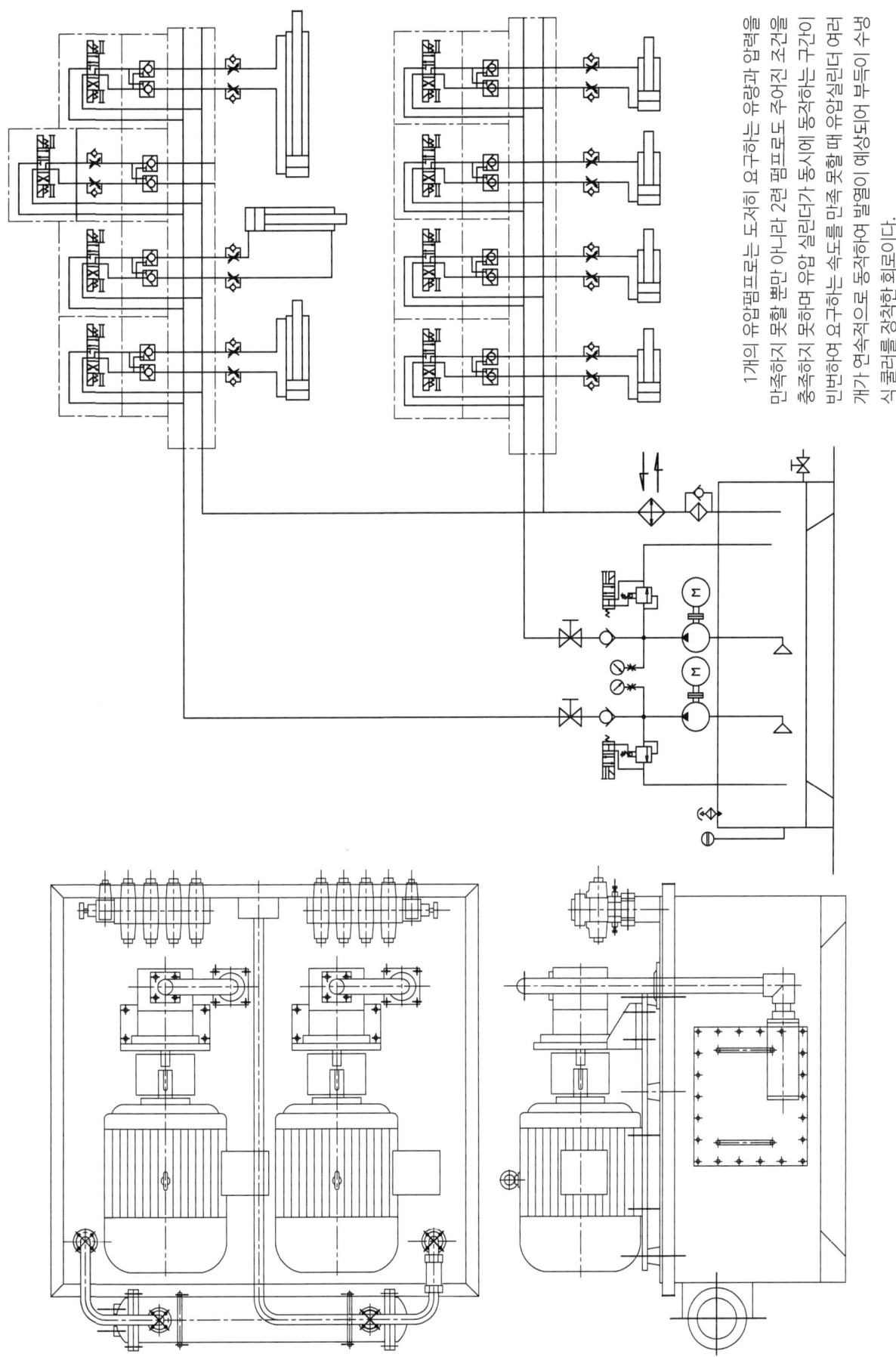

1개의 유압펌프로는 도저히 요구하는 유량과 압력을 만족하지 못할 뿐만 아니라 2련 펌프로도 주어진 조건을 충족하지 못하며 유압 실린더가 동시에 동작하는 구간이 빈번하여 요구하는 속도를 만족 못할 때 유압실린더 여러 개가 연속적으로 동작하여 발열이 예상되어 부득이 수냉식 쿨러를 장착한 회로이다.

CHAPTER 03

유압 기기
Hydraulic Equipment

유압기기는 유압장치에 소요되는 기기를 총칭하는데 제3장에서는 유압펌프와 유압 제어 밸브로 제한하여 기술한다.

유압기기(Hydraulic Equipment)의 구성

유압기기(Hydraulic Equipment)는 유압장치에 소요되는 기기를 총칭하는데 제3장에서는 유압펌프와 유압 제어밸브로 제한하여 기술한다.

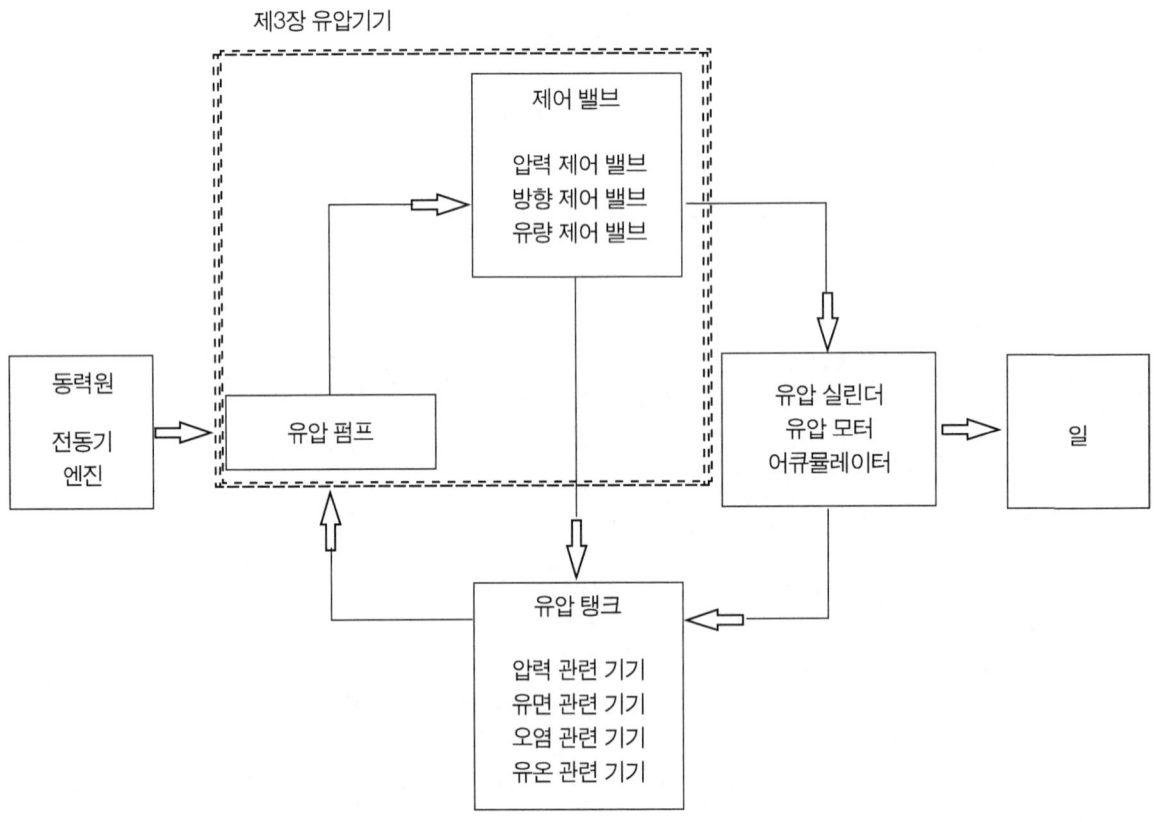

유압의 5대 요소

기본 유압장치의 구성

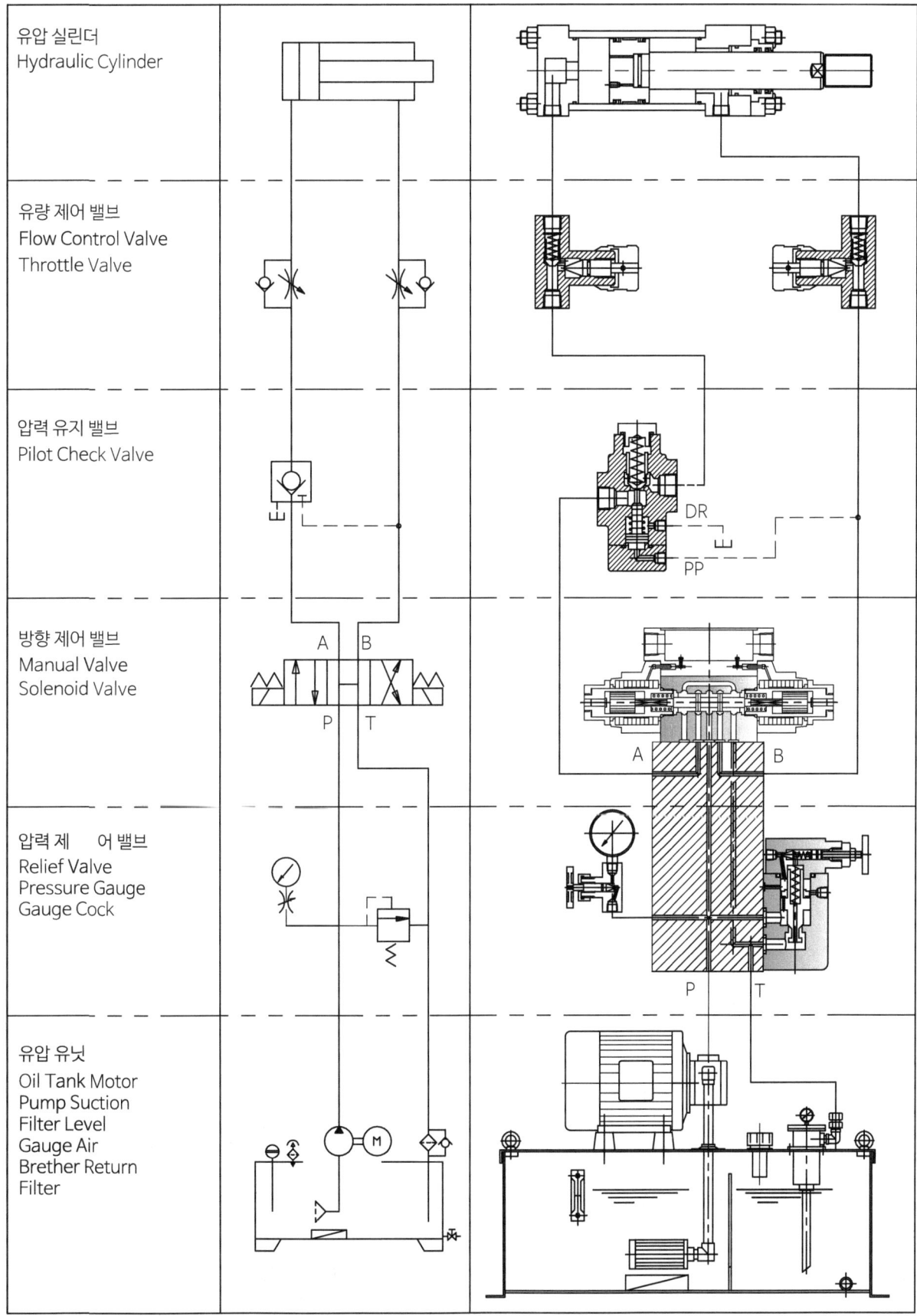

제1절　유압펌프

　유압펌프는 오일탱크의 유압작동유를 전동기(엔진) 또는 수동에 의하여 구동시켜 유압유를 흡입해서 토출구로 보내며 토출된 유압유는 각종 제어밸브에 의하여 Actuator(실린더, 유압모터)를 구동시키는 기기이다(구동장치의 기계적 에너지를 유압에너지로 전환).

　일반적으로 유체(유압작동유)를 이송하는 펌프는 용적형(positive displacement type) 펌프와 비용적형(non-positive displacement type) 펌프로 분류한다.

　용적형 펌프는 펌프가 회전하거나 왕복운동을 할 때마다 정해진 용적의 (밀폐공간) 유체를 일정 유량으로 토출하는 데에 비하여 비 용적형 펌프는 유동하는 유체의 운동 에너지를 이용하여 유체를 이송하는 펌프로 부하의 조건에 따라 토출량이 일정치 못한 것으로 원심펌프, 축류펌프, 프로펠러펌프 등이 있다.

　유압 시스템에 적용되는 펌프는 주로 용적형 펌프가 사용되고 있으며 비 용적형 펌프는 유압시스템 구성에서는 일단 제외한다.

1 유압펌프의 종류

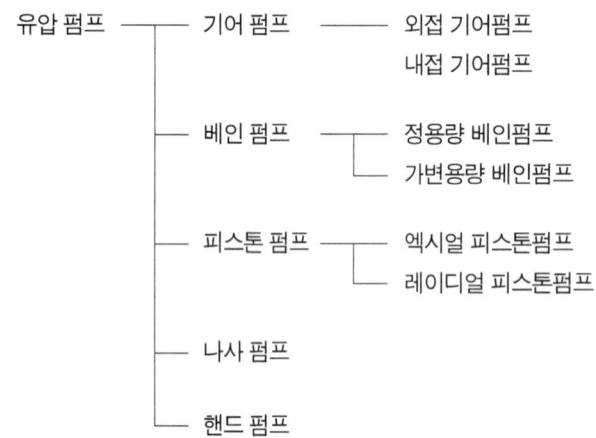

2 펌프유량의 기본계산

펌프유량의 기본 계산은 액추에이터(유압실린더)가 필요로 하는 유량을 말하며 유압실린더의 직경이 결정되고 이송속도가 결정되면 유량 계산이 가능하다.

유량 Q = A × V에서
- 유압 실린더의 이송 속도(cm/min)
- 유압 실린더의 단면적(cm^2)

D : 유압실린더 내경(cm)
A : 유압실린더 단면적(cm^2)
V : 유압실린더 이송속도(cm/min)

예를 들면, 직경 100mm 유압실린더가 1초에 100mm 이송하는 유압장치의 펌프유량은?

$A = \dfrac{\pi}{4} = D^2$ 이므로 $A = \dfrac{\pi}{4} 10 \times 10 = 78.5 cm^2$

속도 V = 1초에 100mm 이송함으로 1초에 10cm 이송이다.

따라서

유량 Q = A × V에서 Q = 78.5 × 10 = 785cc/sec이며, 1분에는 785 × 60 = 47,100cc로 약 47L/min이다.

유압펌프의 유량은 펌프 제조사에서 배제용적, 행정용적이 결정되어 출고된다. 따라서 사용자가 임의로 결정, 추정, 변경할 수 없다.

일반적으로 펌프의 유량은 cc/rev로 표시된다.

3 유압펌프와 모터(Electric Motor)의 효율

모터의 효율은 전기적 손실과 기계적 손실을 최소화하여 출고되는데 최근에는 고효율 모터가 생산되고 있으며 모터 제조사에서 실제회전수를 표시하고 있다.

펌프의 효율은 펌프Maker에서 출고당시 실제 토출 유량을 표시하고 있으나 모터로부터 받은 에너지를 100% 유압작동유에 주어 유압유가 이 에너지를 받아 기계적 에너지를 유압 에너지로 변환되는 것이 아니고 기계적 마찰에 의한 손실과 유압유의 토출저항에 의한 압력손실 유압유 누유에 의한 누유손실 등으로 효율을 일반적으로 80~85%로 적용한다.

만약 어떤 펌프가 10cc/rev라면 rpm(회전수/min)에 따라 펌프의 토출량이 결정되어진다는 것을 알 수 있다. 여기서 펌프 10cc/rev이면(펌프 1 회전했을 때 토출량),

모터 회전 조건	회전수	토출 유량	효율을 감안한 실제 회전수	펌프 효율을 감안한 토출 유량(효율 0.8)
2극(2P) Motor	3,600/rpm	10×3,600=36,000 36L/min	3,400/rpm	10×3,400=34,000cc 34×0.8=27.2L/min
4극(4P) Motor	1,800/rpm	10×1,800=18,000 18L/min	1,750/rpm	10×1,750=17,500cc 17.5×0.8=14L/min
6극(6P) Motor	1,200/rpm	10×1,200=12,000 12L/min	1,150/rpm	10×1,150=11,500cc 11.5×0.8=9.2L/min
사람이 수동으로	1분에 10바퀴 회전시키면	10×10=100이면 0.1L/min(100cc)	모터나 펌프의 효율은 제조사마다 약간의 차이가 있을 수 있음.	

사람이 펌프를 회전시키면 아주 소형이고 저압이면 순간적으로 몇 바퀴 돌릴 수 있으나 비상용이거나 특수사항이 아니면 무리가 따른다. 따라서 수동 회전을 고려하지 않으면 펌프를 모터나 엔진으로 구동한다는 전제가 된다.

위의 표에서 소유량 펌프를 고속으로 회전시키면 모든 면에서 경제적이라는 것을 알 수 있으나 고속회전에는 한계가 있다(펌프 제조사의 추천 회전수 등 고려).

일반적인 펌프 종류별 추천 회전수

펌프의 종류		최고 회전수	추천 회전수	
외접 기어펌프	소형	3,600/rpm	1,800/rpm	최고 사용 회전수는 펌프제조사 마다 다소 차이가 있으나 부득이 한 경우를 제외하고는 추천 회전수를 적용하는 것이 바람직하다.
	대형	1,800/rpm	1,200~1,800/rpm	
내접 기어펌프	소형	3,600/rpm	1,800/rpm	
	대형	1,800/rpm	1,200~1,800/rpm	
베인 펌프	소형	3,600/rpm	1,800/rpm	
	대형	1,800/rpm	1,200/rpm	
피스톤 펌프	소형	3,600/rpm	1,200~1,800/rpm	
	대형	1,800/rpm	1,200/rpm	

펌프를 무리하게 고속 회전시키면 엄청난 소음과 발열이 예상되고 펌프의 수명 단축이 예상된다(단, 저압이거나 부득이 하게 단시간 사용은 고려해 볼만하다).

4 유압펌프의 선정

펌프의 선정은 설계자가 필요로 하는 유량을 결정하고(모터의 회전수를 고려한 유량) 상용 사용 압력을 결정하고(최고사용압력 고려) 최고 사용 회전수를 고려하고 사용시기에 구매가 가능한 펌프로 결정한다.

이때 유압회로 구성에 따라 내구성, 발열, 진동, 소음도 같이 고려해야 한다.

또한 가변펌프, 고정펌프, 1련 펌프, 2-3련 펌프, 펌프의 크기도 같이 고려한다.

토출유량	사용압력	회전수	펌프의 종류
cc/rev	35 bar	920 rpm(8P)	기어펌프 ─┬─ 외접기어펌프
	70 bar	1,200 rpm(6P)	└─ 내접기어펌프
	100 bar	1,800 rpm(4P)	베인펌프 ─┬─ 정용량형
	140 bar	3,600 rpm(2P)	└─ 가변용량형
	210 bar	사용모터, 엔진에	피스톤펌프 ─┬─ AXIAL PISTON 형
	250 bar	따라 정해짐.	└─ RADIAL PISTON 형
	315 bar	엔진 회전수 :	나사펌프
	350 bar	2,000 rpm 추정	수동 핸드펌프
	700 bar		

5 유압펌프의 특성

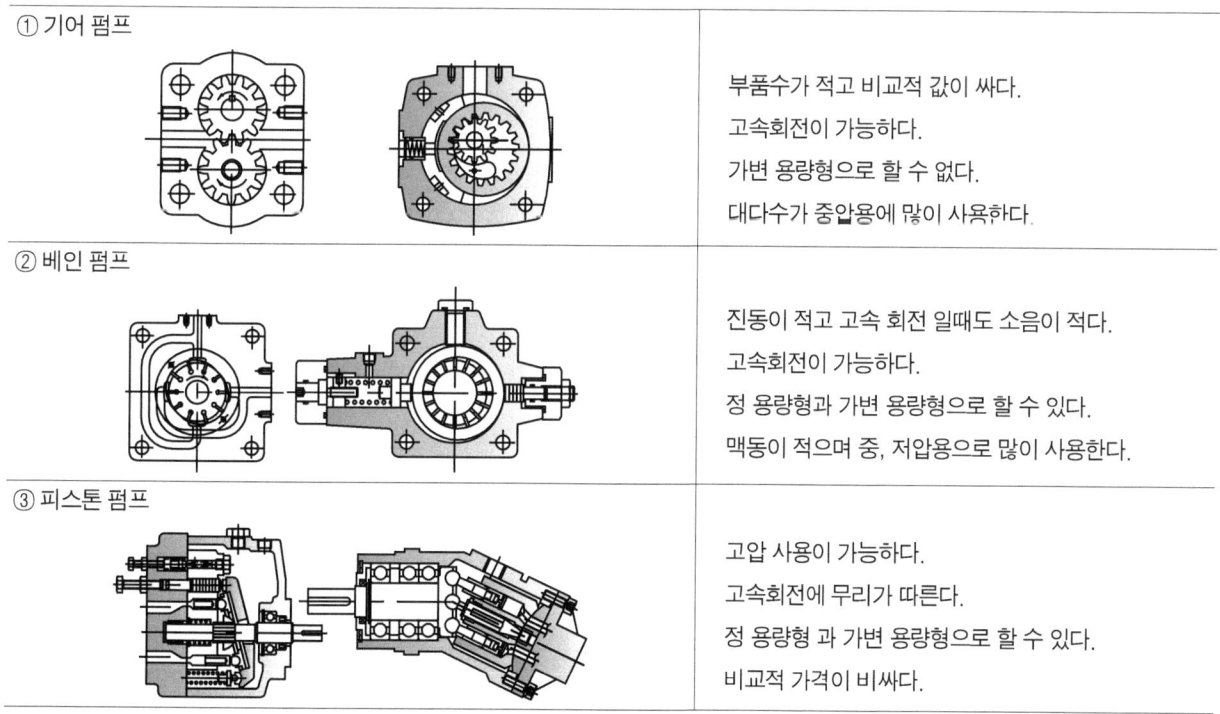

① 기어 펌프
- 부품수가 적고 비교적 값이 싸다.
- 고속회전이 가능하다.
- 가변 용량형으로 할 수 없다.
- 대다수가 중압용에 많이 사용한다.

② 베인 펌프
- 진동이 적고 고속 회전 일때도 소음이 적다.
- 고속회전이 가능하다.
- 정 용량형과 가변 용량형으로 할 수 있다.
- 맥동이 적으며 중, 저압용으로 많이 사용한다.

③ 피스톤 펌프
- 고압 사용이 가능하다.
- 고속회전에 무리가 따른다.
- 정 용량형 과 가변 용량형으로 할 수 있다.
- 비교적 가격이 비싸다.

각 종류 펌프의 특성에 따른 유량, 사용압력, 최고회전수

펌프의 형상		토출유량 cc/rev	최고 사용압력 bar	최고 허용 회전수 rpm
외접 기어펌프		1~250	50~250	500~3,500
내접 기어펌프		4~250	50~350	500~3,500
베인 펌프		5~250	15~250	900~3,500
가변 베인 펌프		10~100	10~100	3,000
사판식 피스톤 펌프		5~500	25~300	1,800
사축식 피스톤 펌프		5~500	25~320	1,800
스크류 펌프		4~630	25~160	4,000

6 기어펌프

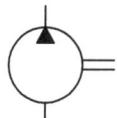

1) 외접 기어펌프

외접 기어펌프는 2개의 기어가 서로 맞물리면서 회전하면 케이싱 가운데서 흡입된 유체가 벽면을 따라 압축되며 합류된 유체가 토출되는 구조이다.

외접 기어펌프 구조

이 펌프는 구동축기어가 화살표 방향으로 구동하면 서로 맞물린 기어가 마주보고 회전하여 가운데서 흡입하여 벽면을 타고 압축되어 토출되는 구조이다.

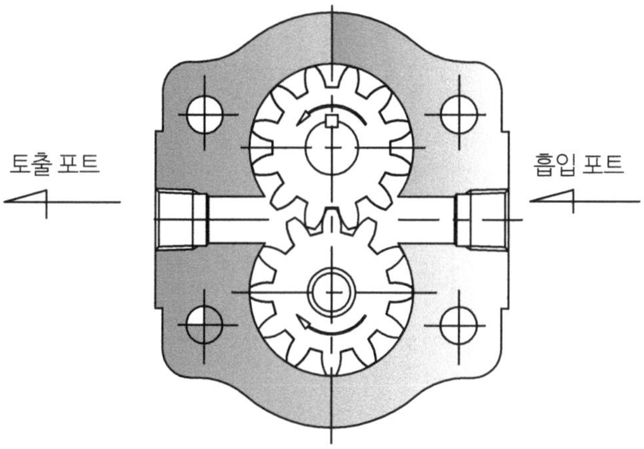

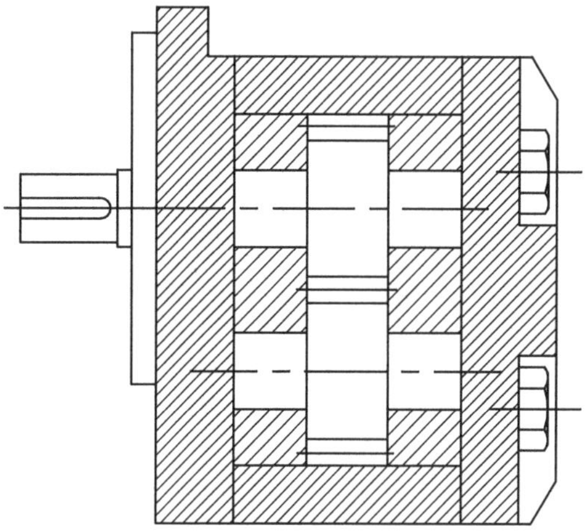

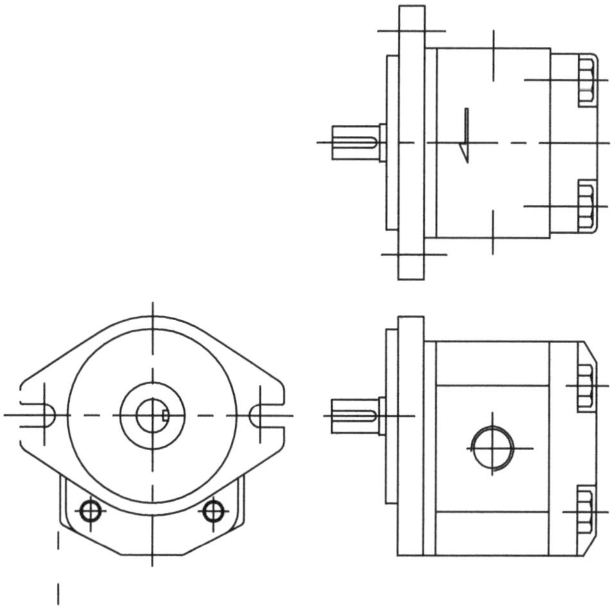

2) 내접 기어 펌프

외접 기어로부터 편심되어 바깥기어와 접해서 회전하는 내접 기어와 초생달 모양의 스페이서로 구성된다. 내접기어가 구동되어 외접기어를 회전시키면 흡입쪽은 진공이 되어 오일을 흡입하게 되고 기어와 스페이서 사이에 밀폐된 유압유는 기어의 회전에 의하여 토출쪽은 기어의 맞물림이 점차 작아져 오일을 압축 함으로 압력을 발생시킨다.

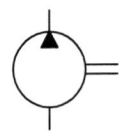

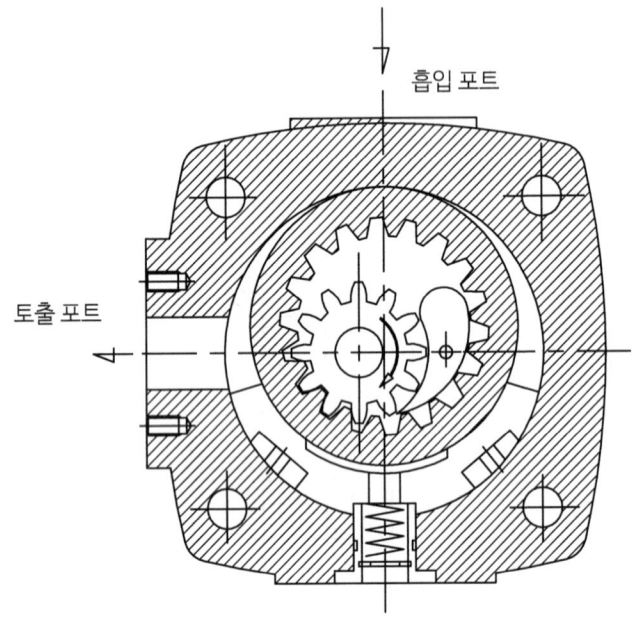
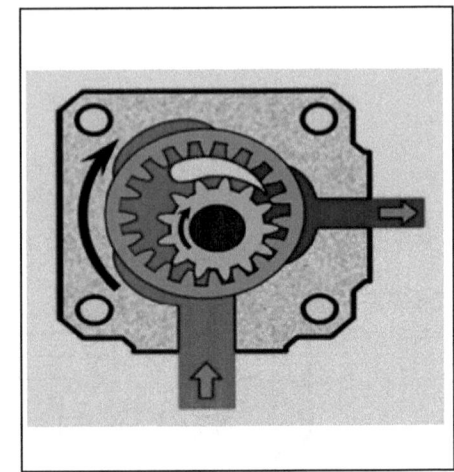

본체 안의 내접기어가 회전하면서 흡입하고 반대측으로 토출한다.

이때 Gear는 같은 방향으로 회전하고 치아가 벌어진 2개의 부분에서 발생하는 부하 압력과 하우징 내의 액면에 걸려 있다.

대기압의 압력차로부터 유압유가 펌프로 흡입된다. 유압유는 치아 사이의 공간에 들어가서 초생달형의 부품을 지나 토출구 쪽으로 유도된다.

Gear는 다시 치아의 맞물림으로 인해 먼저 치아가 벌어진 공간의 체적분만 토출구로부터 토출한다. 치아의 맞물림 Gear에 의하여 토출구로부터 흡입구에 유압유가 역유하는 것을 방지한다.

7 베인펌프(Vane Pump)

베인펌프는 회전축 로터에 여러 개의 베인이 끼워져 있어 고속회전하면 원심력에 의하여 회전축과 편심되어 있는 펌프하우징 내벽에 퍼져 나감으로 편심량이 큰쪽에서 흡입하여 점차 편심량이 적은 쪽으로 회전하면서 압축되어 토출하는 구조로 되어 있다.

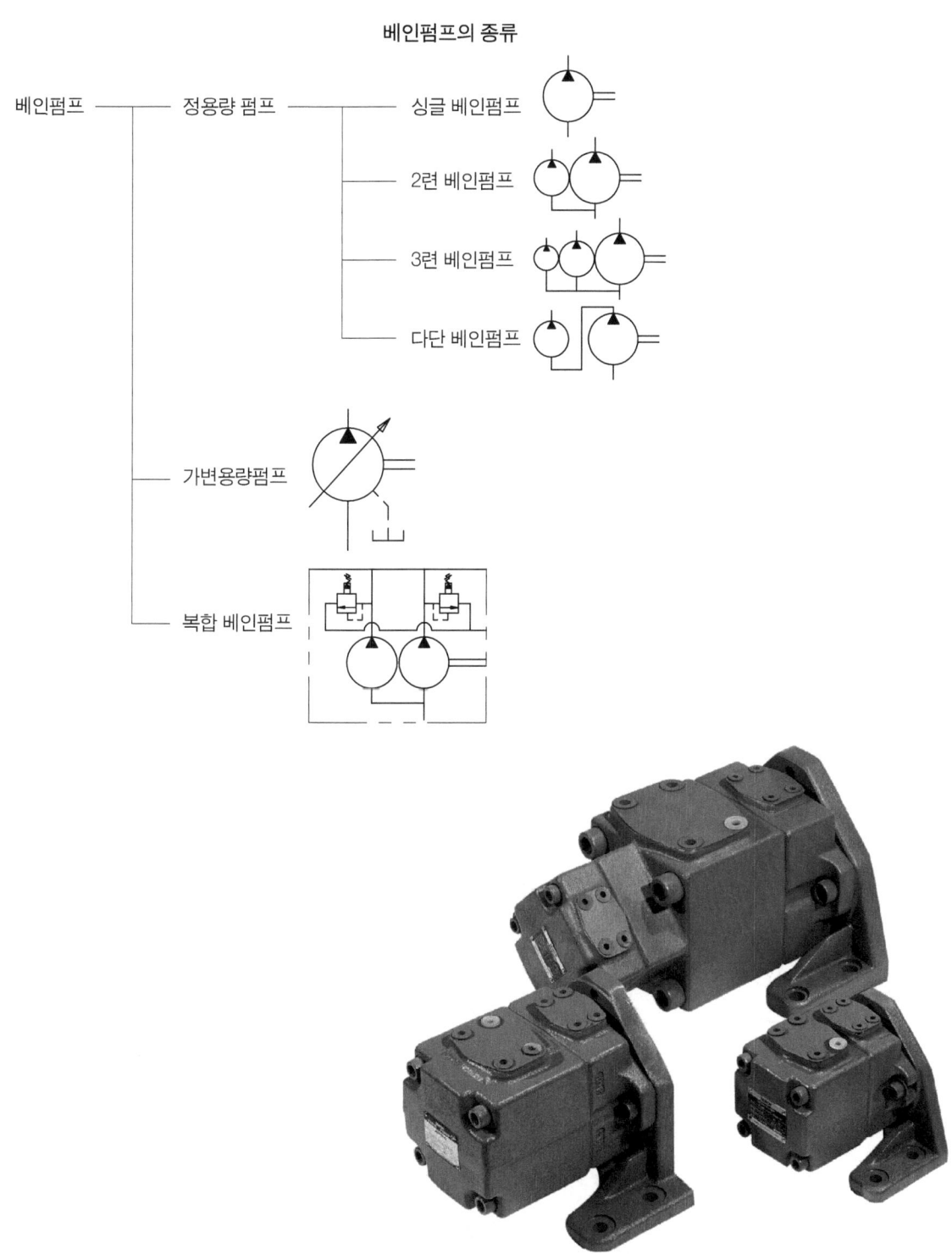

베인펌프의 종류

1) 정용량 싱글 베인펌프

정용량형 베인펌프는 본체, 캠링, 로터, 베인으로 구성되어 있으며 캠링의 내경은 양방향으로 편심되어 있고 로터는 캠링의 중심에서 회전하면 홈 속에 끼워져 있는 베인이 회전력에 의하여 원주 방향으로 캠링 외벽에 퍼져나감으로 편심량이 큰 쪽에서 적은 쪽으로 회전하면서 토출되는 구조이다.

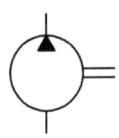

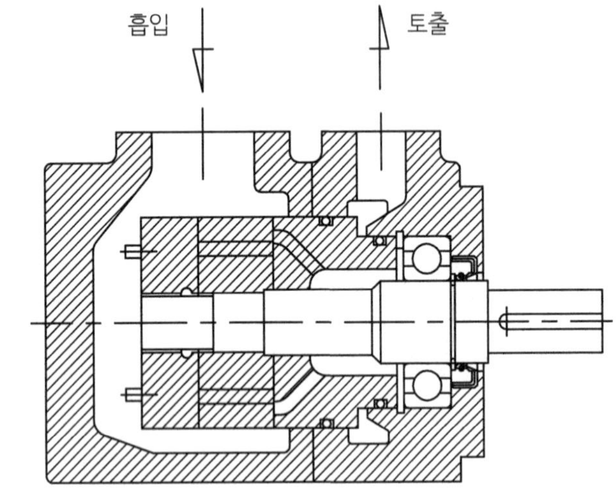

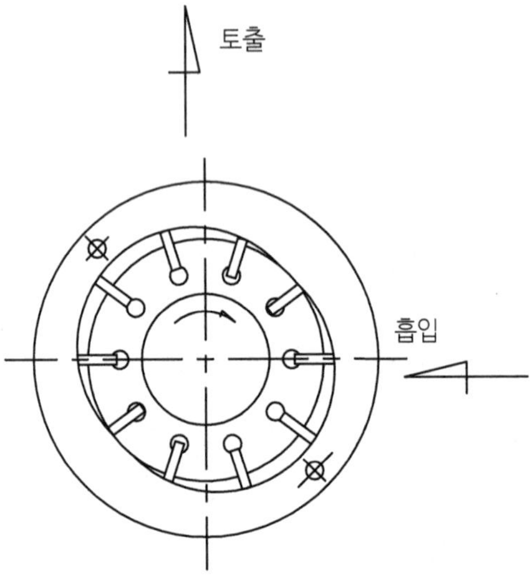

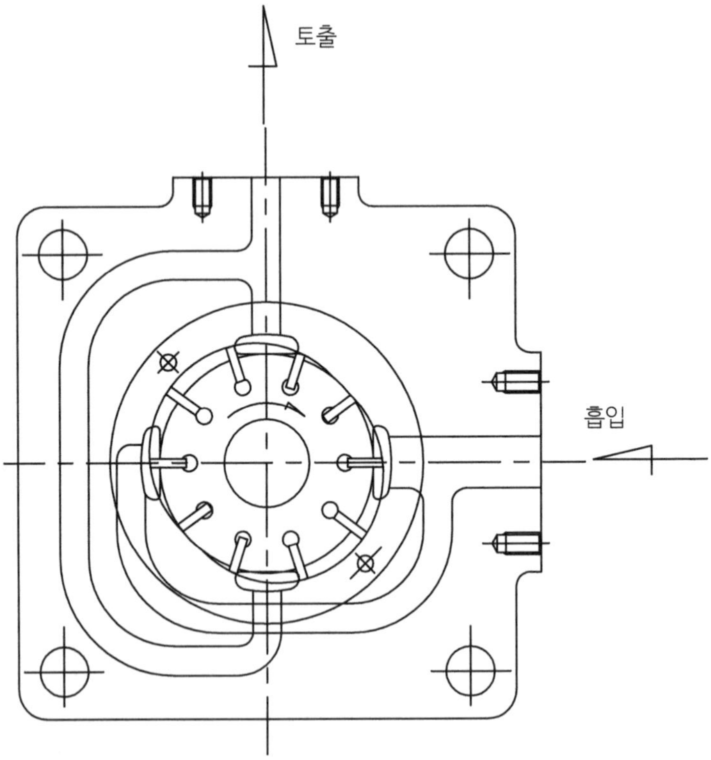

2) 베인펌프 작동원리도

PV2R Series Single Pumps PV2R3-116-L-RAA-30

자료제공 : SEWON

3) 가변 용량 베인펌프

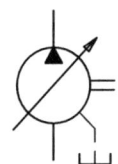

가변 용량 베인펌프는 흡입토출의 원리는 정 용량형 펌프와 동일하며 캠링의 내경부는 편심되어 있지 않고 원형으로 되어 있다.

내측 회전링과 외측캠링의 편심량을 조절이 가능할 뿐 아니라 압력에 따라 편심량이 자동으로 줄어 들어 설정압력에 도달하면 거의 토출되지 않는다.

이때 설정압력은 유지되고 누유에 대해 최소 필요유량만 펌프로부터 토출하기 때문에 동력의 손실과 유온의 상승이 최소화 되어 저압을 필요로 하는 공작기계 유압장치에 널리 사용된다.

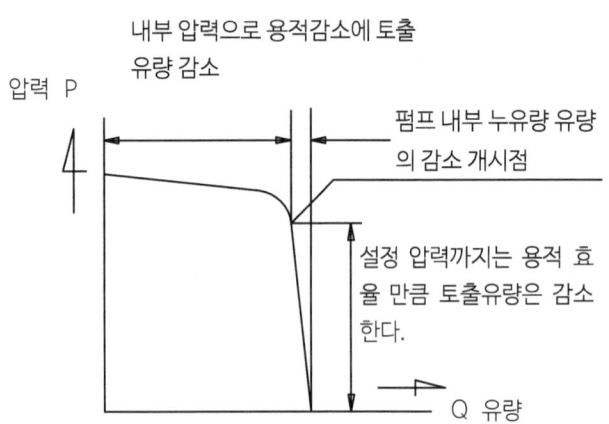

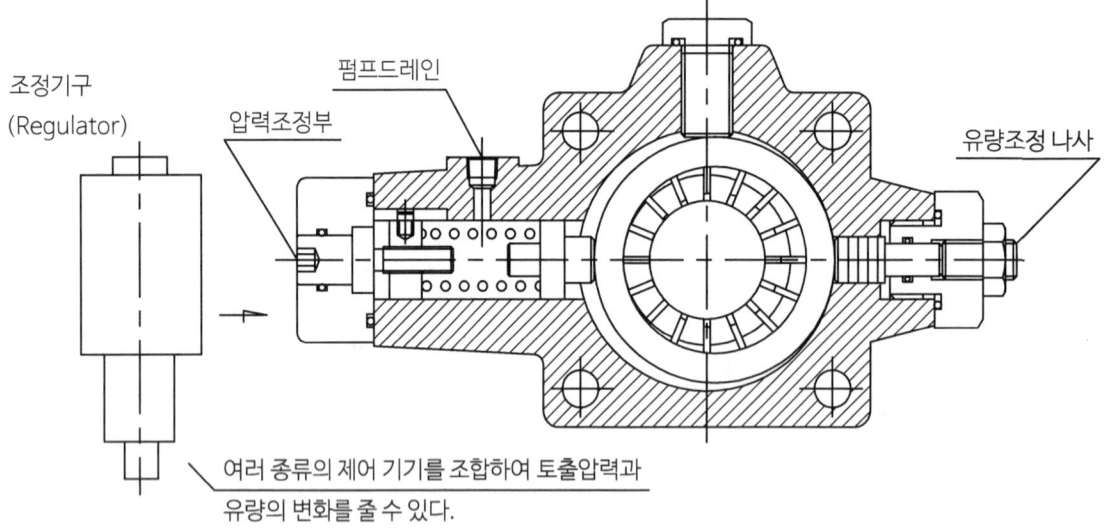

4) 가변용량형 베인펌프 작동원리도

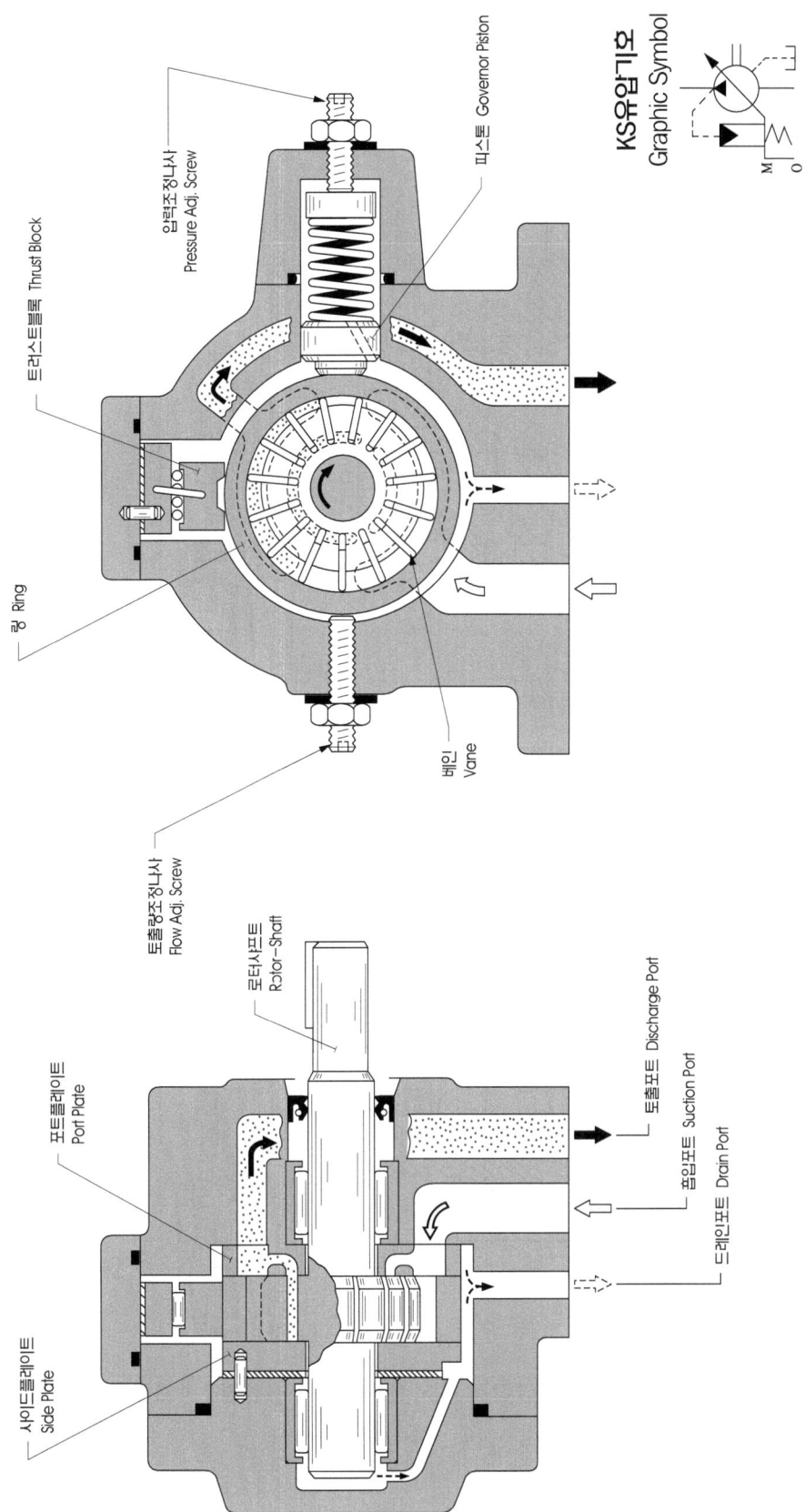

자료제공 : SEWON

5) 가변 용량 베인 펌프

가변 베인 펌프에 압력제어 레귤레이터 또는 유량제어 레귤레이터를 적용하여 다양한 압력제어 또는 유량제어를 할 수 있다.

아래 그림은 압력 레귤레이터를 적용하여 압력 제어를 하는 경우의 예이다.

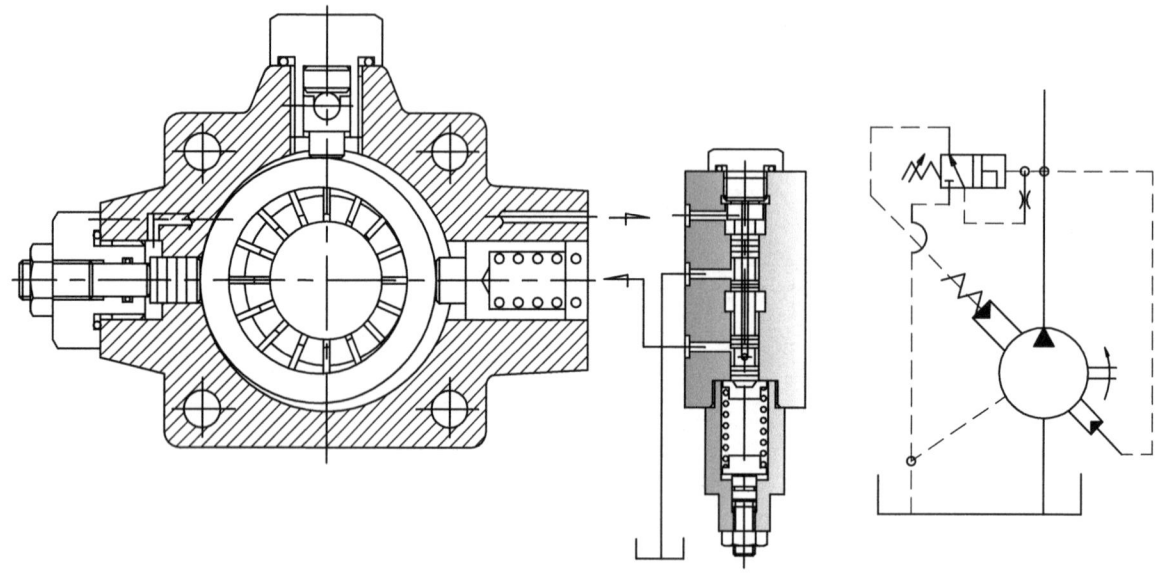

토출압력이 레귤레이터 설정압력보다 낮은 경우 개념도

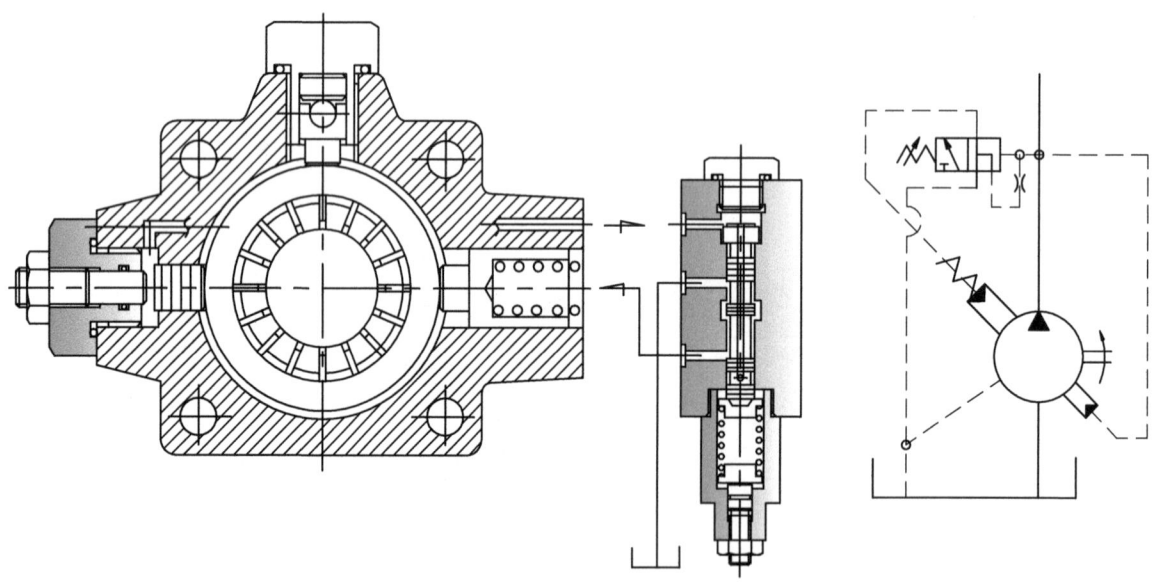

토출압력이 레귤레이터 설정압력에 도달한 경우의 개념도

8 피스톤 펌프(Piston Pump)

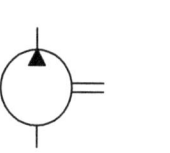
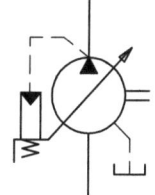

구동축과 피스톤의 방향이 평행한 방향으로 배치되어 있는 것을 Axial형이라 한다. Radial형보다 많이 개발되어 있다. Vane Pump와 같이 정 용량형과 가변 용량형이 있고, 구조 형태에 따라 사판형과 사축형으로 분류된다.

Axial Piston Pump의 기본 개념도

사판형

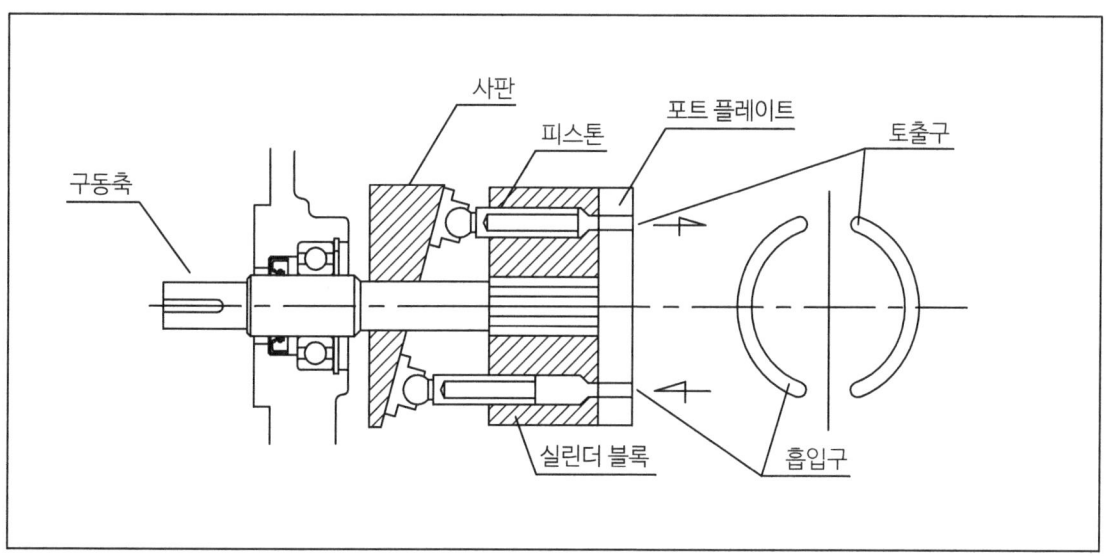

사축형

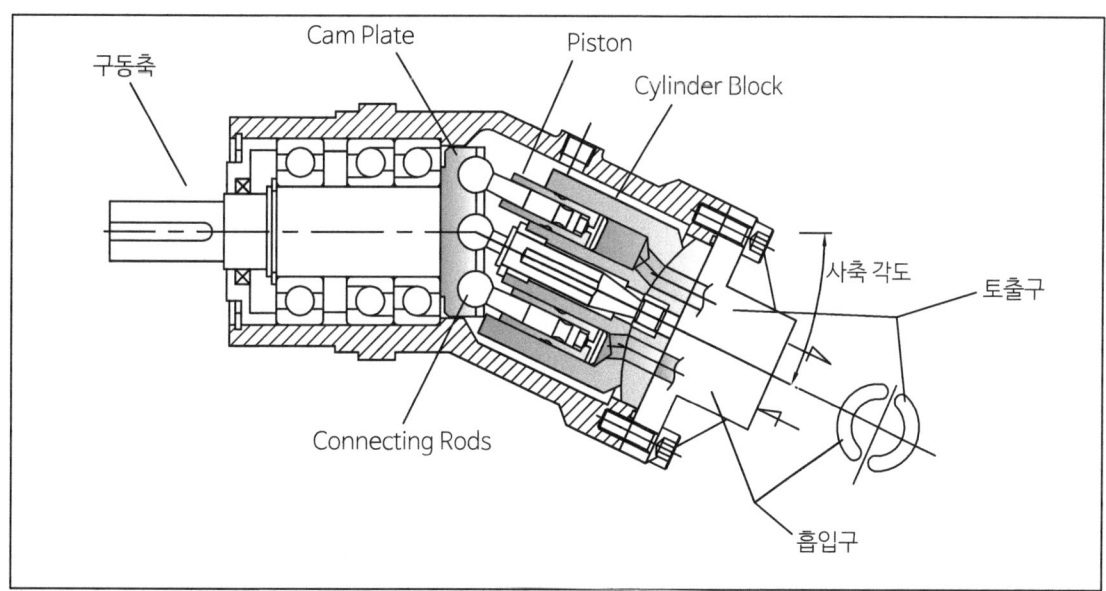

9 사판식 피스톤 펌프(Variable Displacement Piston Pump)

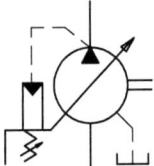

1) 압력보상제어형(표준형)

사판식 피스톤 펌프는 구동축에 일정한 각도로 기울어진 사판에 실린더 블록을 회전시켜 피스톤의 왕복운동을 하므로 흡입 토출을 하는 구조이다.

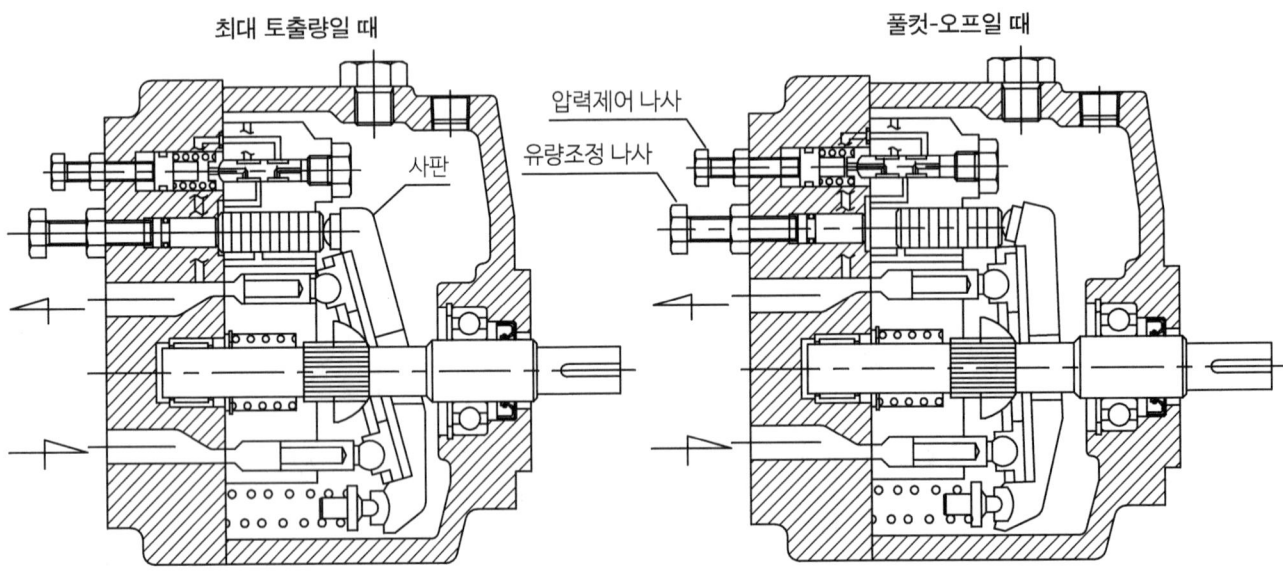

① 토출압력이 미리 설정한 풀컷오프압력에 가까워지면 토출량은 자동으로 감소한다.
② 토출량 또는 풀컷오프압력은 필요에 따라 수동으로 조정이 가능하다.

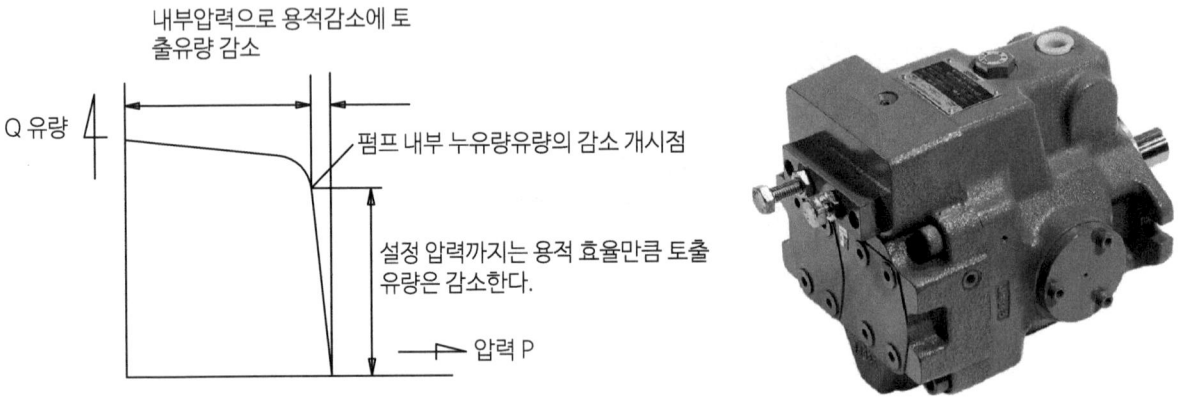

2) 압력보상제어형 사판식 피스톤 펌프 작동원리도

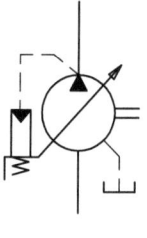

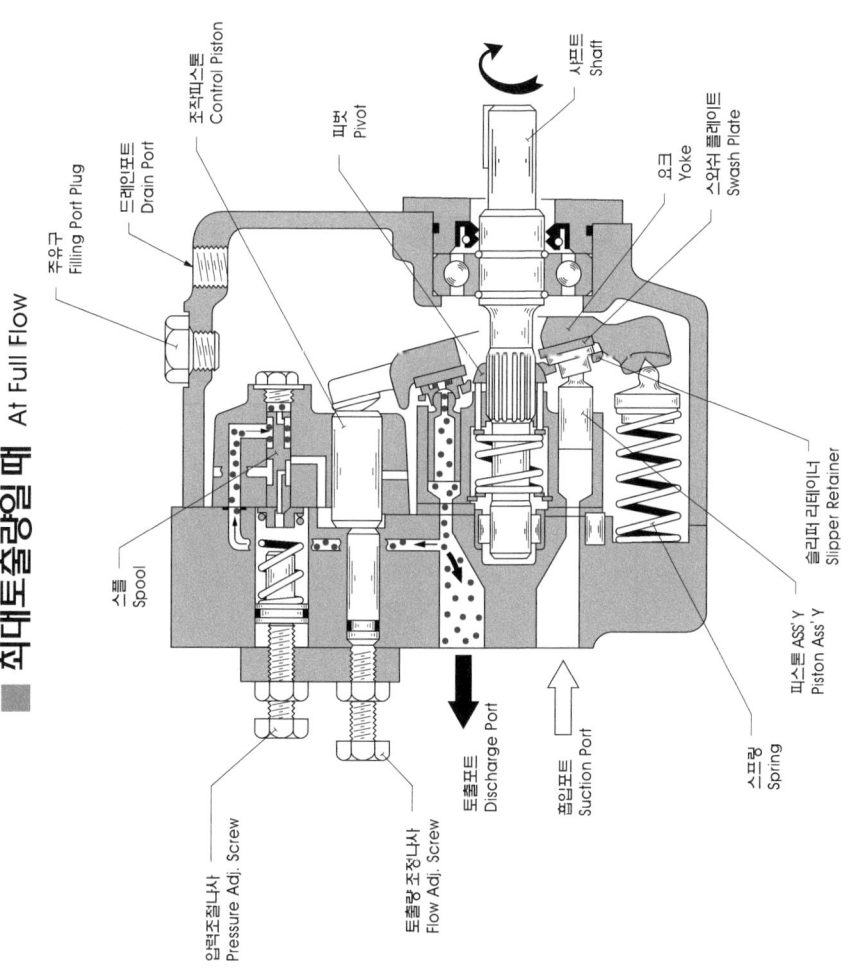

자료제공 : SEWON

3) 2압보상 제어펌프

Sol, Valve On, Off에 의해서 고압, 저압의 풀컷오프압력을 사용해야 할 이유가 충분할 때 사용한다. 액추에이터(실린더, 모터)의 속도를 일정하게 유지하면서 설정위치 또는 설정시간 등 전기적 시그널에 의하여 압력의 변화를 주고자 할 때 적용한다. 다단압력제어밸브와 조합하여 사용 가능하다.

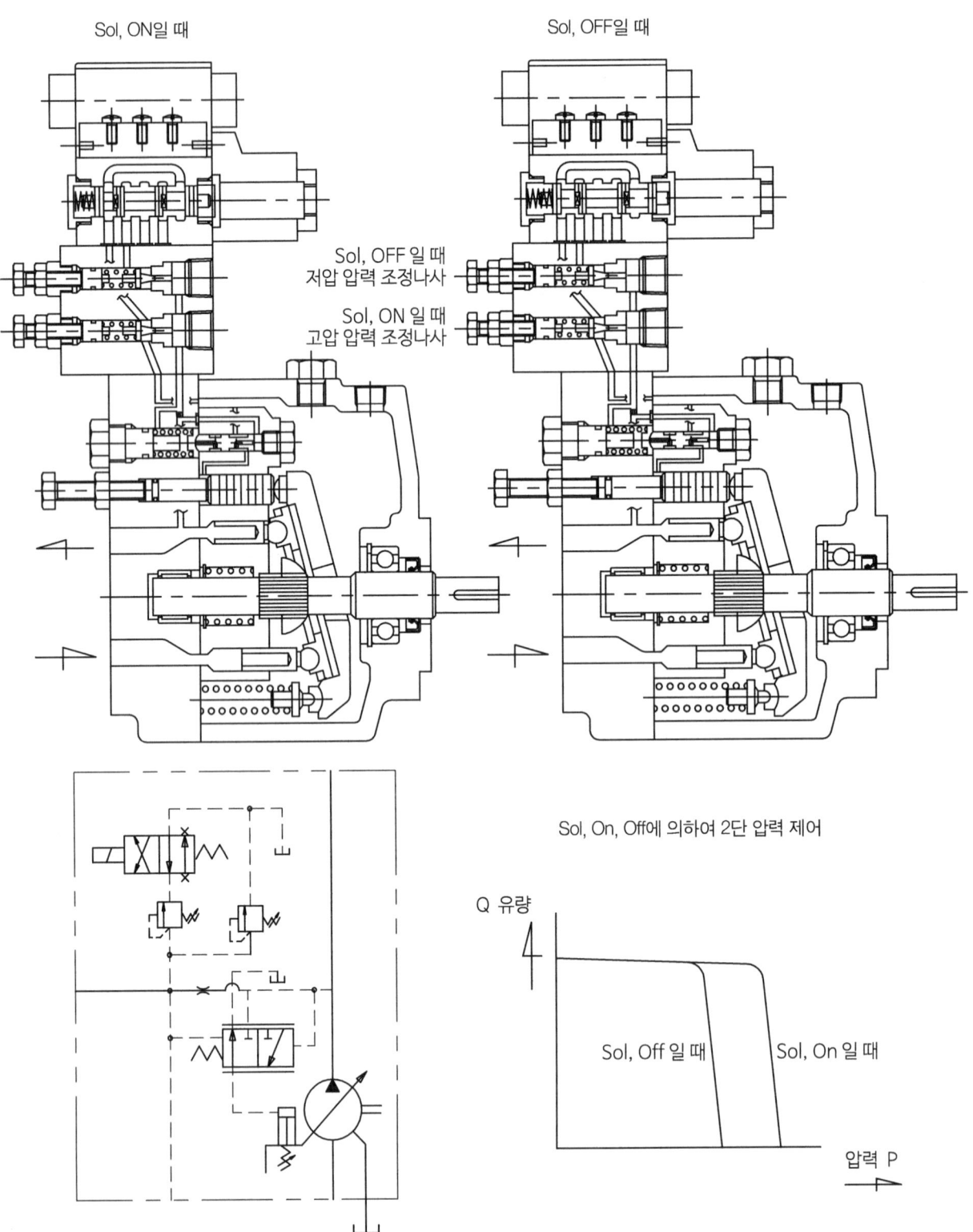

4) 2압보상 제어펌프

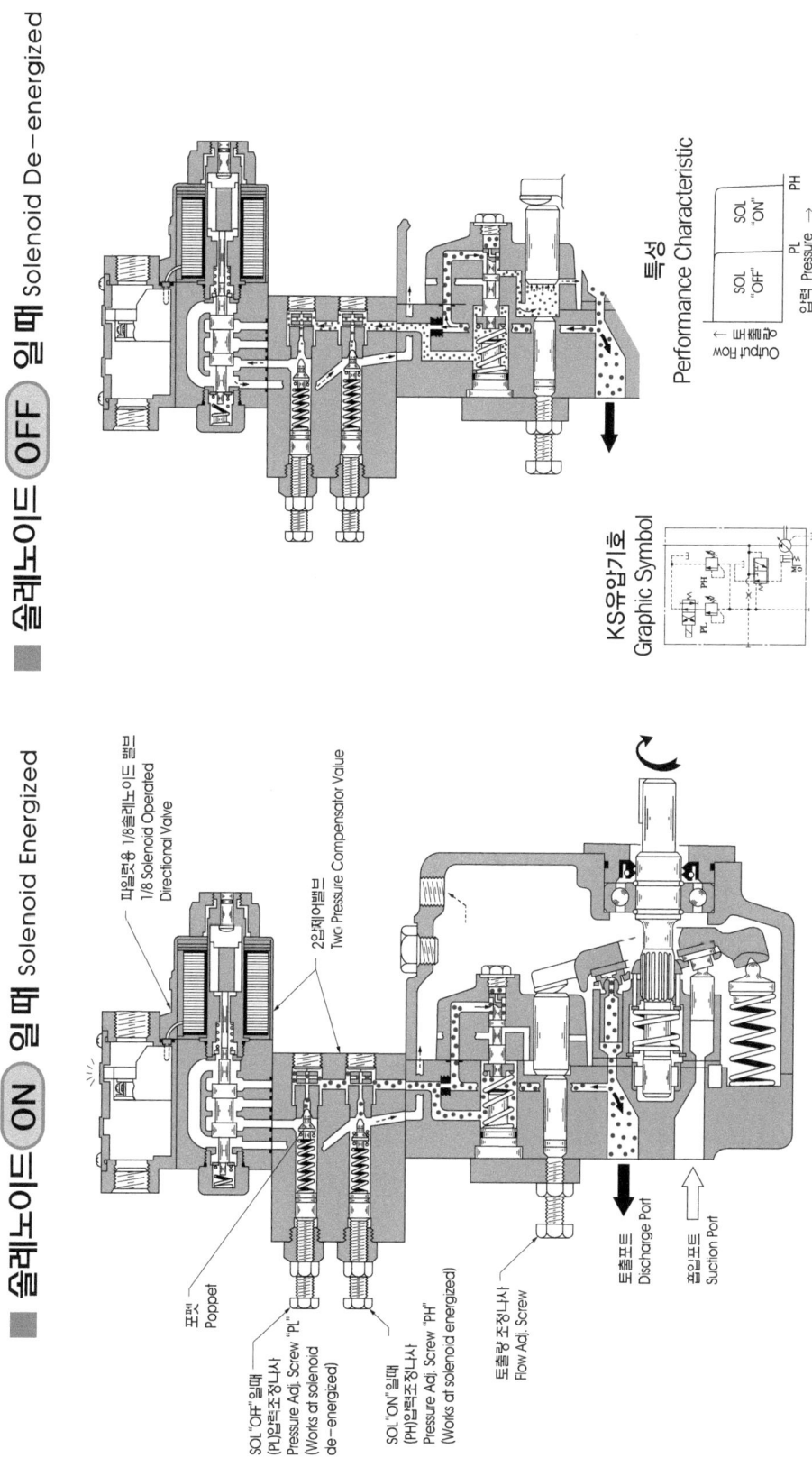

제3장 유압기기(Hydraulic Equipment)

5) 언로딩 압력보상 제어펌프

압력보상 제어형(표준형)에 언로드 기능을 추가한 펌프이다.

장치의 대기시간이 비교적 길 때 대기중 펌프를 언로드 함으로써 유온 상승을 억제하고 소음을 줄이고 동력 손실을 줄이는 효과가 있다. 전기적 시그널에 의하여 압력의 변화를 주고자 할 때 적용한다.

다단 압력제어밸브와 조합하여 사용 가능하다.

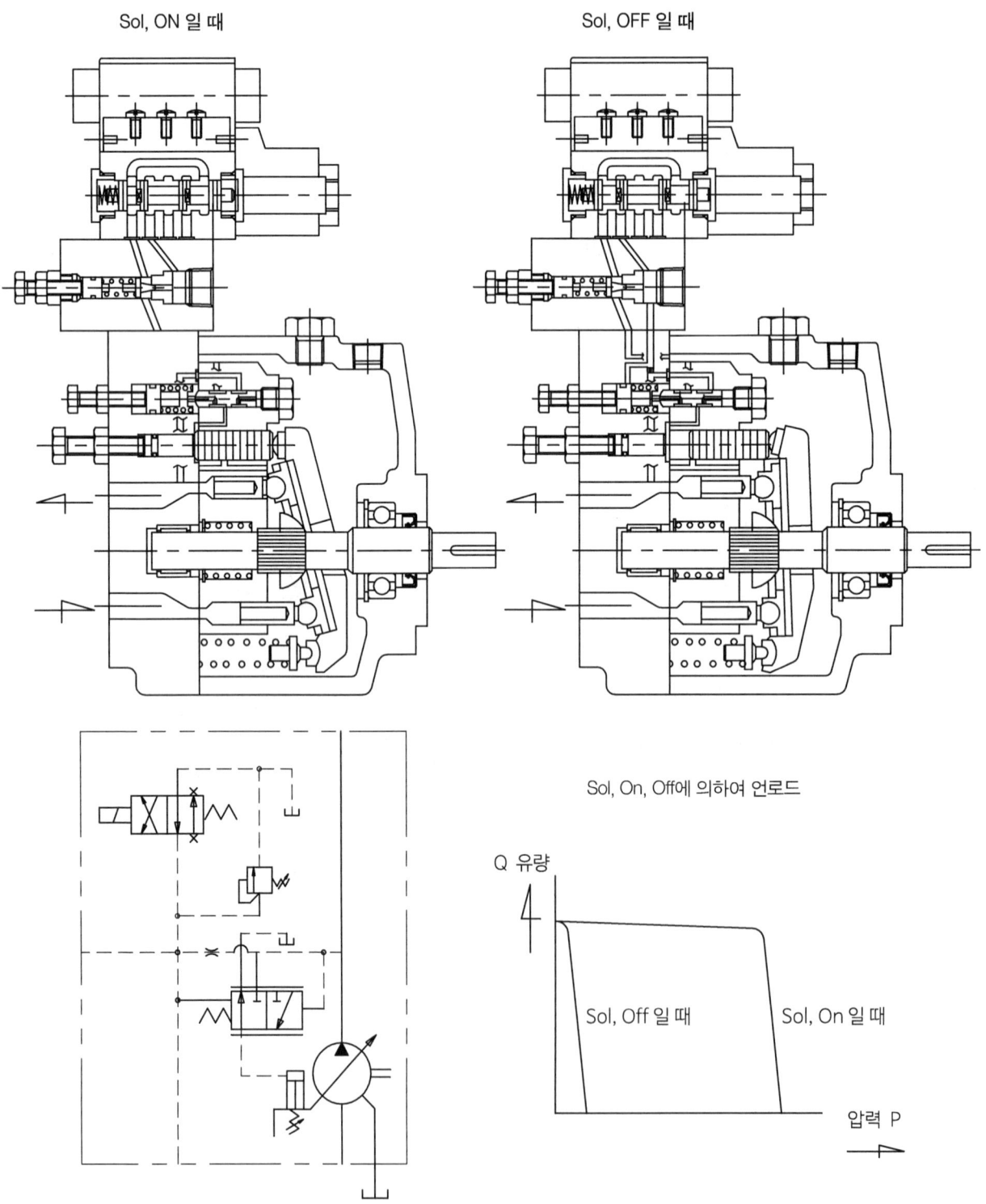

6) 언로딩 압력보상 제어펌프 작동원리도

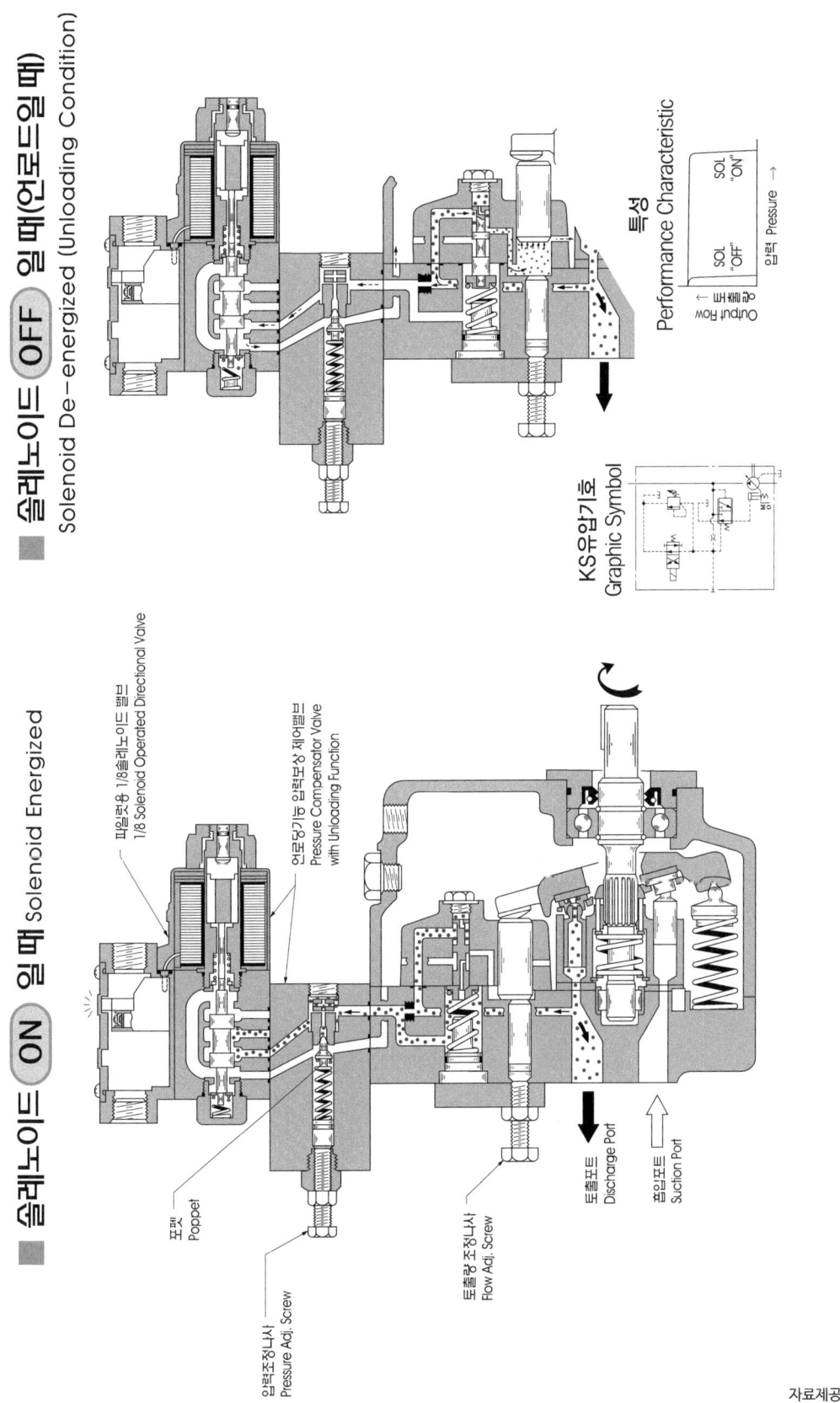

7) 비례전자식 로드센싱 제어펌프 작동원리도

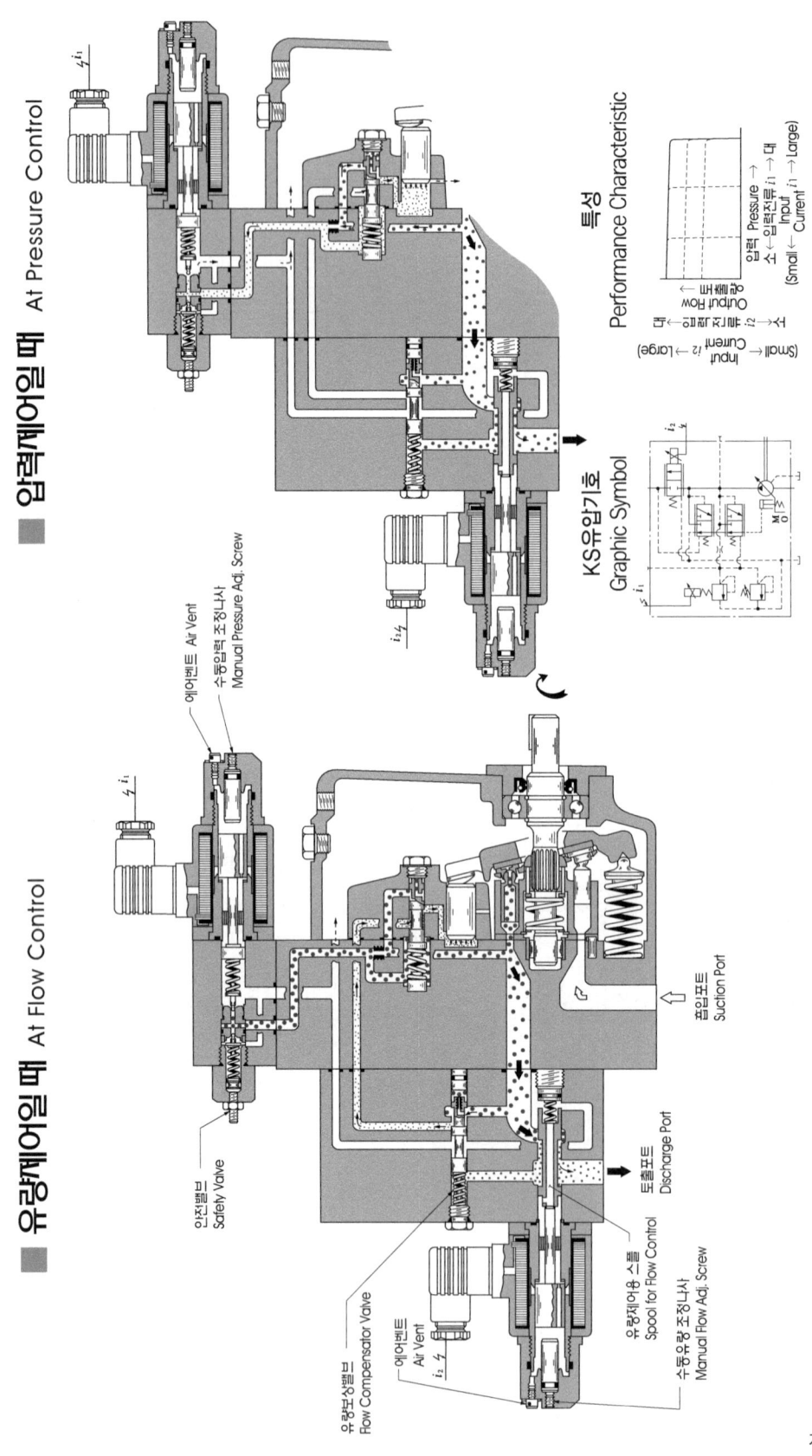

자료제공 : SEWON

8) 비례전자식 압력 · 유량 제어펌프 작동원리도

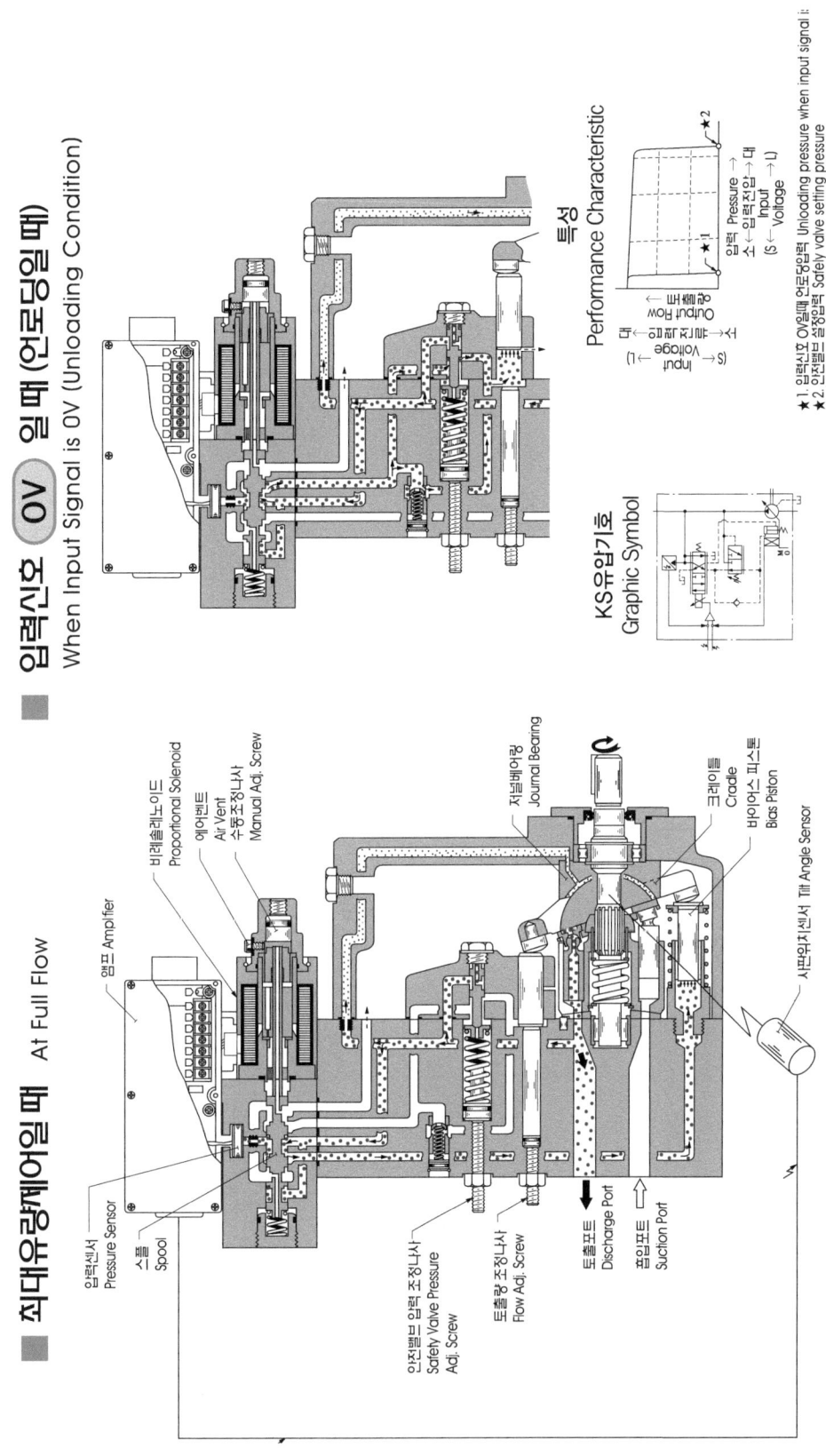

9) 사판형 가변피스톤 펌프의 다양한 제어방식 예

가변용량형 피스톤 펌프에 각종 제어 기능을 갖는 제어기기를 응용하여 펌프의 토출 압력과 토출 유량을 제어할 수 있다. 이것은 펌프 제조사마다 약간의 차이가 있으나 근본 구조나 개념은 동일하다.

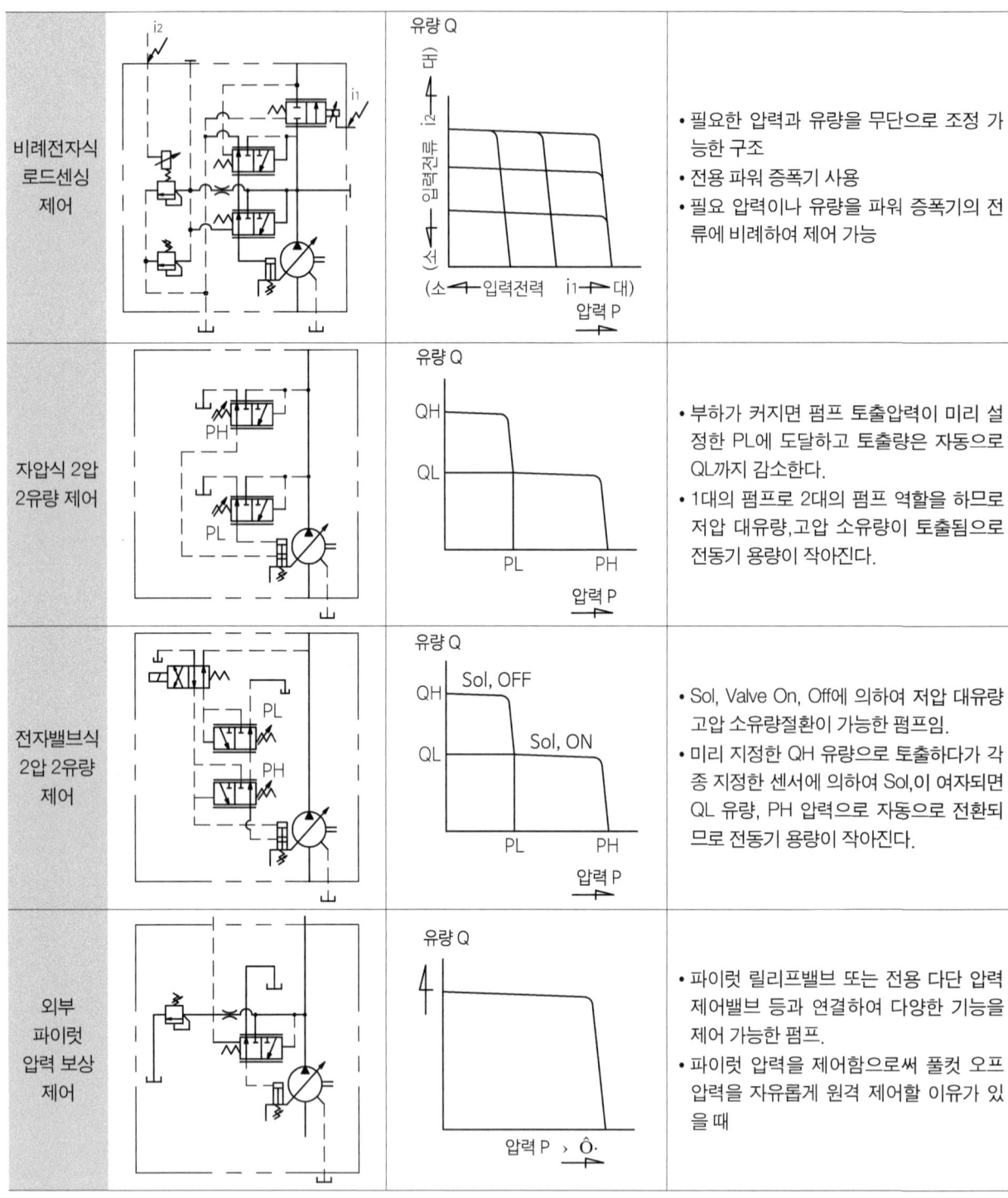

비례전자식 로드센싱 제어		유량 Q, 압력 P (소←입력전력 i_1→대)	• 필요한 압력과 유량을 무단으로 조정 가능한 구조 • 전용 파워 증폭기 사용 • 필요 압력이나 유량을 파워 증폭기의 전류에 비례하여 제어 가능
자압식 2압 2유량 제어		유량 Q (QH, QL / PL, PH)	• 부하가 커지면 펌프 토출압력이 미리 설정한 PL에 도달하고 토출량은 자동으로 QL까지 감소한다. • 1대의 펌프로 2대의 펌프 역할을 하므로 저압 대유량, 고압 소유량이 토출됨으로 전동기 용량이 작아진다.
전자밸브식 2압 2유량 제어		유량 Q (QH Sol, OFF / QL Sol, ON / PL, PH)	• Sol, Valve On, Off에 의하여 저압 대유량 고압 소유량절환이 가능한 펌프임. • 미리 지정한 QH 유량으로 토출하다가 각종 지정한 센서에 의하여 Sol,이 여자되면 QL 유량, PH 압력으로 자동으로 전환되므로 전동기 용량이 작아진다.
외부 파이럿 압력 보상 제어		유량 Q, 압력 P ⟩ Ô·	• 파이럿 릴리프밸브 또는 전용 다단 압력 제어밸브 등과 연결하여 다양한 기능을 제어 가능한 펌프. • 파이럿 압력을 제어함으로써 풀컷 오프 압력을 자유롭게 원격 제어할 이유가 있을 때

10 사축식 피스톤 펌프(Axial Piston Pump)

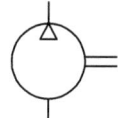

1) 사축식 피스톤 펌프(고정용량형)
사축식 피스톤 펌프는 실린더 블록을 회전시키는 구동축과 일정한 각도를 가지는 플런저의 실린더 블록을 연결하는 볼 조인트로 구성된다.

2) 고정용량형 사축식 피스톤 펌프의 기본 구조
고정용량형 사축식 피스톤 펌프의 기본 구조는 실린더 블록이 구동축과 유니버설 조인트로 연결되어 구동축과 주어진 각도를 유지하면서 같은 속도로 회전한다.

경사각은 15에서 30 사이로 구성되며, 플런저는 구동축에 연결봉으로 연결되어 회전하면서 실린더 블록안에서 왕복운동을 한다.

플런저가 회전 반주기에서 멀어지면 흡입작용을 하고 가까워지면 토출 작용을 한다.

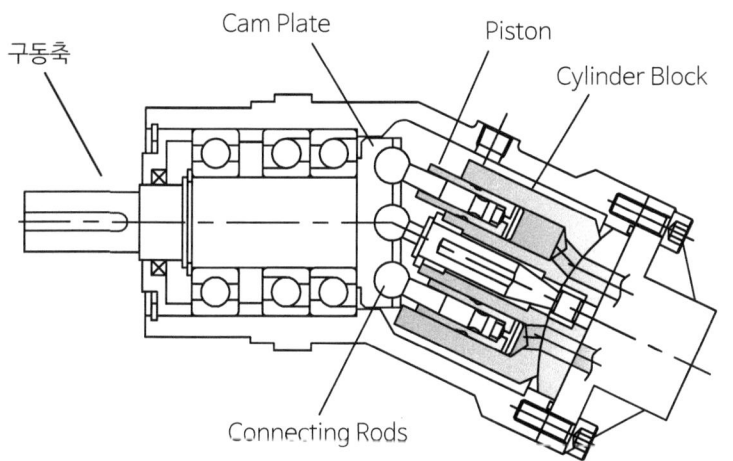

3) 사축형(정용량형)의 작동 원리
사축식 피스톤 펌프는 구동축이 회전하면 실린더 블록을 회전시키고 그 내의 피스톤은 왕복하고 하사점에서부터 상사점까지의 반회전으로 Port Plate의 다른 한쪽 제어 구멍으로 토출된다.

4) 사축식 피스톤 펌프(가변용량형)

가변용량형 사축식 피스톤 펌프는 흡입 토출의 원리는 고정용량형과 동일하며 경사각도를 여러 가지 제어기기를 이용하여 변화를 줌으로써 토출 유량을 제어할 수 있다.

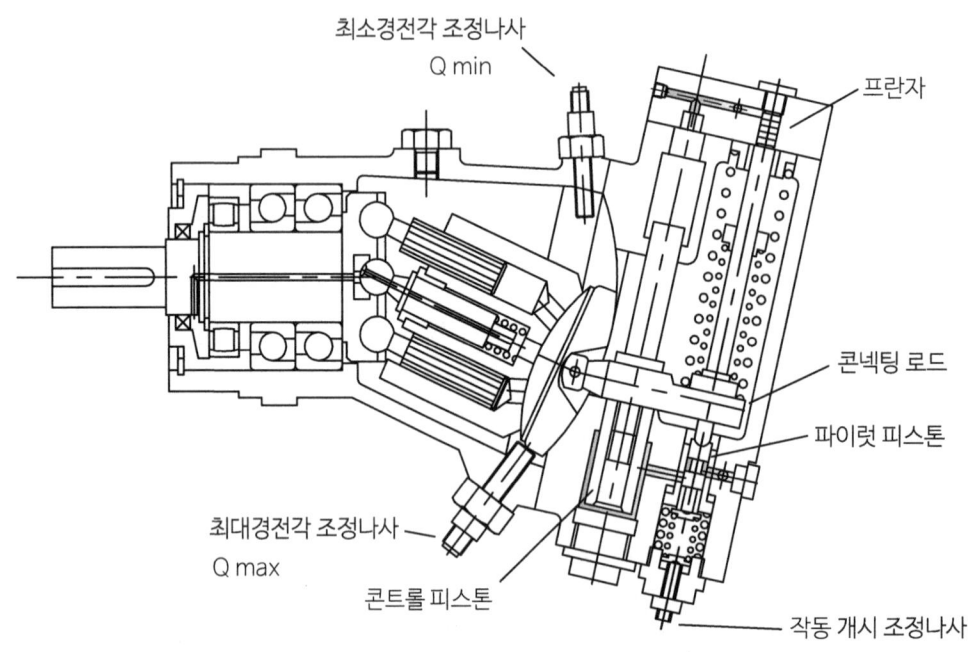

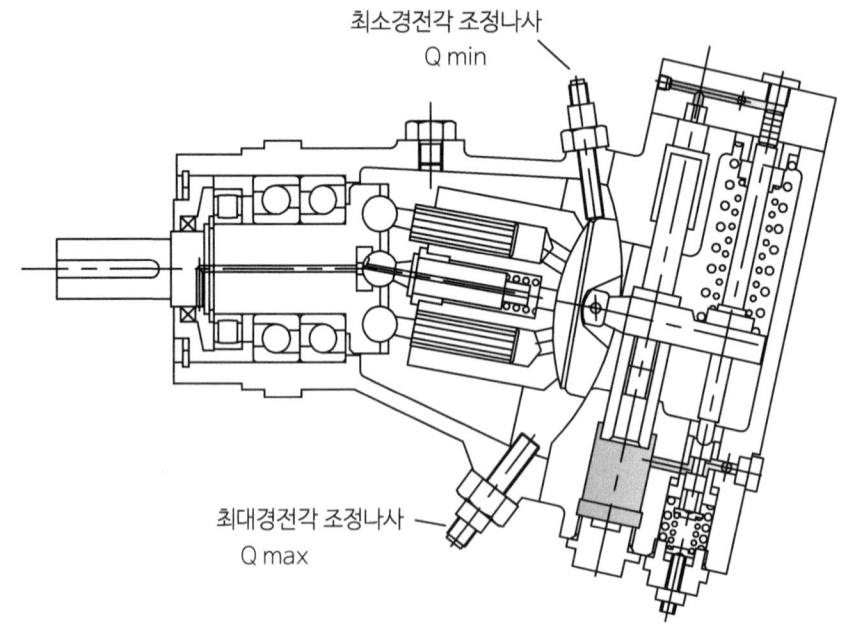

5) 가변용량형 사축식 피스톤 펌프의 기본 구조 및 작동 원리

① 압력 = 0. 로터리 그룹 최대 경전각

② 가변 개시점 압력이 설정된 가변 개시점으로부터 아래에 있는 한 최대유량

③ 압력 P가 ②를 넘으면 로터리 블록은 큰 스프링으로 경전된다.

④ 압력 P가 상승하여 ③을 넘으면 작은 스프링의 힘이 가해져 로터리 블록을 더욱더 경전시켜 Q min에 달한다.

⑤ 더욱 압력 P가 상승하여 ④를 넘으면 그후 로터리 구룹은 압력 제어밸브의 설정치까지는 경전하지 않는다.

⑥ 압력 제어변의 설정치(Relief Valve)

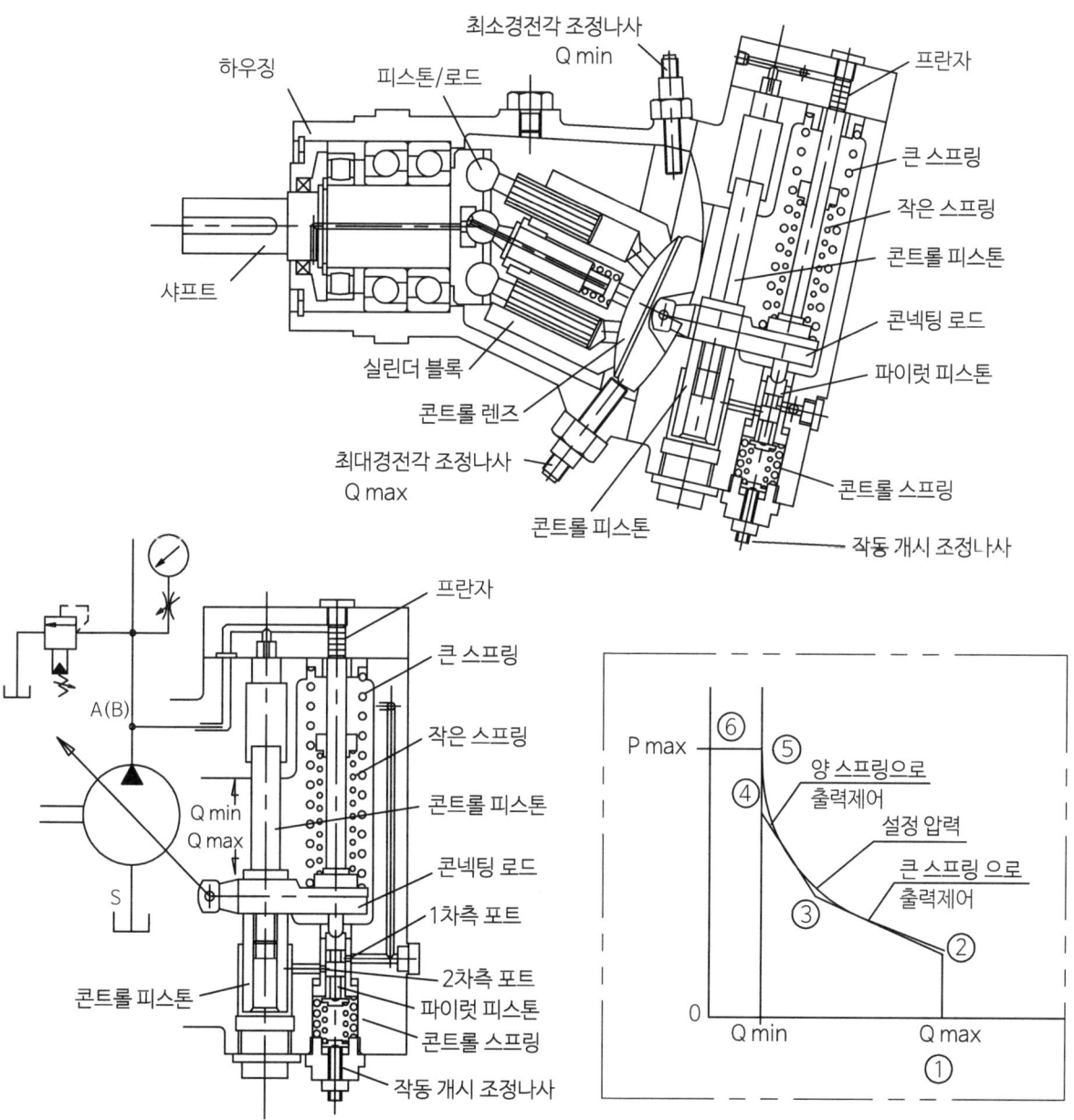

6) 사축형 가변 피스톤 펌프의 다양한 제어방식 예

사축형 가변용량 피스톤 펌프에 각종 제어 기능을 갖는 제어기기를 응용하여 펌프의 토출 압력과 토출 유량을 제어할 수 있다.

이것은 펌프 제조사마다 약간의 차이가 있으나 근본 구조나 개념은 동일하다.

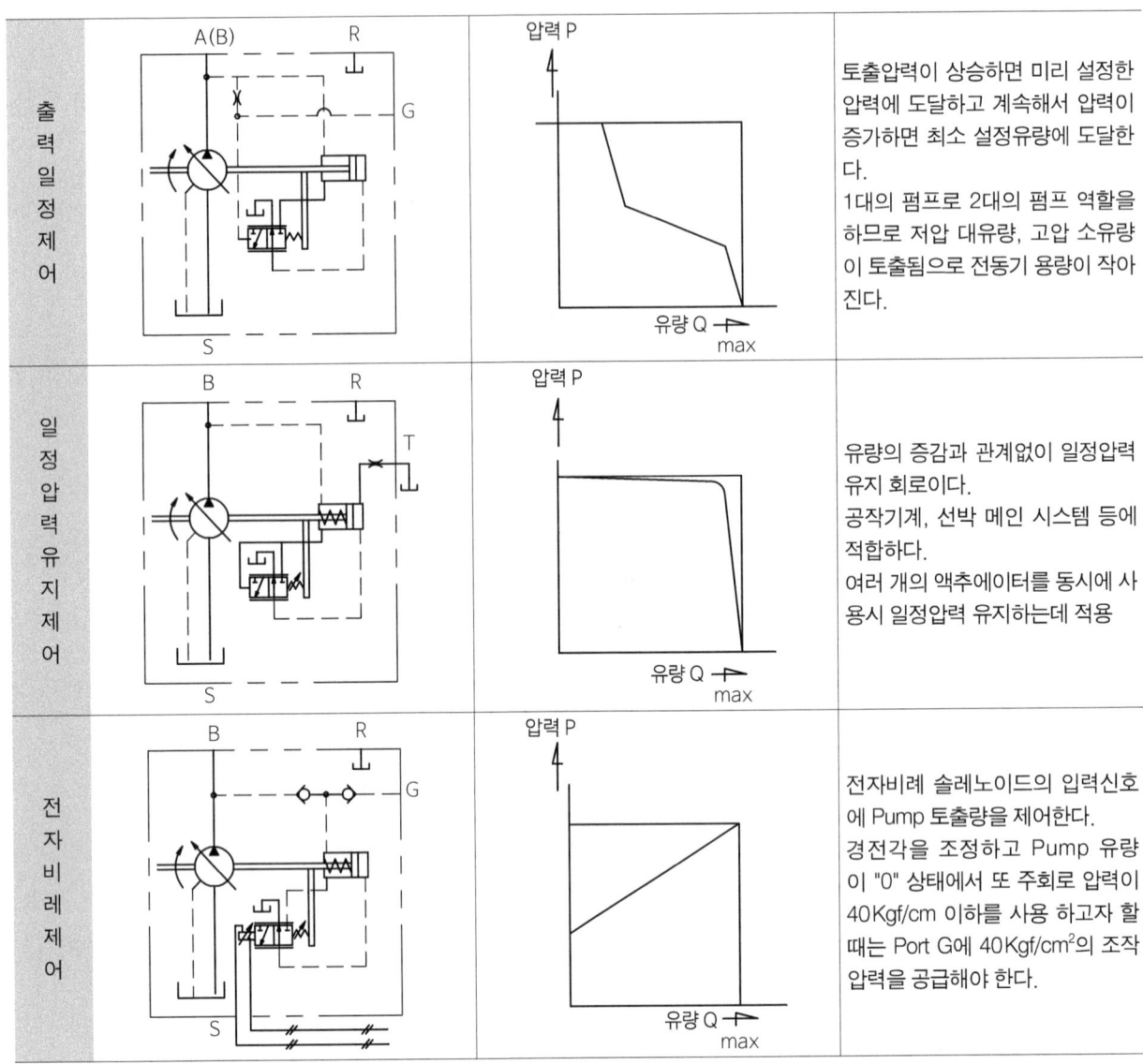

출력일정제어	토출압력이 상승하면 미리 설정한 압력에 도달하고 계속해서 압력이 증가하면 최소 설정유량에 도달한다. 1대의 펌프로 2대의 펌프 역할을 하므로 저압 대유량, 고압 소유량이 토출됨으로 전동기 용량이 작아진다.
일정압력유지제어	유량의 증감과 관계없이 일정압력 유지 회로이다. 공작기계, 선박 메인 시스템 등에 적합하다. 여러 개의 액추에이터를 동시에 사용시 일정압력 유지하는데 적용
전자비례제어	전자비례 솔레노이드의 입력신호에 Pump 토출량을 제어한다. 경전각을 조정하고 Pump 유량이 "0" 상태에서 또 주회로 압력이 40Kgf/cm 이하를 사용 하고자 할 때는 Port G에 40Kgf/cm^{2}의 조작 압력을 공급해야 한다.

7) 사축형 가변 피스톤 펌프의 다양한 제어방식 예

제어방식	회로도	특성 그래프	설명
유압파이럿제어	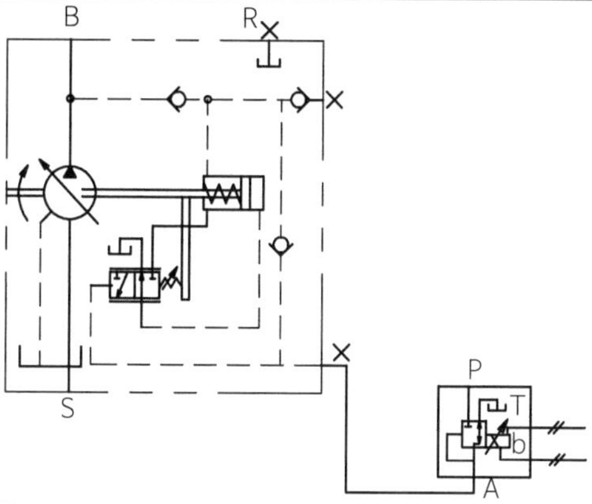 B, R, T, P, S, A 포트 표시 회로도	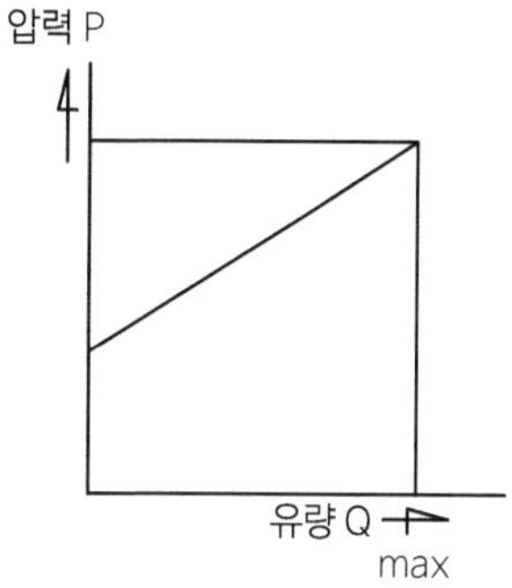 압력 P vs 유량 Q (max)	유압파이럿 적용으로 원격으로 원하는 유량과 원하는 압력을 입력 신호에 따라 제어 가능한 펌프
수동제어	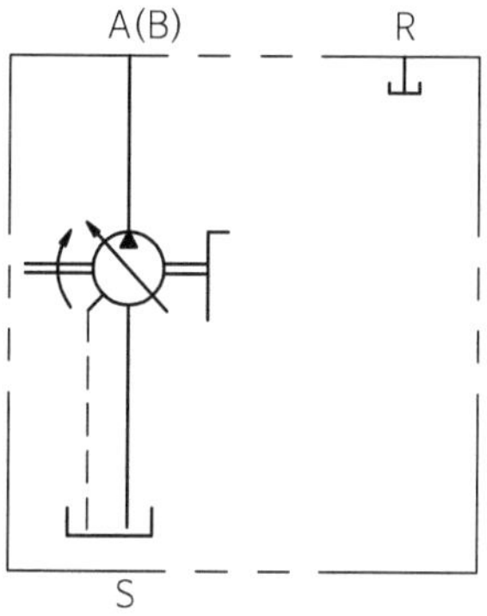 A(B), R, S 포트 표시 회로도	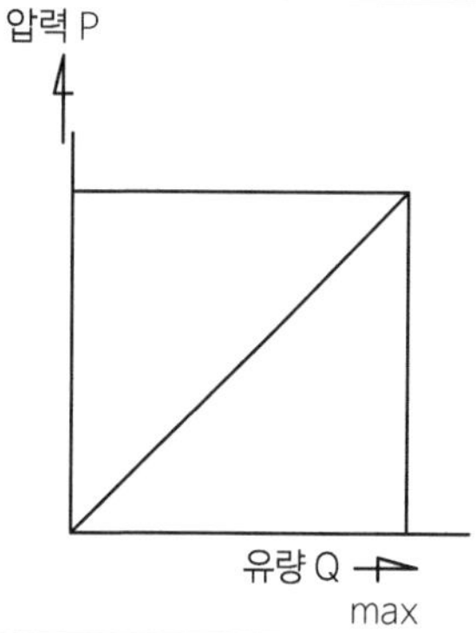 압력 P vs 유량 Q (max)	수동조작으로 최소부터 최대까지 임의로 토출량을 제어할 수 있다. 토출량 조절나사는 핸들 조작과 Cap Nut 가 있다.
수동제어	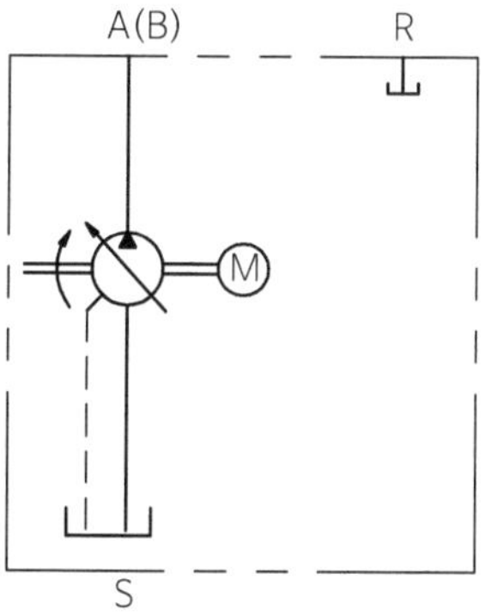 A(B), R, S 포트 및 M(모터) 표시 회로도	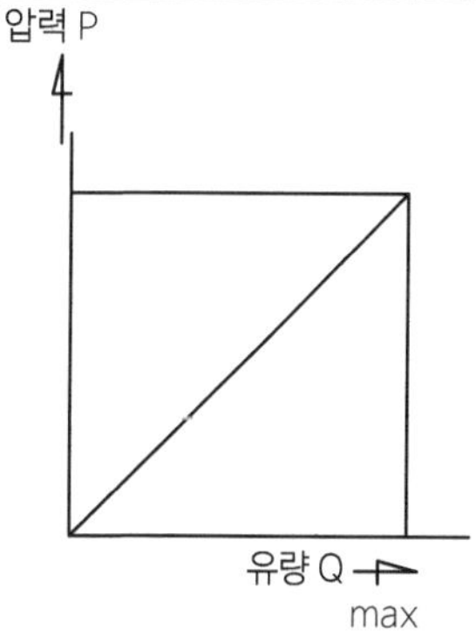 압력 P vs 유량 Q (max)	전기식 모터제어방식이므로 토출량을 원격으로 무단으로 제어 가능하다.

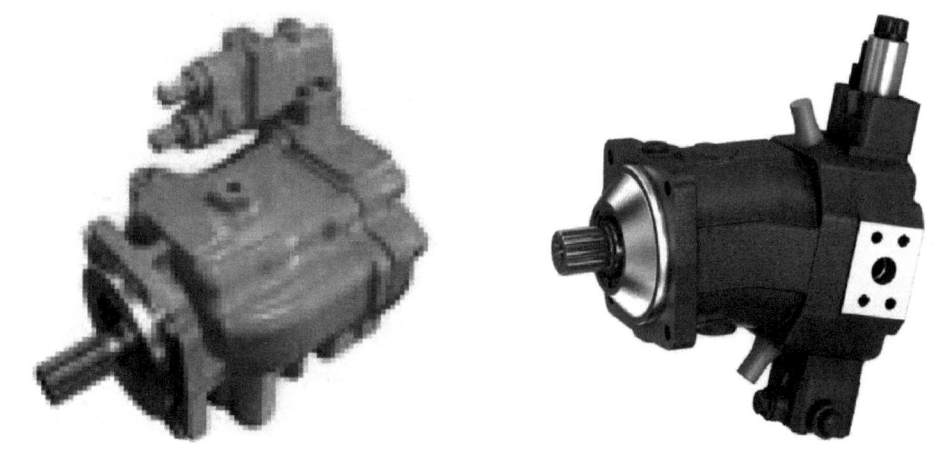

11 폐회로용 가변 용량형 펌프

이 펌프는 사판의 경사각을 정역 방향으로 연속적으로 제어할 수 있고 용량 제어의 응답성이 우수하여 폐회로 정유압 변속장치 구동용으로 적합하다.

이 펌프에 연결된 유압유체충전 펌프는 폐 유압회로에 유압 유체를 공급하는 역할을 한다.

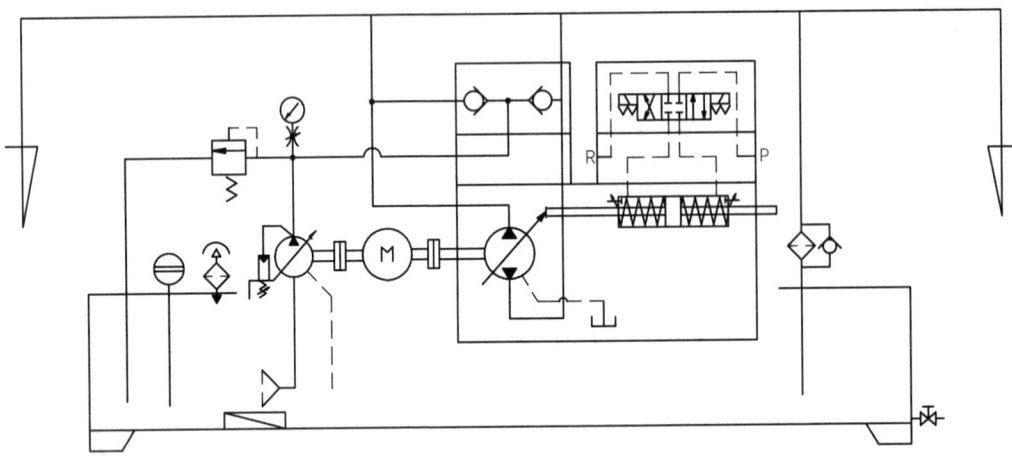

유압모터의 폐회로(비례제어 회로 사용회로) 예

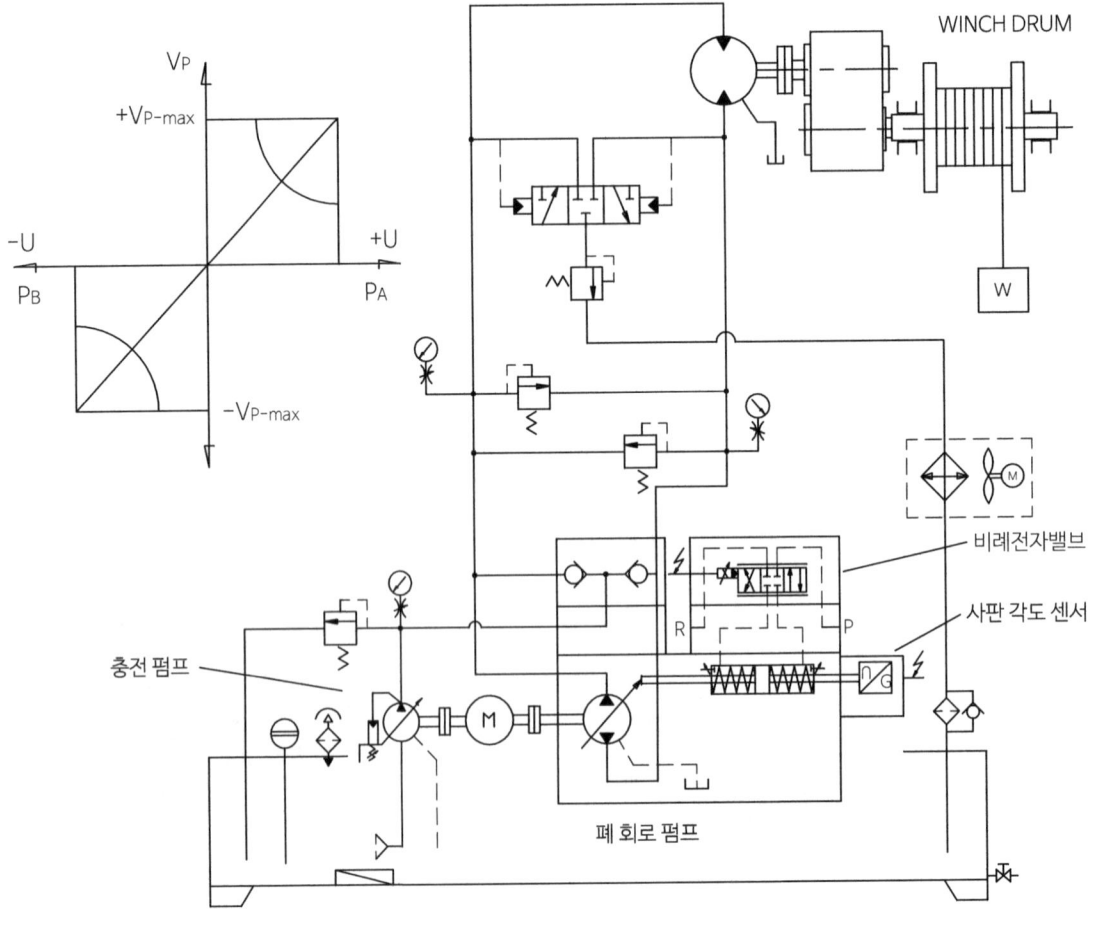

12 레디얼 피스톤 펌프

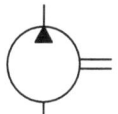

레디얼 피스톤 펌프는 구동축에 대하여 피스톤이 방사형으로 배치되어 있는 Pump를 Radial Piston Pump라 한다.

중심축이 편심되어 있고 편심된 회전축이 회전하면 방사형 피스톤이 연속으로 왕복하여 흡입 토출을 반복하는 구조이다.

방사형 피스톤은 홀수로(3개, 5개)로 되어 있어 맥동에 따른 공진 발생을 최소화 할 수 있다.

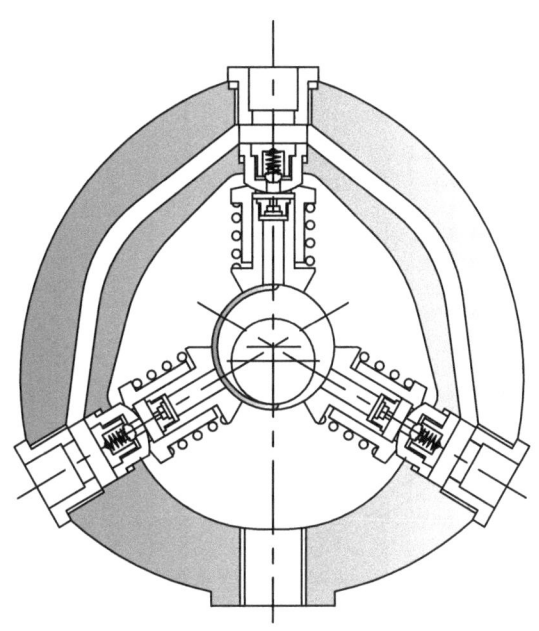

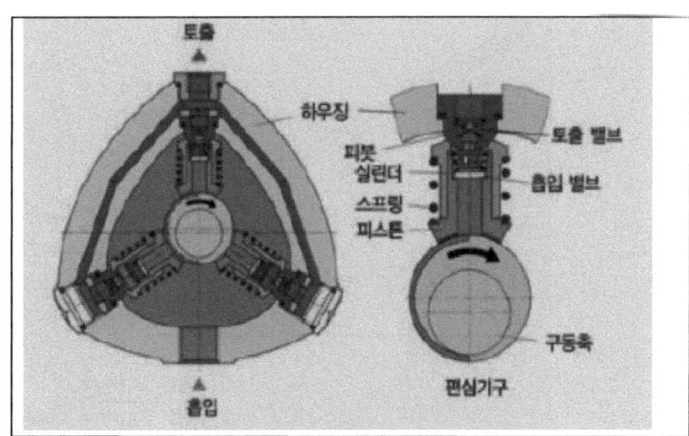

13 수동펌프

수동펌프는 동력을 사용하지 않고 오로지 사람의 힘에 의하여 유압작동유를 흡입하여 토출시키는 구조인데 앞서 설명한 모든 펌프를 사람의 힘으로 구동시킬 수 있으나 사람의 힘에는 한계가 있다. 따라서 일반적으로 사용되고 있는 수동 펌프로 제한한다.

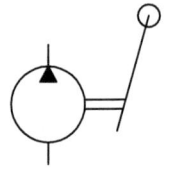

수동펌프의 종류 ┬─ 왕복동식 핸드펌프
　　　　　　　├─ 회전식 핸드펌프
　　　　　　　└─ 스크류식 핸드펌프

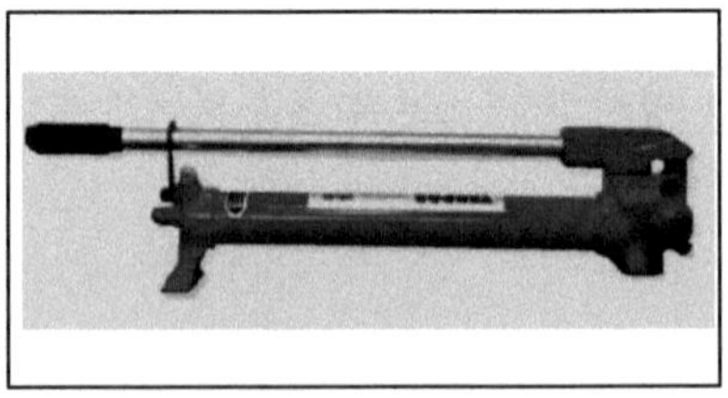

1) 왕복식 핸드펌프

왕복식 핸드펌프는 피스톤을 왕복시켜 흡입, 토출을 시키는 펌프이며 저압에서 초고압에 이르기까지 다양한 압력을 낼 수 있다.

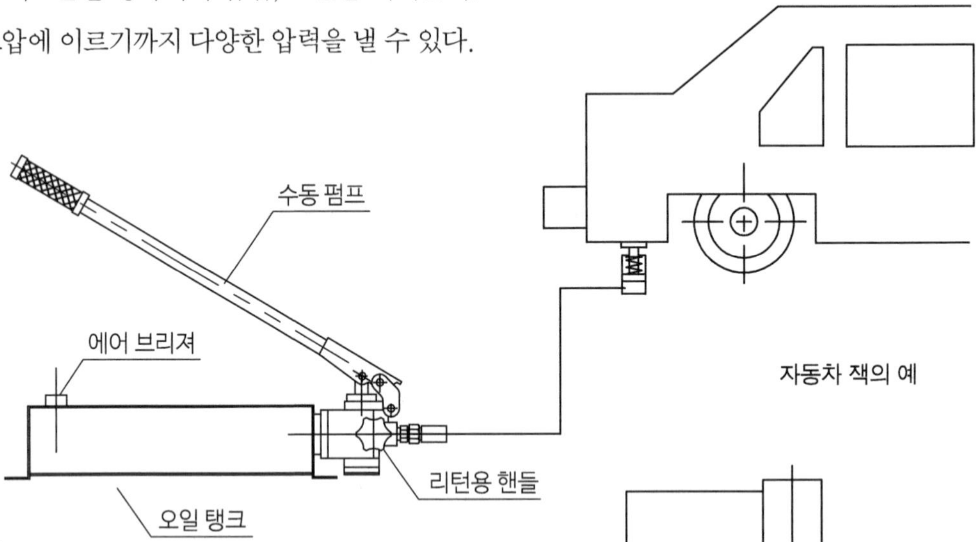

자동차 잭의 예

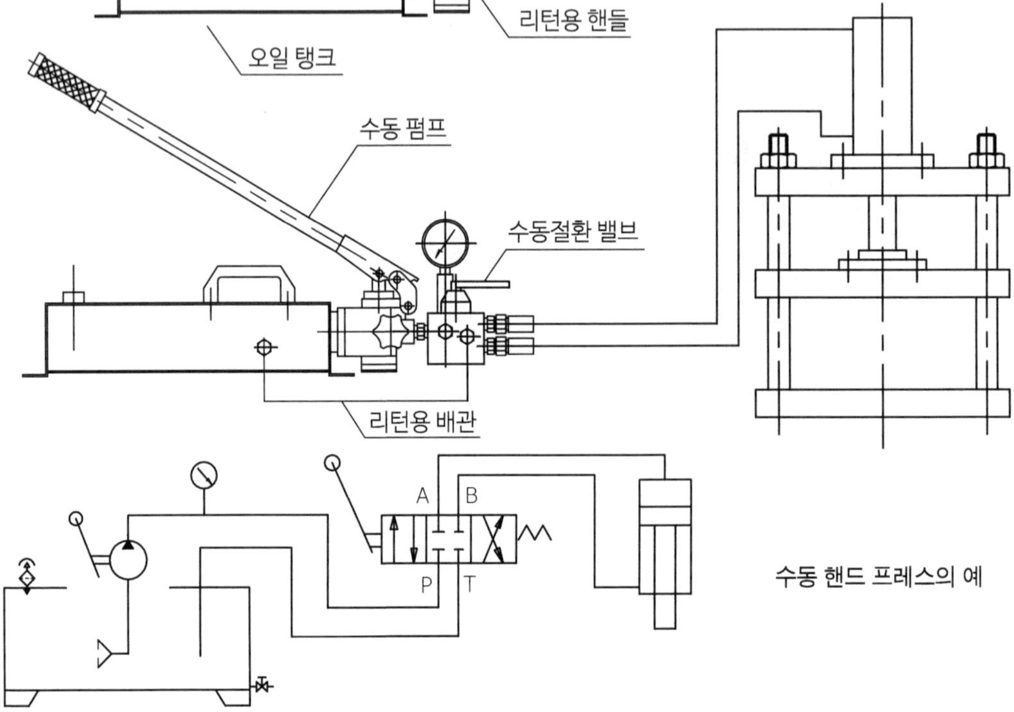

수동 핸드 프레스의 예

2) 회전식 펌프

회전식 수동펌프는 소형 베인 펌프 또는 소형 기어펌프를 수동으로 회전시켜 흡입하여 토출하는 펌프로 주로 유체의 이송을 할 때 사용한다.

따라서 저압용으로 사용하고 있다.

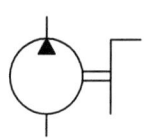

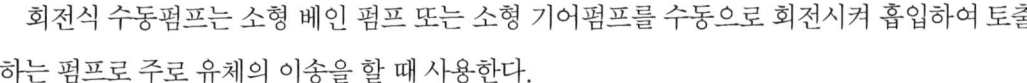

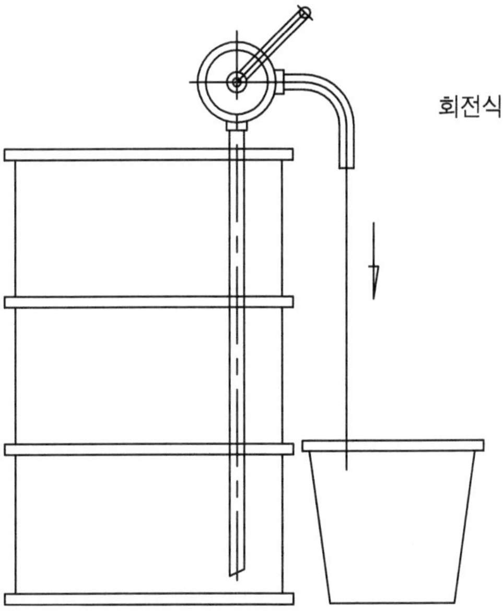

회전식 핸드 펌프 개념도

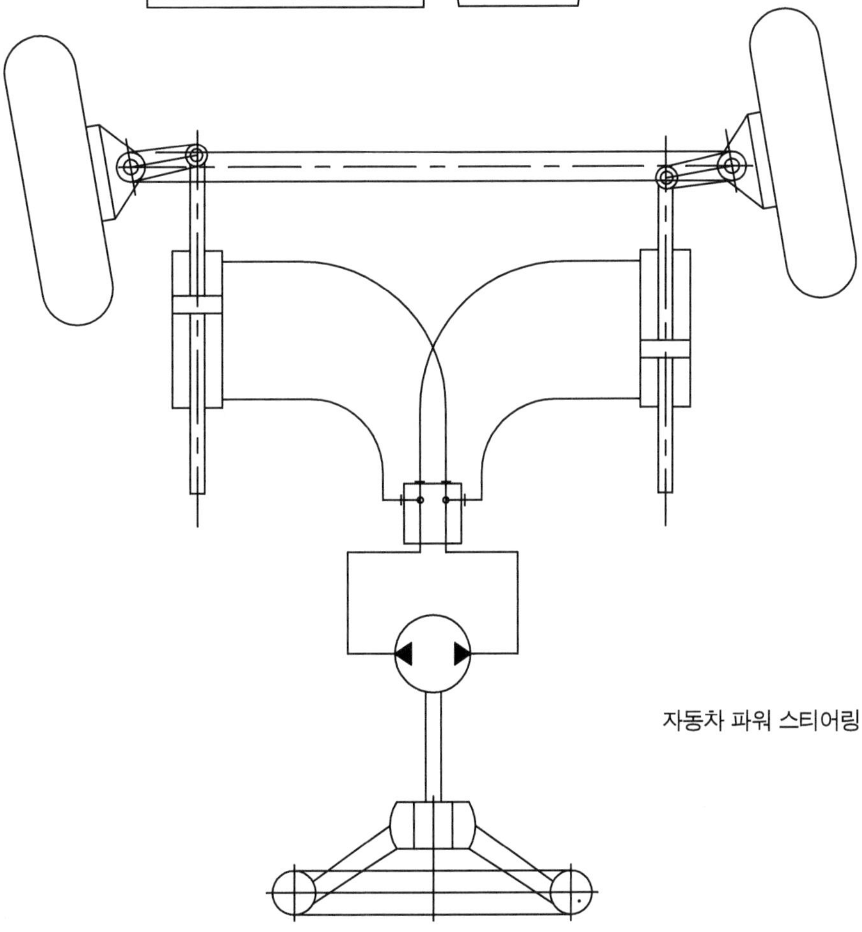

자동차 파워 스티어링 개념도

조타기 유압 개념도(Hyd, Steering Gear)

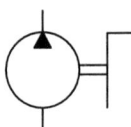

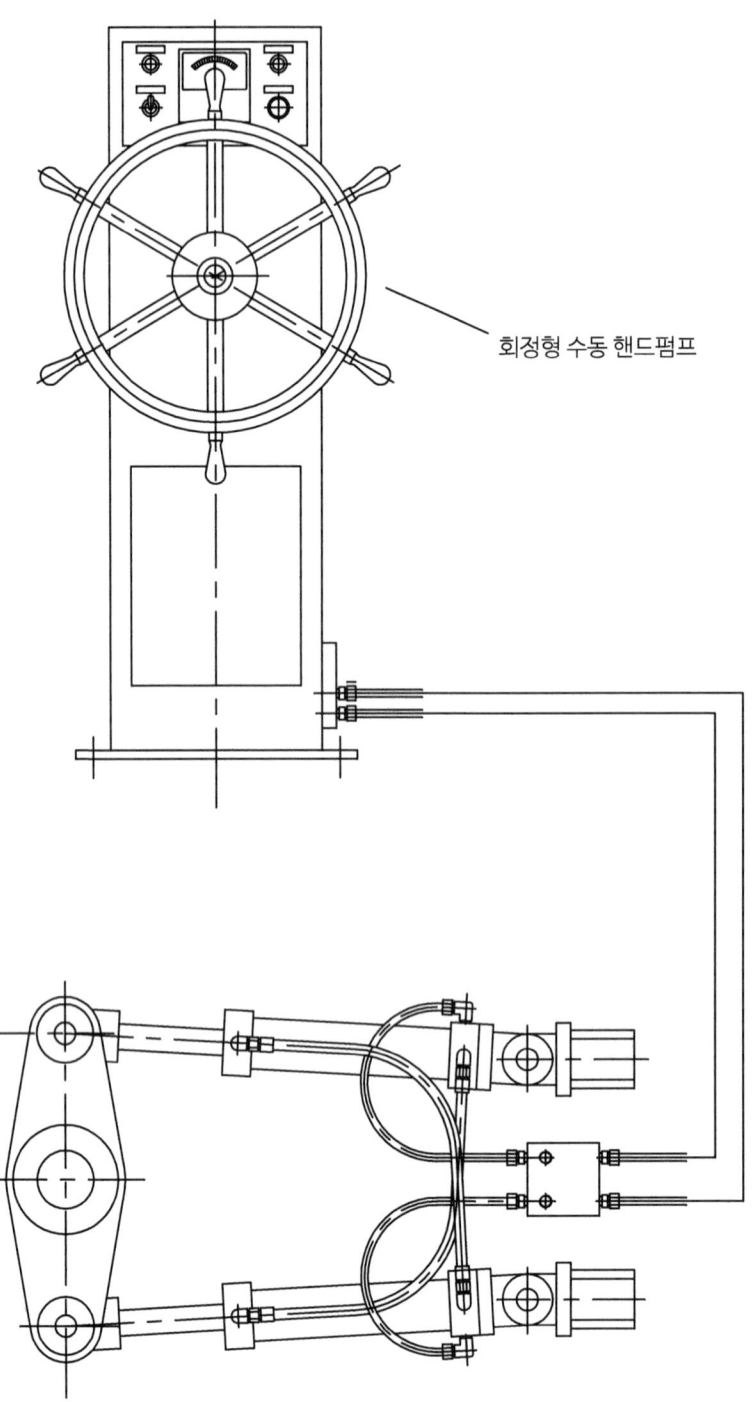

회정형 수동 핸드펌프

제2절 압력 제어 밸브

압력 제어 밸브(Pressure Control Valves)는 펌프에서 토출된 회로 내의 압력을 최대압력으로 제한하거나 최대압력으로 제한된 압력을 또다른 설정압력으로 유지하거나, 최대압력보다 낮은 어떤 설정값으로 압력을 제어하거나, 미리 설정값에 도달하면 순차작동을 제어하는 밸브들을 총칭하는 밸브이다.

1 압력 제어 밸브의 기능

릴리프 밸브	회로 내의 압력을 설정값으로 제한하는기능
	회로 내의 압력을 설정값으로 유지하는기능
	회로 내의 압력을 무부하 하는기능
감압 밸브	회로 내의 압력을 메인 압력보다 낮은 어떤 설정값으로 제어하는 기능
시퀀스 밸브	회로 내의 압력을 설정값에 도달하면 순차작동 시키는 기능
압력 스위치	회로 내의 압력을 감지 하는기능

릴리프 밸브 ─┬─ 파일럿 릴리프 밸브
　　　　　　├─ 직동형 릴리프 밸브
　　　　　　├─ 파일럿 작동형 릴리프 밸브(밸런스 피스톤형)
　　　　　　└─ 솔레노이드 부착형 릴리프 밸브

감압 밸브 ─┬─ 감압 밸브
　　　　　 └─ 체크 밸브 내장형 감압 밸브

시퀀스 밸브 ─┬─ 시퀀스 밸브
　　　　　　 └─ 체크 밸브 내장형 시퀀스 밸브

Unload Relief 밸브

Brake 밸브

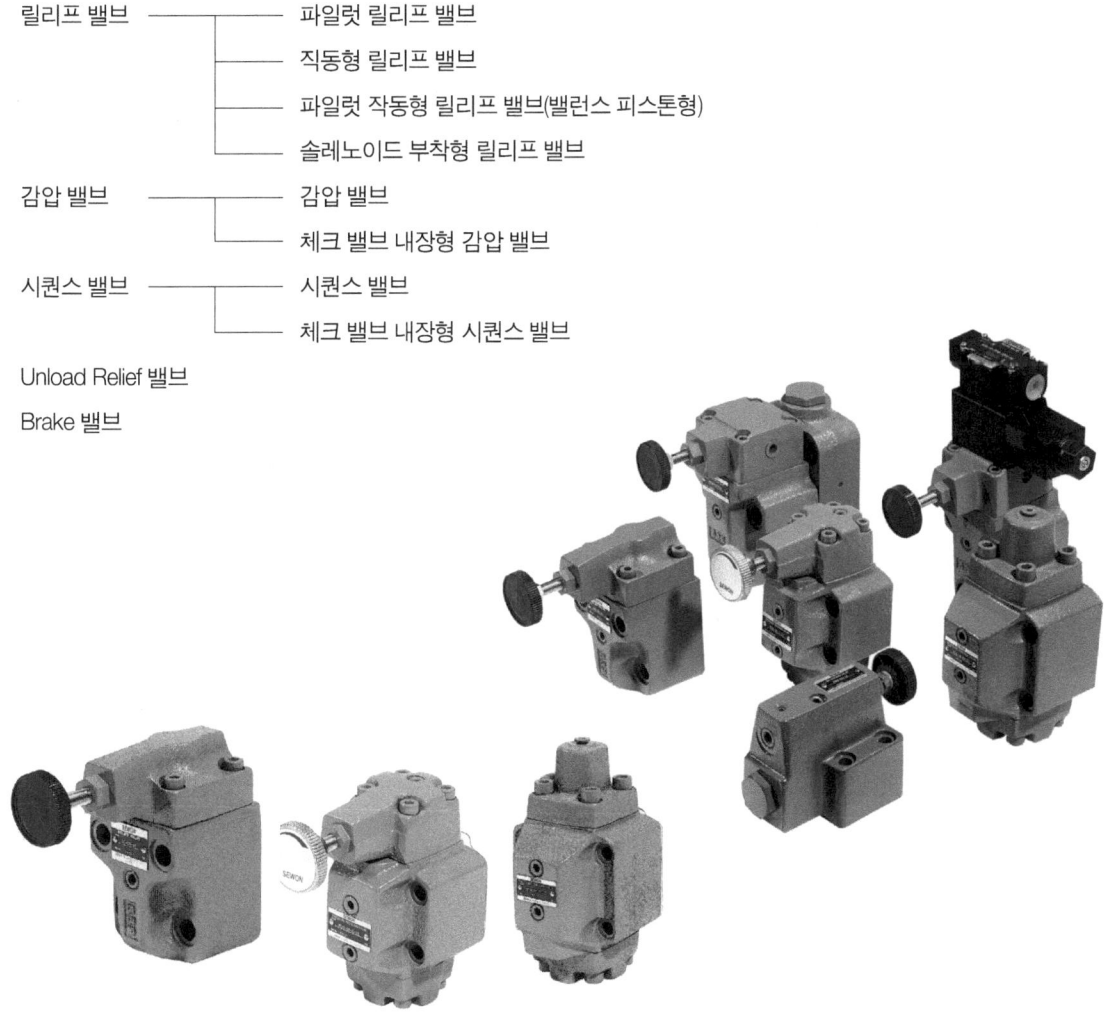

제3장 유압기기(Hydraulic Equipment)

2 압력 릴리프 밸브(Pressure Relief Valves)

릴리프 밸브는 유압펌프에서 토출된 유량이 방향제어 밸브를 통하여 액추에이터에 도달하면 압력이 올라가는데 이때 펌프의 최대 설정 압력을 제어하거나, 최대 설정압력 이내에서 또다른 압력을 제어하거나, 압력이 필료로 하지 않을 때 무부하시키는 밸브이다.

릴리프 밸브와 압력과의 관계

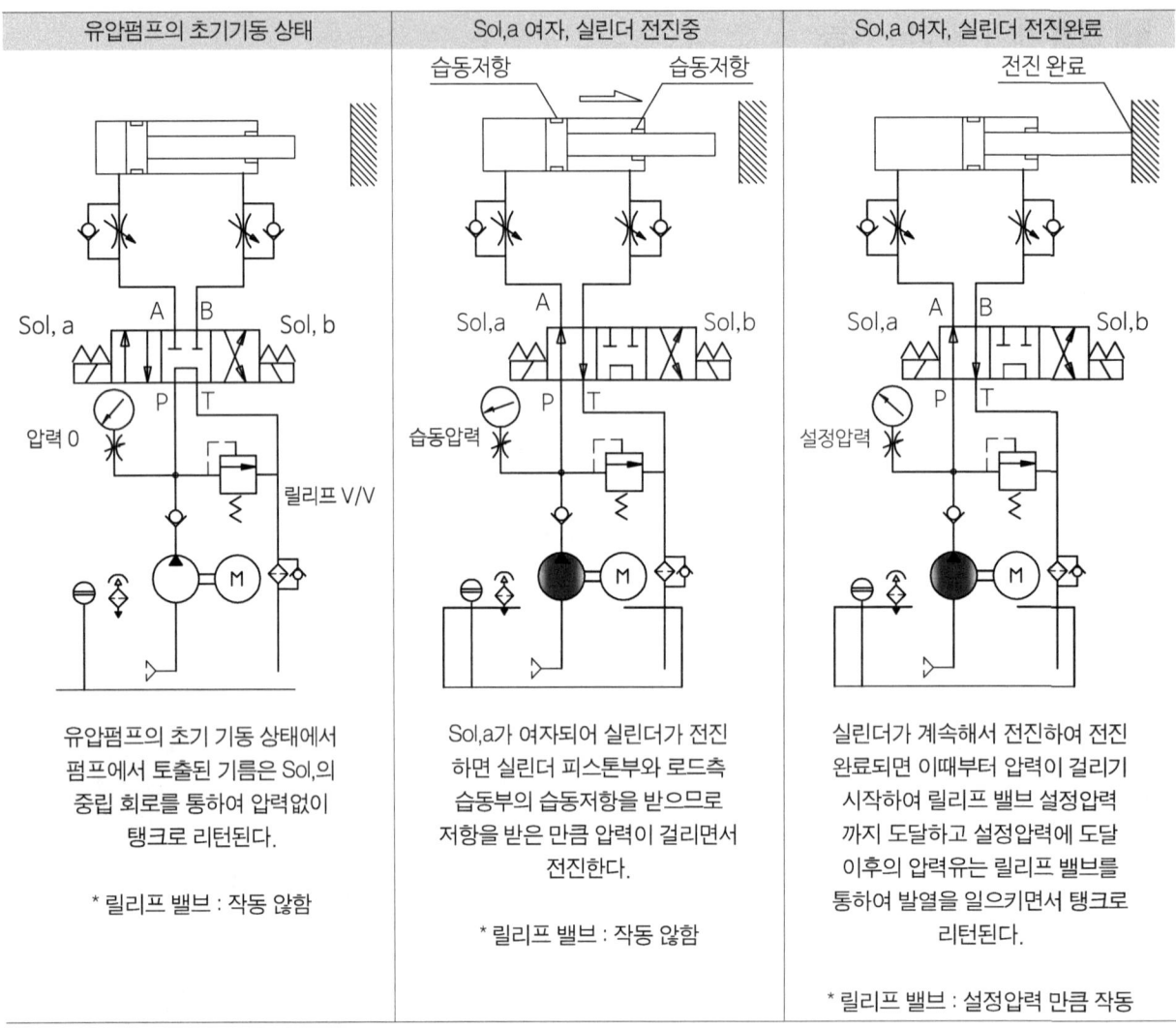

펌프로부터 토출된 기름은 밀폐된 용기에 기름이 채워진 이후부터 압력이 발생하며 유압실린더가 움직이고 있는 구간에서는 실린더의 습동저항만큼 압력이 발생한다.

만약 릴리프 밸브가 없었다면 전동기가 버티는 한계까지 압력이 올라가서 전동기가 소손되든지 아니면 유압펌프, 각종밸브, 유압배관, 유압실린더가 압력에 못이겨 파손될 것이다.

1) 릴리프 밸브(Relief Valve)의 응답 특성, 진동(Chattering)

릴리프 밸브(Relief Valve)의 응답 특성, 진동(Chattering)은 릴리프 밸브가 압력이나 유량이 급격하게 변동할 때 신속하게 반응하여 설정값에 도달하는 능력을 말한다.

직동형 릴리프와 파일럿 작동형 릴리프의 응답성을 비교해보면 일반적으로 직동형 릴리프가 응답성이 빠른 편이다. 그 원인은 파일럿 작동형 릴리프는 P-Port와 밸런스 피스톤 사이의 오리피스에서 감쇠 현상이 작용하기 때문이다.

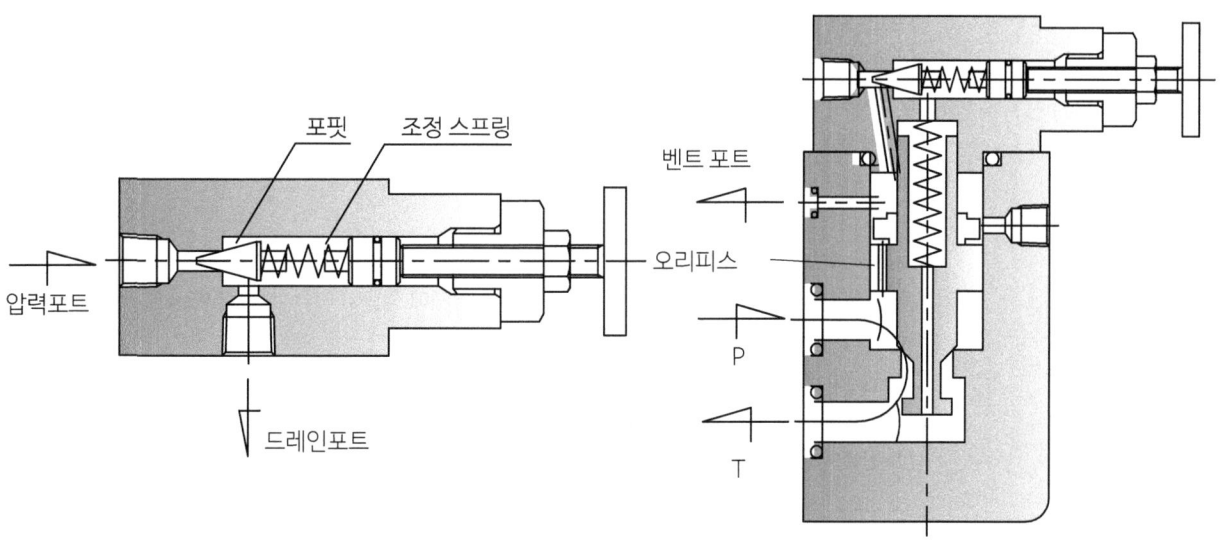

압력제어 밸브의 초기 작동 상태의 특성

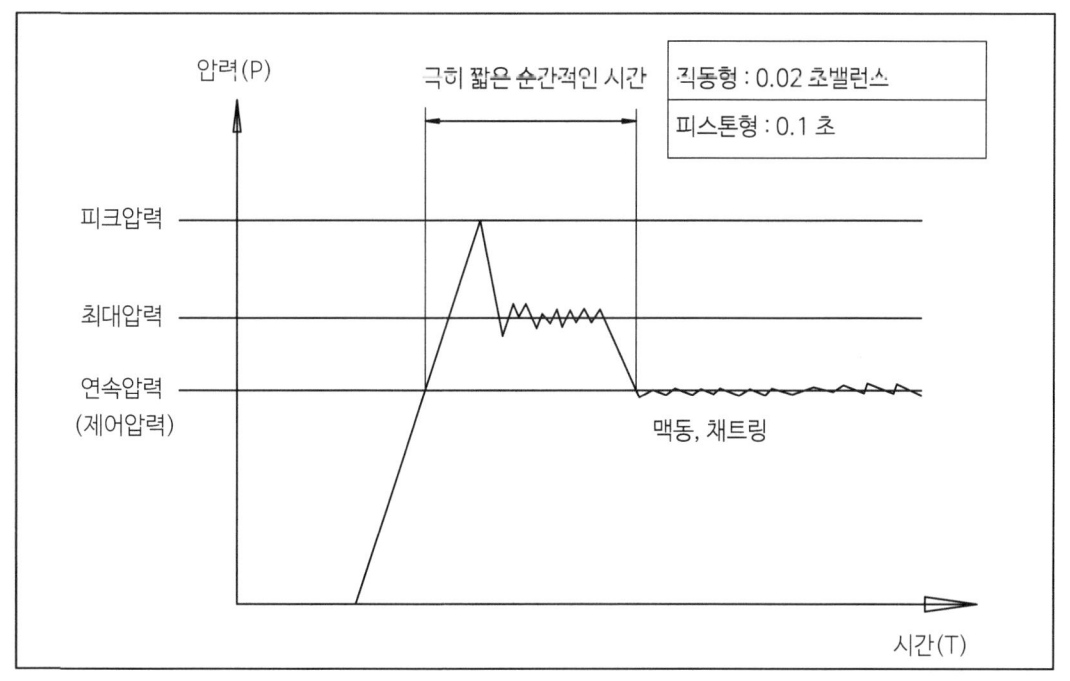

2) 릴리프 밸브(Relief Valve)의 취급상 주의

릴리프 밸브의 취급상 주의

1. 최고 설정 압력	밸런스 피스톤형 릴리프 밸브에 탑재되어 있는 직동형 릴리프의 스프링이 최고 설정 압력을 만족하는 스프링 범위 내에서 설정해야 한다.
2. 최저 설정 압력	밸런스 피스톤형 릴리프 밸브에 탑재되어 있는 직동형 릴리프의 스프링을 밀어주는 플런저의 습동 저항과 주 밸브의 스프링을 이길 수 있는 최소한의 힘보다 크게 설정해야 하기 때문이다.
3. 허용배압	릴리프 밸브의 T-Line에 탱크로 리턴 되기 전에 특별한 경우를 제외하고 배압이나 잔압이 있으면 주 밸브의 스프링에 영향을 주어 제어 특성이 나빠진다.
4. 정격 유량	릴리프 밸브의 정격유량은 밸브 제조사에서 규정하고 있지만 T-Line에 탱크로 리턴되는 배관이나 Manifold의 구경에 따라 통과유량을 만족하지 못하는 경우가 있어 실제 시스템 설계부터 구경을 최대한 크게 해야 한다.
5. 최소유량	릴리프 밸브의 구경에 비하여 제어유량이 지나치게 소유량일 때 설정 압력이 불안정하다(정격 유량의 5~8% 이하일 때).
6. 접속 방법	Manifold 취부형 밸브 조정핸들이 다른 밸브와 간섭이 없어야 하고, 플랜지 접속형이거나 나사 접속형은 배관할 때 용접 등 비틀림·간섭으로 밸브 본체에 영향이 미치지 않게 주의가 요구된다(분해, 조립 고려).
7. 포핏의 마모	고압 압력이 스프링을 극복하고 기름이 흐를 때 유속이 빨라지기 때문에 포핏이 빨리 마모되고, 스프링이 압력을 극복하면 포핏이 밀리면서 마찰이 되어 마모되고, 유압작동유가 오염이 되면 마모가 가속화 된다. 압력제어 편차가 심하면 점검이 요구된다.
8. 채터링	포핏이 시트를 연속적으로 두들겨 "삐-" 하는 소리가 발생하는 현상을 말하는데 펌프의 맥동이거나 펌프의 흡입저항을 Chattering 받아 유압 작동유에 기포 발생으로 채터링 현상이 일어난다(고압, 고온에서 직동형 릴리프 밸브에 많이 발생한다).
9. 서지압력	급격한 압력의 변화나 유량에 대하여 릴리프 밸브가 열리는 응답성이 늦으면 서지 압력이 발생하는데 직동형에 비하여 밸런스 피스톤형은 응답성이 늦어져 서지 압력이 높다. 충격적 부하가 반복적으로 발생하는 유압 시스템에는 직동형으로 검토된다.

3) 파일럿 릴리프 밸브(Remote Control Relief Valves)

유압기호도

파일럿 릴리프 밸브는 소유량의 압력을 제어하거나 파일럿 압력 제어 밸브의 벤트 포트에 접속하여 원격 제어(Remote Control), 2압 또는 3압 제어 등 파일럿 압력 제어에 사용한다.

파일럿 릴리프 밸브의 작동 원리

압력포트의 유체를 조정 스프링의 범위보다 높아지면 순간적으로 드레인 포트 쪽으로 흘리는 것을 반복하는 구조이다.

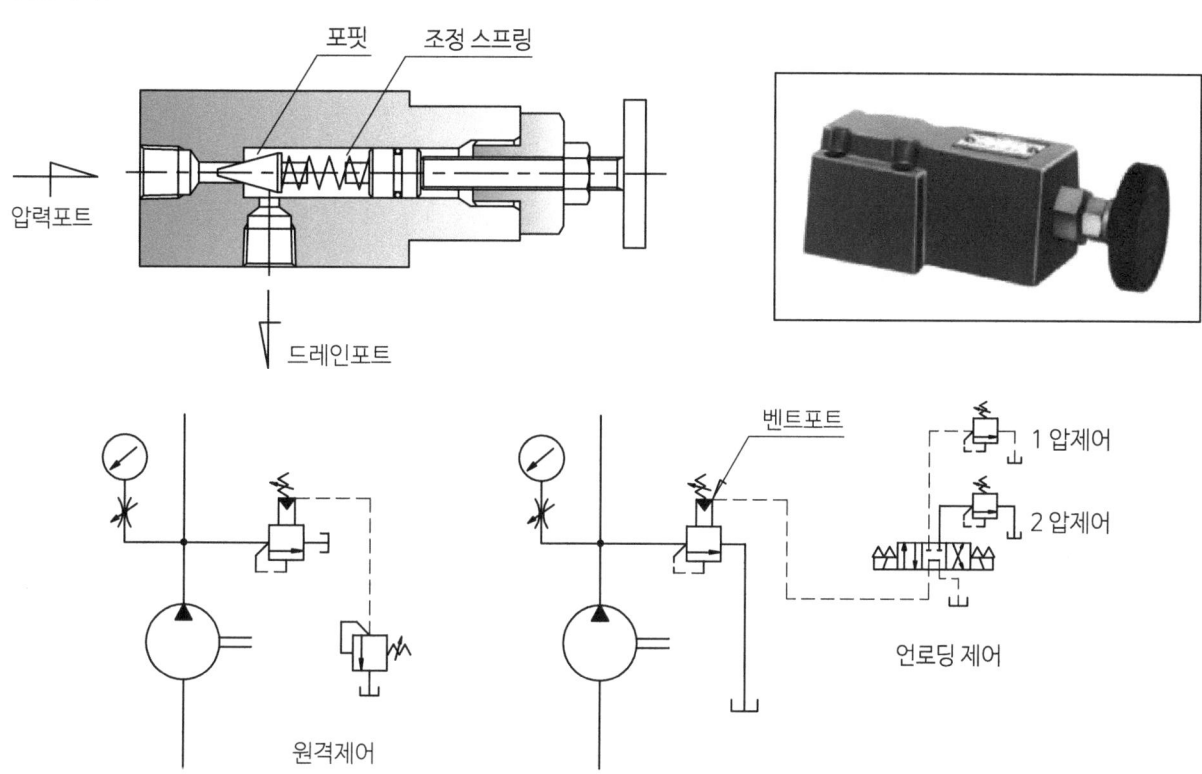

유압기호도

직동형 릴리프 밸브(Direct Type Relief Valves)

소유량 회로에서 압력 조정 및 안전 밸브로서 사용. 작동 원리는 파일럿 릴리프 밸브와 동일하다.

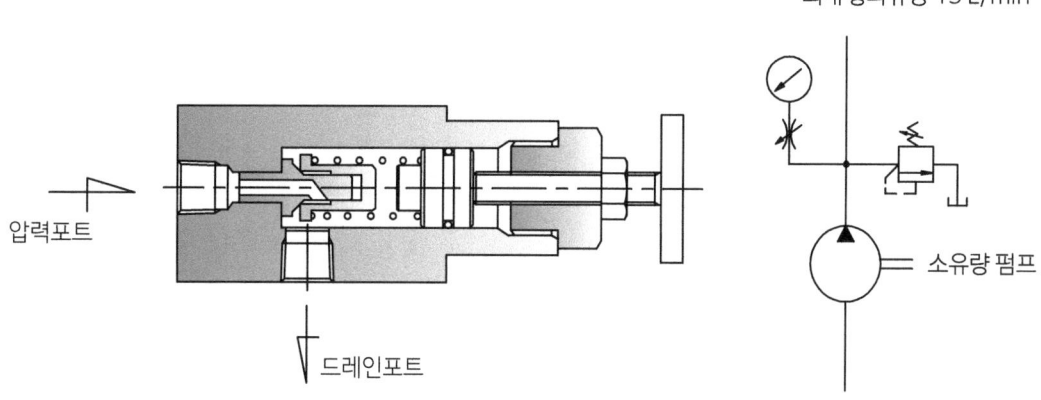

4) 파일럿 작동형 릴리프 밸브 작동원리도

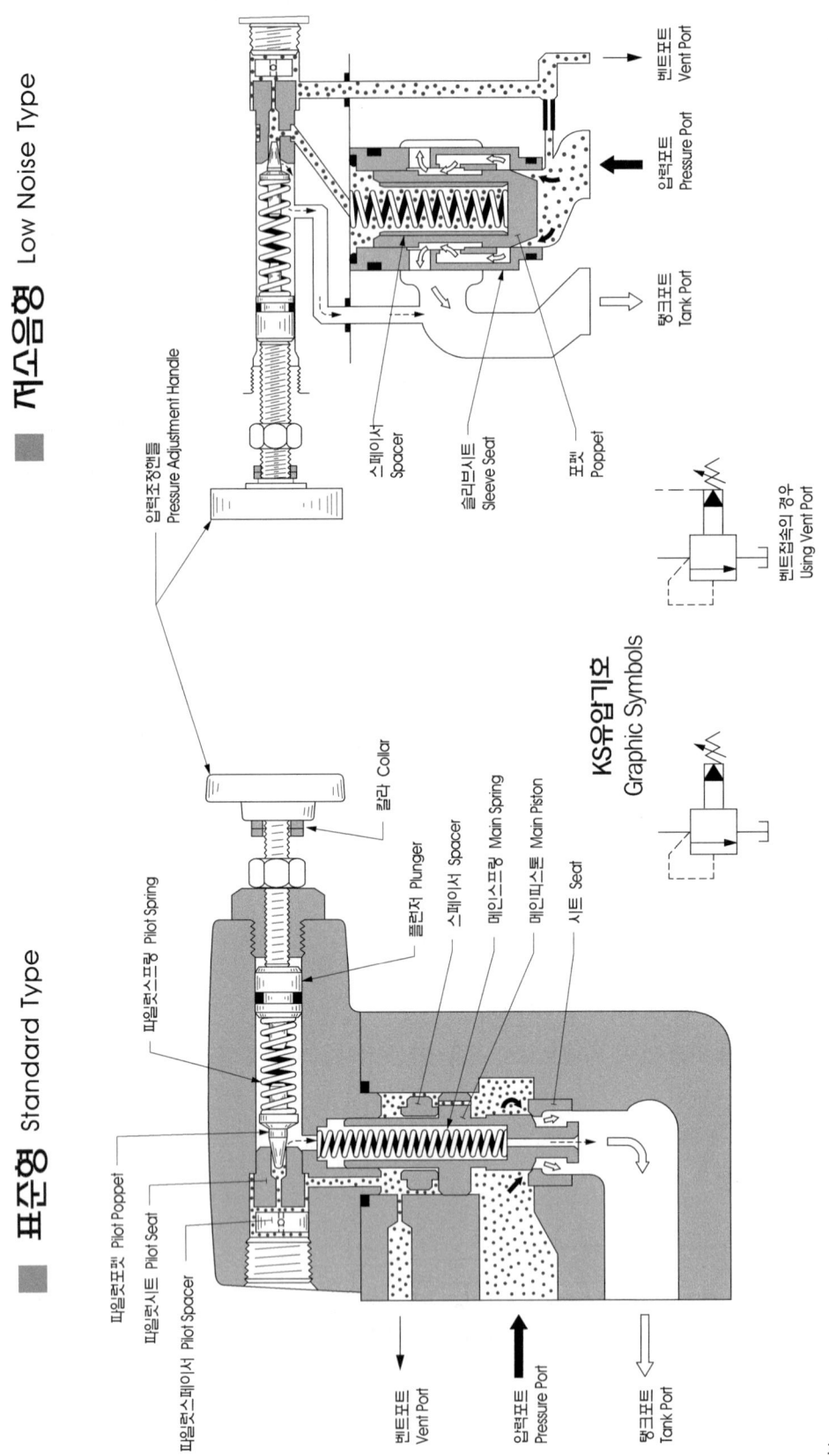

자료제공 : SEWON

5) 파일럿 작동형 릴리프 밸브의 응용

파일럿 작동형 릴리프 밸브의 응용으로 파일럿 작동형 릴리프 밸브의 X-Port에 배관으로 파일럿 릴리프 (Remote Control)밸브를 연결하고 그 라인에 Single Sol,(Unloading)을 조합하여 원격으로 압력 제어 및 필요에 따라 Loading, Unloading을 구사할 수 있다. 이것은 주 밸브(파일럿 작동형 릴리프 밸브)의 압력을 자주바꾸고 싶거나 작업자 가까이에서 편리하게 압력을 제어할 이유가 충분할 때 적용한다. Unload용 Sol,이 P-Port와 T-Port가 연결되어 있기 때문에 Sol,이 중립시에는 압력환산으로 약 $3kgf/cm$의 힘을 가진 주 밸브는 Unloading 된다. Sol,이 여자되면 Remote Con, 밸브의 설정압력만큼 제어된다.

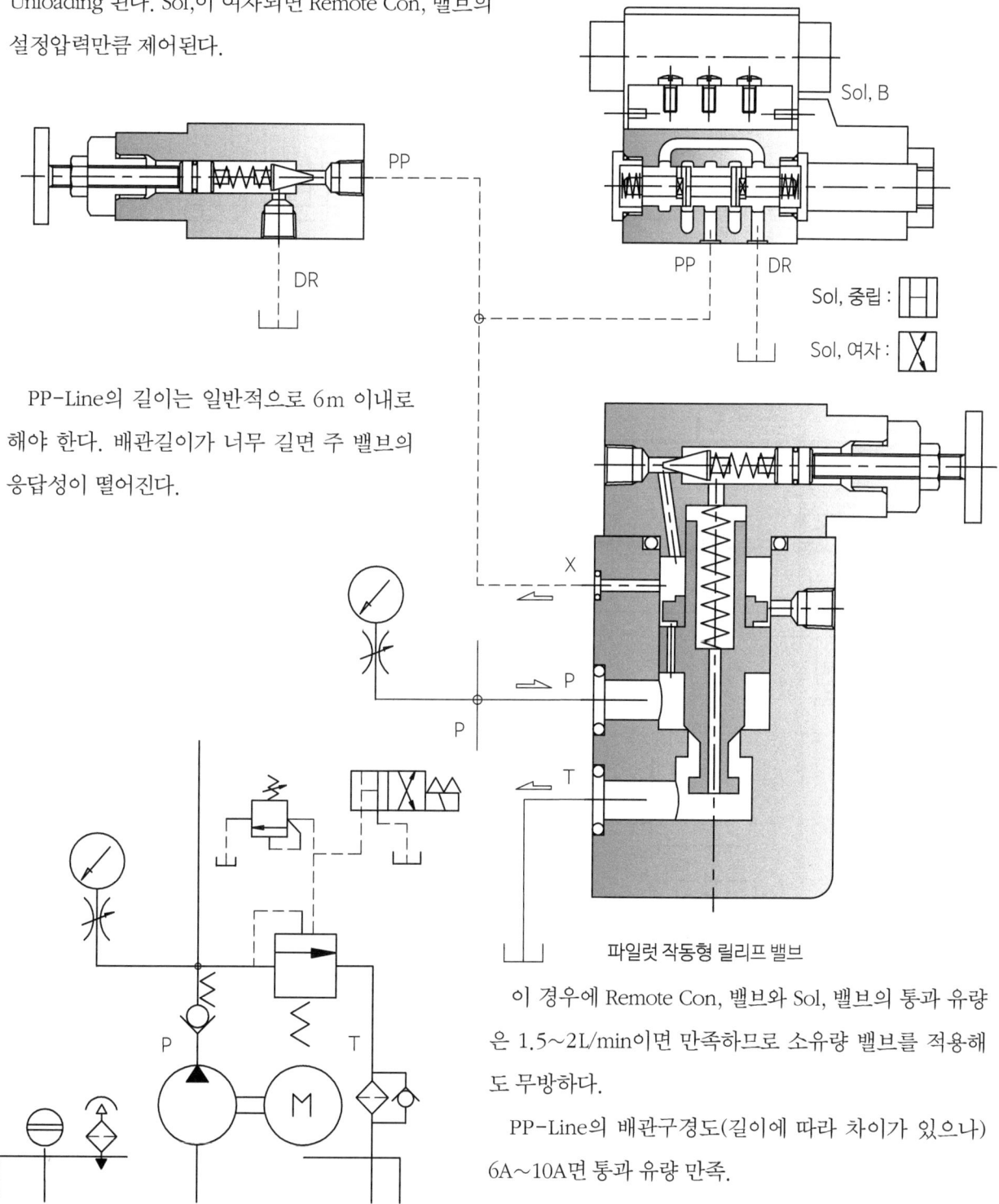

PP-Line의 길이는 일반적으로 6m 이내로 해야 한다. 배관길이가 너무 길면 주 밸브의 응답성이 떨어진다.

파일럿 작동형 릴리프 밸브

이 경우에 Remote Con, 밸브와 Sol, 밸브의 통과 유량은 1.5~2L/min이면 만족하므로 소유량 밸브를 적용해도 무방하다.

PP-Line의 배관구경도(길이에 따라 차이가 있으나) 6A~10A면 통과 유량 만족.

6) 압력제어 밸브(Relief Valve) 기본 개념도

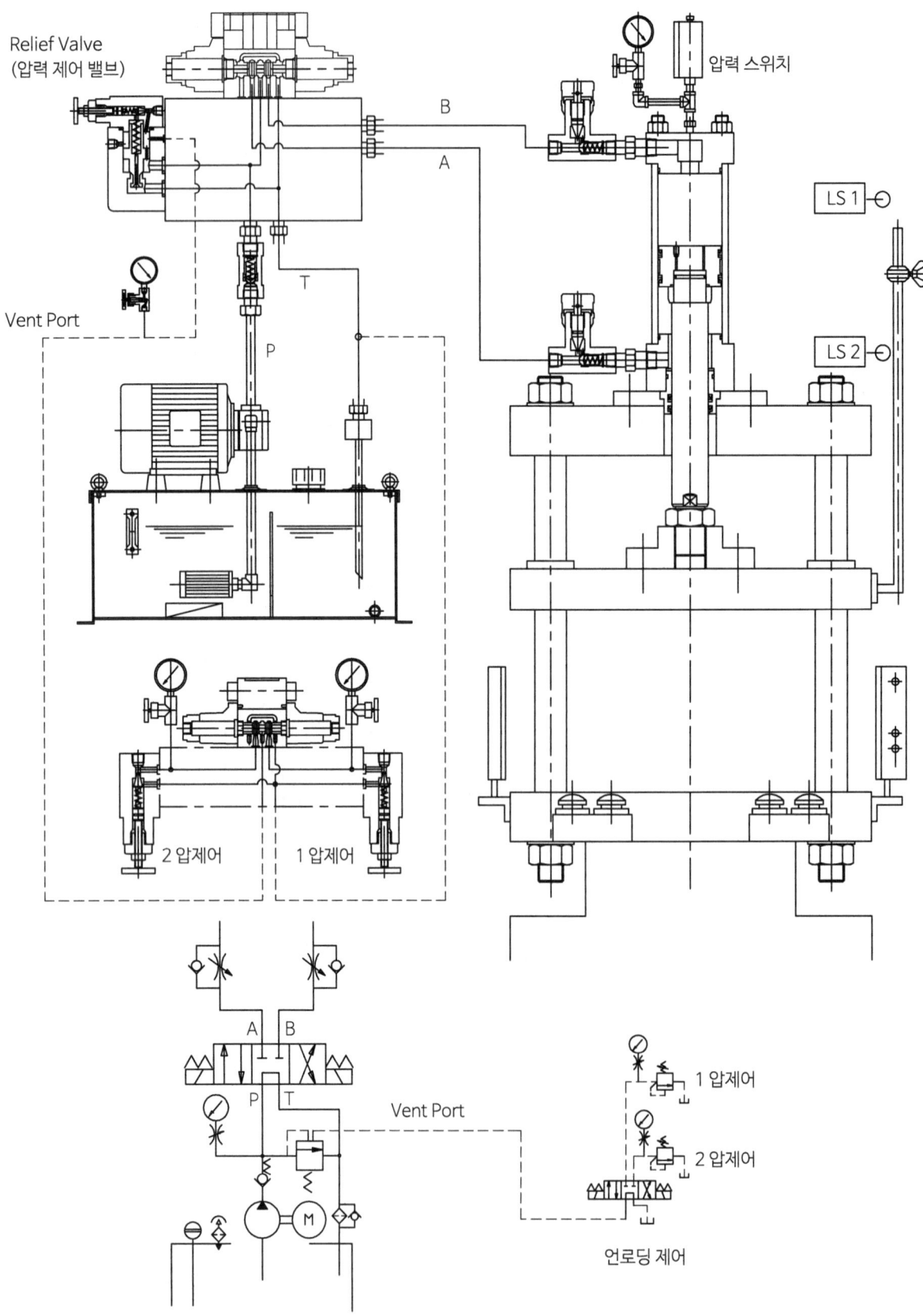

7) Solenoid 부착형 Relief Valve

릴리프 밸브 상부에 솔레노이드 밸브를 탑재한 밸브로 전기 신호로 펌프를 무부하 운전하거나 벤트 라인에 파일럿 밸브를 함께 이용하여 유압계통을 언로딩 회로 등 다양한 압력 제어도 가능한 밸브이다. 특히 액추에이터가 2개 이상일 경우는 반드시 필요한 밸브이다.

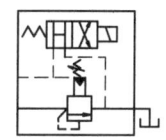

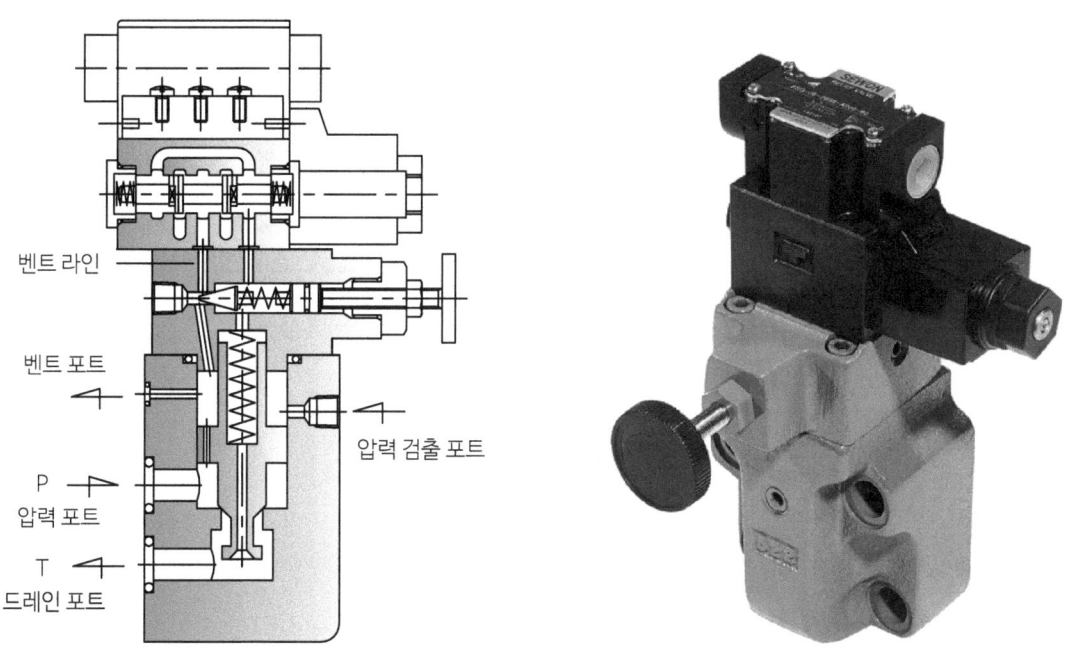

Solenoid 부착형 Relief Valve의 작동 원리

밸런스 피스톤형 릴리프 밸브 상부에 Sol, 밸브를 탑제하여 벤트 라인과 연결하여 필요에 따라 다양한 압력 제어 목적으로 사용한다.

Vent Line에 탑제된 Sol, 중립회로가 P-Port와 T-Port가 연결된 회로를 탑제하여 벤트라인이 무부하되어 본체 압력제어 밸브는 Un Loading 제어를 할 수 있고 필요에 따라 Loading 할수 있다. (Sol, B 여자) P, A, B, T Port 차단

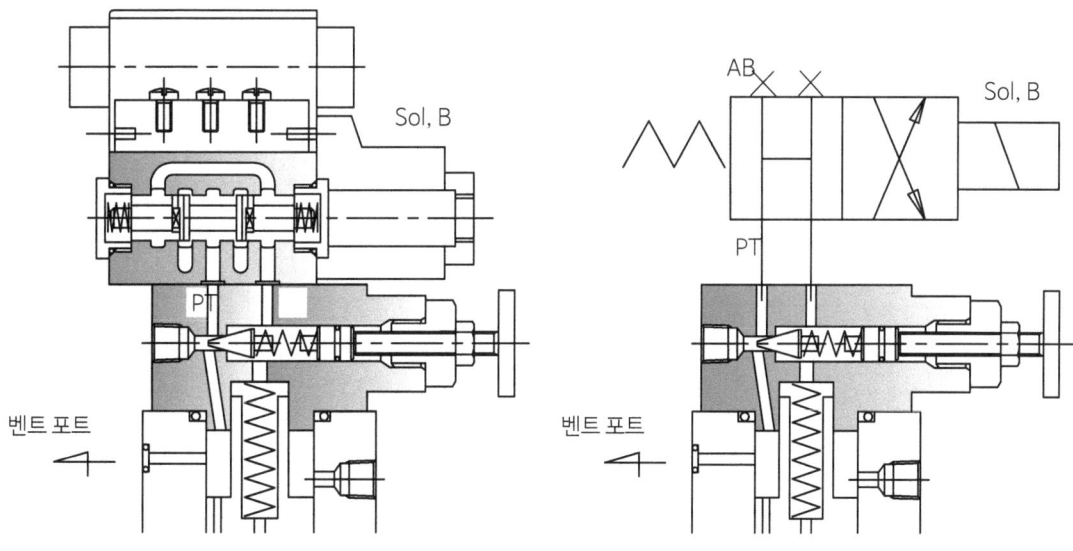

제3장 유압기기(Hydraulic Equipment)

8) 전자 다단 제어 릴리프 밸브(Solenoid controlled multi pressure relief valves)

솔레노이드 부착형 릴리프 밸브에 각종 제어 밸브를 조합하여 다양한 압력 제어가 가능한 밸브이다.

전자 다단 제어 릴리프 밸브의 다양한 기능

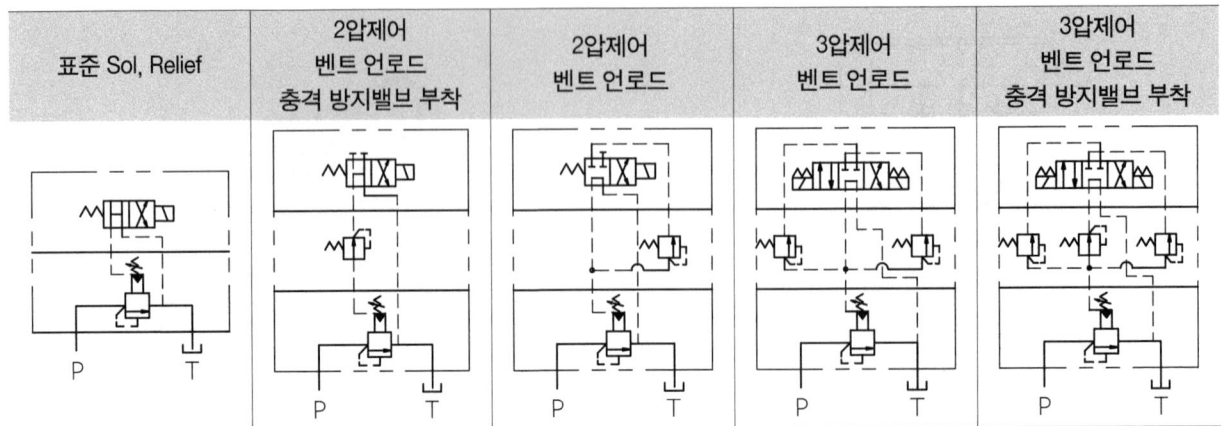

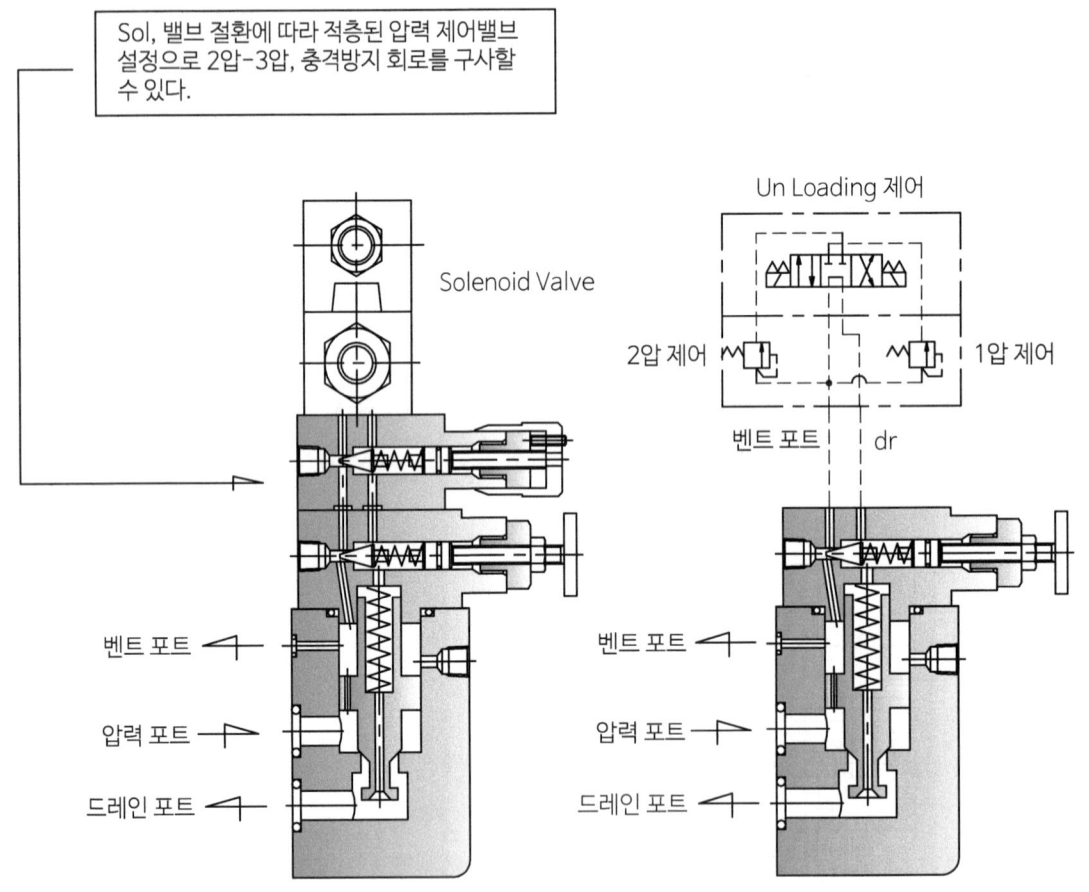

9) 카트리지형 솔레노이드 밸브 부착 릴리프 밸브
   (Solenoid Operated Relief Valves, High Pressure Type)

릴리프 밸브 상부에 솔레노이드 밸브를 탑재한 밸브로 전기 신호로 펌프를 무부하 운전하거나 벤트 라인에 파이럿 밸브를 함께 이용하여 유압계통을 언로딩 회로 등 다양한 압력 제어도 가능한 밸브이다.

유압기호도

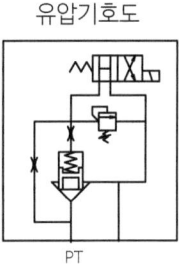

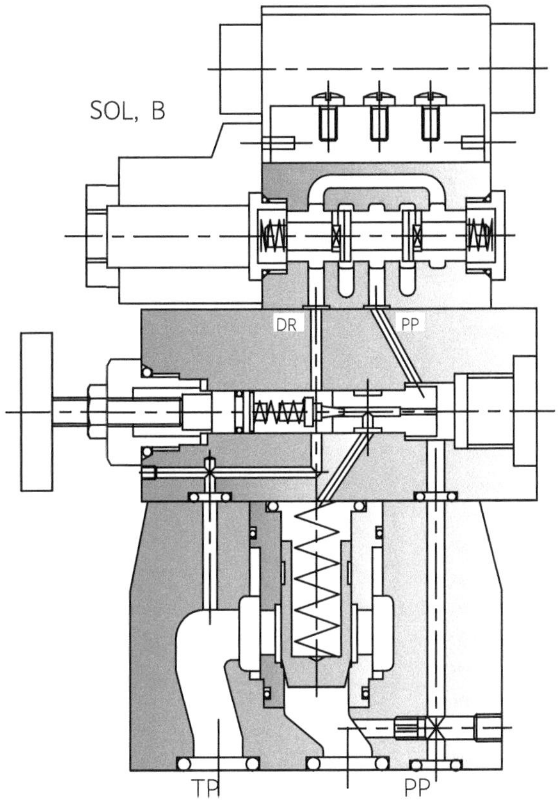

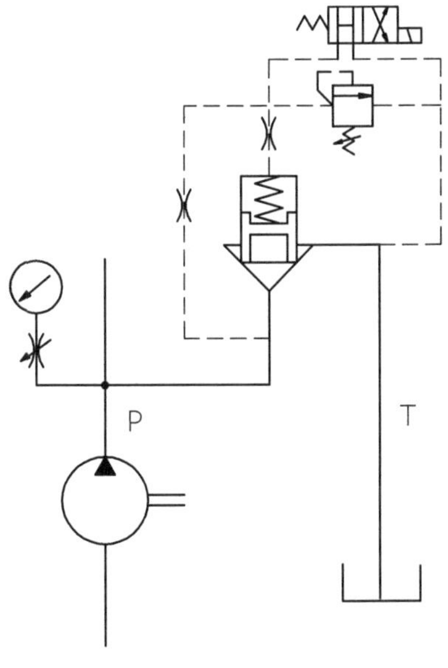

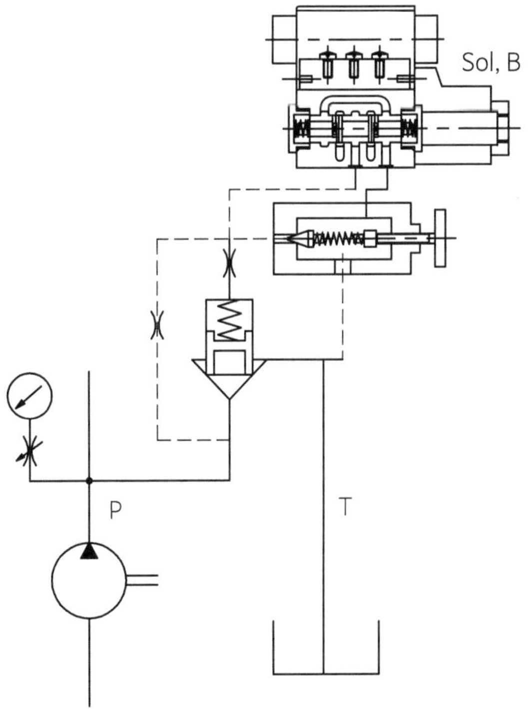

10) 솔레노이드 릴리프 밸브 작동원리도

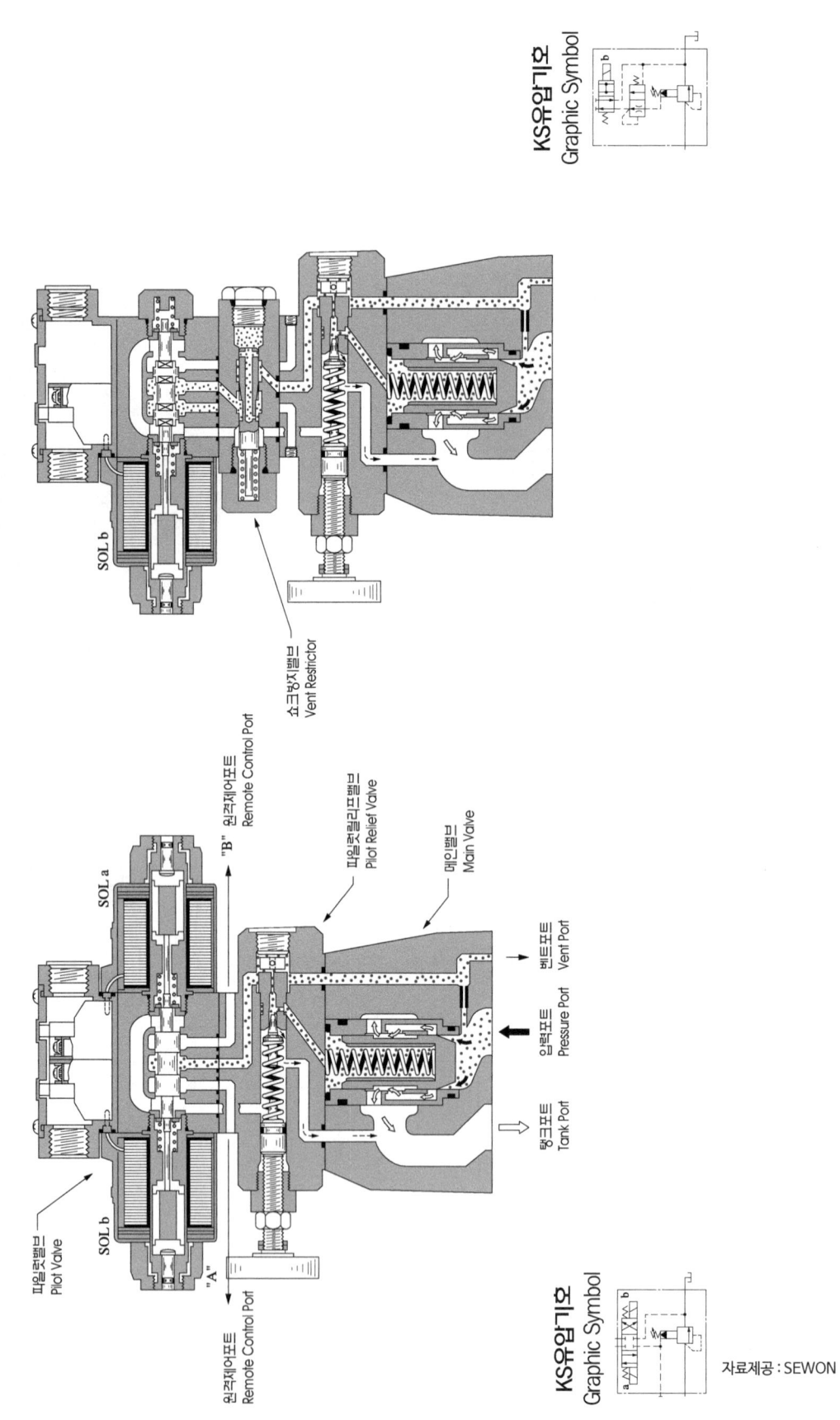

11) 릴리프 밸브의 Unloading

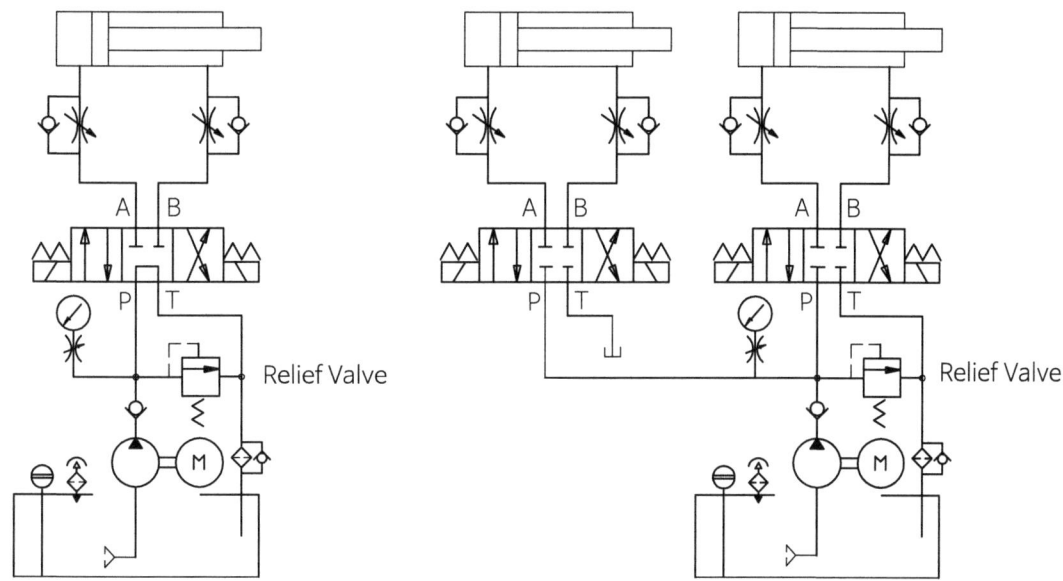

Sol,밸브가 중립시 바이패스 회로이기 때문에 Pump에서 토출된 유량은 무부하로 탱크로 리턴되고 Sol,이 여자되어 실린더 쪽으로 유압유가 도달하면 실린더가 움직이기 때문에 실린더가 부하를 받은 만큼 압력이 발생하며 계속해서 실린더가 작동하여 전진 완료되면 릴리프 설정 압력을 극복하고 탱크로 리턴된다.

위의 회로는 펌프를 기동과 동시에 릴리프밸브의 최대설정 압력으로 압력이 걸려서 오일탱크로 리턴된다. 이때 엄청난 발열과 소음, 진동을 유발한다. 아주 저압일 때를 제외하고는 금기시 한다.

따라서 반드시 Unloading 회로가 필요하다.

$$발열량 = \frac{Q \times P}{612} \times 860 \text{ (Kcal/Hr)}$$

Sol, 밸브가 2개 이상 일때 반드시 펌프에서 토출된 기름은 액추에이터가 동작하지 않을 때 무부하로 탱크로 리턴시켜야 한다. 왜냐하면 Sol, 밸브가 P-Port Block이기 때문이다.

Sol, 부착형 릴리프밸브를 적용하여 펌프를 기동하면 un loading 되고 필요에 따라 loading 되는 회로

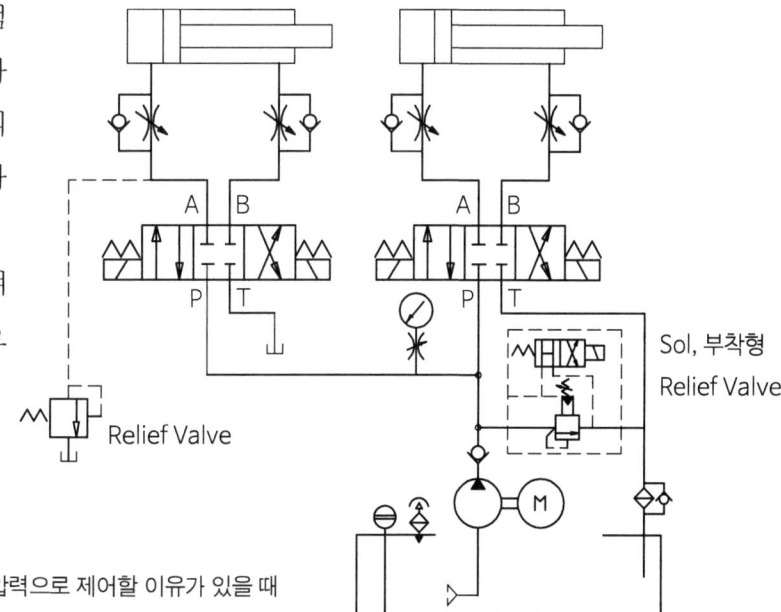

최대압력보다 낮은 압력으로 제어할 이유가 있을 때

12) 언로딩 릴리프 밸브(Unloading Relief Valve)

언로딩 릴리프 밸브는 액추에이터의 동작이 빈번하여(다련 고무성형 프레스 등) 일반 릴리프 밸브나 Sol, 릴리프 또는 가변 베인 펌프, 가변 피스톤 펌프로는 여러 조건을 만족하지 못할 뿐 아니라 고정용량형 펌프를 적용하여 회로 내의 압력을 유지하면서 동력 손실이나 발열, 소음, 충격을 동시에 만족시키는 밸브로 개발되었다.

펌프에서 토출된 유체가 A-Port로 공급되고 언로딩 릴리프 밸브 설정압력에 도달하면 파일럿(pp) 압력에 의하여 P-Port 유체가 릴리프밸브의 스프링을 극복하고 T-Port로 흐르며 이때 A-Port 압력은 설정압력을 유지한다.

각종 제어밸브 동작으로 회로 내의 압력이 떨어지면 언로딩되고 있던 밸브가 작동하여 다시 회로 내의 압력을 공급하는 것을 반복하는 구조이다.

액추에이터가 동작하지 않은 상태에서 펌프를 기동시키면 회로 내의 각종 제어 밸브의 누유로 로딩, 언로딩을 자주 반복하면 마치 딸꾹질을 하는 것 처럼 진동과 충격이 발생하는데 이 현상을 완화하기 위하여 ACC,를 장착한다.

외부 파일럿을 적용하는 경우는 자체 압력이 아닌 또다른 어떤 압력으로 언로딩시킬 이유가 있을 때 적용한다.

외부 드레인은 T-Port에 약간의 배압이 예상될 때 Direct로 Tank에 접속한다.

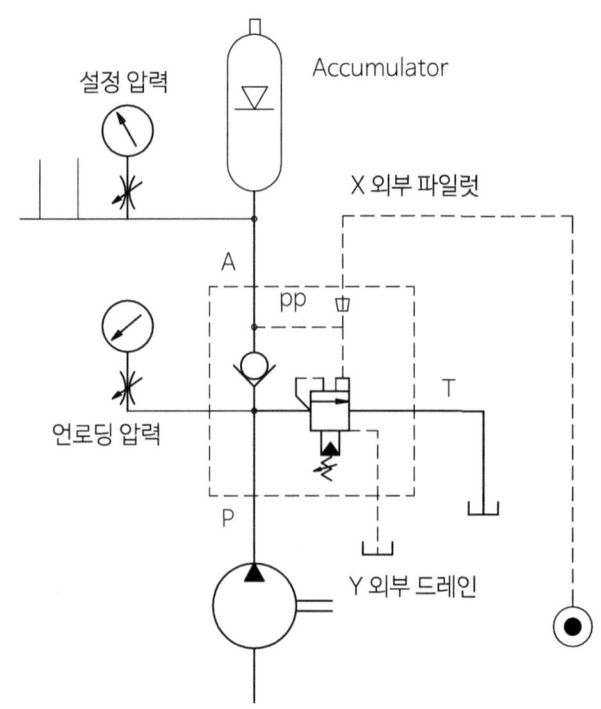

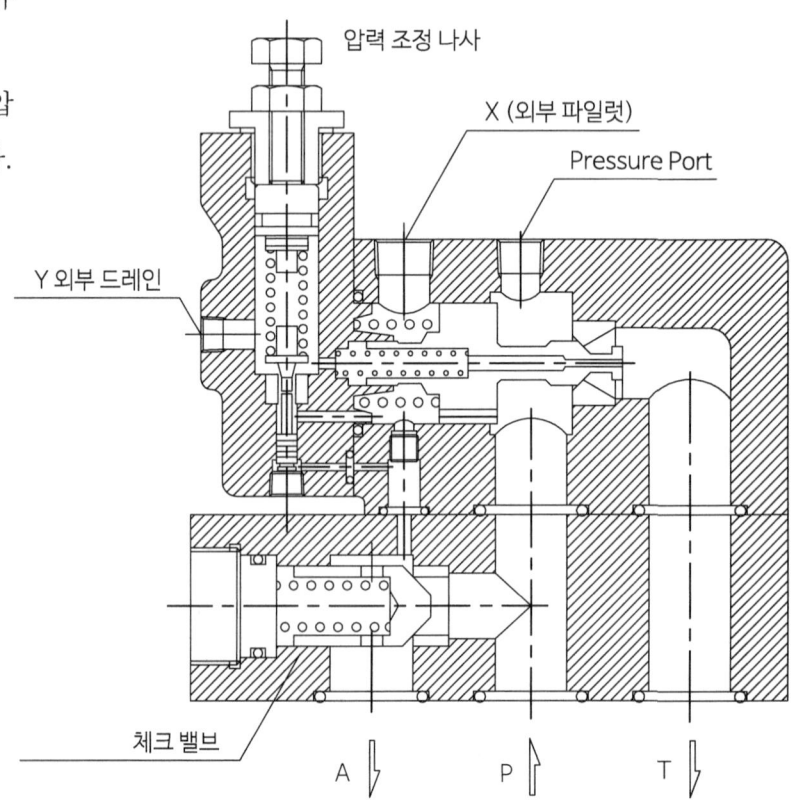

13) 언로드 릴리프 밸브 작동원리도

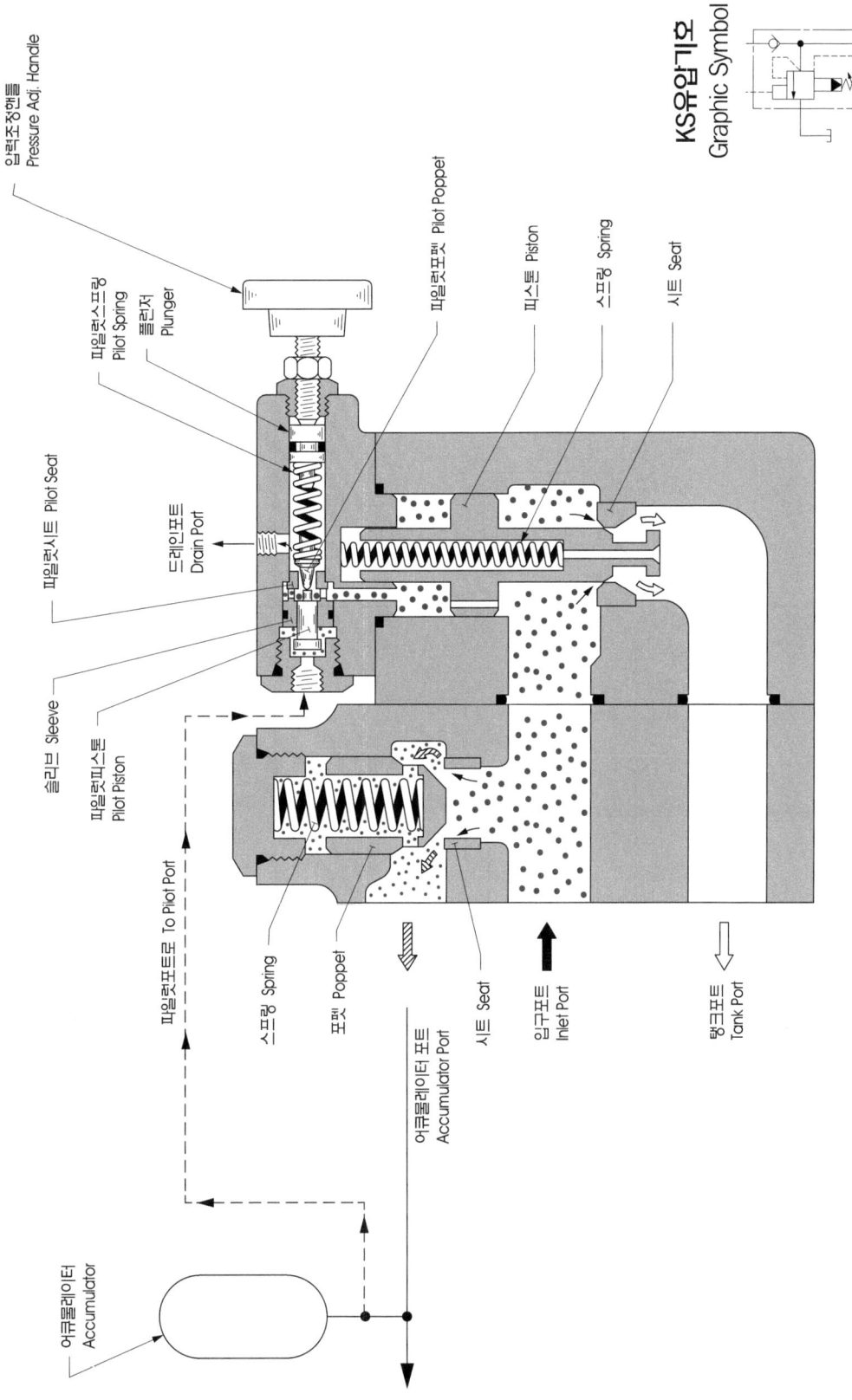

회로 내의 압력 유지와 펌프 언로딩과의 관계   * A-Port가 Block이라는 전제로

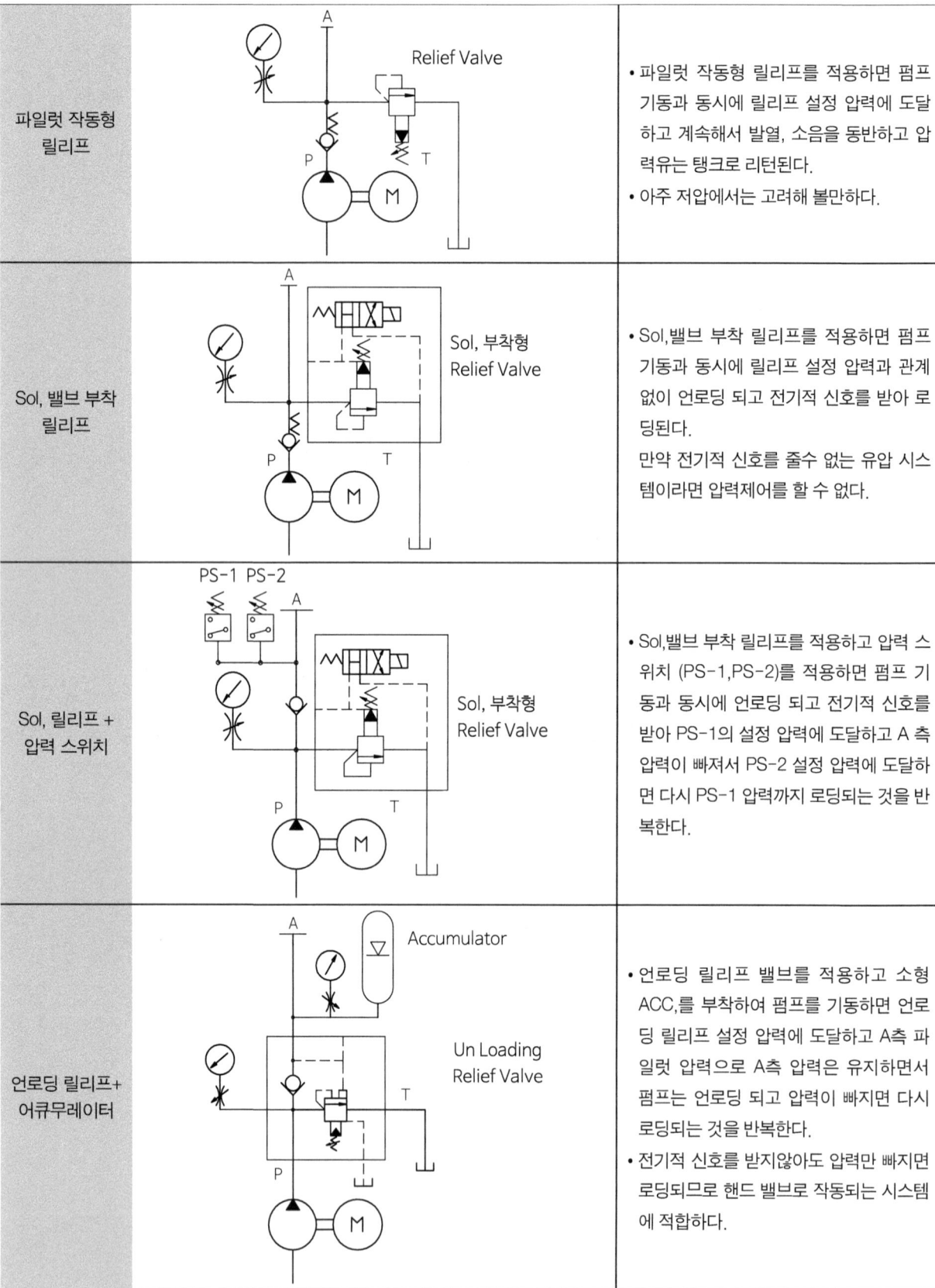

파일럿 작동형 릴리프		• 파일럿 작동형 릴리프를 적용하면 펌프 기동과 동시에 릴리프 설정 압력에 도달하고 계속해서 발열, 소음을 동반하고 압력유는 탱크로 리턴된다. • 아주 저압에서는 고려해 볼만하다.
Sol, 밸브 부착 릴리프		• Sol,밸브 부착 릴리프를 적용하면 펌프 기동과 동시에 릴리프 설정 압력과 관계없이 언로딩 되고 전기적 신호를 받아 로딩된다. 만약 전기적 신호를 줄수 없는 유압 시스템이라면 압력제어를 할 수 없다.
Sol, 릴리프 + 압력 스위치		• Sol,밸브 부착 릴리프를 적용하고 압력 스위치 (PS-1,PS-2)를 적용하면 펌프 기동과 동시에 언로딩 되고 전기적 신호를 받아 PS-1의 설정 압력에 도달하고 A 측 압력이 빠져서 PS-2 설정 압력에 도달하면 다시 PS-1 압력까지 로딩되는 것을 반복한다.
언로딩 릴리프 + 어큐무레이터		• 언로딩 릴리프 밸브를 적용하고 소형 ACC,를 부착하여 펌프를 기동하면 언로딩 릴리프 설정 압력에 도달하고 A측 파일럿 압력으로 A측 압력은 유지하면서 펌프는 언로딩 되고 압력이 빠지면 다시 로딩되는 것을 반복한다. • 전기적 신호를 받지않아도 압력만 빠지면 로딩되므로 핸드 밸브로 작동되는 시스템에 적합하다.

3 감압 밸브(Pressure Reducing Valves)

회로 내의 일부 압력을 주 회로보다 낮은 어떤 설정압력으로 제어할 이유가 있을 때 적용한다. 이 밸브는 2-Port 밸브로서 1차측 유량이 상시 개방되어 통하고 설정 압력에 도달하면 2차측 압력에 의하여 1차측 유량을 차단시키는 구조로 되어 있다.

릴리프 밸브는 설정 압력에 도달하면 기름을 탱크로 리턴시키는 구조로 되어 있지만 압밸브는 반대로 설정 압력에 도달하면 기름을 차단시킴으로 펌프압력(릴리프 압력)보다 낮은 압력 범위 내에서 설정해야 한다.

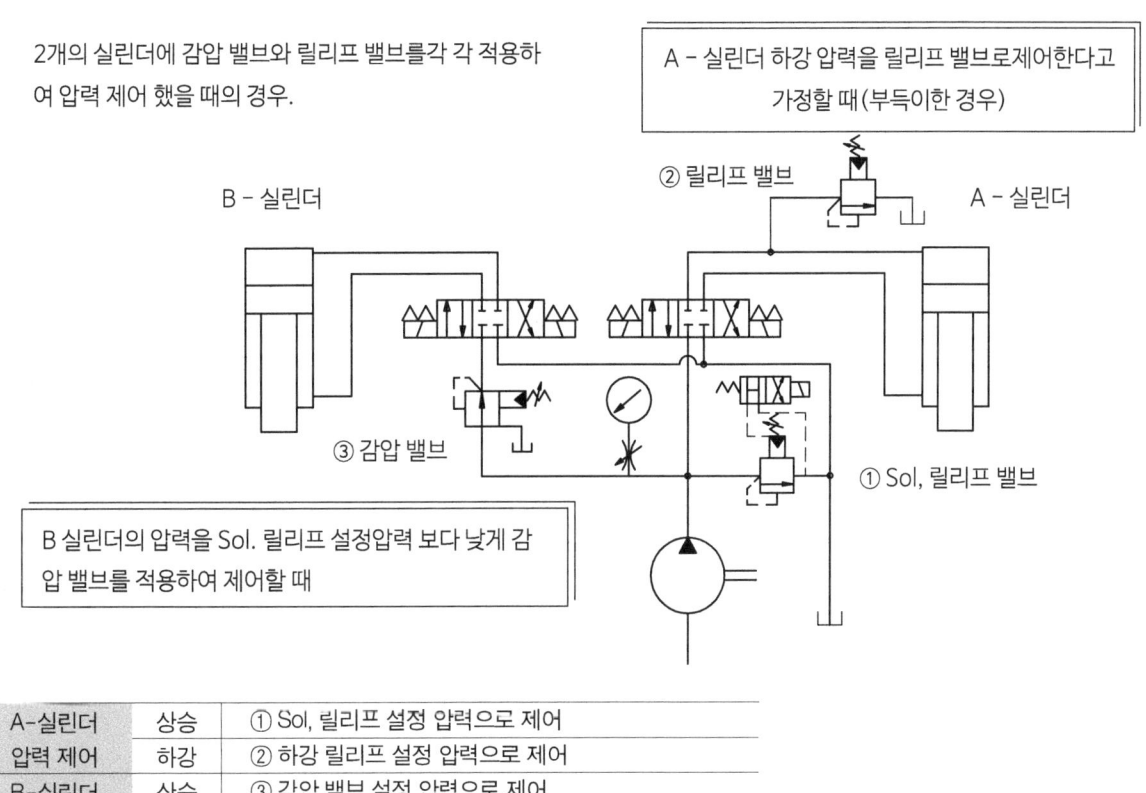

A-실린더 압력 제어	상승	① Sol, 릴리프 설정 압력으로 제어
	하강	② 하강 릴리프 설정 압력으로 제어
B-실린더 압력 제어	상승	③ 감압 밸브 설정 압력으로 제어
	하강	③ 감압 밸브 설정 압력으로 제어

만약 ②의 밸브 설정 압력이 낮으면 실린더 2개가 동시에 하강하면 ③의 감압 밸브 쪽으로 압력유는 ②의 밸브설정 압력이 되므로 제어가 되지 않는다.

직동형 감압 밸브

2차측 압력을 제어하기 위하여 1측 압력유가 2차측의 설정 압력에 도달하면 파일럿 스플의 압력에 의하여 조정 스프링을 극복하고 1차측 쪽으로 밀려서 1차측 포트를 차단함으로 2차측으로 압력유가 유입되지 못하는 구조이다.

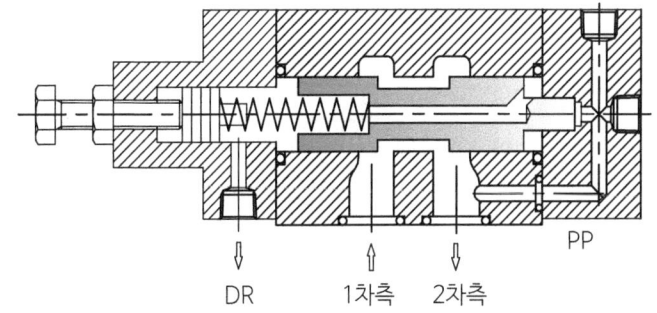

밸런스 피스톤형 감압 밸브

직동형 감압 밸브로는 통과 유량을 만족시키지 못할 때 적용하는 밸브로써 릴리프 밸브와 마찬가지로 내부에 밸런스 피스톤이 내장되어 감압되는 구조이다.

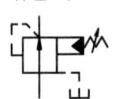
유압기호도

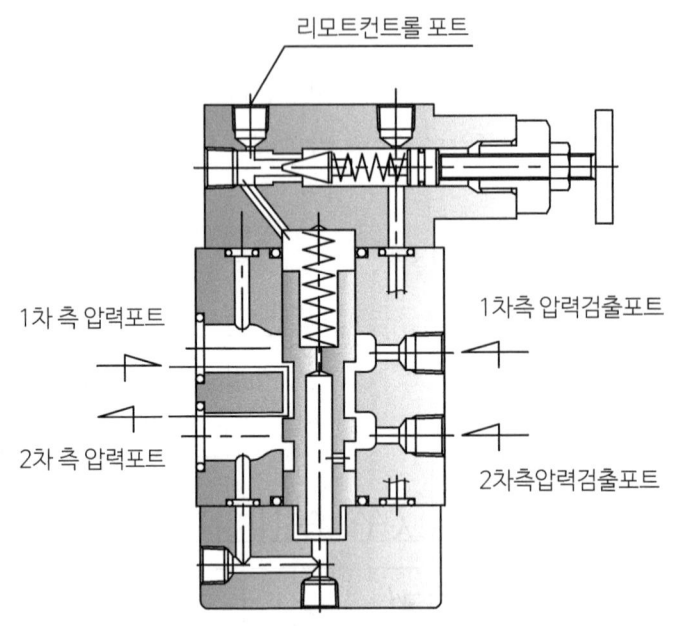

체크밸브 내장형 감압 밸브

유압 회로 일부 압력을 주 회로보다 낮은 압력으로 설정할 뿐만 아니라 반대쪽 흐름을 자유 흐름이 가능하게 체크밸브 내장형으로 구성된 밸브이다.

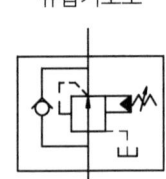
유압기호도

2차측 포트에서 1차측 포트의 흐름은 자유흐름

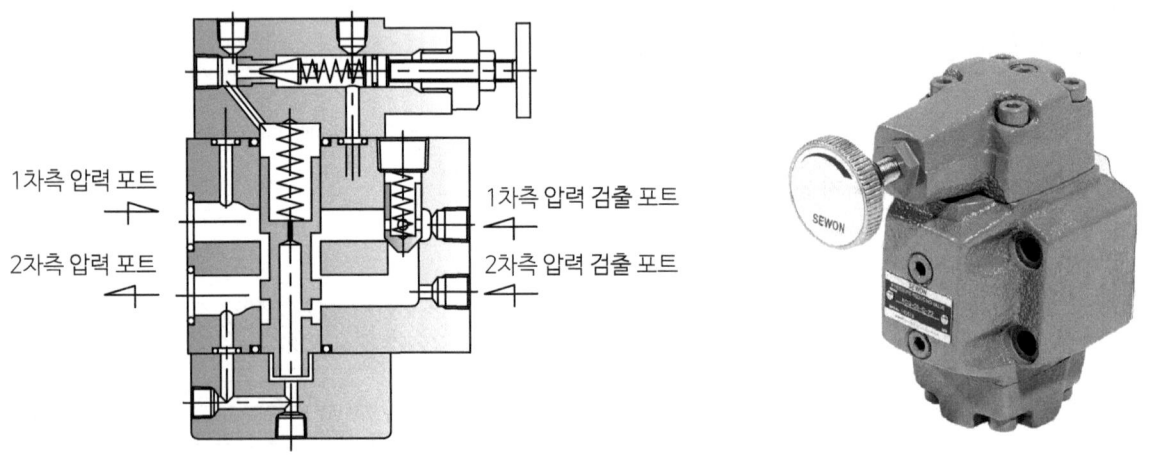

1) 감압 밸브의 작동 원리

1차측에서 2차측으로 유체가 공급되다가 2차측 회로의 설정 압력에 도달하면 포핏이 스프링을 극복하고 내부 파일럿을 통한 압력유체가 드레인되며 이때 순간적으로 밸런스를 유지하고 있던 스풀이 상승하여 1차측 유체를 차단시키는 것을 반복하여 2차측의 압력을 1차측 압력보다 낮게 유지시키는 밸브이다.

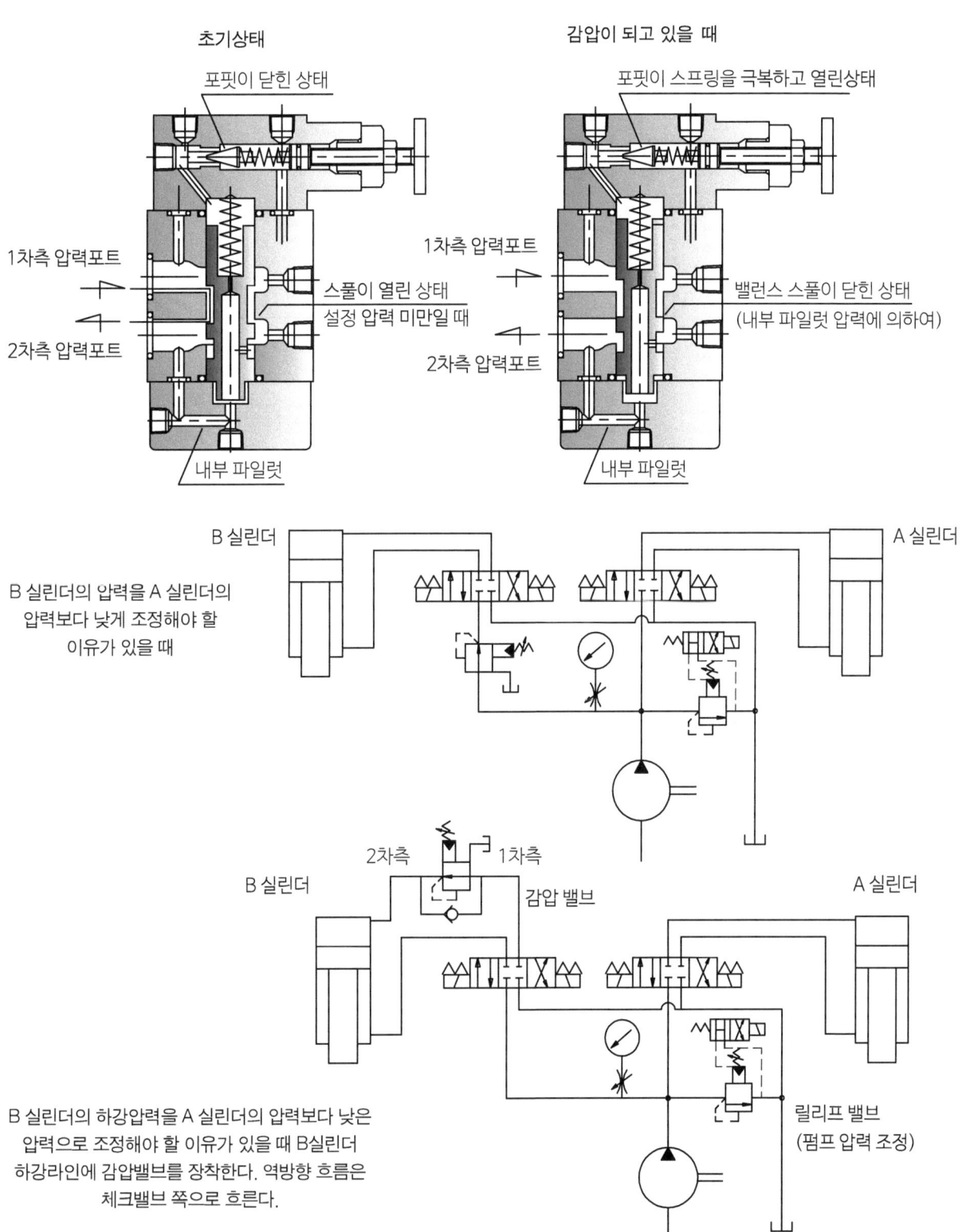

2) 감압 밸브 적용 개념도

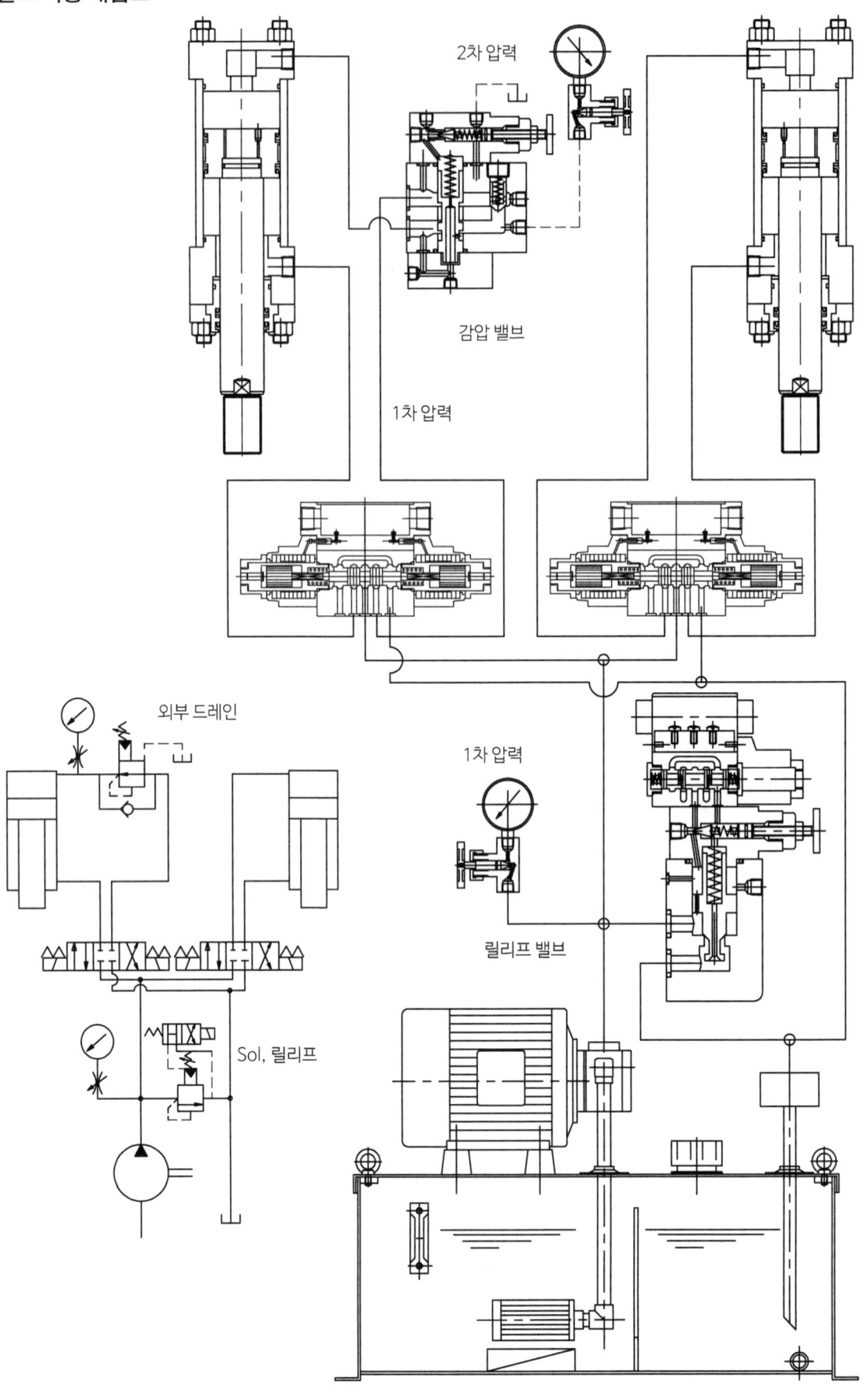

3) 감압밸브(Reducing)의 적용 예

1개의 유압 유닛에 2대의 드릴을 동작시킬 때 각각의 드릴에 공작물의 재질이나 드릴의 직경에 따라 압력을 조정할 이유가 있을 때 각각의 감압 밸브를 장착하여 압력을 조정한다.

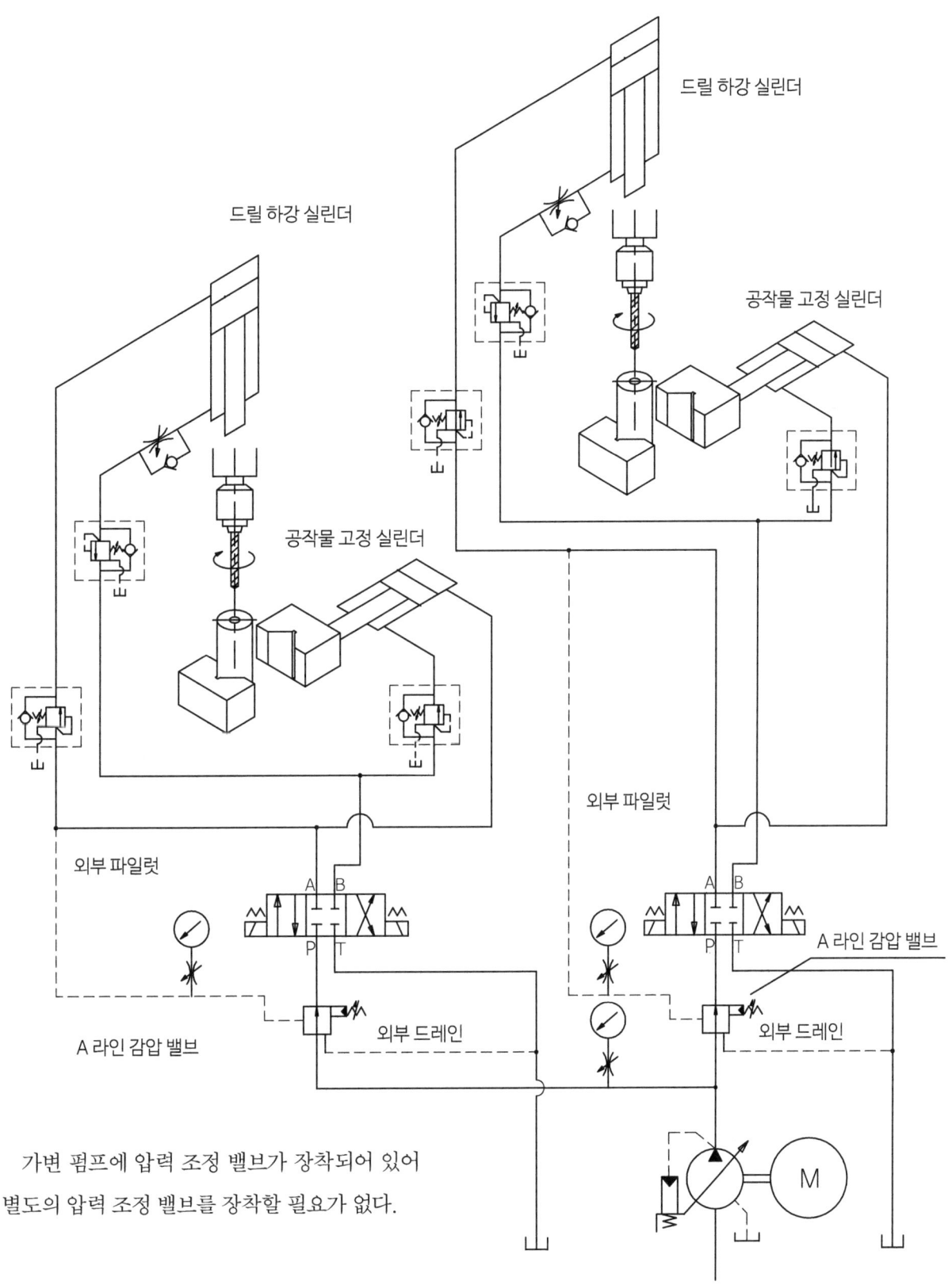

4 시퀀스 밸브(Sequence Valves)

유압기호도

이 밸브는 외부 또는 내부 파일럿 압력을 받아 순차적으로 압력의 변화를 주든지 아니면 유압 관로 내에서 흐름의 방향을 바꾸는 기능이 가능한 밸브이다.

시퀀스 밸브는 파일럿측 커버와 제어 스프링측 커버의 조합에 따라 용도와 기능을 변경할 수 있다.

커버의 조합은 커버 고정볼트를 풀고 원하고자 하는 방향으로 회전시켜 조합시킨다.

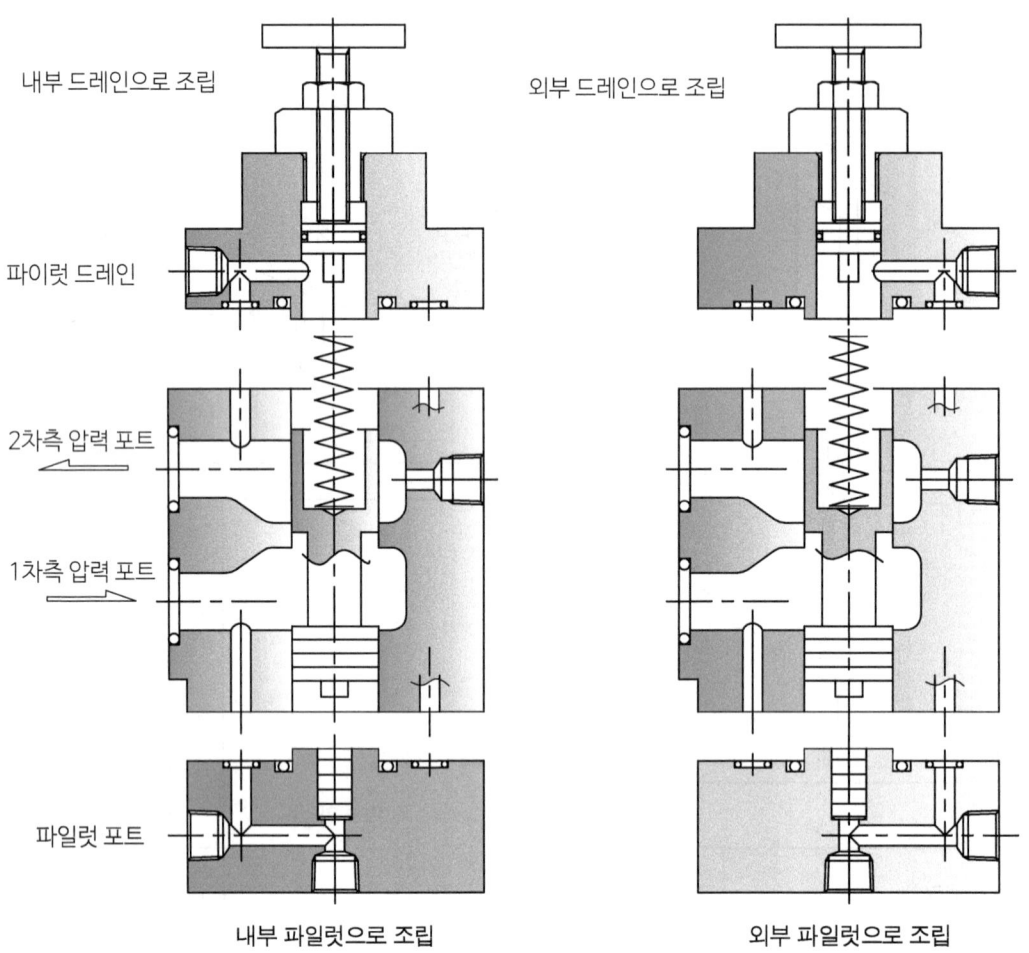

파일럿 접속과 드레인 접속 방법에 따라 사용목적별로 밸브의 명칭과 회로

밸브의 명칭(사용목적별)	파일럿 접속	드레인 접속	밸브 기호
시퀀스 밸브(순서 작동 밸브)	내부, 외부	외부	
릴리프 밸브(안전 밸브)	내부	내부	

밸브의 명칭(사용목적별)	파일럿 접속	드레인 접속	밸브 기호
카운트 밸런스 밸브(배압 밸브)	내부, 외부	내부, 외부	
언로드 밸브(무부하 밸브)	외부	내부	

1) 시퀀스 밸브의 작동 원리

시퀀스 밸브의 작동 원리는 1차측 압력유가 밸브의 설정 압력에 도달하면 파일럿 압력에 의하여 파일럿 스플이 메인 스플을 동작시켜 2차측 압력 포트로 순차적으로 회로가 연결되는 구조이다.

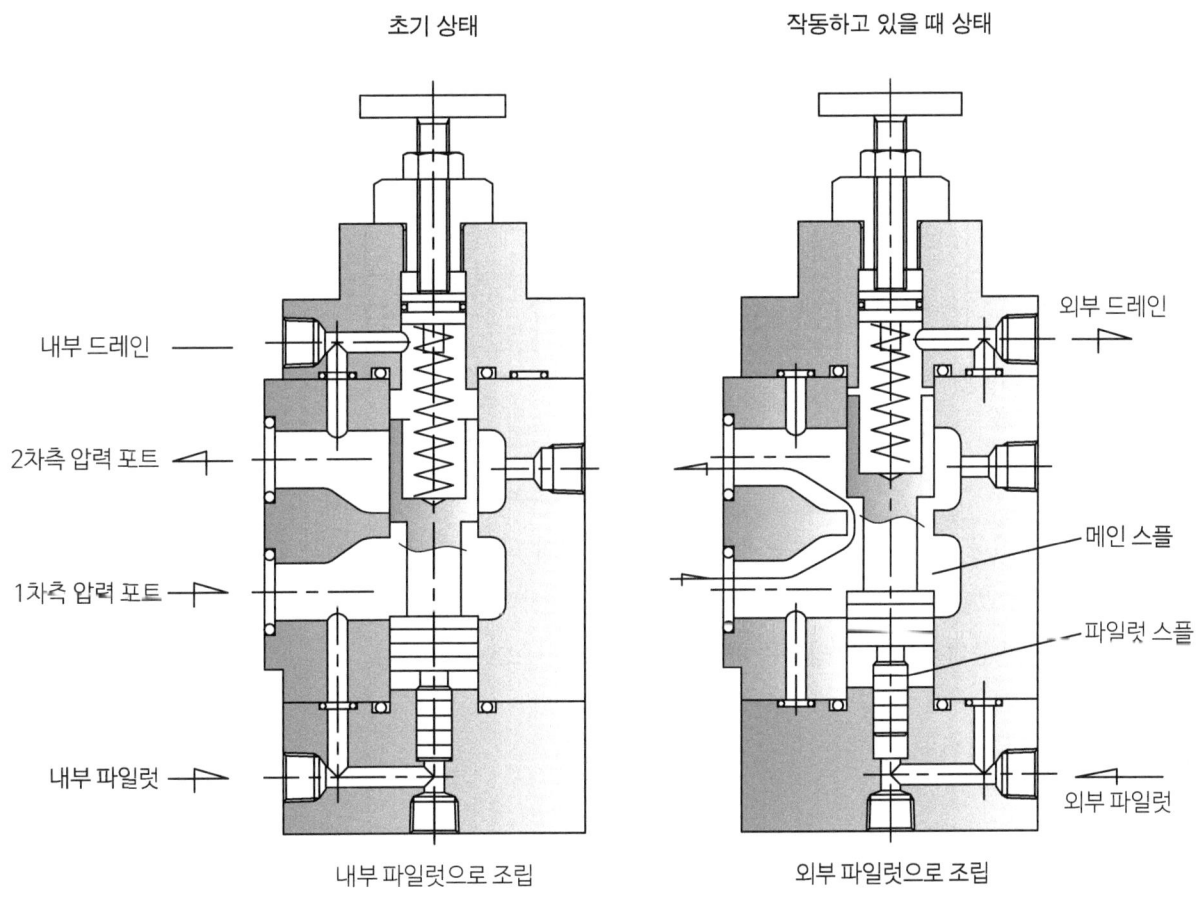

1차측 자체 압력으로 파일럿 스플을 작동시키면 내부 파일럿으로 조합하고 1차측 자체 압력이 아닌 다른 회로의 압력으로 파일럿 스플을 작동시키면 외부 파일럿으로 조합해야 한다.

2차측 회로가 탱크로 연결되는 회로이면 내부 드레인으로 조합하고 2차측 회로가 탱크로 연결되어 있지 않고 압력이 걸리는 회로이면 반드시 외부 드레인으로 조합해야 한다.

2) 시퀀스 밸브의 다양한 기능

유압기호도

시퀀스 밸브는 pp(pilot), dr(drain) 라인의 조합에 따라 다양한 기능으로 사용이 가능하다.

내부 파일럿 내부 드레인	내부 파일럿 외부 드레인	외부 파일럿 외부 드레인	외부 파일럿 내부 드레인
자체 압력으로 저압용 릴리프로 사용 (서지 압력 주의)	자체 압력으로 순차 작동 용도	외부 압력으로 순차 작동 용도	외부 압력으로 언로딩 밸브로 사용

파일럿 포트는 사용 용도에 따라 내부, 외부의 조합을 해야 하며, 드레인 포트는 2차측 압력 포트가 반드시 오일탱크로 연결되었을 경우에만 내부 드레인으로 사용 가능하다는 것을 알 수 있다.

따라서 압력라인 중간에 설치할 경우는 반드시 외부 드레인으로 해야 한다.

3) 시퀀스 밸브의 적용 예

2련 펌프를 이용하여 유압 회로를 구성할 때 시퀀스 밸브를 적용해 보면 2개의 펌프가 토출하다가 소용량 펌프의 압력에 의하여 시퀀스 밸브의 설정 압력에 도달하면 대용량 펌프는 오일 탱크로 언로딩 되는 회로이다(이때 시퀀스 밸브는 언로딩 릴리프 역할을 한다).

이 시스템은 액추에이터가 고속으로 동작하다가 설정압력에 도달하면 소용량 펌프만 작동하므로 저속동작을 할 수 있고 회로 내의 발열, 진동, 소음을 줄일 수 있으며 Motor 용량을 줄일 수 있다.

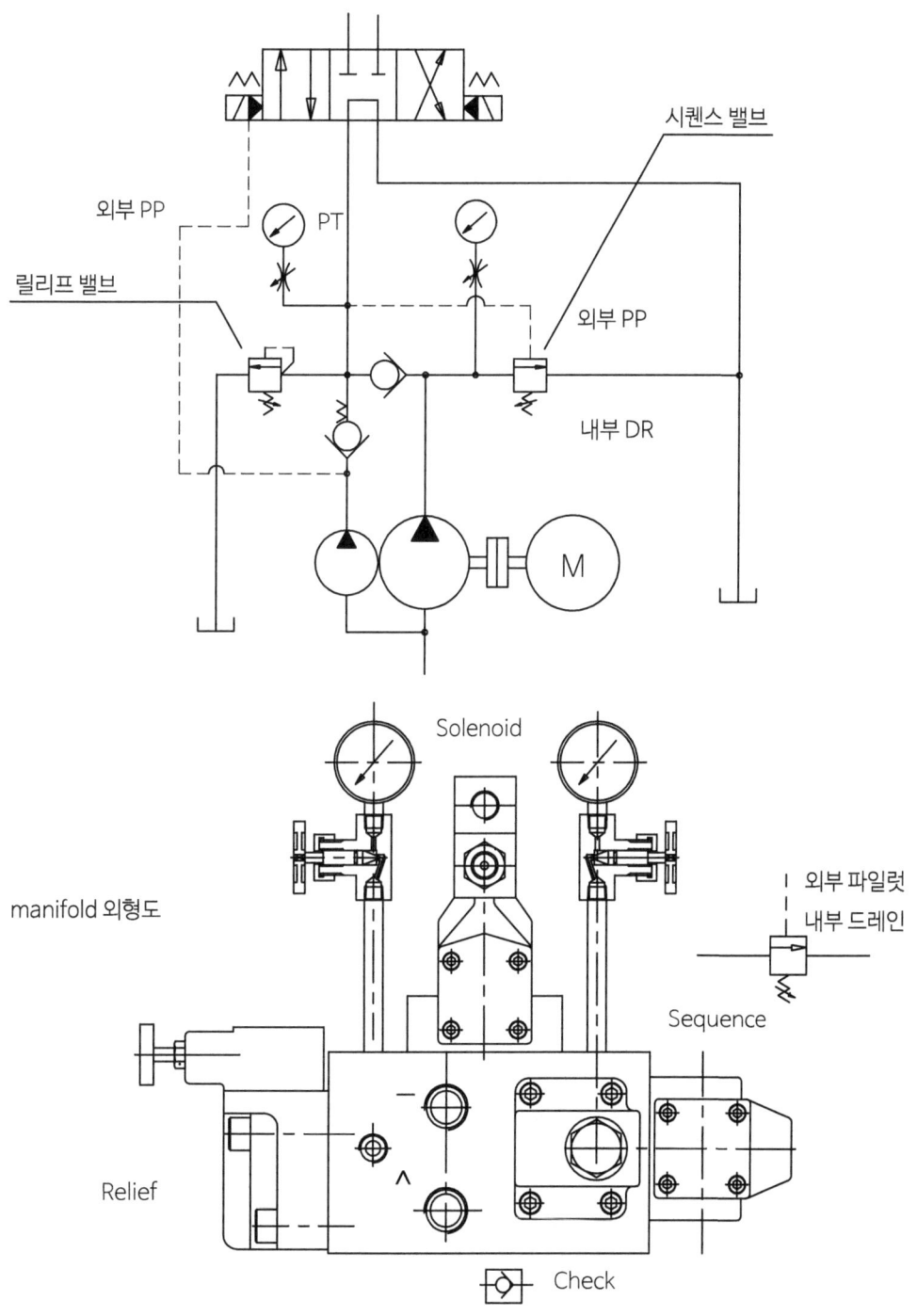

2련 펌프의 저압펌프 un loading 적용 예

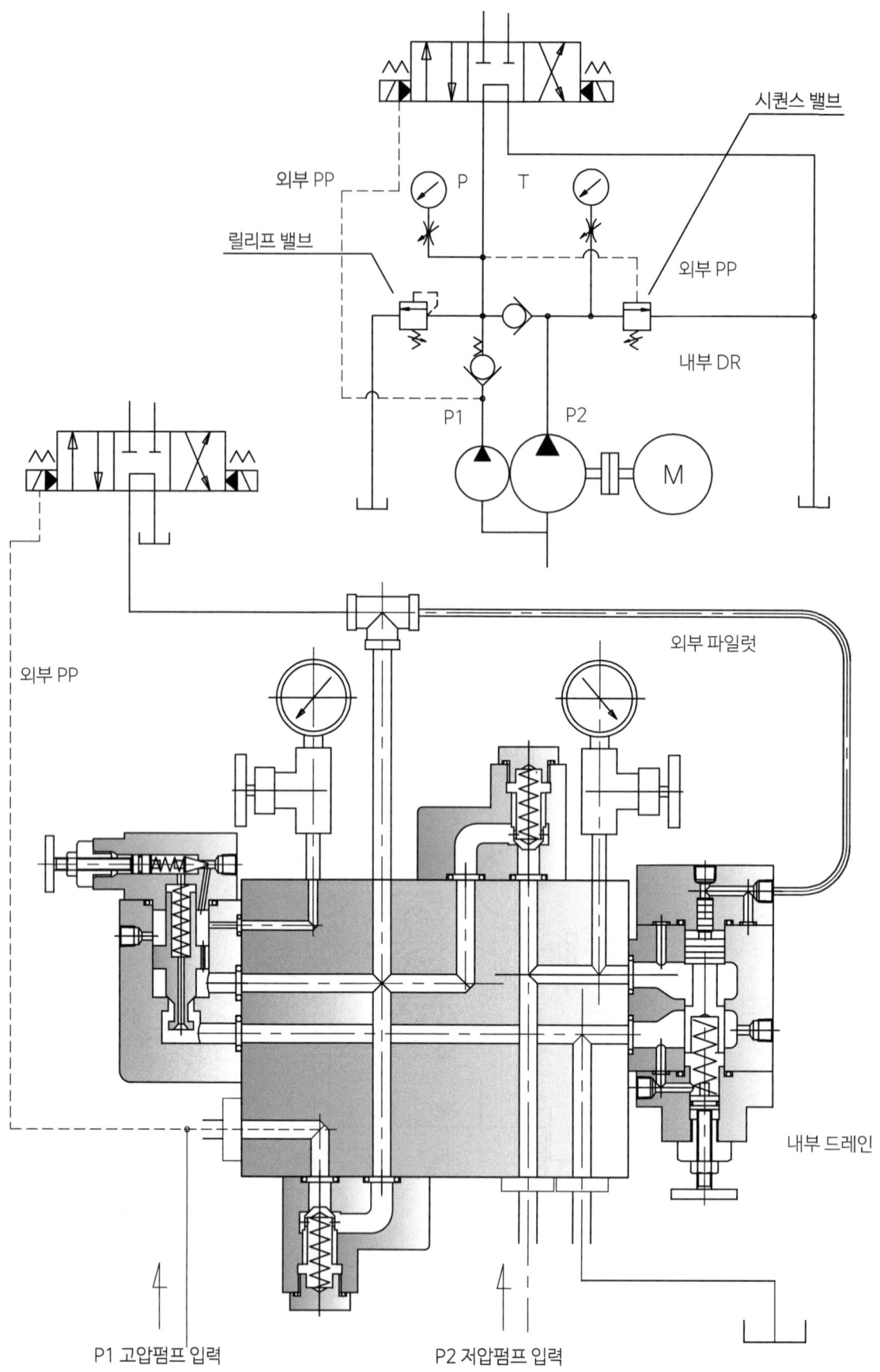

5 시퀀스 체크 밸브(Sequence Check Valve)

유압기호도

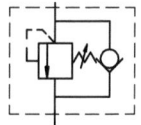

시퀀스 밸브에 체크 밸브를 내장된 밸브로 2차측에서 1차측으로 자유흐름이 가능한 밸브이다. 사용방법에 따라 체크 밸브부착 시퀀스 밸브 또는 카운트 밸런스 밸브로 사용한다.

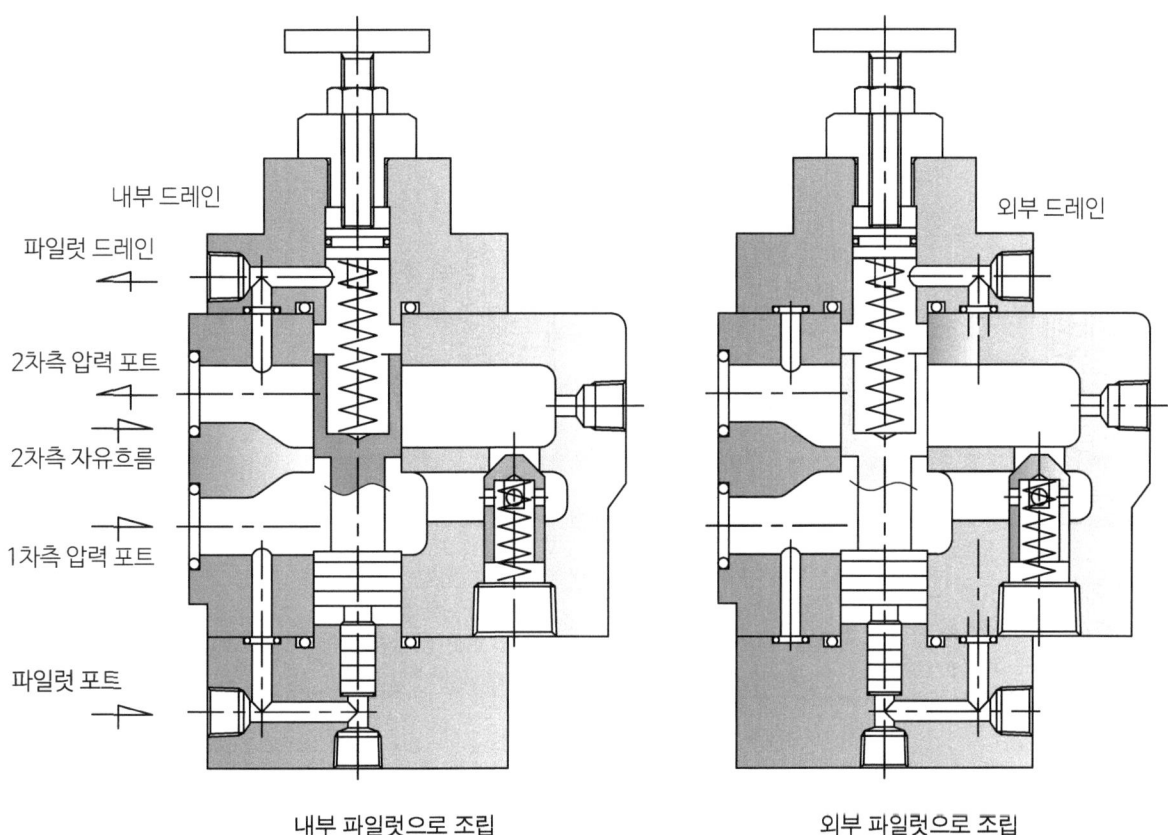

1) 시퀀스 체크 밸브의 다양한 기능

유압기호도

시퀀스 체크 밸브는 pp(pilot), dr(드레인) 라인의 조합에 따라 다양한 기능으로 사용이 가능하다.

내부 파일럿 내부 드레인	내부 파일럿 외부 드레인	외부 파일럿 외부 드레인	외부 파일럿 내부 드레인
자체 압력으로 순차 작동 용도 2차측 역방향 자유흐름 2차측 배압이 없을 때 자중 낙하 방지 밸브	자체 압력으로 순차 작동 용도 2차측 역방향 자유흐름 2차측 배압이 있을 때	외부 압력으로 순차 작동 용도 2차측 역방향 자유흐름 2차측 배압이 있을 때	외부 압력으로 순차 작동 용도 2차측 역방향 자유흐름 2차측 배압이 없을 때

파일럿 포트는 사용 용도에 따라 내부, 외부의 결합을 해야 하며 드레인 포트는 2차측 압력 포트가 반드시 오일 탱크로 연결되었을 경우에는 내부 드레인으로 사용 가능하다.

따라서 압력 라인 중간에 설치할 경우는 반드시 외부 드레인으로 해야 한다.

2) 시퀀스 체크 밸브 작동원리도

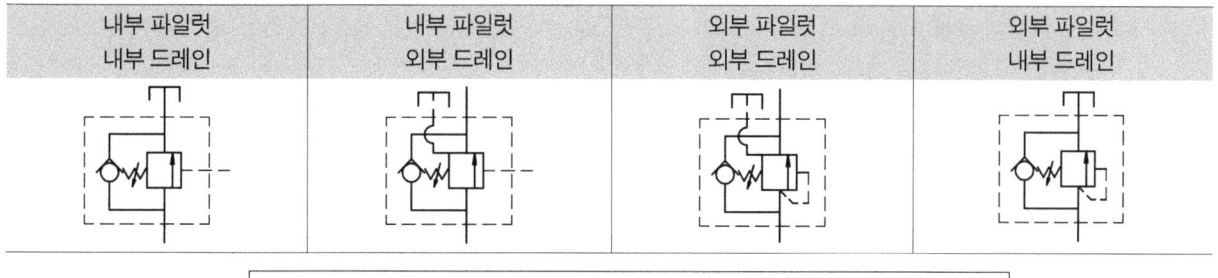

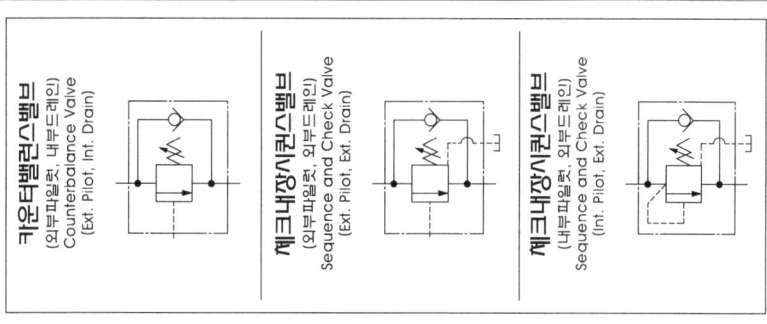

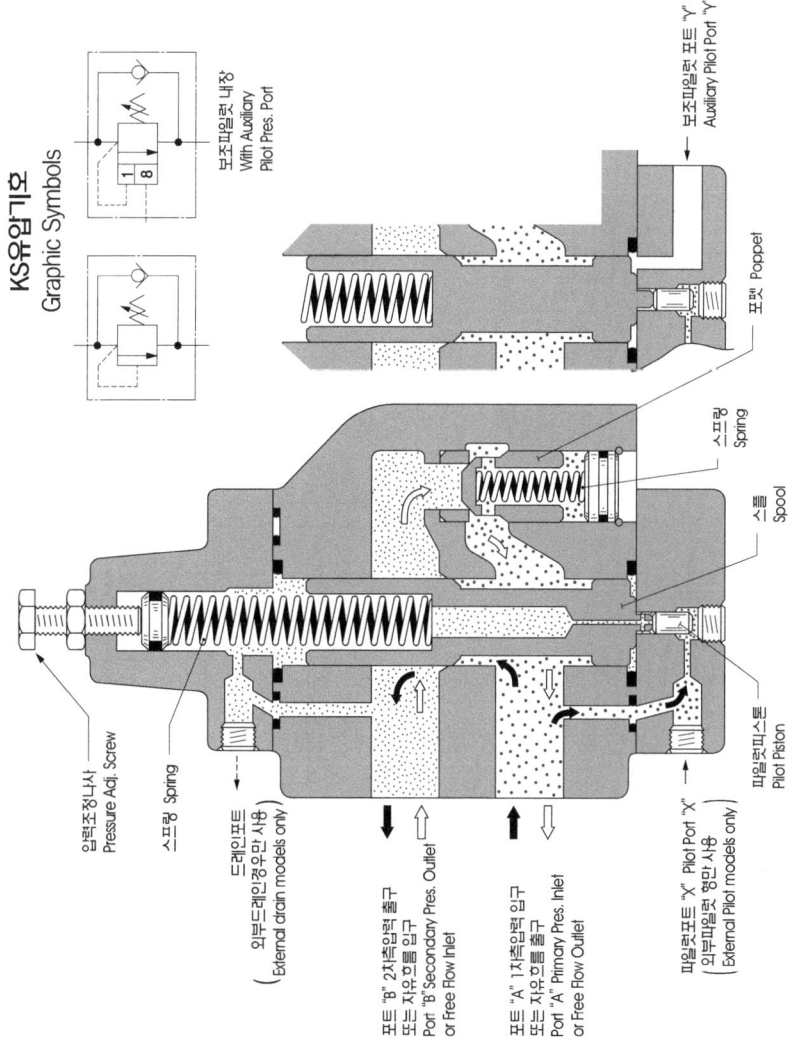

카운터 밸런스 밸브 적용 예

시퀀스 밸브에 체크 밸브를 내장된 밸브를 카운트 밸런스 밸브로 적용한다 함은 유압 액추에이터에 자중이나, 관성력, 또다른 외력에 의하여 액추에이터가 작동할 때 순간적으로 회로 내에 충격을 흡수하는 유압 시스템이다.

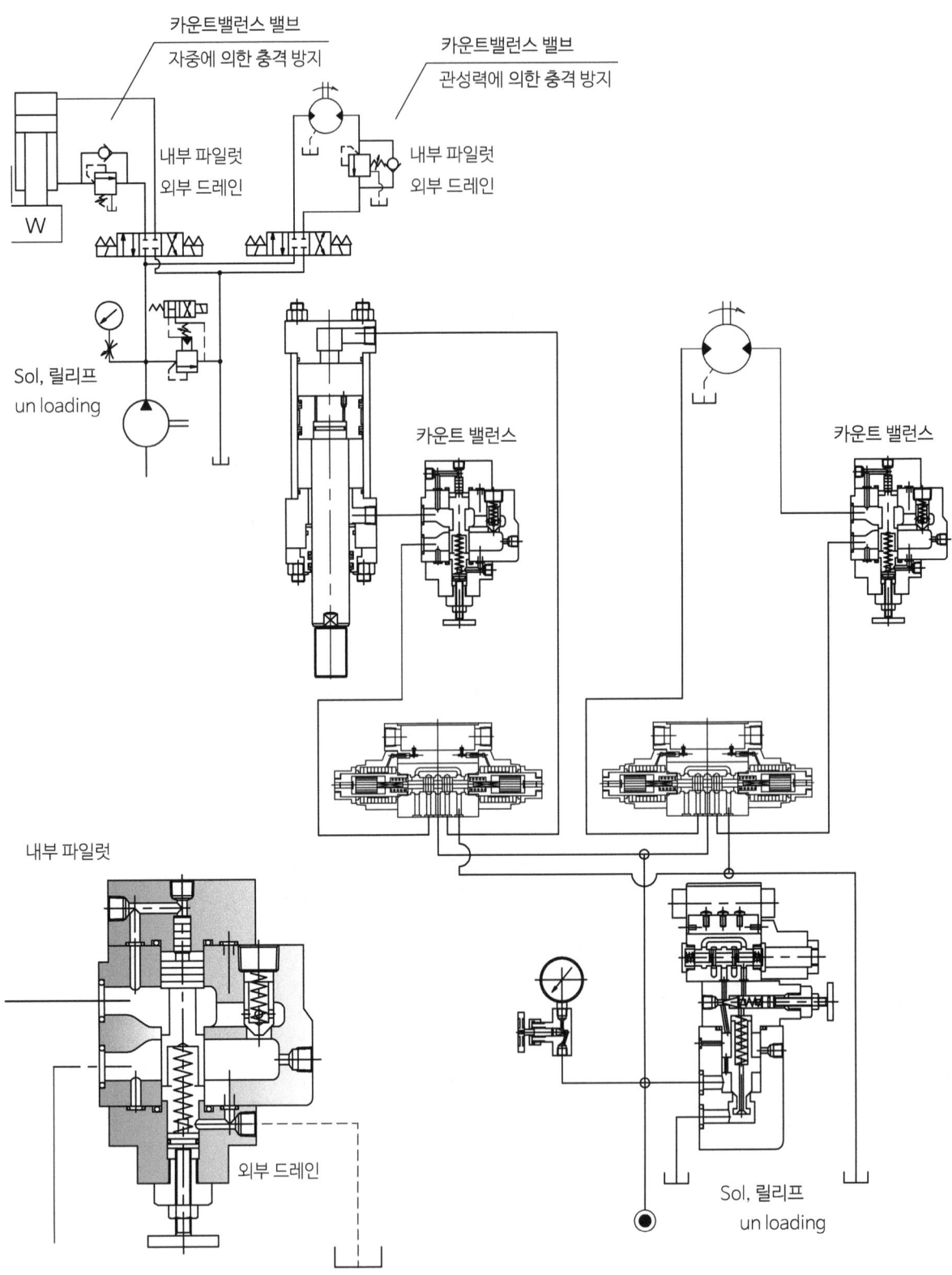

시퀀스 밸브 순차작동 적용 예

시퀀스 밸브를 적용한 순차작동은 2개의 유압실린더에 1개의 방향전환 밸브가 작동하여 첫 번째 실린더가 먼저 작동하고 시퀀스밸브 설정압력에 도달하면 파이럿 압력에 의하여 제어용 스프링을 극복하면 1차측 압력이 2차측으로 연결되어 두 번째 실린더를 작동시키는 회로이다.

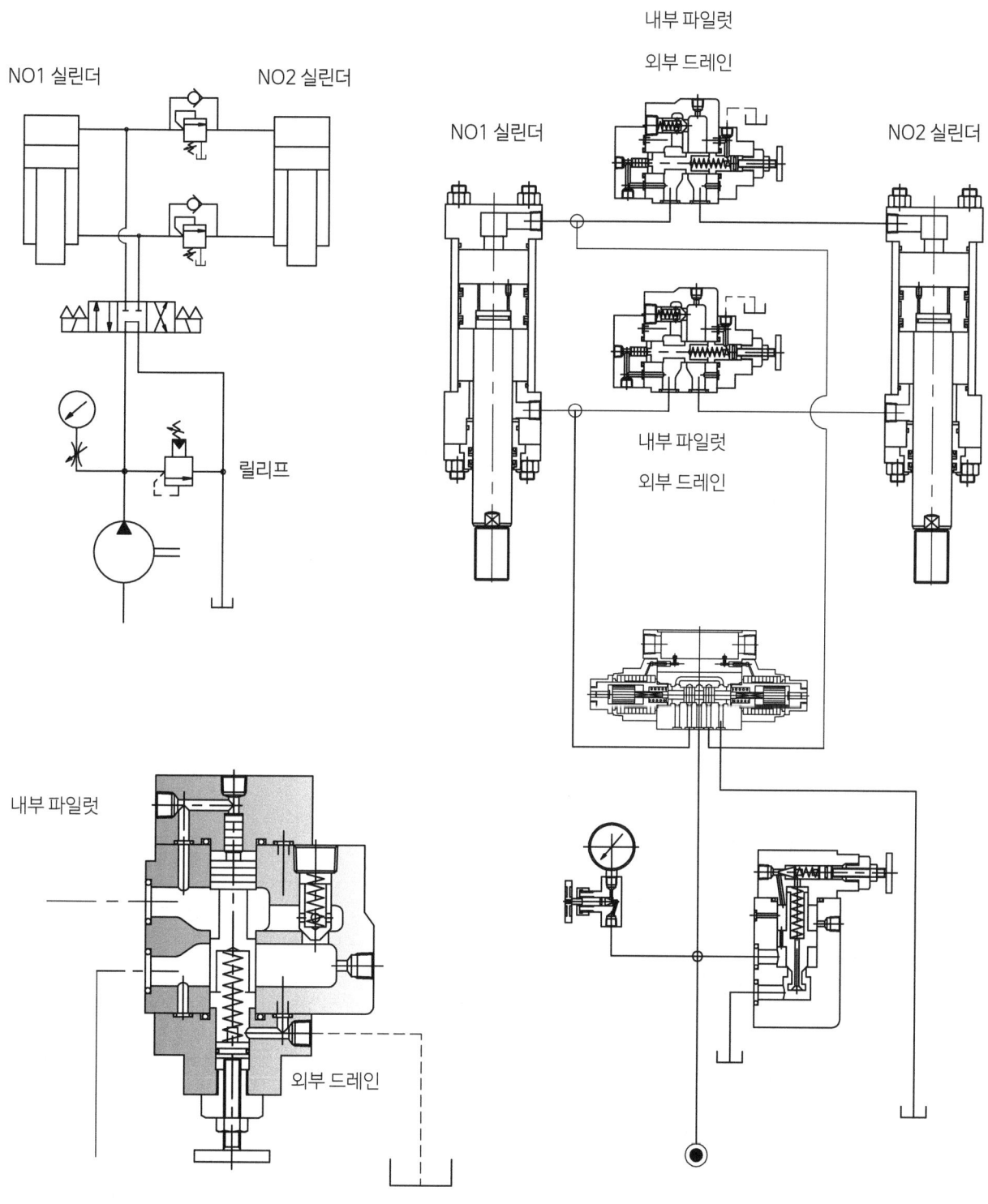

3) 시퀀스 밸브의 저항적 기능

시퀀스 밸브를 적용한 파일럿 체크 밸브 개방용으로 만약 시퀀스 밸브의 저항이 없다면 하강할려고 하면 파일럿 체크밸브가 파일럿 압력의 불규칙으로 하강 정지를 반복하면서 드르륵 하면서 충격과 진동이 교대로 이루어져 정상적으로 하강하지 않는다 이 경우에는 저항 밸브라 한다.

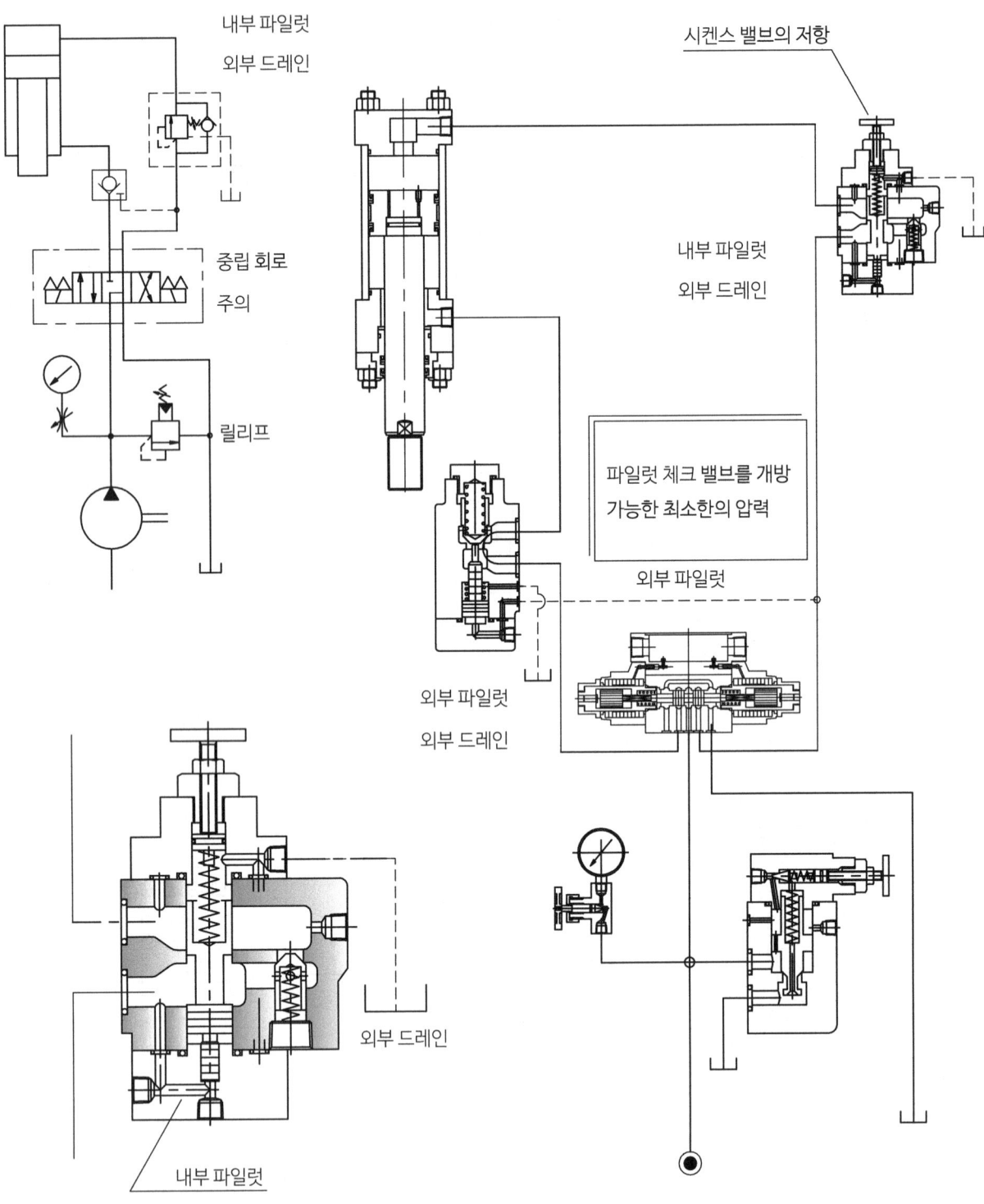

4) 시퀀스 밸브의 적용 예

드릴 머신의 유압장치에 Sequence Valve를 적용하여 유압회로를 구성하면 먼저 공작물 고정 실린더가 시퀀스(순차작동) 밸브에 의하여 동작하고 드릴 하강 실린더가 동작하는 회로이다.

드릴 작업이 공작물을 관통하기 직전에 실린더의 힘에 의하여 드릴의 파손을 막기위하여 카운트 밸런스 밸브를 장착하였다. 또한 드릴의 절삭 속도 조절 밸브도 장착하였다.

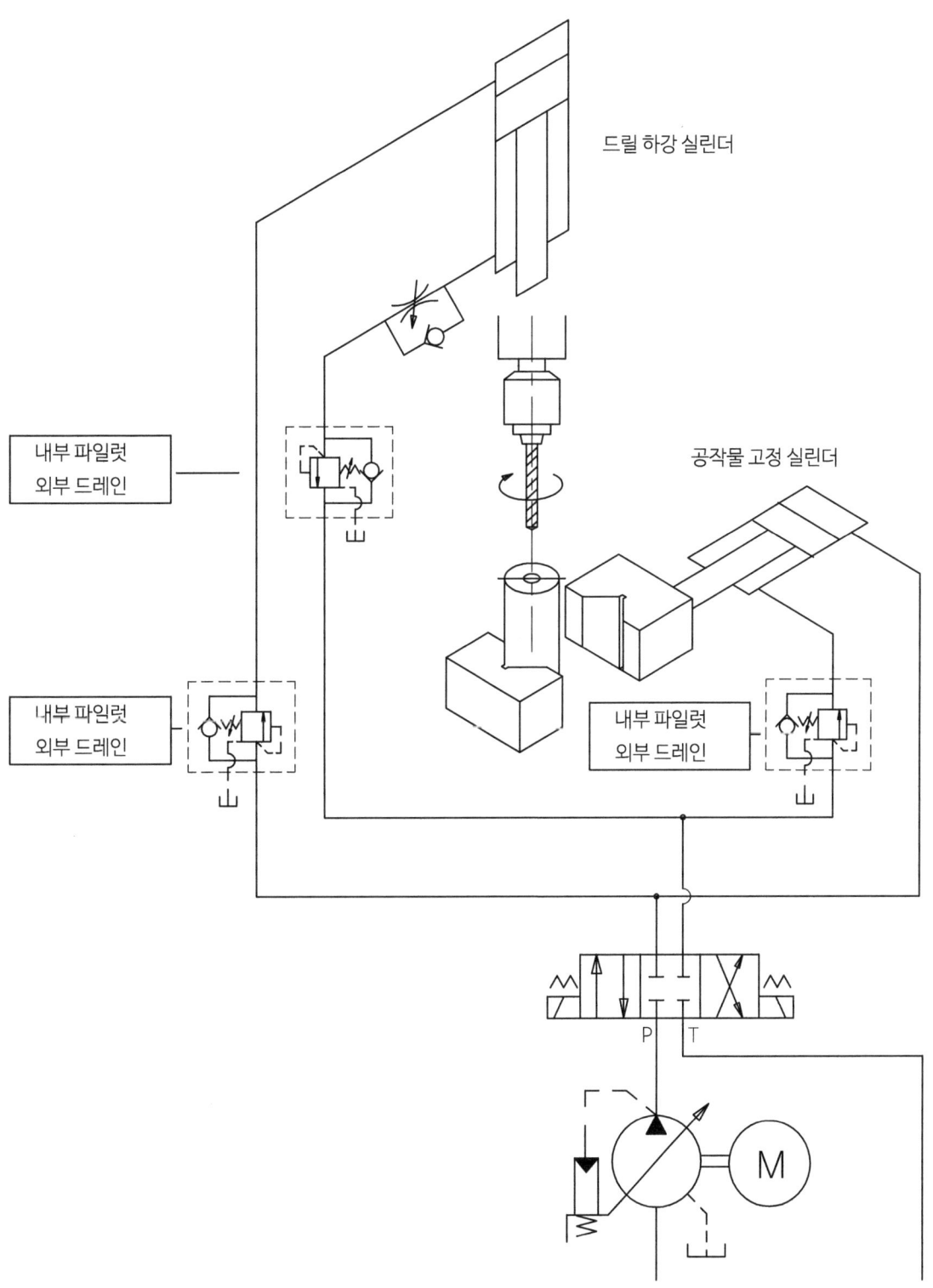

6 압력 제어 밸브(Pressure Control Valves)

밸브 종류별 최고 사용압력과 최대 통과 유량(제조사 마다 다를 수 있음)

밸브 종류	유압기호	최고 사용압력 Mpa	최대 통과유량			
			01	03	06	10
파일럿 릴리프 밸브		25	2			
직동형 릴리프 밸브		21	15			
파일럿 작동형 릴리프 밸브		25		100	200	400
솔레노이드 밸브 부착형 릴리프 밸브		25		100	200	400
시퀀스 밸브		25		50	125	250
체크 밸브 내장형 시 스 밸브		25		50	125	250
감압 밸브		25		50	125	250
체크 밸브 내장형 감압 밸브		25		50	125	250
브레이크 밸브		21		50	125	250
언로드 릴리프 밸브		25			125	250
압력 스위치		35				

1) 압력 제어 밸브의 실제 적용 예

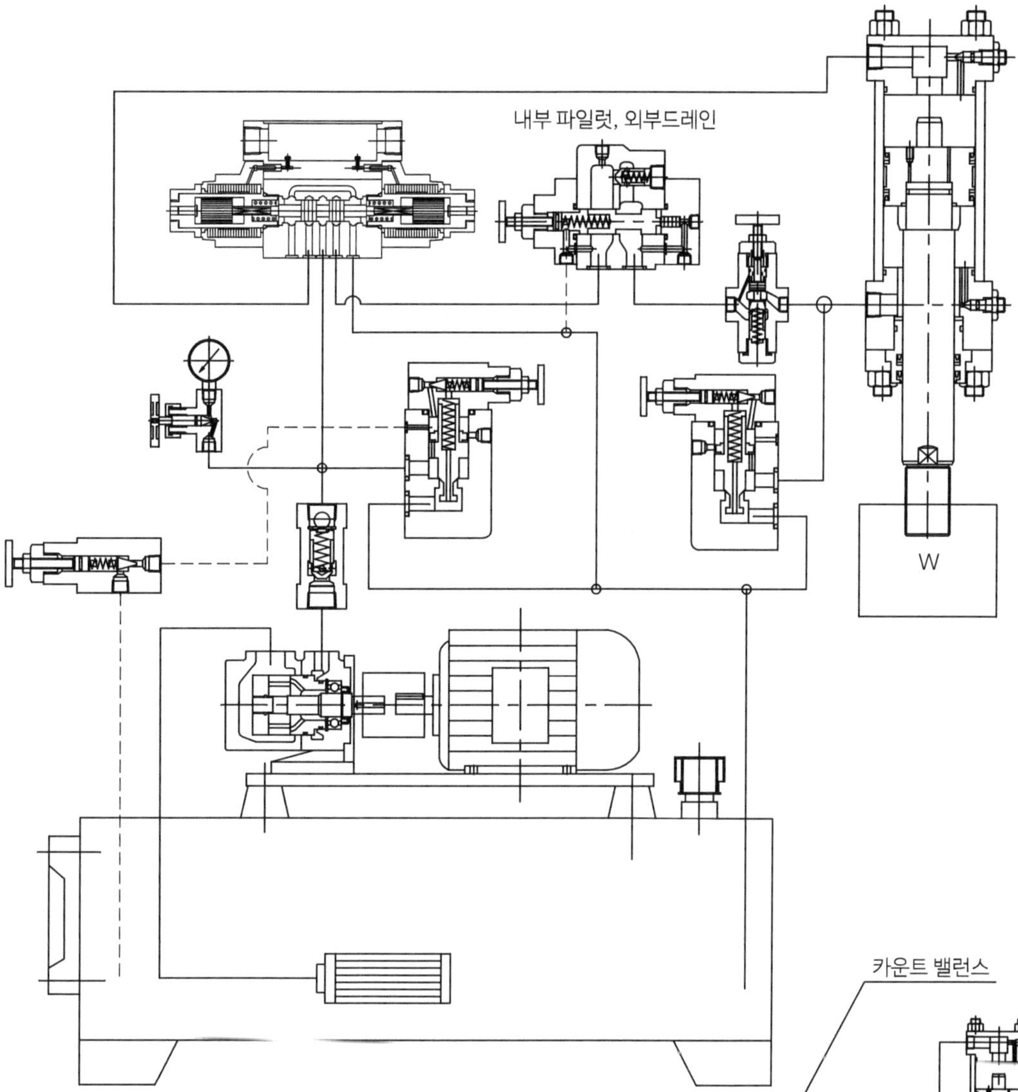

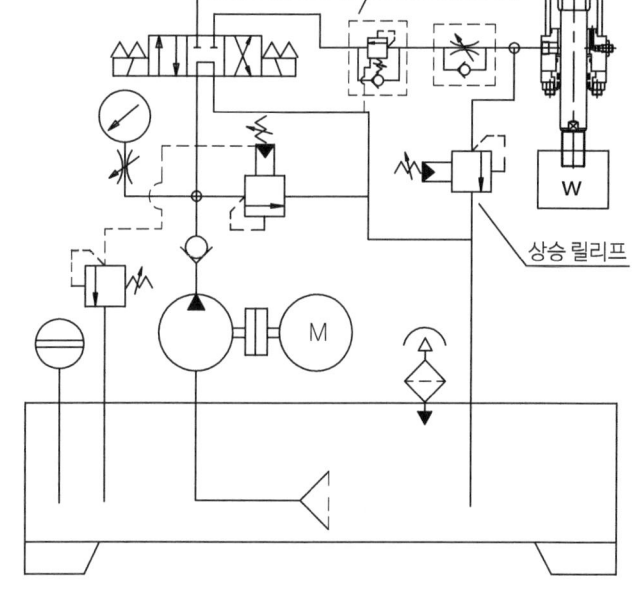

유압실린더 하강속도를 조정할 이유가 있어 하강속도 조정 밸브를 장착한다.

금형 중량 등 프레싱 블록에 과도한 하중이 예상되어 카운트 밸런스 밸브를 장착한다.

작업자 가까운 위치에서 압력 제어 가능하게 리모콘 밸브 적용한다.

하강 속도조정 밸브와 카운트 밸런스 밸브 오동작을 대비하여 상승 라인에 상승 안전 릴리프 장착한다.

7 유압 포트(접속구)

유압을 공부하거나 유압을 설계하거나 현장에서 실무를 하다보면 P-Port, T-Port, A-Port, B-Port, X-Port, Y-Port, Vent-Port, Drain-Port라는 말이 많이 나오는데 처음 유압을 접하면 대체 무슨 말인지 잘 모르거나 어렴풋이 짐작하는 경우가 있다. 실무 차원에서 정리해보면 다음과 같다.

P 포트	P 포트는 유압펌프에서 토출된 압력유의 접속구 Pressure-Port의 P이다.	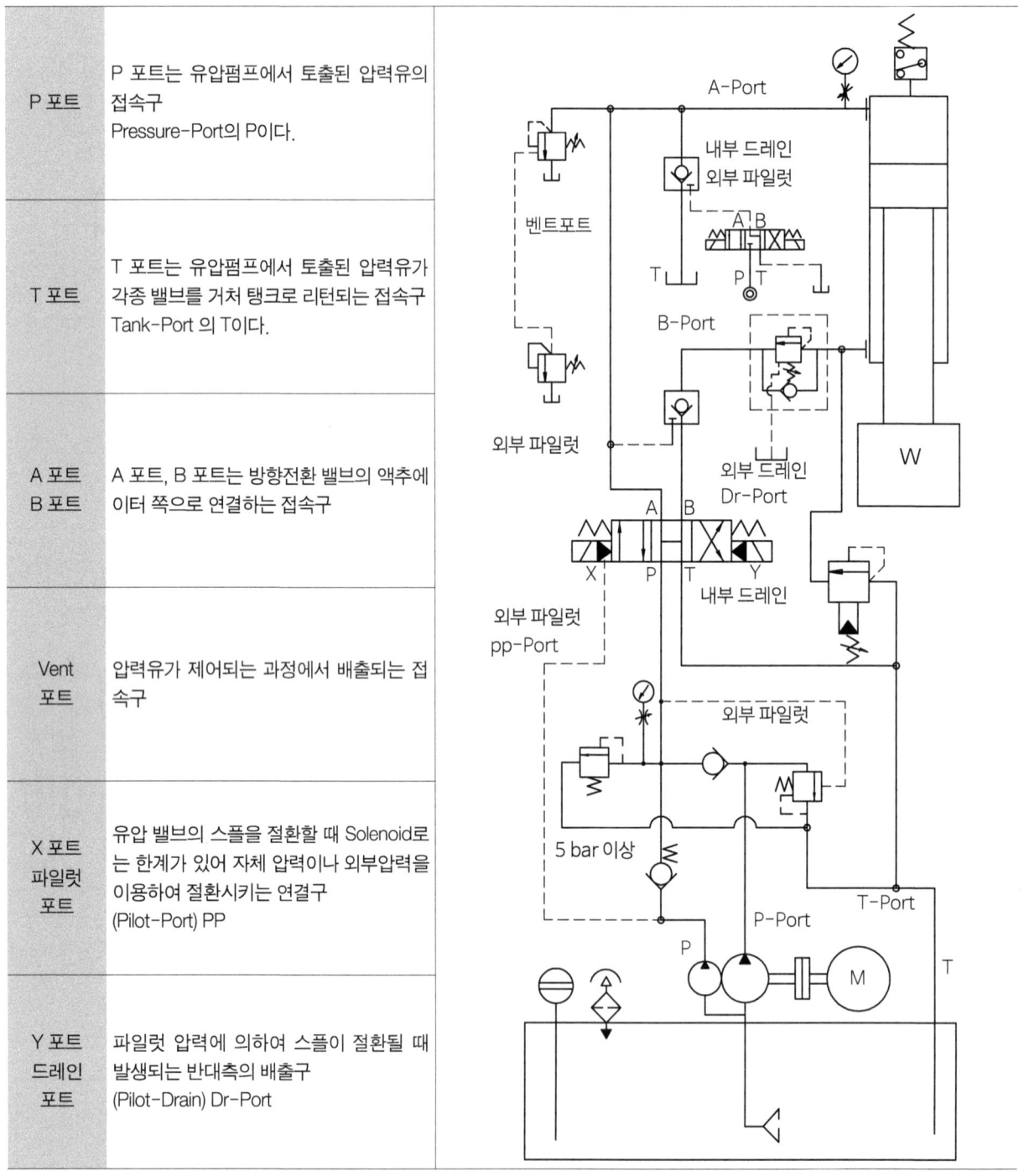
T 포트	T 포트는 유압펌프에서 토출된 압력유가 각종 밸브를 거쳐 탱크로 리턴되는 접속구 Tank-Port 의 T이다.	
A 포트 B 포트	A 포트, B 포트는 방향전환 밸브의 액추에이터 쪽으로 연결하는 접속구	
Vent 포트	압력유가 제어되는 과정에서 배출되는 접속구	
X 포트 파일럿 포트	유압 밸브의 스플을 절환할 때 Solenoid로는 한계가 있어 자체 압력이나 외부압력을 이용하여 절환시키는 연결구 (Pilot-Port) PP	
Y 포트 드레인 포트	파일럿 압력에 의하여 스플이 절환될 때 발생되는 반대측의 배출구 (Pilot-Drain) Dr-Port	

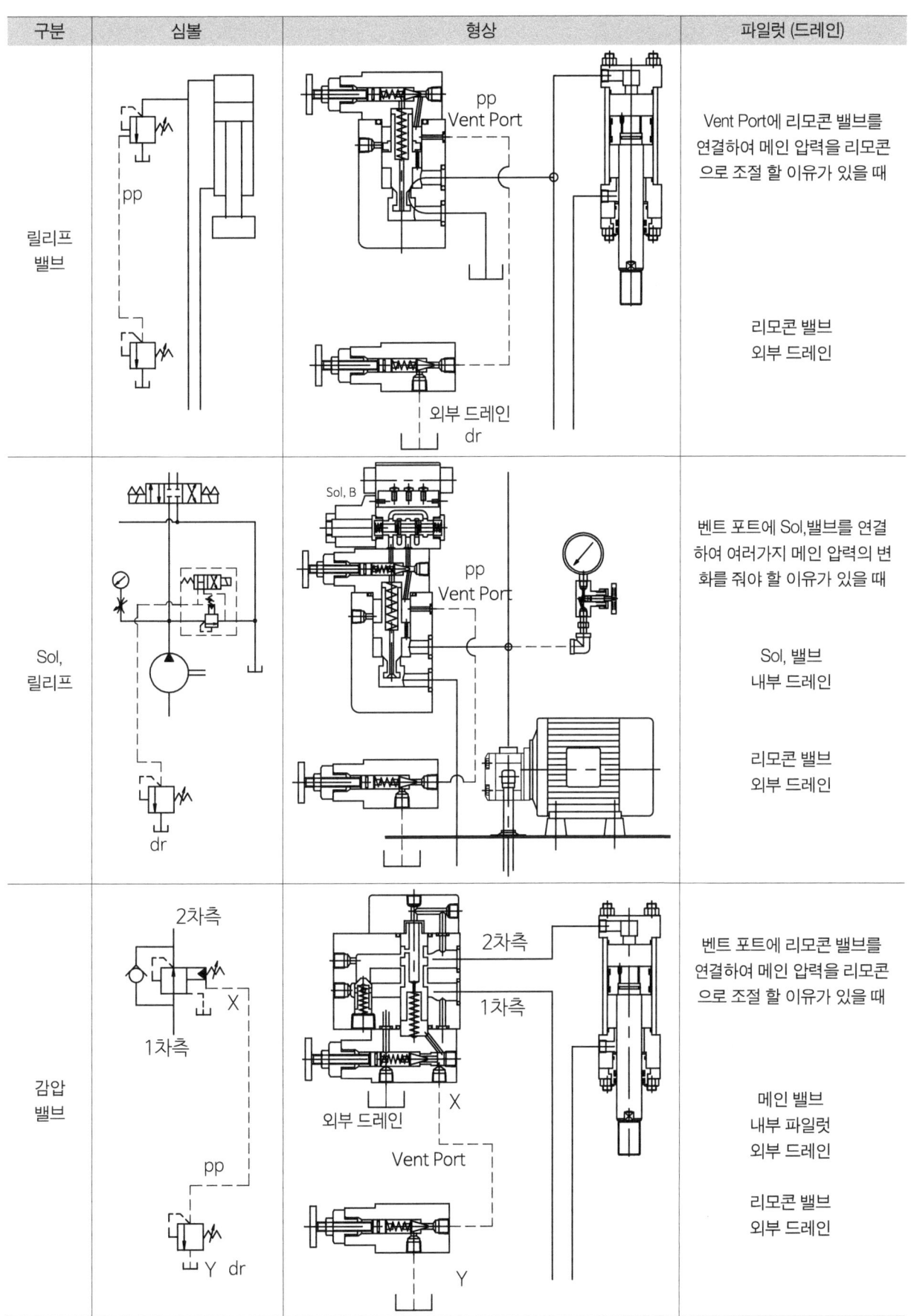

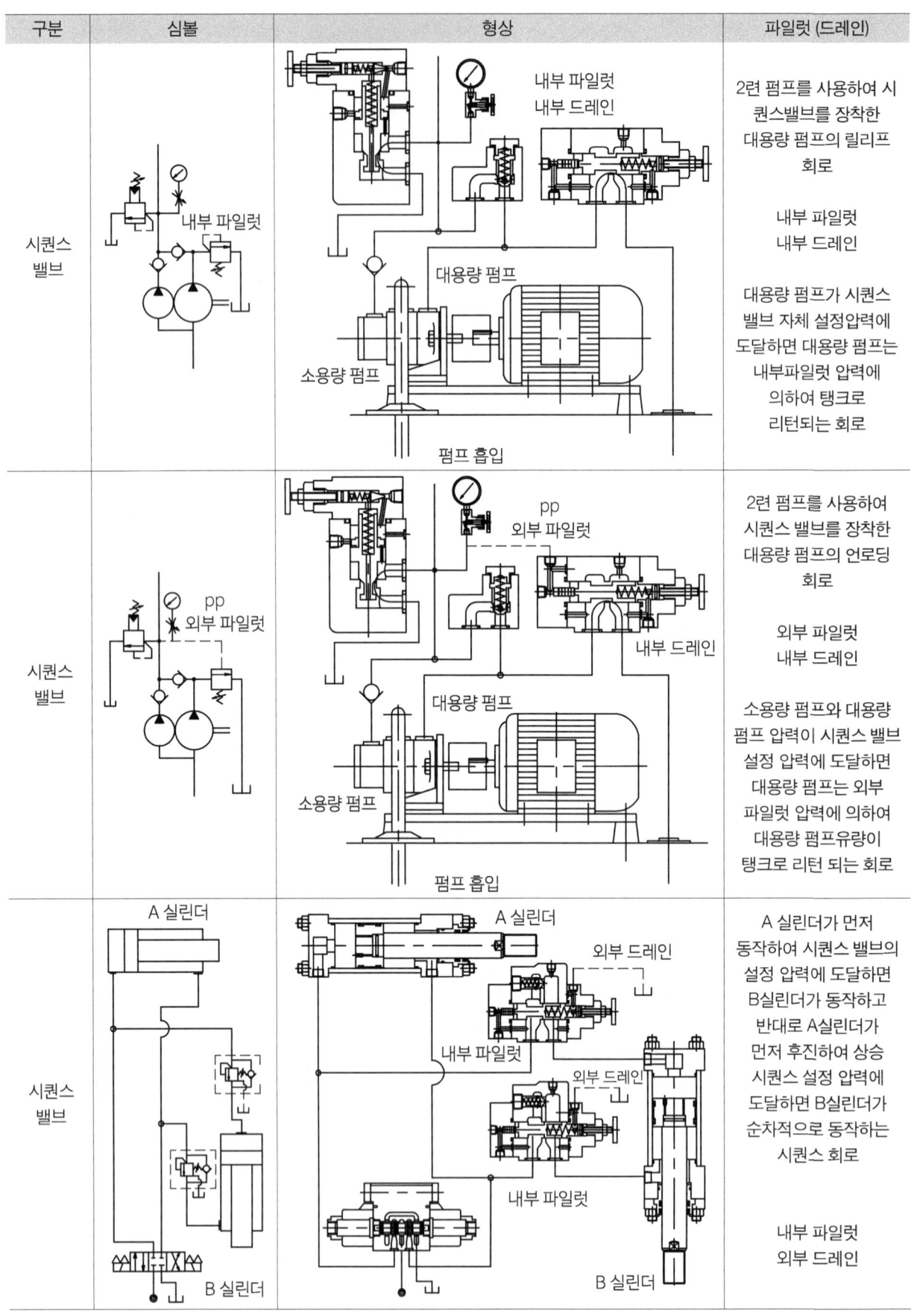

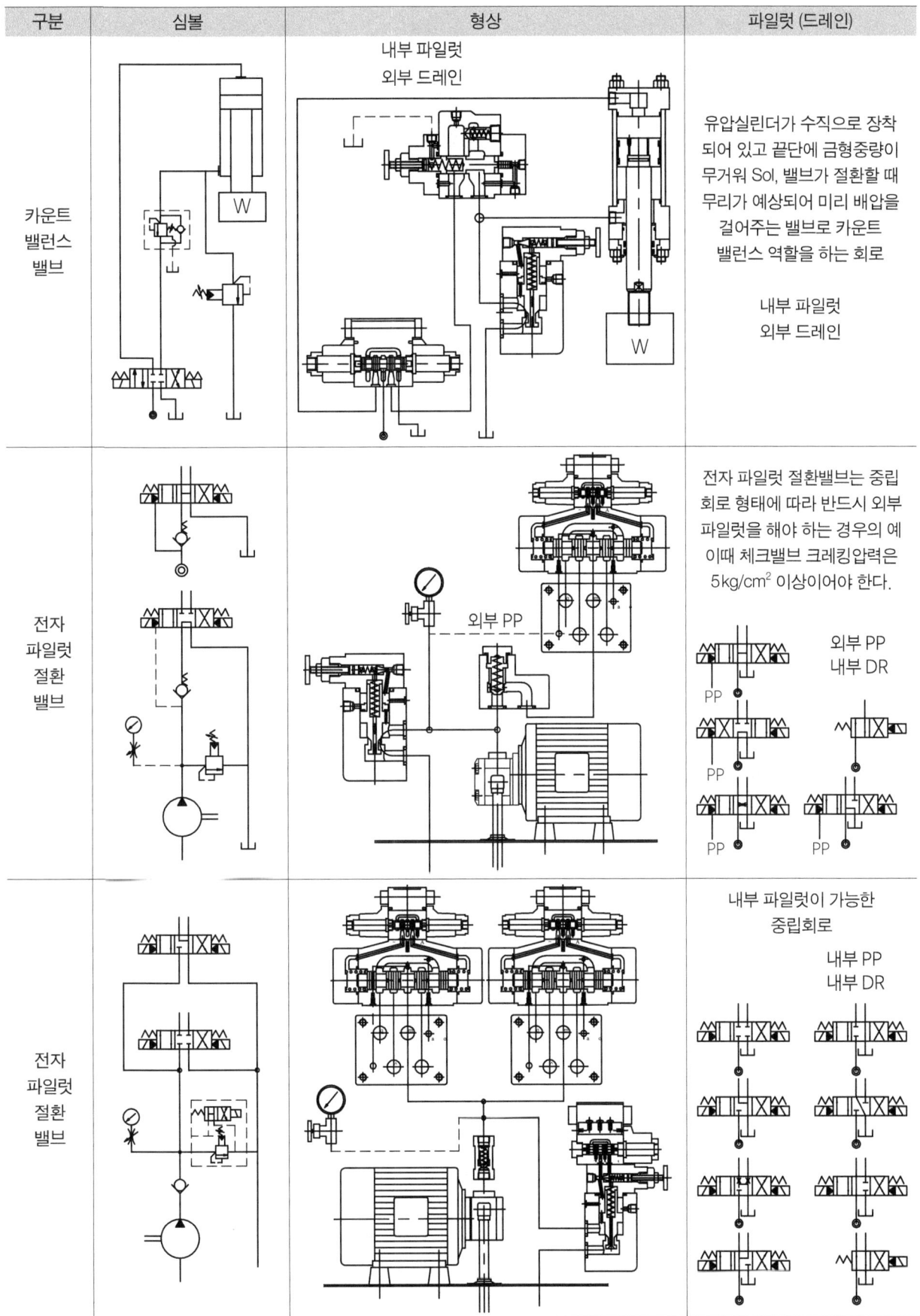

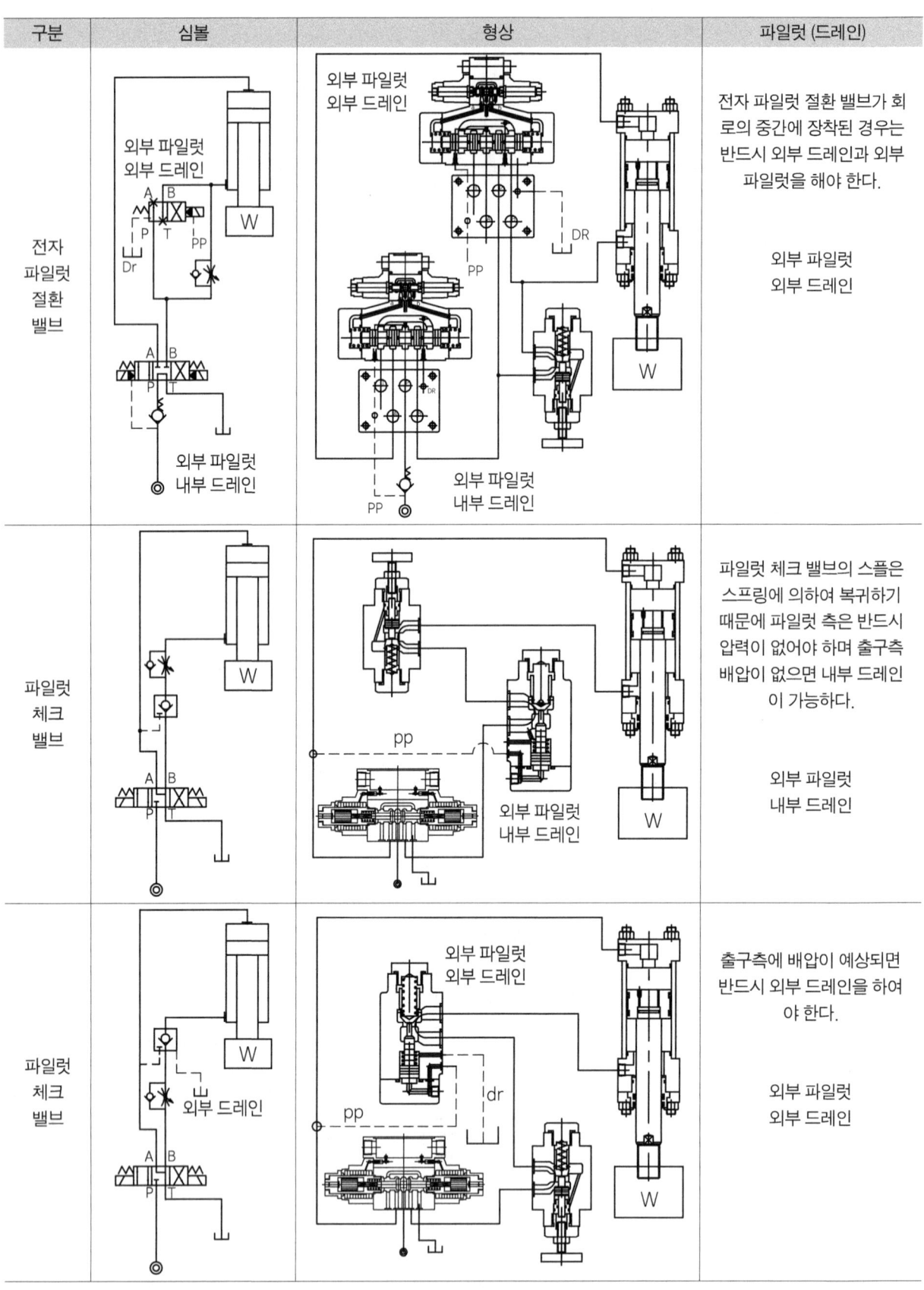

구분	심볼	형상	파일럿 (드레인)
파일럿 체크 밸브		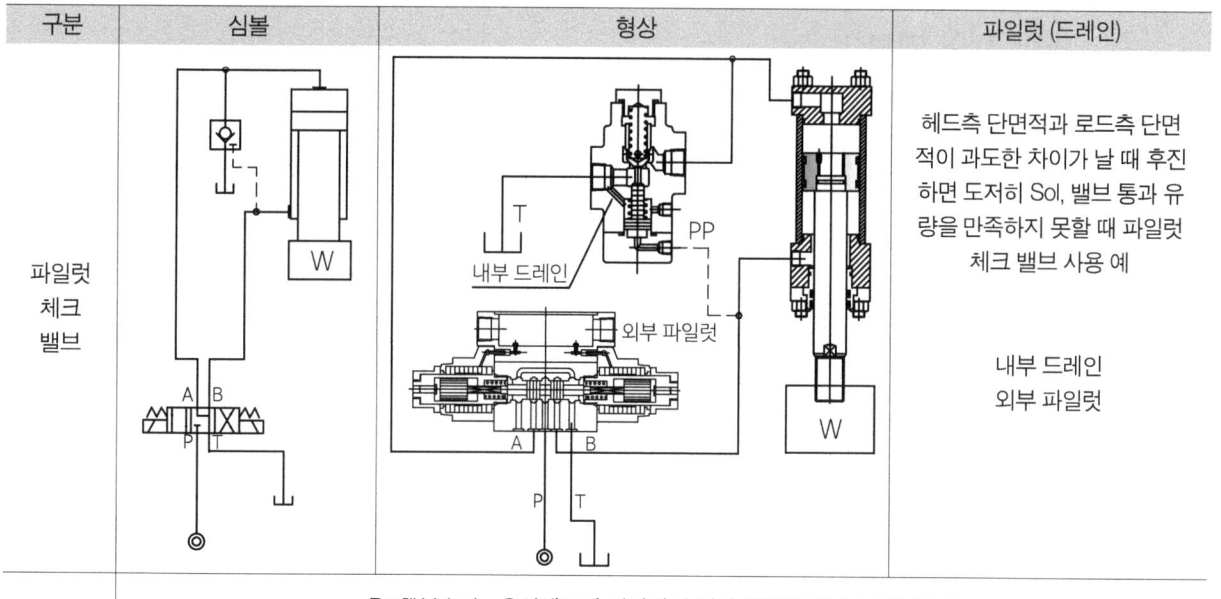	헤드측 단면적과 로드측 단면적이 과도한 차이가 날 때 후진하면 도저히 Sol, 밸브 통과 유량을 만족하지 못할 때 파일럿 체크 밸브 사용 예 내부 드레인 외부 파일럿
프리필 밸브	Prefill Valve는 오일탱크와 연결되어 있기 때문에 내부 드레인이며 필요에 따라 개방할 이유가 있기 때문에 외부 파일럿이다.		

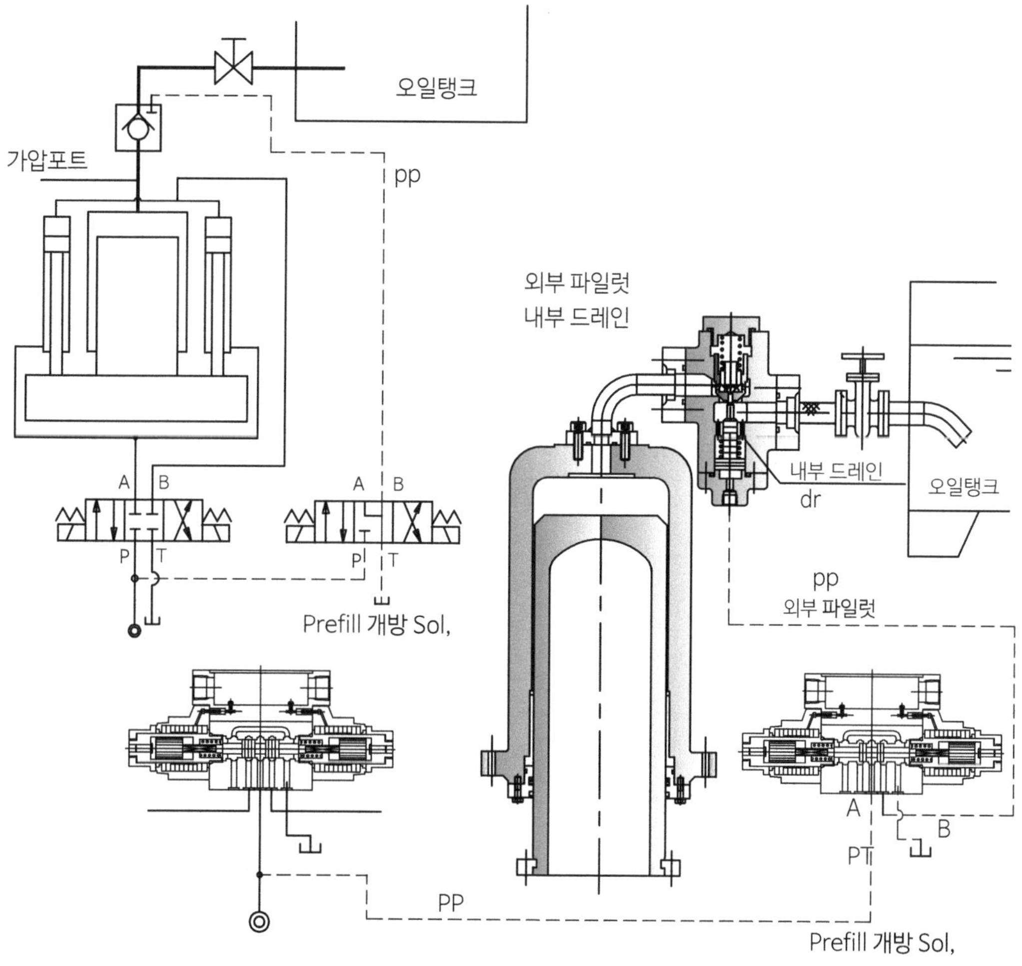

제3절 방향 제어 밸브

방향 제어 밸브(Directional Controls Valve)는 펌프에서 토출된 유압작동유의 흐름 방향을 절환하여 액추에이터의 운동방향을 제어하기 위하여 사용하는 밸브이다.

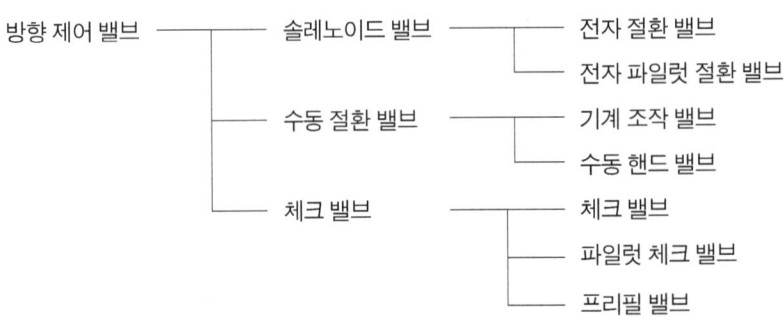

방향 제어 밸브의 절환 방식에 따른 분류

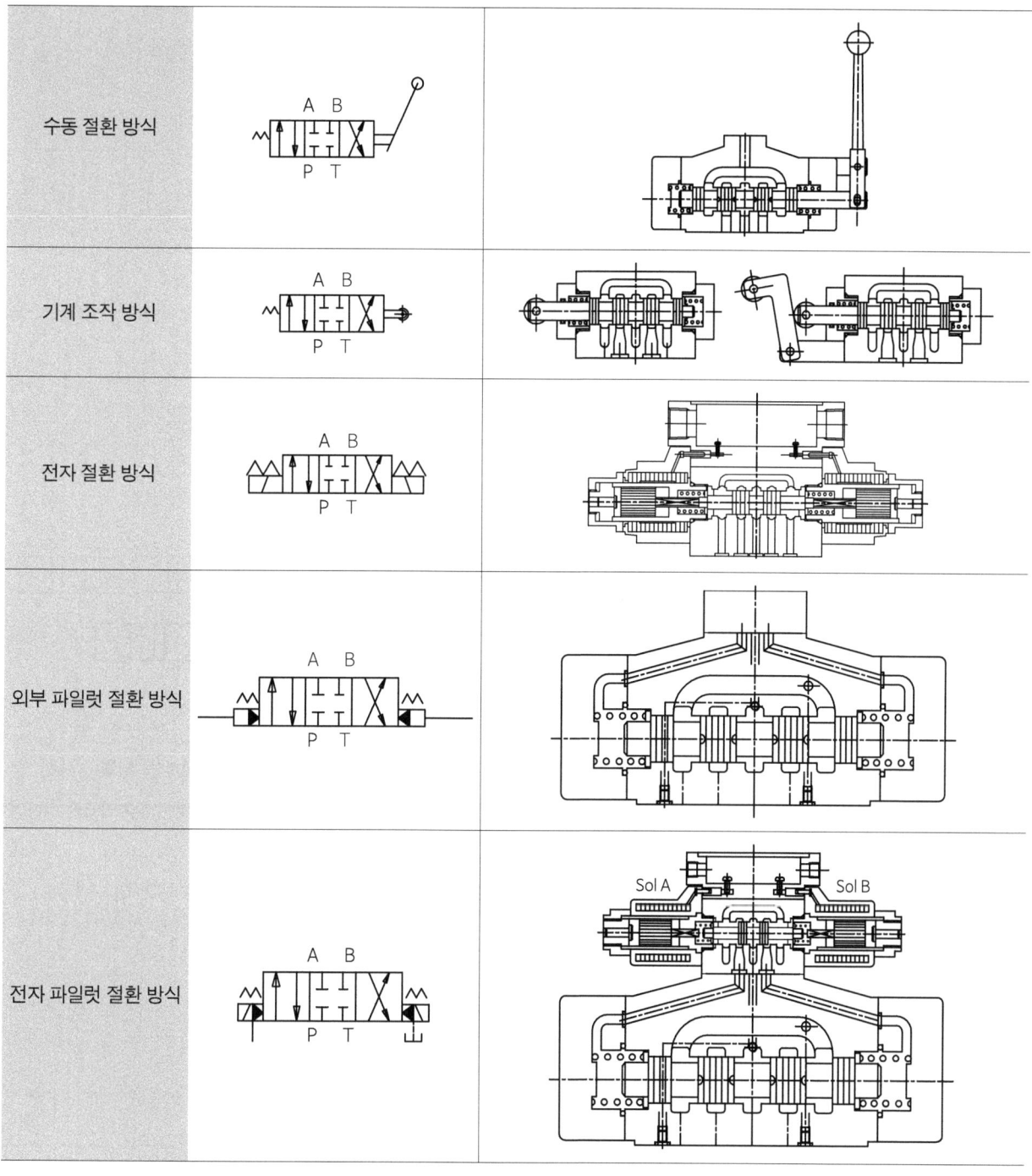

1 방향 제어 밸브의 종류와 분류

분류		기 호	설 명
PORT의 수 (접속구의 수)	2포트		2개의 포트 접속인 경우 4포트 밸브를 A, T 포트를 막은 경우
	3포트		3개의 포트 접속인 경우 4포트 밸브를 B 포트를 막은 경우
	4포트		4개의 포트 접속 인 경우
	여러 포트		5개 이상의 포트 접속 인경우
전환상태 위치수	2위치		2위치 밸브
	3위치		3위치 밸브
	여러 위치		여러 위치 밸브
중립상태 회로	All Port Block		이외 여러 종류의 형이 있다.
	P,T 접속		
전환위치의 유지상태	스프링 옵셋		조작을 하지 아니하면 스프링 힘으로 초기상태로 되돌아온다.
	스프링 센터		조작을 하지 아니하면 스프링 힘으로 중립 상태로 되돌아온다.
	노 스프링		조작된 상태에서 정지하면 전환된 위치에 정지(내부 리크에 의하여 불확실 함)
	디턴트		조작된 상태에서 정지하면 전환된 위치에 정지한다.
	프레샤 센터		파일럿 압력에 의하여 중립 위치 유지
전환조작 방식	수동전환		수동에 의하여 조작되는 밸브
	전자전환		솔레노이드에 의하여 조작되는 밸브
	외부 파일럿		파일럿 압력에 의하여 조작되는 밸브
	전자파일럿		솔레노이드에 의하여 제어되고 파일럿 압력에 의하여 조작되는 밸브

방향 제어 밸브의 중립 위치에따른 분류

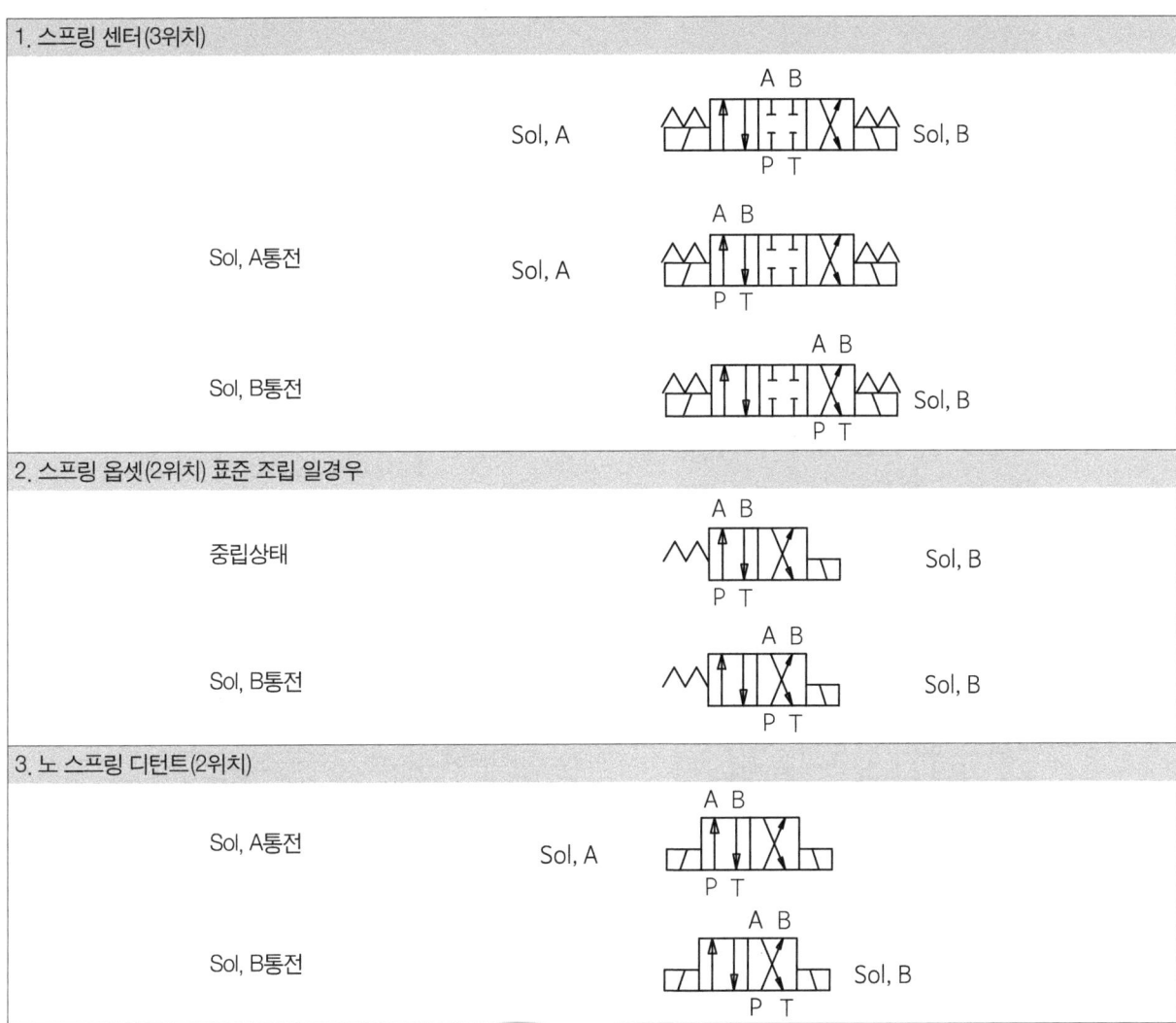

노 스프링 디턴트(2위치) Sol, 은 액추에이터가 동작 도중에 갑자기 정전이나 비상정지 시 기존 동작을 유지함으로써 안전에 대비한 회로에 적용 가능하다.

2 방향 제어 밸브의 기본원리

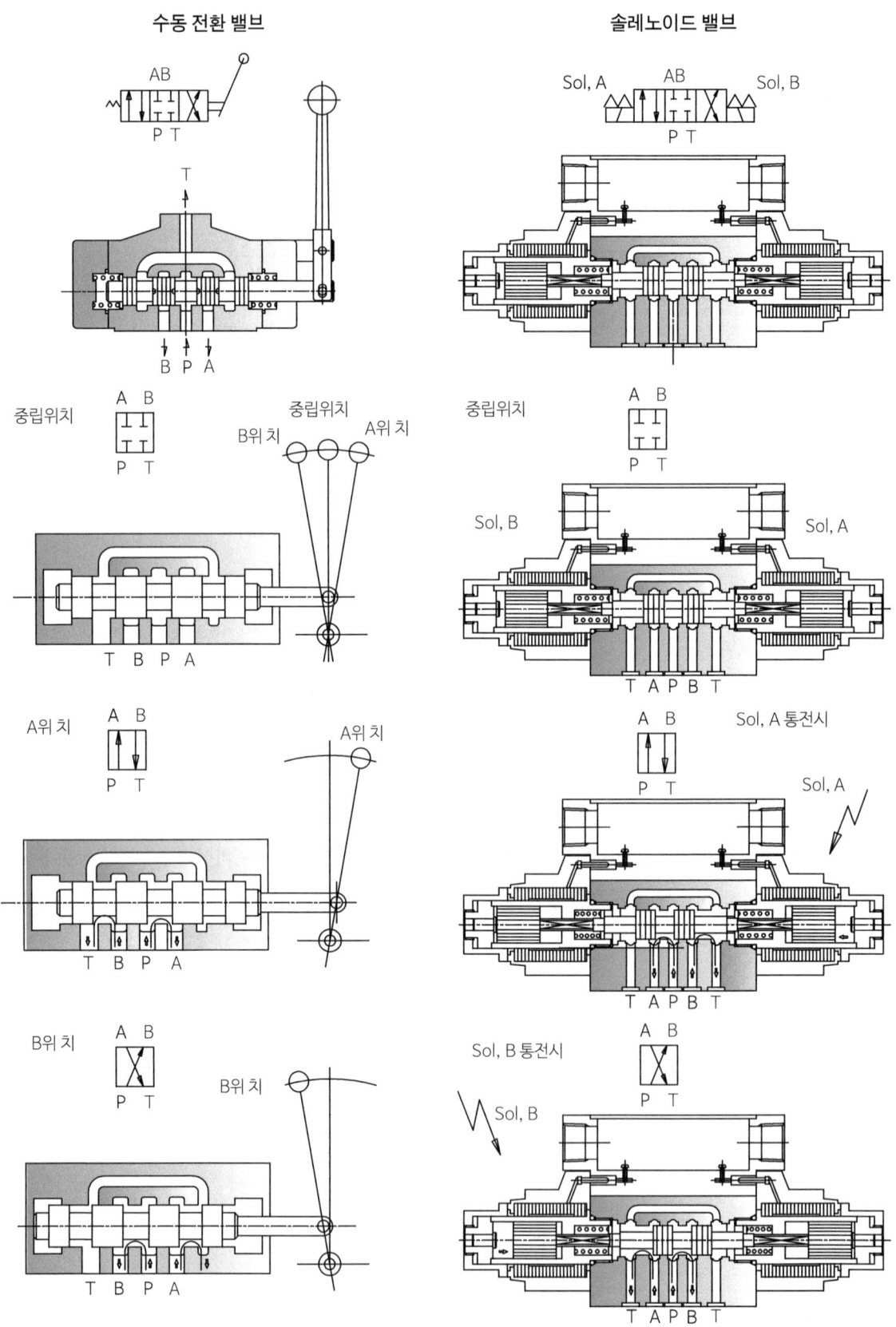

3 수동 전환 밸브(Manually Operated Directional Valves)

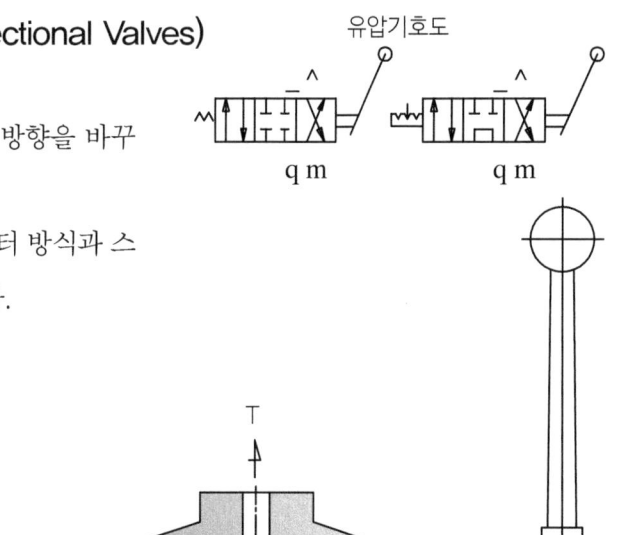
유압기호도

스풀의 위치를 수동으로 절환하여 작동유의 흐르는 방향을 바꾸는 밸브이다.

수동 절환 밸브도 솔레노이드 밸브와 같이 스프링 센터 방식과 스프링 옵셋트 방식, 노 스프링(detent) 방식으로 구분된다.

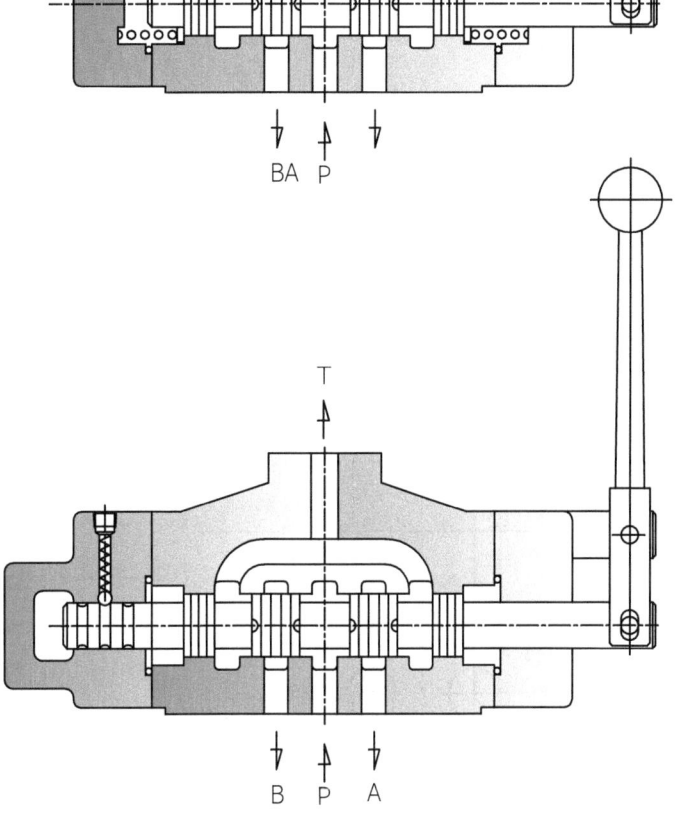

스프링센터

스프링에 의해서 중립 위치 복귀

디턴트형

위치결정 스토퍼(Ball)에 의해서 조작된 위치에 정지

1) 수동 절환 밸브의 응용

수동절환 밸브를 상부에 파일럿 밸브로 하고 하부에 주 밸브를 파일럿 압력으로 절환시키는 방식으로 응용할 수 있다. 주 밸브의 중립 회로를 여러 가지 조합으로 다양한 기능을 구사할 수 있다.

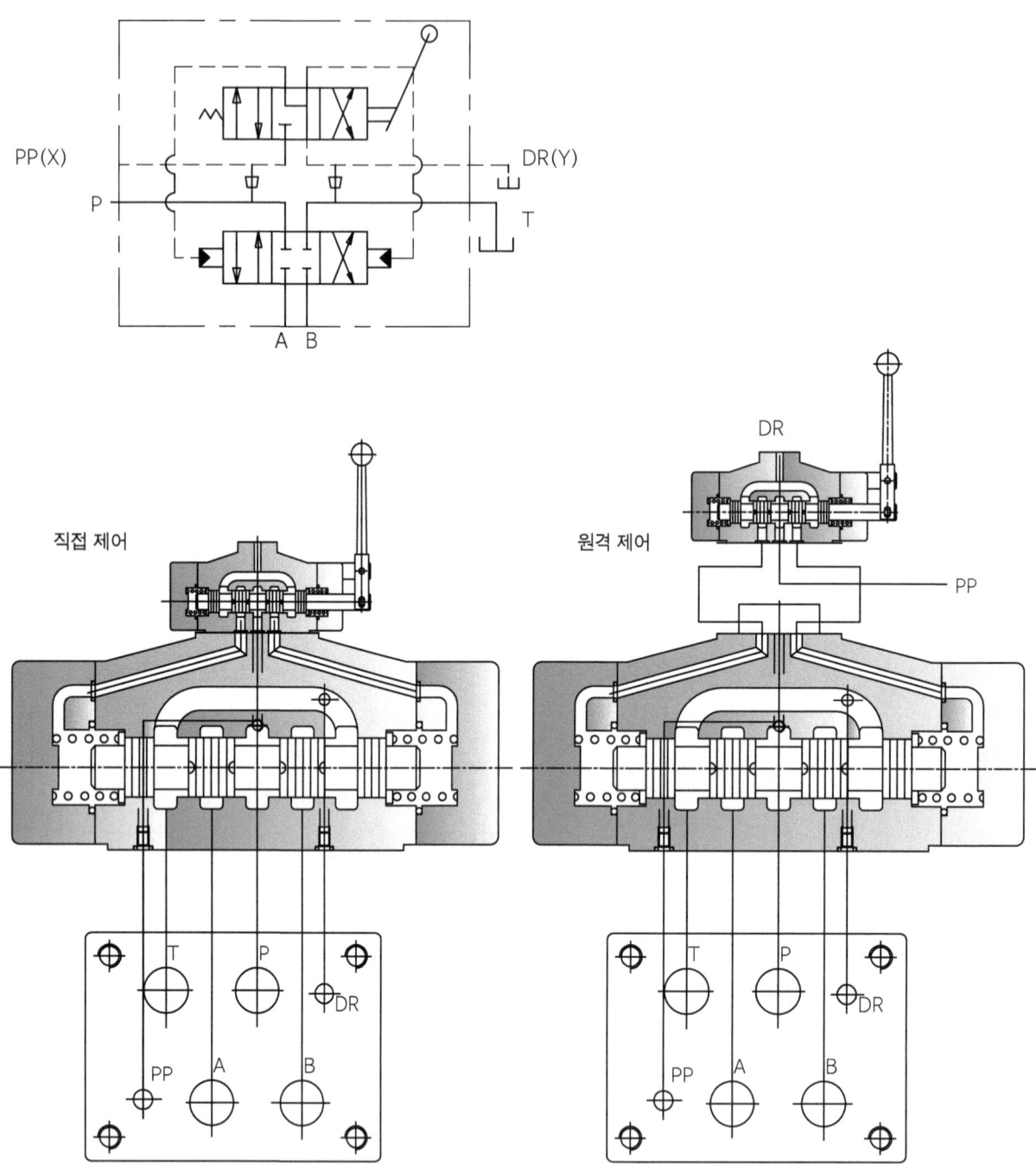

2) 다련식 수동 절환 밸브(Manually Operated Directional Valves)

여러 개의 수동 절환 밸브를 병렬 연결하여 동시 또는 순차적으로 절환하는 밸브이다. 다련식 밸브도 1련 수동 절환 밸브와 같이 스프링 센터 방식과 스프링 옵셋트 방식, 노 스프링(detent) 방식으로 구분된다.

1련 핸드밸브

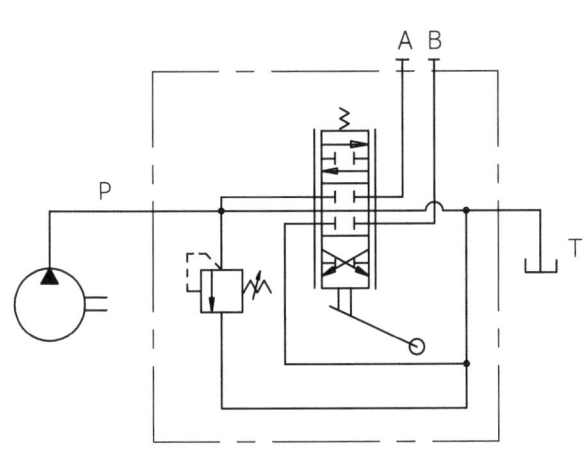

2련 이상 다련 핸드밸브

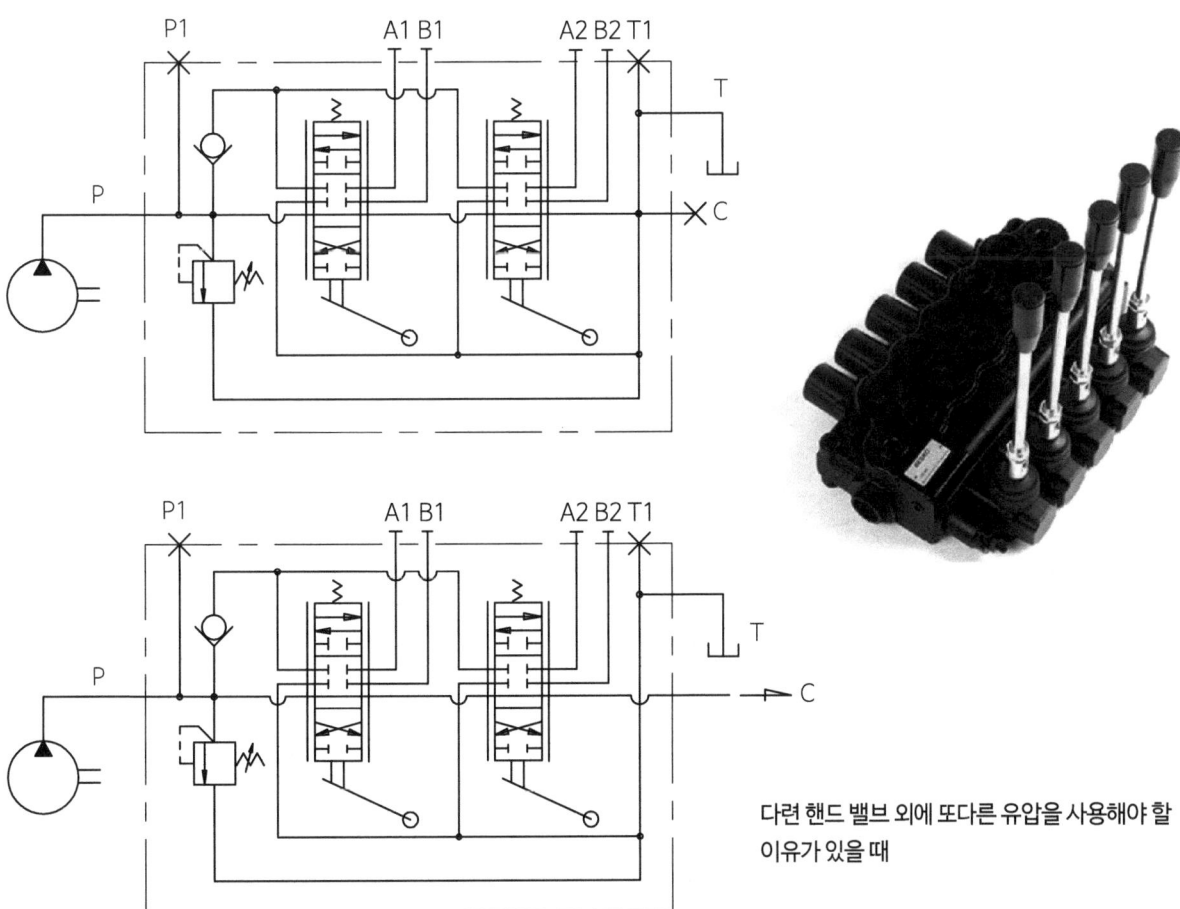

다련 핸드 밸브 외에 또다른 유압을 사용해야 할 이유가 있을 때

4 전자 절환 밸브(Solenoid Operated Directional Valves)

Solenoid Valve(전자 절환 밸브)는 내장되어 있는 전자석(마그네트)의 여자에 의하여 철심을 움직이고 그 힘을 이용하여 Spool을 움직이며, 각 Port 간의 흐름의 방향을 전환하는 밸브이다.

이 밸브는 유압이 가진 장점에 전기가 가진 장점을 가미한 것으로 특히 원격제어, 자동제어가 가능한 장점을 갖고 있다.

Solenoid Valve(전자 절환 밸브)의 전자석(Coil)은 사용 전원에 따라 교류와 직류로 구분된다.

직류 전자변은 Spool이 전환 도중에 정지한 경우에도 전자석의 코일이 발열이 적고 전환빈도가 많은 경우에 적합하다(교류 경우의 약 2배, 1분에 250회 전환 가능).

교류 전자변은 전환 시간이 짧은 경우에 적합하다(직류 전자변의 약 1.5배에서 2배 전환시간 0.03초).

스프링 옵셋형 솔레노이드 밸브(3위치)

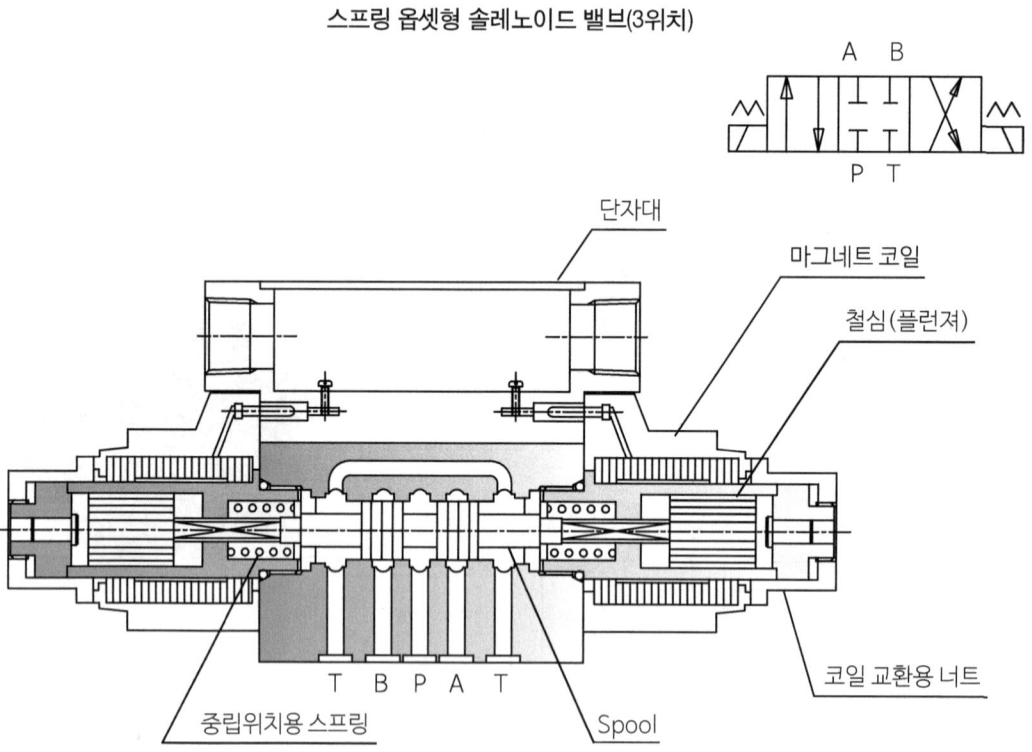

스프링 옵셋 솔레노이드 밸브(2위치)
(편Sol, 또는 Single Sol,)

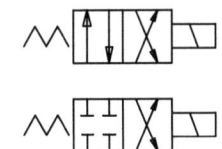

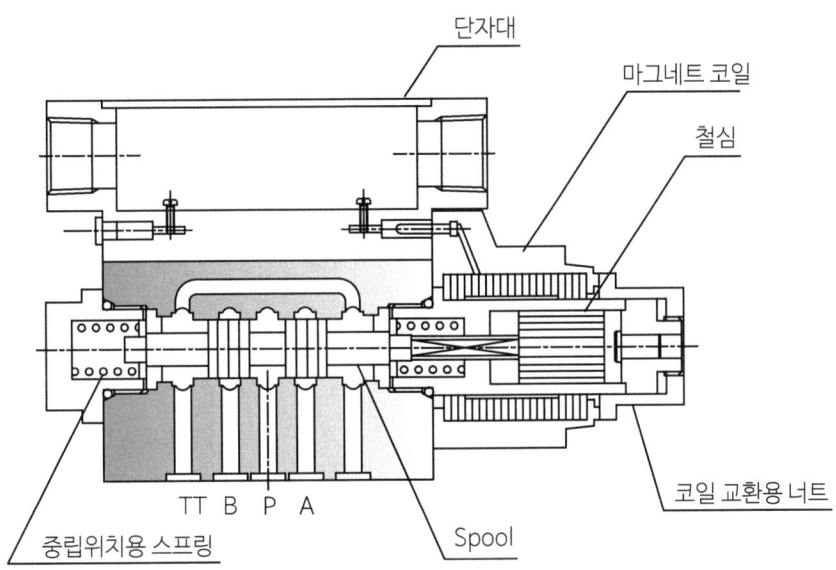

노 스프링 디턴트형 솔레노이드 밸브(2위치)

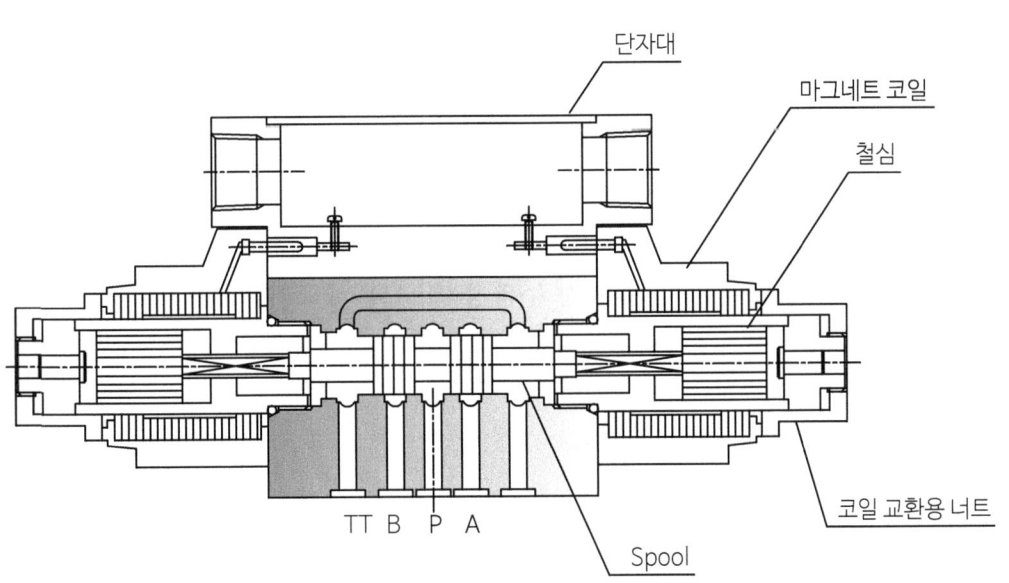

1) 솔레노이드(Solenoid)

솔레노이드는 도선에 전류가 흐르면 주위에 자기장이 생기는데, 도선을 원통 코일 형태로 감아서 만든 전자석을 솔레노이드(Solenoid)라 한다.

유압에 사용되는 밸브 구동용 솔레노이드는 코일 내부에 이동이 가능한 플런저(아마추어)를 적용하여 밸브 본체 스플(Spool)을 이동시킨다.

솔레노이드는 건식(dry type)과 습식(wet type)으로 구분되는데 스플을 이동시키는 플런저가 유체 속에서 움직이는 방식은 습식이고 그렇지 않으면 건식(dry type)으로 구분한다. 습식은 건식에 비해 여러 가지 장점이 있기 때문에 널리 사용되며, 반대로 건식은 거의 사용하고 있지 않는다.

습식 솔레노이드 밸브의 구조

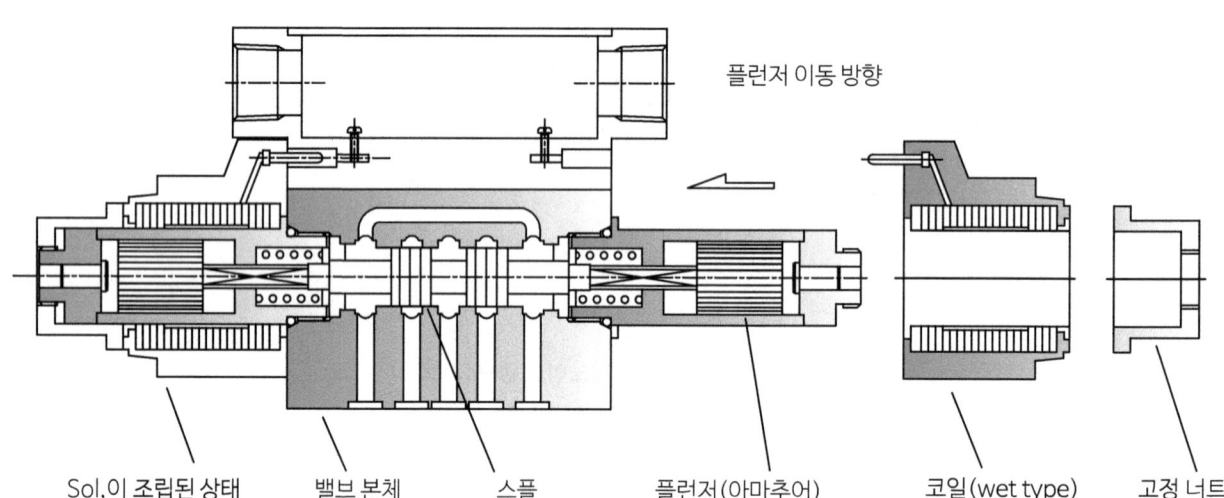

습식 솔레노이드의 장점

① 건식에 비해 내부 열 방출이 용의하다.
② 유체 내에서 작동되기 때문에 작동 소음이 적다.
③ 플런저와 스플 사이에 위치한 푸시핀을 감싸는 누유 방지용 씰을 생략 가능하다.
④ 밀폐형이기 때문에 방습 효과가 좋다.

3위치 스프링 옵셋 솔레노이드 밸브의 중립 위치와 편측 위치를 사용하는 경우

G-01, G-03

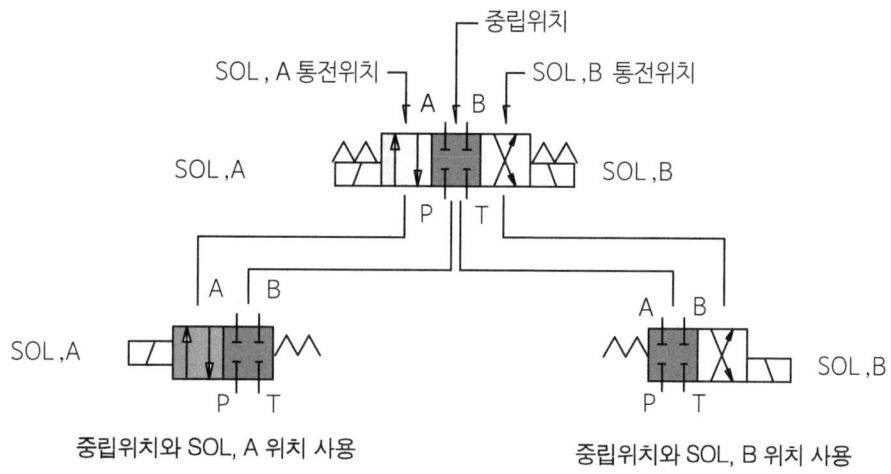

G-04, G-06 G-10

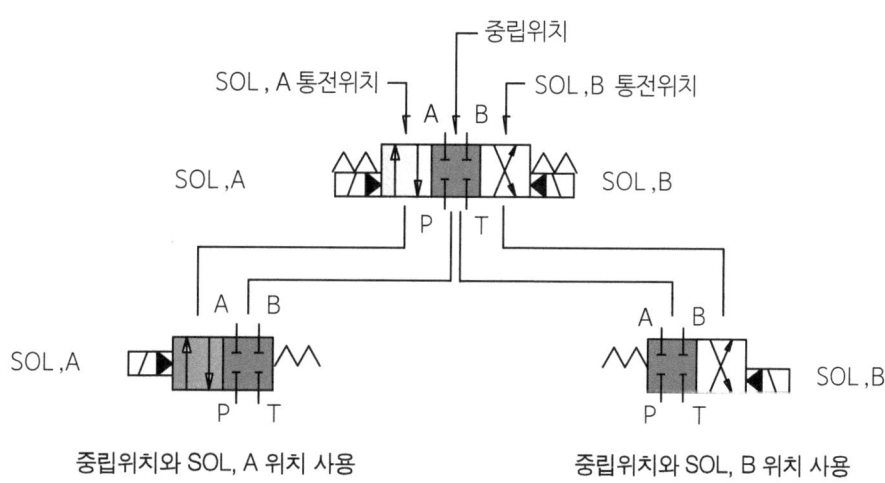

3위치 스프링 옵셋 솔레노이드 밸브의 중립 위치와 편측 위치를 응용하여 다양한 편측 Solenoid Valve를 구사할 수 있다.

2) 솔레노이드 밸브의 작동 원리(G-01, G-03)

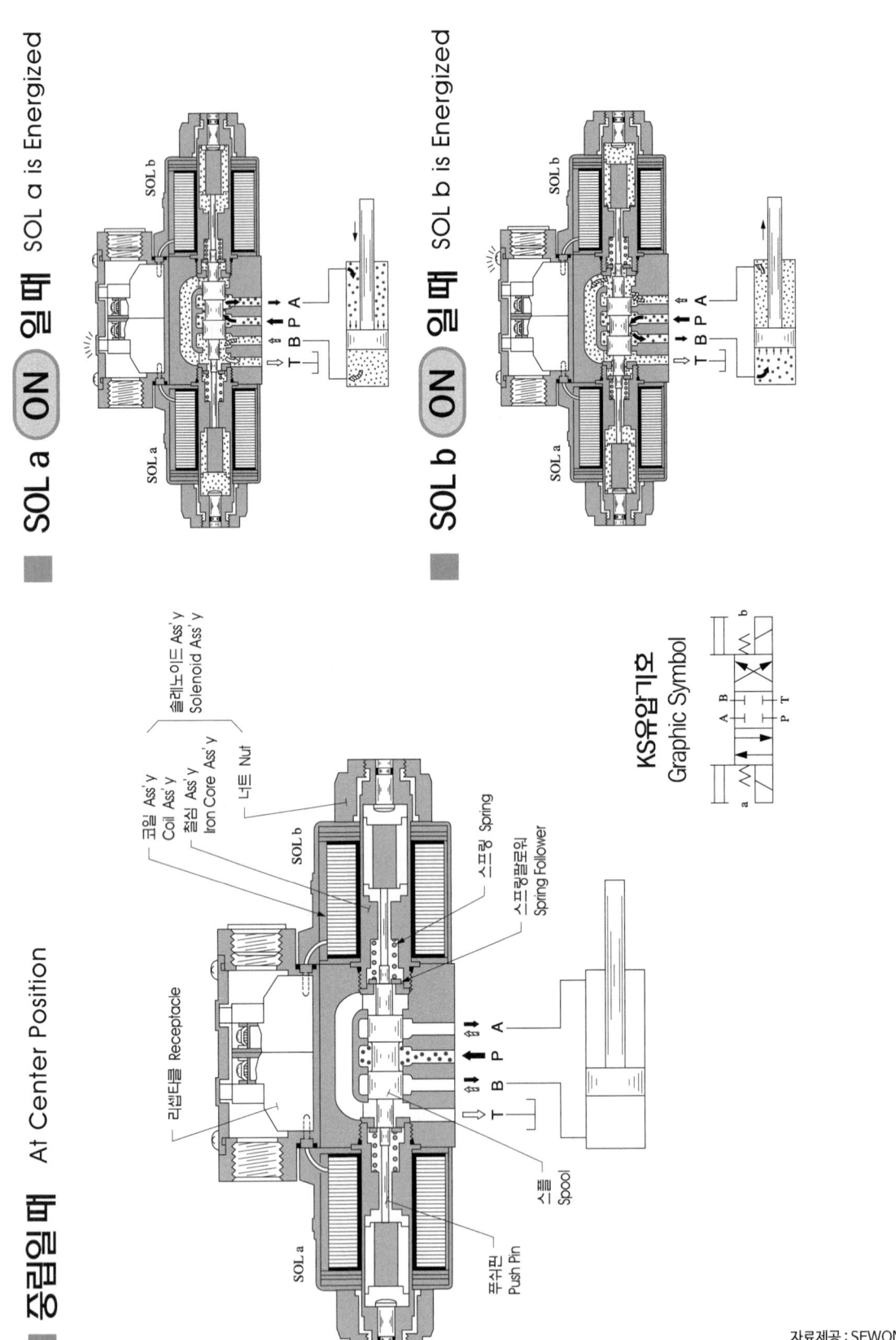

자료제공 : SEWON

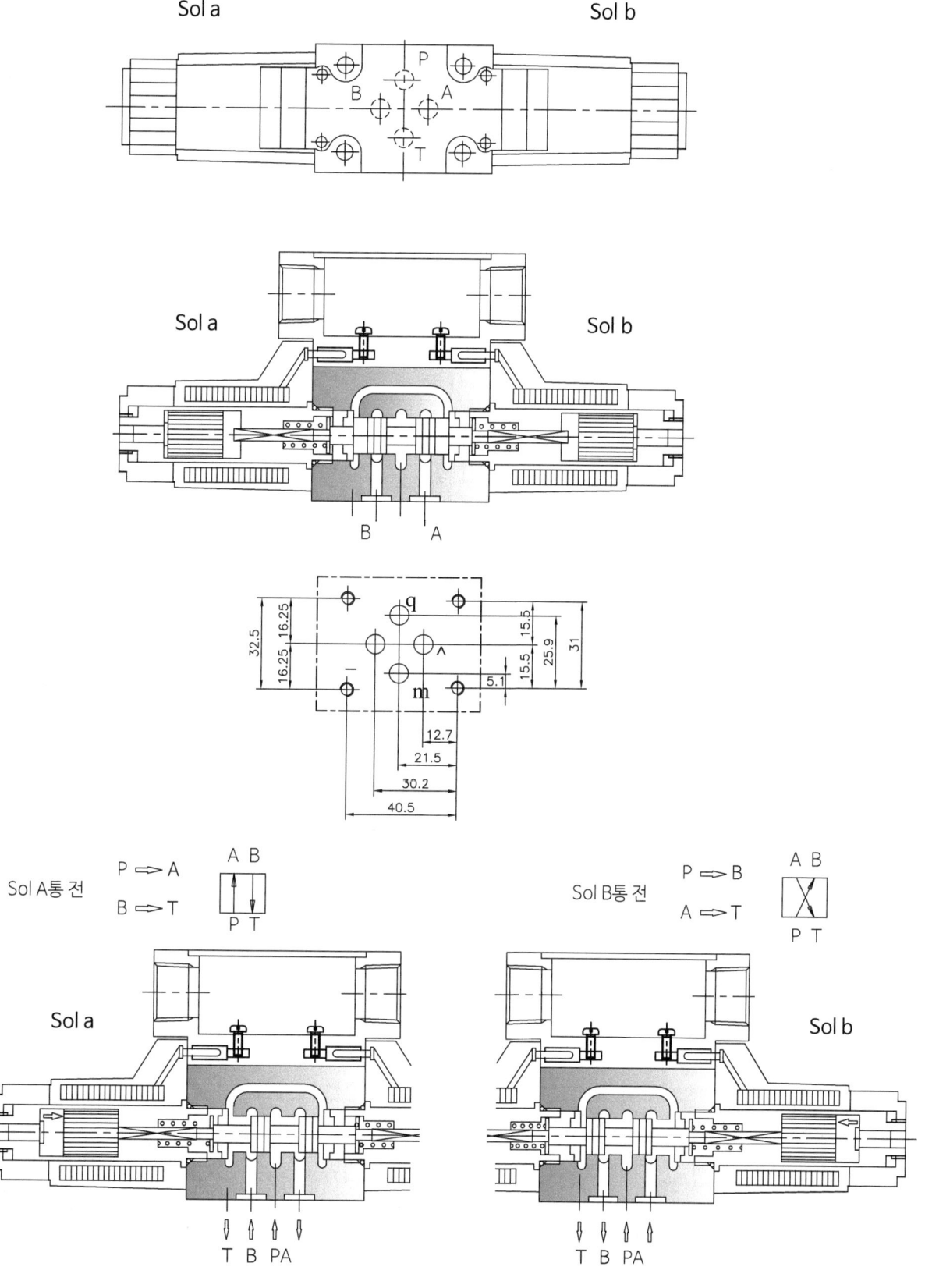

G-01 Solenoid Valve 내부 구조와 서브 플레이트 관계도

G-03 Solenoid Valve 내부 구조와 서브 플레이트 관계도

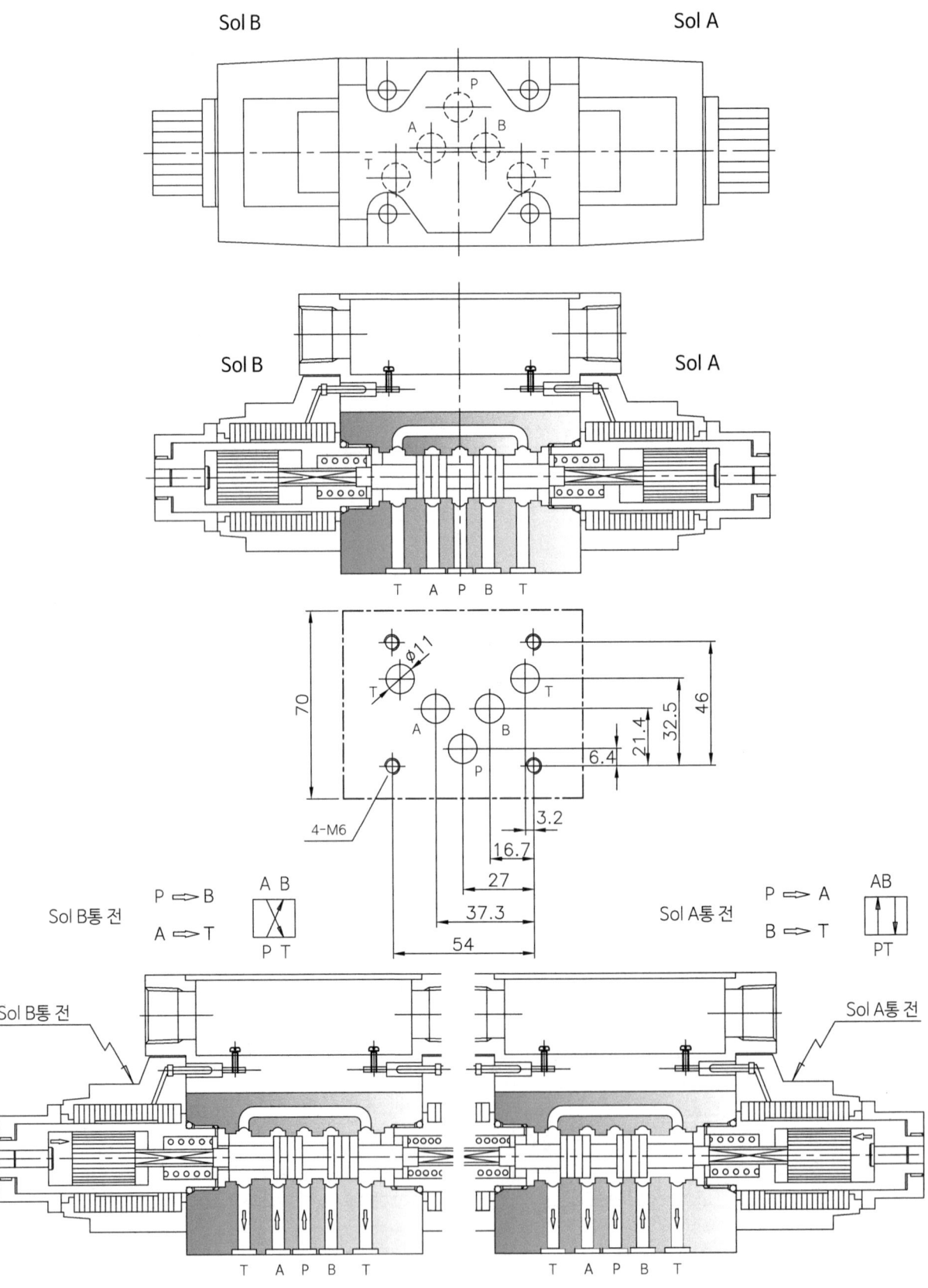

5 전자 파일럿 절환 밸브
(Solenoid Controlled Pilot Operated Directional Valves)

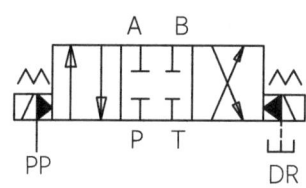

이 밸브는 전기신호에 의해서 자장을 받은 전자석이 작동하여 직접 스플을 절환하는 것은 일정 크기 이상은 어느 한계가 있다. 그래서 대유량을 만족하는 방향전환 밸브는 상부에 전자절환 밸브(Solenoid Valve)를 파일럿 밸브로 하고 하부에 유압 파일럿 절환 밸브를 주 밸브로 일체화시킨 밸브이다.

전자파일럿 절환밸브 내부구조도(G-04, G-06, G-10)

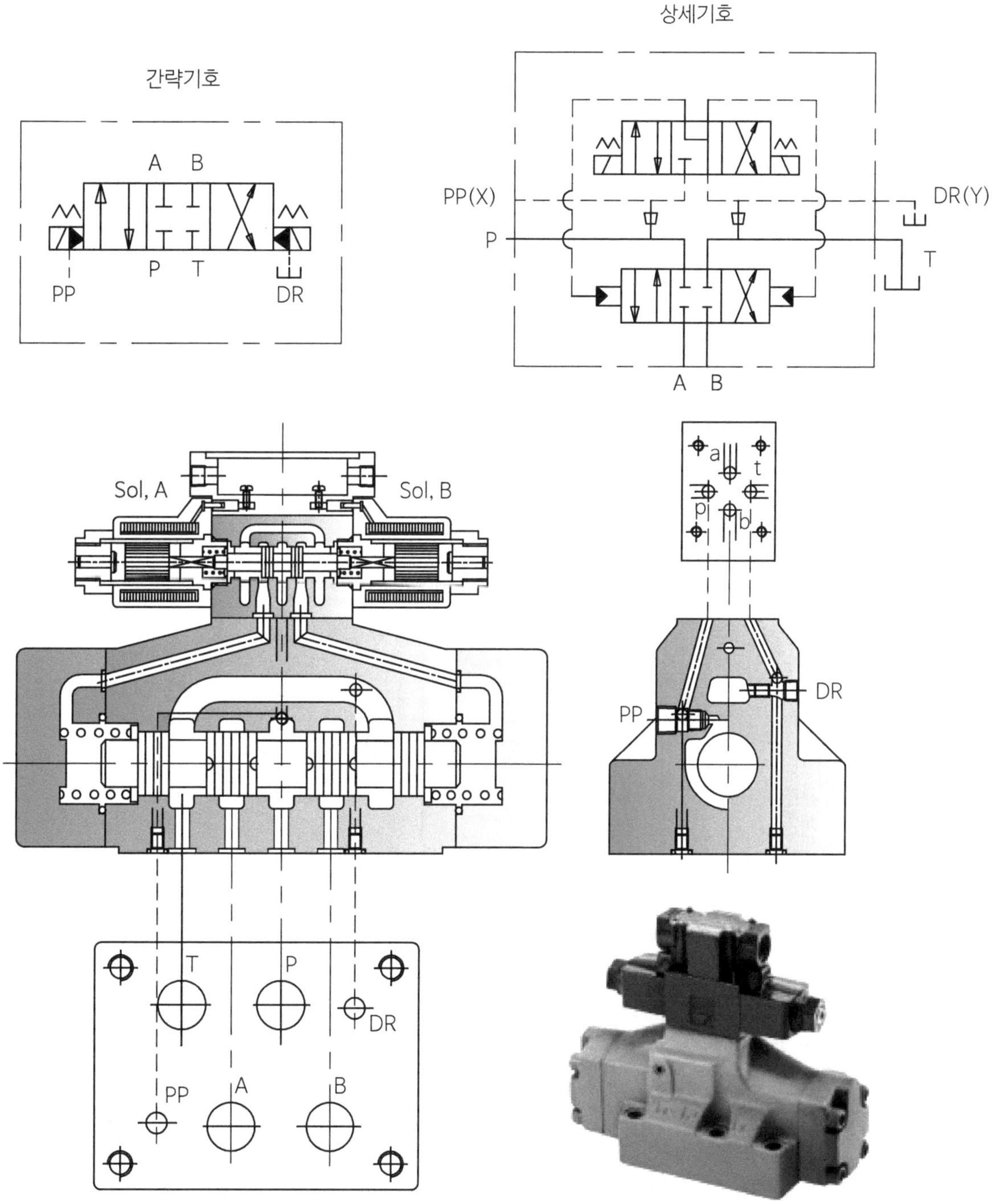

1) 전자 파일럿 절환 밸브(Solenoid Controlled Pilot Operated Directional Valves)의 작동 원리

내부 압력(내부 파일럿) 또는 외부 압력(외부 파일럿)이 상부 전자변까지 연결된 상태에서 Sol,에 전기가 공급되어 동작지령을 하면 주 밸브 스플이 제어되어 유체의 방향 제어를 하는 구조이다.

① 주 밸브의 P-포트가 T-포트와 연결되어 탑재된 전자밸브에 압력유가 도달하지 않으면 파일럿 압력이 없어 주 밸브 작동이 원활하지 못하므로 반드시 외부 파일럿으로 해야 한다.

② 주 밸브의 T-라인이 탱크와 연결되어 압력이 없으면 내부 드레인이 가능하고 T-라인이 압력 라인 중간에 연결되어 있으면 반드시 외부 드레인으로 배관해야 한다.

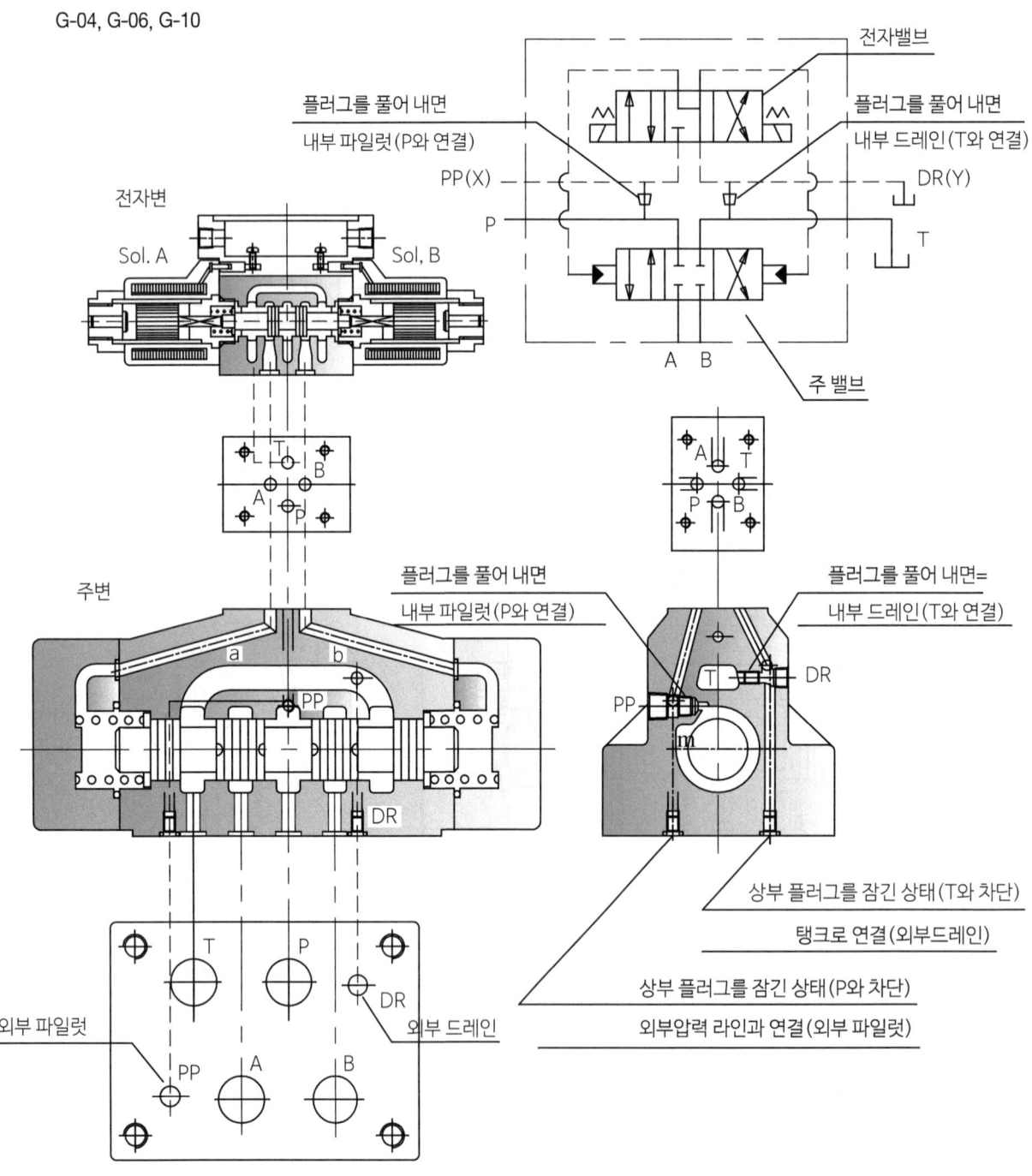

2) 전자 파이럿 절환 밸브(Solenoid Controlled Pilot Operated Directional Valves)의 동작 원리

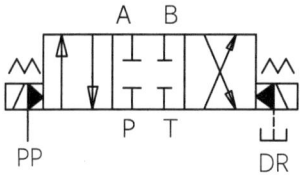

G-04, G-06, G-10

간략기호

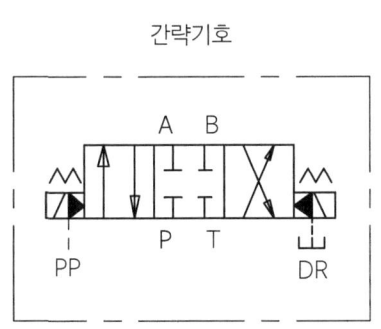

상세기호

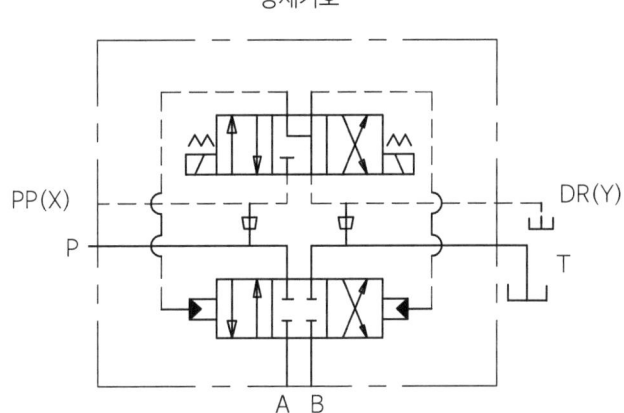

중립 상태

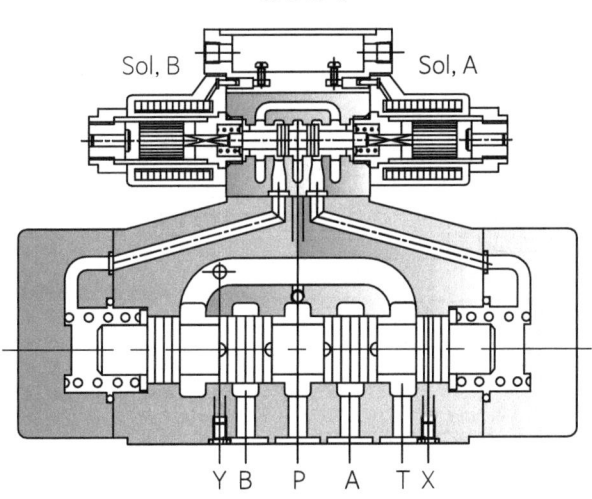

Sol, a가 여자된 상태   Sol, b가 여자된 상태

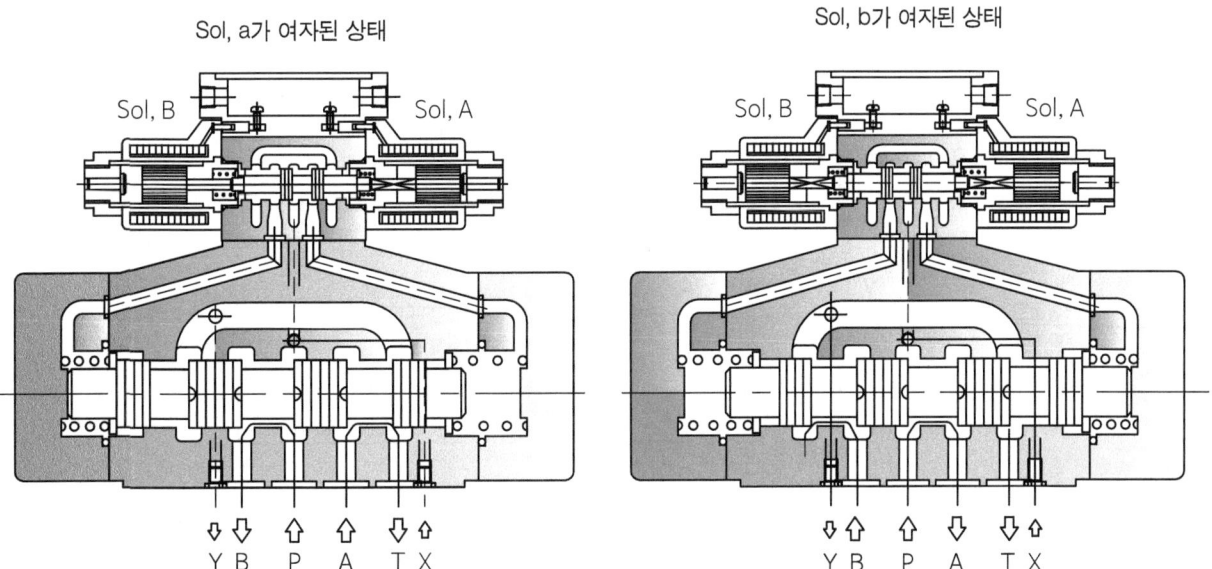

간략기호

상세기호

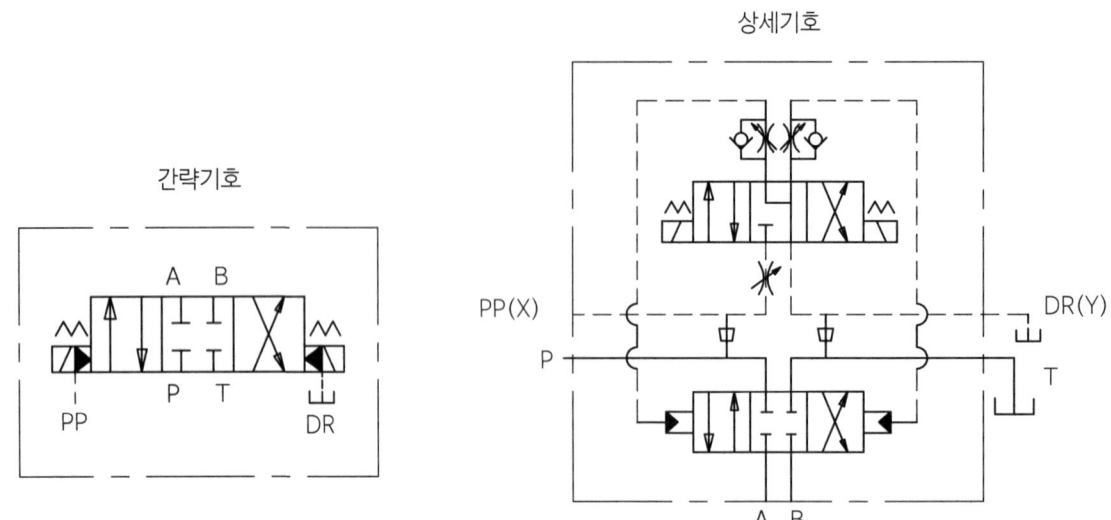

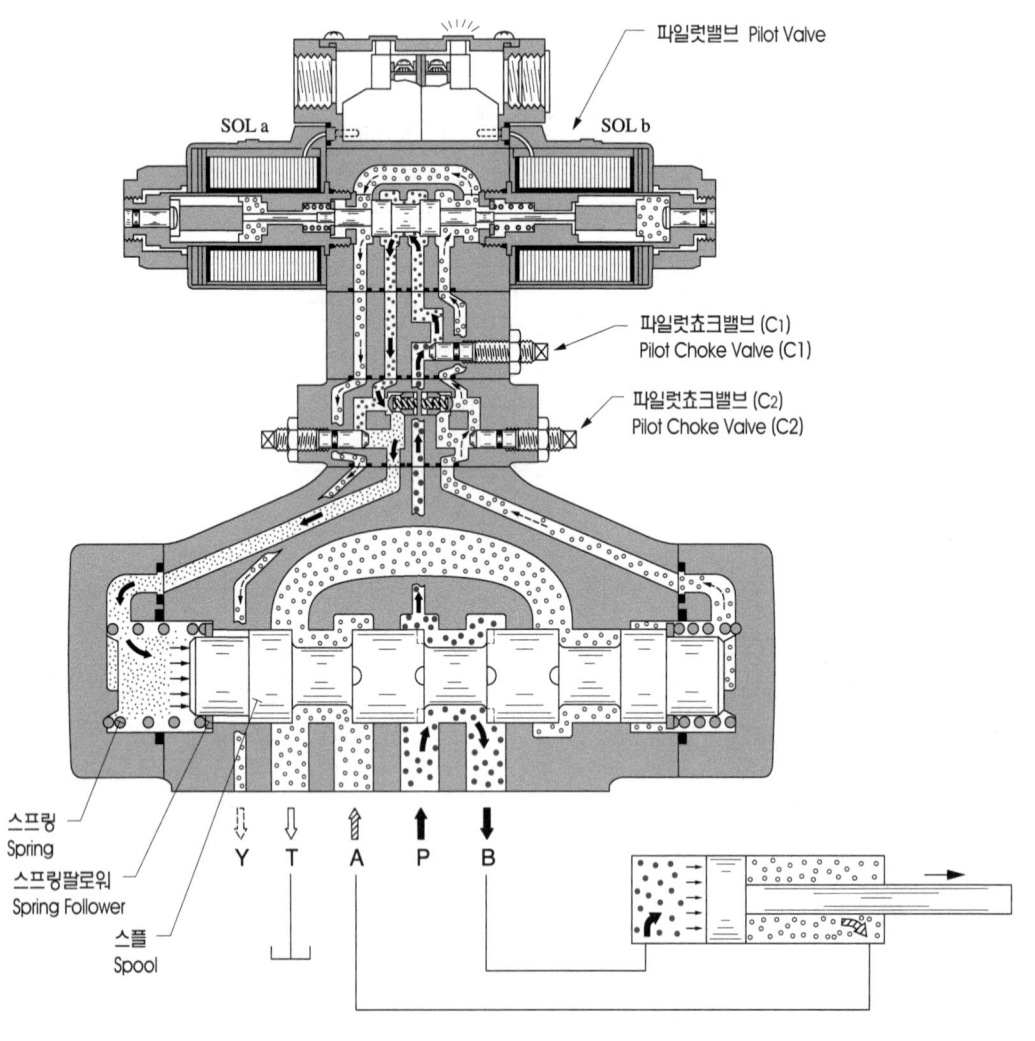

자료제공 : SEWON

3) 전자 파이럿 절환 밸브의 2위치

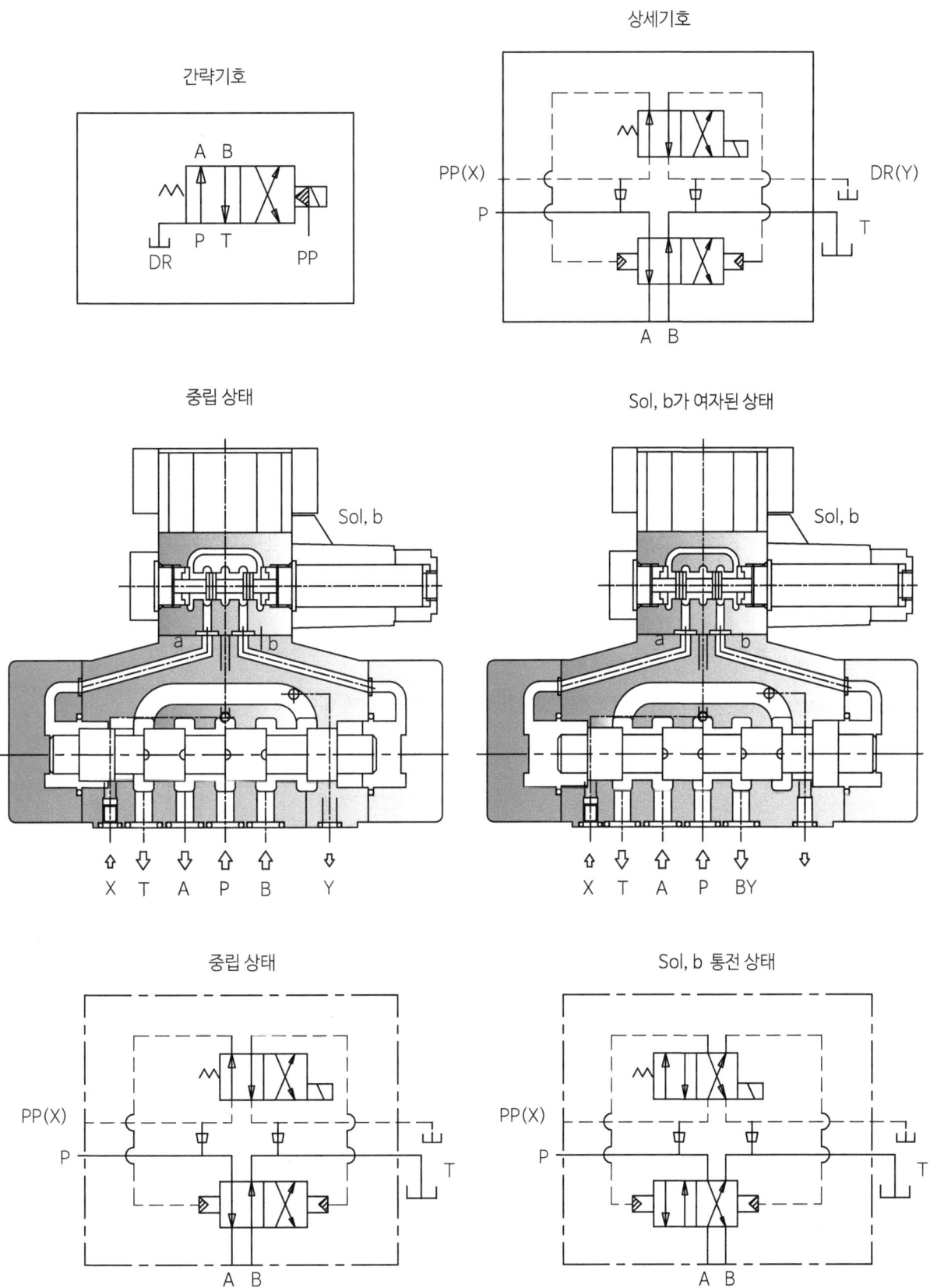

4) 2위치 스프링 옵셋 솔레노이드 밸브의 역조립

스프링 옵셋트형에서 Sol,B 측에 조립되는 것이 표준조립이다.

경우에 따라 Sol,A 측에 역조립 할 때의 상태 G-01, G-03

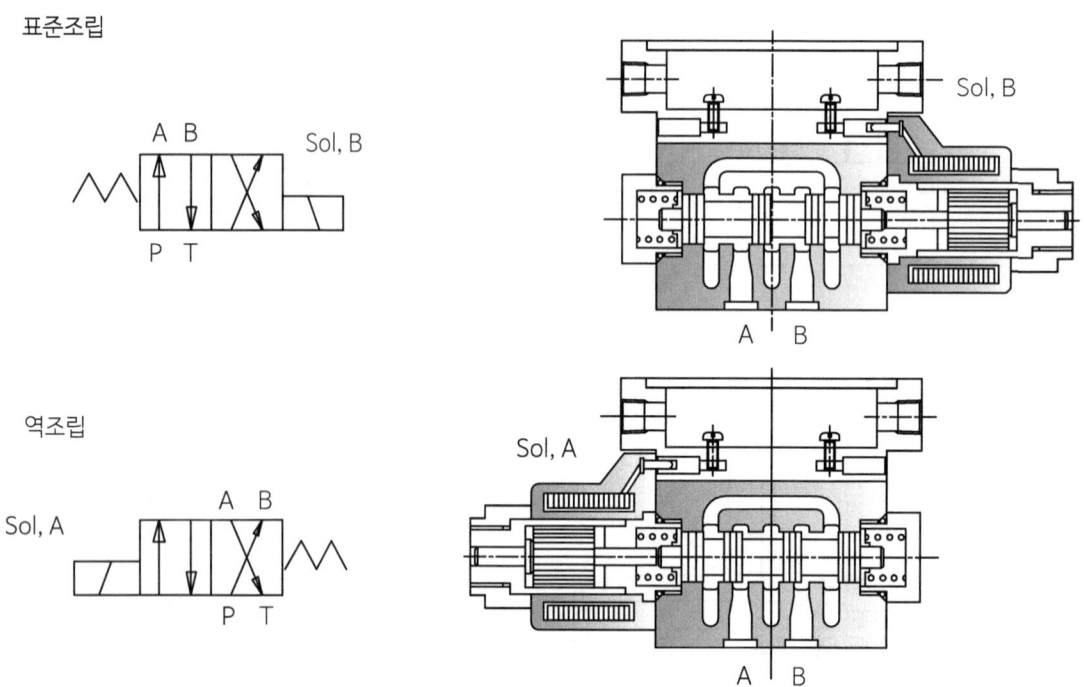

2위치 편측 전자 파일럿 밸브의 역조립 G-04, G-06, G-10

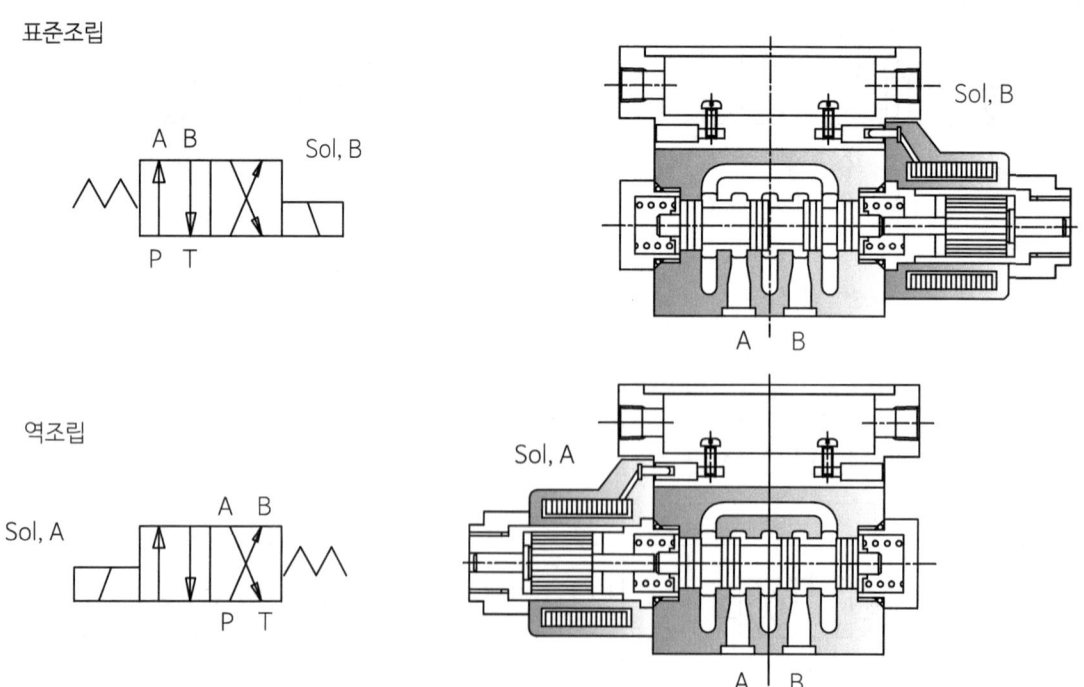

6 기계식 절환 밸브

기계식 절환 밸브는 외부의 기계적 요인으로 절환되는 밸브이다.

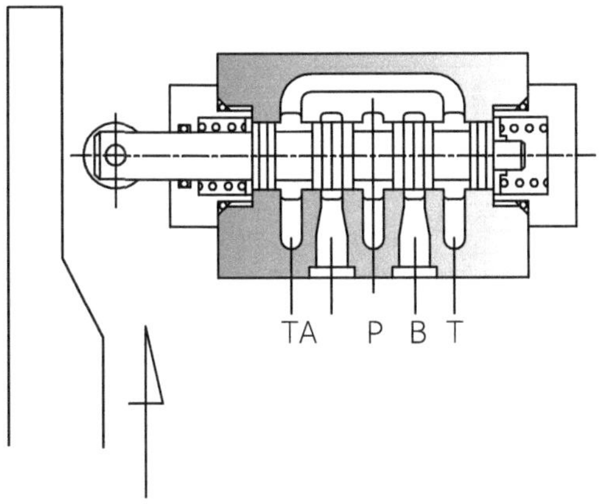

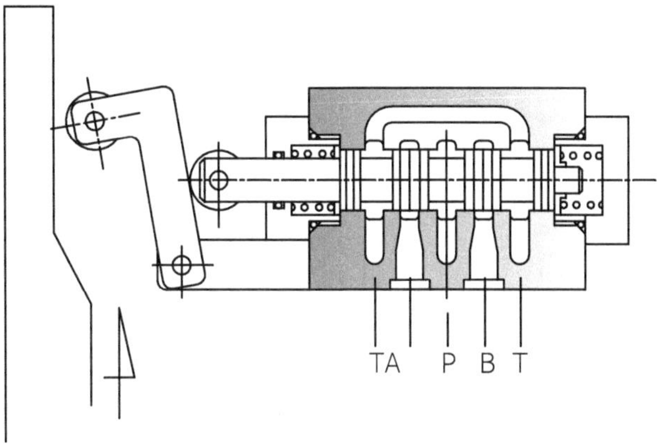

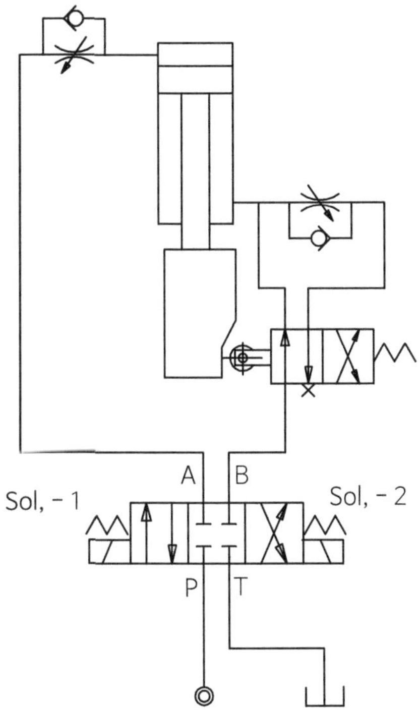

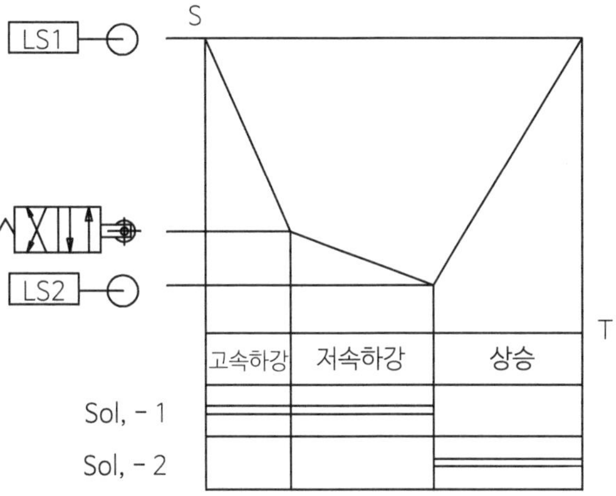

7 방향 전환 밸브의 스풀 형식

스풀 형식	유압기호도	스풀 관계도(중립위치)	기능및 용도
크로즈센터			P, T, A, B 블록 (All Block)
오픈센터			P, T, A, B 오픈 (All Open)
ABT 접속			P 블록 A, B, T 오픈 (P 블록 Y)
ABT 접속 스로틀			P 블록 A, B 스로틀 (P블록 Y)
PAT 접속			B 블록 P, A, T 오픈 (B블록 Y)
PT 접속			A, B 블록 P, T 오픈 (센터 바이패스)

스풀 형식	유압기호도	스풀 관계도(중립위치)	기능 및 용도
스로틀 오픈센터	A B / P T	T B P A	P, T, A, B 오픈 PT 스로틀 (올 오픈)
2 웨이	A B / P T	T B P A	P, T, A, B 블록 (2웨이전용)
PAB 접속	A B / P T	T B P A	T 블록 P, A, B 오픈 (T블록 Y)
BT 접속	A B / P T	T B P A	P, A 블록 B, T 접속
PA 접속	A B / P T	T B P A	R, T 블록 P, A 접속
AT 접속	A B / P T	T B P A	P, B 블록 A, T 접속

2위치 방향전환 밸브 스풀 형식

스풀 형식	유압기호도	스풀 관계도(중립위치)	기능 및 용도
노 스프링 디턴트형 2위치 더블			P, A 접속 B, T 접속
스프링 옵셋 2위치 싱글			P, A 접속 B, T 접속

방향 제어 밸브의 중립 위치

P-Port Block

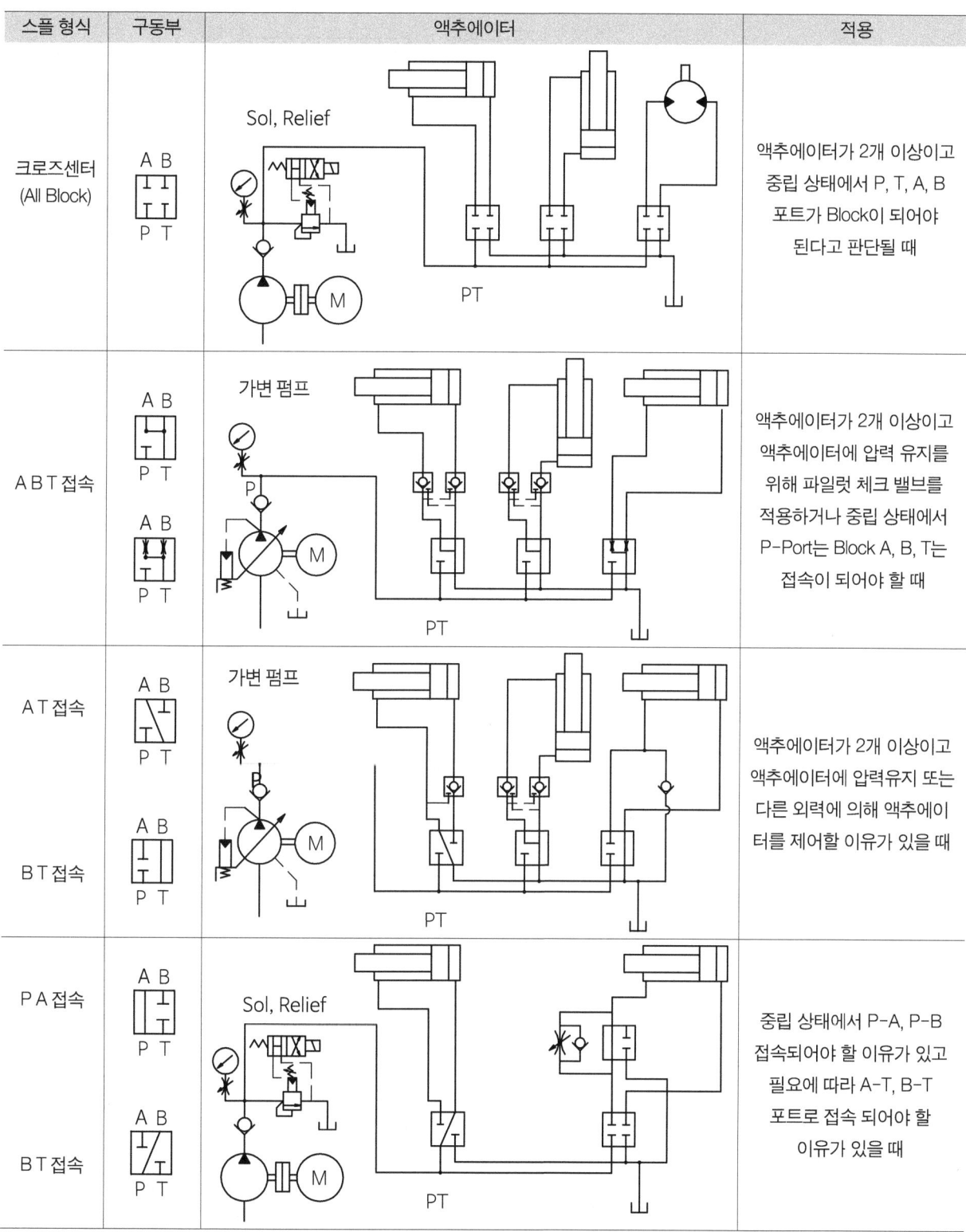

P-T Open

스풀 형식	구동부	액추에이터	적용
오픈 센터 (All Open)	AB / PT		중립 상태에서 P, T, A, B 포트가 Open되어야 된다고 판단될 때 중립 상태에서 P, T, A, B 포트가 Open 되어 Vent 압력 없어야 할 때
PT접속 (센터 바이패스)	AB / PT		중립 상태에서 P, T 접속 A, B블록이 되어야 된다고 판단될 때 Pump에서 토출된 유체가 T-Port로 접속되어 있음으로 중립 상태에서 무부하 회로
PAB접속	AB / PT		중립 상태에서 P, A, B 접속 T-Port는 블록이 되어야 된다고 판단될 때
PAT접속	AB / PT		중립 상태에서 P, A, T 접속되어야 할 이유가 있고 필요에 따라 P-A, B-T(P-B, A-T)로 접속되어야 할 이유가 있을 때

8 솔레노이드 밸브의 최대 통과 유량 및 최대 사용압력

규격	형 상	통과유량 L/min	사용압력 bar
G-10		1,100	315
G-06		500	315
G-04		200	315
G-03		160	315
G-03		100	315
G-01		50	315

(주) 최대 통과유량과 최대 사용압력은 제조사마다 다소의 차이가 있음.

9 체크 밸브(Check Valve)

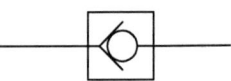

체크 밸브 종류로는 역류방지기능을 가지고 있는 체크 밸브와 필요에 따라 반대쪽 방향의 흐름을 가능하게 되는 파일럿 조작 체크 밸브 및 프리필(Prefill) 밸브로 구분된다.

1) 체크 밸브(Check Valve)

한쪽 방향으로 소정의 크래킹 압력으로 자유롭게 작동유를 통과시키고 반대쪽 방향의 흐름을 완전히 차단시키는 밸브이다.

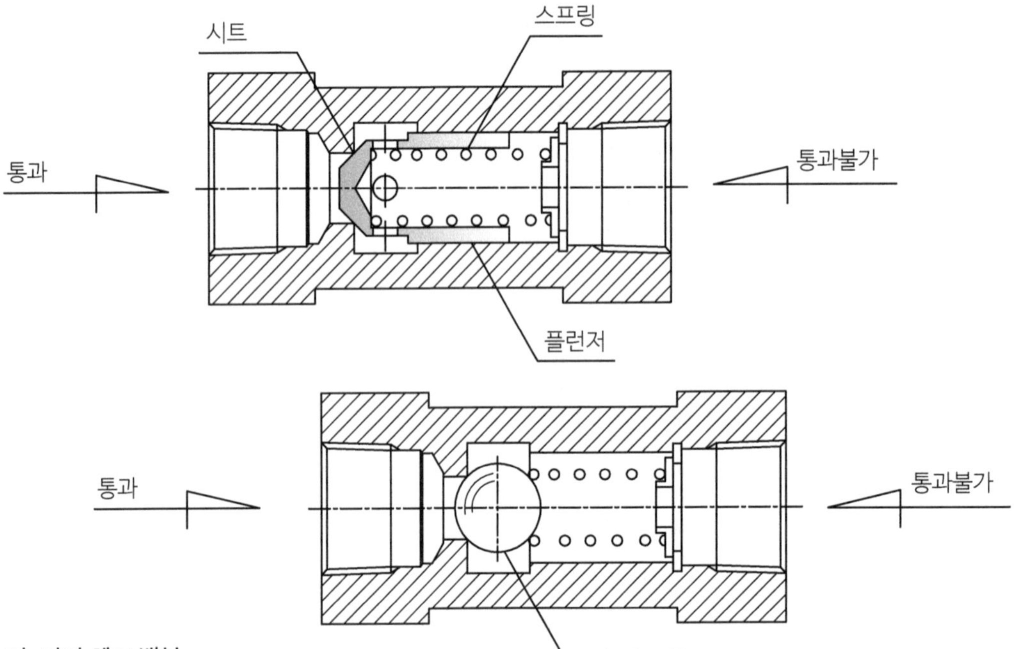

인-라인 체크 밸브

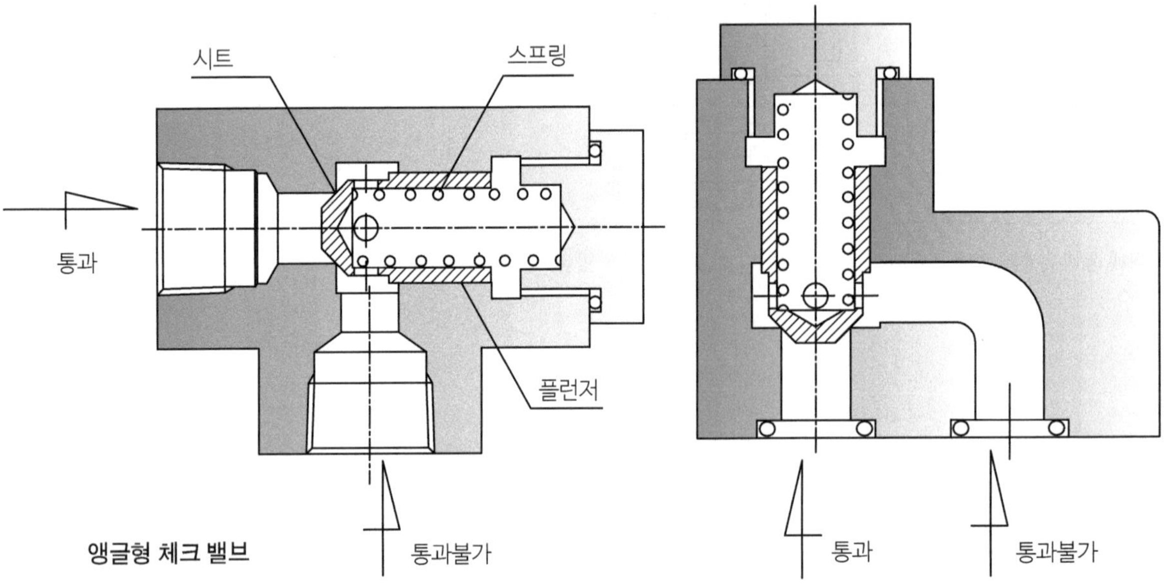

앵글형 체크 밸브

시트가 어떤 각도를 가지고 접촉하고 있기 때문에 입구쪽과 출구쪽의 단면적 차이로 한번 통과한 유체는 역류하지 못하는 구조로 되어 있다.

체크 밸브는 체크플런저(Spool) 외에 강구를 적용하는 경우도 있다.

스프링의 강도에 따라 크래킹 압력(초기에 열리는 압력)이 정해지고 통상적으로 0.35~8kg/cm²의 제품으로 사용된다.

체크 밸브 스프링은 적용조건에 따라 단순히 역류방지 목적에는 밸브 내의 통과 저항이 될 수 있는 한 적게 하는 것이 좋기 때문에 0.35~0.5kgf/cm²의 스프링을 사용하고 3~8kg/cm²의 스프링은 사용 목적에 따라 다양하게 사용되고 있다.

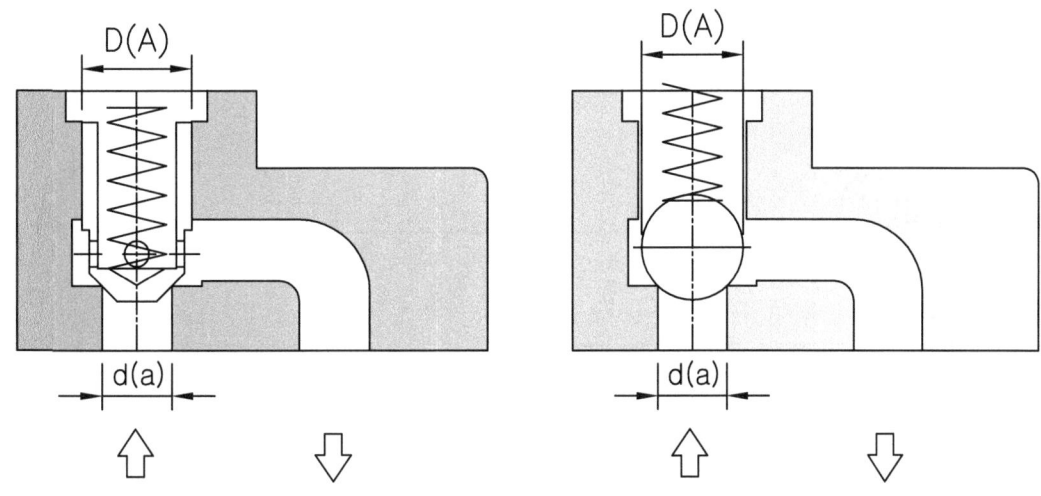

체크 밸브의 작동 원리

체크 밸브의 작동 원리는 화살표 방향으로는 유체의 흐름이 가능하고 화살표 반대 방향으로는 유체가 통과하지 못하는 구조로 되어 있다.

입구쪽 직경이 적고 출구쪽 플런저(볼) 직경이 크기 때문에 동일 압력 조건에서는 d(a)×P<D(A)×P이기때문에 역류하지 못한다.

P=통과 유체의 압력

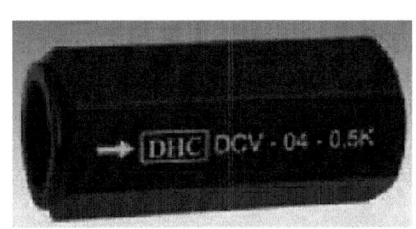

2) 체크 밸브의 용도

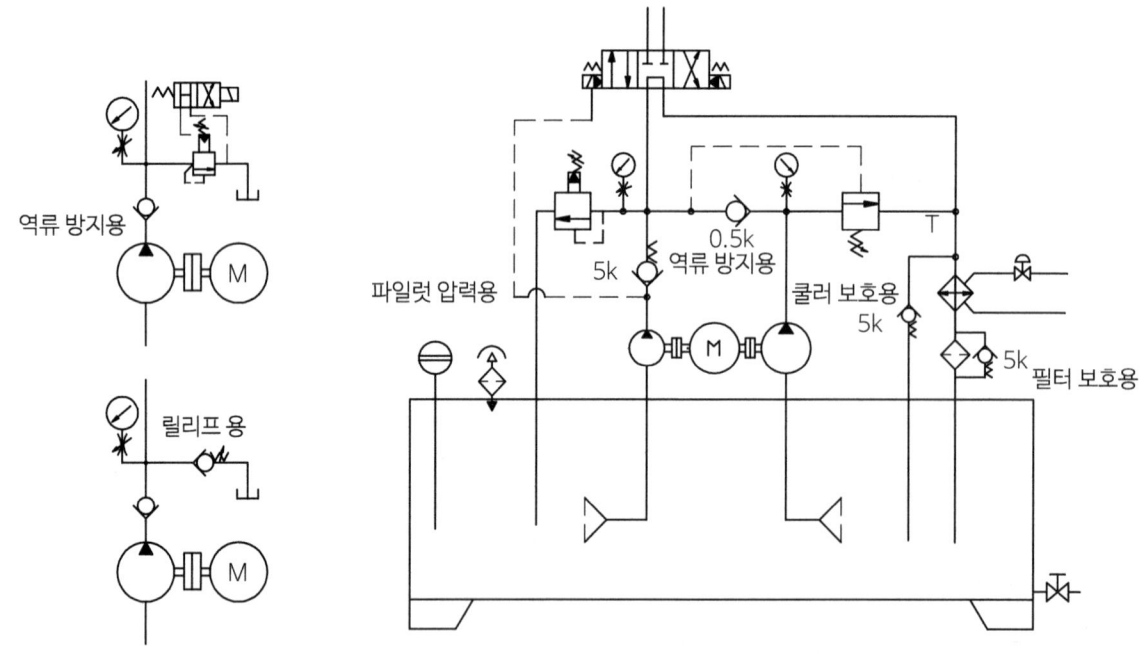

적용 기능	크레킹 압력 kg/cm²	용도
펌프 보호용	0.35~0.5	펌프 역회전 방지용
회로 내 역유 방지용	0.35~0.5	밸브나 회로 내의 역류 방지용
파일럿 압력용	5~8	파이럿 압력 발생용
릴리프 대체용	5~15	저압에서 릴리프 밸브 대체용
쿨러 보호용	5~8	오일쿨러(팬쿨러) 보호용
리턴필터 보호용	5~8	필터 오염으로부터 보호용
T-라인 배압용	5~8	T-라인에 배압이 필요할 때
필링용	0.35~0.5	실린더에 유압유를 보충할 때

T-라인 배압용은 리턴-라인에 배압을 걸어서 유체가 채워져 있어야 할 이유가 있을 때 적용하며, 필링용은 유압 실린더에 다른 외력에 의하여 실린더 피스톤이 움직이면 움직이는 쪽은 릴리프 밸브로 유압유가 리턴되고 반대쪽은 진공이 발생하므로 체크 밸브를 통하여 유압을 채워야 할 이유가 있을 때 적용한다.

10 파일럿 체크 밸브(Pilot Controlled Check Valve)

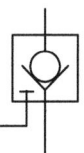

한쪽 방향으로 소정의 크래킹 압력으로 자유롭게 작동유를 통과시키고 반대쪽 방향의 흐름을 완전히 차단 시키는 밸브인데 필요에 따라 반대쪽 방향의 흐름을 파일럿 라인의 압력으로 역방향 흐름이 가능한 밸브이다.

유체가 A-Port에서 B-Port로 이동하면 플런저 ① 및 ②에 의해 체크 밸브와 같이 역류를 방지하고 파일럿 접속구(X-Port)의 파일럿 압력에 따라 파일럿 피스톤 ③이 작동하여 플런저 ②, ①를 순차적으로 밀어서 역류 방지를 해제하는 기능의 밸브이다.

파일럿 스풀 ③이 플런저 ②를 먼저 밀어서 순간적으로 P1의 압력을 해제한 후 플런저 ①을 밀어서 B포트에서 A포트로 유체를 흘리기 때문에 B포트에 고압이 유지되고 있어도 충격없이 회로 연결이 가능하다.

체크 밸브를 개방하기 위한 X-Port에 필요한 파일럿 압력 (Pst)과 B-Port에 발생한 압력 (P1)은 다음 식으로 구해진다.

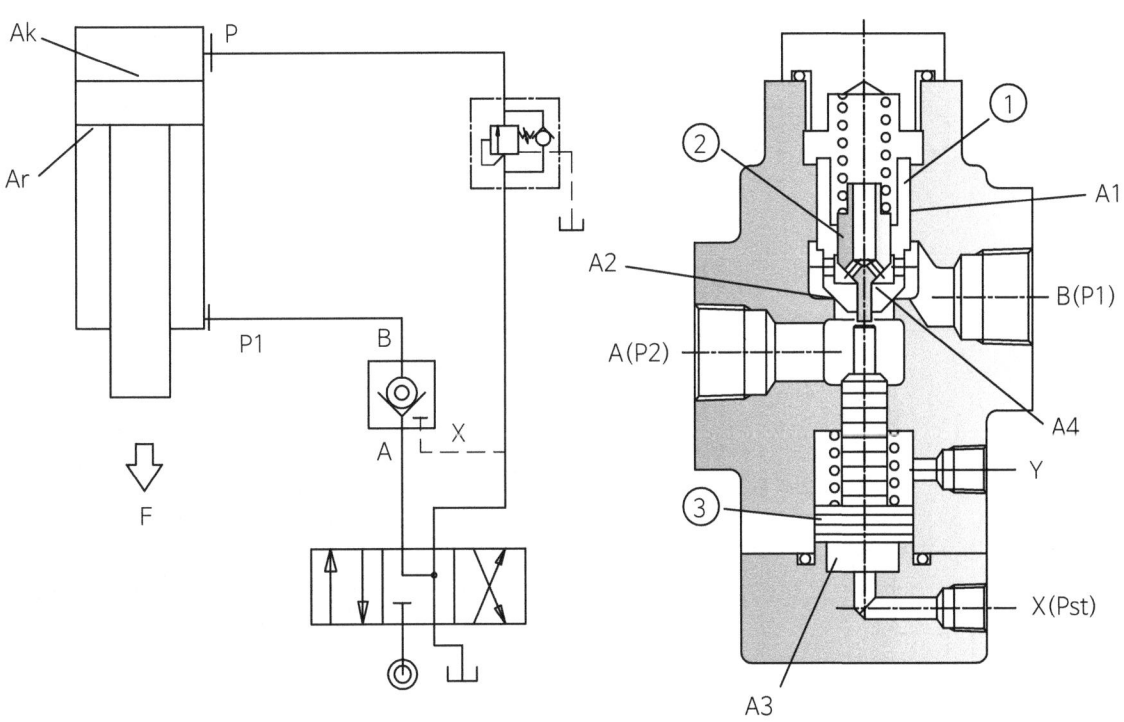

P : 실린더 헤드측 압력(kgf/cm²)
F : 실린더 부하(kgf)
A2 : 작은 시드 A2부 단면적 (cm²)
A4 : 파일럿 피스톤 단면적(cm²)
AK : 실린더 로드측 면적(로드측 압력을 받는 면적) (cm²)

A1 : 큰 시드 A1부의 압력을 받는 면적(cm²)
A3 : 파일럿 피스톤 (4)의 압력을 받는 면적(cm²)
C : 스프링 힘/A3
AK : 실린더 피스톤 면적(헤드측 압력을 받는 면적) (cm²)

외부 드레인 적용 회로일 경우 $\quad Pst = \dfrac{P1 \times A1 - P2(A1 - A4)}{A3} + C$

1) 파일럿 체크 밸브 내부 구조

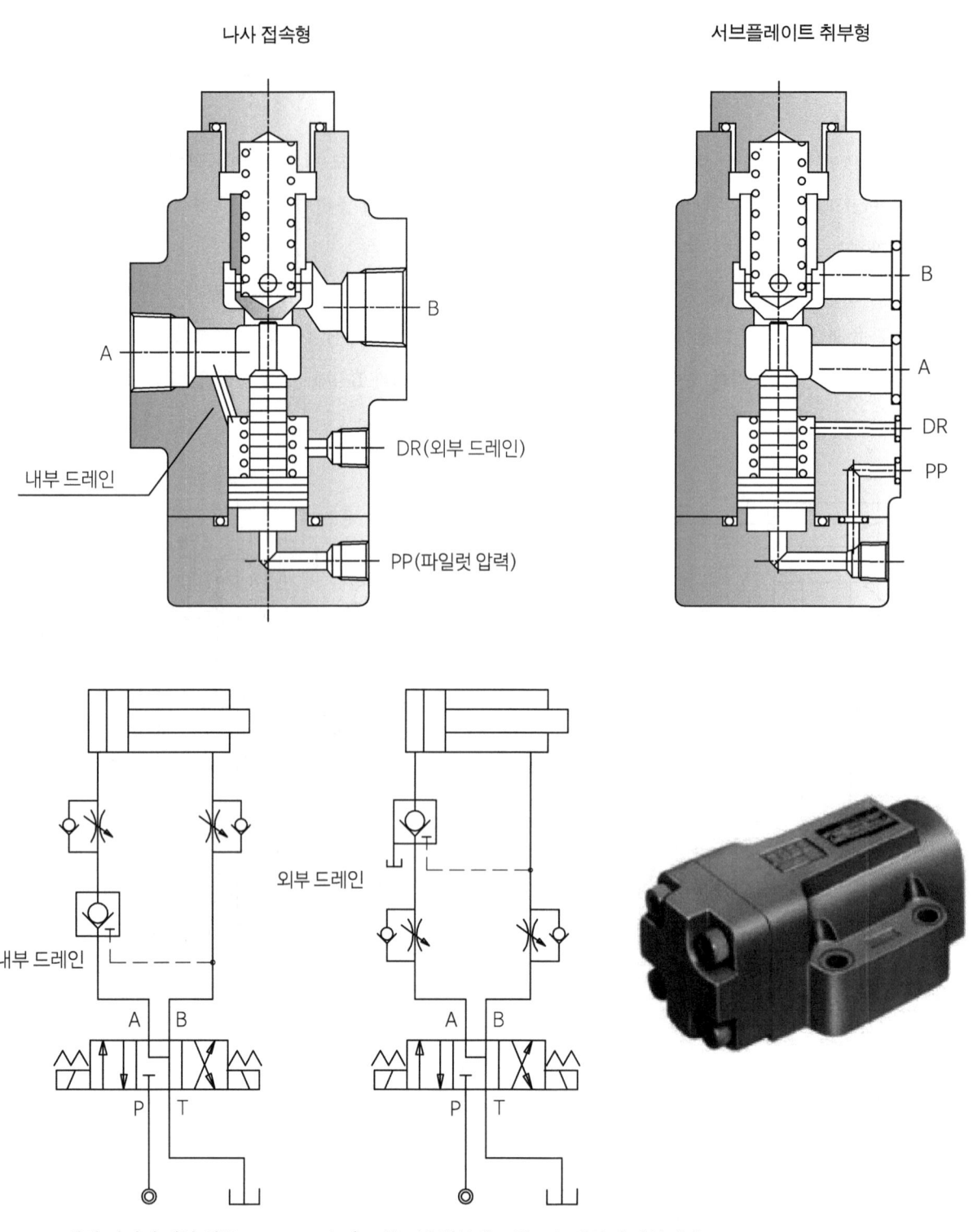

2) 파일럿 체크 밸브(이중 체크) 디콤프레스형

체크 밸브 내부에 또 다른 체크 밸브가 내장되어 있는 밸브로 반대쪽 방향의 흐름을 요구할 때 내부에 있는 체크 밸브를 먼저 동작시키고 순차적으로 외부 체크 밸브를 동작시키므로 순간적으로 크래킹할 때 충격을 완화시키고 파일럿 압력이 저압에서 동작이 가능한 밸브이다.

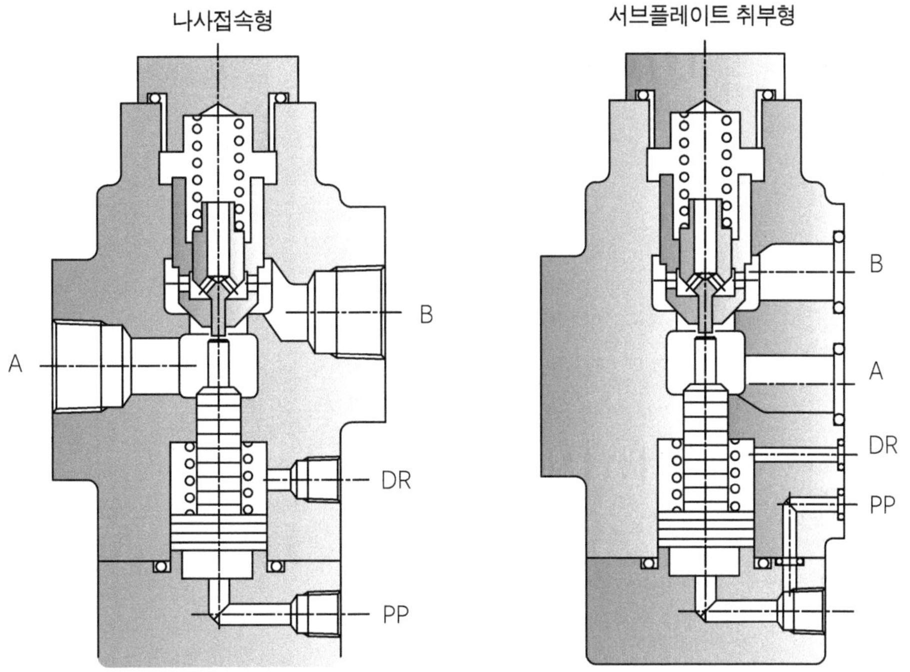

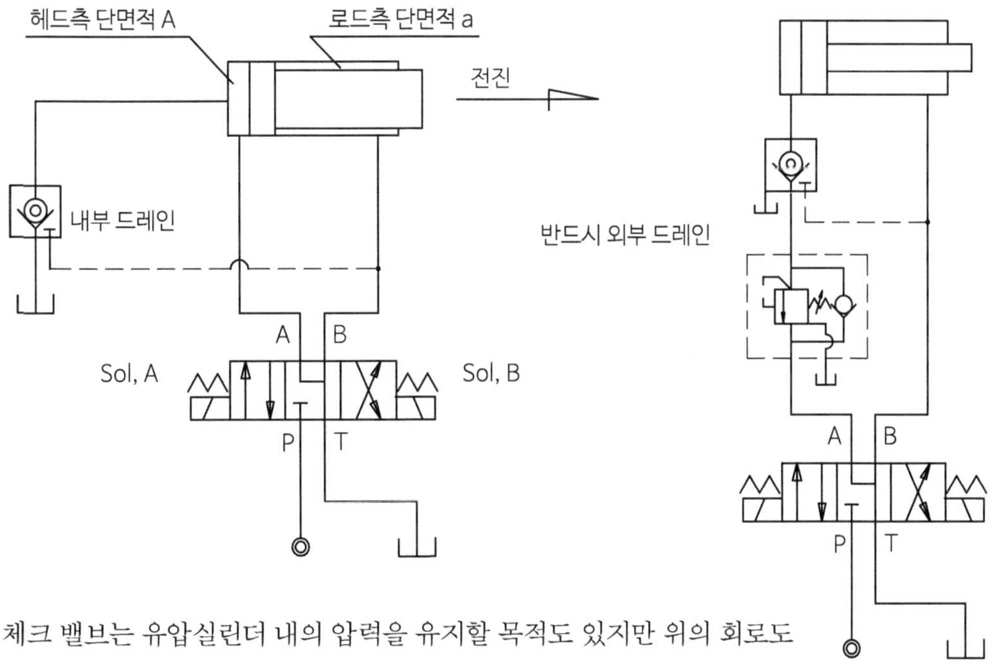

파일럿 체크 밸브는 유압실린더 내의 압력을 유지할 목적도 있지만 위의 회로도와 같이 실린더쪽 단면적(A)와 로드쪽 단면적(a)가 과도한 차이로 Sol, B가 여자되면 고속으로 후진하는데 이때 단면적 A×V(후진속도)이면 솔레노이드 밸브의 통과유량을 만족하지 못하므로 파일럿 체크 밸브를 사용하는 경우의 예이다.

3) 파일럿 조작 체크밸브 작동 원리도

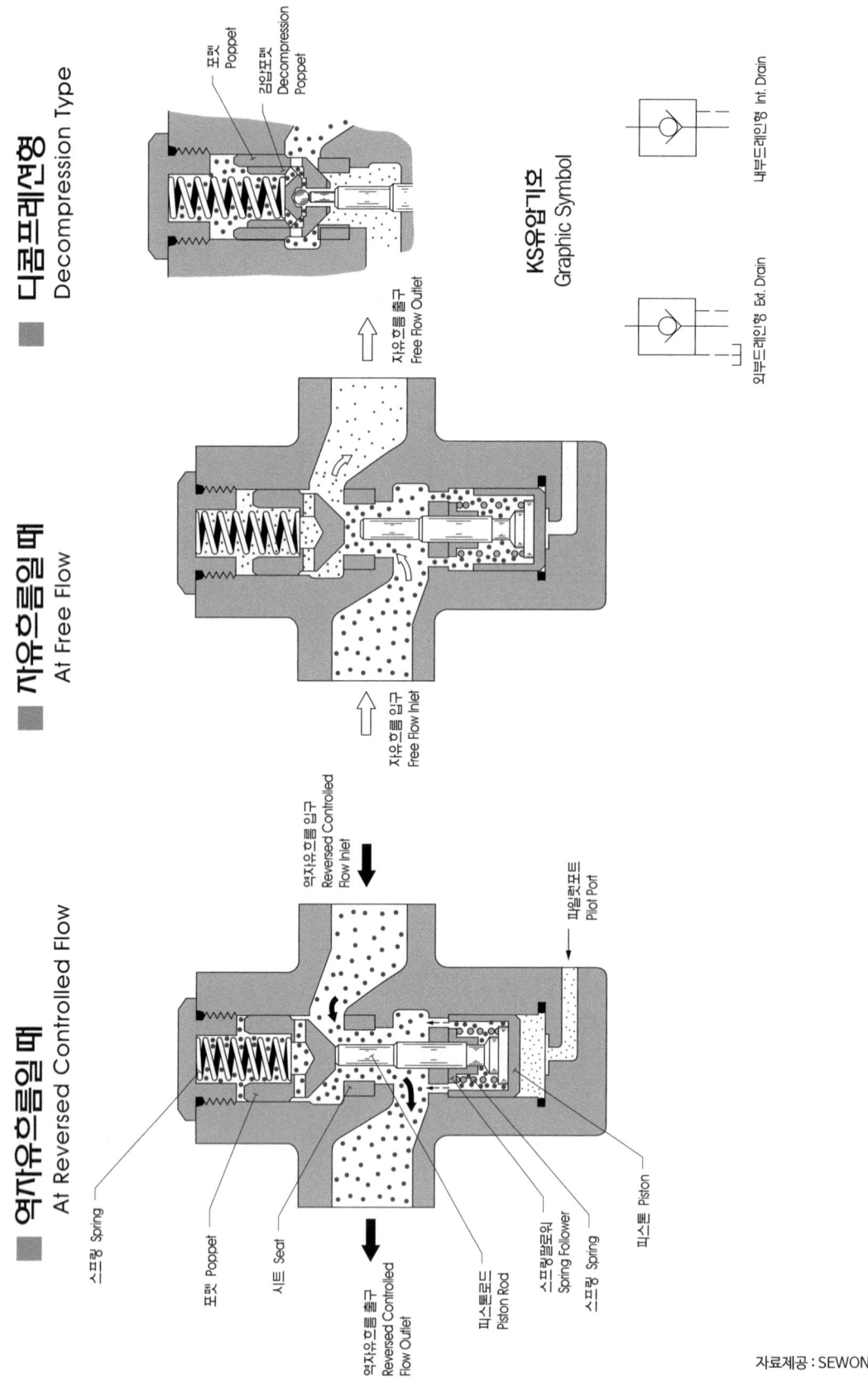

11 프리필 밸브(Prefill Valve)

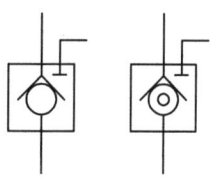

급속전진 행정에서는 탱크로부터 유압실린더의 흐름을 허용하고 가압 공정에서는 유압실린더로 부터 탱크에의 역류를 방지하며 귀환 행정에서는 자유 흐름을 허용하는 밸브이다.

프리필 밸브는 보조실린더(Quicker Cylinder)에 의하여 메인실린더가 고속으로 이동할 때 유압제어밸브의 통과유량을 만족하지 못하여 실린더에 진공이 발생하는 경우에 프리필 밸브를 사용하여 유량을 만족시키는 밸브이다(Filling 기능).

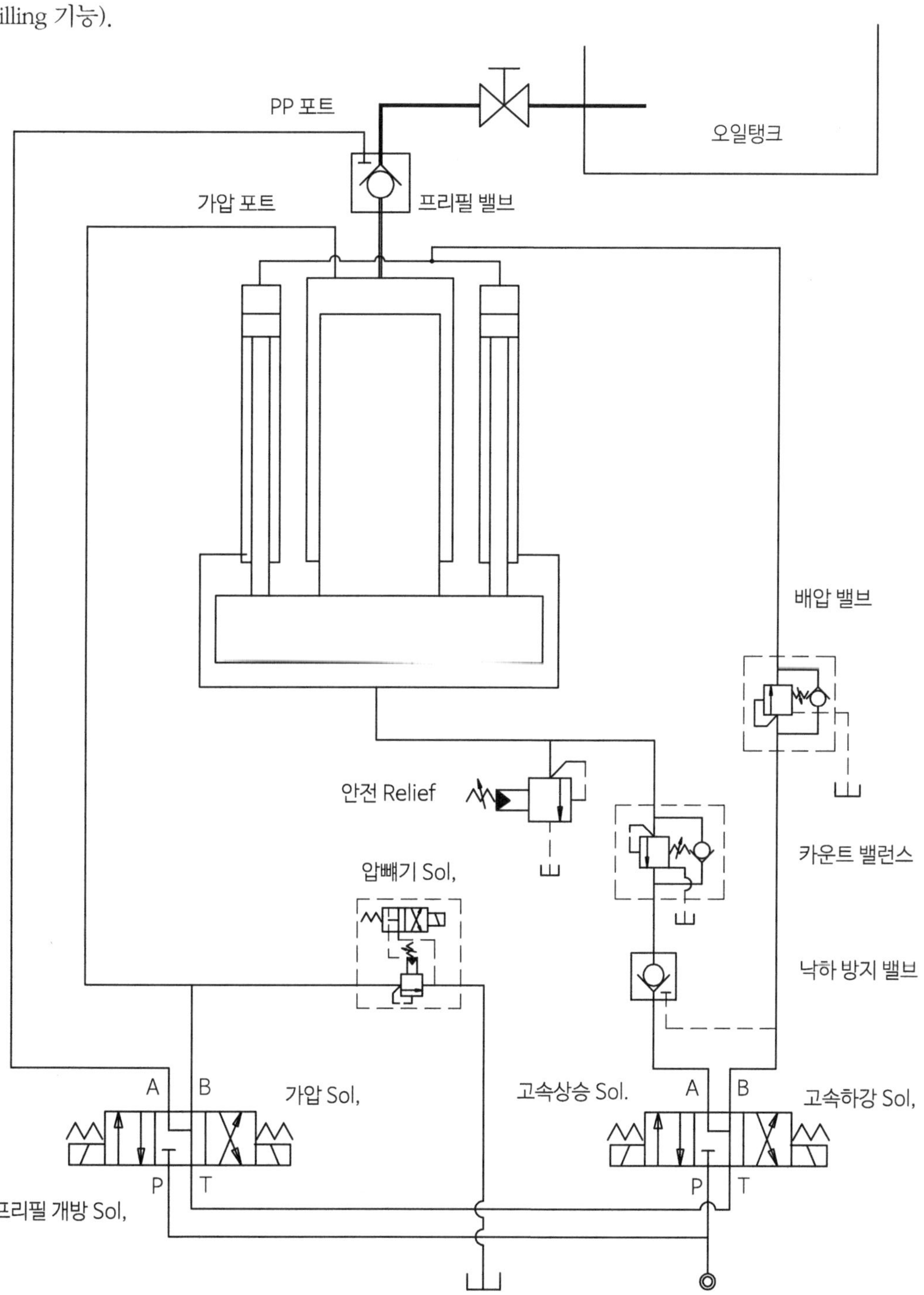

1) 중, 대형 주조형 프리필 밸브

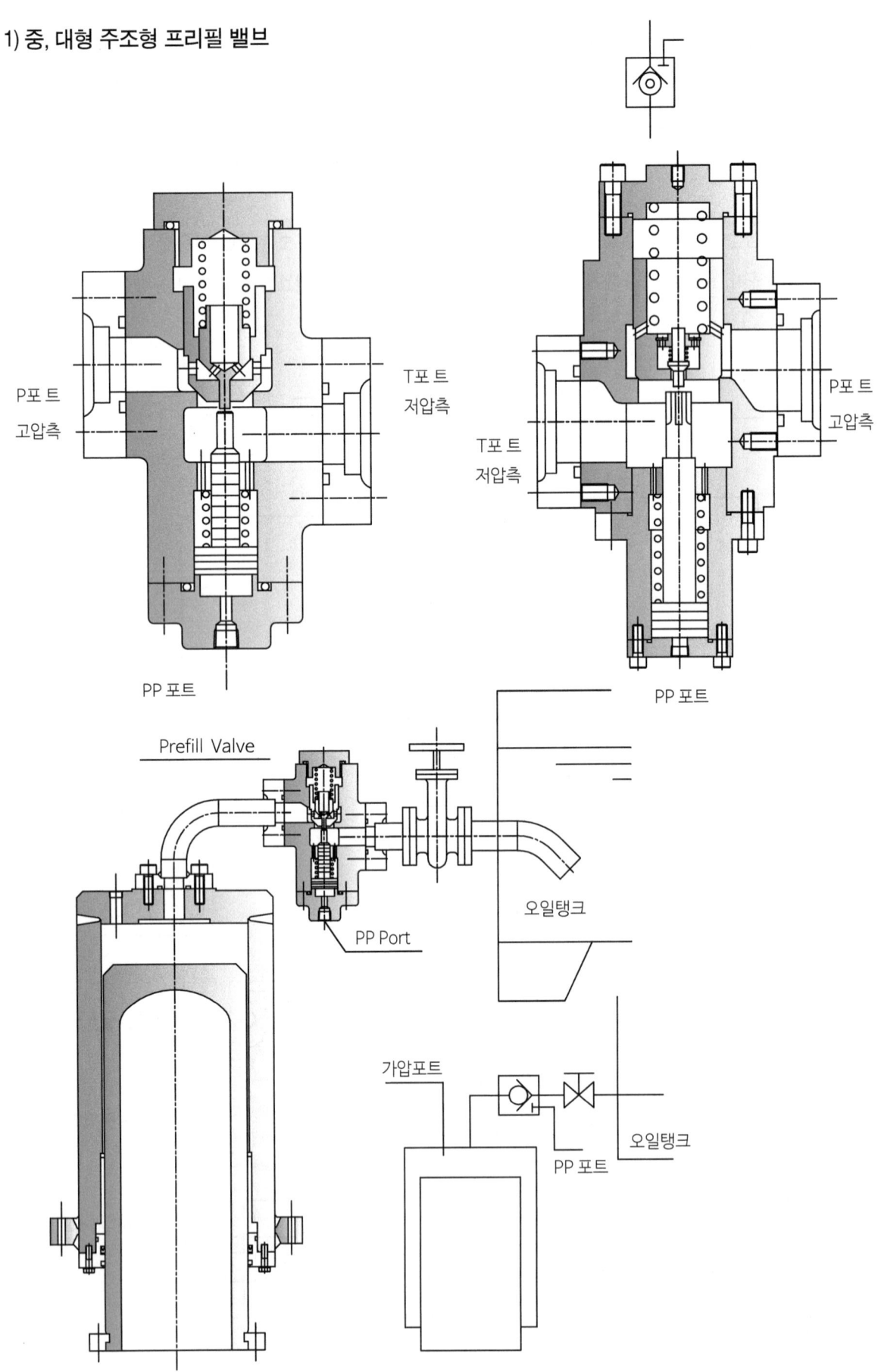

2) 소형 앵글형 프리필 밸브

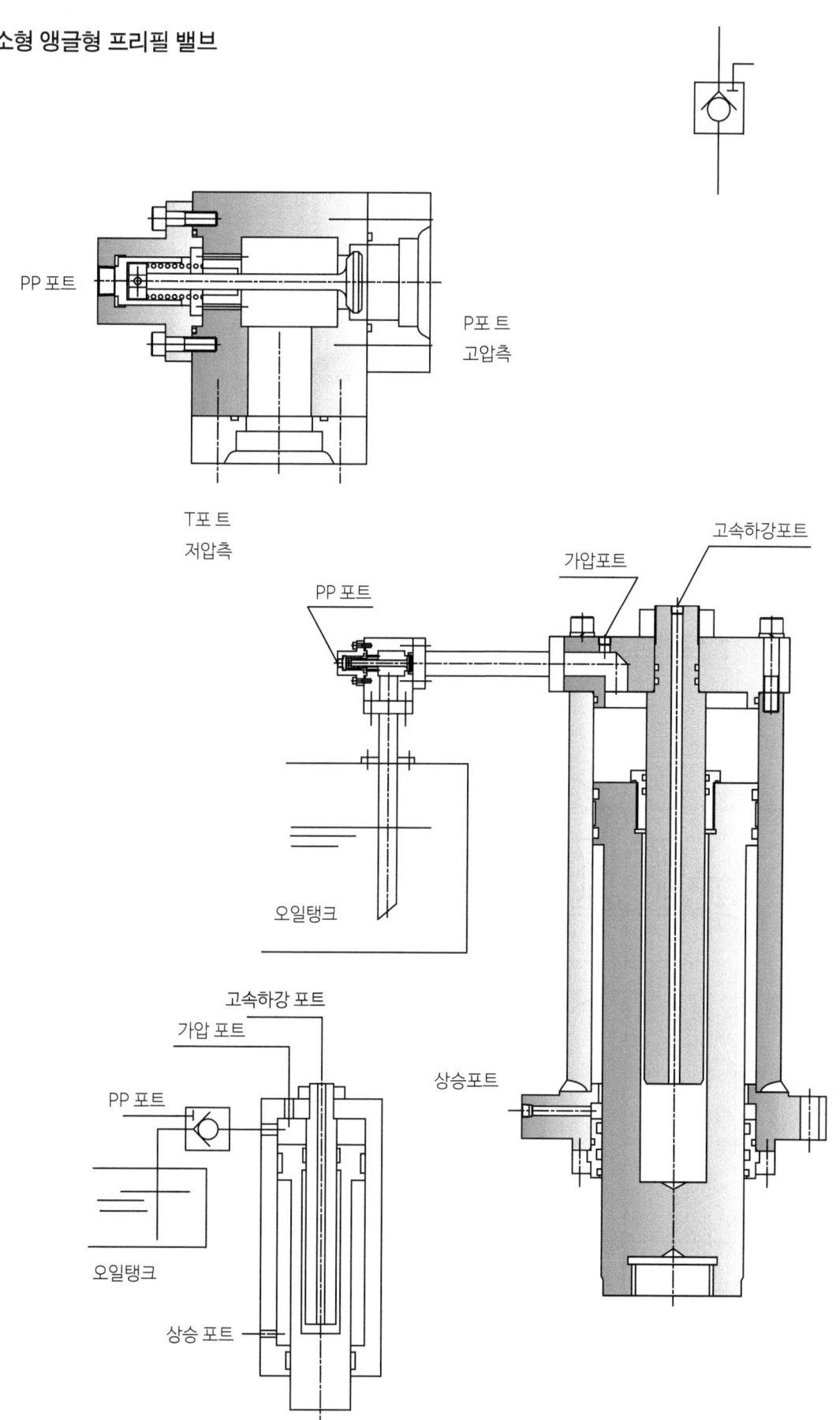

3) 중형 버트플라이형 프리필 밸브(In-Line Prefill Valve)

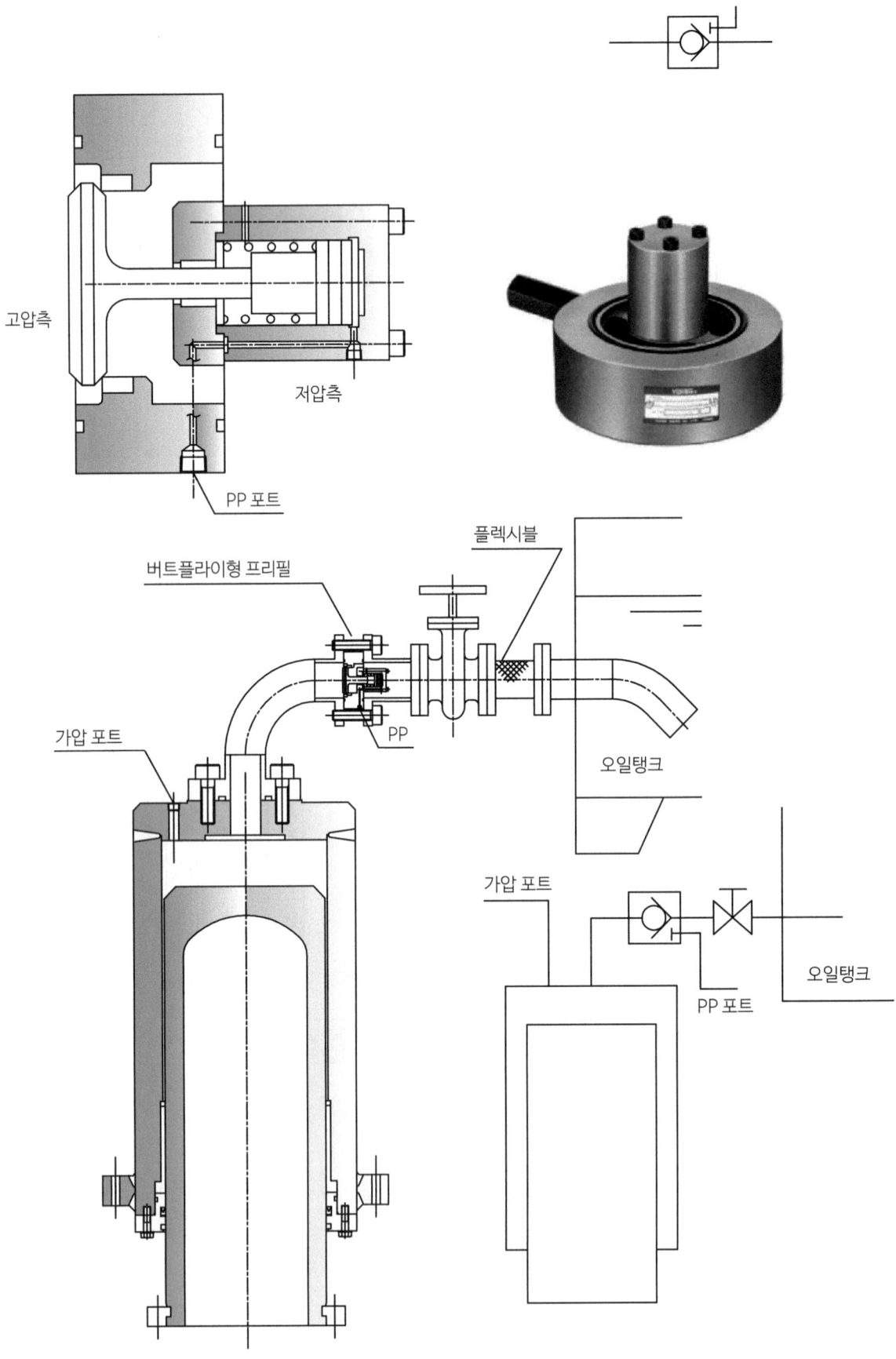

4) 버트플라이형 프리필 밸브 실린더 직접 취부 예(In-Line Prefill Valve)

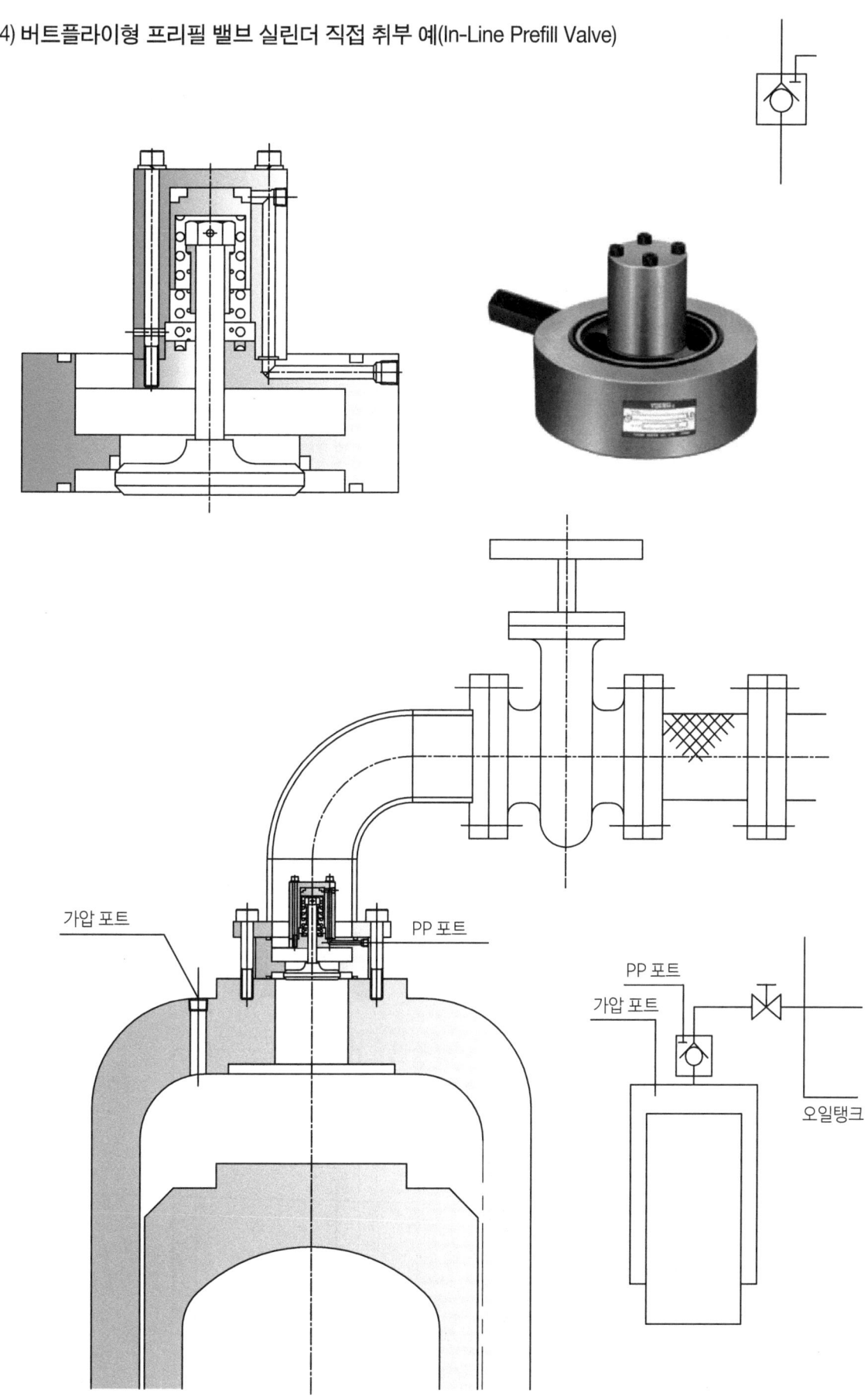

5) 대형 밴드형 프리필 밸브

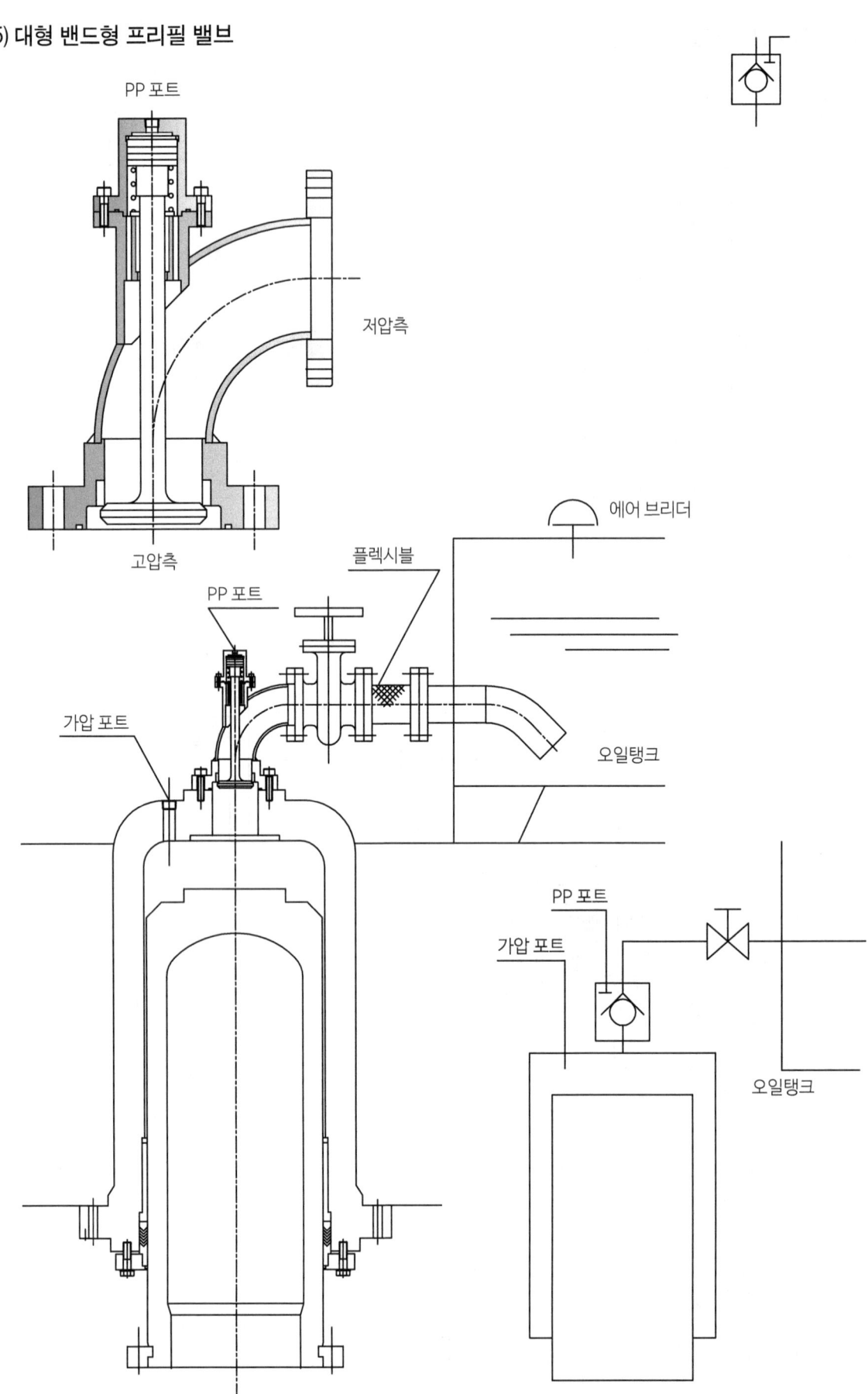

12 파일럿 체크 밸브와 프리필 밸브의 차이

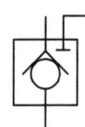

Prefill Valve

Prefill Valve는 Main Cylinder에 가후 압빼기 밸브가 작동하여 실린더 내부에 잔류 압력(약 10 bar 미만)이 있는 상태에서 프리필 개방용 Sol, 이 작동되므로 파일럿 스플의 직경이 메인 스플의 직경보다 작은 구조로 되어 있다.

T 포트 쪽은 탱크압력이 저압이므로 저압에 견디는 구조로 되어 있다.

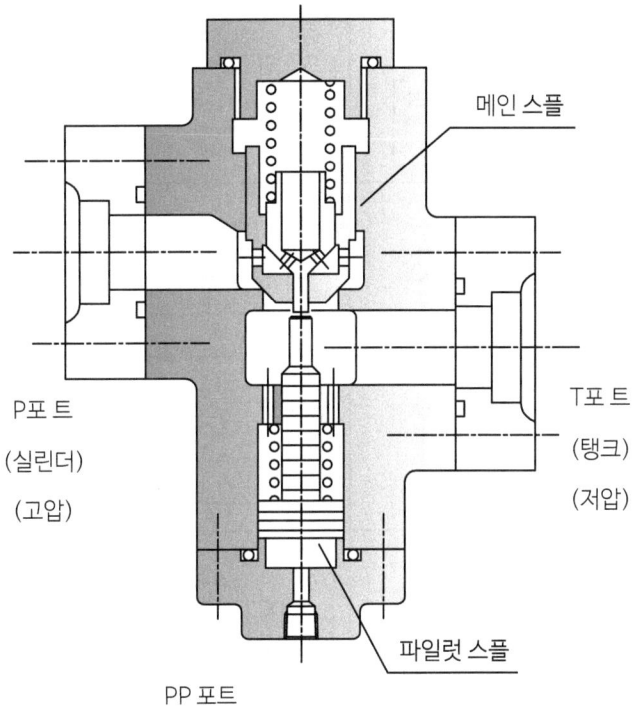

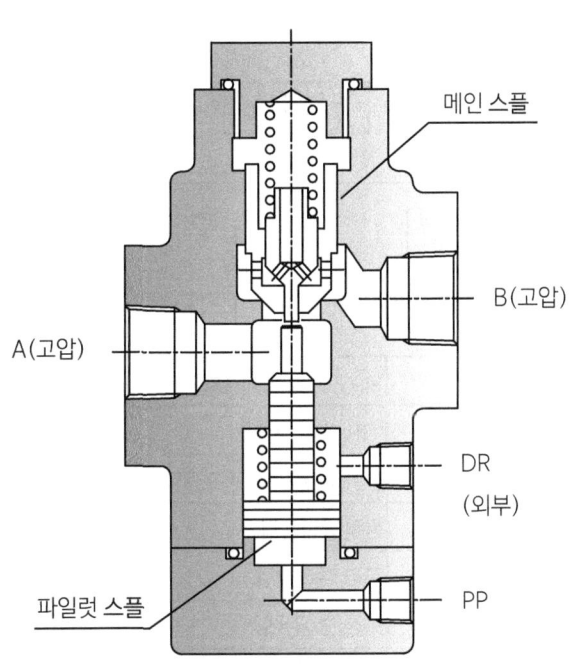

Pilot Check Valve

파일럿 체크 밸브는 A, B 라인에 고압이 걸릴 수 있다는 전제로 구성되고 따라서 A측에 압력이 걸린 상태에서 파일럿 스플이 작동하여 메인 스플을 개방할 수 있는 구조로 되어 있다.

파일럿 체크 밸브는 특별한 경우를 제외하고는 외부 드레인을 해야 한다.

	파일럿 체크밸브	프리필 밸브
구조 및 형상	동일	동일
A(P), B(T) 압력	A측 고압 B측 고압	P측 고압 T측 저압(탱크)
메인스플/파일럿스플	메인스플 < 파일럿스플	메인스플 > 파이럿스플
용도	압력 유지 기능	Filling 기능

13 기본 유압기기의 선정 예

		실린더 사양	실린더 형상	실린더 고정방법
		실린더 내경	타이로드	LA, LB
		로드 외경	밀 타입	CA, CB
		실린더 행정	주조	FA, FB, FC, FD
				TA, TB, TC,

	01 03 04 06 10					

Tank	40, 60, 80, 100, 150, 200, 300
Motor	HP, 극수, 전압
Pump	유량, 사용압력, 펌프종류
Coupling	동력 전달능력
Suction Filter	구경, 통과유량
Return Filter	구경, 통과유량
Level Gauge	종류, 길이
Air Breather	통과유량
Pressure Gauge	사용압력, 외경, 취부형태
Gauge Cock	취부형태
Thermo Gauge	
Thermo Stat	
Cooler	종류.통과유량, 열교환능력
Magnet Separator	

제4절 유량(속도) 제어 밸브(Flow Control Valves)

유압관로의 유량을 제어하므로 액추에이터의 속도를 제어하는 기기이다. 이 밸브는 밸브 내의 통과유량을 무단으로 제어하여 Actuator의 속도조정 및 각종 밸브의 열림과 닫힘의 변경 가변용량형 Pump, Motor의 용적 변경, 속도 제어 조정 등에 적용된다.

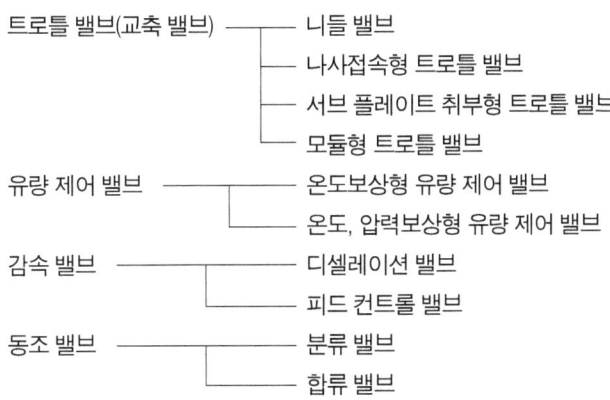

유량 제어 밸브의 종류

교축 개구 형상

구 분	형 상	특 징
니들형		교축 개구의 흐름방향길이가 비교적 짧다. 가공 및 구조가 간단하다.
축방향 삼각 노치형		교축 개구의 흐름방향길이가 비교적 짧다. 소유량 정밀 제어에 적합하다.
축방향 사각 노치형		교축 개구의 흐름방향길이가 비교적 짧다. 소유량 정밀 제어에 적합하다.
원형 창구형		교축 개구의 흐름방향길이가 비교적 짧다. 대유량 제어에 적합하다.
원주방향 노치형		교축 개구의 흐름방향길이가 비교적 길다. 소유량 정밀 제어에 적합하다.

1 유량(속도) 제어 밸브 종류(Flow Control Valves)

유량 제어 밸브의 종류

트로틀 밸브 (교축 밸브)	니들 밸브		소형으로 양 방향 교축제어
	나사접속형 트로틀 밸브		나사접속형 체크 밸브 부착 교축 밸브
	서브 플레이트 취부형		나사접속형 체크 밸브 부착 교축 밸브
	모듈형		모듈형 교축 밸브
Flow Control Valve 유량제어 밸브	온도보상형		유온 변화 보상형 정밀 유량 제어 밸브
	온도, 압력보상형		유온과 압력변화 보상형 정밀 유량 제어 밸브
감속 밸브	디셀레이션 밸브		유온과 압력변화 보상형 정밀 유량 제어 밸브
	피드컨트롤 밸브		캠조작형 정밀 유량 제어 밸브

2 액추에이터(유압실린더, 유압모터)의 유량 제어(속도 제어)

액추에이터의 속도 제어는 유압회로를 구상할 때 초기에 펌프의 선정부터 고려해야 하는데 펌프의 선정은 액추에이터의 최대속도를 만족하는 펌프로 선정되었다는 전제 하에 필요에 따라 속도를 느리게 제어해야 할 이유가 충분할 때 각종 유량 제어 밸브를 적용하여 속도를 제어한다.

고압 대유량의 유압장치는 원칙적으로 과도하게 속도를 줄이는 것을 금기시 하지만 부득히 순간적으로 제어할 이유가 충분할 때 고려해 볼만하다.

일반적으로 사용압력이 $100 kg/cm^2$ 미만이고 펌프유량이 소유량일 경우에서는 가변 펌프를 사용하면 상당한 발열과 소음이 예상되지만 유량 제어 밸브를 적용하여 액추에이터의 속도를 제어해 볼만하다.

고속으로 동작하는 시간이 짧고 제어유량(저속)으로 동작하는 시간이 길면 유압회로 설계를 다시 검토해야 하며 이때는 펌프를 2개를 적용하든지 또다른 방법이 없는지를 검토해야 한다.

왜냐하면 많은 유량이 필요하다가 갑자기 극히 적은 유량으로 제어하면 나머지 유량은 압력 제어 벨브(Relief Valve)를 통하여 탱크로 돌아가며 이때 상당한 발열과 진동, 충격, 소음이 예상되기 때문이다.

유압 액추에이터의 속도 제어는 펌프유량을 제어하든지 아니면 유량 제어 밸브들을 적용하여 제어한다.

펌프 자체의 유량 제어는 가변용량형 펌프가 아니면 제어가 불가능 하여 유량 제어 밸브만으로 제한하면 3 가지 기본회로로 국한된다.

① 미터-인(meter-in circuit) 회로
② 미터-아웃(meter-out circuit) 회로
③ 블리드-오프(bleed-off circuit) 회로

유압실린더의 유량 제어를 할려면 유압실린더에 걸리는 부하의 형태에 따라 부하의 작용방향, 부하의 변동, 부하의 크기를 이해하고 부하의 조건에 맞는 유량 제어회로를 구성하여야 한다.

3 미터-인 회로(meter-in circuit)

미터-인 회로는 펌프에서 토출된 유량을 실린더 A, B Port에 공급하기 전에 유량을 제어하는 방식이다.

미터-인 회로는 들어가는 기름을 제어했기 때문에 반대쪽으로 빠져나가는 쪽에 자중이나 기타 어떤 다른 외력이 작용하면 제어할려고 하는 목적에 관계없이 속도 제어가 되지 않는 경우가 있다.

만약에 실린더에 자중이 걸리면 하강 속도를 제어하기 위하여 미터-인 회로를 적용하면 실린더는 A-port 제어유량과 관계없이 자중에 의해서 속도 제어가 되지 않는다.

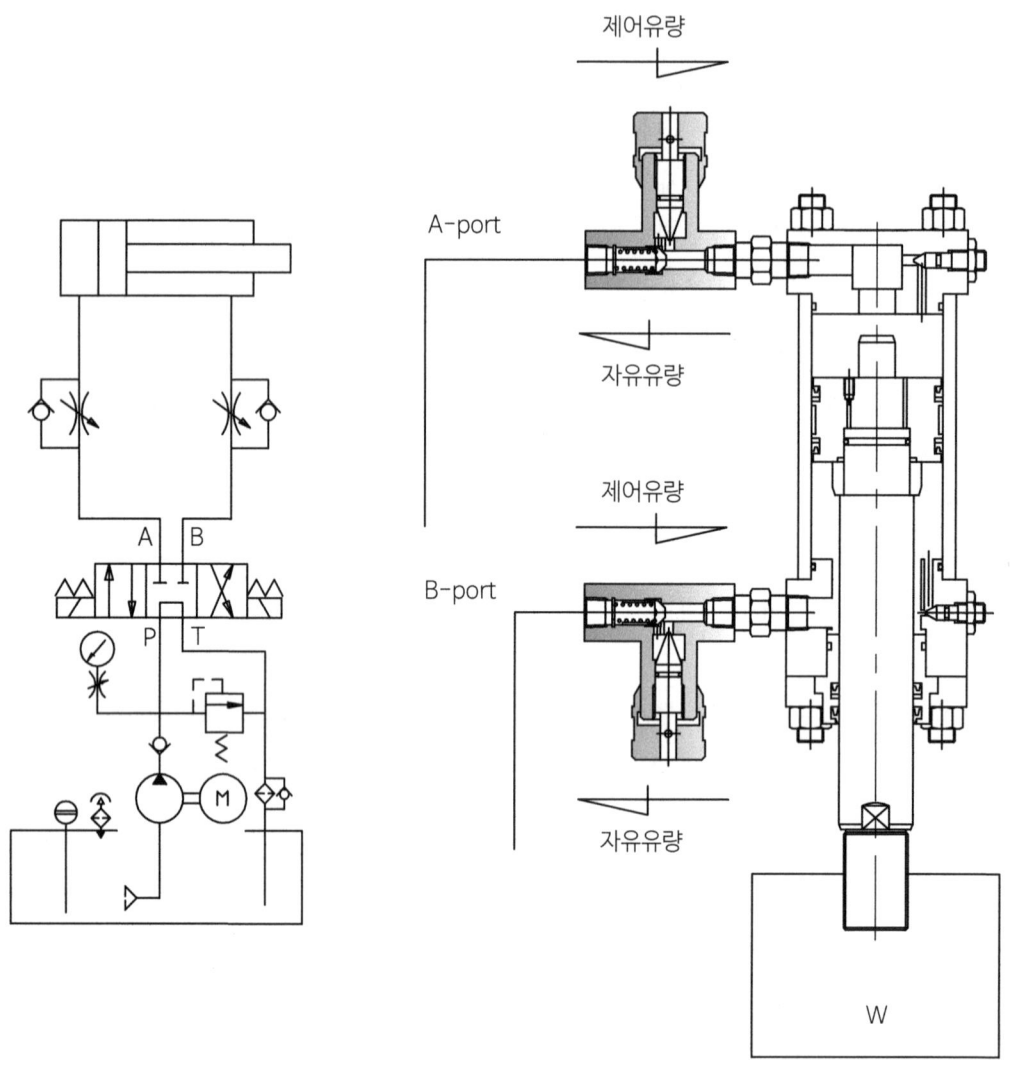

자중에 의하여 실린더가 하강할 경우에는 자중에 부합하는 유압 카운트밸런스 밸브를 적용하여 자중낙하방지를 하여야 한다.

4 미터-아웃 회로(meter-out circuit)

미터-아웃 회로는 펌프에서 토출된 유량을 실린더 A-port에 유량을 공급하면 반대쪽 B-포트로 빠져나가는 유량을 제어하는 방식이다.

따라서 실린더를 고속 전진시키기 위하여 A-port에 아무리 많은 유량을 공급하여도 B-포트쪽으로 제어된 유량만큼 전진한다.

실린더의 전진속도를 과도하게 천천히 제어하면 실린더 헤드측 단면적과 로드측 단면적 차이로 실린더 로드측에 증압이 발생하여 패킹 손상이나 변형으로 누유가 발생하는 경우가 있어 주의가 요구된다.

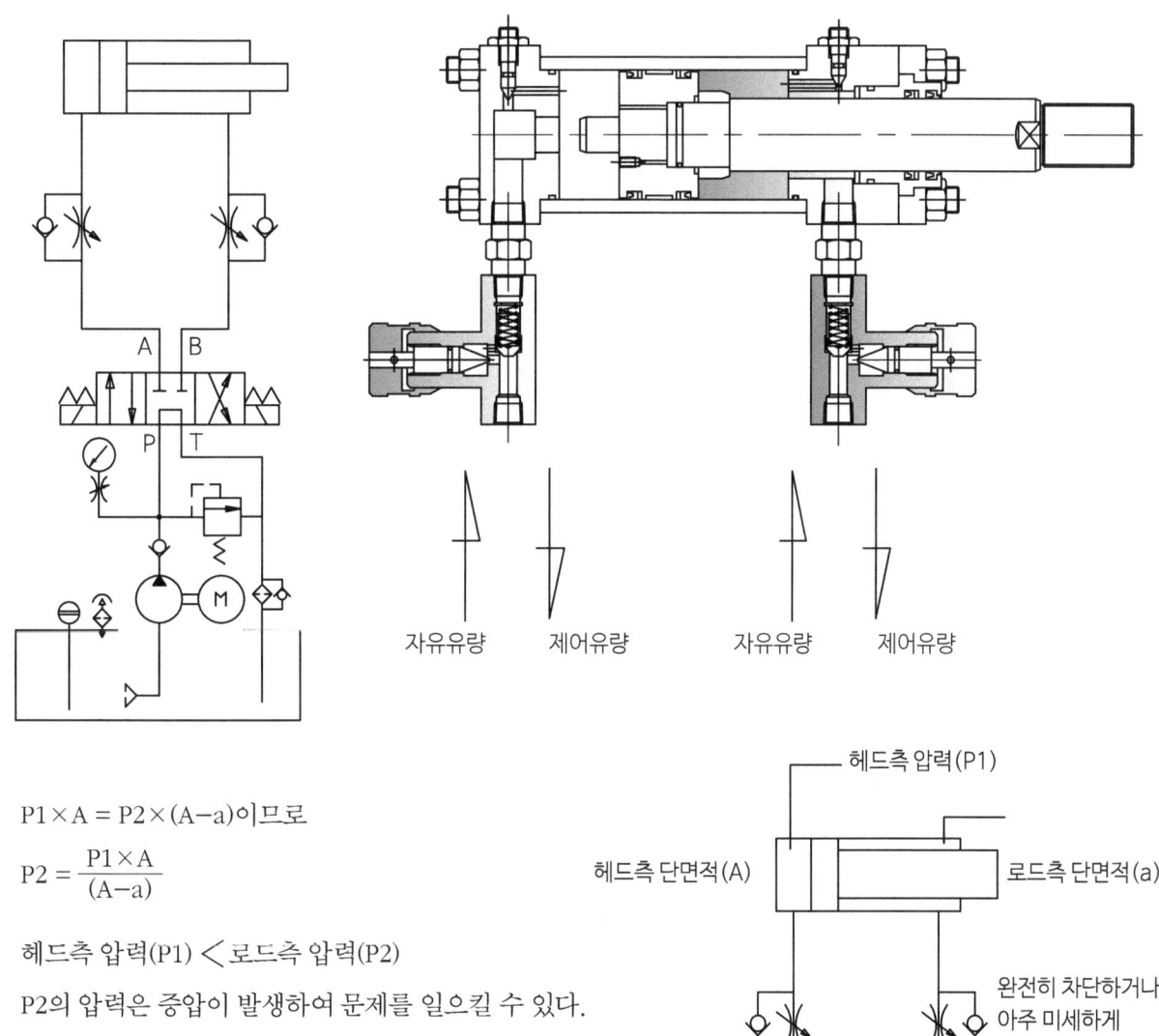

$P1 \times A = P2 \times (A-a)$ 이므로

$P2 = \dfrac{P1 \times A}{(A-a)}$

헤드측 압력(P1) < 로드측 압력(P2)

P2의 압력은 증압이 발생하여 문제를 일으킬 수 있다.

5 블리드-오프 회로(bleed-off circuit)

블리드-오프 회로는 실린더로 가는 기름의 일부(제어유량)를 탱크로 리턴시키는 회로이다. 만약 과도하게 탱크로 리턴시키면 펌프에서 토출된 유량손실과 압력강하가 예상된다.

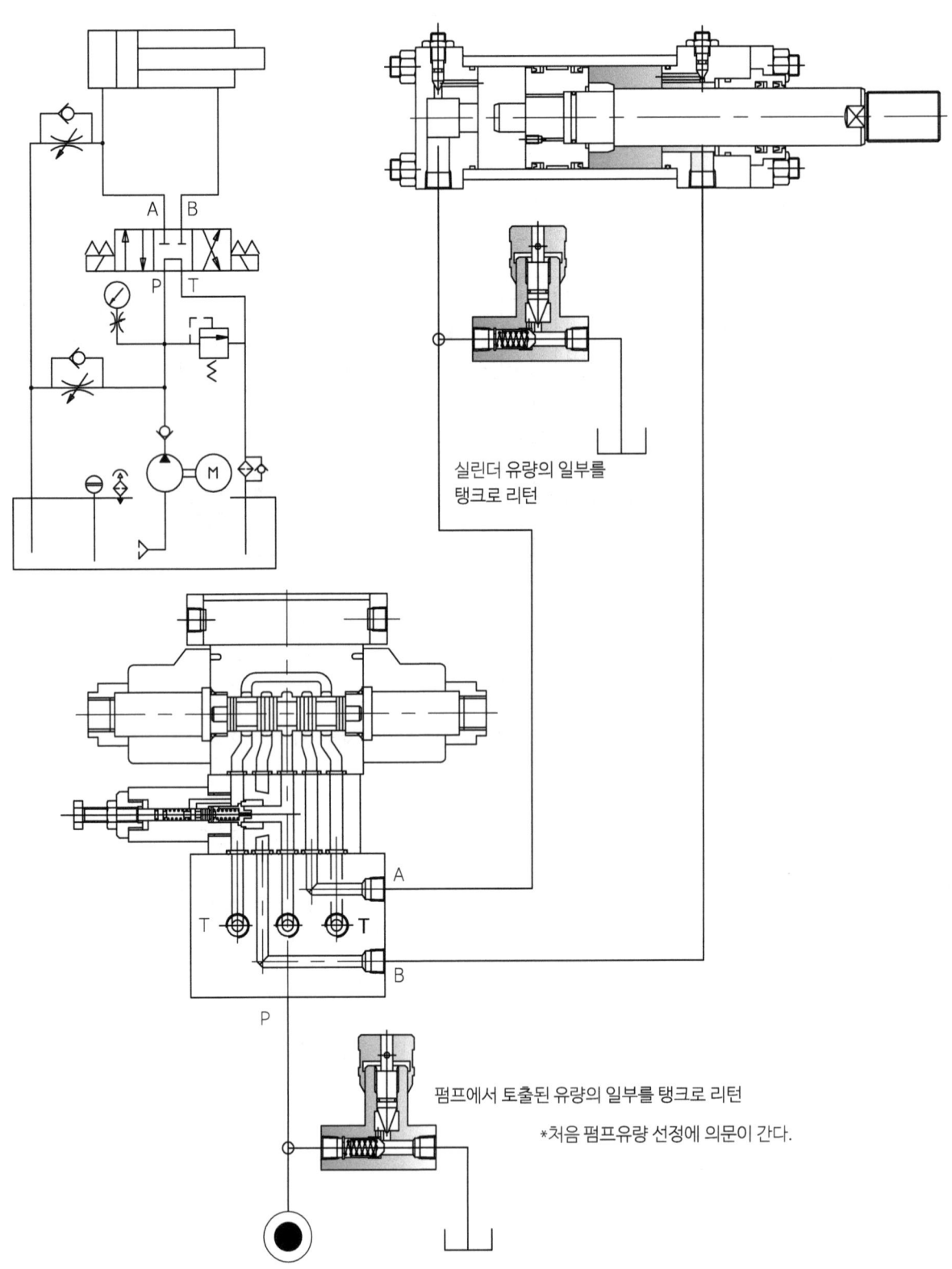

실린더 유량의 일부를 탱크로 리턴

펌프에서 토출된 유량의 일부를 탱크로 리턴
*처음 펌프유량 선정에 의문이 간다.

유량 제어 방식의 특징

유량 제어 방식		METER-IN 방식	METER-OUT 방식	BREEDER-OFF 방식
1. 외력에 의해 Actuator가 움직이는 경우의 속도 제어		사용 불가 (외력에 의해 제어 불가)	사용 가능	사용 불가 (외력에 의해 제어 불가)
2. 급격히 부하가 없어지는 경우의 속도 제어		사용 불가 (속도가 급격히 늦어진다.)	사용 가능	사용 불가 (속도가 급격히 늦어진다.)
3. 속도제어의 정밀도	10kgf/cm² 이상	좋다.	좋다.	나쁘다(펌프의 용적 효율 비례).
	10kgf/cm² 이하	좋다.	좋다.	압력 보상형 밸브의 경우 나쁘다.

6 유량 제어 방식에 따른 기본 회로의 장, 단점

회로형식	부하의 조건	장점	단점
미터-인 회로 (meter-in)	• 부하의 급격한 변화가 발생하지 않는 경우 • 자중이나 다른 외력이 관성력이나 회전력으로 작용하지 않는 경우	• 펌프에서 공급하는 유량이 유량 제어 밸브 제어유량 만큼 액추에이터에 공급하는 구조이므로 제어가 쉽다.	• 자중이나 다른 외력이 작용하여 변동부하가 발생하는 경우에는 적용하지 못한다. • 관성력이 큰 부하의 조건이면 정지시킬 때 제어의 정밀도가 떨어진다. • 잉여기름이 Relief Valve로 통하여 리턴되기때문에 효율이 떨어진다.
미터-아웃 회로 (meter-out)	• 부하의 조건이 급격한 변화가 예상되는 경우. • 자중이나 다른 외력이나 변동부하의 경우.	• 저속제어에도 적용가능하다. • 저압에서 정속제어에도 적합. • 변동부하나 자중이나 다른 외력에도 적용가능 하다. • 부하의 조건이 급격한 변화에도 적용가능하다.	• 헤드측 단면적과 로드측 단면적에 비례해서 과도한 속도제어는 로드측에 증압 발생이 예상된다. 관성력이 큰 부하의 조건이면 제어할 때 충격이 예상된다. • 급격히 저속으로 제어하면 잉여기름이 Relief Valve로 통하여 리턴되기때문에 효율이 떨어진다.
블리드-오프 회로 (bleed-off)	• 부하의 급격한 변화가 발생하지 않는 경우 • 자중이나 다른외력이 관성력이나 회전력으로 작용하지 않는 경우	• 회로 내의 압력 손실적고 효율이 높다. • 유압모터이거나 양 로드 실린더일 경우 속도제어가 쉽다.	• 자중이나 다른외력이 작용하여 변동부하가 발생하는 경우에는 적용하지 못한다. • 관성력이 큰 부하의 조건이면 정지시킬 때 제어의 정밀도가 떨어진다. • 속도를 과도하게 느리게 하면 압력 손실이 크다. 제어 정밀도가 떨어진다.

7 유압실린더의 부하의 형태에 따른 유량 제어(속도 제어)

1) 수평부하의 유압실린더 속도 제어 예

유압실린더에 걸리는 부하가 수평부하일 때는 미터-인 회로나 미터-아웃 회로 중 설계자가 부하의 형태에 따라 선택하여 적용해도 무방하다.

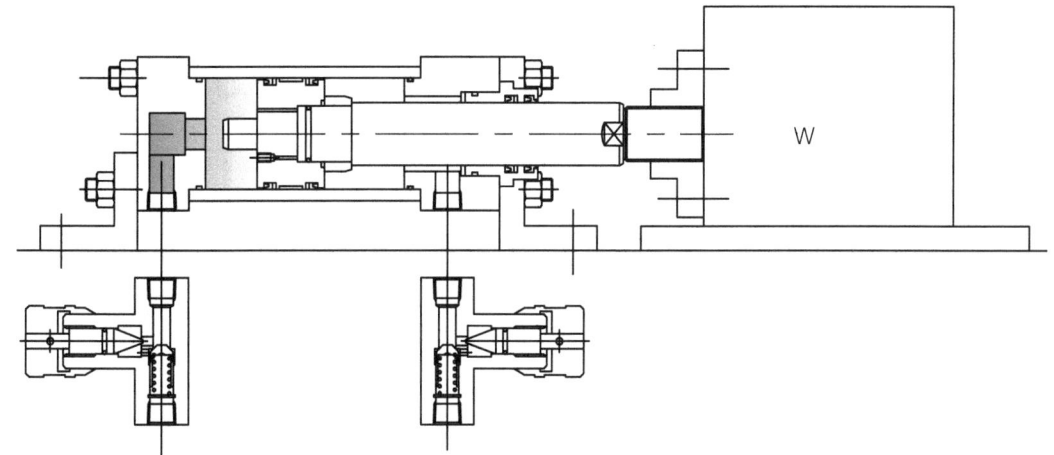

유압실린더가 수평이라도 부하의 형태에 따라 자중이나 또다른 외력에 의하여 힘의 방향이 바뀌는 경우는 반드시 미터-아웃 회로를 적용해야 한다.

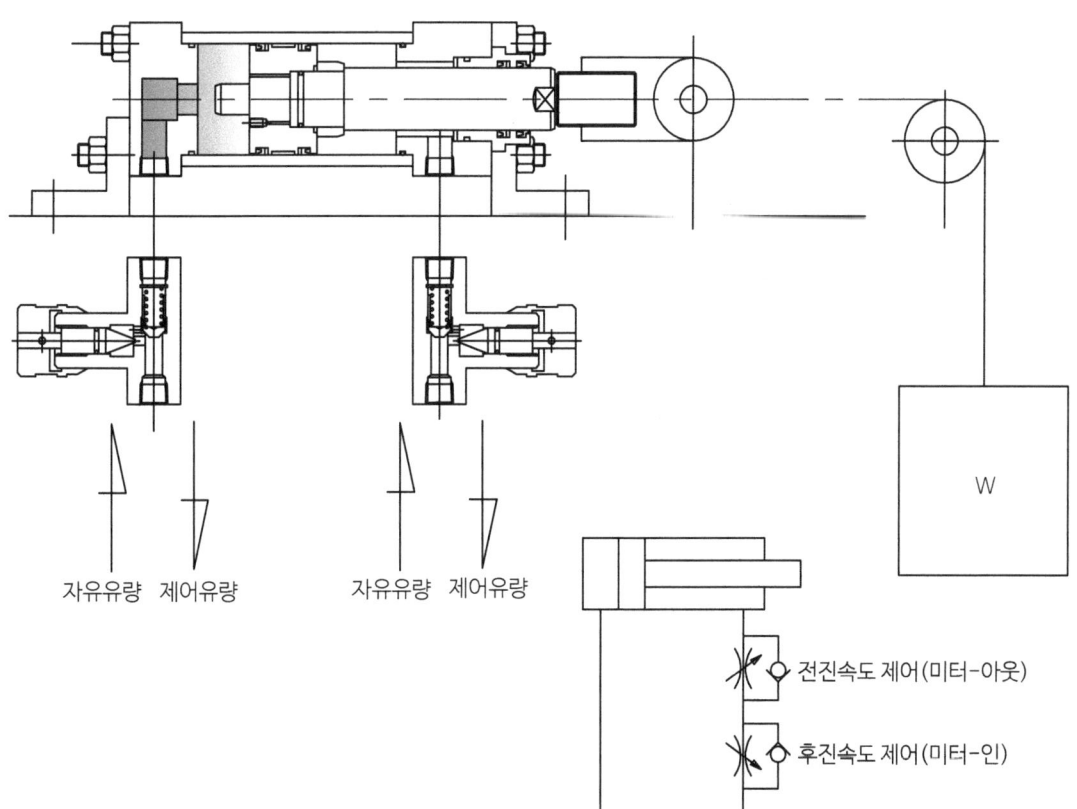

상황에 따라 미터-인, 미터-아웃밸브를 직렬로 적용한 예

2) 수직부하의 유압실린더 속도제어 예

유압실린더에 걸리는 부하가 수직부하일 때는 부하를 받는쪽은 반드시 미터-아웃 회로를 적용해야 한다.

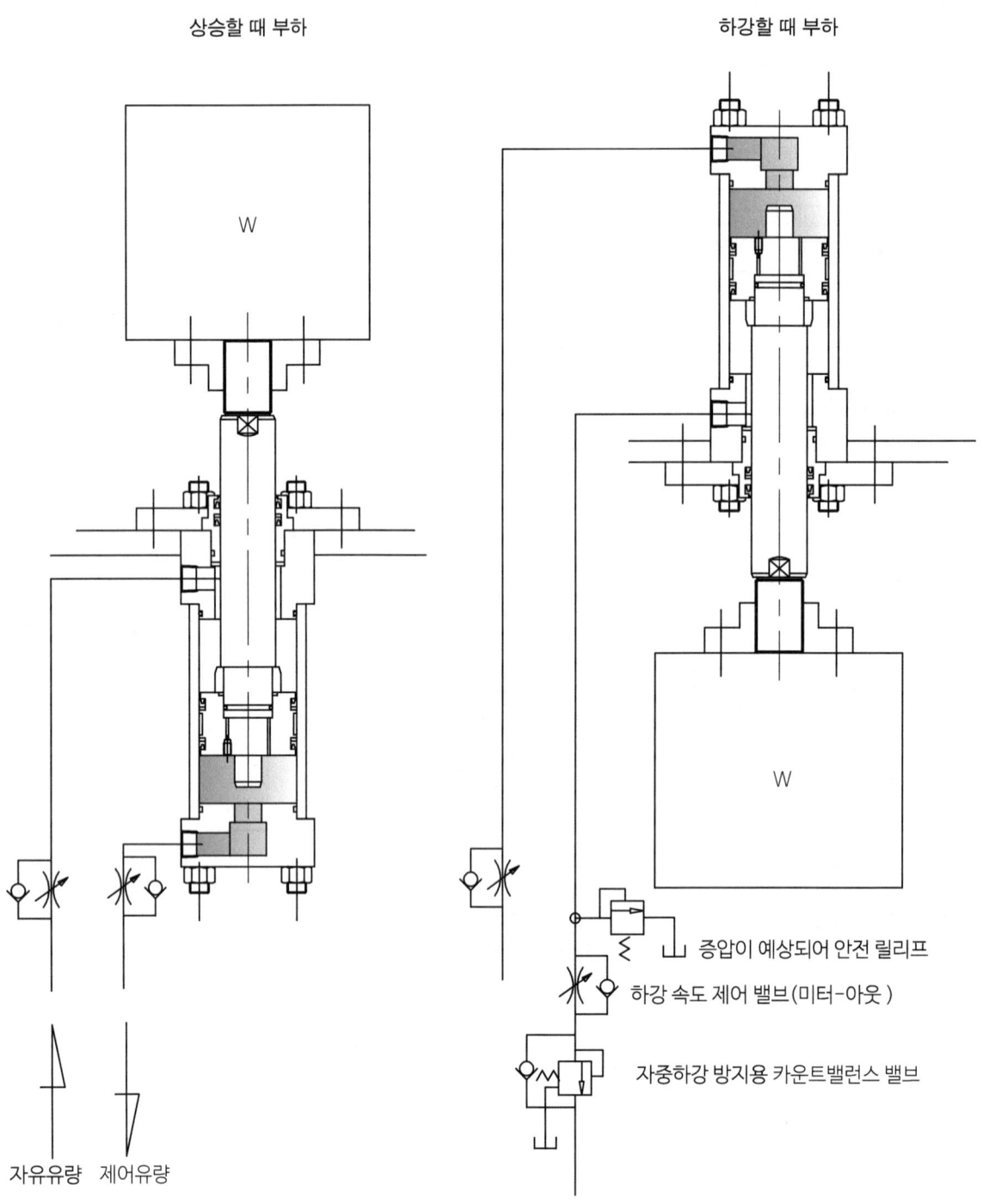

3) 변동 부하(variable load)의 유압실린더 속도 제어

변동부하의 실린더 속도제어는 유압실린더가 이동하면서 부하의 조건이 변동되는 특성을 가지므로 회로구성에 각별한 주의가 요구된다.

변동부하가 걸릴 때는 자중이나 관성력에 의하여 수평부하나 수직부하에 비하여 훨씬 더 유압전반에 미치는 충격, 진동이 심하다. 따라서 관성력과 진동의 흡수를 위하여 카운트밸런스 밸브 또는 브레이크 밸브를 적용하고 온도, 압력 보상형 플로콘트롤 밸브 적용을 권장한다.

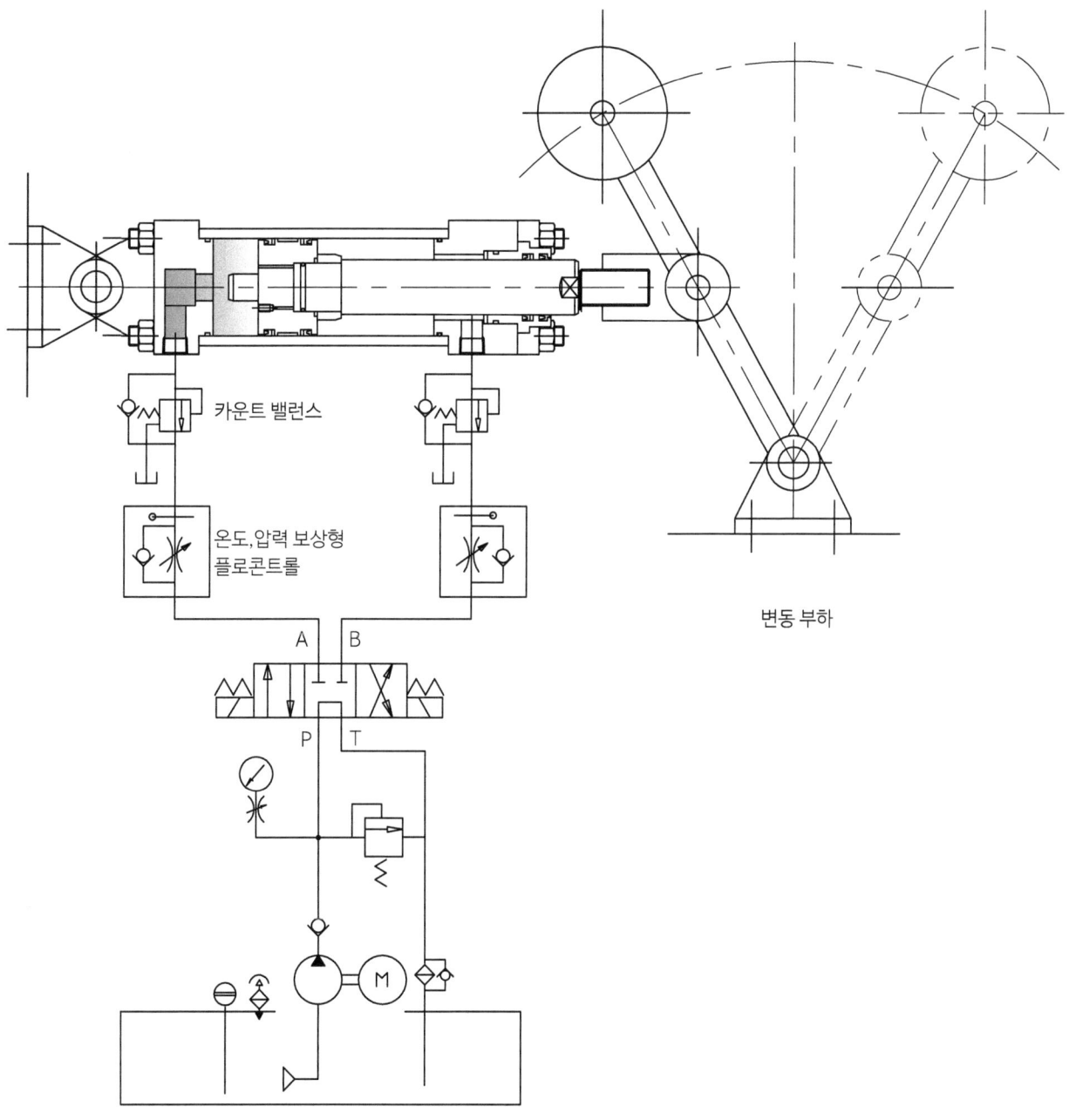

4) 유압프레스의 자중하강일 경우의 속도 제어

유압프레스의 속도 제어는 하강 버튼을 누르면 고속하강(고속하강 속도 제어), 설정위치에 도달하면 저속하강(저속하강 속도 제어), 가압설정위치에 도달하면 가압하강(가압속도 제어 불가 : 고압에서 속도 제어 금기시)한다. 가압 후 압빼기 상승의 회로라면,

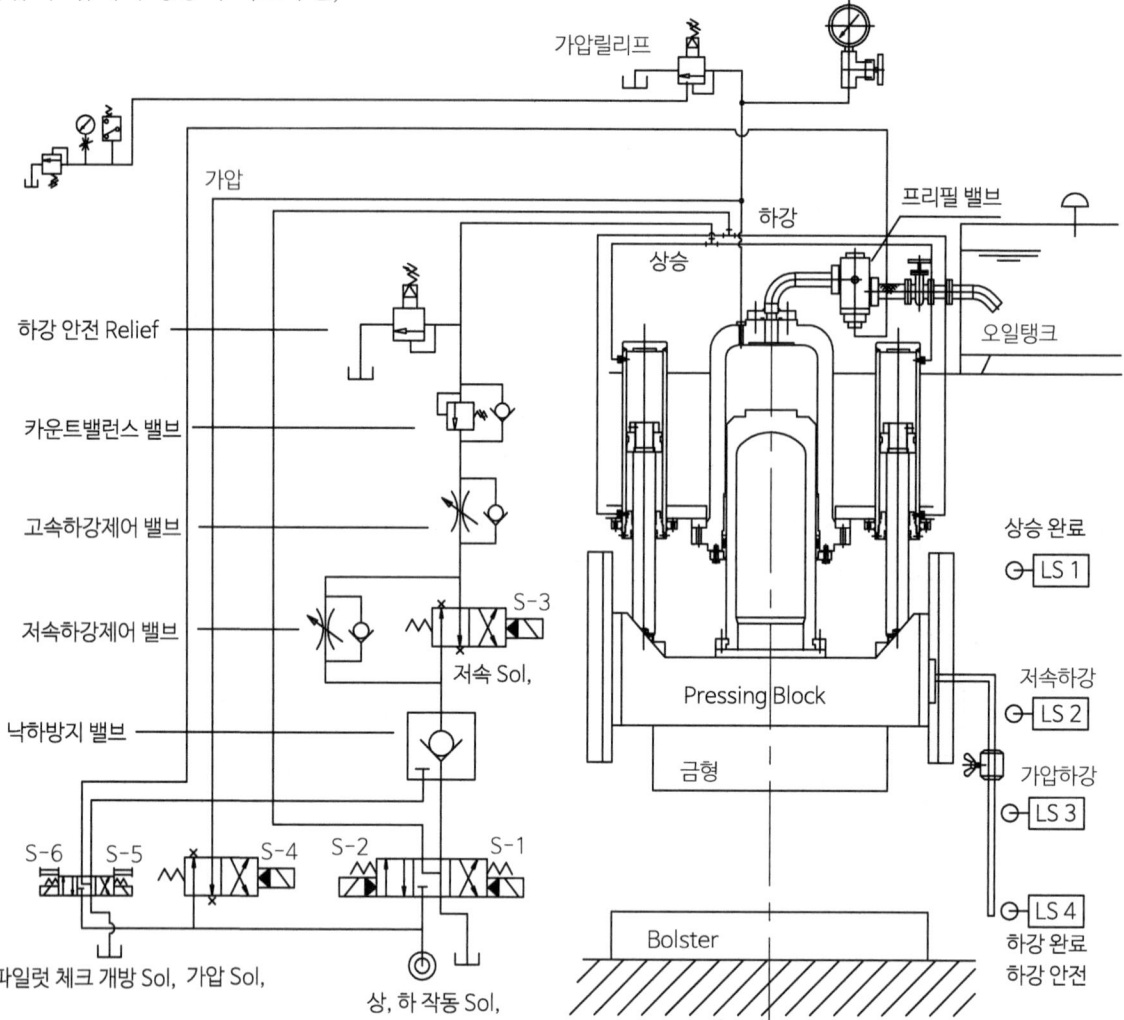

가압 하강의 속도 제어는 금기시한다. 왜냐하면 엄청난 발열과 소음이 예상되기 때문이다.

보조실린더를 Quicker Cylinder, Side Cylinder로 적용한 유압장치일 경우의 속도 제어는 Main Cylinder에 의하여 가압할 때 보조실린더에 중압이 발생하여 누유, 파손되는 경우가 염려되어 반드시 보조실린더 보호용 Relief Valve를 적용하는 것을 기본으로 하고 있다.

Pressing Block+Mold의 중량을 고려, Count Balance 밸브를 적용하면 속도 제어가 용의하다.

8 트로틀 밸브(Throttle Valve)

1) 니들 밸브(Niddle Valve)

니들 밸브는 주로 소용량에 적용하며 압력이나 온도의 변화에 따라 약간의 유량변동이 허용되는 경우에 액추에이터의 속도제어나 압력계 충격방지용으로 사용한다.

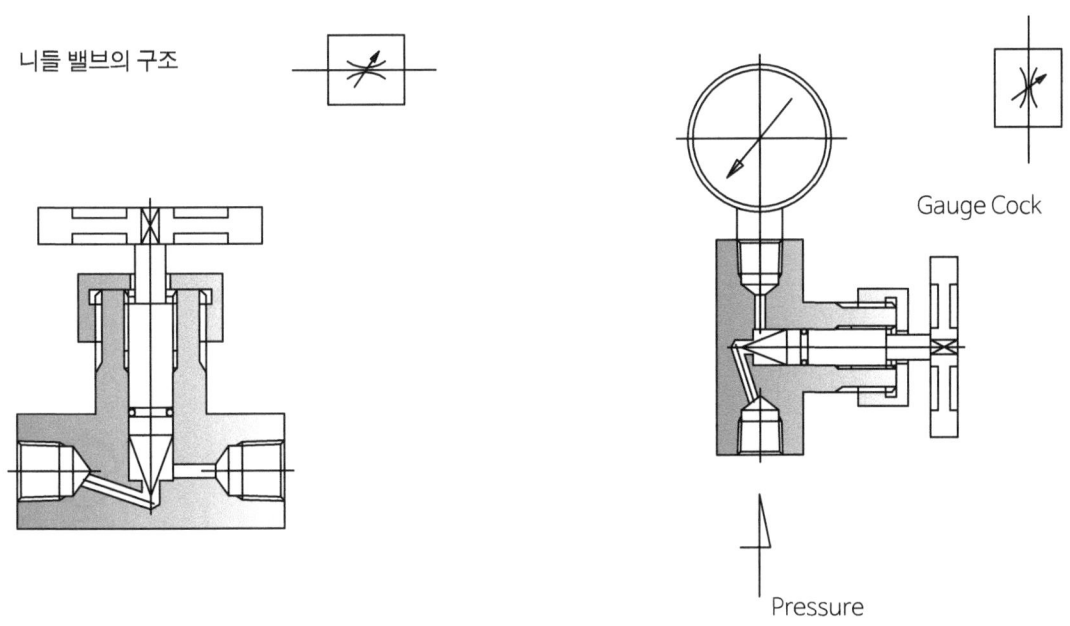

2) 나사접속형 트로틀 밸브(Throttle Valve)

배관라인에 접속하여 액추에이터에 속도제어를 한다.

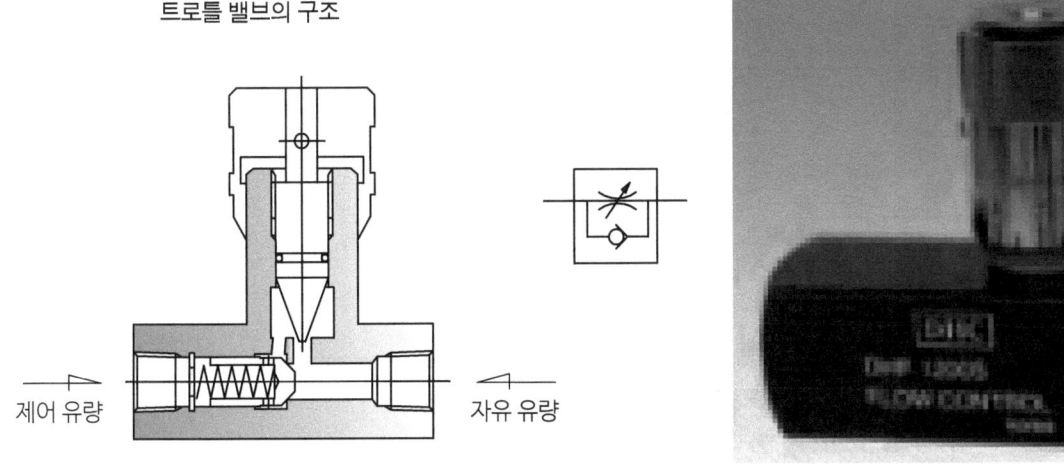

3) 트로틀 밸브의 실제 적용 예

실린더 가압라인에 압력을 확인할 이유가 있고 실린더 하강속도·상승속도를 제어할 이유가 있으며 실린더에 속도 제어 밸브를 직접 취부하는 것이 편리하다고 판단될 때 적용된다.

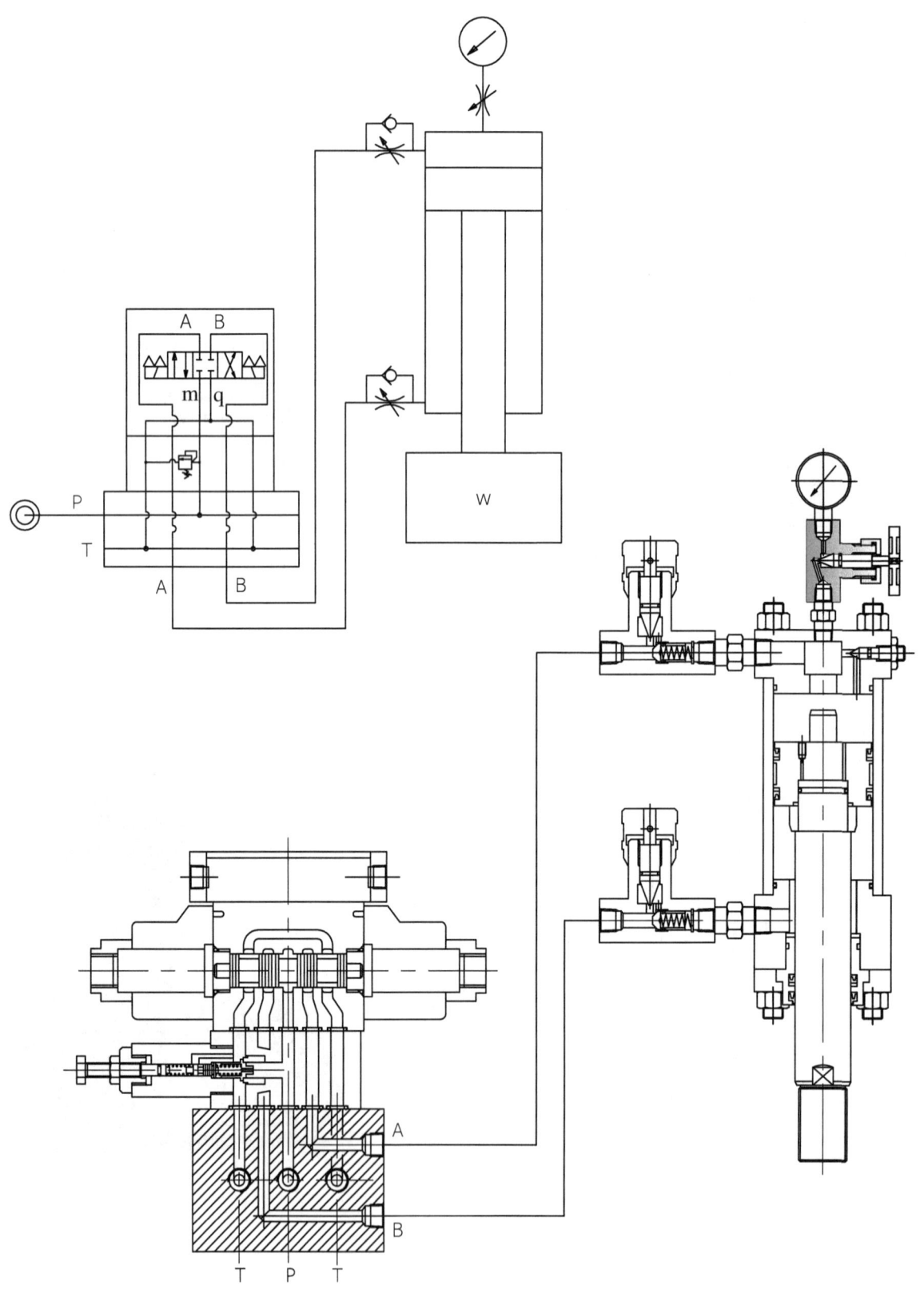

4) 트로틀 밸브(Throttle Valve)

트로틀 밸브는 작동압력이 거의 일정하고 압력이나 온도의 변화에 따라 약간의 유량변동이 허용되는 경우에 액추에이터의 속도제어에 널리 사용한다.

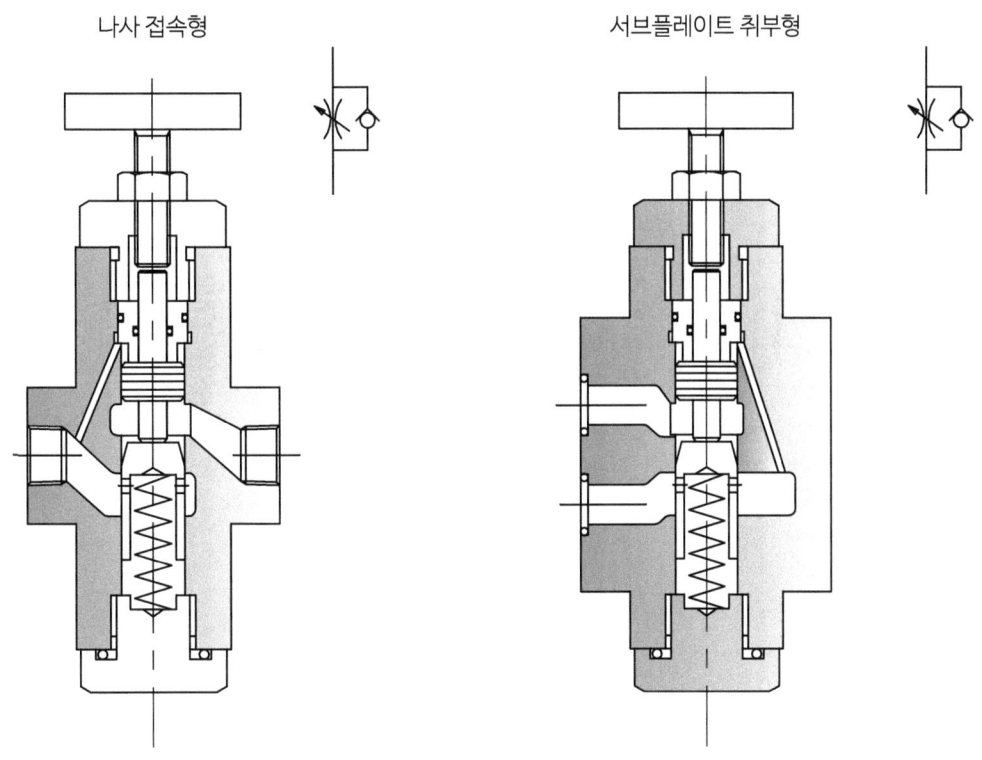

트로틀 밸브의 구조

5) 모듈형 트로틀 밸브(Modular Throttle Valve)

매니폴드에 집적으로 밸브사이에 체결하는 유량 제어 밸브이다.

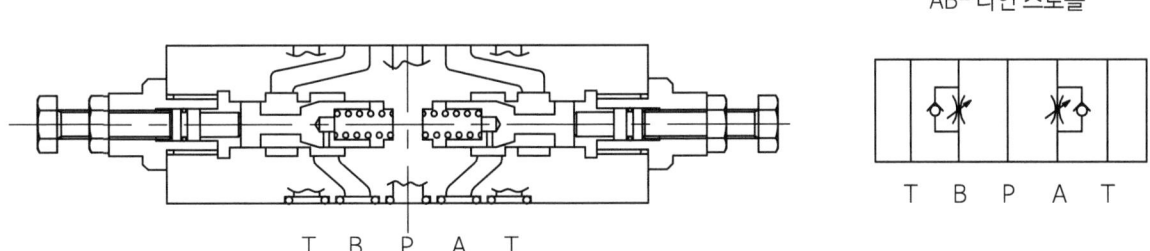

제3장 유압기기(Hydraulic Equipment) **237**

6) 트로틀 밸브의 작동원리도

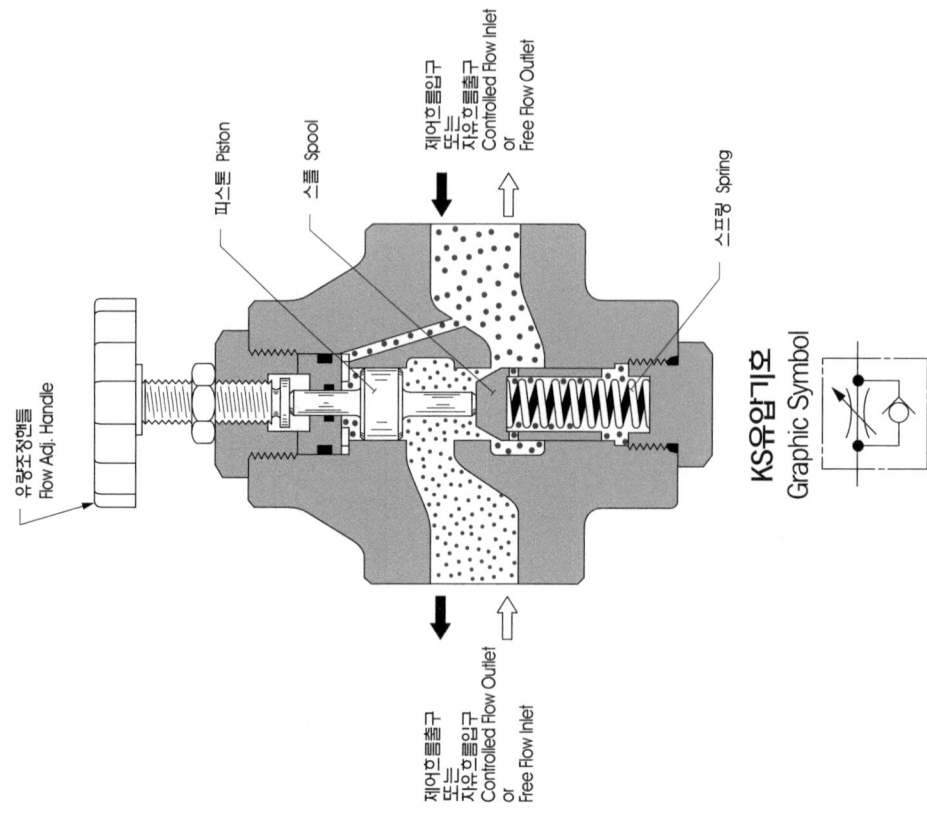

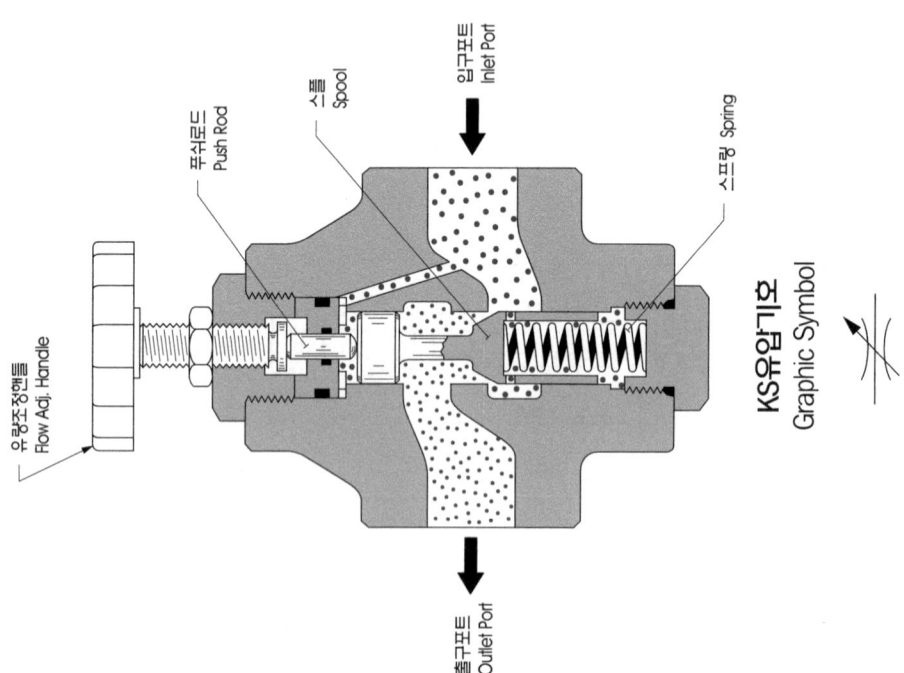

자료제공 : SEWON

7) 트로틀 밸브의 실제 적용 예

실린더 하강속도·상승속도를 제어할 이유가 있으며 모듈러 밸브를 장착하는 것이 타당하다고 판단될 때 적용된다.

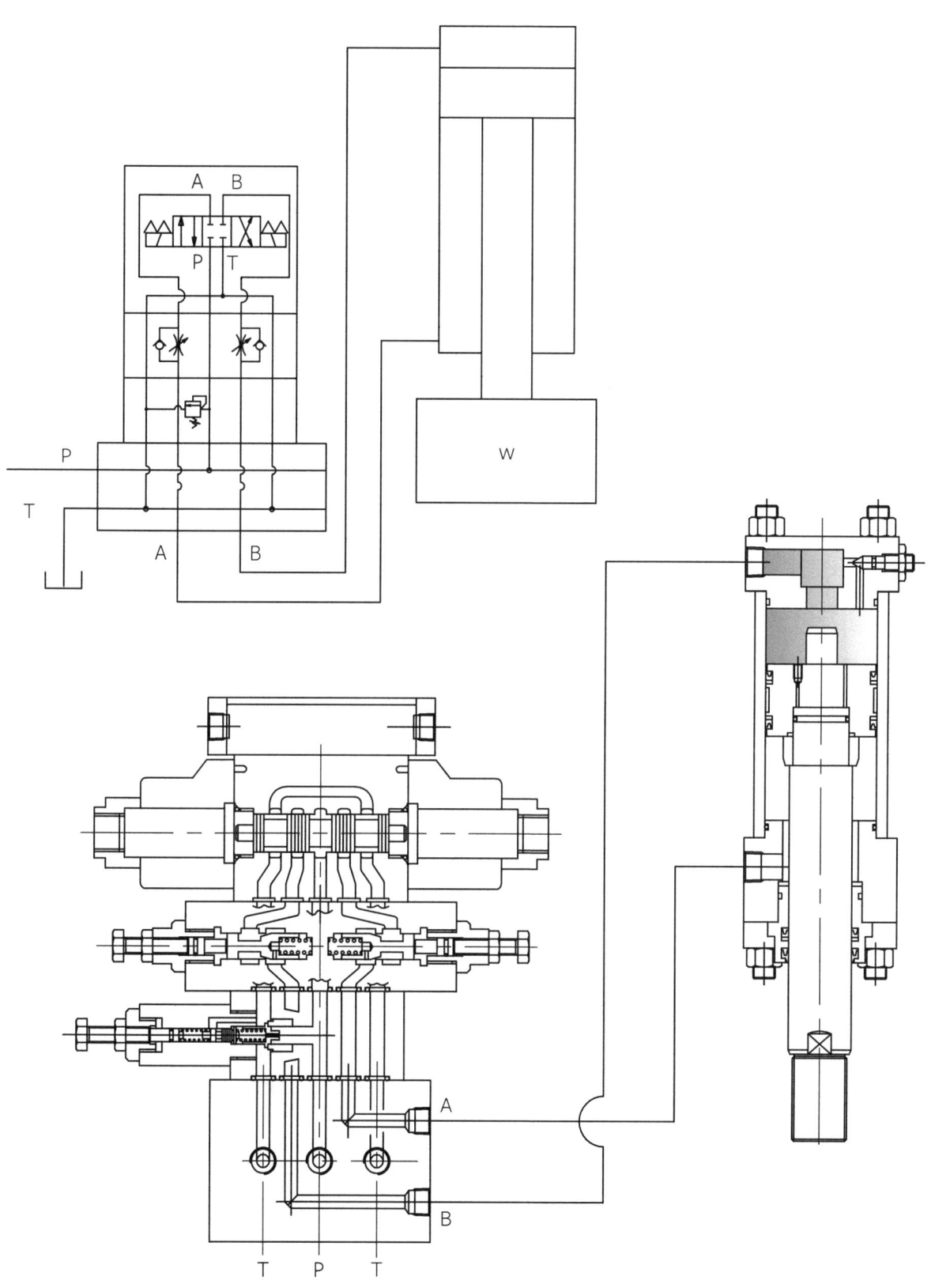

8) 모듈형 트로틀 밸브(Modular Throttle Valve)

메니폴드에 집적으로 밸브사이에 체결하는 유량제어 밸브이다(일명 샌드위치 밸브).

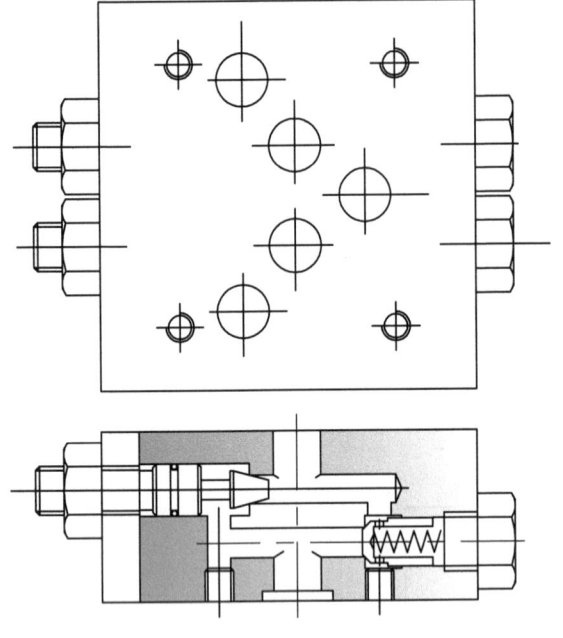

모듈형 트로틀 밸브(Modular Throttle Valve) 구조

9 유량 제어 밸브(Flow Control Valve)

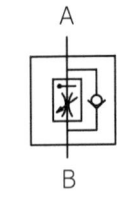

온도보상형, 압력보상형, 온도압력보상형 유량 제어 밸브로 구분하며 회로 내의 유량은 유압작동유의 유온의 변화 또는 압력의 변화에 따라 유속이 변화한다.

유량 제어 밸브는 온도와 압력의 변화를 보상하는 구조이므로 액추에이터에 정밀한 속도 제어를 할 수 있다.

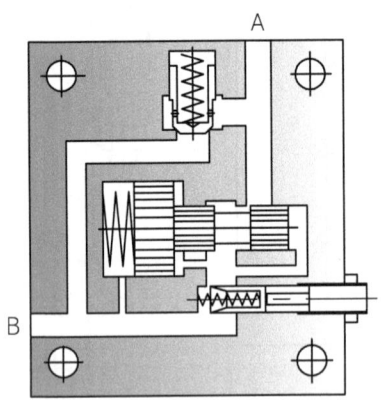

YUKEN 기술자료

1) 유량 제어 밸브(압력, 온도 보상기구 내장)

회로 내에 부하의 변동이 있더라도 제어 밸브 전후의 압력차를 항상 일정하게 유지하는 압력보상기구 외에 유온의 변화에도 액추에이터의 속도를 일정하게 제어하는 온도보상기구가 내장되어 있는 밸브이다.

NACHI 기술자료

2) 유량제어 밸브(압력보상기구 내장)

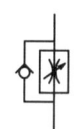

일반적으로 Throttle Valve에서는 입, 출구 쪽 압력차에 의하여 통과유량이 변화하는 결점이 있다. 그래서 압력의 변동이 있더라도 입, 출구 쪽 압력차를 항상 일정하게 유지하는 압력 보상기구를 내장시켜 액추에이터에 일정한 속도를 유지시키는 밸브이다.

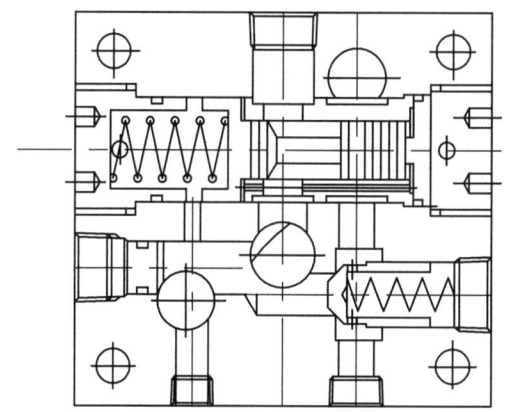

NACHI 기술자료

3) 유량 조정 밸브의 작동원리도

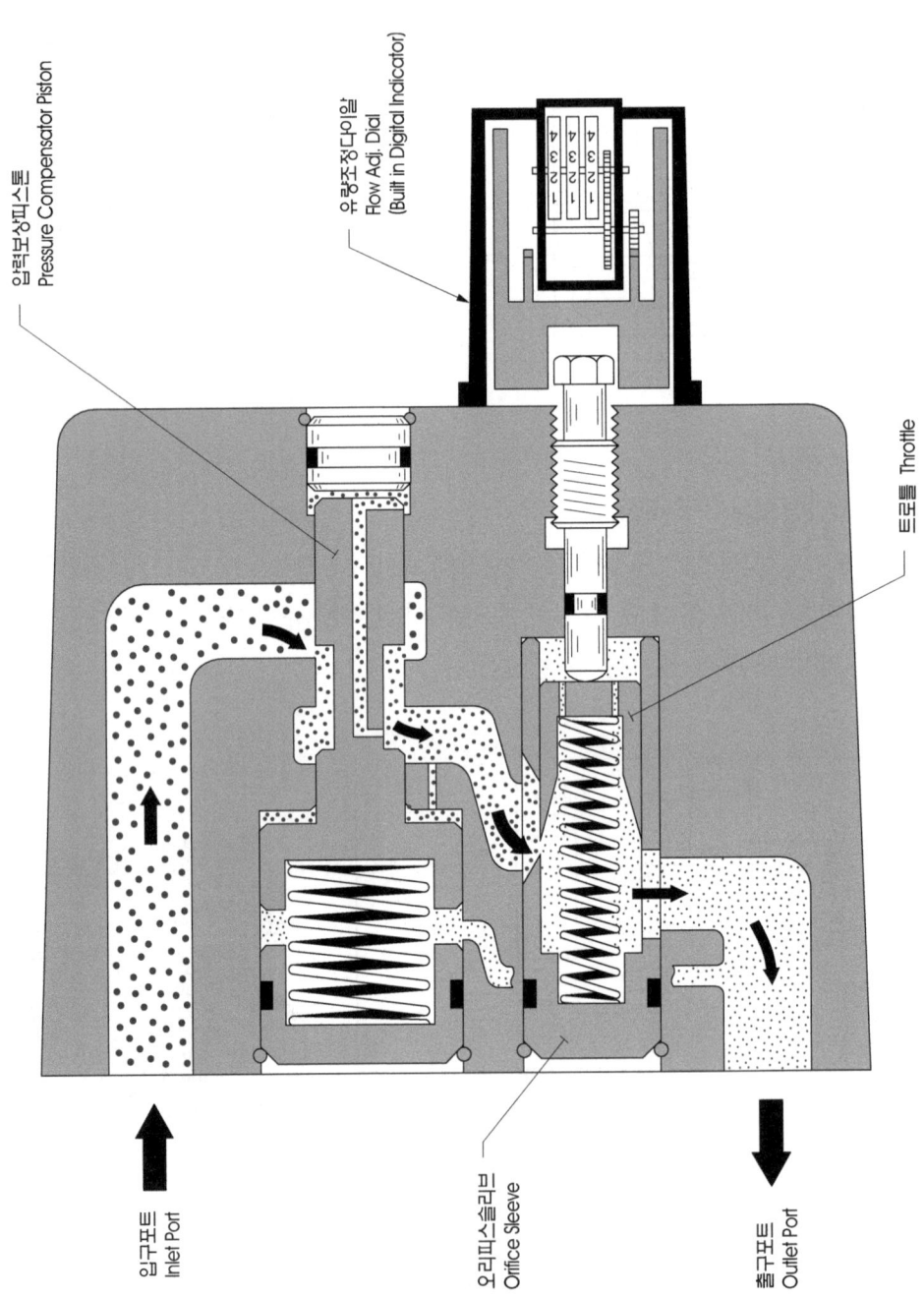

4) 온도, 압력보상형 유량 조정 밸브의 실제 적용 예

실린더 상승속도를 제어할 이유가 있고 실린더 하강속도를 온도와 압력의 변화에도 무관하게 정밀하게 속도를 제어할 이유가 충분하다고 판단될 때 적용된다.

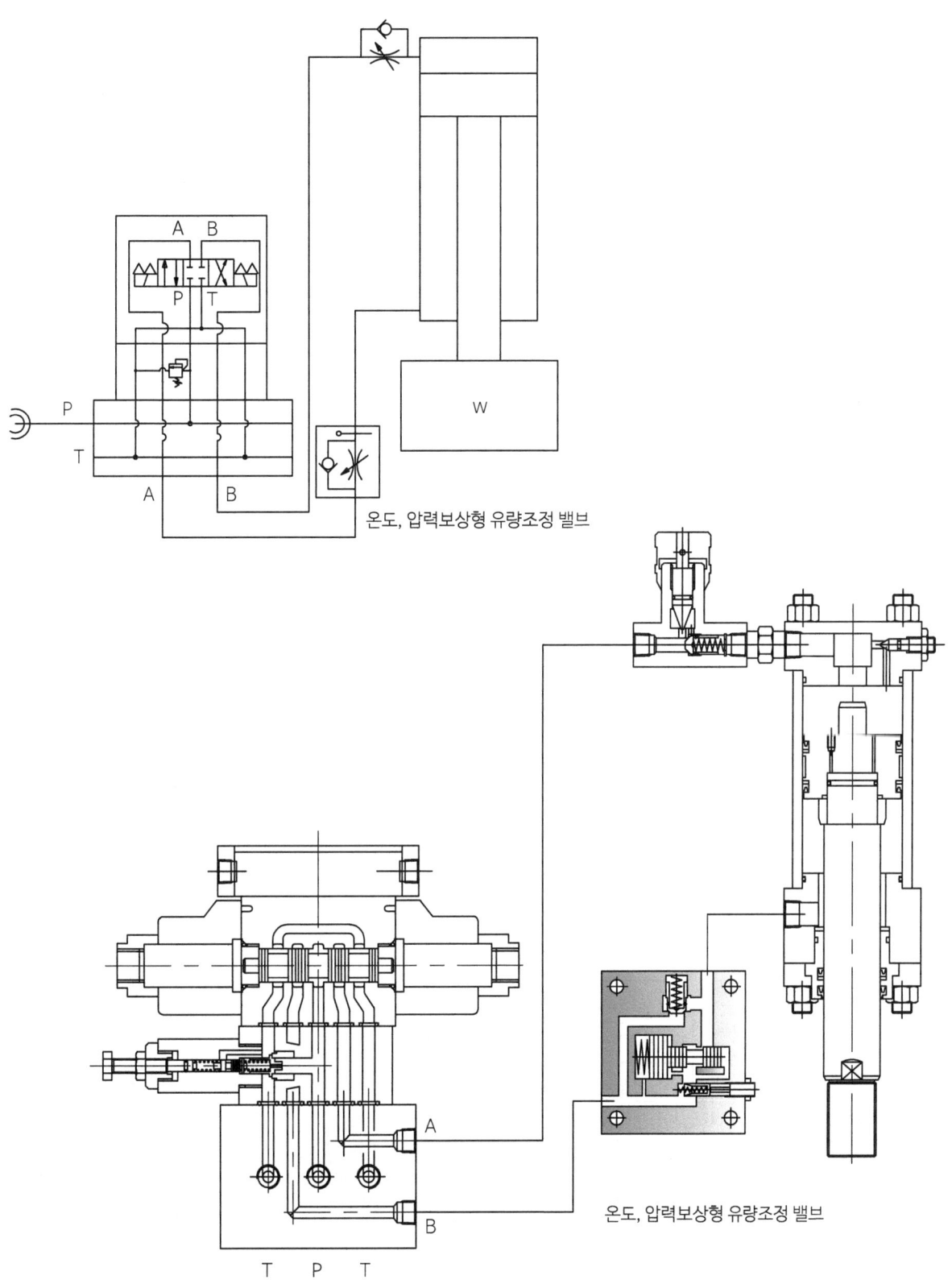

온도, 압력보상형 유량조정 밸브

온도, 압력보상형 유량조정 밸브

디셀러레이션 밸브(Deceleration Valve)

캠 조작으로 밸브 내의 스플을 변화시켜 유량의 증감시키는 밸브이다.

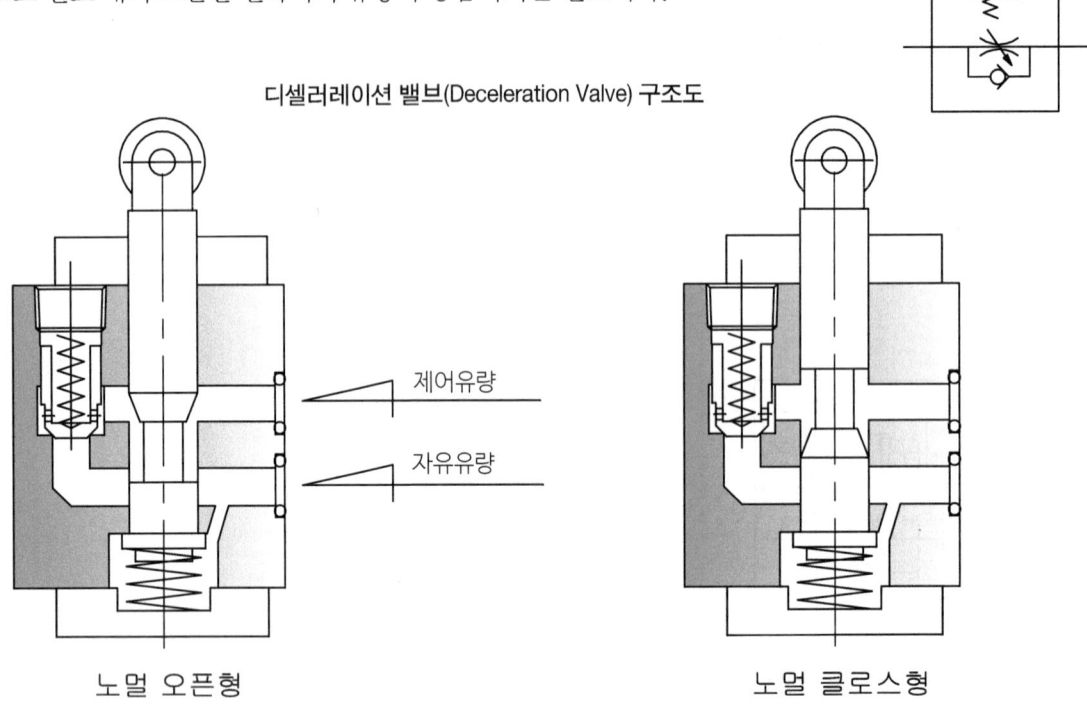

디셀러레이션 밸브(Deceleration Valve) 구조도

노멀 오픈형 / 노멀 클로스형

10 피드 컨트럴 밸브(Feed Control Valve)

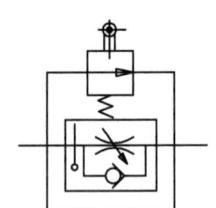

이 밸브는 체크 밸브 내장 유량 조정 밸브와 디셀러레이션 밸브를 컴팩트하게 조합한 밸브로 주로 공작기계 등 캠에 의하여 급속 이송에서 절삭 이송으로 임의로 조정이 가능한 밸브이다. 압력, 온도의 변화와 관계 없이 정밀한 속도 제어가 가능하다.

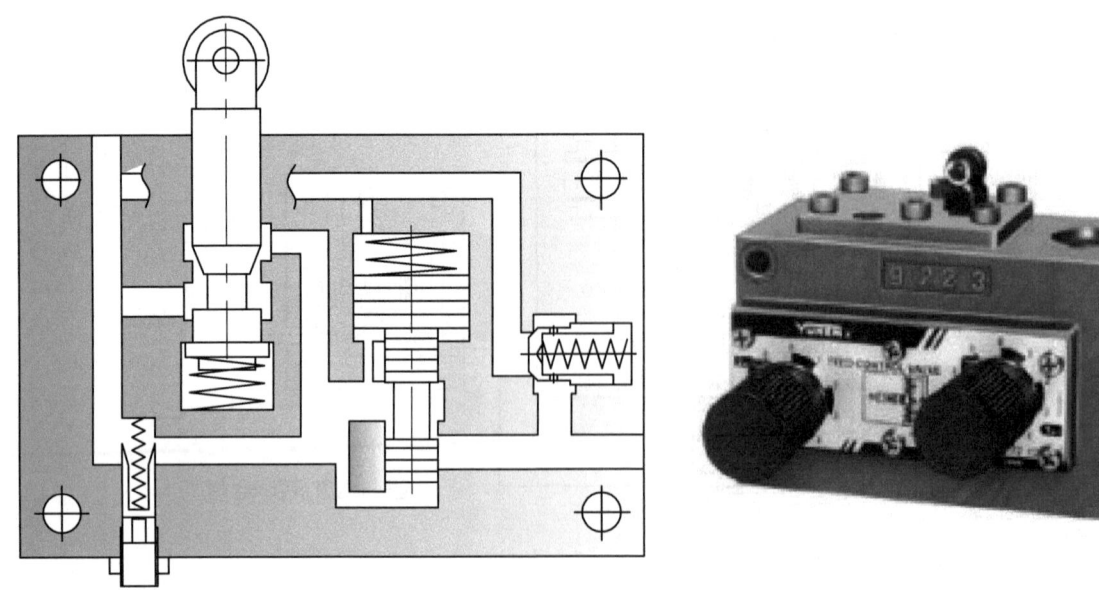

1) 디셀러레이션 밸브와 피드 컨트롤 밸브의 작동원리도

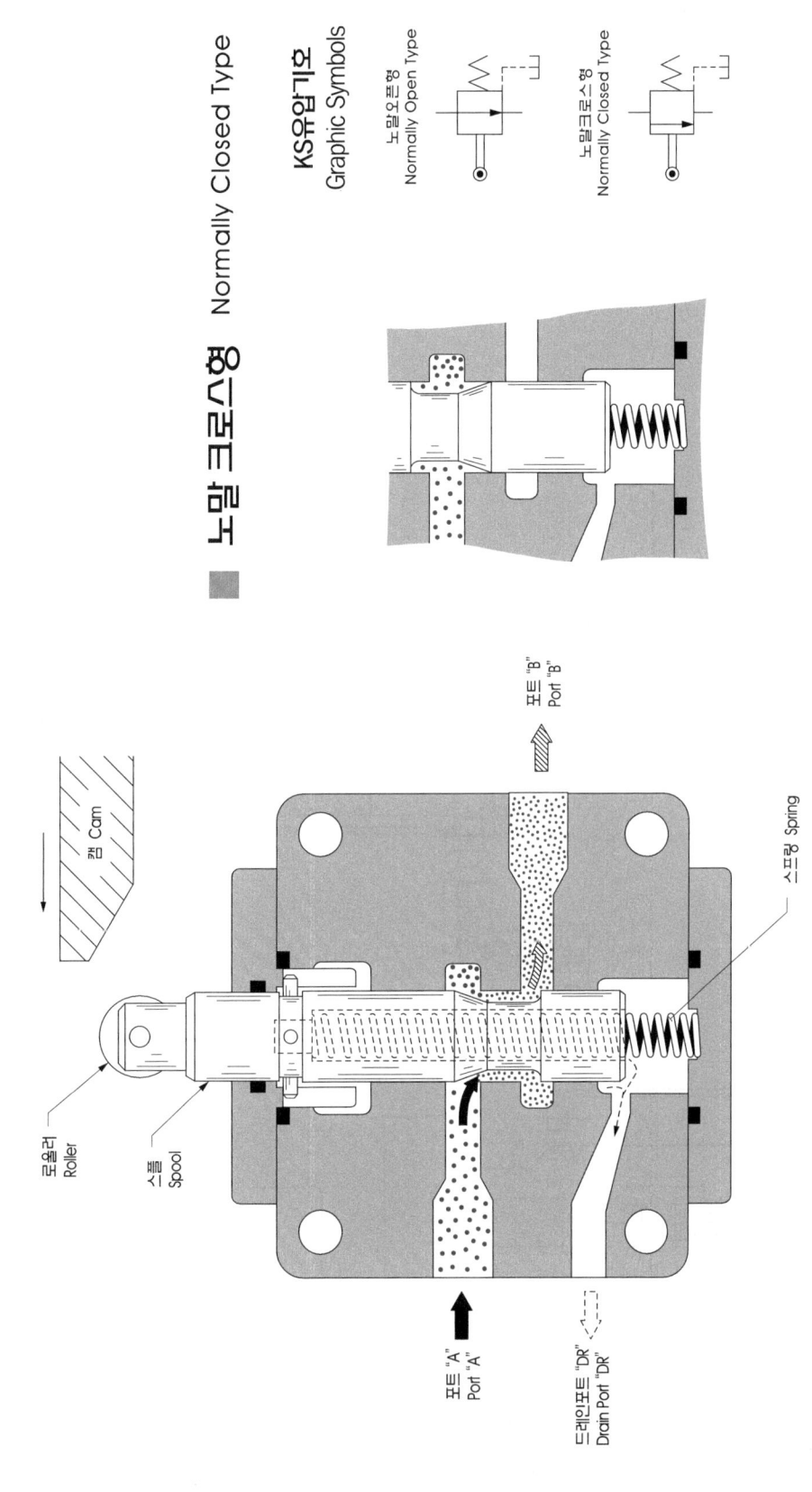

자료제공 : SEWON

2) 디셀러레이션 밸브의 실제 적용 예

실린더 후진속도를 조정할 이유가 있고 실린더 전진속도를 설정위치에 도달하면 저속으로 속도를 조정할 이유가 있을 때 적용한다.

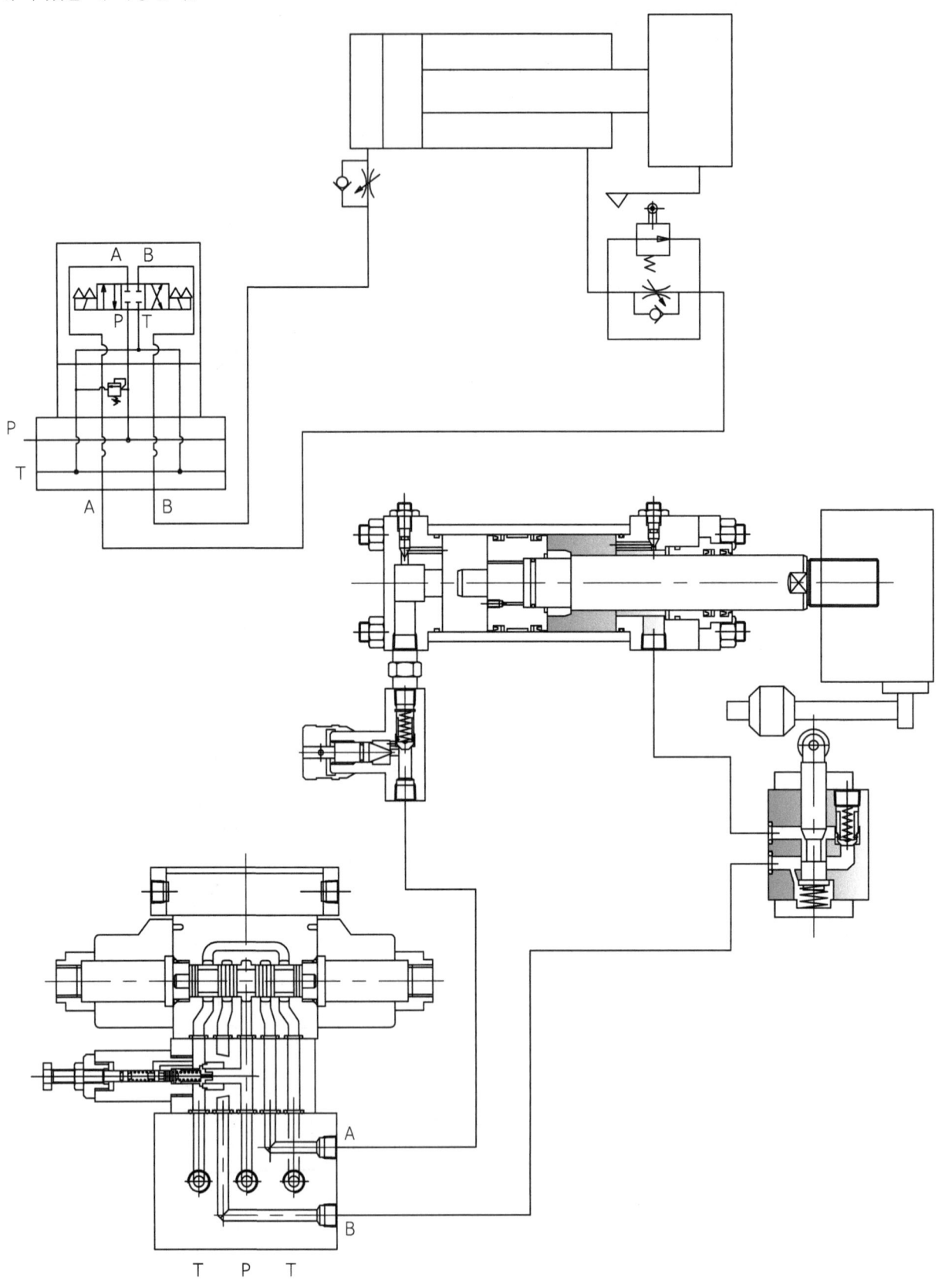

3) 피드 컨트롤 밸브의 실제 적용 예

실린더 후진속도를 조정할 이유가 있고 실린더 전진속도를 온도와 압력의 변화에도 무관하게 설정위치에 도달하면 저속으로 정밀하게 속도를 조정할 이유가 충분하다고 판단될 때 적용한다.

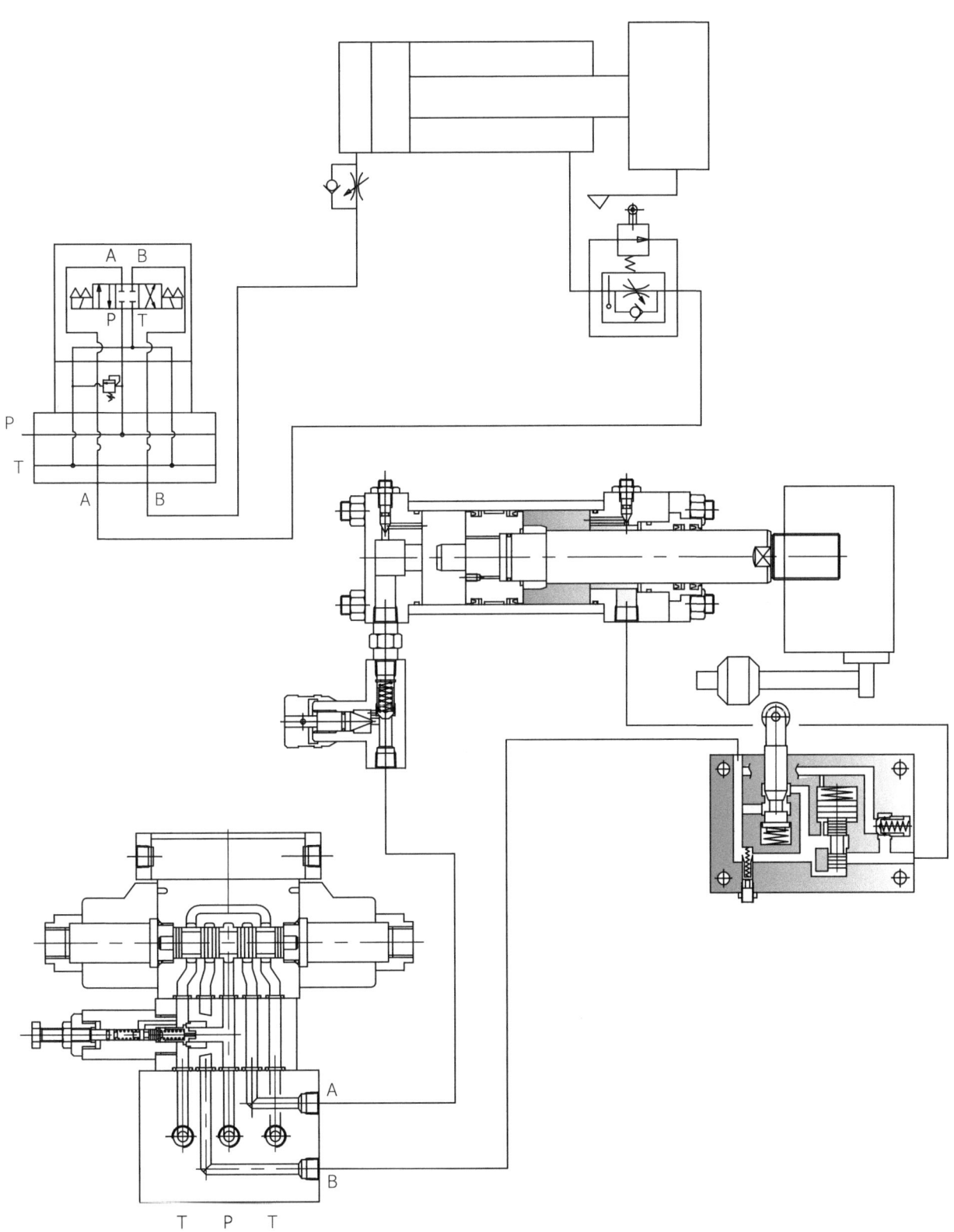

11 동조 밸브

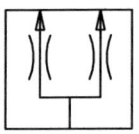

2개의 액추에이터(유압실린더, 유압모터)를 동시에 동일한 속도로 구동시켜야 할 이유가 있을 때 적용하는 밸브이다.

분류 밸브
1개의 포트로 유입되어 2개의 포트로 분류되는 회로에 적용하는 동조 밸브를 분류 밸브라 한다.

합류 밸브
분류 밸브의 반대로 2개의 포트로 유입되어 1개의 포트로 합류되는 동조 밸브를 합류 밸브라 한다.

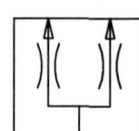

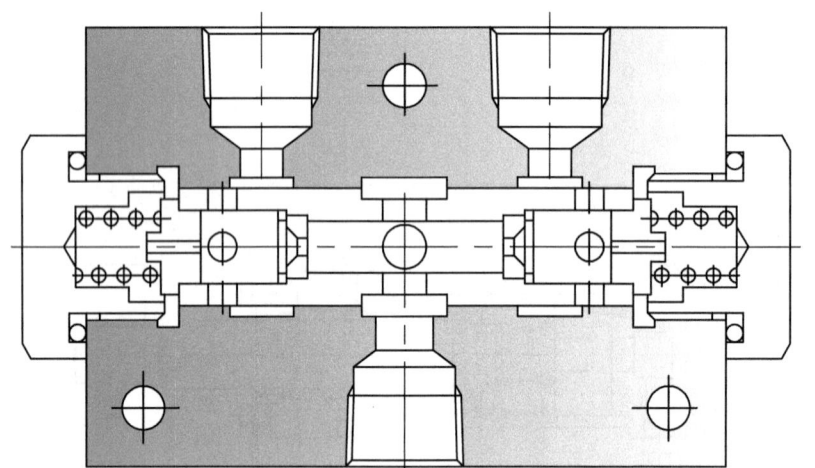

프라이오리티(Priority Valve) 밸브
우선적으로 필요로 하는 회로에 유량을 먼저 공급하고 나머지 잉여 유량을 다른 회로에 공급하는 밸브이다(Sequence Valve와의 차이는 압력 제어와 유량 제어의 차이다).

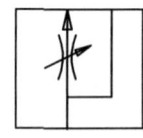

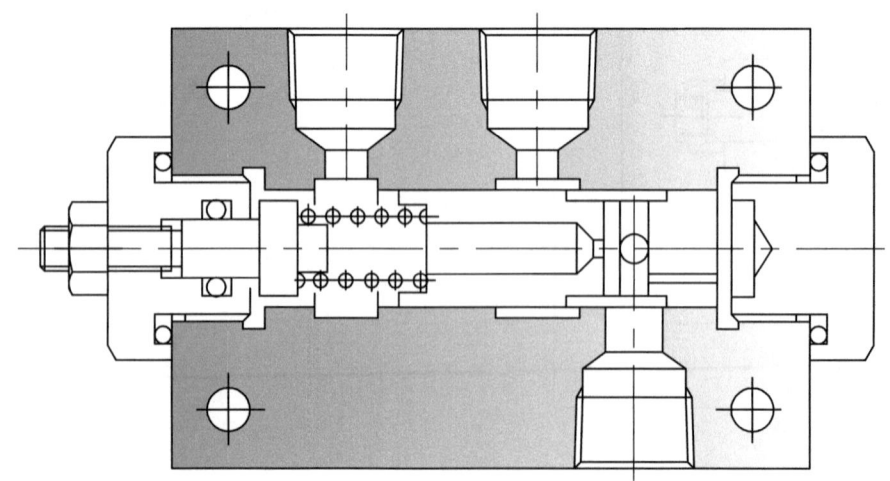

동조 밸브의 실제 적용 예

2개의 실린더를 동시에 같은 속도로 동작시킬 이유가 있고 도저히 속도조정 밸브로 실린더 동조가 불가할 때 적용한다.

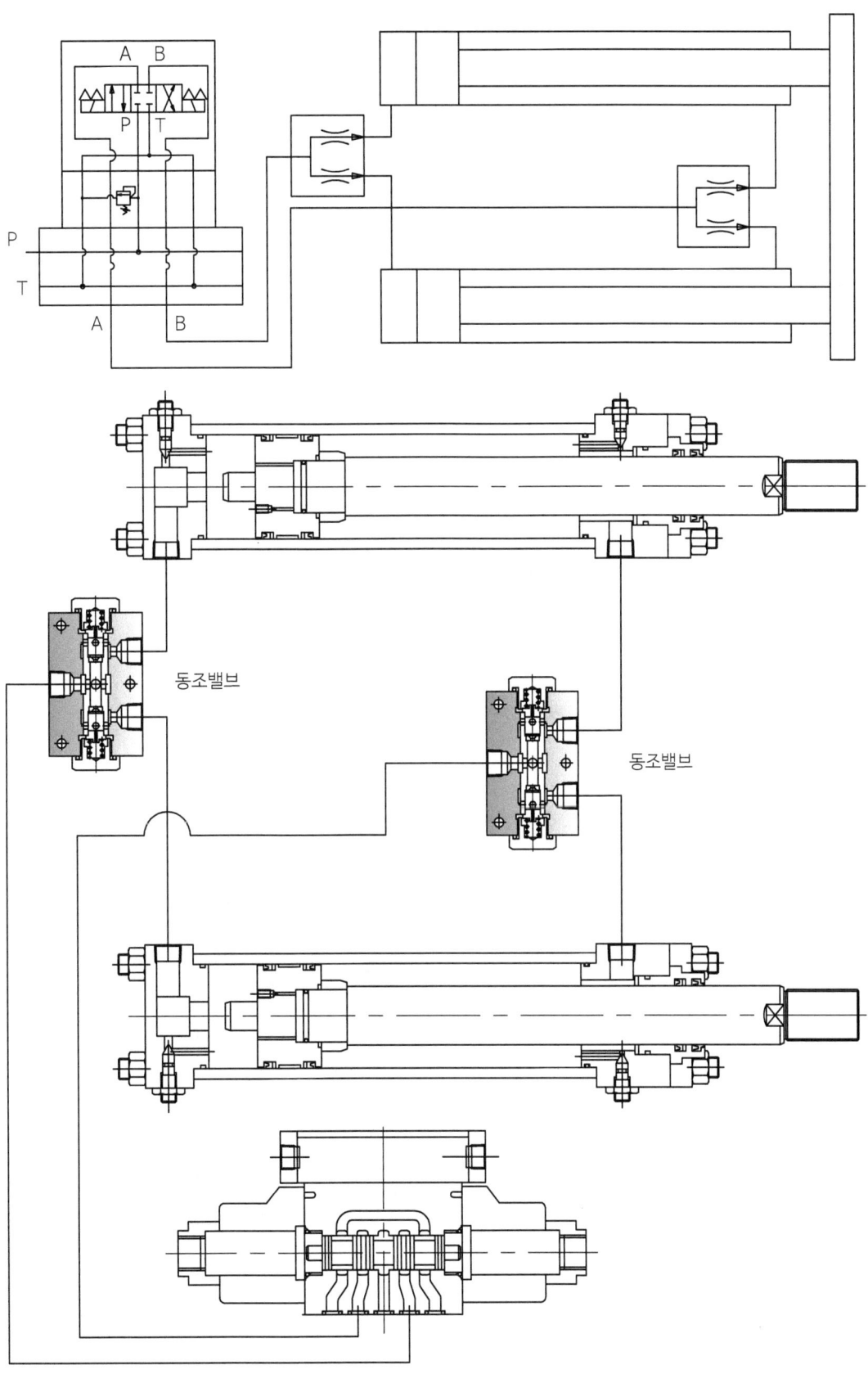

제5절 모듈러 밸브(Modular Valves)

유압조작의 집적화를 목적으로 개발된 것으로 각각의 기능을 가진 밸브를 적층화한 구조이다.
유압회로 구성, 유압회로 변경, 회로 내의 기능추가를 별도의 배관을 하지 않고 모듈화 함으로 간단히 구성할 수 있다.

1 모듈러 밸브의 특징

① 적층 볼트 탈착 방식으로 회로구성, 회로변경, 회로추가를 간단하며 신속하게 가능하다.
② 장치가 간소화 되어 공간 활용이 용이하다.
③ 배관을 하지 않고 모듈화되어 연결부분에 누유가 적다.

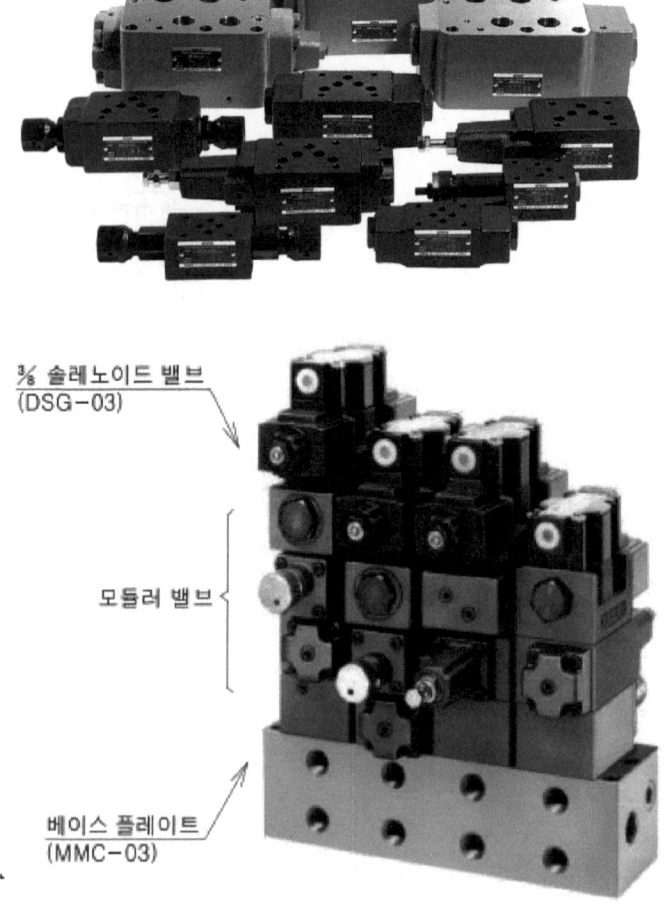

2 모듈러 밸브의 회로구성 예

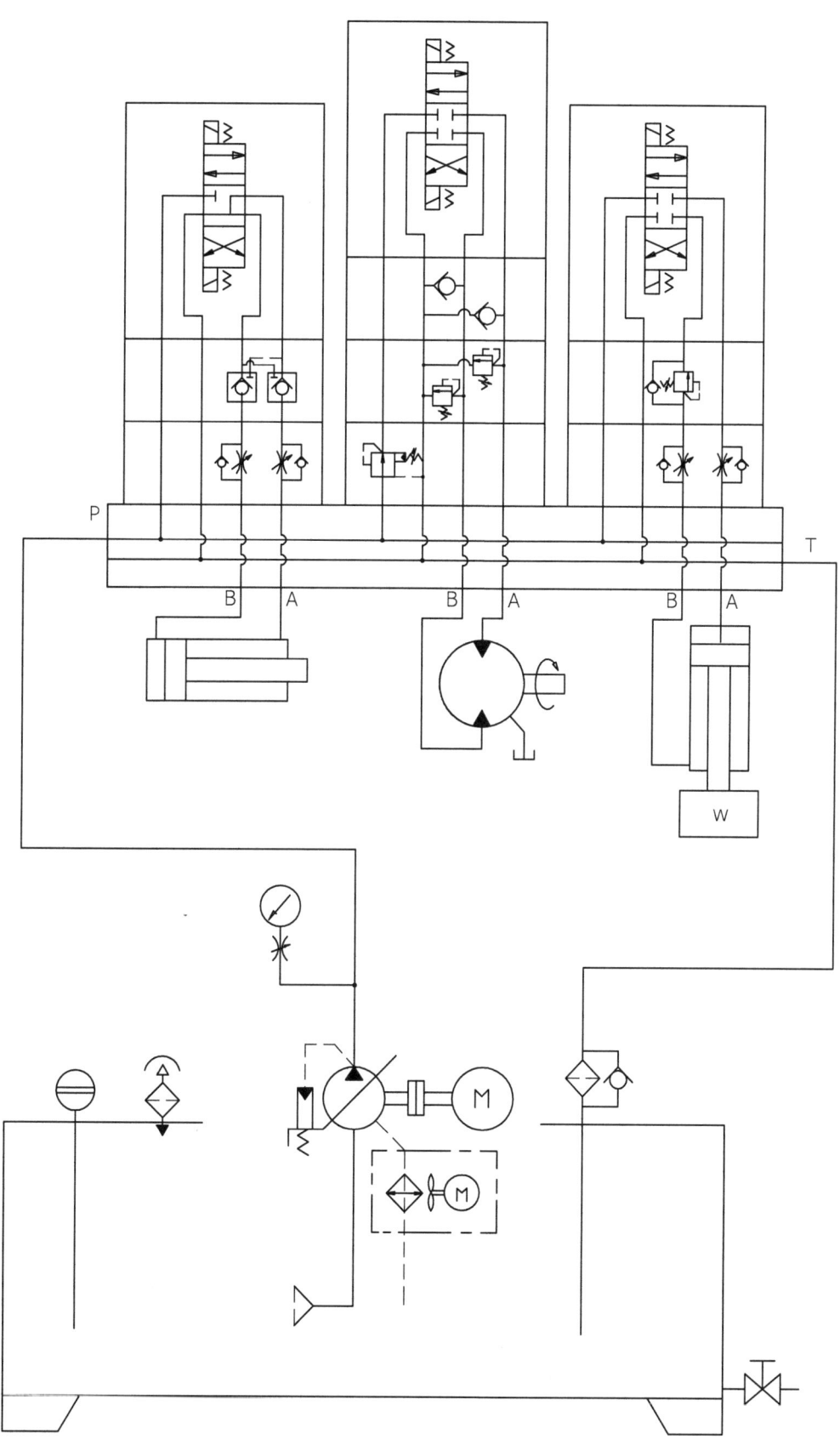

3 모듈러 밸브의 회로구성 시 주의사항

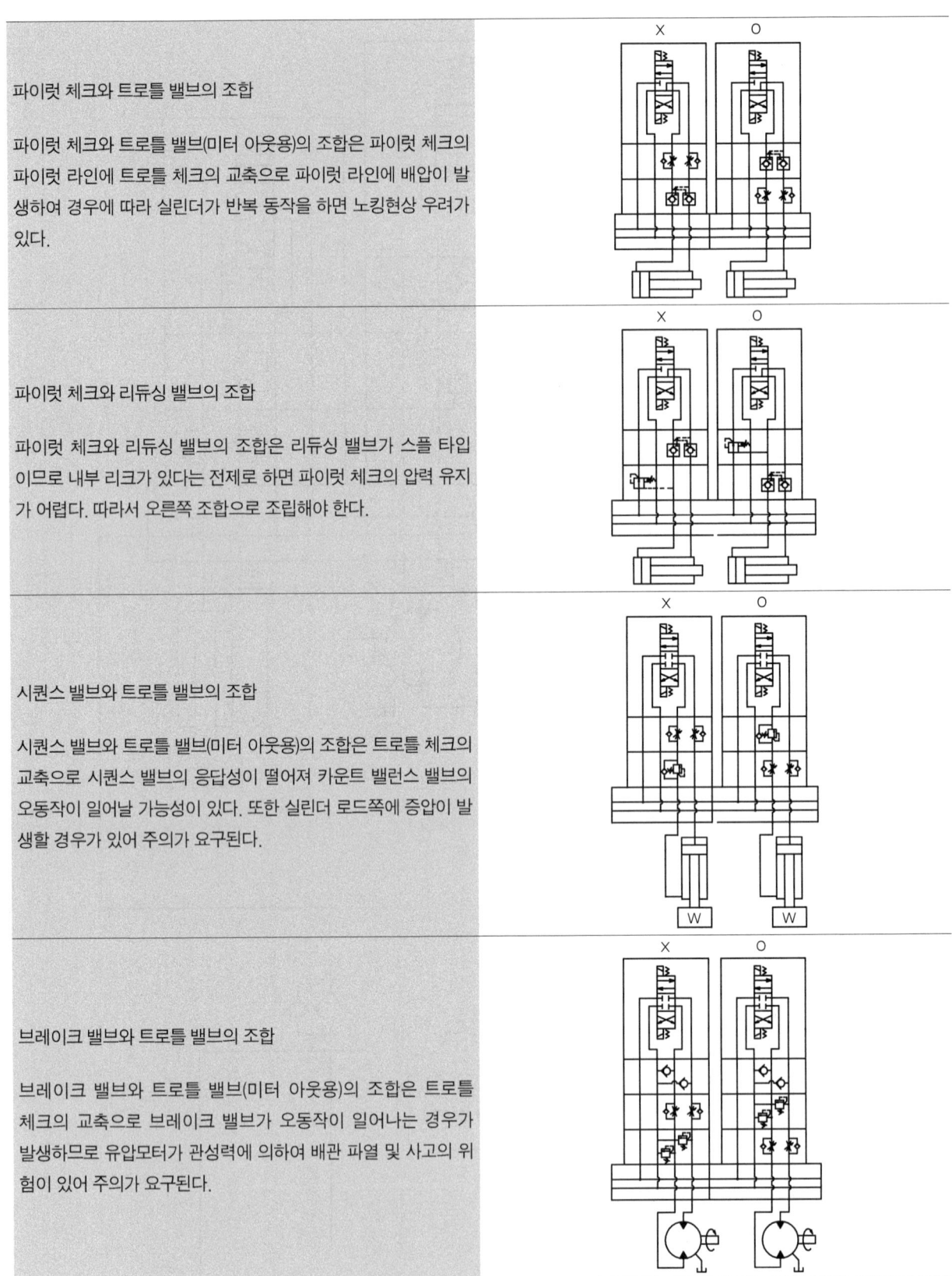

파일럿 체크와 트로틀 밸브의 조합

파일럿 체크와 트로틀 밸브(미터 아웃용)의 조합은 파일럿 체크의 파일럿 라인에 트로틀 체크의 교축으로 파일럿 라인에 배압이 발생하여 경우에 따라 실린더가 반복 동작을 하면 노킹현상 우려가 있다.

파일럿 체크와 리듀싱 밸브의 조합

파일럿 체크와 리듀싱 밸브의 조합은 리듀싱 밸브가 스플 타입이므로 내부 리크가 있다는 전제로 하면 파일럿 체크의 압력 유지가 어렵다. 따라서 오른쪽 조합으로 조립해야 한다.

시퀀스 밸브와 트로틀 밸브의 조합

시퀀스 밸브와 트로틀 밸브(미터 아웃용)의 조합은 트로틀 체크의 교축으로 시퀀스 밸브의 응답성이 떨어져 카운트 밸런스 밸브의 오동작이 일어날 가능성이 있다. 또한 실린더 로드쪽에 증압이 발생할 경우가 있어 주의가 요구된다.

브레이크 밸브와 트로틀 밸브의 조합

브레이크 밸브와 트로틀 밸브(미터 아웃용)의 조합은 트로틀 체크의 교축으로 브레이크 밸브가 오동작이 일어나는 경우가 발생하므로 유압모터가 관성력에 의하여 배관 파열 및 사고의 위험이 있어 주의가 요구된다.

4 모듈러 밸브의 기호

구분	상세기호	구분	상세기호
SOL, VALVE 01	(P, A, B, T 포트 도면)	SOL, VALVE 01	(P, A, B, T 포트 도면)
P-라인 릴리프		P-라인 스로틀	
A-라인 릴리프		A-라인 스로틀 미터 아웃	
B-라인 릴리프		A-라인 스로틀 미터 인	
P-라인 리듀싱		B-라인 스로틀 미터 아웃	
A-라인 리듀싱		B-라인 스로틀 미터 인	
B-라인 리듀싱		AB-라인 스로틀 미터 아웃	
P-라인 시퀀스		AB-라인 스로틀 미터 인	
A-라인 카운트 밸런스		P-라인 플로우 컨트롤	
P-라인 카운트 밸런스		A-라인 플로우 컨트롤 미터 아웃	
P-라인 프레셔 스위치		A-라인 플로우 컨트롤 미터 인	

구분	상세기호	구분	상세기호
SOL, VALVE 01	(P, A, B, T 포트 기호)	SOL, VALVE 01	(P, A, B, T 포트 기호)
B-라인 플로우 컨트롤 미터 아웃		A-라인 파이럿 체크	
B-라인 플로우 컨트롤 미터 인		B-라인 파이럿 체크	
AB-라인 플로우 컨트롤 미터 아웃		AB-라인 파이럿 체크	
AB-라인 플로우 컨트롤 미터 인		메니폴드	
P-라인 체크		유압실린더	
A-라인 체크			
B-라인 체크			
T-라인 역체크		유압유닛	
AB-라인 체크			
PT-라인 체크			

구분	상세기호	구분	상세기호
SOL, VALVE 03	(P, A, B, T, T ports diagram)	SOL, VALVE 03	(P, A, B, T, T ports diagram)
P-라인 릴리프		P-라인 스로틀	
A-라인 릴리프		A-라인 스로틀 미터 아웃	
B-라인 릴리프		A-라인 스로틀 미터 인	
AB-라인 릴리프		B-라인 스로틀 미터 아웃	
P-라인 리듀싱		B-라인 스로틀 미터 인	
A-라인 리듀싱		AB-라인 스로틀 미터 아웃	
B-라인 리듀싱		AB-라인 스로틀 미터 인	
P-라인 시퀀스		P-라인 플로우 컨트롤	
A-라인 카운트 밸런스		A-라인 플로우 컨트롤 미터 아웃	
B-라인 카운트 밸런스		A-라인 플로우 컨트롤 미터 인	

구분	상세기호	구분	상세기호
SOL, VALVE 03		SOL, VALVE 03	
B-라인 플로우 컨트롤 미터 아웃		A-라인 파이럿 체크	
B-라인 플로우 컨트롤 미터 인		B-라인 파이럿 체크	
AB-라인 플로우 컨트롤 미터 아웃		AB-라인 파이럿 체크	
AB-라인 플로우 컨트롤 미터 인		메니폴드	
P-라인 체크		메니폴드	
A-라인 체크		유압실린더	
B-라인 체크		유압실린더	
T-라인 역체크		유압유닛	
AB-라인 체크		유압유닛	
PT-라인 체크			

구 분	상 세 기 호	구 분	상 세 기 호
SOL, VALVE 04, 06, 10		SOL, VALVE 04, 06, 10	
P-라인 리듀싱		A-라인 파이럿 체크	
A-라인 리듀싱		B-라인 파이럿 체크	
B-라인 리듀싱		AB-라인 파이럿 체크	
A-라인 스로틀 미터 아웃			
A-라인 스로틀 미터 인		메니폴드	
B-라인 스로틀 미터 아웃		유압실린더	
B-라인 스로틀 미터 인			
AB-라인 스로틀 미터 인		유압유닛	
AB-라인 스로틀 미터 인			

모듈러 밸브의 적용 예

유압실린더에 압력을 유지할 이유가 있고

유압실린더가 자중하강이 염려되고

유압실린더 동작 속도를 조정할 이유가 있고

유압펌프의 압력을 반드시 조정해야 하고

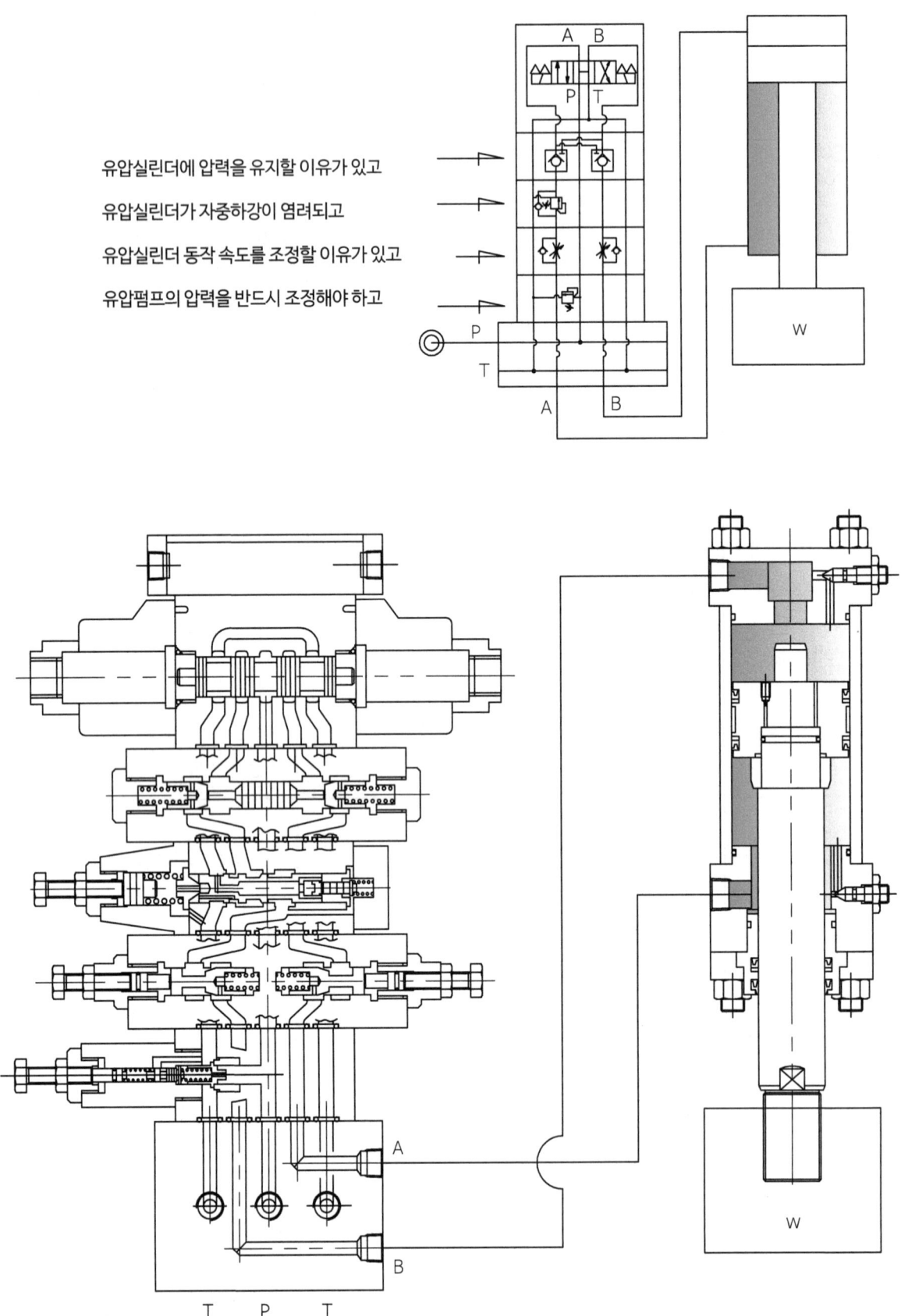

5 릴리프 모듈러 밸브

회로 내의 압력을 제어하는 밸브이다.

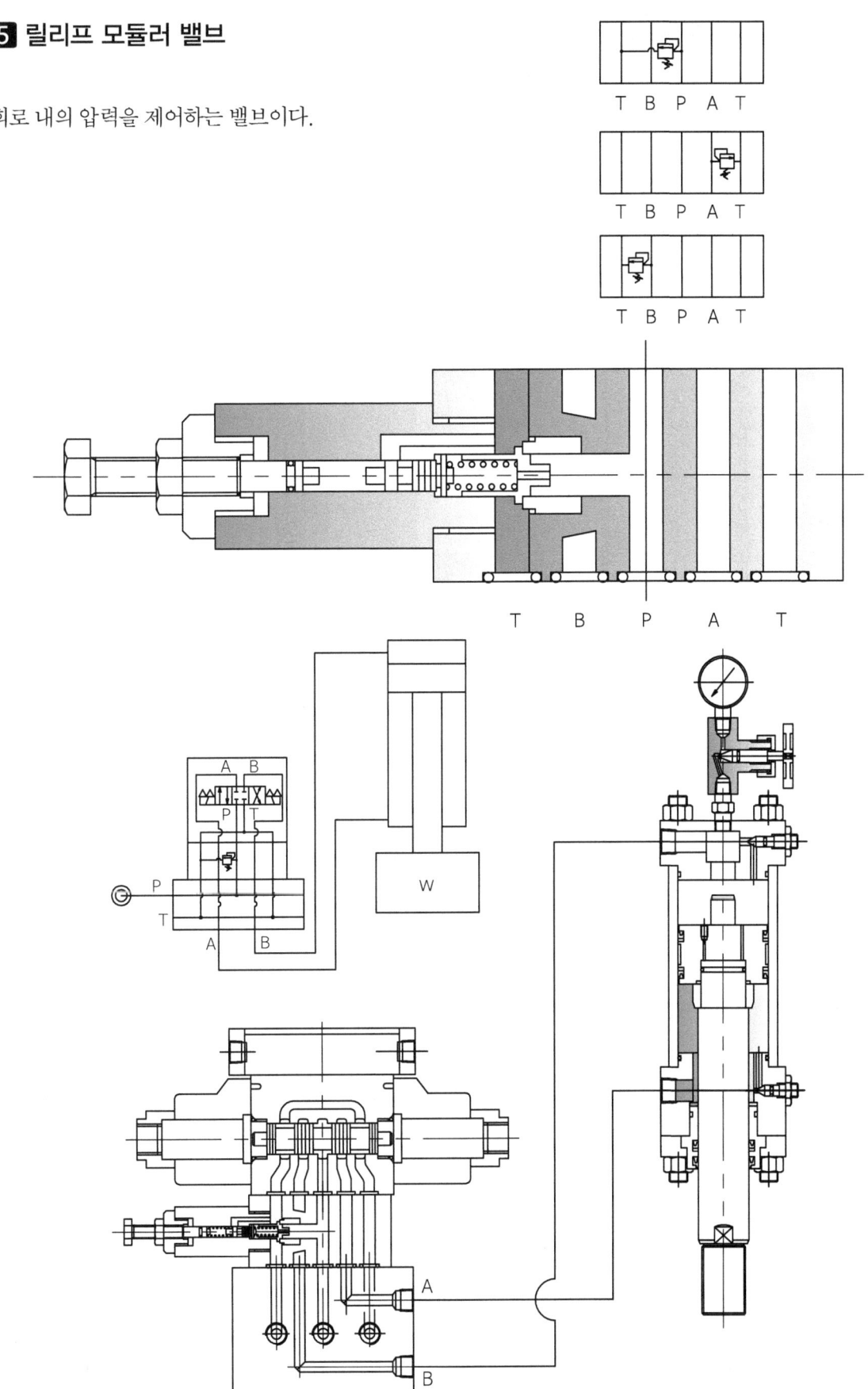

릴리프 모듈러 밸브 작동원리도

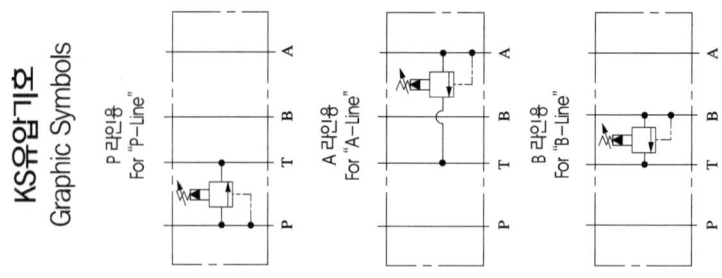

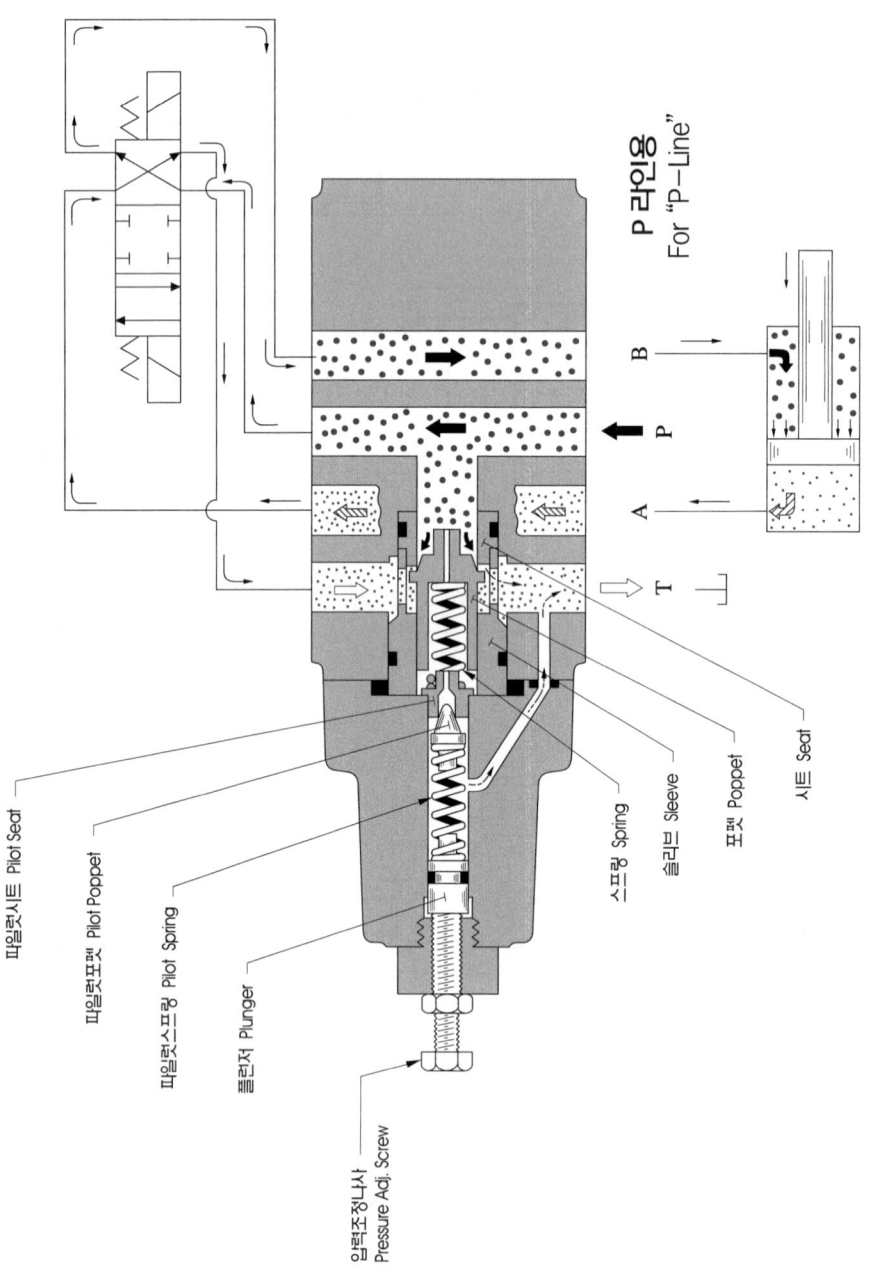

자료제공 : SEWON

6 리듀싱 모듈러 밸브(Reducing Modular Valves)

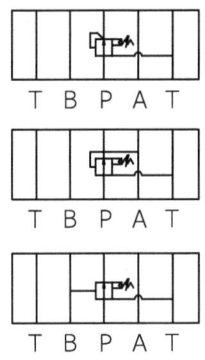

감압 밸브

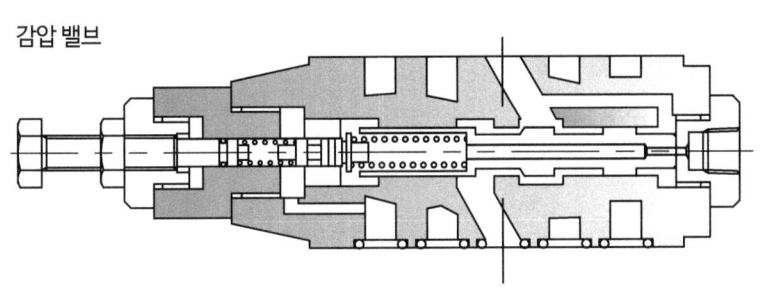

2개 이상의 액추에이터에 각각의 압력을 조정해야 할 이유가 있을 때(회로 내의 압력을 주 회로보다 낮게 사용할 때)

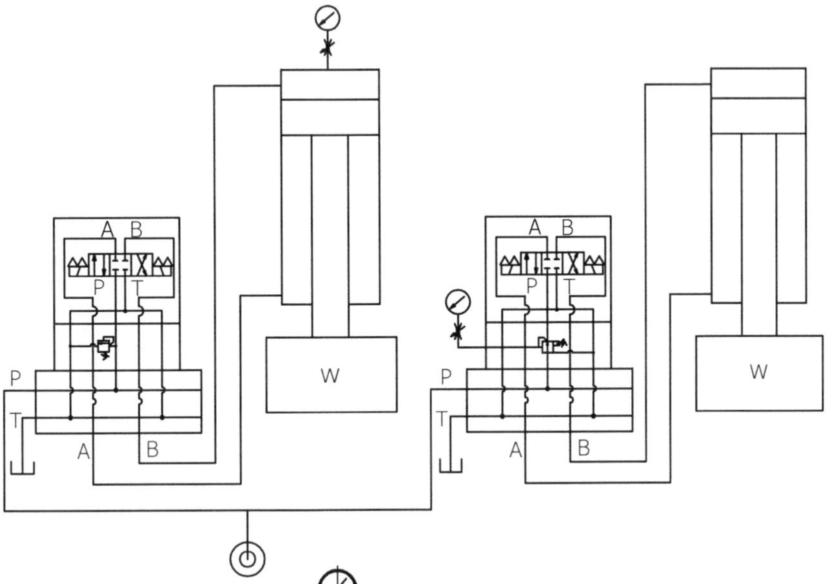

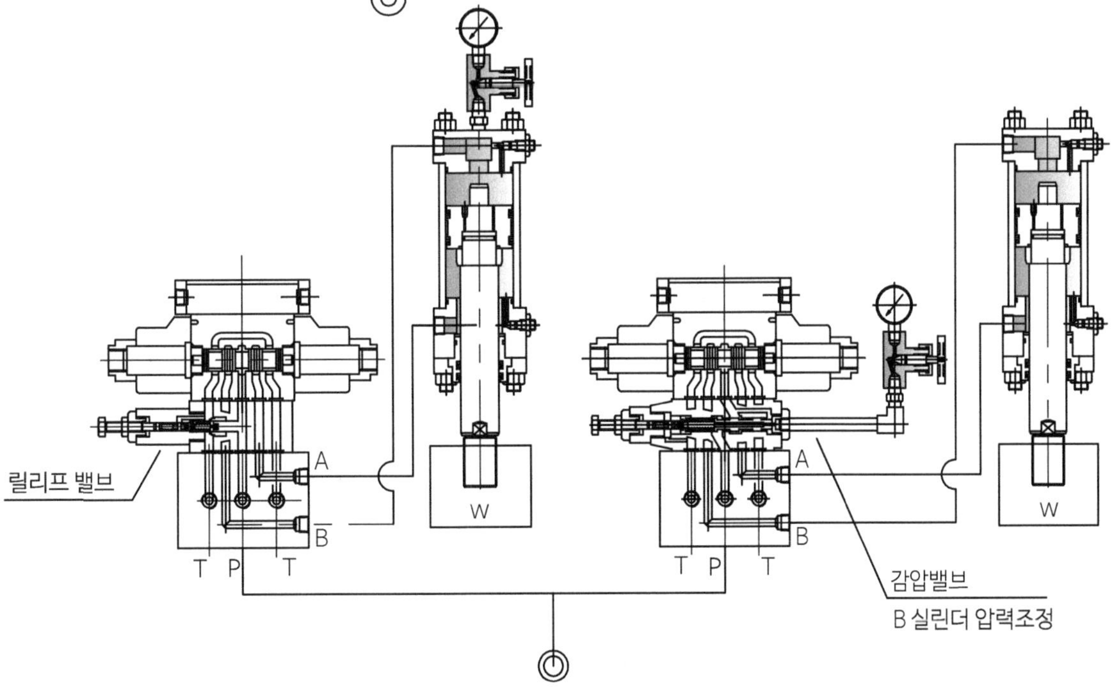

릴리프 밸브

감압밸브
B 실린더 압력조정

A 실린더 압력보다 B 실린더 압력을 낮게 조정할 이유가 있을 때

리듀싱 모듈러 밸브 작동원리도

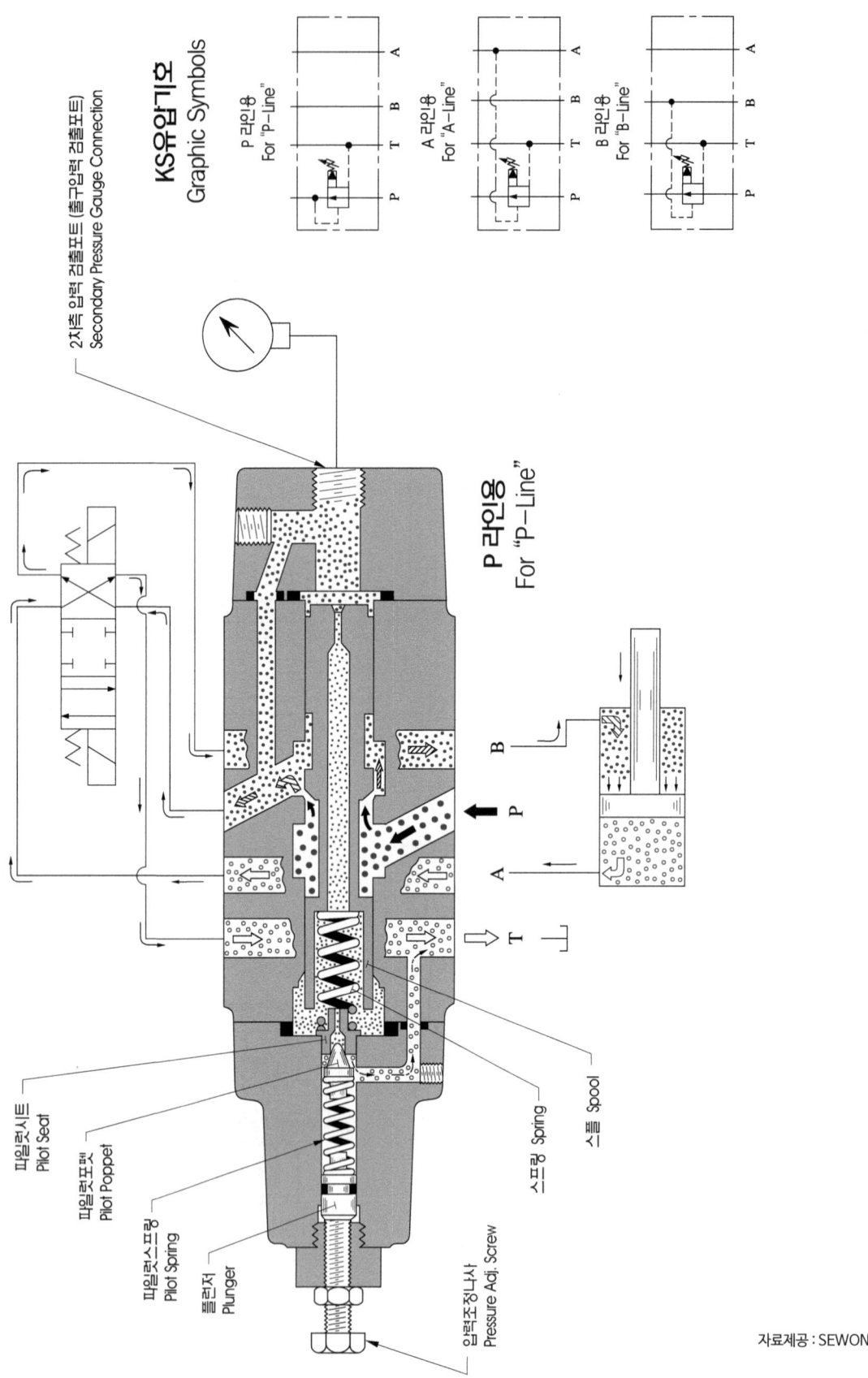

자료제공 : SEWON

7 시퀀스 모듈러 밸브

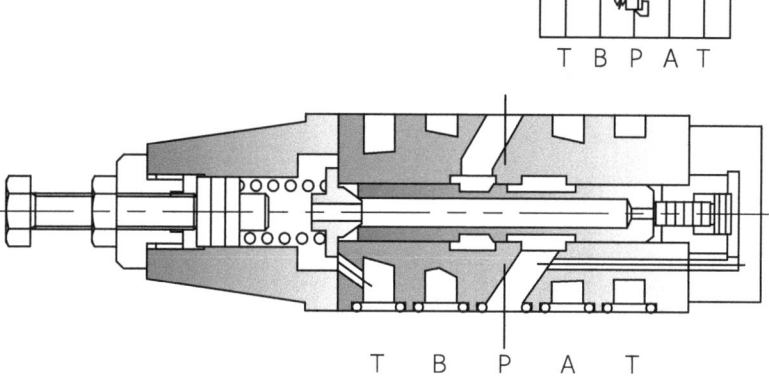

A 실린더가 먼저 동작하고 B 실린더가 동작할 이유가 있을 때

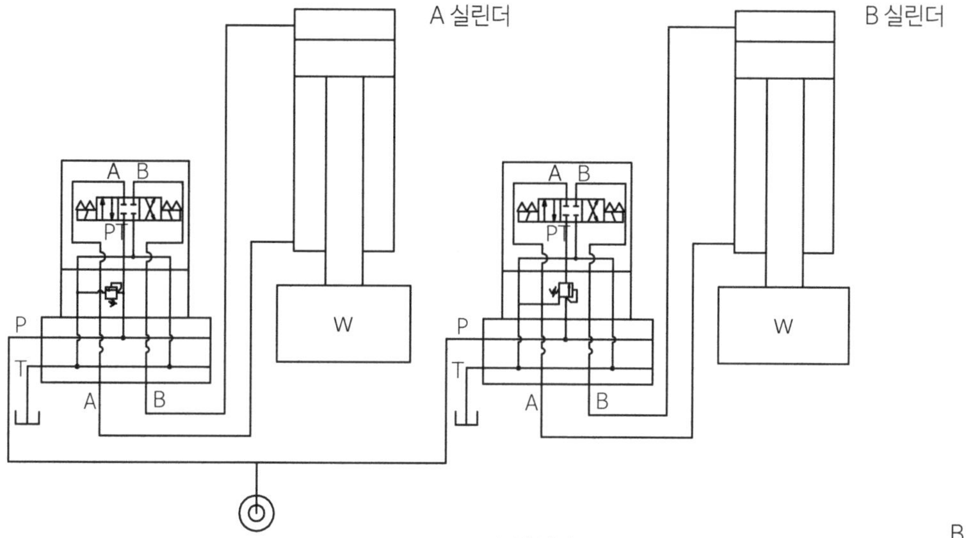

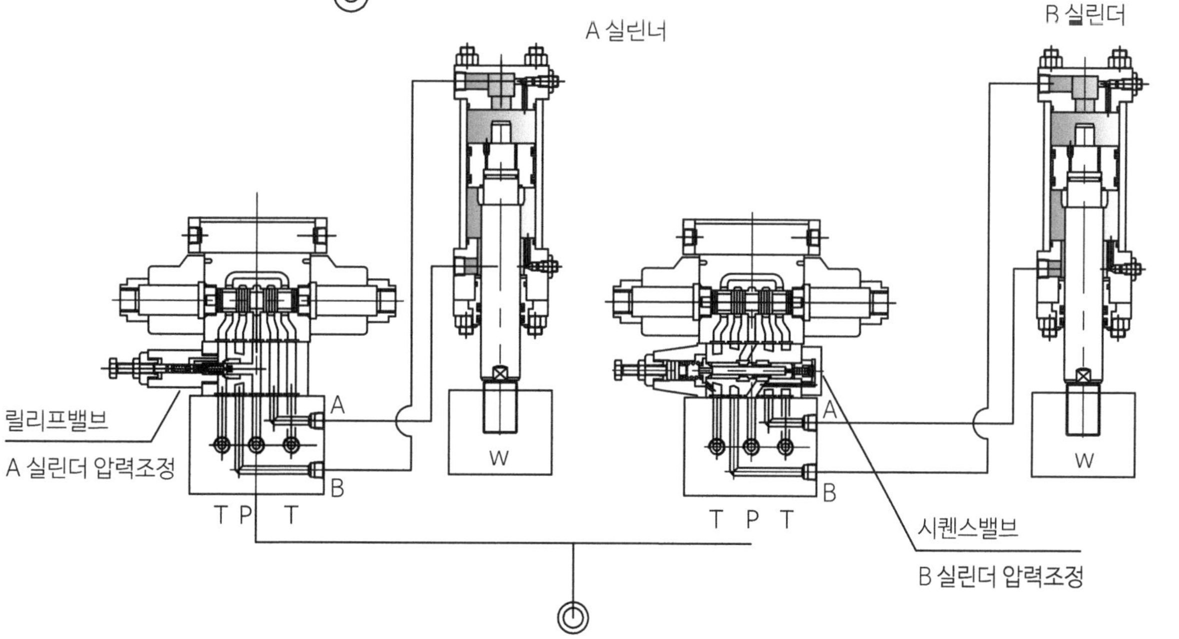

시퀀스 모듈러 밸브 작동원리도

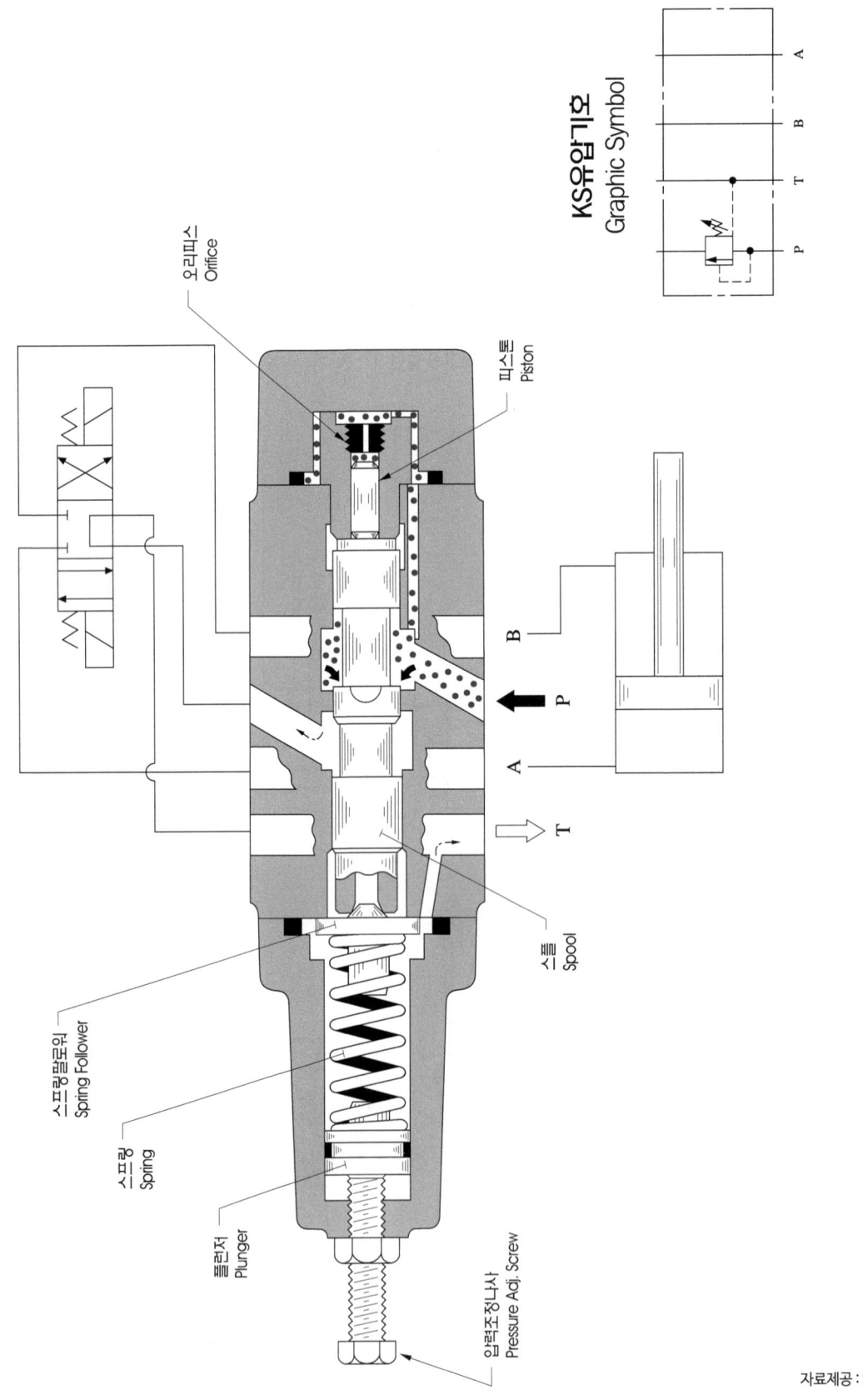

8 카운트 밸런스 모듈러 밸브

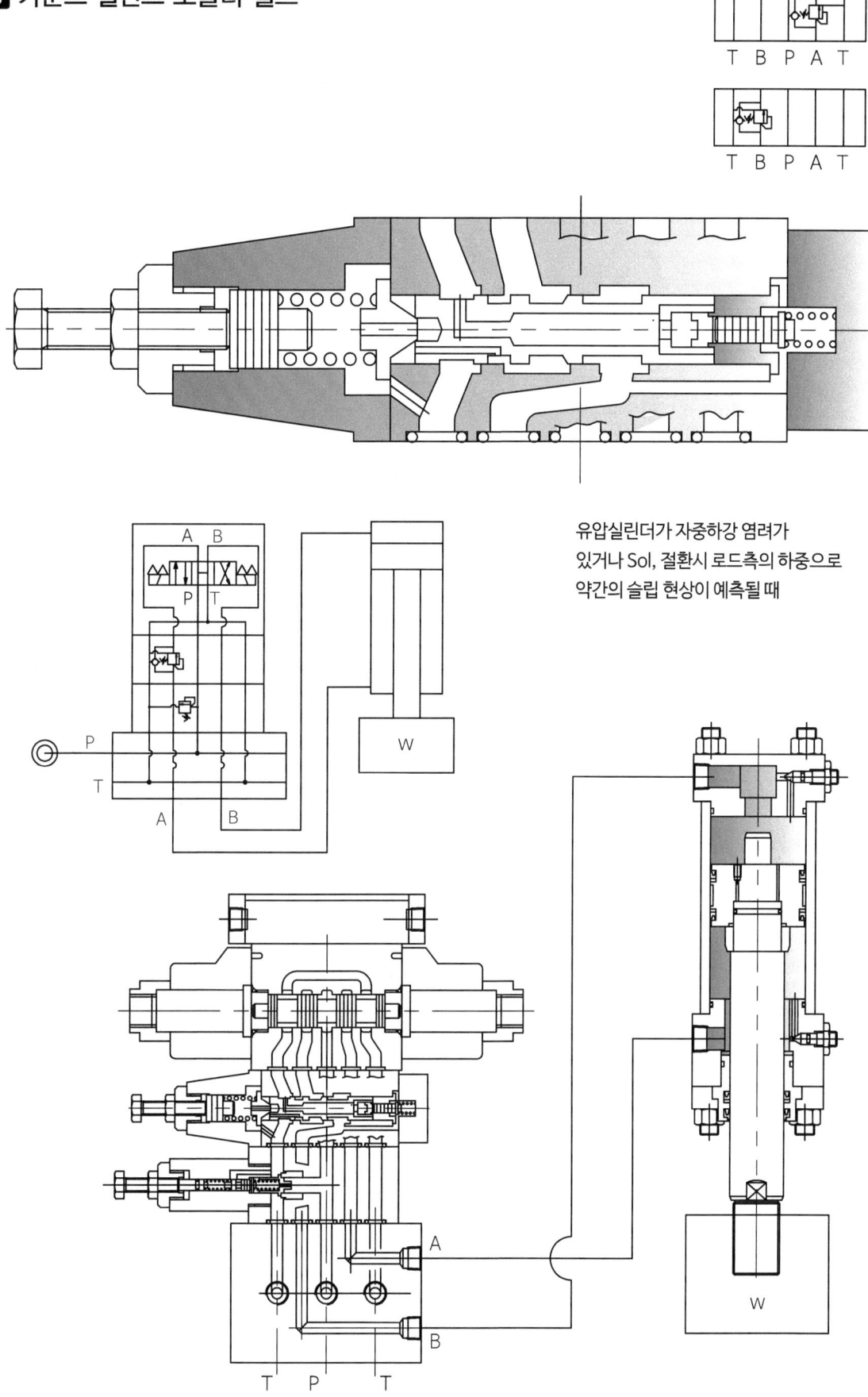

유압실린더가 자중하강 염려가
있거나 Sol, 절환시 로드측의 하중으로
약간의 슬립 현상이 예측될 때

카운트 밸런스 모듈러 밸브 작동원리도

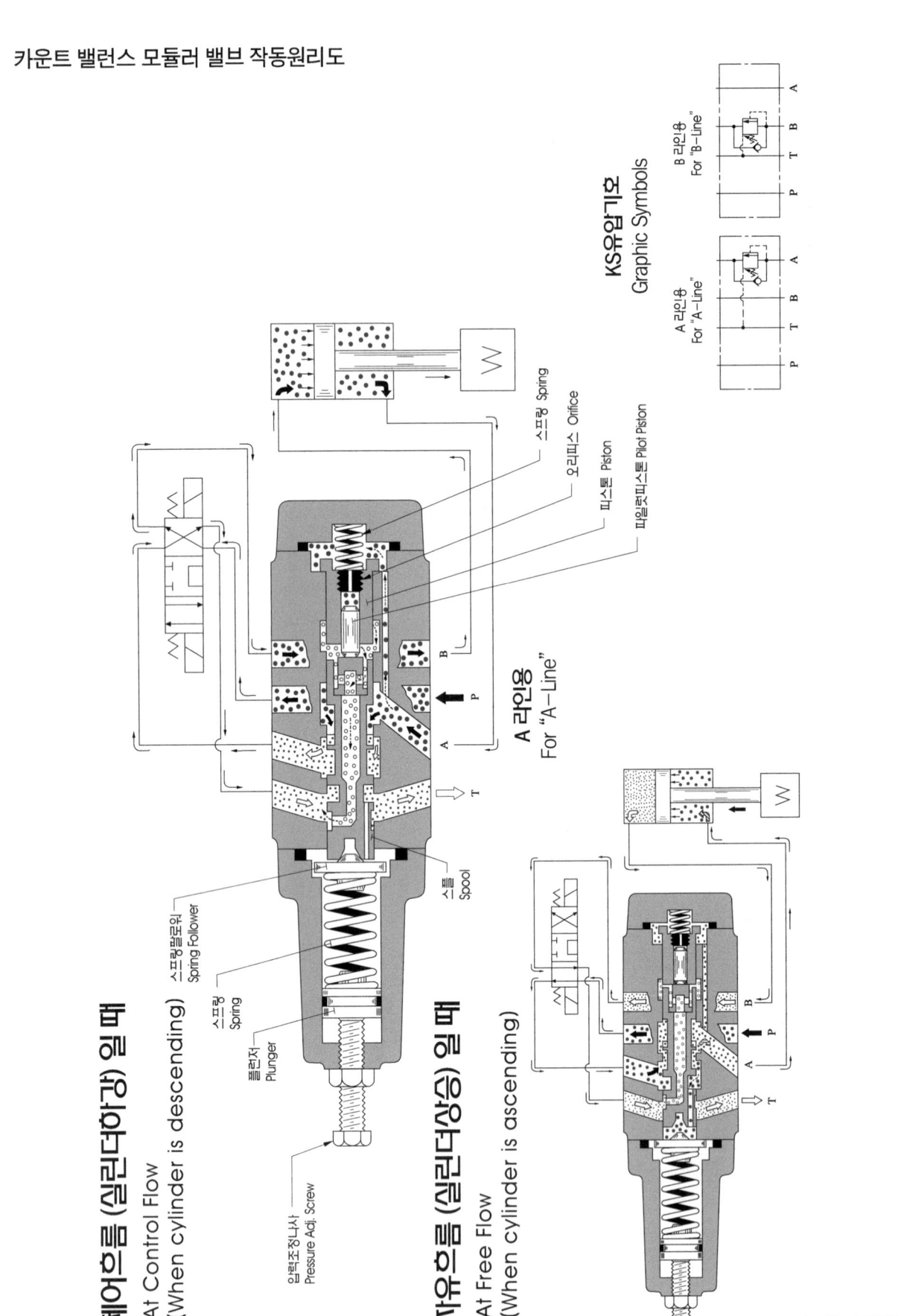

자료제공 : SEWON

9 스로틀 모듈러 밸브 내부구조

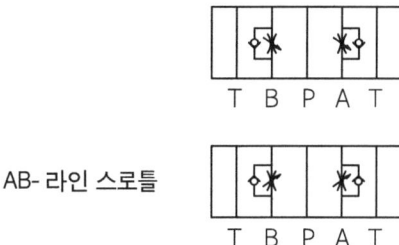

AB- 라인 스로틀

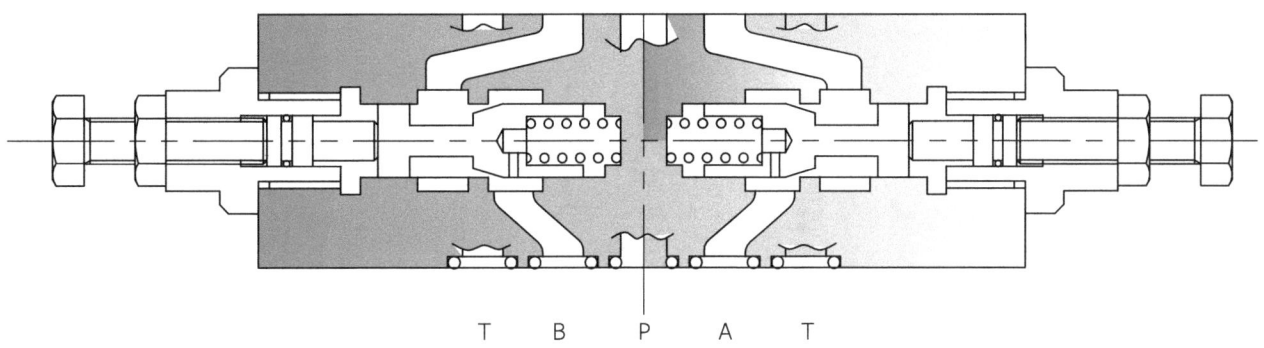

유압실린더에 속도제어할 이유가 있을 때

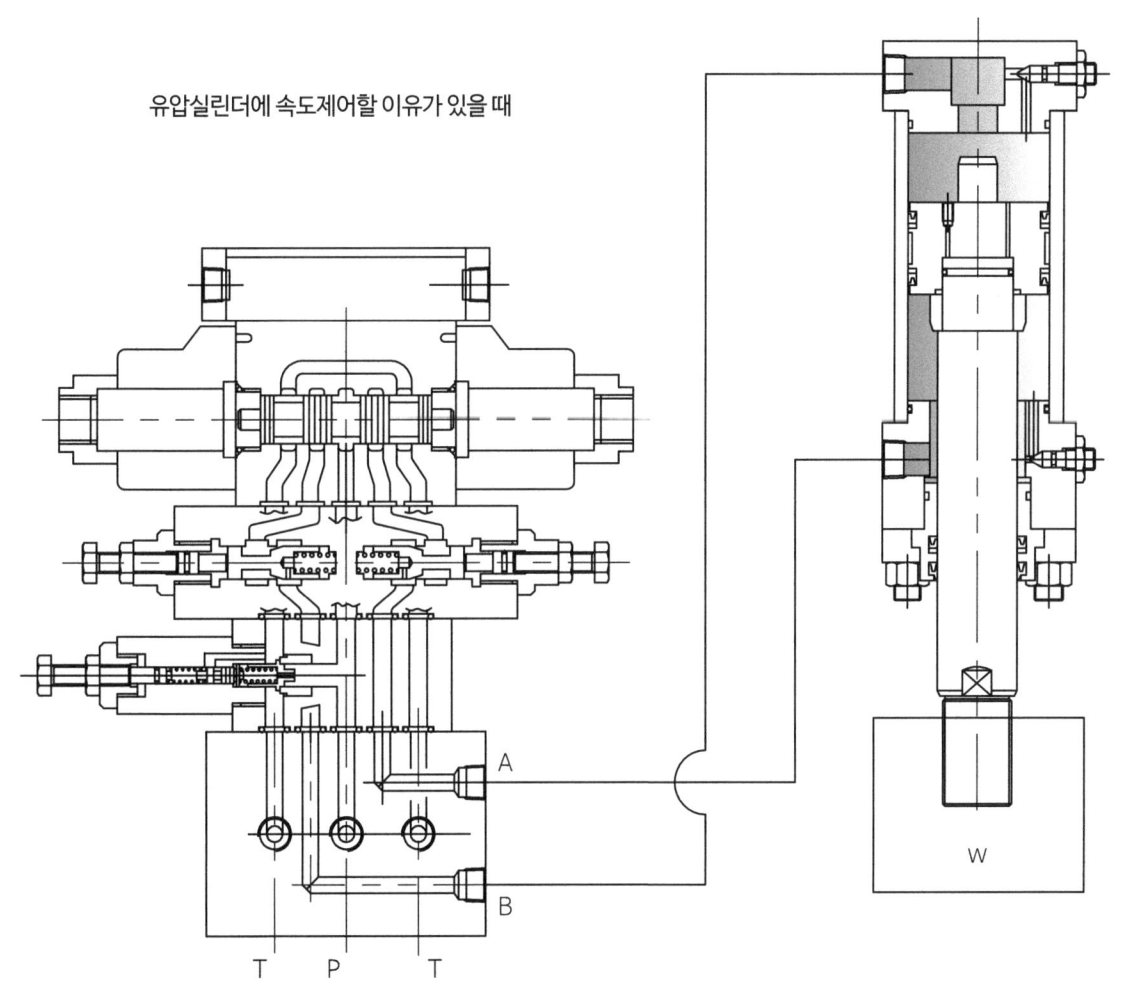

트로틀 체크 모듈러 밸브 작동원리도

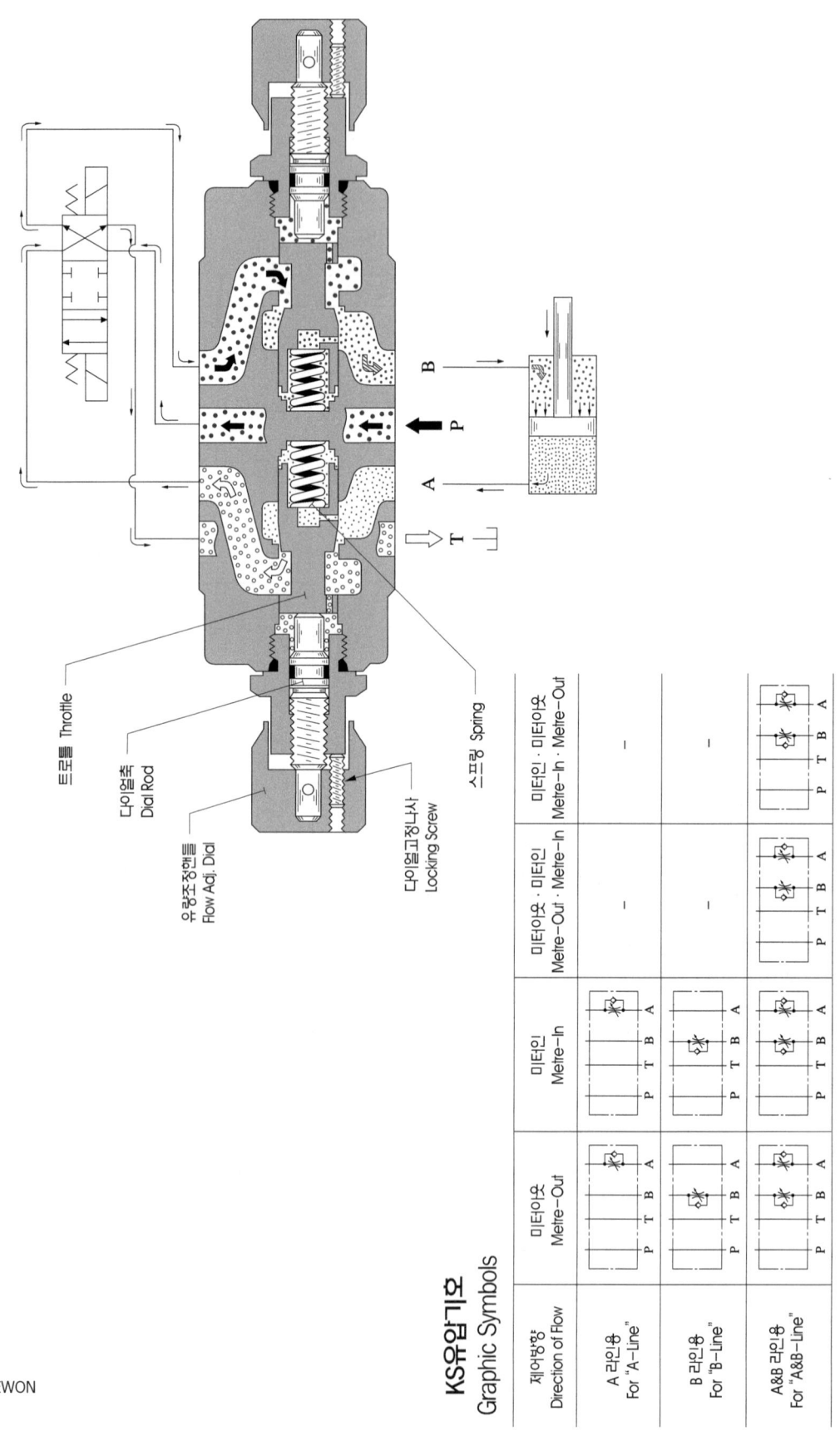

자료제공 : SEWON

10 파일럿 체크 모듈러 밸브 내부구조

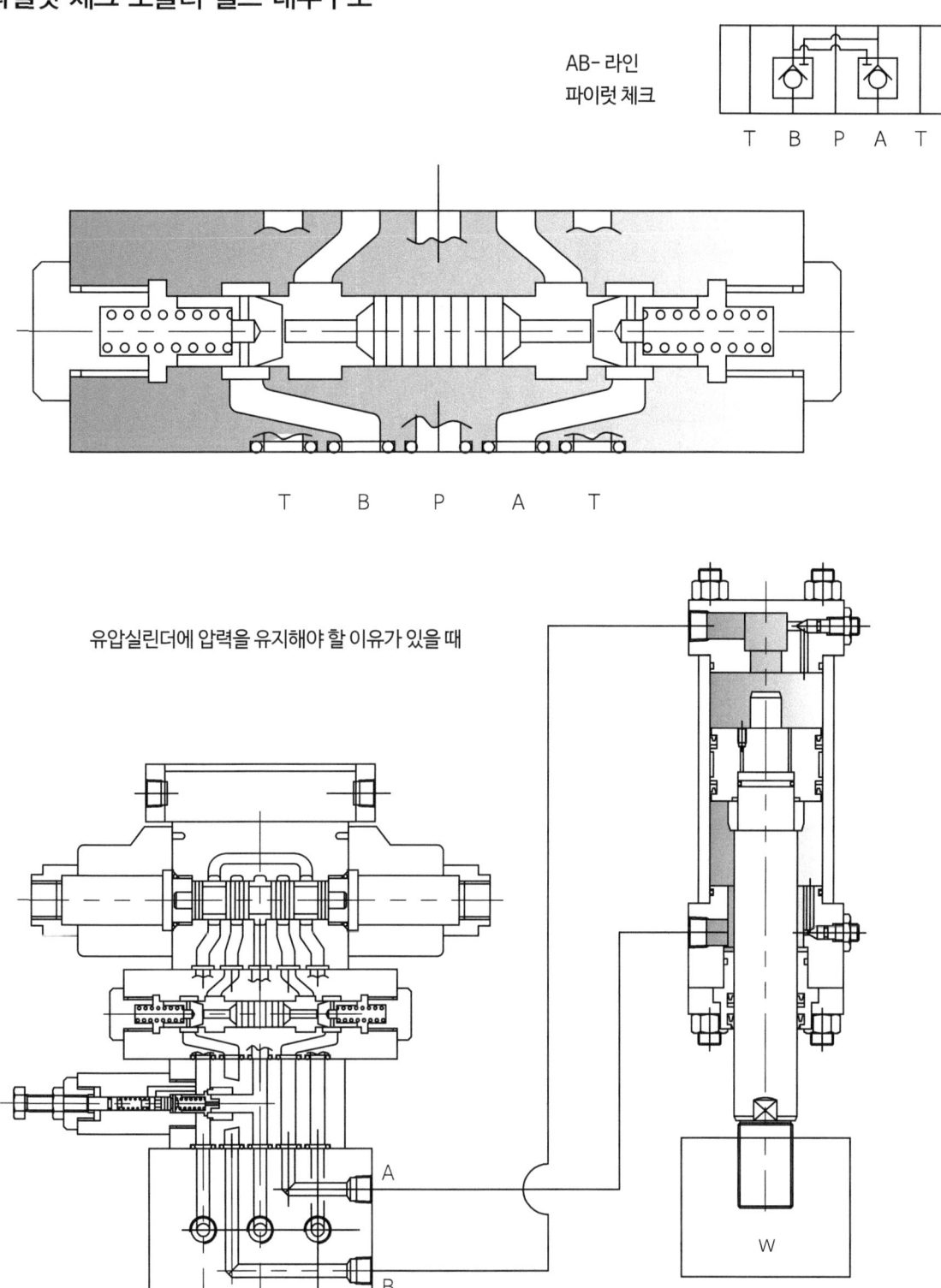

파일럿 체크 모듈러 밸브 작동원리도

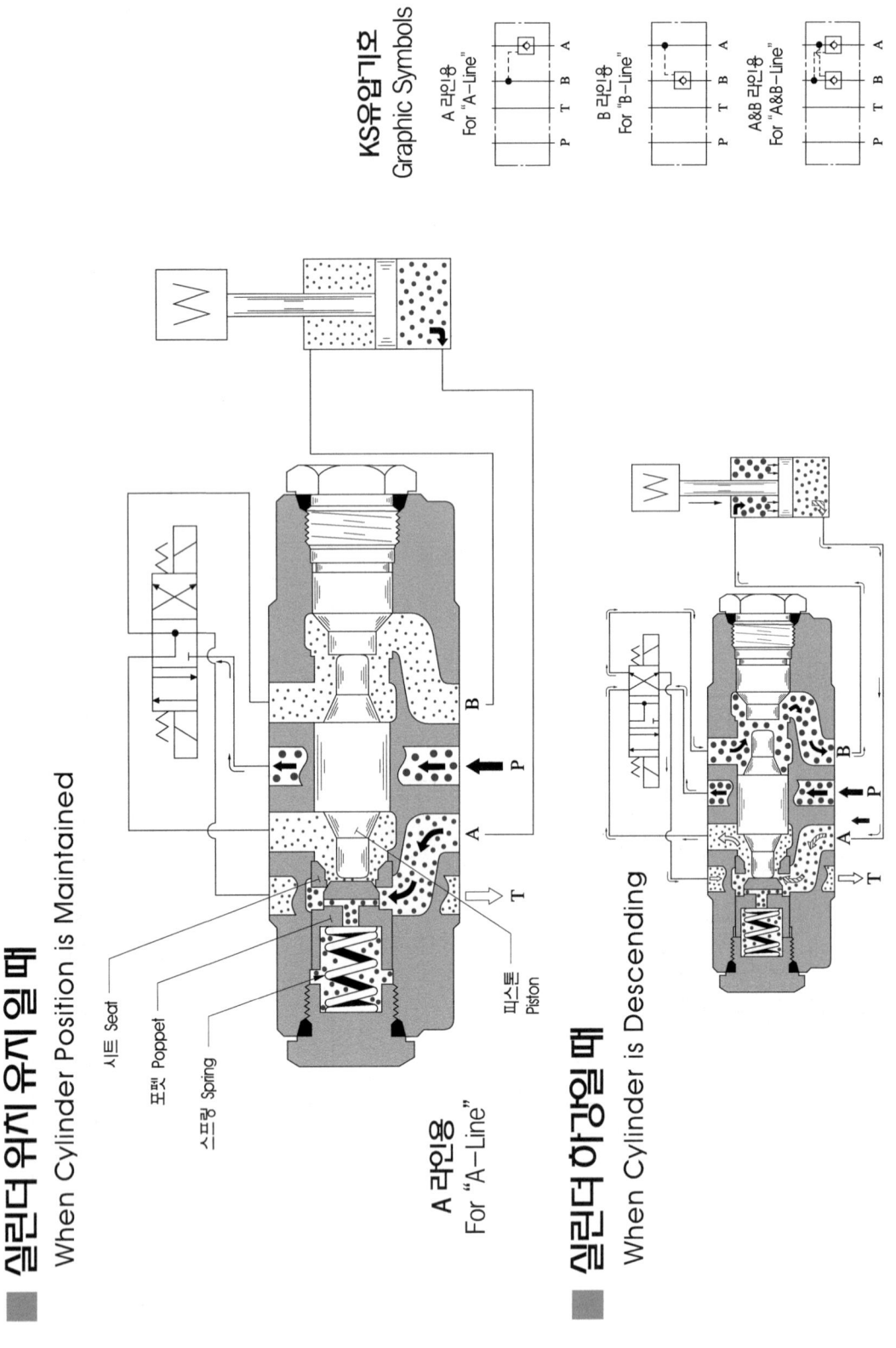

제6절 로직 밸브(Logic Cartridge Valves)

■ 닫힌작동 Closed Operation

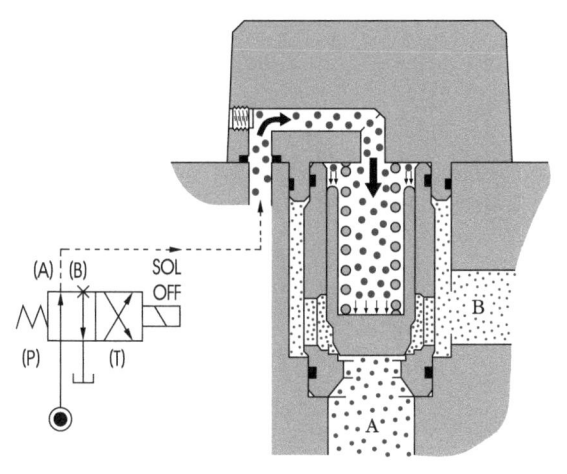

■ 열린작동 Open Operation

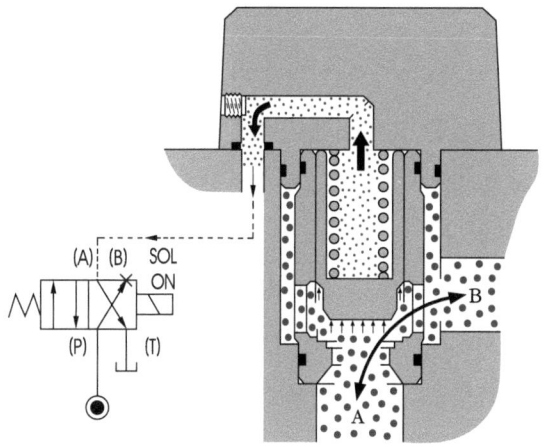

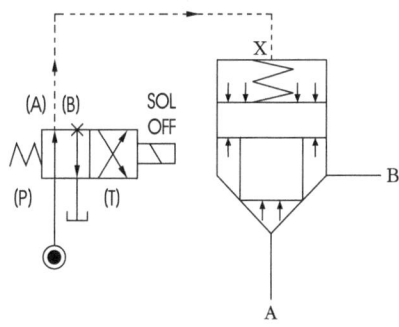

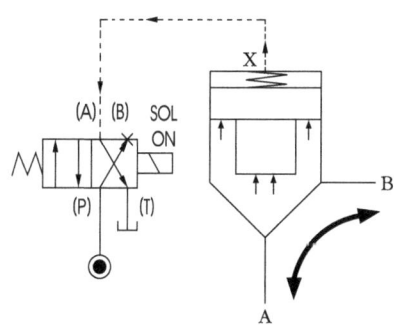

자료제공 : SEWON

로직 밸브(카트리지 밸브)는 카트리지형 엘리멘트와 파이럿 통로가 있는 커버로 구성되어 있고 이들을 회로 목적에 따라 조합하여 압력 제어, 방향 제어, 유량 제어를 할 수 있다.

로직 밸브는 여러 가지 제어기능을 하나의 카리지 엘리먼트에 파일럿 커버의 복합적으로 집약화 하고 다시 회로를 하나의 블록으로 조합되어 집약하는 구조로 되어 있다.

기본 구조

기본 구조는 앞서 방향 전환 밸브 중 체크 밸브, 파일럿 체크 밸브와 로직 밸브를 비교하여 보면 기본 구조와 작동 개념을 쉽게 이해와 구분이 가능하다.

체크 밸브는 A-Port에서 B-Port로 기름이 흐를 수 있고 반대로 B-Port에서 A-Port로는 어떤 경우에도 연결될 수 없다.

로직 밸브는 A-Port에서 B-Port로 기름을 파일럿측 커버에 각종 압력이나 제어 기능을 주어 흐르게 할 수 있고 흐르지 않게 할 뿐만 아니라 압력의 변화를 주면 변화 주는 만큼, 유량의 변화를 유량의 변화를 주는 만큼 압력과 유량을 제어하는 구조이다.

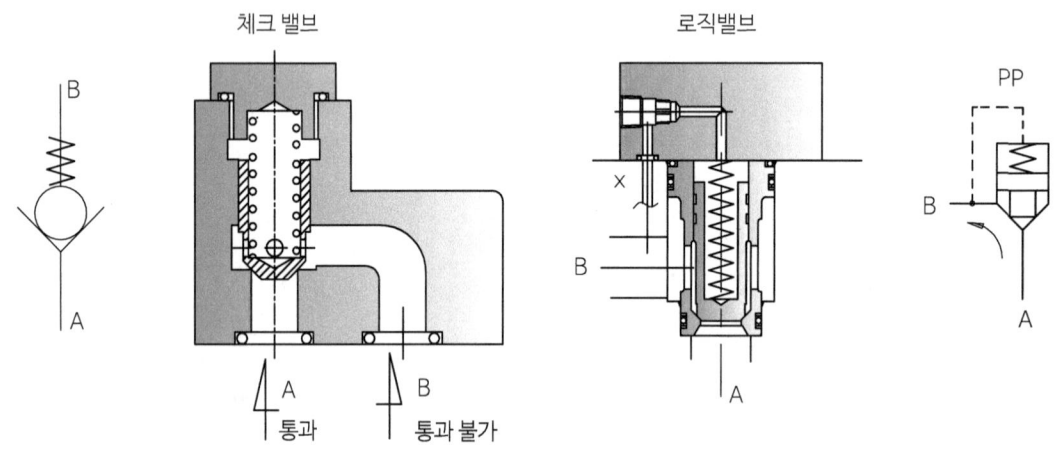

로직 밸브의 제어기능

방향 제어 밸브로서 작용	유량 제어 밸브로서 작용	압력 제어 밸브로서 작용	감압 밸브로서 작용
	유량제어	압력제어	압력제어
		시켄스 밸브로서 작용	

1 로직 밸브의 특징

① 압력 손실이 적고 고압 대 유량을 만족한다.
② 엘리먼트의 조합에 따라 압력, 방향, 유량의 밸브로 조합이 가능하다.
③ 배관을 하지 않고 카트리지화 되어 연결부분 구멍에 직접 삽입함으로 누유, 진동, 소음 등 배관으로 발생하는 문제점을 해소되어 신뢰성이 우수하다.
④ 스플형이 아니고 시트형이므로 내부 리크가 적고 응답성이 빠르고 고속절환이 가능하다.

2 로직 밸브의 구조 및 기능

로직 밸브는 슬리브, 포펫, 스프링으로 구성되어 Manifold Block 안에 내장되고, 파일럿 라인의 압력 신호로 포펫을 열고 닫는 단순한 2포트 밸브인데 파이럿 압력 신호로 방향, 유량, 압력을 제어하는 다기능 밸브로 조합할 수 있는 밸브이다.

로직 커버는 제어 목적에 대응하기 위하여 여러 개의 압력 신호 포트와 제어 밸브에 조합이 가능하도록 표준화 되어 있다.

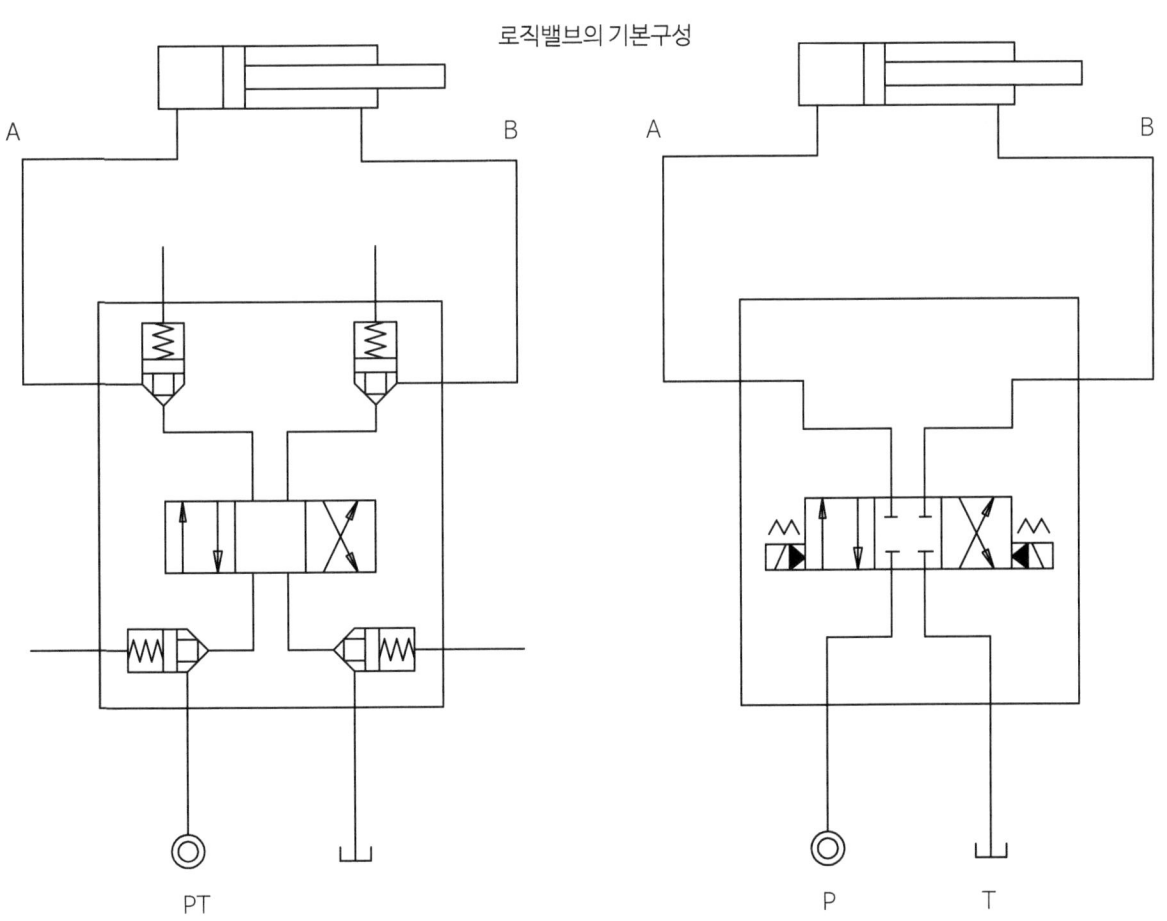

로직밸브의 기본구성

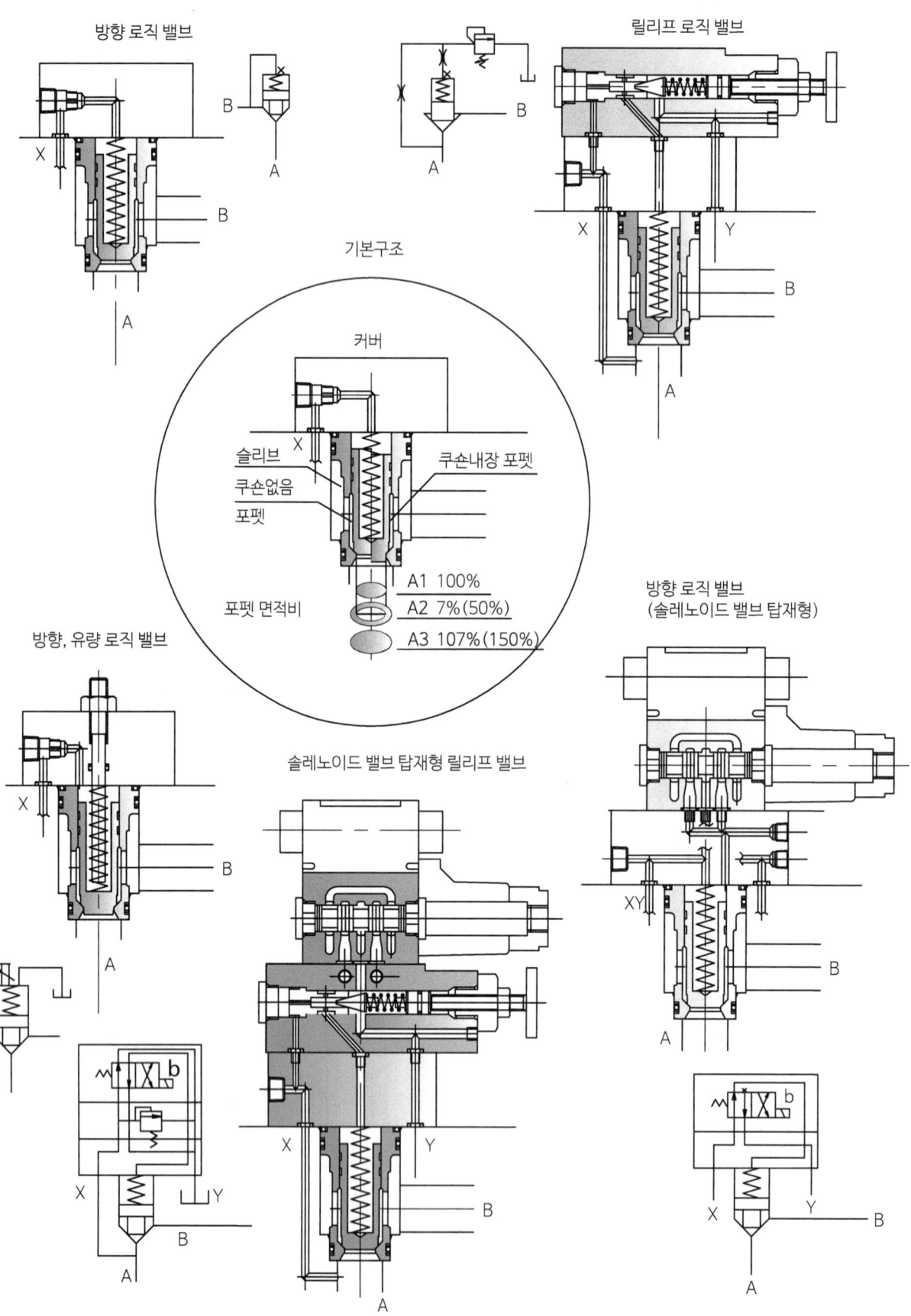

3 로직 밸브의 작동 원리

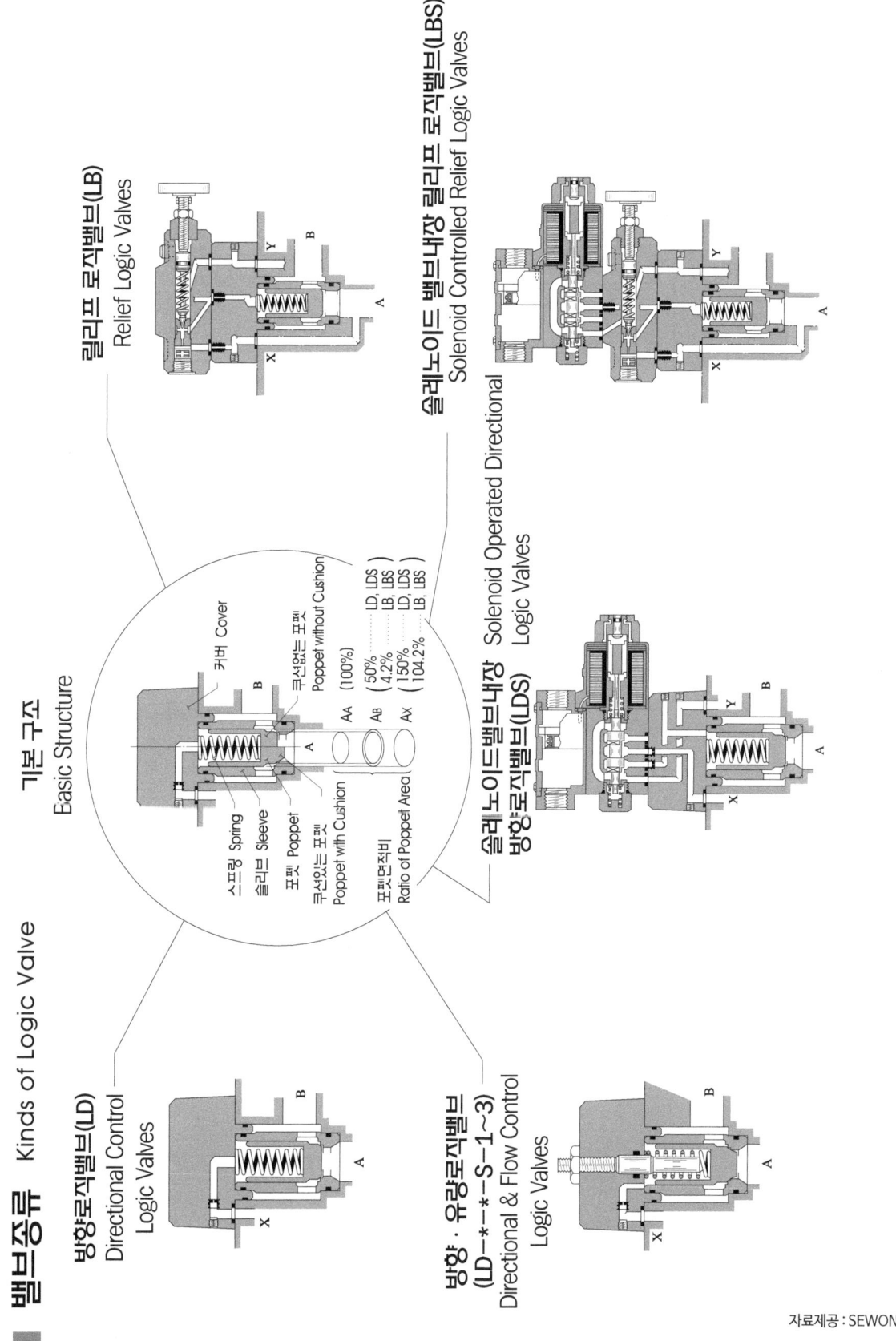

1) A포트 로직 밸브의 기본 작동 원리

A포트에서 B포트로 회로 연결이 불가하고, B포트에서 A포트로 연결은 가능하다.

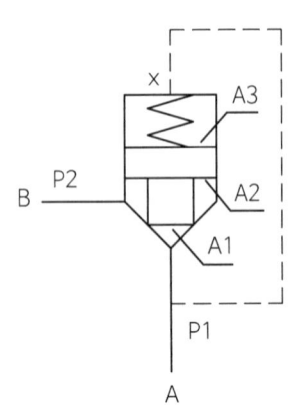 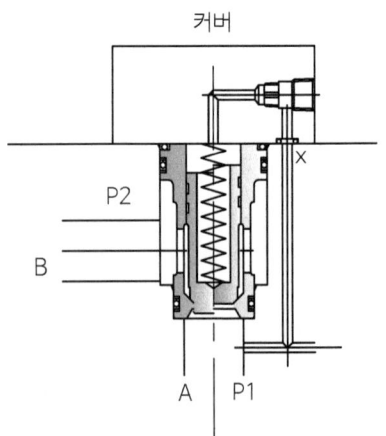

A포트 제어(x ↔ A 접속)
FS = 스프링 장력
A → B 불가
$(A1 \times P1) + (A2 \times P2) < (A3 \times P1) + FS$
B → A 가능
$(A2 \times P2) + (A1 \times P1) > (A3 \times P1) + FS$

2) B포트 로직 밸브의 기본 작동 원리

A포트에서 B포트로 회로 연결이 가능하고, B포트에서 A포트로 연결은 불가능하다.

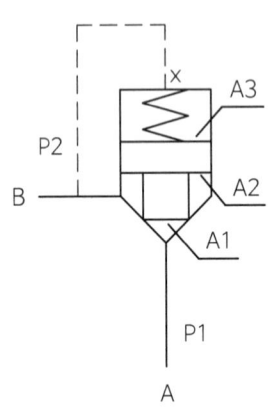 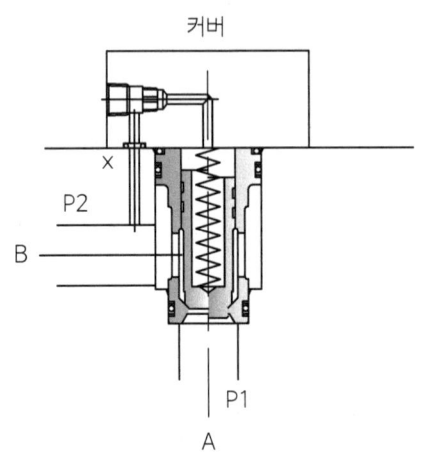

B 포트제어(x ↔ B 접속)
FS = 스프링 장력
A → B 가능
$(A1 \times P1) + (A2 \times P2) > (A3 \times P2) + FS$
B → A 불가
$(A1 \times P1) + (A2 \times P2) < (A3 \times P2) + FS$

3) 4포트 로직 밸브의 기본 작동 원리

파이럿 밸브의 Sol'a가 작동하면 P ↔ A , B ↔ T로 회로가 연결된다.

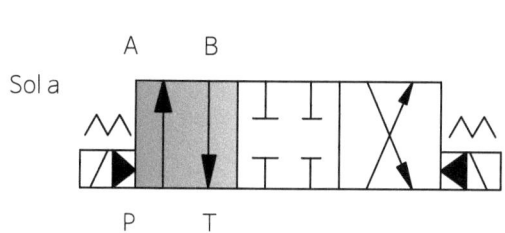 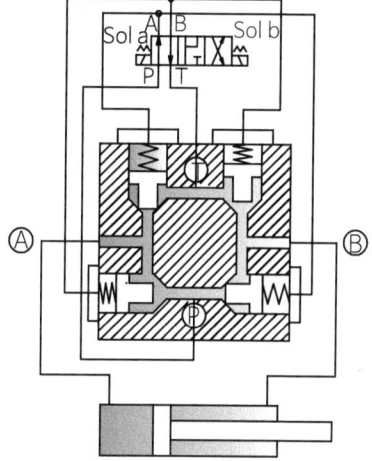

파이럿 밸브의 Sol' 작동이 중립이면 P , A , B , T 회로가 Block이 된다.

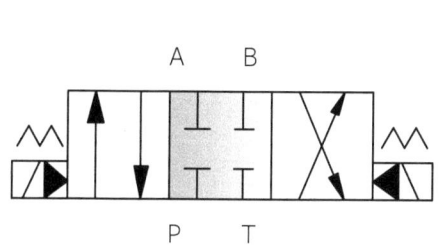 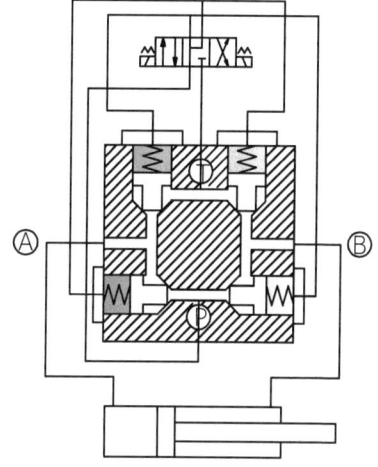

파이럿 밸브의 Sol'b 가 작동하면 P ↔ B , A ↔ T로 회로가 연결된다.

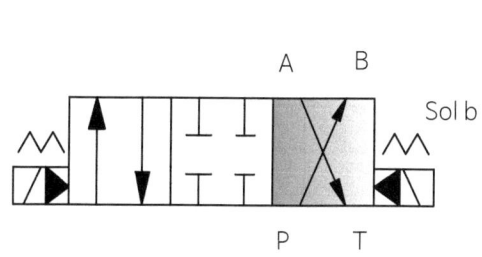 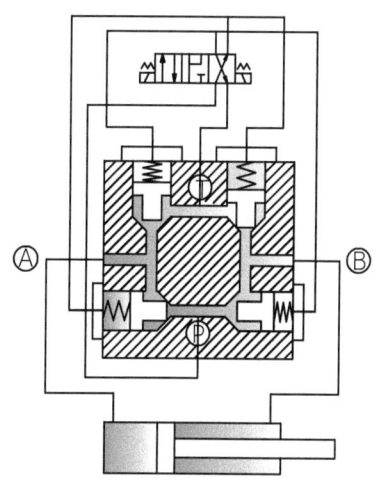

4 일반 밸브와 로직 밸브의 비교

전자 파이럿 절환 밸브의 예

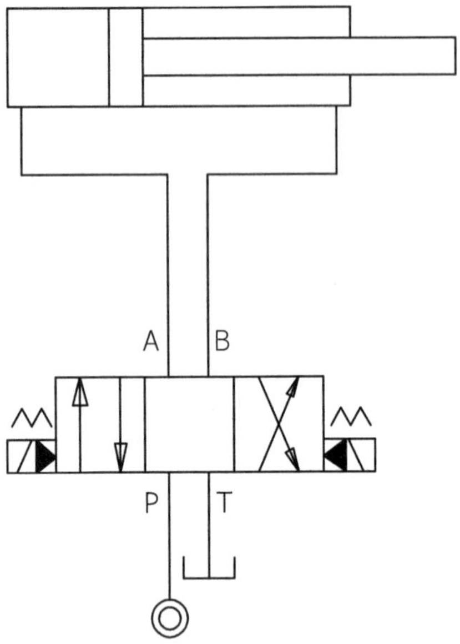

로직 밸브의 구성 예

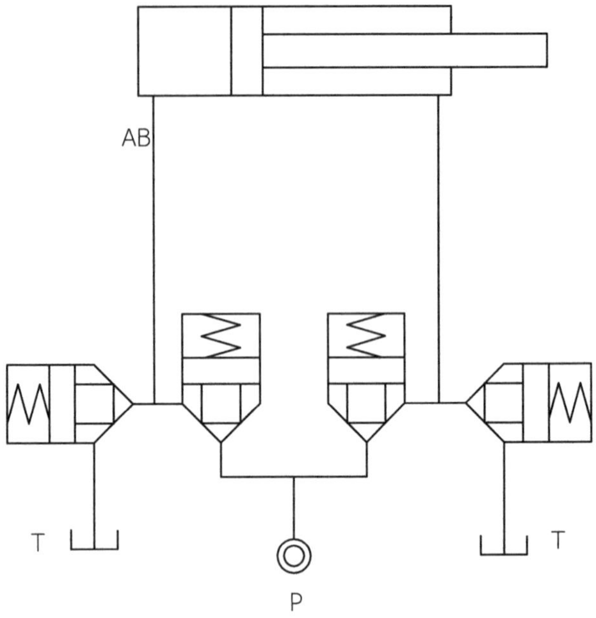

전자 파이럿 절환 밸브

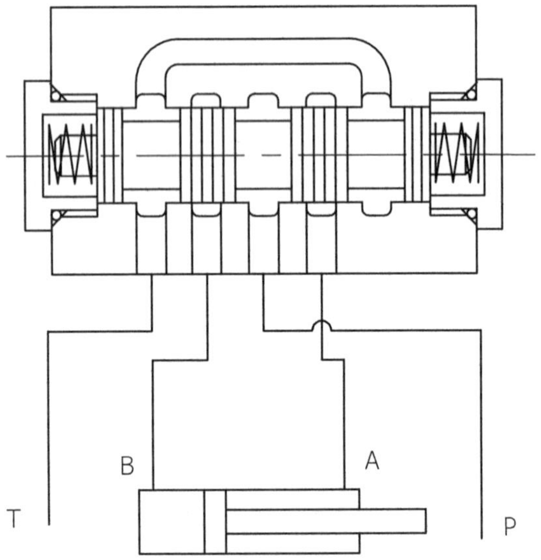

로직 밸브의 구성

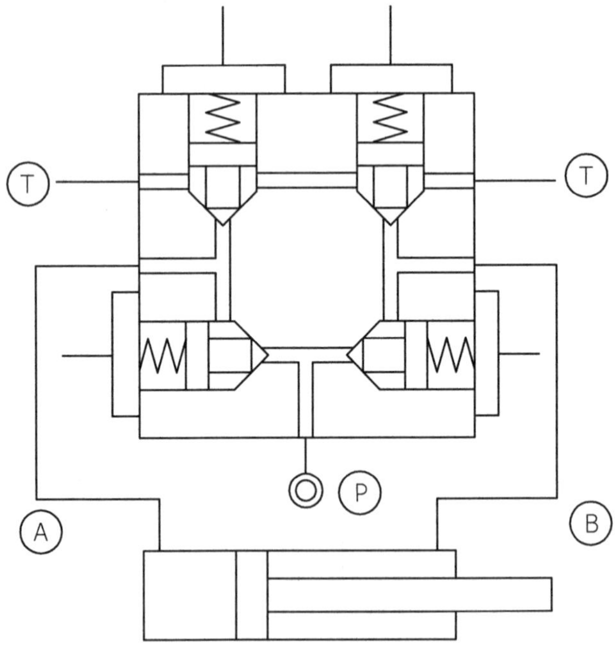

5 로직 밸브의 회로구성 예

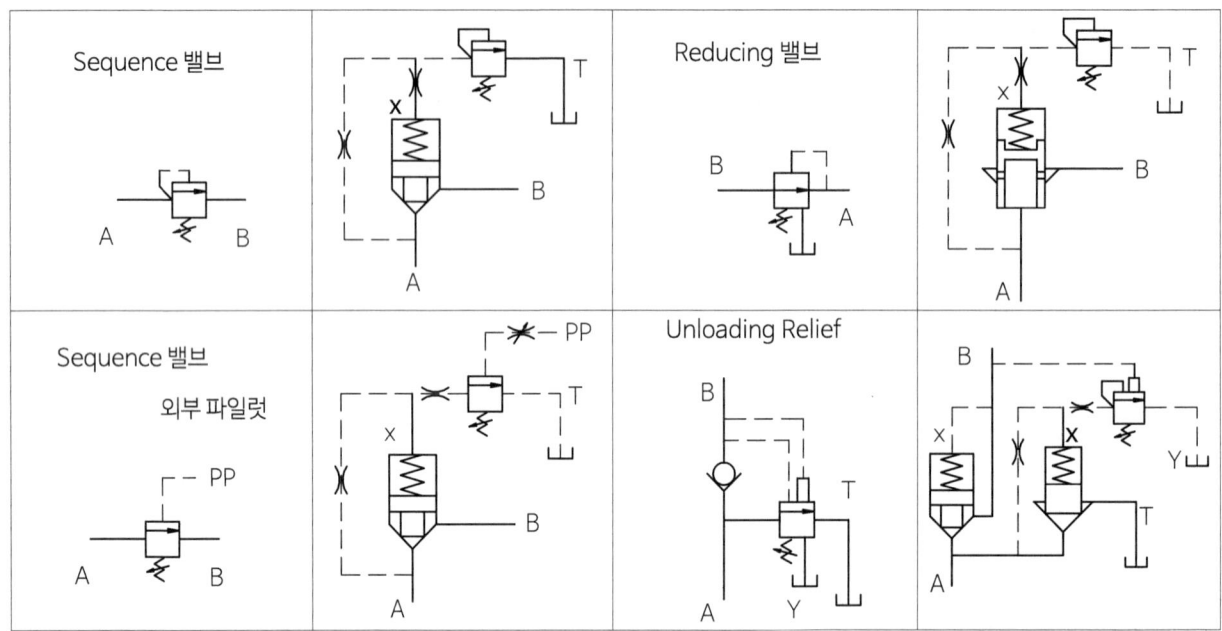

로직 밸브는 카트리지 엘리먼트의 파일럿측에 어떤 변화를 주면 변화를 주는 조건에 따라 방향 제어, 압력 제어, 유량 제어의 기능으로 조합이 가능하다.

다시 말하면 솔레노이드 밸브를 붙이면 방향 제어 밸브, 작동 거리를 제어하면 유량 제어 밸브, 파일럿실에 압력의 변화를 주면 압력 제어 밸브로서의 각 기능을 가지는 것이다.

또한 하나의 카트리지 엘리먼트에 복수의 기능을 조합할 수도 있다.

1) 로직 회로의 구성상 주의

① A, B, Port에 어떤 외적인 요인(자중, 이동 부하, 펌프 부하 등)으로 증압이 발생하면 "pp" Port 유지압력의 공급이 필요하다.

② 압력 제어 밸브와 체크 밸브는 복합화 하는 것을 원칙적으로 금한다.

③ 파일럿 체크 밸브와 압력 제어 밸브의 복합화 할 수 없다.

2) 엘리먼트의 조합

카트리지 엘리먼트가 하나라도 제어방법에 따라 복수의 기능을 가지는데 나아가서 여러 개의 엘리먼트를 조합하여 로직 본래의 다양한 특색을 발휘할 수 있다.

3) 전자 파일럿 조작 밸브 조합

각각의 기능을 가진 로직 엘리먼트의 조합

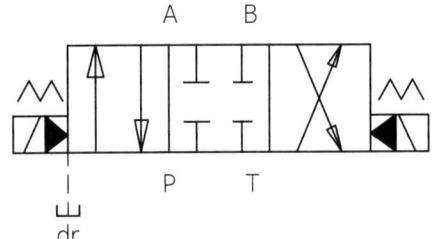

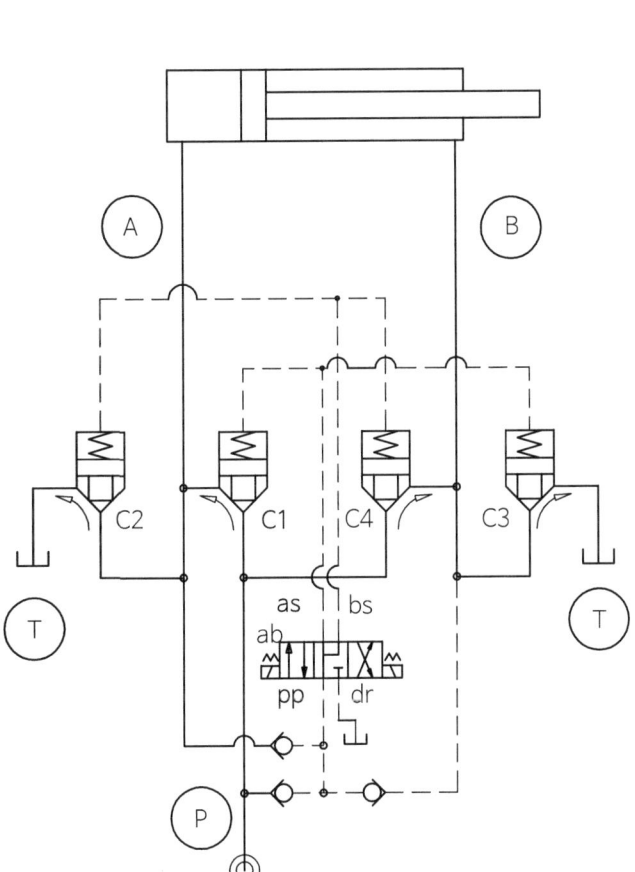

각 엘리먼트의 제어기능

엘리먼트 번호	유체의 방향	파일럿
C1	P → A(공급)	bs
C2	A → T(배출)	as
C3	B → T(배출)	bs
C4	P → B(공급)	as

솔레노이드의 작동과 기름의 흐름

	as(Sol, a)		bs(Sol, b)		유체의 흐름
	C2	C4	C1	C3	
중립	닫힘	닫힘	닫힘	닫힘	흐름지 않음
Sol, b	닫힘	닫힘	열림	열림	P → A, B → T
Sol, a	열림	열림	닫힘	닫힘	A → T, P → B

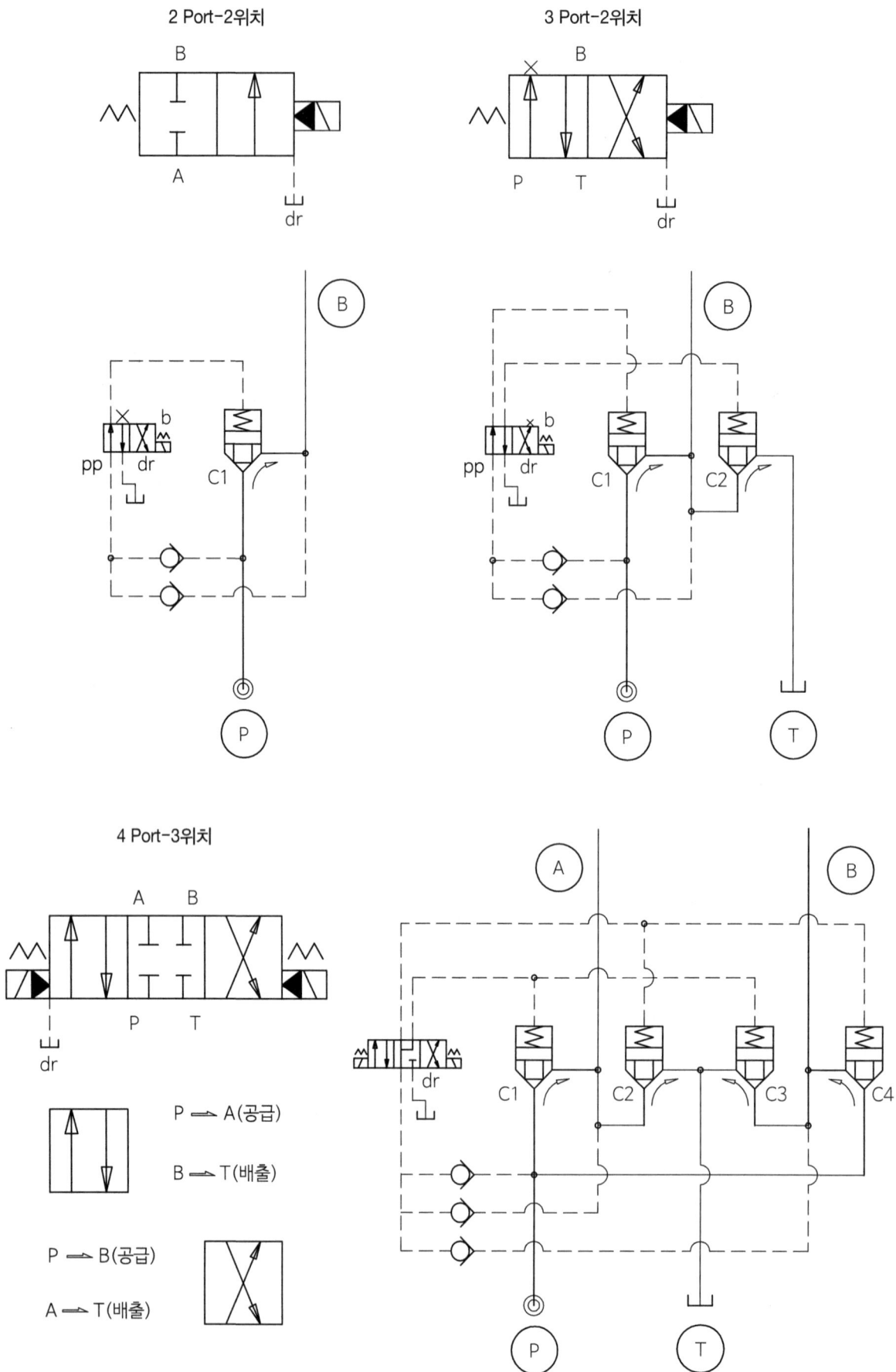

4) 로직 밸브의 회로구성 예

전자 파일럿 조작 밸브

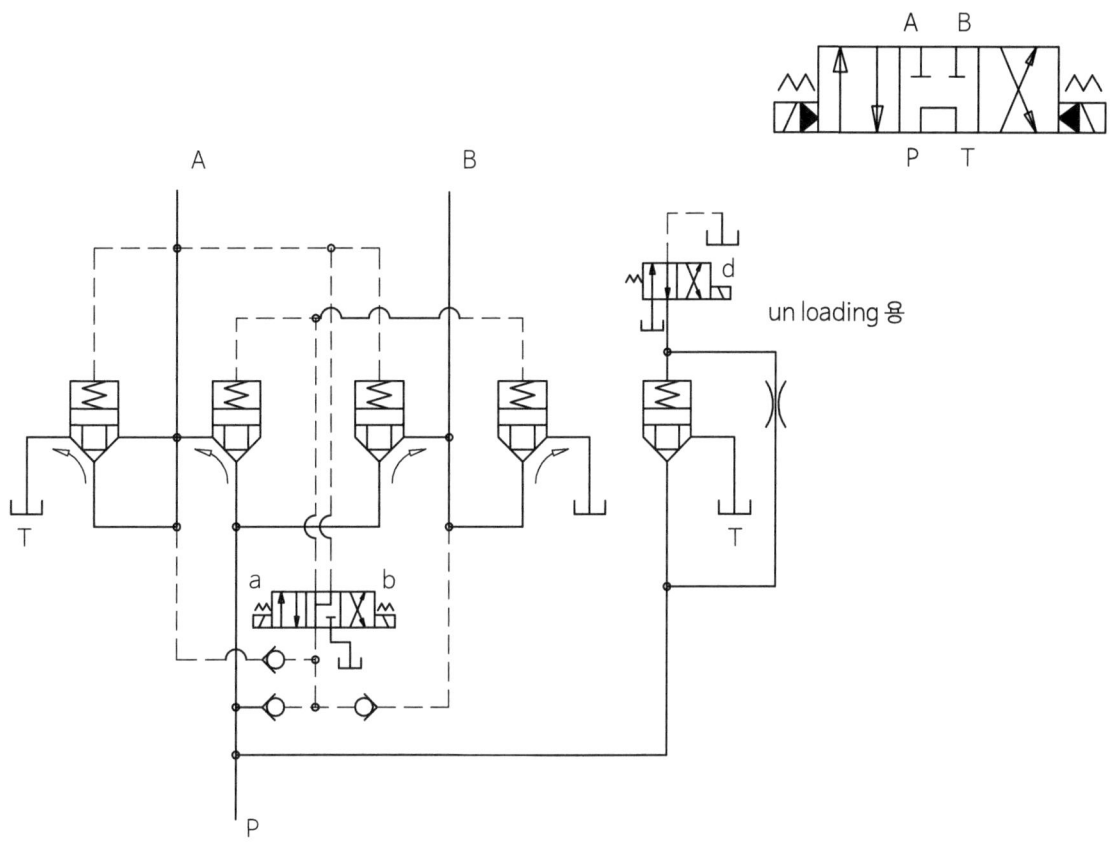

전자 파일럿 조작 밸브

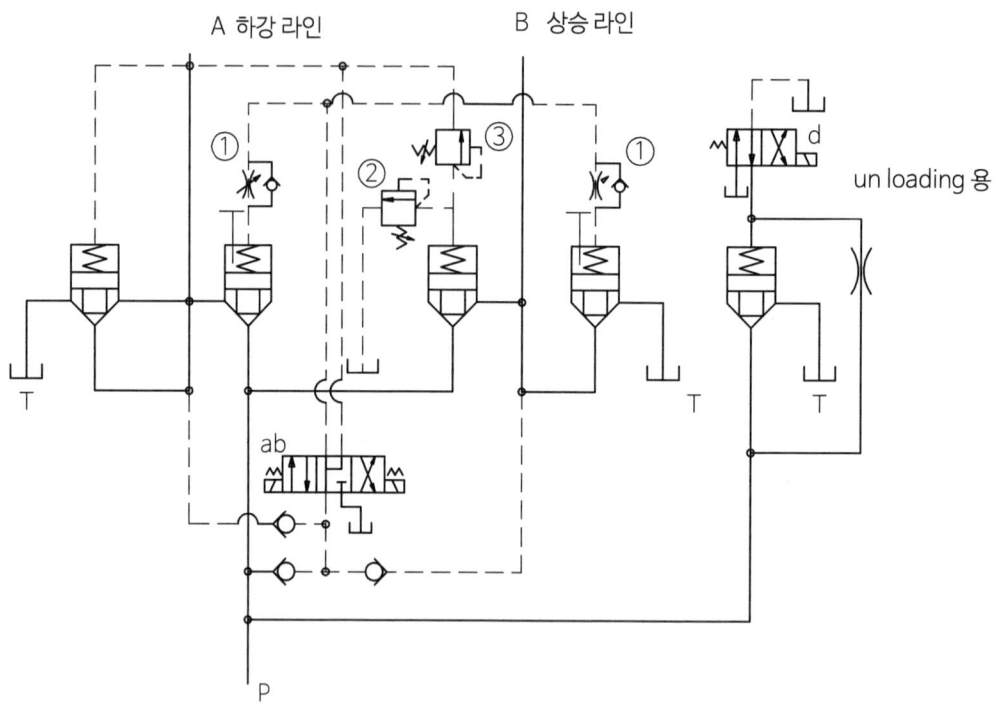

유압장치에서 상승 하강 속도를 제어할 이유가
충분하여 ① 상승, 하강 속도제어 밸브 적용

금형의 중량이나 램, 슬라이더의 중량이 무거워
상하작동시 흘러내림, 충격이 예상되어
② 카운트 밸런스 밸브 적용

피스톤과 로드의 단면적 차가 현저히 차이가
있고, 상승 라인에 밸브 오동작시 증압이
예상되어 ③ 릴리프 밸브 적용

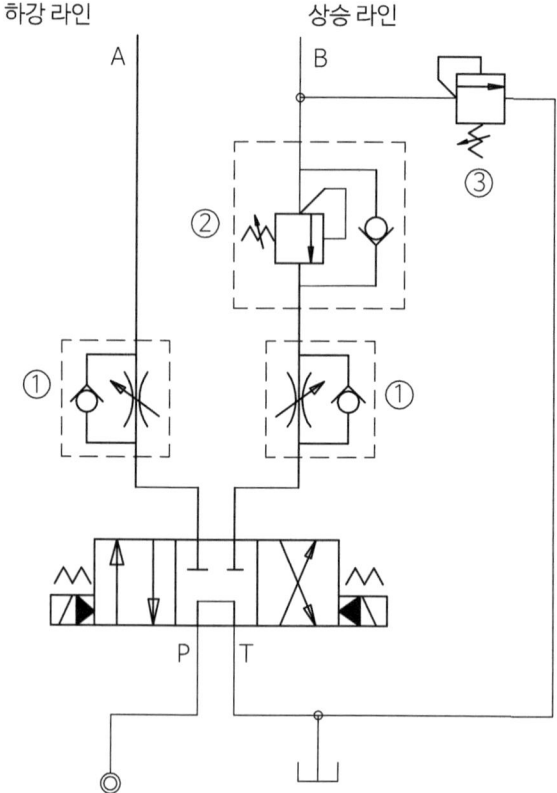

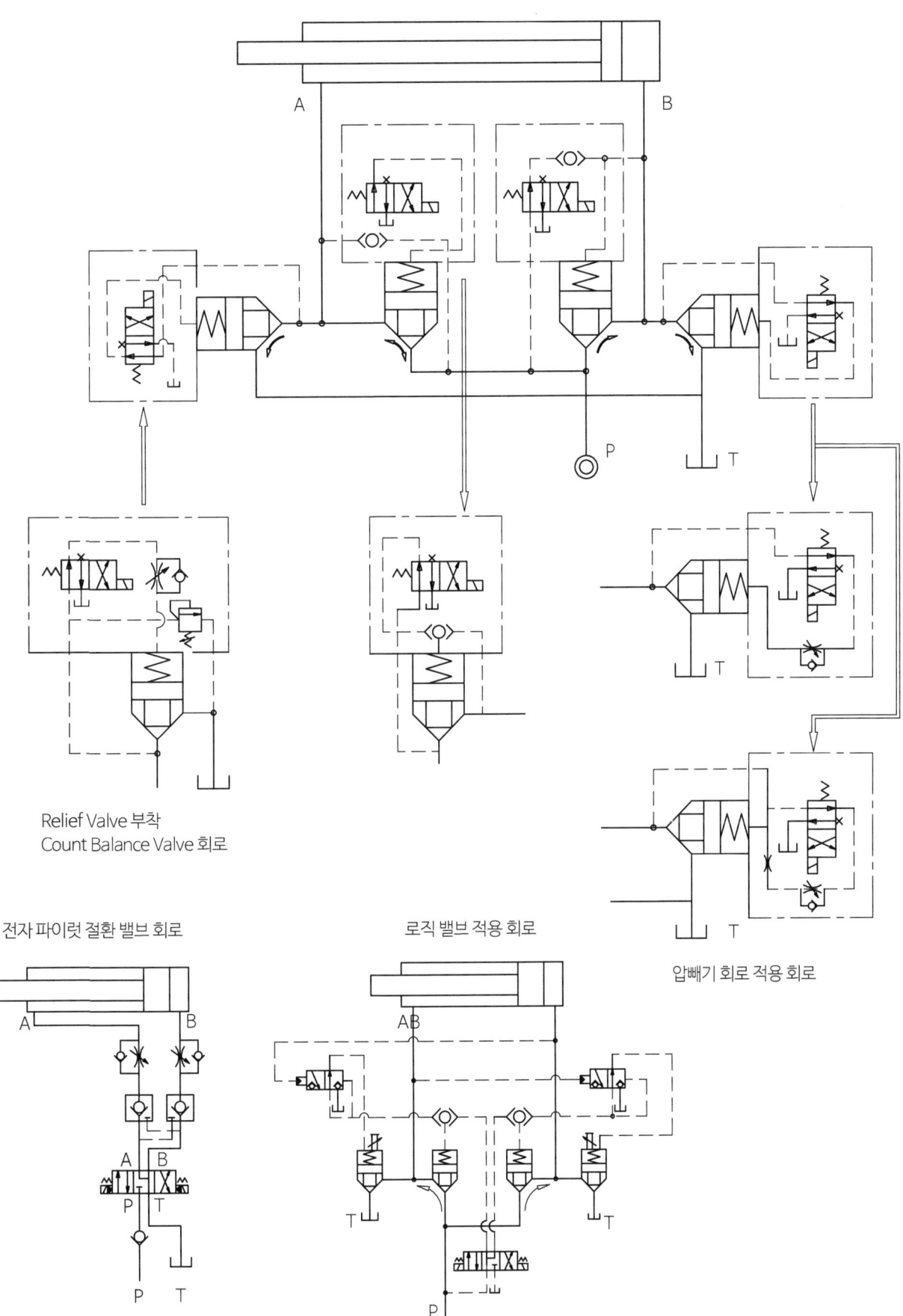

Relief Valve 부착
Count Balance Valve 회로

전자 파이럿 절환 밸브 회로

로직 밸브 적용 회로

압빼기 회로 적용 회로

제3장 유압기기(Hydraulic Equipment) 285

CHAPTER

04

액추
에이터
ACTUATORS

유압 액추에이터(Actuators)

유압 액추에이터는 유압펌프로부터 공급되는 유체의 압력 에너지를 기계적 에너지로 변환하는 기기를 액추에이터라 한다.

운동방식에 따라 왕복동형(유압실린더)과 연속회전형(유압모터)으로 크게 구분한다.

유압 액추에이터의 분류

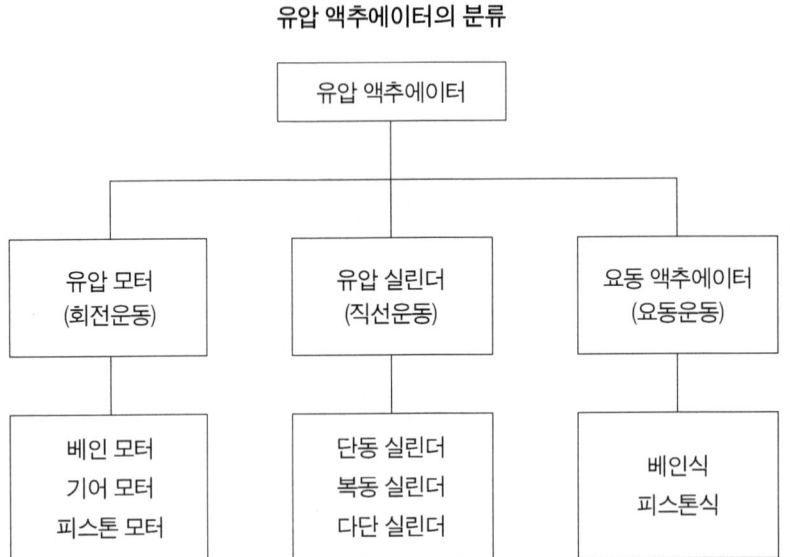

제1절 유압실린더

유압실린더(Hydraulic Cylinder)는 유체의 운동 에너지를 기계적인 에너지로 변환시키는 기기 중 직선운동을 시키는 기기이다.

유압실린더의 장점을 살펴보면 다음과 같다.

① 직접 부하를 움직이기 때문에 설계가 간단하고 설치가 쉽다.
② 직접 부하를 움직이기 때문에 동력 전달 효율이 높다.
③ 작은 크기의 장치에서 큰 힘을 발휘할 수 있다.
④ 방향 전환 밸브로 운동 방향제어가 가능하다.
⑤ 압력 제어 밸브로 힘의 제어가 가능하다.
⑥ 유량 제어 밸브로 속도의 제어가 가능하다.
⑦ 압력 유지 밸브로 일정압력 유지가 가능하다.
⑧ 실린더의 전 행정 구간에서 출력을 계속적으로 발휘할 수 있다.

1 유압실린더의 분류

1) 작동형식에 따른 분류
단동 실린더(Single Action Cylinder)
복동 실린더(Double Action Cylinder)
다단 실린더(Telescopic Cylinder)

① 단동 실린더(Single Action Cylinder)
단동 실린더는 한쪽 방향으로만 동작하는 특성을 가지며 자중이나 스프링 등 다른 외력에 의하여 복귀할 수 있다.

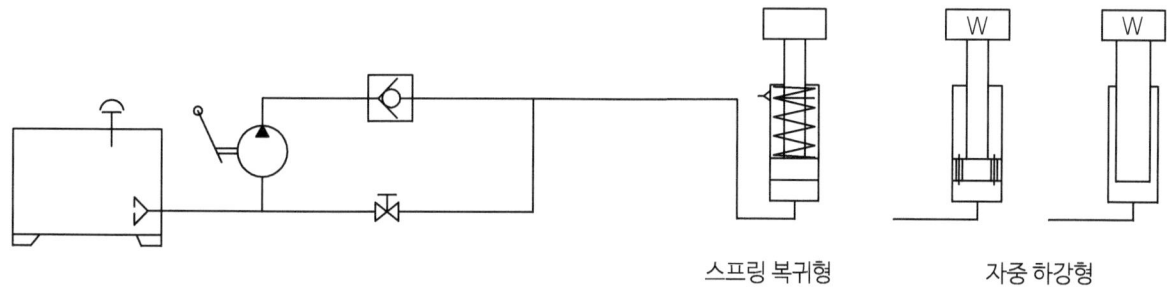

스프링 복귀형　　　자중 하강형

② 복동 실린더(Double Action Cylinder)

복동 실린더는 피스톤의 양쪽에 오일 포트를 설치하여 유압유를 공급과 배출을 교대로 시킴으로 왕복운동을 하는 실린더이다.

실린더 로드가 한쪽 방향만 있는 것과 양쪽 방향으로 있는 것으로 구분한다.

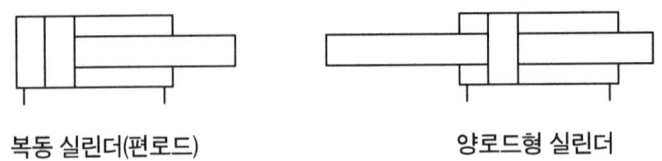

복동 실린더(편로드)　　　　　양로드형 실린더

③ 다단 실린더(Telescopic Cylinder)

다단 실린더는 유압 실린더 로드 내부에 또다른 실린더가 내장하고 있어 안테나처럼 빠져나감으로 좁은 공간에 긴 행정을 필요로 할 때 쓰인다.

또한 복동실린더를 다단으로 연결하여 응용하는 경우도 있다.

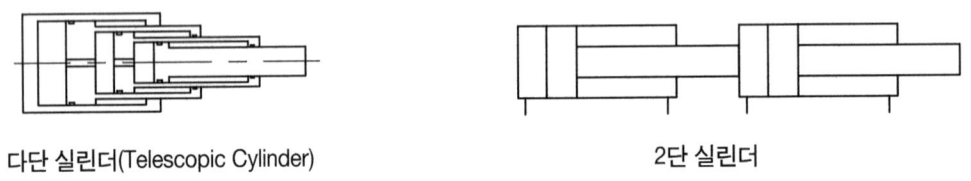

다단 실린더(Telescopic Cylinder)　　　　　2단 실린더

다단 실린더는 실린더 복귀 방식에 따라 기술적으로 여러 형태가 있다.

2) 유압실린더 고정방식에 따른 분류

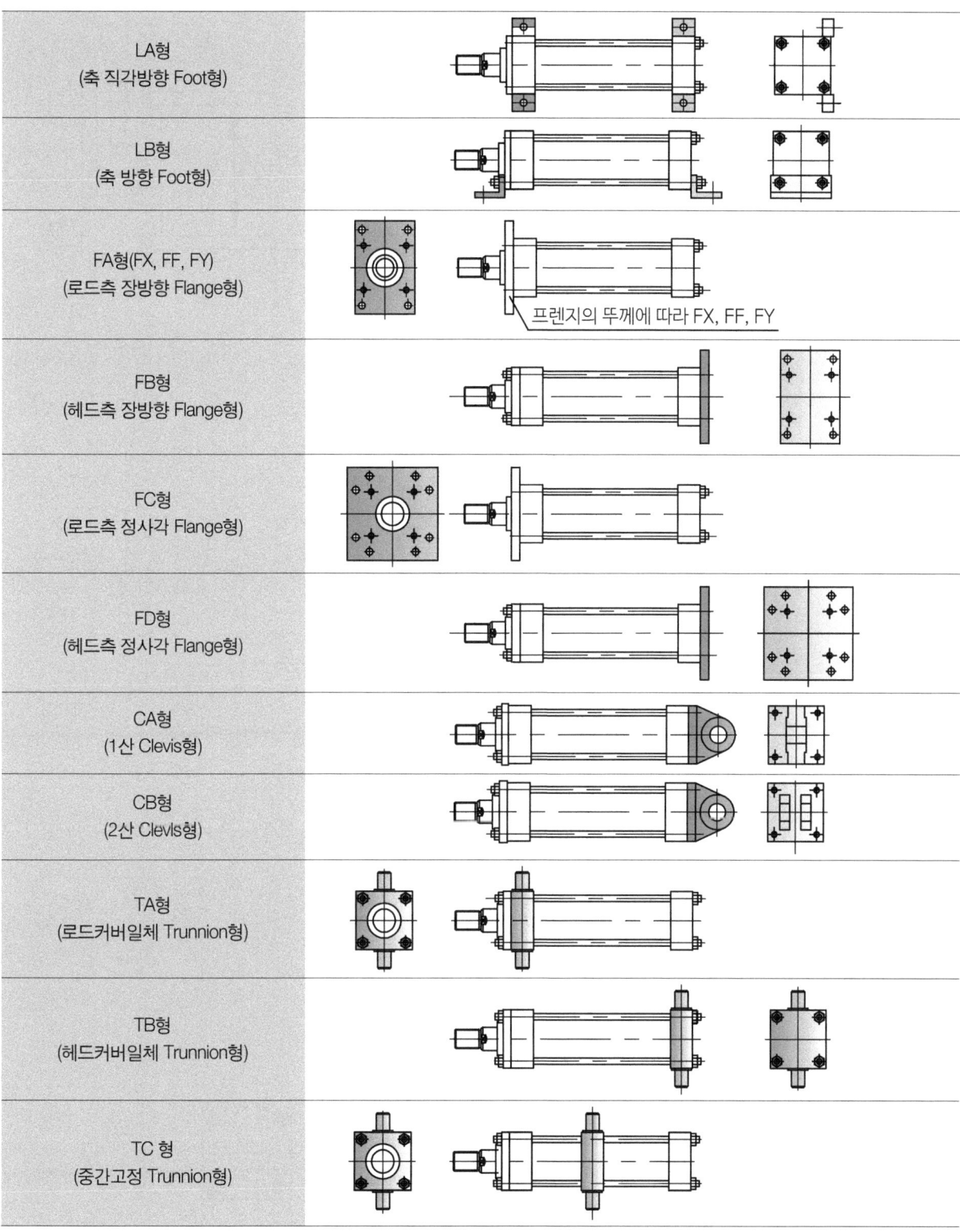

LA형 (축 직각방향 Foot형)	
LB형 (축 방향 Foot형)	
FA형(FX, FF, FY) (로드측 장방향 Flange형)	프렌지의 뚜께에 따라 FX, FF, FY
FB형 (헤드측 장방향 Flange형)	
FC형 (로드측 정사각 Flange형)	
FD형 (헤드측 정사각 Flange형)	
CA형 (1산 Clevis형)	
CB형 (2산 Clevis형)	
TA형 (로드커버일체 Trunnion형)	
TB형 (헤드커버일체 Trunnion형)	
TC 형 (중간고정 Trunnion형)	

타이로드 실린더의 튜브와 로드에 대하여 실린더 튜브 직경과 로드의 직경 표준화로 관련된 패킹 규격이 결정되어 있다.

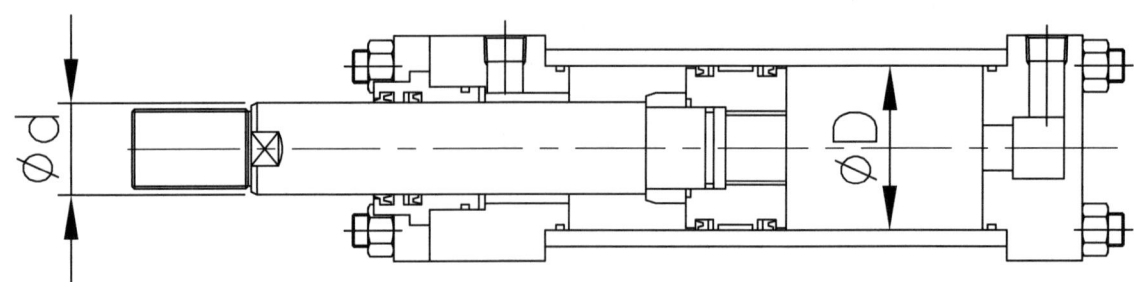

(단위 : mm)

ØD \ Ød	A-Rod	(X)-Rod	B-Rod	(Y)-Rod	C-Rod	(Z)-Rod	(Z)-Rod
32(31.5)	22(22.4)	(20)	18	(16)	14	(12)(12.5)	10(11.2)
40	28	(25)	22(22.4)	22(22.4)	18	(16)	14
50	36(35.5)	31.5(32)	28	28	22(22.4)	(20)	18
63	45	(40)	36(35.5)	36(35.5)	28	(25)	22(22.4)
80	56	(50)	45	45	36(35.5)	(31.5)(32)	28
100	70(71)	(63)	56	56	45	(40)	36(35.5)
125	90	(80)	70(71)	70(71)	56	(50)	45
140	100	(90)	80	80	63	(56)	50
160	120(122)	(100)	90	90	70(71)	(63)	56
180	125	(110)(112)	100	100	80	(70)(71)	63
200	140	(125)	110(112)	110(112)	90	(80)	70(71)
220(224)	160	(140)	125	125	100	(90)	80
250	180	(160)	140	140	110(112)	(100)	90

* 괄호가 붙은 계열 및 수치는 가능하면 사용하는 것을 금기시 한다.
* 실린더 헤드측과 실린더 로드측의 면적비는 A~D로 계열화 되어 있다.

A-계열	1 : 2	B-계열	1 : 1.45	C-계열	1 : 1.25	D-계열	1 : 1.12

3) 유압실린더 제작 방식에 따른 분류

타이 로드 방식

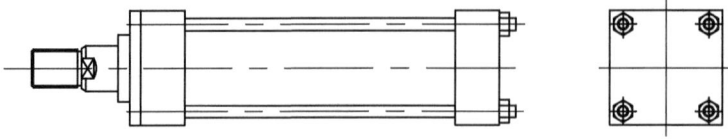

파이프 용접방식(중장비 실린더 등)

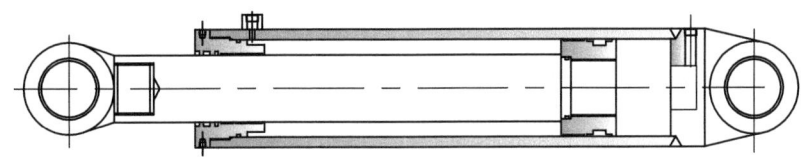

용접 방식(중형 복동 실린더)

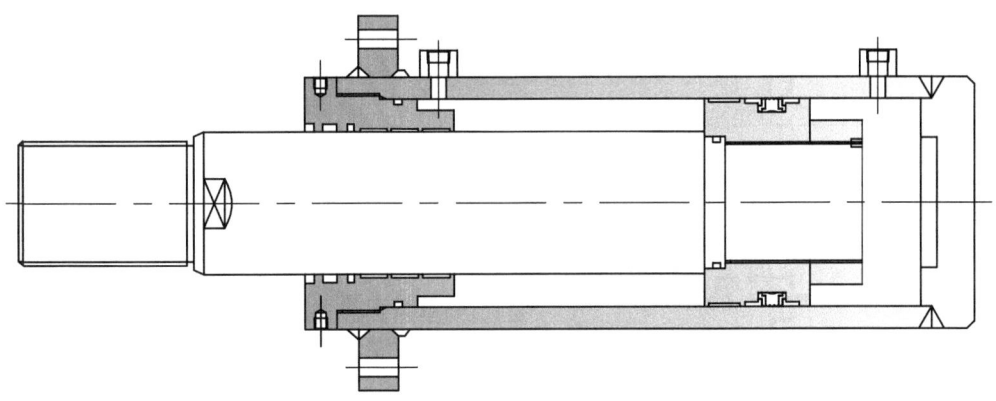

주조 방식(대형 단동 실린더)

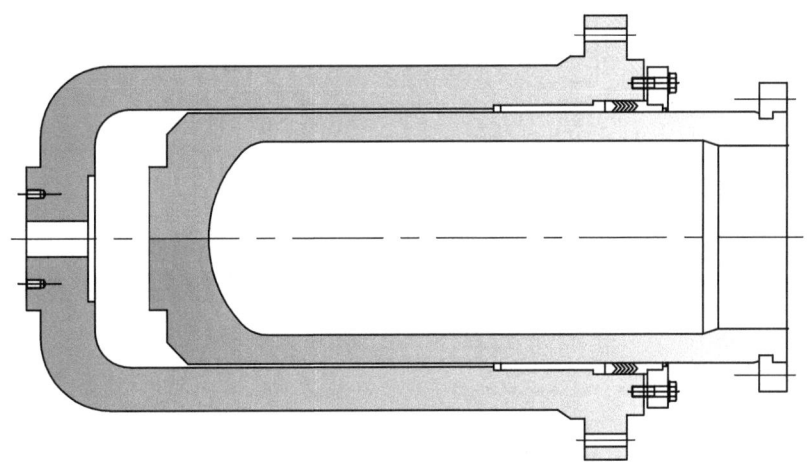

박형 유압실린더 숫나사형 박형 유압실린더 암나사형

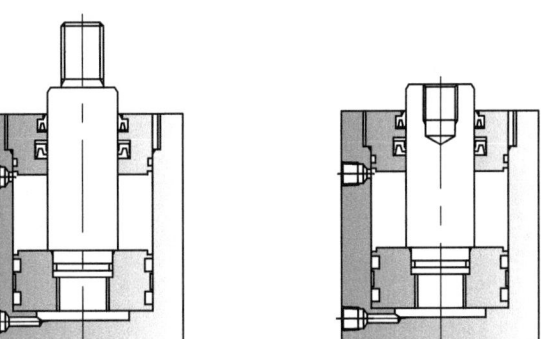

2 유압실린더의 구조

1) 타이 로드 실린더의 내부 구조도

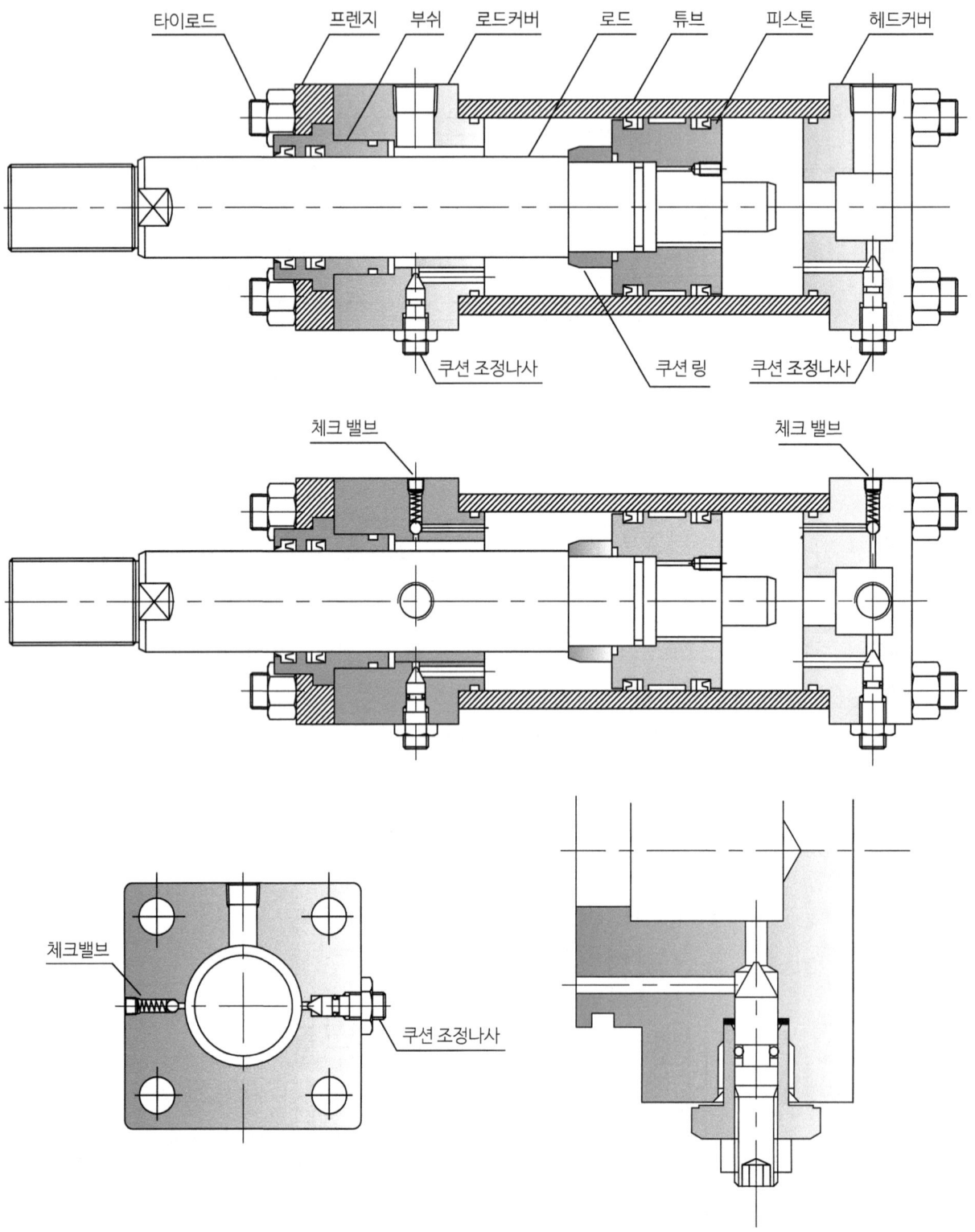

2) 밀형 실린더의 내부 구조

밀형(Mill Type) 실린더는 실린더 튜브와 헤드커버, 로드커버 결합을 실린더 튜브 외측 프렌지에 나사결합, 용접결합, 볼트체결로 구성되며 실린더 튜브 두께가 타이로드 방식보다 견고하다.

따라서 중하중용에 적합한 구조이다.

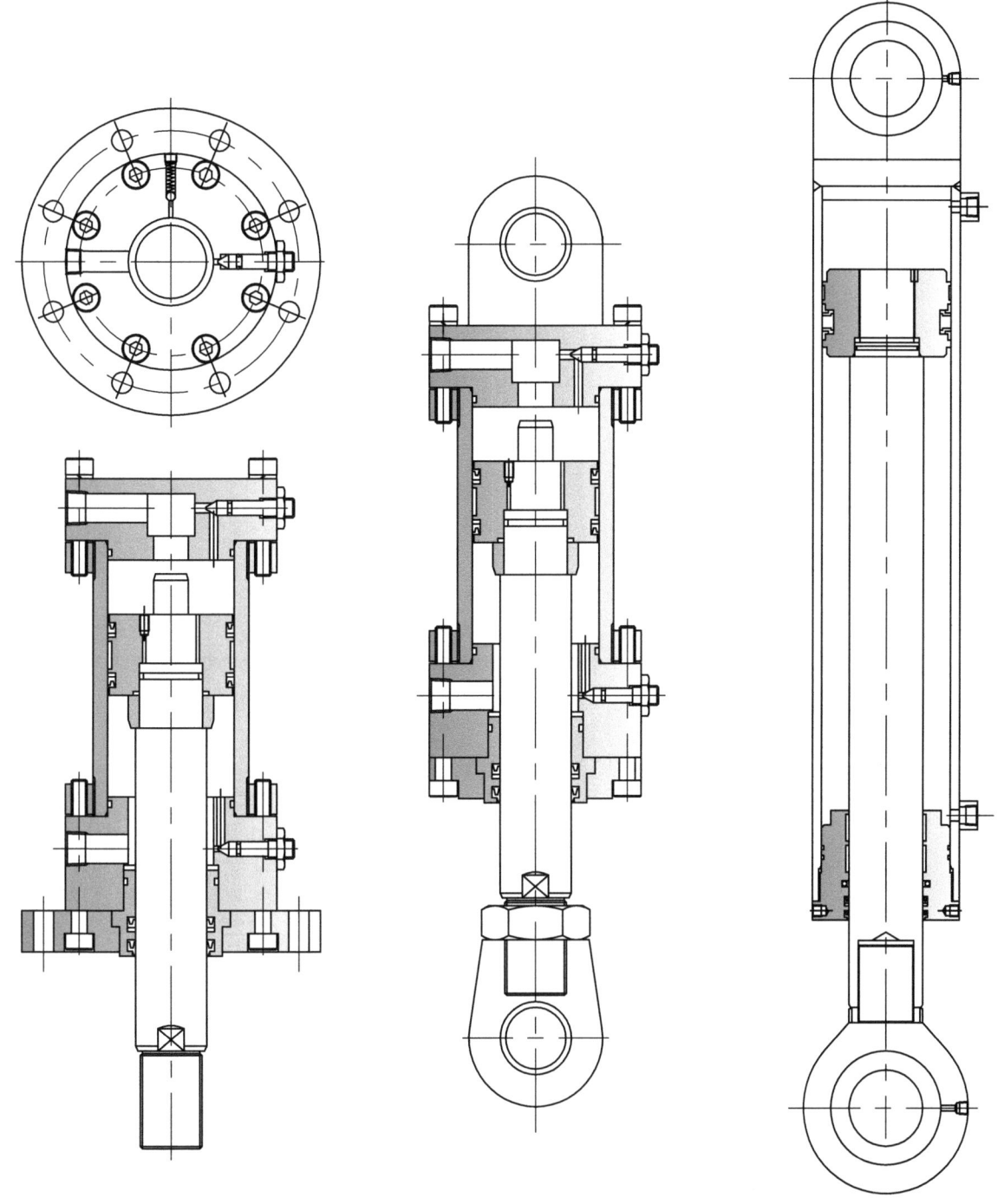

3) 대형 실린더의 내부 구조

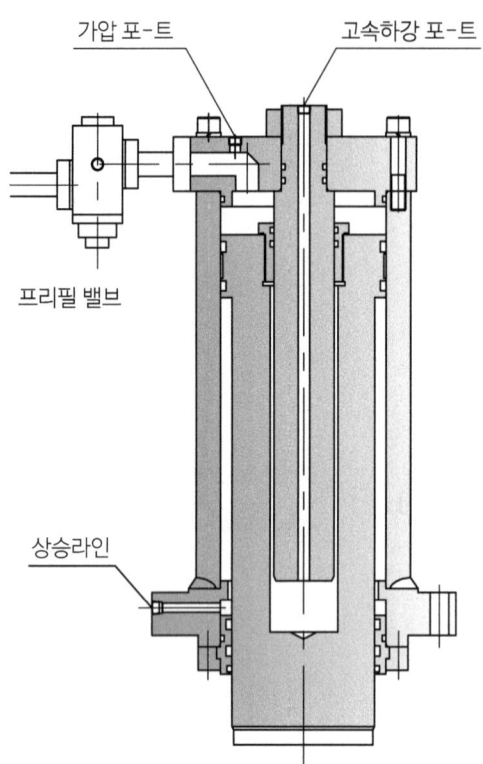

고속하강 실린더 내장형

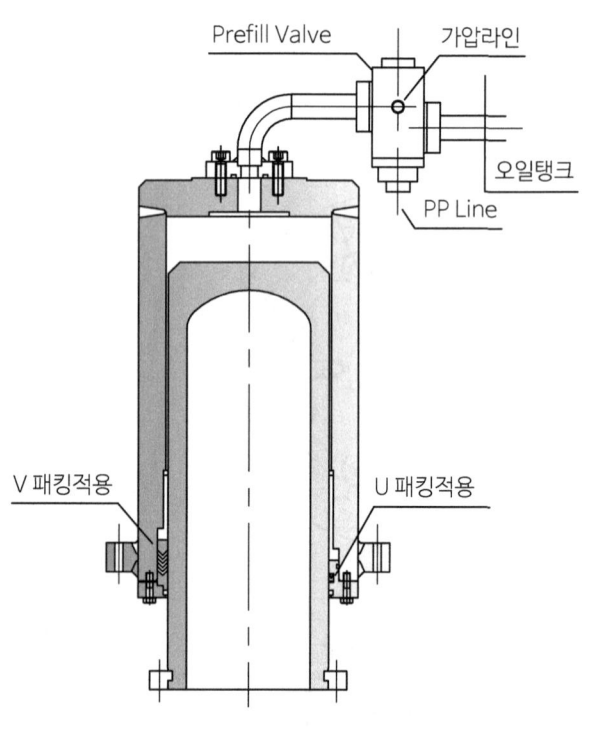

실린더대형 용접방식 단동 실린더

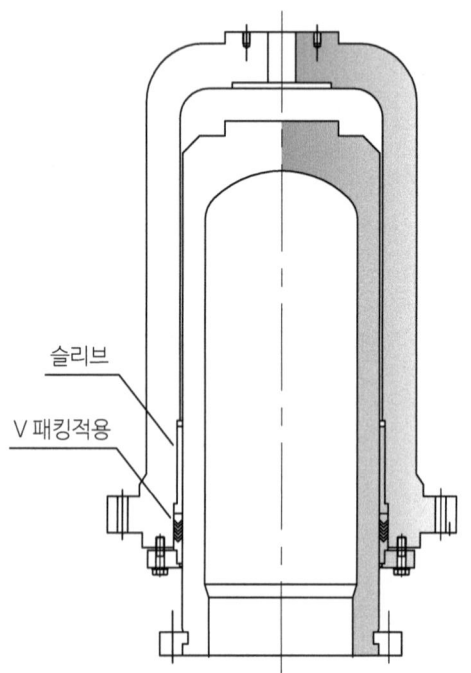

대형 용접방식 단동 실린더
유압실린더가 대형이고 양산성이 있을 때

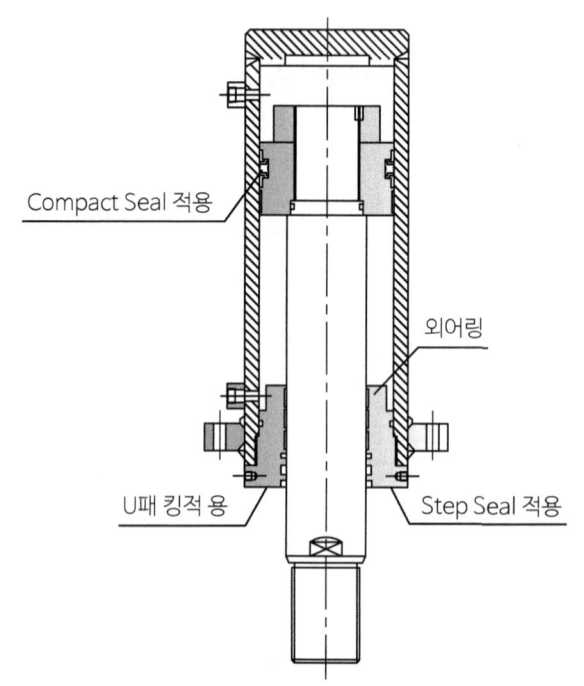

중형 복동 실린더
중장비 실린더에 적용

4) 양로드 실린더의 응용

위치결정 Stopper 용 : 로드 상부에 고정 너트를 장착 하여 하강 완료의 위치 조정

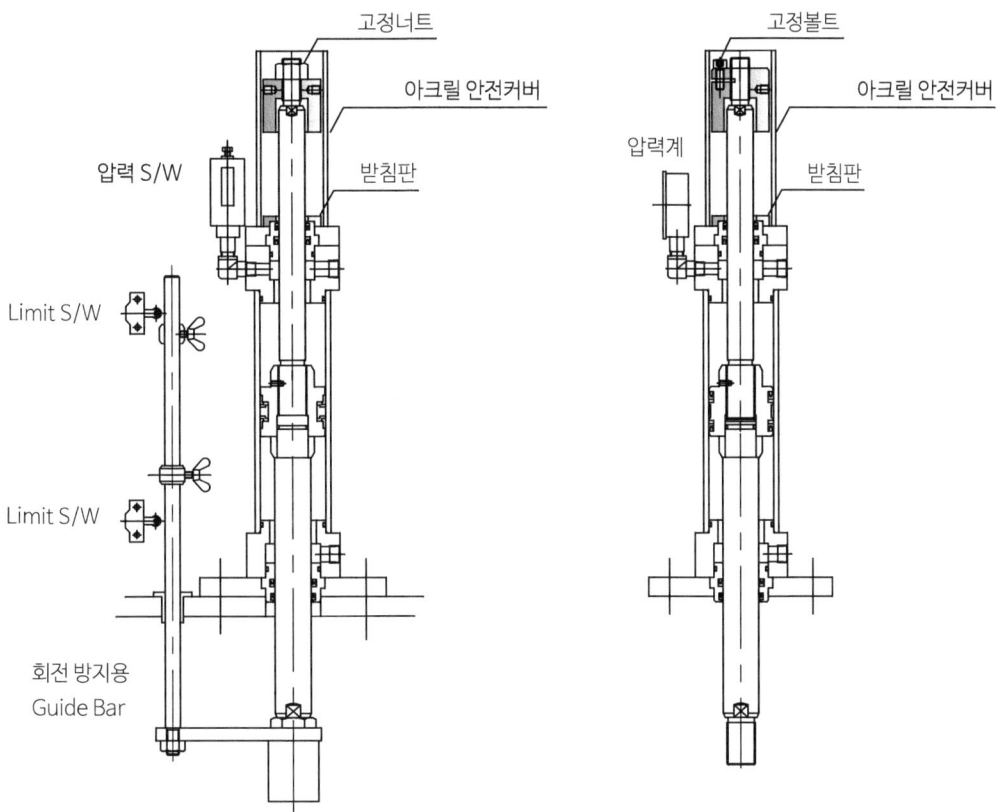

위치 결정 센서용 : 상부에 위치결정 센서 부라켓을 장착하여 위치 감지

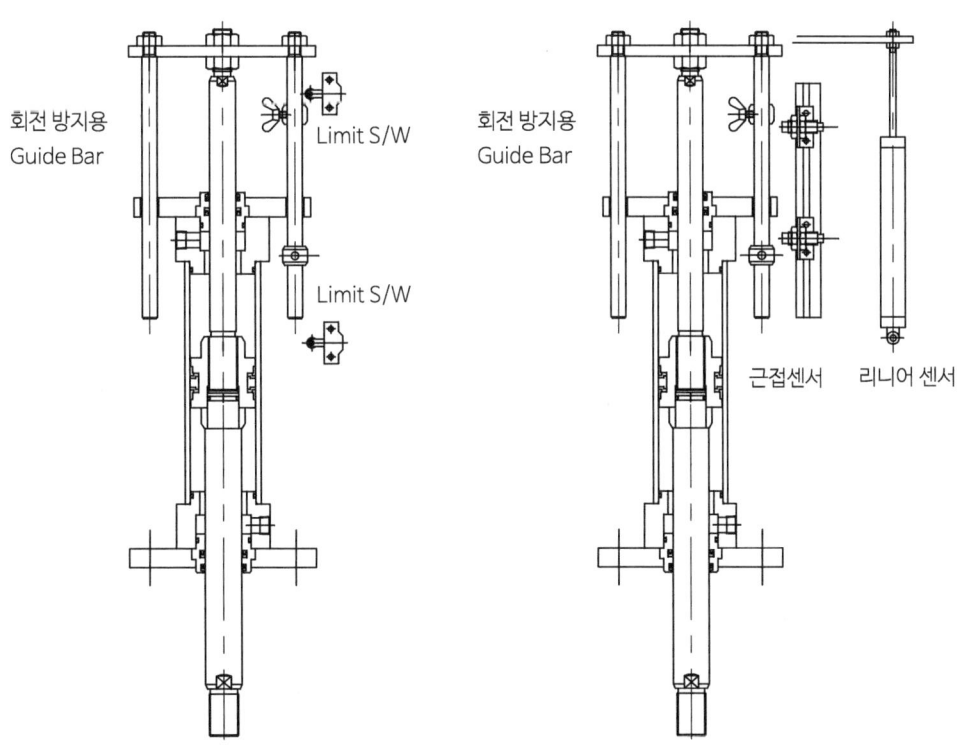

5) 양로드 실린더의 피스톤과 로드의 설계 예

로드와 피스톤 일체형이며 양쪽 로드직경이 같을 때

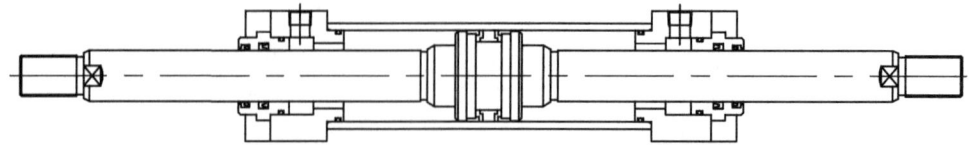

피스톤과 로드를 분리한 구조이며 양쪽 로드의 직경이 다를 때

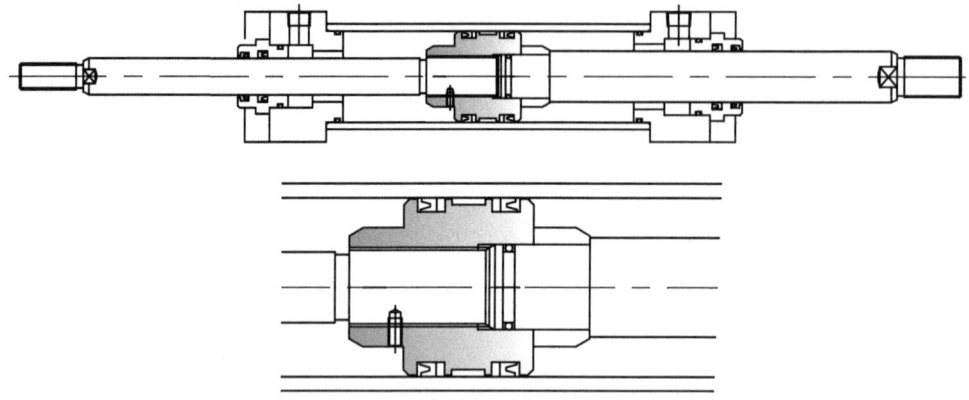

양쪽 로드를 1개의 피스톤에 결합한 형태의 구조

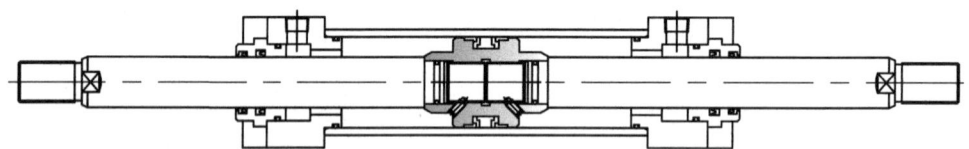

양 로드를 고정하고 실린더를 움직여야 할 경우

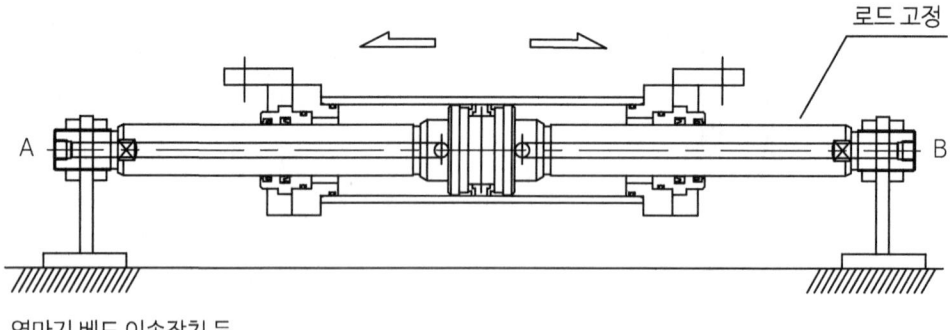

연마기 베드 이송장치 등

3 유압실린더의 설치

1) Foot 취부형(LA, LB형)

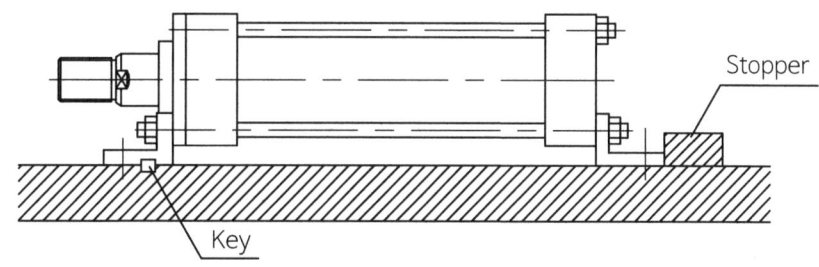

일반적으로 Foot형(LA, LB)은 취부 볼트가 힘을 받으면 밀리거나 충격을 받아 풀리는 경우가 있어 Key 또는 Stopper를 설치하는 것을 추천한다.

2) Flange 취부형(FA, FB, FC, FD형)

수직 방향의 하중에 대하여 가장 안정적인 고정 방법인데 힘의 방향에 따라 밀든지 당기든지 고정 볼트에 하중이 적게 걸리는 구조로 고정하는 것이 좋다.

(부득이 한 경우를 제외하고)

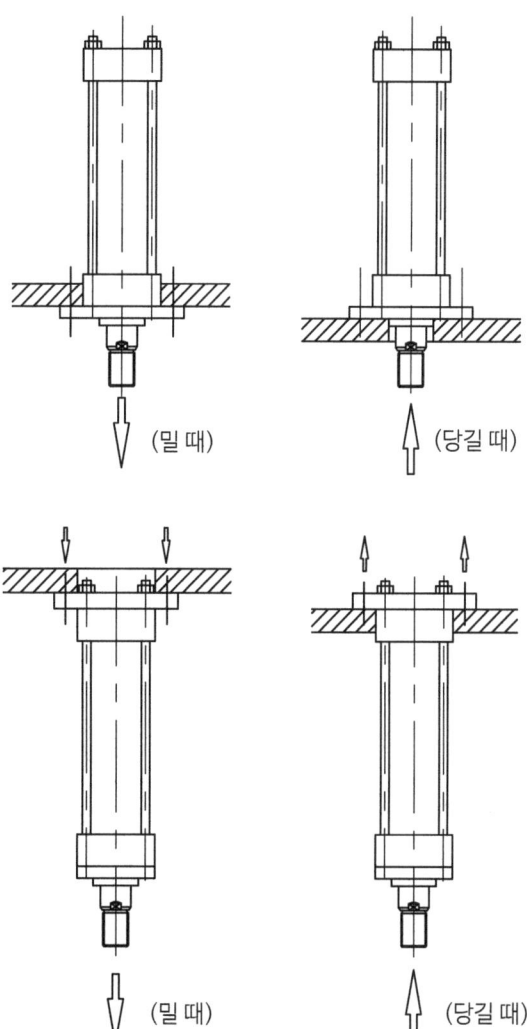

3) Clevis 취부형(CA, CB)

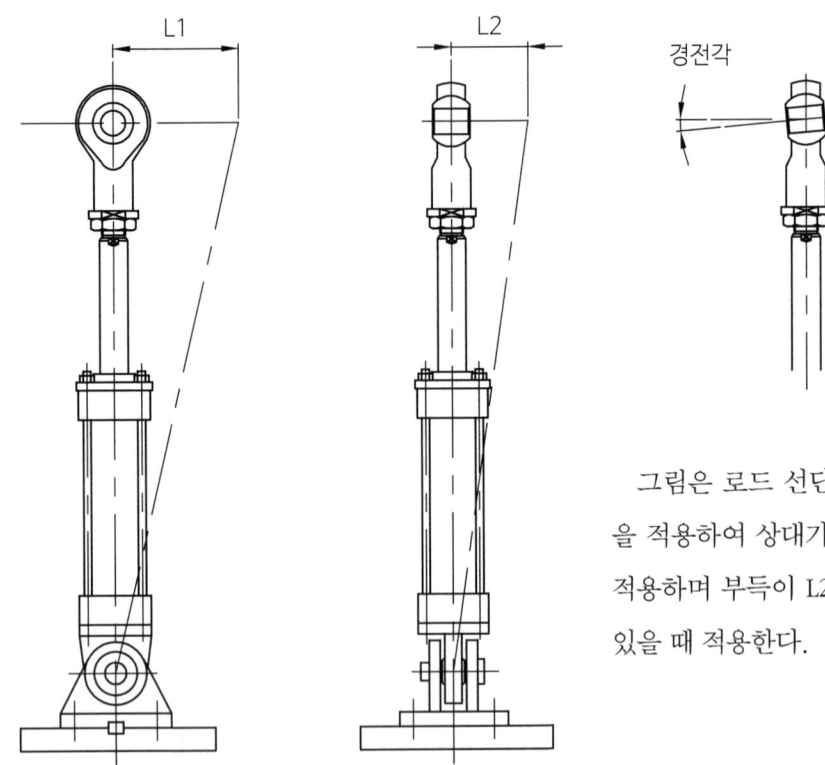

그림은 로드 선단부와 헤드측 선단부에 구면 베어링을 적용하여 상대가 L1의 거리만큼 이동해야 할 경우에 적용하며 부득이 L2 또는 각도만큼 움직여야 할 이유가 있을 때 적용한다.

4) Trunnion 취부형(TA, TB, TC)

트라니언 취부형은 크레비스형 고정방식으로는 회전각도, 거리를 만족시킬 수 없을 때 적용한다. 트라니언 실린더 지지대도 Foot 취부형과 같이 스토퍼 또는 키를 설치하는 것이 바람직하다.

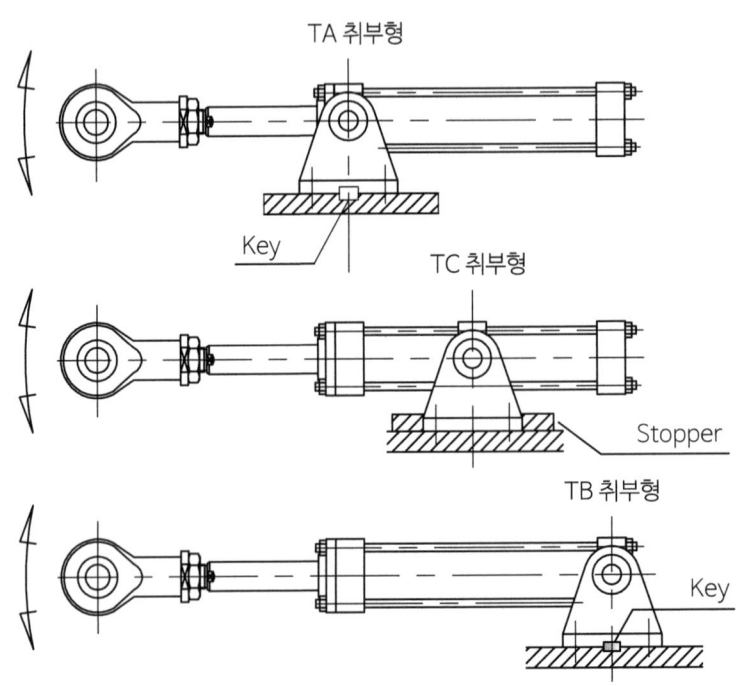

4 유압실린더의 설계

1) 실린더 직경의 계산

실린더 직경의 계산은 설계자가 먼저 사용하고자 하는 압력을 결정하는데 상용 사용압력과 최고 사용압력으로 구분하여 유압펌프의 선정과 같이 고려한다.

$W = A \times P$에서

W = 설계자가 결정 하는 가압력 kgf

A = 설계자가 요구하는 실린더 직경의 단면적(cm^2)

P = 설계자가 결정하는 압력(사용압력 kgf/cm^2)

따라서 $A = \dfrac{W}{P}$ 이므로(실린더의 크기는 W와 P가 결정되면 계산할 수 있다.)

여기서 실린더 단면적 $A = \dfrac{3.14}{4} D^2$ 이므로 ($r^2 \times 3.14$)

실린더 직경 $D = \sqrt{A \times \dfrac{4}{3.14}}$ 이다.

2) 실린더 로드의 계산

실린더 로드의 계산은 아래 그림과 같이 당길 때와 밀 때를 고려하게 되는데 당길 때 실린더 직경과 로드의 직경은 위의 계산과 다르다는 것을 알 수 있다.

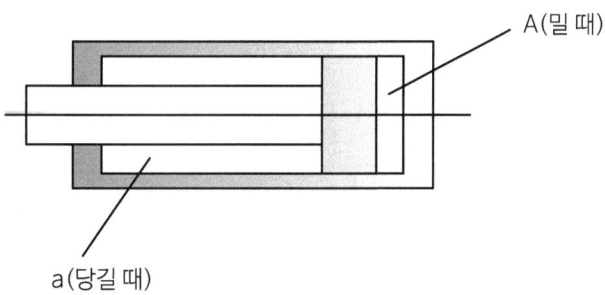

따라서 실린더 로드의 계산은 밀 때는 압축을 고려하고 당길 때는 인장을 고려하며 실린더 후진할 때 속도도 고려한다.

여기서는 당길 때 인장을 계산하면 인장응력 $\sigma = \dfrac{W}{A}$ 에서

W (당기는 힘) kgf

A (로드의 단면적) cm^2

$A(cm^2) = \dfrac{W(kgf)}{\sigma 허용응력(kg/cm^2)}$

로드의 인장강도는 금속의 재질에 따라 각기 다르다.

S45C 등 특수강에 이르기까지 설계자가 결정할 수 있다.

그런데 유압실린더의 계산은 인장강도에 안전율을 고려하며 허용응력은 안전율을 4배에서 5배 이상으로 계산한다.

따라서 유압실린더의 모든 계산은 허용응력을 적용한다.

일반적으로 허용응력은 800kg/cm에서 1,100kg/cm²으로 적용하여 계산한다.

타이로드의 계산(유압프레스 기둥)

타이로드의 계산(유압프레스의 기둥)은 실린더 로드의 계산과 동일하게 적용하며 타이로드(기둥)의 수량에 따라 계산한다.

$\sigma = \dfrac{W}{A}$ 에서 타이로드의 단면적 $A(cm^2) = \dfrac{W(kgf)}{\sigma 허용응력(kg/cm^2)}$

여기서 타이로드의 단면적 $A = \dfrac{3.14}{4} d^2$ 이므로 ($r^2 \times 3.14$)

타이로드 (기둥)의 수량 따라 a(타이로드 1개의 단면적) $= \dfrac{A}{N(타이로드의 수량)}$

타이로드 1개의 직경 $d = \sqrt{a \times \dfrac{4}{3.14}}$ 이다.

실린더 튜브 두께의 계산

실린더 내부에 내압이 발생 할 경우 실린더 튜브의 계산은 아래 그림과 같이 원통방향으로 찢어지는 경우와 원주방향으로 떨어지는 경우로 구분하여 계산한다.

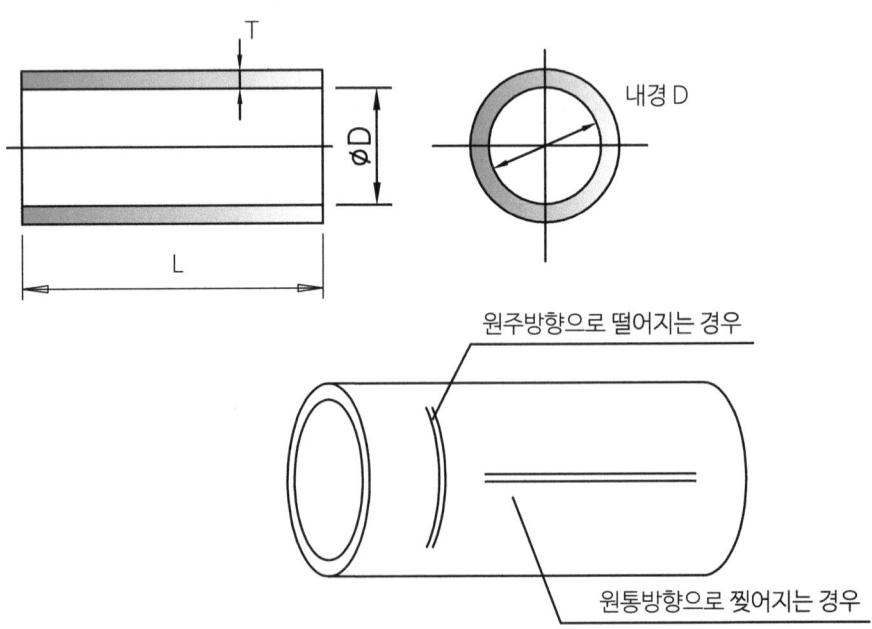

원통 방향으로 찢어지는 경우

내압에 의하여 찢을려고 하는 힘과 실린더 두께에 의하여 찢어지지 않을려고 하는 힘이 서로 버티는 상태를 생각해 본다.

찢을려고 하는 힘 $F = L \times D \times P$(사용압력 kg/cm²)

찢어지지 않을려고 버티는 힘 $F = T \times 2L \times$ 허용응력(kg/cm²)

$L \times D \times P = T \times 2L \times \sigma$

$T = \dfrac{L \times D \times P}{2L \times \sigma}$ 약분하면 $T = \dfrac{D \times P}{2 \times \sigma}$ 이다.

만약 100mm 내경 유압실린더이고, 내압 210kg/cm²이면

실린더 두께 $T = \dfrac{10(\text{실린더 내경}) \times 210(\text{사용압력})}{2 \times 1{,}000(\text{허용응력})}$

실린더 두께 $T = \dfrac{10 \times 210}{2 \times 1{,}000} = 1.05\,\text{cm}$ 즉, 두께 10.5mm이면 만족.

원주 방향 떨어지는경우

내압에 의하여 뗄려고 하는 힘과 실린더 두께에 의하여 떨어지지 않을려고 하는 힘이 서로 버티는 상태를 생각해 본다.

뗄려고하는 힘 $F = A(\text{실린더 단면적}) \times P(\text{사용압력 kg/cm}^2)$

떨어지지 않을려고 버티는 힘 $F = T \times D \times \pi \times \sigma$ (kg/cm²)

$A \times P = T \times D \times \pi \times \sigma$

여기서 $A = \dfrac{\pi}{4} D^2$ 이므로

$\dfrac{\pi}{4} D^2 \times P = T \times D \times \pi \times \sigma$ 이면

$T = \dfrac{\dfrac{\pi}{4} D^2 \times P}{D \times \pi \times \sigma}$

$T = \dfrac{D \times P}{4 \times \sigma}$

여기서 유압실린더 튜브는 원주방향으로 떨어지기 전에 원통방향으로 찢어진다는 것을 알 수 있다.

3) 피스톤로드의 좌굴 계산

피스톤로드의 좌굴 계산은 통상 오일러 공식을 적용하여 계산한다.

$$K = \frac{n \times \pi^2 \times E \times I}{L^2}$$

K : 좌굴하중(kgf)

n : 취부형태에 의해 정해지는 정수

E : 탄성계수(강의 경우 $2.1 \times 10^6 \text{kgf/cm}^2$)

I : 로드 횡단면의 최소단면 2차 모멘트(cm^2)

L : 로드의 길이(cm)

이 식은 좌굴하중(K)에서 로드가 좌굴했다는 의미이기 때문에

$$F = \frac{K}{S}$$

K : 최대작동하중(kgf)

S : 안전계수(약 2.5~3.5)

	LA, LB FA, FB	CA, CB TA, TB, TC	LA, LB FA, FB	LA, LB FA, FB
도시				
n	n = 1/4	n = 1	n = 2.046	n = 4
실린더의 부착형상				

실제 사용시에는 실린더 튜브에 의해 보강이 고려되지만 일반적으로 좌굴이 발생되지 않는 최대 스트로크를 구하므로 앞 계산식으로 계산하면 대단히 난해하므로 아래 표를 이용하는 것이 보다 더 간편하다.

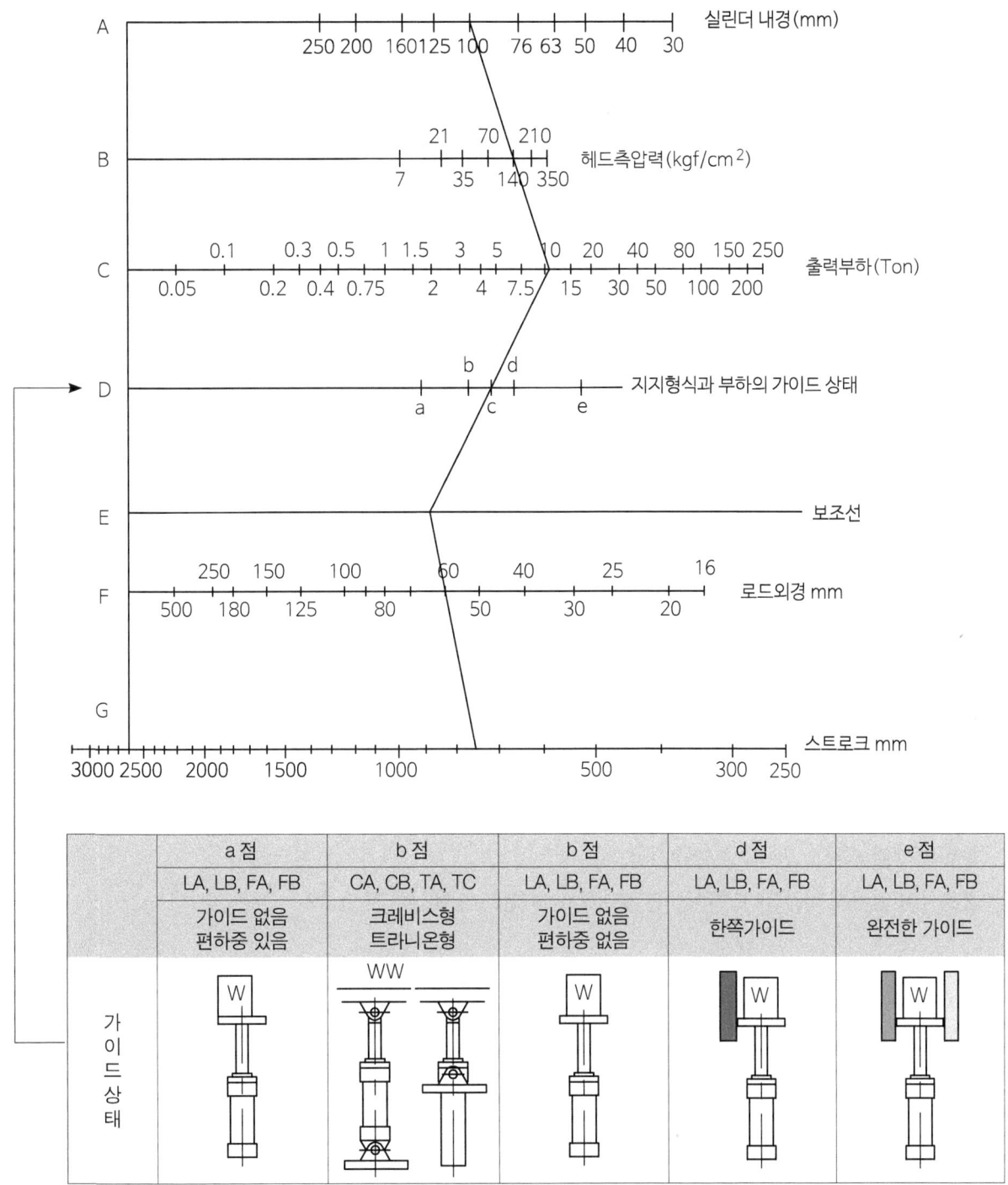

실선으로 이어진 사용 예와 같이 A-B-C선, C-D-E선, E-F-G선의 조합으로 사용할 것.

4) 실린더 Head Cover, Rod Cover 고정볼트 계산

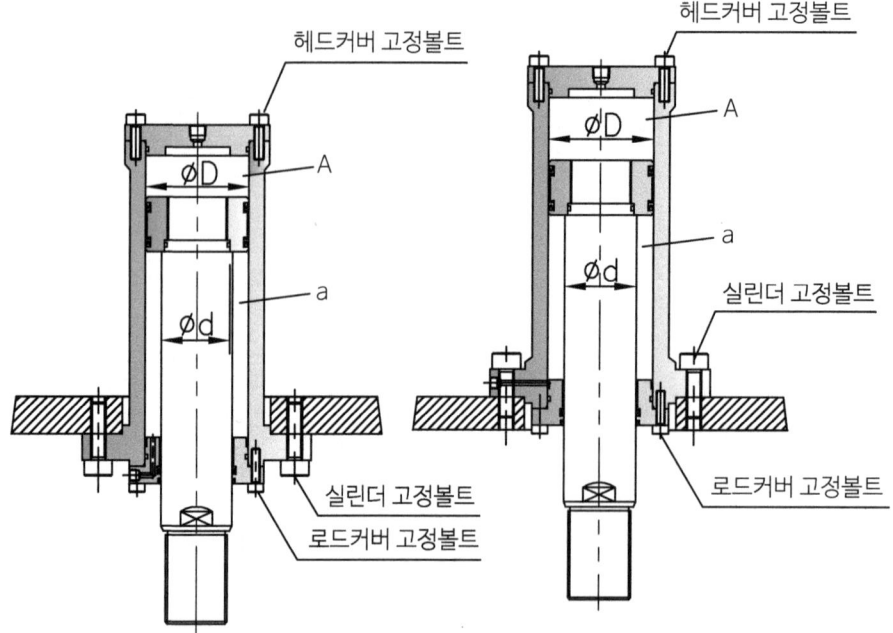

D : 실린더 직경(cm)
A : 실린더 단면적(cm^2)
σ : 허용응력(kgf/cm^2)
n : 볼트의 수량
d1 : 볼트 1개의 직경(cm)
m : 볼트 1개의 단면적(cm^2)

d : 로드 직경(cm)
a : 로드 단면적(cm^2)
W : 가압력(kgf)
P : 실린더의 내압(kgf/cm^2)
M : 볼트의 합산한 단면적(cm^2)

$A = \dfrac{\pi D^2}{4}$

$a = \dfrac{\pi d^2}{4}$

헤드커버 고정볼트의 계산(실린더 고정볼트)은 $\sigma = \dfrac{W}{A}$ 에서

볼트를 떼려고 하는 힘 $W = A \times P$ 이고,

볼트들이 떨어지지 않을려고 하는 힘 $W = \sigma \times M$ (볼트의 합산한 단면적)

$A \times P = \sigma \times M$, $M = \dfrac{A \times P}{\sigma}$ 따라서 볼트 1개의 단면적 $m = \dfrac{M}{n}$ 이다.

볼트 1개의 직경(cm) d1을 계산하면

볼트 1개의 단면적 $m = \dfrac{\pi D1^2}{4}$ 이므로, $d1 = \sqrt{\dfrac{4 \times m}{\pi}}$ 이다.

로드커버 고정볼트의 계산은 $\sigma = \dfrac{W}{a}$ 이므로

위의 계산식과 동일하게 적용한다.

5) 실린더 튜브의 나사길이 결정

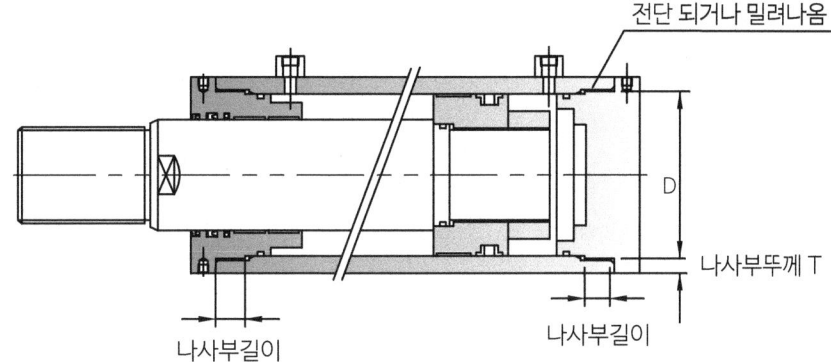

유압실린더 나사부의 길이는 실린더 내압에 의하여 나사가 전단되는 경우와 나사가 밀려나오는 경우로 나눌 수 있다.

나사가 전단되는 경우는 실린더 튜브 두께 계산으로 검증되었다는 전제로 계산하지 않고 나사부의 길이가 짧아서 나사부가 밀려나오는 경우만 계산해 본다.

전단력 $\tau = \dfrac{W}{A}$ 에서

τ = 허용응력 $800 kgf/cm^2$

$A = D \times \pi \times L$

$W = D \times D \dfrac{\pi}{4} \times P$

D = 실린더 직경(cm)   T = 실린더 두께(cm)
P = 실린더의 내압(kg/cm²)   L = 실린더 나사부의 길이(cm)

$\tau = \dfrac{D \times D \dfrac{\pi}{4} \times P}{D \times \pi \times L}$ 이므로 $\dfrac{\pi}{4} = 0.785$

$L = \dfrac{D \times D \times 0.785 \times P}{\tau \times D \times 3.14} = \dfrac{D \times 0.785 \times P}{800 \times 3.14} = \dfrac{D \times 0.785 \times P}{2,512}$ 이다.

여기서 나사의 가공 공차나 나사의 피치를 고려하게 되는데 나사피치가 크면 실린더 두께가 얇아지고 피치가 작으면 내압을 받을 때 밀려나오며 가공 공차가 크면 헐거워 풀리거나 밀려나오는 현상이있다. 그래서 일반적으로 나사부의 길이는 나사부 두께의 3배에서 4배로 이상으로 결정하는 것이 일반적이다.

6) 실린더 직경의 결정

아래 표와 같이 설계자가 먼저 사용하고자 하는 톤을 결정하고 사용압력에 따라 직경을 결정하게 되는 경우

	70kg/cm^2	100kg/cm^2	140kg/cm^2	210kg/cm^2	350kg/cm^2	700kg/cm^2
3 TON	80mm	63mm	55mm			
5 TON		80mm	70mm			
10 TON			100mm	80mm	63mm	45mm
15 TON			120mm	100mm	80mm	55mm
20 TON			140mm	110mm	90mm	63mm
25 TON			150mm	125mm	100mm	70mm
35 TON			180mm	150mm	120mm	80mm
50 TON			220mm	180mm	140mm	95mm
80 TON			270mm	220mm	150mm	125mm
100 TON			300mm	250mm	210mm	140mm
150 TON				300mm	250mm	170mm
200 TON				350mm	280mm	200mm
250 TON				400mm	300mm	
300 TON				450mm	410mm	
400 TON				500mm	430mm	
500 TON				550mm	450mm	
600 TON				600mm	480mm	
1,000 TON				800mm	610mm	
1,500 TON				1,000mm	750mm	

7) 실린더 직경 의 결정

아래 표와 같이 설계자가 먼저 사용하고자 하는 직경을 결정하고 사용압력에 따라 톤을 결정하게 되는 경우

직경 \ 압력	35kg/cm²	70kg/cm²	140kg/cm²	210kg/cm²	350kg/cm²	700kg/cm²
40mm	440kg	880kg	1,760kg			
50mm	690kg	1,380kg	2,760kg	4,100kg		
63mm	1TON	2TON	4TON	6.5TON	10TON	
80mm	1.7TON	3.4TON	7TON	10.5TON	17.5TON	35TON
100mm		5.5TON	11TON	16.5TON	27.5TON	55TON
125mm			17TON	25TON	42TON	85TON
140mm			21.5TON	32TON	54TON	108TON
160mm			28TON	56TON	70TON	140TON
200mm			44TON	66TON	110TON	220TON
250mm				100TON	170TON	340TON
300mm				150TON	250TON	500TON
350mm				200TON	330TON	660TON
400mm				260TON	440TON	
430mm				300TON	500TON	
500mm				400TON	680TON	
550mm				500TON	800TON	
600mm				600TON	1,000TON	
800mm				1,000TON	1,750TON	
1,000mm				1,650TON	2,750TON	

8) Main Cylinder와 Quicker Cylinder(보조 실린더)의 직경 결정

유압프레스의 실린더 결정 예

SPEC,
가압력 : 200톤
가압속도 : 20mm/sec
하강속도 : 150mm/sec
저속하강속도 : 50mm/sec
상승속도 : 200mm/sec
프레싱블록 중량 : 5Ton
금형중량(Max) : 3Ton

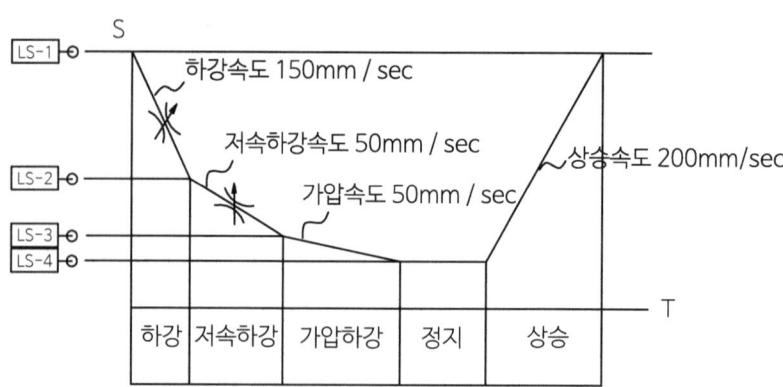

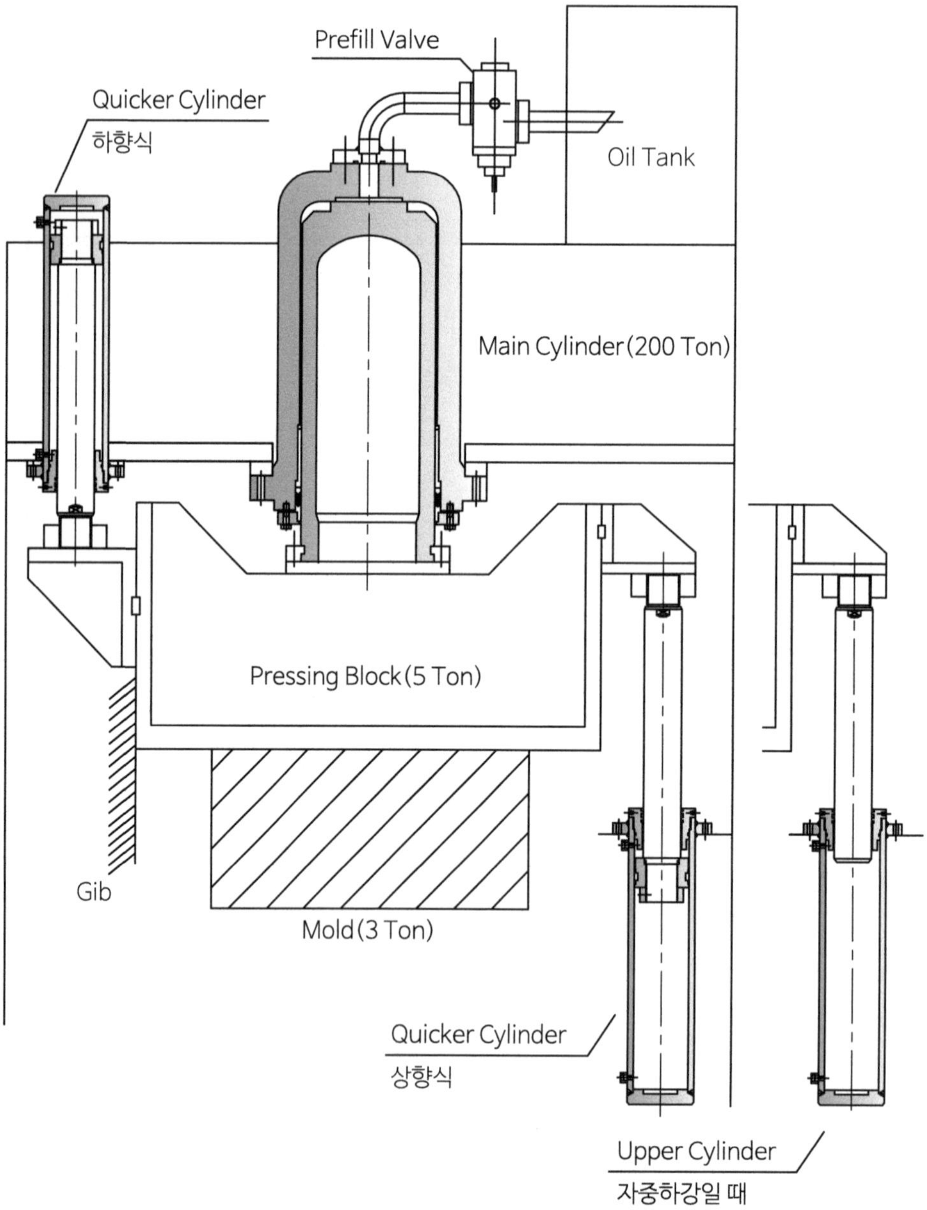

Main Cylinder의 직경 결정은 먼저 가압력을 결정하고 사용하고자 하는 펌프의 압력을 결정하면 실린더의 직경이 결정된다(Ram의 직경).

W = A×P에서 200,000kg = A×210kg/cm² (펌프의 최대 사용압력)

따라서 A = $\frac{200,000}{210}$ = 952cm²이면 만족

여기서 A = $\frac{\pi}{4}$D²이므로 D = $\sqrt{A \times \frac{\pi}{4}}$ = $\sqrt{952 \times \frac{\pi}{4}}$ = 234.8cm이다.

D = 34.8cm인데 패킹 등을 고려하여 Main Cylinder 직경은 350mm로 결정한다.

펌프의 유량이 결정되어야 Quicker Cylinder 직경이 결정된다.

Q = A×V에서

A = 메인실린더 단면적

V = 메인실린더 가압속도(20mm/sec)

A = $\frac{\pi}{4}$D² = $\frac{\pi \times 35 \times 35}{4}$ = 960cm²

Q = 960×2 = 1,920cc/sec이며 1,920×60 = 115,200cc/Min이다.

Q = 115L/Min이다.

Quicker Cylinder는 하향식과 상승식을 설계자가 결정한다.

하향식일 경우

펌프의 유량은 Main Cylinder 가압속도를 만족하기 위하여 이미 결정되어 있다.

Q = 115L/Min (115,000cc/min)

V = 150mm/sec (하강속도)

Q = A×V에서

A = $\frac{Q}{V}$ 이므로, A = $\frac{Q = 115L/Min}{V = 15cm \times 60sec}$ = $\frac{115,000}{900}$ = 127cm² 이다.

Quicker Cylinder가 2개이므로 실린더 1개의 단면적은 63.5cm²이다.

여기서 A = $\frac{\pi}{4}$d² 이므로 d = $\sqrt{A \times \frac{4}{\pi}}$ = $\sqrt{63.5 \times \frac{4}{\pi}}$ = 9cm이다.

문제는 Rod의 결정인데 Pressing Block 중량, Mold 중량의 합이 8톤이고 가이드 습동저항을 감안하면 10톤 이상 인상력이 요구된다.

만약 아래 실린더를 생각해 보면

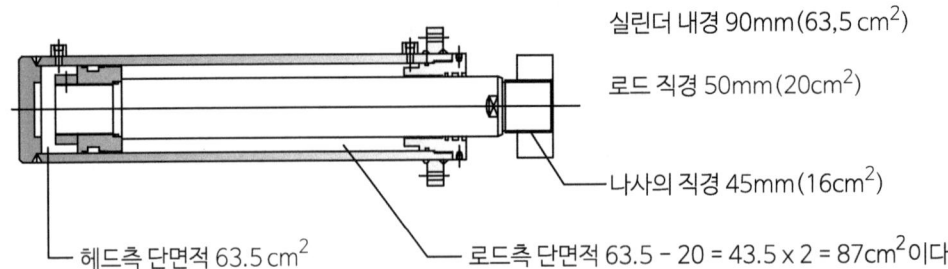

실린더 내경 90mm (63.5 cm²)
로드 직경 50mm (20 cm²)
나사의 직경 45mm (16 cm²)
헤드측 단면적 63.5 cm²
로드측 단면적 63.5 − 20 = 43.5 × 2 = 87 cm²이다.

따라서 인상력은 87×140 kg/cm (인상할 때 걸리는 압력) = 약 12 톤이면 만족한다.

로드측 나사는 안전한가를 계산하면(인장을 고려),

$\sigma = \dfrac{w}{A}$ 에서   로드나사의 단면적 $A(cm^2) = \dfrac{w(kgf)}{\sigma 허용응력(cm^2)}$

$\sigma = \dfrac{5,000 kg}{16} = 312.5 kg/cm$이면 만족

그러면 상승 속도는 만족하는가?

로드측 단면적 63.5 − 20 = 43.5 × 2 = 87 cm²에 115,000 cc/min 유압유를 공급하면, 1초에 몇 mm 상승하는가를 검증한다.

Q = A × V에서
A = 로드측 단면적 87 cm²
Q = 115,000 cc/min
$V = \dfrac{Q}{A} = \dfrac{115,000}{87} = 1,320 cm/min$

따라서 220mm/sec이면 만족한다.

9) 메인실린더 상부 Prefill Valve 측 직경 결정

실린더 램이 200mm/sec로 상승하면 실린더 내부에 있는 유압작동유가 오일탱크로 리턴 하는 유량을 만족해야 하고 실린더 램이 150mm/sec로 하강하면 오일탱크로부터 실린더 쪽으로 유압작동유가 진공에 의하여 빨여 들어가는 유량을 동시에 만족하는 프리필 밸브를 선정해야 하고 실린더 상부 프렌지의 직경 결정도 해야 한다.

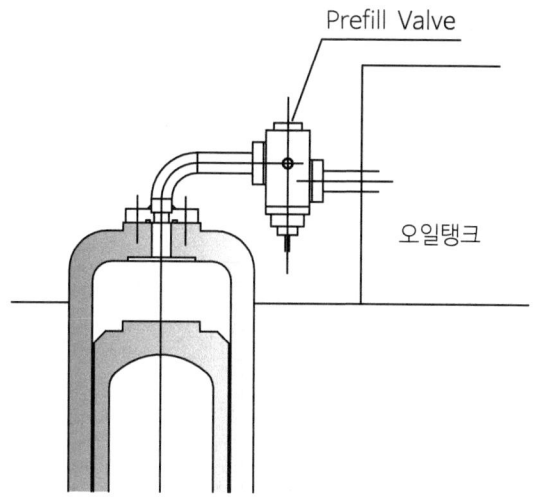

상승할 때 유량(리턴유량)

직경 350mm 램의 단면적은 960 cm² → 1,152 L/min

상승속도는 200mm/sec이면 960×20×60 = 1,152,000 cc/min이다.

하강할 때 유량(진공에 의하여 빨려 들어오는 유량)

직경 350mm 램의 단면적은 960 cm² → 1,152 L/min

하강속도는 200mm/sec이면 960×15×60 = 864,000 cc/min이다.

프리필 밸브는 밸브 제조사마다 통과유량이 차이가 있어 설계자의 주의가 요구된다.

프리필 밸브의 유속은 오일탱크에서 실린더로 빨려 들어가는 경우와 실린더에서 오일탱크로 리턴하는 경우로 구분하여 고려하면 배관의 조건에 따라 약간의 차이가 있으나 일반적으로 아래와 같이 구분한다.

① 진공에 의하여 빨려들어가는 경우 : 0.8~1m/sec
② 프리필 밸브를 파이럿압력에 의하여 강제로 개방하는 경우 : 1.5~2m/sec
③ 실린더에서 오일탱크로 리턴하는 경우 : 1.5~2m/sec

상향식일 경우

상향식일 경우는 하향식과 반대로 하강속도는 2m/sec이고 상승속도는 1.5m/sec

주어진 SPEC을 만족시킬려면 발열이 예상되지만 속도 조절밸브로 조정해야 한다.

자중하강일 경우는 속도조절 밸브와 인상실린더의 직경의 결정으로 만족시켜야 한다.

5 메인 실린더와 보조 실린더의 관계

1) 메인 실린더와 보조 실린더(Quicker Cylinder)의 실제 적용 예

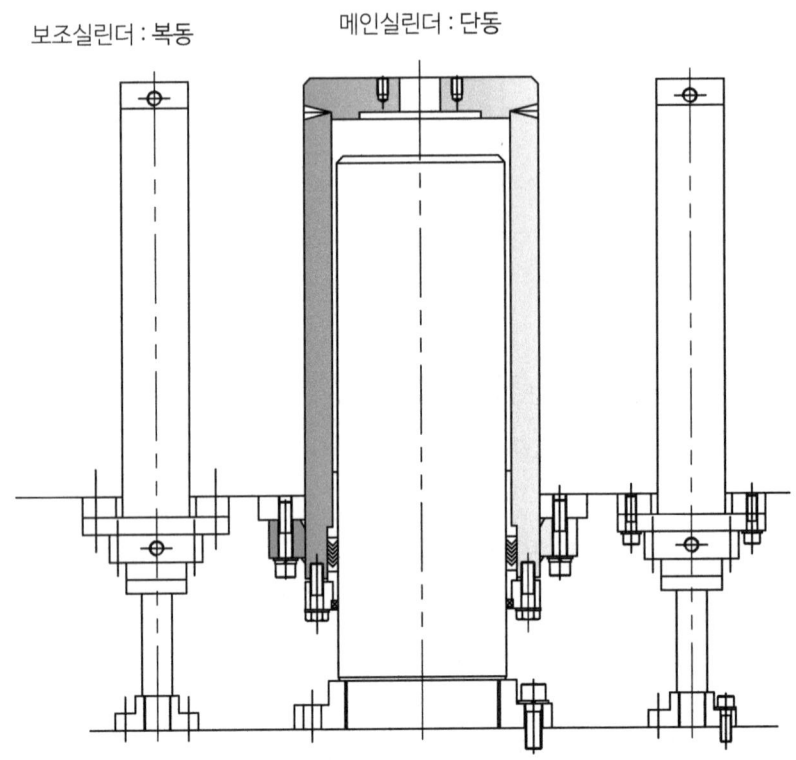

자중하강 하강이 아닐 때

보조실린더 : 복동   메인실린더 : 단동

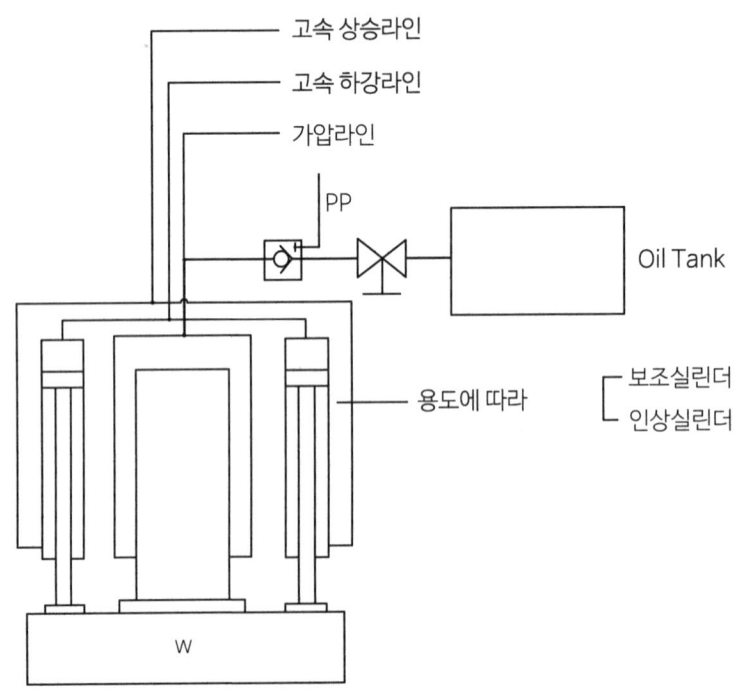

중형 유압프레스 적용

2) 메인 실린더와 보조 실린더(인상 실린더)의 실제 적용 예

자중하강일 때(대형 유압장치일 때)

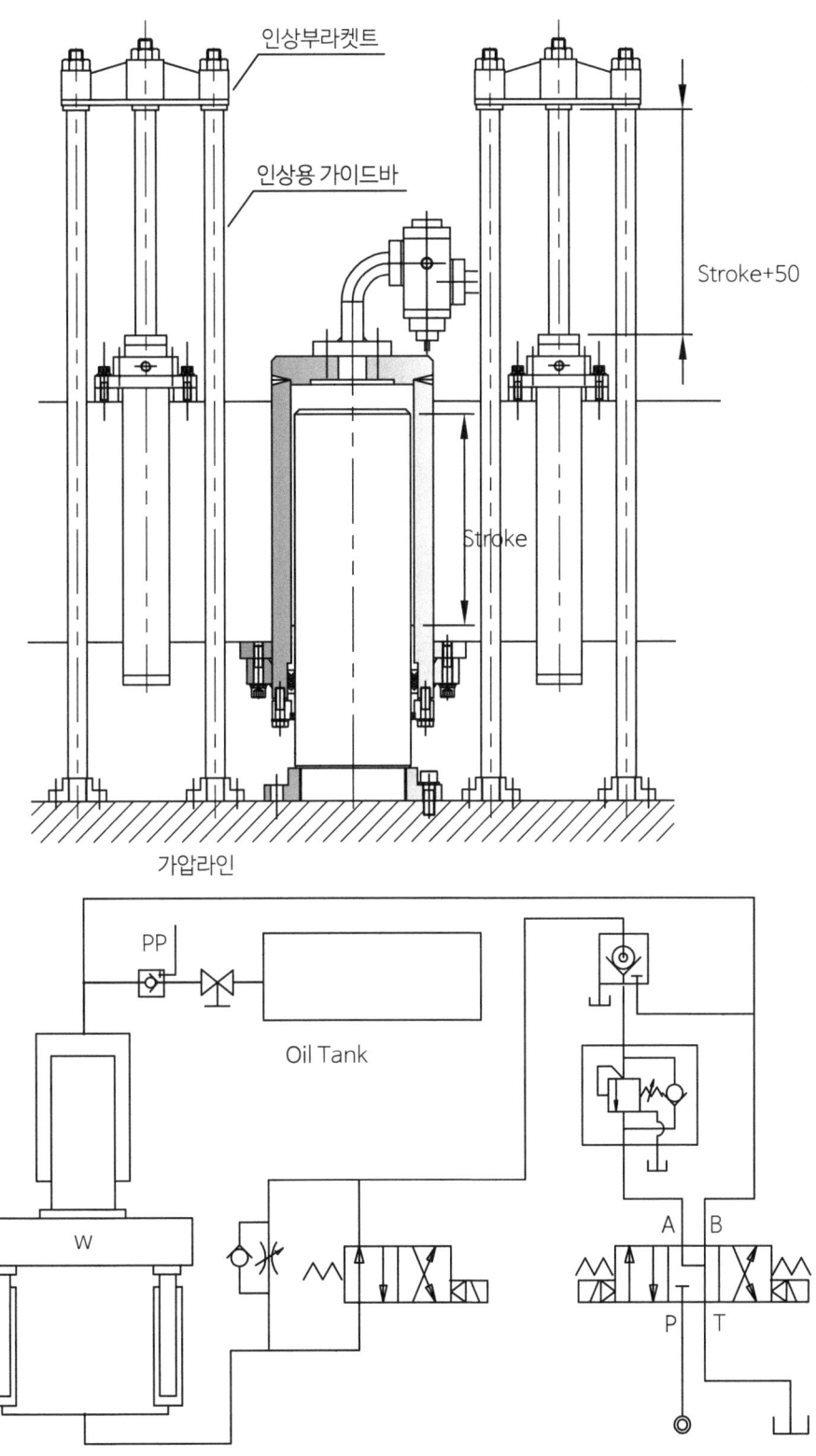

6 초 고압 실린더의 설계

초 고압 실린더의 설계는 실린더의 강도 계산이나 적용 패킹 또는 부품의 가공까지 주의가 요구된다.

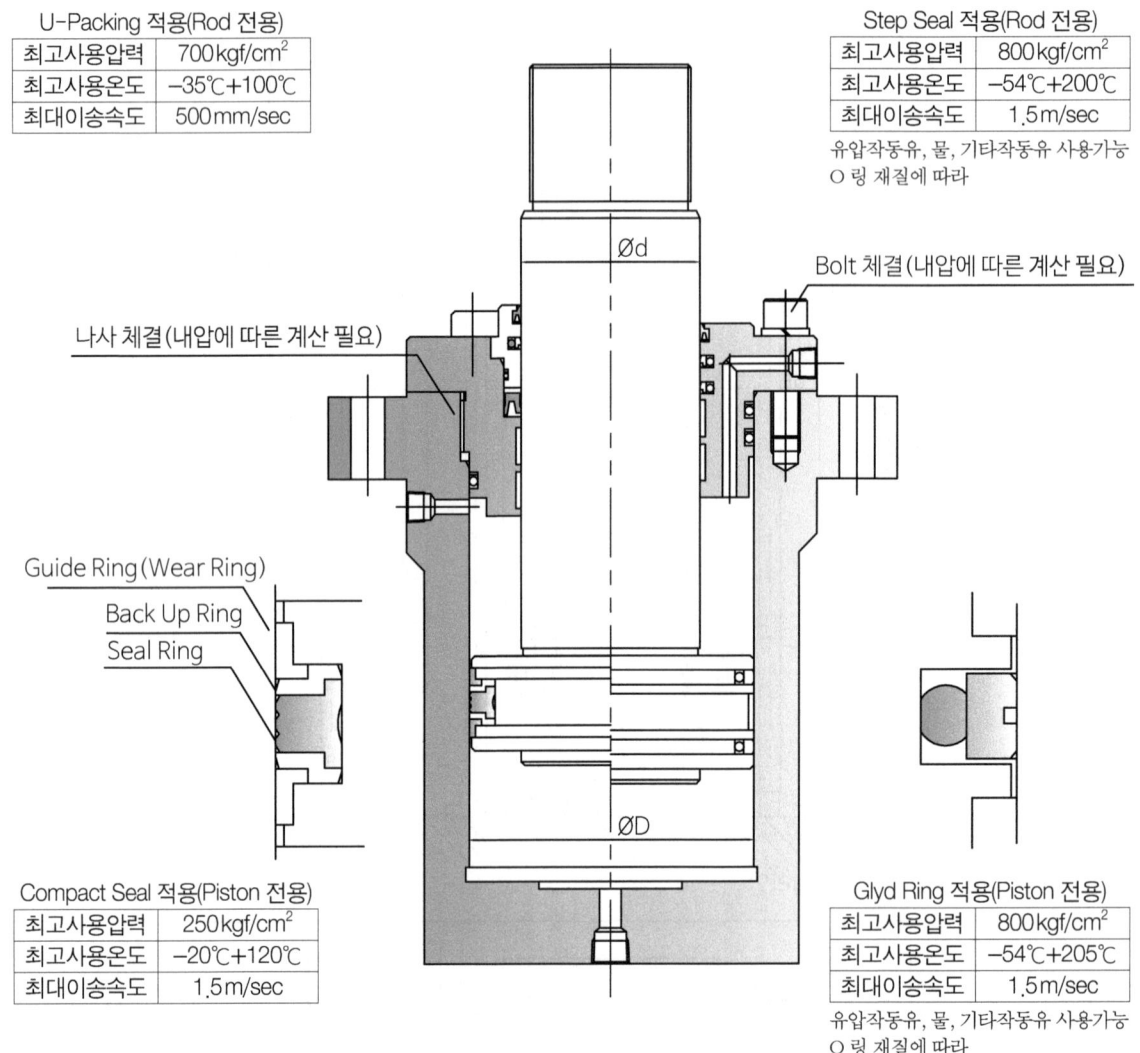

Rod의 제작 시방서

① SCM 440(S 45C) 재료를 황삭 가공

② 도금 부 고주파 열처리

③ 열처리 부분 제외하고 정삭

④ 도금부 연마

⑤ 연마부분 경질 Cr 도금(도금두께 0.03 이상)

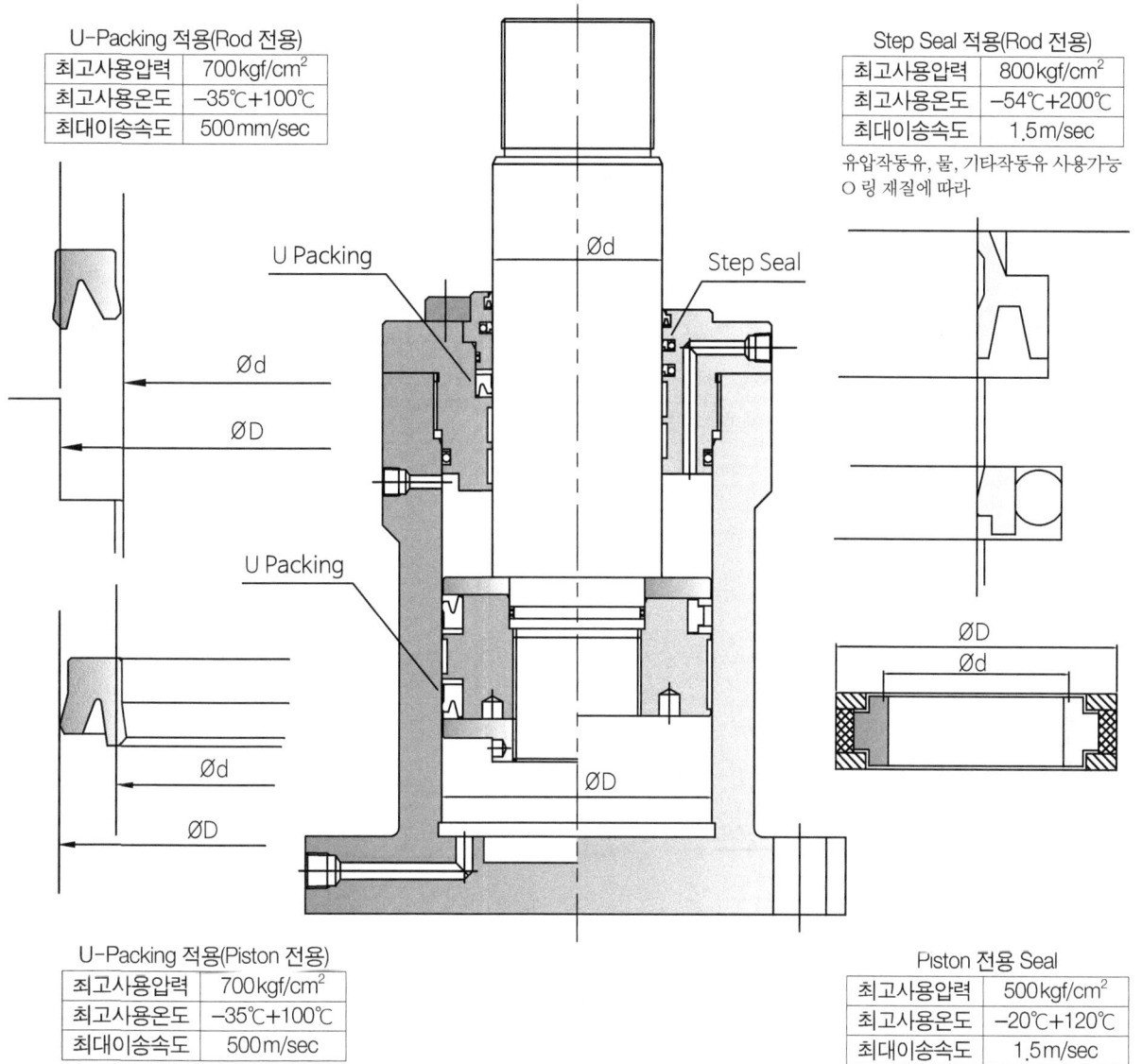

U-Packing 적용(Rod 전용)

최고사용압력	700 kgf/cm²
최고사용온도	−35℃+100℃
최대이송속도	500 mm/sec

Step Seal 적용(Rod 전용)

최고사용압력	800 kgf/cm²
최고사용온도	−54℃+200℃
최대이송속도	1.5 m/sec

유압작동유, 물, 기타작동유 사용가능
O 링 재질에 따라

U-Packing 적용(Piston 전용)

최고사용압력	700 kgf/cm²
최고사용온도	−35℃+100℃
최대이송속도	500 m/sec

Piston 전용 Seal

최고사용압력	500 kgf/cm²
최고사용온도	−20℃+120℃
최대이송속도	1.5 m/sec

실린더 튜브의 제작 시방서

① SCM 440(S 45C) 재료를 황삭 가공
② 조질 열처리
③ 정삭 가공 및 드릴 작업
④ 내경 연마(호닝)

실린더 튜브 두께 계산 및 각종 취부
각종 나사부, 볼트 계산 만족 조건

③ 다단 유압실린더의 설계(Telescopic Cylinder)

다단 유압실린더 ─┬─ 단동형 다단 유압실린더
　　　　　　　　└─ 복동형 다단 유압실린더

　단동형 다단 유압실린더는 스스로 복귀하지 못하므로 자중으로 복귀하거나 다른 외력으로 복귀되는 구조로 구성된다.
　피스톤에 패킹이 없는 구조는 단순히 가이드와 스토퍼 역할을 하지만 피스톤에 패킹이 있는 구조는 복귀구에 T-Line과 연결하거나 Air Vent를 해야 한다.

복동형 다단 실린더는 실린더 복귀 라인(Return Line)을 효율적으로 사용하기 위해 복귀 라인을 1단 실린더에만 설치하고 나머지는 실린더 내부를 통하여 회로를 구성하여 배관을 간단하게 구성할 수 있다.

다단 실린더의 전진은 일반적으로 부하의 조건이 적은 실린더부터 움직이기 시작한다.

1단 실린더의 Return Line에 압력유가 공급되면 실린더 가운데 쪽 파이프를 통하여 2단 실린더의 Return Line에 압력유가 동시에 공급되어 동작한다.

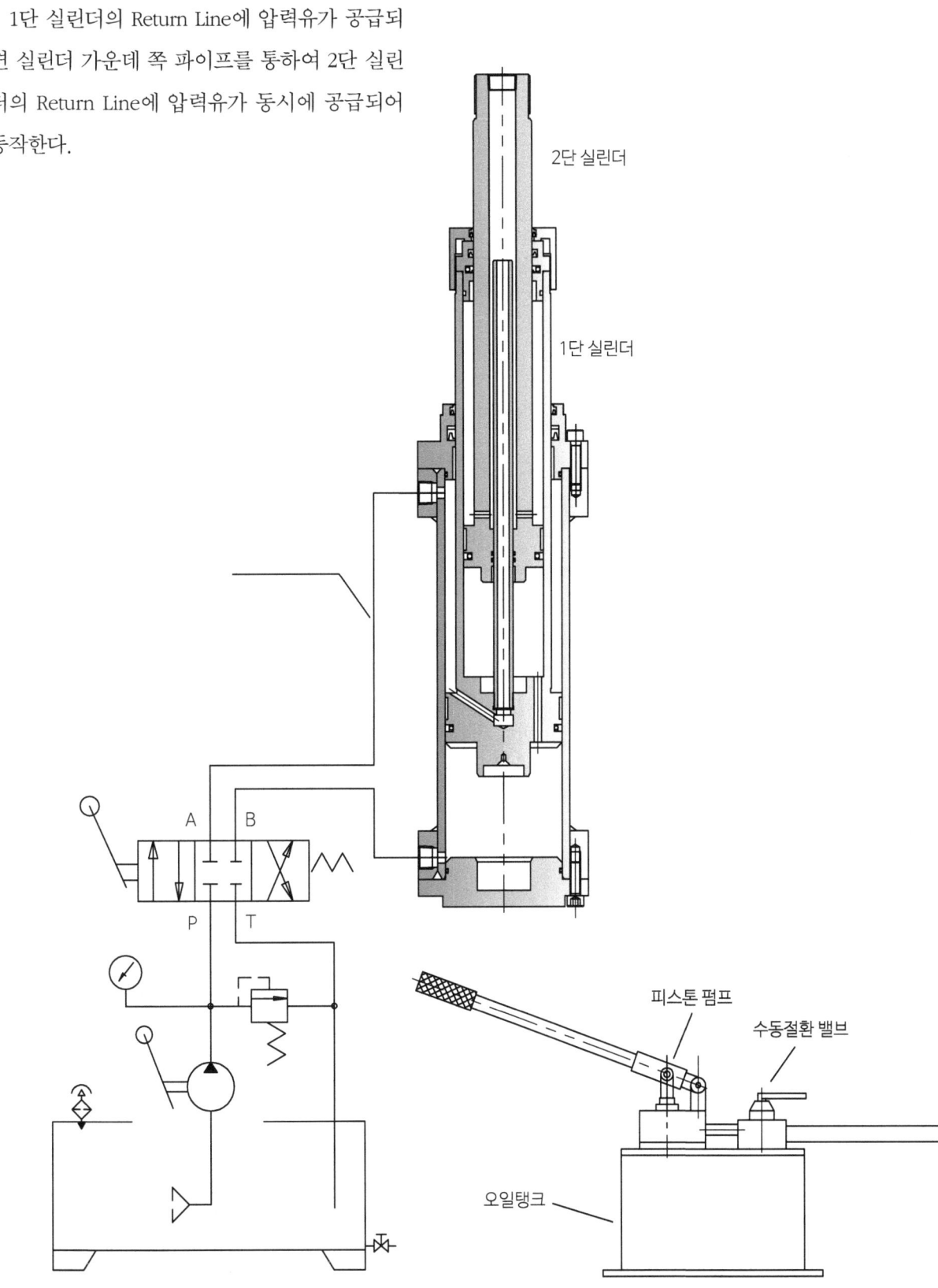

제2절 유압모터

유압모터는 유체의 에너지를 회전하는 기계적 에너지로 변환하는 유압기기이며 유압펌프의 기능과 반대의 역할을 한다(펌프로부터 토출된 유압유를 받아 구동축을 회전시키는 기기이다). 즉, 펌프의 유체에너지를 기계적 회전에너지로 변환하는 유압기기이다.

1 유압모터의 분류

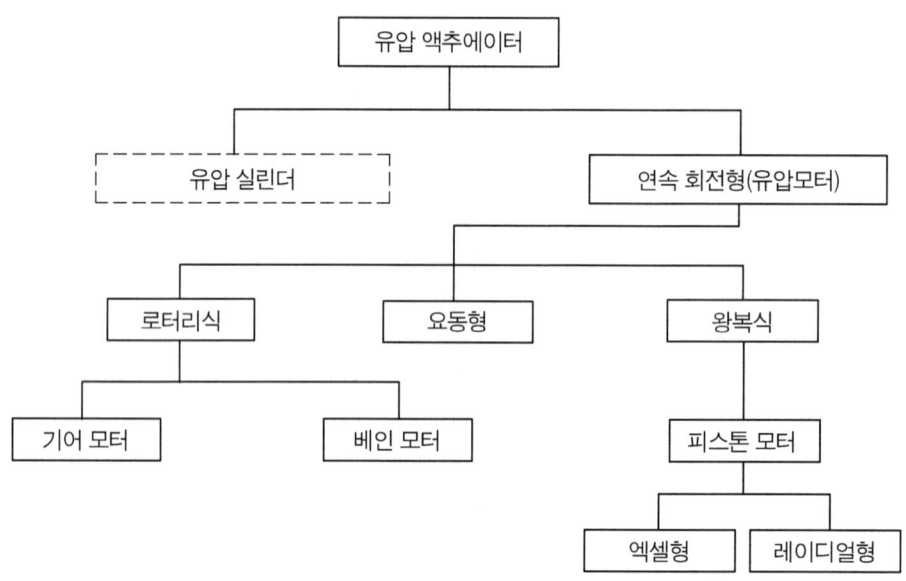

유압모터는 공급하는 기름의 압력을 제어하여 출력 토크를 조절할 수가 있고 공급하는 기름의 유량을 제어하여 회전 속도를 제어할 수가 있으며, 가변 용량형 모터의 경우는 1회전당 배제용적을 변화시켜 출력축의 토크와 회전 속도를 제어할 수 있다.

1) 정용량형 유압모터
모터 1회전에 필요한 유량이 일정하여 일정 압력에 의한 일정 토크를 낼 수 있다.

2) 가변용량형 유압모터
모터 1회전에 필요한 유량을 회전 속도와 관계없이 변화를 줄 수 있는 것으로 일정 압력으로 회전 토크를 변화시킬 수 있다.

2 유압모터의 장·단점

장 점	단 점
소형 경량인데 비해 큰 토크를 낸다.	누유 등 작동유 오염관리가 어렵다.
비압축성 유체로써 응답성이 좋다.	작동유의 온도 변화로 회전속도 변화가 있다.
전동모터에 비해 내폭성이 좋다.	작동유의 점도 변화로 토크 변화가 있다.
무단으로 속도제어가 용이하다.	분위기 온도에 따라 화재의 위험이 있다.
전동모터에 비하여 급속정지를 시킬 수 있다.	작동유가 오염이 되면 고장이 날 수 있다.
출력 토크를 제어할 수 있다.	
기동, 정지, 가속, 감속, 변속이 용이하다.	
정회전, 역회전을 반복해도 무리가 없다.	
과부하에 대한 안전장치나 급속정지가 가능하다.	

3 기어 모터

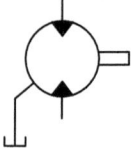

일반적으로 가장 많이 사용되는 유압모터로 구조적으로 간단하며 출력 토크가 일정하며 정회전과 역회전이 가능하며 상대적으로 가격이 싸다.

유압유 중 이물질에 의한 고장이 적고, 가혹한 운전 조건에 비교적 잘 적응하며, 상대적으로 누설량이 많으며, 토크의 변동이 크고, 베어링 하중에 의하여 다소 수명이 짧다.

기어 모터는 기어 펌프와 같이 외접형, 내접형이 있는데 내접형은 거의 사용하지 않고 있다.

1) 기어 모터의 구조

구조는 기어 펌프와 거의 같으나 다른 점은

① 정회전 역회전을 시키는 구조임으로 접속구가 각각이 고압으로 되어 오일씰 부분에 내부 기름 배출은 외부 드레인 배관을 통해 탱크로 리턴시킨다.
② 양쪽 접속구는 같은 구경으로 되어 있다. 펌프의 경우는 캐비테이션 방지를 위하여(흡입 조건 악화 방지) 흡입 구경이 토출 구경보다 일반적으로 크게 한다.

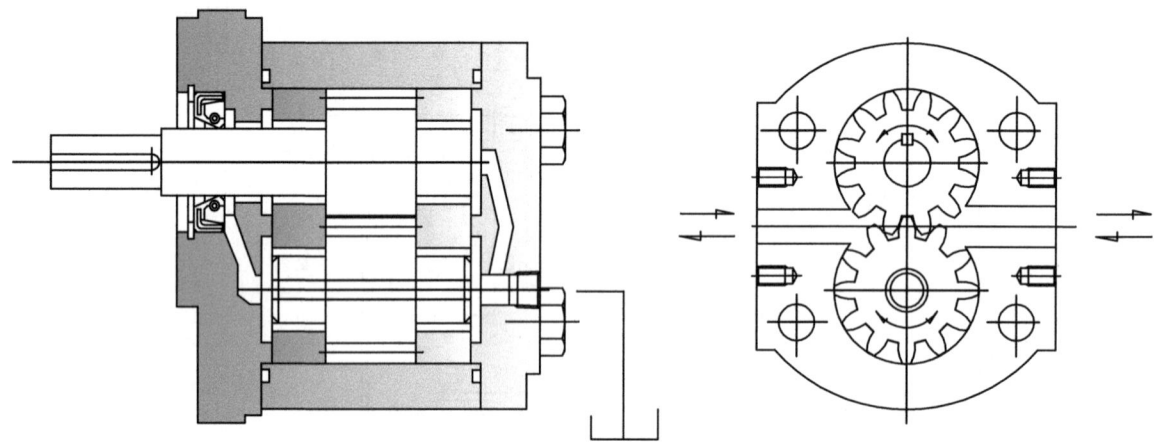

기어 모터는 일반적으로 500rpm 이하에서는 효율이 급격히 떨어지기 때문에 저속 영역에서는 가능한한 사용을 제한한다.

통상적으로 최고 사용 압력은 300bar 이하이고, 배제용적은 200cc/rev 이하로 생산되고 있다. 따라서 저속 사용시는 감속기와 함께 적용을 검토해야 한다.

4 베인 모터

1) 베인 모터의 기본구조

일반적으로 베인 모터의 기본구조는 베인 펌프와 유사하다. 그러나 베인을 캠링 습동면에 밀착시키는 기구가 있어야 하는 구조적 차이가 있다.

베인 펌프는 전기모터의 회전에 의하여 펌프의 베인이 원심력 작용으로 캠링에 밀착되지만 베인 모터는 로킹암 또는 스프링으로 밀착시켜 주는 기구가 필요하다.

따라서 베인이 캠링에 밀착되지 않으면 유입한 압력 유체는 송출구로 바이패스되므로 유압모터의 회전력이 발생하지 않는다.

로킹암으로 베인을 밀착시키는 구조이거나 코일 스프링으로 사용하는 구조로 되어 있다.

로킹암 베인 모터는 와이어 스프링이 자유로이 회전이 가능하도록 로터 양면에 핀으로 고정되어 로커암을 형성하며, 서로 90° 떨어진 위치에 있는 베인의 밑부분을 기계적으로 밀어 붙이는 구조로 되어 있다.

2) 베인 모터의 구조

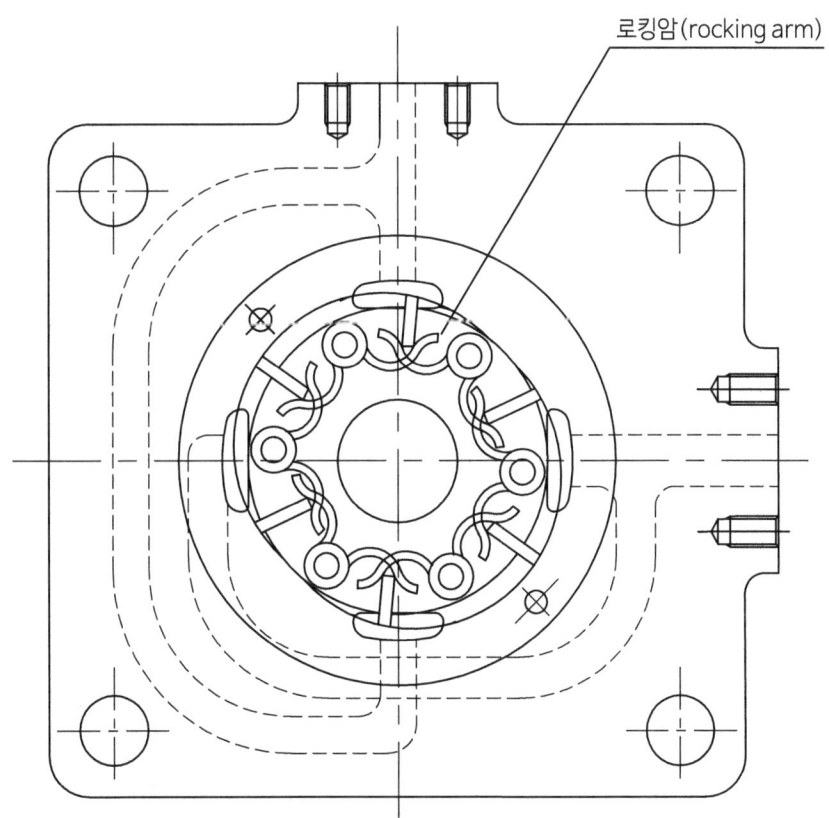

3) 코일 스프링 적용 베인 모터의 기본구조

코일 스프링 방식 베인 모터는 로터 내에 가공된 홈 속에 베인과 스프링을 함께 설치되어 있어 베인을 캠링에 밀착시키는 구조로 되어 있다.

로터가 회전할 때 로터와 캠링 사이에 공간이 생기면 내부 스프링 힘에 의하여 자동적으로 베인이 외부로 밀려나와 캠링에 밀착하여 회전이 된다.

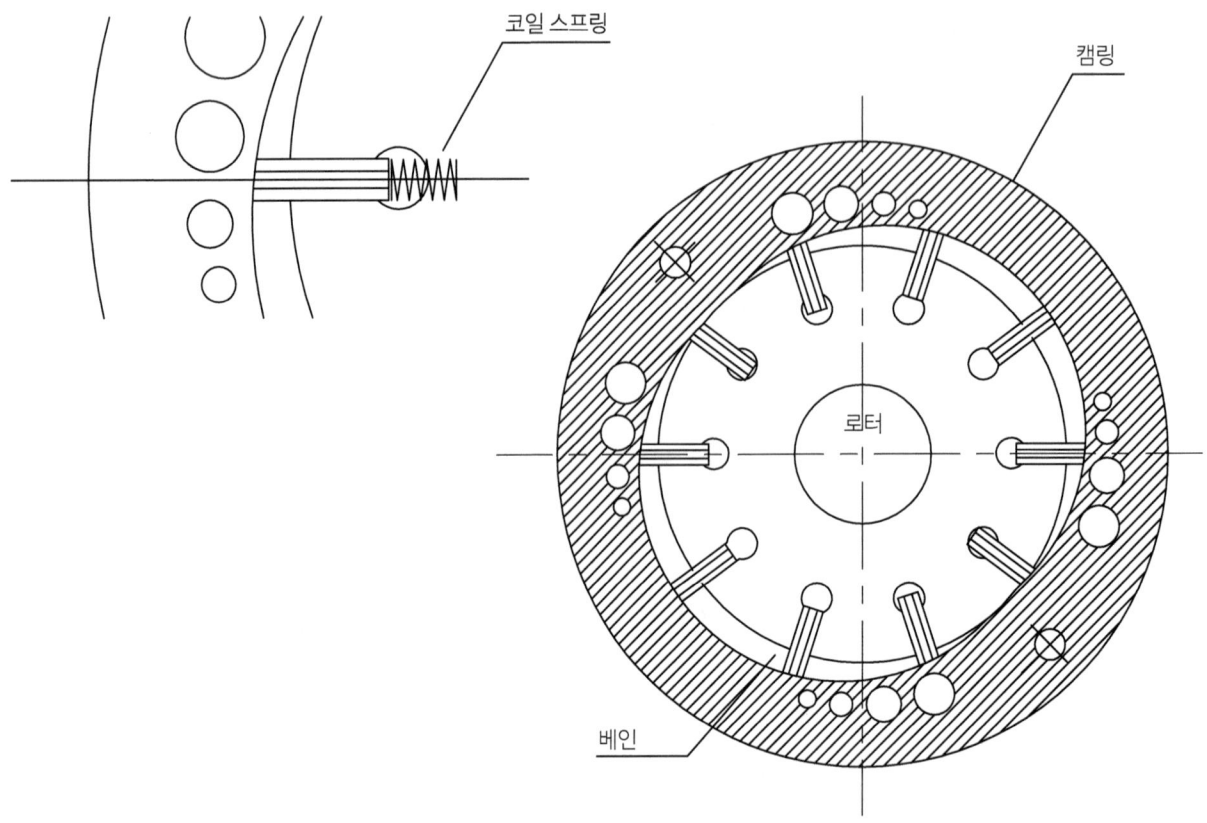

베인 모터는 비교적 구조가 간단하고, 출력 토크 변동이 적으며, 정회전 역회전이 원활하고, 무단변속이 가능하고, 로터에 작용하는 압력이 평형이 유지되고 있음으로 다소 가혹한 운전에도 잘 견디며, 베인 선단이나 캠링 측면이 마모되더라도 베인과 캠링의 접촉이 유지되므로 드레인량이 그렇게 증가하지 않는다.

그러나 베어링과 캠링의 마모 속도가 빠르며, 기동할 때나 저속회전할 때 토크 효율이 떨어지며, 일반적으로 최고 사용압력이 70bar rpm이 200~1,800 정도의 제품이 시중에 유통되고 있다.

베인 모터의 효율은 75% 정도이다.

4) 베인형 유압모터 원리도

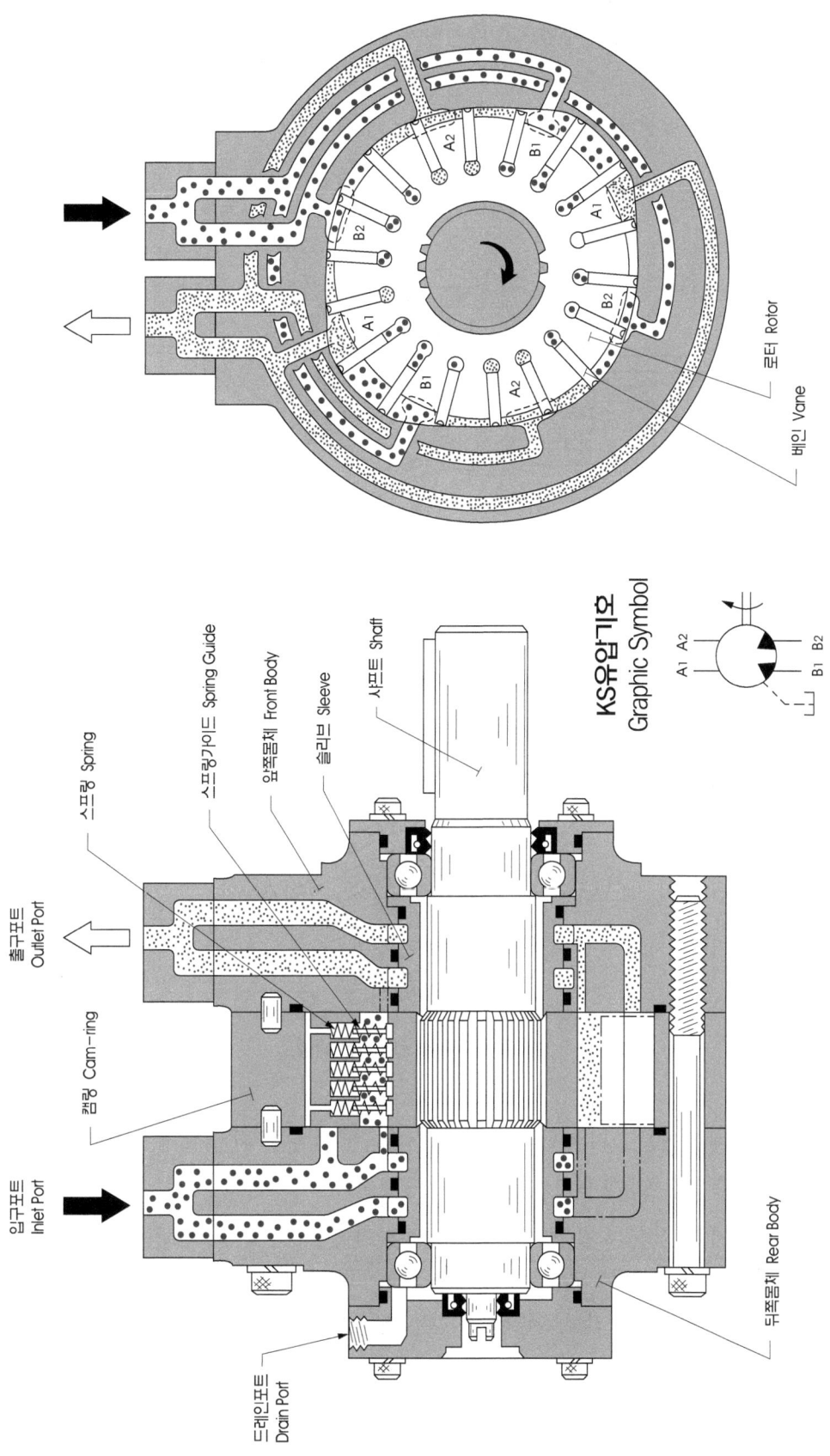

5 Axial Piston Motor

구동축과 피스톤의 방향이 평행한 방향으로 배치되어 있는 것을 Axial형이라 한다. Radial형보다 많이 개발되어 있다.

Vane Pump와 같이 정용량형과 가변용량형이 있고 구조 형태에 따라 사판형과 사축형으로 분류된다.

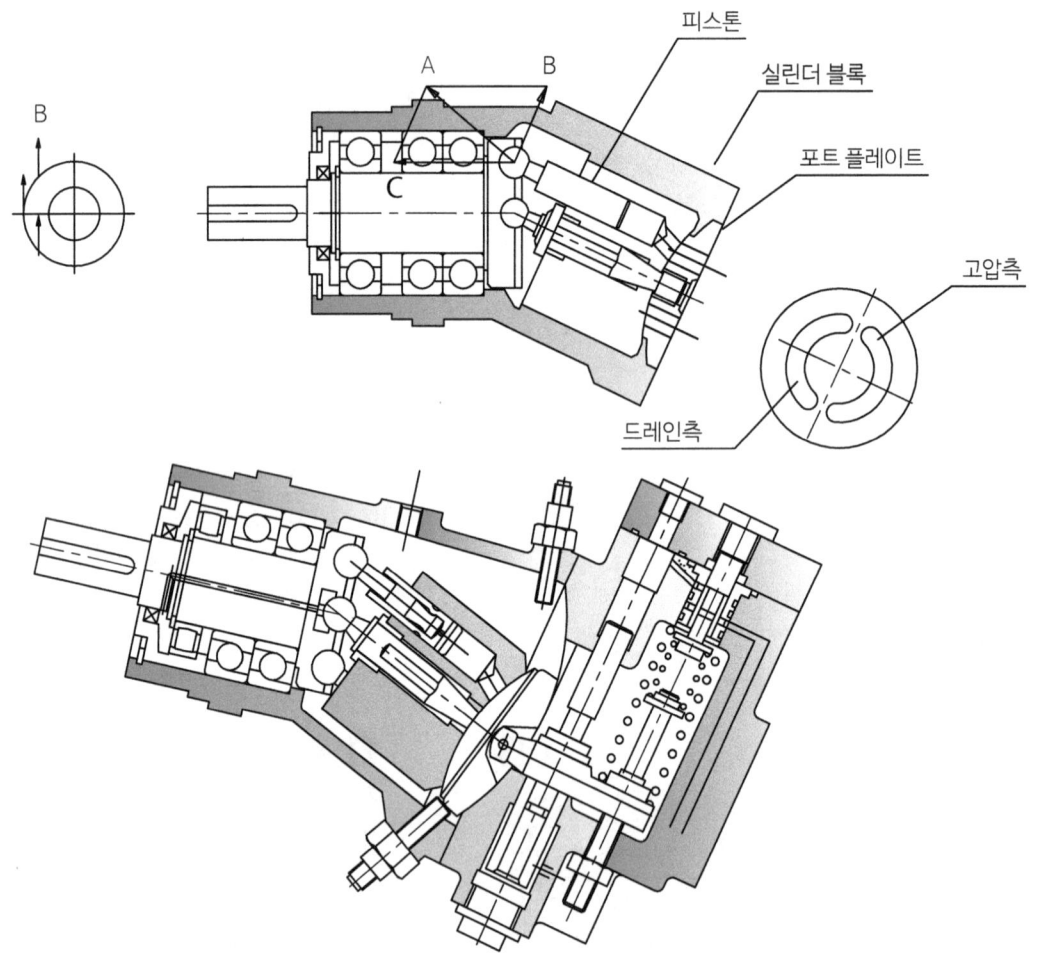

Axial Piston Motor의 기본 개념도

위의 그림은 Piston에 걸리는 출력토크의 발생사항을 나타낸 것이다. 여기서, 경전각이 변하지 않는 것과 변화를 줄 수 있는 것으로 고정용량형과 가변용량형으로 구분한다.

가변용량형은 작은 부하(저 토크)일 때는 고속회전, 큰 부하(고 토크)일 때 저속회전으로 사용할 수가 있다.

렌즈형을 한 Port-Plate를 유압식, 수동식으로 변화를 주어 경전각을 제어하여 함으로 가변이 된다.

가변용량형 피스톤 모터는 일반적으로 경전각이 7°~25° 범위에서 사용되기 때문에 모터에 공급되는 펌프의 유량이 정용량형 펌프 일지라도 유압 모터의 변속비는 약 3.5배로 된다.

1) Radial Piston Motor(Star-Motor)

일반적으로 유압모터는 800~1,500rpm으로 사용되는 것이 효율이 좋은 사용법인 것에 대해 Radial Piston Motor는 10~200rpm으로 저속회전으로 사용되고 그래도 대 출력 토크가 얻어지는 구조로 구성되어 있다.

사출성형기 Screw, 건설기계 차량의 차축, 선박의 윈치, 시멘트 믹셔 등 저속회전 구동부에 많이 사용된다.

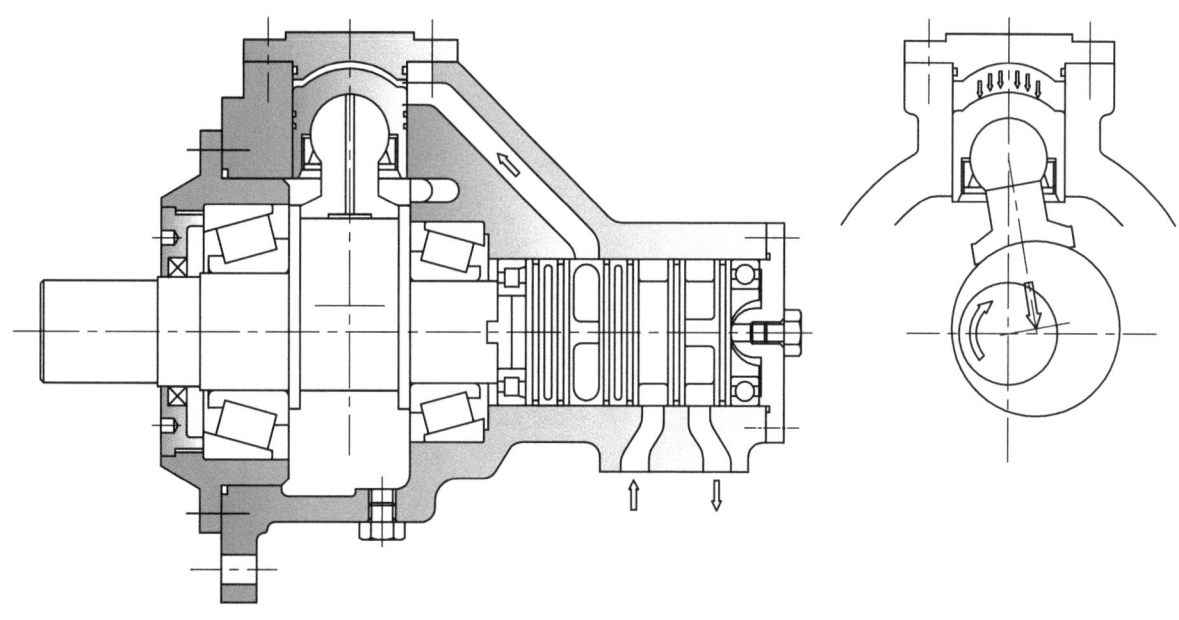

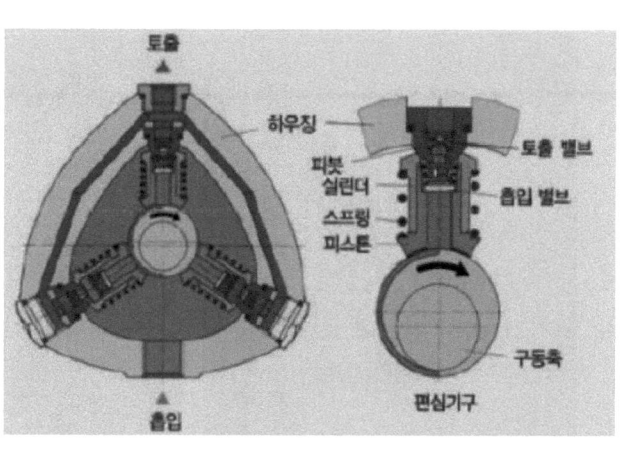

2) 레이디얼 피스톤형 유압모터 원리도

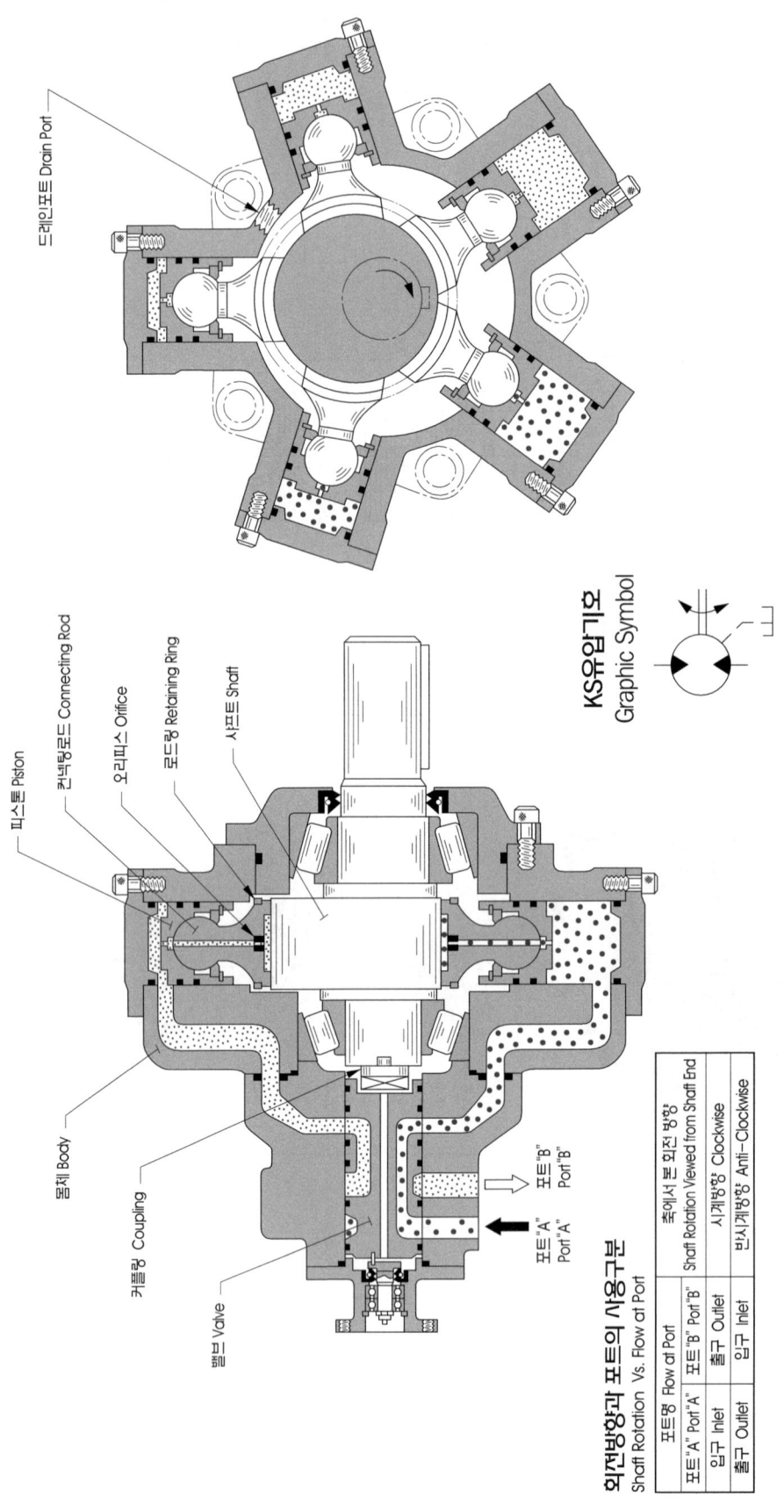

6 유압모터 기본 계산

q = 유압모터가 회전시킬 려고하는 q0 용적(cc/rev)
N0 = 유압모터가 동작할 때 회전수(rpm)
v = 용적 효율
t = 토크 효율, 기계 효율

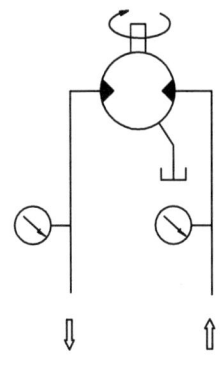

① 소요유량

$$Q = \frac{q0(cc/rev) \times No(rpm)}{1,000}$$

② 출력 토크

$$T0 = \frac{(P1-P2) \times q0}{200} \ (kgf\text{-}m)$$

③ 출력

$$L0 = \frac{N0 \times T0}{975} \ (KW)$$

$$\quad = \frac{N0 \times T0}{716} \ (PS)$$

유압모터의 시동토크

유압모터를 시동할 때는 정마찰저항을 이기기 위해 시동토크가 필요하는데 초기 시동 후에는 동마찰 저항으로 되기 때문에 시동토크보다 낮은 토크로 구동된다.

유압모디 시동시에 초기부터 선부하가 실려 있는 경우는 시동토크를 고려하지 않으면 기동하지 않는 경우가 있다.

일반적으로 초기 시동토크 효율을 산출하면,

기어 모터	65 %	초기 기동 토크는
피스톤 모터	80 %	유압 모터 제조사 마다
레디얼 모터	75 %	다소의 차이가 있을 수
오비트 모터	60 %	있으므로 참고 수치임.

7 유압모터 구동의 기본개념도

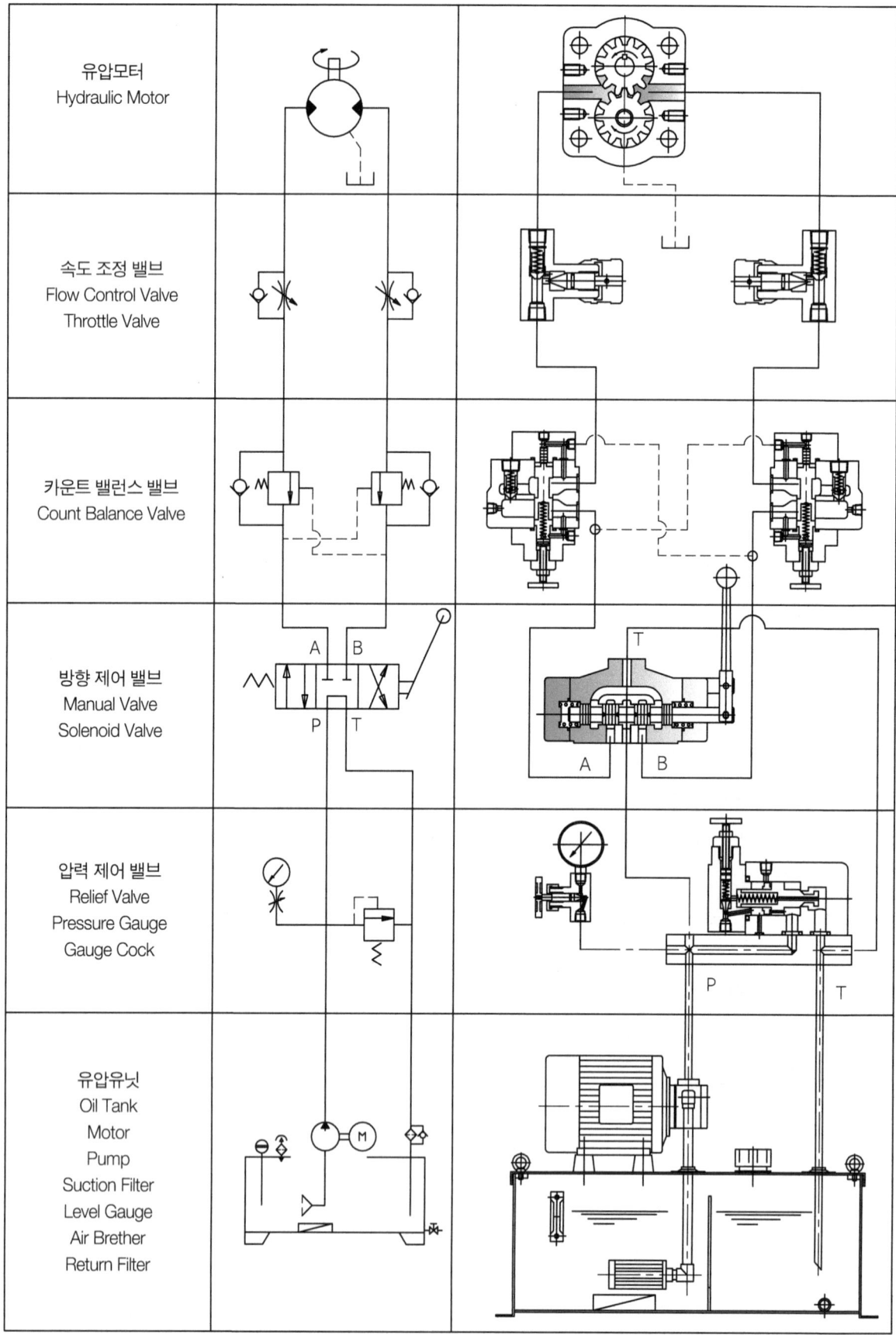

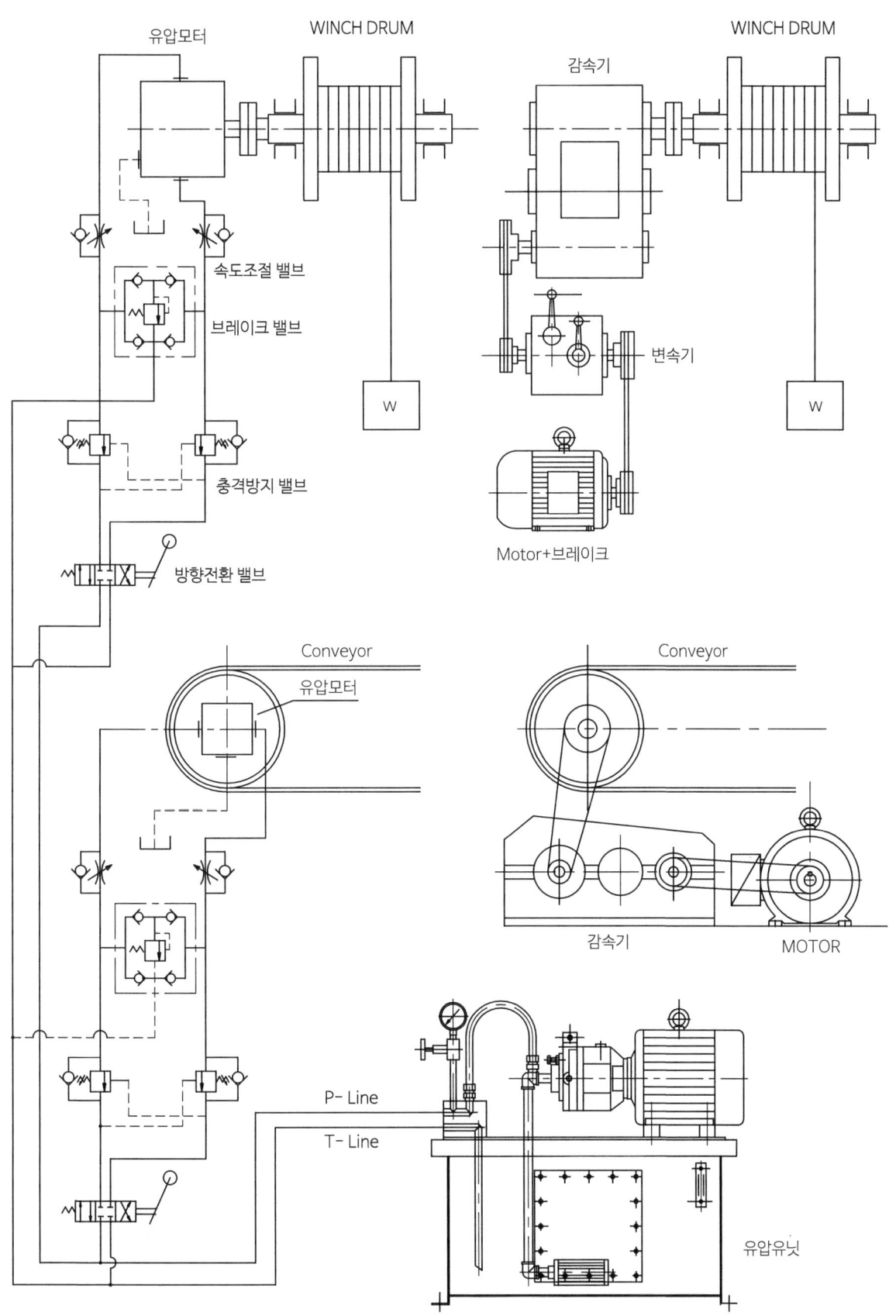

제4장 액추에이터(ACTUATORS) 331

8 유압모터의 기본회로

유압모터의 정회전, 역회전은 수동절환 밸브로, 출력 토크 조정은 릴리프 밸브로, 제어하고 회전속도는 가변 펌프가 대행한다.

유압모터의 사용 회로는 유압모터를 회전시켜 사용되기 때문에 관성력이나 충격을 방지하기 위하여 브레이크 밸브, 카운터 밸런스 밸브를 장착한다.

브레이크 밸브 설정압력은 메인 릴리프(고정용량인 경우) 압력보다 적어도 $10kgf/cm^2$ 높게 설정해야 한다 (가변 용량 펌프인 경우는 펌프압력보다 $10kgf/cm^2$ 이상).

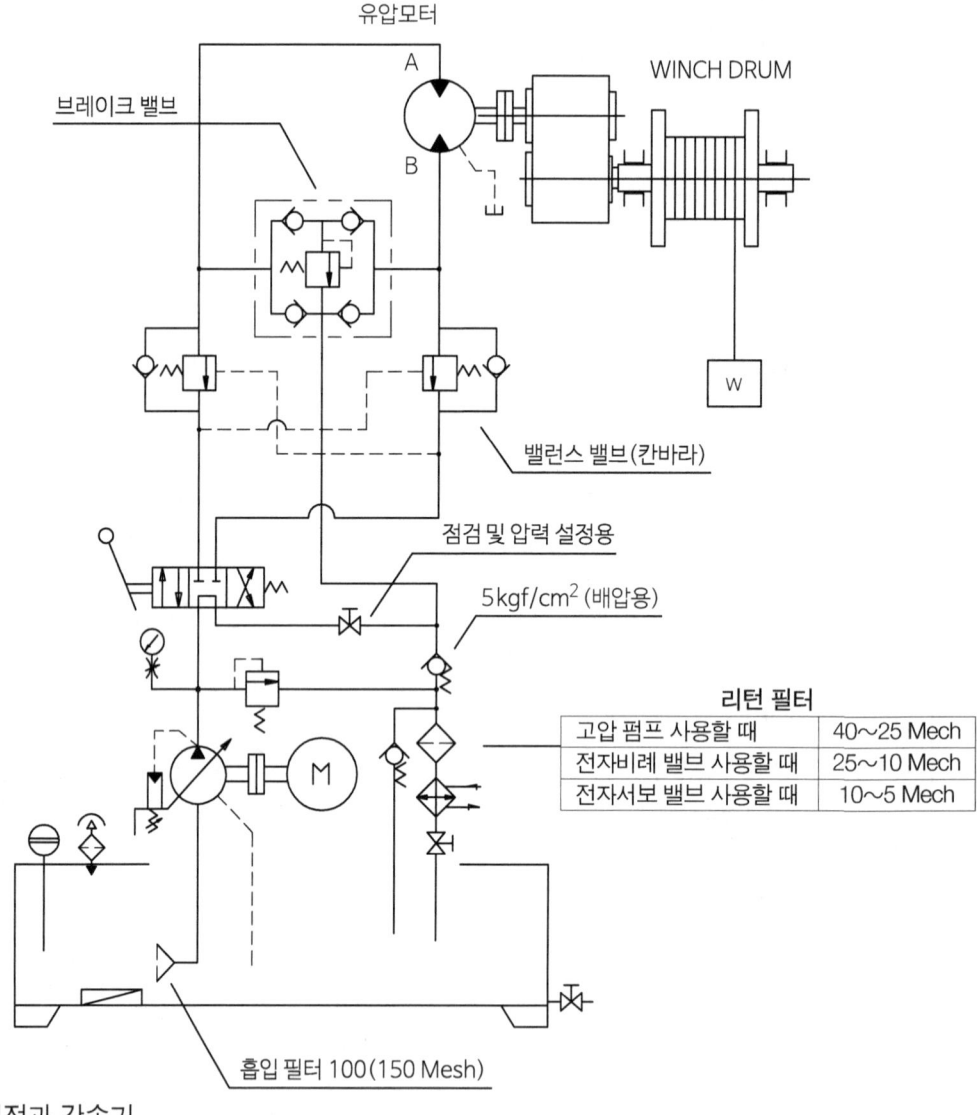

유압모터의 저속 회전과 감속기

유압모터를 저속으로 회전시키면 효율이 저하하며 회전이 고르지 못하기 때문에 감속기를 붙이는데 일반적으로 사용되는 감속기의 종류와 전달 효율.

종 류	감속비	전달 효율
평기어형(1단)	1/3~1/5	90~92%
평기어형(2단)	1/9~1/25	85%
유성치차형	1/6~1/30	96%

1) 유압모터의 폐회로(Closed)

유압모터의 폐회로는 메인펌프에서 토출된 유압유가 유압모터를 회전시키고 다시 메인펌프로 되돌려 흡입되는 회로를 말한다.

유압모터를 지나 되돌아온 유압유의 일부는 여분으로 되어 유압 파이럿 절환변과 릴리프 밸브를 통하여 탱크로 리턴된다.

릴리프 밸브의 압력은 일반적으로 10~20kg/cm으로 설정되기 때문에 메인펌프 흡입이 원활하다.

유압탱크의 용량이 적고 연속 동작이 이루어지는 경우에 발열이 예상되어 팬 쿨러를 장착한다.

유압모터가 회전하다가 정지할 때 관성력에 의하여 과부하가 걸린다. 이때 안전장치이며 브레이크 역할을 한다.

보조펌프에 의하여 토출된 유압유는 체크밸브를 통하여 메인펌프로 우선적으로 흡입되는 회로이며 메인펌프 보호기능을 한다.

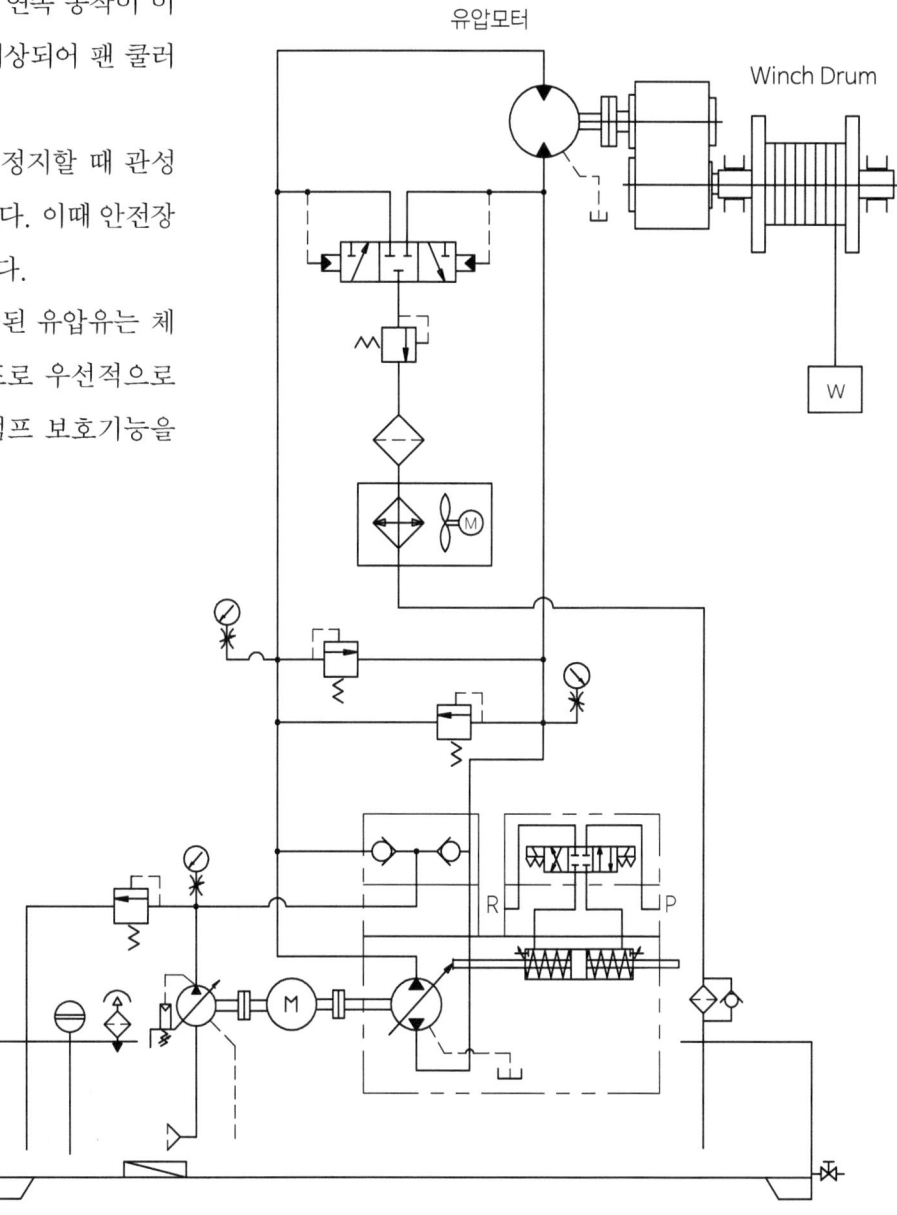

흡입 토출 유량을 무단계로 제어할 수가 있어 흡입, 토출 방향을 정·역으로 가능한 구조이기 때문에 주 회로중에는 별도의 방향 전환 밸브와 유량 제어 밸브를 장착하지 않는다.

보조펌프는 메인펌프의 유량의 약 1/5 정도이기 때문에 Tank용량이 적어 소형, 경량화에 적합하다.

2) 유압모터의 폐회로(비례제어 회로 사용회로)

폐회로 펌프 자체에 비례전자 밸브가 탑재되어 있어 별도의 방향 제어 밸브나 유량 제어 밸브 없이 유압모터의 정·역 회전을 원하는 속도로 회전시키는 회로이다.

비례전자 밸브를 탑재한 폐회로 펌프를 사용하여 윈치를 구동시키는 회로 예

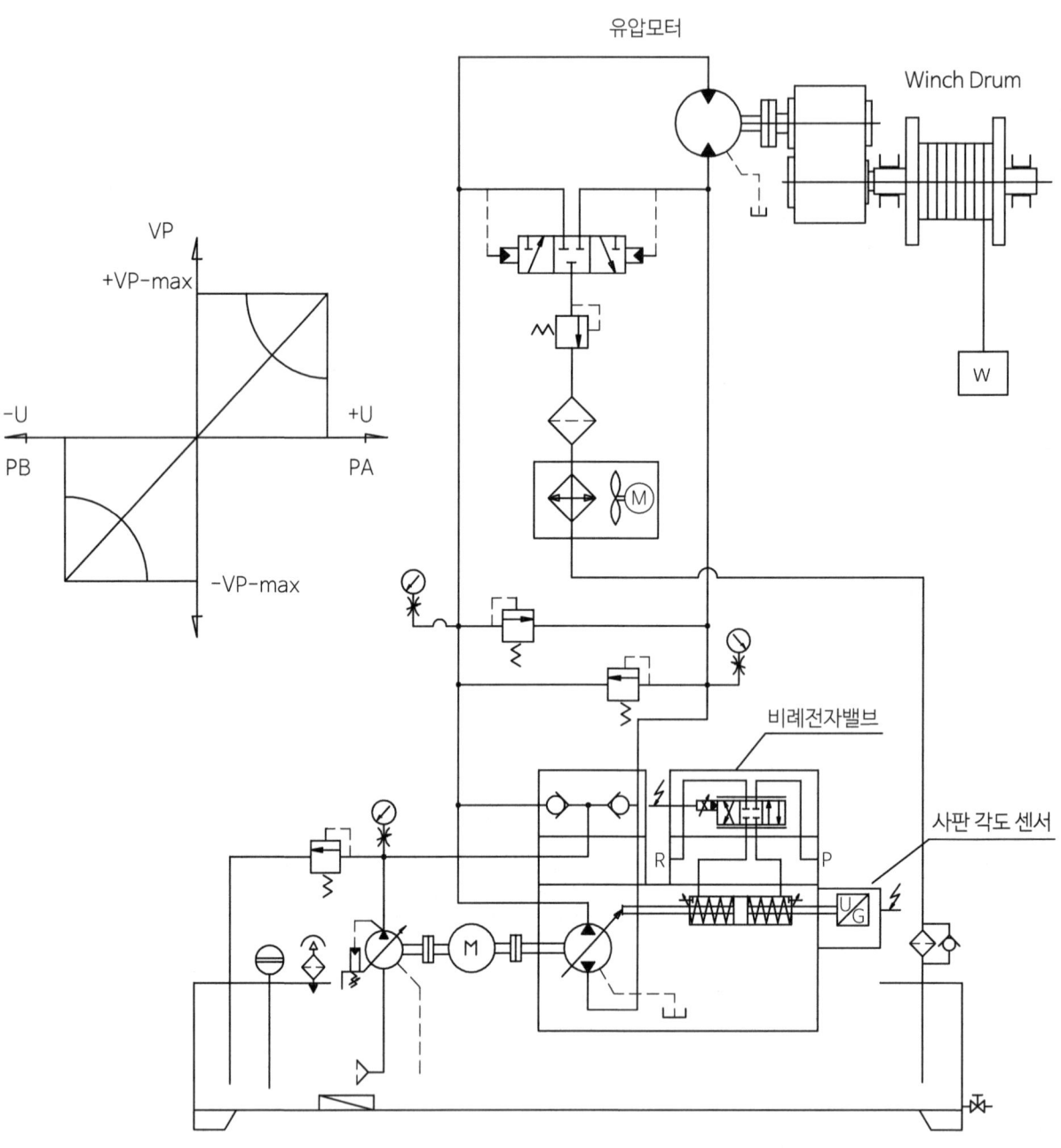

3) Hyd, Cylinder TC-125-300st 실제 적용 예

1	BORE	125 mm
2	ROD	70 mm
3	STROKE	300 mm
4	PRESSURE	140 BAR
5	취부방식	중간 트라니온
6	자바라	부착

1	Compact Seal	125-100 1set
2	O Ring	G-120 2ea
3	V Packing	70×90 5ea
4	O Ring	G-55 1ea
5	Dust Seal	70-80 1ea

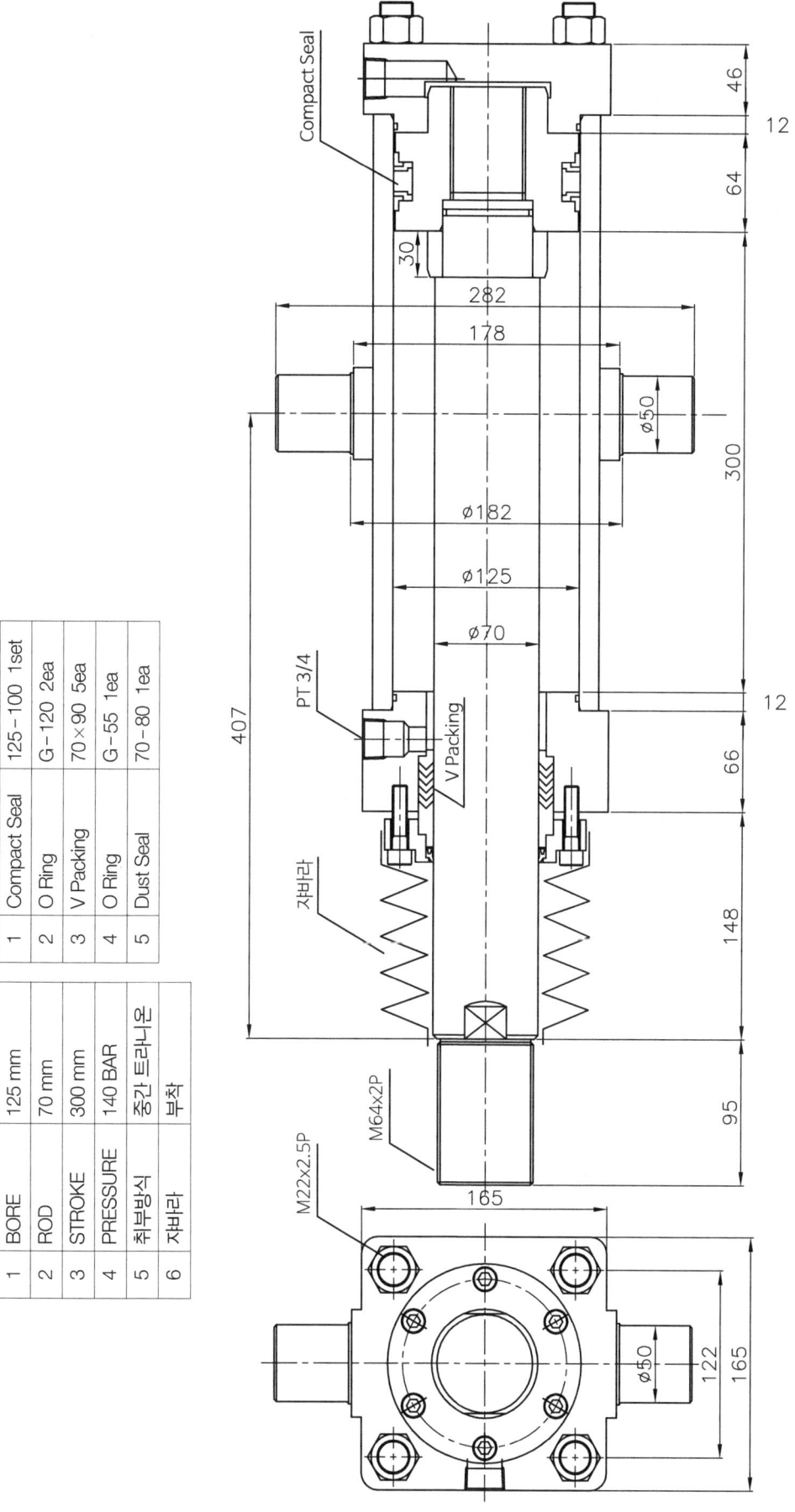

4) 2단 유압실린더

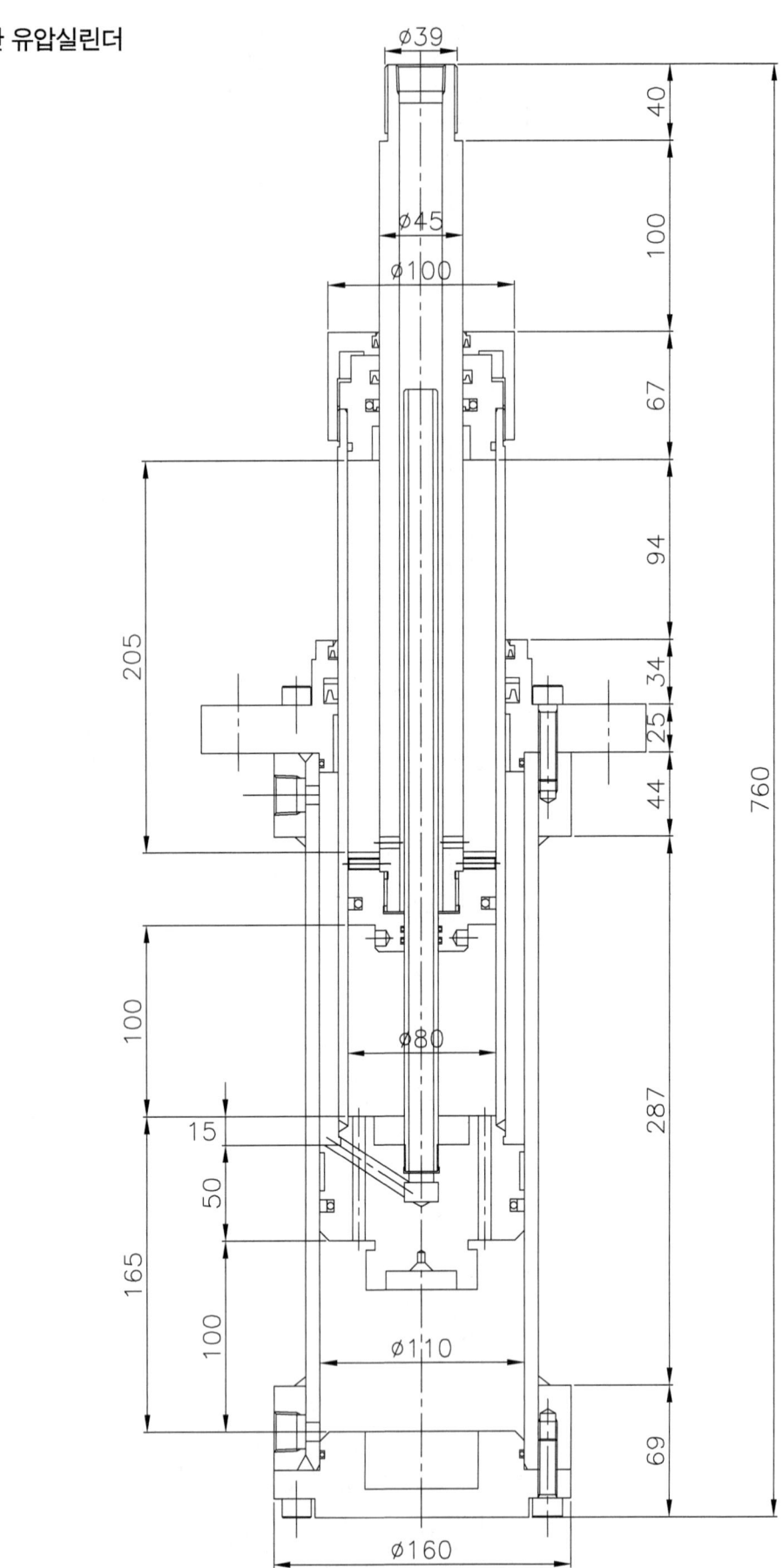

5) 2단 유압실린더 참고도

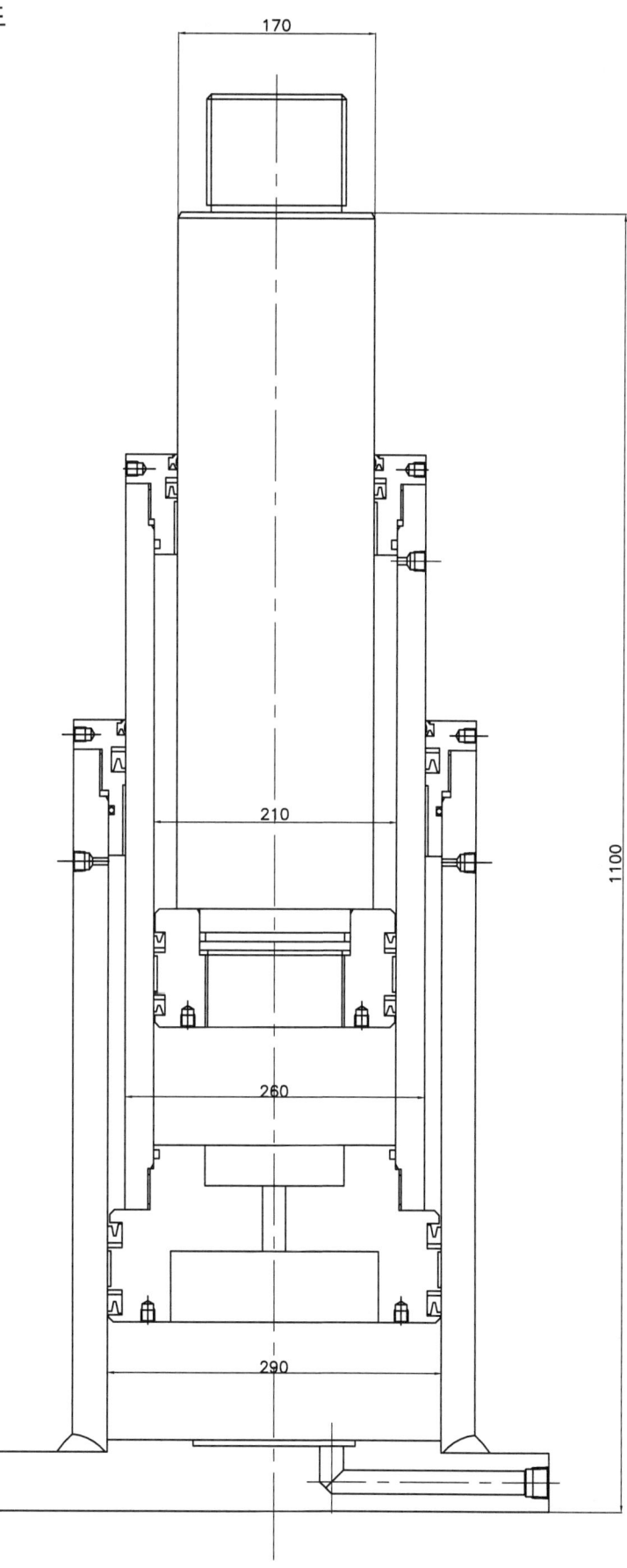

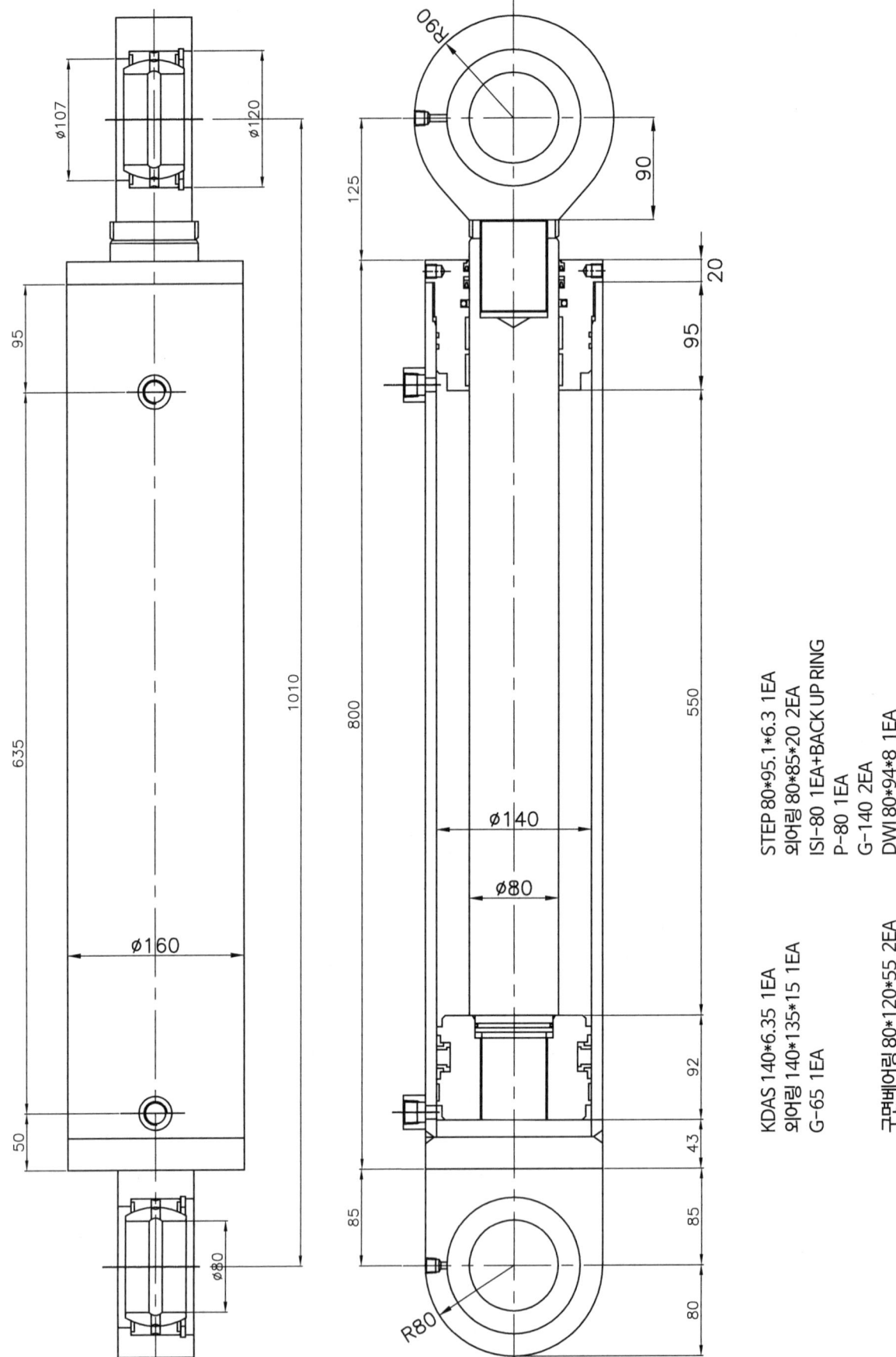

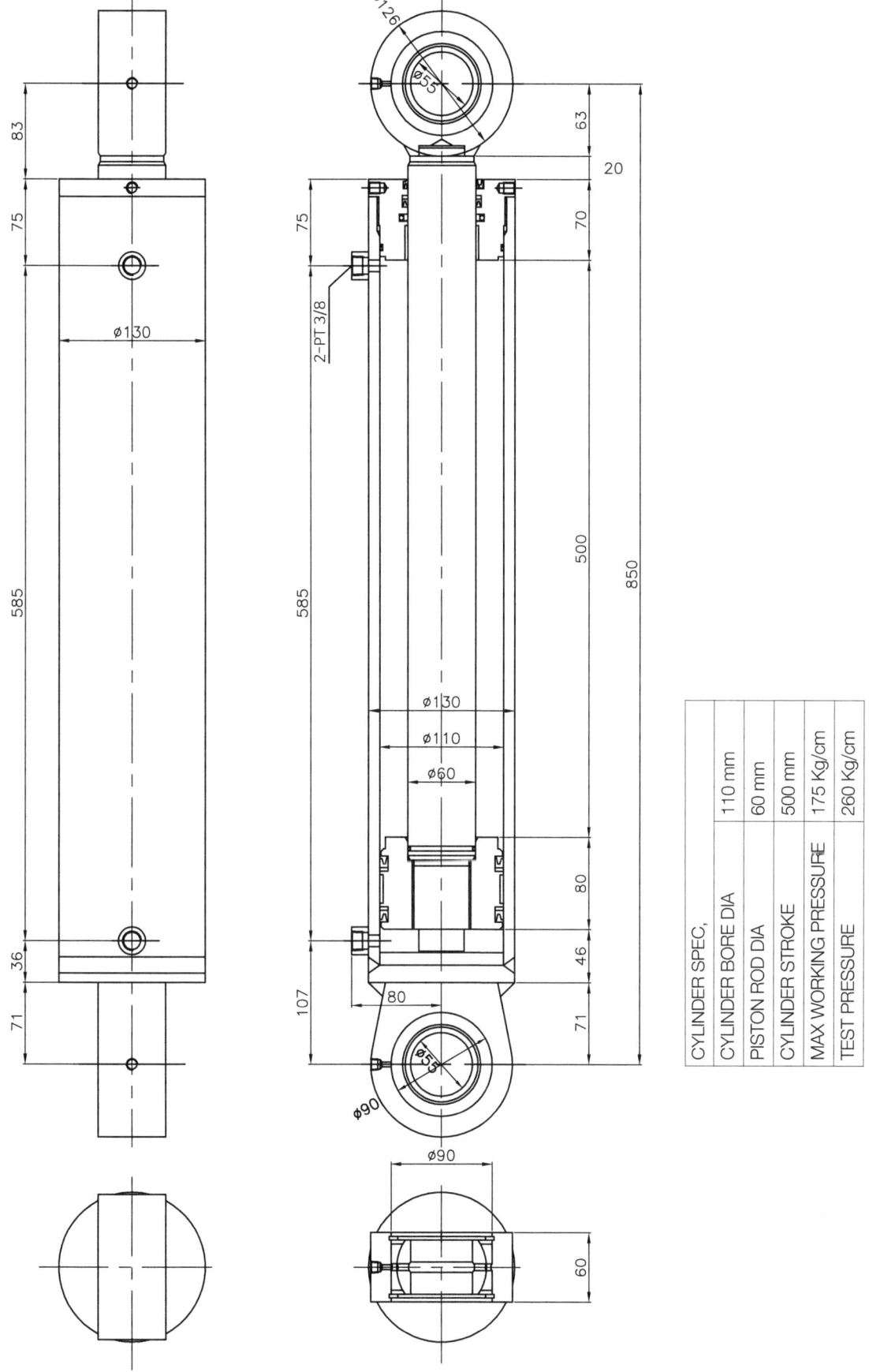

제4장 액추에이터(ACTUATORS)

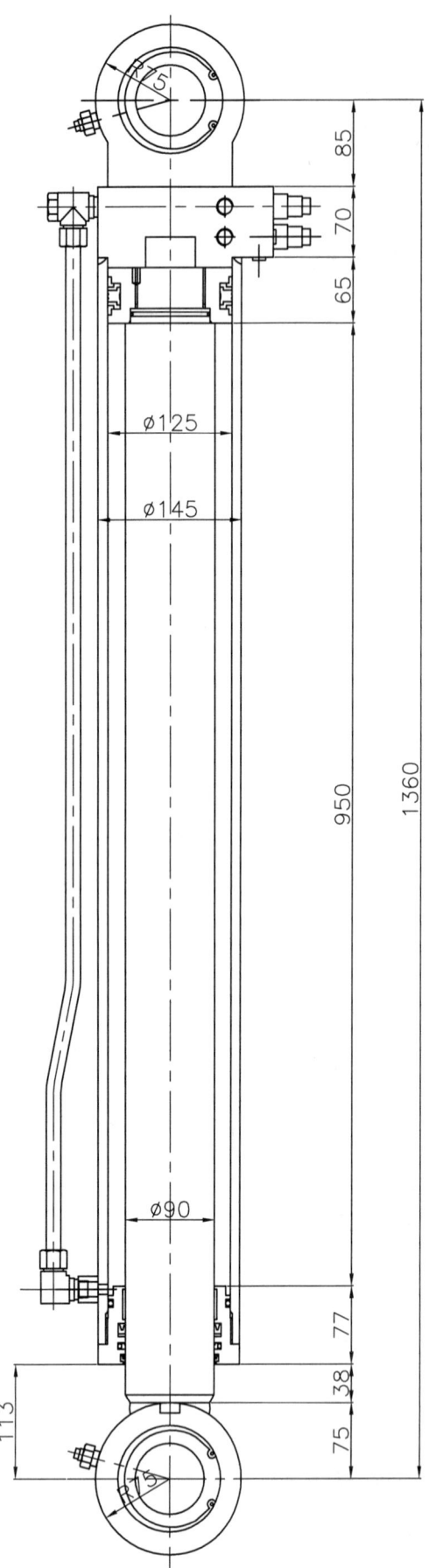
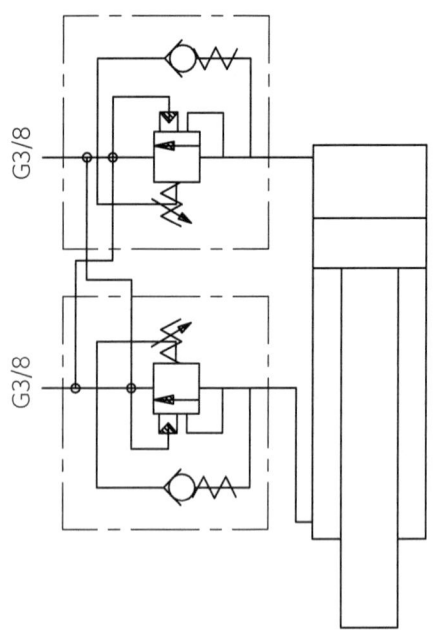

실린더 내경	125 mm
실린더 로드경	90 mm
실린더 스트로크	950 mm

제작 사방서	
Piston Rod	AISI 329+Chrome
Spherical plain bearing	AISI 316
Cylinder Barrel	Epox Painted Sa 2.5
Nominal pressure	21 MPa
Nominal pressure	SUN Hydraulics CBCA-LHN
Maximum flow	60 l/min

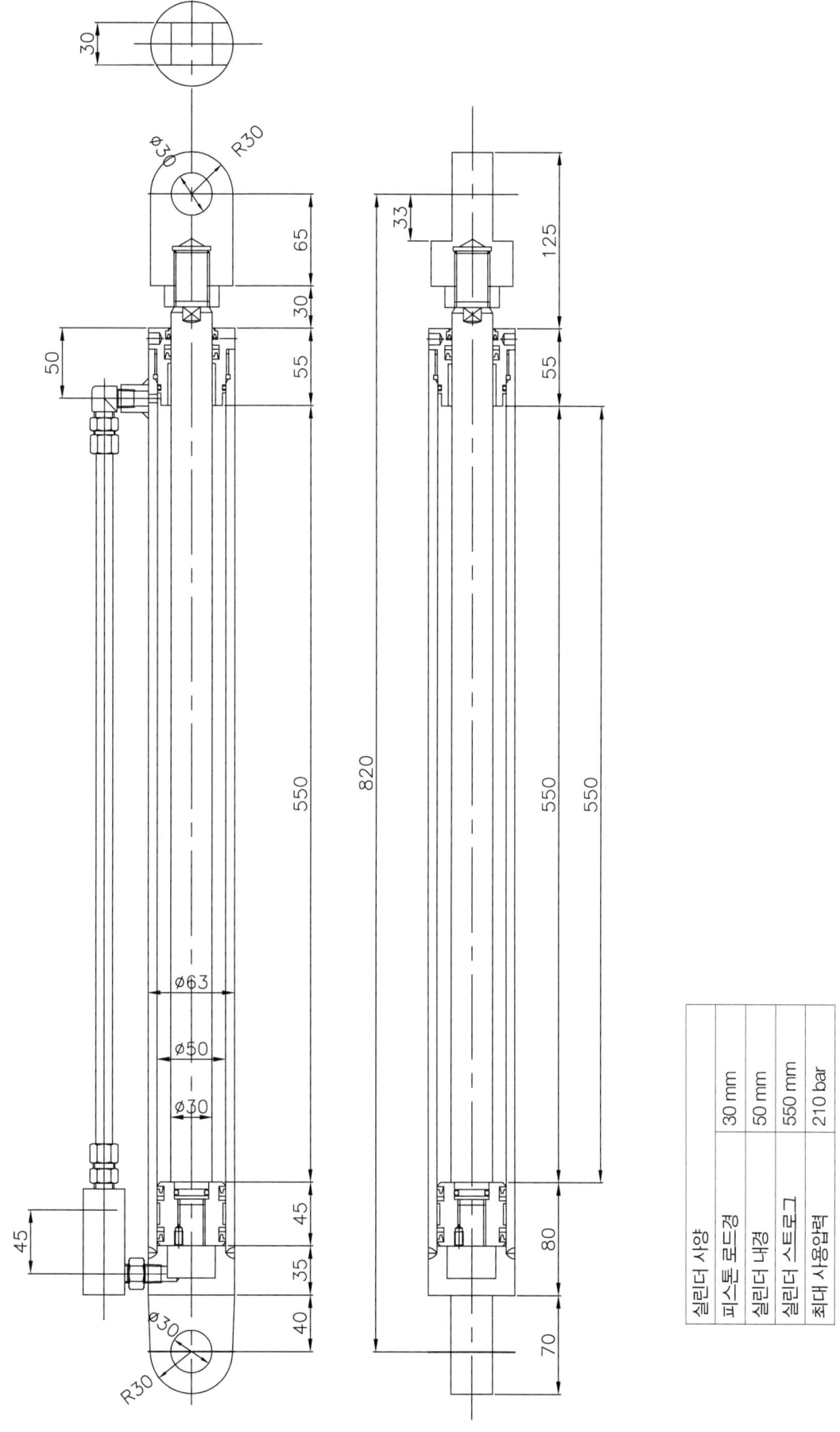

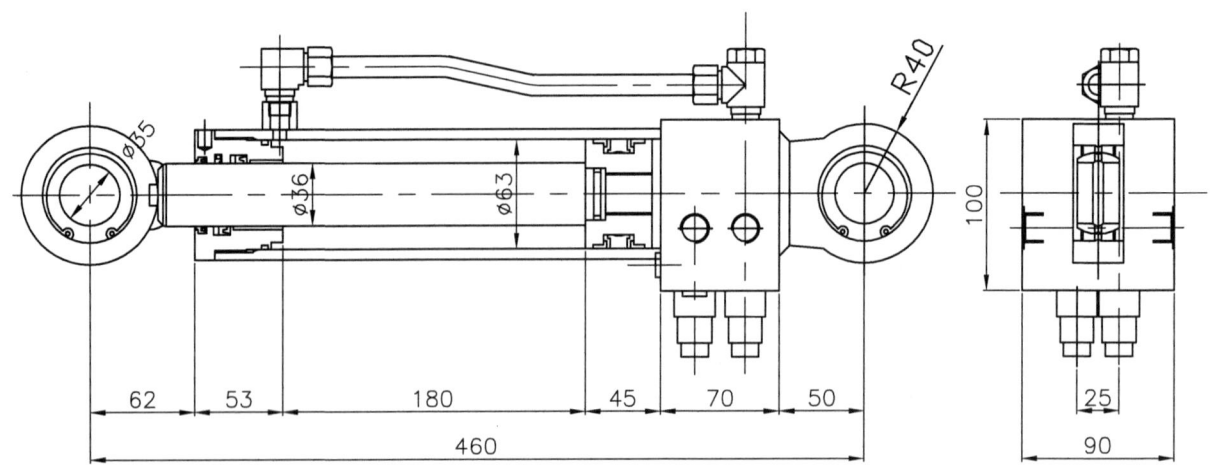

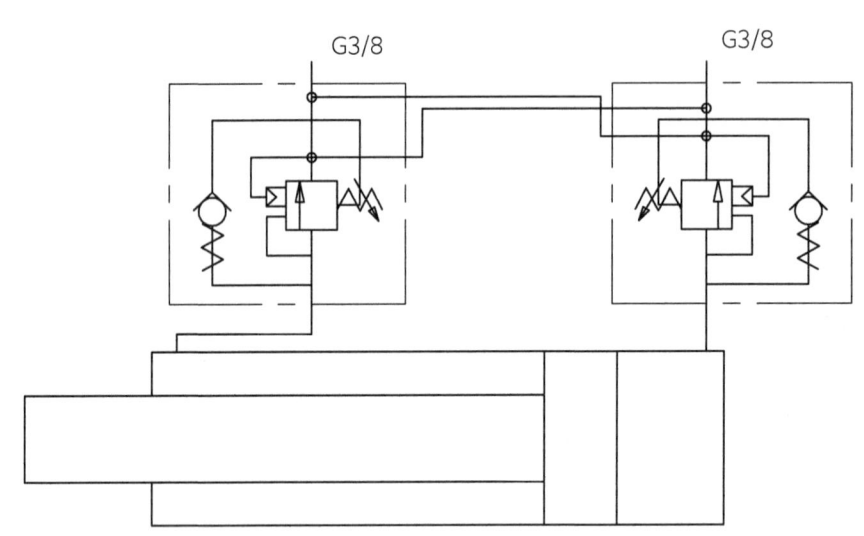

실린더 내경	63 mm
실린더 로드경	36 mm
실린더 스트로그	180 mm
Nominal pressure	21 MPa
Maximum flow	60 l/min

6) Air Booster Pump를 적용한 유압 장치

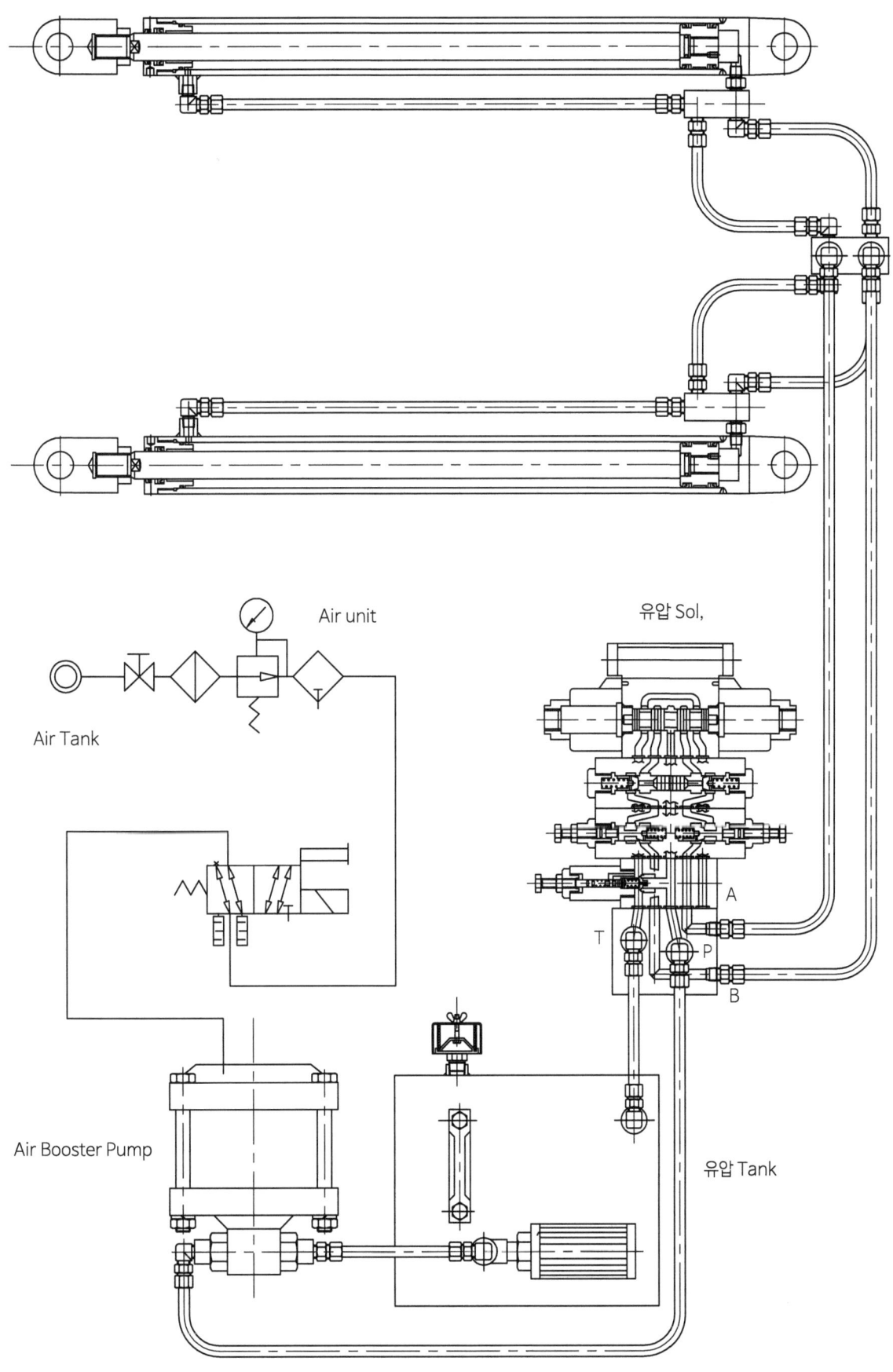

7) 초고압 증압 실린더(Booster Cylinder) 설계 예

초고압 증압 실린더(Booster Cylinder) 설계는 증압측 사용압력을 만족하고, 증압측 소요유량을 만족하는, 증압측 설계해야하는데 증압측 실린더의 설계와 증압측 배관 파이프(호스), 관련 배관 연결부를 사용압력에 만족하는 구조로 설계해야 한다.

증압 실린더의 패킹과 연결 Nippl에 주의가 요구된다.

증압측이 수압일 때는 증압 피스톤의 부식도 고려의 대상이다.

유압측 실린더 직경	200 mm (314 cm²)
증압측 실린더 직경	70 mm (38.5 cm²)
Stroke	550 mm²
증압비	약 8 배
증압측 최고 사용압력	1,600 kg/cm²
증압측 유량	2,115 cc (max)

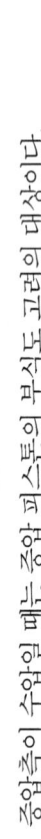

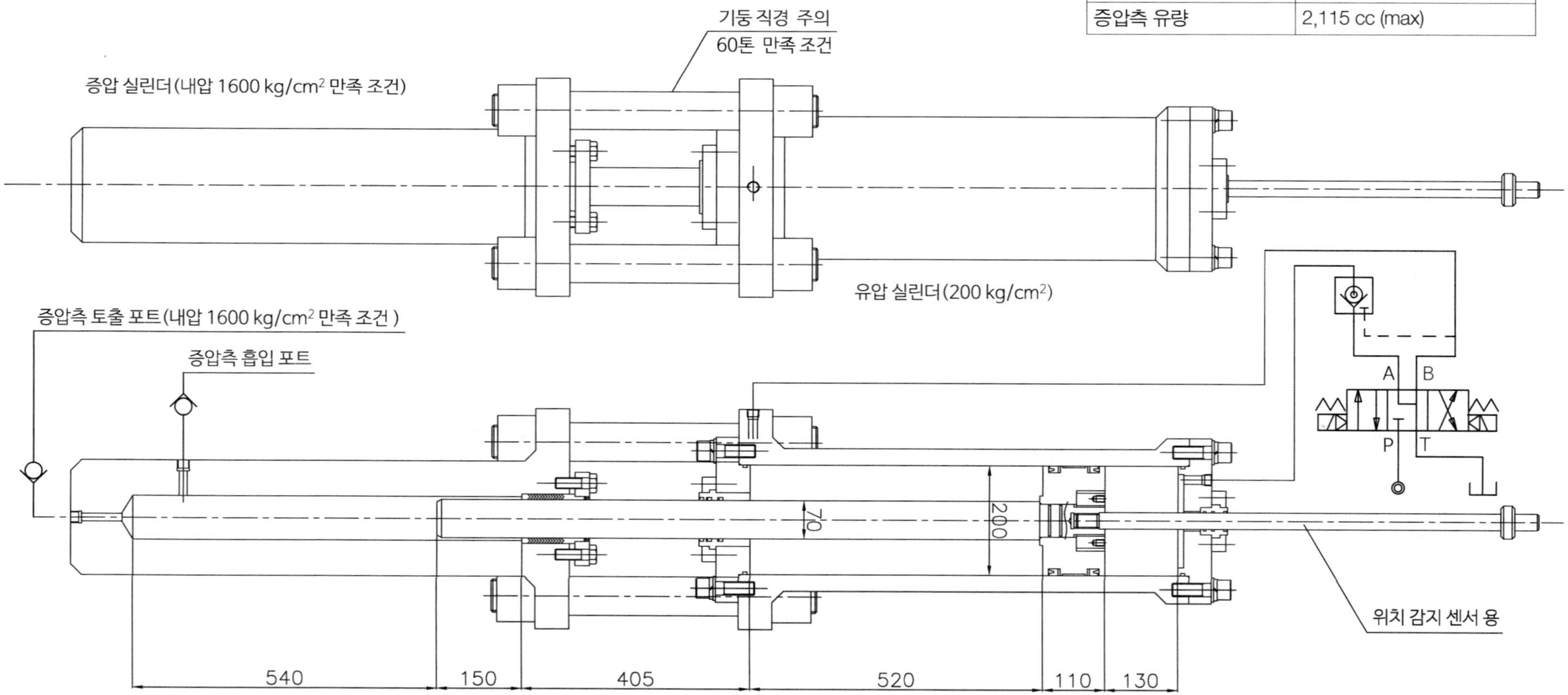

제3절 유압 장치의 패킹(Seal)

유압 장치의 패킹은 주로 왕복운동이나 회전운동에 사용되는 밀봉장치(Seal)의 총칭으로 패킹 제조사마다 각각의 용도와 특징을 가지는 구조로 개발되어 있다.

패킹(Seal)은 유압 시스템의 내부 및 외부의 누유를 방지하고 외부의 이물질이 시스템 내부로 침입하는 것을 방지하는 목적으로 사용된다.

최근에는 유압 시스템의 초고압에 만족하고 저온이나, 고온에 사용가능하고 고속에도 만족하는 다양한 패킹이 개발되고 있는 실정이다.

```
유압 System 패킹의 조건 ─┬─ 최고 사용압력
                          ├─ 사용온도
                          ├─ 최대 이송속도
                          ├─ 사용유체
                          ├─ 윤활성
                          ├─ 내유성
                          ├─ 내마모성
                          ├─ 내후성
                          └─ 경제성
```

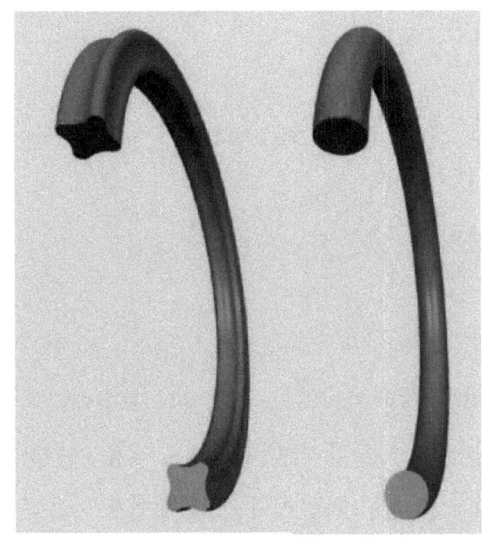

1 이상형 유압 패킹

지구상에 수많은 패킹이 존재하고 지금 이시간에도 수많은 관계자들이 패킹을 연구하고 있지만 아직도 이상형 패킹은 존재하고 있지 않다.

왜냐하면 한 종류의 패킹으로 여러 조건을 만족시키지 못하기 때문이다.

그래서 수많은 종류의 패킹이 개발되고 존재하는 것이다.

따라서 유압용 패킹은 적용 조건에 만족하고 이미 개발되어 있는 패킹으로 적용한다는 전제 조건으로 적용해야 한다.

만약 아래 조건을 전부 만족한다면 이상형 패킹이 될 것이다.

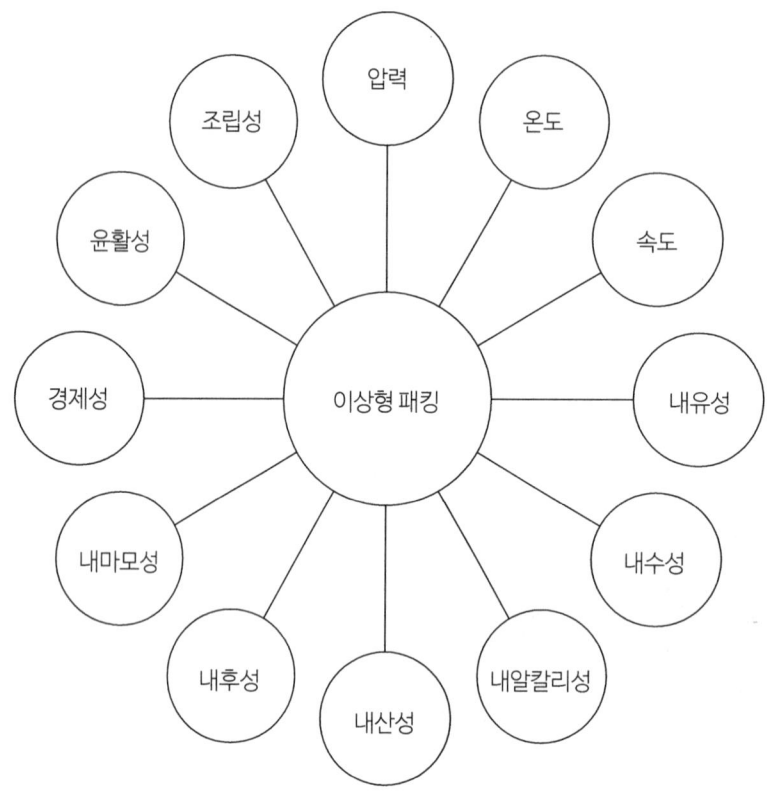

저압부터 초고압에도 적용 가능하고, 저온부터 고온까지 사용 가능하고, 저속부터 고속에도 적용 가능하고, 심한 충격 진동에도 사용상 무리가 없고, 특수한 기름이나 산성, 알칼리, 내수성에도 적용 가능하고, 한번 장착하면 수십년 마모 없이 사용 가능하고, 윤활성도 타월하고, 패킹홈 가공이나 장착도 쉽게 되고 즉시 구매 가능하고 가격도 아주 저렴하고 한번 장착하면 기름 한방울도 누유 없는 패킹이라면 이상형일 것이다.

2 유압실린더의 패킹 선정

1) 피스톤 전용 패킹

NOK 표준 패킹 기준

종류	피스톤 전용 패킹									
분류	U				S					L
형식	ODI	OSI	OUIS	OUHR	SPG	SPGW	SPGO	SPGC	SPGI	CPI
형상										
압력 kgf/cm²	300~700	300~420	300~420	140~210	350	500	350	20	210	70
온도 (℃)	-35~100	-30~100	-10~110	-55~80	-40~100, 160	-40~100, 120	-30~100, 160	-30~100, 160	-40~80	-35~100
속도 (m/s)	0.03~0.5	0.03~0.5	0.03~0.5	0.008~1.0	0.005~1.5	0.005~1.5	0.005~1.5	0.005~1.5	0.03~1.0	0.01~0.3
스트로크	스트로크 2000 이하									
장착공간	중	소	소	소	소	소	극소	극소	소	중
습동저항	중	중	소	소	극소	극소	극소	극소	소	소
일체홈장착성	불가	가	가	가	가	가	가	가	가	불가

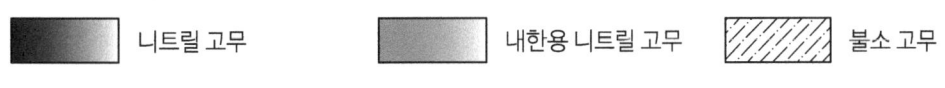

니트릴 고무 / 내한용 니트릴 고무 / 불소 고무 / 폴리우레탄 고무 / 내열 폴리우레탄 고무

2) 로드 전용 패킹, 피스톤 로드 양용 패킹

NOK 표준 패킹 기준

종류	로드 전용 패킹						피스톤 로드 양용 패킹					
분류	U				S		U				V	
형식	IDI	ISI	IUH	UNI	SPNO	SPN	UPI	USI	UPH	USH	V(포입)	V(고무)
형상												
압력 kgf/cm	700 / 300	420 / 300	210 / 140	420 / 300	350	350	350 / 210	210	320 / 150	210 / 140	300 (5장) / 160 (4장) / 40 (3장)	300 (5장) / 80 (4장) / 40 (3장)
온도 (℃)	100 / −35	100, 110 / −30	80 / −55, −10	100 / −45	100, 160 / −30, −20	100, 160 / −40, −20	100 / −35	80 / −35	100, 150 / −25, −10	100, 150 / −55, −25, −10	100, 180 / −25, −20	100, 150 / −25, −10
속도 (m/s)	1.0 / 0.03	1.0 / 0.03	1.0 / 0.008	1.0 / 0.03	1.5 / 0.005	1.5 / 0.005	1.0 로드용 / 0.5 피스톤용 / 0.03	1.0 / 0.03	1.0 / 0.008	1.0 / 0.008	1.0 / 0.05	0.5 / 0.05
스트로크	스트로크 2000 이하											
장착공간	중	소	소	중	소	중	중	소	중	소	대	대
습동저항	중	중	소	중	극소	극소	극소	소	중	소	대	대
일체홈장착성	불가	가	가	불가	가	가	불가	가	불가	가	불가	불가

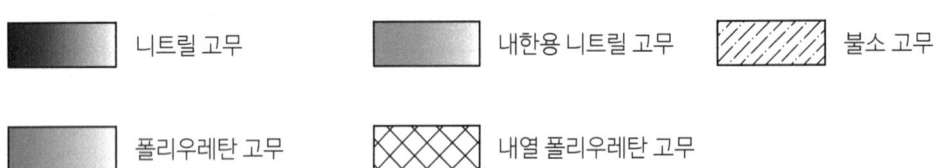

■ 니트릴 고무　■ 내한용 니트릴 고무　▨ 불소 고무　■ 폴리우레탄 고무　▩ 내열 폴리우레탄 고무

3 Packing의 종류 및 특징

1) Piston 전용 Packing

그림	항목	내용	항목	내용	특징
+Back Up Ring	재료	우레탄	압력	70 Mpa	우레탄 재료를 사용해 뛰어난 내마모성을 유지 폭넓은 압력범위에 사용되고 있다.
	경도	94	온도	−35~+100℃	
	적용유체	일반 석유계 작동유	속도	0.03~0.5m/s	
일체홈 +Back Up Ring	재료	우레탄	압력	42 Mpa	소단면화한 Packing으로 일체형의 동체홈에 장착할 수 있다.
	경도	94	온도	−30~+100℃	
	적용유체	일반 석유계 작동유	속도	0.03~0.5m/s	
+Back Up Ring	재료	N.B.R	압력	21 Mpa	소단면화한 Packing으로 일체형의 동체홈에 장착할 수 있다. 저온Seal 피스톤전용 패킹
	경도	85	온도	−55~+80℃	
	적용유체	일반 석유계 작동유 저온용 석유계 작동유	속도	0.008~1m/s	
	재료	Teflon+Bronze Combined With N.B.R	압력	35 Mpa	부착 공간이 작아 Long Stroke에 적합하다. 주동면이 Teflon으로 Stick-Slip의 발생이 없다. 테프론링과 고무링 결합
	경도		온도	−40~+100℃ −20~+160℃	
	적용유체	일반 석유계 작동유 저온용 석유계 작동유	속도	0.005~1.5m/s	
	재료	Teflon+Bronze Combined With N.B.R Combined With Nylon Resin	압력	50 Mpa	부착 공간이 작아 Long Stroke에 적합하다. 복합 외어링 Stick-Slip의 발생이 없다. 고속, 고압에 적용
	경도		온도	−40~+100℃ −20~+120℃	
	적용유체	일반 석유계 작동유 물, 그리콜린계 작동유	속도	0.005~1.5m/s	
	재료	N.B.R+Polyacetal +Nylon Resin	압력	30 Mpa	Piston 재질의 자유로운 선택으로 온도의 조건과 압력의 조건을 만족시킨다. Main Seal의 뒤틀림 방지 고속, 고압에 적용
	경도		온도	−54~+100℃	
	적용유체	일반 석유계 작동유 물, 그리콜린계 작동유	속도	0.005~1m/s	
	재료	Teflon+Bronze Combined With N.B.R	압력	35 Mpa	부착 공간이 작아 Long Stroke에 적합하다. 둘레의 저항이 작아 Stick-Slip의 발생이 없다. 저압~고압까지 폭 넓게 적용
	경도		온도	−30~+100℃ −20~+160℃	
	적용유체	일반 석유계 작동유 물, 그리콜린계 작동유	속도	0.005~1.5m/s	

2) Rod 전용 Packing

	재료	우레탄	압력	70Mpa	우레탄 재료를 사용해 뛰어난 내마모성을 유지 피스톤, 로드 양용으로 적용되고 있다.
+Back Up Ring	경도	94	온도	−35~+100℃	
	적용유체	일반 석유계 작동유	속도	0.03~1m/s	
	재료	우레탄	압력	42Mpa	소단면화 한 Packing으로 일체형의 동체홈에 장착할 수 있다.
+Back Up Ring	경도	94	온도	−30~+100℃	
	적용유체	일반 석유계 작동유	속도	0.03~1m/s	
	재료	N.B.R(내한용)	압력	21Mpa(N.B.R) 14Mpa(내한용)	소단면화 한 Packing으로 일체형의 동체홈에 장착할 수 있다. 저온Seal 로드전용 패킹
+Back Up Ring	경도	85	온도	−55~+80℃(내한용) −25~+100℃(N.B.R)	
	적용유체	일반 석유계 작동유 저온용 석유계 작동유	속도	0.008~1m/s	
	재료	Teflon+Bronze Combined With N.B.R	압력	80Mpa	부착 공간이 작아 Long Stroke에 적합하다. 저온, 고온, 고압, 고속에 적합 Stick-Slip의 발생이 없다. 고 충격System에 적용
	경도		온도	−54~+200℃(Viton) −20~+160℃(N.B.R)	
Step Seal	적용유체	일반 석유계 작동유 난연성 작동유	속도	0.005~1.5m/s	
	재료	Teflon+Bronze Combined With N.B.R	압력	30Mpa(회전용) 600Mpa(고정용)	마찰계수가 작아 저속 회전체에 적합하다. 내, 외부 Seal의 완벽한 균형 Stick-Slip의 발생이 없다. 대형 회전체 적용가능
	경도		온도	−54~+200℃(Viton)	
Glyd Ring	적용유체	일반 석유계 작동유 물,그리콜린계 작동유	속도	0.005~1m/s	
	재료	Urethane+(Conbind With) Silicon Rubber	압력	42Mpa 30Mpa	저온 고압용 우라탄 재질을 사용해, 부하링에 저온성이 뛰어난 O-Ring을 사용 저온시 수축력 감소를 방지한다.
	경도		온도	−45~+100℃	
	적용유체	일반 석유계 작동유 저온 석유계 작동유	속도	0.03~1m/s	
	재료	Urethane	압력	40Mpa	부착 공간이 작아 Long Stroke에 적합하다. 내마모성이 매우 강하다. 갑작스런 부하에 뛰어나다. 저압~고압까지 폭 넓게 적용
	경도	94	온도	−30~+105℃	
	적용유체	일반 석유계 작동유 난연성 작동유	속도	0.005~0.5m/s	

3) Piston Rod 양용 Packing

	재료	우레탄		압력	35MPa		우레탄 재료를 사용해 뛰어난 내마모성을 유지. 폭넓은 압력범위에 사용되고 있다.
+Back Up Ring	경도	94		온도	-35~+100℃		
	적용유체	일반 석유계 작동유		속도	0.03~1m/s		
	재료	우레탄		압력	21Mpa		소단면화 한 Packing으로 일체형의 동체홈에 장착할 수 있다. 피스톤, 로드 양용으로 적용되고 있다.
+Back Up Ring	경도	94		온도	-30~+80℃		
	적용유체	일반 석유계 작동유		속도	0.03~1m/s		
	재료	N.B.R(내한용)		압력	21Mpa(N,B,R) 14Mpa(내한용)		소단면화 한 Packing으로 일체형의 동체홈에 장착할 수 있다. 저온Seal 전용 패킹
+Back Up Ring	경도	85		온도	-55~+80℃(내한용) -25~+100℃(N,B,R)		
	적용유체	일반 석유계 작동유 저온용 석유계 작동유		속도	0.008~1m/s		
	재료	N.B.R Viton		압력	40Mpa		부착 공간이 작아 Long Stroke에 적합하다 저온, 고온, 고압, 고속에 적합 Stick-Slip의 발생이 없다. 고 충격System에 적용
X-Ring	경도	N.B.R	90	온도	-54~+200℃(Viton) -20~+160℃(N,B,R)		
		Viton	90, 80				
	적용유체	일반 석유계 작동유 난연성 작동유		속도	0.05~0.5m/s		
	재료	N.B.R Viton		압력	30Mpa		O-Ring은 마찰계수가 큰 약점이 있지만 다방면으로 광범위하게 적용되는 유압에 가장 많이 쓰여지고 있는 Seal이다.
O-Ring	경도	N.B.R	90	온도	-54~+200℃(Viton) -20~+160℃(N,B,R)		
		Viton					
	적용유체	일반 석유계 작동유 물, 그리콜린계 작동유		속도	0.05~0.3m/s		
	재료	포입 N.B.R 포입 Vition		압력	5ea	30Mpa	사용압력에 부응해 여러 개의 Packing을 겹쳐사용 함으로 가혹한 조건에 사용. 포입Viton은 내열, 내약품성 사용시 더욱 효과적이다.
포입 V-Packing					4ea	16Mpa	
					3ea	4Mpa	
	경도	N.B.R	90	온도	-25~+100℃		
		Viton			-20~+180℃		
	적용유체	일반 석유계 작동유 난연성 작동유		속도	0.05~1.0m/s		
	재료	포입 N.B.R 포입 Viton		압력	5ea	30Mpa	V-Packing은 여러 개를 겹치고 패킹그랜드의 조임에 따라 밀봉효과가 변화하는 약점을 가지고 있다. 따라서 주의가 요구된다.
고무 V-Packing					4ea	8Mpa	
					3ea	4Mpa	
	경도	N.B.R	90	온도	-25~+100℃		
		Viton	90, 80		-10~+150℃		
	적용유체	일반 석유계 작동유 난연성 작동유		속도	0.05~0.5m/s		

4) Dust Seal

재료	우레탄		내 Dust성	○	Double Lip의 Urethane 몸체. Dust및 기름 누출 방지에 뛰어나다. 일체홈 장착 가능.
			내부기름 누출성	적음	
경도	−35〜+100℃		Stopper 필요성	불필요	
적용유체	일반 석유계 작동유		일체홈 장착성	가능	
재료	N,B,R		내 Dust성	○	재질에 따라 내한,고온용에 적합하다. Dust및 기름 누출 방지에 뛰어나다. 일체홈 장착 가능.
	내한용 N,B,R				
	불소고무		내부기름 누출성	적음	
경도	N,B,R	−20〜+100℃			
	내한용 N,B,R	−55〜+80℃	Stopper 필요성	불필요	
	불소고무	−10〜+150℃			
적용유체	일반 석유계 작동유 물, 그리콜린계		일체홈 장착성	가능	
재료	우레탄		내 Dust성	◎	가벼운 회전과 상하운동에서 작동에 영향을 받지 않는다. 왕복 운동에 적용되는 Rod와 Flange에 적합하다.
			내부기름 누출성	적음	
경도	−35〜+100℃		Stopper 필요성	불필요	
적용유체	일반 석유계 작동유		일체홈 장착성	가능	
재료	우레탄+(접착경화시킨) 외주금속링		내 Dust성	○	내부로부터 오일막 긁어냄 방지와 Double Lip구조로 외부의 Dust 방지에 적용한다.
			내부기름 누출성	극소	
경도	−55〜+100℃		Stopper 필요성	필요	
적용유체	일반 석유계 작동유		일체홈 장착성	불가	
재료	우레탄+(접착경화시킨) 외주금속링		내 Dust성	○	건설기계와 같은 가혹한 조건에 적합한 구조로 외부의 Dust 진입을 막아주는데 탁월한 효과가 있다. 조립시 방향 주의.
			내부기름 누출성	적음	
경도	−55〜+100℃		Stopper 필요성	필요	
적용유체	일반 석유계 작동유		일체홈 장착성	불가	
재료	N,B,R		내 Dust성	○	주로 N,B,R 또는 내열용, 내한용 재질을 사용하며 내부의 기름막을 긁어내고 온도에 따라 사용하는데 적합하다.
	내한용 N,B,R				
	불소고무		내부기름 누출성	극소	
경도	N,B,R	−20〜+100℃			
	내한용 N,B,R	−55〜+80℃	Stopper 필요성	필요	
	불소고무	−20〜+150℃			
적용유체	일반 석유계 작동유 난연성 작동유		일체홈 장착성	불가	
재료	N,B,R		내 Dust성	○	주로 N,B,R 또는 내열용, 내한용 재질을 사용하며 직경이 큰 SIZE에 적합하다. 온도에 따라 사용하는데 적합하다.
	내한용 N,B,R				
	불소고무		내부기름 누출성	적음	
경도	N,B,R	−20〜+100℃			
	내한용 N,B,R	−55〜+80℃	Stopper 필요성	불필요	
	불소고무	−10〜+150℃			
적용유체	일반 석유계 작동유 난연성 작동유		일체홈 장착성	불가	

4 피스톤 전용 패킹

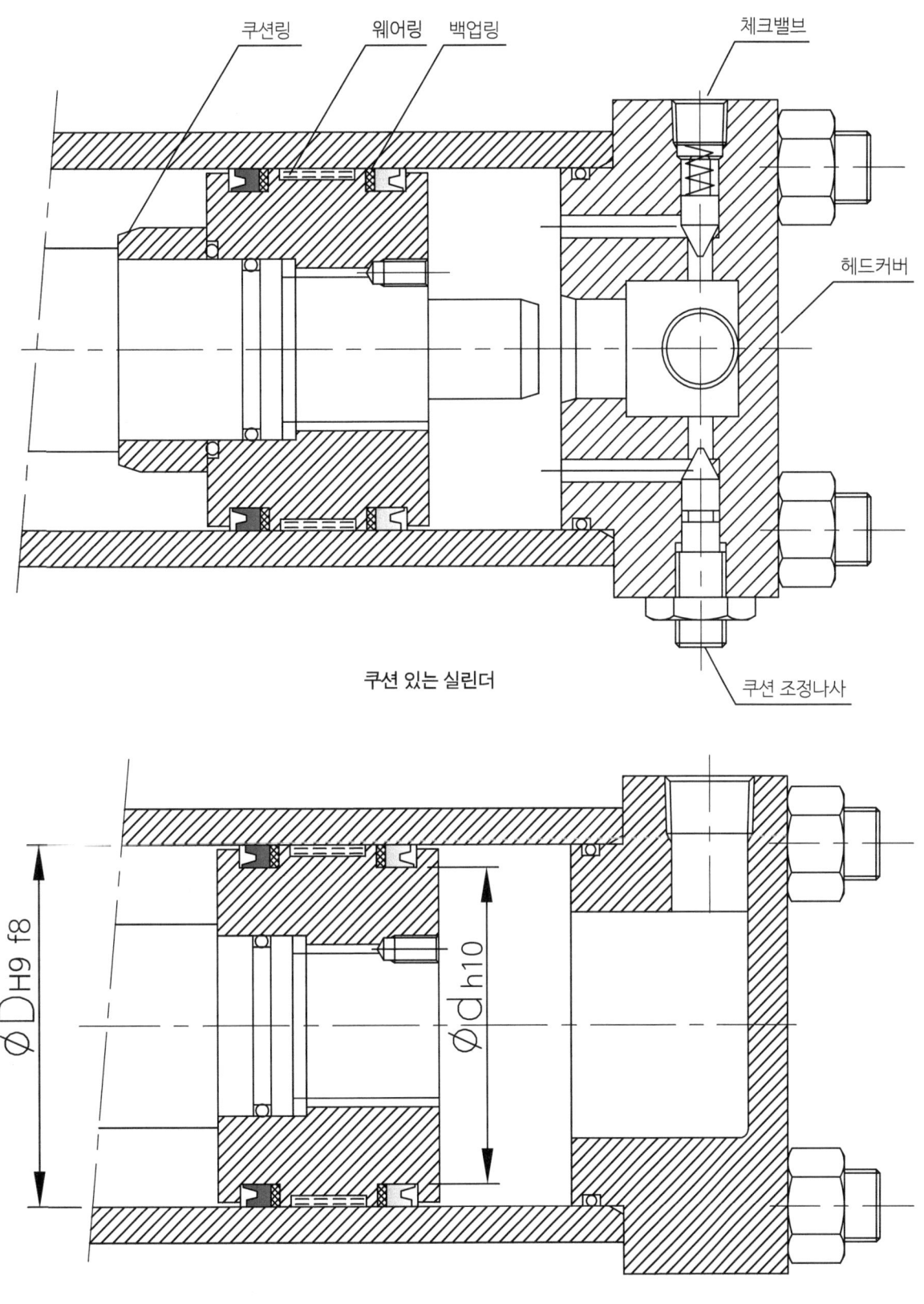

쿠션 있는 실린더

쿠션 없는 실린더

1) 피스톤 전용 U Packing(강력형)

피스톤 전용 U Packing은 일반적으로 유압실린더 피스톤 패킹으로 가장 무난하게 많이 사용되고 있다.

피스톤과 실린더튜브와의 공차에 따라 최고 사용압력을 고압으로 사용할 수 있으며 이송 속도도 고속으로 사용할 수 있다. 고온에서 사용은 한계가 있다.

고압 전용으로 제작되어 있어 홈 일체형으로 조립할 수 없으며 반드시 피스톤과 링으로 분리시키는 구조로 설계해야 하며 피스톤을 Steel로 설계할 시는 반드시 Back Up Ring과 함께 사용해야 한다.

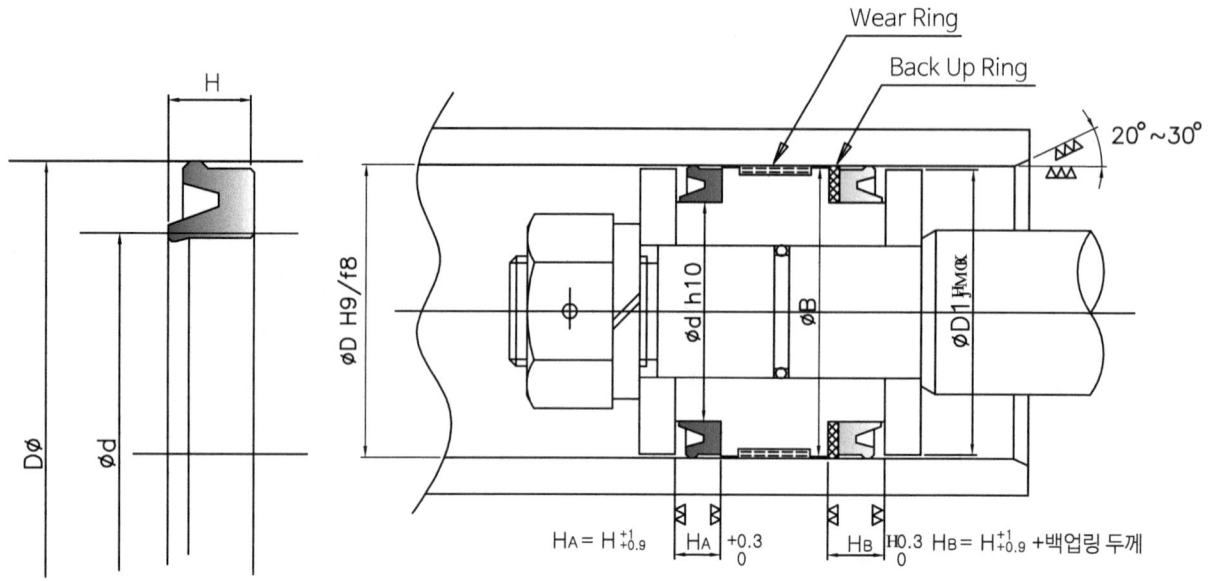

최고사용압력	700 kgf/cm²
최고사용온도	-35℃+100℃
최대이송속도	500 mm/sec

최고 사용 압력	140 kgf/cm²	210 kgf/cm²	350 kgf/cm²
백업링 재료	19YF (테프론)		
ØB 치수	ØB≥ØD-1.0	ØB≥ØD-0.5	ØB≥ØD-0.2

최고 사용 압력	350 kgf/cm²	420 kgf/cm²	700 kgf/cm²
백업링 재료	80NP (특수 합성 수지)		
ØB 치수	ØB≥ØD-0.8	ØB≥ØD-0.4	ØB≥ØD-0.2

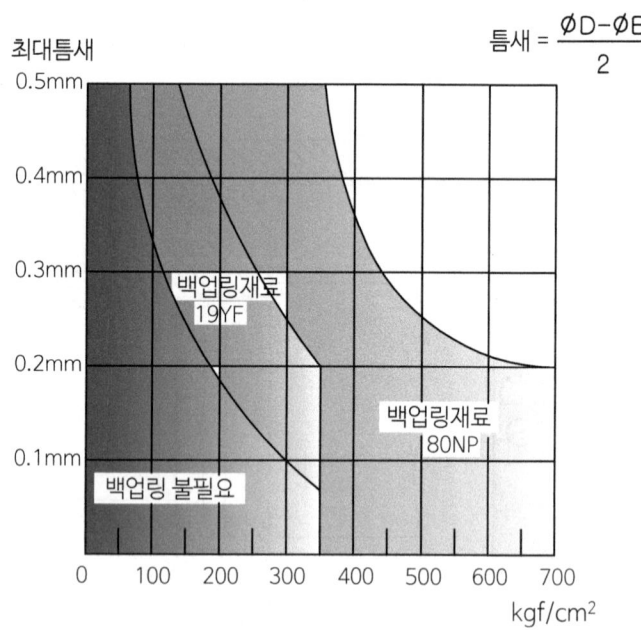

Packing Heel 내경이 피스톤의 홈 내경보다 작게 만들어져 피스톤에 조립하면 Packing 내경쪽은 밀착되고 Packing 외측 Heel은 적당히 밀착되어 내압에 견디면서 탄성이 생기며 습동 저항이 적고 기밀 유지가 잘되고 내구성도 좋다.

2) 피스톤 전용 U Packing(홈 일체형)

홈 일체형 피스톤 전용 U Packing은 피스톤 제작이 간편하고 장착 공간이 적어 Backing Ring을 적용하면 고압용으로 많이 사용되고 있다.

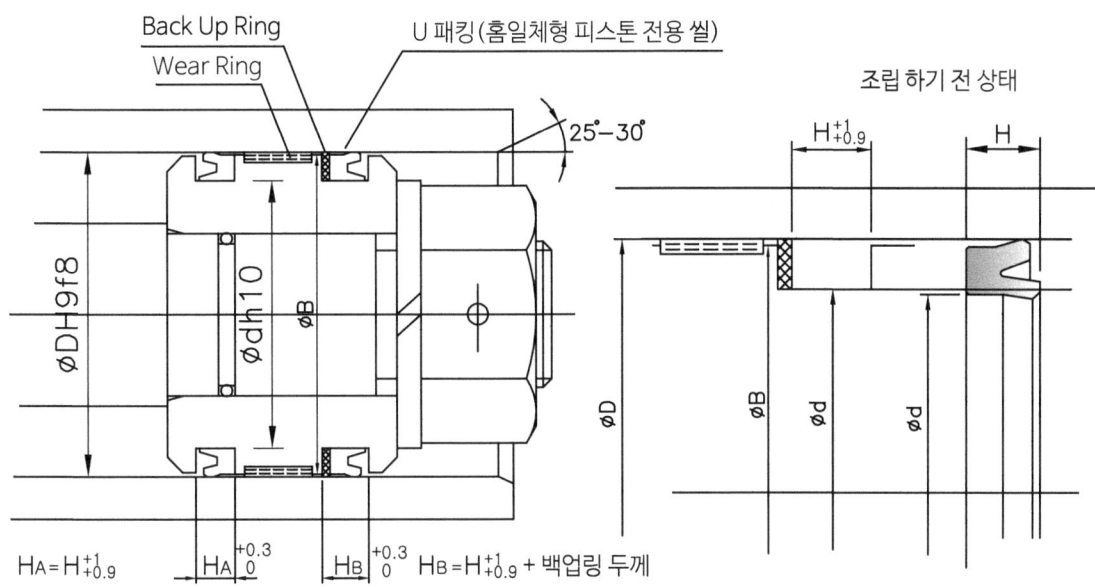

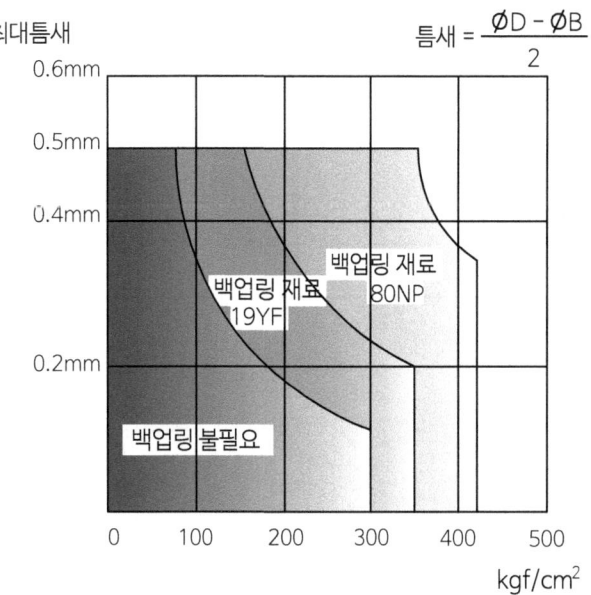

최고사용압력	350355 kgf/cm²
최고사용온도	-30℃+100℃
최대이송속도	500mm/sec

최고 사용 압력	140 kgf/cm²	210 kgf/cm²	350 kgf/cm²
백업링 재료	19YF (테프론)		
ØB 치수	ØB≧ØD-1.0	ØB≧ØD-0.5	ØB≧ØD-0.2

최고 사용 압력	350 kgf/cm²	420 kgf/cm²
백업링 재료	80NP (합성 수지)	
ØB 치수	ØB≧ØD-0.8	ØB≧ØD-0.4

3) 피스톤 전용 씰

U-Packing으로는 도저히 최고 사용온도나 최대 이송속도를 만족시키지 못할 때 사용한다.

피스톤과 실린더튜브와의 공차에 따라 최고 사용압력이 고압으로 사용할 수 있으며 이송 속도도 고속으로 사용할 수 있다.

최고사용압력	350kgf/cm²	유압작동유, 물, 기타작동유
최고사용온도	-35℃+205℃	사용가능
최대이송속도	1.5m/sec	O Ring 재질에 따라

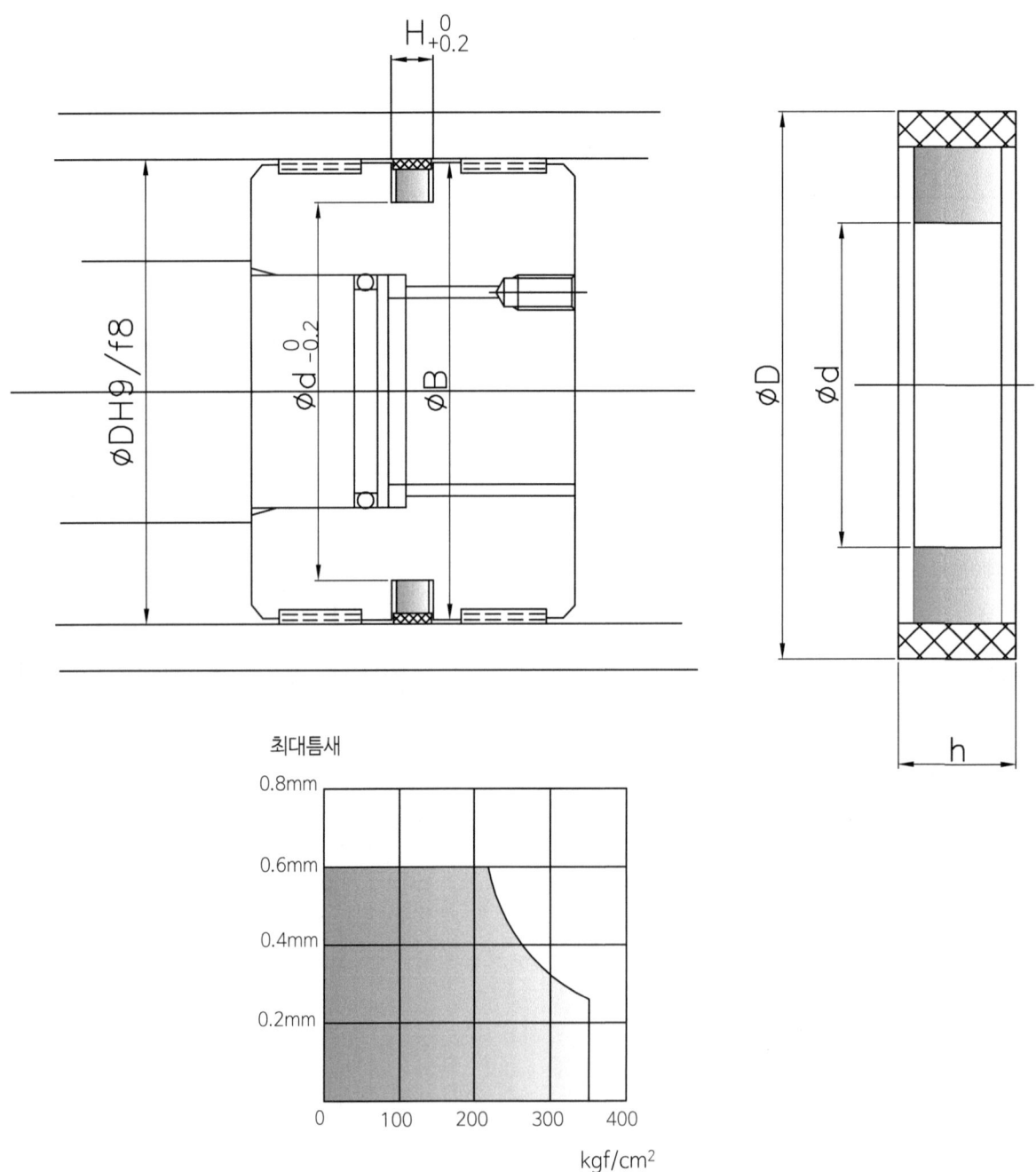

최고사용압력	500 kgf/cm²
최고사용온도	-20℃ + 120℃
최대이송속도	1.5 mm/sec

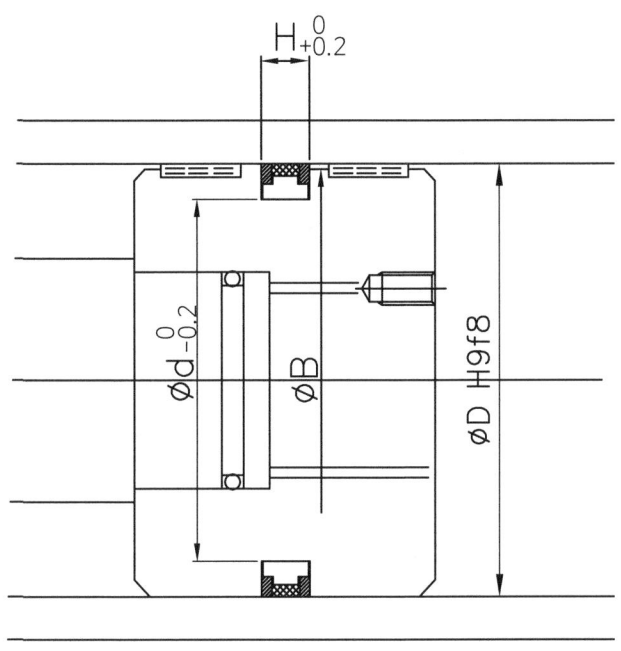
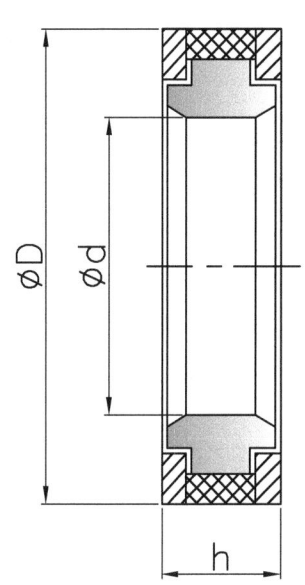
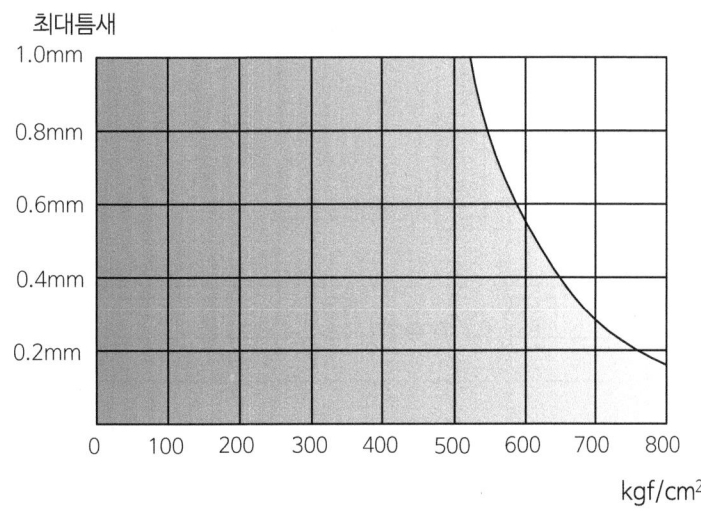

4) 그라이드링 적용 피스톤

최고사용압력	800kgf/cm²	유압작동유, 물, 기타작동유
최고사용온도	-54℃+205℃	사용가능
최대이송속도	500m/sec	O Ring 재질에 따라

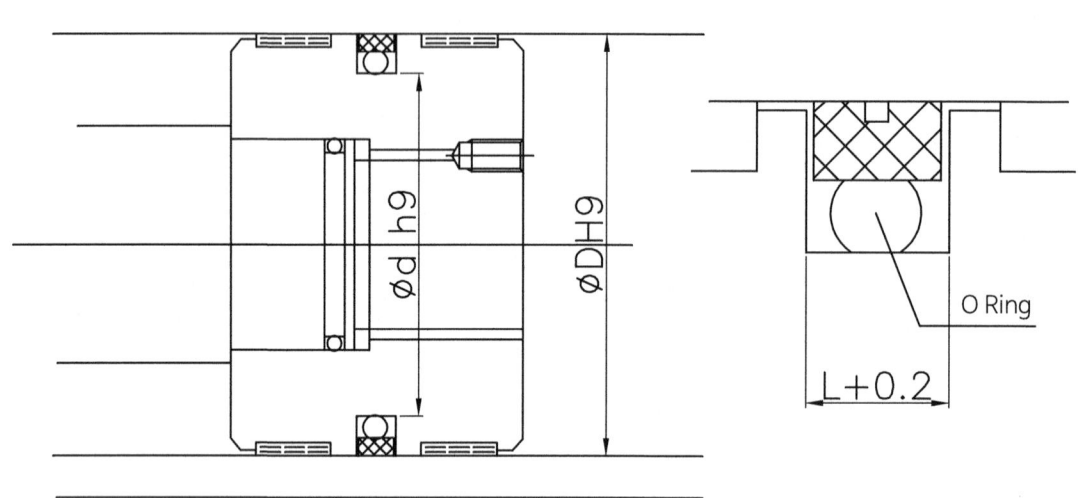

5) X링 적용 피스톤

최고사용압력	400kgf/cm²	유압작동유, 물, 기타작동유
최고사용온도	-54℃+205℃	사용가능
최대이송속도	500m/sec	O Ring 재질에 따라

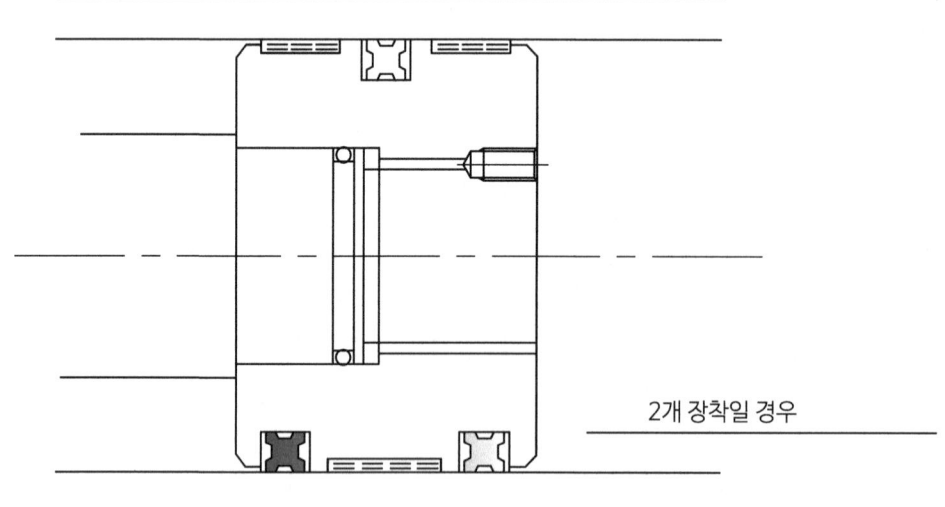

6) 컴팩트 씰 적용 피스톤

외어링, 백업링, 씰링이 1 Set로 조합되어 있어 간편하며 고속이송, 고압에 적합한 피스톤 씰이다.

최고사용압력	250 kgf/cm²
최고사용온도	-20℃ +120℃
최대이송속도	1.5 mm/sec

콤팩트씰을 적용하면 외어링을 하지 않는데 중 하중용일 경우 적용한다.

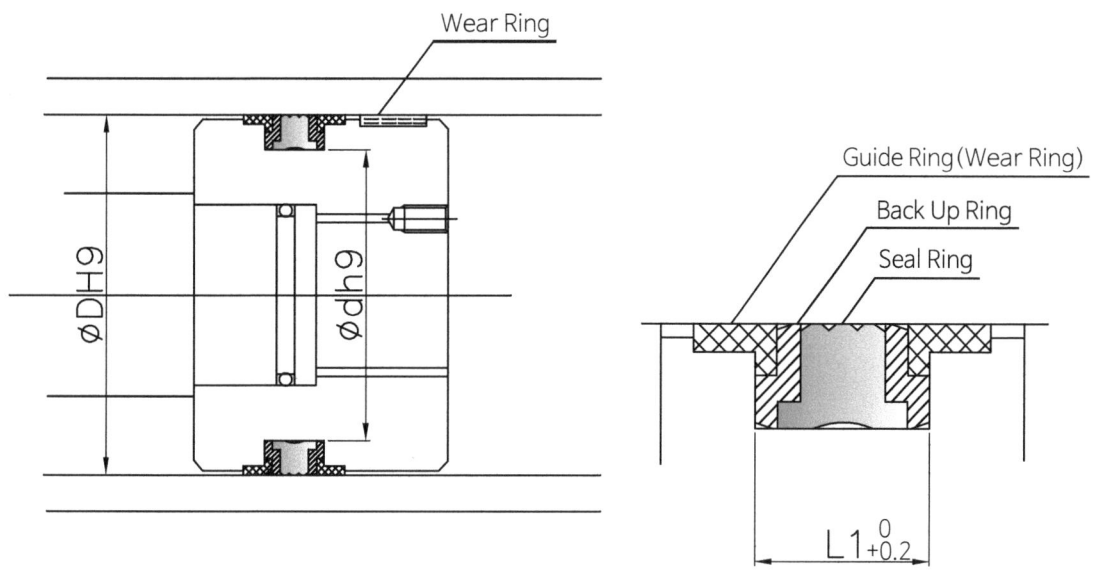

7) O-링 적용 피스톤

최고사용압력	350 kgf/cm²
최고사용온도	-30℃ +100℃
최대이송속도	300 mm/sec

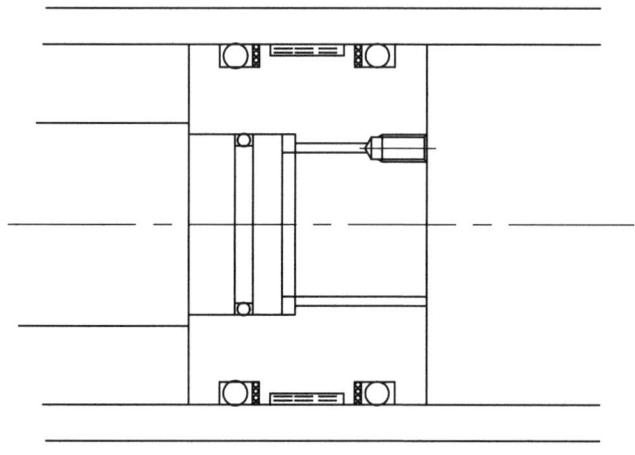

5 로드 전용 패킹

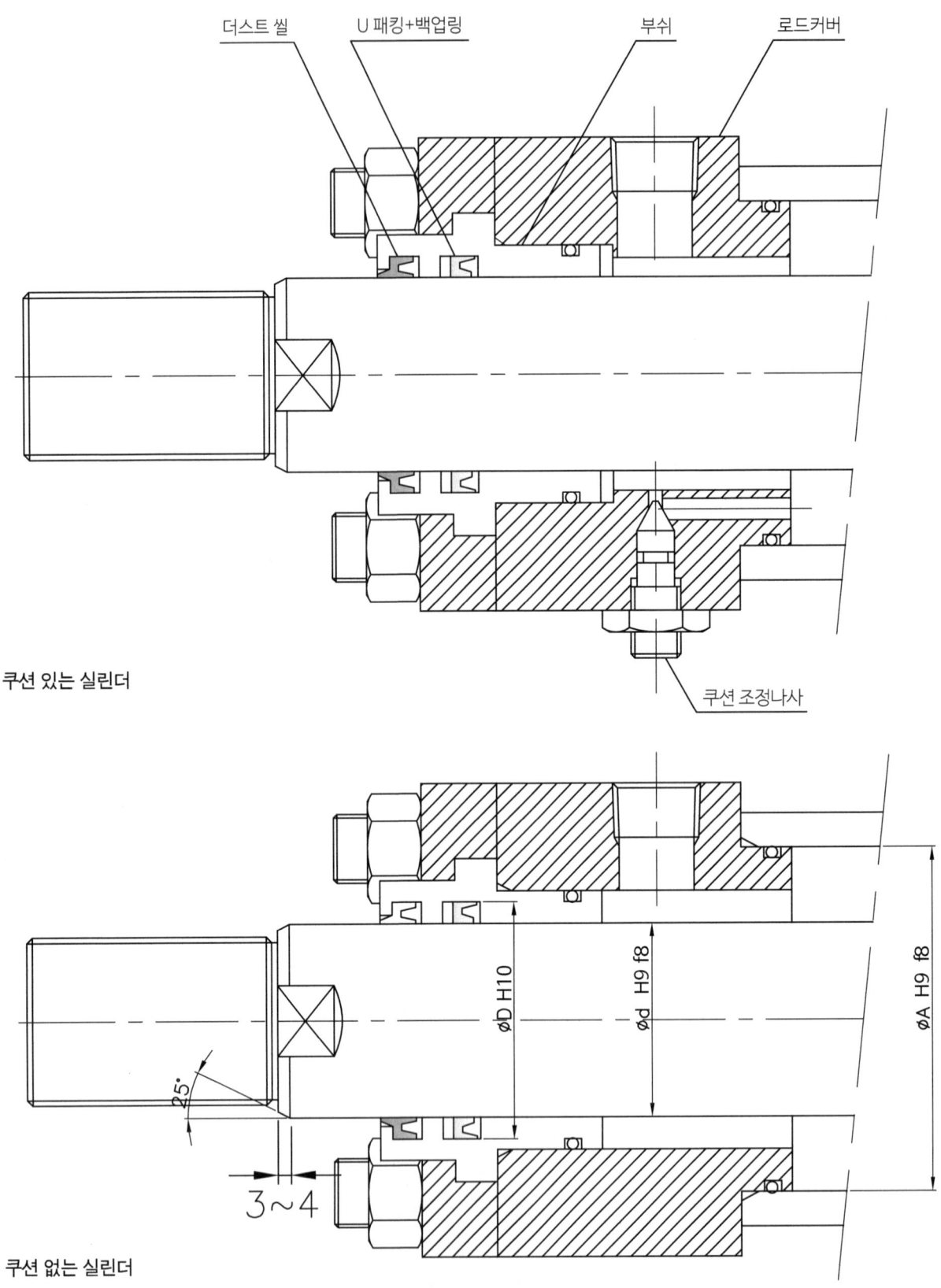

쿠션 있는 실린더

쿠션 없는 실린더

1) 유압실린더 로드측 공차와 틈새(U Packing 강력형 적용)

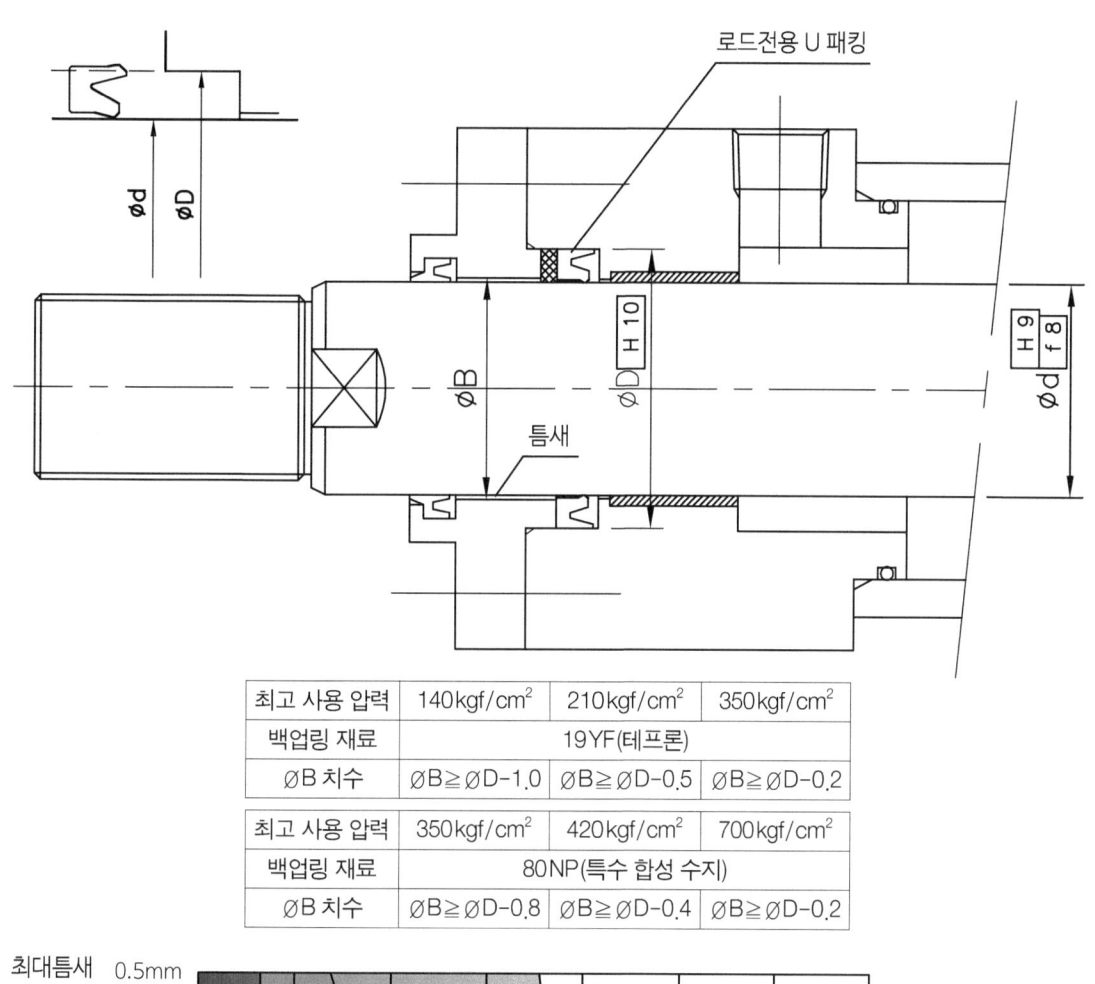

최고 사용 압력	140kgf/cm²	210kgf/cm²	350kgf/cm²
백업링 재료	19YF(테프론)		
ØB 치수	ØB≧ØD-1.0	ØB≧ØD-0.5	ØB≧ØD-0.2

최고 사용 압력	350kgf/cm²	420kgf/cm²	700kgf/cm²
백업링 재료	80NP(특수 합성 수지)		
ØB 치수	ØB≧ØD-0.8	ØB≧ØD-0.4	ØB≧ØD-0.2

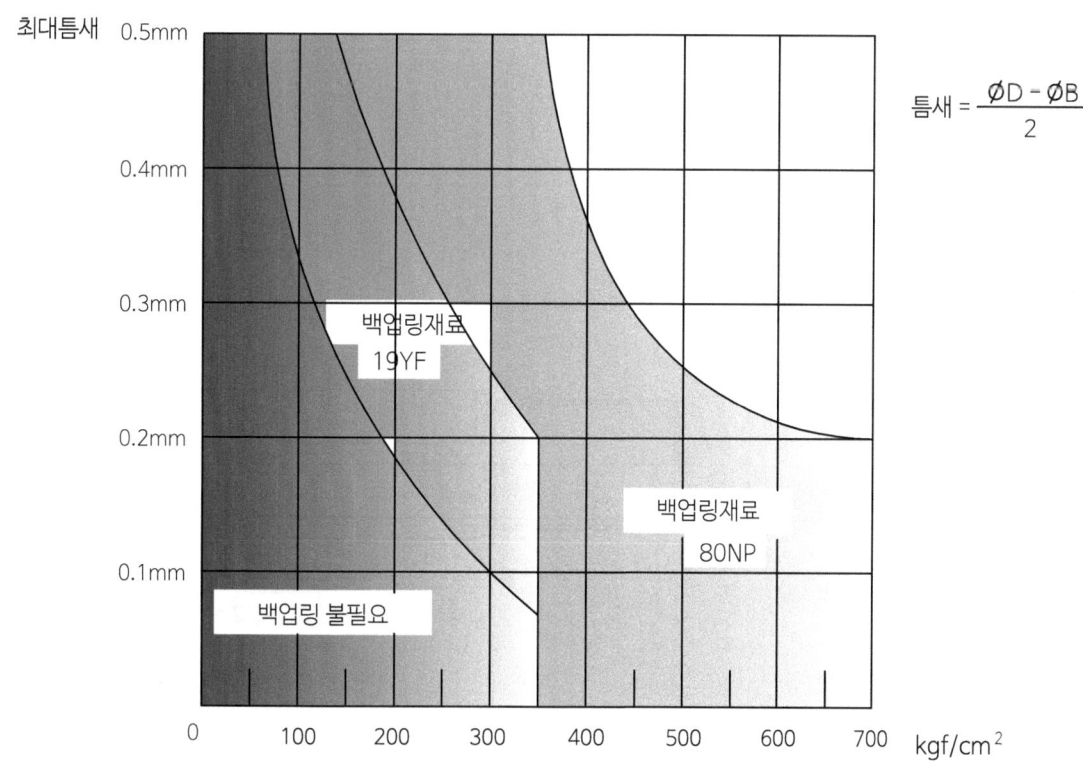

$$틈새 = \frac{ØD - ØB}{2}$$

2) 유압실린더 로드전용 U-패킹

로드 전용 U Packing(강력형)

로드 전용 U Packing은 일반적으로 유압실린더 로드 패킹으로 가장 무난하게 많이 사용되고 있다. 로드와 헤드커버의 틈새 공차에 따라 최고 사용 압력이 고압으로 사용할 수 있으며 이송 속도도 고속으로 사용할 수 있다.

최고사용압력	700kgf/cm²
최고사용온도	-35℃+100℃
최대이송속도	1mm/sec

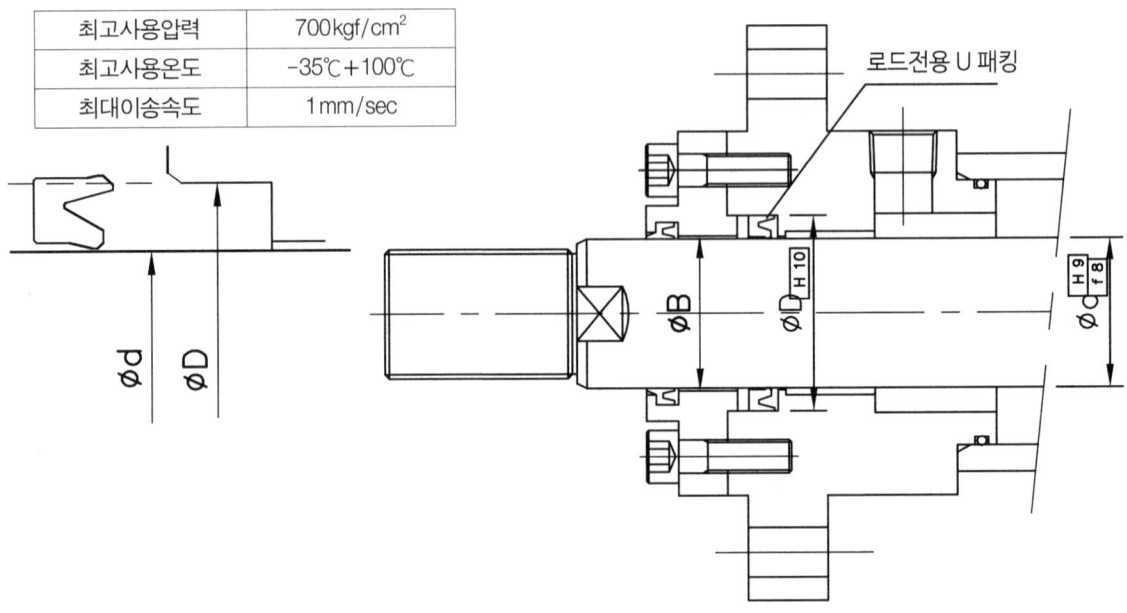

로드 전용 U Packing(홈 일체형)

홈 일체형 로드 전용 U Packing은 헤드커버 제작이 간편하고 장착 공간이 적어 일반적인 유압실린더에 거의 대다수가 적용하고 있다.

최고사용압력	350kgf/cm²
최고사용온도	-30℃+100℃
최대이송속도	1mm/sec

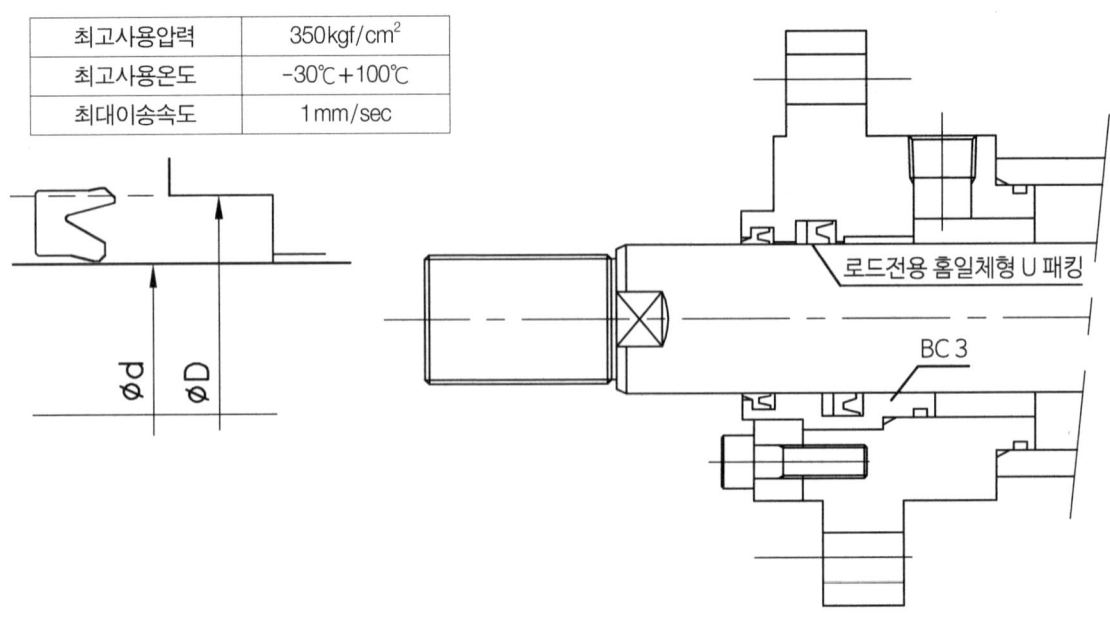

3) 유압실린더 로드측 공차와 틈새(U Packing 홈 일체형 적용)

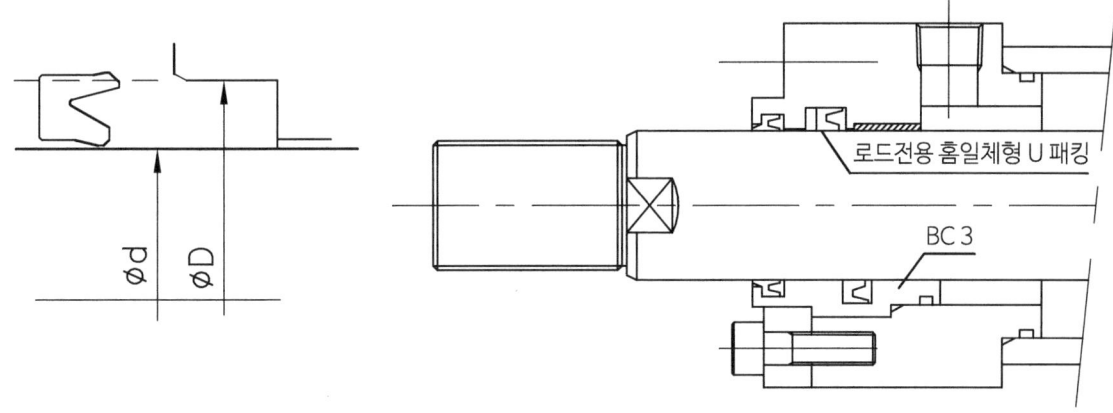

최고 사용 압력	140kgf/cm²	210kgf/cm²	350kgf/cm²
백업링 재료	19YF(테프론)		
ØB 치수	ØB≧ØD-1.0	ØB≧ØD-0.5	ØB≧ØD-0.2

최고 사용 압력	350kgf/cm²	420kgf/cm²
백업링 재료	80NP(특수 합성 수지)	
ØB 치수	ØB≧ØD-0.8	ØB≧ØD-0.4

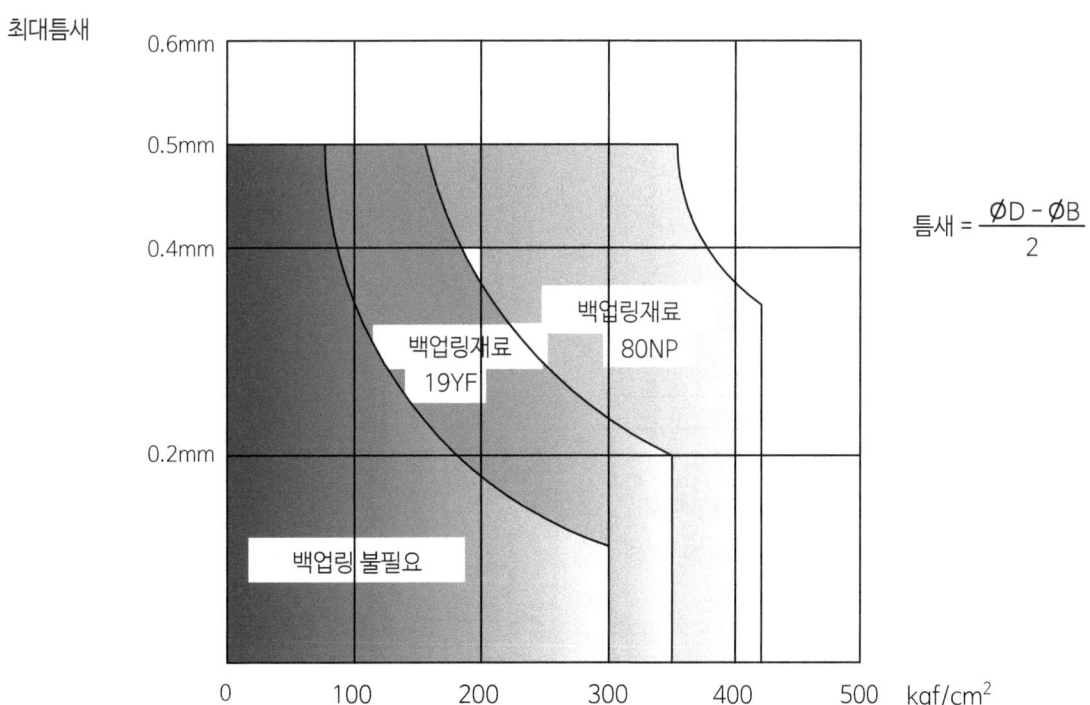

$$틈새 = \frac{ØD - ØB}{2}$$

6 피스톤, 로드 양용 패킹

1) 유압실린더 로드측 X링 적용

X Ring은 운동형 및 고정용으로 사용되고 있으며

운동용 : 왕복 Piston, Rod, Plunger, Shaft, Spindle 등 회전 및 나선형 Seal로 사용

고정용 : Bushing, Flange, Cover 등의 반경 방향 및 축방향용 Seal로 사용

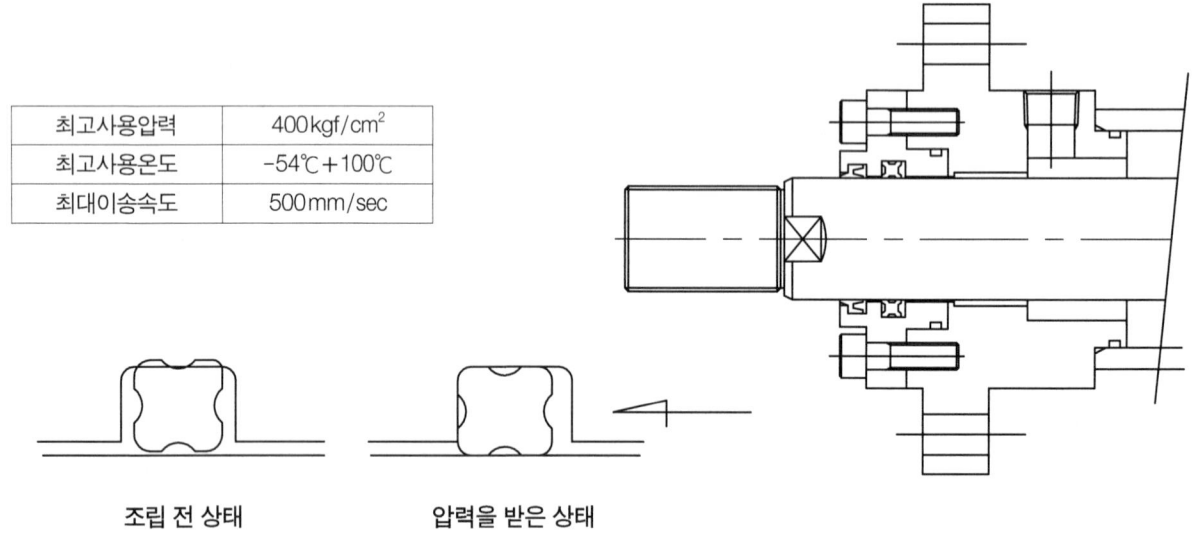

최고사용압력	400 kgf/cm^2
최고사용온도	-54℃ +100℃
최대이송속도	500 mm/sec

조립 전 상태 　　　 압력을 받은 상태

2) 유압실린더 로드측 V 패킹 적용

최고사용압력	350 kgf/cm^2
최고사용온도	-25℃ +100℃
최대이송속도	500 mm/sec

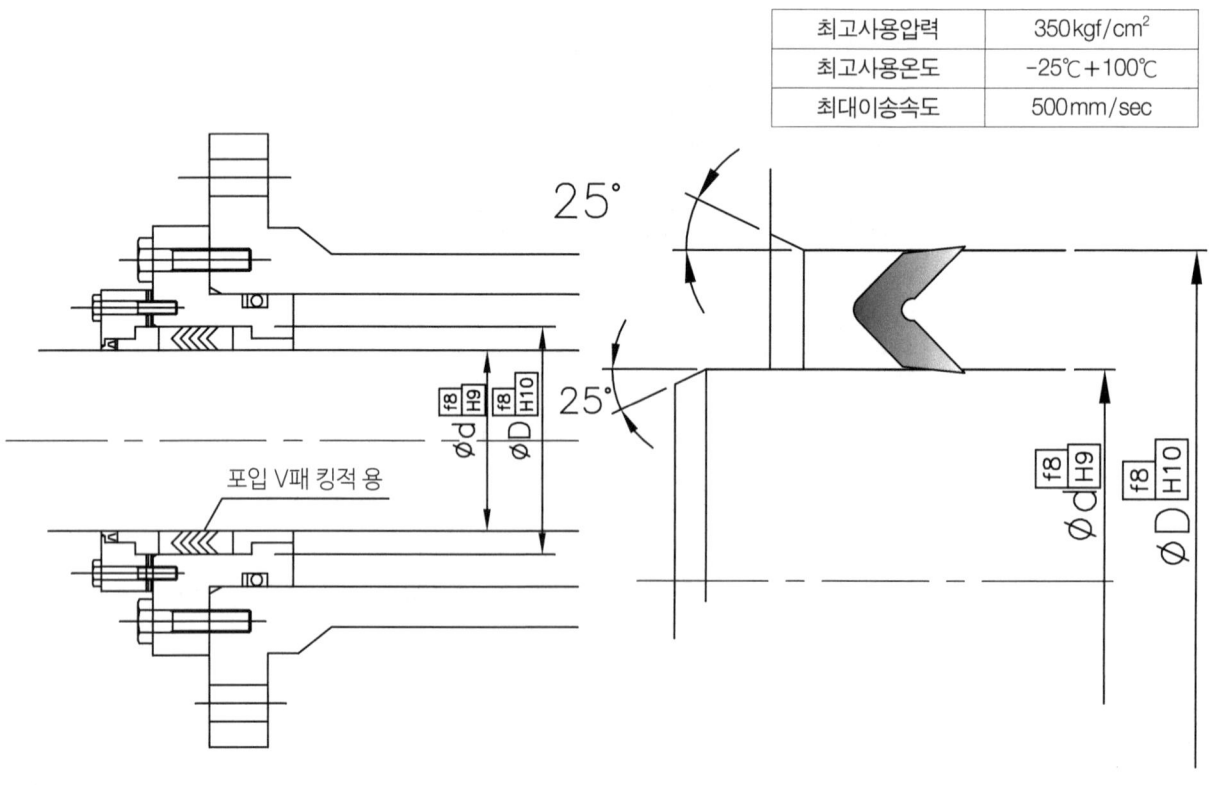

3) 피스톤, 로드 양용 패킹

최고사용압력	350kgf/cm²
최고사용온도	-20℃ +200℃
최대이송속도	300mm/sec

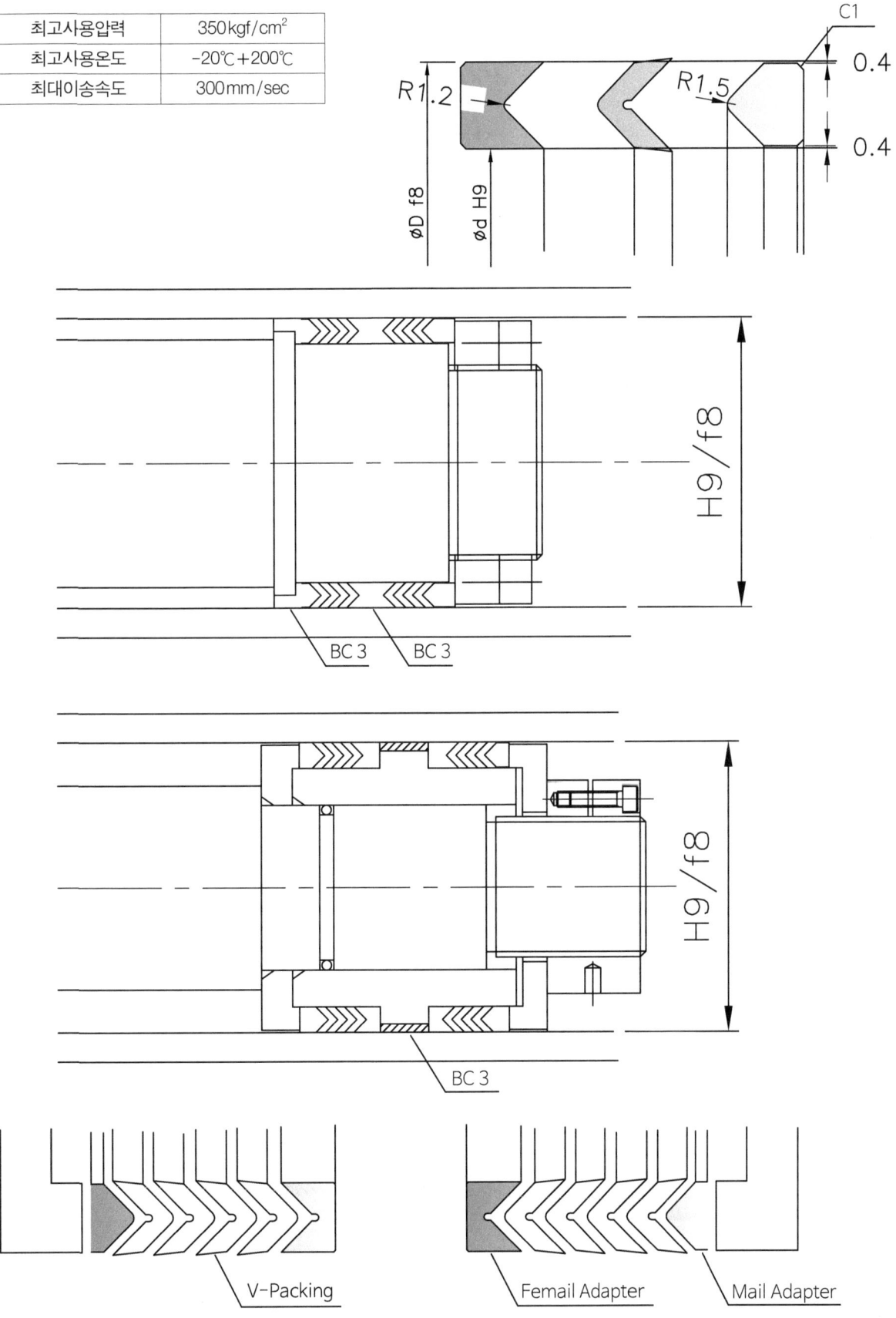

4) V 패킹과 어댑터, 슬리브, 패킹글랜더 설계 예

V 패킹 폭 20mm 적용 예

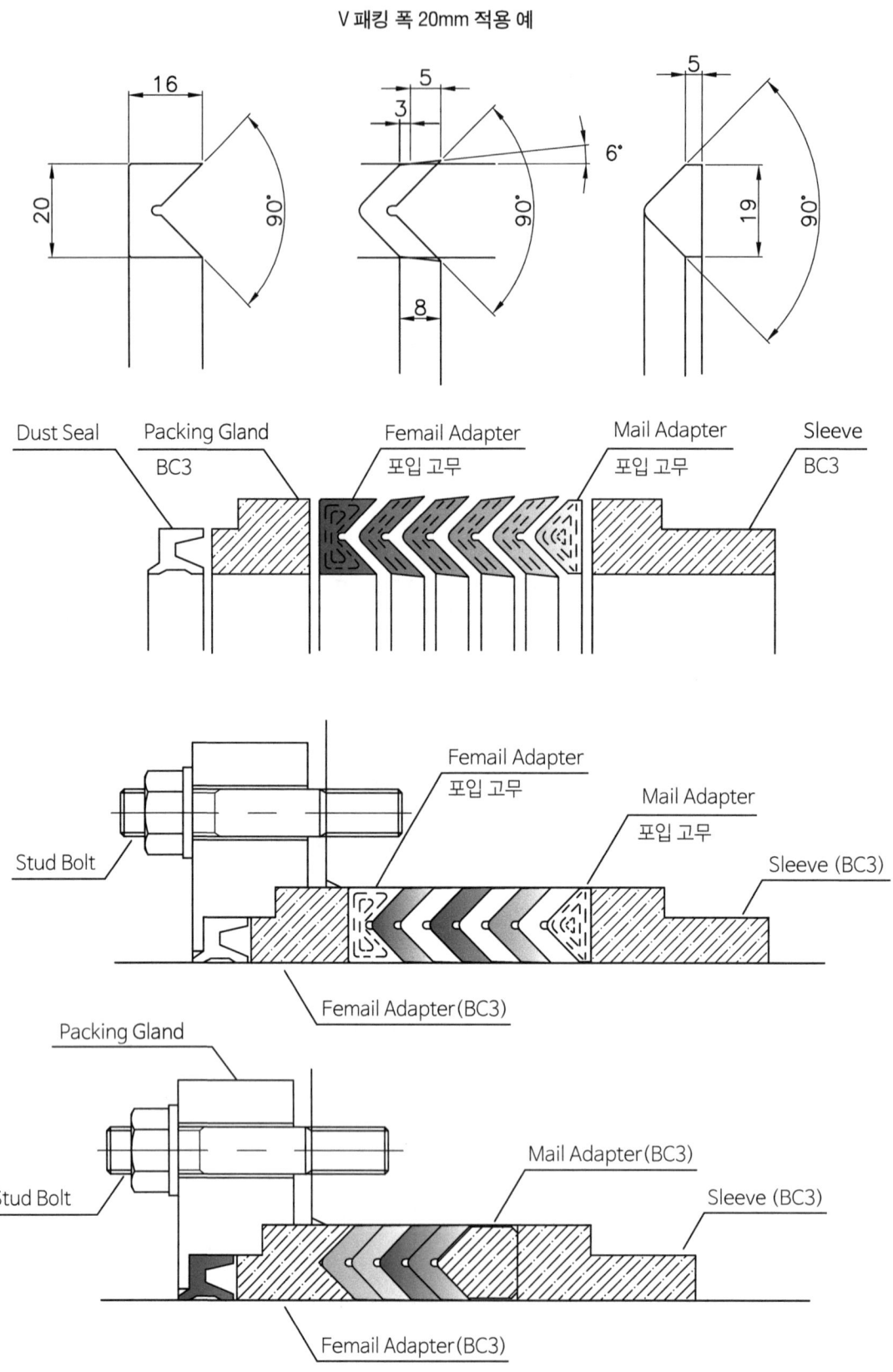

5) V 패킹의 종류와 특성

V-Packing의 특성

V-Packing은 사용 압력에 부응해 여러 개의 패킹을 겹쳐 사용함으로 가혹한 조건에 사용하며, 패킹그랜드의 조임에 따라 밀봉 효과가 변화하는 약점을 가지고 있다.

패킹의 재질에 따라 내열, 내마모, 내약품성에 부응하여 적용 가능하고, 이송 속도에 맞추어 적용한다.

종 류	특 성
니트릴 고무	포입 니트릴고무에 비하여 밀봉성은 우수하지만 습동저항이 많은 약점이 있고, 이송속도도 떨어진다.
포입 니트릴 고무	밀봉성은 다소 떨어지지만 가혹한 사용조건에 만족하며, 일정 수준의 온도와 이송속도에도 만족한다.
포입 불소고무(Viton)	고온 사용조건에 만족하며, 난연성 작동유에도 만족한다. 내유성과 내약품성에도 능력을 발휘한다.
테프론 합성수지	고속이송이 가능하며, 기밀성은 다소 떨어지는 약점이 있다. 내유성과 내약품성에도 능력을 발휘한다.

V-Packing의 적층의 예(밀봉성 보완)

최근 들어 포입 V-Packing의 품질 향상으로 포입 V-Packing 적용이 대세이지만 경우에 따라 니트릴 고무와 포입 니트릴 고무 패킹을 섞어서 적층하여 사용하는 경우의 예 이다.

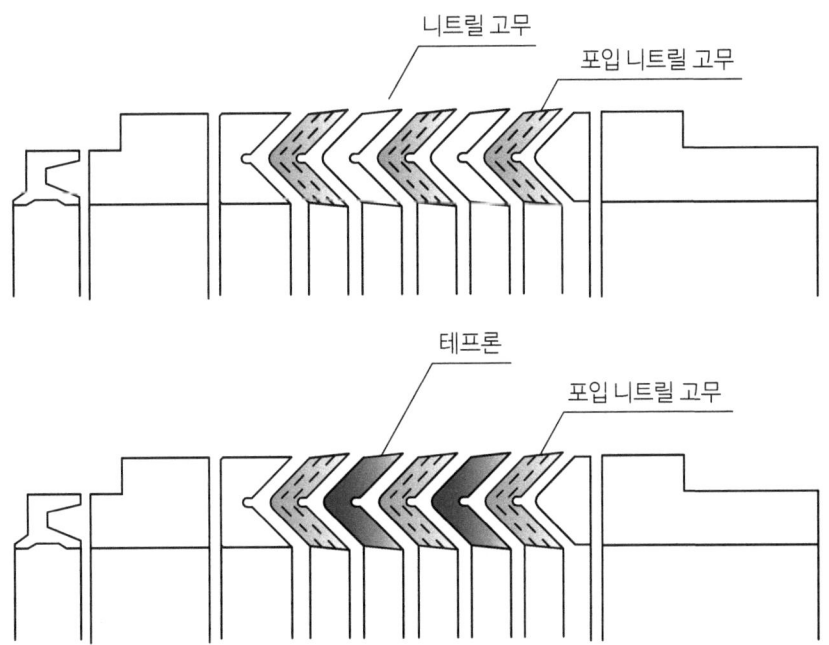

6) V 패킹과 어댑터, 슬리브, 패킹글랜더 조립

V-Packing의 조립은 패킹그랜드의 조임에 따라 밀봉성의 변화를 주는데 느슨하게 조이면 밀봉성이 떨어지고, 반대로 많이 조이면 밀봉성은 우수하나 엄청난 습동저항이 발생하여 시스템 전반에 걸쳐 무리가 따른다. 따라서 적당한 조임이 요구되는데 이송 속도나, 밀봉성을 감안하여 Shim Plate를 조정하여 아래 그림과 같이 고정한다.

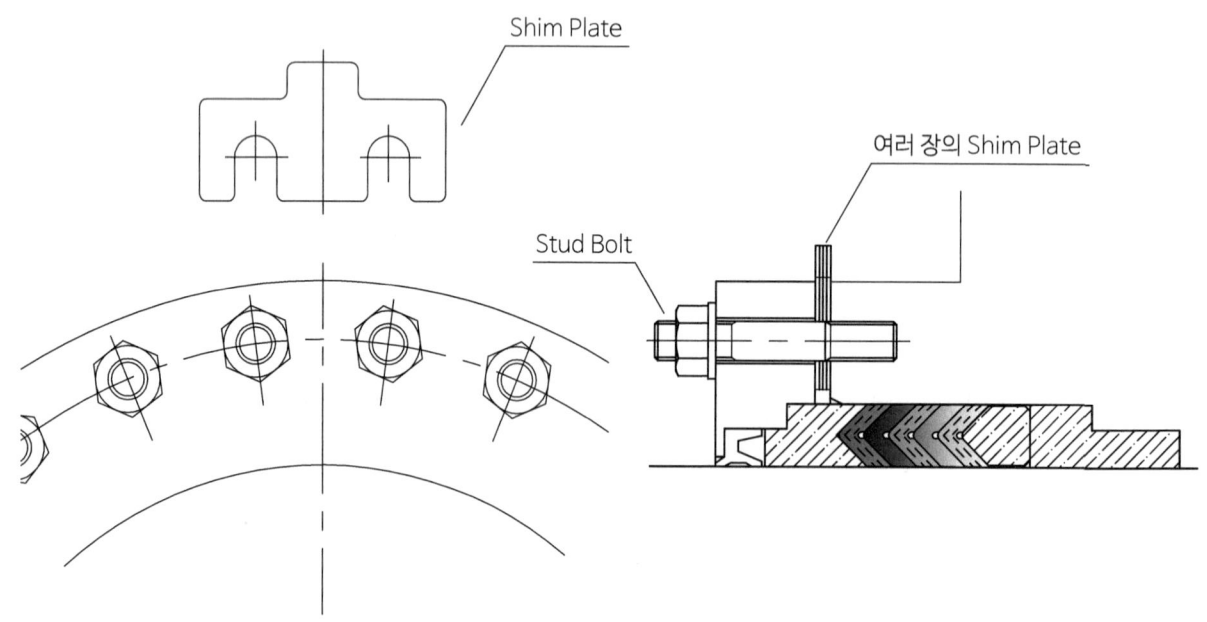

고무 V-Packing 과 포입 V-Packing의 특성 비교

	패킹수량	압력	속 도	온 도	작동유
니트릴 고무	3 ea	4 Mpa	0.05~0.5m/sec	-25~100℃	석유계 작동유
	4 ea	8 Mpa			
	5 ea	30 Mpa			
포입 니트릴 고무	3 ea	4 Mpa	0.05~1.0m/sec	-25~100℃	석유계 작동유
	4 ea	16 Mpa			
	5 ea	30 Mpa			
불소 고무	3 ea	4 Mpa	0.05~0.5m/sec	-10~150℃	난연성 작동유
	4 ea	8 Mpa			
	5 ea	30 Mpa			
포입 불소 고무	3 ea	4 Mpa	0.05~1.0m/sec	-20~180℃	난연성 작동유
	4 ea	16 Mpa			
	5 ea	30 Mpa			

7 백업링, 외어링, O-링

1) 백업링의 적용

사용압력이 높은 경우에 틈새가 지나치게 클 경우 Packing Heel 부분이 압력에 의하여 밀려나와 손상될 수가 있다(왼쪽 그림).

이런 경우에 Back Up Ring을 사용하여 밀려나옴을 방지할 수 있다(오른쪽 그림).

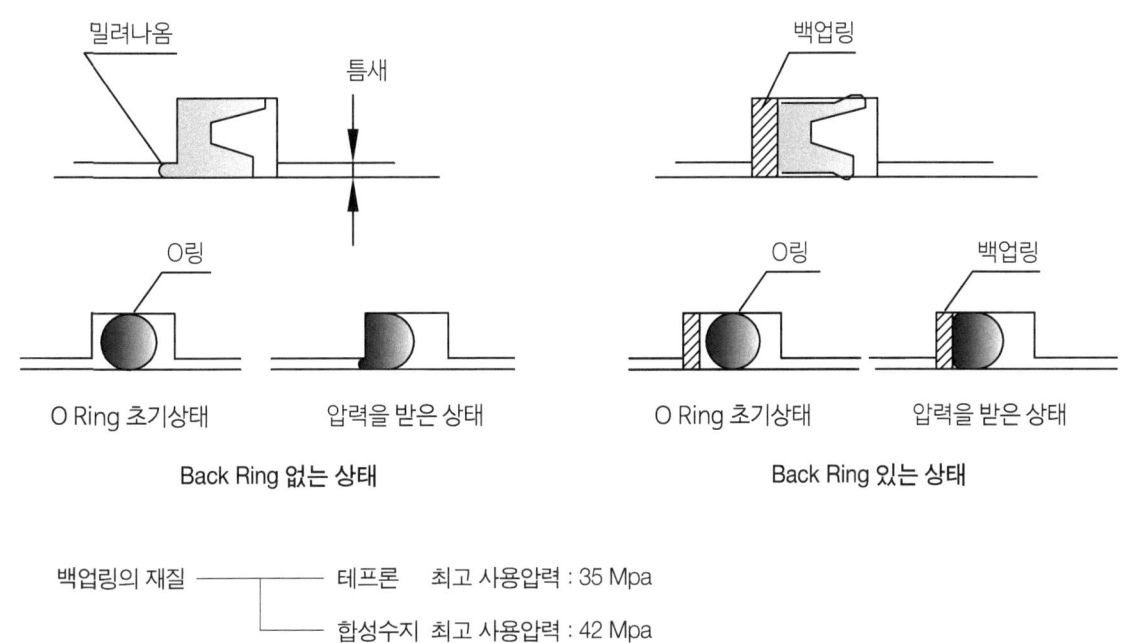

2) 외어링의 적용범위(-55℃에서 120℃)

외어링은 피스톤, 피스톤로드의 하중을 받치는 가이드이며 직선운동을 할 때 긁힘 방지 및 기울어짐 방지로 유압실린더의 내구성을 향상시킨다.

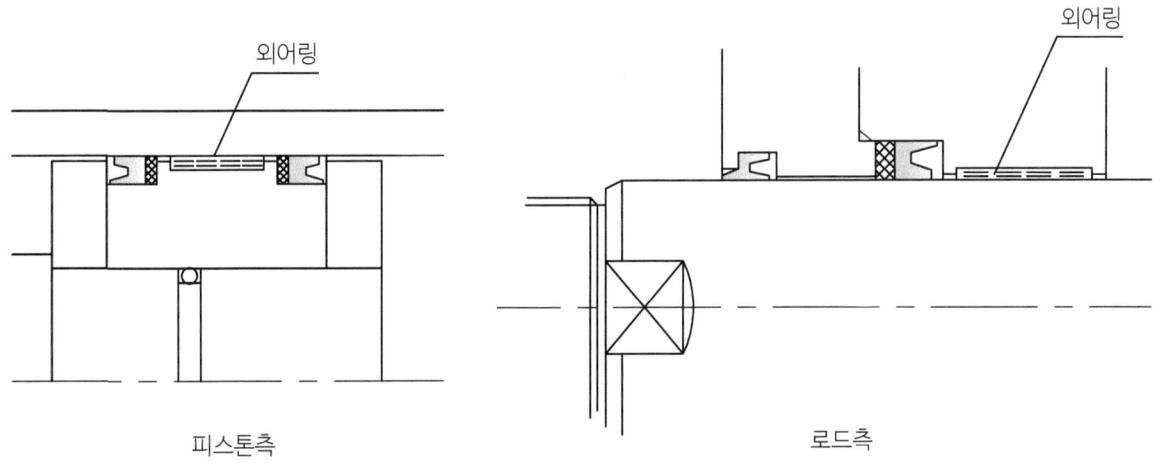

3) O Ring

O Ring은 유압장치의 Sealing 중 가장 많이 사용하는 Seal 종류로 단면 형상이 O형으로 되어 있어 O Ring이라 하며 사용용도에 따라 여러 계열로 구분한다.

O Ring의 특징을 살펴보면 다음과 같다.

① 다른 어떤 패킹보다 공간이 적게 차지한다.
② 장착이 간편하며 간단하다.
③ 사용 용도가 다양하다.
④ 저압에서부터 초고압에 이르기까지 사용 가능하다.
⑤ 저온에서 고온에 사용 가능(-60℃에서 +220℃)하다.
⑥ 규격화 되어 용도에 따라 적용이 쉽다.
⑦ 다른 패킹에 비해 가격이 저렴하다.
⑧ 형상 및 구조가 극히 간단하다.
⑨ 어떤 유체나 기체에도 밀봉능력이 우수하다.

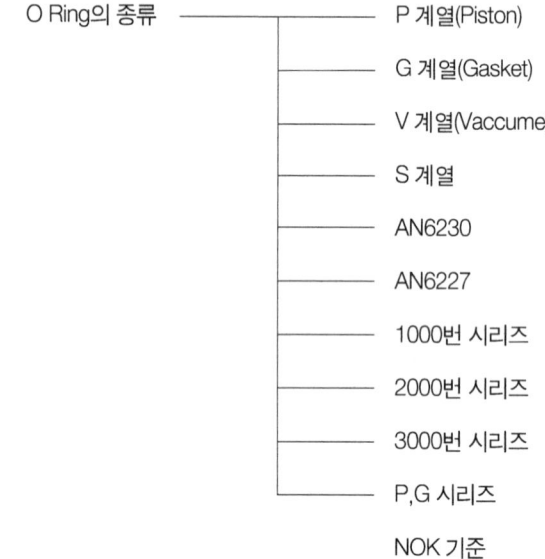

O Ring의 종류
- P 계열(Piston)
- G 계열(Gasket)
- V 계열(Vaccume)
- S 계열
- AN6230
- AN6227
- 1000번 시리즈
- 2000번 시리즈
- 3000번 시리즈
- P,G 시리즈

NOK 기준

O Ring 홈의 치수와 적용

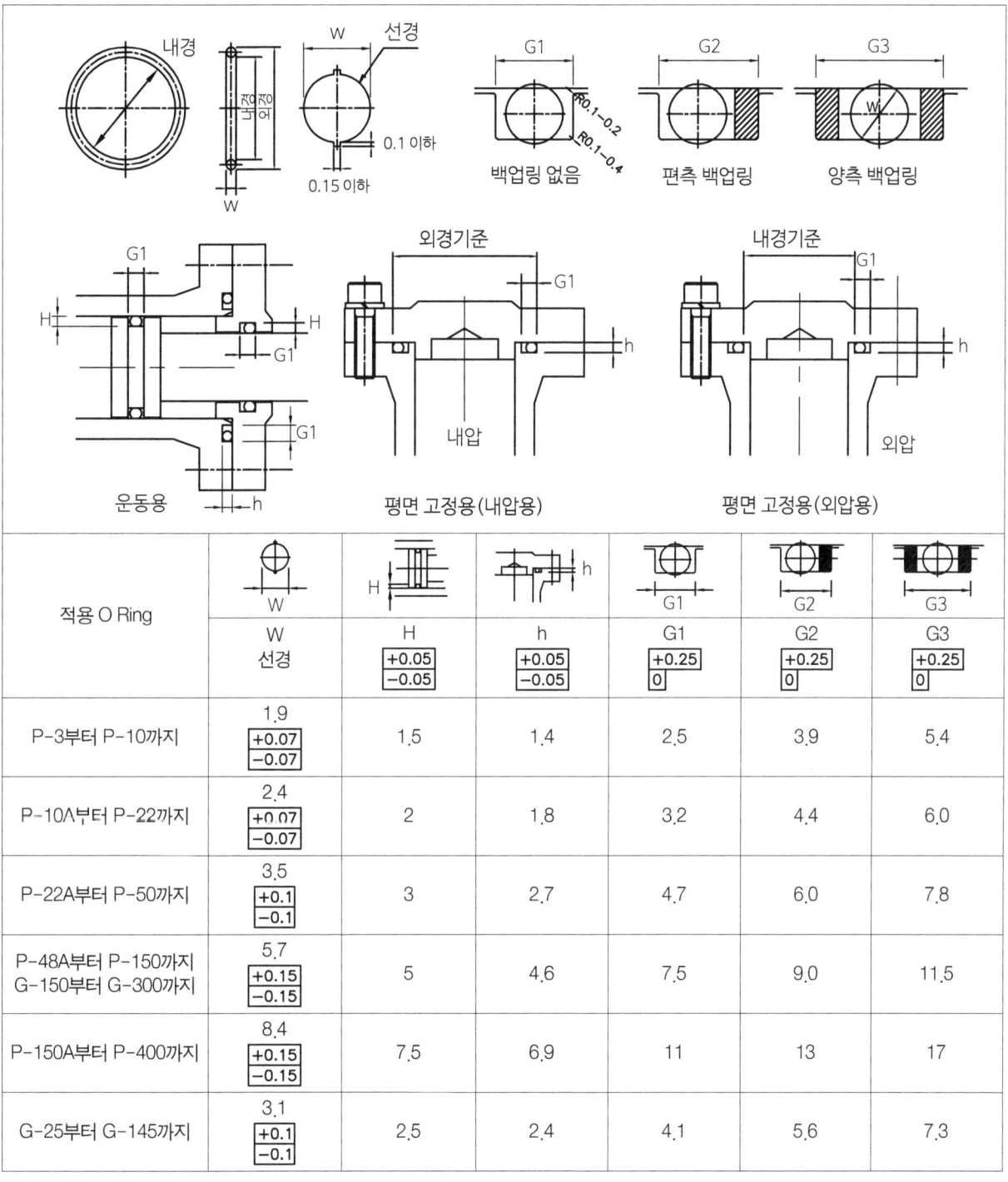

적용 O Ring	W 선경	H [+0.05 / −0.05]	h [+0.05 / −0.05]	G1 [+0.25 / 0]	G2 [+0.25 / 0]	G3 [+0.25 / 0]
P-3부터 P-10까지	1.9 [+0.07 / −0.07]	1.5	1.4	2.5	3.9	5.4
P-10A부터 P-22까지	2.4 [+0.07 / −0.07]	2	1.8	3.2	4.4	6.0
P-22A부터 P-50까지	3.5 [+0.1 / −0.1]	3	2.7	4.7	6.0	7.8
P-48A부터 P-150까지 G-150부터 G-300까지	5.7 [+0.15 / −0.15]	5	4.6	7.5	9.0	11.5
P-150A부터 P-400까지	8.4 [+0.15 / −0.15]	7.5	6.9	11	13	17
G-25부터 G-145까지	3.1 [+0.1 / −0.1]	2.5	2.4	4.1	5.6	7.3

4) 유압실린더의 끼워맞춤 표(외경)

상용하는 끼워맞춤의 축 치수허용차 단위 : 0.001mm

치수의 구분 mm	F			G		H					
	F6	F7	F8	G6	G7	H5	H6	H7	H8	H9	H10
3 이하	+12 +6	+16	+20	+8 +6	+12	+4 0	+6	+10	+14 0	+25	+40 0
3을 초과 6 이하	+18 +10	+22	+28	+12 +4	+16	+5 0	+8	+12	+18 0	+30	+48 0
6을 초과 10 이하	+22 +13	+28	+35	+14 +5	+20	+6 0	+9	+15	+22 0	+36	+58 0
10을 초과 14 이하	+27 +16	+34	+43	+17 +6	+24	+8 0	+11	+18	+27 0	+43	+70 0
14를 초과 18 이하											
18을 초과 24 이하	+33 +20	+41	+53	+20 +7	+28	+9 0	+13	+21	+33 0	+52	+84 0
24를 초과 30 이하											
30을 초과 40 이하	+41 +25	+50	+64	+25 +9	+34	+11 0	+16	+25	+39 0	+62	+100 0
40을 초과 50 이하											
50을 초과 65 이하	+49 +30	+60	+76	+29 +10	+40	+13 0	+19	+30	+46 0	+74	+120 0
65를 초과 80 이하											
80을 초과 100 이하	+58 +36	+71	+90	+34 +12	+47	+15 0	+22	+35	+54 0	+87	+140 0
100을 초과 120 이하											
120을 초과 140 이하	+68 +43	+83	+106	+39 +14	+54	+18 0	+28	+40	+63 0	+100	+160 0
140을 초과 160 이하											
160을 초과 180 이하											
180을 초과 200 이하	+79 +50	+96	+122	+44 +15	+61	+20 0	+29	+46	+72 0	+115	+185 0
200을 초과 225 이하											
225를 초과 250 이하											
250을 초과 280 이하	+88 +55	+108	+137	+49 +17	+69	+23 0	+32	+52	+81 0	+130	+210 0
280을 초과 315 이하											
315를 초과 355 이하	+98 +62	+119	+151	+54 +18	+75	+25 0	+36	+57	+89 0	+140	+230 0
355를 초과 400 이하											
400을 초과 450 이하	+108 +68	+131	+165	+60 +20	+83	+27 0	+40	+63	+97 0	+155	+250 0
450을 초과 500 이하											

5) 유압실린더의 끼워맞춤 표(내경)

상용하는 끼워맞춤의 구멍 치수허용차 단위 : 0.001mm

치수의 구분 mm	F			G			H					
	F6	F7	F8	G4	G5	G6	H4	H5	H6	H7	H8	H9
3 이하	-12	-6 -16	-20	-5	-2 -6	-8	-3	-4	0 -6	-10	-14	-25
3을 초과 6 이하	-18	-10 -22	-28	-8	-4 -9	-12	-4	-5	0 -8	-12	-18	-30
6을 초과 10 이하	-22	-13 -28	-35	-9	-5 -11	-14	-4	-6	0 -9	-15	-22	-36
10을 초과 14 이하 14를 초과 18 이하	-27	-16 -34	-43	-11	-6 -14	-17	-5	-8	0 -11	-18	-27	-43
18을 초과 24 이하 24를 초과 30 이하	-33	-20 -41	-53	-13	-7 -16	-20	-6	-9	0 -13	-21	-33	-52
30을 초과 40 이하 40을 초과 50 이하	-41	-25 -50	-64	-16	-9 -20	-25	-7	-11	0 -16	-25	-39	-62
50을 초과 65 이하 65를 초과 80 이하	-49	-30 -60	-76	-18	-10 -23	-29	-8	-13	0 -19	-30	-46	-74
80을 초과 100 이하 100을 초과 120 이하	-58	-36 -71	-90	-22	-12 -27	-34	-10	-15	0 -22	-35	-54	-87
120을 초과 140 이하 140을 초과 160 이하 160을 초과 180 이하	-68	-43 -83	-106	-26	-14 -32	-39	-12	-18	0 -25	-40	-63	-100
180을 초과 200 이하 200을 초과 225 이하 225를 초과 250 이하	-79	-50 -96	-122	-29	-15 -35	-44	-14	-20	0 -29	-46	-72	-115
250을 초과 280 이하 280을 초과 315 이하	-88	-56 -108	-137	-33	-17 -40	-49	-16	-23	0 -32	-52	-81	-130
315를 초과 355 이하 355를 초과 400 이하	-98	-62 -119	-151	-36	-18 -43	-54	-18	-25	0 -36	-57	-89	-140
400을 초과 450 이하 450을 초과 500 이하	-108	-68 -131	-165	-40	-20 -47	-60	-20	-27	0 -40	-63	-97	-155

CHAPTER

05

유압 회로의 구성 및 설계

제1절 유압 회로 구성

1 유압 회로의 구성 및 설계

유압 회로 설계는 유압 액추에이터(유압 실린더, 유압 모터)를 최종 목표치인 부하의 크기와 부하의 종류, 속도 제어, 압력 제어, 방향 제어에 관하여 설계자가 결정해야 하는데 여러 조건들을 만족하는 구조로 설계해야 한다.

단계	설명
사양 파악	액추에이터의 부하, 부하의 속도, 부하의 조건, 일의 방법 등을 파악.
액추에이터 종류 결정	유압 실린더, 유압 모터, 요동모터 등 구동형태 파악 유압 실린더로 결정하면
사용 압력에 따른 실린더 크기 결정	먼저 사용압력을 결정하고 사용압력에 사용압력에 따른 따른 유압 실린더의 크기를 결정 W(부하) = A(실린더 단면적) × P(사용압력) 당길 때, 밀 때 고려
속도에 따른 실린더 구동 방식 결정(형태)	단동 스프링 복귀형, 단동 자중하강형, 복동 실린더, 양 로드 실린더 등 단동 실린더+퀵커 실린더, 복동 실린더+가운데 부스터 실린더 등 결정
실린더 형태에 따른 최대 유량 결정	저속 이송, 고속 이송, 가압 이송에 따른 최대유량 계산후 유량 결정 (저속, 고속, 가압속도 중 가장 많이 소요되는 유량으로 결정)
유량과 압력에 만족하는 펌프 형태, 종류 결정	저속, 고속, 가압 구간의 소요 시간에 따라 펌프 형태, 종류 결정 고정용량, 가변용량, 기어펌프, 베인펌프, 피스톤펌프, 다련펌프, 여러 개의 펌프 등
펌프 종류, 형태에 만족하는 전동기 결정	모터 마력, 모터극수(회전수), 모터 전압, 모터 형태(표준형, 수직형, 양축) 펌프 고정방식(직결형, 커플링, 벨 하우징 등) 결정
펌프 유량, 실린더 유량에 만족하는 오일탱크 결정	펌프 유량 및 실린더에 소요되는 유량을 만족하고 각종 유압 기기 탑재를 고려한 오일 탱크 크기 결정
각 구간 압력 제어 조건을 만족하는 압력 제어 밸브 결정	펌프의 정격 압력을 만족하고 각 구간의 압력 제어 조건에 부합하는 압력제어 밸브의 크기와 종류 결정
각 구간 유량 제어 조건을 만족하는 유량 제어 밸브 결정	펌프의 정격 유량을 만족하고 각 구간의 유량 제어 조건에 부합하는 유량제어 밸브의 크기와 종류 결정(각 실린더의 동시동작 고려)
펌프유량을 만족하는 방향 제어 밸브 결정	펌프의 정격 유량을 만족하고 각 구간의 방향 제어 조건에 부합하는 방향제어 밸브의 크기와 종류 결정
유량을 만족하고 제어 조건에 만족하는 메니폴드 결정	펌프의 정격 유량을 만족하고 실린더의 속도를 만족하는 배관 구경 결정 탑재되는 제어기기 결정(모듈러 밸브, 로직 밸브 등)

2 유압 회로 구성의 기본적인 요소

유압 회로의 구성 및 설계는 유압 액추에이터가 요구(필요)하는 동작을 만족시는 시스템으로 구성되어야 하며 소요비용(초기제작비) 등을 고려한 구조로 설계되어야 한다.

또한 운전 및 보수관리 주위 환경도 고려되어야 한다.

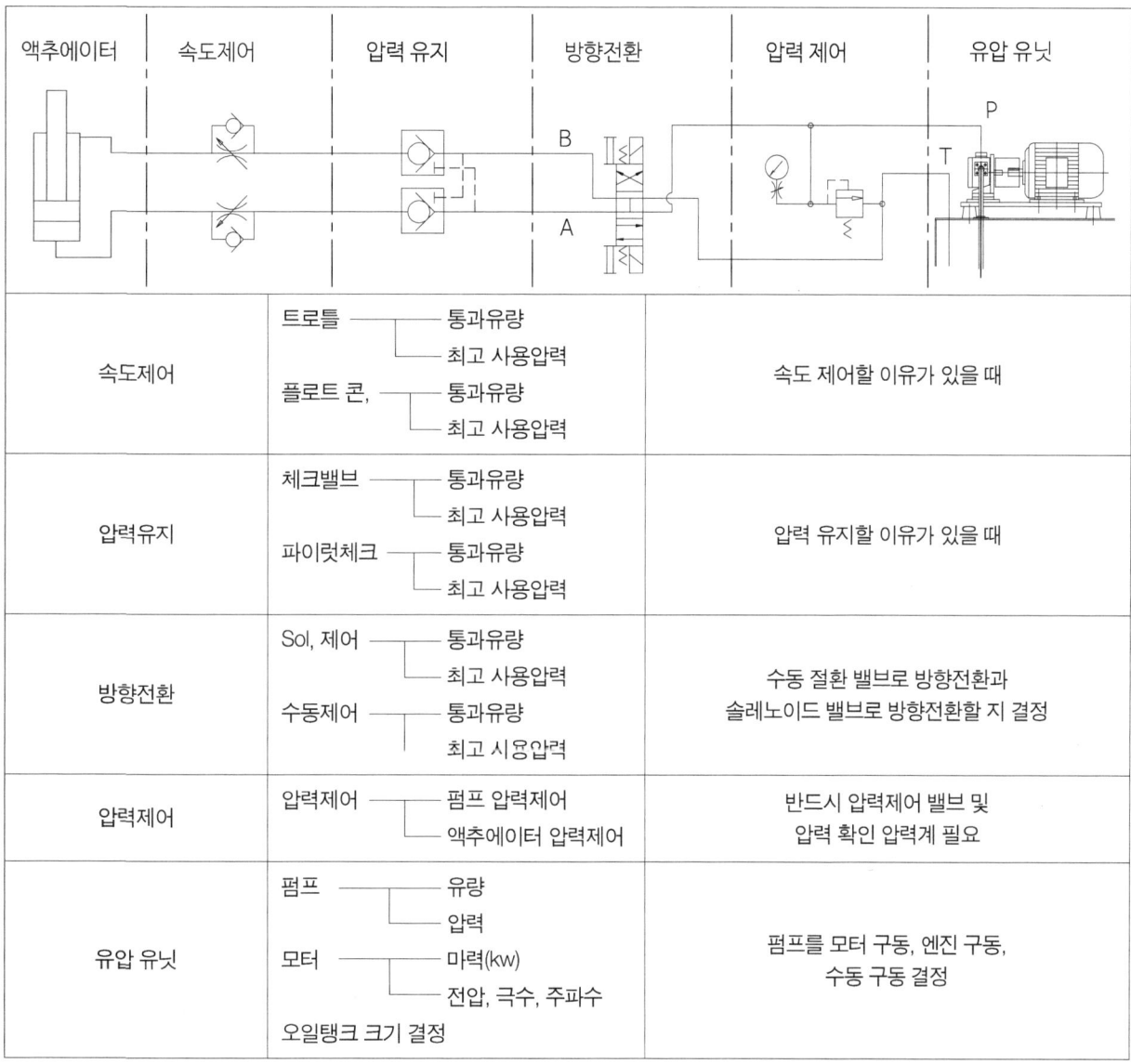

속도제어	트로틀 — 통과유량 / 최고 사용압력 플로트 콘, — 통과유량 / 최고 사용압력	속도 제어할 이유가 있을 때
압력유지	체크밸브 — 통과유량 / 최고 사용압력 파이럿체크 — 통과유량 / 최고 사용압력	압력 유지할 이유가 있을 때
방향전환	Sol, 제어 — 통과유량 / 최고 사용압력 수동제어 — 통과유량 / 최고 시용압력	수동 절환 밸브로 방향전환과 솔레노이드 밸브로 방향전환할 지 결정
압력제어	압력제어 — 펌프 압력제어 / 액추에이터 압력제어	반드시 압력제어 밸브 및 압력 확인 압력계 필요
유압 유닛	펌프 — 유량 / 압력 모터 — 마력(kw) / 전압, 극수, 주파수 오일탱크 크기 결정	펌프를 모터 구동, 엔진 구동, 수동 구동 결정

3 유압 회로 구성 예

1) 수동 핸드펌프 적용 유압 회로

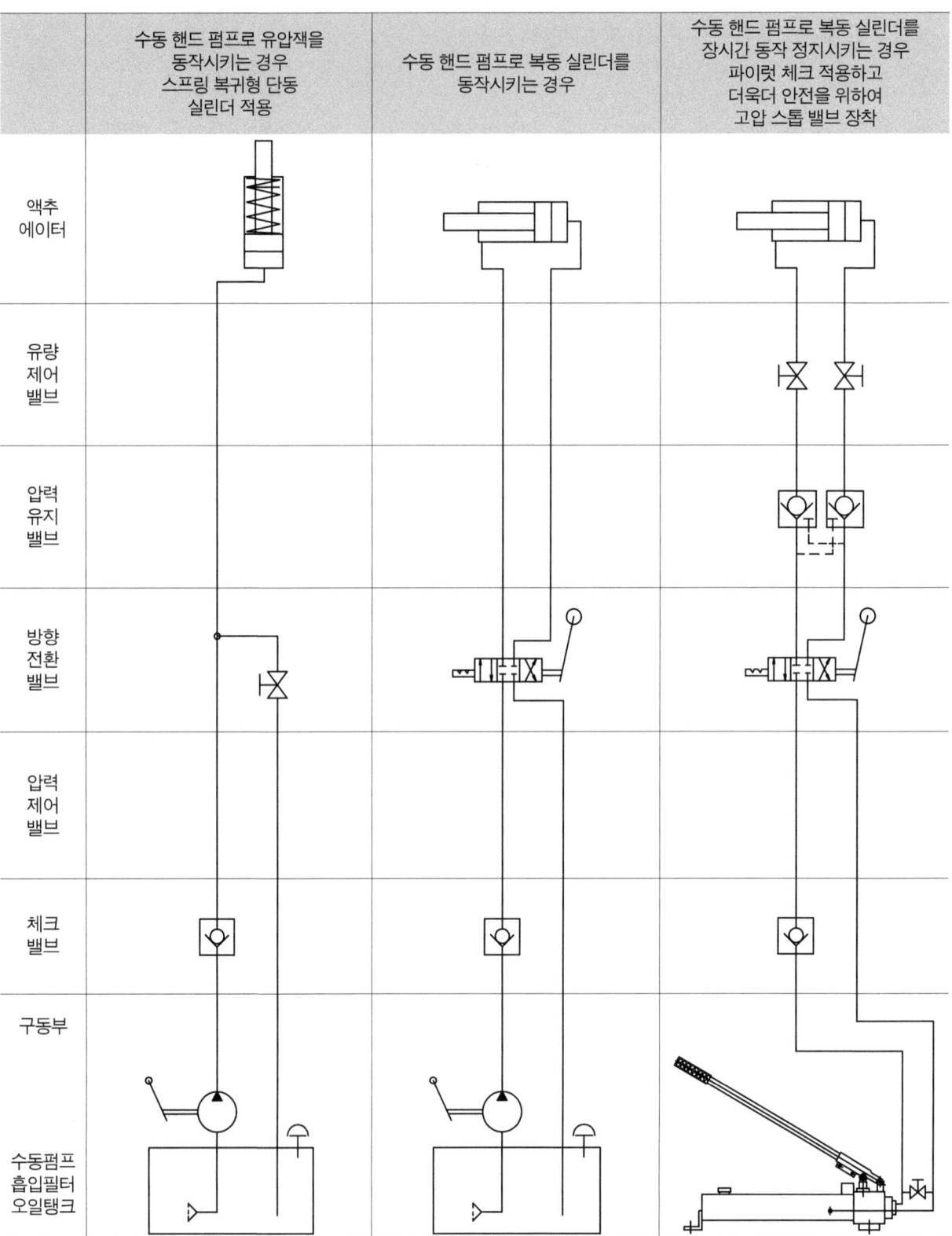

2) 모터 구동에 의한 유압 회로

	모터 구동으로 펌프를 동작하여 스프링 복귀형 단동 실린더를 동작 시키는 경우	모터 구동으로 펌프를 동작하여 복동 실린더를 동작시키는 경우	모터 구동으로 복동 실린더를 동작시키는 경우이며 압력 유지 가능
액추에이터			
유량 제어 밸브			
압력 유지 밸브			
방향 전환 밸브			
압력 제어 밸브			
체크 밸브			
구동부			
흡입필터 오일탱크			

3) Solenoid Valve 적용 유압 회로

	Solenoid Valve 적용으로 버튼으로 유압잭을 동작 시키는 경우	유압실린더 속도를 조정 해야 할 이유가 있을 때	유압실린더 속도조정과 압력을 유지해야 할 이유가 있을 때
액추에이터			
유량제어밸브			
압력유지밸브			
방향전환밸브			
압력제어밸브			
체크밸브			
구동부			
흡입필터 오일탱크			

4) 고정용량 펌프 적용 유압 회로

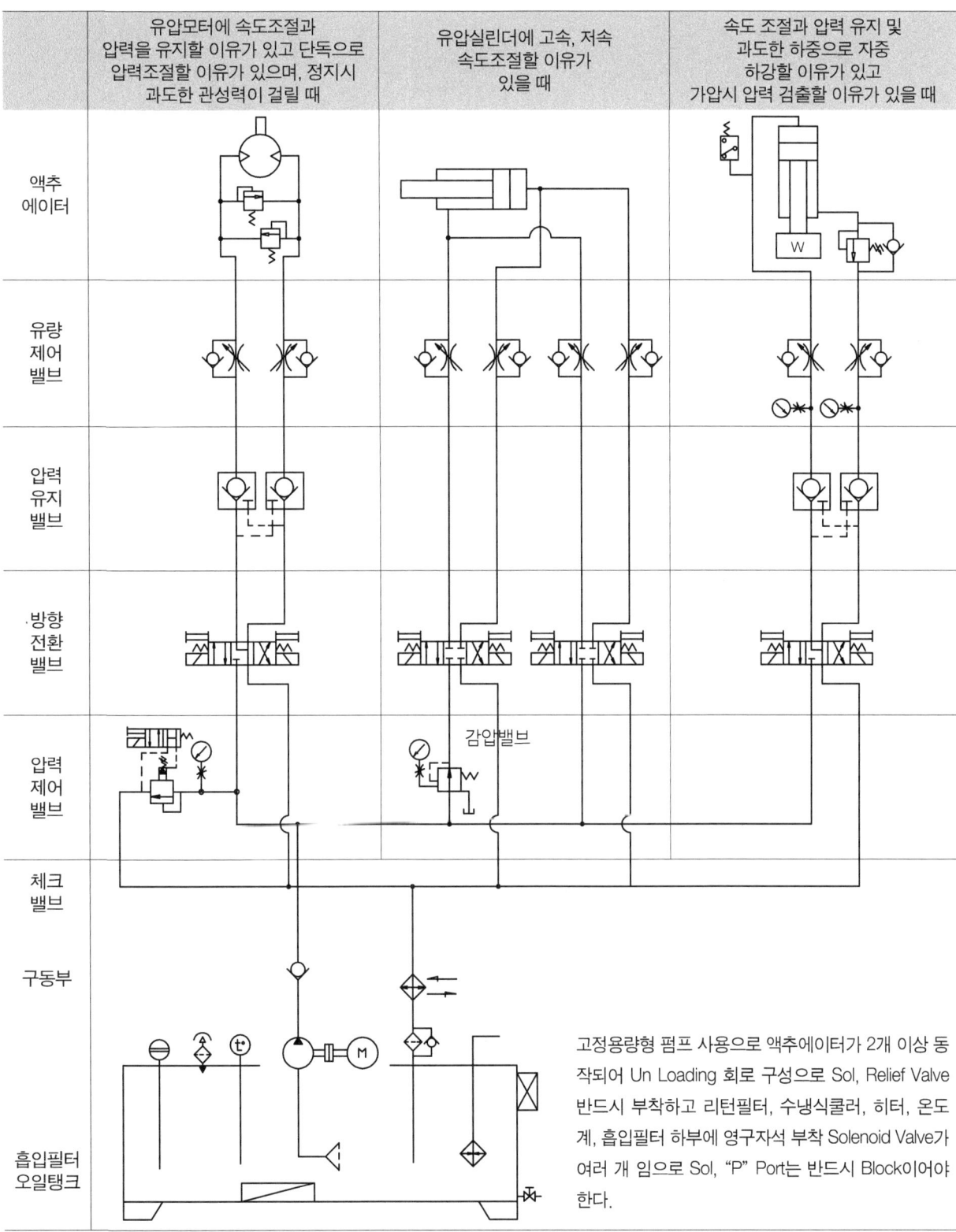

고정용량형 펌프 사용으로 액추에이터가 2개 이상 동작되어 Un Loading 회로 구성으로 Sol, Relief Valve 반드시 부착하고 리턴필터, 수냉식쿨러, 히터, 온도계, 흡입필터 하부에 영구자석 부착 Solenoid Valve가 여러 개 임으로 Sol, "P" Port는 반드시 Block이어야 한다.

5) 가변용량 펌프 적용 유압 회로

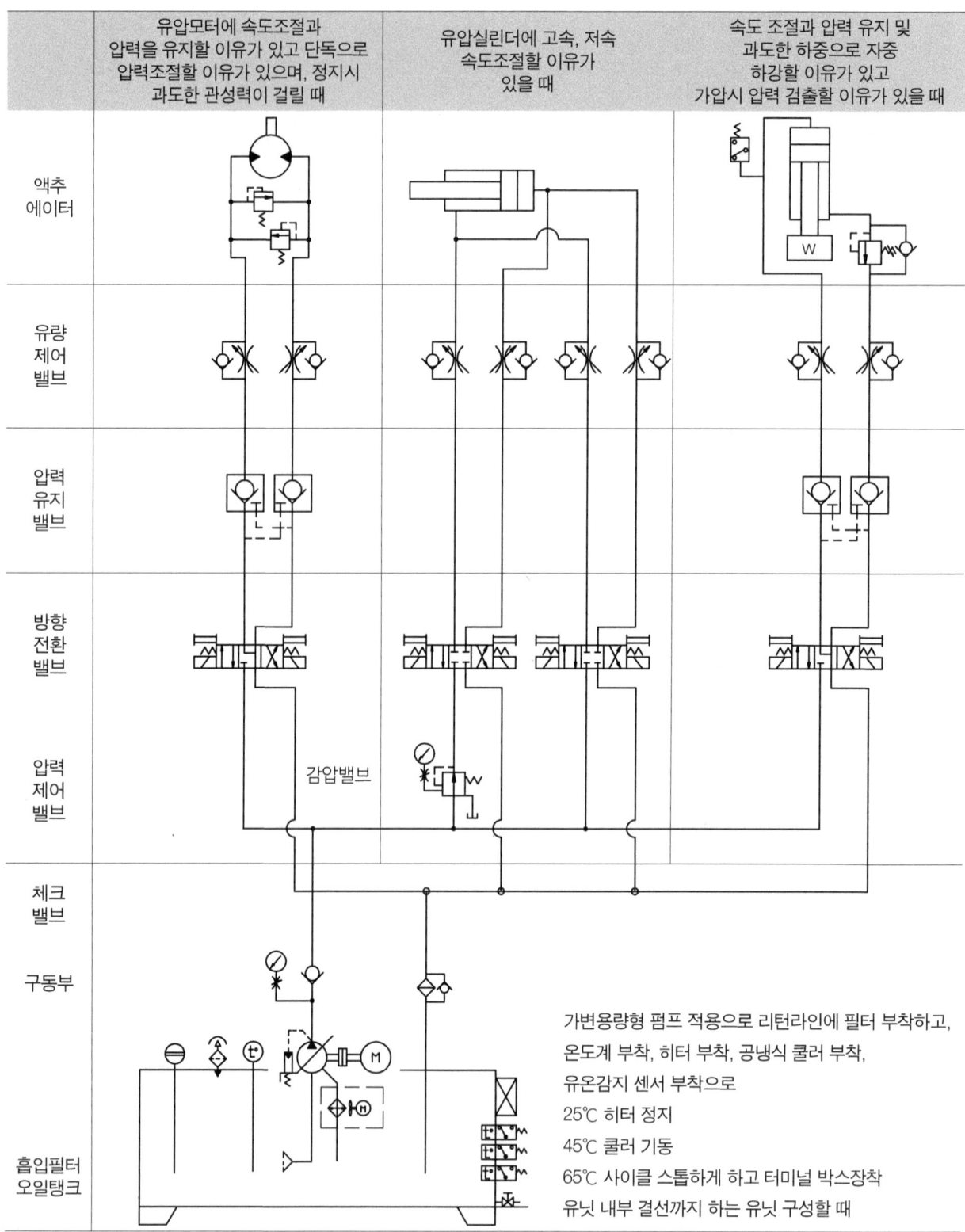

6) Modular Valve 적용 유압 회로

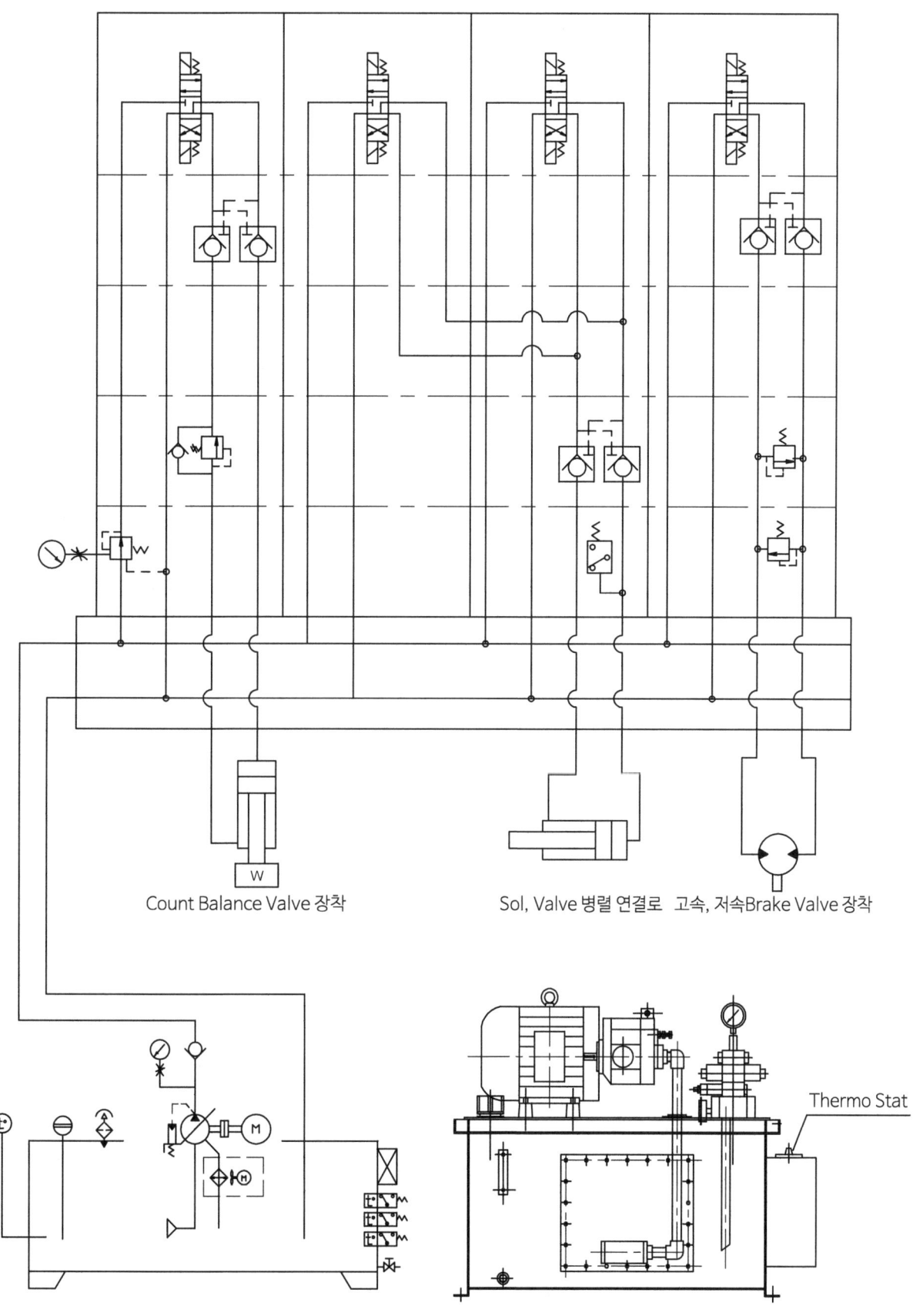

7) 수직형 모터 적용 유압 회로

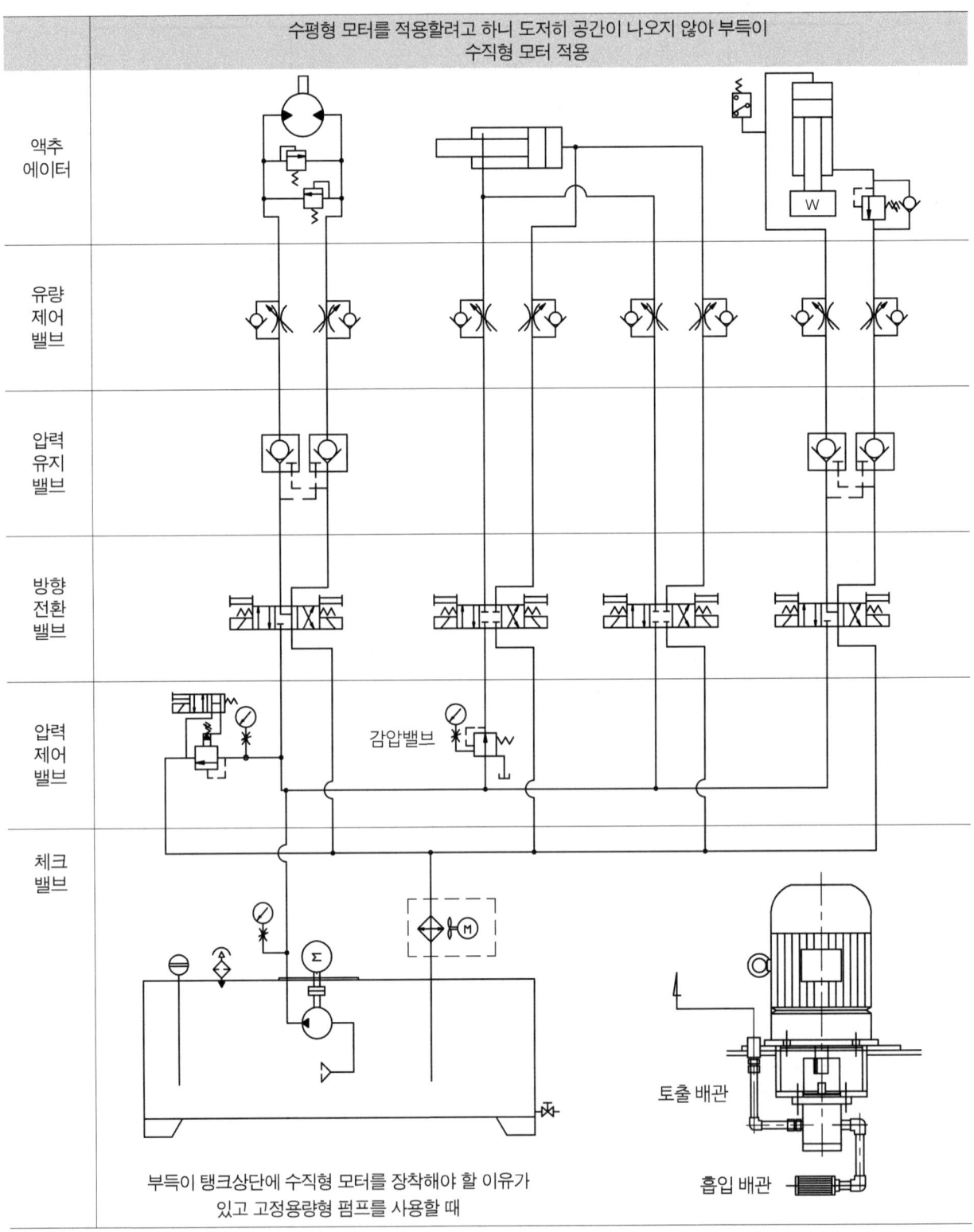

8) Sequence Valve 적용 유압 회로

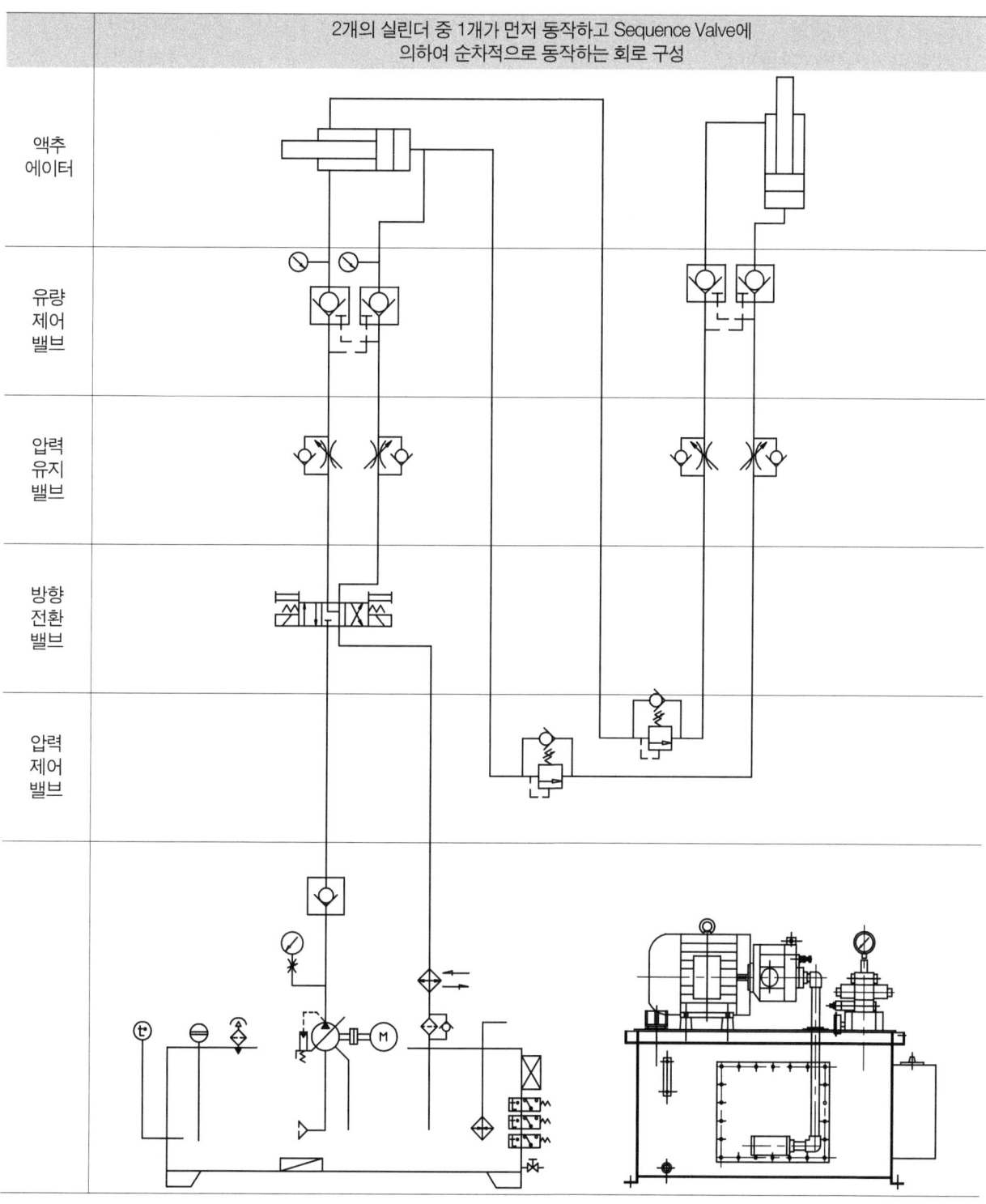

9) 유량 제어 회로

유량제어방식	METER-IN 방식	METER-OUT 방식	BREEDER-OFF 방식
1. 외력에의해 Actuator가 움직이는 경우의 속도제어	사용불가 (외력에의해 제어불가)	사용가능	사용불가 (외력에의해 제어불가)
2. 급격히 부하가 없어지는 경우의 속도제어	사용불가 (속도가급격히 늦어진다)	사용가능	사용불가 (속도가급격히 늦어진다)
3. 속도제어의 정밀도 10 Kgf/cm² 이상	좋다	좋다	나쁘다(펌프의 용적 효율 비례)
3. 속도제어의 정밀도 10 Kgf/cm² 이하	좋다	좋다	압력 보상형밸브의 경우 나쁘다

METER-IN 방식

METER-OUT 방식

BREEDER-OFF 방식

가변 펌프 적용일 때는 펌프 자체에 Relief Valve 내장되어 있다.

Sol, Relief Valve

가변 펌프적용일 때

고정 펌프적용일 때

10) 윈치 유압 회로

윈치가 정지할 때 관성력에 의한 충격을 완화하고 서서히 정지하는 브레이크 밸브를 장착한다.

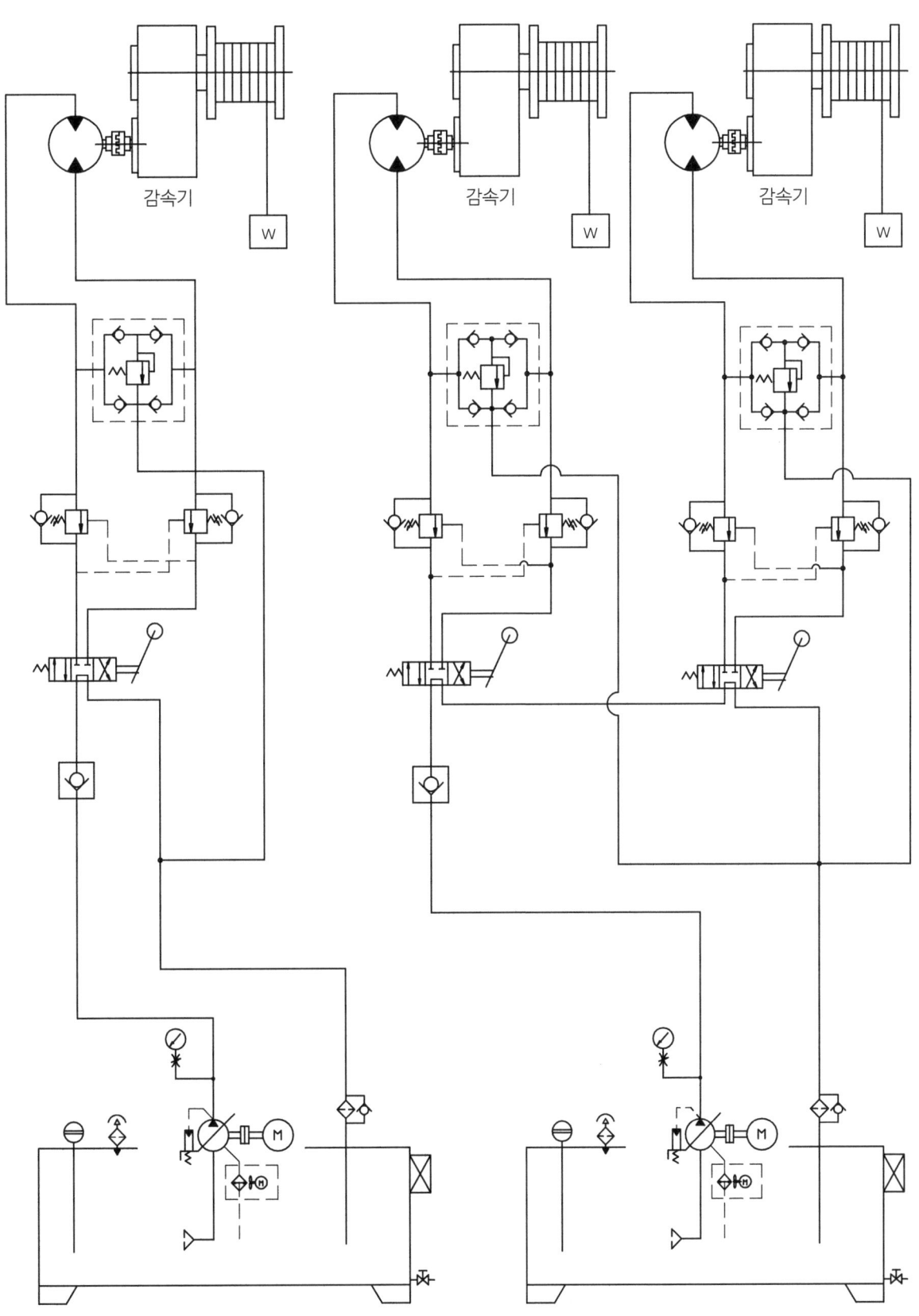

11) 차동회로 구성 유압 회로

차동회로는 실린더의 피스톤 단면적과 로드 단면적 차이로 로드측에서 빠져 나오는 기름을 도로 피스톤 쪽으로 합류시키는 회로구성이며 같은 압력일 때 단면적이 큰쪽에서 적은쪽으로 합유된 유량 만큼 빠르게 이동한다.

로드측 단면적 : a
피스톤 단면적 : A차동일 때
단면적 : A-a

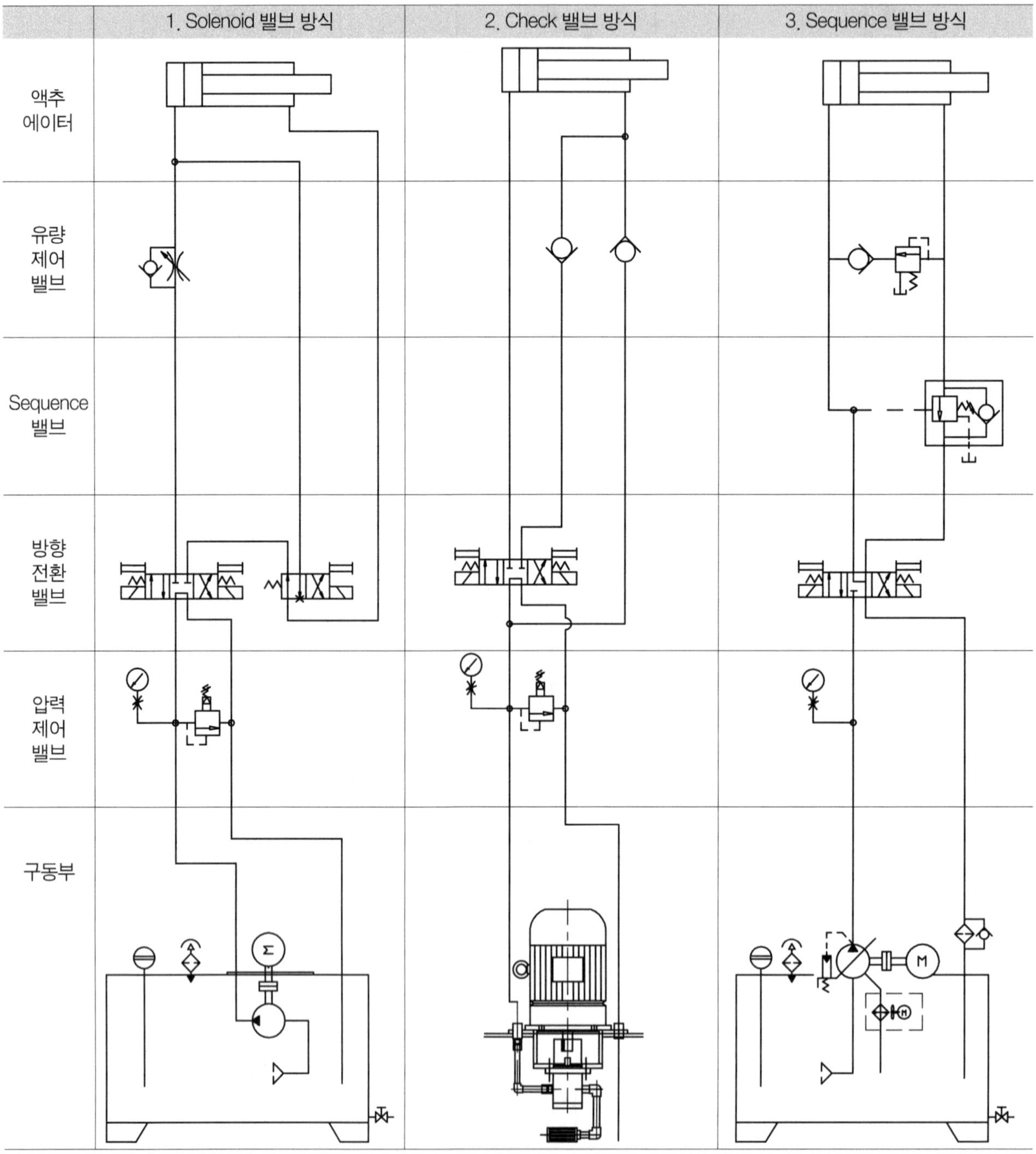

	1. Solenoid 밸브 방식	2. Check 밸브 방식	3. Sequence 밸브 방식
액추에이터			
유량제어밸브			
Sequence 밸브			
방향전환밸브			
압력제어밸브			
구동부			

제2절 시퀀스 다이어그램

1 시퀀스 다이어그램과 유압 회로 예

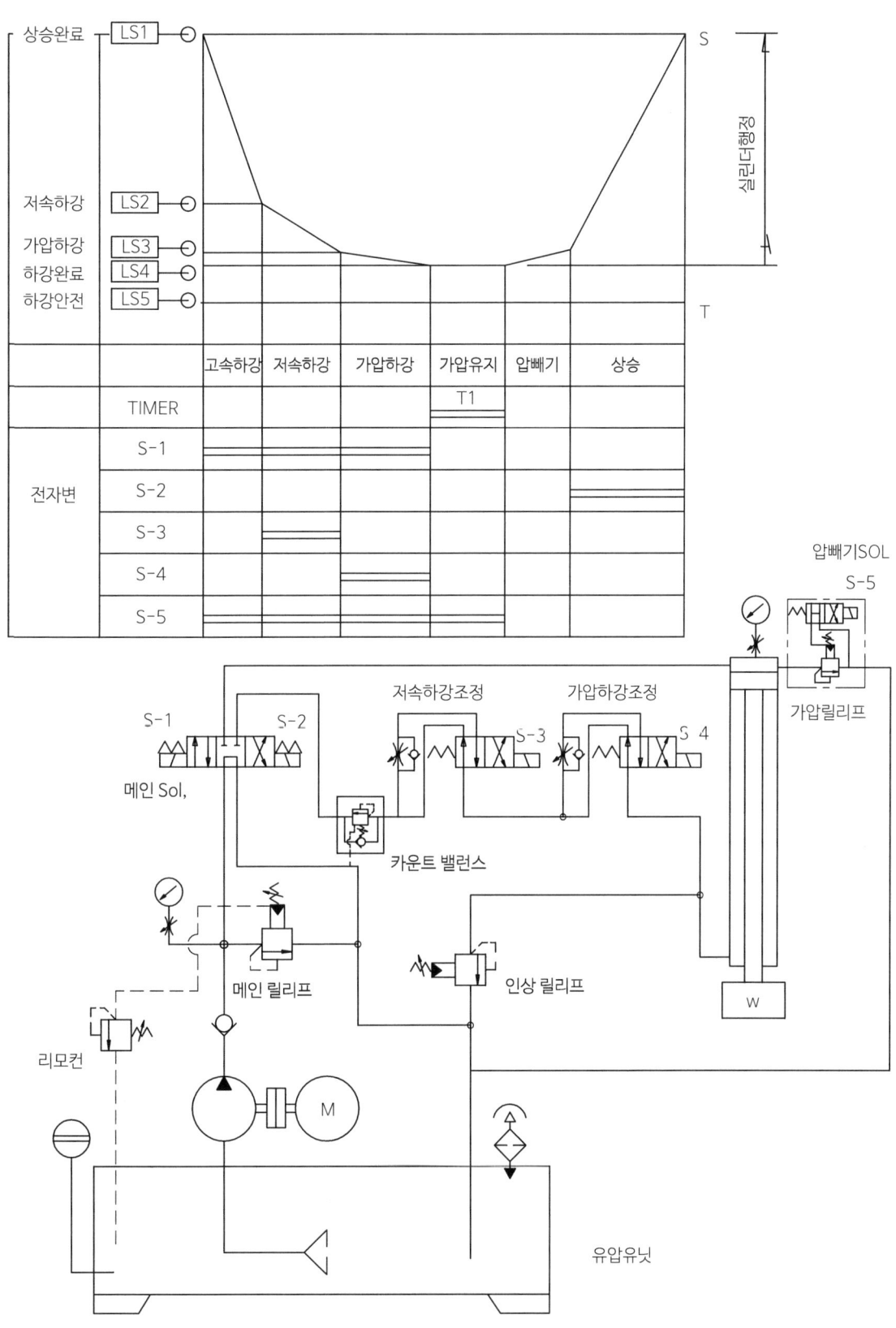

2 2련 펌프를 적용한 시퀀스 다이아그램 예

2련 펌프를 적용한 회로 구성으로 고속하강 저속하강 상승의 동작을 원할 때 대유량 펌프와 소유량 펌프가 동시에 동작할 때는 고속하강하고 저속시작 센서를 받으면 대유량 펌프는 오일탱크로 리턴되고 소유량 펌프만 가압하강할 경우에 적용하는 회로의 시퀀스 다이아그램 예이다.

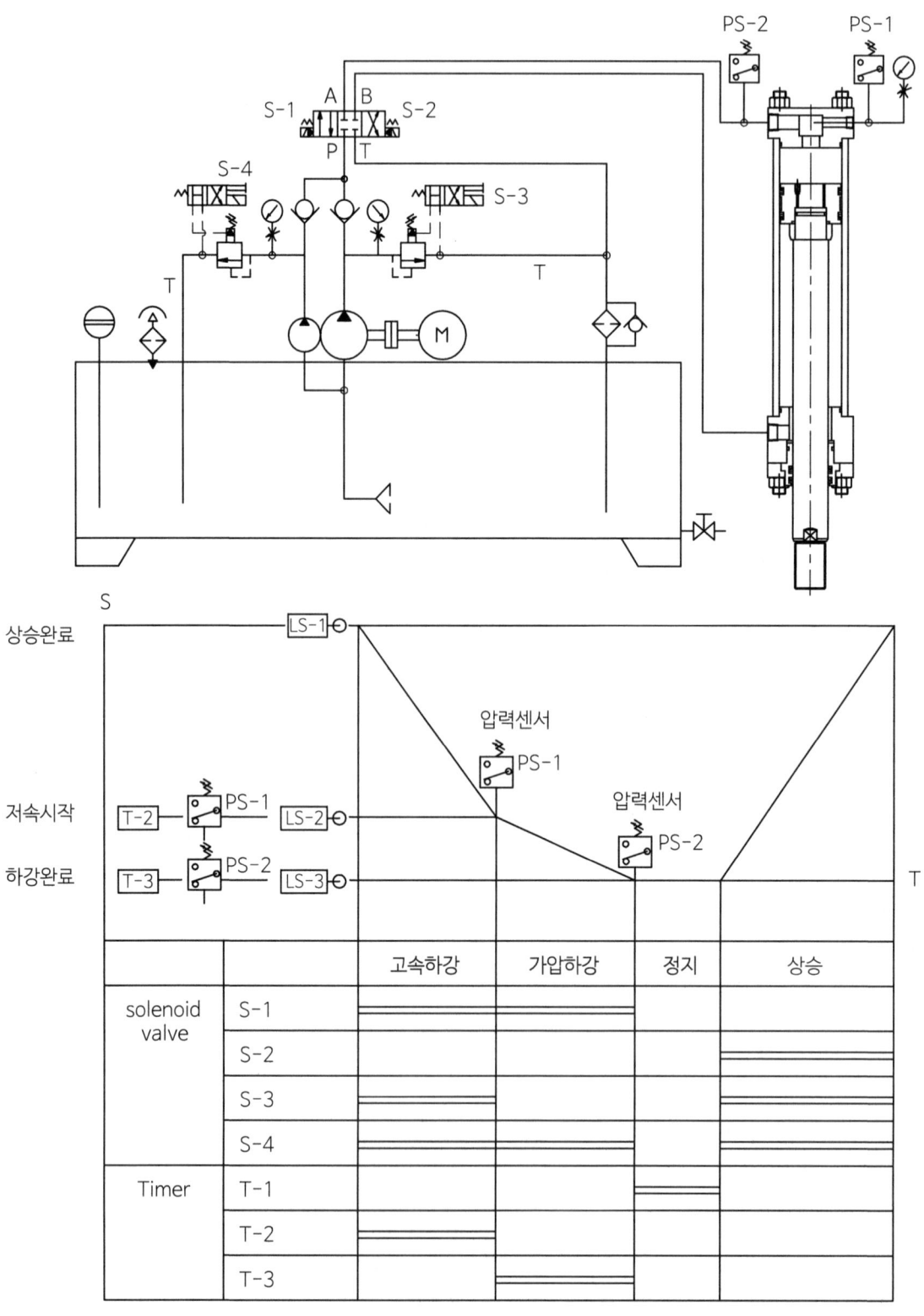

3 기본 유압기기 선정 예

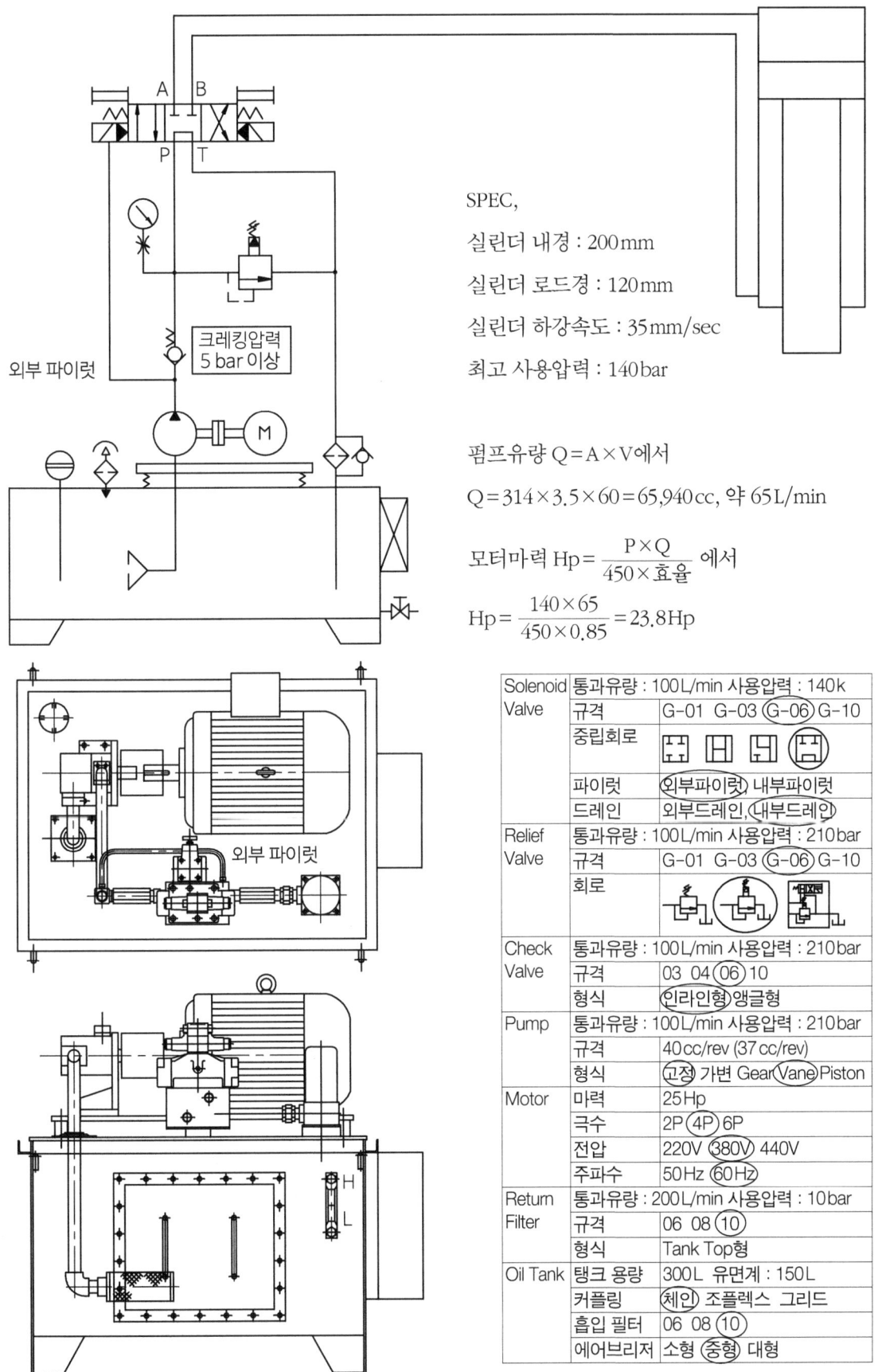

SPEC,

실린더 내경 : 200mm

실린더 로드경 : 120mm

실린더 하강속도 : 35mm/sec

최고 사용압력 : 140bar

펌프유량 Q=A×V에서

Q=314×3.5×60=65,940cc, 약 65L/min

모터마력 $Hp = \dfrac{P \times Q}{450 \times 효율}$ 에서

$Hp = \dfrac{140 \times 65}{450 \times 0.85} = 23.8 Hp$

Solenoid Valve	통과유량 : 100L/min 사용압력 : 140k	
	규격	G-01 G-03 (G-06) G-10
	중립회로	
	파이럿	(외부파이럿) 내부파이럿
	드레인	외부드레인 (내부드레인)
Relief Valve	통과유량 : 100L/min 사용압력 : 210bar	
	규격	G-01 G-03 (G-06) G-10
	회로	
Check Valve	통과유량 : 100L/min 사용압력 : 210bar	
	규격	03 04 (06) 10
	형식	(인라인형) 앵글형
Pump	통과유량 : 100L/min 사용압력 : 210bar	
	규격	40cc/rev (37cc/rev)
	형식	(고정) 가변 Gear (Vane) Piston
Motor	마력	25Hp
	극수	2P (4P) 6P
	전압	220V (380V) 440V
	주파수	50Hz (60Hz)
Return Filter	통과유량 : 200L/min 사용압력 : 10bar	
	규격	06 08 (10)
	형식	Tank Top형
Oil Tank	탱크 용량	300L 유면계 : 150L
	커플링	(체인) 조플렉스 그리드
	흡입 필터	06 08 (10)
	에어브리저	소형 (중형) 대형

제3절 유압실린더 고속과 저속 제어

유압실린더의 속도변화는 공급된 유량을 줄이든지 공급하는 유량을 늘리든지 아니면 자중이나 관성력을 이용하든지 또는 유압실린더의 단면적 변화, 구동모터의 회전수 변화를 주어서 속도제어를 한다.

유량 제어밸브의 유량 변화	니들 밸브	니들 밸브의 교축으로 감속
	스로틀 밸브	스로틀 밸브의 교축으로 감속
	플로콘트롤 밸브	플로콘트롤 밸브의 교축으로 감속
	전자 비례 밸브	전자 비례 밸브의 교축으로 감속
	서보 밸브	서보 밸브의 교축으로 감속
	오리피스	오리피스의 교축으로 감속
공급 유량의 변화	2개 이상의 펌프	2개 이상의 펌프 구동으로 증속
	베인펌프의 편심량 변화	베인펌프의 편심량 변화로 가, 감속
	피스톤 펌프의 사판 각도	사판식 피스톤 펌프의 사판 각도제어로 가, 감속
	피스톤 펌프의 경전 각도	사축식 피스톤 펌프의 경전 각도제어로 가, 감속
	어큐뮤레이터의 축압	어큐뮤레이터의 축압을 이용한 증속
실린더의 단면적 변화	차동 회로	차동 회로를 이용한 로드측과 헤드측 단면적 차의 변화
	퀵커 실린더	퀵커 실린더와 메인 실린더의 단면적 차를 이용한 변화
	가운데 부스터	가운데 부스터와 메인 실린더의 단면적 차를 이용한 변화
	어드반스 실린더	보조 실린더와 메인 실린더의 단면적 차를 이용한 변화
모터 회전수 변화	인버터 모터	인버터 모터로 펌프의 회전수의 변화로 가, 감속
	서보모터	서보 모터로 펌프의 회전수의 변화로 가, 감속
	VS 모터	VS 모터로 펌프의 회전수 변화로 가, 감속
자중	자중하강	메인 실린더의 자중하강시 인상 실린더의 배출 유량 변화
	회전 관성력	자중, 회전 관성력을 이용한 배출 유량 변화

1 유량 제어 밸브의 유량 변화

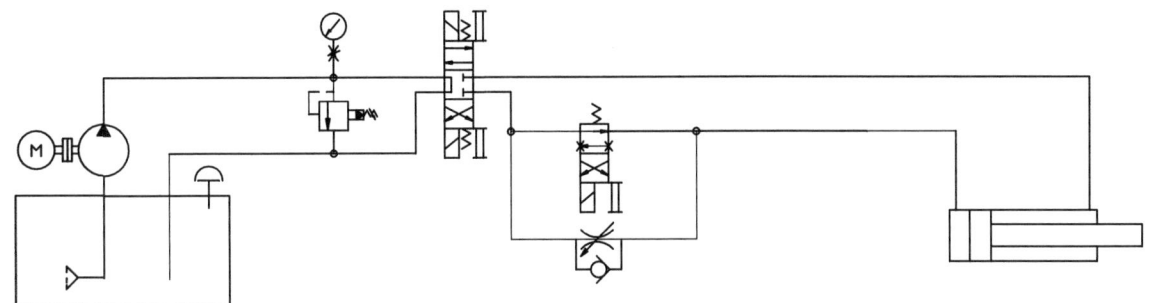

고정용량형 펌프 적용   사용압력이 중, 저압이고 고속구간에 비하여 저속구간이 길지 않을 때 적용(저속제어 : meter in circuit)

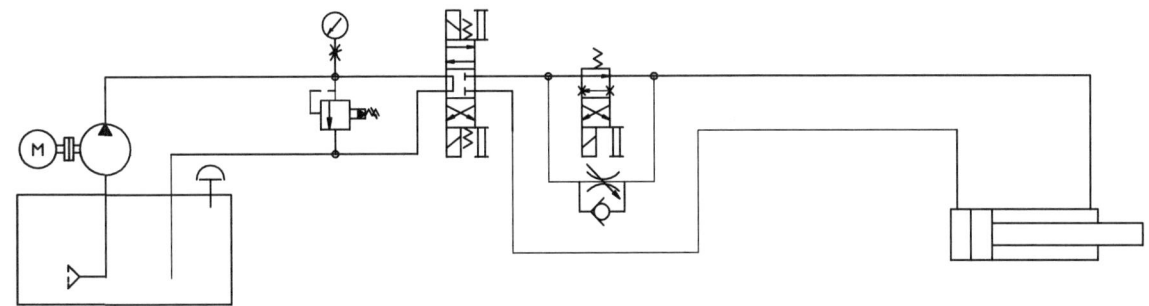

고정용량형 펌프 적용   사용압력이 중, 저압이고 고속구간에 비하여 저속구간이 길지 않을 때 적용(저속제어 : meter out circuit)

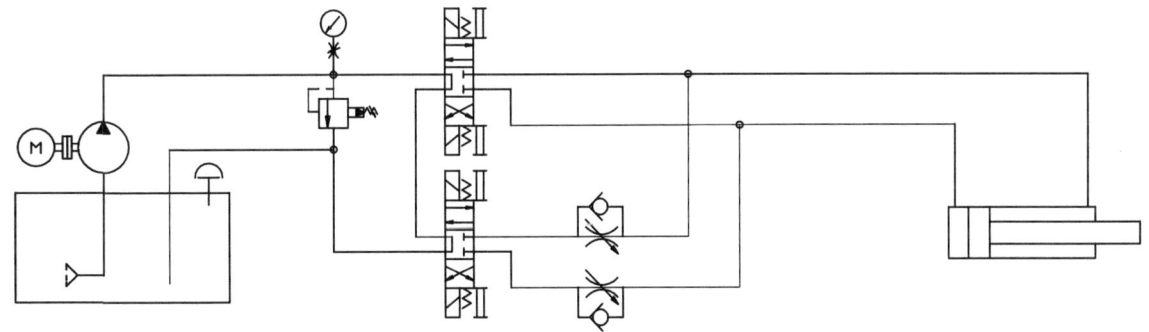

고정용량형 펌프 적용   사용압력이 중, 저압이고 고속구강에 비하여 저속구간이 길지 않을 때 적용(저속제어 : meter out circuit)

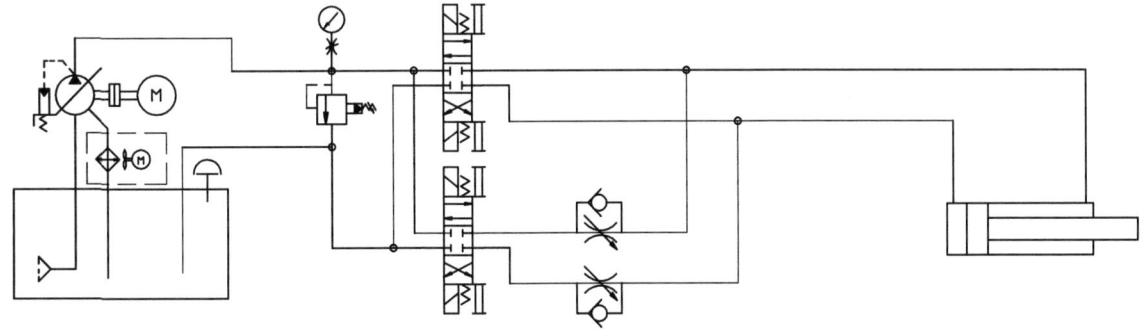

가변용량형 펌프 적용   사용압력이 중, 저압이고 고속구간에 비하여 저속구간이 길거나, 아주 저속일 때(저속제어 : meter out circuit)

2 공급 유량의 변화

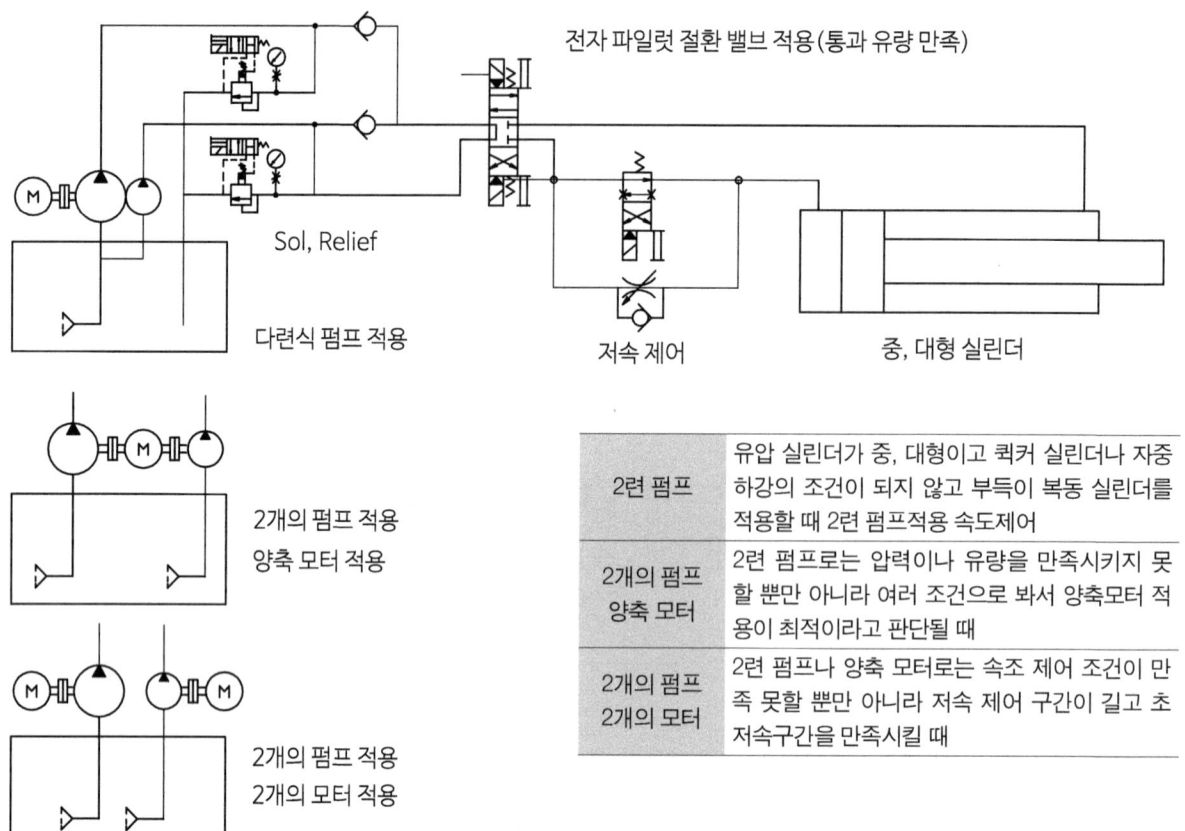

일반적으로 액추에이터의 최고 속도는 펌프의 유량으로 만족시키고 저속 구간에 펌프의 유량의 변화를 주거나 제어밸브로 유량의 변화를 주는데 비하여 Acc,를 적용하면 반대로 펌프의 유량은 저속구간에 맞추고 고속구간을 Acc, 유량으로 만족시키는 회로이다. 단, 액추에이터가 간헐적으로 동작될 때 적용한다.

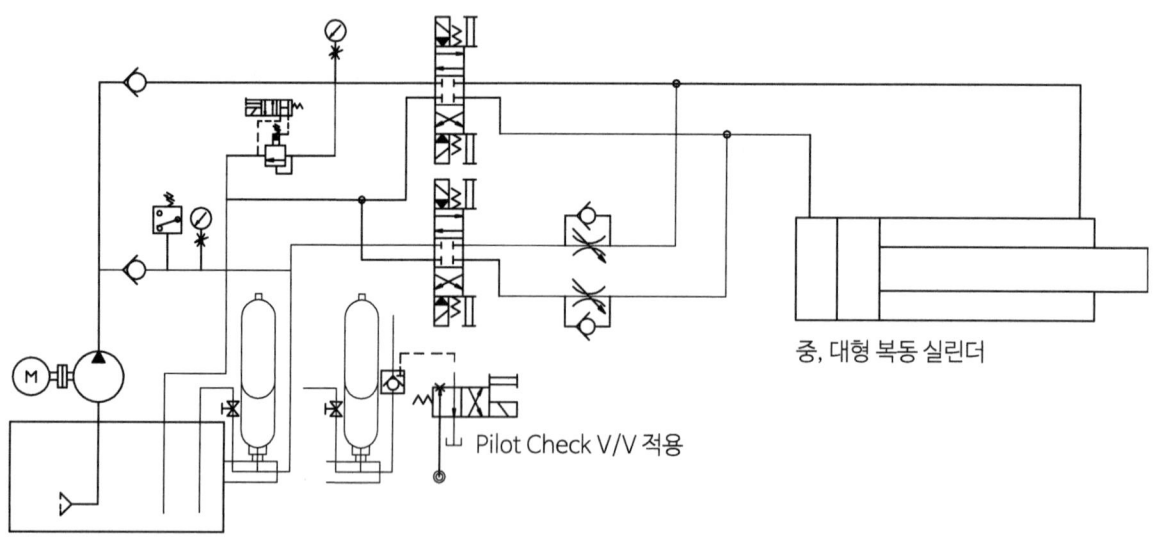

Accumulator 적용

3 실린더의 단면적 변화

1) 차동회로의 고속과 저속

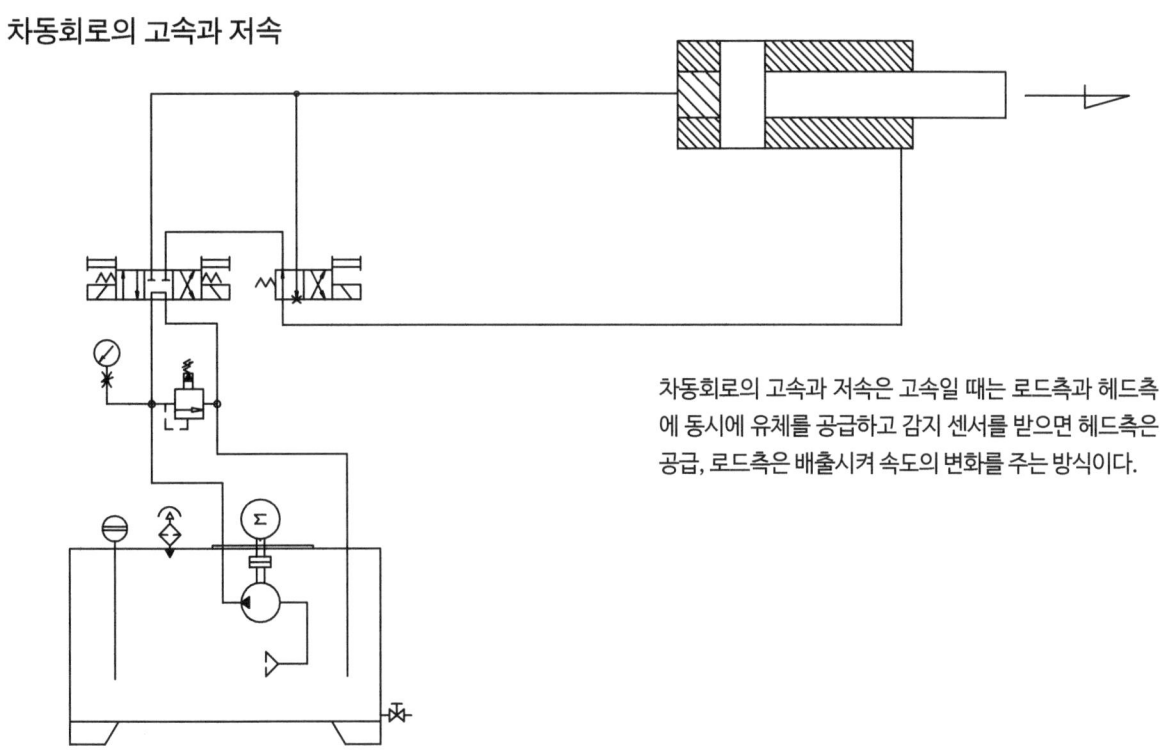

차동회로의 고속과 저속은 고속일 때는 로드측과 헤드측에 동시에 유체를 공급하고 감지 센서를 받으면 헤드측은 공급, 로드측은 배출시켜 속도의 변화를 주는 방식이다.

2) 메인 : 자중하강(단동 램 하강식)

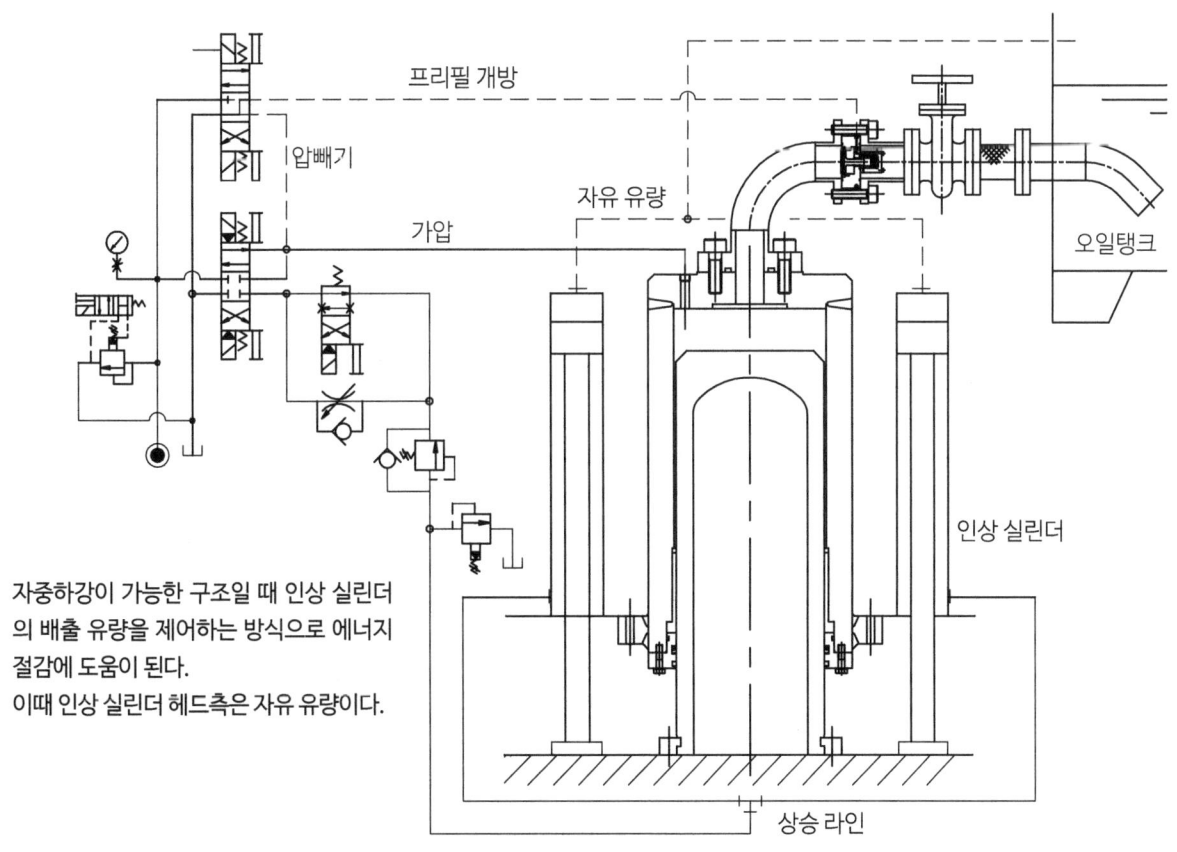

자중하강이 가능한 구조일 때 인상 실린더의 배출 유량을 제어하는 방식으로 에너지 절감에 도움이 된다.
이때 인상 실린더 헤드측은 자유 유량이다.

3) 고속상승 - 가압상승 - 하강

메인 실린더 : 단동, 보조 실린더 : 복동
메인 실린더가 자중하강이 여히치 않을 때
보조 실린더 적용 회로

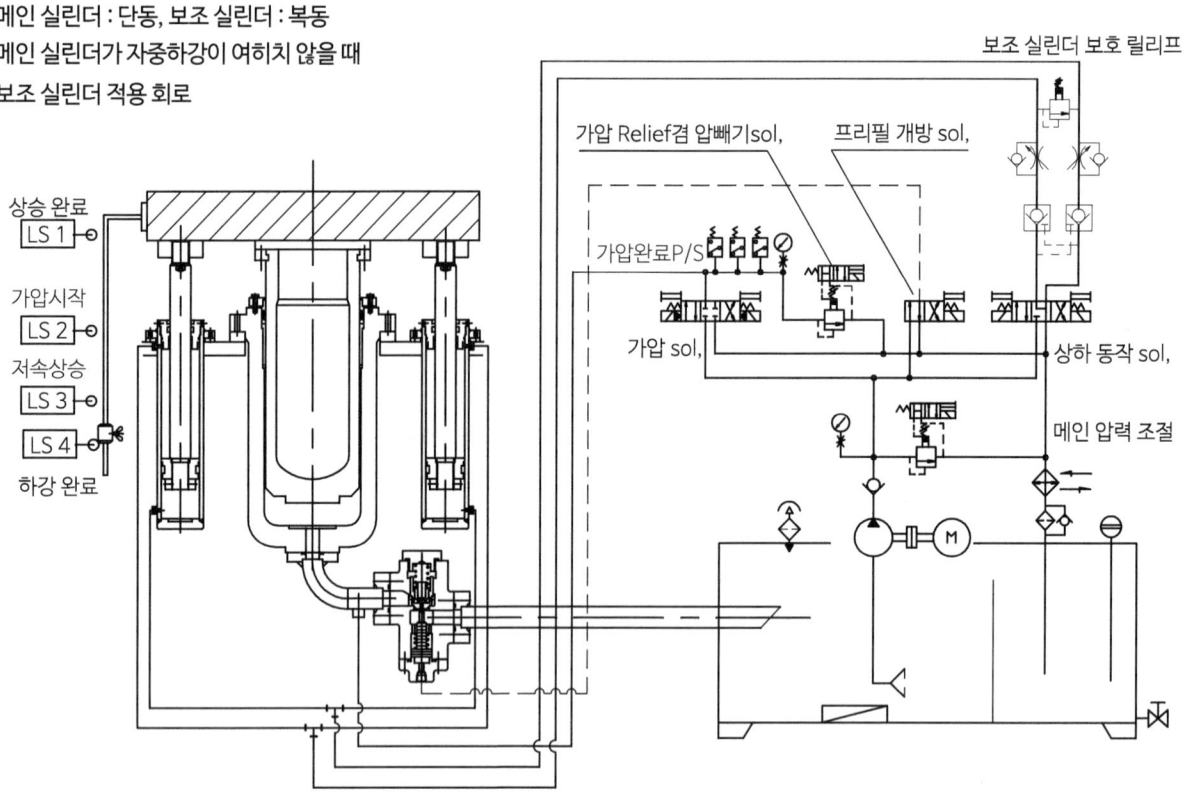

4) 고속하강 - 가압하강 - 고속 상승

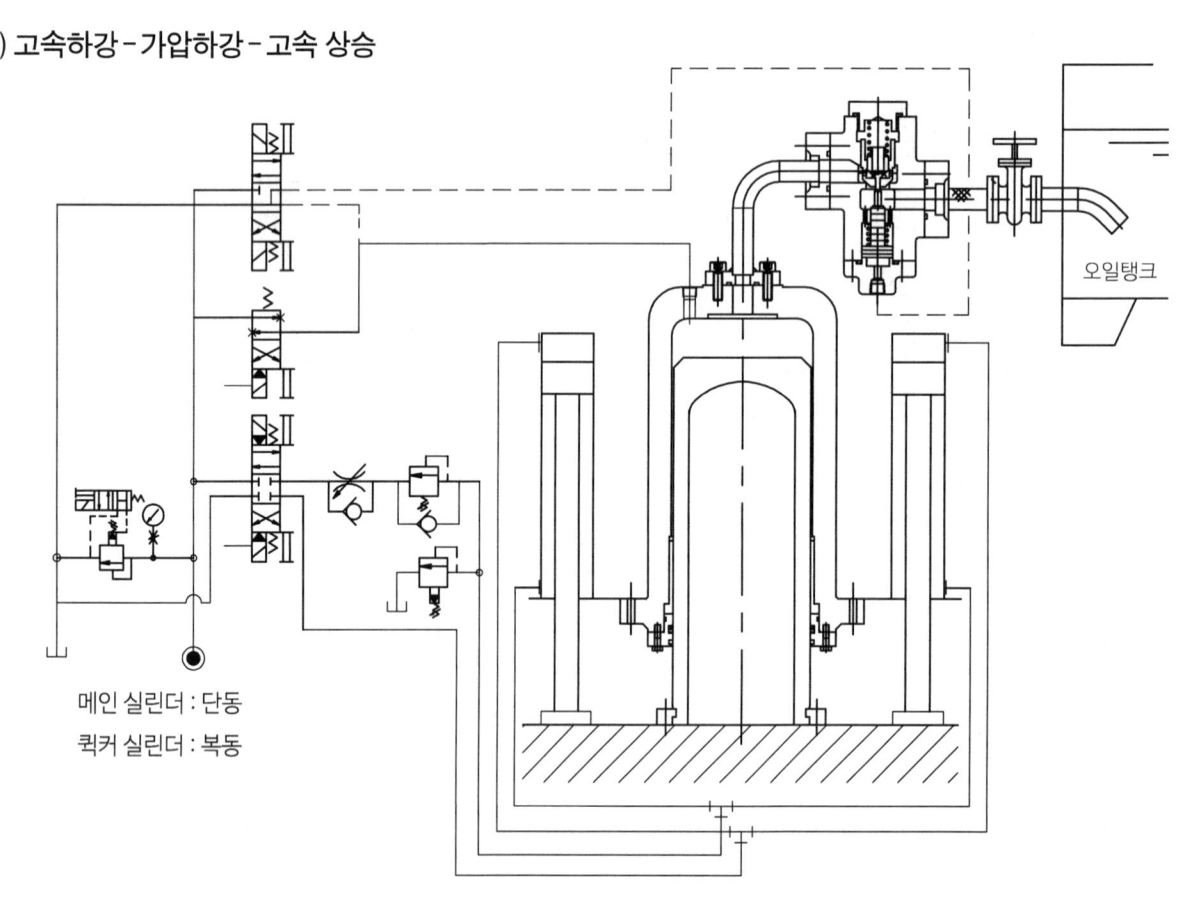

메인 실린더 : 단동
퀵커 실린더 : 복동

5) 고속전진 – 가압전진 – 후진(고속)

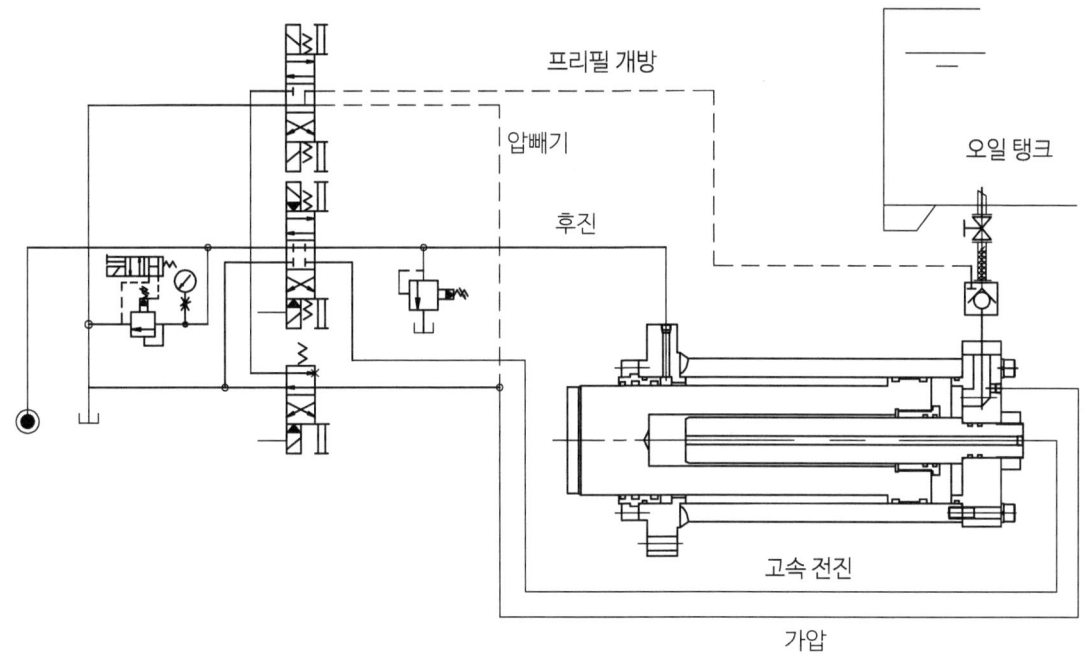

퀵커 실린더 적용이 불가하고 고속 전, 후진해야 할 이유가 충분할 때 부득이 복동 실린더 중간 부스터 내장형 유압 장치.

6) 고속전진 – 가압전진 – 고속 후진

대형 유압 실린더에 어드밴스 실린더 적용

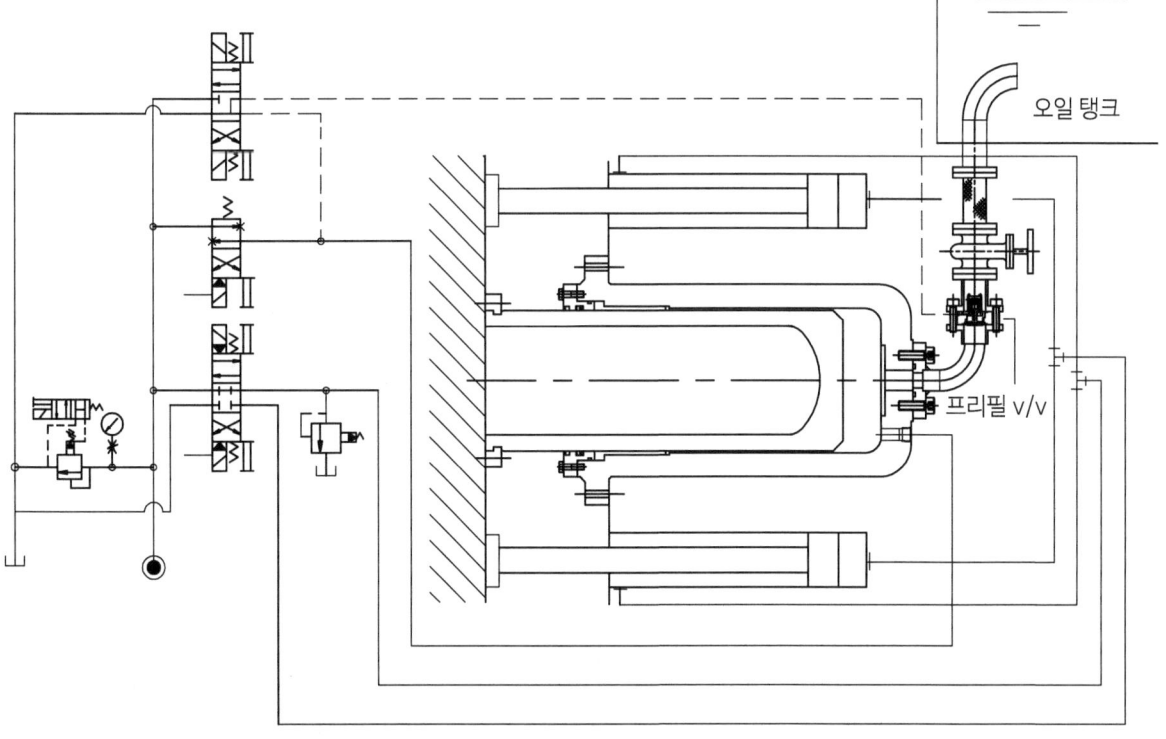

제4절 유압 회로 설계

1 유압실린더의 급속이송 및 저속이송

유압실린더가 비교적 적고 속도가 그다지 빠르지 않을 때 Solenoid Valve를 병렬 연결하여 속도 제어하는 방식이다. 급속이송 시는 SOL, Valve 2개가 동시에 작동하여 고속이송하고 설정위치 LS2에 도달하면 고속 Sol,은 중립위치로 돌아가고 저속 Sol,만 계속 여자되어 Speed Con, 조정에 따라 저속 동작하는 회로이다.

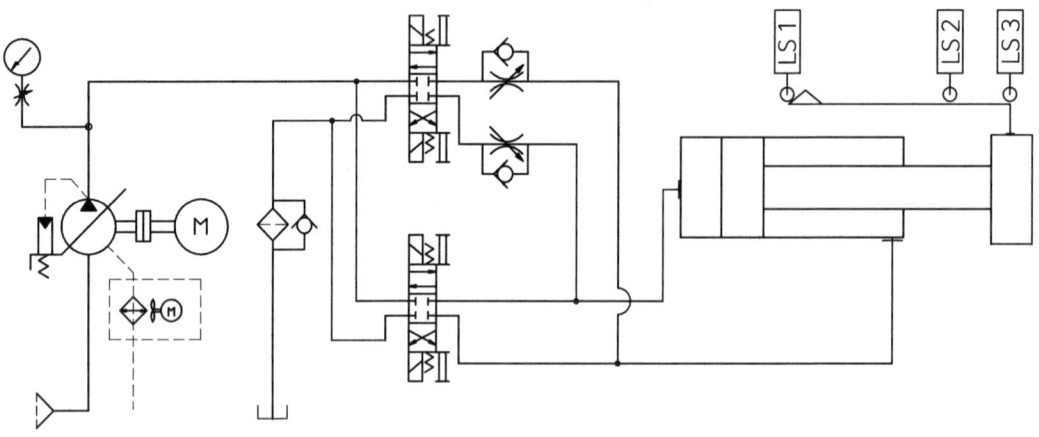

2 왜 보조실린더를 적용해야 하는가?

Main Cylinder가 대형이고 급속이송 후 가압 동작할 때 적용하는 회로이며 2련 펌프 또는 양축모터를 적용하여 2대의 펌프로는 도저히 이송속도를 만족하지 못하고 비용 또한 만만찮을 때 적용한다.

상하동작 전용 Sol,이 하강 쪽으로 동작하면 Main Cylinder가 Quicker Cylinder에 의하여 고속하강 되고 이때 상부 보조 탱크의 유압유가 Prefill Valve에 의하여 빨려 들어간다. 가압 시작 위치에(LS 2) 도달하면 가압 Sol,이 여자되고 가압 쪽으로 기름이 들어가서 저속 가압한다.

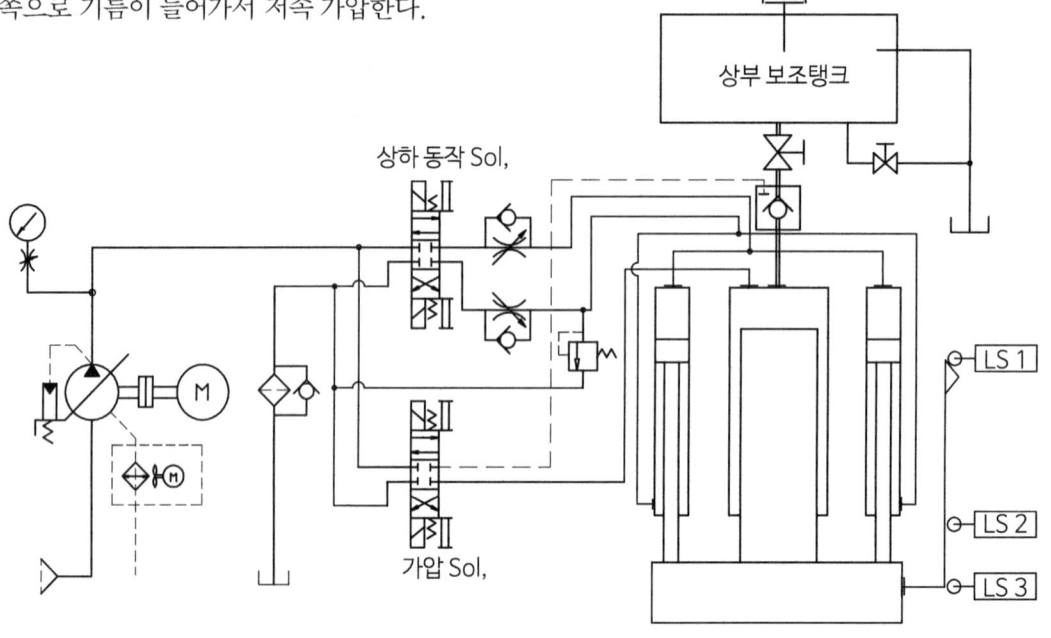

3 왜 모터 2개를 적용해야 하는가?

메인실린더는 대형이고 또다른 실린더는 아주 소형일 때 2련 펌프나 양축 모터를 적용하여 유량이나 요구하는 압력을 만족하지 못할 때 적용한다.

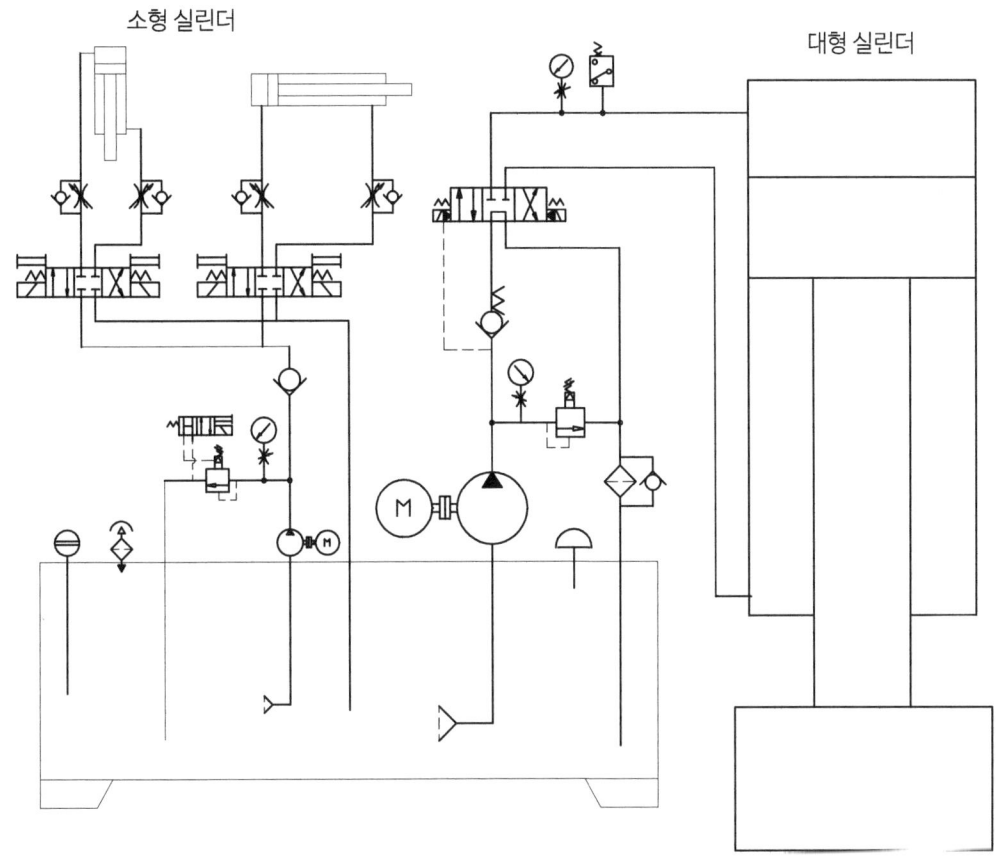

대용량 펌프로 소형 유압실린더를 동작시키면 동력 손실은 물론이고 엄청난 발열과 진동, 소음이 예상되고 모기를 잡기위해 대포로 공격하는 격이 된다.

그래서 소형 실린더 전용 펌프가 필요하다.

4 왜 2련 펌프를 적용해야 하는가?

펌프 1개로는 도저히 급속이송, 저속이송, 가압이송의 속도를 만족하지 못할 때 적용한다. 시중에 유통되는 2련 펌프는 주로 베인 펌프가 주류를 이루는데 210kg/cm² 미만으로 사용할 때 적용한다. 고속 동작할 때는 대용량 소용량 펌프가 동시에 작동하고 저속 이송 할 때는 2개 중 1대만 작동하여 나머지 1대는 탱크로 리턴되는 회로이다.

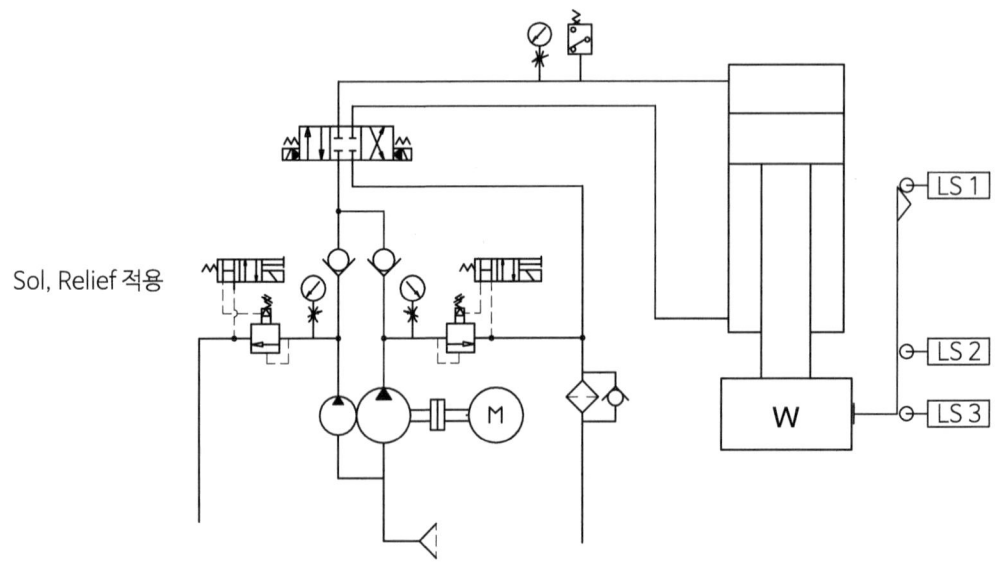

5 왜 양축모터를 적용해야 하는가?

2련 펌프로는 도저히 저압 대용량 유량과 고압 소요량 유량을 만족하지 못할 때 적용한다. 일반적으로 저압 대유량 펌프는 베인펌프, 고압 소유량 펌프는 피스톤 펌프를 많이 적용하는데 이때 펌프의 회전 방향에 주의하여 펌프를 선정해야 한다.

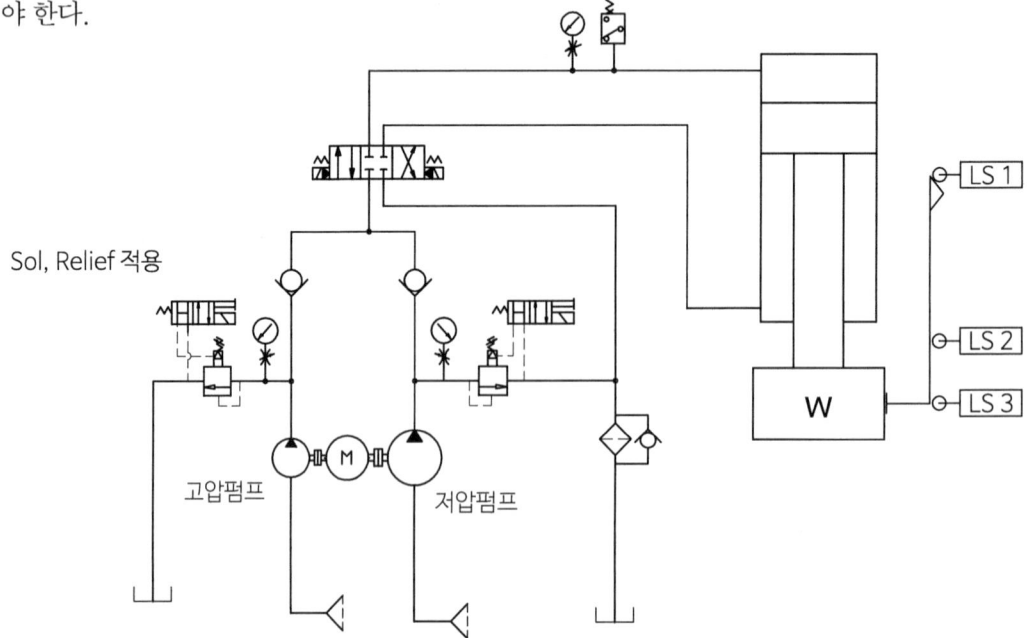

6 Sol, Relief+Sequence Valve 적용 유압 회로

1개의 모터를 사용하여 2개의 펌프를 구동시킬 때(양축 모터 포함) 사용된다.

Sequence Valve(Un Loading Valve)를 적용한 회로구성 예

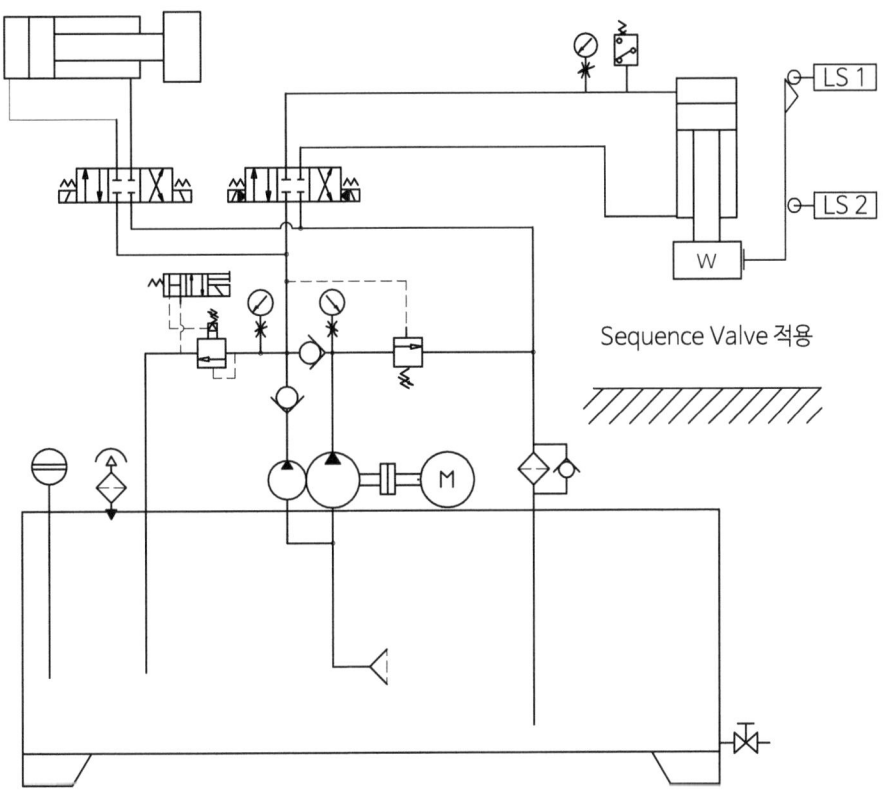

1개의 모터로 2개의 펌프를 구동시켜 Sequence Valve의 설정압력에 도달하면 대용량펌프는 Un Loading되고 소용량 펌프만 계속 가압해야 할 이유가 있을 때의 회로구성이다.

2련 펌프 사용 예

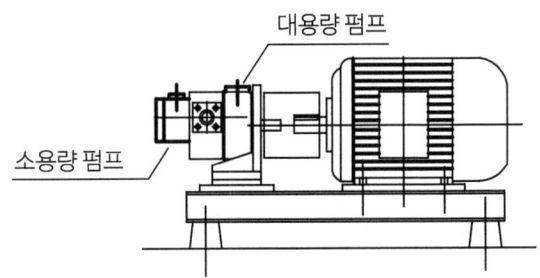

7 Sol, Relief 적용 유압 회로

1개의 모터를 사용하여 2개의 펌프를 구동시킬 때(양축 모터 포함) 사용된다.

Solenoid Relief Valve(Un Loading Relief Valve)를 적용한 회로구성 예

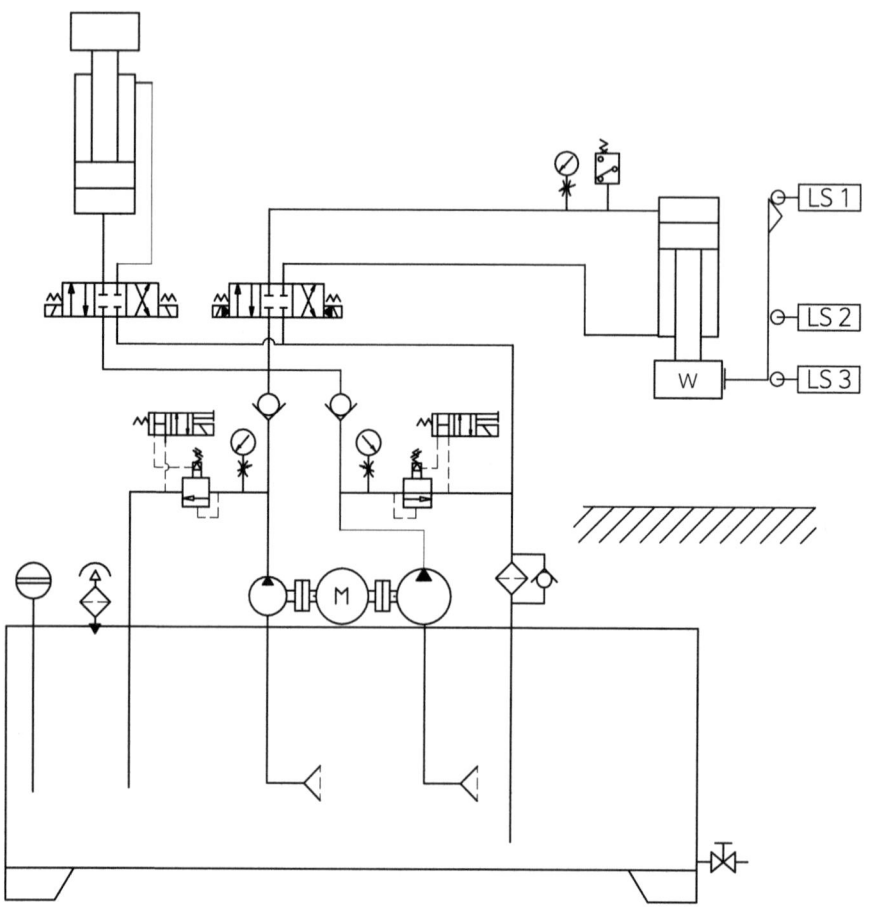

1개의 모터로 2개의 펌프를 구동시켜 LS 2 설정위치에 도달하면 전기회로 구성에 따른 Sol, Relief 동작으로 2개 중 1개만 계속 동작하여 가압해야 할 이유가 있을 때의 회로구성이다.

양축 모터 사용 예

8 유압실린더의 압빼기 회로

압빼기 회로는 실린더 내부에 압력이 걸린 상태에서 바로 절환하면 엄청난 충격이 발생한다. 따라서 절환하기 직전에 실린더 내부에 압력을 빼는 회로이다.

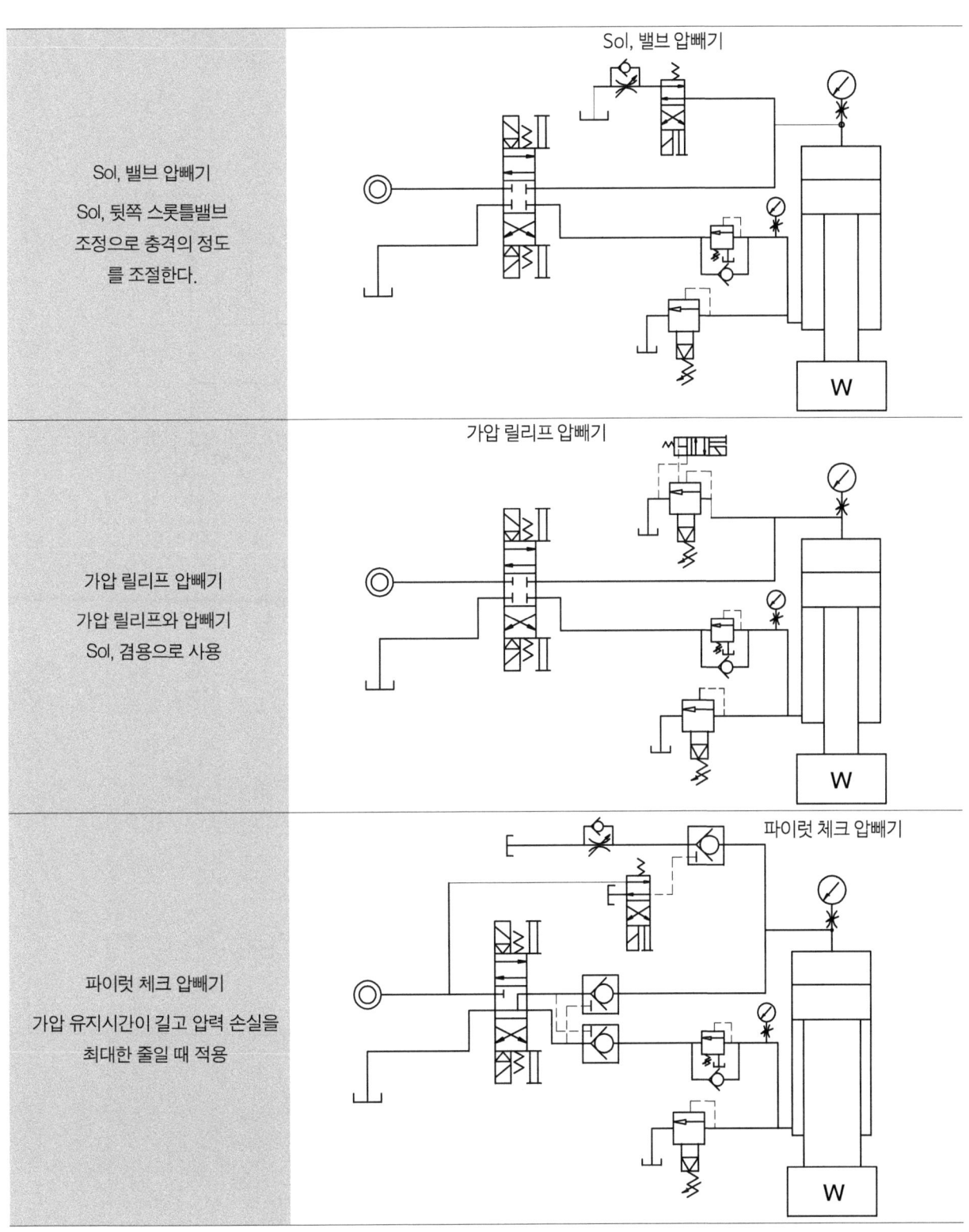

9 탱크 상부에 펌프를 탑재할 수 없을 때 유압 회로

부득이 탱크 상단에 모터를 장착할 수 없을 때 외부 흡입필터를 장착하고 게이트밸브를 반드시 장착하여 보수, 점검에 대비해야 한다. 유압실린더가 동시에 동작시키는 경우가 있고, 1개의 펌프로는 여러 가지 조건을 만족시키지 못할 때도 있다.

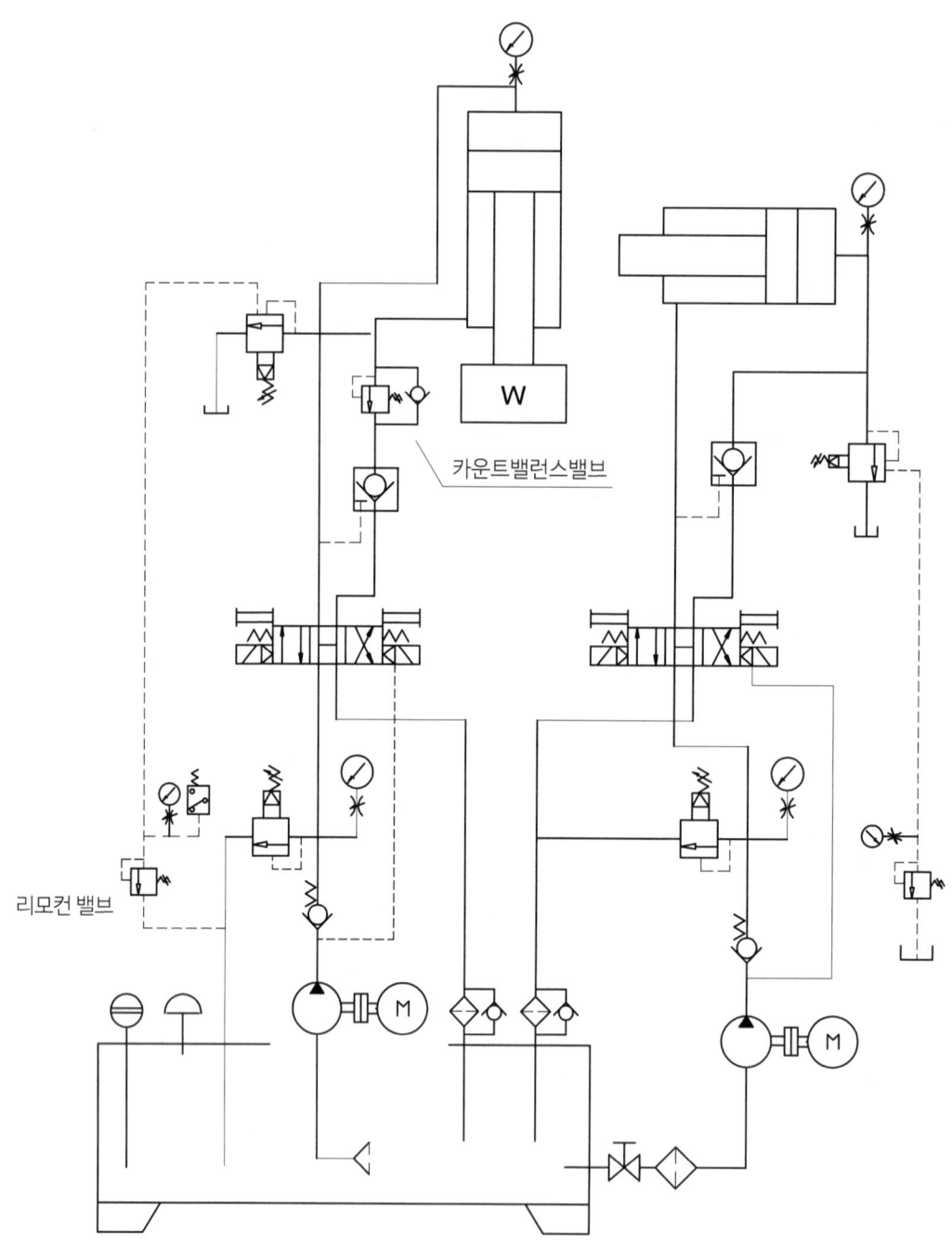

10 Deep Drawing Press 유압 회로

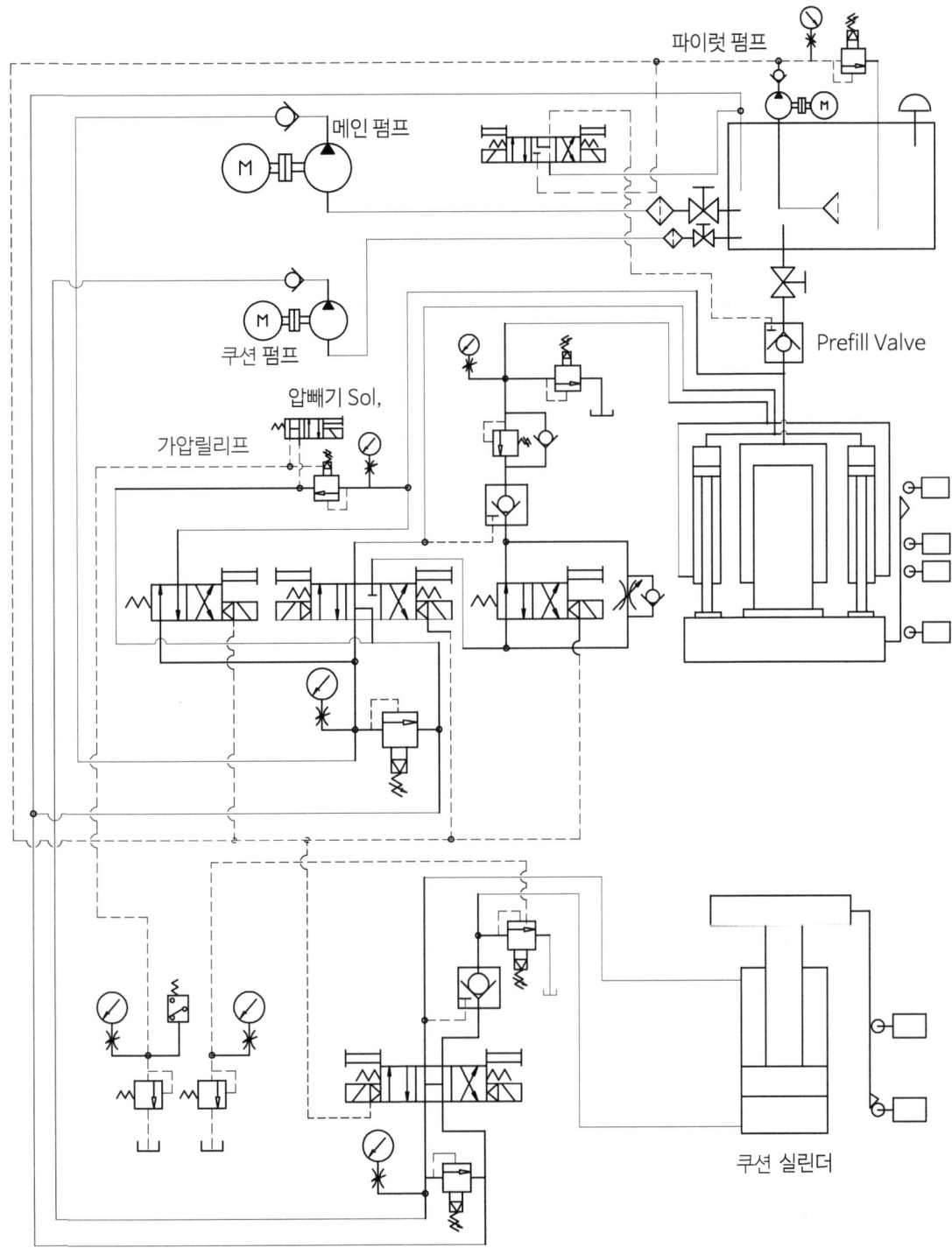

① Quick Cylinder 적용으로 고속하강시 프리필밸브에의해 메인 실린더로 작동유가 빨려들어가며 가압완료 후 압빼기밸브 적용으로 충격 방지
② 상측 실린더가 자중하강할 염려가 있어 카운트밸런스 밸브 및 Pilot Check 밸브 장착
③ 가압시 압력을 검출할 이유가 있고 조작반에서 압력을 조절할 이유가 있어 리모콘 밸브 적용
④ 상부와 하부 실린더가 동시에 작동할 이유가 있어 상, 하 전용 펌프 적용
⑤ Sol, Valve의 응답성을 고려해 별도의 Pilot Pump 적용

11 Accumulator 적용 유압 회로

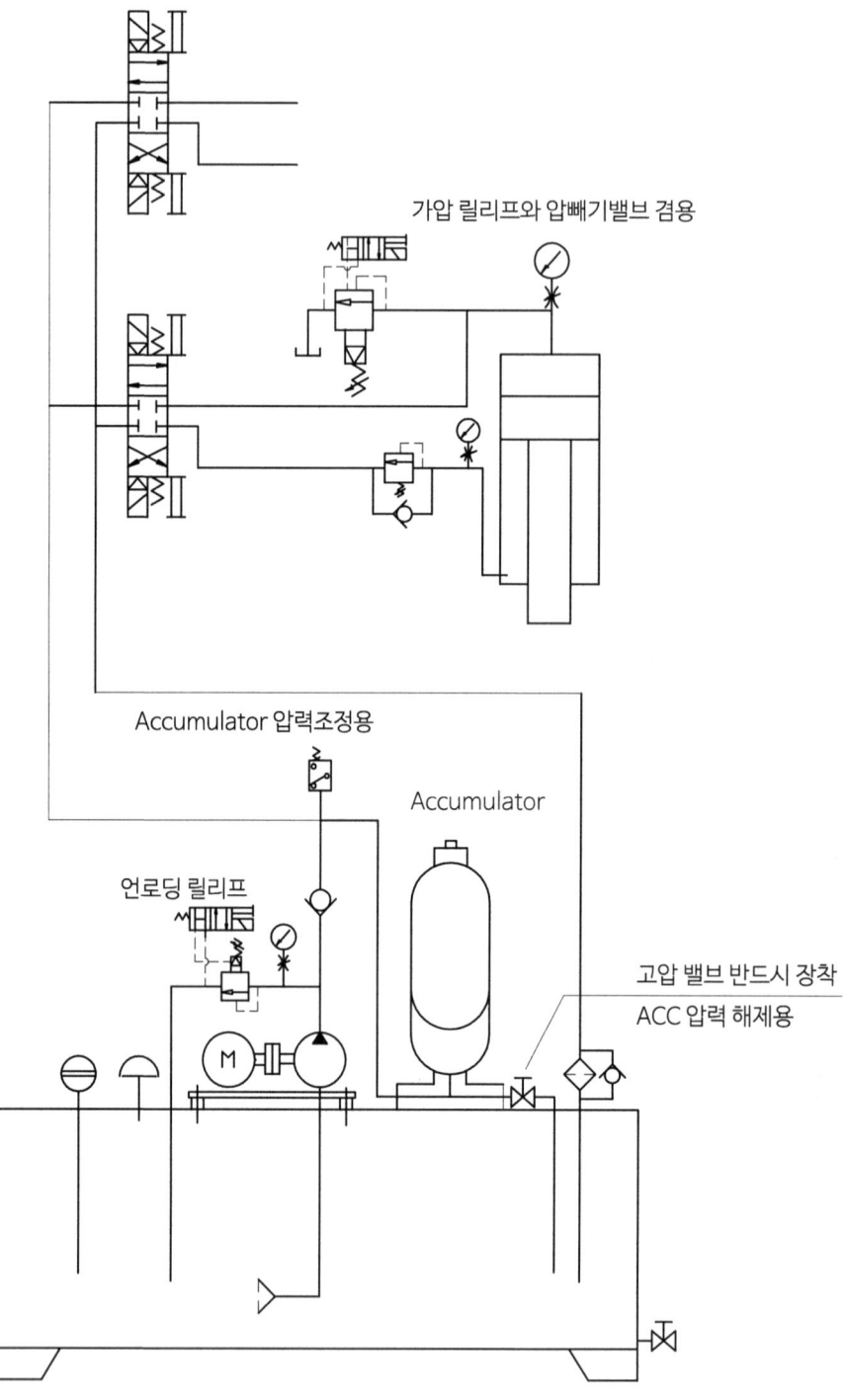

유압실린더가 동작할 때는 속도가 고속을 원하고 한번 동작 후 다음 동작할 때까지 시간이 있을 때(어큐뮤레이터에 유압유를 충진할 수 있는 시간)

펌프 토출 측에 어큐무레이터 설치하여 압력유를 저장하며 동작시에는 저장된 압력유와 펌프 토출 유량을 동시에 사용하므로 적은 유량 펌프로 고속으로 동작시킬 수 있다(에너지절감 효과).

12 유압실린더의 동조

유압실린더의 동조장치

유압실린더의 동조장치는 2개 이상의 유압실린더를 장착하여 동시에 같은 방향, 같은 속도로 동작해야 할 이유가 있을 때 여러 가지 형태로 구성해 보는 구조 또는 회로구성으로 다음과 같다.

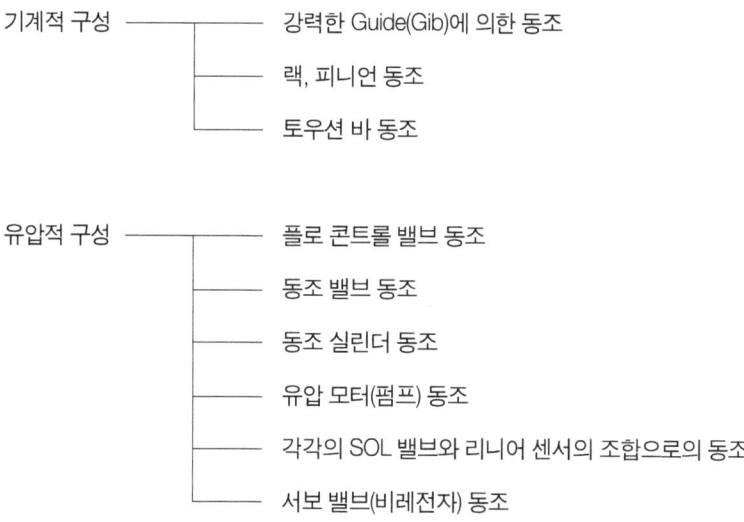

1) 기계적 구성

2개의 실린더 간격이 좁고 강력한 guide(gib)에 의한 동조

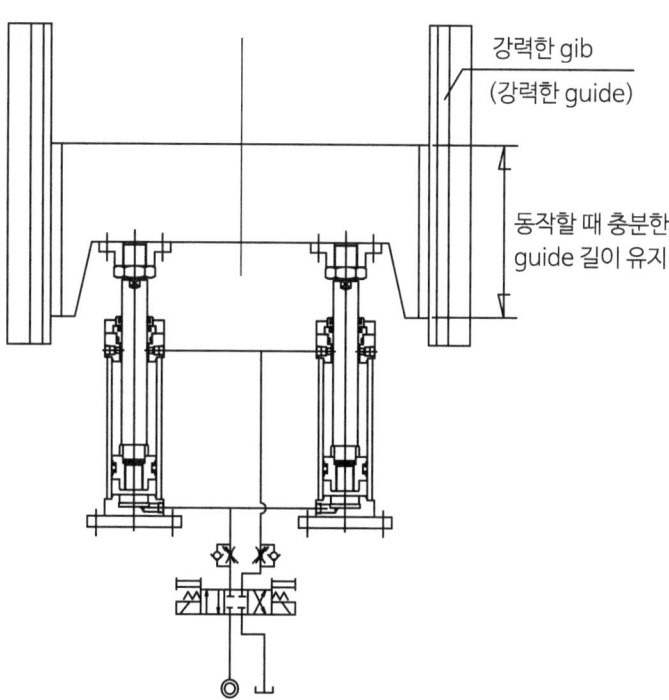

2) 랙, 피니언 기어 동조

실린더 간격이 넓고 guide(gib)로 동조로는 한계가 있을 때

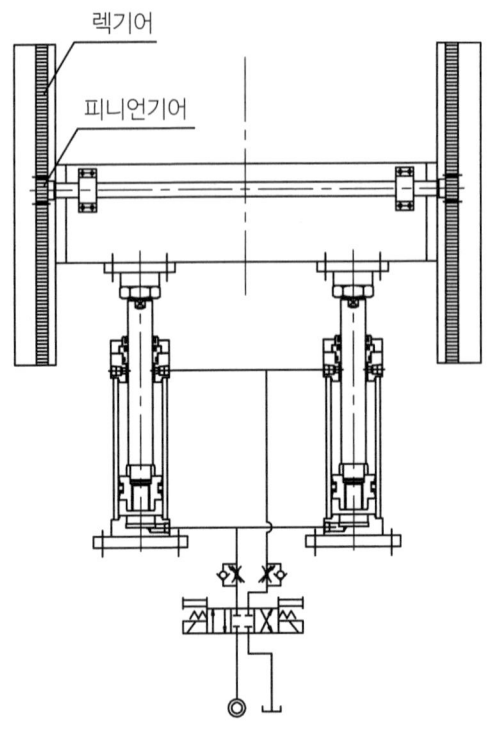

3) 토션 바(Torsion Bar) 동조

2개의 실린더가 1개의 회전축에 연결시켜 동조시키는 구조

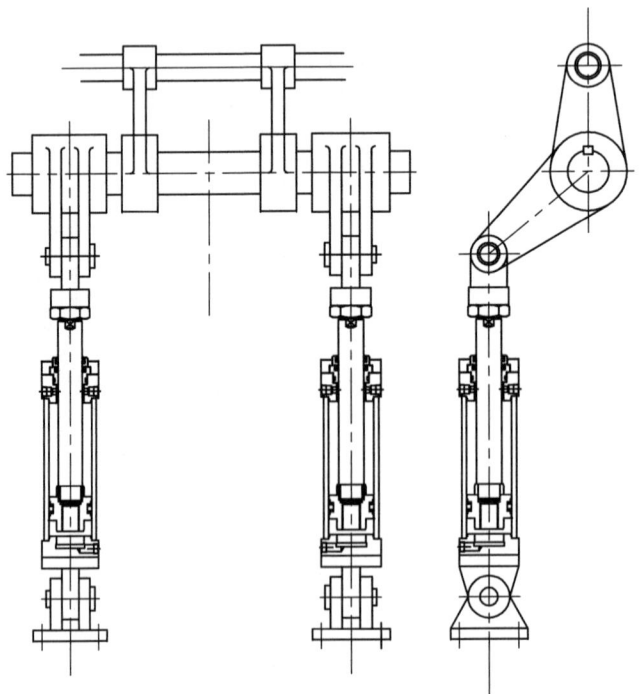

4) 속도조정 밸브 동조

1개의 방향전환 밸브에 각각의 속도조정 밸브의 조합으로의 동조

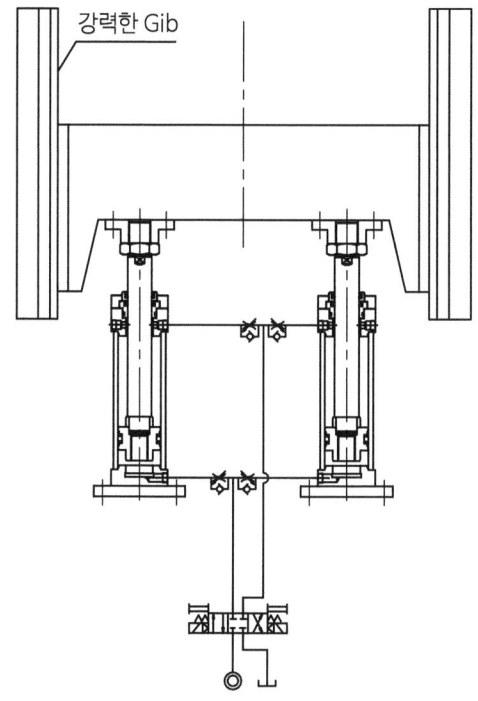

5) 동조 밸브 동조

1개의 방향전환 밸브에 동조밸브의 조합으로의 동조

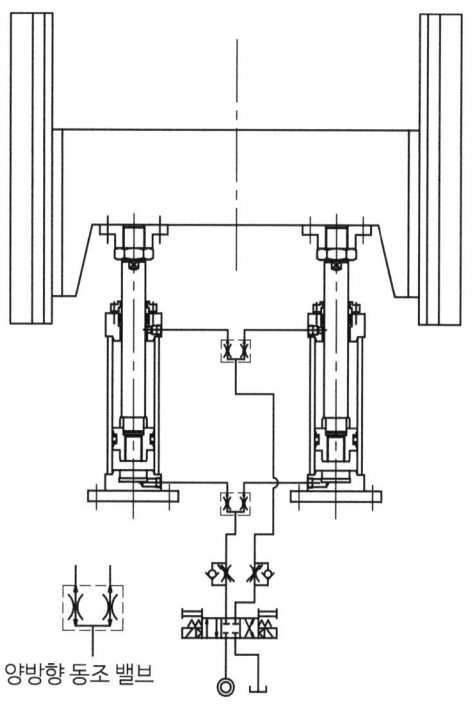

6) 유압펌프 동조

2개의 펌프를 동시 구동 시켜 각각의 방향전환 밸브를 작동시켜 동조시키는 회로

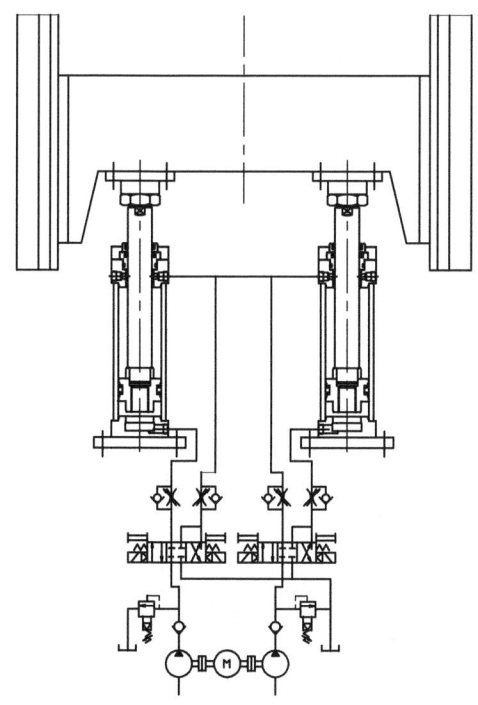

7) 유압모터 동조

1개의 방향전환 밸브에 2개의 유압모터를 연결하여 회전시켜 동조시키는 회로

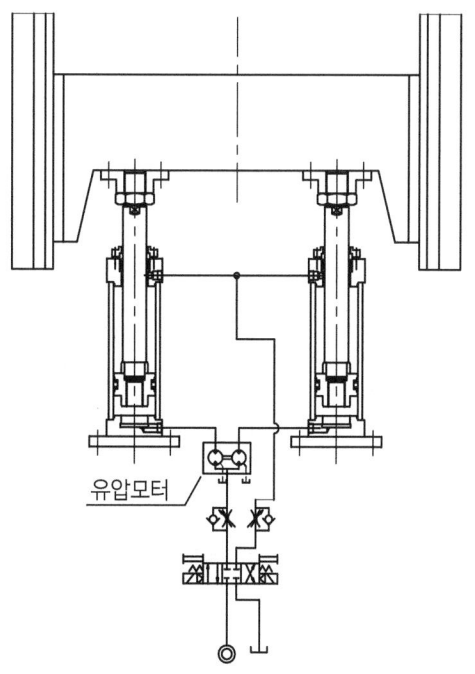

8) 센서감지 동조

실린더에 각각의 센서를 장착하여 각각의 방향전환 밸브를 절환시켜 동조시키는 구조

실린더에 각각의 위치감지센서를 장착하여 고속 카운터에 의하여 각각의 위치를 전기적으로 확인하여 SOL 밸브 동작으로 동조시키는 구조

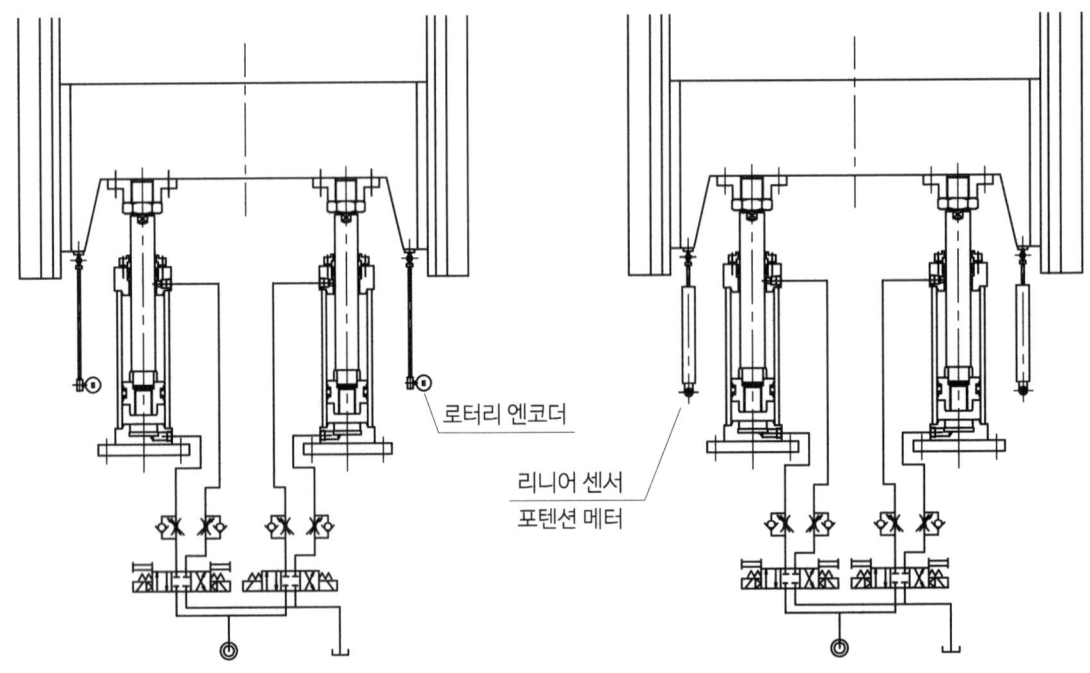

9) 비례전자 밸브 동조

각각의 실린더 위치를 피드백 받아서

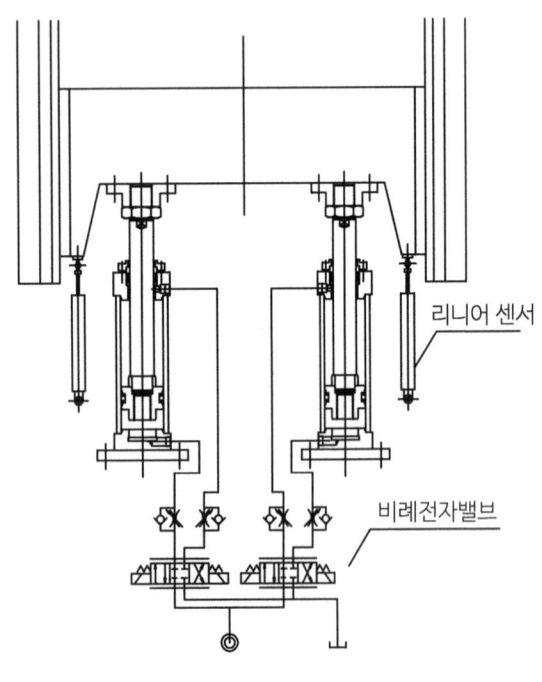

10) 양로드 실린더 동조

양로드실린더 적용으로 같은 단면적을 이용하여 동조시키는 회로

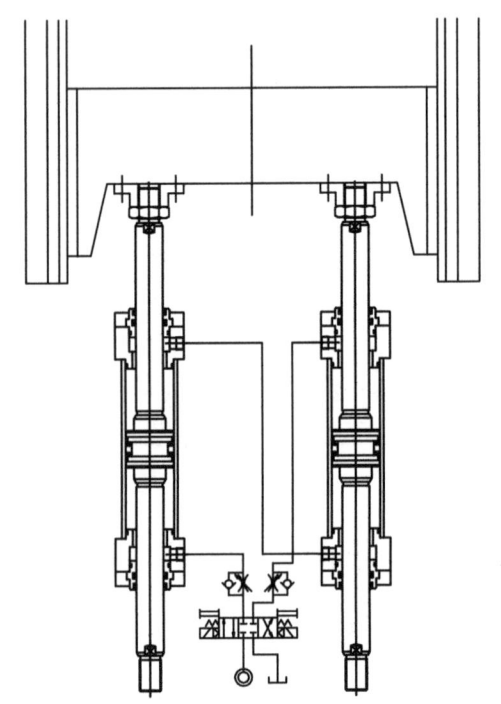

13 자동차 폐차기계 Rack Gear 동조 장치 개념도

랙 기어 동조장치에 힘의 한계를 벗어나는 경우를 대비해 Sol, Valve 각각 장착하여 비상시를 대비한 회로

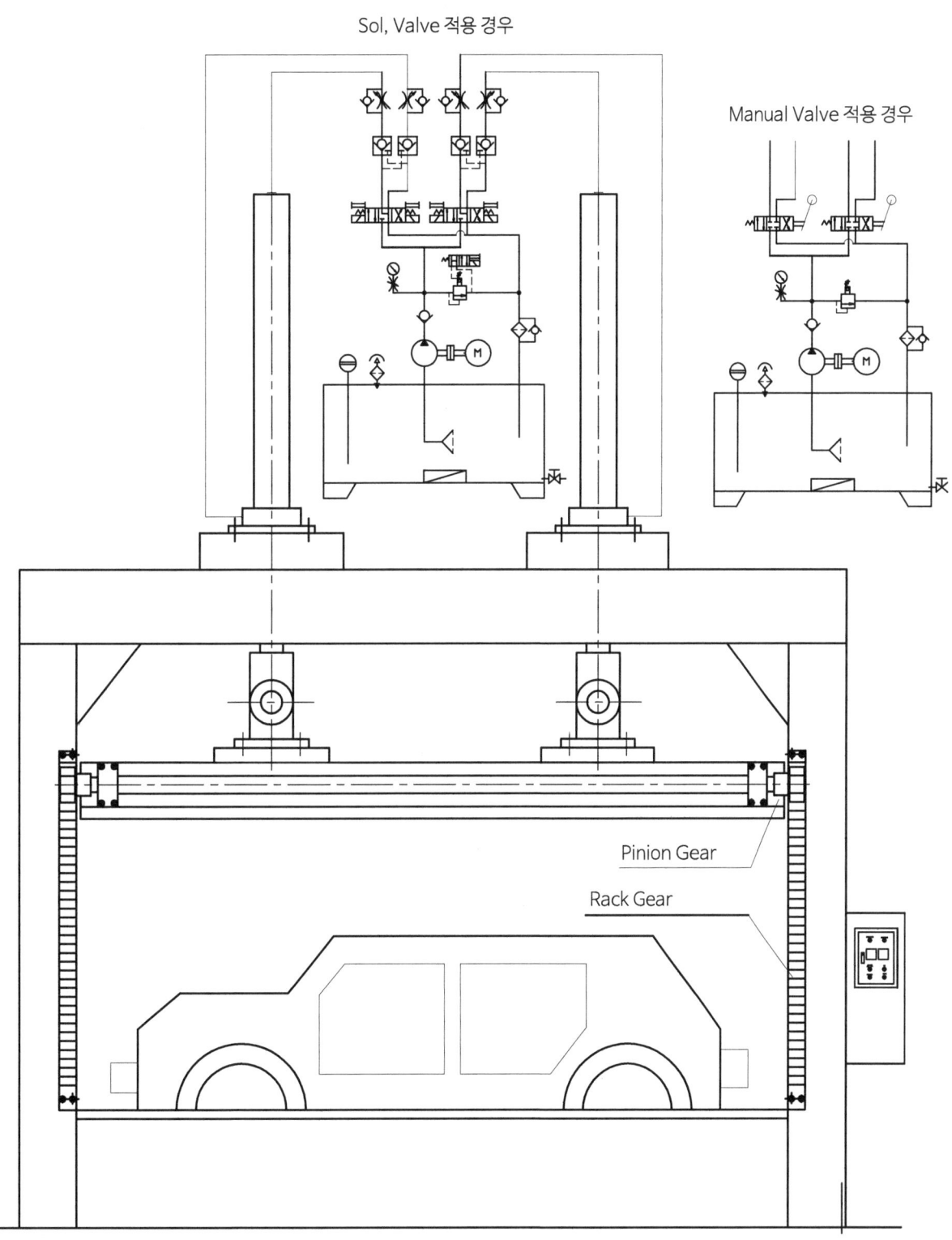

14 가운데 부스터 실린더 내장형 유압회로

메인램 내부에 보조실린더가 내장하여 고속 하강되고 설정위치에 도달하면 가압하강하는 회로이다.

고속하강시 프리필밸브에 의하여 상부 보조 탱크 작동유가 빨려 들어가며 가압 완료 후 상승 직전에 압빼기하고 고속 상승하는 회로이다.

작업자 조작위치에 리모컨, 밸브 설치하여 작업자 조작위치에서 압력조정 가능하다.

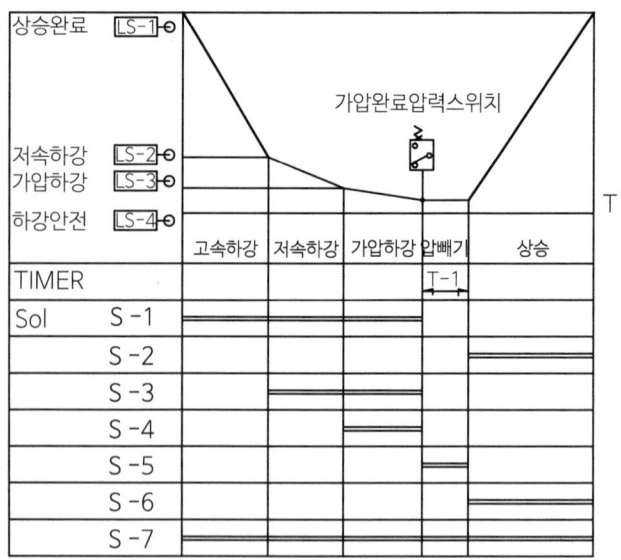

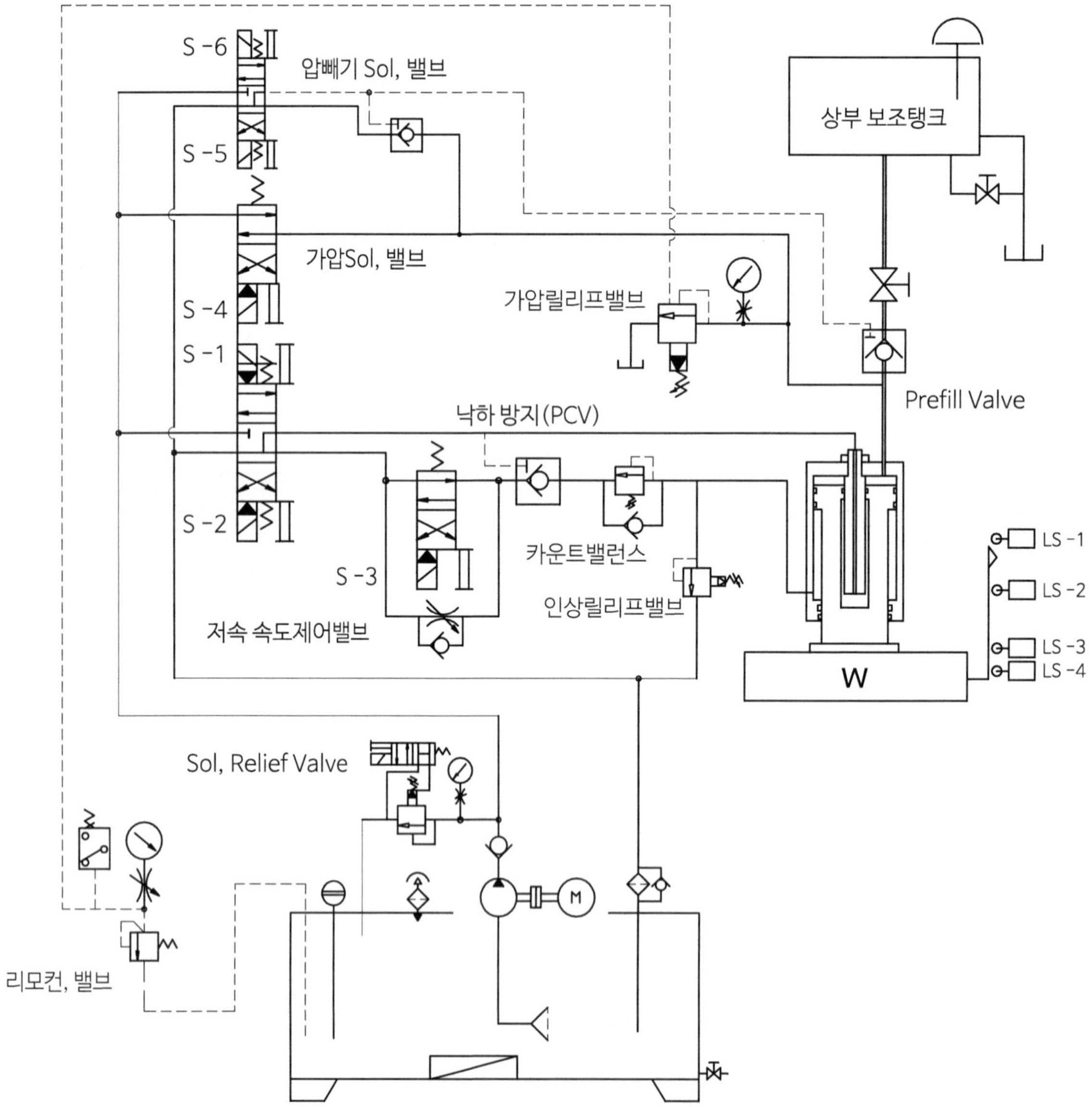

15 Shearing Machine 유압 회로도

Shearing Machine이 대형이고 속도를 빨리 해야 하는 경우이다. 유압펌프를 2련 펌프를 사용하여 구성된 회로이다.

우측 로드측 단면적 A = 좌측 헤드측 단면적 a

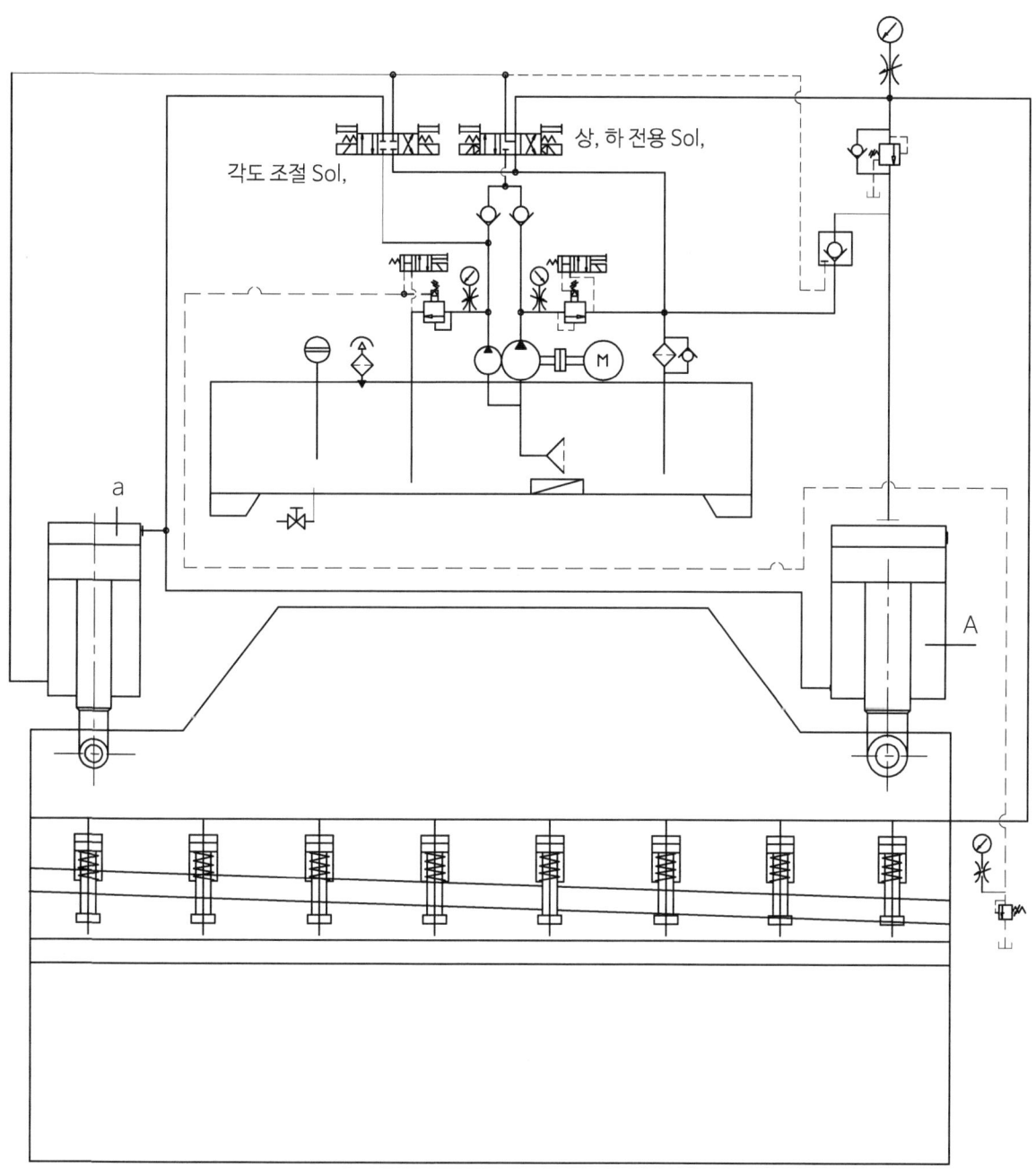

Shearing Machine은 좌우 실린더가 동조를 해야 하며 또한 각도 조정도 돼야 하는 특수성을 가진다. 동조 방식은 실린더 동조이다. 따라서 우측 로드측 단면적 A와 좌측 헤드측 단면적이 같아야 된다(A = a).

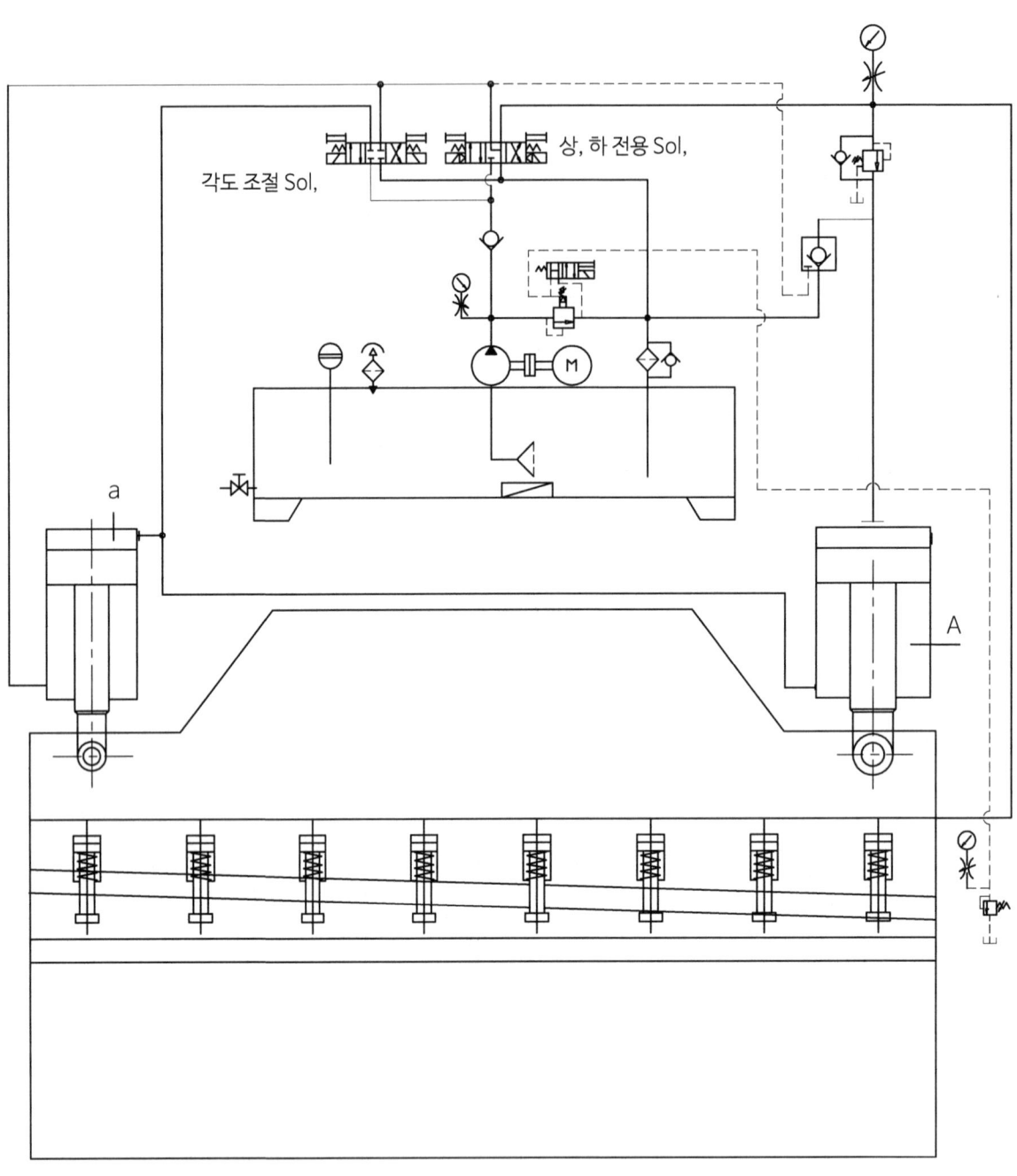

16 PRESS BRAKE(절곡기) 유압 회로도

절곡기는 절곡하기 직전까지 고속하강하고 가압 센서를 받으면 저속으로 가압하강해서 절곡완료 위치센서나 압력센서를 받고 압빼기 후 상승한다.

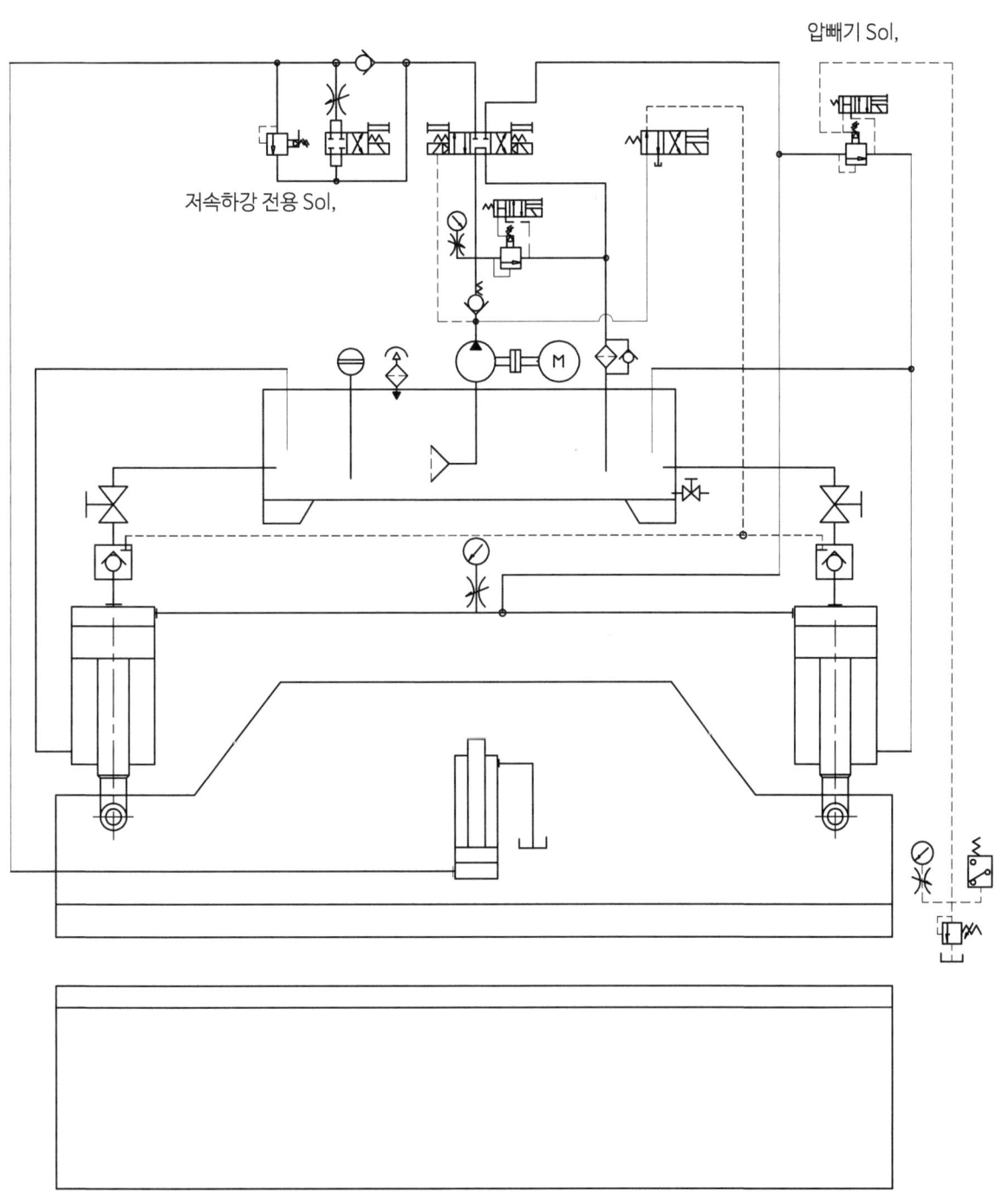

17 10톤 유압 크레인 유압 회로도

NO	DESCRIPTION	MODEL NO.	Q'TY
1	HYDRAULIC OIL TANK	300L	
2	HYDRAULIC OIL PUMP	GXPO-AOC35CF	
3	ELECTRIC MOTOR	25KWx4Px∅3x380VAC	
4	COUPLING	6022	
5	RETURN FILTER	RFMBN/HC165G20EB1	
6	AIR BREATHER	SAP-06(3/4")	
7	LEVEL GAGE	PLT-3(OLGT-254)	
8	SUCTION STRAINER	SH-SE-10(1 1/4")	
9	DRAIN VALVE	BV25A-10K	
10	CHECK VALVE	CIT-06	
11	LOCAL CONTROL VALVE	PVG32-4	
12	PRESSURE GAGE	A60X400K	
13	STOP VALVE	100.019-1/4PF	
14	LUFFING CYLINDER ASSY.	190*130*1247ST	
15	LUFFING BLOCK ASSY.		
16	KNUCKLE CYLINDER ASSY.	190*130*979ST	
17	KNUCKLE BLOCK ASSY.		
18	TEL. CYLINDER ASSY.	100*55*1100ST	
19	TEL. BLOCK ASSY.		
20	SLEWING MOTOR	GXMO-AOC30CF	
21	SLEWING BLOCK ASSY.		
22	ROTARY JOINT	T04-3E	

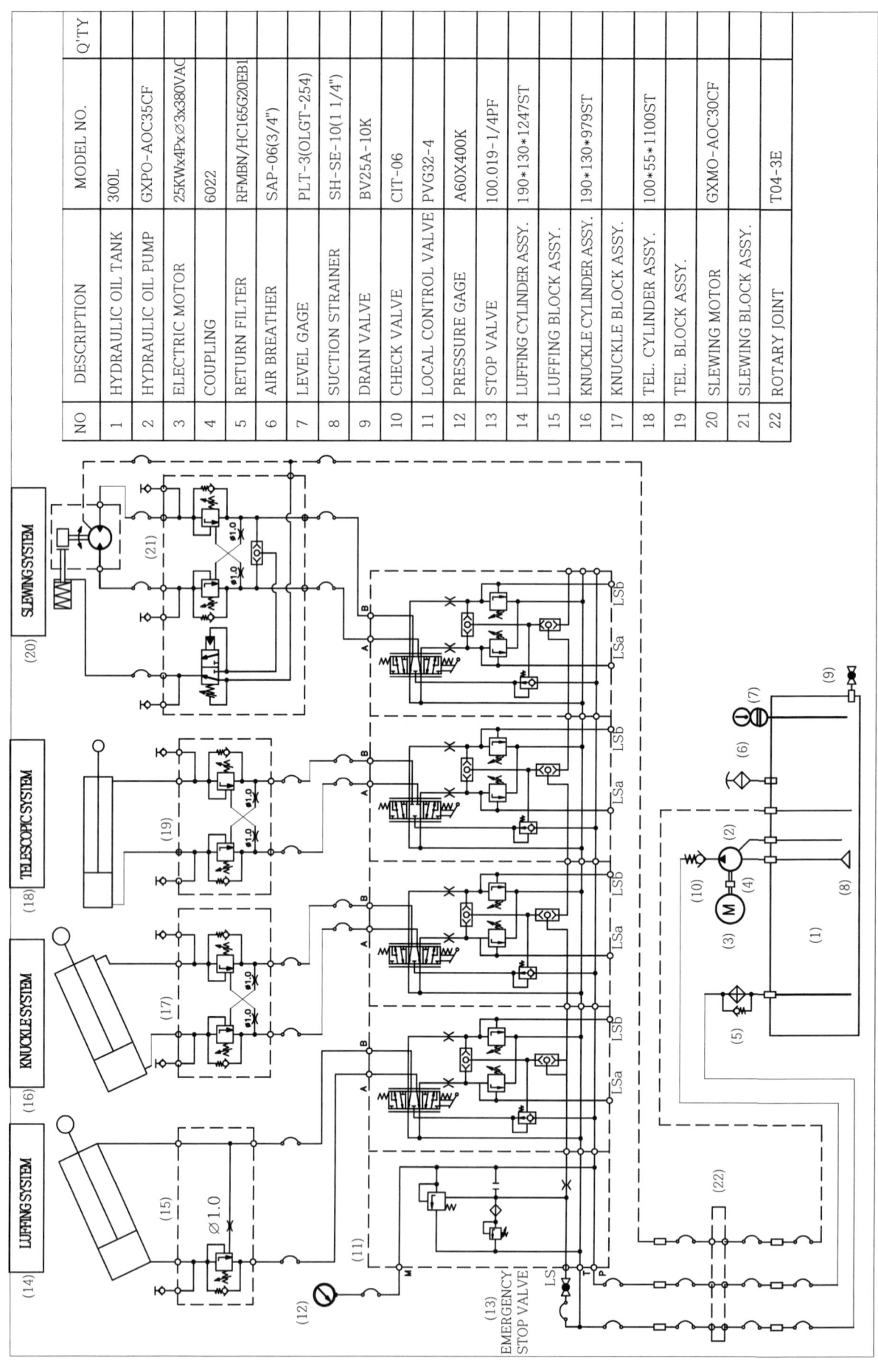

18 사출성형기 유압 회로도

제5장 유압 회로의 구성 및 설계

Deep Drawing Press 유압 회로 실무 예

여러 종류의 유압프레스가 있지만 제품의 생산 조건이 까다롭고 유압회로가 복잡하여 기계사양의 결정부터 기계구조, 회로설계 전기장치 설계까지 개념도를 구성해 본다.

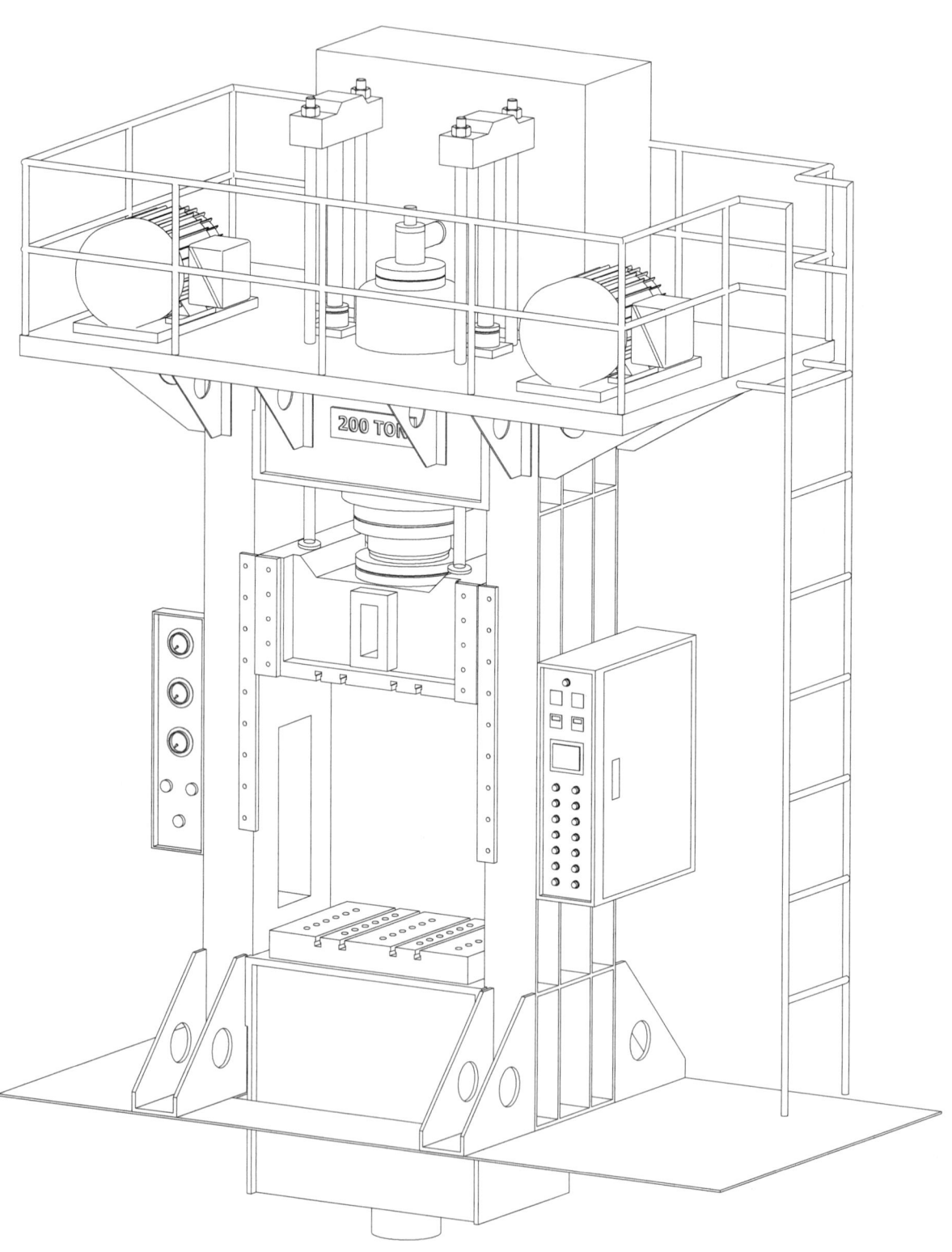

200 Tons Deep Drawing Press Specification 예

	Deep Drawing Press Specification		
	Press Force	Tons	200
	Max. Working Pressing	kg/cm^2	210
	Open Height	mm	1,000
	Shut Height	mm	500
	Stroke	mm	500
Speed	Downwards	mm/sec	150
	Pressing	mm/sec	15
	Upwards	mm/sec	150
Die Cushion	Force	Tons	70
	Stroke	mm	300
	Speed Upwards	mm/sec	70
	Speed Downwards	mm/sec	100
Table	Bolster	mm	1,200*1,000
	Slider	mm	1,100*900
	Cushion Ped	mm	800*600
Motor	Main	Kw	37
	Cushion	Kw	15
	Pilot	Kw	2.2
Pump	Main	L/min	120(A7V107)
	Cushion	L/min	100(45V35)
	Pilot	L/min	20(PVB6)
Power	Main		380V*3/60Hz
	Control		220V*2/60Hz
	Light		220V*2/60Hz
Oil Tank	Volume		1,200
	Fluid		ISO VG # 68
Safety Device	Slide Locking Device(2 set)		
	Button S/W		
	Safety Block(2set)		
	Operation Method		1Cycle Auto & Manual

Deep Drawing Press Sequence Diagram

S-7 Sol은 초기상태 쿠션 하강할 때만 여자됨(Knock Out 하강용).

LS-8 리미트는 프레스 수리 또는 장시간 정지시에 볼스타와 프레싱블록 사이에 받침용 안전바 해제 확인용 리미트임. 따라서 LS-8 리미트를 받지 않으면 어떤 동작도 할 수 없다.

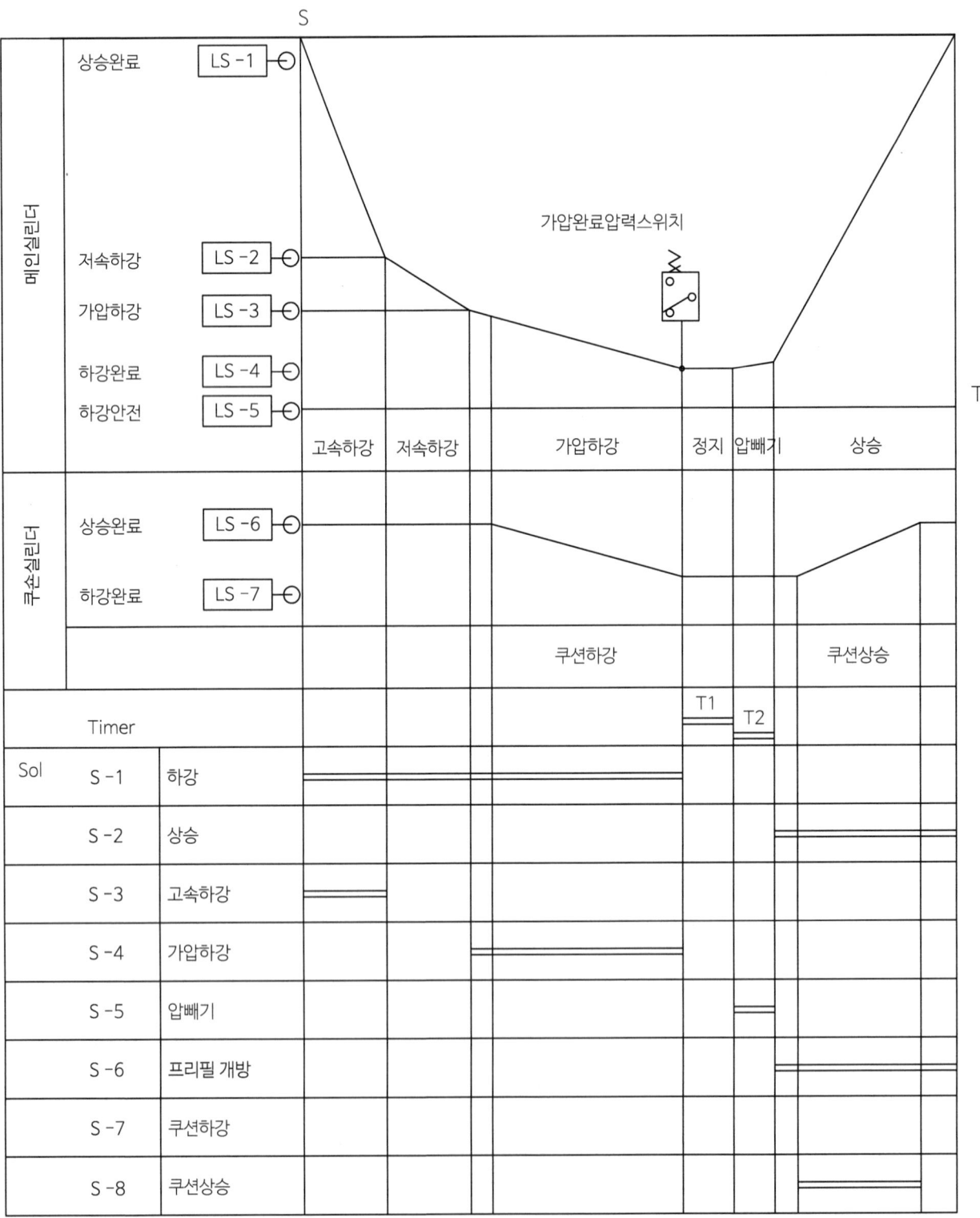

Deep Drawing Press 유압 회로 설계 예

Deep Drawing Press 기능

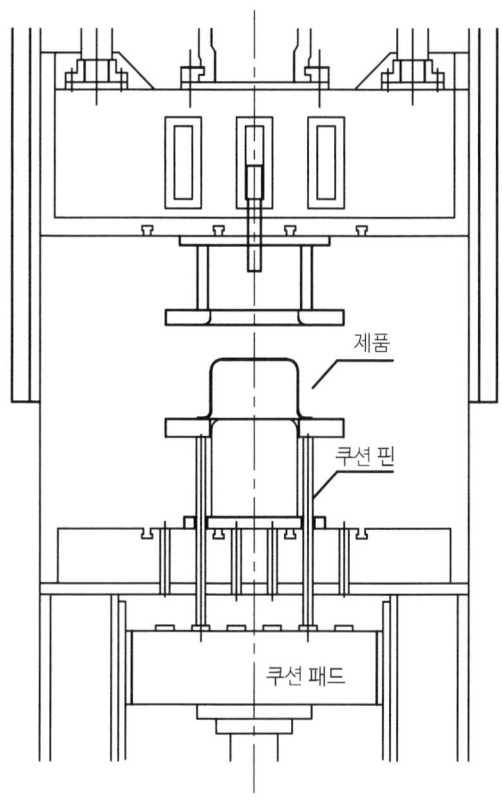

① Drawing 기능
 메인 실린더의 동작으로 쿠션 실린더가
 설정압력에 따라 밀려내려 가면서
 드로윙 하는 기능

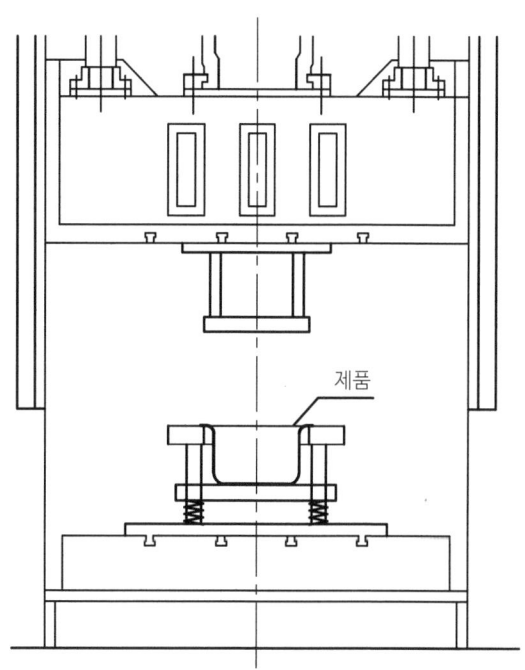

② Trimming 기능
 쿠션 실린더는 사용하지 않고
 메인 실린더만 사용하여 단순
 유압프레스 역할만 하는 기능

③ Knock Out 기능
 벤딩이나 절곡등 상부 실린더가
 작업한 제품을 쿠션 실린더로
 Knock Out 하는 기능

Deep Drawing Press 유압 회로도

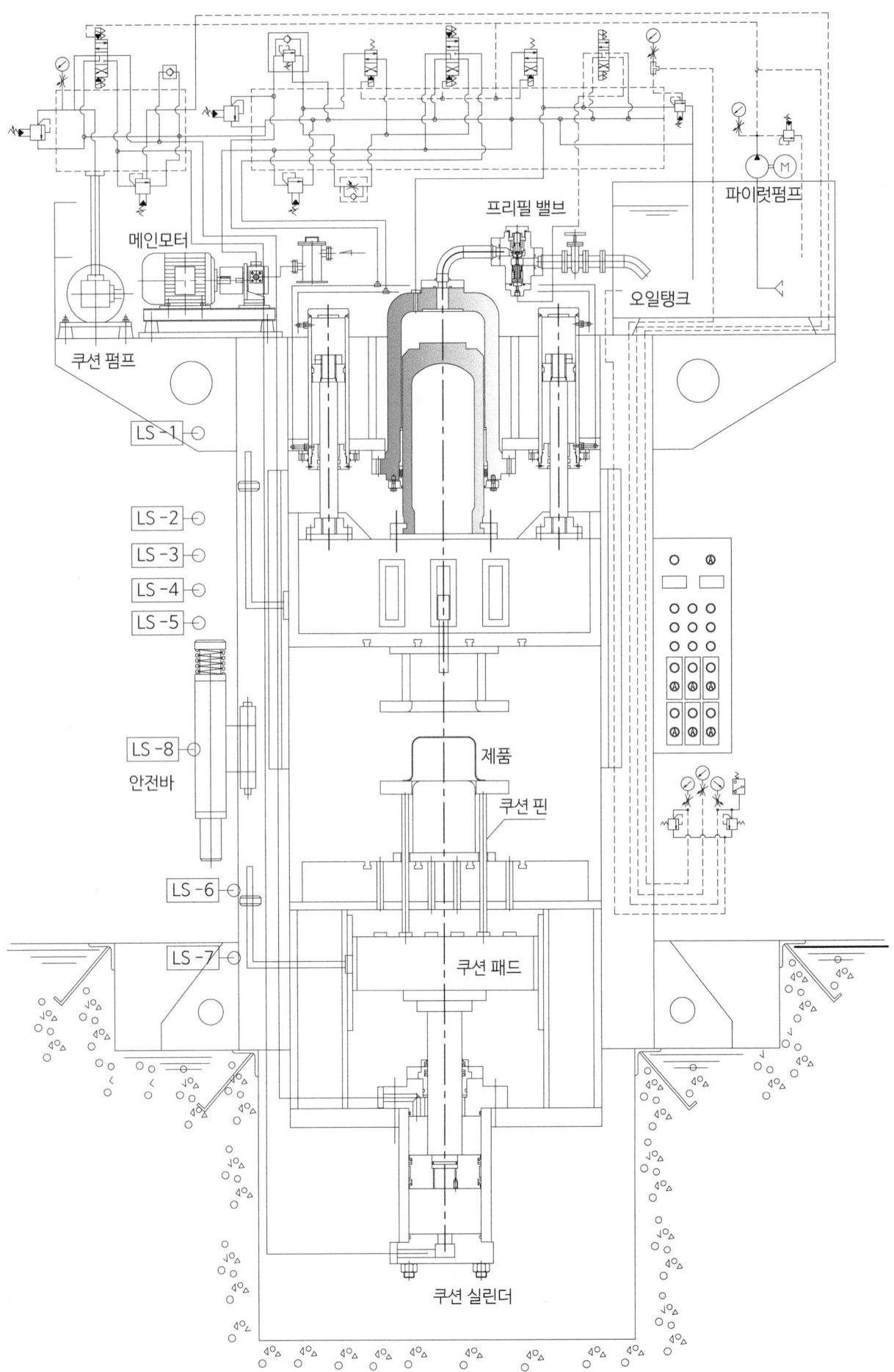

Deep Drawing Press 유압 개념도

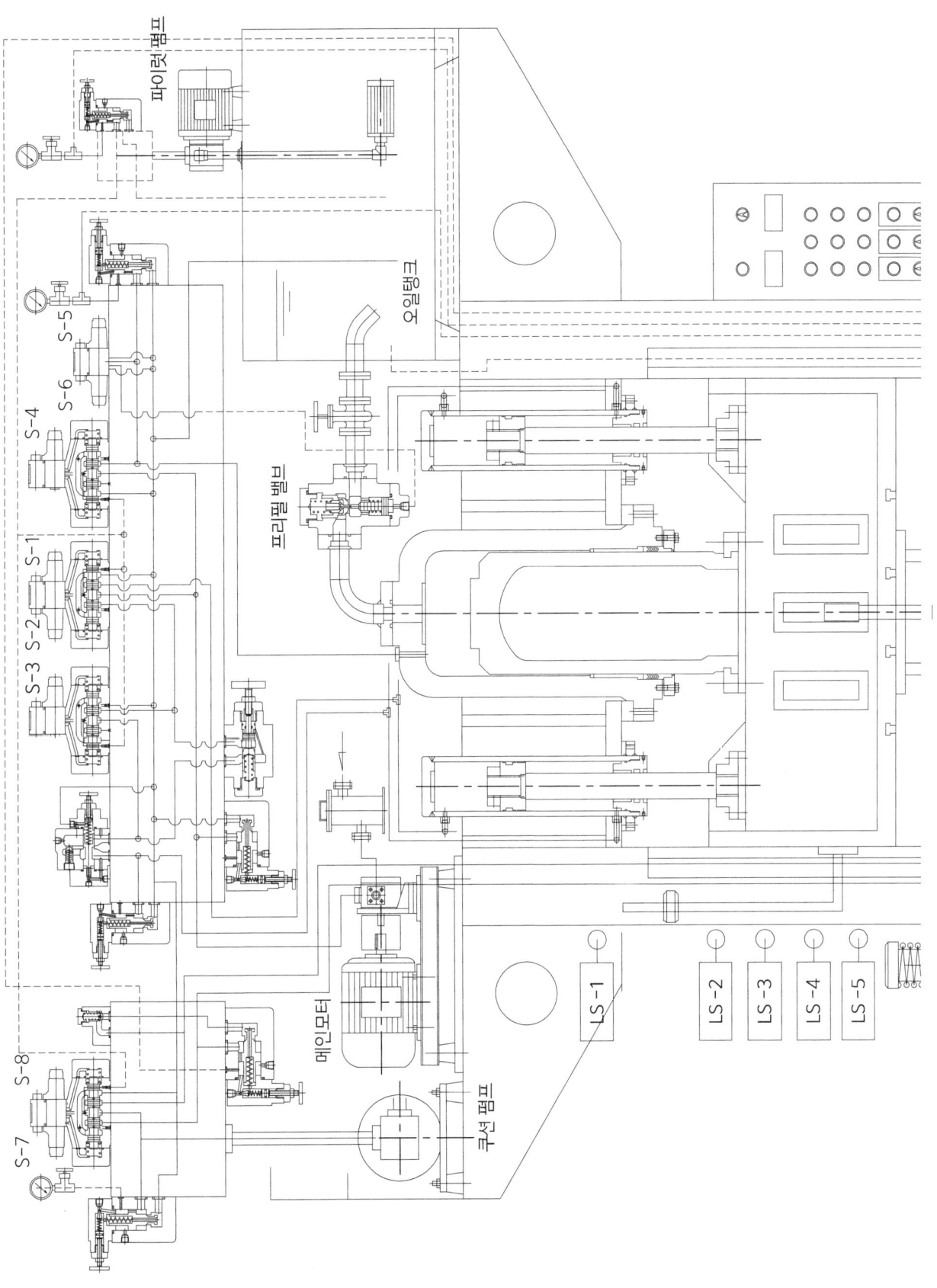

제5장 유압 회로의 구성 및 설계

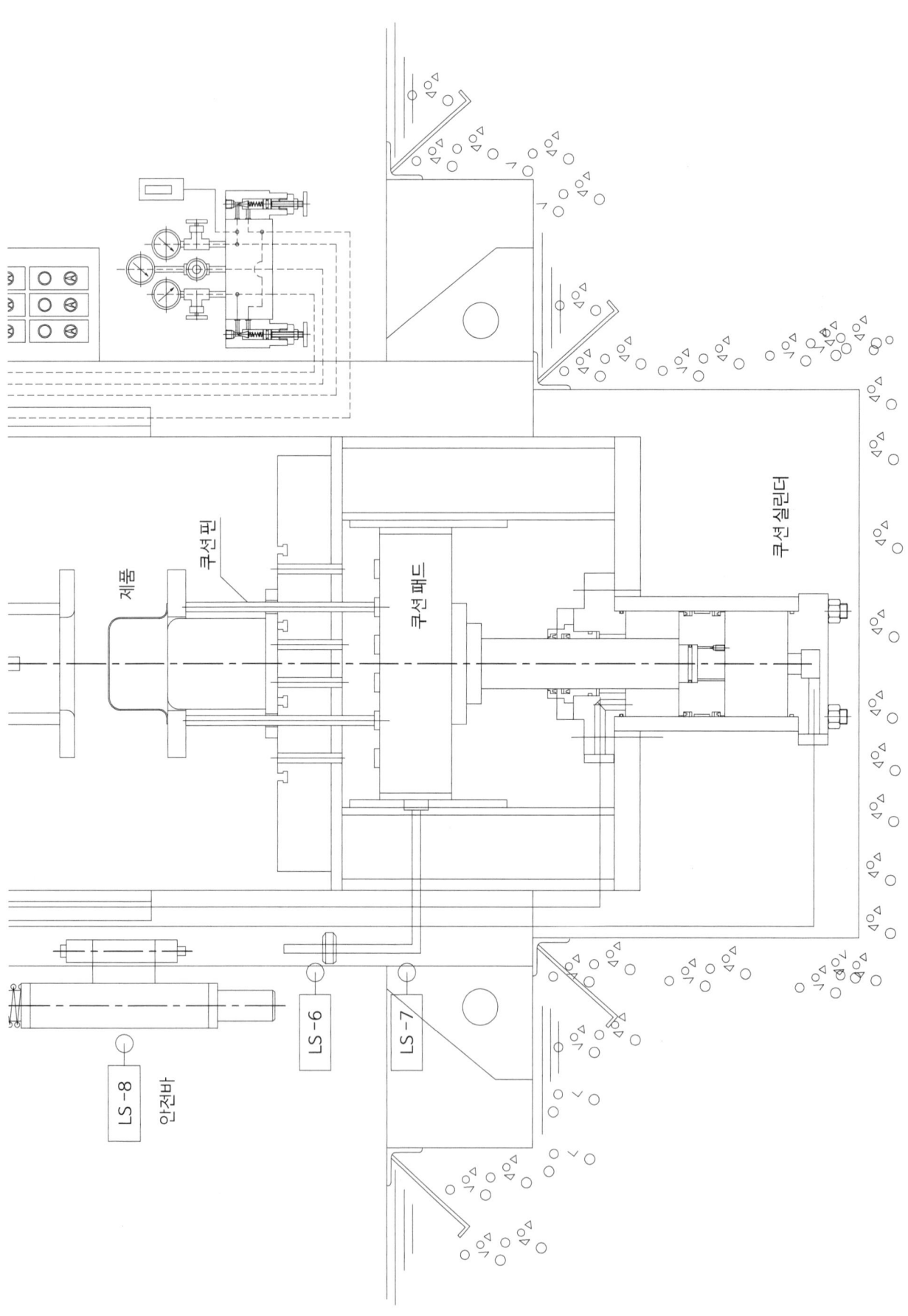

400 Tons Deep Drawing Press 참고도

Deep Drawing Press Specification

Press Force		Tons	400
Max. Working Pressing		kg/cm²	250
Open Height		mm	1,400
Shut Height		mm	500
Stroke		mm	900
Speed	Downwards	mm/sec	150
	Pressing	mm/sec	20
	Upwards	mm/sec	150
Die Cushion	Force	Tons	150
	Stroke	mm	400
	Speed Upwards	mm/sec	70
	Speed Downwards	mm/sec	100
Table	Bolster	mm	1,200*1,000
	Slider	mm	1,100*900
	Cushion Ped	mm	800*800
Motor	Main	Kw	75
	Cushion	Kw	22
	Pilot	Kw	2.2
Pump	Main	L/min	180(A7V160)
	Cushion	L/min	200(45V60)
	Pilot	L/min	20(PVB6)
Power	Main		380V*3P/60Hz
	Control		220V*2P/60Hz
	Light		220V*2P/60Hz
Oil Tank	Volume		1,500
	Fluid		ISO VG # 68
Safety Device	Slide Locking Device(2 set)		
	Button S/W		
	Safety Block(2 set)		
Operation Method			1Cycle Auto & Manual

제5장 유압 회로의 구성 및 설계

대형 Molding Press

열 경화성
열 가소성 — 수지(고무) 성형 Press 유압회로도, Sequence도

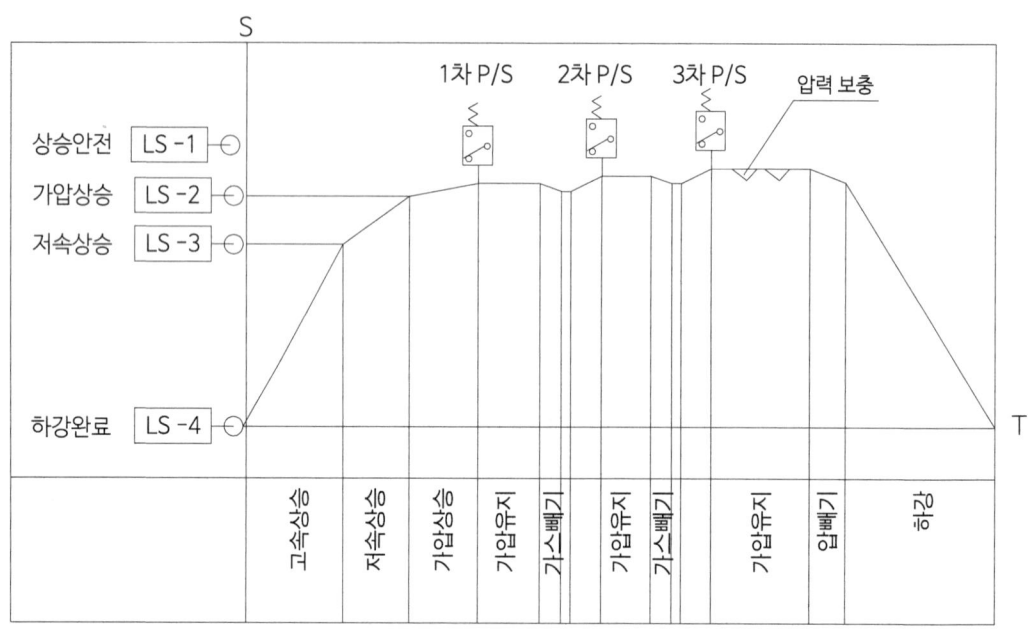

* 열 성형프레스는 성형과정에서 화학적, 물리적 변화를 일으킬 때 Gas가 발생하므로 반드시 가스빼기를 해야 한다.
* 열 성형프레스는 가압할 때 저속 가압(성형 조건) 조정이 가능하게 유압회로를 구성하여야 한다.

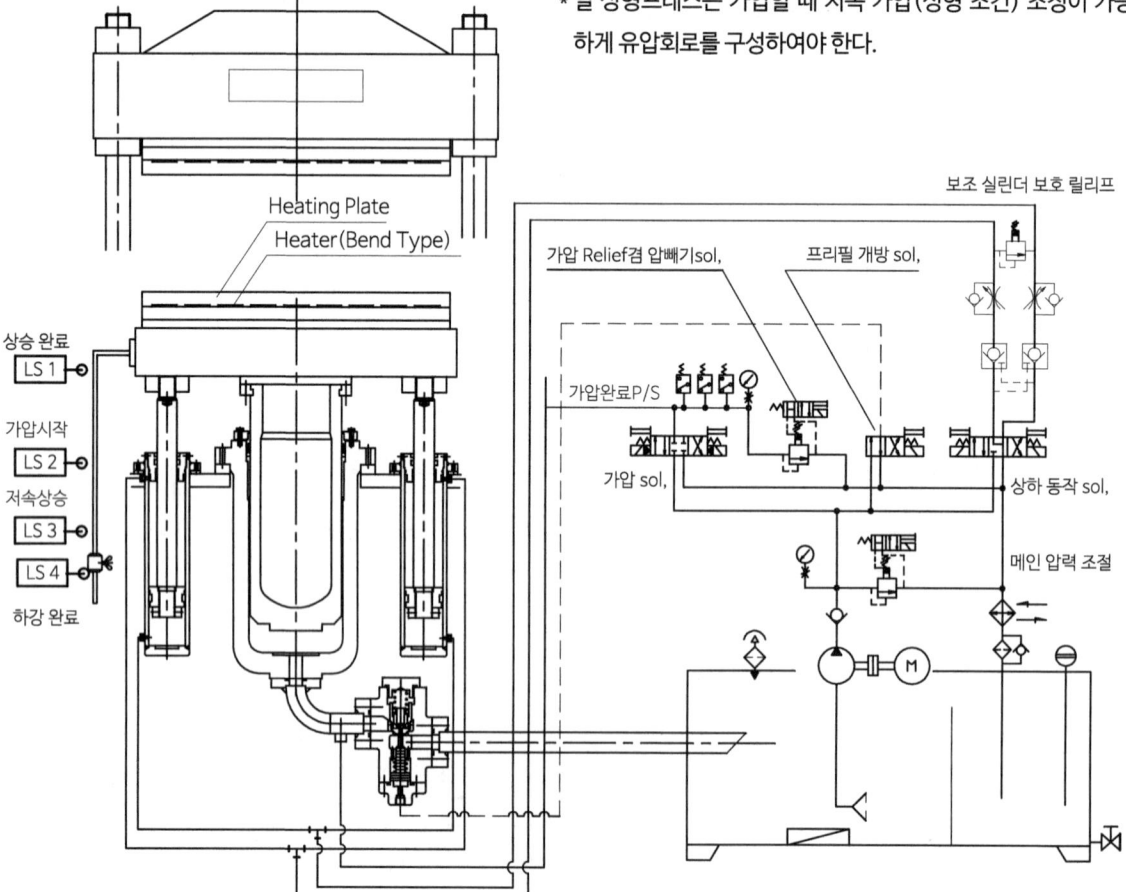

HOT PRESS(기본 개념도)

Hot Press는 열판과 열판 사이에 소재를 삽입하고 금형의 형태에 따라 열과 압축에 의하여 화학적 변화 또는 물리적 변화를 일으키는 프레스를 통칭한다.

합판, 베크라이트판, 아크릴, 특수 신소재 성형작업에 적합하며 다단 프레스와 단단 프레스가 있는데 가열방법은 전기히터, 스팀히터, 열매체히터로 가열한다.

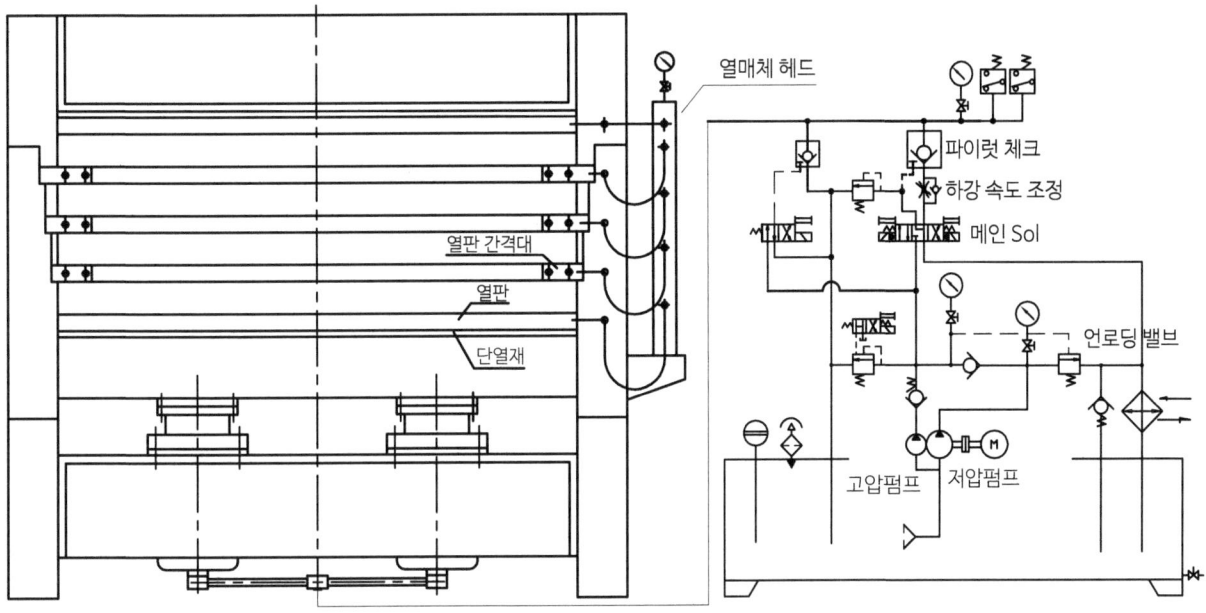

프레스 상승은 고압펌프와 저압펌프가 동시에 작동하고 언로딩밸브 설정압력에 도달하면 저압펌프는 언로딩되고 고압펌프만 계속 상승하여 1차 압력스위치 설정 압력에 도달할 때까지 상승한다.

1차 가압유지 후 가스빼기 하고 2차 가압상승, 2차 가스빼기 후 가압유지(성형시간)하고, 이때 성형 조건에 따라 압력이 떨어지면 압력 보충하고 압빼기 후 자중하강 조건

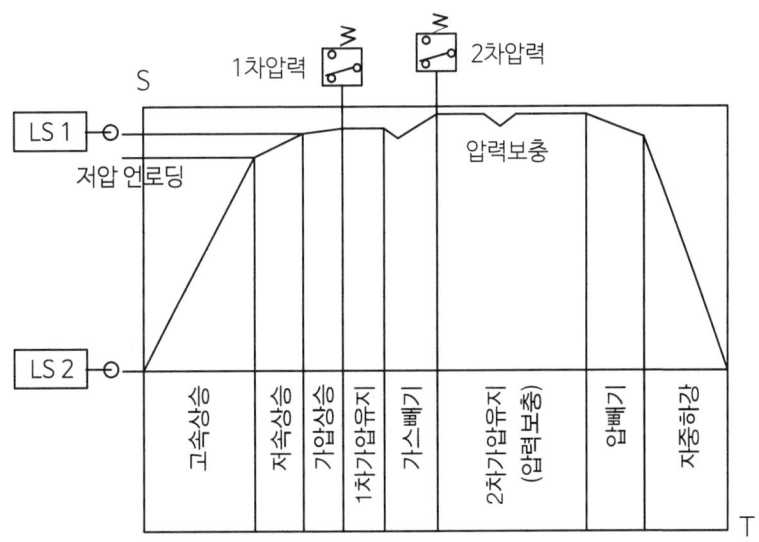

중형 Molding Press(수지, 고무 성형) 유압 회로도

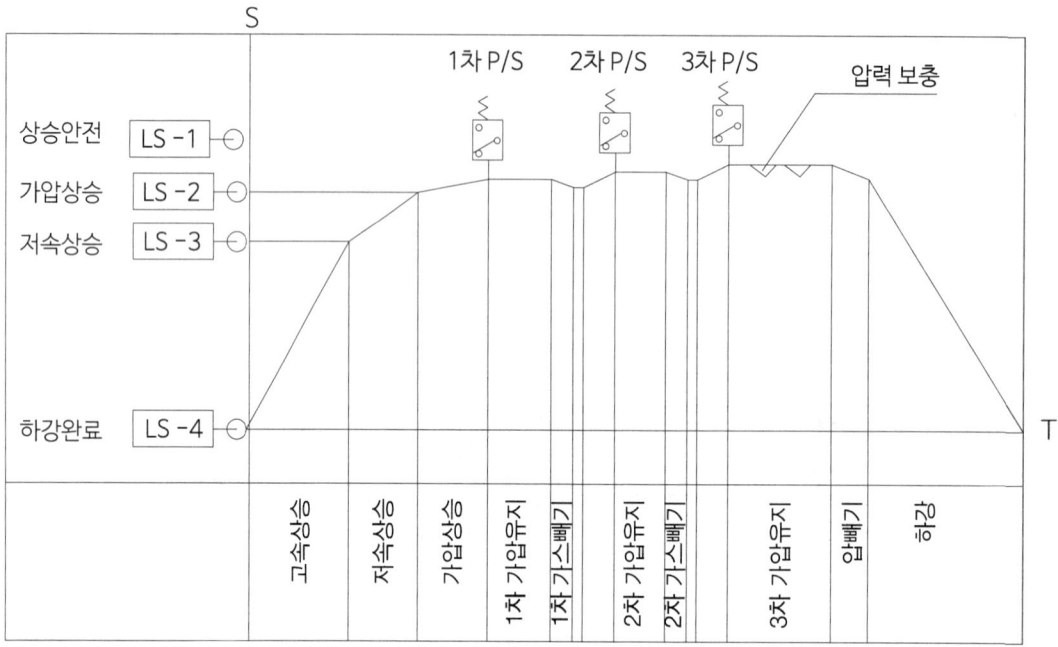

대용량 Pump와 소용량 Pump가 양축 Motor에 의하여 고속, 저속 속도 만족, Pump 1개 또는 2련 Pump는 도저히 소용량 Pump 저속유량을 만족시키지 못해서 부득이 양축 Motor를 적용한다.

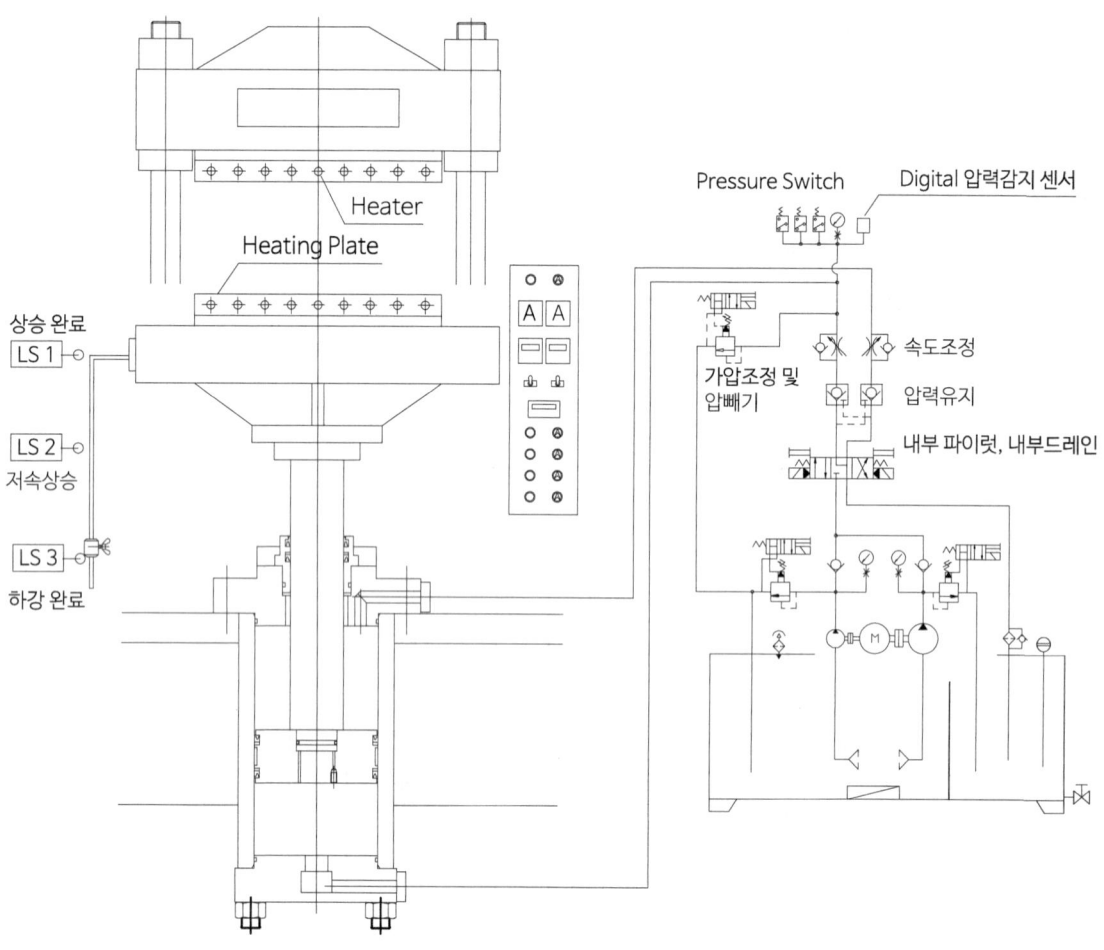

소형 Molding Press(수지, 고무 성형) 유압 회로도

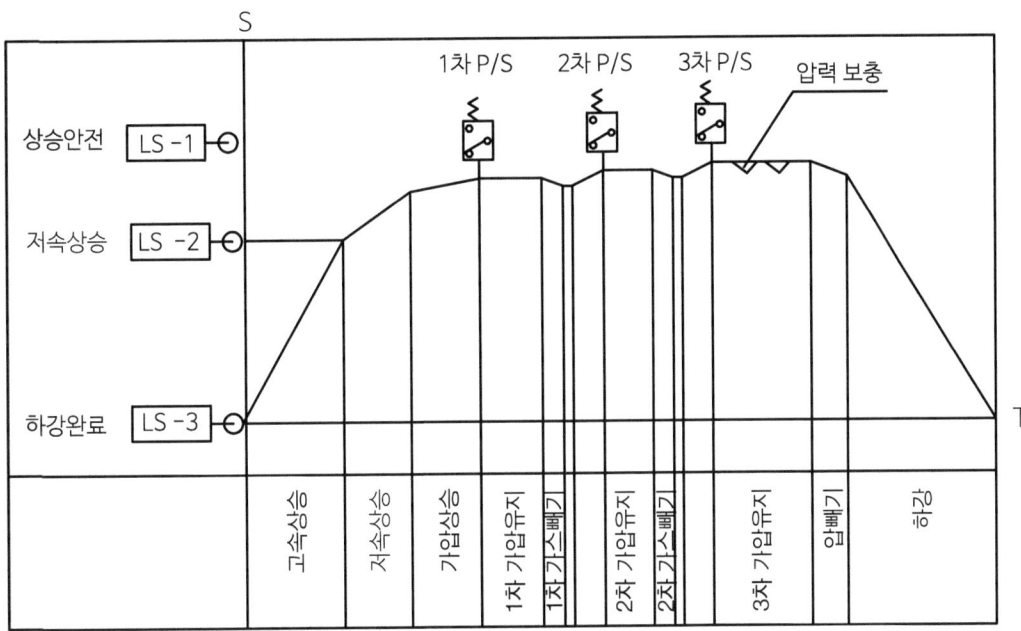

가변용량 Piston Pump를 적용하여 저속 속도를 발열 없이 만족시키고, Solenoid Valve를 병렬로 연결하여 고속, 저속 회로를 구성한다.

Fan Cooler를 장착하여 발열 문제를 해결한다.

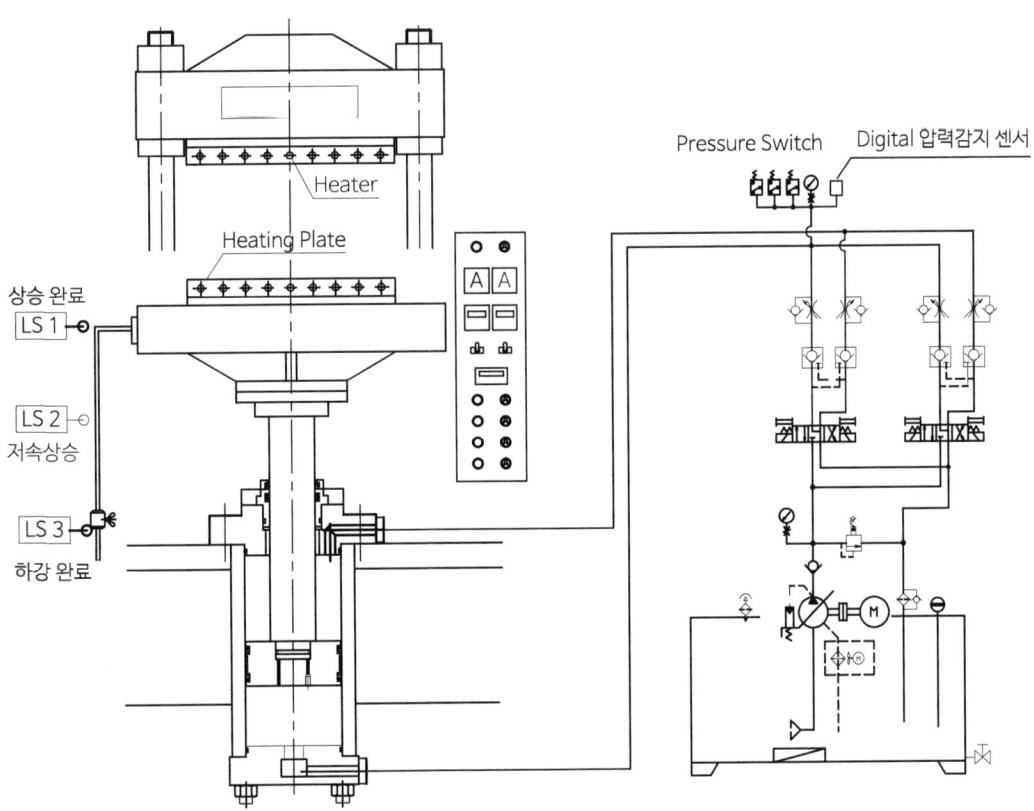

분말(Powder) 성형 Press 참고도

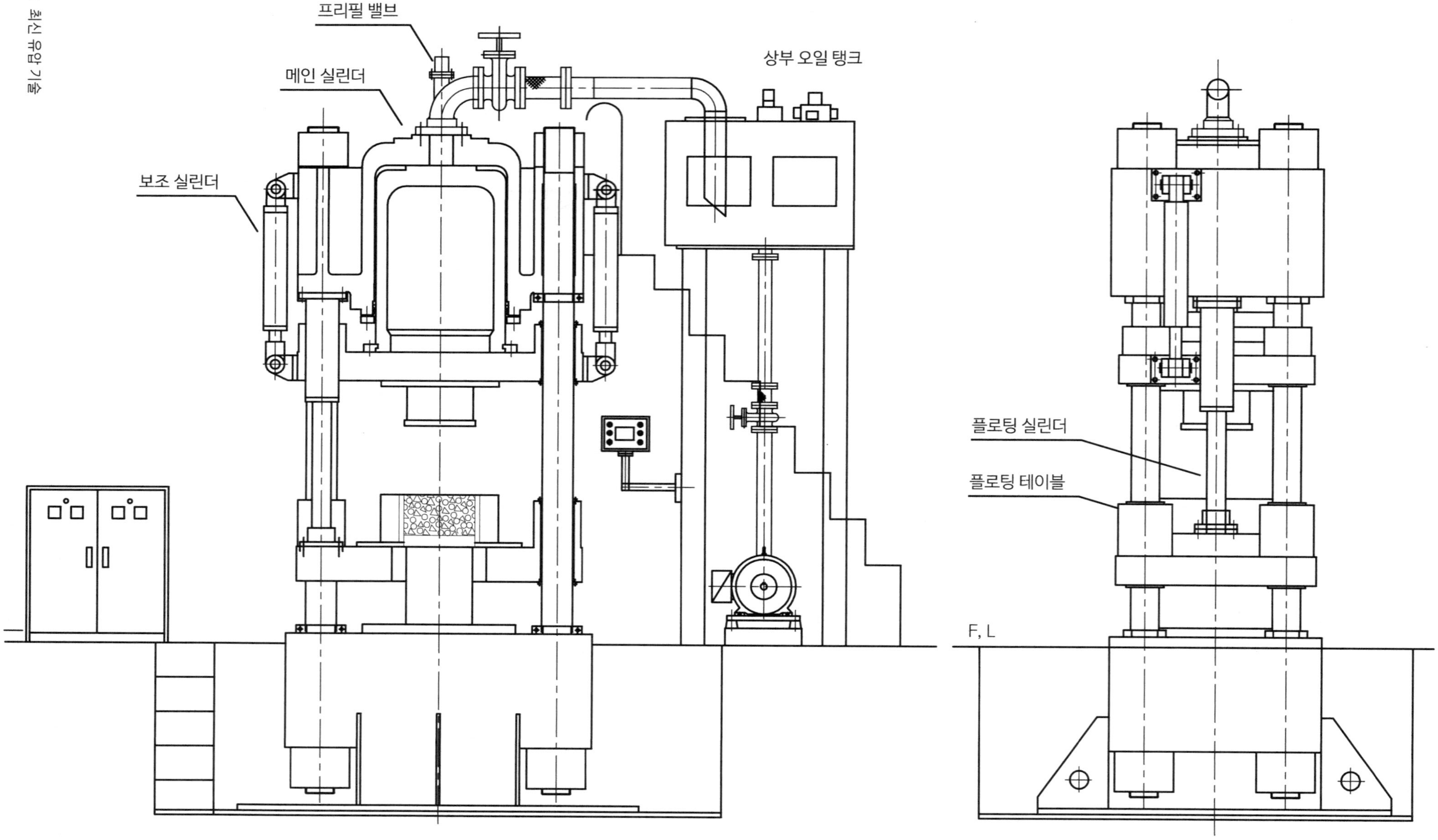

플로팅 실린더
플로팅 테이블
F.L

상부 유압실린더
피폐핌프
메인실린더
보조실린더

430 최신 유압 기술

분말(Powder) 성형 Press Sequence Diagram

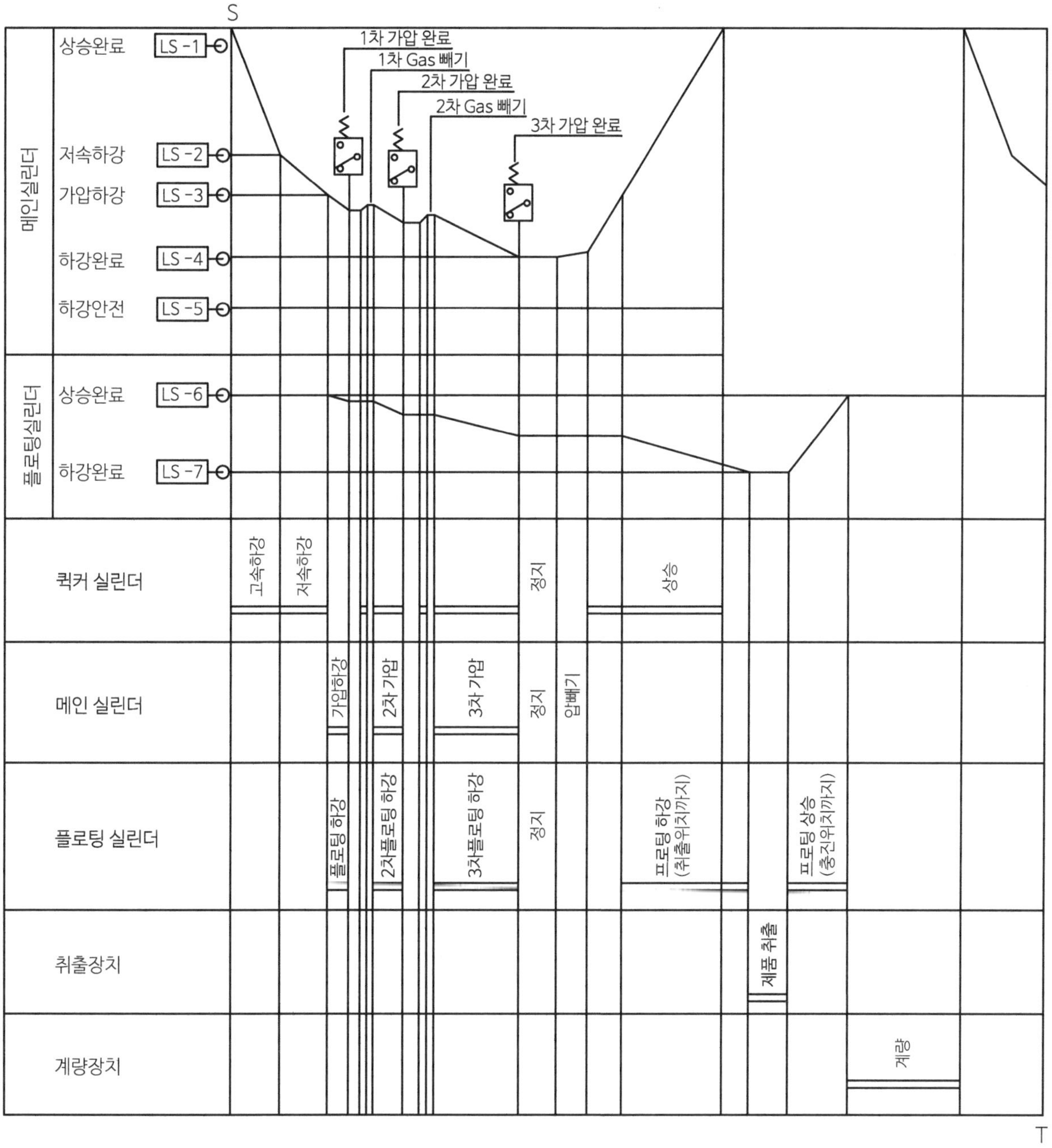

메인 실린더가 가압할 때 플로팅 실린더 하강 속도는 메인 실린더의 1/2 속도로 하강한다(양압 효과).

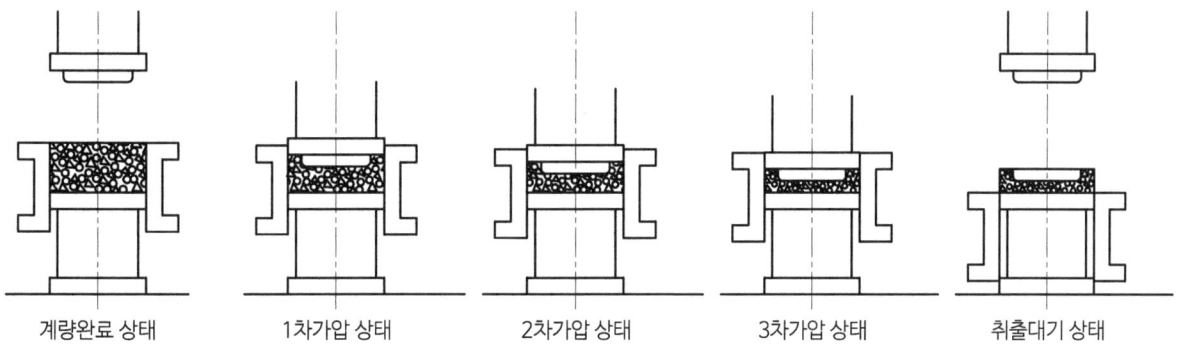

계량완료 상태 / 1차가압 상태 / 2차가압 상태 / 3차가압 상태 / 취출대기 상태

분말(파우더) 성형 Press 유압 회로도

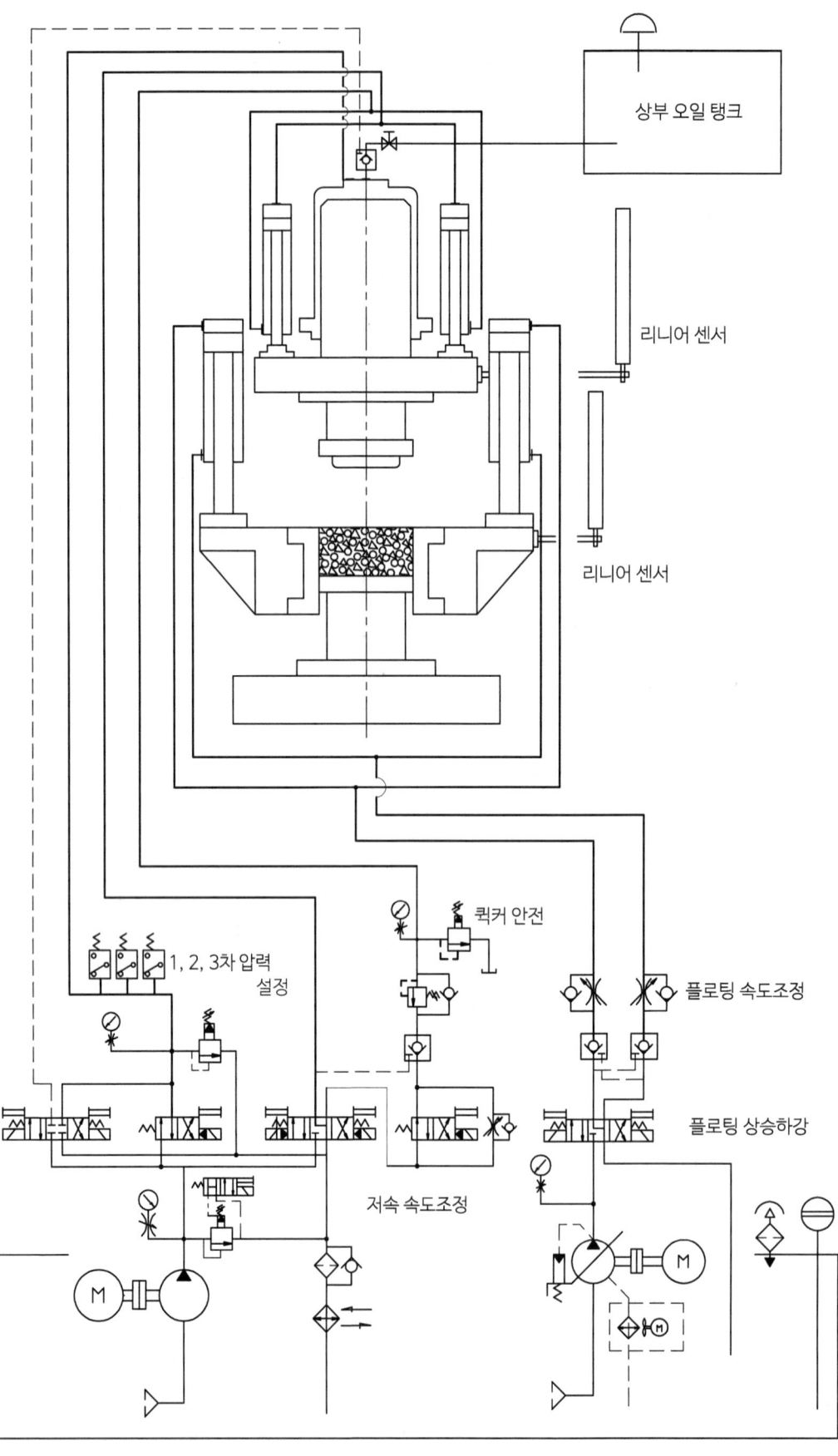

화물 승강기

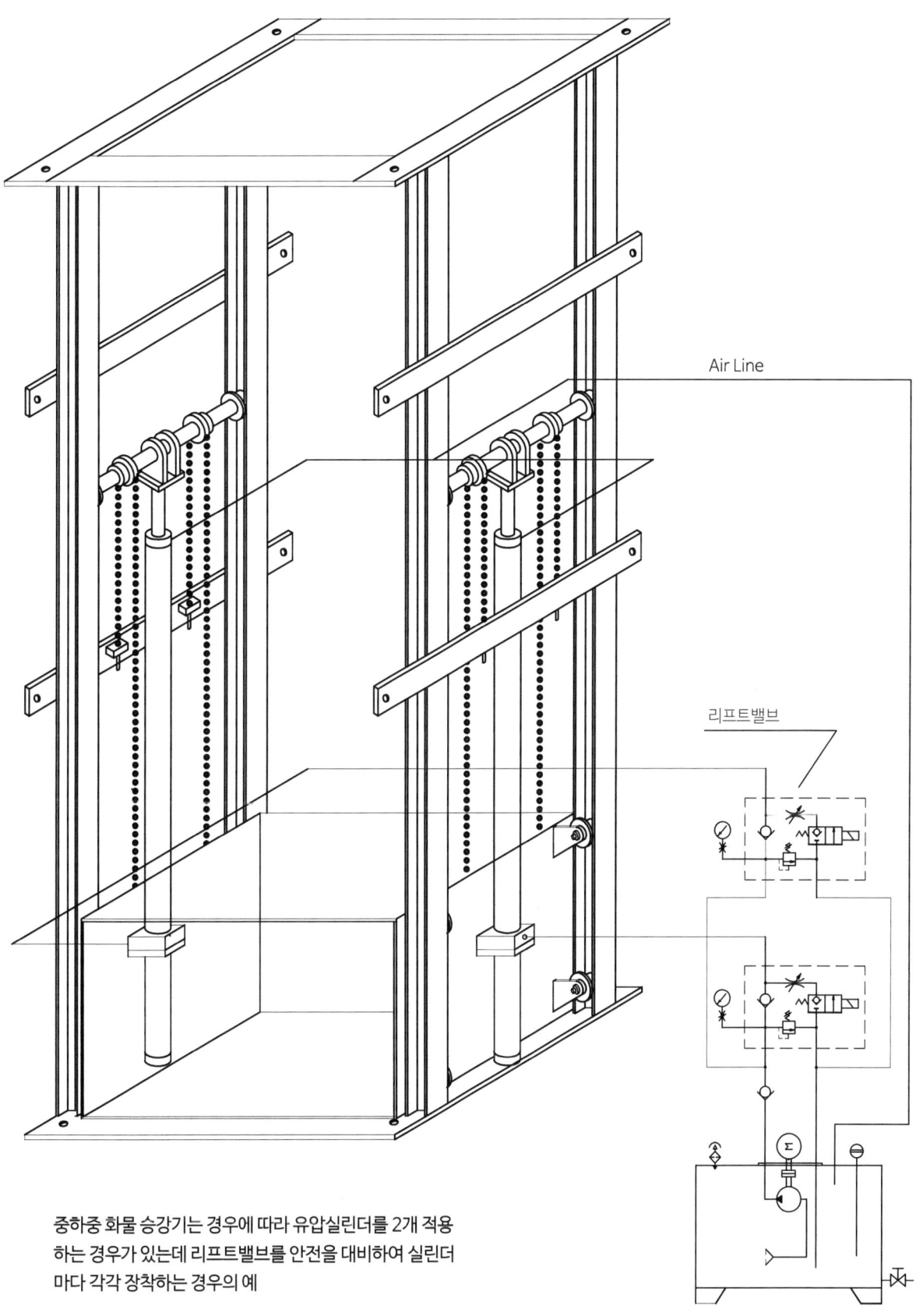

중하중 화물 승강기는 경우에 따라 유압실린더를 2개 적용하는 경우가 있는데 리프트밸브를 안전을 대비하여 실린더마다 각각 장착하는 경우의 예

중 이층 화물 승강기 유압 개념도

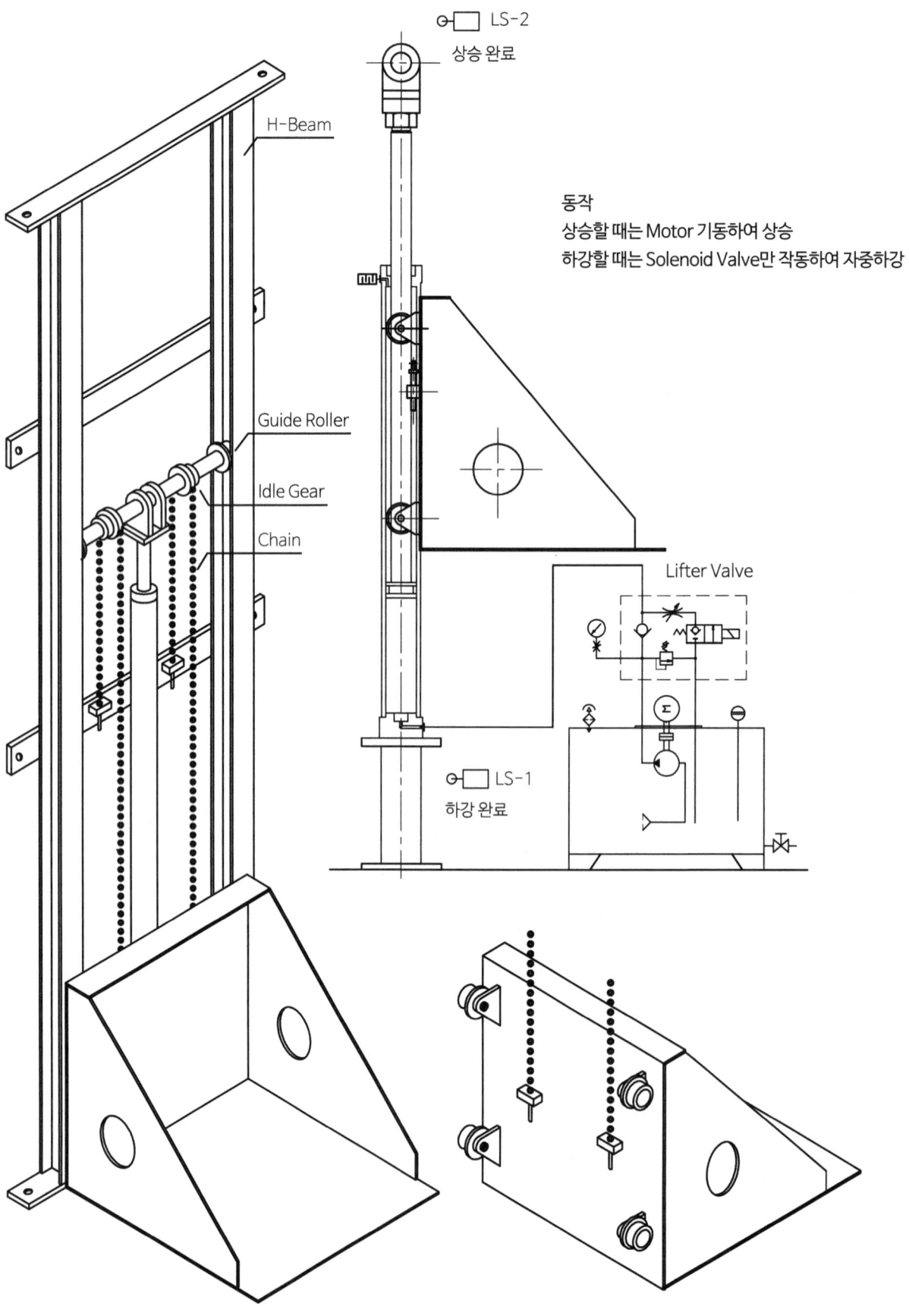

Friction(마찰) Press 유, 공압 개념도

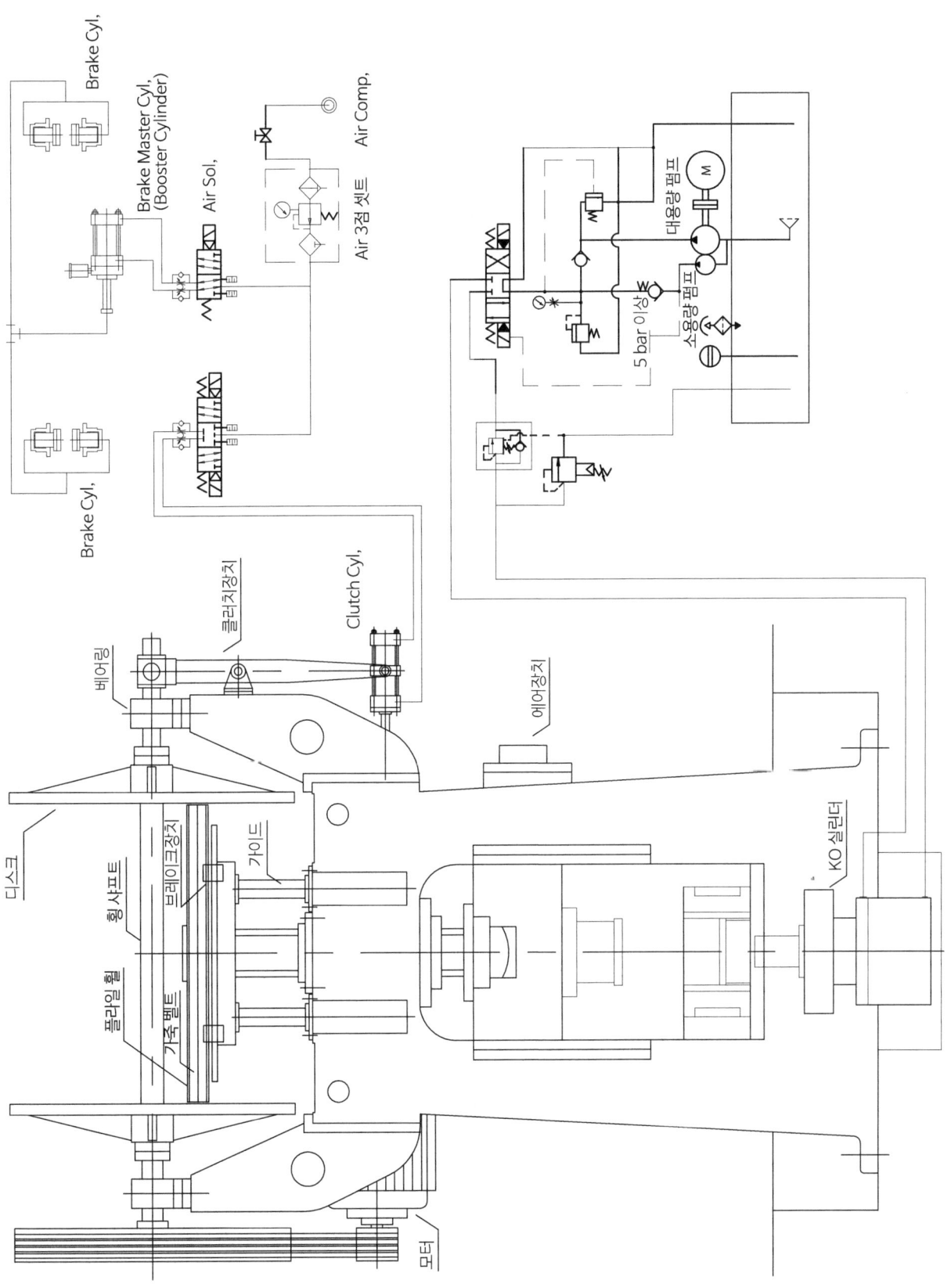

Table Lifter 유압 개념도

동작
상승할 때는 Motor 기동하여 상승
하강할 때는 Solenoid Valve만 작동하여 자중하강

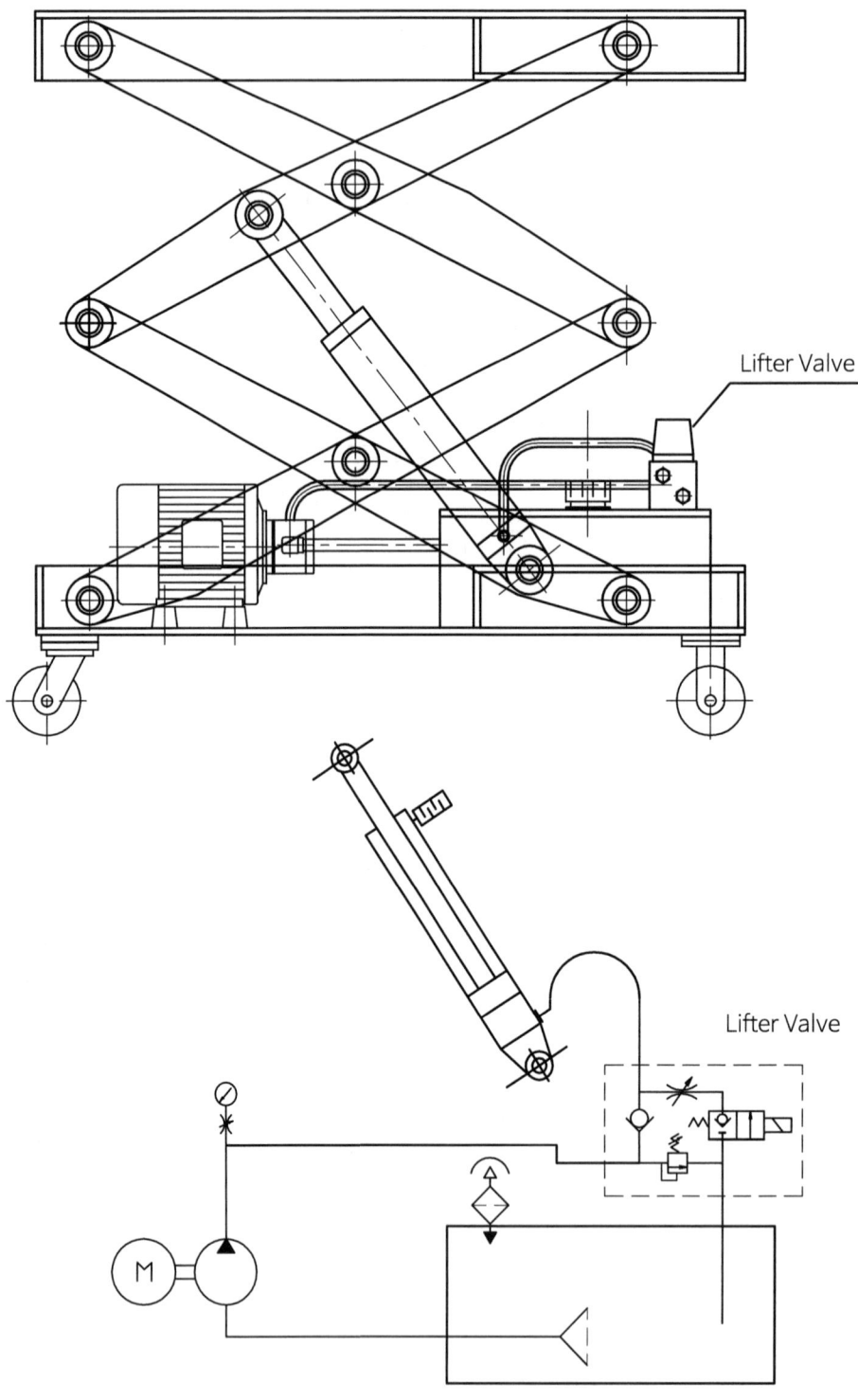

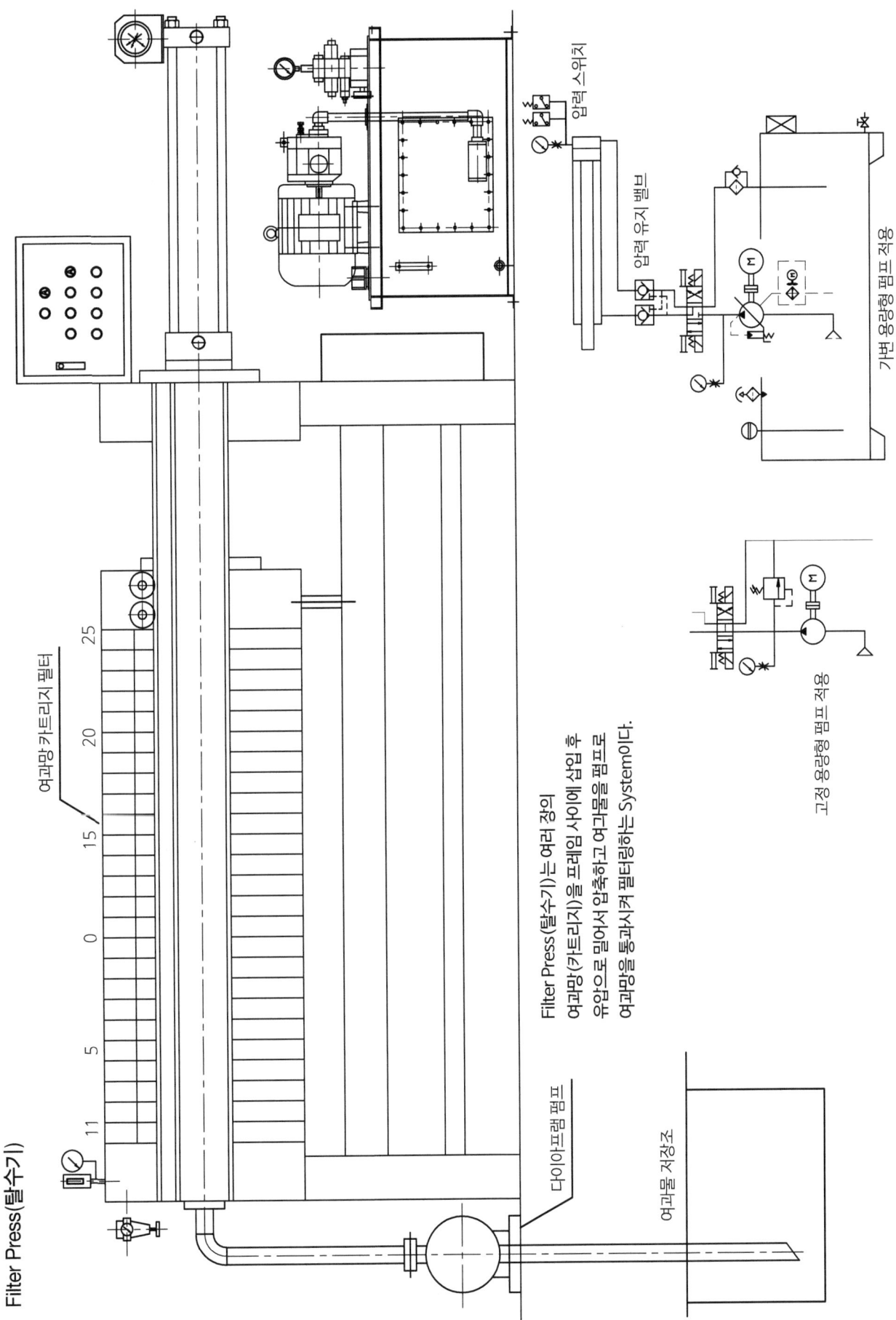

5ton 중간 부스터 실린더 적용 Table Press

1	가압력		5ton	
2	메인실린더 내경		80mm	
3	Stroke		200mm	
4	Open Height(Max)		360mm	
5	사용압력		100Kg/cm^2	
6	Motor		3Hp*4P	
7	Pump		6cc/rev	
8	Speed	up	140mm/sec	booster 40mm
		pressing	35mm/sec	piston 80mm
		down	140mm/sec	rod 70mm

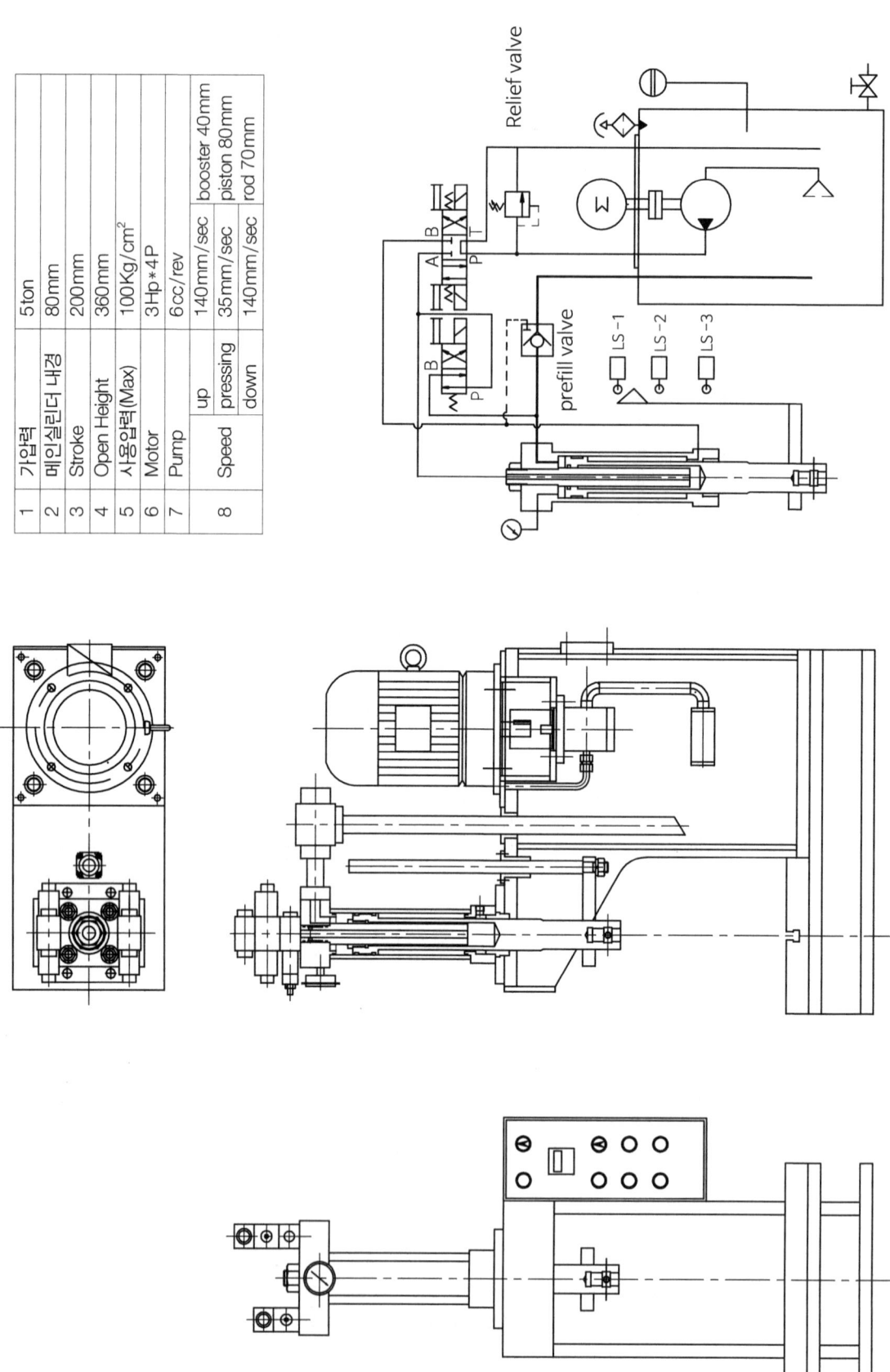

자동회로 적용 Table Press

1	가압력	5ton
2	메인실린더 내경	80mm
3	Stroke	200mm
4	Open Height	360mm
5	Table Size	450*300mm
6	Motor	3Hp*4P
7	Pump	6cc/rev
8		piston 80mm, rod 50mm
	Speed up	55mm/sec
	pressing	35mm/sec
	down	80mm/sec

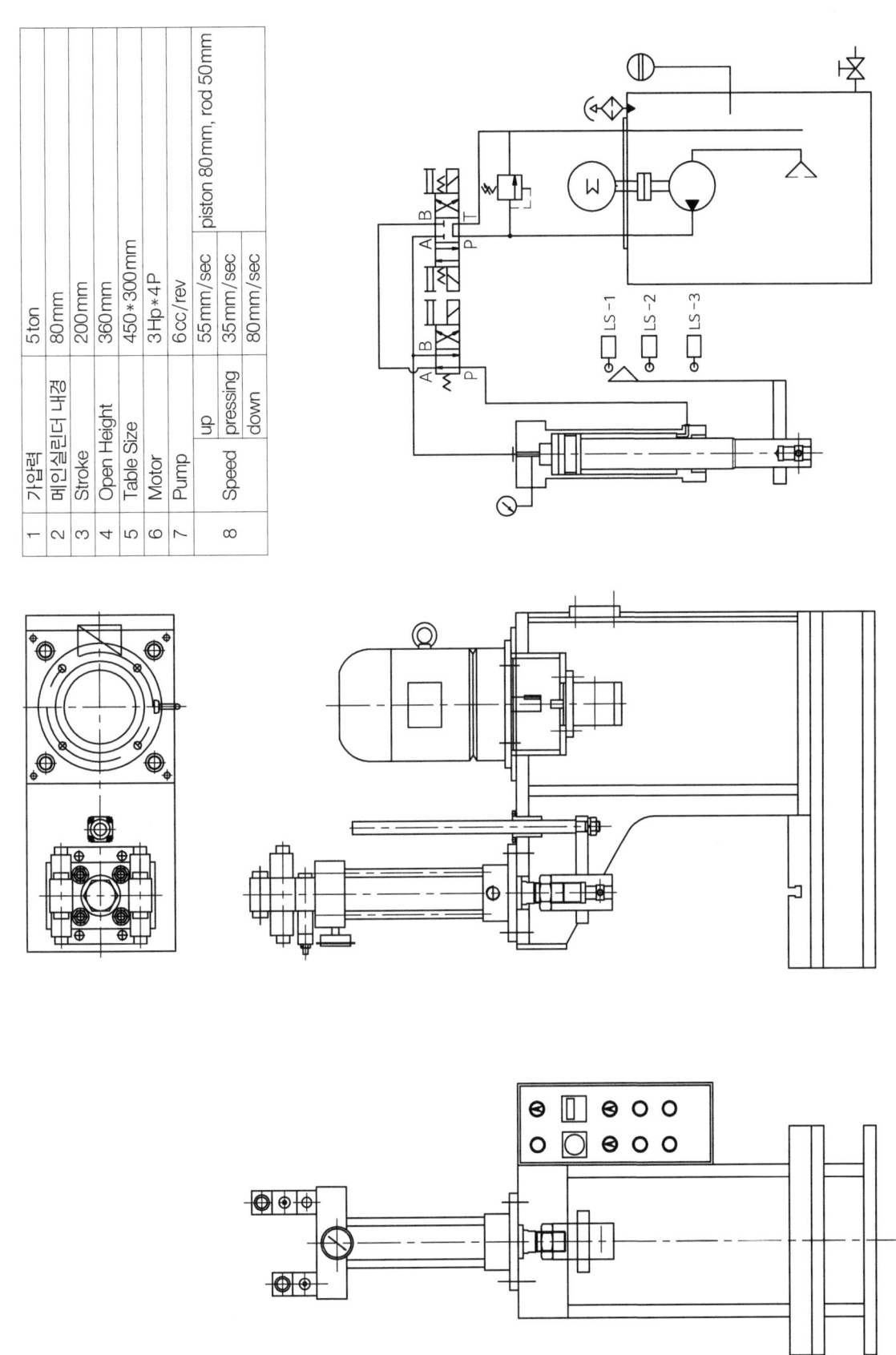

표준 실린더 적용 Table Press

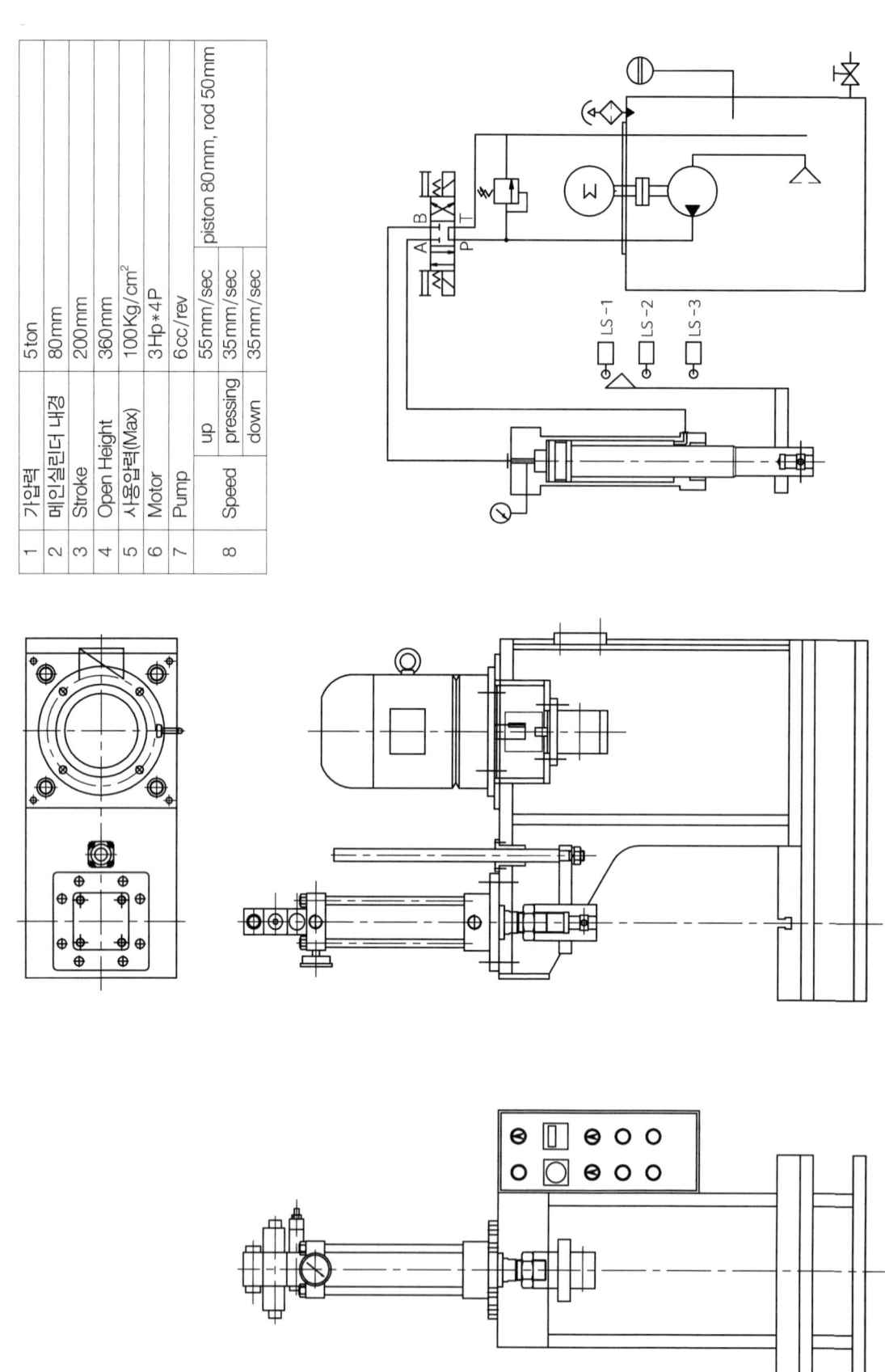

1	가압력	5ton
2	메인실린더 내경	80mm
3	Stroke	200mm
4	Open Height	360mm
5	사용압력(Max)	100Kg/cm^2
6	Motor	3Hp*4P
7	Pump	6cc/rev
8	Speed up	55mm/sec
	pressing	35mm/sec
	down	35mm/sec
		piston 80mm, rod 50mm

증압 실린더 적용 Table Press
AIR Booster Press

1	가압력	5ton
2	메인실린더 내경	80mm
3	Stroke	200mm
4	Open Height	360mm
5	사용압력(Max)	6Kg/cm² (AIR)
6	증압비	20 : 1
7	Control Method	Manu, Auto
8	Table Size	450*300mm

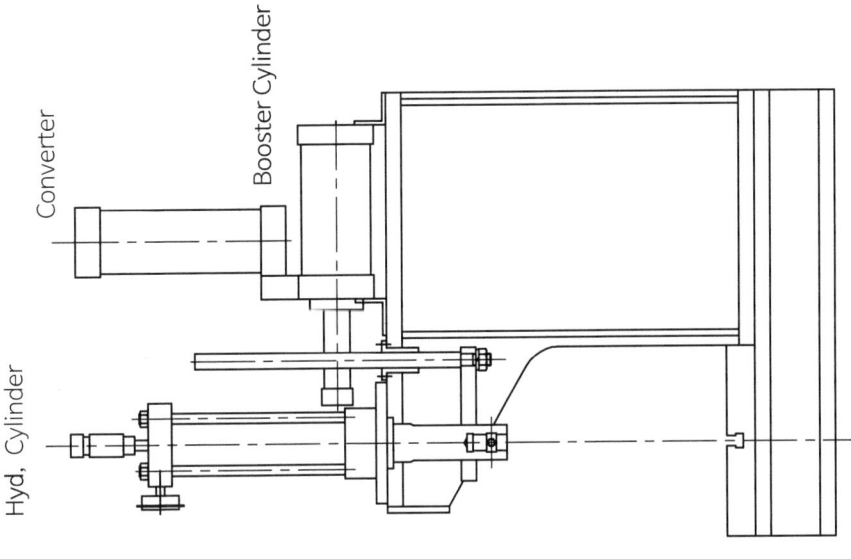

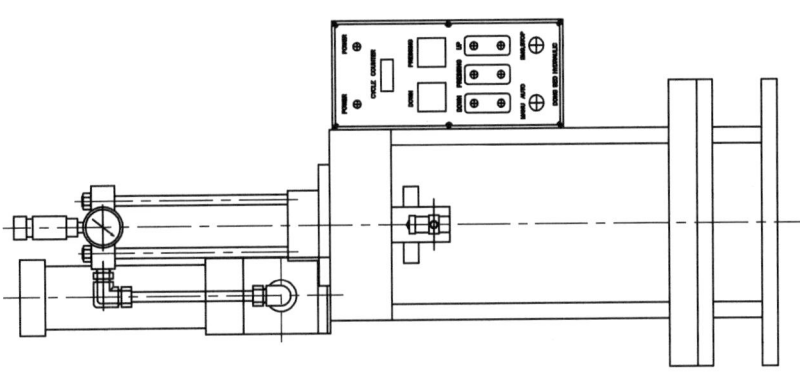

50 Tons C-Type Press

가압력	50톤
스트로크	400
오픈하이트	600
테이블크기	600*700
모터	15hp*4P*2/3
펌프	18 cc/rev
속도 하강	130mm/sec
속도 가압	10mm/sec
속도 상승	120mm/sec

300 Tons Press 개념도

SPEC			비고
1	가압력	300톤	
2	Bolster	1,100*1,000	
3	Open Height	540	
4	Stroke	500	
5	Motor	37KW*6P	
6	Pump	59cc/rev	
7	속도	하강	50mm/sec
8		가압	8mm/sec
9		상승	65mm/sec
10	오일탱크 용량	600L	

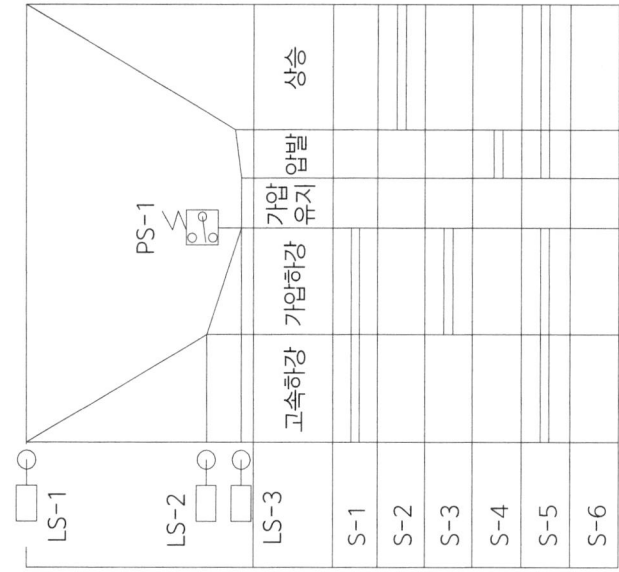

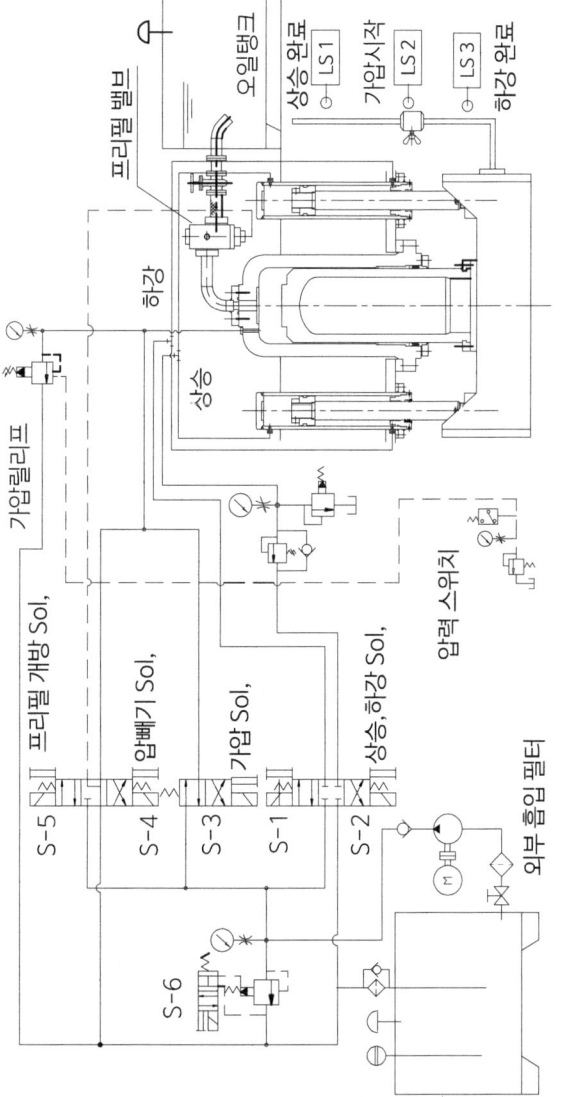

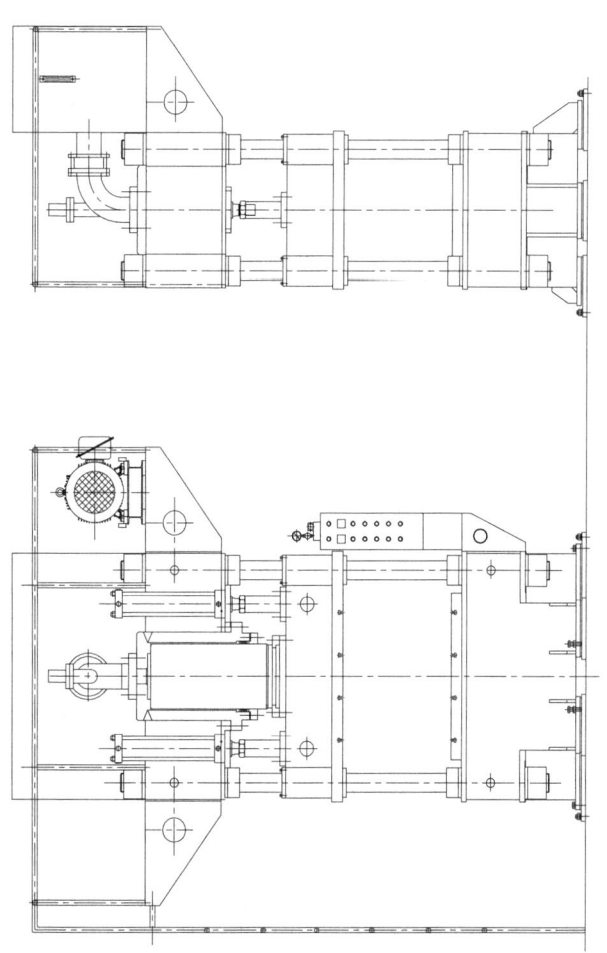

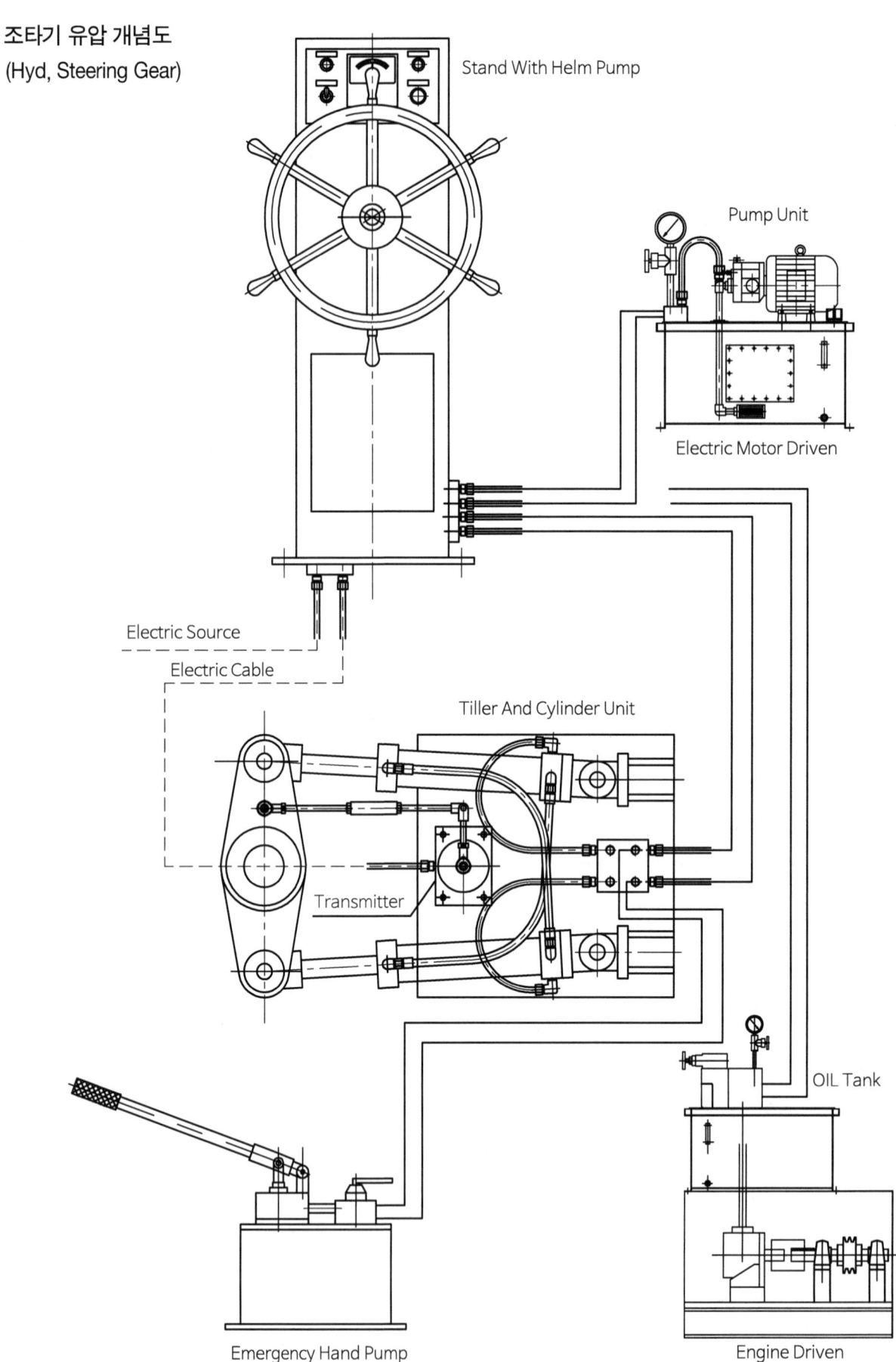

조타기 유압 개념도
(Hyd, Steering Gear)

CHAPTER 06

유압
Manifold

유압 Manifold는 내부에 배관 역할의 통로가 형성되어 있고 외부에 다수의 기기 접속구를 갖춘 다기관이다.

유압배관을 구성할 때 각종 기기들을 나사접속 기기를 직접 배관하는 방식과 서브 플레이트 접속형 기기를 메니폴드에 적용하여 배관하는 방식으로 구분된다.

유압 메니폴드 설계는 설계자 마다 취향에 따라 각기 다르게 구상하여 설계하더라도 몇 가지 기본 원칙에 준하여 설계해야 한다.

① 통과 유량 만족 – 관련 유압기기의 통과 유량을 만족하는 구경으로 설계
② 내압 만족 – 관로와 관로 사이에(간섭부) 내압을 만족하는 구조 설계
③ 관로 길이 최소화 – 가능하면 관로의 길이를 최소화하는 설계
④ 방향전환 밸브 수평 – 방향전환 밸브 수평으로 설계(부득이 한 경우를 제외하고)
⑤ 배관 연결 방향 – 액추에이터와 배관 연결 방향 고려
⑥ 분해, 조립 간편 – 유압 밸브의 분해조립 고려
⑦ 유압기기의 간섭 – 유압밸브와 밸브 사이 간섭이 있는지 고려
⑧ 가공 간편화 – 메니폴드의 가공 간편화 고려

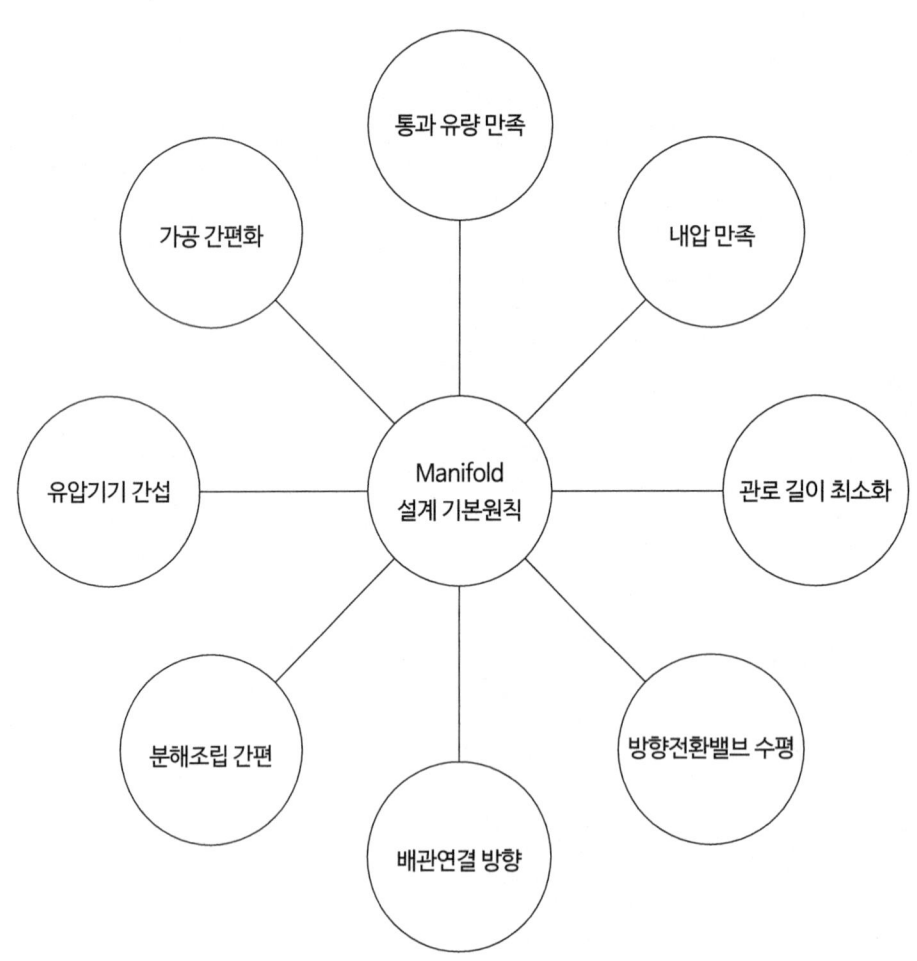

나사접속형 배관 방식과 매니폴드 접속형 배관 방식의 비교

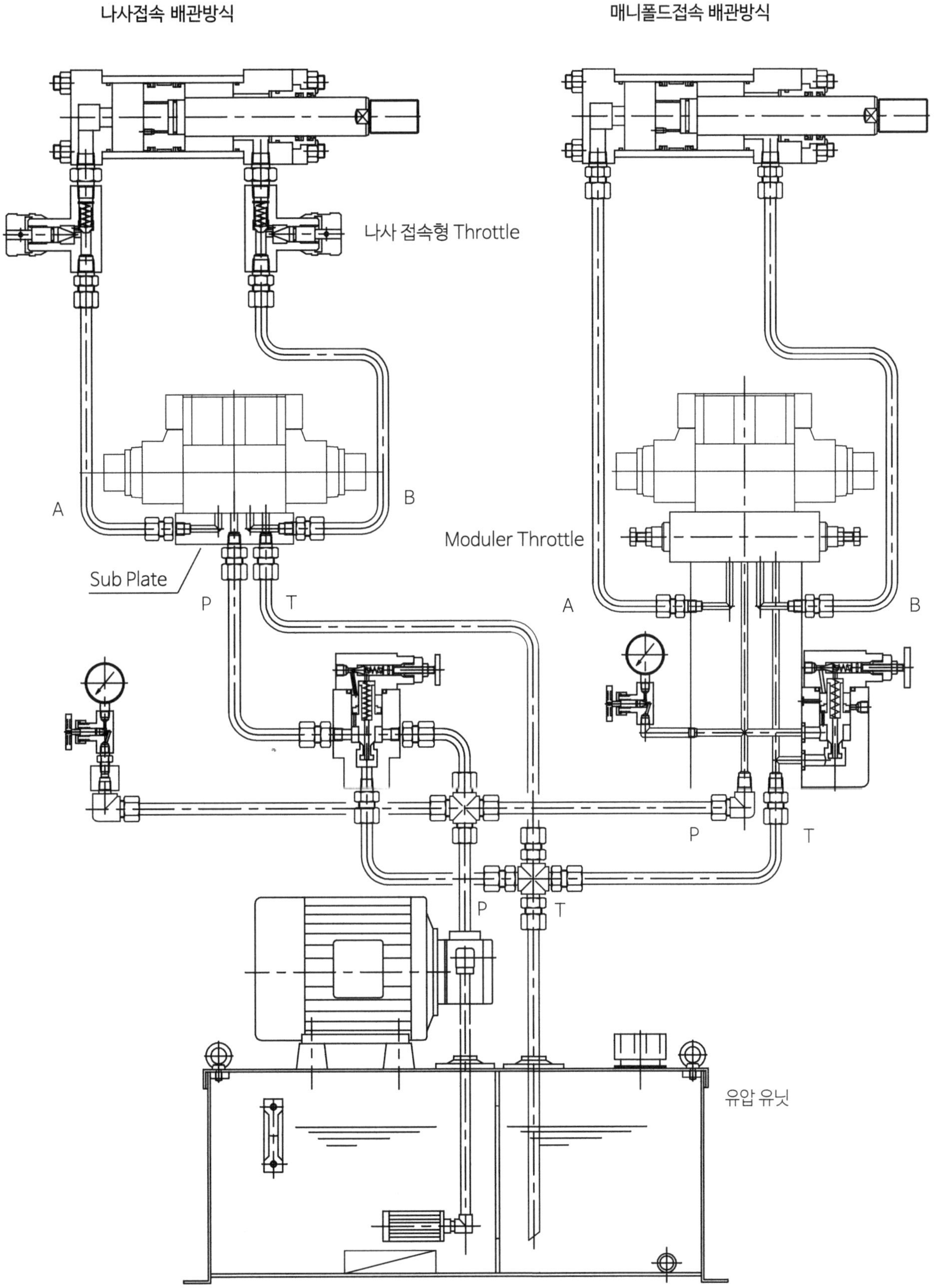

나사접속 배관방식

나사 접속형 Throttle

Sub Plate
A   B
P   T

매니폴드접속 배관방식

Moduler Throttle
A   B
P   T

유압 유닛

제1절 표준 매니폴드

1 1련 Manifold G-01

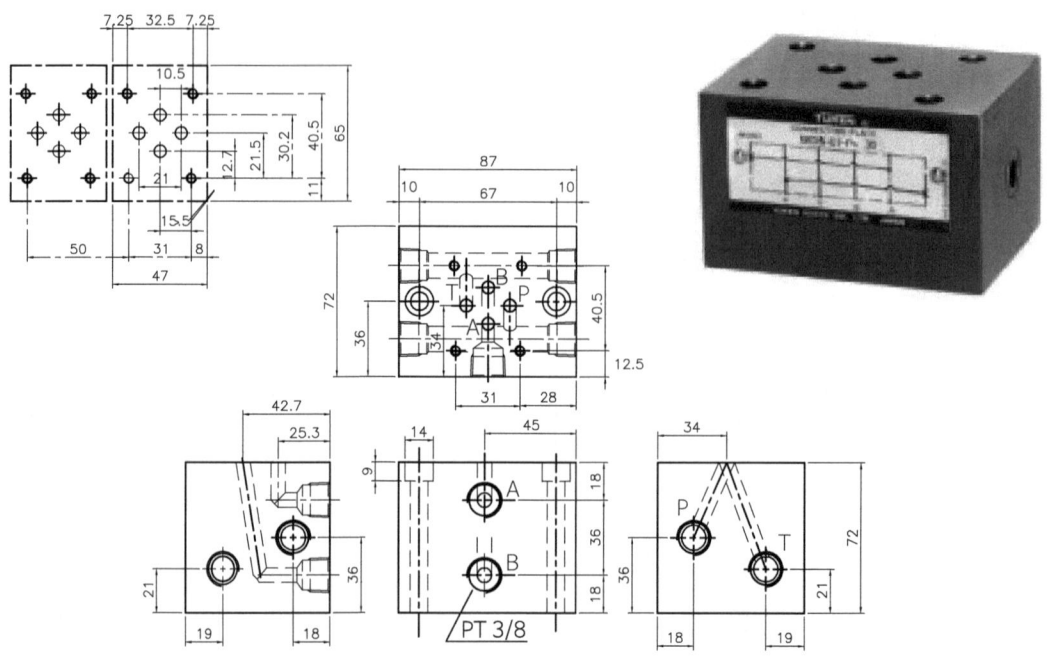

2 1련 Manifold G-03

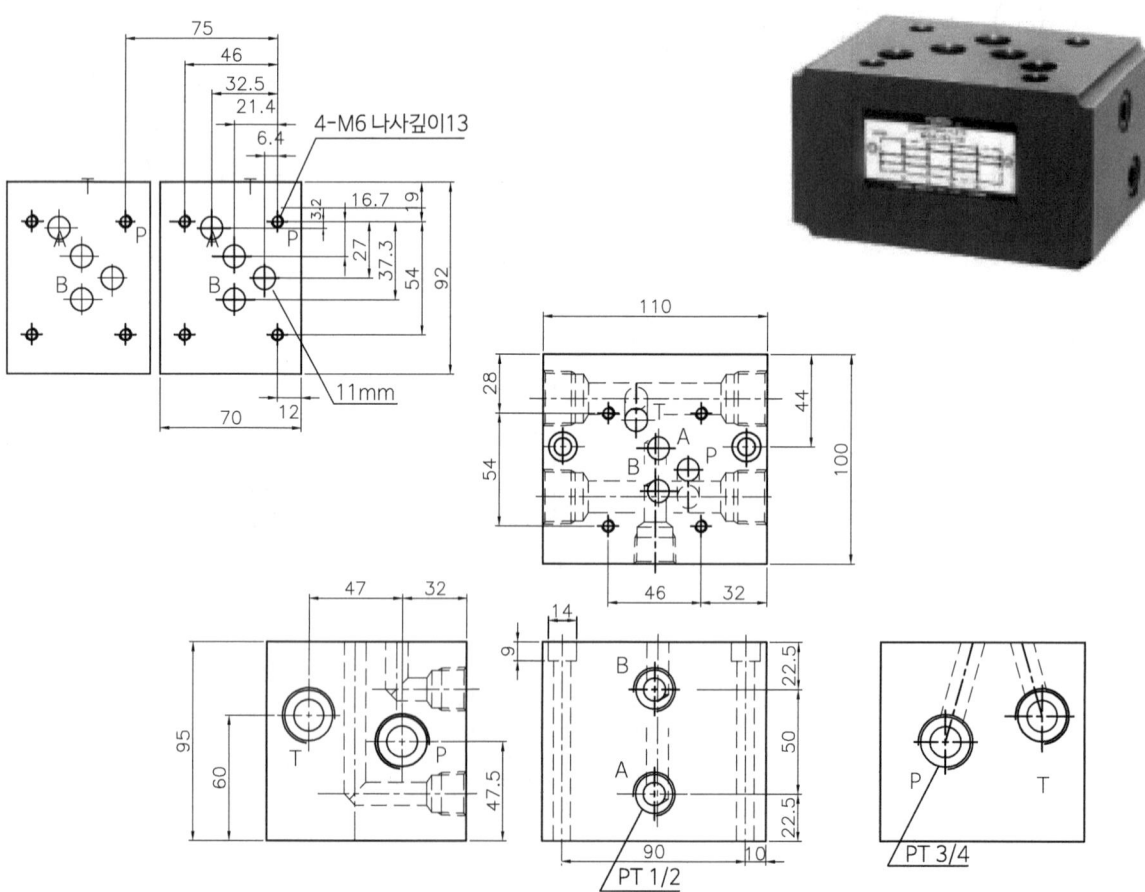

3 다련식 Manifold G-01

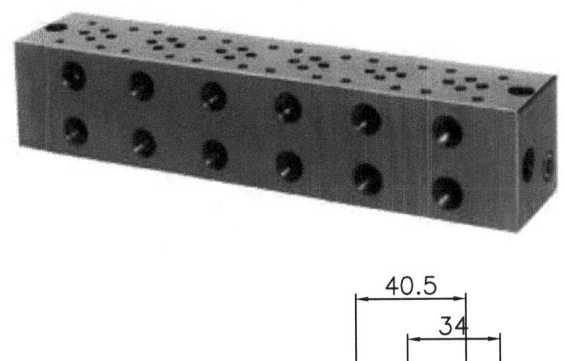

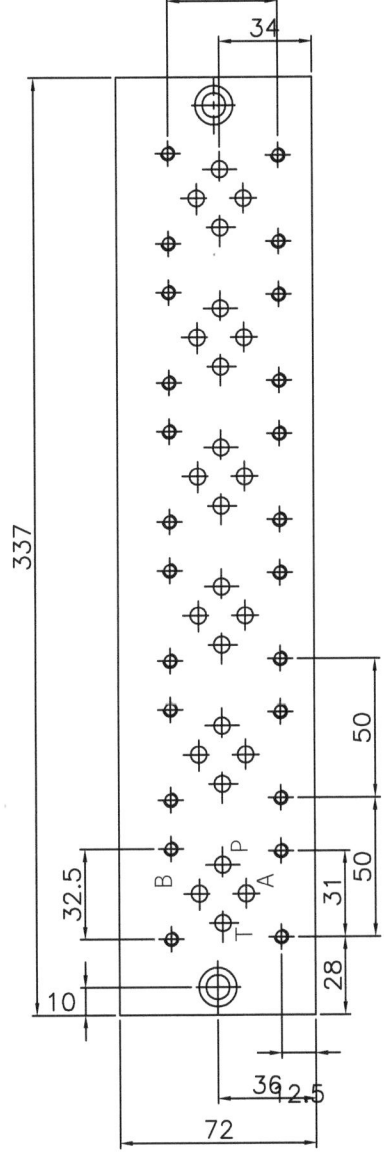

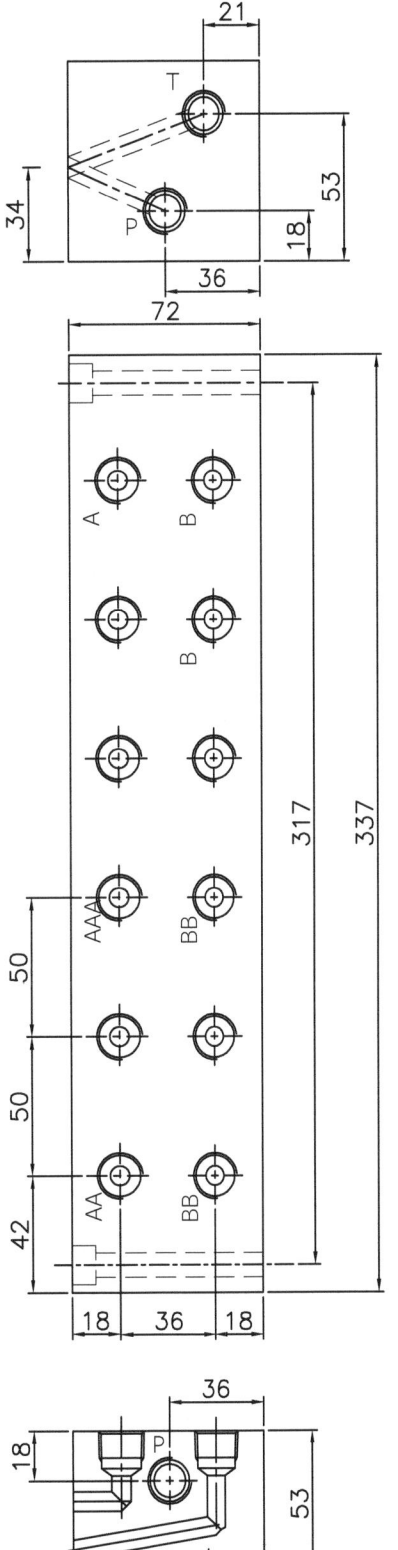

	2련	3련	4련	5련	6련
L1	137	187	237	287	337
L2	117	167	217	267	317

제6장 유압 Manifold **449**

4 다련식 Manifold G-03

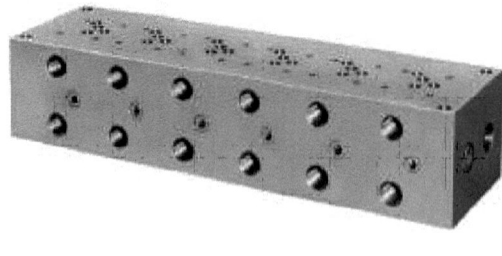

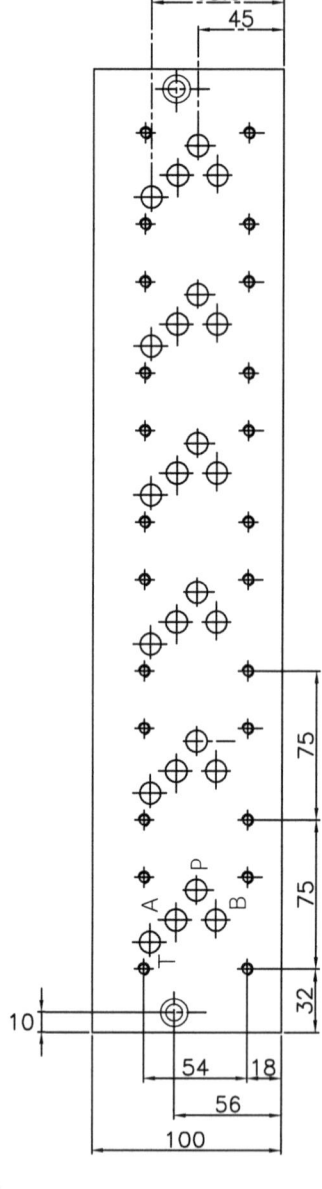

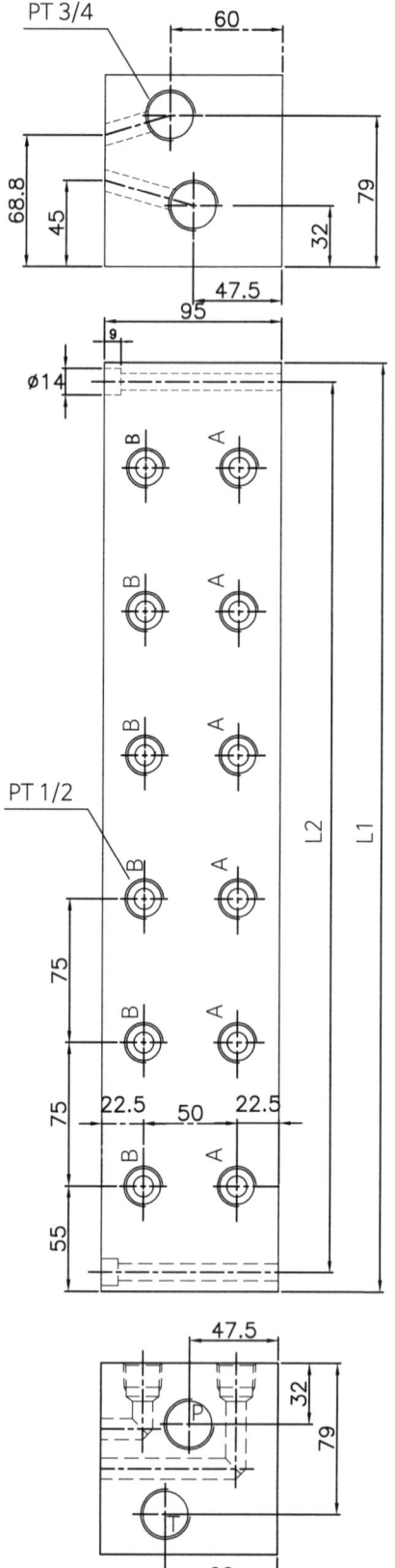

	2련	3련	4련	5련	6련
L1	185	260	335	410	485
L2	165	240	315	390	465

5 G-04 Manifold

G-04 Solenoid Valve Sub Plat 관계도

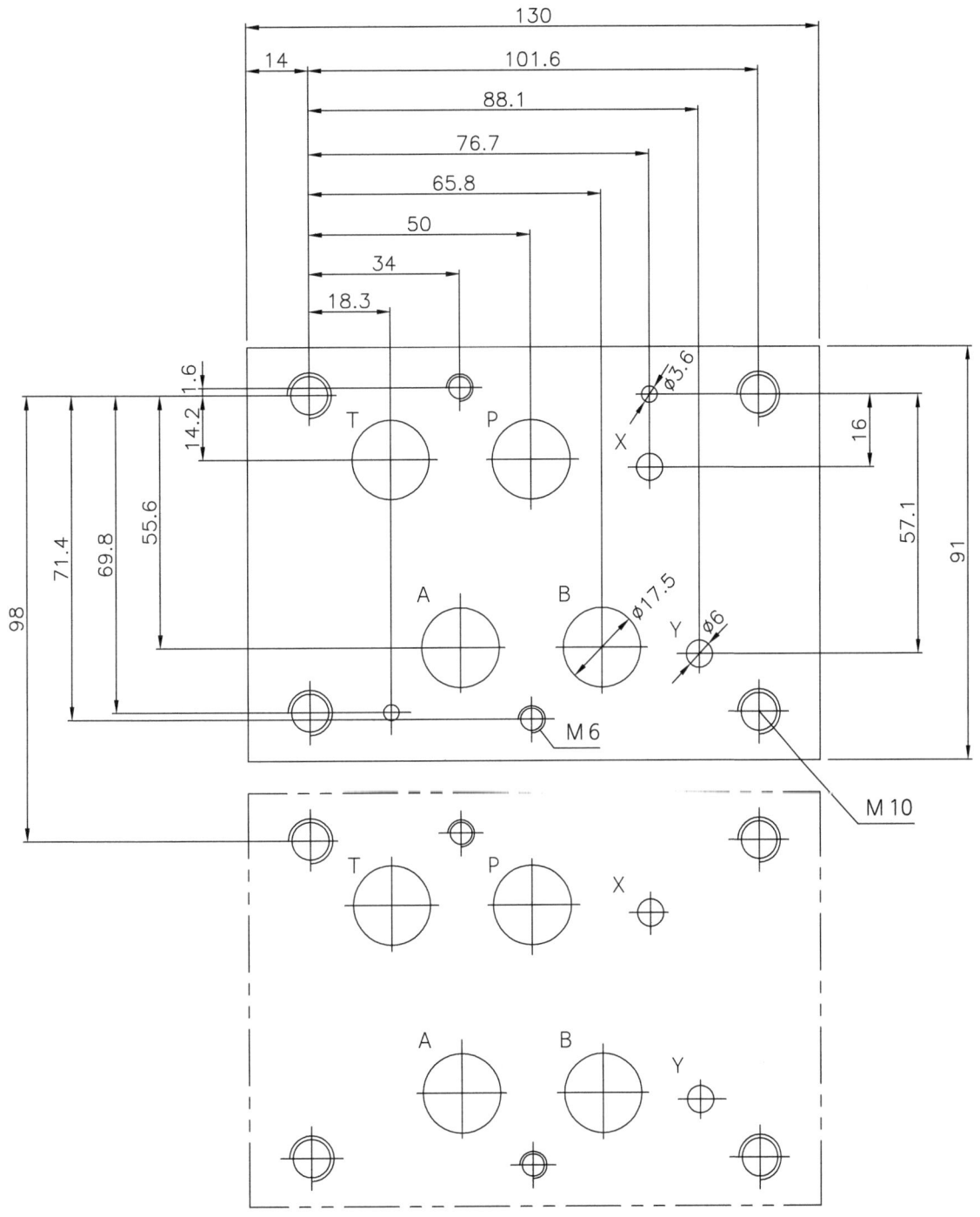

6 G-06 Manifold

G-06 Solenoid Valve Sub Plat 관계도

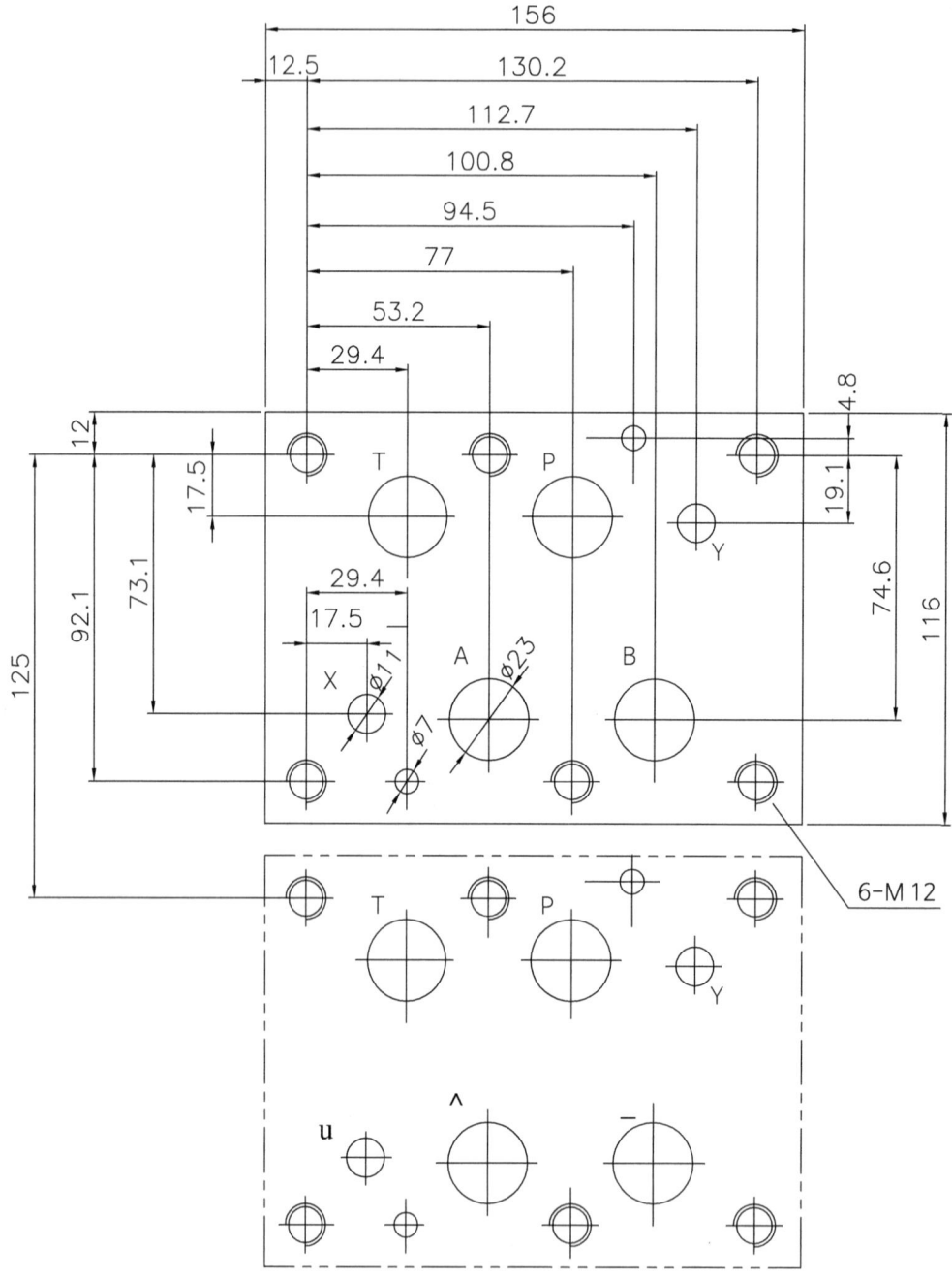

7 G-10 Manifold

G-10 Solenoid Valve Sub Plat 관계도

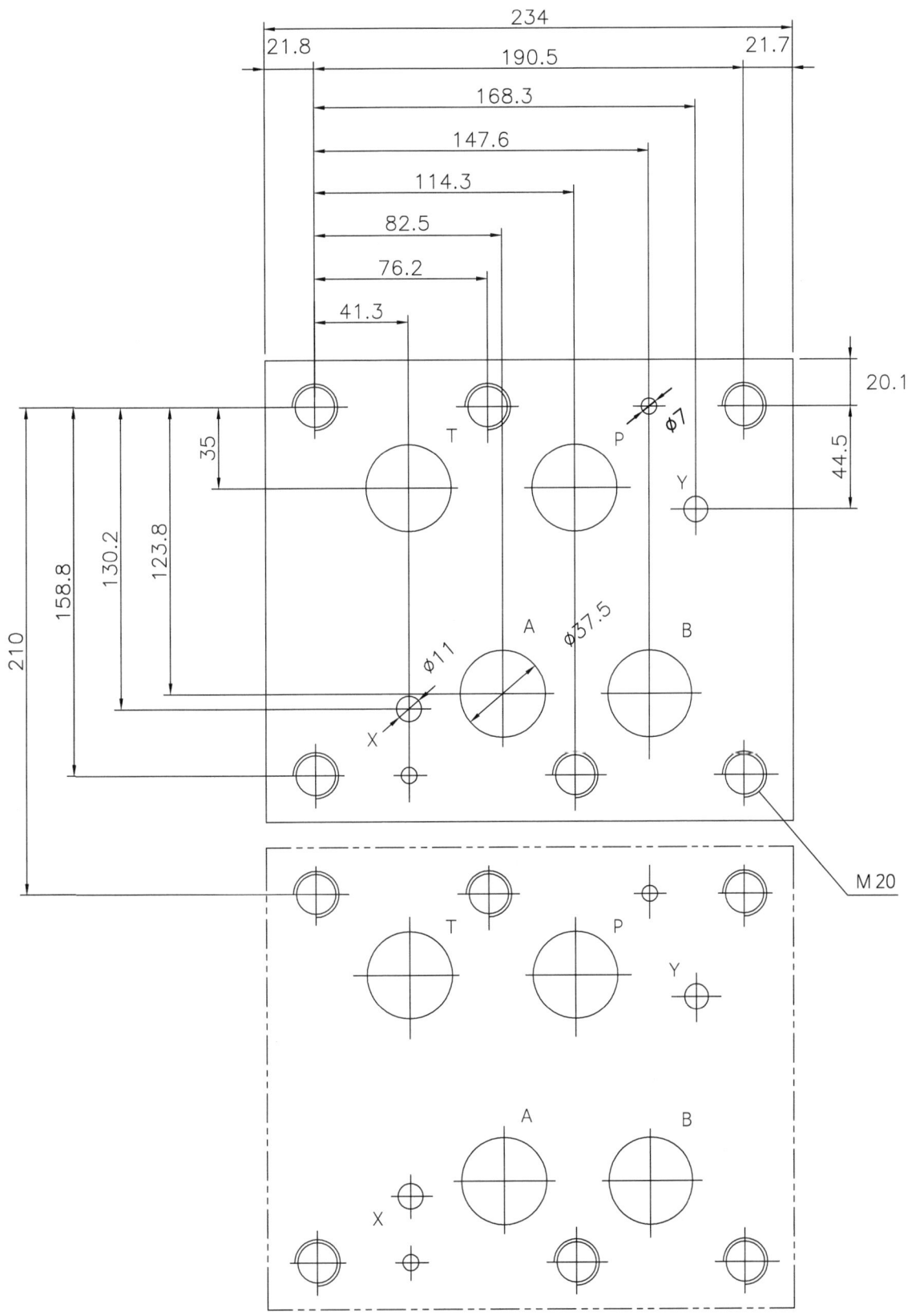

Modular Valve를 적용한 Manifold 조립 예

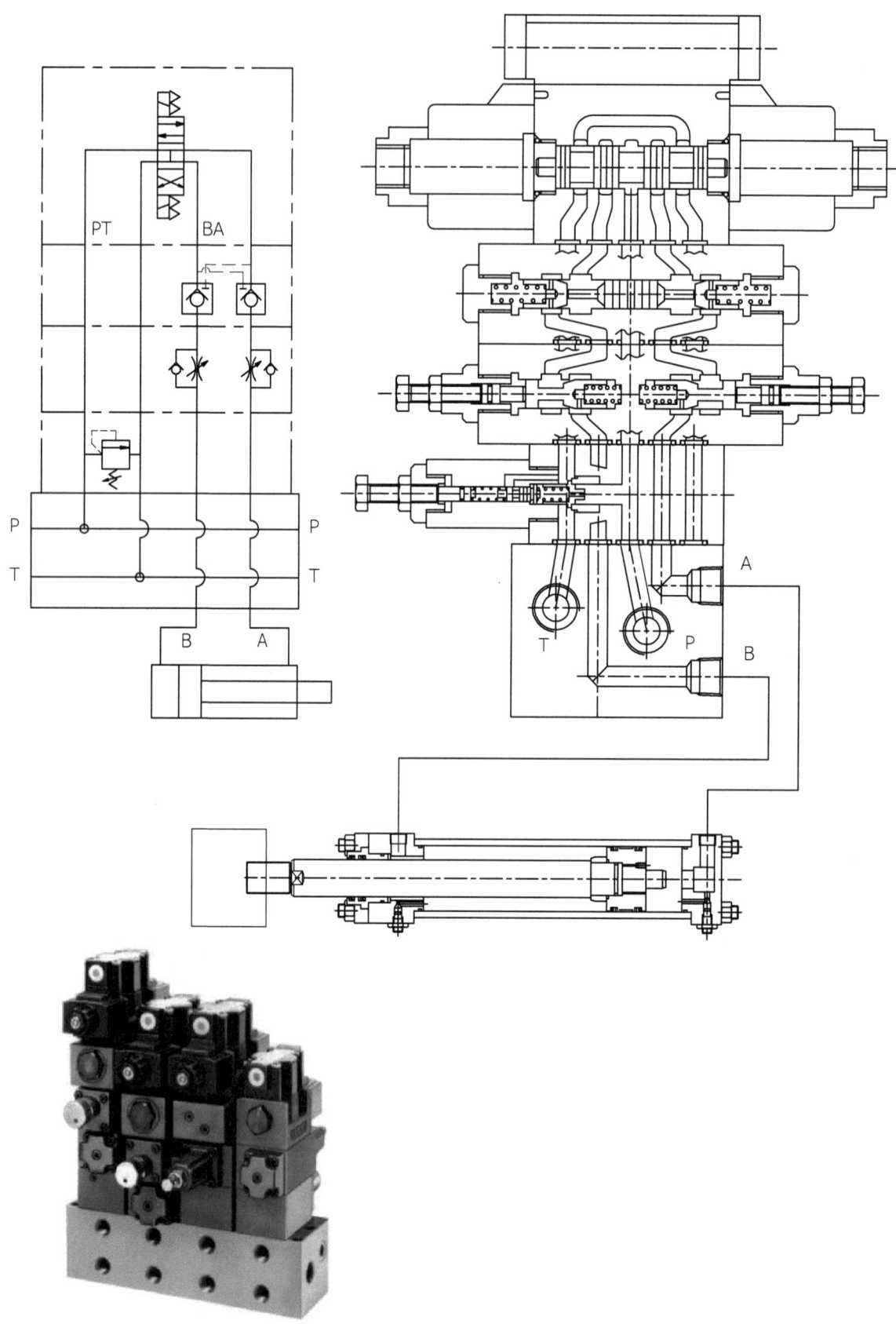

제2절 매니폴드 설계

G-01 2련 + Relief G-03 Manifold
Solenoid Valve(G-01) Sol, Relief(G-03)

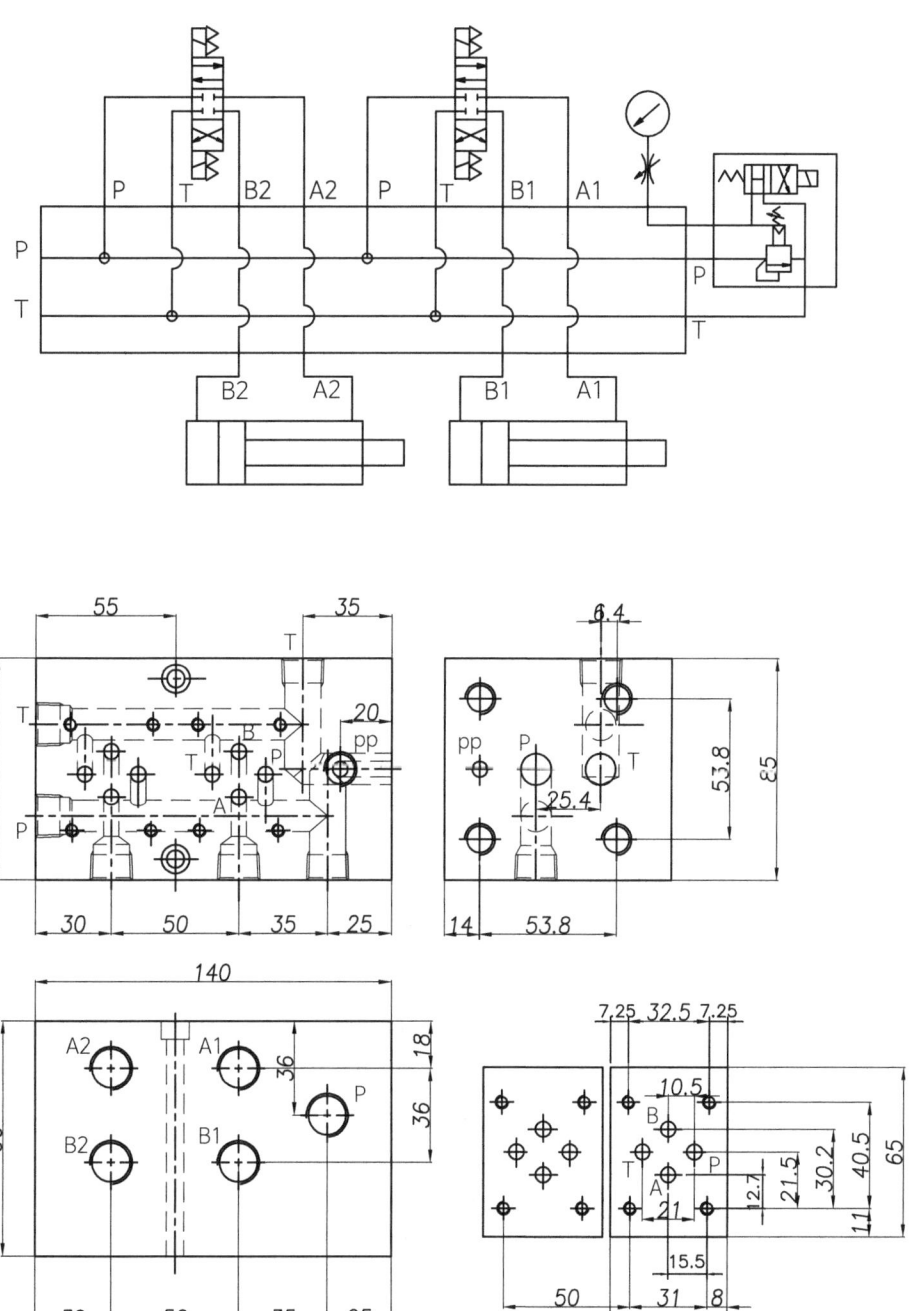

G-03 2련 + Relief G-03 Manifold
Solenoid Valve(G-03) Sol, Relief(G-03)

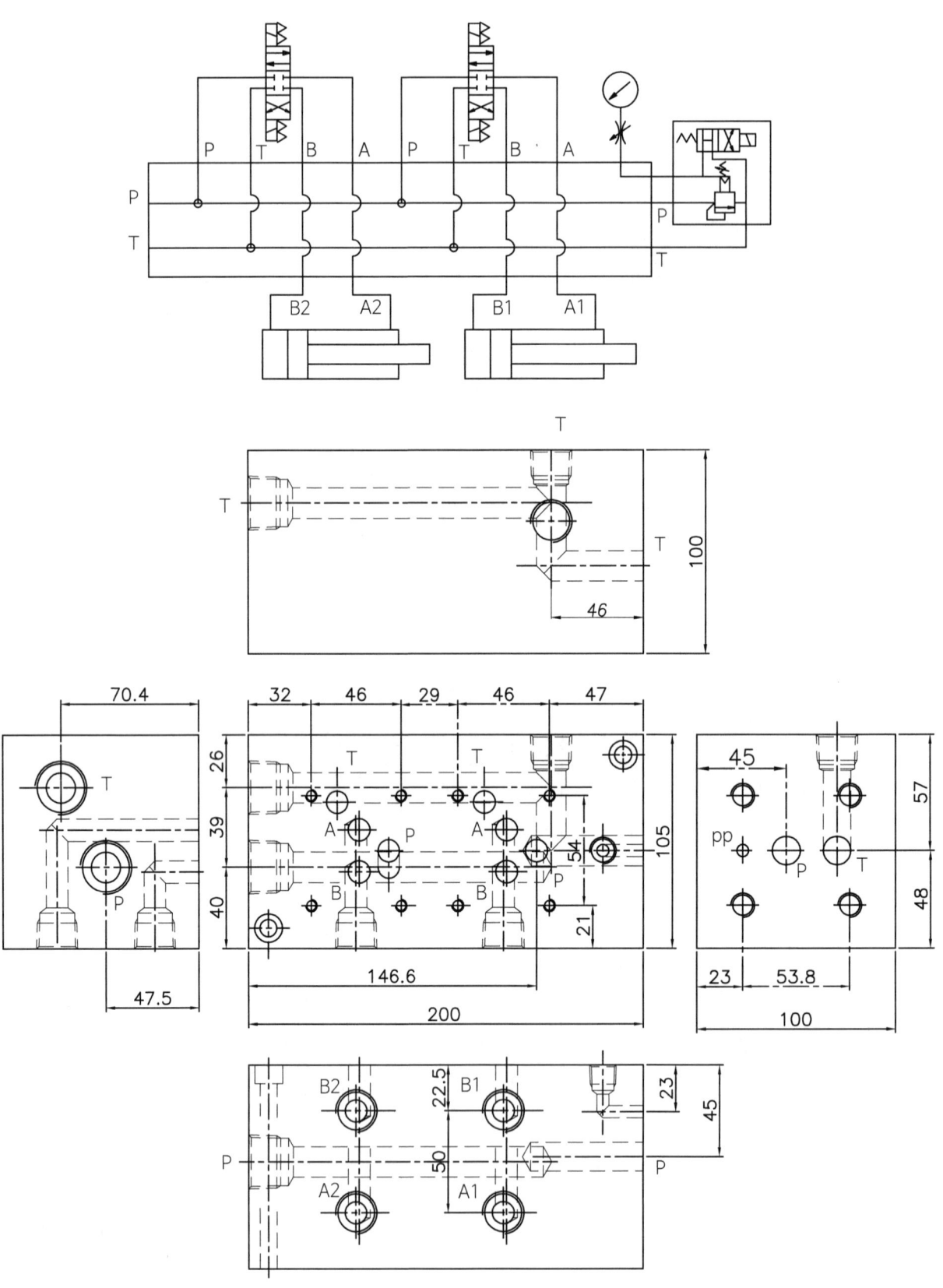

실린더 2개가 동시동작하는 경우 차동회로 적용 매니폴드(G-01 Sol, 적용)

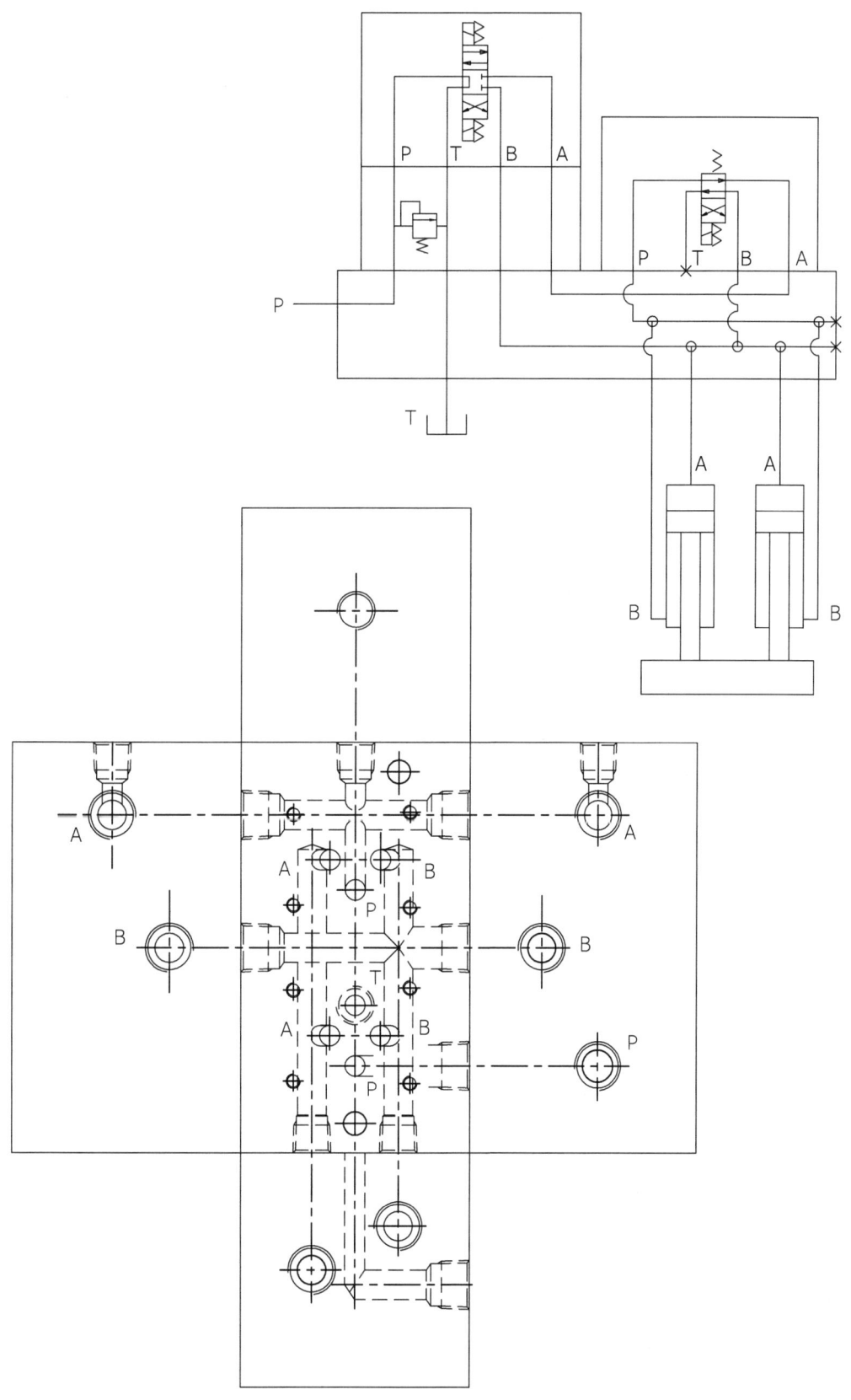

제6장 유압 Manifold

2련 펌프를 적용한 Manifold 구성 예

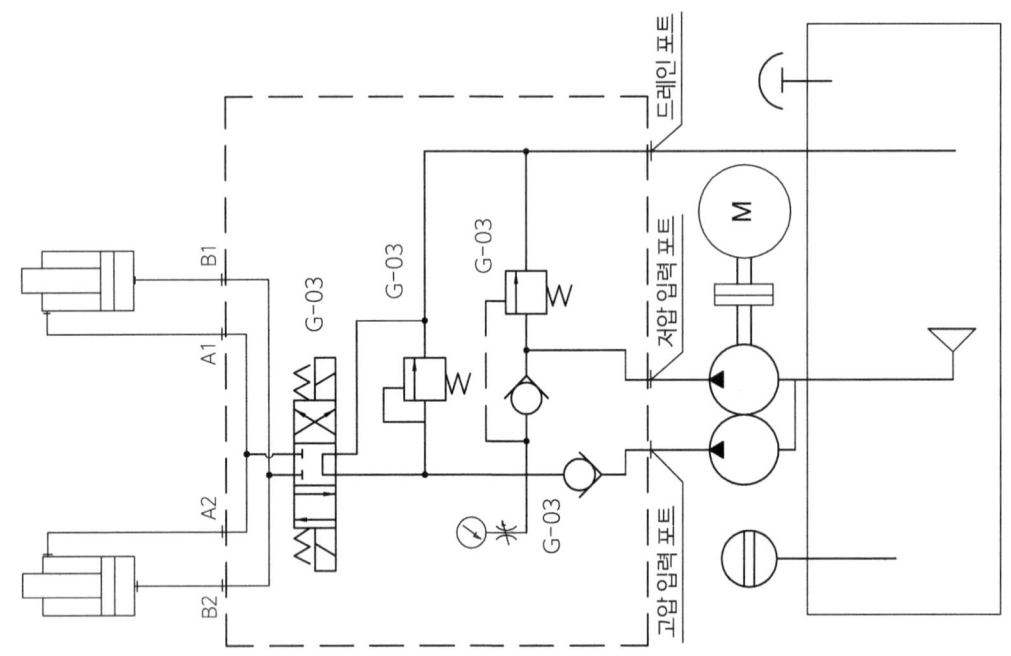

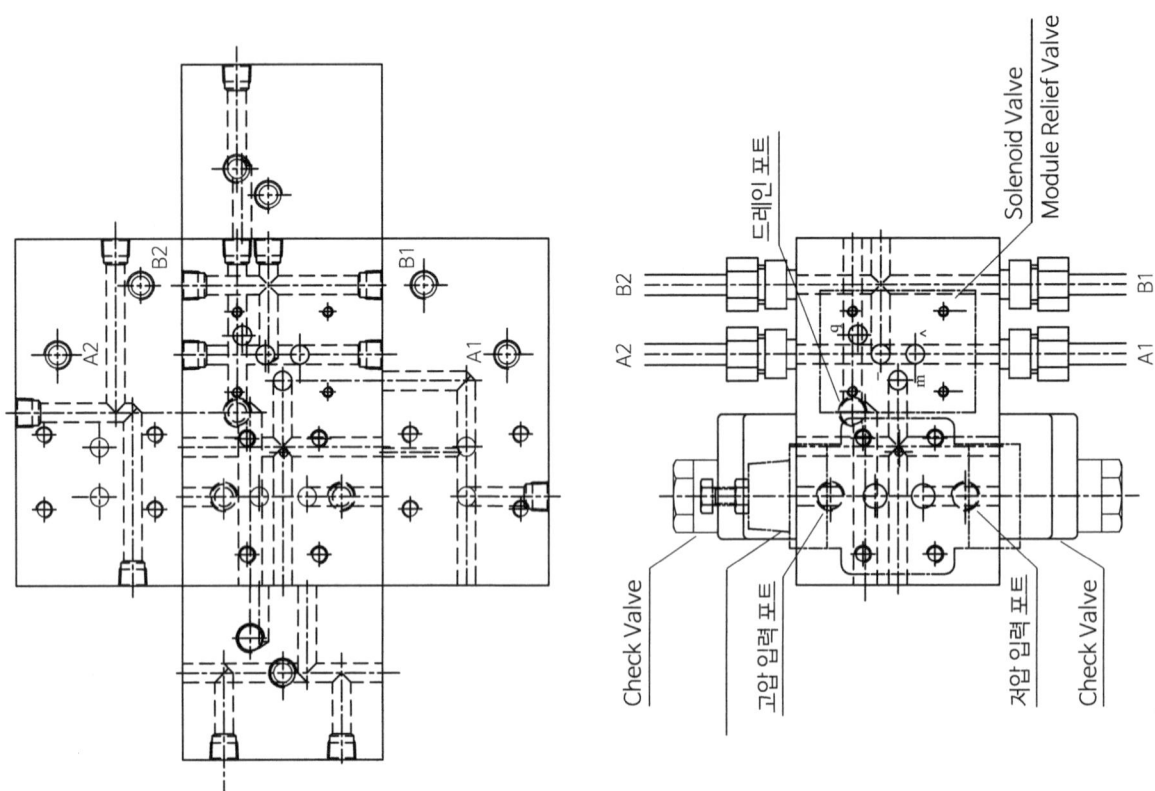

매니폴드의 설계 예

2련 펌프장치와 시퀀스밸브 장착으로 설정 압력에 도달하면 시퀀스밸브에 의하여 대용량 펌프는 언로드되고 소용량펌프만 동작하여 저속으로 가압된다.

발열, 진동, 소음과 에너지 절감이 된다.

Sol, Valve 종류 회로에 따라 외부파일럿, 내부파일럿, 외부드레인, 내부드레인을 결정하여 설계한다.

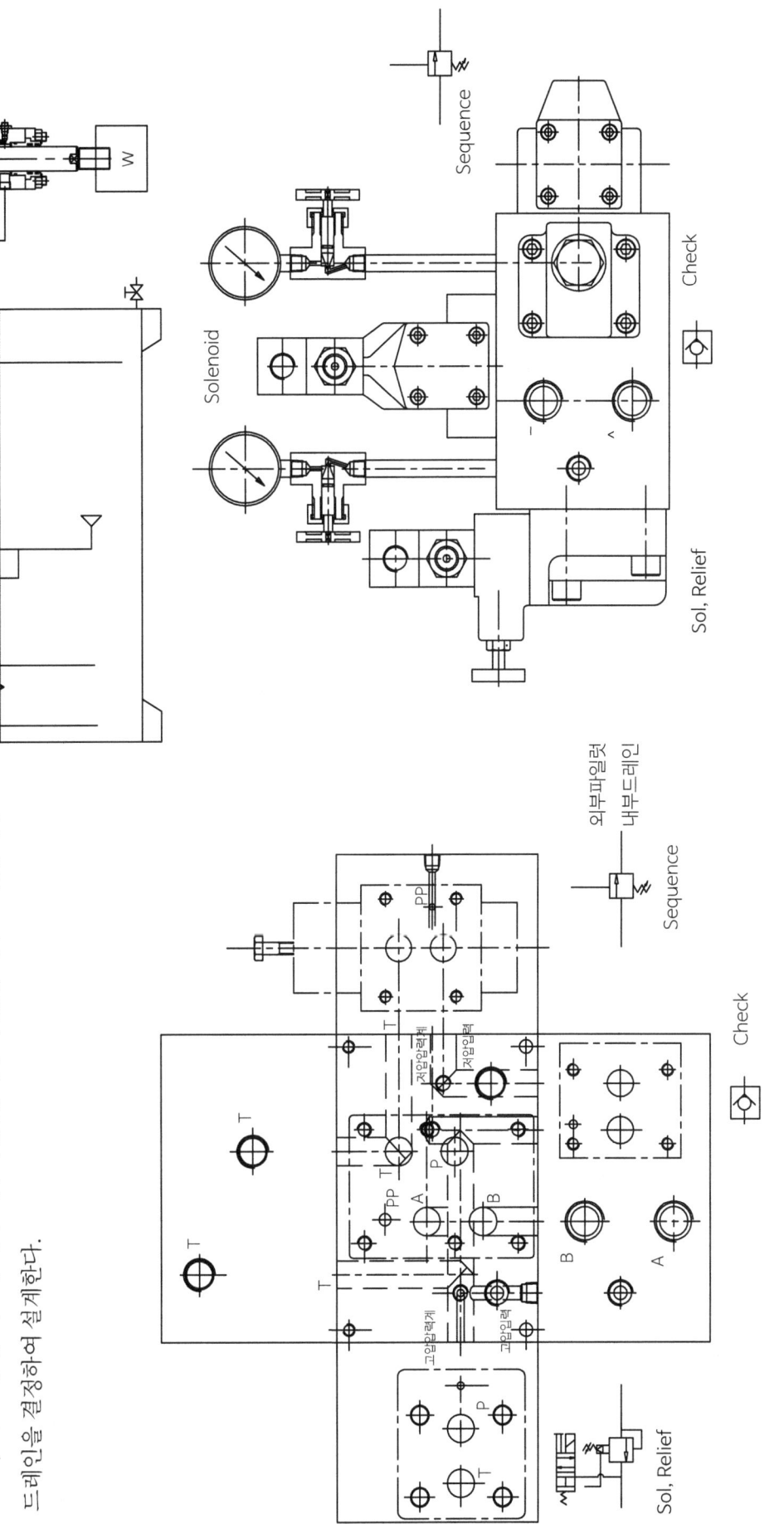

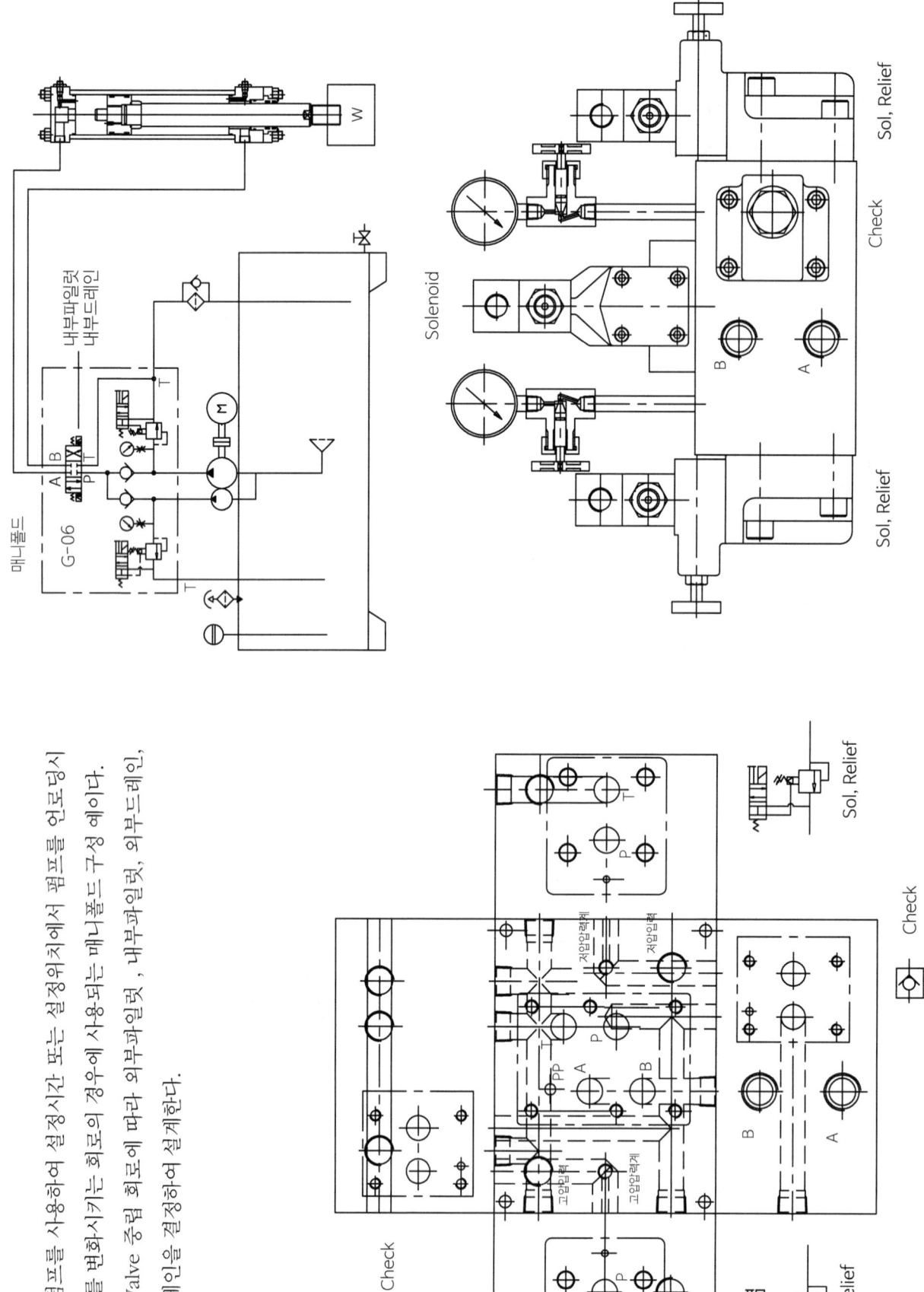

2련 펌프를 사용하여 설정시간 또는 설정위치에서 펌프를 언로딩시켜 속도를 변화시키는 회로의 경우에 사용되는 매니폴드 구성 예이다.
Sol, Valve 중립 회로에 따라 외부파일럿, 내부파일럿, 외부드레인, 내부드레인을 결정하여 설계한다.

2련 펌프를 적용한 매니폴드의 설계 개념도 예

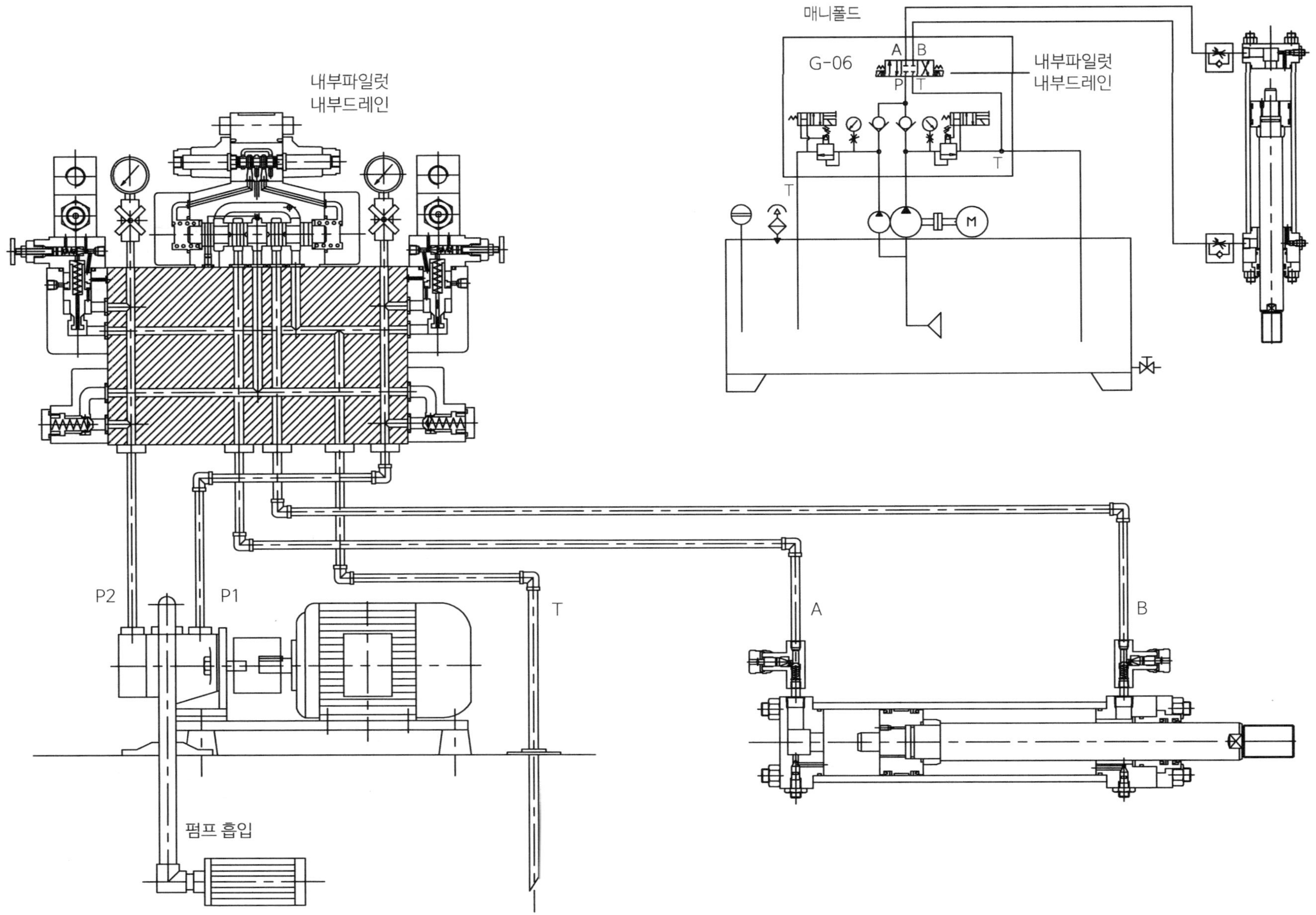

제6장 유압 Manifold

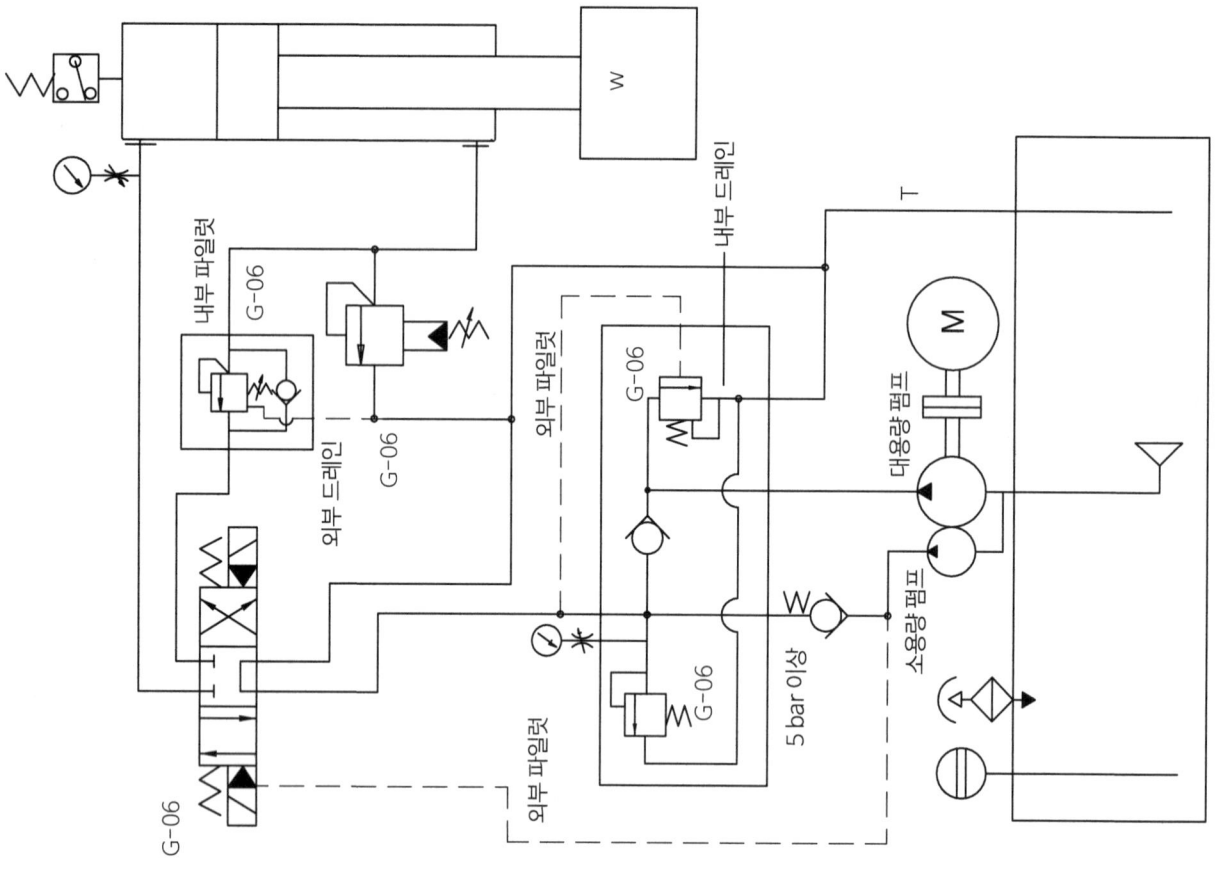
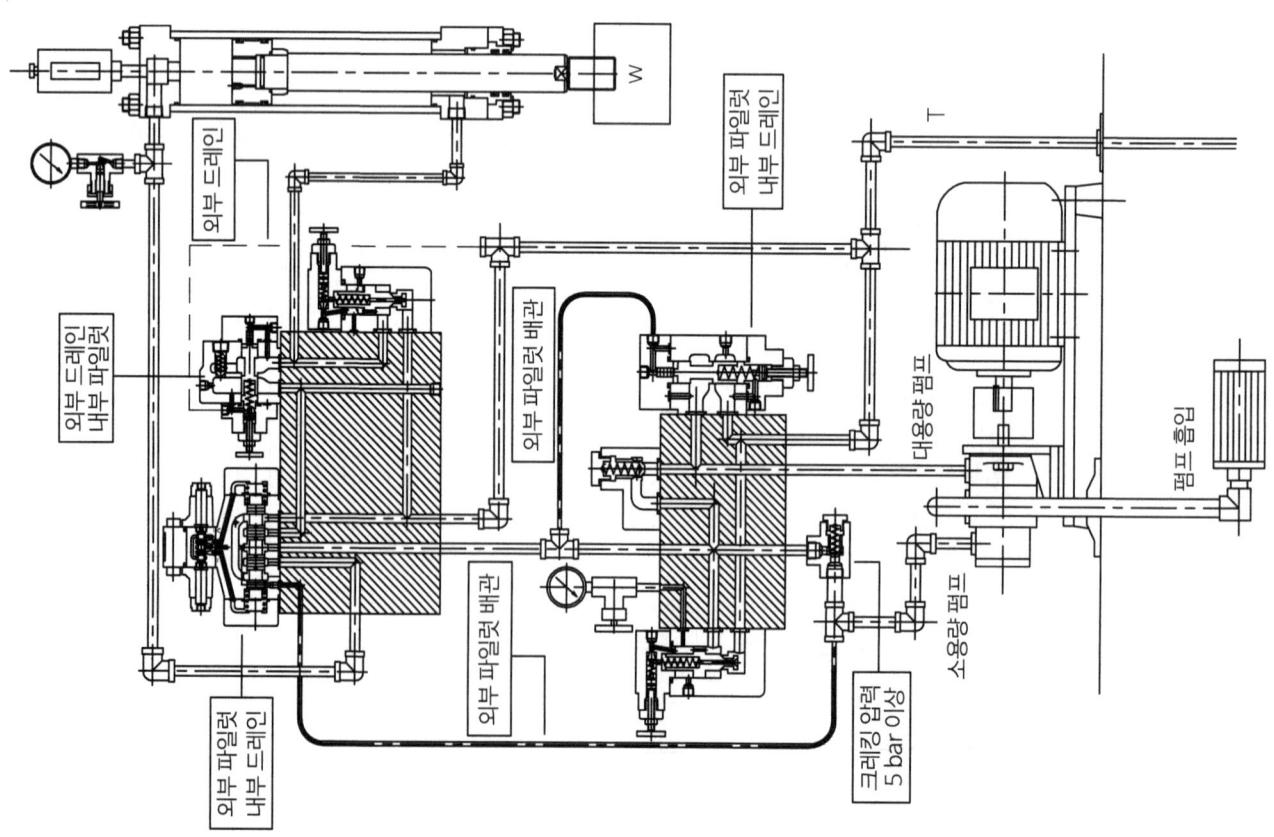

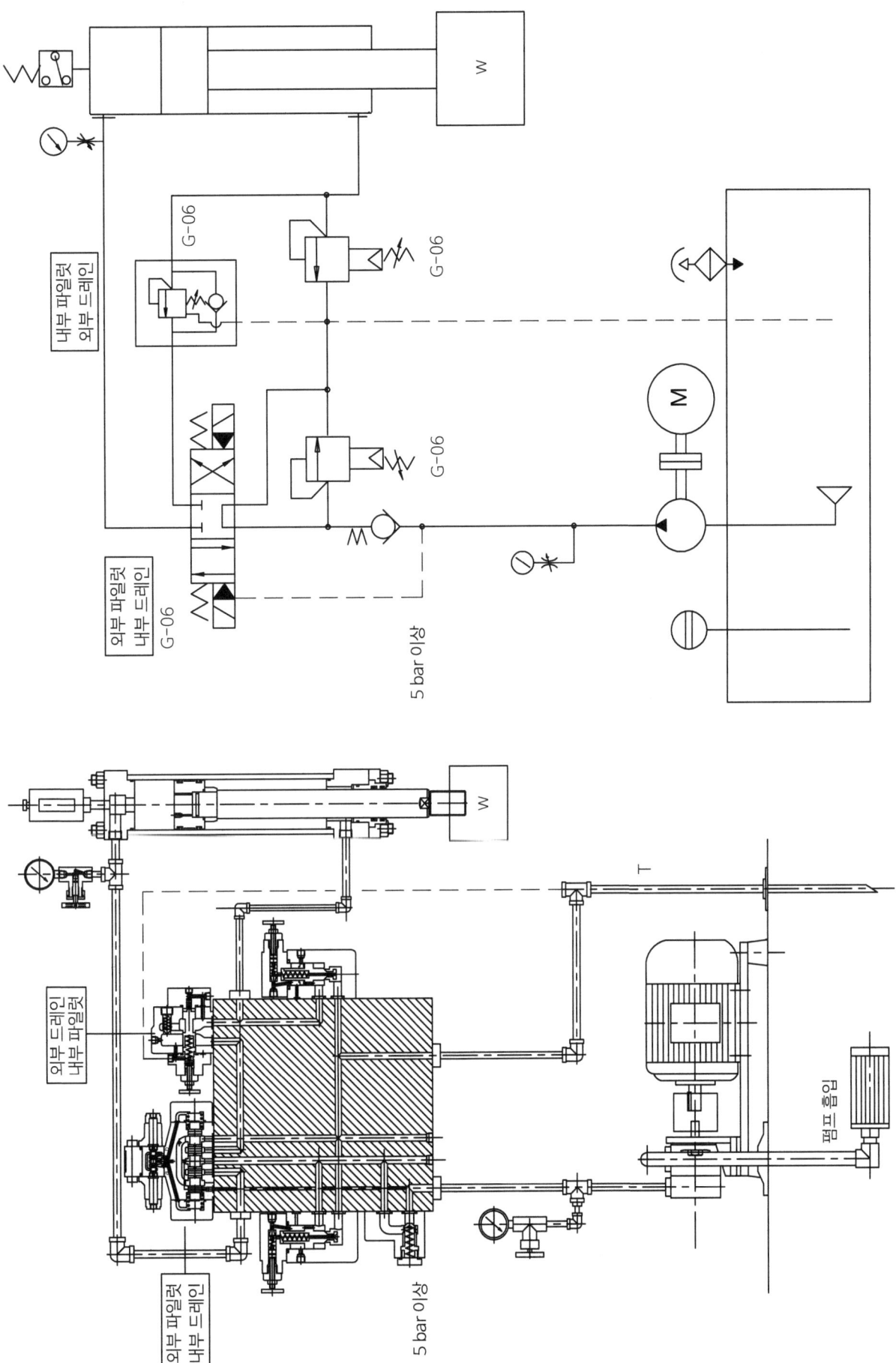

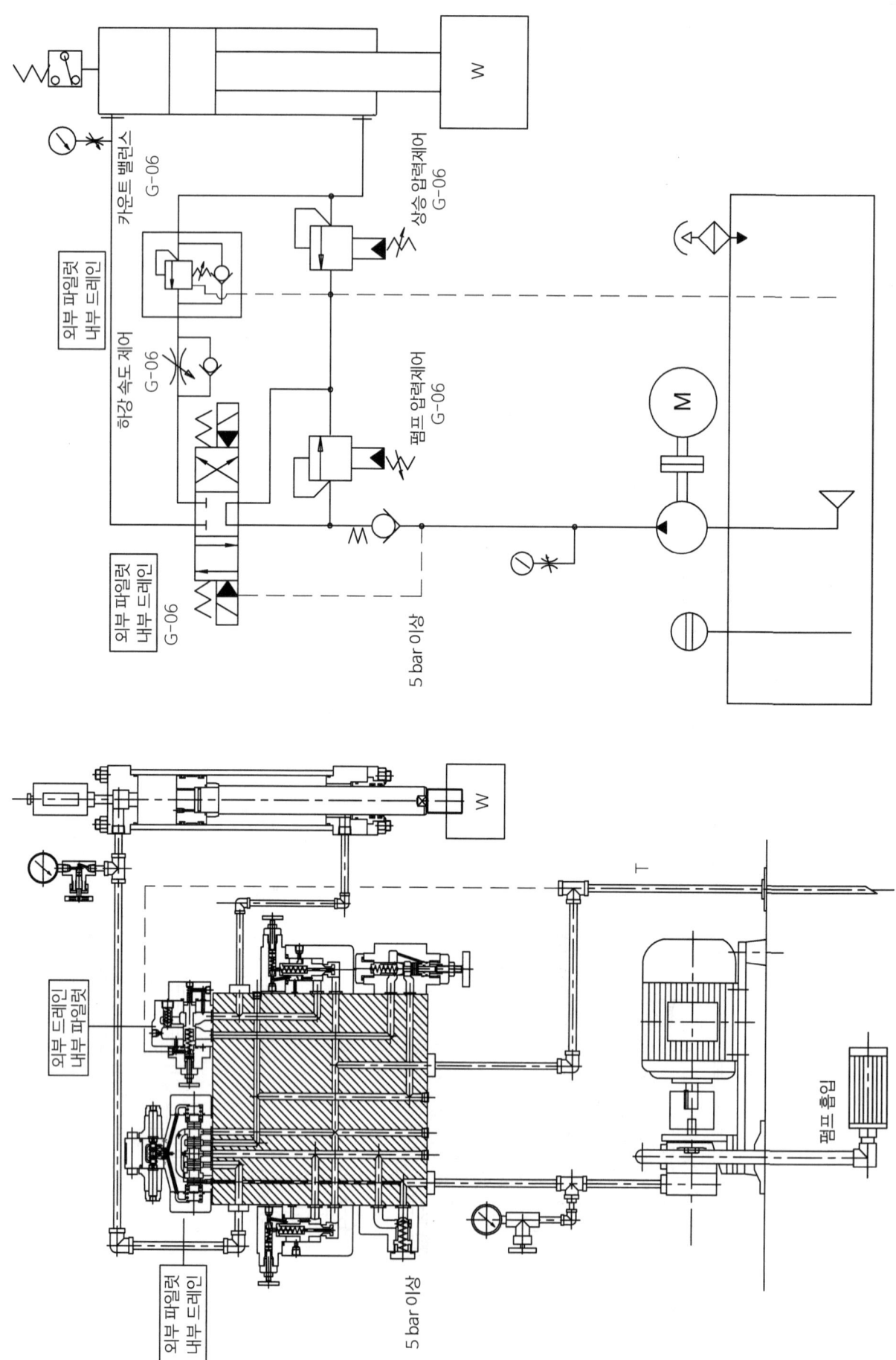

CHAPTER

07

유압 장치의 배관

유압장치의 배관은 각 시스템 구성 요소들 사이를 연결하여 유압 에너지를 전달하는 역할을 한다.

배관의 선정 조건은 사용압력을 만족해야 하고, 통과 유량을 만족해야 하며, 사용유체 사용온도도 만족해야 한다.

제1절 유압 배관

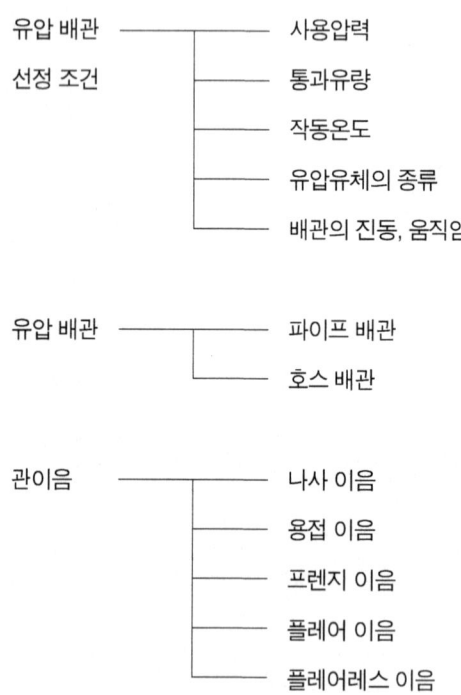

1 관

유압장치의 배관은 일반적으로 강관을 많이 사용하는데, 파이프 배관용으로 특성을 갖추고 유압배관에 많이 사용되고 있는 종류를 정리해보면 아래와 같다.

관의 규격명	KS 기호	JIS 기호	용 도
배관용 탄소강 강관	SPP	SGP	흡입배관, 리턴배관, 드레인 배관
압력배관용 탄소강 강관	SPPS	STPG	토출측 배관, 압력배관
고압배관용 탄소강 강관	SPPH	STS	토출측 배관, 압력배관
고온배관용 탄소강 강관	SPHT	STPT	고온용 압력배관
배관용 합금강 강관	SPA	STPA	초 고압용 압력배관
배관용 스테인리스 강관	STS-TP	SUS-TP	부식이 예상되는, 압력배관, 리턴배관

배관 구경이 작아서 관내의 유속이 너무 빠르면 관 내벽 저항으로 압력 강하가 발생하여 동력 손실이 현저하게 나타나며, 이 때문에 유온 상승, 진동, 소음이 발생되고, 배관 구경이 너무 크면 배관의 초기 시설 비용이 증가하고 배관의 부피와 무게가 증가되므로 유량과 사용압력을 만족하는 적합한 구경과 두께를 결정해야 한다.

관내의 유속은 유압작동유의 점도, 배관길이에 따라 변하나 일반적으로 유속은

* 펌프의 흡입 관로 : 0.5~1.5m/sec (유압 펌프 제조사에서 결정)
* 압력 관로 : 1.5~4.5m/sec
* 리턴 관로 : 2~5m/sec로 하여 선정해야 한다.

유압 배관은 유압기기 제조사에서 포트의 구경이 결정되어지는데 유압 작동유의 점도나 배관의 길이에 따라 의외로 압력 손실이 있으므로 정확한 계산에 의하여 배관의 내경이나 두께를 결정해야 한다. 자세한 배관의 유속은 관내의 유속 표를 참고하길 바란다.

배관 사이즈 선정요령

관내 유량을 확인하고 관내 유속을 결정하고 관내 유량과 유속으로부터 관의 단면적을 산출한다. 산출된 단면적과 사용압력을 모두 만족하는 배관사이즈를 결정한다.

배관 내경의 계산식 $A = \dfrac{Q}{V}$　　A = 관의 개구면적(cm^2)

　　　　　　　　　　　　　　Q = 관내 유량(L/min)

　　　　　　　　　　　　　　V = 관내 유속(m/sec)

2 관내의 유속

흡입라인	PISTON PUMP	0.6 m/sec
	VANE PUMP	0.7 m/sec
	GEAR PUMP	0.8 m/sec
	Prefill Valve	0.8 m/sec
	단, 유면에 대한 높이, 유체의 점도, 유체의 비중, 배관의 길이 등을 같이 고려한다.	
리턴라인	VALVE에서 TANK로의 배관	2 m/sec
	70kg/cm² 이하의 저압 배관	2 m/sec
	배관길이가 40m가 넘는 배관	2 m/sec
	일반적인 TANK 리턴라인	4 m/sec
압력라인	PILOT 배관	2 m/sec
	70kg/cm² 이하의 저압 배관	2 m/sec
	배관길이가 50m가 넘는 배관	2 m/sec
	기타 일반적인 배관	4 m/sec
	가변용량 펌프 토출 배관	5 m/ec
	10m 이내의 짧은 배관	7 m/sec
	차동회로의 합류 후 유속	10 m/sec
	배압이 약간 있어도 문제되지 않는 배관	10 m/sec
	압빼기라인 배관, 릴리프밸브의 압력라인	10 m/sec
일반적인 압력라인	50bar 이내	4 m/sec
	50bar~100bar 이내	4.5 m/sec
	100bar~150bar 이내	5 m/sec
	150bar~200bar 이내	5.5 m/sec
	200bar~300bar 이내	6 m/sec

3 배관용 강관

강관 재료의 종류, 강도

	유압 배관용 정밀탄소강관	배관용 탄소강관	압력 배관용 탄소강관	고압 배관용 탄소강관	기계구조용 탄소강관
재료기호	OST2	SGP	STPG-38	STS-38	STKM-13A
제조방법	냉간압연 심레스 강관	전기저항 용접 강관	열간 압연 심레스 강관		
인장강도 kgf/mm^2	35 이상	이상	38 이상	38 이상	38 이상
인장강도 kgf/mm^2	20 이상	-	22 이상	22 이상	22 이상
표시 예	재료기호 외경×두께	호칭경×재료기호	호칭경×스케줄번호		호칭경×두께
	OST2-6×1.5	1/2B×SGP 15A×SGP	1/2B×Sch80 15A×Sch80	2B×Sch160 50A×Sch160	3B×14.0 t 80A×14.0 t
사용처	고압(350kgf/cm^2 이하) 배관용	저압(10kgf/cm^2 이하) 배관용	고압배관용		
			Sch80용 두께 : 소	Sch160용 두께 : 중	STKM-13A 두께 : 대

OST2 6~18까지 사용 예

사용압력	호칭 외경	6	8	10	12	15	18
350kgf/mm^2 이하	두께	1.5	1.5	2.0	2.0	2.5	3.3
	내경	3	5	6	8	10	11.4
	단면적	0.07	0.20	0.28	0.50	0.79	1.02
	허용압력	550	390	455	365	365	410

선박용 강관 (NK,JG 일반급 공통의 허용압력)   배관 파이프

재질		호칭경 외경	6A 1/8 B	8A 1/4 B	10A 3/8 B	15A 1/2 B	20A 3/4 B	25A 1 B	32A 1 1/4 B	40A 1 1/2 B	50A 2 B	65A 2 1/2 B	80A 3 B	90A 3 1/2 B	100A 4 B	125A 5 B	150A 6 B
SGP		외경	10.5	13.8	17.3	21.7	27.2	34.0	42.7	48.6	60.5	76.3	89.1	101.6	114.3	139.8	165.2
		두께	2.0	2.3	2.3	2.8	2.8	3.2	3.5	3.5	3.8	4.2	4.2	4.2	4.5	4.5	5.0
		내경	6.5	9.2	12.7	16.1	21.6	27.6	35.7	41.6	52.9	67.9	80.7	93.2	105.3	130.8	155.2
		단면적	0.33	0.66	1.3	2.0	3.7	6.0	10.0	13.6	22.0	36.2	51.1	68.2	87.0	134	189
		허용국관	10kgf/cm² 이하 Tank Return 배관 및 Suction 배관 (이래 Sch 40용 Pipe도 사용가능)															
Sch 40 NK-KST238 NK-KST338		두께	1.7	2.2	2.3	2.8	2.9	3.4	3.6	3.7	3.9	5.2	5.5	5.7	6.0	6.6	7.1
		내경	7.1	9.4	16.1	16.1	21.4	27.2	35.5	41.2	52.7	65.9	78.1	90.2	102.3	126.6	151
		단면적	0.40	0.89	2.0	2.0	3.6	5.8	9.9	13.3	21.8	34.1	47.9	63.9	82.2	126	179
		허용국관	295	320	270	270	220	215	180	160	135	145	130	120	110	100	90
		압력배관	360	395	330	330	270	260	220	195	165	175	160	145	135	120	110
Sch 80 NK-KST238 NK-KST338		두께	2.4	3.0	3.7	3.7	3.9	4.5	4.9	5.1	5.5	7.0	7.6	8.1	8.6	9.5	
		내경	5.7	7.8	14.3	14.3	19.4	25.0	32.9	38.4	49.5	62.3	73.9	85.4	97.1	120.8	
		단면적	0.26	0.48	1.6	1.6	2.9	4.9	8.5	11.6	19.2	30.5	42.8	57.3	74.0	115	
		허용국관	495	500	390	390	325	300	255	230	195	200	185	170	160	145	
		압력배관	620	520	485	485	400	465	310	280	240	245	225	210	195	175	
Sch 160 공통사항		두께			4.7	4.7	5.5	6.4	6.4	7.1	8.7	9.5	11.1	12.7	13.5	15.9	
		내경			12.3	12.3	16.2	21.2	29.9	34.4	43.1	57.3	66.9	76.2	87.3	108	
		단면적			1.2	1.2	2.1	3.5	7.0	9.3	14.6	25.8	35.1	45.6	59.8	91.6	
NK-KST238					525	525	485	445	345	335	325	280	280	280	265	250	
NK-KST338					655	655	609	555	425	410	405	340	340	345	320	310	
NK-KST242								490	380	370	360	310	310	310	290	280	
NK-KST342								610	465	455	445	380	380	380	355	340	
NK-KST249								575	445	430	425	360	360	360	340	325	
NK-KST349								715	545	530	520	440	440	445	415	400	

저압 ~ 고압배관용 강관

사용압력 결정 → 필요단면적 결정 → 배관 호칭경 결정
└ 관내 유량과 관내 유속에 따라 결정

단위 ┬ 단면적 : cm^2
     └ 중 량 : kgf/m

사용압력		호칭경	10A 3/8B	15A 1/2B	20A 3/4B	25A 1B	32A 1 1/4B	40A 1 1/2B	50A 2B	65A 2 1/2B	80A 3B	90A 3 1/2B	100A 4B	125A 5B	150A 6B	200A 8B	250A 10B	300A 12B
		외경	17.3	21.7	27.2	34	42.7	48.6	60.5	76.3	89.1	101.6	114.3	139.8	165.2	216.3	267.4	318.5
10kg/ cm^2 이하		재질	SGP															
		두께	2.3	2.8	2.8	3.2	3.5	3.5	3.8	4.2	4.2	4.2	4.5	4.5	5.0	5.8	6.6	6.9
		내경	12.7	16.1	21.6	27.6	35.7	41.6	52.9	67.9	80.7	93.2	105.3	130.8	155.2	204.7	254.2	304.7
		단면적	1.3	2.0	3.7	6.0	10.0	13.6	22.0	36.2	51.1	68.2	87.0	134	189	329	508	729
		중량	0.9	1.3	1.7	2.4	3.4	3.9	5.3	7.5	8.8	10.1	12.2	15.0	19.8	30.1	42.4	53.0
140kg/ cm^2 이하		재질	Sch 80(STPG-38)										Sch 160(STS-38)					
		두께	3.2	3.7	3.9	4.5	4.9	5.1	5.5	7.0	7.6	8.1	8.6	9.5	11.0	23.0	28.6	33.3
		내경	10.9	14.3	19.4	25.0	32.9	38.4	49.2	62.3	73.9	85.4	97.1	120.8	143.2	170.0	210.2	251.9
		단면적	0.9	1.6	2.9	4.9	8.5	11.6	19.2	30.5	42.8	57.3	74.0	115	161	227	347	498
		허용압력	420	395	325	300	255	230	200	200	185	170	160	145	140	235	235	234
		중량	1.1	1.6	2.2	3.3	4.6	5.5	7.5	12.0	15.3	18.7	22.4	30.5	41.8	110	168	234
210kg/ cm^2 이하		재질	Sch 80(STPG-38)										Sch 160(STS-38)					
		두께	3.2	3.7	3.9	4.5	4.9	5.1	8.7	9.5	11.1	12.7	13.5	15.9	18.2	23.0	28.6	33.3
		내경	10.9	14.3	19.4	25.0	32.9	38.4	43.1	57.3	66.9	76.2	87.3	108.0	128.8	170.0	210.2	251.9
		단면적	0.9	1.6	2.9	4.9	8.5	11.6	14.6	25.8	35.1	45.6	59.8	91.6	130	227	347	498
		허용압력	420	395	325	300	255	230	330	280	280	280	265	255	245	235	235	234
		중량	1.1	1.6	2.2	3.3	4.6	5.5	11.1	15.6	21.4	27.8	33.6	48.6	66.0	110	168	234
280kg/ cm^2 이하		재질	Sch 80(STPG-38)			Sch 160(STS-38)							STKM-13A					
		두께	3.2	3.7	3.9	4.5	6.4	7.1	8.7	9.5	11.1	12.7	15.0	20.0	23.0	35.0		
		내경	10.9	14.3	19.4	25.0	29.9	34.4	43.1	57.3	66.9	76.2	84.3	99.8	119.2	197.4		
		단면적	0.9	1.6	2.9	4.9	7.0	9.3	14.6	25.8	35.1	45.6	55.8	78.2	112	306		
		허용압력	420	395	325	300	345	335	330	280	280	280	285	315	307	305		
		중량	1.1	1.6	2.2	3.3	5.7	7.3	11.1	15.6	21.4	27.8	36.7					
320kg/ cm^2 이하		재질	Sch 80(STPG-38)		Sch 160(STS-38)								STKM-13A					
		두께	3.2	3.7	5.5	6.4	7.0	8.0	10.0	12.0	14.0	16.0	18.0	22.0	30.0	35.0		
		내경	10.9	14.3	16.2	21.2	28.7	32.6	40.5	52.3	61.1	69.6	78.3	95.8	105.2	146.3		
		단면적	0.9	1.6	2.1	3.5	6.5	8.3	12.9	21.5	29.3	38.0	48.2	72.1	86.9	168		
		허용압력	420	395	490	450	370	370	370	350	350	350	350	350	416	360		
		중량	1.1	1.6	2.2	4.4	6.2	8.0	12.5	19.0	25.9	33.8	42.7					

제7장 유압장치의 배관 471

4 배관의 최소 곡률반경

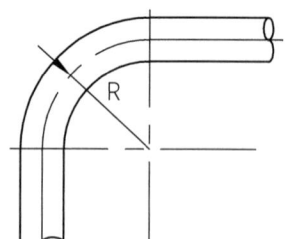

호칭경	OST 2						
호칭경	6	8	10	12	15	18	20
R(최소)	15	20	30	35	45	55	65

호칭경	SGP, STPG-38, STPT-38, STKM-13									
호칭경	15A 1/2 B	20A 3/4 B	25A 1 B	32A 1 B	40A 1 1/2B	50A 2 B	65A 2 1/2B	80A 3 B	90A 3 1/2B	100A 4 B
R(최소)	60	90	120	150	200	250	350	500	650	850

Pipe Bender

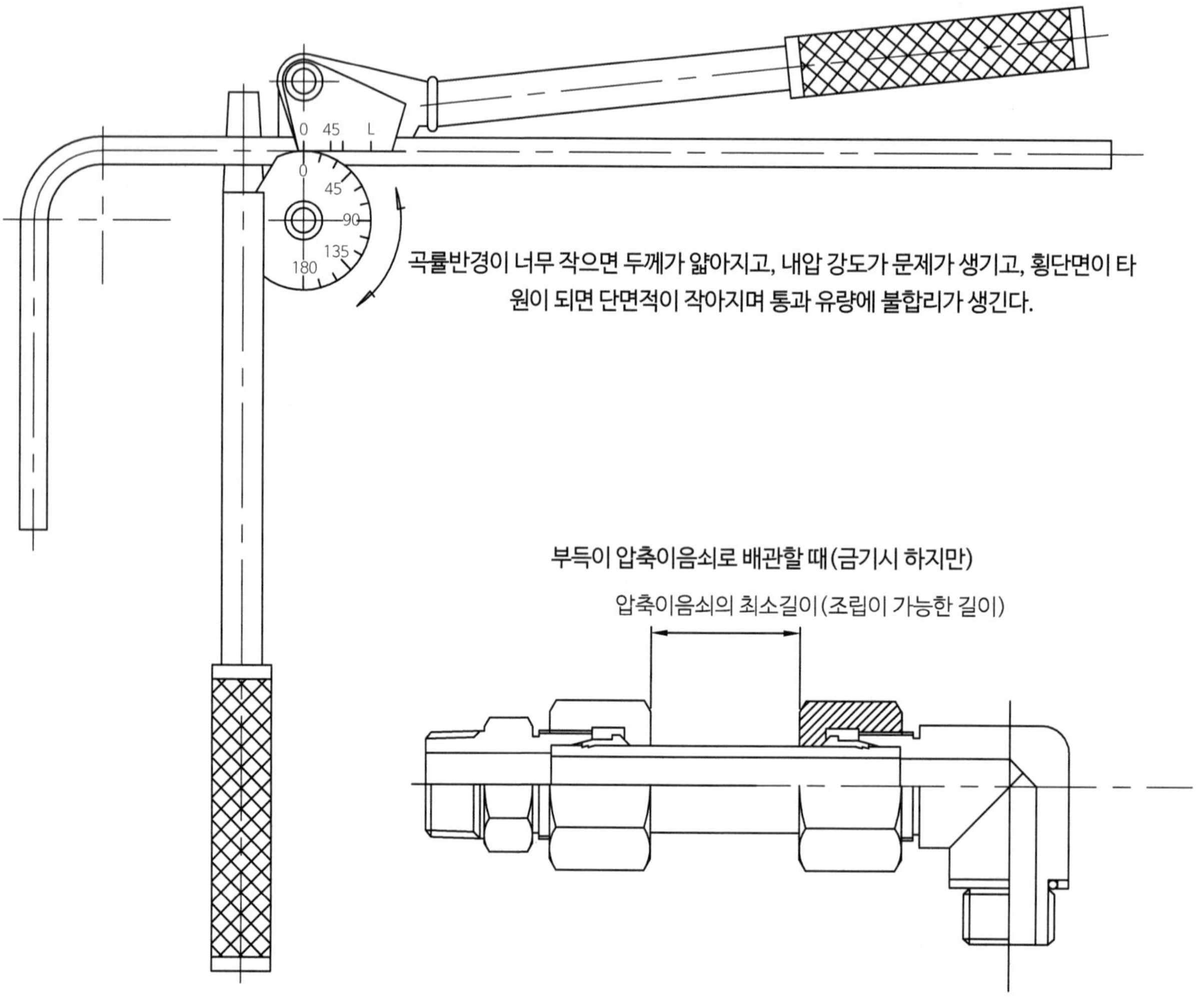

곡률반경이 너무 작으면 두께가 얇아지고, 내압 강도가 문제가 생기고, 횡단면이 타원이 되면 단면적이 작아지며 통과 유량에 불합리가 생긴다.

부득이 압축이음쇠로 배관할 때(금기시 하지만)

압축이음쇠의 최소길이(조립이 가능한 길이)

5 유압 배관 호칭경

인치	1/8"	1/4"	3/8"	1/2"	5/8"	3/4"	1"	1 1/4"	1 1/2"	2"	2 1/2"	3"	3 1/2"	4"
파이프 호칭	6A	8A	10A	15A		20A	25A	32A	40A	50A	65A	80A	90A	100A
파이프 호칭	1/8B	1/4B	3/8B	1/2B		3/4B	1B	1 1/4B	1 1/2B	2B	2 1/2B	3B	3 1/2B	4B
파이프 외경	10.5	13.8	17.3	21.7	15.8	27.2	34	42.7	48.6	60.5	76.3	89.1	101.6	114.3
유압 호칭	01	02	03	04		06	08	10	12	16		24		32
유압 가스켓		G-01	G-03	G-04		G-06		G-10	G-12					
유압 나사		T-02	T-03	T-04		T-06	T-08	T-10	T-12	T-16				
일본식 발음	이찌부	니부	산부	욘부	고부	록고부	인치	인치니부	인치항	니인치	니인치항	산인치	산인치	욘인치

호칭경	6A	8A	10A	15A		20A	25A	32A	40A	50A	65A	80A	90A	100A
외경	10.5	13.8	17.3	21.7	15.8	27.2	34	42.7	48.6	60.5	76.3	89.1	101.6	114.3
탭드릴	8.5	11.5	15	18.5		24	30	38.5						

호칭경	M4	M5	M6	M8	M10	M12	M14	M16	M18	M20	M22	M24	M27	M30
탭드릴	3.4	4.2	5	6.8	8.5	10.5	12	14	15.5	17.5	19.5	21	24	26.5

제2절 관 이음

유압 장치의 배관과 배관, 유압기기와 액추에이터를 연결하고 결합하는데 사용되는 배관 부품으로 나사이음, 용접이음, 압축이음, 프렌지이음 등으로 구분하고 최대 사용압력, 통과유량, 각종 연결 조건에 따라 적합한 부품으로 적용한다.

나사식 관 이음쇠

나사식 관 이음쇠는 저압용과 고압용으로 생산되고 있으며, 일반적으로 저압용은 주철로 제조되고 고압용은 단조품으로 제조된다. 나사식 관 이음쇠의 적용 나사는 주철 제품은 관용 테이퍼 나사를 주로 적용하고 단조품 관 이음쇠는 관용 테이퍼 나사가 주로 되어 있는데 사용조건에 따라 관용 평행나사를 적용하여 O Ring 접속 방식으로 기밀을 유지시킨다.

나사식 관 이음쇠는 용접식보다 체결 조건은 유리하지만 테이퍼 나사의 조임에 따라 진동이 있으면 풀리거나 나사 틈새 사이로 기밀유지가 어려우며 지나치게 조이면 관 재료에 손상이 생기고 배관 조립 후에 분리하기가 어려운 부분이 있다. 또한 나사식 이음쇠는 큰 직경의 배관에는 체결 공구 등으로 한계가 있다.

나사식 관 이음쇠는 나사와 나사 사이에 누유를 방지하기 위해 적당한 씨일제를 칠하든지 아니면 테프론 테이프를 감은 뒤 체결하여 누유 방지에 도움을 준다. 일반적으로 조건에 따라 차이가 있으나 테프론 테이프는 5~6바퀴 감는다.

용접식 관 이음쇠

용접식 관 이음쇠는 맞대기 용접 방식과 소켓 용접 방식으로 구분되는데 일반적으로 맞대기 용접 방식은 저압용으로 소켓 용접 방식은 고압 배관에 많이 적용한다. 맞대기 용접 방식은 용접할 때 용접 슬러지가 관내로 들어가는 약점이 있어 주위가 요구된다.

맞대기 용접 방식과 소켓 용접 방식의 용접은 아크용접(Arc Welding), CO_2용접, 아르곤(Argon)용접 어느 것이든 상관 없으나 최근 들어 아르곤 용접을 선호하는 편이다.

대형관의 용접은 반드시 백비드(back bead)를 내어서 용접의 완성도를 높여야 한다.

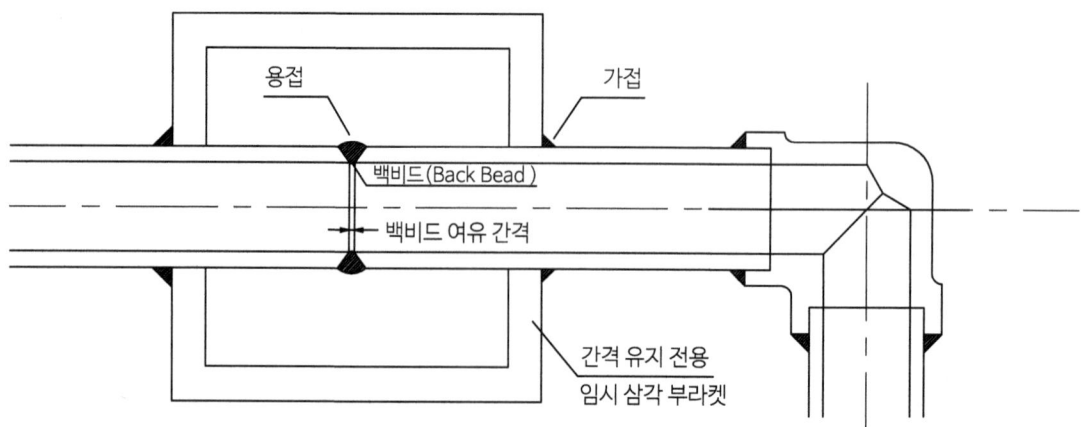

1 관 이음쇠

	나사이음		용접이음	
	저압	고압	맞대기 용접	심음 용접
니플	Pipe	육각 양 PT		
엘보	주철	단조	파이프	단조
티	주철	단조	파이프	단조
유니언	Gasket Seal	O-Ring	O-Ring	O-Ring
소켓	관용 평행나사	관용 테이퍼 나사		파이프
부시 레듀셔	주철	육각봉	파이프	파이프

제7장 유압장치의 배관

1) 프렌지 배관 이음

프렌지 배관은 원형 프렌지와 사각 프렌지로 생산되며 원형 프렌지는 저압용과 고압용으로 저압용은 Gasket Seal, 고압용은 O-Ring Seal로 구성된다.

사각용 프렌지는 유압 기기와 Manifold, 유압 실린더의 연결에 주로 사용되며 심음 용접형으로 생산된다.

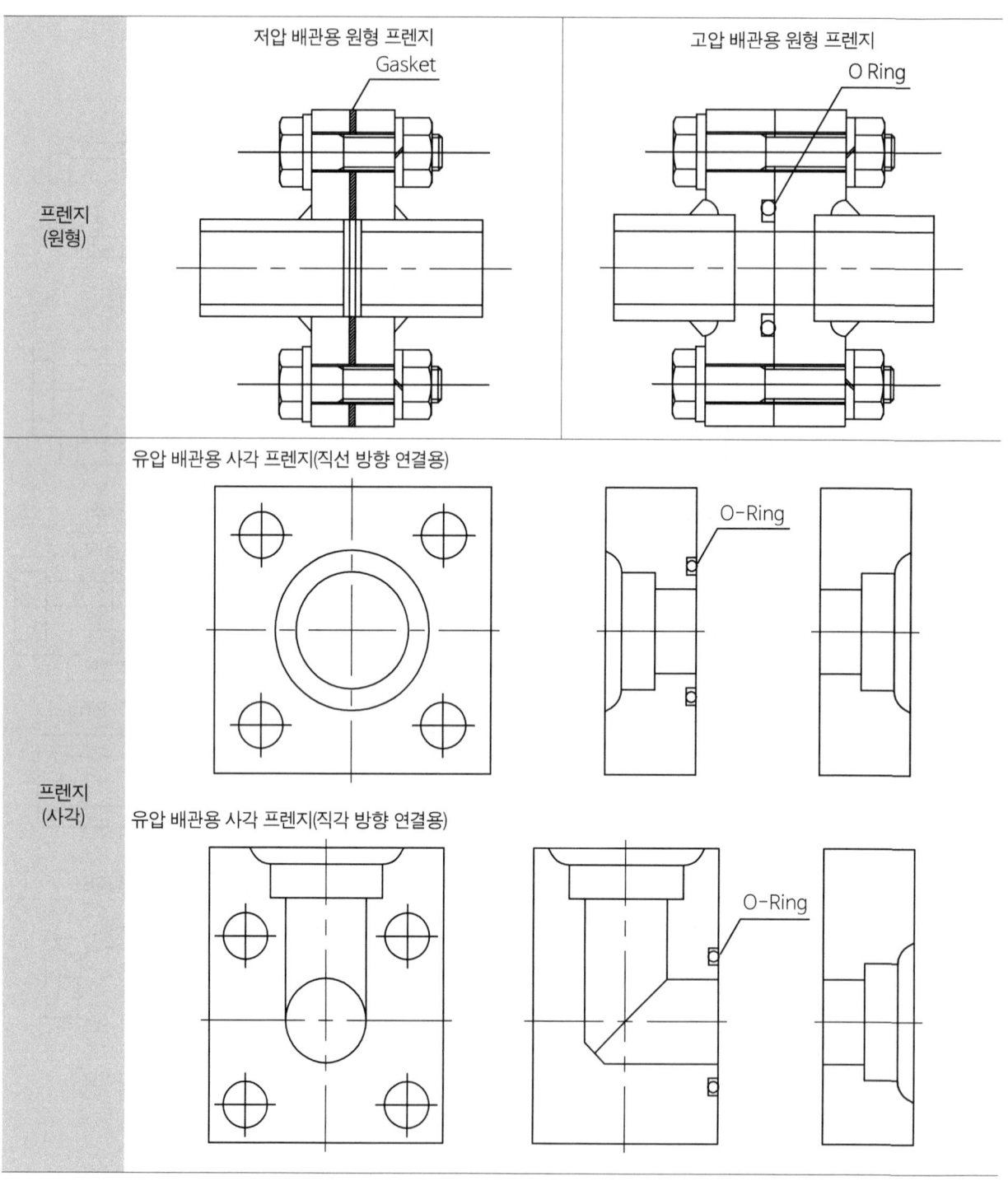

2) 압축 이음쇠

압축 이음쇠는 파이프 끝단을 나팔(flare) 모양으로 확관하여 원추면에 슬리브와 너트에 의하여 체결하여 기밀을 유지시킨다. 압축 이음쇠의 또 다른 방식은 슬리브 압축 이음쇠로 관을 이음쇠에 삽입하고 너트와 관 사이에 슬리브를 끼우고 너트를 체결함으로 밀봉이 유지되는 구조이다.

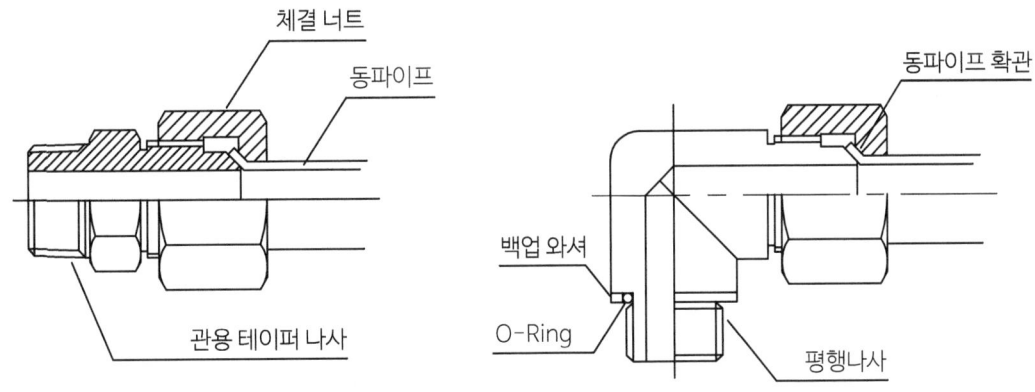

압축 이음쇠는 파이프 끝단을 나팔(flare) 모양으로 확관하는 전용 공구를 사용해야 하고 적당한 힘으로 체결하여야 한다.

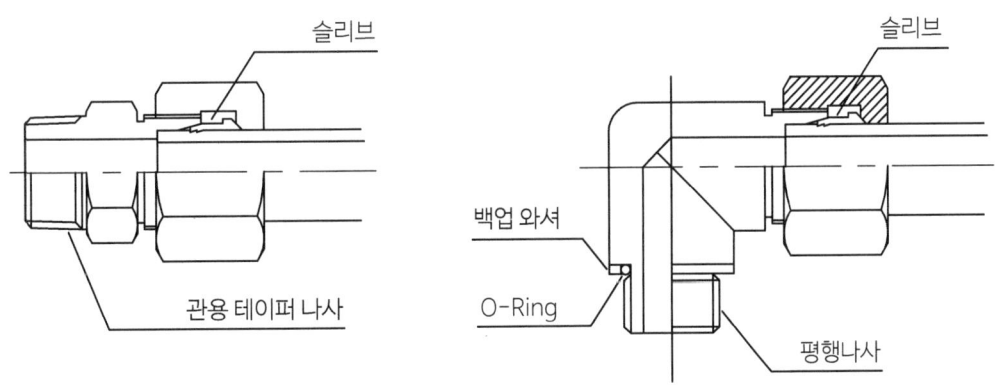

슬리브 압축 이음쇠는 관을 이음쇠에 삽입할 때 주위가 요구되고 너트를 체결할 때 적당한 힘으로 체결하여야 한다.

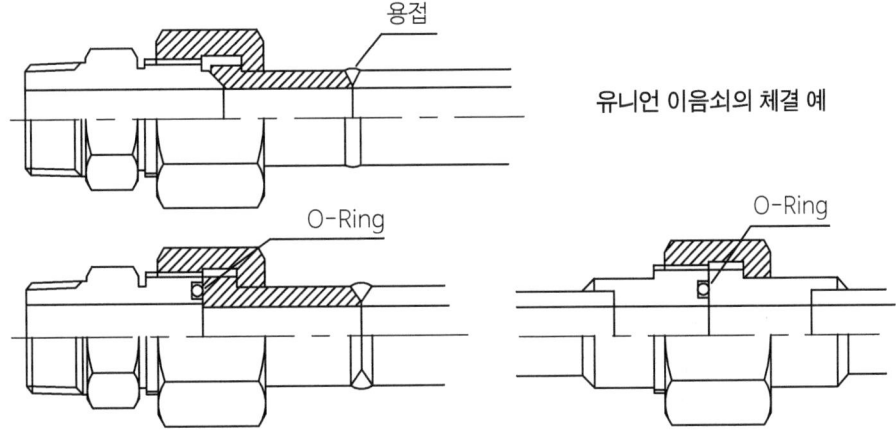

2 유압 호스 배관

유압 호스는 유연성(flexibility)이 있기 때문에 움직이는 배관에 사용하기에 편리하다. 또한 진동과 충격흡수력이 뛰어나며 파이프 배관 연결이 어려운 부분에 적용하며 접속부의 상대 위치가 변하는 부분에 널리 사용되고 있다.

유압 호스는 강관에 비하여 내부 압력 변동에 따른 신축으로 유체의 흐름 변동이 생기며 액추에이터나 제어 밸브의 응답성이 떨어진다.

유압 호스 배관은 유압 시스템 사용 도중에 배관의 변동을 시킬 때 매우 편리하다.

유압호스의 형상과 구조

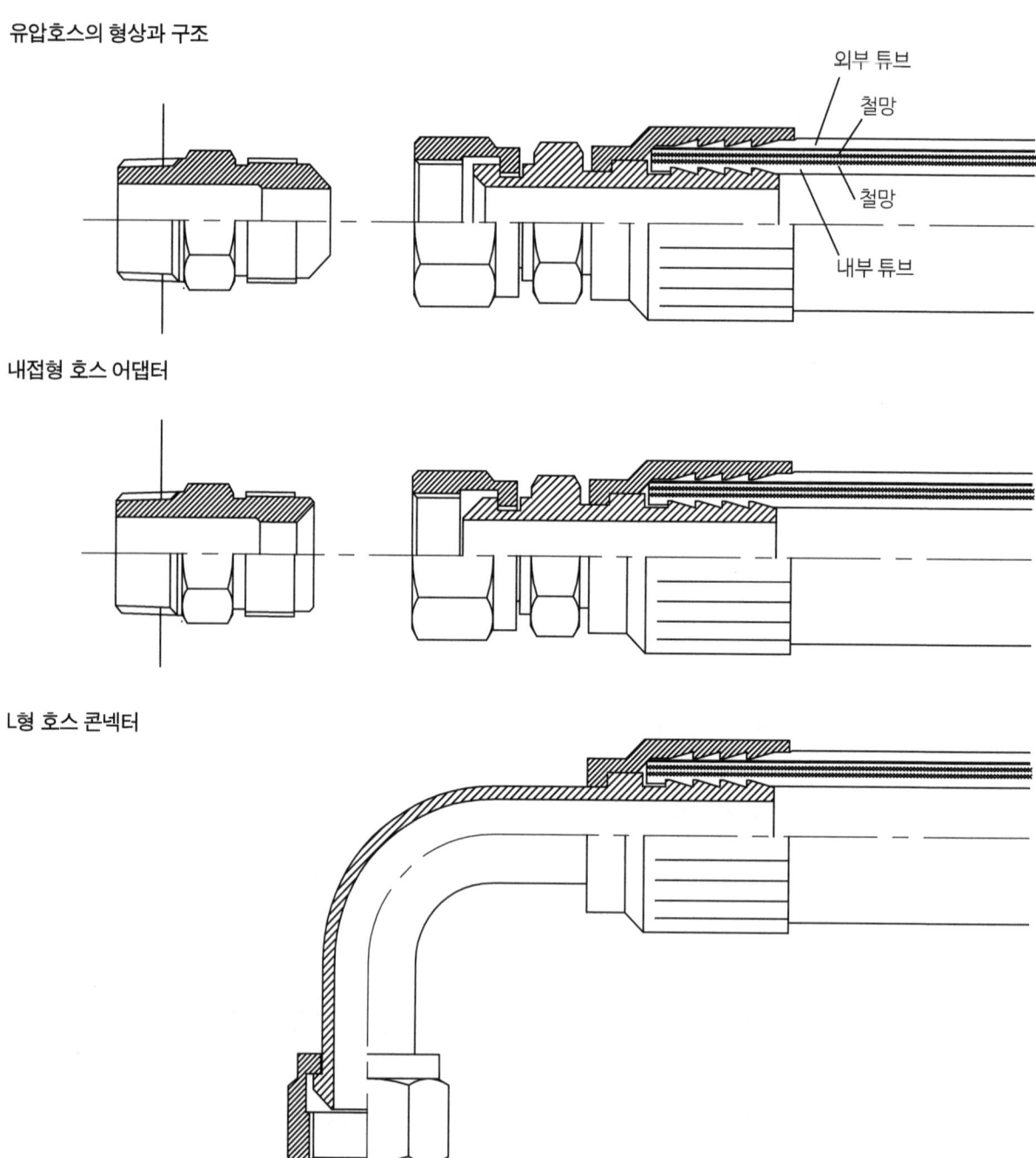

내접형 호스 어댑터

L형 호스 콘넥터

3 유압 호스의 선정

유압 호스의 선정은 사용 호스의 크기, 사용압력, 호스에 미치는 온도, 유압작동유의 종류, 호스를 어떤 지점에 어떻게 적용할 것인가에 따른 부분도 고려해야 한다.

1) 크기
호스를 지나치게 크게 하면 경제적인 것은 물론 유속이 느려서 시스템 성능이 저하되고 너무 작게 하면 유속이 너무 빨라 호스수명 저하, 압력강하, 누유 등의 원인이 되기 때문에 정확한 계산과 호스제조사에서 추천하는 해당 용도에 적합한 구경으로 결정해야 한다.

2) 압력
호스의 압력을 고려할 때는 압력 제어 밸브(Relief Valve)의 서지압력 및 해당 제조사에서 추천하는 최대 사용압력이 사용하고자 하는 유압 시스템의 최고 사용압력 이상이어야 한다.

3) 온도
호스의 사용 온도는 유압작동유가 유압 시스템이 작동 중에 발생되는 유온과 사용 중인 유압 시스템의 주위에 형성되는 외부온도를 고려하게 되는데 주위의 온도가 매우 높거나 매우 낮을 경우는 호스 피복 및 보강재에 부정적인 영향을 미쳐 사용기간이 단축되며 호스 내부에 통과되는 유체의 온도가 호스제조사의 추천 기준을 넘으면 호스 수명이 현저히 단축된다.

4) 유체
유압 호스에 통과되는 유체는 유압작동유에 국한되지만 일반 석유계 작동유와 난연성 작동유나 불연성 작동유로 구분되는데 사용유체에 따라 호스의 선정도 용도에 맞는 호스를 적용해야 한다.

5) 적용
유압 호스 배관할 때 해당 호스 조립품이 어떻게 사용되느냐에 따라 호스선정을 고려할 사항이다.
예를 들면 어떤 기종의 장비에 사용되는가, 환경 요인은 어떤 것인가, 해당 호스 조립품에 기계적 부하는 작용하는가, 해당 호스에 마찰이나 비틀림 요소는 없느냐에 따라 적절한 조치와 적당한 호스를 선정해야 한다.

따라서 위의 조건을 모두 만족하는 호스의 선정이 유압 시스템을 안정적으로 유지 관리하는데 요구 조건을 충족시킬 것이다.

4 고압 호스 배관

고압 호스 설치는 고압 호스가 압력을 받으면 호스 내부에 체적이 늘어나면서 호스 길이가 감소하고 수축과 팽창을 반복하면서 움직이게 되는데 이때 호스 제작 당시에 형상 그대로 유지하면서 유량과 압력을 전달하는 것이 가장 바람직하다.

고압 호스는 강관에 비하여 내부 압력 변동에 따른 신축으로 유체의 흐름 변동이 생길 때 과도하게 만곡되거나 비틀린 상태에서 압력을 받으면 비틀린 부위의 피로 누적으로 파손에 이르는 시간이 단축된다.

고압 호스의 배관은 적당한 길이와 적당한 각도, 각종 이음쇠의 활용으로 과도한 만곡을 피하고 비틀림이나 꼬임, 다른 배관과 접촉이 되지 않게 설치하여야 한다.

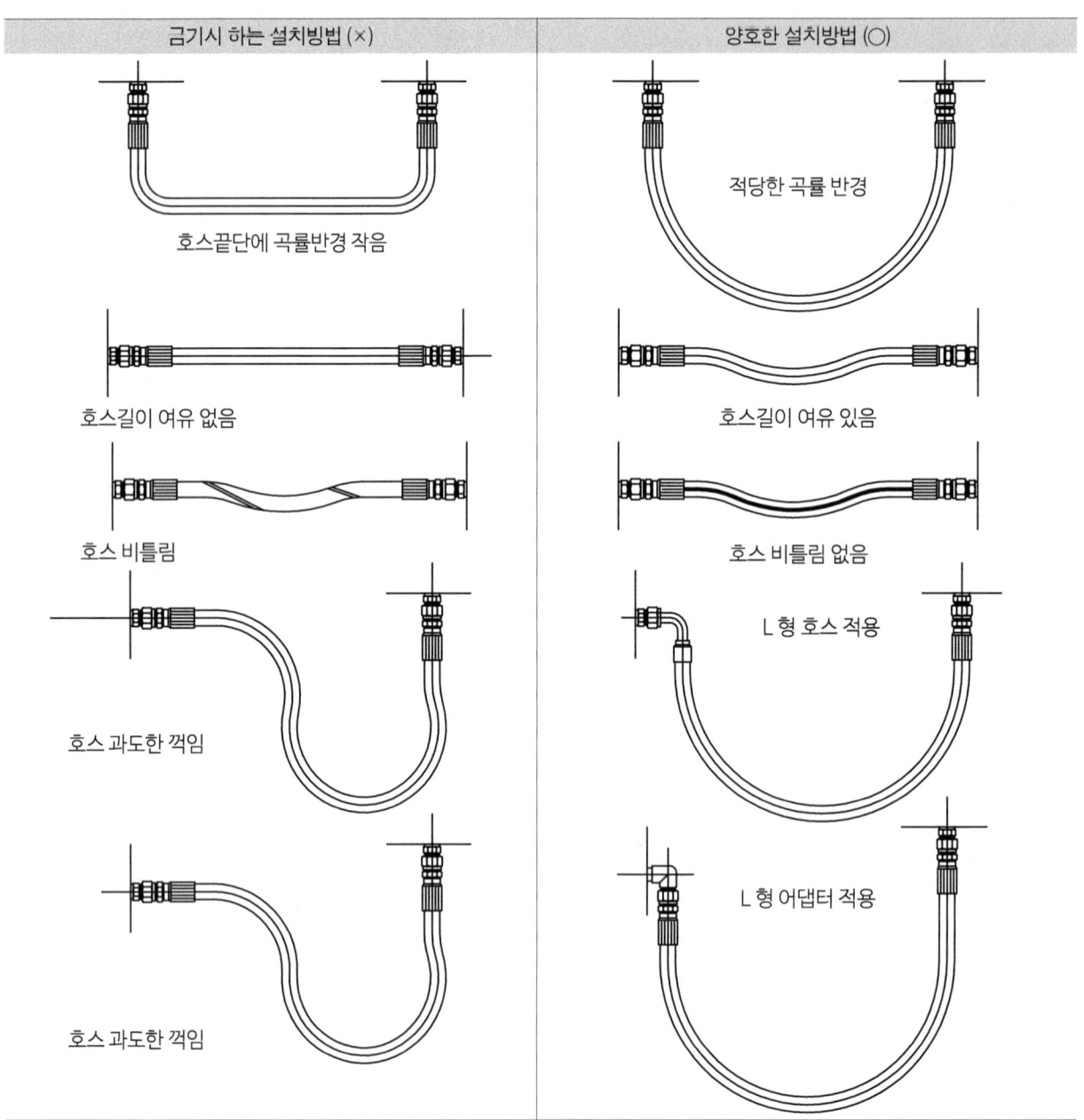

1) 프렌지 연결 호스

호스 끝단에 프렌지를 연결한 호스를 사용할 때는 프렌지 고정 볼트의 방향성이 있기 때문에 양쪽 프렌지일 경우에는 반드시 프렌지 방향을 맞추어 제작해야 하며 아니면 한쪽은 고정 프렌지로 하고 다른 한쪽은 회전이 가능한 구조로 구성되어야 한다(만약 무리하게 체결 하면 호스가 꼬이거나 비틀어진다).

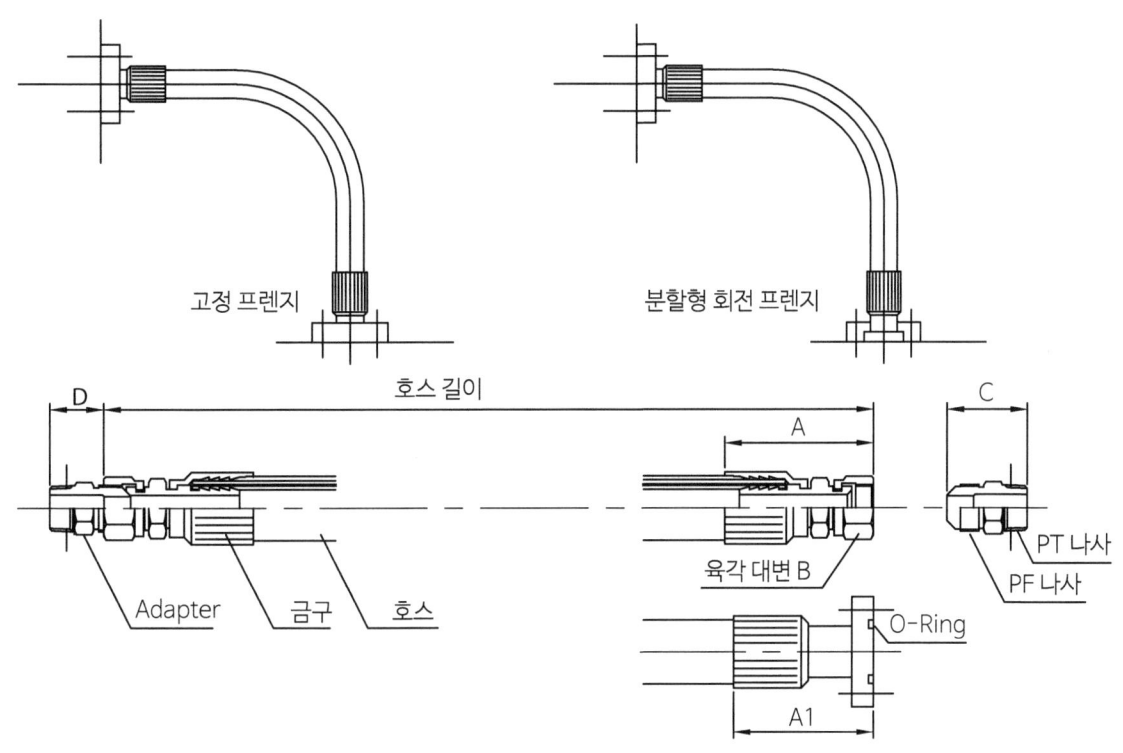

호칭경	나사 PT, PF	호스			금구			Adapter	
		내경	외경	곡률반경	A	A1	육각대변	C	D
06 (1/4")	1/4"	6.3	12.7	80	52	-	17	34	23
10 (3/8")	3/8"	9.6	17.2	125	65	-	24	40	28
15 (1/2")	1/2"	12.7	22	160	79	84	27	48	33.5
20 (3/4")	3/4"	19	33.5	250	88	92	36	53.5	37
25 (1")	1"	25.4	40.5	310	93	99	41	58.5	41.5
32 (1-1/4")	1-1/4"	31.8	50	350	111	126	50	69	50

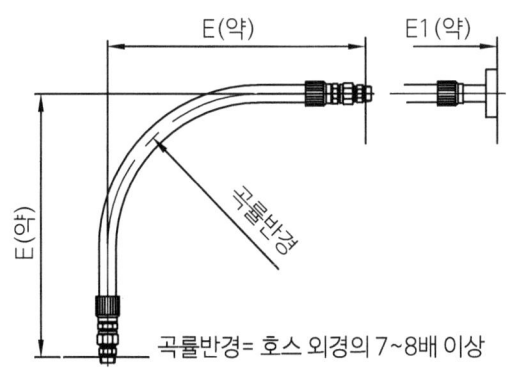

곡률반경= 호스 외경의 7~8배 이상

호칭경	E (약)	E1 (약)	비고
06 (1/4")			
10 (3/8")	280	260	
15 (1/2")	360	300	
20 (3/4")	480	450	
25 (1")	500	470	
32 (1-1/4")	600	580	

유압 호스의 유속, 사용온도, 압력, 가압시 길이방향 팽창

유 속	고압 2~5m/sec, 리턴 0.6~1.2m/sec
사용온도	-30℃~+100℃
압 력	피크압력은 상용사용압력의 1.5배, 파괴압력은 피크압력의 4배
가압시 길이방향 팽창	±4%

2) Flexibie Joint 배관

Flexible Joint는 리턴 라인이나 흡입 라인에 배관 구경이 크고 길이가 짧을 때 배관길이를 맞추기 난해하고 약간의 진동이나 충격을 흡수해야 할 이유가 있을 때 적용한다.

호칭경	최소길이	사용압력	허용온도	유 속		허용 운동량	
				리턴	흡입	길이	편심
32 (1-1/4")	200	10kg/cm²	80℃ 이하	2~5m/sec	0.6~1.2m/sec	4mm 이하	35mm 이하
40 (1-1/2")	300	10kg/cm²	80℃ 이하	2~5m/sec	0.6~1.2m/sec	4mm 이하	35mm 이하
50 (2")	300	10kg/cm²	80℃ 이하	2~5m/sec	0.6~1.2m/sec	4mm 이하	30mm 이하
65 (2-1/2")	300	10kg/cm²	80℃ 이하	2~5m/sec	0.6~1.2m/sec	4mm 이하	25mm 이하
80 (3")	300	10kg/cm²	80℃ 이하	2~5m/sec	0.6~1.2m/sec	4mm 이하	20mm 이하
100 (4")	400	10kg/cm²	80℃ 이하	2~5m/sec	0.6~1.2m/sec	4mm 이하	20mm 이하

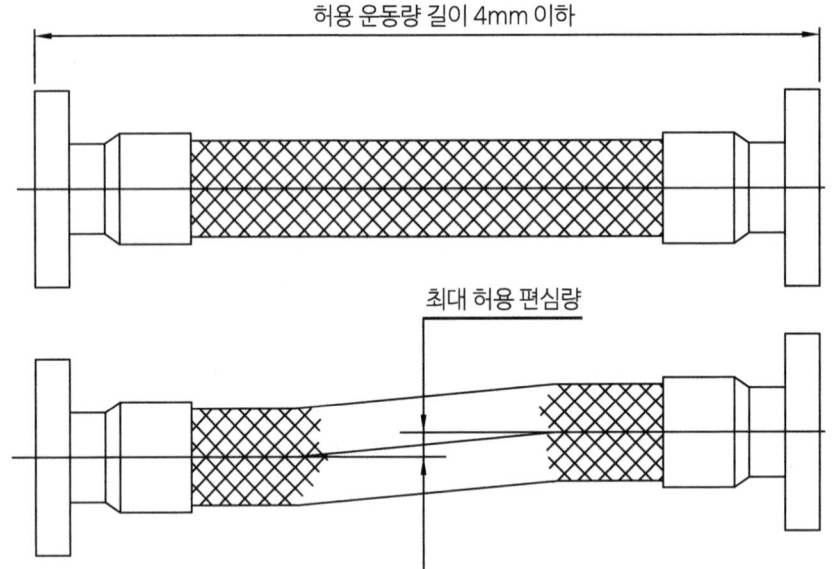

5 일반적인 유압 배관 예

일반적인 유압 배관은 유압기기 제조사에서 유압포트 구경이 결정되어 있으나 배관길이, 사용압력, 통과유량의 조건에 따라 배관의 크기를 결정해야 한다.

배관의 진동이나 충격에 대비하여 적절한 배관클램프도 설치해야 한다.

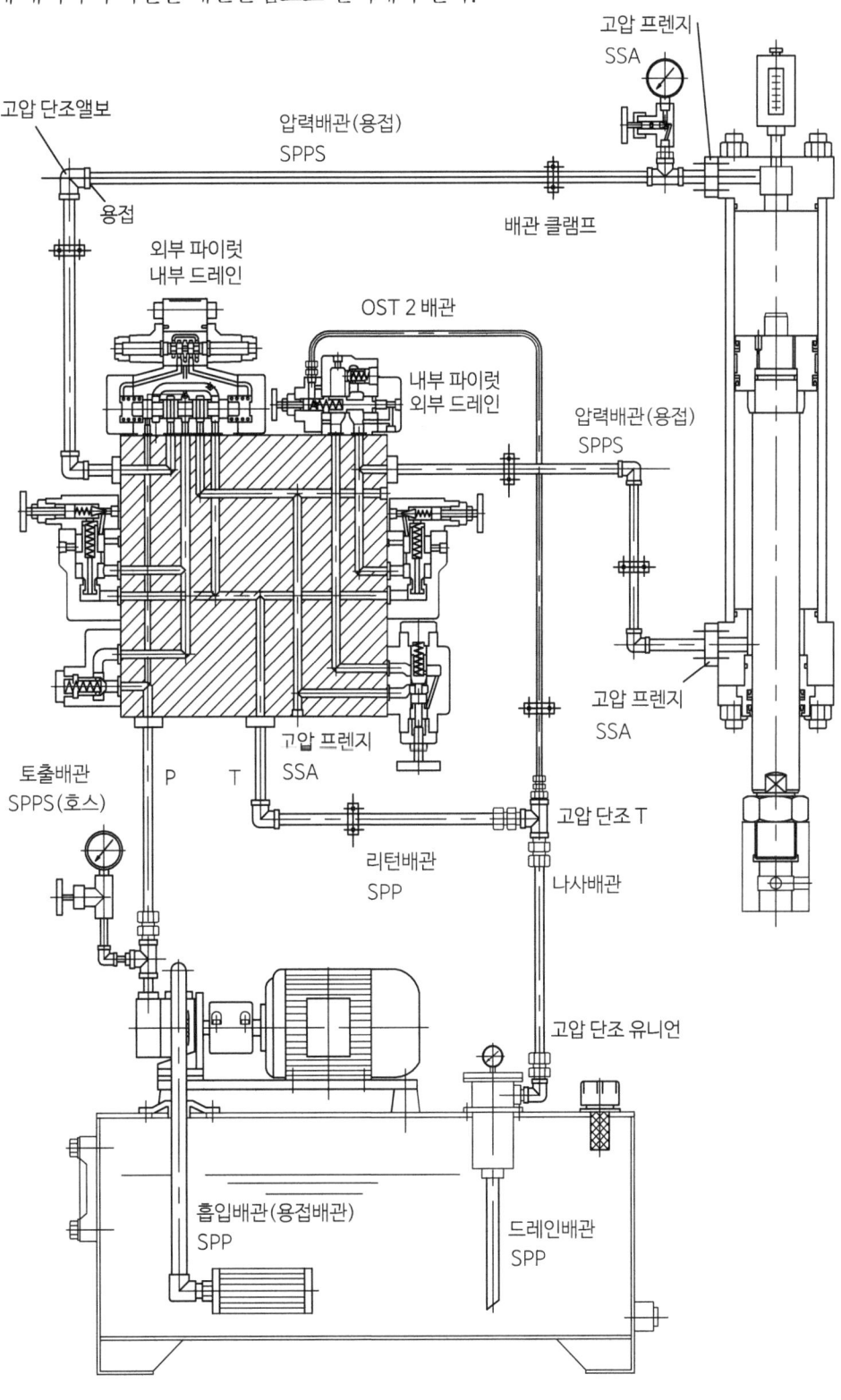

CHAPTER 08

유압 작동유

제1절 유압작동유

유압작동유는 유압 System에 압력에너지의 전달 매체로 사용되는 유체이다.

작동유는 유압 펌프에 의하여 압축되고 각종 제어밸브에 의하여 제어되어 Actuator(유압실린더, 유압모터)에 전달된다.

유압작동유는 유압 시스템의 각부의 요소가 요구하는 성질을 가져야 하고 이 요소가 유압작동유의 성질에 합당한 구조를 갖추고 있어야 한다.

유압 시스템에 있어서 유압작동유는 압력에너지 전달뿐만 아니라 윤활성, 방청성 등 유압 요소가 요구하는 특성을 갖추어야 한다.

유압 시스템의 고장 발생의 대부분이 유압작동유 관리를 소홀히 하여 발생하고 있으며 유압기계를 사용하는 부서에서는 더욱더 세심한 주의가 요구된다.

1 유압작동유의 분류

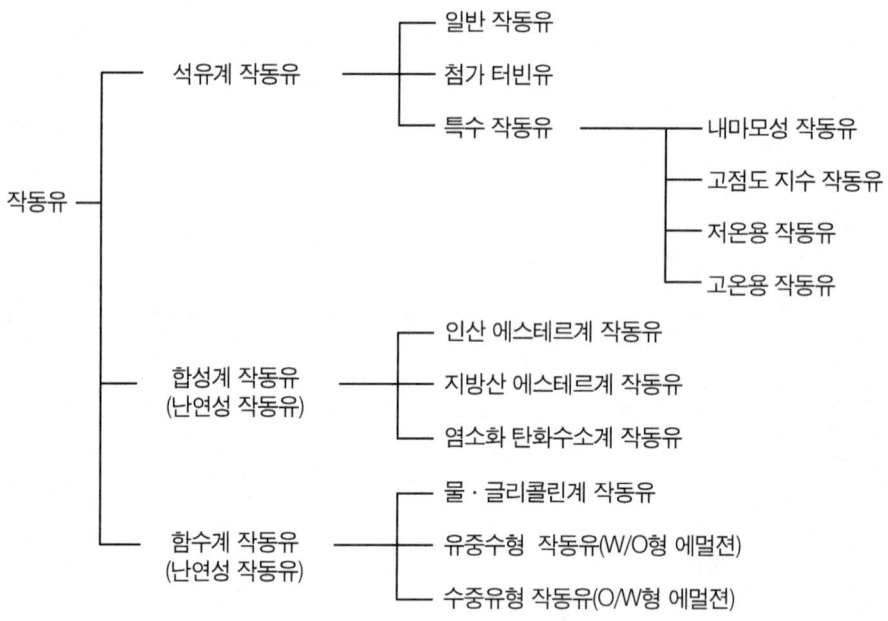

2 각종 유압작동유의 일반 특성

유압장치가 그 기능을 올바르게 수행하기 위하여 요구되는 특성은 유압작동유 제작사에서 각종 특성에 맞추어 생산되고 있으며 유압 시스템에 알맞게 적용해야 한다.

유압작동유의 종류와 특성

	석유계 작동유	난연성 작동유				
		함수계 작동유			합성계 작동유	
		O/W형 에멀전계	W/O형 에멀전계	물 글리콜린계	인산 에스테르계	지방산 에스테르계
비중	0.86~0.87	1.0	0.92~0.94	1.04~1.12	1.1~1.2	0.9
점도지수	90 이상	150 이상	140 이상	150 이상	13~90	140 이상
작동유	-30℃			-40℃	-20℃	-10℃
작동유	220℃	없음	없음	없음	230℃	250℃
불연성	연	불연	불연	불연	불연	연
석유계 작동유와 혼합		불가	가능	불가	불가	불가
오일탱크 내부				도장 불가	도장 불가	
수분 함유량	0	90~95	40	40	0.3 이하	0.1 이하
독성	없음	없음	없음	없음	약간 있음	없음
사용온도 한계	-12~81℃	0~50℃	0~50℃	-30~50℃	-20~100℃	-5~100℃
사용온도 조건				고온 불가	저온 불가	
윤활성 유압기기의 수명	1 (기준)	0.4~0.6	0.7~0.8	0.5~0.7	0.75~1	0.75~1
부적합 금속				Al, Ca, Sn, Zn, Pb	Al	
적용가능 패킹		니트릴고무 불소고무 클로로프렌 불소수지		니트릴고무 불소고무 부틸고무 에틸렌프로피렌고무 클로로프렌 불소수지	불소고무 실리콘고무 부틸고무 에틸렌프로피렌고무 불소수지 가죽	니트릴고무 불소고무 실리콘고무 에틸렌프로피렌고무 클로로프렌 불소수지 가죽
적용불가능 패킹		실리콘고무 부틸고무 에틸렌프로피렌 우레탄고무	가죽	실리콘고무 우레탄고무 가죽	니트릴고무 우레탄고무 클로로프렌	부틸고무

3 유압작동유의 점도

유압작동유의 점도는 유압 저항치를 지배하는 것으로 유압 System의 성능을 결정하는 중요한 요인으로, 사용할 유압기기의 습동부에 Sealing 효과와 윤활성을 보증하고, Cavitation에 의한 기기부품의 부식이나 소음, 진동의 발생을 방지하기 위해 적정한 점도 범위에서 사용해야 한다.

유압작동유의 점도는 절대점도를 밀도로 나눈 동점도를 일반적으로 평방미리미터/초(mm^2/sec)가 이용되고 있다.

유압장치에 있어서 작동유의 점도는 매우 중요한 의미를 갖고 있으며 적정한 점도가 아니면 펌프의 흡입불량, 회로내 누유, 윤활불량, 발열 등이 발생되어 유압기기의 수명단축, 부식 등등 고장의 원인이 된다.

각 점도 등급(VG) 40℃에 두고 점도범위(cSt)의 표시

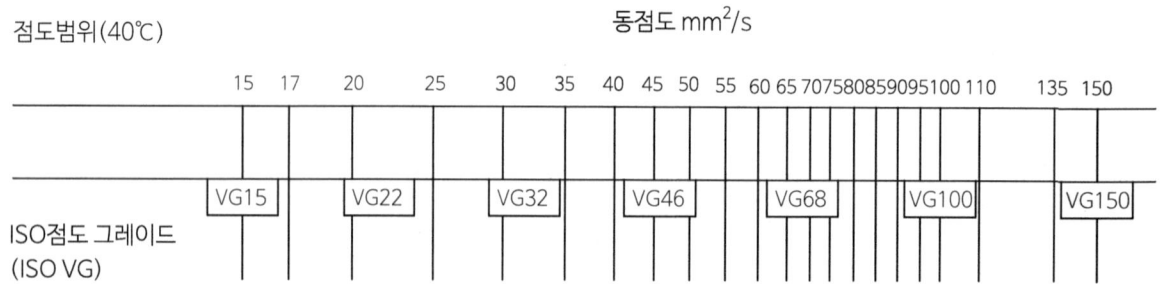

첨가 터빈유에는 ISO VG 32, 46, 68의 3종이 있다.

유압작동유의 교체

유압작동유의 교체는 일반적으로 기준치 이상으로 오염되면 교체해야 되는데 유압 System의 사용조건에 따라 기준치가 다를 수 있으며 오염도 측정 또한 쉽지 않은 실정이다.

유압유닛은 적게는 1L부터 크게는 100드럼에 이르기까지 다양한데 검사비용이나 교체 비용 또한 만만찮아서 쉽사리 교체결정을 내리기 어렵다.

유압유닛이 적으면 주기적으로 교체할 수 있지만 큰 유압유닛은 유압기계 제조사 또는 유압작동유 Maker와 협의하고 오염도를 측정하여 교체해야 한다.

1) 유압작동유의 점도 지수

유압작동유의 점도지수는 유압작동유가 온도의 변화에 따라 점도의 변하는 정도를 나타내기 위한 상대적인 척도이다.

점도지수가 낮은 작동유는 온도의 변화에 따라 점도가 크게 변화되며, 상대적으로 점도지수가 높은 작동유는 온도의 변화에 따라 점도의 변화가 그다지 크지 않다.

	일반적인 사용압력	사용온도 조건
ISO-VG #22	5~35 (kg/cm^2)	공작기계 등 사용압력이 낮은 유압장치
ISO-VG #32	35~70 (kg/cm^2)	주위온도가 낮고, 사용압력이 그다지 높지 않을 때
ISO-VG #46	70~210 (kg/cm^2)	사계절용으로 압력, 온도에 무관하게 많이 사용
ISO-VG #68	140~350 (kg/cm^2)	유압프레스 등 고압용으로 많이 사용
ISO-VG #100	210~700 (kg/cm^2)	고압용이거나 주위온도가 높을 때 많이 사용

일반적으로 석유계 유압작동유는 점도지수 ISO VG #32~68번을 많이 사용한다.

유압작동유의 사용한계(교환기준)

유압장치의 정상적인 기능을 장기간 유지하기 위하여 유압작동유의 특성과 청정도를 관리해야 하는데 아래 특성치를 한계로 하여 교환한다.

유압작동유의 사용한계(교환기준)

	석유계	물-글리콜린계	에멀젼계
동점도	±10~15%	±15~20%	50mm^2/s 이하 120mm^2/s 이상
수분(중량) %	0.05~0.1	37~43	35~50
산가(mgKOH/g) 염기가(mgKOH/g)	산가 : +0.5~1.0		산가 : 3 이상 염기가 : 4 이하
청정도(kgf/cm^2)	10~20	10~20	0~20

2) 유압작동유와 점도와의 관계

유압작동유와 점도와의 관계는 유압기기 전용 유압작동유로 점도가 너무높거나 점도가 너무 낮으면 유압기기의 오동작으로 유압장치의 우수한 기능을 발휘하기 어렵다. 따라서 유압 시스템의 용도에 맞게 적당한 점도의 유압작동유를 적용하여야 한다.

유압작동유의 점도가 너무 높을 때

① 내부 마찰력의 증가
② 유속의 저항으로 유온 상승
③ 유압기기의 윤활성 저하
④ 유압계통 내의 압력 손실 증가
⑤ 동력 소비량 증가
⑥ 유압 펌프의 흡입 저항 증가

유압작동유의 점도가 너무 낮을 때
① 유압기기의 각종 틈으로 누유 증대
② 유압 펌프의 효율 저하
③ 유압기기의 작동부에 윤활성 저하로 마모 증대
④ 유압계통의 누유로 인한 압력 저하
⑤ 동력 소비량 증가
⑥ 유압 작동의 정도 저하

일반적으로 저압이거나 시스템의 습동저항이 낮고 저압에서 작동이 이루어지면 점도가 낮은 유압작동유를 사용하고, 고압이거나 초고압일 때는 점도가 높은 유압작동유를 사용한다.

3) 유압작동유로서 조건
① 동력을 확실히 전달하기 위하여 비압축성일 것
② 윤활성, 내마모성이 좋을 것
③ 습동부에 마모를 막고 Seal에서의 누유가 없을 정도의 점도를 가질 것
④ 유압기기, 각종 배관부에 사용되는 금속과 도료에 반응하지 않을 것
⑤ 사용온도 범위 내에서 적정한 점도가 유지되고 고, 저온에서 변질에 강할 것
⑥ 녹, 먼지, 수분 등의 분리성, 소포성이 좋을 것
⑦ 부식의 발생을 방지하고, Seal재와 적합성이 좋을 것

4) 합성계 또는 수용성 난연성 작동유
합성계 또는 수용성 난연성 작동유는 화재의 위험이 있는 장소에서 유압장치가 쓰여지는 경우에 사용된다. 이러한 작동유는 석유계 일반작동유와 비교해보면

① 윤활성이 나쁠 경우가 많고
② 유압탱크나 유압기기 Packing 등에 대하여 부적합한 것이 많다.
③ 혼합물질에 대한 슬러지를 발생하거나 작동유 자체 분리 변질이 일어난다.
④ 수용성 작동유는 물의 비등에 의해 Cavitation이 발생하기 쉽고, 전기분해에 의한 금속 부식을 일으키기 쉽다.

따라서 이러한 결점이 있기 때문에 사용상 충분한 주위가 요구된다.

4 난연성 작동유의 사용상 주의사항

난연성 작동유는 석유계 작동유와 다른 특성이 있기 때문에 주위가 요구된다.

① 유압 탱크, 배관, 필터 등의 재료 선정은 작동유와의 적합성을 고려하여 충분히 주의하여 선정할 것
② 작동유의 비중이 석유계보다 크기 때문에 펌프 흡입저항 등 유동저항을 고려할 것
③ 작동유의 성질로써 sludge를 발생하기 쉽기 때문에 Filter 막힘에 주의할 것
④ 작동유의 교환 또는 석유계로부터 난연성 작동유로 교체할 때는 충분히 프러싱을 행하여 두 가지 작동유의 혼합을 피할 것
⑤ 소포성이 석유계와 비교하여 부족하기 때문에 유압 탱크는 용적을 크게 하고 Pump가 기포를 흡입하지 않는 구조로 할 것
⑥ 합성계 작동유의 경우 Cooler로부터 누수, 유압탱크 내 벽면에 생기는 수증기의 응축수 등에 의해 수분의 흡입으로 금속 부식을 일으키는 경우에 주의할 것
⑦ 수용성 작동유의 경우 운전 중 유온에 충분히 주의하고, 정기적으로 수분 함유율 점검하고 부족수분을 작동유 Maker와 협의하여 조치할 것
⑧ 저장시 동결 및 융해를 반복하여 분리되는 경우에 대비할 것

CHAPTER

09

유압 기계 고장 및 수리

제1절 유압장치의 고장

유압장치의 고장은 유압기계를 제작 당시부터 문제점을 가지고 사용도중에 고장이 발생하는 경우와 제작당시는 별 문제점이 없었는데 장시간 사용으로 진동이나 마모에 의한 고장과 유압기기, 전기장치가 노후되어 발생되는 고장 또는 사용자의 조작 잘못, 부주의, 사양을 초과한 작동, 주위 환경에 의한 고장 등 여러 분야에서 제공되는 경우에 발생한다.

유압장치의 고장은 먼저 사전에 면밀한 점검을 하고 관련자료를 숙지하고 고장원인을 분석 후 수리 대책을 세워서 수리에 임해야 한다.

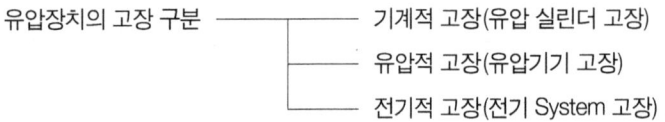

기계적 고장은 액추에이터의 고장, 배관 누유, 유압 System 고장으로 구분하고 배관 누유와 System 본체 고장은 유압장치의 고장에서 일단 제외하면 액추에이터 고장으로 제한한다.

일반적인 고장 원인을 보면 다음과 같다.

1 유압기계의 고장의 경우

① 초기 제작 당시 문제점을 안고 일정시간 사용 후 서서히 고장나는 경우
② 장시간 사용으로 마모 등 노후로 고장나는 경우
③ 사용상 규정을 초과하여 무리하게 사용하여 고장나는 경우
④ 열악한 주변 환경과 온도, 습도, 염도 등 외적인 요인으로 고장나는 경우

유압장치의 수리는 먼저 고장 원인을 분석하고 혹시 제작 당시에 문제점을 보완여부를 결정하여 완벽하게 수리해야 하는데 대다수가 임시로 수리하고 차후에 문제점을 보완하여 수리한다고 하면서 차일피일 미루다가 더큰 고장이 발생하는 경우가 허다하다.

1) 유압적 고장

유압적 고장은 사용도중에 갑자기(사전에 징후가 있었겠지만) 발생하는데 유압기기의 오동작이거나 유압기기의 마모, 유압기기의 파손(스프링 등), 유압기기의 오염이 대다수를 차지하는데 그 중 유압작동유의 오염으로 유압기기에 심각한 손상이 발생하는 경우가 가장 많다.

따라서 유압작동유의 오염을 확인하고 적절한 조치를 취하는 것이 우선 되어야 한다.

2) 전기적 고장

전기적 고장은 거의 대다수가 센서의 설정을 잘못하거나 타이머, 압력스위치 설정 오류로 발생되는데 그외에 PLC 고장, 터치스크린 고장, 마그네트, 파워릴레이 고장을 원인으로 볼 수 있고 솔레노이드 소손도 생각해 볼 수 있다.

또한 조작 스위치, 조작 버튼도 고장이 발생하는 경우가 허다하다.

전기적 고장이라고 판단되면(판단하기 어렵겠지만) 전기 전문가를 불러서 확인 조치를 해야 한다.

3) 기계적 고장

기계적 고장은 유압 액추에이터로 제한하여 보면 외부 손상이나 누유와 내부손상으로 오동작을 일으키는 경우로 구분하고, 외적인 요인은 육안으로 확인이 가능하지만 내적인 요인은 대단히 판단하기 어렵다.

유압 액추에이터(유압실린더, 유압모터)의 내부 손상은 고장 발생시는 수리 또는 교체해야 하는 액추에이터가 크고 탈부착이 난해하고 고가일 때는 쉽사리 고장이라고 결론을 내리기 어렵다.

유압실린더의 경우 혹시나 다른 유압기기의 고장인데 오진하여 유압실린더 내벽 손상이나 피스톤 손상이라고 결론을 내리기가 난해하다.

그래서 유압기계 고장은 점검하기 쉬운 것부터 우선 점검하고 마지막으로 액추에이터를 의심해야 하며 여러 가지 검증 절차를 거쳐야 하는데 검증 또한 만만찮은 실정이다.

유압실린더의 피스톤쪽으로 누유가 되어 반대쪽으로 유압작동유가 흘러 나오는지를 확인해야 하는데 배관을 풀어서 확인하는 방법 외에 달리 뚜렷한 방법이 없다.

이때 유압실린더에 압력을 받치는 압력판을 설치해야 하며 배관을 풀면 많은 양의 기름이 유출된다는 것을 염두에 둬야 한다(안전사고 주의).

2 우선 점검 사항 및 이행사항

1) 유압작동유 점검
유압작동유는 오일 탱크 유면계를 확인하여 적정유량인지를 확인한다.

2) 펌프의 기동 점검
펌프는 펌프 축방향에서 보았을 때 시계방향으로 회전해야 하며(우회전일 경우) 커플링 키 부분 또는 연결부분 파손을 확인한다.

3) 펌프의 토출 확인
펌프의 토출 확인은 펌프 토출측 압력계를 확인해야 한다. 이때 압력 조절 밸브로 설정압력을 체크하고 설정 후 고정한다.

4) 안전조치 확인
점검 안전을 위해서 전기 버튼으로 펌프 기동 정지를 수차례 실시하고, 비상정지 버튼이 동작하는지 반드시 확인한다.

유압실린더는 실린더 행정 끝까지 움직이면 기계적으로 무리를 받으므로 항상 수평기계, 수직기계 관계없이 받침 블록 또는 고임목을 받쳐서 안전에 대비한다.

5) 고장부분 확인
기계 작업자에게 고장부분과 고장날 때 상황을 설명 듣고 고장부위를 재연시킨다.

6) 작업자 안전교육
보조작업자나 기계 수리 보조작업자가 혹시 위험지역에 위치하고 있는지 확인하고 안전에 대비한 필요한 조치를 강구한다.

7) 고장 부위 점검
기계 사용설명서 또는 관련자료를 요구하고 숙지 후 점검한다. 만약 자료가 없다면 담당자와 협의하여 입회 하에 점검한다.

제2절　유압기기의 고장

고장기기	현 상	원 인	대 책
모터	소손	*장시간 사용으로 노후 *주어진 사양보다 과도하게 사용	1. 재권선 하고 베어링 교체 2. 주어진 사양범위 내 사용 *신규 교체 검토
기어 펌프	압력이 걸리지 않음	*기어 측면 편마모	1. 장시간 사용으로 노후 마모 2. 커플링과 얼라이먼트 불량 3. 흡입저항을 받아 깨어짐 *가능하면 신규 교체
베인 펌프	압력이 걸리지 않음	*베인 측면 편마모 *베인 홈에 고착	1. 장시간 사용으로 노후 마모 2. 커플링과 얼라이먼트 불량 3. 흡입저항을 받아 깨어짐 *키트만 신규 교체
가변 베인 펌프	압력이 걸리지 않음	*베인 측면 편마모 *베인 홈에 고착	1. 장시간 사용으로 노후 마모 2. 커플링과 얼라이먼트 불량 3. 흡입저항을 받아 깨어짐 *가능하면 신규 교체
사판식 피스톤 펌프	압력이 걸리지 않음 소음, 진동	*피스톤 슈 파손 *압축판 편마모	1. 장시간 사용으로 노후 마모 2. 커플링과 얼라이먼트 불량 3. 흡입저항을 받아 깨어짐 *키트만 신규 교체
사축식 피스톤 펌프	압력이 걸리지 않음 소음, 진동	*피스톤 슈 파손 *압축판 편마모	1. 장시간 사용으로 노후 마모 2. 커플링과 얼라이먼트 불량 3. 흡입저항을 받아 깨어짐 *제조사에 A/S 요청

고장기기	현 상	원 인	대 책
체크 밸브 Check Valve	반대쪽으로 누유	스플 끼임 / 시드 편마모 / 스프링 파손	*신규 교체
압력 조정 밸브 Relief Valve	압력이 걸리지 않음	시드 편마모 / 스프링 파손	*가능하면 신규 교체
압력 조정 밸브 Relief Valve	압력이 걸리지 않음	구멍 막힘 / 스프링 파손 / 스플 고착	분해하여 문제 부분 해소
압력 조정 밸브 Sol, Relief Valve	압력이 걸리지 않음	스플 고착 / 코일 소손 / 구멍 막힘 / 스프링 파손 / 스플 고착	분해하여 문제 부분 해소 코일 교체
압력 조정 밸브 Reducing Valve	압력 조정이 안됨	스프링 파손 / 스플 고착	분해하여 문제 부분 해소

고장기기	현 상	원 인	대 책
압력 조정 밸브 Sequence Valve	압력 조정이 안됨	스프링 파손 / 스플 고착	PP 라인 확인 DR 라인 확인 분해하여 문제 부분 해소
솔레노이드 밸브 Solenoid Valve	동작하지 않음	*SOL 코일 소손 *스플 끼임	신규 교체
솔레노이드 밸브 Solenoid Valve	동작하지 않음	*SOL 코일 소손 *스플 끼임	신규 교체
솔레노이드 밸브 Solenoid Valve	동작하지 않음	Sol. 밸브 — 스프링 파손 / 코일 소손 주 밸브 — 스프링 파손 / 스플 끼임	pp, dr 포트 점검

제9장 유압기계 고장 및 수리 **499**

고장기기	현 상	원 인	대 책
파일럿 체크 밸브 Pilot Check Valve	반대쪽으로 누유	스프링 파손, 스플 끼임, 시드 편마모, 스플 끼임	분해하여 문제 부분 해소
프리필 밸브 Prefill Valve	압력이 걸리지 않음 반대쪽으로 역류	*스프링 파손 *시드 편마모 *스플 끼임	분해하여 문제 부분 해소
프리필 밸브 Prefill Valve	반대쪽으로 역류 압력이 걸리지 않음	*스프링 파손 *시드 편마모 *스플 끼임	분해하여 문제 부분 해소
프리필 밸브 Prefill Valve	반대쪽으로 역류 압력이 걸리지 않음	*스프링 파손 *시드 편마모 *스플 끼임	분해하여 문제 부분 해소

고장기기	현 상	원 인	대 책
Throttle Check Flow Control Valve	속도 조정이 안됨	*스프링 파손 *스플 끼임 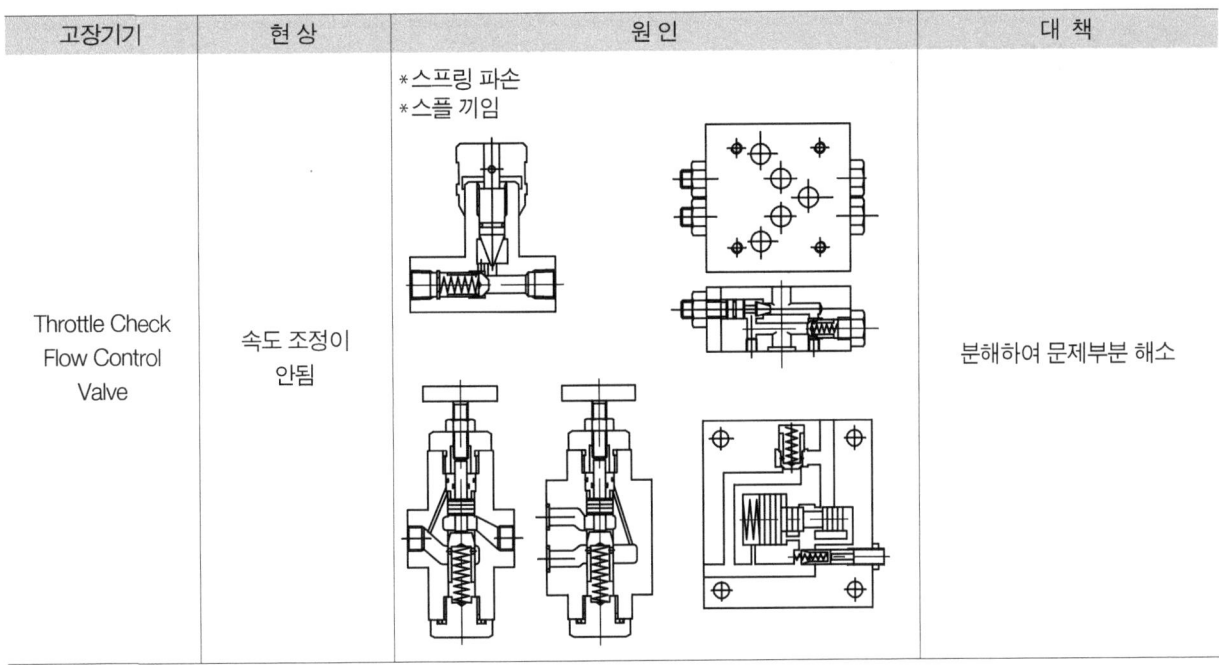	분해하여 문제부분 해소

모듈러 밸브의 고장은 대부분 유압작동유의 오염으로 발생되며, 분해하여 세척하고 가능하면 신규 교체를 추천한다.

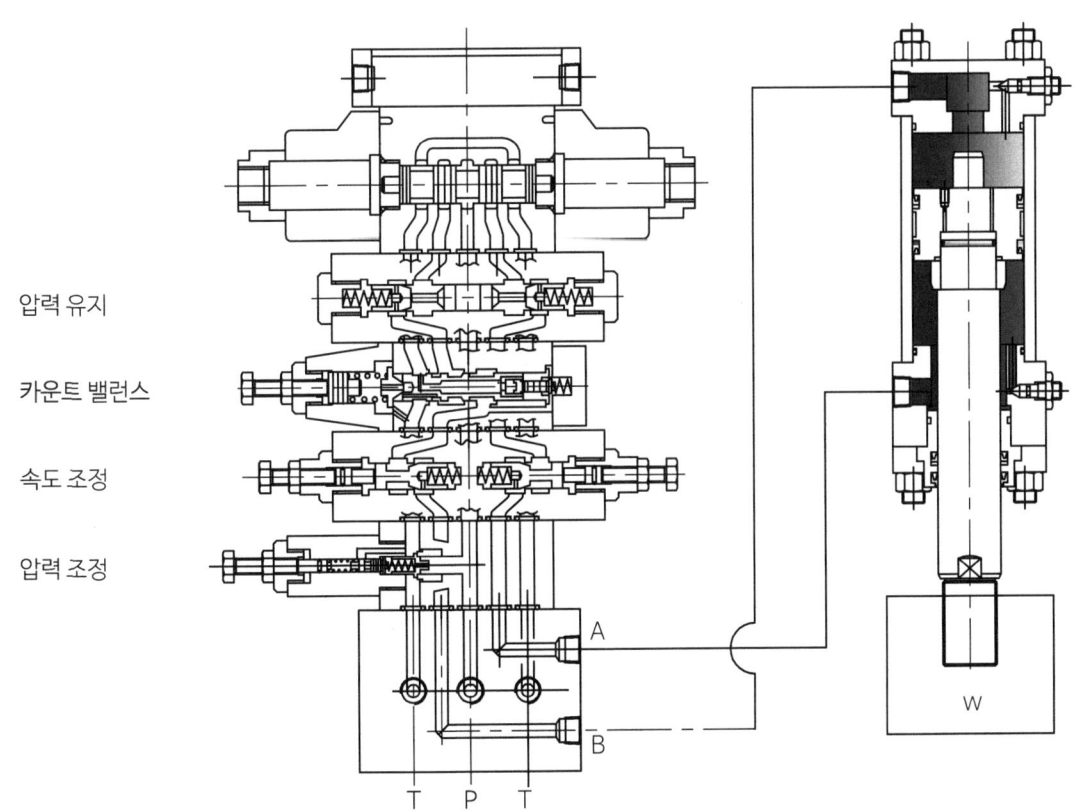

압력 유지

카운트 밸런스

속도 조정

압력 조정

제9장 유압기계 고장 및 수리

제3절 유압기계의 고장

1 유압기계의 시운전 지휘

1) 기계적 장해물 확인
전원을 공급하기 전에 펌프 흡입측 게이트 밸브 개방 확인(외부 흡입 필터인 경우)하고, 압력 조정밸브를 저압으로 설정(안전에 대비하여 반시계 방향으로 돌려서 저압으로 설정)한다. 유압실린더가 동작했을 때를 예상해서 기계적 장해가 있는지 확인한다.

2) 전원 공급
메인 부레카 ON, 조작 부레카 ON을 반복 실시하여 혹시 모를 누전에 대비한다. 이때 메인 전압 및 조작 전압을 확인한다.

3) 유압 펌프 회전방향 확인
펌프 ON, OFF를 2~3차례 반복 실시하여 비상정지 버튼 작동여부를 확인하고, 펌프 회전방향이 주어진 방향으로 회전하는지 확인한다.

4) 다시 한번 안전 확인
시운전 종사자에게 다시 한번 안전 주지 확인하고 동작버튼 조작하기 전에 자중 하강이나 오동작에 대비한 마지막으로 점검한다.

5) 압력 설정
펌프 기동하기 전에 게이지콕 조정 후 펌프 기동하여 기름 토출 여부 확인하고 사용압력으로 설정(만약을 대비하여 저압으로 설정)한다.

6) 동작 버튼 ON, OFF
선택 스위치를 수동으로 반드시 선택하고, 만약의 경우를 대비하여 비상정지 대비하고 동작 개시한다. 유압실린더가 동작한다면 위치 감지 센서 세팅 후 각종 안전 감지 센서 세팅한 후 금형 또는 받침블록을 이용하여 최고 사용압력을 세팅한다. 마지막으로 자동운전을 선택하여 자동운전한다. 각종 배관 및 메니폴드 등 누유가 있는지 확인하고 필요한 조치를 한다.

7) 만약 시운전이 실패했다면
유압장치 고장 및 수리에 적용하여 처음부터 다시 점검해야 한다.

기계를 제작하여 시운전할 때 동작이 안되는 경우의 검증

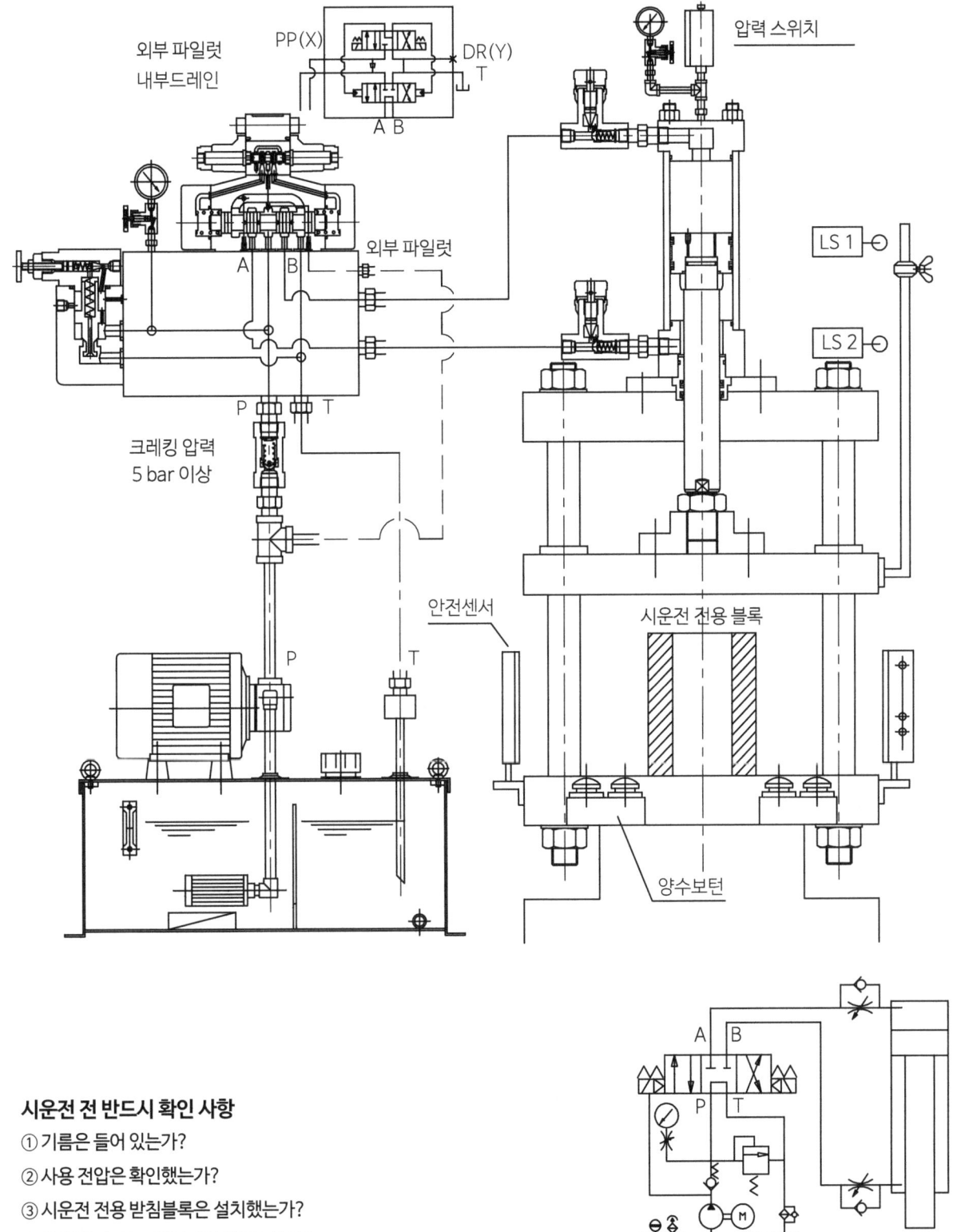

시운전 전 반드시 확인 사항
① 기름은 들어 있는가?
② 사용 전압은 확인했는가?
③ 시운전 전용 받침블록은 설치했는가?
④ 주위 정리, 보조 작업자의 안전교육은?

2 유압프레스 고장

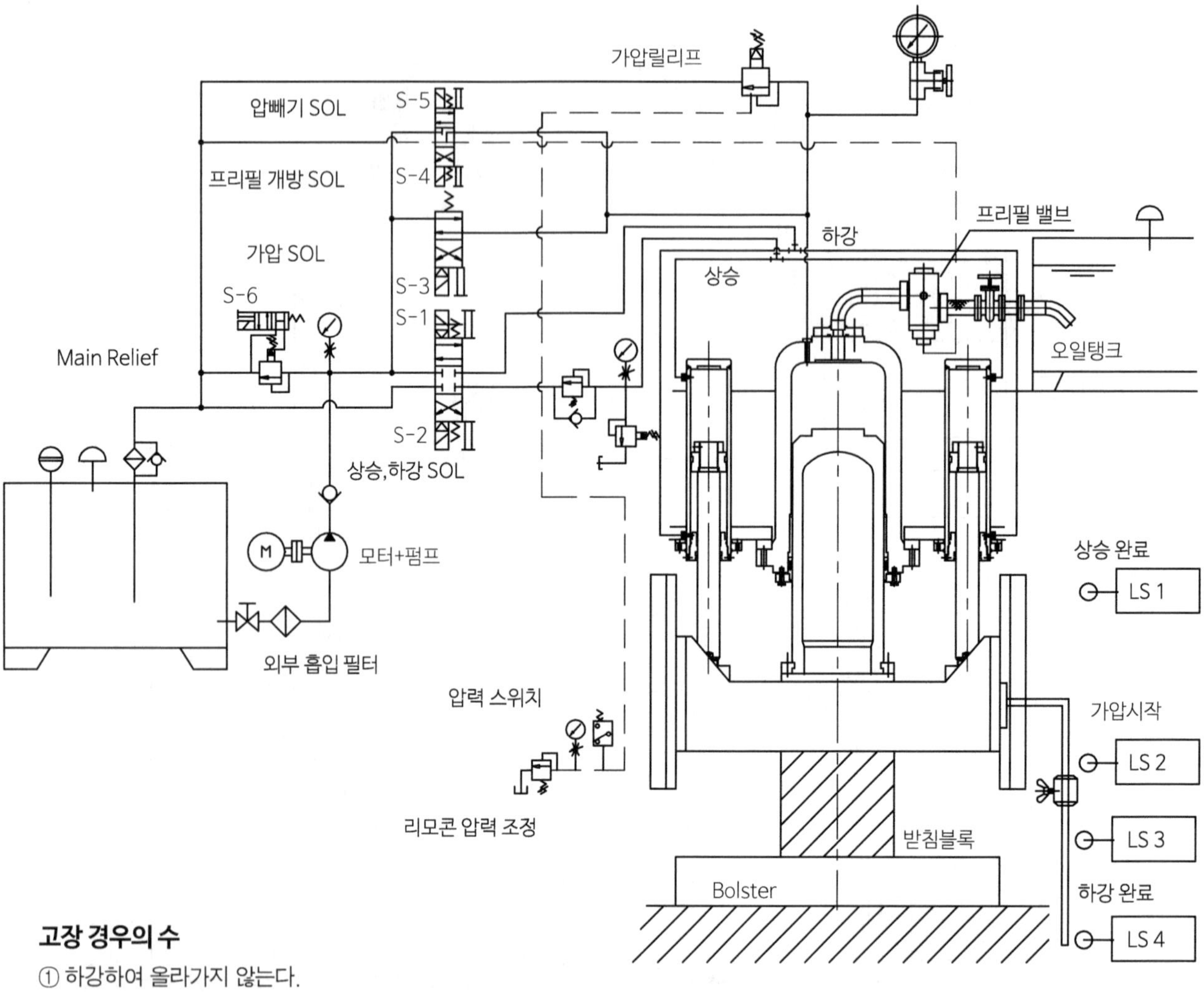

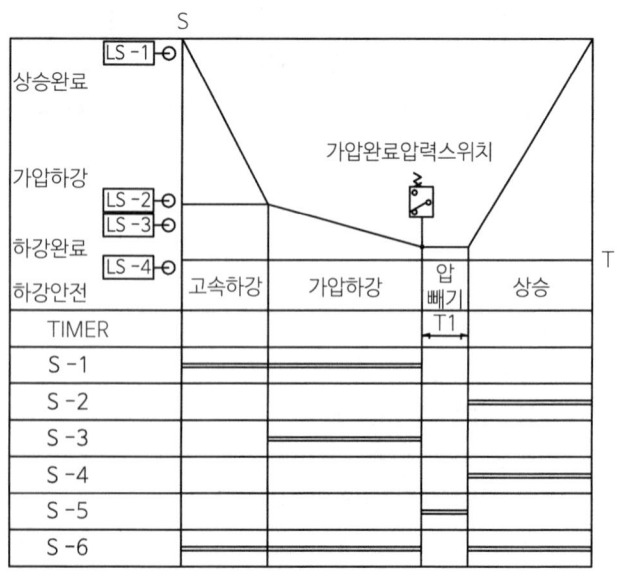

고장 경우의 수

① 하강하여 올라가지 않는다.
② 상승을 시키면 조금씩 조금씩 상승한다.
③ 상승시키면 굉장한 압력을 받으며 상승한다.
④ 상승은 하는데 하강하지 않는다.
⑤ 고속하강이 안되고 천천이 하강한다.
⑥ 하강시키면 투투투 하면서 하강한다.
⑦ 하강할 때 기계가 깨지는 소리가 난다.
⑧ 정지시 조금씩 조금씩 하강한다.
⑨ 상승 하강은 하는데 가압이 안된다.
⑩ 가압할 때 펌프에서 엄청난 소음이 난다.
⑪ 가압 완료 후 상승시키면 엄청 충격이 심하다.
⑫ 압력 조절이 안된다.　　가압할 때
　　　　　　　　　　　상승할 때
⑬ 펌프를 돌리면 진동과 충격 심하다.

1	프레스가 하강하여 상승하지 않는다.	상승 하강 전용 Sol, 이 고장인 경우
		상승 안전 릴리프가 고장인 경우
2	상승을 시키면 조금씩 조금씩 상승한다.	상승 안전 릴리프 조정이 잘못되었을 경우
3	상승을 시키면 엄청난 압력을 받으면서 상승한다.	프리필밸브 고장일 경우(스플 끼임, 스프링 파손)
		프리필밸브 개방 Sol, 고장, 전기적 고장

① 펌프가 정상적으로 회전하여 요구하는 유량과 압력으로 토출된다는 전제로
② 전기적으로 상승하라는 지시를 하고 있는가? (버튼, 타이머, 하강완료 센서)
③ 하강완료 후 압빼기 sol이 여자되고 설정 타이머는 동작하는가? 상승관련 Sol 확인
④ 상승 관련 Sol 여러 개 중 여자되지 않는 Sol,이 있다면 점검 수리 교체여부 결정
⑤ 여기서 하강완료 리미트 이상 없고 압력스위치 이상 없고 압빼기회로 이상없다면
⑥ 이미 상승 완료되었다는 신호를 받고 있는지 확인(상승완료 리미트 고장여부 확인)
⑦ 여기까지 이상없다면 유압 상승라인 밸브가 고장이거나 상승 실린더로 압축된다.

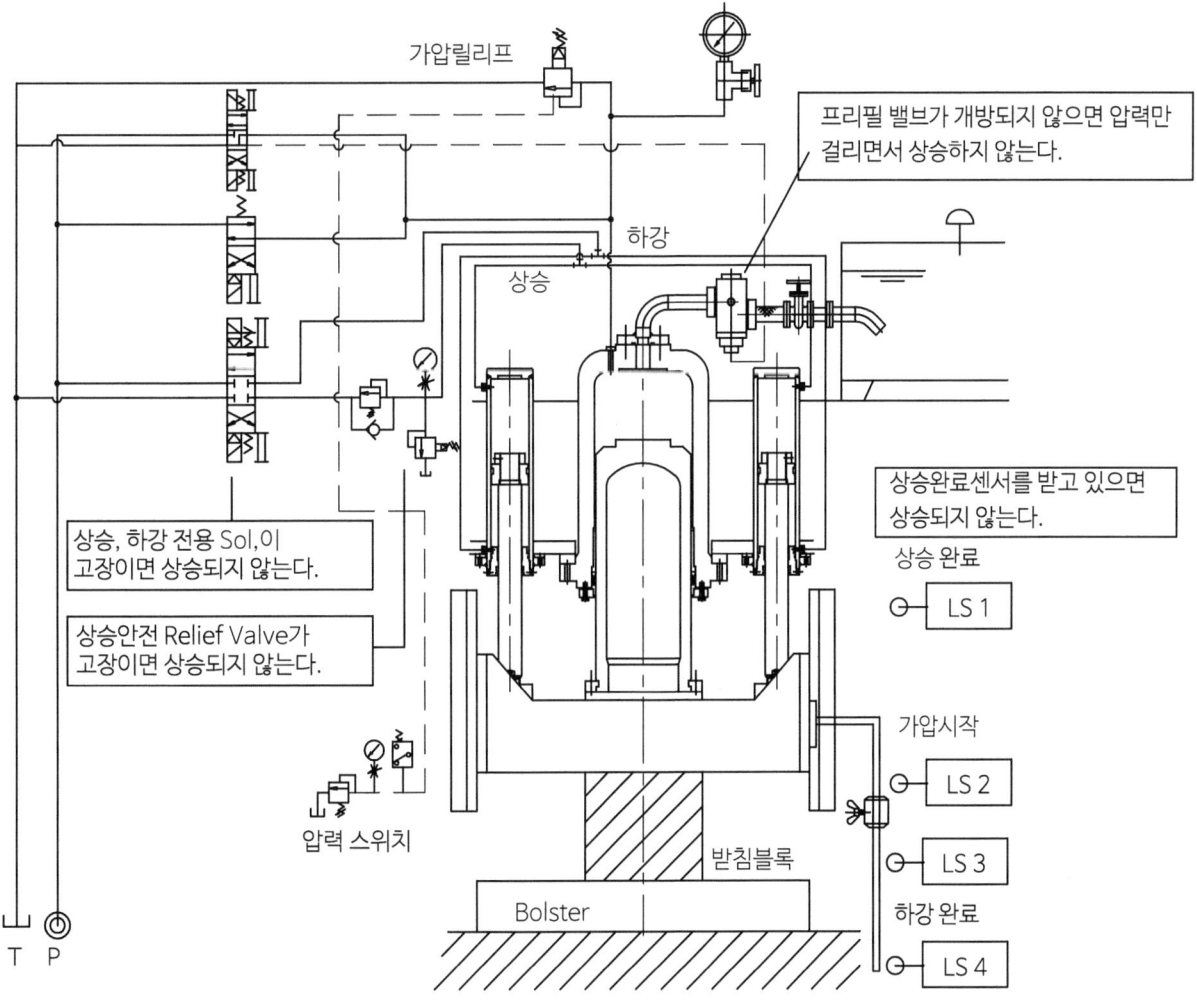

제9장 유압기계 고장 및 수리 505

1) 유압펌프 기동버튼을 누르기 전에 반드시 한번 더 확인할 사항

(*유압장치를 제작하여 시운전할 때, 유압장치를 수리하여 시운전할 때)

① 전압 확인 → 전압은 반드시 시운전 지휘자가 직접 다시 한번 확인해야 한다.

② 게이트밸브 개방 확인 → 기계를 제작하여 처음 시운전하거나 기계 수리하여 시운전할 때 반드시 게이트밸브 개방 확인은 필수이다. 신제품 구매할 때 일반적으로 잠긴 상태에서 구입되고, 수리할 때는 분해할 때 누유를 막기 위해 밸브를 잠긴 상태에서 분해하기 때문이다.

외부 흡입필터 장착일 경우

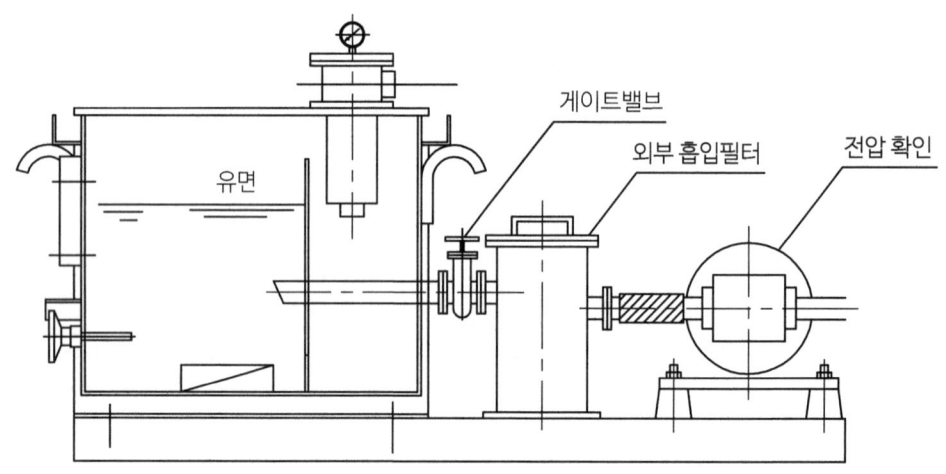

프리필 밸브 장착일 경우

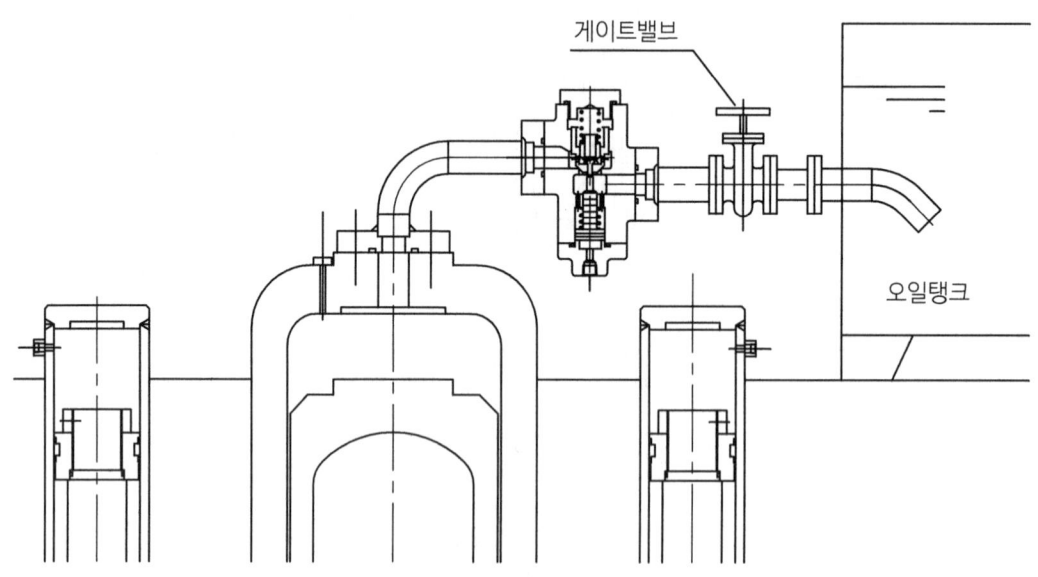

③ 금형 또는 시운전 전용 블록 설치

④ 상승은 하는데 하강하지 않는다. → 상승 하강 전용 Sol,이 고장인 경우

⑤ 고속하강이 안되고 천천이 하강한다. → 가압 릴리프 고장인 경우

⑥ 하강을 시키면 진동과 충격이 있다. → 프리필밸브 고장인 경우

⑦ 하강을 시키면 소음이 심하다. → 고속하강 Sol, 고장

⑧ 정지시 조끔식 조끔식 하강한다. → 처음부터 가압하강 하고 있는 상태, 카운트밸런스 고장이거나 조정 잘못

우선 점검사항 및 우선 이행사항을 실시했다는 전제 하에

① 펌프가 정상적으로 회전하여 요구하는 유량과 압력으로 토출된다는 전제로

② 전기적으로 상승하라는 지시를 하고 있는가?

③ 상승완료 후 하강완료 리미트를 받고 있거나 하강완료 압력 스위치를 받고 있는 경우

④ 하강 안전센서가 받고 있을 경우도 전기적으로 하강지시를 할 수 없다.

⑤ 위의 ①항~④항까지 이상 없다면 하강 관련 Sol,이 여자되는지를 점검하고

⑥ 여기까지 이상없다면 하강관련 유압라인 쪽으로 압축된다.

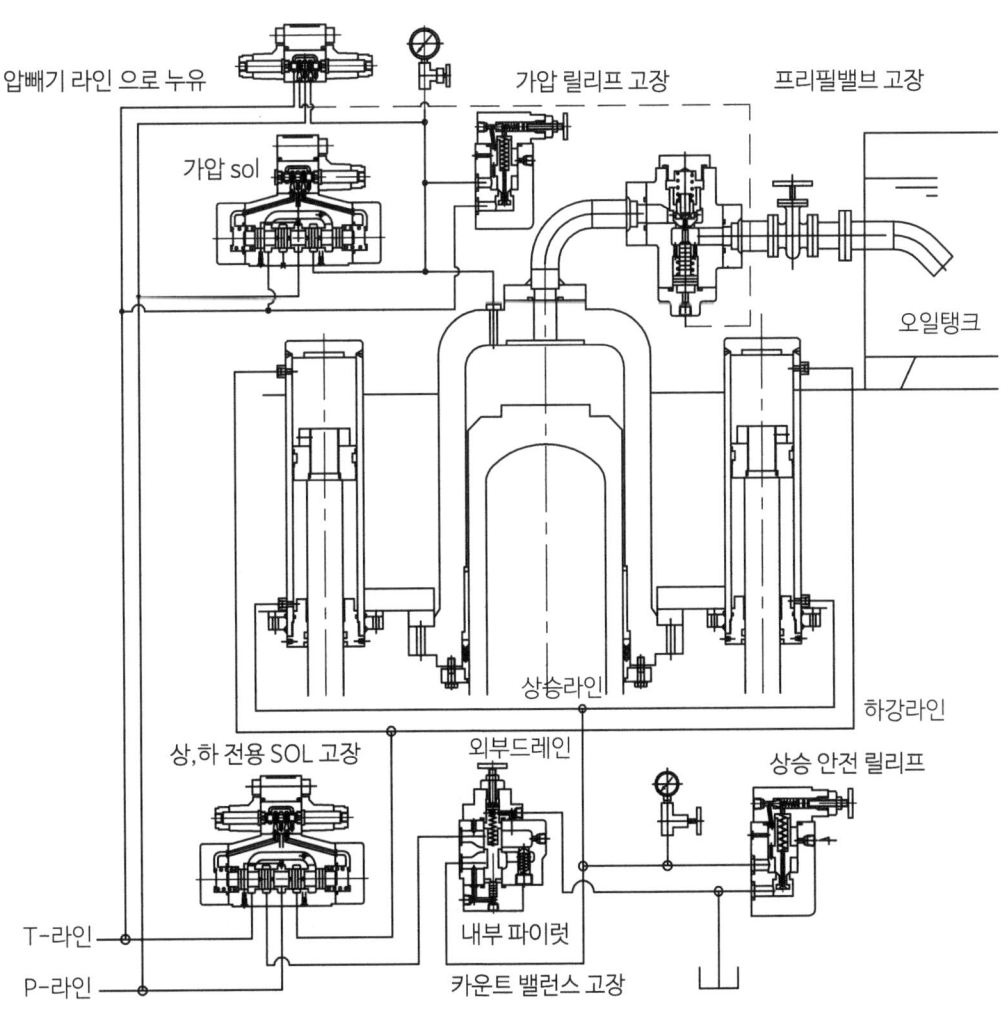

제9장 유압기계 고장 및 수리

2) 상하 동작은 잘 되는데 가압이 안되는 경우

① 가압 Sol,이 고장일 경우
② 가압릴리프 고장일 경우 ─┐ 가압되고 있는 기름이 가압릴리프 밸브나
③ 압빼기 Sol, 고장일 경우 ─┘ 압빼기밸브를 통하여 오일 탱크로 역류한다.
④ 프리필 개방 Sol, 고장일 경우 ─┐ 가압되고 있는 기름이 프리필 밸브를 통하여
⑤ 프리필 밸브 고장일 경우 ─┘ 오일 탱크로 역류한다.

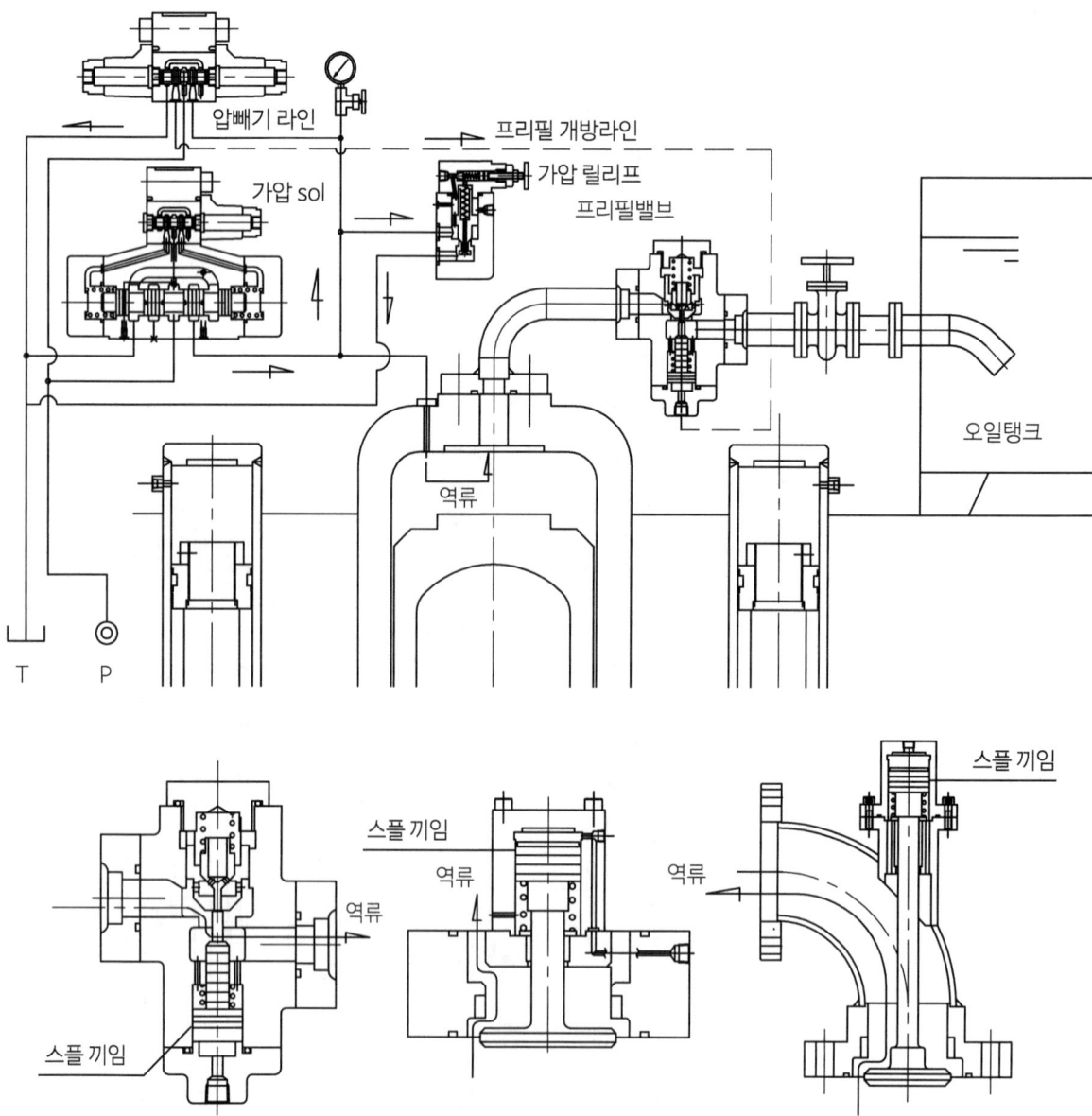

프리필 개방 Sol, 고장으로 계속 개방하고 있거나, 메인 스플 또는 파이럿 스플 끼임,
메인 스플측 또는 파이럿 스플측 스프링 파손

3) 상하 동작은 잘 되는데 가압이 걸리지 않는 경우(실린더 상승식)

① 상하작동이 잘 된다고 하면 모터 펌프 커플링 압력 조절 밸브는 이상이 없다.

② 가압라인이나 가압에 관련된 전기적 점검, 기계적 점검 실시

③ 전기적 점검 : 가압버튼은 들어가는가? 들어간다면 관련 Sol, 밸브는 여자되는가?

④ 가압버튼이 안들어가면 처음부터 상승완료 했거나 가압완료 했다는 신호를 받고있다.

⑤ 만약 상승완료, 가압완료 센서가 이상 없다면 전기회로 점검이 요구된다.

⑥ 전기회로 점검도 이상 없다면 가압관련 Sol, 밸브까지 가압 신호가 들어간다.

⑦ 가압 관련 Sol,에 램프를 확인하면 램프가 켜져 있으면 Sol,코일이 소손되었거나 스플에 문제가 있고 Sol,까지 문제가 없다면 기름을 실린더로 보냈는데 그 기름은 어디로 갔는지 추적해야 할 것이다. 메인실린더에 연결된 밸브는 가압릴리프, 압빼기 Sol,

⑧ 프리필 밸브인데 3개의 밸브를 점검수리가 쉬운 것부터 점검 수리해야 한다.

⑨ 마지막으로 유압 실린더인데 복동 실린더 경우 실린더 피스톤패킹 누유인지 여부 확인

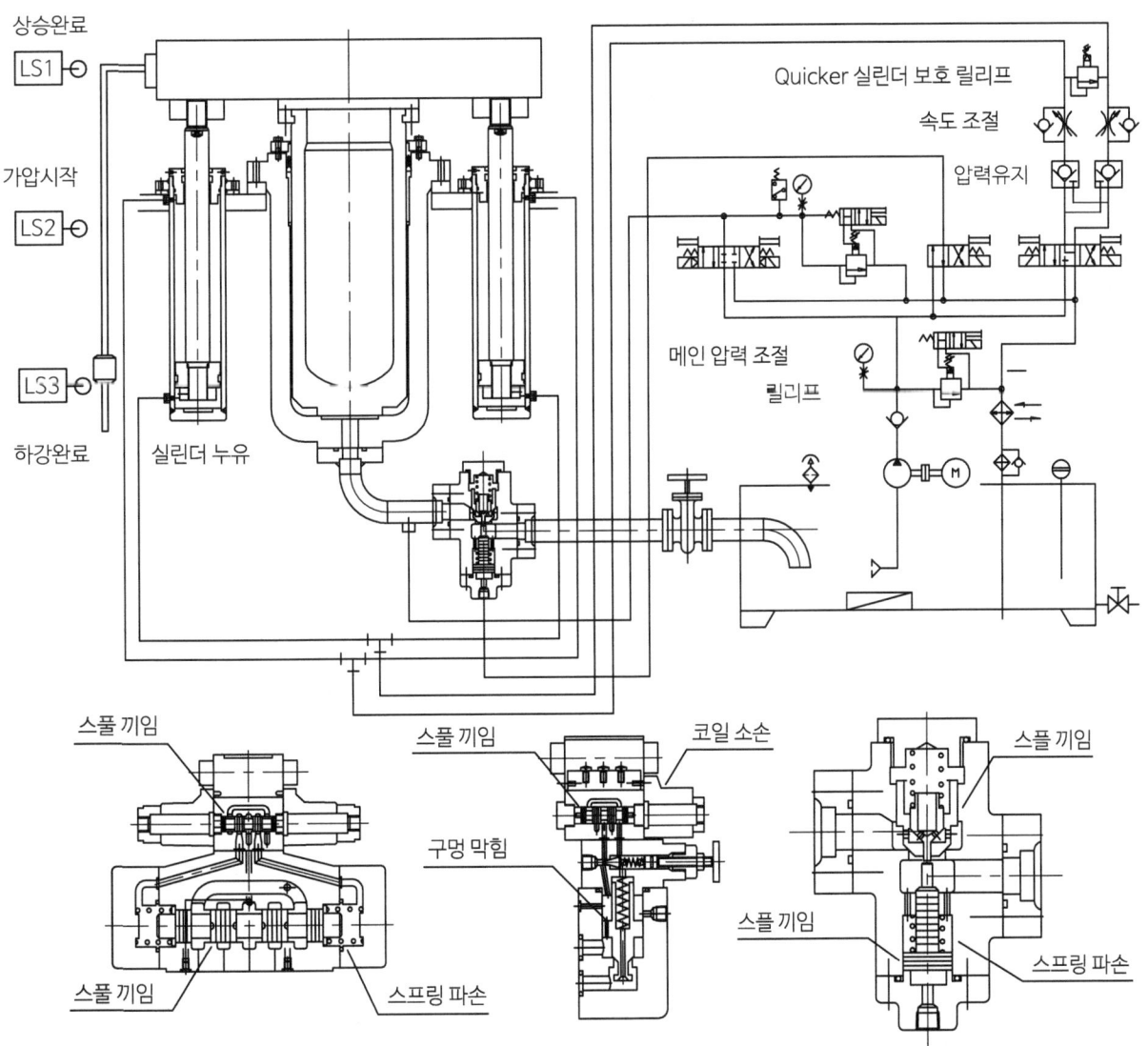

4) Quicker Cylinder 없는 복동실린더로 유압프레스가 상승이 되지 않는 경우

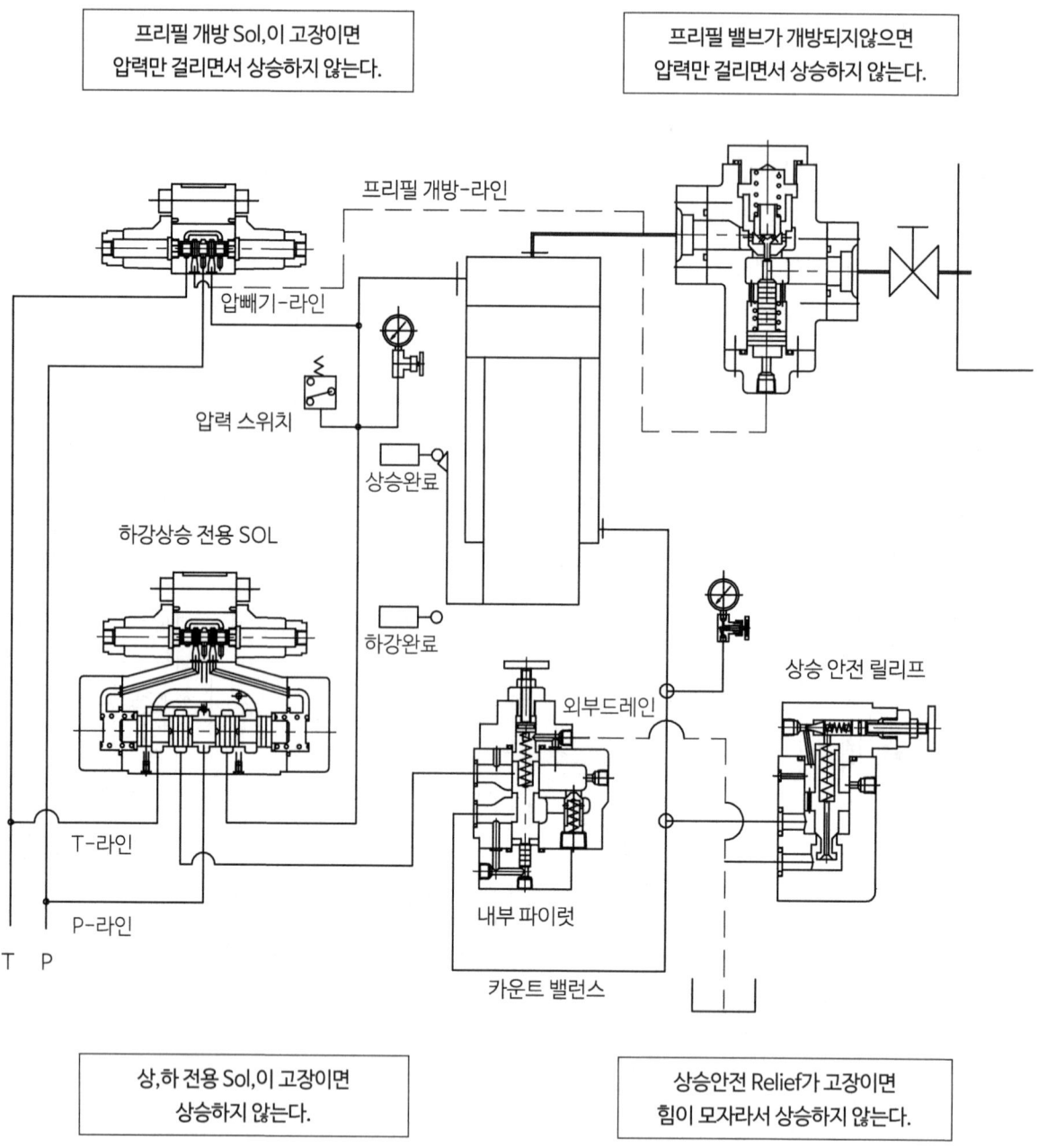

3 유압장치의 전기적 고장

1) 유압프레스 전기적 고장의 경우

모터가 기동하지 못하는 경우	* 비상정지 버튼 확인 → 비상정지 해제 * 메인 전원은 들어오는가? → 전압, 메인 부레카 점검 * 조작 전원은 들어오는가? → 조작전압, 부레카 점검 * PLC RUN 전원에 점등 여부 확인 → PLC 점검 * 메인 전원, 조작 전원, PLC까지 이상이 없다면 * 모터 기동 마그네트를 수동으로 눌러서 기동여부 확인 * 수동으로 기동 된다면 * 모터 기동버튼 이상 여부 확인 → 푸쉬 버튼 점검 * 모터 기동마그네트 이상 여부 확인 → 전압 체크 * PLC 이상 여부 확인 → 전기 전문가 투입 * 고장 확인되면 교체하고 그래도 기동하지 못하면 * 모터가 소손되었거나 혹시 안전센서 확인
모터가 기동은 하는데 정상적인 회전으로 회전하지 못하는 경우	* 모터 고장이거나 * 결선 잘못으로 저전압이 공급될 때 * 3상 전원 어느한 선이 단선되었을 때 * 사용전압 확인, 마그네트, 부레카 점검
모터(펌프)는 회전하는데 동작 버튼을 눌러도 아무 반응이 없는 경우	* PLC 고장으로 동작 지령을 주지 못할 때 * 버튼 스위치가 고장일 경우 * 상승완료된 상태에서 하강안전 센서를 받고 있을 때 * 상승완료된 상태에서 하강완료 센서를 받고 있을 때 * 하강완료된 상태에서 상승완료 센서를 받고 있을 때 * 각종 버튼 점검(안전바 리미트 점검)
PLC 출력측 램프는 동작하는데 기계는 반응이 없는 경우	* PLC 보호용 파워 릴레이 고장으로 Sol에 동작 지령을 주지 못하는 경우 * Solenoid Valve Coil 소손으로 회로와 연결 못하는 경우

2) PLC 프로그램이 갑자기 애러를 일으키는 경우

기계가 고장이나면 유압전문가와 전기전문가가 합동으로 문제를 해결하는 것이 가장 빠르고 경제적이다.

4 유압장치의 전기적 안전장치

유압장치의 전기적 안전장치는 작업자의 신체의 일부 또는 전체가 유압장치 안쪽으로 불가피하게 들어 가서 작업을 해야 할 때 작업자의 안전을 위해 설치한다.

1) 광전관 안전장치
투광기와 수광기를 설치하여 빛을 주고받고 있을 때 그사이에 어떤 물체라도 빛을 가로 막으면 동작하는 장치이다.

① 수직 광전관 안전장치
수직 안전장치는 투광기와 하부에 반사판이 마주보고 빛을 주고 받고 있을 때 그 사이에 어떤 물체라도 가로 막으면 작동하는 원리이다.

② 수평 광전관 안전장치
수평 안전장치는 투광기와 수광기가 수평으로 마주보고 설치하며 빛을 주고 받고 있을 때 그 사이에 어떤 물체라도 가로 막으면 작동하는 원리이다.

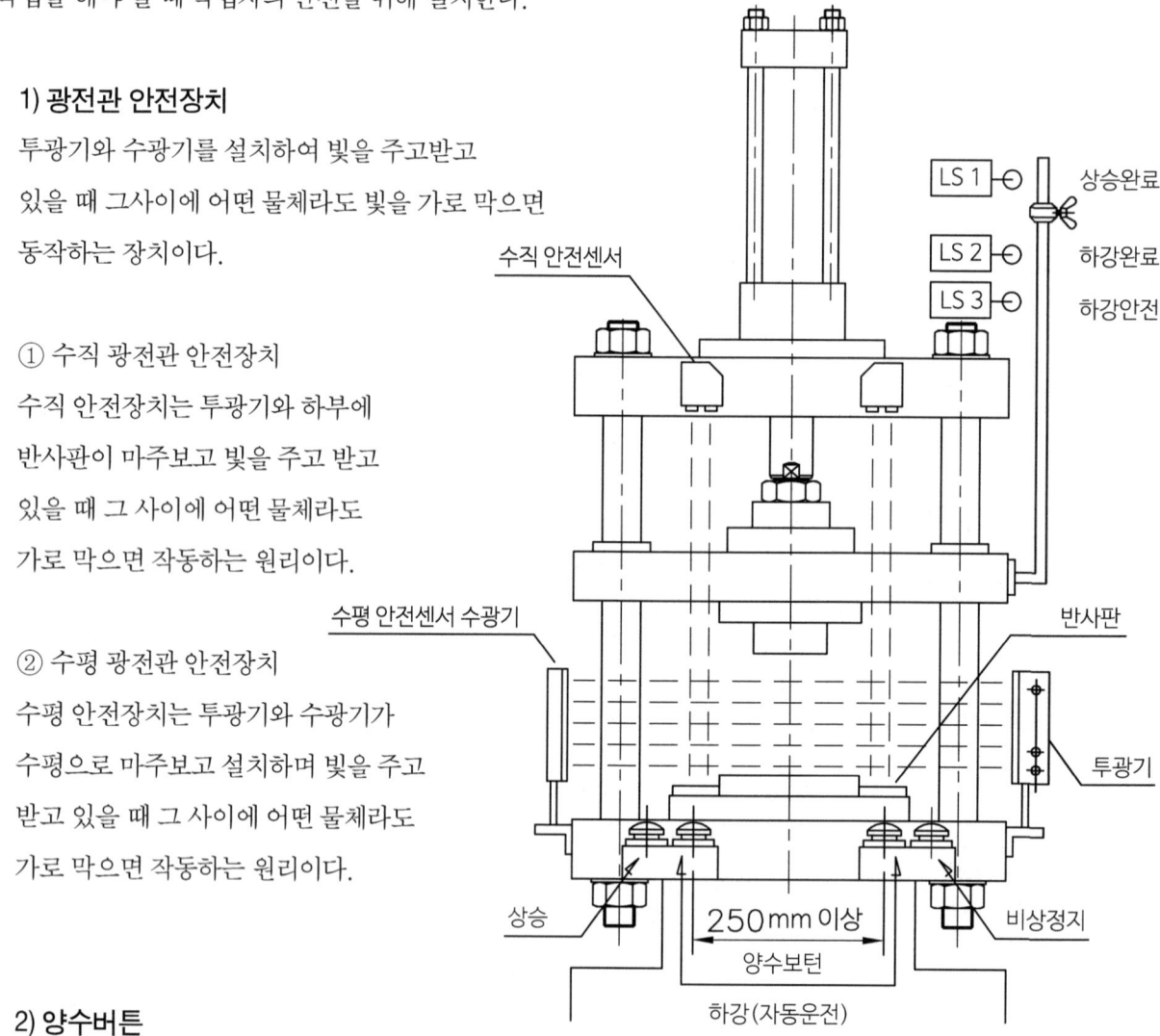

2) 양수버튼
작업자가 반드시 두 손을 동시에 양수버튼을 눌러야 하강 또는 자동운전 되게끔 전기회로를 구성하여야 한다. 작업자가 양수버튼 2개 중 1개를 테이프를 붙이거나 물체로 눌러서 한손으로 버튼을 동작시키는 경우를 대비하여 2개 중 1개를 0.5초 이상 시간이 경과하면 동작이 안되게 회로를 구성해야 한다.

3) 안전도어
양수버튼이나 광전관 안전장치를 설치하기가 조건이 맞지 않고 작업자 몸 전체 또는 일부가 기계 안쪽에 들어가서 작업이 이루어 질 경우에 반드시 작업자가 기계 외부에서 안전도어를 닫고 동작시키든지 도어에 안전센서를 장착하여 운전 시작이 되게끔 시스템을 구성하여야 한다(사출기, 다이케스팅머신, 압출프레스, 공작기계 등).

5 유압 작동유의 오염
- 유압적 고장(유압펌프 및 각종 밸브 고장 원인)
- 전기적 고장(Sol Spool 끼임으로 과부하 발생)

유압 작동유의 오염은 모든 유압기기의 마모 및 고장의 원인으로 가장 철저히 관리해야 하는데 일반적으로 무덤덤하게 관리되고 있는 실정이다.

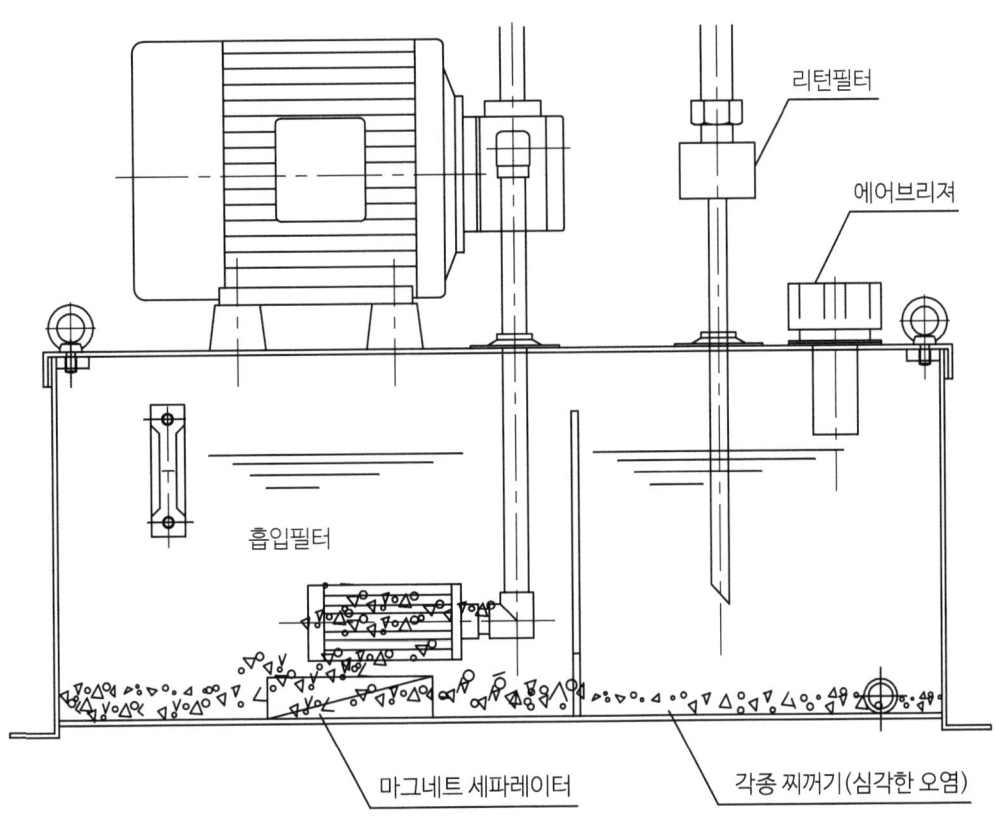

기계 고장으로 수리하러 가서 유압작동유 교체 및 Oil Tank 청소를 언제 했느냐고 질문하면 대다수가 기계구입 후 한번도 하지 안했거나 기름이 많이 새서 얼마 전에 보충을 하였다는 답변을 듣기가 태반사다.

유압유닛 제작 당시 각종 오염방지 기기를 장착해도 오랜 시간이 지나면 어디서 들어갔는지 몰라도 Oil Tank 청소를 하면 흡입필터는 물론이고 탱크 바닥에 오물이 덕지덕지 붙어 있는 것을 쉽게 확인할 수 있다.

유압작동유 교체는 탱크가 크면 막대한 비용이 드는데 일반적으로 유압기계 제조사의 유압유 관리 지침에 따르면 될것이다.

유압 작동유가 오염되면, 유압 펌프에서 엄청난 진동과 소음이 나는데 압력조정밸브로 압력을 서서히 올리면 더욱더 심한 소음이 나면 80% 유압작동유 오염이라고 진단해도 무리가 없다(흡입 필터를 풀어보면 확인이 가능하다).

만약 모터와 펌프의 조립 잘못으로 커플링 결합에 문제가 있으면 처음부터 소음, 진동이 있고 압력을 올려도 별 차이가 없다.

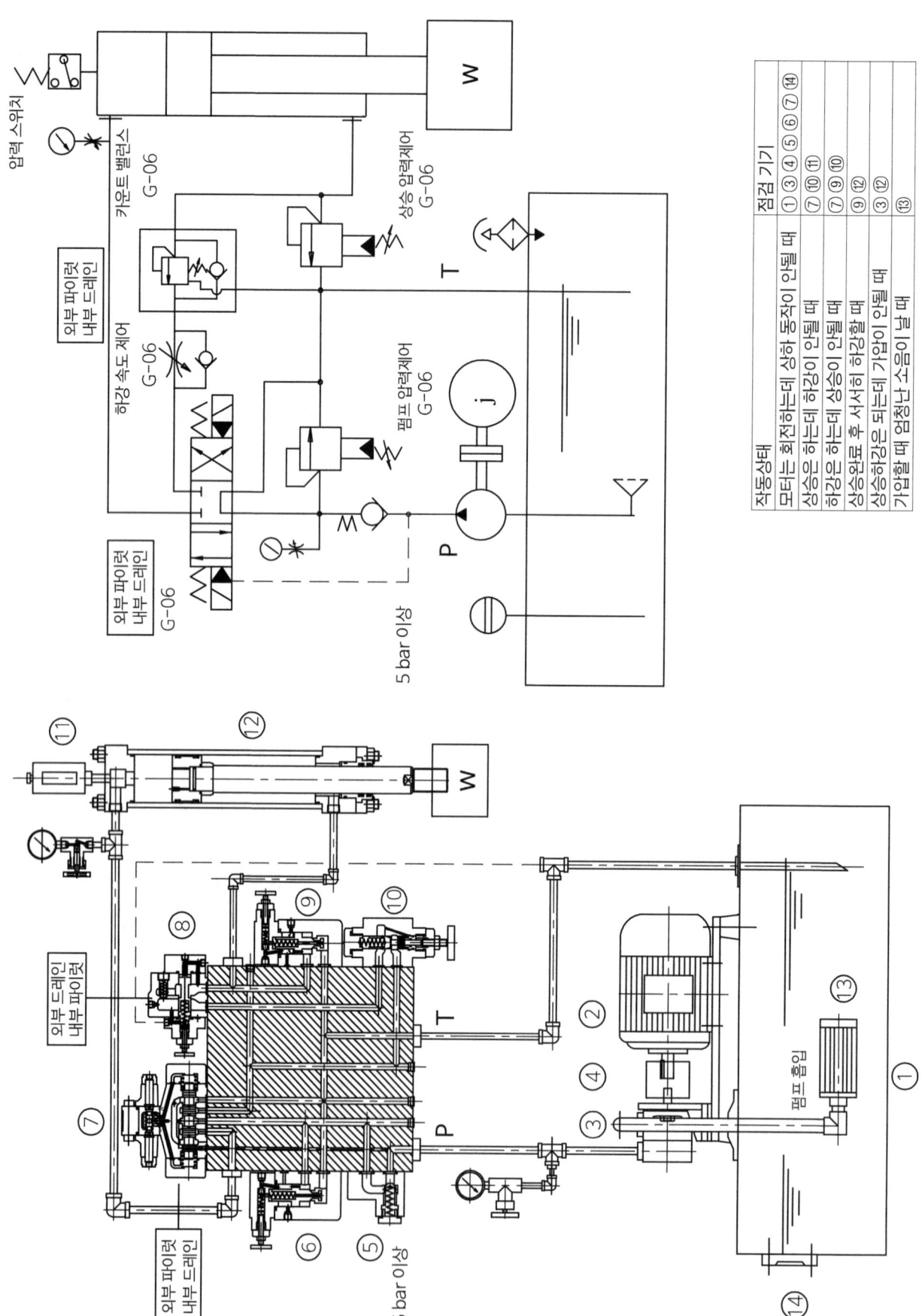

514 최신 유압 기술

CHAPTER

10

유압 실무

복동실린더 1개의 동작일 때

유압실린더가 복동실린더이고 실린더 상, 하 동작속도를 제어할 이유가 없고, 실린더가 장시간에 걸쳐서 조금씩 흘러 내려도 사용상 그다지 불편이 없고 펌프의 유량이 Sol, 밸브의 통과유량을 만족할 때

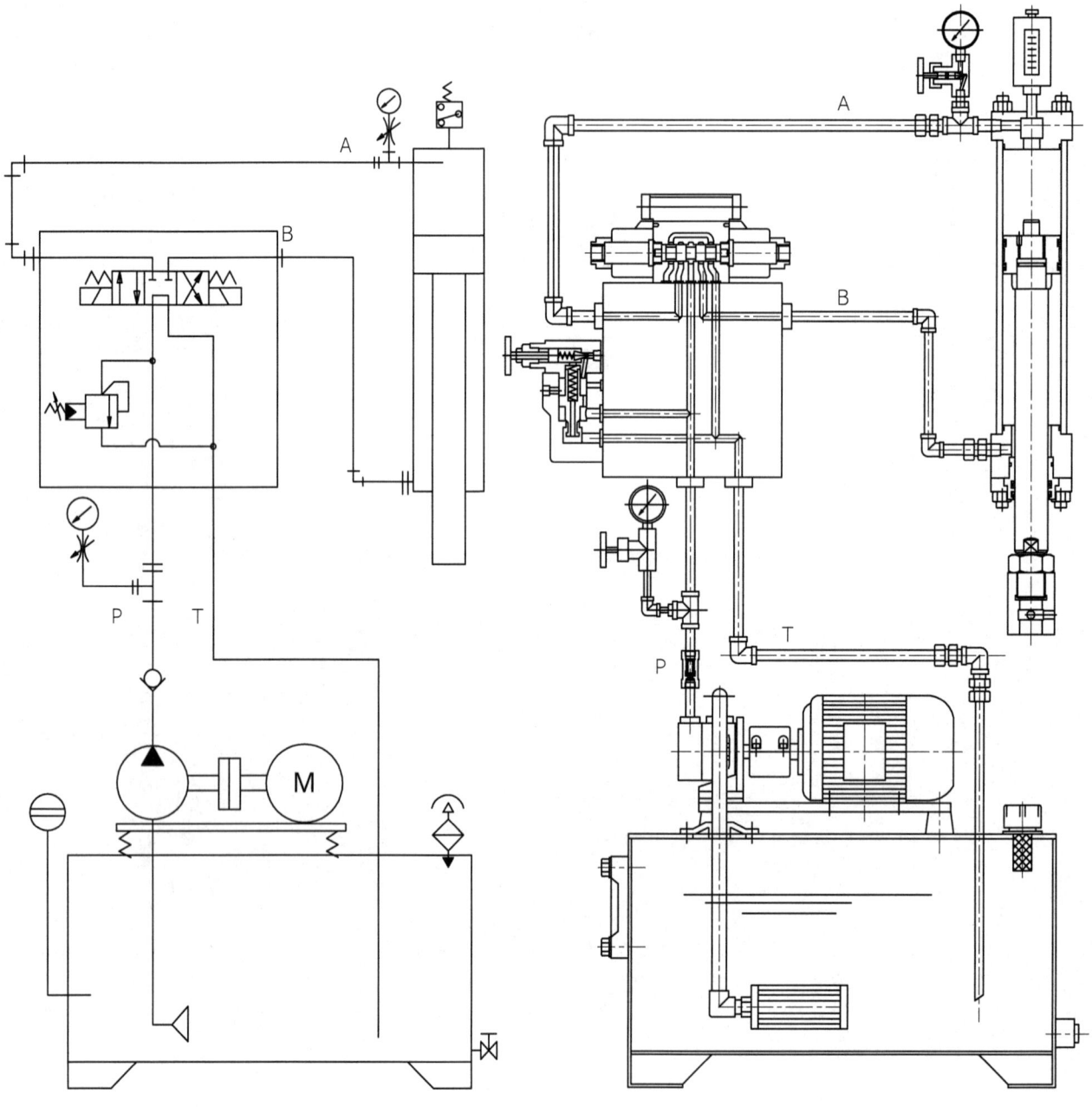

실린더가 자중 낙하할 가능성이 없고(카운트밸런스 불필요), 실린더의 속도를 제어할 이유가 없고(속도제어 밸브 불필요), 펌프의 유량을 만족하기 위하여 방향 전환 밸브를 전자 파일럿 절환 밸브를 적용했으며 펌프의 압력을 반드시 제어해야 하고 오일탱크의 오염방지를 위하여 특별히 리턴필터를 적용할 이유가 없을 때

복동실린더 1개의 동작일 때

유압실린더가 복동실린더이고 실린더 상, 하 동작속도를 1개의 펌프로 만족시킬 수 있다고 판단될 때 적용하는 회로이다.

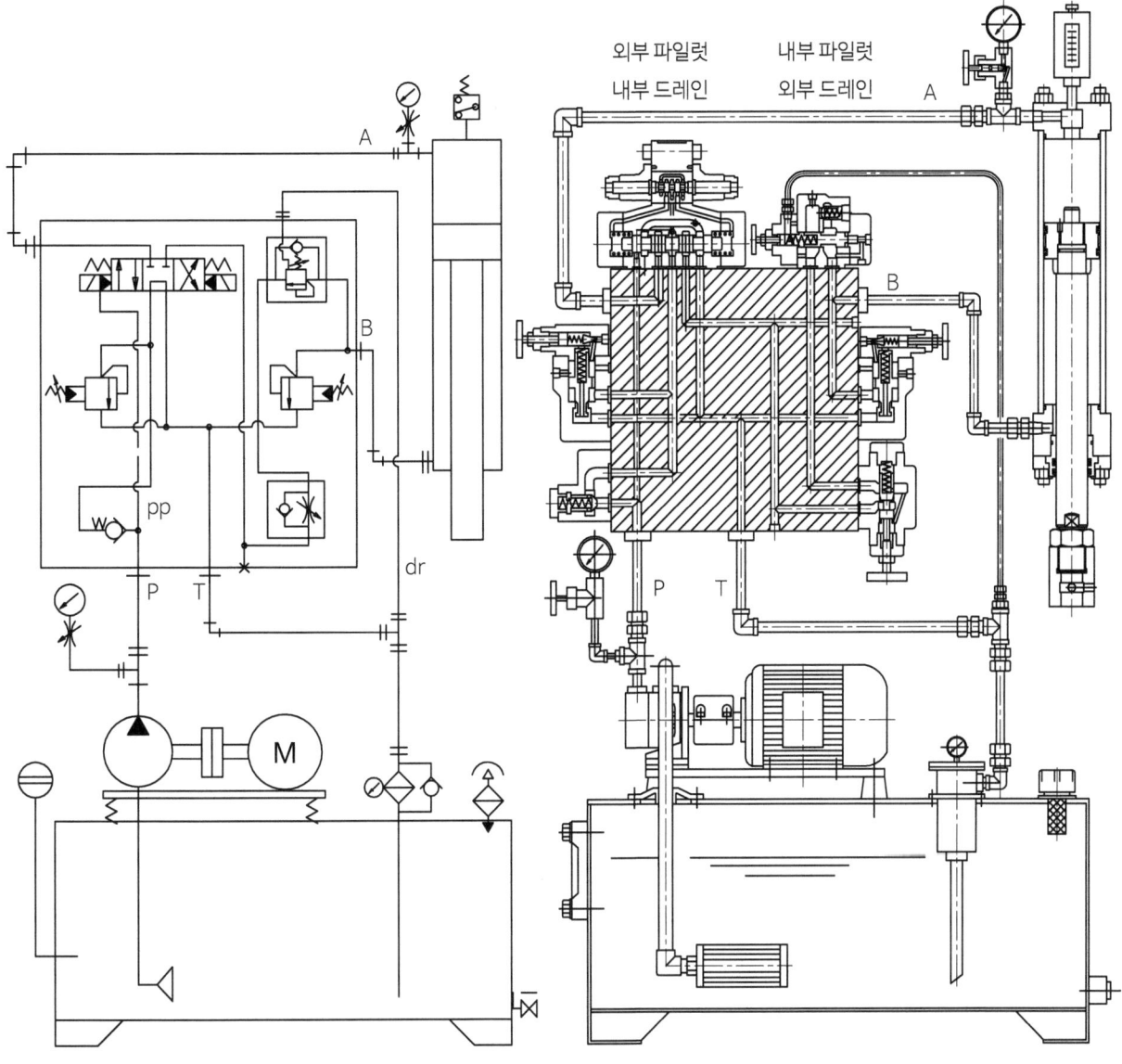

실린더가 자중 낙하할 가능성이 있고(카운트밸런스 밸브적용), 실린더의 속도를 제어할 이유가 충분하고 (속도제어 밸브 적용), 펌프의 유량을 만족하기 위하여 방향 전환 밸브를 전자 파일럿 절환 밸브를 적용했으며 펌프의 압력을 반드시 제어해야 하고(릴리프밸브 적용), 오일탱크의 오염방지를 위하여 리턴 라인에 리턴필터를 적용했다.

카운트밸런스 밸브 오동작이나 속도제어 밸브 제어를 잘못하여 실린더 단면적 차이로 상승라인에 증압 발생을 염려하여 압력제어 밸브 장착한다.

Single Pump 적용

유압프레스의 하강 속도 및 상승 속도가 고속이어야 하고 가압 속도는 저속으로 동작시키는 회로이다.

메인실린더와 보조실린더(Quick Cylinder)를 적용하여 상, 하 동작은 보조실린더에 의하여 고속으로 작동하고 가압할 때는 저속으로 작동되는 회로이다.

고속 하강할 때 메인실린더는 상부 보조탱크의 기름이 프리필밸브가 Filling 역할을 하여 유압유 채우고 설정 위치에 도달하면 가압 Sol,밸브가 작동하여 가압되는 회로이다.

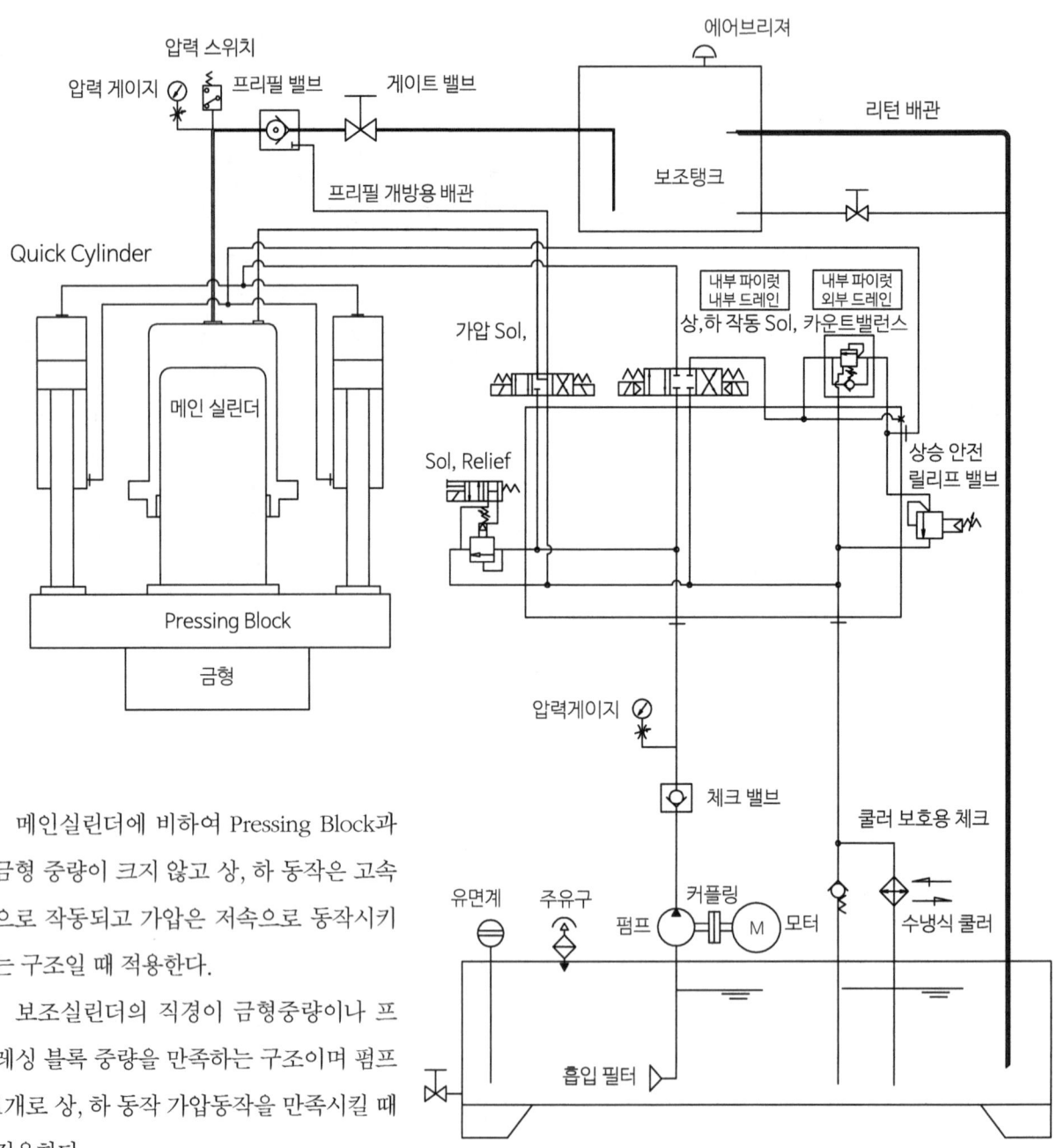

메인실린더에 비하여 Pressing Block과 금형 중량이 크지 않고 상, 하 동작은 고속으로 작동되고 가압은 저속으로 동작시키는 구조일 때 적용한다.

보조실린더의 직경이 금형중량이나 프레싱 블록 중량을 만족하는 구조이며 펌프 1개로 상, 하 동작 가압동작을 만족시킬 때 적용한다.

유압 프레스 배관 개념도(Single Pump 적용)

제10장 유압 실무

2련 펌프 적용

금형의 중량과 Pressing Block 중량이 무거워 보조실린더(Quicker Cylinder)의 직경이 커서 펌프 1개로는 도저히 상하 동작 속도를 만족시키지 못할 때 2련 펌프를 적용하여 속도를 만족시키는 구조이며 가압 속도도 다소 고속으로 동작시켜야 할 이유가 충분할 때 적용한다.

대용량 펌프와 소용량 펌프를 1개의 모터로 구동시키며 설정 위치나 설정 압력 또는 여타의 주어진 조건에 도달하면 각각의 Sol, Relief Valve에 의하여 Un Loading 되므로 1개의 모터로 2개의 펌프를 동작시켜 에너지 절감의 효과가 있다.

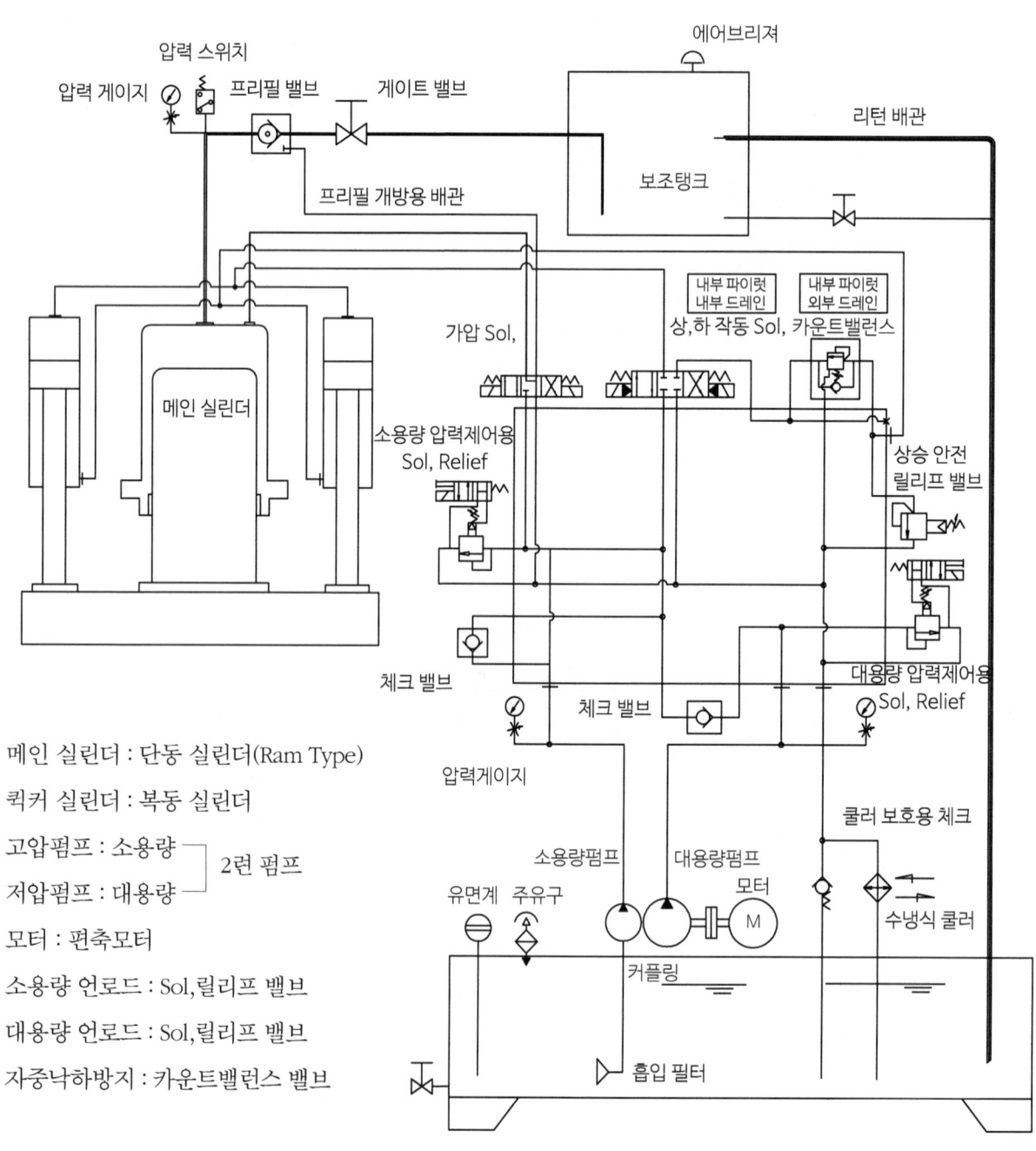

메인 실린더 : 단동 실린더(Ram Type)
퀵커 실린더 : 복동 실린더
고압펌프 : 소용량 ┐
저압펌프 : 대용량 ┘ 2련 펌프
모터 : 편축모터
소용량 언로드 : Sol, 릴리프 밸브
대용량 언로드 : Sol, 릴리프 밸브
자중낙하방지 : 카운트밸런스 밸브

유압 프레스 배관 개념도(2련 펌프 적용)

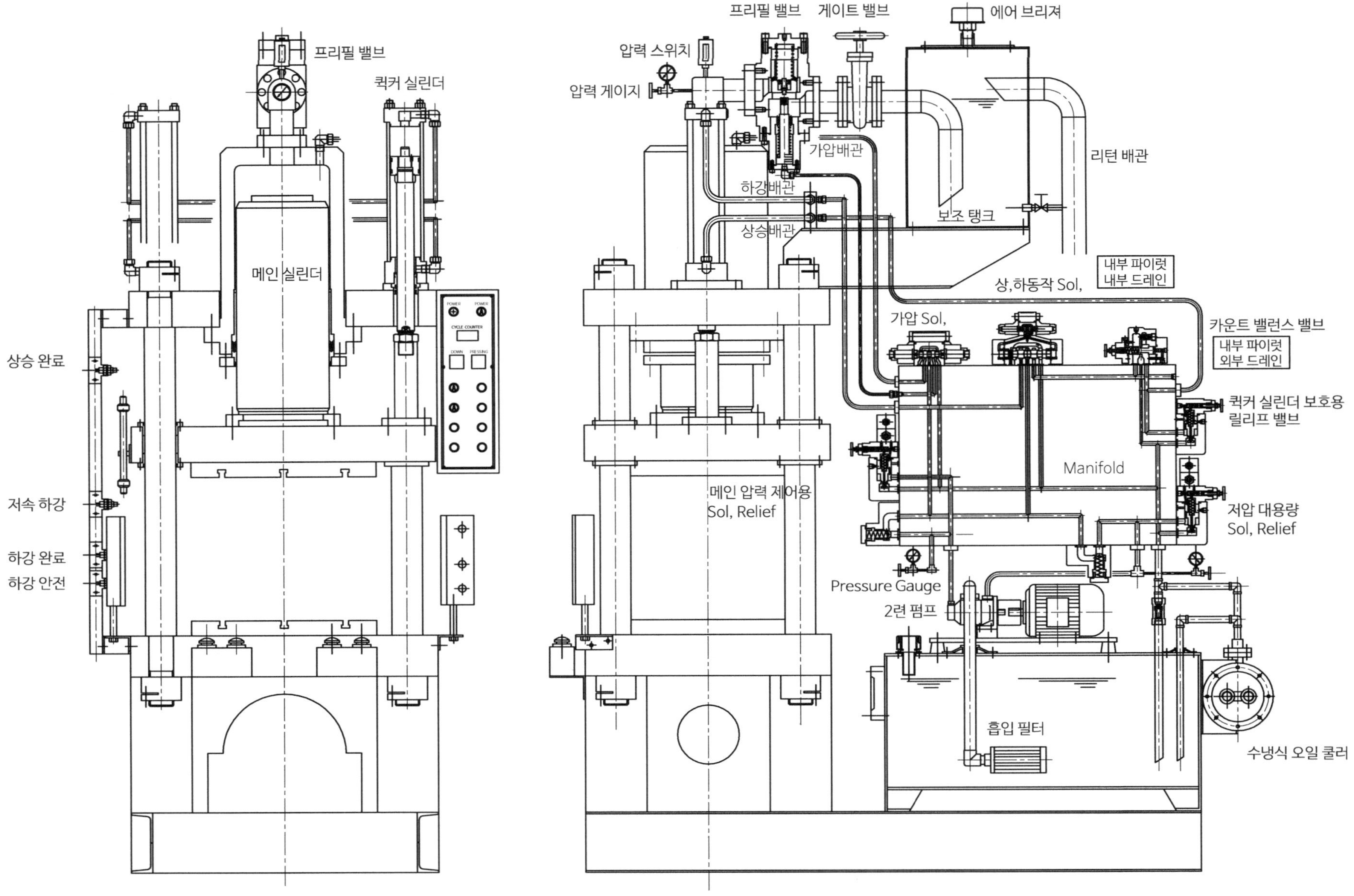

제10장 유압 실무

양축 모터 적용

시중에 유통되는 2련 펌프로는 도저히 상하 동작 속도나 가압 속도를 만족시키지 못할 때 부득이 1개의 양축모터로 2개의 펌프를 구동시키는 방식으로(2개의 모터와 2개의 펌프를 적용하는 것이 보다 더 합리적이라고 판단될 때), 저압 대유량 펌프는 시퀀스밸브에 의하여 설정압력이나 설정위치에 도달하면 고압펌프의 압력을 받아 언로드되고 고압펌프만 작동하여 가압된다.

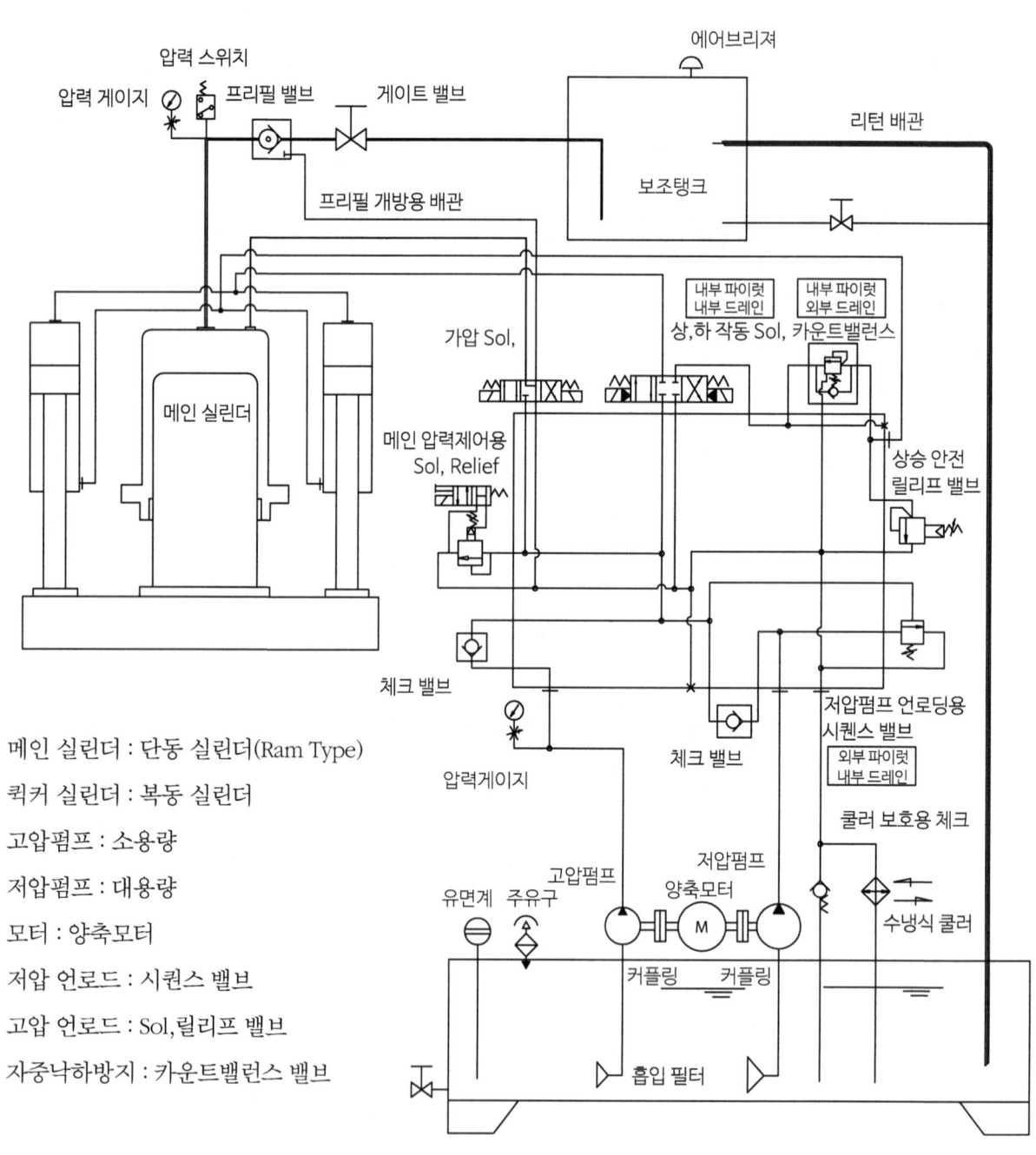

유압 프레스 배관 개념도(양축 모터 적용)

제10장 유압 실무

램 상승식 유압 프레스 배관 개념도

함판 프레스, 베크라이트 성형 프레스, 수지성형 프레스 등 램 상승식 유압프레스는 유압 실린더가 열에 의하여 패킹이나 실린더에 미치는 영향을 감안하여 램 상승식 구조로 구성될 때, 보조 실린더를 적용하고, 상하 동작은 고속으로 동작해야 하고 가압은 메인 실린더에 의하여 가압되는 구조일 때의 유압 개념도이다.

일반적으로 수지성형 프레스는 일정한 압력으로 압력 유지를 해야 하기 때문에 압력스위치를 2개 장착하여 압력 보충회로 적용한다.

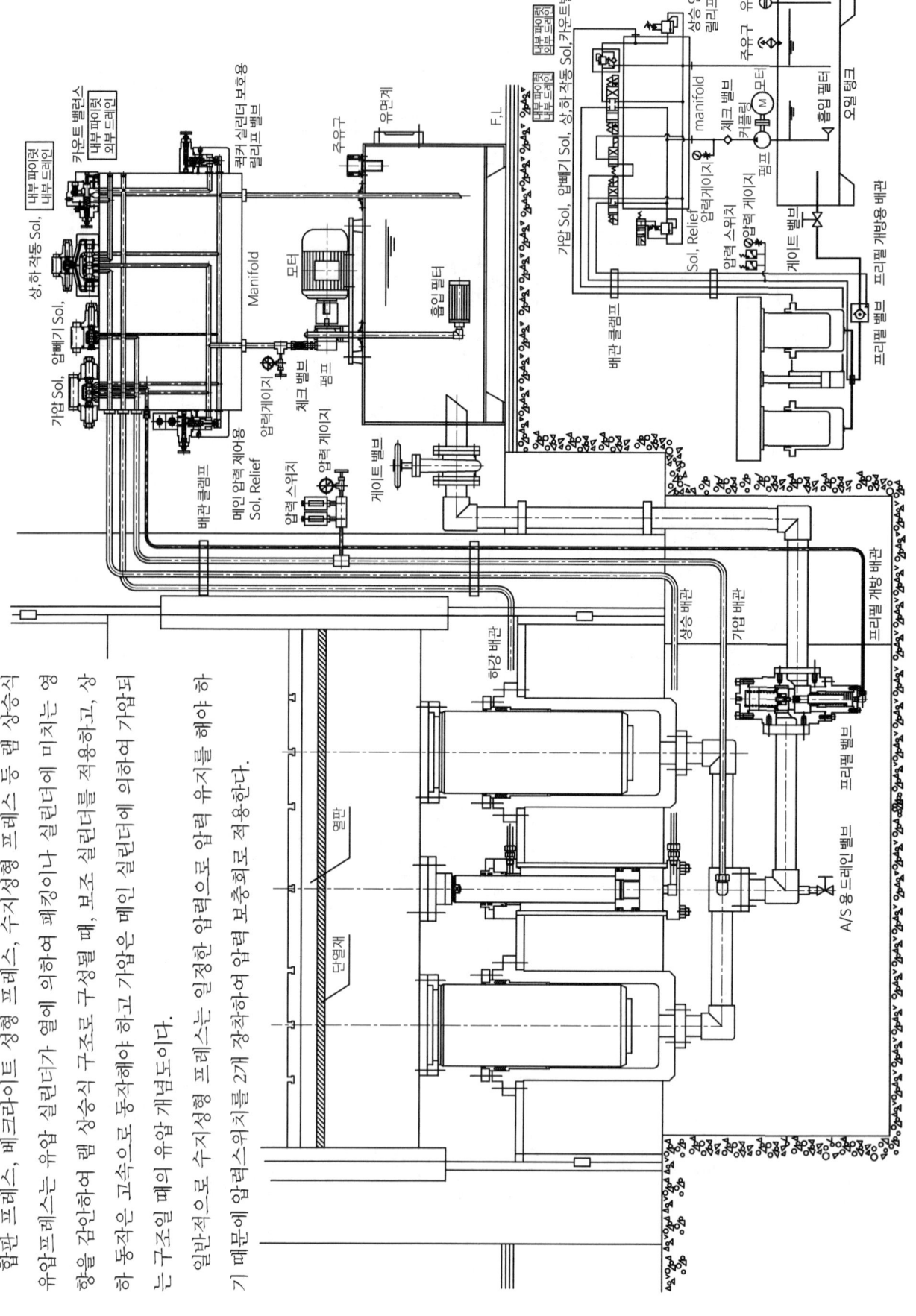

대형 사출기, 압출 프레스, 다이캐스팅 머신 등 수평으로 이동되는 유압장치 배관 개념도

Main Cylinder가 대향이고 수평이고 수평으로 고속전진, 고속후진해야 할 이유가 있고 설정 위치에 도달하면, 저속으로 가압되는 구조로 advance 실린더를 적용하여 단동 메인 실린더를 전, 후진시키는 회로로 대향형 밴드 Type Prefill 밸브 적용, 외부 흡입필터 적용한다.

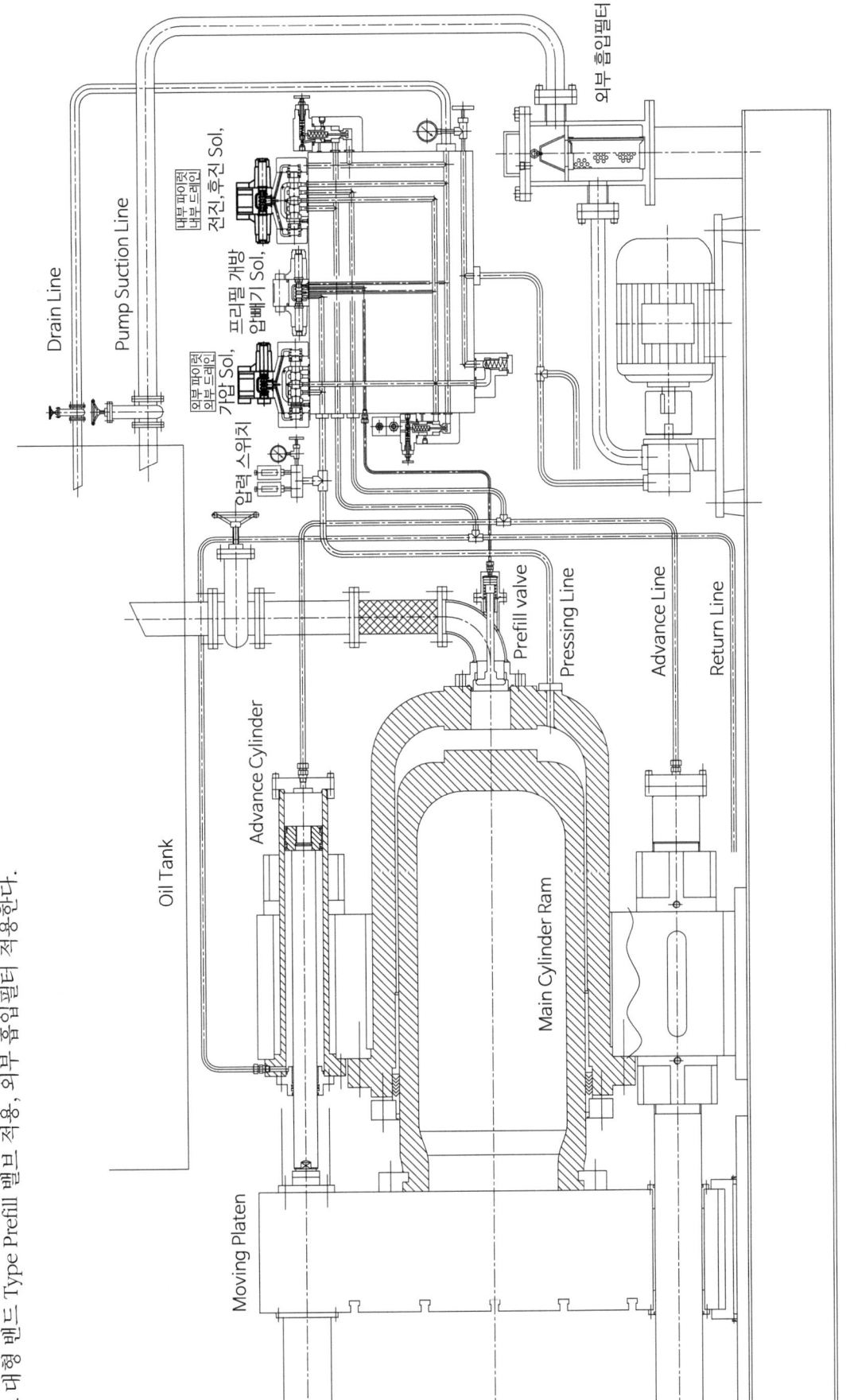

제10장 유압 실무 525

다목적 유압 프레스

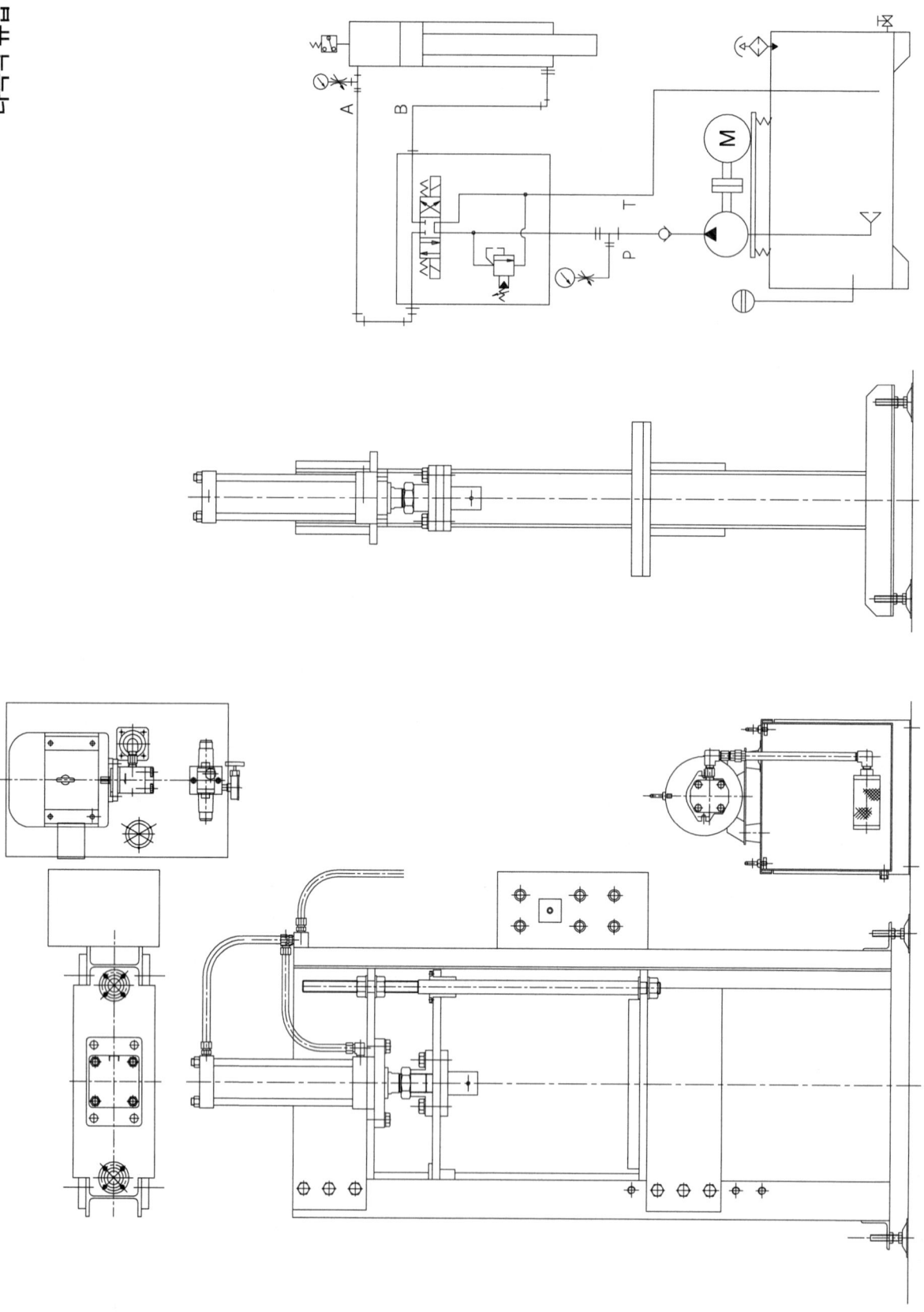

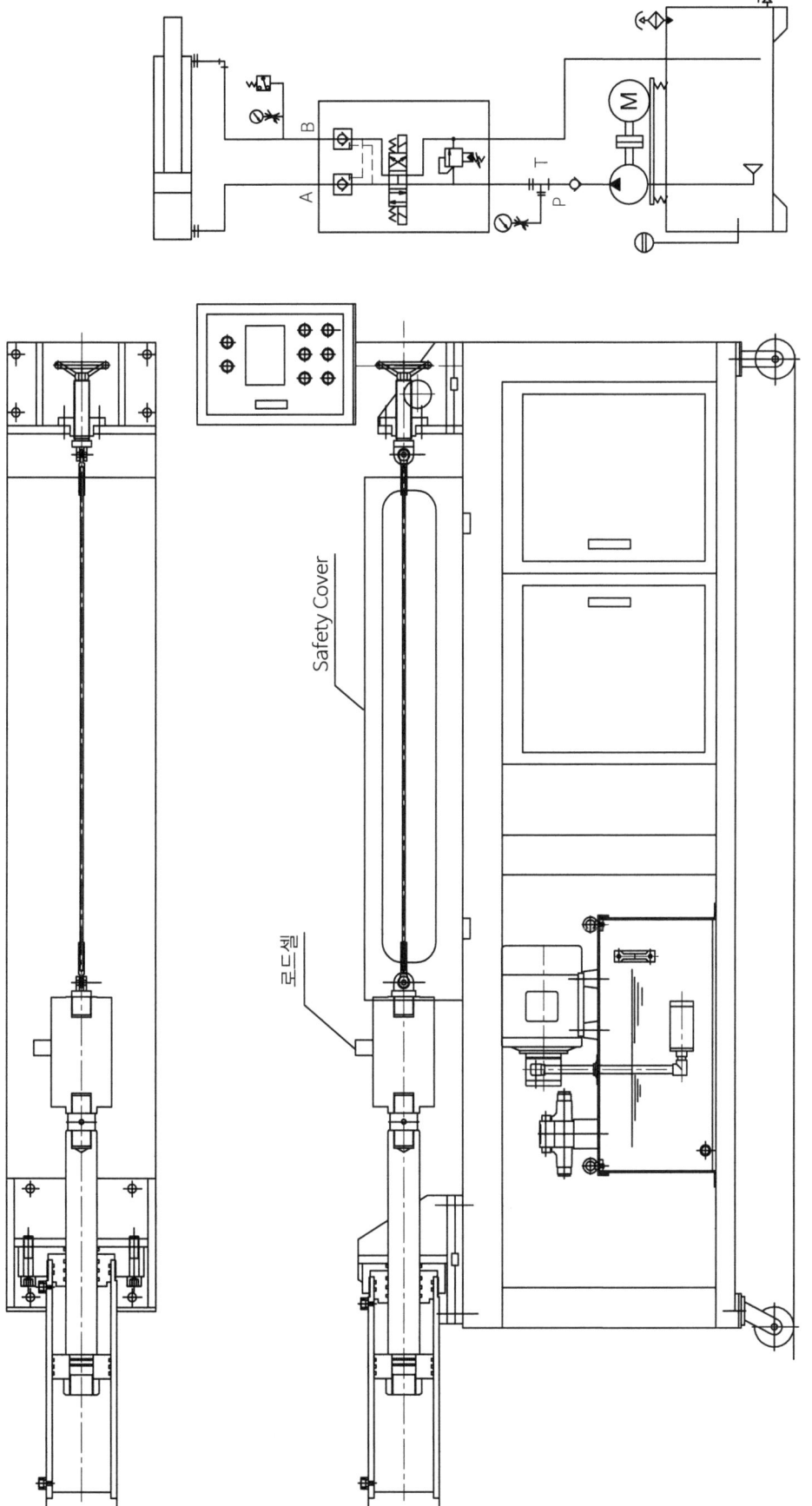

WIRE 인장시험기는 Wire의 과단 강도를 시험하는 System으로 유압 실린더가 인장할 때 압력을 유지해야 할 이유가 있고 과단될 때, 로드셀(Load cell)에 의하여 인장 응력에 비례한 변형을 디지털로 표시 지시하는 기능이다.

제10장 유압 실무 **527**

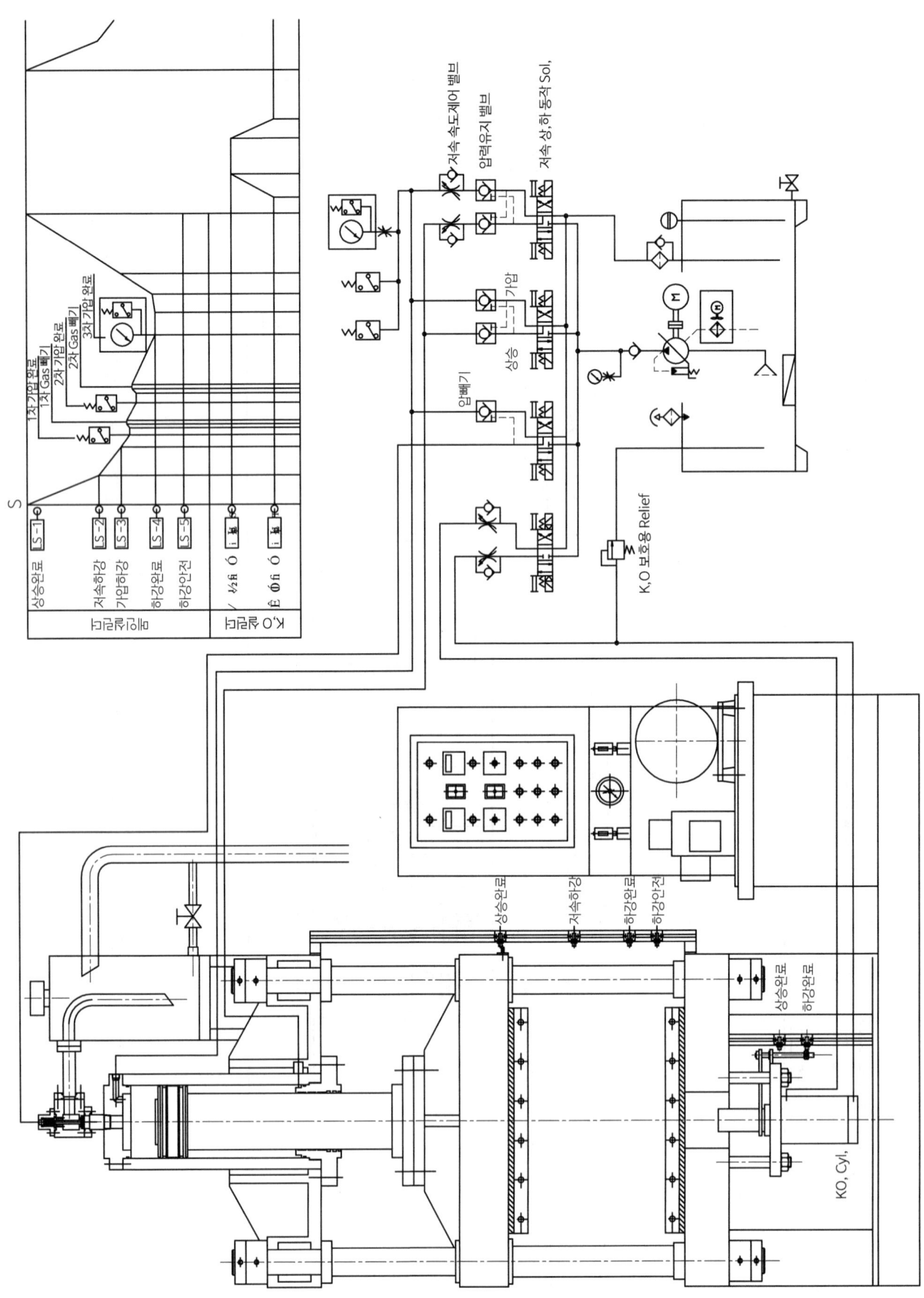

528 최신 유압 기술

다단식 고무성형 프레스 유압회로

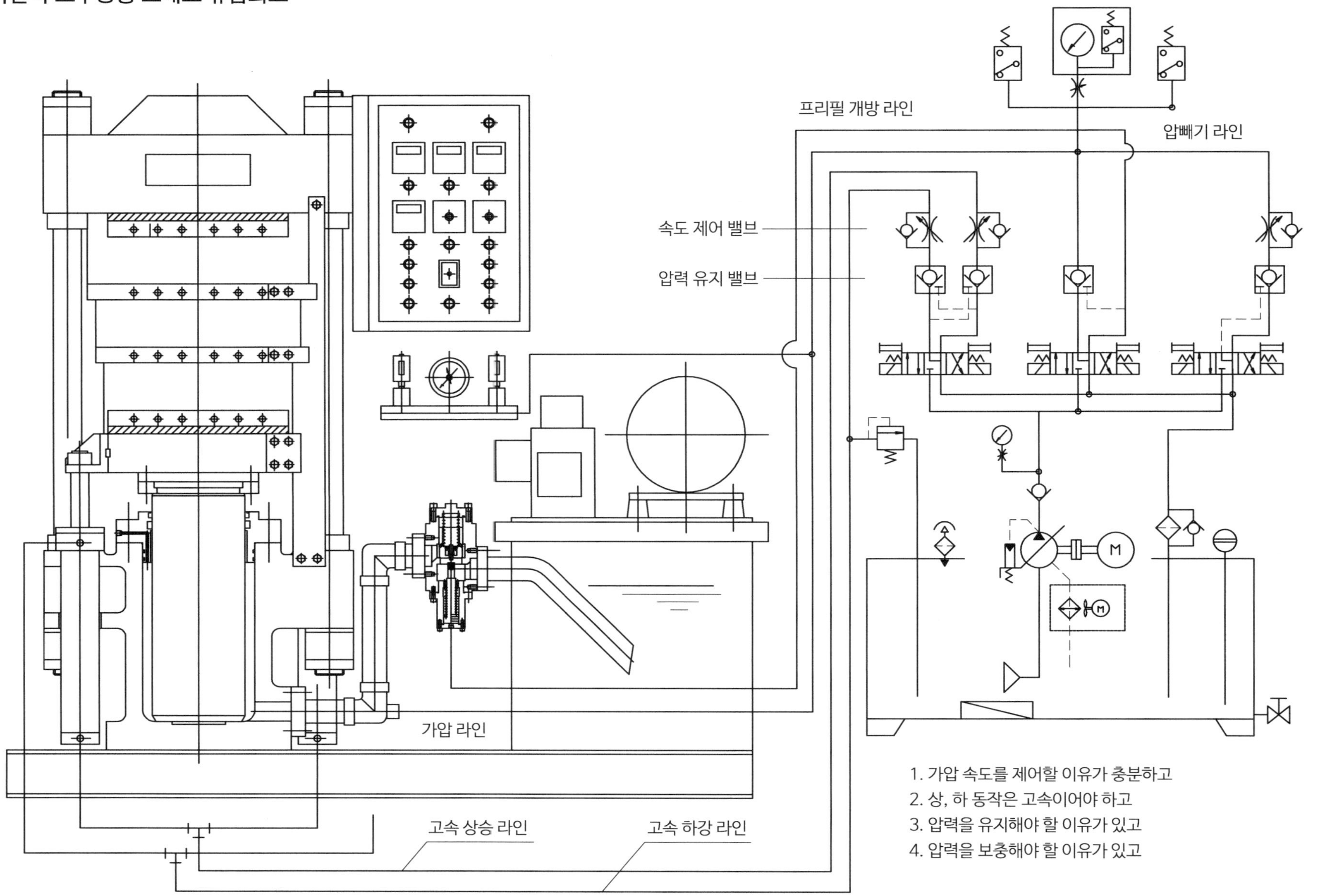

- 가압기 해방 라인
- 프리필 개방 라인
- 속도 제어 밸브
- 압력 유지 밸브
- 가압 라인
- 고속 하강 라인
- 고속상승 라인

1. 가압 속도를 제어할 이유가 충분하고
2. 상, 하 동작은 고속이어야 하고
3. 압력을 유지해야 할 이유가 있고
4. 압력을 보충해야 할 이유가 있고

제10장 유압 실무 **529**

다련식 고무성형 프레스 유압회로

1 set 유압유닛에 여러 개의 프레스를 동작시키는 경우의 회로구성

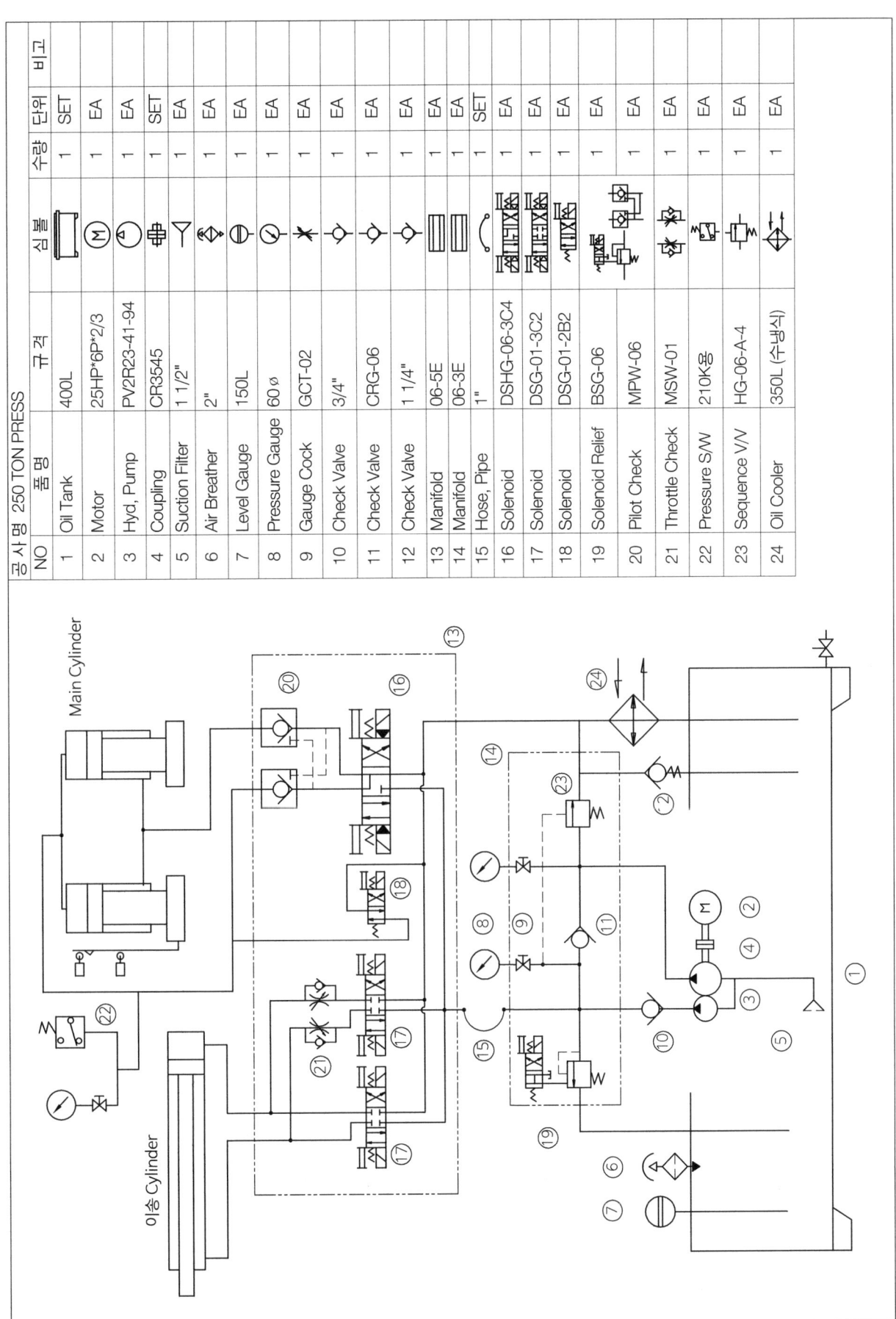

Main Cylinder는 유압으로 작동하고 이송 실린더와 KO 실린더는 Air로 작동할 때 회로도

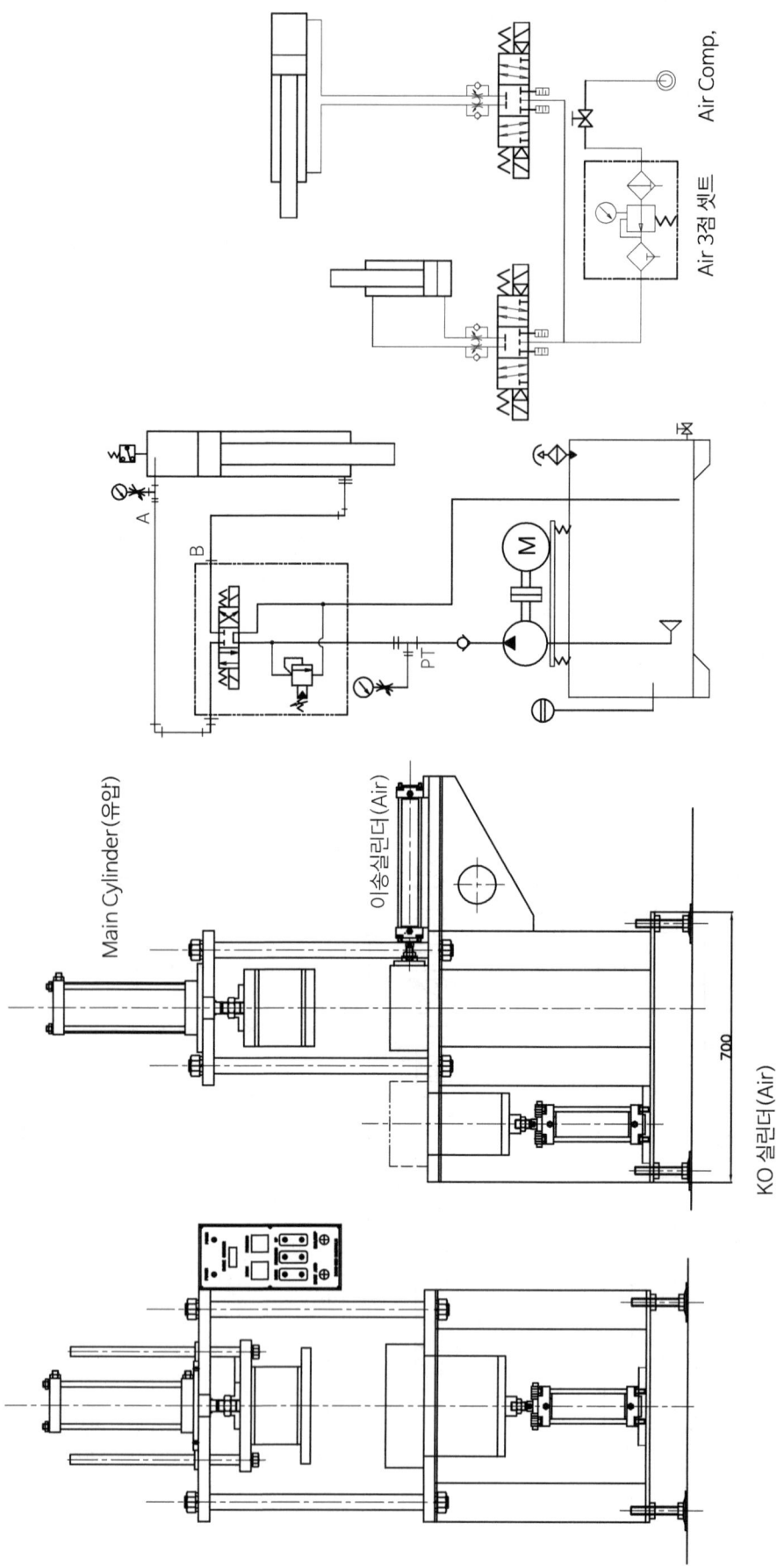

Air Booster와 Converter를 적용한 Air Booster Press 개념도

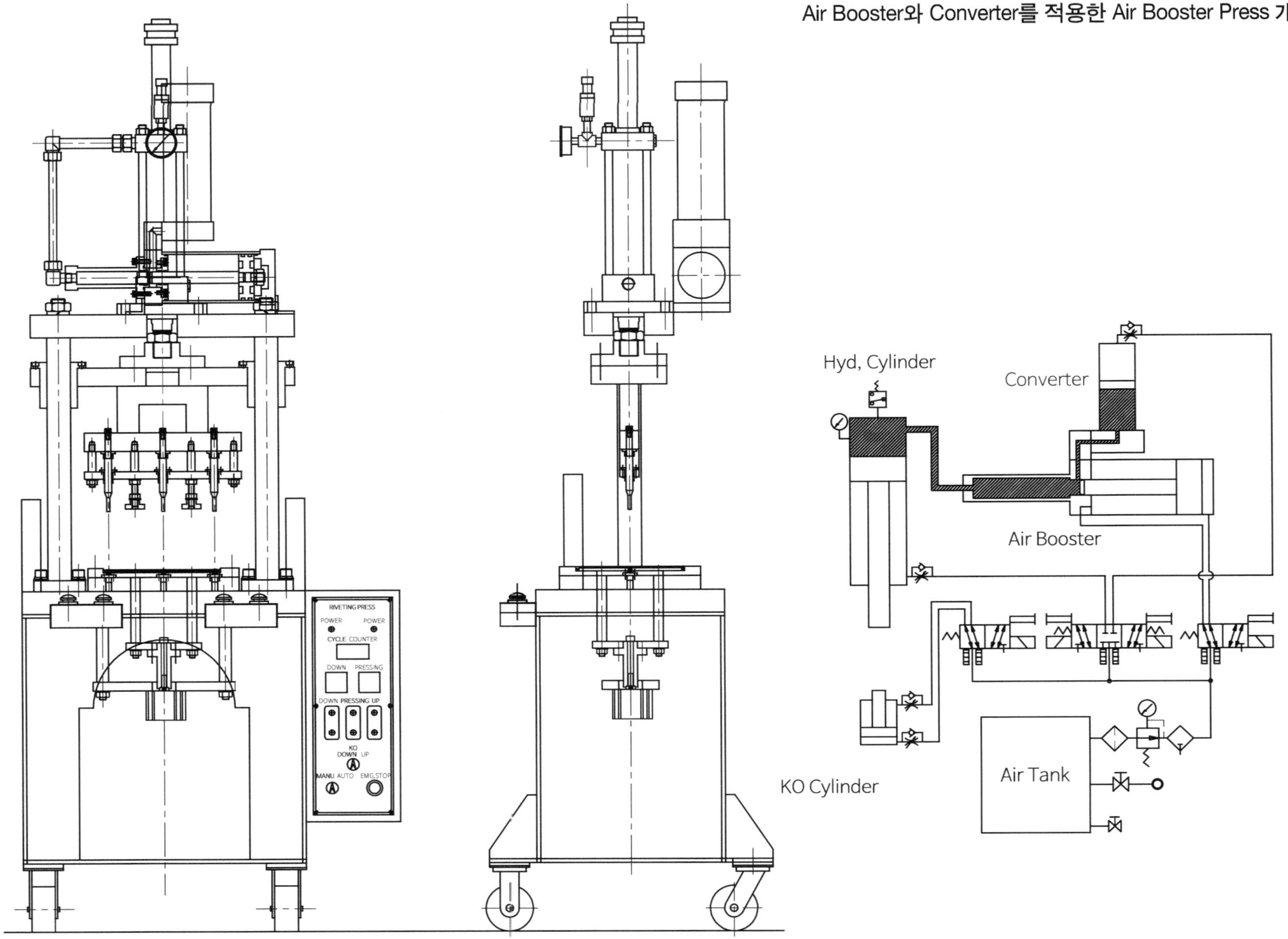

Converter
Hyd, Cylinder
Air Booster
Air Tank
KO Cylinder

제10장 유압 실무 533

최신 유압 기술

2025년 1월 2일 제1판제1인쇄
2025년 1월 9일 제1판제1발행

저 자 편 집 부
감 수 이동극·강구봉
발행인 나 영 찬

발행처 기전연구사

경기도 하남시 하남대로 947 하남테크노밸리U1센터
　　　　B동 1406-1호
전 화 : 02)2238-7744/2234-9703/2235-0791
FAX : 02)2252-4559
등 록 : 1974. 5. 13. 제5-12호

정가 45,000원

◆ 이 책은 기전연구사와 저작권자의 계약에 따라 발행한 것이 므로, 본 사의 서면 허락 없이 무단으로 복제, 복사, 전재를 하는 것은 저작권법에 위배됩니다.
ISBN 978-89-336-1066-4
www.kijeonpb.co.kr

불법복사는 지적재산을 훔치는 범죄행위입니다.
저작권법 제97조의 5(권리의 침해죄)에 따라 위반자는 5년 이하의 징역 또는 5천만원 이하의 벌금에 처하거나 이를 병과할 수 있습니다.